1 MONTH OF
FREE
READING

at

www.ForgottenBooks.com

By purchasing this book you are eligible for one month membership to ForgottenBooks.com, giving you unlimited access to our entire collection of over 1,000,000 titles via our web site and mobile apps.

To claim your free month visit: www.forgottenbooks.com/free1305128

ISBN 978-0-428-72513-6
PIBN 11305128

DES

SCIENCES NATURELLES APPLIQUÉE

PUBLIÉE PAR LA

SOCIÉTÉ NATIONALE D'ACCLIMATATION

DE FRANCE

PARAISSANT A PARIS LES 5 ET 20 DE CHAQUE MOIS

—

42° ANNÉE

—

N° 2 — 30 JANVIER 1895

Premier Semestre

AU SIÈGE SOCIAL

DE LA SOCIÉTÉ NATIONALE D'ACCLIMATATION DE FRANCE

41, RUE DE LILLE, 41

PARIS

ET A LA LIBRAIRIE LÉOPOLD CERF, 13, RUE DE MÉDICIS

Dr JOUSSET DE BELLESME. — Le Sang et la Rate dans l'alimentation des alevins.. 6

Analyses et extraits.
Les productions végétales du Guatémala.................................... 6

Extraits des procès-verbaux des séances de la Société.
Séance générale du 14 décembre 1894..................................... 7
Séance générale du 28 décembre 1894..................................... 8

Extraits de la correspondance... 8

Bulletin bibliographique... 9

Nouvelles et faits divers.
Le Chamois dans le canton des Grisons. — Chevaux empoisonnés par le Tabac en Australie... 9
Les Sphinx atropos et les Chats à la Réunion. — Culture réunie de Truites arc-en-ciel et de Carpes... 9
Un Poisson d'aquarium peu connu... 9
Pigeons de haut-vol. — Culture du Caoutchoutier de Ceara. — Le Laciane délicieux.. 9

CONSEIL D'ADMINISTRATION

BUREAU

Président.
Albert GEOFFROY SAINT-HILAIRE (✻), ancien directeur du Jardin zoologique d'Acclimatation du Bois de Boulogne.

Vice-Présidents.
Le marquis de SINÉTY, propriétaire.
Léon VAILLANT (✻), docteur en médecine, professeur au Muséum d'histoire naturelle.
Henry de VILMORIN (O. ✻), membre de la Société nationale d'Agriculture, ancien membre du Tribunal de Commerce de la Seine.

Secrétaire-général.
Baron Jules de GUERNE (✻), archiviste-bibliothécaire de la Société de Géographie.

Secrétaires.
Edgar ROGER (✻), conseiller référendaire à la Cour des Comptes, *Secrétaire pour l'intérieur.*
C. RAVERET-WATTEL (O ✻), *Secrétaire du Conseil,* ancien chef de bureau au ministère de la guerre, directeur de la Station aquicole de Féramp.
Jean de CLAYBROOKE (A ◉, ✻), *Secrétaire des séances.*
P.-Amédée PICHOT, *Secrétaire pour l'étranger,* directeur de la *Revue britannique.*

Trésorier
Georges MATHIAS, propriétaire.

Archiviste-Bibliothécaire.
N...

MEMBRES DU CONSEIL

MM. Camille DARESTE (✻), docteur ès sciences en médecine, directeur du laboratoire de tératologie à l'Ecole pratique des hautes études.

LABOULBÈNE (O. ✻), professeur à la Faculté de médecine, membre de l'Académie de médecine.

Pierre MÉGNIN (✻), membre de l'Académie de médecine, directeur du journal *l'Éleveur.*

Saint-Yves MÉNARD (✻), médecin-vétérinaire, docteur en médecine, professeur à l'Ecole centrale des arts et manufactures, membre de la Société centrale de médecine vétérinaire et de la Société nationale d'agriculture.

Edouard MÈNE (O. ✻), docteur en médecine, médecin de la maison de santé de Saint Jean-de-Dieu.

Le docteur Joseph MICHON, ancien préfet.

A. MILNE-EDWARDS (O. ✻), membre de l'Institut (Académie des sciences) et l'Académie de médecine, directeur Muséum d'histoire naturelle.

OUSTALET (✻), docteur ès sciences, assistant zoologie au Muséum d'histoire naturel.

Edmond PERRIER (✻), membre de l'Institut (Académie des sciences), professeur Muséum d'histoire naturelle.

Comte de PUYFONTAINE (O. ✻), ministre plénipotentiaire.

Remy SAINT-LOUP (A ◉), maître de conférences à l'Ecole pratique des Hautes-Etudes.

Secrétaire-général honoraire.
M. Amédée BERTHOULE (✻), avocat à la Cour d'appel, docteur en droit, membre du Comité consultatif des pêches maritimes.

Membre honoraire du Conseil.
M. Auguste PAILLIEUX, propriétaire.

ACCLIMATATION DU MARA[1]

DOLICHOTIS PATAGONICA (Desmarest)

Par M. Remy SAINT-LOUP.

Il y a plus d'un siècle que le Lièvre de Patagonie a été signalé dans les relations de voyage de Byron et de John Marborough, et c'est à peine si les essais de domestication de cet intéressant rongeur commencent à être récompensés par le succès. Nous nous proposons de montrer ici comment se sont accumulés les documents relatifs à l'histoire naturelle de cet animal et comment peu à peu son acclimatation a été préparée et accomplie.

Le naturaliste anglais Pennant décrit, en 1781, le *Cavia Patagonica* qui n'est autre que notre Mara et que les voyageurs avaient précédemment considéré comme un Lièvre. La description de Pennant est très brève, mais suffisante pour faire reconnaître l'animal, qu'il figure, d'ailleurs, assis comme un Lapin aux écoutes, les pattes de devant éloignées du sol. Le même auteur dit que ce *Cavia* habite des terriers et il fait déjà remarquer que sa chair est blanche et d'un goût excellent. Pennant a quelques notions sur le régime habituel de l'alimentation du *Cavia*, puisqu'il le place parmi les quadrupèdes herbivores ou frugivores.

En 1809, d'Azara donnait dans la relation de ses voyages *A travers l'Amérique méridionale*, des enseignements de nature à encourager les tentatives d'introduction et de domestication du Mara. Ces enseignements complétés un peu plus tard par Desmarest (2) sont restés dans l'oubli au point de vue de l'utilisation pratique, jusqu'au moment de la fon-

---

(1) Séance du 28 décembre 1894. Tous droits réservés.
(2) Desmarest, *Mammalogie*, 1822.

5 Janvier 1895.   1

dation de la Société d'Acclimatation de France et c'est justice
que de faire remarquer ici l'influence de cette Société pour
le progrès dans cet ordre de conquêtes. Nous voyons dans
l'ouvrage de d'Azara qu'un Américain de ses amis, Joachim
Maestia, avait chez lui deux Lièvres Patagons apprivoisés
qui se promenaient à volonté dans la maison, entraient et
sortaient à leur guise, se montrant en somme très familiers.
On donne le nom de Lièvre à ces animaux, fait observer
l'auteur, quoiqu'ils soient plus grands, plus trapus que le
Lièvre. Ils ne courent pas tant et se fatiguent tout de suite.
Leur pelage est caractérisé par la présence d'une bande
blanche qui commence à l'un des flancs et va rejoindre
l'autre par dessous la queue. Leur chair est blanche et comestible. Les Lièvres Patagons vivent par couples, ils ne se
gîtent pas l'un à côté de l'autre, mais se couchent à une
vingtaine de pas de distance. La portée est de deux petits ;
la femelle est pourvue de quatre mamelles. Si nous ajoutons
que le cri du Lièvre Patagon est fort et aigu, que son habitat
s'étend à partir du 35e degré de latitude vers le détroit de
Magellan, nous aurons résumé ce que d'Azara écrivait sur
cet animal.

Desmarest (1) nous renseigne d'une manière plus précise
et plus complète sur le même animal qu'il nomme Agouti des
Patagons, inscrivant ainsi son opinion relative à la parenté
de ce rongeur avec les Agoutis. Si nous ne répétons pas ici
la très bonne étude zoologique de Desmarest (2), c'est que
nous devons donner plus loin une description qui comprendra les enseignements des auteurs et nos observations
personnelles. Remarquons, cependant, ce que nous trouvons

---

(1) *Loc. cit.*, Desmarest. — *Agouti des Patagons.* — *Lièvre du Port désiré*,
John Marborough, *Voyage to the Streights of Magellan.* — *Lièvre de la terre
des Patagons*, Byron, *Voyages.* — *Patagony Cavy Penn. Quadr.*, tab. 39. —
Cavia Patachonica, Shaw, *Gen. Zool.*, vol. II, part. I, p. 226, tab. 165. — *Lièvre
Pampa*, d'Azara, essai sur l'histoire naturelle des Quadrupèdes du Paraguay.
— Desmarest, *Journal de Physique*, 1819, p. 205, t. 88.

(2) Spécimen mesuré par Desmarest :

Longueur totale du bout du museau à l'extrémité de la queue............	2 pieds	6 pouces		
Longueur de la queue.............		1 —	6 lignes.	
— des oreilles.................		3 —	4 —	
Hauteur du train de devant.........	1 —	4 —	6 —	
— — de derrière........	1 —	7 —		
— du tarse du pied de derrière.		7 —		

dans son ouvrage relativement aux mœurs et à l'habitat de l'Agouti des Patagons.

« Les Dolichotis vivent dans les grandes plaines sans bois ou pampas, on les voit ordinairement par paires. Au gîte, ils se couchent à la manière des Cerfs. Ils s'apprivoisent facilement et mangent de tout. Nous voici donc déjà instruits sur le peu de difficulté qu'il y a pour nourrir ces animaux. Vers le mois d'avril, ils mettent bas deux petits que la femelle dépose, dit-on, dans les terriers des Viscaches. ». On les rencontre dans les contrées de l'Amérique méridionale situées sur les bords de l'Océan Atlantique, au sud de Buenos-Ayres et tout le long de la côte des Patagons (1). »

Il se passera plusieurs années avant que de nouveaux travaux viennent compléter ce que l'on sait déjà du Lièvre de Patagonie.

Lesson (2), pour la première fois, désignera ce rongeur sous le nom de *Mara*. Les Puelches des rivages du détroit de Magellan nomment ainsi le petit animal qui nous occupe. « Le *Mara*, dit Lesson, est le *Lièvre pampa* des créoles de Buenos-Ayres, et notre description repose sur l'individu en mauvais état conservé au Muséum. » Le même auteur rappelle que d'après d'Azara les chasseurs parviennent facilement à capturer les Maras en les poursuivant à cheval et en les approchant assez pour les atteindre avec le *laço* ou avec les *boules*. A peu près à la même époque paraissait la publication des voyages de Burmeister (3). L'auteur cherche à faire connaître l'anatomie de ce rongeur, mais en dehors de cette étude rapide, un peu superficielle et qui ne pouvait être détaillée dans une publication plutôt géographique que zoologique, l'ouvrage de Burmeister ne signale rien de nouveau relativement aux mœurs du Mara. Cependant, il nous fait savoir que les Dolichotis mangent

---

(1) Desmarest a donné la formule dentaire du Dolichotis. Il fait remarquer qu'elle est la même que celle des Agoutis : i. $\frac{2}{2}$, can. $\frac{0}{0}$, mol. $\frac{4}{4}$. Il signale les molaires à couronne ovale aplatie et presque lisse, les supérieures échancrées en dehors et les inférieures échancrées à la face interne.

(2) Lesson, 1830, *Centurie zoologique*, p. 114. Il faut remarquer cette phrase de Lesson : Tout autorise à séparer le Mara des Agoutis dont il n'a point les caractères extérieurs.

(3) Burmeister, *Reise Durch die La Plata Staaten*, considère que le crâne du Dolichotis doit être rapproché de ceux de l'Agouti ou du Paca, et cette opinion ne pouvait être émise qu'avec une connaissance imparfaite du groupe des Caviadés.

non seulement l'herbe des champs, mais qu'ils se montrent
aussi très friands des fruits des arbres. Les poires, les
pommes, les pêches, arrivées ou non à maturité, firent partie
du régime d'un jeune Mara que le savant allemand garda
quelque temps en captivité. Une affirmation déjà inscrite par
Desmarest se retrouve encore ici ; Burmeister assure que la
femelle du Lièvre des Patagons ne fait jamais que deux petits par portée, comme le Cochon de mer. Il est difficile de
savoir ce que l'auteur entend par Cochon de mer ; en Allemagne on donne ordinairement ce nom au *Cavia cobaya*
domestique que nous appelons Cochon d'Inde, et chacun sait
que cette race donne plus de deux petits à chaque portée.
Quoi qu'il en soit, cette observation sur le nombre des jeunes
du Dolichotis a sa valeur ; il semble qu'à l'état sauvage il n'y
ait réellement que deux spécimens à la fois, nous verrons
que les observations faites sur les mêmes animaux à l'état
domestique annoncent des résultats différents.

Dans la première moitié du siècle paraissent encore
quelques notices sur le Dolichotis ; Darwin en parle dans
ses relations de voyage, puis Waterhouse dans son beau
traité des mammifères indique plus exactement les ressemblances avec les autres Caviadés.

Waterhouse (1) dessine pour la première fois un crâne de
Dolichotis vu par la face inférieure, et un peu plus tard, en
1854, Paul Gervais (2) consacre un chapitre au genre Dolichotis sans avoir possédé les matériaux nécessaires à une
étude magistrale que sa science zoologique lui eut facilement
permis de faire.

Après la fondation de la Société d'Acclimatation, l'histoire
naturelle du Mara entre dans une phase nouvelle. Les naturalistes ont fourni les renseignements que les difficultés de la
distance laissent encore incomplets, les personnes groupées
pour réaliser les œuvres d'importation et d'acclimatation vont
se mettre à l'œuvre et, peu à peu, au milieu de nombreuses
difficultés, on obtiendra en France quelques spécimens pour
le plus grand profit de l'avancement technique et pratique.

(1) Waterhouse, *Natural History of Mamm.*, vol. II, p. 156, 1848.
(2) Paul Gervais, *Mammifères*, 1854. Cet auteur faisait remarquer que le
crâne du Dolichotis n'est pas moins allongé dans sa partie faciale que celui du
Kérodon et que c'est de ce crâne qu'il se rapproche le plus par sa forme générale. Waterhouse l'avait précédé dans cette voie

Les obstacles à l'importation sont nombreux, non seulement à cause de la nécessité de capturer vivant et sans blessures, un animal sauvage, mais encore à cause des accidents de traversée. Il peut arriver que les individus précieux expédiés tombent malades et meurent pendant le voyage, mais il se trouve aussi que des passagers trop curieux de la valeur alimentaire des animaux qui naviguent avec eux, donnent immédiatement une destination nouvelle aux spécimens d'importation et les soumettent aux réactions mécaniques et chimiques de l'estomac humain. La chose est arrivée à de malheureux Dolichotis embarqués pour la France ; un passager les a mangés, et le pire de l'aventure, c'est que l'indiscret n'en fut même pas malade. Cette histoire doit encourager la propagande des végétariens, et faire reconnaître l'utilité de leur vocation.

Il y a une quarantaine d'années, Florent-Prévost (1), qui était à ce moment aide-naturaliste, chargé de la ménagerie du Muséum, présentait à la Société d'Acclimatation une liste des mammifères et des oiseaux qui lui paraissaient susceptibles d'être introduits en France et en Algérie. Parmi les espèces qui vivent sous une température assez analogue à celle de notre climat et pour lesquelles, disait-il, l'acclimatation est ainsi toute préparée par la nature », il cite le Mara de Patagonie (*Dolichotis Patagonica*). Dès lors, l'indication est précise, le vœu est formel et, sous cette indication, on devine l'influente direction d'Isidore Geoffroy Saint-Hilaire.

Un peu plus tard, ayant eu connaissance de la *Relation de voyage* de Burmeister, le Dr Sacc (2), en 1861, attire l'attention de la Société sur les animaux mentionnés dans cet ouvrage et spécialement sur le Mara.

Nous pouvons remarquer que le Dr Sacc emploie la dénomination de *Lièvre de Pampas* ; ce nom déjà employé antérieurement pour désigner le Dolichotis est encore plus mauvais que celui de Lièvre des Patagons. On a en effet désigné aussi la Viscache (*Lagostomus trichodactylus*), par les mots *Lièvre des Pampas* et *Lapin des Pampas*, et toutes ces expressions doivent disparaître parce qu'elles prêtent à con-

---

(1) Liste des Mammifères, etc., dont l'acclimatation pourrait être tentée en France et en Algérie. Florent-Prévost, *Bull. Soc. imp. d'Acclimatation*, t. II. 1855.

(2) Procès-verbaux Séances, *Soc. d'Accl.*, 1861.

fusion et peuvent ainsi entraîner des erreurs en zoologie.

Les avis de Florent-Prévost et du docteur Sacc furent suivis de quelques tentatives d'importation qui restèrent sans succès en France, mais réussirent mieux en Espagne. Au Muséum de Paris, un individu fut importé en 1864. Grâce aux indications de M. Milne Edwards, directeur actuel de cet établissement scientifique, j'ai pu retrouver dans les registres de la ménagerie, notification de l'existence d'un Mara, donné par MM. Buschental et Lapeaux, de Montevideo. L'animal ne vécut que peu de temps, du 28 octobre au 14 décembre de la même année.

En Espagne, une importation faite à peu près à la même époque, fut plus heureuse; elle comprenait, d'ailleurs, deux individus, un mâle et une femelle. M. Graells (1) écrivait, en effet, en 1865 : « Nous avons reçu une première collection d'animaux vivants de M. Espada, naturaliste, attaché à l'expédition scientifique espagnole, chargée d'explorer les côtes du Pacifique. » Dans cette collection figurent deux *Dolichotis Patagonica*.

Dès le principe, M. Graells (1) fut frappé de la beauté gracieuse du Mara. « A la vue de cet animal si doux, si caressant, si familier, de la taille d'un *Moschus*, et dont le pelage pourra être utilisé par la pelleterie, je n'hésite pas à affirmer que sa multiplication sera une véritable conquête pour nous ; il a des qualités analogues à celles du Chevreuil commun et n'est pas timide comme le sont les Léporidés. »

Comme le fait observer M. Cornély, dans un mémoire dont nous aurons à parler, quelques importations de Mara sont faites au Jardin de Londres de 1865 à 1874 ; mais, en 1870, la présence des Maras au Jardin zoologique d'Acclimatation du Bois de Boulogne, est signalée par M. Albert Geoffroy Saint-Hilaire, qui en possédait sans doute depuis quelque temps déjà, puisqu'il nous fait connaître à ce moment les qualités de rusticité du Dolichotis et sa résistance aux rigueurs de nos hivers. Un peu plus tard (2), c'est encore M. Geoffroy Saint-Hilaire qui nous aide à connaître les étapes successives de la

---

(1) Graells, délégué à Madrid de la Société d'Acclimatation. *Sur les travaux d'Acclimatation en Espagne en 1864.* Voyez *Bulletin de la Soc. d'Accl.*, 1865, p. 15 à 17.

(2) *Bull. mensuel du Jardin d'Accl. du Bois de Boulogne*, par M. A. Geoffroy Saint-Hilaire. Voyez *Revue Sc. nat.*, 1873, p. 763.

conquête du Mara, et nous donne la relation de quelques remarques sur leurs mœurs.

« Le couple, que nous possédions avant la guerre, ayant » succombé dans l'hiver 1870, nous allons pouvoir re- » prendre nos essais. Le Mara est une conquête à tenter; car » il est de grande taille et de bon goût. Nos nouveaux pen- » sionnaires ont creusé un terrier qui met en communication » l'intérieur de l'abri que nous avons mis à leur disposition » avec l'extérieur. Ils préfèrent ce chemin voûté par leurs » soins à la porte que nous leur avions faite. » Cette observa- tion intéressante nous paraît de nature à guider l'exécution des abris qu'il faut ménager aux Maras en captivité. Les plus légers détails lorsqu'il s'agit de l'étude des capricieux ins- tincts des animaux, sont parfois très importants pour la réussite de leur élevage.

« Il est bon de faire remarquer, ajoute M. Geoffroy Saint- Hilaire, combien leur allure et leur port diffèrent de ceux des lièvres, auxquels leur nom de Lièvre de Patagonie tend à les assimiler. » Au pas, au trot et au galop, les Maras ont beau- coup plus l'allure de Cerf que de Rongeurs. La façon dont ils se couchent n'est pas non plus celle des Lièvres et des Lapins. Leur analogie d'attitude avec ces derniers animaux ne s'ob- serve que lorsque les Maras sont assis sur leur derrière, position qu'ils affectionnent d'ailleurs beaucoup. »

Une gravure, représentant le Mara, était en même temps imprimée dans la *Revue*. Cette figure, empruntée au journal la *Chasse illustrée*, donne assez bien l'idée de l'attitude du Mara, mais elle est insuffisante pour l'iconographie zoolo- gique. Les oreilles si caractéristiques du Mara n'ont pas au- tant de longueur, et leur forme s'éloigne très sensiblement de celle qui est représentée. Quoi qu'il en soit, l'idée de pu- blier cette gravure était excellente; sa vue pouvait faire naître, chez les personnes en mesure de faire de l'acclimata- tion, le désir de tenter l'expérience. Elle représentait un ani- mal gracieux et d'allure séduisante. Les entreprises eurent lieu en effet et nous en signalerons plus loin quelques-unes.

Sur ces entrefaites paraissait un travail du professeur H. Burmeister (1), dans lequel il faisait connaître une nou- velle espèce de Mara. Après avoir traduit ce travail nous re-

(1) H. Burmeister, directeur du Mus. de Buenos-Ayres, *FMZS*, 207, 1875; et *Proc. Zool. Soc.*, London, 1875.

produisons ici ce qu'il nous paraît bon de noter pour servir
à l'histoire naturelle des Dolichotis.

. Le Lièvre des Patagons, tel qu'il fut caractérisé par d'A-
zara, se rencontre aussi dans la Patagonie supérieure, près
du Rio Negro, et dans les provinces de l'ouest de Saint-
Luis et de Mendoza. Un specimen fut envoyé à Burmeister
qui lui parut appartenir à une espèce nouvelle (1). « Il ressemblait au *Patagonica*, mais par les plus grandes dimensions de ses oreilles, il indiquait une espèce nouvelle de Dolichotis, vivant dans une région éloignée des routes qui
traversent le nord ou le sud de la République argentine. »
Cette espèce, dans la région centrale désertique, connue dans
la contrée Argentine, sous le nom de Salina, à cause des formations salines que présente le sol. Il s'agit là, sans doute,
de lacs salés, desséchés comme ceux que l'on rencontre en
Algérie ; il nous semble intéressant de remarquer que les
Dolichotis trouvent peut-être dans de tels parages une qualité particulière de nourriture en raison de l'abondance du
sel, et peut-être cet élément ne serait-il pas négligeable pour
le régime alimentaire en captivité.

Le spécimen examiné par Burmeister fut donc nommé *Dolichotis Salinicola*. « Connu par les habitants du pays sous le
nom de Cunejo (Lapin), nom qui est d'ailleurs appliqué à
toutes les petites espèces de Caviadés dans la contrée, il est
estimé par eux comme une bonne nourriture, et les Gauchos
le mangent volontiers. »

Ce Dolichotis aurait l'habitude de s'abriter dans d'anciennes excavations du sol et cette habitude l'aurait préservé
de la destruction. En outre, il différerait du Dolichotis patagonica par la coloration générale du pelage plus uniformément gris roux que dans l'espèce anciennement connue.

Nous inscrivons en note (2) les caractères descriptifs du

---

(1) Nous transcrivons ici le mot espèce, employé par Burmeister, mais nous
réservons notre avis qui serait plutôt de considérer le *Dolichotis Salinicola*
comme une simple variété.

(2) *D. Salinicola* (Burmeister). Même apparence générale que celle du *D.
Patagonica*, mais avec des jambes plus courtes, un volume plus petit et une
ressemblance de couleur avec le Lapin commun.

Le mâle et la femelle sont très semblables de couleurs ; toutefois la femelle
est un peu plus mince que le mâle et sa tête est plus petite.

Longueur de la tête et du corps.............   18 pouces.
Hauteur dans la position naturelle............   9 —

D. Salinicola, d'après Burmeister, observant seulement ici, que cet auteur n'a trouvé que deux tétines chez la femelle et qu'elle donne généralement naissance à deux jeunes, si ce n'est à un seul. « On ne voit jamais plus de trois individus à » la fois, les deux adultes et leur petit, et jamais on ne trouve » ces animaux en bandes comme les Viscaches. Ils sont vifs » dans leurs mouvements, fuient avec rapidité dans les buis- » sons et bondissent au plus épais où ils semblent avoir leur » terrier. Cette espèce vit sous terre, comme le D. Patago- » nica. » Nous verrons que ces affirmations de Burmeister sont en contradiction avec d'autres observations.

En lisant le très intéressant mémoire de M. Cornély (1), mémoire publié en 1885, nous voyons, en effet, que généralement les Maras mettent bas deux petits par portée et le fait nous a

Longueur de la tête.......................	2 pouces.	
— des oreilles	2	—
— du coude à l'extrémité des ongles...	5	—
— du genou au bout des ongles........	7	—
— du plus grand doigt postérieur......	1	—

Les pieds de derrière ont une longue marque noire sur le dos du tarse, commençant près du talon et descendant vers le milieu du pied, mais plus étroite en avant. (Nous avons observé la même chose chez *D. Patagonica.* R. S.-L.)

La face est plus large et les lèvres plus épaisses que chez *Dolich. Patag.* ? le nez entier est couvert de poils courts avec seulement une petite marge noirâtre qui est nue près des naseaux, le pli descendant de la lèvre supérieure est couvert de courts poils blancs.

Plusieurs longues soies de couleur noire sont à la lèvre supérieure, les plus longs ayant trois quarts de pouce ; il s'en trouve aussi à l'angle antérieur supérieur de l'œil. Les yeux sont grands, entourés d'une étroite marge noire, la paupière supérieure est pourvue de cils d'un demi-pouce de long s'étendant obliquement sur les yeux. (Cette description est certainement bonne et exacte, mais nous ne voyons jusqu'ici rien de caractéristique pour une nouvelle espèce. R. S.-L.)

Les oreilles sont placées à un pouce derrière les yeux, et dans le haut de chacune est un grand espace nu descendant jusqu'au cou. L'oreille externe a 2 pouces de haut, elle est très large à la base, profondément échancrée en arrière. Le milieu de l'intérieur de l'oreille est nu, mais les marges sont couvertes de poils courts noirs à l'extérieur, blancs en dedans. (La description continue encore assez longuement sans rien de spécial ; enfin nous arrivons seulement à remarquer que la grande tache noire du dessus de la croupe n'existe pas, et que la ligne blanche qui va d'un flanc à l'autre en passant sous la queue est disparue aussi.)

Burmeister ajoute que des parties internes il ne connaît que le crâne qui est exactement de même forme que celui de *D. Patagonica*, mais beaucoup plus petit, presque de moitié. Les dents sont les mêmes. Comme d'ailleurs les spécimens qui ont servi à l'étude étaient très jeunes, la différence dans les dimensions du crâne perdent beaucoup de leur importance. (R. S.-L.)

(1) *Note sur le Lièvre Patagon ou Mara*, par M. Joseph Cornély, *Bull. Soc. d'Accl.*, octobre 1885, pages 553 et suivantes.

encore été confirmé par M. Pierre-Amédée Pichot dont les observations seront, d'ailleurs, exposées plus loin. En outre, il
arrive que la portée peut être de trois petits, suivant M. Roger
qui s'occupe activement de l'acclimatation de ces animaux.

Le mémoire' de M. Cornély signale plusieurs faits sur lesquels nous ne croyons pas inutile d'attirer l'attention; on
nous excusera pour cette raison de reproduire encore ici certains de ces passages. « Lorsqu'un Chien ou une Gazelle ap-
prochaient les Maras par derrière, ils usaient d'un moyen de
défense bizarre. Un petit jet d'urine lâché à la face du gê-
neur suffisait à mettre obstacle à toute approche indiscrète. »
Ce procédé de défense est exactement le même que celui
qu'emploient les Cochons d'Inde, non seulement vis-à-vis des
animaux d'autre espèce, mais encore entre eux, et ceci est
dans l'ordre des faits de ressemblance que nous signalerons
plus loin, pour comparer le Mara au Cobaye, ou plutôt aux
Caviens en général.

Les Maras (1), ajoute plus loin M. Cornély, « arrivent au
moindre appel pour chercher un morceau de *pain ou de ca-
rotte* qu'ils aiment beaucoup. » Ils ne creusent pas de terriers,
au moins dans l'état de large captivité où ils se trouvaient au
parc de Beaujardin, où ils n'ont fait que des essais de tan-
nières, essais abandonnés chaque fois que le terrier avait
atteint environ cinquante centimètres de profondeur. Il est
certain cependant que l'instinct des jeunes les pousse à se réfugier sous terre, car plusieurs observateurs, MM. Cornély et
P.-A. Pichot entre autres, ont vu les jeunes, à peine nés, se
précipiter dans les souterrains du voisinage, que ces souterrains aient été ou non creusés par les parents.

Tandis que les études d'acclimatation se poursuivent dans
les parcs des propriétés particulières, la Société continue
dans ses séances à s'occuper de l'utilité du Mara. C'est ainsi
que M. P.-Amédée Pichot présente en janvier 1886 une nappe
de peaux de Mara qu'il a reçue du Chili. Il fait observer que
le poil, comparable à celui du Chevreuil, est un peu cassant,
et que si le Mara peut arriver à se reproduire abondamment
dans nos pays, ce sera probablement surtout comme animal

(1) Ces Maras provenaient du Jardin zoologique d'Anvers et du Jardin du
Bois de Boulogne, nous voyons donc les spécimens de cette espèce se répandre
peu à peu et se distribuer presqu'en même temps en Espagne, en France, en
Angleterre et dans les Pays-Bas.

alimentaire qu'il présentera un véritable intérêt. En même temps, M. A. Geoffroy Saint-Hilaire insiste sur les qualités de rusticité du Mara qui a supporté des froids de — 21° pendant l'hiver 1879-1880, et qui, sans abri, tapi dans la neige, a parfaitement résisté à cette épreuve (1).

- La même année, M. Cornély annonce que son élevage de Mara reste prospère. Ces intéressants rongeurs ont donné cette fois *trois* jeunes. Le fait mérite d'être noté. Les progrès de l'acclimatation sont en assez bonne voie pour que M. Cornély puisse céder à M. Sharland des spécimens adultes qui se sont reproduits dans leur nouvelle installation (2).

En 1889, la naissance de deux jeunes est signalée au jardin du Bois de Boulogne. L'un pesait 630 grammes, l'autre 430 grammes, le poids d'un adulte étant d'environ 5 kilogrammes.

Nous avons dit précédemment que nous avions quelques doutes au sujet de la nécessité d'établir une espèce pour le Dolichotis Salinicola de Burmeister. Jusqu'à un certain point notre opinion trouve un appui dans l'exposé des faits observés par M. Sharland (3). « Au mois de mai 1889, dit M. Sharland, une femelle Mara a mis bas deux petits : ils étaient d'un blanc sale à leur naissance, l'un un peu plus blanc que l'autre et ils avaient l'air d'avoir beaucoup moins de poil que ces jeunes animaux n'en ont d'habitude. J'ai pensé qu'ils étaient venus avant terme. » Ce fait est, à mon avis, des plus intéressants à noter, il montre quels peuvent être les effets de la domestication sur certaines espèces animales, et je ne puis me dispenser de le rapprocher de ce que j'ai déjà dit (4), en interprétant la naissance des jeunes Lapins comme une sorte d'avortement par comparaison avec les jeunes Lièvres. Plus loin, M. Sharland ajoute : « J'ai dans ce moment un vieux mâle, c'est un de ceux que M. Cornély a importés ce printemps, il est devenu roux clair presque de la couleur d'une Antilope des Indes. Ce changement s'est opéré en très peu de temps. Aujourd'hui, la fourrure d'hiver tombe et je crois que bientôt

(1) Une semblable observation sera faite pendant le très rigoureux hiver de 1890-1891 où sept Maras parqués au Jardin du Bois de Boulogne ont résisté sans aucun abri, réunis deux à deux.

(2) Voir *Rev. Sc. nat. appl.*, juin 1888, page 596, Chronique du Jardin d'Acclimatation du Bois de Boulogne.

(3) *Rev. Sc. nat. appl.*, 1890, pages 605-606.

(4) *Rev. Sc. nat. appl.* et C. R. Acad. Sciences, 1893.

il reprendra sa couleur habituelle. Mais c'est la première fois
que ce changement de pelage se produit. » Ainsi voilà un
exemple de modification spontanée et accidentelle du pelage
spécifique d'un animal, ayant pour résultat de lui donner, au
moins temporairement, les caractères du pelage d'une autre
espèce zoologique. Il est certain que si un zoologiste nomen-
clateur avait rencontré le Mara de M. Sharland dans quelque
région éloignée, il en eût fait une espèce (1).

Nous venons de voir quelle marche a suivie l'importation et
l'acclimatation du Mara jusqu'à ces dernières années ; il nous
restera à présenter les résultats obtenus plus récemment et à
donner une description résumée de ces animaux, comportant
non seulement la couleur et la dimension, mais aussi les caractères que l'examen des particularités anatomiques permet
de reconnaître.

Récemment, en 1891, M. Franck Beddard, prosecteur à la
Société zoologique de Londres, a publié une étude des
muscles des membres antérieurs et postérieurs du Dolichotis
qui, autant que j'ai pu le vérifier, est très satisfaisante. Je
n'en puis dire autant de ses remarques relatives aux autres
particularités anatomiques, ni surtout de ses conclusions.
Sans discuter ici les points faibles, je signalerai cependant
l'inexactitude de la figure qui représente la face supérieure du
palais chez le Mara, figure que l'on pourrait croire dessinée
d'après une Viscache, attendu que les dents représentées ne
correspondent nullement à celles du Mara. Ces observations
seront relatées dans un autre travail dont j'ai pu, grâce
aux soins de M. Pierre-Amédée Pichot, réunir les matériaux (2).

. (1) M. Cornély a signalé d'après Weyenbergh une espèce, *Dolichotis centralis*,
sur laquelle je n'ai pas de documents.

(2) Je noterai seulement ici pour prendre date que la muqueuse palatine présente trois papilles développées, l'une incisive, l'autre médiane, la troisième non
loin des premières molaires. La papille médiane est particulièrement remarquable, elle comprend l'organe de Jacobson et le canal naso-palatin. J'ai reconnu pour la première fois ces dispositions qui se trouvent aussi chez le
Cochon d'Inde et je pense aussi chez d'autres Caviadés. L'aorte ne fournit à la
sortie du cœur qu'un seul tronc pour les divisions brachio-céphaliques. La structure du cœcum est la même que chez le Cochon d'Inde ; il y a quelques différences dans la région périnéale.

Les dents ont été bien étudiées par Waterhouse, nous les comparons volontiers, comme cet auteur, aux dents du *Cavia rupestris* ou Cerodon (Kerodon de
Gervais). Le jeune, à la naissance, présente seulement ses quatre incisives
encore arrondies à la pointe et la deuxième molaire commence à peine à percer ;

Notre distingué et obligeant collègue s'occupe depuis quelques années de l'élevage du Dolichotis, et comme il connaissait mon désir d'étudier la structure d'un de ces animaux, il m'a fait parvenir une femelle adulte qui venait de mourir et qui était en très bon état pour la dissection. Quelques jours après, M. Pichot me donnait deux jeunes Maras morts-nés qu'il avait eu la précaution de placer immédiatement dans l'alcool de sorte que j'avais le nécessaire pour une étude anatomique que je poursuis en ce moment. Je crois pouvoir rendre compte ici des observations utiles pour la zoologie et l'acclimatation du rongeur qui nous occupe.

Description. — Pour la forme et pour les allures le Dolichotis semble tenir à la fois du Chevreuil, du Lièvre et du Cochon d'Inde. Dès qu'on l'étudie de plus près c'est avec le Cochon d'Inde que la ressemblance est le plus marquée. On pourrait dire que le Dolichotis est un Cavia qui a grandi, qui s'est haussé sur des pattes fines et élégantes, prenant ainsi beaucoup de grâce et de légèreté. Le pelage est d'un gris fauve très finement piqueté de nuance blanchâtre. Cette teinte générale se fonce beaucoup dans la région des reins de sorte qu'une large tache noire couvre la croupe. Cette tache est brusquement limitée par une bande de pelage blanc qui va de l'un des flancs jusqu'à l'autre en passant sous la queue. Les côtés de la poitrine et du ventre sont marqués d'une bande fauve et horizontale qui tranche assez nettement sur la tonalité grise du dos et la tonalité blanche du ventre.

puis apparaissent successivement la troisième, la première et la quatrième molaire qui est assez en retard sur les autres. A la naissance, la première molaire a une couronne à trois mamelons arrondis qui ne ressemblera à une dent de rongeur qu'après avoir été rasée par le frottement. Il existe aussi à cette époque une petite molaire de lait située entre la première et la deuxième molaire permanente, et cela aussi bien à la mâchoire supérieure qu'à la mâchoire inférieure, elle tombe très peu de temps après la naissance.

Dimensions du Mara à la naissance :

Longueur du bout du museau à la nuque	6 cent.
— du bout du museau à la queue	18
— du bras (de l'épaule au coude)	4,5
— de l'avant-bras (du coude au poignet)	5
— de la main (du poignet au bout des doigts)	3,5
— de la cuisse	4,5
— de la jambe (du genou au talon)	6,5
— du pied (du talon au bout des doigts)	6

Les jeunes viennent au jour, couverts de poils et les yeux ouverts. L'individu mesuré ici me parait être né un peu avant terme.

Chaque poil de la fourrure grise est noir, fauve et blanc par anneaux successifs.

Chez les très jeunes Maras les différences de nuance sont un peu moins tranchées. Toutes les parties dorsales ou tournées vers la lumière sont les plus foncées, le pigment noir y est le plus développé. Il en est ainsi sur les dessus de la face et du crâne, sur le milieu de la nuque, sur le dos et surtout sur la croupe dont la tache noire brusquement bordée de blanc jaunâtre en arrière, est déjà visible. La partie antérieure externe des pattes de devant et le dessus des doigts sont foncés et au membre postérieur la face supérieure et externe du pied est de même un peu noircie. Les oreilles sont relativement larges (1), leur bord antérieur est légèrement et régulièrement convexe, le bord postérieur présente un lobe fortement convexe qui est séparé par une échancrure arrondie de l'extrémité plus pointue de l'oreille. Cette oreille ressemble à une oreille légèrement bilobée de Cobaye dont le lobe antérieur se serait développé et acuminé. La face dorsale de l'oreille est presque glabre, surtout vers la nuque; il en est de même chez les jeunes. La peau de l'oreille est noire comme, d'ailleurs, le bord des paupières, les naseaux et les pelotes des extrémités antérieures et postérieures. Une callosité noire, correspondant à un épaisissement corné du derme, se trouve occuper la moitié postérieure des pieds de derrière, depuis le talon jusqu'au milieu du tarse.

L'ouverture des narines est très petite, leur fente externe rejoint la fente ou pli labial supérieur. Les poils de l'extrémité du museau sont d'un blanc jaunâtre argenté, des longues soies plantées de chaque côté de la lèvre supérieure forment une moustache noire dirigée vers le haut. Les yeux sont abrités par de longs cils de la paupière supérieure.

(*A suivre.*)

(1) Chez la femelle étudiée, je mesure 9 centimètres de l'encoche à la pointe de l'oreille et 6 cent. 5 pour la plus grande largeur ; chez le jeune nouveau-né, hauteur 4 cent. 6, largeur 3 cent. 6.

LA
DESTRUCTION DU BISON AMÉRICAIN

D'APRÈS M. HORNADAY, SUPERINTENDANT DU PARC ZOOLOGIQUE DE WASHINGTON

PAR M. H. BREZOL.

(SUITE *)

Le gaspillage le plus effréné caractérisa les campagnes de 1871 et 1872, le manque d'adresse des tireurs, leur défaut de connaissances pratiques pour préserver les peaux de la putréfaction étaient tels qu'en 1871 une robe envoyée vers les lieux de vente représentait 5 Bisons tués. Les chasseurs s'exercèrent, on accorda plus d'attention à l'écorchage et à la conservation des robes, et en 1872 une robe vendue ne représentait plus que 3 Bisons tués. L'expérience acquise devint surtout sensible en 1873, les bandes de chasseurs s'organisaient, mais il y avait encore tant de Bisons à cette époque, et les individus consentant à se faire écorcheurs au lieu de chasser étaient si peu nombreux que pendant le cours de cette année on tuait en moyenne 2 Bisons pour vendre une robe.

En 1874, les massacreurs commencèrent à s'alarmer de la rareté progressive de ces animaux, et les écorcheurs ayant beaucoup moins de cadavres à dépouiller purent consacrer plus de temps à chaque opération et l'effectuer convenablement. A partir de cette époque, cent robes ne représentaient plus que 125 Bisons tués.

Le Still hunt fut seul mis en pratique contre le troupeau du Sud. D'après l'ouvrage du colonel Dodge, Plains of the great West, les bandes de chasseurs se composaient généralement de quatre hommes : un tireur, deux écorcheurs, un cuisinier, qui, en dehors de ses attributions culinaires, était chargé d'étendre les peaux pour les faire sécher et de garder

(*) Voyez Revue, 1894, 2e semestre, p. 433.

le camp. On augmentait le nombre des écorcheurs, si les Bisons étaient abondants. Un chariot attelé de deux chevaux ou de deux mules transportait le léger bagage de la troupe à travers la prairie, et ramenait au camp les peaux enlevées dans la journée. Les provisions, très modestes, consistaient en un sac de farine, un quartier de lard, un peu de café, de thé, de sucre, parfois de haricots, le tout pouvant durer un mois environ. Une tente abritait les hommes pendant la nuit, deux couvertures constituaient un lit. Les armes consistaient en un ou plusieurs Sharp ou Remington de gros calibre et une forte provision de cartouches. Le matériel de cuisine et le service de table se résumaient en une poêle à frire, une cafetière, quatre assiettes d'étain et quatre gobelets. On découpait les aliments avec les couteaux à écorcher, et les doigts étaient connus bien avant l'invention des fourchettes. N'oublions pas un ou plusieurs barils de 10 gallons, de 45 litres, pour l'eau, car on pouvait être obligé d'établir le camp loin d'une source. Ces provisions, ce matériel étaient généralement fournis par le marchand pour le compte duquel la petite troupe opérait, et les membres de cette troupe recevaient des appointements proportionnés au nombre des peaux qu'ils avaient expédiées. Le tireur, chef et guide de la bande, était soigneusement choisi pour son adresse et sa parfaite connaissance des mœurs du Bison. Conduisant ses hommes au centre du pays où vivaient ces animaux, il y cherchait un cantonnement non encore accaparé par d'autres chasseurs, car des règlements adoptés, reconnus comme articles de loi, avaient cours chez ces individus, et donnaient à tout chasseur un droit de découverte et de première occupation. Quand il avait trouvé un terrain de chasse favorable, on installait le camp dans quelque ravin bien caché, et l'action commençait.

Le massacre atteignit son maximum d'intensité dans la région traversée par la ligne Kansas Pacific ; le pays desservi par la ligne Atchinson Topeka et Santa-Fe venait ensuite, puis la partie des prairies sur laquelle passait la ligne Union Pacific.

En 1873, la ligne Atchinson Topeka et Santa-Fe transporta 251,443 robes, 750,000 kilogs de viande et 1,250,000 kilos d'os.

La fin du troupeau du Sud était proche alors. Toute la ré-

gion formait un immense charnier. Des cadavres de Bisons
en putréfaction, dont beaucoup étaient encore revêtus de leur
peau, gisaient étroitement serrés, couvrant des milliers de
kilomètres carrés, empoisonnant l'air et les eaux, offensant
la vue. Les troupeaux n'étaient plus que des bandes clairse-
mées, harassées, pourchassées de plus en plus par les chasseurs accourus presque aussi nombreux que les Bisons. Des
lignes de camps couraient le long de l'Arkansas, de la Platte,
de la Républican et de quelques autres rivières pourvues
d'eau. Les troupeaux altérés par une poursuite continuelle
étaient alors obligés pour boire de défiler sous les fusils de
leurs impitoyables destructeurs. Dans les endroits tels que la
rive gauche de la Platte qui se prêtaient bien à ce mode d'affût, on détruisait des troupeaux entiers en allumant des feux
sur la rive la nuit pour les empêcher de venir boire, ce qui
les obligeait à attendre le jour, et alors les chasseurs pouvaient travailler à leur aise. M. William Blackmore ayant
parcouru 55 à 65 kilomètres le long de la rive gauche de
l'Arkansas, à l'Est du Fort Dodge, trouva ce fleuve bordé
d'une ligne continue de cadavres de Bisons en putréfaction
qui empestaient l'air ; 67 cadavres furent comptés sur une surface de moins de 1 hectare 1/2. Les chasseurs dont les camps
étaient installés le long du fleuve tiraient jour et nuit sur les
Bisons qui tentaient d'y venir boire.

Les blancs n'avaient pas le droit de chasser sur le Territoire Indien, mais ils avaient repéré au moyen de piquets
la ligne séparant au Nord ce Territoire du Kansas, et tout
troupeau qui pénétrait sur le Kansas était immédiatement
détruit. Tous les trous retenant l'eau des pluies étaient gardés par un camp de chasseurs, et quand un troupeau altéré
s'approchait pour boire, il tombait bientôt sous les balles des
carabines.

Pendant cette période de massacre, tout individu désirant
s'approvisionner de viande de Bison abattait ordinairement
assez de ces animaux pour obtenir le quintuple de la quantité de viande qu'il emportait. Ces chasseurs se contentaient
d'enlever les parties les plus estimées, parfois la langue seulement, ou la bosse, ou les quartiers de derrière, ou ces différentes parties à la fois, mais les 4/5 de la viande réellement
comestible restaient abandonnés aux Loups. A cette époque
de gaspillage criminel, il n'était donc pas rare de voir mas-

sacrer des Bisons dans le but unique de leur enlever la langue qui se payait 1 fr. 25 sur la prairie, et se vendait 2 fr. 50 dans les villes. Souvent un chasseur rentrait d'une expédition rapportant simplement deux barils de langues salées, sans une seule robe, sans la moindre quantité de viande. Georges Catlin raconte, du reste, qu'en 1832 un immense troupeau de Bisons étant apparu sur la rive gauche de la rivière Teton, une troupe de 500 ou 600 cavaliers Sioux traversa le cours d'eau pour les attaquer et revint bientôt après avec 1,400 langues fraîches, la seule partie qu'ils eussent enlevée à leurs victimes. Ils abandonnèrent ce produit de leur chasse, contre quelques gallons, 4 litres 54 d'eau-de-vie qui furent consommés sur place.

D'après les nombreux rapports des témoins oculaires, on évaluerait à 50,000 le nombre des Bisons du troupeau du Sud, qui furent simplement tués pour leurs langues, et la plupart de ces animaux tombèrent victimes des chasseurs blancs.

On a beaucoup parlé aux États-Unis de sportsmen étrangers, anglais principalement, qui prenaient plaisir à aller massacrer des Bisons ; ces faits ont été bien exagérés. Il est vrai que tout sportsman anglais visitant les États-Unis à l'époque du Bison, tenait à prendre part à une chasse, et les expéditions auxquelles ces chasseurs se joignaient, étaient généralement dirigées par des officiers de l'armée des États-Unis. Les amateurs étrangers ont évidemment tué des centaines de Bisons, mais il est douteux que le nombre total de leurs victimes s'élève au delà de 10,000, et d'anciens Still hunters vivent probablement encore aujourd'hui qui ont fait beaucoup plus de victimes que tous les chasseurs étrangers réunis. Les massacreurs professionnels, désireux de détourner l'attention de leur façon d'agir, ont essayé à diverses reprises de soulever l'opinion publique contre les amateurs anglais qui chassaient le Bison en vue de se procurer des têtes à faire monter, au lieu de les tuer comme eux pour en vendre la robe 1 dollar ; on a depuis longtemps fait justice de ces accusations, destinées simplement à détourner l'attention des coupables véritables. La chasse du Bison était beaucoup trop facile pour séduire un véritable sportsman, car il n'était pas plus difficile, pas plus dangereux, de tuer un Bison que d'abattre un Taureau du Texas.

Ce sont donc les chasseurs de robes, blancs et rouges, les premiers principalement, qui détruisirent en quatre ans le grand troupeau du Sud. Les prix auxquels on leur payait les robes variaient beaucoup avec les circonstances. Pour une peau de veau verte non préparée, le chasseur recevait d'ordinaire 2 fr. 70, et 7 francs pour une bonne peau d'animal adulte. Ces prix paraîtront certainement bien faibles, mais si on songe qu'un chasseur pouvait abattre 40 et 60 Bisons en une journée de travail, on comprendra que ces chances de gain suffisaient amplement pour tenter de nombreux individus.

L'évaluation la plus consciencieuse, la plus exacte, qui ait été faite des résultats du massacre du troupeau du Sud, est celle du colonel Dodge. Il a emprunté aux livres de la Compagnie de chemins de fer Atchinson Topeka et Santa-Fe, les chiffres suivants relatifs au transport des robes, de la viande et des os, pendant les trois années qu'a duré le massacre :

ANNÉES.	NOMBRE DES ROBES.	VIÁNDE EN KILOGS.	OS EN KILOGS.
1872.........	165,721	»	515,000
1873.........	251,443	733,800	1,244,300
1874.........	42,289	339,200	3,136,600
Totaux....	459,453	1,073,000	4,895,900

Les directeurs des deux lignes Kansas Pacific et Union Pacific n'ayant pas pu ou n'ayant pas voulu fournir les mêmes renseignements, on en est réduit à faire des hypothèses sur la part que ces lignes ont prise au transport des produits du Bison. La première traverse un pays qui possédait autant de Bisons que la région desservie par la ligne d'Atchinson à Topeka et Santa-Fe ; elle devait donc transporter à peu près la même quantité de produits. La ligne Union Pacific était moins employée que ses rivales du Sud, mais avec les petits embranchements qui s'en détachaient pour desservir les prairies des Bisons, on devait arriver au même chiffre d'affaires.

- Le colonel Dodge estime donc que les nombres relevés pour la ligne Atchinson Topeka et Santa-Fe représentaient le tiers des produits des Bisons transportés par les voies ferrées. Si on admet, en outre, qu'une peau expédiée représentait

3 Bisons tués en 1872, 2 en 1873, et que pour expédier 100 peaux en 1874 il fallait tuer 125 Bisons, on arrive aux chiffres suivants pour les Bisons tués par les chasseurs blancs sur les prairies du Sud pendant les trois années qu'a duré le massacre :

ANNÉES.	ROBES transportées par la ligne Atchinson Topeka et Santa-Fe.	ROBES transportées par les deux autres lignes.	TOTAL des robes transportées par chemins de fer.	NOMBRE des Bisons tués sans utilisation.	TOTAL des Bisons massacrés par les chasseurs blancs.
1872...	165,721	331,442	497,163	994,326	1,491,489
1873...	251,443	502,886	754,329	754,329	1,508,658
1874...	42,289	84,578	126,867	31,716	158,583
Totaux.	459,453	918,906	1,378,359	1,780,371	3,158,730

Les chasseurs de race blanche auraient donc tué en trois ans plus de trois millions des Bisons du troupeau du Sud.

Pendant ce temps, les Indiens de toutes les tribus vivant sur les prairies ou dans leurs alentours, tuaient également un grand nombre de Bisons. Les peaux dénudées des animaux abattus l'été leur servaient à faire des tentes et du cuir ; en automne, ils chassaient un peu pour s'approvisionner de viande, mais surtout pour se procurer des robes, leur seul article de vente dans leurs relations commerciales avec les blancs. Ils étaient trop paresseux et trop insouciants pour faire des provisions de viande, et, du reste, le gouvernement n'était-il pas là pour les nourrir ?

« Il est assez difficile, dit le colonel Dodge, d'évaluer le » nombre de Bisons que représentaient les robes tannées à » l'indienne, expédiées sur les marchés : ce nombre variait » avec les tribus et avec la plus ou moins grande intimité » de leur contact avec les blancs. Les Cheyennes, les Ara- » pahoes, les Kiowas des plaines du Sud, qui entretenaient » peu de relations avec les blancs, se faisaient avec les peaux » des Bisons des tentes, des vêtements, des couvertures, des » boucliers, des selles, des lassos, etc., et n'expédiaient guère » sur les marchés qu'une robe, pour dix qu'ils avaient en- » levées. Afin cependant d'éviter toute exagération, nous » admettons que sur six robes on en vendait une aux blancs.

» Les bandes de Sioux, qui habitent à proximité des

» agences et expédient des pelleteries par la ligne Union
» Pacific, vivent sous des tentes de toile ou de coton que le
» bureau indien leur distribue. Leurs vêtements sont moins
» primitifs, ils ont des couvertures de laine, quelques meu-
» bles, des cordes, etc. ; tout ce luxe, ils l'obtiennent en
» échange de leurs robes, et, comme les prairies sont éloi-
» gnées et la chasse peu fructueuse, ils écoulent de cette
» façon plus de moitié des robes qu'ils se procurent. »

On peut donc dresser le tableau suivant pour obtenir le
nombre des Bisons massacrés en trois ans par les Indiens au
Sud de la ligne Union Pacific :

19,000 robes expédiées chaque année par les Comanches,
les Kiowas, les Cheyennes, les Arapahoes et autres Indiens,
sur la ligne Atchinson Topeka et Santa-
Fe. Ces 19,000 robes représentent ..... 114,000 Bisons tués.

10,000 robes expédiées par les Sioux
des agences sur la ligne Union Pacific.
Ces 10,000 robes représentent 16,000   —   —

Total par an : 29,000 robes représentant 130,000 Bisons tués.

Total pour les trois années 1872, 1873 et 1874 : 390,000
Bisons tués.

Il a déjà été question des fermiers du Kansas oriental et du
Nebraska, qui allaient chaque automne se faire des provisions
d'hiver aux dépens des Bisons de l'ouest du Kansas. Tous
avaient coutume d'entreprendre cette chasse annuelle tant
qu'il exista des Bisons. Ces chasseurs s'occupaient peu des
robes, qui se corrompaient toujours entre leurs mains ; ils se
contentaient donc de prélever les meilleurs quartiers de
viande, aussi le gaspillage était considérable.

Nous trouvons quelques renseignements sur la valeur vé-
nale de cette viande, dans un article publié le 9 février 1889
par le journal *The World*, de Wichita, Kansas : « En 1871 et
» 1872, dit l'auteur de cet article, des milliers de Bisons er-
» raient à 15 ou 16 kilomètres de Wichita, petit village alors
» qui servait de quartier général aux chasseurs venant
» exercer leur profession pendant l'automne. On tuait sur-
» tout les Bisons pour leur robe et tous les jours des wagons
» de chemins de fer passaient chargés de dépouilles. La
» viande tendre et savoureuse de ces animaux se vendait 5 et

» 10 centimes la livre de 454 grammes. La profession de
» chasseur resta lucrative pendant quelque temps, puis
» l'encombrement du marché fit tomber les robes à des prix
» variant entre 1 fr. 25 et 2 fr. 50. Il arrivait souvent alors
» aux habitants de Wichita de partir le matin avec des cha-
» riots vides et de les ramener le soir chargés de viande de
» Bison ramassée sur la prairie. »

Les colons du Kansas, du Nebraska, du Texas, du Nou-
veau-Mexique et du Colorado, ainsi que les Indiens des régions situées à l'ouest du domaine des Bisons, tuaient encore
un grand nombre de ces animaux chaque année, mais on
manque absolument de données permettant d'établir une statistique. Si cependant on prend comme point de départ le
nombre des individus qui vivaient aux alentours du range
des Bisons, on peut estimer que cette population hétérogène
tuait chaque année 50,000 Bisons au moins, et probablement
davantage. C'est donc un chiffre de 150,000 Bisons pour les
trois années qu'a duré la destruction.

En additionnant les chiffres relatifs aux différentes catégories de chasseurs, on arrive enfin au résultat suivant :

Bisons tués en 1872, 1873, 1874, par les chasseurs de profession........................ 3,158,730
Bisons tués par les Indiens pendant la même
période................................... 390,000
Bisons tués par les colons et les Indiens des
montagnes................................. 150,000
                                            _____
                      Total........ 3,698,730

Ce chiffre pourrait paraître exagéré, mais rien ne fait cependant supposer qu'il soit erroné. De nombreux individus
vivent encore aujourd'hui, du reste, qui déclarent avoir tué
2,500 et 3,000 Bisons par an pendant le grand massacre. Une
troupe de 16 individus en tua 28,000 en un été. Etant donnée
l'affluence des chasseurs qui rivalisaient sur la prairie, il
n'est donc pas étonnant qu'un nombre moyen de 1 million et
un quart de Bisons soient tombés pendant chacune des trois
années de cette sanglante période.

A la fin de la saison de chasse de 1875, le grand troupeau
du Sud avait vécu. Le corps principal des animaux suivants,
comprenant 10,000 têtes environ, était en fuite vers le Sud-

Ouest où il se dispersa à travers la vaste étendue déserte et inhospitalière qui s'étend au Sud du pays du Cimarron, sur la bande de terre dite Public Land, le Nord-Ouest du Texas, et le Llano-Estacado, vaste plaine sauvage située dans cet état, sur laquelle les Bisons descendirent jusqu'à la rivière Pecos, un affluent de gauche du Rio Grande del Norte. Là, ils continuèrent à attirer les chasseurs qui les poursuivaient au péril de leur vie, jusque dans les solitudes du Llano Estacado.

M. Hornaday rencontra en 1886, sur une ferme à bétail du Montana, un ancien chasseur des Bisons du Texas, nommé Henry Andrews, qui avait pris part à cette dernière poursuite, de 1874 à 1876. Le marché ayant reçu un excès de robes on ne donnait plus à cette époque aux chasseurs que 3 fr. 75. pour une robe de vache et 6 francs pour une robe de taureau livrée sur le range, l'acheteur se chargeant du transport au chemin de fer. Même à ces prix, les chasseurs gagnaient encore beaucoup d'argent, et il arriva même un jour à Andrews de tirer 115 coups de fusil en une heure sur un troupeau contre lequel il avait trouvé une position favorable. Ses 115 balles firent 63 victimes.

La chasse du Bison cessa d'être une profession dans la région du Sud à partir de 1880 et la dernière expédition contre cet animal y fut entreprise pendant l'automne et l'hiver de 1886, à 160 kilomètres au Nord de Tascosa, Texas. Deux bandes de chasseurs, dont une était conduite par Lee Howard, attaquèrent le dernier troupeau de Bisons comprenant 200 têtes environ qui vécut encore dans le Sud-Ouest, et en tuèrent 52, en conservant dix peaux entières pour les faire empailler. On coupa la tête des 42 autres Bisons pour les faire monter. Les peaux destinées à être empaillées atteignirent les prix suivants : peau de génisse, de 265 à 320 fr., peau de vache adulte de 400 à 530 francs, peau de taureau adulte, 800 francs. Les têtes des jeunes taureaux furent payées de 135 à 160 francs, celles des taureaux adultes 265 francs, celles des génisses de 55 à 65 francs, celles des vaches adultes de 80 à 135 francs. Les 14 plus belles robes se vendirent 106 francs chacune, et les 28 autres furent achetées en bloc par la compagnie des fourrures de la baie d'Hudson qui en donna 1870 francs.

Quelques petites bandes conservèrent encore pendant plu-

sieurs années une existence précaire vers les sources de la
Republican River et dans le Sud-Ouest du Nebraska, près
d'Ogalalla, où on put se procurer des veaux vivants jusqu'en
1885. Des Bisons sauvages furent vus pour la dernière fois
dans le Sud-Ouest du Texas en 1886, et deux ou trois petits
troupeaux vivent encore dans la région de la Rivière Canadienne, derniers restes du grand troupeau du Sud.

Telle fut la fin de cette puissante agglomération d'animaux, qui après avoir compté plus de 3 millions d'individus
en 1871, avait absolument cessé d'exister comme troupeau
en 1875, ses seuls survivants étant représentés par quelques
bandes dispersées et fugitives.

DESTRUCTION DU TROUPEAU DU NORD.

Jusqu'à l'établissement, en 1880-1882, de la ligne des chemins de fer du Northern Pacific, on ne disposait que de deux
voies commodes pour expédier vers les marchés les robes des
Bisons tués chaque année dans le Nord-Ouest des États-
Unis. La voie principale était le Missouri, la Yellowstone
venait ensuite. Les peaux étaient transportées sur ces deux
fleuves par des bateaux à vapeur, qui les conduisaient aux
stations les plus proches des chemins de fer. Cinquante ans
avant la mise en service de la ligne Northern Pacific, on
transportait chaque année par ces deux fleuves un nombre
de robes sur lequel les estimations diffèrent considérablement,
car on le fait varier de 50,000 à 100,000. Un grand nombre
de Bisons étaient tués sur les possessions anglaises et leurs
robes, accaparées par la compagnie de la baie d'Hudson, restaient au Canada.

En mai 1881, un journal de Sioux City, Jowa, donnait les
indications suivantes sur la récolte des robes pendant la saison précédente qui était l'hiver de 1880-81 : « Les personnes
» compétentes évaluent à 100,000 le nombre des robes de Bi-
» sons qui vont arriver de la région de la Yellowstone, et
» deux marchands de fourrures sont en train de traiter pour
» l'achat de 25,000 robes chacun. La plupart des habitants de
» notre ville ont certainement entendu parler l'an dernier
» de l'énorme masse de robes que M. Peck avait achetées. Ces
» robes amenées de la région de la Yellowstone sur un petit

» bâtiment, le *Terry*, l'emplissaient tout entier, de la cale au
» hurricane-deck. Les hommes de l'équipage eux-mêmes se
» demandaient comment un aussi léger bâtiment pouvait
» contenir cette énorme charge. »

» Les pelleteries et les robes de Bisons qui vont bientôt ar-
» river à Sioux City seront chargées sur 15 bateaux de la
» Yellowstone, dont elles suffiront à constituer le fret. En.
» admettant que 1,000 peaux de Bisons forment la charge
» de 3 chariots, ce sont donc 300 chariots qu'il faudra em-
» ployer pour transporter cette énorme masse vers l'Est,
» plus une cinquantaine de chariots pour les autres four-
» rures. Rien de semblable n'a encore été signalé dans les
» fastes du commerce des pelleteries. Les résultats de la der-
» nière saison de chasse du Bison ont dépassé la moyenne,
» et cependant il n'est venu que 30,000 robes du range, pas
» même le tiers de ce qui va être expédié cette année. L'hi-
» ver que nous venons de supporter ayant été fort rude, en
» effet, les Bisons se sont réfugiés dans les vallées où ils pou-
» vaient trouver encore un peu d'herbe, et c'est là que les
» chasseurs les ont massacrés pendant toute la mauvaise
» saison. Ce n'était plus une chasse à la vérité, mais une vé-
» ritable boucherie d'animaux affamés. Nous devons dire
» à l'honneur des Indiens, qu'ils ont seulement tué pour se
» procurer la viande nécessaire à leur consommation. La
» plus forte partie de la tuerie a été exécutée par les chas-
» seurs blancs, par les bouchers plutôt, dont la profession
» consiste à massacrer et à dépouiller des Bisons, moyennant
» des appointements mensuels, en laissant la chair se cor-
» rompre et empester la prairie. »

A l'époque où la ligne du chemin de fer Union Pacific par-
tageait en deux les prairies des Bisons, le troupeau du Nord
s'étendait de la vallée de la Platte du Sud jusqu'à la côte Sud
du Grand Lac de l'Esclave qui était sa limite Nord, il atteignait presque le Minnesota à l'Est, et s'élevait à l'Ouest à
une altitude de 2,500 mètres dans les Montagnes Rocheuses.
Les bandes étaient surtout nombreuses le long de la partie
centrale de cette région, où il n'existait aucune interruption
de la vallée de la Platte au Grand Lac de l'Esclave. Les Bisons étaient, au dire de tous les chasseurs, trois fois plus
nombreux sur la moitié Sud du range avant la séparation,
que sur sa moitié Nord. Vers 1870, 4 millions de Bisons vi-

vaient sur le range du Sud et 1 million 1/2 seulement sur le range du nord. On attribuait généralement, mais à tort, un nombre de têtes plus considérable au troupeau du Nord. Quoiqu'il disposât d'une aire immense sur laquelle il pouvait se déplacer à sa guise, le troupeau du Nord avait donc un effectif inférieur de plus de moitié, à celui du troupeau qui paissait sur les prairies du Sud, troupeau dont la densité était telle, que la cavalerie de l'armée des États-Unis ne trouvait plus rien à manger quand elle poussait une pointe sur son domaine.

La destruction des Bisons du Nord se fit d'une façon aussi simple et aussi brève que celle de leurs frères du Sud.

(*A suivre.*)

LES PERLES FINES [1]

Les pêcheries de Perles du Golfe de Manaar, célébrées autrefois par les poètes indiens, n'ont, aujourd'hui encore, rien perdu de leur antique fécondité grâce aux mesures de protection prises par le Gouvernement Anglais ; les fonds de pêche actuellement exploités s'étendent sur une longueur de 20 à 25 milles entre l'extrémité sud de l'Hindoustan et l'île de Ceylan, points entre lesquels la profondeur varie de 12 à 18 mètres.

Les Mollusques qui produisent les Perles du Golfe de Manaar sont désignés par les zoologistes sous le nom de *Meleagrina margaritifera* ; ils peuvent atteindre la taille d'une Huître et exigent six à sept ans pour parvenir à l'état adulte ; l'anatomie de la Méleagrine est d'ailleurs à peu de chose près la même que celle des autres Lamellibranches ; une seule particularité est intéressante au point de vue spécial qui nous occupe ici : la structure du manteau. Cet organe est composé des trois couches suivantes : 1° épiderme ; 2° couche fibreuse ; 3° couche perligène (en contact avec la coquille) ; c'est dans cette dernière couche que sont secrétées les perles.

Les Méleagrines vivent au milieu des amas de Polypiers, de Mollusques et des autres animaux qui garnissent le fond de la mer ; elles se plaisent surtout entre 6 et 9 mètres de profondeur, plus rarement on en trouve entre 10 et 18 mètres ; dans ces couches la température de l'eau ne descend guère au-dessous de $+ 25°$.

Dans le Golfe de Manaar, la saison la plus favorable pour la pêche s'étend de février à mars. Quelques jours avant l'ouverture de la pêche, un navire de la Marine de l'État est envoyé sur les lieux afin de surveiller les opérations des pêcheurs ; les fonds reconnus sont signalés par des bouées surmontées de fanions de couleur. Vers le milieu de la nuit, les pêcheurs et les plongeurs commencent leurs préparatifs de départ. Puis, quand s'élève le vent de terre, ils quittent

(1) D'après une brochure adressée à la *Société d'Acclimatation*, par le Professeur K. Möbius, directeur du Muséum zoologique de Berlin, et qui est extraite de *Velhagen und Klarings Monatshefte,* novembre 1894.

le port pour venir se grouper, avant l'apparition du soleil,
autour du nàvire de l'État ; au point du jour, le signal de
l'ouverture de la pêche est donné, et toutes les barques s'é-
lancent en toute hâte vers les points indiqués par les fanions.
Chacune d'elles est montée par dix plongeurs, divisés en deux
équipes de cinq hommes qui alternent dans leur travail.

Afin de descendre rapidement, les plongeurs se chargent
d'une pierre et dès qu'ils ont atteint le fond, ils se mettent
immédiatement à rechercher les précieux Mollusques, qu'ils
placent dans un filet attaché à leur corps. En général, ils ne
peuvent rester sous l'eau plus de 53-57 secondes ; cependant,
quelques individus peuvent séjourner dans la mer pendant
80 secondes. Malgré la brièveté de leur séjour dans l'eau
ils parviennent à récolter de 50 à 100 coquilles à chaque descente; dans des conditions particulièrement favorables, ce
nombre peut s'élever à 150. Quand le plongeur désire remonter à la surface, il secoue une corde fixée aù bateau ; à ce
signal, les hommes restés à bord s'empressent de hisser leur
camarade. Chaque plongeur fait quotidiennement de 40 à
50 descentes et une barque pêche en moyenne de vingt à
trente mille Mollusques par jour.

Vers dix heures du matin, le vent de mer commence à s'é-
tablir ; à ce moment le garde-pêche donne un second signal
et toutes les barques regagnent la terre. La plus grande
partie des Mollusques est vendue à des commerçants qui les
mettent pourrir dans des endroits clos. Lorsque l'animal est
putréfié, on sépare les parties molles des coquilles ; les détritus ainsi recueillis sont lavés à grande eau dans des cuves;
les perles ne tardent pas à tomber au fond où on peut facilement les recueillir, après que les matières organiques ont
été écartées.

En outre des pêcheries du golfe de Manaar, on peut citer
parmi les plus florissantes, celles du Golfe Persique (parages
de l'île Bahrein), celles de la Mer Rouge (parages de l'île de
Dahalak). Les perles des îles Sulu (entre Bornéo et Mindanao),
celles de la mer des Antilles (entre les îles Margarita et
Cubagua), sont aussi fort estimées. Enfin, aux environs des
îles Tahiti et Marchal, on trouve de perles de couleur foncée
qui sont fort estimées.

Les quelques chiffres suivants donneront une idée de la
valeur que peuvent acquérir les perles de belle qualité. A la

dernière Exposition internationale de Pêche tenue à Berlin, un joaillier de cette ville avait exposé trois colliers : l'un en perles de l'Inde estimé 100,000 francs, un second en perles de Panama estimé 125,000 francs ; enfin un troisième en perles noires du Pacifique d'une valeur de 150,000 francs.

Les eaux douces nourrissent aussi des bivalves (*Margaritana margaritifera*) producteurs de perles ; on en trouve notamment en Bohême, en Russie, en Suède, en Norvège et dans les Iles britanniques. La Chine possède également un singulier Mollusque (*Cristaria plicata*), auquel on fait produire de petites pièces nacrées en insinuant délicatement entre le manteau et la coquille, des corps étrangers (grains de sable, corps ronds, petites figurines, poissons, etc.). Au bout de dix à trente-six mois, on obtient de cette façon, soit de petites perles irrégulières, soit des images recouvertes de nacre.

Au point de vue chimique, les perles se composent de conchyoline (substance voisine de la chitine qui constitue la carapace des Insectes) et de carbonate de chaux ; aussi sontelles en partie solubles dans les acides.

La surface des perles qui ont un « bel orient » apparaît au microscope recouverte d'une série d'aspérités et de dépressions très fines disposées de telle sorte que la totalité de la lumière est réfléchie par elles ; il en résulte un aspect brillant dont dépend en grande partie la valeur marchande des Perles fines. La couleur est en rapport avec celle du manteau qui les a produites ; elle peut être blanche, bleutée, plus rarement rose ou noire.

L'industrie, d'ailleurs, sait depuis fort longtemps déjà imiter ces productions remarquables ; dès 1660, un joaillier de Paris nommé Jaquin, réussissait à imiter les Perles fines, au moyen de minces vésicules de verre auxquelles il communiquait l'éclat voulu, en les remplissant d'écailles d'Ablette préalablement traitées par l'ammoniaque. On sait quelle extension ce commerce a pris de nos jours.

L'AVENIR DU *TAMARIX ARTICULATA*

EN TUNISIE, ALGÉRIE ET MAROC

UTILITÉ DE SES GALLES, MŒURS DE L'INSECTE QUI LES PRODUIT ET DE SES PARASITES

PAR M. DECAUX,

Membre de la Société entomologique de France.

———

M. Baronnet, administrateur délégué de la Compagnie française du Sud-Tunisien, dans une note « Naturalisation de végétaux en Tunisie (*Revue des Sc. nat. appl.*, 5 juillet 1894, p. 45), appelle l'attention sur la culture du Tamarix, qui devrait être encouragée. « Grâce à cet arbre si intéressant, dit-il, on pourrait boiser de grands espaces de terrains salés, qui jusqu'ici n'ont pas été utilisés. J'ai même fait des essais de boutures de Tamarix en pleine *Sebka* et ces boutures ont parfaitement poussé. Dans notre domaine, nous avons, depuis deux ans, donné un très grand développement à la culture du Tamarix (nous avons déjà plus de 10,000 pieds) et cela dans des terres qui n'avaient aucune valeur et dont on n'aurait jamais pu tirer parti.

» Le Tamarix, lorsqu'il est planté dans un sol humide, atteint de grandes dimensions. Un sujet planté il y a six ans, mesure un mètre de circonférence au tronc et atteint près de 7 mètres de hauteur. »

M. Baronnet a remis à la Société nationale d'Acclimatation des galles de *Tamarix* et de *Limoniastrum Guyonianum*, pour être analysées au point de vue du tanin qu'elles contiennent.

Il nous a paru intéressant de mettre ces deux espèces de galles en observation dans nos boîtes d'élevage, pour connaître l'insecte qui les produit. L'éclosion nous a donné deux lépidoptères, de la grande famille des Tinéides : *Æcocecis Guyonella* (Guénée) pour le Limoniastrum et *Amblypalpis Olivierella* (Ragonot) pour le Tamarix, en outre, plusieurs espèces de petits hyménoptères ayant vécu en parasites à leurs dépens.

Dans une communication verbale faite à la Section d'entomologie de la Société, le 15 mai 1894, puis en séance générale, le 18 mai (1), nous avons présenté une boîte contenant : des Papillons obtenus en avril, des galles ouvertes avec des chrysalides ; des larves vivantes des parasites et plusieurs espèces de parasites à l'état parfait.

Depuis, M. Leroy, « Culture et propagation de végétaux en Algérie (*Rev. des Sc. nat. appl.*, 20 septembre 1894, p. 280), dit en parlant du *Tamarix articulata* : « Cet arbre produit au Maroc une galle appelée *Tacahout*, utilisée dans la fabrication du cuir marocain. Les plants que nous possédons n'ont pas encore produit de galles. Nous avons essayé sans succès d'y propager le Cynips de la galle du Chêne. La même tentative faite avec des galles fraîches de *Tacahout* donnerait probablement de meilleurs résultats ?

Désirant étudier plus intimement les mœurs, si peu connues d'*Amb. Olivierella* et de ses parasites, j'ai chargé un complaisant ami habitant les environs de Gabès, de vouloir bien m'envoyer des galles fraîches de *Tamarix*. Il m'a été possible ainsi de suivre presque toutes les phases de la vie de ces curieux insectes. Dans l'espoir que cette étude pourra aider à la propagation d'*Amb. Olivierella* et de ses galles, en Algérie, je vais faire connaître le résultat de mes observations.

Disons d'abord quelques mots sur le *Limoniastrum*, ses galles et le papillon qui les produit.

Le *Limoniastrum Guyonianum* (Boiss.) connu des Arabes sous le nom de *Zeita*, fait partie de la famille des Staticées ; c'est un arbuste, dont le feuillage d'un vert glauque ou grisâtre, ne tranche guère sur les sables qui l'environnent, mais dont les fleurs, d'un beau violet-lilas, reposent agréablement les yeux du voyageur dans les plaines désertiques et salées, où il croît en abondance. Dans ces contrées désertes où la plus maigre végétation est un bienfait, le *Limoniastrum* est utilisé comme plante fourragère pour nourrir les Chameaux, les Chevaux et autres herbivores ; lorsqu'ils ont brouté tout ce que la plante fournit d'assimilable, la partie ligneuse qui reste est recueillie pour le chauffage.

(1) Par une confusion inexplicable, le compte rendu de la Séance générale du 18 mai, p. 554, attribue cette étude à M. Fallou, qui, dans sa communication, reconnaît avoir essayé, sans succès, d'obtenir l'éclosion de ces papillons.

Les mœurs de l'*Æcocecis Guyonella* (Guénée) sont bien connues, elles ont été minutieusement décrites par M. Guénée (*Annales de la Soc. Ent. de France*, 1870, p. 5, pl. 7, fig. 1 à 11), et par M. Giraud, dans le 4e trimestre 1869, de la même Société. Nous nous bornerons à ajouter que nous avons obtenu, en captivité, l'éclosion d'un papillon en avril, fait non encore signalé ; ceci n'implique pas, à notre avis, que le papillon ait deux générations par an ; une en novembre, bien connue, et une autre en mars ou avril ; cela prouve seulement qu'une partie des nymphes passe l'hiver dans la galle.

L'*Amblypalpis Olivierella* (Ragonot), qui produit les galles de Tamarix, étant fort peu connue, nous allons en donner une description sommaire sous ses trois états.

Papillon. Envergure ailes étendues, 2 centimètres ; ailes supérieures étroites, ayant onze nervures toutes indépendantes, blanc jaunâtre, saupoudrées d'écailles noirâtres ; ailes inférieures, fortement échancrées sous l'aplex, gris-clair luisant ; franges longues, soyeuses ; antennes longues, grêles, sétacées ; trompe nulle, thorax globuleux à écailles rares ; abdomen long, dépassant les ailes de moitié, robuste, soyeux, lisse, terminé chez les femelles par un oviducte court, large, déprimé latéralement ; pattes longues.

Chenille (1). Longueur un centimètre, fusiforme, ayant les anneaux intermédiaires plus larges, que les trois ou quatre premiers et les deux ou trois derniers, couleur blanc sale, quelquefois roussâtre ; seize pattes, les écailleuses petites, mais bien développées, les membraneuses et anales rudimentaires ; sur les côtés, on aperçoit les stigmates, qui sont bien visibles et entourés d'un cercle brun ; le ventre est légèrement aplati, la tête est petite.

Chrysalide. Longueur un centimètre, oblongue, d'un brun-roux avec l'enveloppe des ailes plus foncée.

D'après mes renseignements personnels, et ceux qui m'ont été donnés par mon savant ami M. Ragonot, en Tunisie, le Papillon éclôt en novembre. En captivité j'ai obtenu une éclosion en avril, fait non encore mentionné ; le Papillon vole, après le coucher du soleil.

Parmi les productions végétales dues à l'intervention des insectes, on peut citer, comme étant sans contredit des plus

---

(1) La Chenille et la Chrysalide sont inédites.

curieuses, cette série d'excroissances de formes et de consistances diverses, suivant les espèces d'insectes qui leur donnent naissance et qu'on désigne généralement sous le nom de *Galles*. On sait que les principaux artisans de ces singulières extravasions de la sève appartiennent à l'ordre des hyménoptères. D'autres ordres en fournissent également, comme les hémiptères, les diptères, les coléoptères, celui des lépidoptères, y était resté presque étranger, il n'était représenté que par l'*Æcocecis Guyonella*, dont nous avons parlé ci-dessus.

Si l'on examine un *Tamarix articulata* à Gabès, on voit que les jeunes rameaux portent une série d'excroissances ovalaires ou fusiformes, renfermant une cavité unique, habitée par une larve ou une chrysalide, selon la saison. Les dimensions de ces galles varient de 10 à 18 millimètres de longueur, sur 6 à 12 d'épaisseur, le point de départ du renflement anormal paraît être le centre de la tige, car celle-ci participe dans tous les sens à la déformation, l'épaisseur des parois est d'environ 2 millimètres. Dans tous les cas, cette excroissance ne fait que suspendre la marche de la végétation, les rameaux continuent à croître et à donner des feuilles.

Une galle produite par un papillon est chose peu commune et paraît, à première vue, une impossibilité, il est donc important de constater que la Chenille passe sa vie entière dans l'intérieur des galles, qu'elle ne quitte que sous la forme de Papillon, pour prouver que c'est bien *Amb. Olivierella* et non un autre insecte, qui est la cause de l'excroissance. A quelque époque qu'on ouvre ces galles, on trouve toujours soit une chenille, soit une nymphe, souvent des larves de parasites vivant aux dépens de la chenille ; mais il reste toujours des parties de celle-ci. Nous ferons connaître, plus loin, quelques particularités sur les mœurs de ces parasites.

Je n'ai pas vu la ponte, mais il me paraît très vraisemblable, pour ne pas dire certain, que le Papillon femelle, ayant choisi un jeune rameau de Tamarix encore tendre, y dépose un œuf, qu'elle agglutine, ou qu'elle place dans une petite entaille, faite à l'aide de son oviducte, puis elle continue sa ponte, en espaçant chaque œuf d'environ 2 centimètres, plaçant ainsi, sur chaque rameau de deux à six et huit œufs ; aussitôt après l'éclosion, la jeune chenille pénètre dans le rameau jusqu'à la partie médullaire. Cette petite galerie, en blessant le rameau, amène un afflux de la sève, qui provoque un renflement ligneux à parois épaisses, de forme ovalaire ou fusiforme, qui, avec le temps, devient d'une grande dureté.

Pour se nourrir, la jeune chenille dévore la partie médullaire, puis à mesure de sa croissance les parties environnantes autour de celle-ci ; arrivée à son complet développement, elle prépare une galerie de sortie jusqu'à l'épiderme de l'écorce, qu'elle entame en forme de rondelle très mince, sans jamais la percer entièrement ; ce travail préparatoire terminé, elle s'enveloppe d'une mince toile ou cocon soyeux pour se chrysalider, la tête tournée vers la galerie de sortie ; la chrysalide elle-même occupe exactement la cavité. Le Papillon s'échappe de la galle en poussant avec la tête la rondelle qui forme clapet et n'offre qu'une faible résistance. *Amblypalpis Olivierella* (Ragonot) n'a qu'une génération par an, une partie des Papillons éclôt en novembre, l'autre partie passe l'hiver dans la galle et ne sort qu'en mars et avril. Il est présumable que les œufs pondus en novembre passent l'hiver sous cette forme et qu'ils n'éclosent qu'au printemps.

ROLE DES INSECTES PARASITES.

Amblypalpis Olivierella, comme la plupart des Tinéides, pond un grand nombre d'œufs (de 2 à 500), il est facile de se rendre compte qu'en quelques années tous les rameaux des Tamarix seraient attaqués par l'effrayante propagation de ce Papillon crépusculaire, les arbres, épuisés, ne tarderaient pas à périr ; heureusement, la nature, toujours prévoyante et ne permettant pas la destruction de ses œuvres, intervient, sous la forme de petits hyménoptères, pour rétablir l'équilibre.

Ici se pose une première hypothèse. Comment la larve de ces hyménoptères s'est-elle insinuée dans l'intérieur de la galle, qui ne s'est développée qu'avec la chenille même, et qui n'offre pas la plus légère solution de continuité ? Je ne puis me l'expliquer qu'en supposant que le parasite a guetté la femelle du Papillon au moment où elle venait pondre et que, une fois l'œuf confié au jeune rameau, il a été déposer le sien à côté ; ou bien, que la femelle du parasite, perforant la galle en formation à l'aide de sa tarière, dépose un ou plusieurs œufs, selon les espèces, sous la peau de la jeune chenille. Quelle que soit la façon dont l'œuf est introduit, nous avons remarqué que le parasite éclôt seulement quand la chenille a acquis assez de développement pour qu'il puisse trouver dans les tissus adipeux qui l'enveloppent la nourriture nécessaire pour croître sans attaquer les organes vitaux de la chenille, avant que celle-ci ne soit arrivée à son complet développement et ait creusé la galerie par où sortira le papillon ou le parasite.

Les galles de Tamarix (fraîches) nous ont donné l'éclosion de cinq espèces d'hyménoptères parasites, de formes et de mœurs assez remarquables, il nous paraît intéressant de les faire connaître. Les deux premières sont des *Braconites*, les autres appartiennent aux *Pteromaliens*.

Hormiopterus Ollivieri (GIRAUD). Long. 5 millimètres, ferrugineux, antennes de la longueur du corps, minces, filiformes ; thorax allongé, rétréci en avant ; abdomen un peu élargi en arrière ; tarière mince, droite, de la longueur de la moitié de l'abdomen ; pattes grêles, pubescentes ; ailes hyalines, les nervures et le stigma roux.

Le mâle se distingue par l'absence de la tarière.

Une Chenille peut nourrir de 2 à 4 *H. Ollivieri* ; après l'éclosion, qui a eu lieu en septembre, on trouve dans le cocon du papillon autant de petites coques blanches, soyeuses, qu'il y avait de parasites. Leur longueur est de 6 à 7 millimètres.

Microgaster gallicolus (GIRAUD). Long. 4 millimètres, d'un noir assez brillant ; le métathorax court, transversal ; l'abdomen plat sur le dos, lisse ; tarière droite, forte, comprimée, de la longueur du tiers de l'abdomen ; pattes noires, les genoux, les tibias et les tarses d'un testacé ferrugineux ; ailes hyalines, le stigma et les nervures bruns.

Le mâle, inconnu de M. Giraud, se distingue par l'absence de la tarière et par l'abdomen plus petit, moins élargi. Sa taille est généralement moins grande.

Une chenille peut nourrir de 2 à 5 *M. gallicolus*, l'éclosion a eu lieu en août.

Callimome albipes (GIRAUD). Long. 4 à 5 millimètres,

vert-bleuâtre ; antennes brunes, le scape testacé fauve ; abdomen court, un peu contracté, le bout anal, entourant la base de la tarière, jaune ; tarière de la longueur de l'insecte ; pattes de la couleur du corps, tibias et tarses d'un blanc assez pur ; ailes lactescentes, l'écaille brune.

Le mâle, plus petit, ressemble à la femelle, sauf la tarière, et une apicule anale assez longue tournée en dessous.

Une galle peut contenir de 3 à 5 *C. albipes*. Je suppose qu'il est parasite de parasites et vit aux dépens des Braconites ? L'éclosion a eu lieu en septembre et octobre.

Arthrolysis Guyoni (GIRAUD). Longueur 8 millimètres, vert cuivreux ; antennes de douze articles, insérées loin de la bouche ; prothorax transversal, un peu sinué à son bord postérieur ; abdomen subsessile, plus étroit, mais à peu près trois fois aussi long que le reste du corps, rétréci en arrière en pointe conique ; pattes fauves, toutes les hanches verdâtres ; les tibias et les tarses d'un blanc lacté ; ailes courtes, atteignant le milieu de l'abdomen.

M. Giraud ne mentionne pas de tarière, elle existe cependant ; sa longueur est égale à un peu moins de la moitié de l'abdomen, droite, assez robuste, d'un blanc lacté avec la pointe noirâtre.

Je néglige de parler d'un *Opius N. sp.* qui provient aussi des galles de Tamarix, parce que, ne possédant qu'un seul individu, il serait imprudent d'en donner la description sans connaître les deux sexes.

Nous ferons remarquer, que nos galles de Limoniastrum provenant de Tunisie nous avaient aussi donné l'éclosion d'*Hormioplerus Ollivieri* et de *Callimome albipes*, et que, d'après les renseignements donnés par M. le Dr Giraud, ses descriptions ont été faites sur des insectes sortis des galles de Limoniastrum Guyonianum, qui lui ont été envoyées des environs de Biskra (1859), par M. le Dr Guyon, membre de l'Institut. L'adaptation de ces parasites à deux espèces de chenilles très voisines, mais produisant des galles bien distinctes, sur des arbrisseaux de familles différentes, est digne d'appeler l'attention des physiologistes.

En voyant cette multitude d'ennemis vivant aux dépens de l'*Amb. Olivierella*, on pourrait craindre de la voir disparaître. Ici se pose une seconde hypothèse. Si on ouvre (en septembre) un grand nombre de galles de Tamarix, de l'année, on ne trouve que quelques chenilles ou chrysalides de papillon intactes, de 10 à 20 %; toutes les autres sont contaminées par des hyménoptères parasites; en examinant les chenilles contaminées avec attention, on aperçoit quelquefois deux espèces de larves d'hyménoptères, une plus avancée, souvent à l'état de nymphe, c'est un *Braconite*, et une autre à peine développée dévorant ce premier parasite. Sans pouvoir l'affirmer, il y a de grandes probabilités pour admettre que ces dernières larves, qui ont donné un *Callimome albipes*, sont des parasites polyphages, qui ont pour mission de diminuer l'immense propagation des Braconites. Ainsi s'équilibre la loi de la nature, même dans les cas où il semble qu'il faut un véritable tour de force pour qu'elle trouve son application.

Moyen d'obtenir des galles sur le Tamarix en Algérie.

Les mœurs d'*Amblypalpis Olivierella* et de ses parasites nous montrent, qu'en faisant venir des galles de Tamarix, de Gabès, recueillies du 15 au 30 septembre, et en les plaçant dans des bourses en filet à petites mailles (des morceaux de vieux filets à anchois conviendraient bien), attachées et disséminées dans les cultures algériennes de Tamarix articulata, on peut être certain d'obtenir l'éclosion du papillon et la contamination des rameaux de cet arbrisseau, ce moyen ne demande aucun soin.

Valeur commerciale de Tamarix.

Nous avons cité plus haut les essais, couronnés de succès, tentés par notre éminent collègue M. Baronnet, pour développer la culture du Tamarix articulata en Tunisie et la possibilité de boiser les grands espaces de terrains salés, qui, jusqu'ici, sont restés inutilisés. Les renseignements qui nous ont été fournis par des personnes compétentes ayant habité la Tunisie et l'Algérie, ne laissent aucun doute sur le succès de ces plantations, même en Algérie, pour les nombreux terrains offrant les mêmes conditions. On ne saurait trop attirer l'attention sur une culture qui permettrait de tirer parti de terrains sans valeur, en obtenant, sans frais appréciables, un assez bon revenu.

On peut utiliser le Tamarix de plusieurs façons :

Le tronc donne un charbon de bonne qualité, qui sera vite apprécié dans les villes et les villages de notre colonie.

Les pieux faits avec le Tamarix résistent longtemps aux intempéries et aux insectes.

Le Tamarix âgé donne un bois résistant, pour lequel il sera facile de trouver un emploi dans l'industrie, le charronnage, etc.

Nous savons par les renseignements fournis par notre savant collègue M. Leroy, que les galles de Tamarix sont utilisées pour la fabrication du cuir au Maroc, leur emploi doit pouvoir s'étendre en Algérie et en Tunisie, pour les mêmes usages ?

Le Tamarix donne un excellent bois de chauffage; en outre, on peut utiliser les cendres avec profit.

L'analyse que nous avons faite des cendres de Tamarix nous a donné environ 20 % de leur poids de sulfate de soude. Les eaux mères contiennent beaucoup de muriate de magnésie et de muriate de soude; en arrosant ces cendres lessivées avec une eau légèrement aiguisée par l'acide sulfurique, on obtient du sulfate de magnésie, lequel, décomposé par la potasse ou la soude, donne beaucoup de magnésie (environ 20 à 22 % du poids des cendres). L'industrie saura bien trouver un emploi rémunérateur de ces sels.

A défaut de l'industrie, les cendres forment un engrais qui n'est pas à dédaigner.

On peut encore utiliser la cendre de Tamarix, pour la destruction des Chenilles : de la Cochylis et de la Pyrale de la Vigne, de Simaetis nemorana qui dévore les feuilles et les fruits du Figuier, etc., elle donnera des résultats meilleurs que les insecticides employés jusqu'ici. Le mode d'emploi consiste à répandre sur les feuilles et les fruits attaqués une poudre fine composée pour 3/4 de cendres de Tamarix finement tamisée et 1/4 de chaux en poudre, celle-ci fait adhérer le tout aux feuilles pendant quelque temps. Les Chenilles en contact avec cette poudre, sont prises de convulsions. Leurs contractions font adhérer la poudre à leur corps, elle obture les stigmates et, empêchant la respiration, les fait périr.

Mon éminent maître, M. le Dr Laboulbène, avait déjà préconisé une poudre fine, composée de : 1/2 cendres de bois ordinaire, 1/4 soufre en poudre, et 1/4 chaux pulvérisée, pour la destruction de la Cochylis.

CONCLUSION.

En appelant l'attention sur le *Tamarix articulata* et sa galle, nous avons voulu montrer la possibilité d'en propager la culture dans les terrains salés improductifs de Tunisie et d'Algérie, et d'augmenter ainsi la richesse agricole de notre Colonie ; l'étude des mœurs d'un Papillon gallicole et de ses parasites nous a paru intéressante à faire connaître à cause de sa rareté et du profit qu'on peut en tirer. Nous nous trouverons suffisamment récompensé si nos renseignements ont pu contribuer à répandre et encourager la culture de cet intéressant arbuste.

II. CHRONIQUE DES COLONIES ET DES PAYS D'OUTRE-MER.

L'Industrie hattière à la Guyane (1).

Ceux qui connaissent la Guyane ne peuvent s'empêcher de regretter que les immenses espaces si favorables à l'élève du bétail, situés principalement dans les quartiers sous le vent, entre le Kourou et l'Organabo, ne soient pas plus peuplés d'animaux. Eu égard à la difficulté de se procurer ici la main-d'œuvre, la création d'établissements hattiers est celle des industries qui présente le plus de facilités.

A ne parler, en dehors de ces grandes étendues de plaines noyées en hiver et qu'un système de canalisation rendrait propres à toute espèce de cultures, à ne parler, dis-je, que des savanes où la nature procure aux animaux une nourriture substantielle, il est en effet certain qu'il suffirait de la volonté pour obtenir, dans l'élevage des bestiaux, des rendements dépassant les calculs ordinaires. Les profits assurés par l'élève du bétail sont assez beaux pour décider tous les jours des industriels à établir de nouvelles *ménageries* (établissements pour l'élevage du bétail) ou à augmenter le nombre de leurs troupeaux. Mais ce qui empêche les hattiers d'arriver au développement normal de leurs hattes, de fournir une quantité de têtes triple de celles produites, c'est l'indifférence avec laquelle ils se livrent à leur industrie, en un mot, c'est le manque de soins.

On ne saurait trop insister sur la nécessité, l'obligation de parquer régulièrement le bétail. Le véritable fléau des ménageries est certainement le Tigre qui, dans l'espace de quelques jours, prive bien souvent le propriétaire du fruit de ses labeurs de plusieurs mois. On nous signale une hatte où, dans moins de quatre mois, dix têtes avaient été enlevées par ce carnassier. Mais il faut avouer que ses attaques ont lieu ordinairement la nuit et sur les animaux que la négligence a laissés en dehors du parc. Est-il donc difficile de rassembler un troupeau qui s'élèverait même à plusieurs centaines de têtes? Les animaux ont l'habitude de paître par groupes, et rien n'est plus aisé, pour le gardien qui connaît les lieux habituels de pacage, que de les ramener le soir au parc, où ils viendraient souvent d'eux-mêmes, s'ils y trouvaient, suivant la saison, ou un hangar pour les mettre à l'abri des pluies équatoriales, ou un grand feu, à l'époque de la sécheresse, pour les préserver de la piqûre des insectes et des mouches qui les harcèlent pendant plusieurs mois de l'année. Mais non, le parc où ils sont obligés de se réunir est ordinairement un endroit découvert, où, en hiver, ils se trouvent moins bien que sous le feuillage touffu des oasis

(1) Élevage des animaux de boucherie.

de la savane et dans lequel, souvent en été, le gardien ou le propriétaire ne prend même pas le soin de préparer du feu pour appeler et garantir les animaux.

Quelque satisfaisant que soit le nombre de propriétaires de ménageries qui prennent part aux concours agricoles, il faut cependant avouer qu'il y a encore trop d'abstentions. A quoi tiennent-elles ? Les unes ont pour cause cette indifférence même dont nous parlions plus haut. Nous espérons qu'elle cessera devant l'insistance de l'Administration et les avantages remportés par ceux qui ne dédaignent pas d'en bénéficier. Mais ce qui sera plus difficile à vaincre, c'est la crainte manifestée par quelques-uns de déplaire, par un succès, à certains voisins généralement reconnus pour être doués d'un pouvoir surnaturel.

Il est nécessaire de connaître à fond la population et son caractère essentiellement superstitieux pour comprendre ce que ces influences exercent sur des imaginations craintives et toujours prêtes à croire au merveilleux et au surnaturel, et si nous le notons ici, c'est pour faire appel aux personnes qui peuvent aider à dissiper ces croyances. Le mal est plus grand qu'on ne le pense peut-être, et les gens qui l'occasionnent doivent être, de la part de l'autorité, l'objet d'une active surveillance.

Une des préoccupations du hattier consiste à procurer à ses animaux de l'eau potable pendant la fin de la saison sèche. A ce moment les abreuvoirs artificiels, ou fournis par les bas-fonds des marécages, ne contiennent, en effet, qu'une eau bourbeuse d'où s'exhalent des émanations putrides produites par la décomposition de grandes quantités de poissons obligés, par le retrait successif ou l'évaporation des eaux, de se réfugier dans ces cloaques. C'est là que le bétail est condamné à étancher sa soif, et l'on ne peut que s'étonner de le voir résister à l'absorption de ces détritus. Aussi perd-il énormément de son embonpoint à cette époque, tandis que les animaux qui vivent à côté des cours d'eau conservent toute leur vigueur. Il y a là une mesure d'intérêt général à prendre ; la reconstitution des abreuvoirs abrités du soleil par des plantations d'arbres, tels qu'ils sont ordonnés par le décret colonial du 30 janvier 1836.

La question de destruction des Tigres doit être aussi spécialement examinée. Leurs invasions sur les hattes deviennent si fréquentes, qu'il n'est pas rare de voir les propriétaires de bestiaux, comme nous l'avons dit déjà, perdre en quelques jours le bénéfice de leur industrie. En dehors des précautions à prendre pour mettre le bétail sous bonne garde pendant la nuit, il faut faire la guerre à outrance à ces ennemis des ménageries. Il faut organiser des chasses dans différents quartiers. Nous insistons sur ce fait qui, en raison de son importance, appellera certainement l'attention de l'Administration.

Dr MEYNERS D'ESTREY.

III. CHRONIQUE GÉNÉRALE ET FAITS DIVERS.

Obstacles imprévus à la circulation des trains. — Le *Bulletin de la Société Entomologique de France* rend compte en ces termes d'une communication de M. le baron J. de Guerne.

Dans une lettre adressée à la Société de Géographie, M. Émile Müller, professeur de langue française au lycée impérial de Tachkent (Turkestan russe), raconte le fait suivant :

« Dans la matinée du 17 août 1894, un train de voyageurs, qui passait de la station de Kiew II à la station de Kiew I, fut arrêté par une masse de Chenilles qui traversaient la voie et venaient des potagers voisins. Le train avançait, à travers les chenilles écrasées, comme dans une pâte ; mais, avant d'arriver au pont, alors qu'il se trouvait sur une petite montée située en face de Solomeneki, les roues des wagons se mirent à patiner et la machine ne fut plus en état de les tirer en avant. On fut obligé d'avoir recours à une autre locomotive, et ce n'est que de cette façon qu'on réussit à franchir cet obstacle bien inattendu. »

D'après M. J. Künckel d'Herculais, les Choux des potagers environnant la ville de Kiew furent, à cette époque, entièrement dévorés. Cela donne à penser qu'il s'agit de *Pieris brassicæ*. Les Chenilles de cette espèce ont d'ailleurs été déjà convaincues de méfaits semblables, notamment par Dohrn, lequel s'est trouvé lui-même, en 1854, entre Brünn et Prague, dans un train arrêté par une masse de ces animaux.

D'autre part, le journal *La Nature*, du 22 décembre 1894' rapporte, d'après la *Dépêche tunisienne*, des faits de même ordre qui démontrent également la puissance, en certains cas, des infiniment petits. Nous citons notre intéressant confrère :

« Le train numéro 11 venant de Souk el Arba-Bizerte a eu, vendredi dernier, un retard de 40 minutes amené par une cause assez singulière : la voie était, par ce temps pluvieux, littéralement couverte d'Escargots ; les roues de la locomotive, en passant sur ces Mollusques, en faisaient une bouillie qui détruisait toute adhérence et les faisait patiner sur place. On avait déjà vu les Sauterelles arrêter des trains ; mais des Escargots se livrer à une telle contravention à l'égard de la loi sur la police des chemins de fer, cela nous paraît sans précédents. » Notre correspondant ajoute les renseignements suivants : « Les Escargots dont il s'agit pullulent à Tunis, surtout pendant l'été ; ils envahissent les moindres tiges restées encore un peu vertes et les arbres, au point de former de véritables grappes qui font le plus singulier effet, parce qu'à cette époque leur coquille est entièrement blanche. Maintenant les jeunes ont une coquille grisâtre, les adultes seuls sont blancs. Ils sont fort désagréables pour les voyageurs. Il m'est arrivé de camper en rase campagne et au réveil on était surpris de rencontrer de ces Escargots partout à l'intérieur de la tente, dans les provisions et sur ses effets. Un de mes camarades, qui s'occupe de recherches de mines et, de ce fait est constamment en route, m'a affirmé que, dans certains endroits, la terre en est parfois couverte et qu'il lui est arrivé maintes fois à son réveil d'en trouver jusque dans ses cheveux et sa barbe. Nous avons eu aussi cette année au mois de mai une invasion de Crapauds ; pendant trois jours je les ai vus ici en nombre tel que la terre semblait marcher, car tous se dirigeaient uniformément du nord-est au sud-ouest. »

Peaux de Singe. — Parmi les produits qui constituent la richesse de la Côte d'Or, il convient de mentionner les peaux de Singe.

Ces peaux, très recherchées par les tailleurs, se vendent couramment 3, 8 et 9 sh. pièce.

Le Quadrumane qui fournit ces peaux est connu des naturalistes sous le nom de *Colobus vellerosus*, il est de la taille d'un grand chien ; son pelage est noir, long et soyeux, il a le museau blanc et une longue queue blanche.

Les statistiques de la colonie de la Côte d'Or font mention de quantités considérables de ces peaux qui sont exportées de Cap Coast, de Salpond et d'Accra.

Cette exportation s'est élevée en 1891 à 187,000 peaux évaluées à la Côte à plus de 30,000 liv. st.

Enfin, pendant les huit dernières années, elle a atteint le chiffre de 1,075,000 peaux.

Les conditions de la faune de notre colonie de la Côte d'Ivoire et de l'Hinterland (le pays de Kong) étant sans doute les mêmes, le trafic des peaux de Singe ne peut manquer d'attirer l'attention de nos négociants établis dans ces contrées.

(*Moniteur officiel du Commerce*).

L'hibernation des Hirondelles.

RÉPONSE A M. MAGAUD D'AUBUSSON.

Je remercie sincèrement M. Magaud d'Aubusson des quelques mots gracieux qu'il veut bien m'adresser, j'y suis très sensible et, venant d'un homme de sa valeur, je ne puis qu'en être flatté.

Je serai très heureux de chercher avec lui à faire la lumière sur une question qui nous intéresse tous les deux.

M. Magaud d'Aubusson a, en ornithologie, une compétence reconnue, à laquelle je suis loin d'avoir la prétention d'assimiler les quelques connaissances qu'une observation attentive et consciencieuse a pu me donner. J'espère qu'il ne s'y trompera pas.

Ce n'est donc point une discussion que j'entends poursuivre ici, mais simplement quelques observations que je soumets à sa bienveillante attention.

Loin de moi la pensée de récuser le témoignage d'un homme de la valeur de Dominique Larrey. S'il affirme dans les lettres que M. Magaud d'Aubusson a entre les mains, avoir *personnellement vu*, en hiver des Hirondelles, dans la grotte dite « L'Hirondellière » en Savoie, je n'ai qu'à m'incliner et à me déclarer convaincu, sans m'expliquer ce fait que je trouve très extraordinaire.

Je demande cependant à faire des remarques :

Nous savons tous ce que deviennent les faits d'histoire et à plus forte raison d'histoire naturelle, à cent ans et même à cinquante ans de distance. D'un autre côté, quand il s'agit de la nature, il faut se mettre en garde contre le merveilleux, sans toutefois se montrer trop incrédule, car on se trouve souvent en présence de faits très surprenants et qui déroutent les certitudes qu'on croyait le plus solidement acquises.

Comme le dit excellemment M. Magaud d'Aubusson, nous sommes en bon temps pour prendre des renseignements, et c'est ce que, de mon côté, je chercherai à me procurer aussi positivement que possible. Jusqu'alors, l'hiver dans lequel nous sommes engagés n'est pas très rigoureux et s'il reste parfois des Hirondelles engourdies dans la grotte en question, ce doit bien être cette année.

Dans tous les cas, je pense qu'il s'agirait de l'Hirondelle de rochers (*Hirundo rupestris*), moins frileuse et très répandue dans les Alpes, ainsi que dans le midi de la France.

Il ne faut pas, en effet, perdre de vue que nous avons cinq espèces d'Hirondelles qui n'ont point des mœurs identiques et qu'il ne faut pas *attribuer aux unes ce qui appartient aux autres*.

Hirondelle de cheminée (*Hirundo rustica*).
Hirondelle de fenêtres (*Hirundo urbica*).
Hirondelle de rivage (*Hirundo riparia*).
Hirondelle de rocher (*Hirundo rupestris*).
Hirondelle rufuline (*Hirundo rufula*).

Cette dernière est assez rare et ne se voit qu'exceptionnellement dans le midi de la France.

Quand je parle de l'Hirondelle, sans désignation, c'est à l'Hirondelle rustique que je fais allusion, celle-ci étant en plus grand nombre et s'observant plus facilement à la campagne et dans le centre de la France.

Je n'ai jamais entendu contester qu'on ait pu voir des Hirondelles posées le soir sur des roseaux et au bord des fleuves ou des étangs. Seulement je crois que ce fait doit plutôt être attribué à l'Hirondelle de rivage (*Hirundo riparia*). Celle-ci habite, en effet, le bord des rivières et niche dans les trous d'arbres ou dans les anfractuosités des rochers.

Ce à quoi je me suis refusé à croire, et il ne serait pas juste de me taxer pour cela de mauvaise volonté, c'est une Hirondelle passant l'hiver sous l'eau, inanimée, puis se ranimant sous un souffle printanier.

Les Hirondelles sont constituées pour vivre et respirer autrement que par des branchies.

Quant aux Hirondelles de cheminées (*rustica*), j'ai toujours remarqué que si leur nid est trop petit pour les contenir toutes, celles qui ne peuvent y trouver place passent la nuit perchées aux environs, et que, très souvent, pour la troisième ponte, elles construisent un *second nid.*

Une note, que j'ai envoyée à la Société d'Acclimatation, sur la pêche aux Hirondelles, qui se pratique en certains pays, servira peut-être à jeter un jour sur la légende des Hirondelles retirées vivantes du sein des ondes.

Loin de moi la méconnaissance de la valeur de Guéneau de Montbelliard et de Buffon, surtout de la valeur littéraire de ce dernier; mais autres temps autres mœurs, autres temps autres connaissances en histoire naturelle. Sous ce rapport, la distance de Buffon à notre époque est bien aussi grande que celle de Pline à Buffon.

Celui-ci prétendait que le Bouquetin était le mâle et le Chamois la femelle d'une même espèce et il écrivait cela, du bout de ses manchettes de dentelle, dans un style enchanteur. Nous n'en sommes plus là.

Quant à la remarque faite par M. Magaud d'Aubusson au sujet des Hirondelles qui nous arrivent au printemps. et qui sont saisies par un retour du frimas, elle confirme ma manière de voir. Elles restent parfois plusieurs jours la neige tombant. Le froid n'est pas très vif alors et elles trouvent encore des insectes, puis, la température devenant plus basse, la nourriture qui manque les force à rétrograder.

Pour le moment. et ici, je ne vois rien à signaler au sujet des Hirondelles. qui sont, toutes absentes aussi bien des granges ou des écuries que des grottes, mais à la moindre remarque ou à la moindre communication intéressante, je me ferai un grand plaisir d'en informer M. Magaud d'Aubusson.   DE CONFÉVRON.

Coccinelles utiles. — Sous ce titre, la *Revue des Sciences Naturelles appliquées* (1) a reproduit, d'après l'*Albany Cultivator*, l'essai tenté en Californie pour détruire les *Scalepest* des Oranges à l'aide de Coccinelles introduites d'Australie. Mais comment procède-t-on pour les retenir dans un verger infesté ? M. Ellwood Cooper, Président du « State Board of Horticulture », nous l'apprend dans le *Pacific Rural Press*.

(1) *Revue*, 1894, I, 238. C'est par erreur que le traducteur a employé le mot *Libellules*, il faut lire *Coccinelles*.

Ayant reçu l'année dernière par l'entremise de M. Koebele des Coccinelles australiennes (*Leis conformis*) il les lâcha dans ses champs. d'Oliviers.; cette année, il n'en revit aucune. M. Cooper propose deux espèces indigènes — l'une porte 10 taches jaunes, l'autre 10 taches rouges (1) — pour combattre le *Woolly Aphis* (*Schizoneura lanigera*), Puceron lanigère des Pommiers de Californie. Mais si l'on se contente de capturer des Coccinelles pour les lâcher près des arbres, elles vont ordinairement ailleurs. On doit récolter leurs œufs ou leurs larves, les placer sur les arbres ; elles y trouvent une nourriture abondante et dévorent les parasites. Quand elles sont transformées, les Coccinelles restent dans les environs. M. Cooper eut l'occasion de faire l'an dernier l'expérience sur ses Pommiers qui sont aujourd'hui complètement nettoyés. Maintenant il récolte des œufs et des larves de ces mêmes Coccinelles communes dans la région pour en continuer l'élevage. DE B.

Le Staphylier de Colchique.

Le Staphylier de Colchique (*Staphylea Colchica*) est un des plus jolis arbustes que nous ayons pour l'ornementation du devant des bosquets.

Sans prendre de grandes dimensions il s'élève à 3 mètres environ et est très justement recherché des amateurs, pour son gracieux feuillage et pour ses charmantes fleurs blanches en grappes, qui répandent un suave parfum.

A tous ses autres avantages le Staphylier de Colchique joint celui d'être très rustique, très résistant sous le climat de la vigne et nullement difficile par rapport à la nature du terrain.

Le revers de la médaille, quel est le bijou qui n'en a pas, serait, d'après les horticulteurs, que la multiplication de cet arbuste est assez lente et délicate.

Généralement cette multiplication s'effectue par marcottage ou bouturage.

Ayant à ma disposition un Staphylier ordinaire ou faux pistachier; arbre très rustique et de facile venue, je l'ai pris pour sujet de *greffes en écusson* du Staphylier du Colchique. L'opération pratiquée au mois d'août s'est effectuée avec la plus grande facilité, les écussons ont tous repris et se sont gonflés rapidement.

C'est ce résultat que je désirais faire connaître à nos confrères horticulteurs, qui trouveront dans la greffe par écusson sur faux pistachier, le plus simple et le plus rapide mode de multiplication du Staphylier de Colchique. DE CONFEVRON.

_____

(1) L'article en question ne nous donne pas leurs noms.

IV. BIBLIOGRAPHIE.

————

Le Chien, *Elevage*, *Hygiène*, *Médecine* (troisième édition), entièrement refondue, considérablement augmentée et ornée de nombreuses
gravures, par Pierre MÉGNIN, directeur de *l'Eleveur*. — Vincennes,
aux bureaux du journal *l'Eleveur ;* 2 volumes ensemble, 12 francs ;
franco, 13 francs.

Le deuxième volume de cet important ouvrage vient de paraître et
complète la troisième édition d'un livre dont la précédente est bien
connue des chasseurs qui la possèdent presque tous et qui a bien justifié son titre de *vade-mecum*. Que de services elle a rendus dans les
maladies des Chiens, que de compliments et de remerciements l'auteur a reçus à ce sujet !

La nouvelle édition ayant trois fois plus de matières que l'ancienne,
sera encore bien plus utile. En effet, elle renferme l'étude de bien de
maladies nouvelles, dont la précédente ne parlait pas, comme la *tuberculose*, le *scorbut*, etc., il y a aussi un chapitre entièrement nouveau
sur la *chirurgie canine*.

Le premier volume, paru il y a un an et que bien des amateurs
connaissent déjà, traite, dans une *première partie*, de l'*hygiène*, c'est-
à-dire de l'alimentation, de l'habitation, de la reproduction et de l'éle
vage du Chien, puis il commence la deuxième partie, *Médecine*, par
l'étude des maladies des jeunes Chiens, l'étude des maladies de la
peau, celles des organes des sens, oreilles, yeux et celles des organes
respiratoires.

Le deuxième volume traite des maladies des organes digestifs et de
leurs annexes ; des maladies de l'appareil circulatoire, sanguin et lym-
phatique ; des maladies infectieuses ; des maladies nerveuses, des
maladies des organes génito-urinaires, des maladies de l'appareil lo-
comoteur, enfin de la chirurgie canine.

C'est la première fois qu'on voit consacrer un ouvrage aussi important, de deux volumes in-8° de 350 pages chacun, à l'hygiène et à la
médecine du Chien. C'est la première fois aussi qu'on voit un pareil
ouvrage arriver à sa troisième édition et c'est le plus bel éloge qu'on
en puisse faire.

Liste des principaux ouvrages français et étrangers traitant des Animaux de basse-cour (1).

2º OUVRAGES ALLEMANDS (suite).

Landois (*H.*). Abnorme Schroteneier in 15. Jahresbericht. Westf. Prov. Ver., 1886, p. 37.

> *Landois* (*H.*). Œufs de plomb, dans le 15º rapport annuel de la Société de la prov. de Westphalie, 1886, p. 37.

Lenzen (*H. J.*). Die Brieftaube. Geschichte, Pflege und Dressur derselben. Dresden, Meinhold und Söhne, 1873. M. 1,50.

> *Lenzen* (*H. J.*). Le Pigeon voyageur, son histoire, ses soins et son dressage. Dresde, Meinhold et fils, 1873. M. 1,50.

Löbe (*Will.*). Die Geflügelzucht in ihrem ganzen Umfange. Die Zucht, Fütterung, Mästung, Krankheiten, u. s. w. Leipzig, H. Voigt, 1877. M. 2,30.

> *Löbe* (*Guill.*). L'élevage de la volaille dans toute son étendue. L'élevage, la nourriture, l'engraissement, les maladies, etc. Leipzig, H. Voigt, 1877. M. 2,30.

Lorentz (*B.*). Die Taube im Alterthum. Leipzig, G. Fock, 1886.

> *Lorentz* (*B.*). Le Pigeon dans l'antiquité. Leipzig, G. Fock, 1886.

Maar (*A.*). Illustrirtes Muster-Entenbuch des Gesammt der Zucht und Pflege der domestizirten und der zur Domestikation geeigneten wilden Entenarten. Hamburg, J. F. Richter, 1887. 2. Aufl.-1891.

> *Maar* (*A.*). Livre illustré des Canards modèles, de l'ensemble de l'élevage et des soins des espèces de Canards domestiques et des Canards sauvages propres à être domestiqués. Hambourg, J. F. Richter, 1887. 2º édition, 1891.

Malagoli. Experimente über Hin und Rückflug der Militair Brieftauben. Uebersetzt von Lieutenant Fellmer. Berlin, Frdr. Luckhardt, 1889.

> *Malagoli* Expériences sur le départ et le retour des Pigeons-voyageurs militaires. Traduit par le lieutenant Fellmer. Berlin, Fréd. Luckhardt, 1889.

(*A suivre.*)

(1) Voyez *Revue*, année 1893, p. 564 ; 1894, 2º semestre, p. 560.

Le Gérant : JULES GRISARD.

I. TRAVAUX ADRESSÉS A LA SOCIÉTÉ.

SUPRÉMATIE DES ANCIENS SUR LES NOUVEAUX

CHEZ LES

PALMIPÈDES LAMELLIROSTRES

EN CAPTIVITÉ

ET QUELQUES CONSEILS POUR MAINTENIR CHEZ EUX LA BONNE HARMONIE (1)

PAR M. GABRIEL ROGERON.

I

Je n'ai pas la prétention d'apporter ici une règle infaillible. Je sais trop combien tout ce petit monde est capricieux, combien chacun, quoique de même espèce, diffère de ses congénères par ses mœurs, son intelligence et son caractère. Ainsi donc, chaque amateur, s'il veut maintenir parmi ses pensionnaires les bons rapports, le calme et la quiétude indispensables au succès, doit se régler d'après les individus et les circonstances. Cependant on ne peut nier qu'il existe, dans les mœurs des oiseaux, certaines lois générales qu'il est utile de connaître et qu'on apprend trop souvent à ses dépens.

C'est de l'une de ces lois, qui a une grande influence sur la vie sociale des Palmipèdes en captivité, dont je vais m'occuper, je veux parler de la suprématie des anciens sur leurs compagnons plus nouvellement arrivés parmi eux. Il ne peut donc être question ici des oiseaux isolés dans des parquets, puisque chaque couple s'y trouve dans la solitude, mais bien de ceux vivant en communauté dans nos parcs et pièces d'eau à l'état de demi-liberté.

Ainsi qu'anatomiquement on retrouve dans les animaux

---

(1) Mémoire lu au Congrès des Sociétés savantes le 30 mars 1894.

20 Janvier 1895.   4

supérieurs toutes les parties du corps correspondant au
nôtre, bien que plus ou moins modifiées et appropriées à des
usages différents, de même, si on examine de près leur intelligence, nous constatons que cette dernière est régie par les
mêmes impulsions que la nôtre, qu'elle est plus ou moins
faite à son image, plus ou moins calquée sur notre âme. Ne
retrouvons-nous pas dans la leur la plupart des passions et
sentiments bons ou mauvais qui nous animent, quelques-uns
portés, il est vrai, à une puissance bien supérieure aux
nôtres ? Nous survivons, en effet, on ne sait comment, mais
presque toujours, hélas ! à l'amitié la plus vive et la plus
tendre ; la Perruche inséparable, elle (et le même fait s'est
reproduit en ma présence pour des Canards), meurt de chagrin après la perte de son conjoint chéri ; de même l'homme
survit à la perte de la liberté, à l'esclavage, à la plus dure
prison ; pour l'oiseau, pour le Palmipède captif, la liberté est
d'ordinaire plus chère que la vie, et il se laisse mourir de faim
devant les aliments les plus séduisants. Quant à la jalousie,
elle est souvent terrible chez l'oiseau ; et bien qu'avec des
armes imparfaites, semblant insuffisantes, il met un si grand
acharnement, une telle persévérance dans sa vengeance, que
si l'on ne soustrait un des adversaires, c'est inévitablement la
mort du vaincu qui s'ensuit.

De même, la supériorité malveillante que s'arrogent les
oiseaux vivant en communauté sur leurs compagnons nouvellement venus, bien que d'une essence peu généreuse, correspond aussi à un sentiment bien humain. Elle n'est autre,
en effet, pour la forme et le fond, que la *brimade* des col-
lèges, des écoles, infligée aux nouveaux. Seulement, il y a
cette différence que chez l'espèce humaine où tout, jusqu'aux
mouvements de l'âme, est réglementé, ces persécutions d'éco-
liers ne durent qu'un temps fixé d'avance, tandis que chez
l'oiseau, livré à ses seuls instincts et impressions, ces mauvais traitements, cette suprématie de l'ancien imposée et acceptée, peuvent avoir une durée bien plus longue, parfois
indéfinie.

Pour les individus isolés et célibataires parmi les Palmipèdes, alors que l'amour n'entre point en jeu, ces mauvais
traitements à l'égard des nouveau venus n'ont guère d'intensité qu'au moment de l'arrivée. Le pauvre oiseau, venant
d'être débarqué au sein de sa nouvelle et peu charitable

famille, fatigué, ahuri souvent par les émotions d'un long voyage ainsi que par la nouveauté des lieux et le changément d'installation, est poursuivi et reçoit des horions de droite et de gauche, mais ne tardant pas à se rendre compte de sa délicate et fausse situation, il se retire dans quelque lieu, à l'écart, où on le laisse d'habitude tranquille. Là, parfois, il a la bonne fortune de rencontrer quelques nouveau venus, comme lui, qu'il sait bien reconnaître ; et dès lors, quoique souvent d'espèces différentes, ils se tiendront compagnie et s'aideront à passer ainsi ces premiers instants difficiles. Dans cette situation de solitude et d'humilité, il ne recevra plus guère que quelques coups de bec isolés, si par hasard il cherche trop tôt à sortir de sa discrète réserve et à se mêler à ses nouveaux compagnons, qui sauront assez brutalement le remettre à sa place.

Néanmoins, d'habitude tout est passé après ce dur et premier moment d'arrivée, et au bout de quelques jours à peine, on ne s'occupera plus de lui ni en bien ni en mal, sa présence sera tacitement acceptée, il aura acquis une sorte de droit de cité, ou tout au moins celui de circuler librement partout et au milieu de tous. Il ne lui sera désormais, d'ordinaire, plus rien fait ni rien dit de désobligeant, sans toutefois que pour cela il soit devenu un égal, et on saura peut-être encore longtemps lui faire sentir dans une circonstance grave de la vie, chez ces oiseaux, celle des repas. Les Palmipèdes ne plaisantent point, en effet, au sujet de leurs prérogatives sur les nouveaux, quand il s'agit du dîner, de la place que chaque convive doit occuper autour de l'écuelle aux grenailles. Ils veulent manger entre égaux. Les nouveaux, alors même qu'il n'existe plus trace d'animosité contre eux dans les autres circonstances, sont impitoyablement chassés des repas en commun, ils ne pourront prendre part qu'au second service alors que la table sera devenue vacante et que leurs devanciers seront entièrement repus, quelquefois presque jusqu'à l'indigestion. Car, voyant les nouveaux attendre qu'ils aient fini, ils s'efforcent de manger indéfiniment espérant sans doute ne rien leur laisser.

Cependant, quand on possède un grand nombre de Palmipèdes, cette suprématie des anciens dans le repas a certaine tendance à s'atténuer, car parmi la foule, la cohue des convives affamés, ces règlements de préséance sont d'une exécu-

tion difficile, chacun passe plus inaperçu et attire moins
l'attention de son voisin. Mais, avec un petit nombre d'oiseaux, ces faits sont bien faciles, en même temps que fort
curieux à observer.

Ainsi, avant de posséder mon assez brillante famille actuelle de Palmipèdes, j'ai modestement débuté par quelques
Canards du pays, blessés à la chasse, entre autres un
mâle Sarcelle d'hiver et une femelle Siffleur, arrivés chez
moi presque en même temps. Je les eus seuls pendant une
année, dans ma pièce d'eau et mon jardin, dont ils se figu-
rèrent bientôt avoir la propriété exclusive. Ils s'entendirent,
du reste, si bien ensemble que, quoique d'espèces différentes,
mariage ne tarda pas à s'ensuivre et je pus constater plus
d'une fois qu'ils étaient tendres époux. Aussi, quand l'année
suivante je leur adjoignis un mâle Siffleur, celui-ci fut-il des
plus mal accueillis du jeune ménage, et les coups de bec pleu-
vaient sur lui.

Il est vrai qu'il n'en fut pas longtemps ainsi, de la part de
la femelle Siffleur du moins, qui s'empressa de reconnaître
ses torts vis-à-vis du bel étranger. Mais le mâle Sarcelle, qui
n'avait pas les mêmes motifs d'admiration, resta toujours en
hostilité ouverte avec lui et pendant plus d'un an, il ne lui
permit pas de venir dîner avant que lui-même n'eût fini. Le
Siffleur, de son côté, bien que beaucoup plus fort et du double
de grosseur du mâle Sarcelle, convaincu de sa situation inférieure de dernier venu, ne protestait jamais, il attendait
d'ordinaire que la place fût vide pour se mettre à table, ou
si, aiguillonné par la faim, il essayait furtivement d'allonger
le bec jusqu'au plat, il recevait une correction à laquelle il
n'avait garde de répondre, la sachant méritée.

J'adjoignis ensuite successivement à ces trois Canards, une
femelle Sarcelle, un couple de Pilets, un mâle Milouin, un
mâle Morillon, etc. Tous ces oiseaux surent parfaitement
observer entre eux les règles de préséance d'anciens à nouveaux ; c'est-à-dire ce fut toujours après un stage plus ou
moins long, qui se raccourcit d'ailleurs à mesure que ma
bande de Palmipèdes s'augmenta, que les nouveaux furent
admis au rang d'anciens pour les repas en commun. Et il en
fut ainsi jusqu'à l'arrivée d'un couple de Becs-de-lait, Canards gloutons, grossiers, hardis, mal élevés, qui ne voulurent jamais rien entendre ni comprendre, et qui, répondant

aux coups par des coups, s'imposèrent presque dès leur arrivée à la table commune. -

Les Casarkas roux, qui vinrent ensuite, en firent autant, avec cette aggravation même, qu'au bout de très peu de temps, traitant sans respect les plus anciens en nouveaux, ils ne permirent plus à quiconque d'approcher du dîner, et il fallut les séparer de leurs compagnons.

Quant aux Casarkas *variegata*, ce fut bien pis. Leur arrivée fut le bouleversement complet de tous les règlements et usages. Ces gros oiseaux noirs causèrent une terrible frayeur dans le petit bassin où j'enferme d'ordinaire les nouveau venus, ainsi que les Palmipèdes du pays pour y passer la nuit. Dès qu'ils allaient d'un côté de ce bassin, tous ses habitants se groupaient prudemment de l'autre, et pendant plusieurs jours, quand on servait le dîner, seuls les *Variegata* prenaient place à table, les autres attendaient respectueusement qu'ils eussent fini. Mais on s'aperçut bien vite que ces gros Canards n'étaient pas aussi méchants qu'ils étaient noirs, et bientôt Sarcelles, Pilets, Canards sauvages, Milouins, s'enhardirent et vinrent impunément prendre leurs repas avec eux.

Mais ces façons d'agir de quelques Canards aux manières rudes et difficiles comme les Casarkas, ou grossiers et mal élevés comme les Becs-de-lait, sont des exceptions. D'ordinaire, la préséance des anciens sur les nouveaux est, ainsi que je l'ai dit, parfaitement observée, parfois des temps considérables, et la petite Sarcelle, que j'ai citée, en est un exemple frappant. Je l'ai, en effet, possédée pendant près de dix ans, et jusqu'à la fin, on la sentait parfaitement convaincue, infatuée de sa situation. Elle se faufilait partout jusqu'entre les pattes des *Variegata* eux-mêmes pour avoir la première place au plat, s'arrogeant même parfois le droit d'allonger des coups de bec à beaucoup plus gros, à beaucoup plus forts qu'elle, et sans qu'on les lui rendît.

Ces luttes ne sont jamais bien acharnées ; on sent que la haine n'y a point part, mais bien plutôt le mépris. Tout se borne simplement à donner un coup de bec à ce nouveau venu, qui se trouve là on ne sait pourquoi, à repousser avec indignation ce mal-appris osant tenter de partager le dîner des anciens. Le seul danger, dans ces conditions, c'est que ces derniers ne montent si bonne garde autour des plats, que

le nouvel arrivant, par suite d'insuffisance de nourriture,
n'en devienne malade. Cet inconvénient, il est facile d'y remédier en multipliant les écuelles, en distribuant, dans les
premiers temps, de la nourriture en autant d'endroits qu'il
est nécessaire, de façon qu'il puisse manger malgré les anciens.

Mais il en est tout autrement, et le cas est bien plus grave,
du moins chez certaines espèces, quand l'ancien sent un
rival dans le nouvel arrivant. Ce sera alors souvent une lutte
à mort qui s'engagera, ou plutôt il n'y aura même pas lutte.
Le nouvel arrivant, quand même il serait le plus fort, convaincu de son infériorité, de son mauvais droit comme nouveau venu, se reconnaîtra d'ordinaire vaincu d'avance ; il ne
cherchera qu'à fuir ou à se cacher. Rejoint ou découvert,
blotti dans quelque coin, il recevra les coups de bec et d'aile
tant qu'il plaira à son persécuteur, et la même poursuite et
la même terrible rencontre se renouvelleront à chaque instant. On conçoit que l'oiseau soumis à un tel régime, quand
même il ne trouve pas une mort immédiate sous les coups,
ce qui a lieu souvent, dépérisse et finisse par succomber.

Dans ces cas graves, on peut avoir recours à différentes
combinaisons. La plus simple et la plus radicale est de se
défaire de l'oiseau ou du couple nouveau venu et de le remplacer par des oiseaux de même espèce ; il est possible alors
que ces derniers n'excitent plus la même jalousie et soient
tolérés. Ou bien si l'on a des motifs pour préférer le nouveau
couple, on renvoie l'ancien et on le remplacera de même que
précédemment par un couple semblable ; et il y aura grande
chance alors que les couples nouveaux, arrivés ensemble ou à
peu de distance l'un de l'autre, n'ayant pas par là même, pré-
minence d'ancienneté l'un sur l'autre, s'habituent à se considérer comme égaux et continuent à vivre paisiblement côte
à côte. Dans tous les cas, on est assuré d'avoir le calme un
temps plus ou moins long. Les oiseaux ne deviennent batail-
leurs qu'une fois habitués.

Mais le plus souvent on a des motifs sérieux pour essayer
de mitiger, au moins en partie, ces moyens extrêmes. Ces
oiseaux, dont on vient de faire l'acquisition et qu'il y aurait
peut-être ainsi avantage à remplacer, peuvent être rares,
introuvables même pour l'instant en dehors de ce couple,

exceptionnellement beaux, etc. Quant à renvoyer le vieux couple si mal endurant, on a sans doute des motifs analogues pour les garder. Dans ces conditions, le retranchement d'un oiseau reste toujours nécessaire, car le reléguer pour un temps dans un parquet serait inutile, il en sortirait avec les mêmes défauts, mais on pourra au moins ne pas se séparer du couple entier. En effet, en retranchant soit dans l'ancien, soit dans le nouveau couple, l'un des conjoints, on aura par là même souvent rétabli le calme.

Quand un couple en veut à un autre, la femelle, du moins parmi les Casarkas, ne le cède guère au mâle en animosité. Si ce dernier, il est vrai, donne le signal de l'attaque, frappe les premiers coups, sa digne compagne ne manque guère de venir l'appuyer méchamment, surtout lorsque l'ennemi est en fuite ou terrassé. Mais enlève-t-on le mâle à cette femelle, celle-ci alors, ne se sentant plus d'appui, perd toute confiance en elle-même et devient aussi timide, aussi lâche qu'elle était excitée, et elle fuira piteusement devant la moindre menace de ceux qu'elle persécutait naguère. En conservant ainsi cette femelle seule, elle n'est donc plus du tout à craindre ; et si on lui donne un autre mâle, qui sera lui-même fort timoré comme nouveau venu, elle ne cherchera nullement à relever son courage ; au contraire, elle s'identifiera à lui, se conformera entièrement à sa façon d'agir ; et, de la sorte, ce couple, rapparié, équivaudra pour l'innocuité à un couple nouveau venu.

Il se peut, au contraire, que ce soit le mâle de l'ancien couple qu'on tienne à conserver. Dans ce cas, en envoyant la femelle on arrivera souvent, quoique moins sûrement, au résultat désiré. Ce Canard, devenu veuf, est, d'ordinaire, aussitôt et entièrement annihilé, atrophié ; toute son énergie, toute son animosité contre le couple sujet de sa haine, cessent complètement, pour se transformer parfois presque en poltronnerie, et son courage désormais, son esprit batailleur seront tellement émoussés, qu'il cherchera bien plutôt à se soustraire aux coups qu'à en donner. Peut-être même n'arrivera-t-il pas à les éviter, et ses anciennes victimes, s'apercevant vite de cet état inoffensif, humilié, en profiteront-elles pour se venger des mauvais traitements passés, et les deux époux, précédemment persécutés, se réuniront pour le poursuivre, l'insulter. Néanmoins, je ne réponds pas que, si

on le remarie, il ne reprenne vite l'offensive, bien que toutefois non immédiatement, car tous ces oiseaux sont assez
longs avant de s'accoutumer avec une autre femelle, et tant
que celle-ci ne sera pas franchement acceptée, il restera dans
un état d'infériorité. On agira donc prudemment en le laissant
se convaincre, longtemps dans le veuvage de sa situation
déchue ; pendant ce temps-là, le nouveau couple persécuté
pourra, au contraire, s'enhardir et prendre rang parmi les
anciens avec les prérogatives attachées à la situation.

Mais, bien entendu, dans ce dernier cas, il n'est question
que d'oiseaux rivaux entre espèces différentes. Car si le
vieux mâle conservé était de même espèce que le couple nouveau, il est bien probable, il est même à peu près certain,
que ce mâle s'emparerait vite de la femelle de son adversaire.
L'état de haine et de réprobation où il la tenait naguère de
communauté avec son époux cesserait bien vite, tandis que
cette dernière, oubliant les coups et mauvais traitements dont
elle a été victime, ne demanderait pas mieux que de passer
du côté du plus vaillant. Les Canes ont d'ordinaire grande
déférence, grande admiration pour la force et la puissance.
Si elles ont à se décider entre deux époux, elles choisissent
de préférence le plus fort, le plus vigoureux, surtout le plus
dominant et le plus despote.

On pourra encore de même arriver à pareil résultat en se
défaisant de l'un ou de l'autre des époux nouveaux arrivants.
Dans ce cas, si c'est la femelle qu'on conserve seule, de battue
et maltraitée qu'elle était au temps de son mari, elle pourra
bien encore recevoir quelques coups par un reste d'habitude,
mais d'ordinaire toute animosité sérieuse aura désormais
cessé contre elle. On pourra même alors essayer de lui donner un nouveau conjoint qui peut-être passera inaperçu. Les
oiseaux ont souvent, en effet, des haines toutes personnelles,
qui, bien que dans les mêmes conditions, ne se reportent pas
sur des individus de même espèce, de même race et de
même âge.

On parviendrait également dans bien des cas à rétablir le
calme en conservant le nouveau mâle à l'exclusion de la femelle. Le vieux couple, en effet, se sentira désarmé dès que
le principal adversaire sera devenu seul. Car c'est d'ordinaire le couple entier qui est l'objet de la jalousie. Ce n'est
pas seulement un concurrent dans ses amours qu'un mâle

voit dans l'autre mâle, puisque le mâle et la femelle semblent également acharnés contre le nouveau mâle et la nouvelle femelle, mais ils considèrent bien plutôt en eux des rivaux qui vont empiéter sur leur domaine, sur le jardin, la pièce d'eau qu'ils regardaient jusque là comme entièrement à eux. Et cet instinct de la propriété, de la domination sur ce petit territoire est plus ou moins développé suivant les espèces, les individus et l'époque de l'année. Chez certaines espèces, c'est à peine si on trouve d'ordinaire trace de ce sentiment, tels sont les Carolins, Mandarins, Bernaches Jubata, vivant d'habitude en bonne harmonie avec les couples de la même espèce, et toute l'année. Chez d'autres, tels que les Canards sauvages, il n'existe que le printemps seulement, où ces oiseaux tiennent à vivre par couples isolés, à se cantonner ; le reste du temps ils préfèrent vivre en société. Chez les Casarkas roux, Variegata, Bernaches du Magellan, il subsiste toute l'année (1), mais non à un degré égal chez les individus de même espèce. J'ai vu, en effet, des Casarkas roux et Variegata vivre, sinon en bonne intelligence, du moins en paix à peu près complète avec d'autres Casarkas de leur espèce ou d'espèce différente et avec des Bernaches du Magellan, tandis que d'autres oiseaux de ces mêmes espèces et de même âge étaient en guerre perpétuelle.

Mais il ne faudrait pas que le mâle conservé seul, désormais toléré par le vieux couple, il ne faudrait pas, dis-je, qu'il abusât de la situation, qu'il allât, par exemple, conter fleurette à la femme de son ancien persécuteur, ce dernier lui ferait payer cher pareille imprudence. Je ne crois pas non plus qu'on puisse facilement reconstituer le couple ici avec une femelle nouvelle. Car la femelle s'identifiant complètement avec son mâle, l'ancien couple retrouvera les mêmes raisons de défiance et de jalousie. Il sera donc préférable dans cette condition de renouveler le couple entier ; et il est possible que ce couple complètement nouveau n'inspire plus les mêmes inquiétudes à l'ancien, qu'il soit toléré ; c'est une chance que l'on court.

Pour moi, je change et modifie mes couples en tout ou partie, jusqu'à ce que j'aie obtenu une paix suffisante parmi mon personnel aquatique.

_____

(1) Seulement avec plus d'intensité au printemps.

C'est ainsi qu'en tenant compte de cette supériorité des anciens sur les nouveaux, de même que du caractère personnel de chacun, grâce à ces éliminations raisonnées plus ou moins radicales, je parviens sinon à obtenir un accord parfait, ce qui serait trop demander, du moins une tranquillité suffisante. Mais cette suprématie des vieux sur les nouveaux ne se traduit d'habitude avec cette violence redoutable que chez certaines espèces, comme les Casarkas· et Bernaches du Magellan, et il n'y a guère que parmi eux qu'il faille recourir à ces moyens suprêmes d'élimination. Chez la plupart des autres Canards, ces sentiments sont moins violents. Les batailles, ne tirant pas à conséquence, sont plutôt, par leur côté original et comique, d'agréables occasions de distraction sur votre pièce d'eau où elles donnent du mouvement et de la vie. Le battu, le plus souvent, ne s'en porte pas plus mal; il en est quitte pour lisser ses plumes, refaire et rajuster sa toilette un peu chiffonnée. Cependant, il est bon d'avoir toujours l'œil ouvert, ainsi qu'on va voir, même s'il s'agit des plus pacifiques, tels que les Carolins et Mandarins.

Le véritable point de départ de ma collection d'oiseaux d'eau, ainsi que l'origine de mes élevages, date d'un couple de Carolins dont j'avais fais l'acquisition et qui prospéra dans sa descendance. Jusque-là je n'avais possédé que quelques Canards et Sarcelles blessés à la chasse. Avec le résultat de l'élevage de mes premiers jeunes Carolins, je fis l'acquisition d'un superbe Mandarin, jeune mâle du printemps précédent. Les oiseaux de cette espèce étaient alors beaucoup plus rares qu'ils ne sont actuellement. Aussi causa-t-il l'admiration de tous les visiteurs, n'ayant jamais vu Canard si beau, et il était toute ma gloire. Je le tenais renfermé dans mon bassin entouré de murs avec le couple de Carolins et quelques autres Canards du pays, craignant, dans mon inexpérience d'alors, que si je les eusse lâchés dans ma pièce d'eau, ils n'eussent été infailliblement perdus.

D'abord, tenu assez brutalement à l'écart par les autres possesseurs du bassin, qui ne voyaient qu'avec regret ce nouveau venu partager leur modeste domaine, il se conforma avec la plus grande réserve à sa situation humiliée de nouvel arrivant. Mais, suivant l'usage, au bout de quelques semaines, on commença à lui tenir moins rigueur; ainsi devint-il lui-même beaucoup plus à l'aise avec ses nouveaux compagnons et surtout avec la femelle Carolin.

La chose paraissait d'ailleurs assez naturelle, sinon excusable, étant donné l'étroit espace où ils étaient enfermés et qui les mettait forcément en perpétuel contact les uns avec les autres. De plus, comme circonstance atténuante, par économie, je l'avais fait venir seul, comptant sur mes succès de l'année suivante, pour lui donner une compagne. Il n'avait donc alors aucune société intime et il était naturel qu'il en cherchât dans son voisinage. Mais le mâle Carolin ne voulut entrer dans aucune de ces considérations. Dès qu'il se crut menacé comme mari, il devint possédé d'une véritable rage de jalousie. Jusque-là, à mesure qu'il s'était habitué avec le Mandarin, il l'avait laissé de plus en plus tranquille, mais aussitôt ses susceptibilités éveillées, il ne lui laissa plus ni repos ni trève.

Le malheur voulut que je fusse contraint de partir subitement pour Paris, ce que je ne fis qu'à regret, me promettant bien, dès mon retour, d'aviser au moyen de les séparer. Avec plus d'expérience, je n'eusse eu, avant mon départ, qu'à ouvrir la porte du petit bassin, communiquant avec ma pièce d'eau ; j'y aurais envoyé le Mandarin qui eût été, de la sorte, séparé de son adversaire, et la guerre eût été finie ainsi que ses mauvaises chances. Mais, je le répète, pour moi alors, mettre un Mandarin en liberté, oiseau que j'avais toujours vu jusque-là précieusement enfermé en volière ou dans des parquets entourés de hauts grillages, équivalait à sa perte, et, malgré les dangers que je le sentais courir, je préférais donc le laisser enfermé jusqu'à mon retour. Je passai cinq jours à Paris ; dans l'inquiétude j'abrégeai même mon voyage ; mais, hélas ! je ne revins que pour recevoir le dernier soupir de mon oiseau mourant des suites des coups terribles de son adversaire.

Depuis cet accident, j'ai possédé un grand nombre de canards Carolins et Mandarins ; j'eus jusqu'à onze couples en même temps de ces deux espèces, et maintes fois il est arrivé, pour une cause quelconque, par décès d'une femelle ou autrement, qu'un mâle restât seul, et jamais je n'ai heureusement été témoin d'un nouveau drame de cette nature. Au contraire, j'ai toujours remarqué que, d'ordinaire, le mâle devenu veuf, perdait aussitôt son énergie, sa pétulance, sa fierté, étant,

pour ainsi dire, comme désemparé, accablé sous le poids de
son malheur, que d'ailleurs les autres mâles, quoi qu'il pût
faire, n'étaient jamais mus à son égard d'un pareil sentiment
de susceptibilité vindicative. Cette différence vient sans doute
de ce que, ainsi que je l'ai remarqué maintes fois, dans une
grande réunion d'oiseaux, comme chez les humains dans les
grands centres, les sentiments personnels sont moins vifs,
les idées sont plus larges, se répartissant sur un plus grand
nombre, on y est plus tolérant, moins méchant pour les
autres ; le droit de propriété, de souveraineté de la volière
ou de la pièce d'eau étant également plus divisé, plus
partagé, est moins sensible, moins apparent. Ainsi, deux
couples, deux mâles de la même espèce, vivent plus difficilement en bonne intelligence côte à côte que s'ils étaient une
douzaine.

(*A suivre.*)

· LE SANG ET LA· RATE

DANS L'ALIMENTATION DES ALEVINS

Par M.· le Dr JOUSSET DE BELLESME.

————

L'intéressant article de M. Raveret-Wattel sur l'établissement piscicole du Nid-de-Verdier. paru dans un des derniers
numéros, mérite d'être signalé aux lecteurs de la *Revue*. Il
n'est pas douteux que cet établissement ne soit appelé à
rendre de réels services et à donner d'excellents résultats,
car les méthodes et les procédés qu'il emploie sont exactement ceux que l'Aquarium du Trocadéro met en pratique
depuis une dizaine d'années et auxquels il doit ses succès.

Je m'aperçois avec une vive satisfaction que mon enseignement est parvenu à faire entrer dans la pratique de la
pisciculture deux choses auxquelles on était autrefois ré-
fractaire.

· En premier lieu, l'élevage préalable des alevins avant leur
mise en liberté. Je n'ai cessé d'insister dans mes leçons sur la
nécessité d'élever les alevins et de ne pas les exposer, au moments où ils viennent de perdre la vésicule, aux mille causes
de destruction qui les attendent, et contre lesquelles ils sont
mal armés à cette époque de leur existence. L'exemple d'établissements comme celui d'Huningue qui ont persisté pendant
des années dans cette fâcheuse méthode est instructif à mé-
diter et montre clairement qu'en se servant d'alevins trop
débiles, on travaille en pure perte. J'ai l'habitude de résumer
à la fin de mon cours, chaque année, mon sentiment sur ce
sujet par cette formule que M. Raveret-Wattel fait venir
d'Amérique, bien à tort, « qu'on fait de meilleure besogne
avec cent alevins de dix centimètres qu'avec dix mille alevins venant de résorber la vésicule ».

L'autre point sur lequel j'insiste également, c'est la nécessité d'employer dans l'élevage des alevins des aliments riches
en matières nutritives, si l'on veut obtenir une croissance
rapide.

(1) Parmi ces aliments, la rate se place au premier rang, et son emploi, rationnel dans l'élevage, est encore une innovation dont le mérite revient à l'aquarium du Trocadéro. L'emploi de la rate avait bien été préconisé par quelques pisciculteurs, mais ceux qui l'avaient essayé n'en avaient pas obtenu de bons effets, parce qu'ils ne l'employaient pas comme elle doit l'être, et de plus, s'ils ne paraissaient pas s'être rendu compte de la nature de cet organe. Or, j'ai montré, dès 1883, que la rate est un aliment de premier ordre, aussi riche que le sang et la viande, et d'un maniement bien plus commode que ces deux substances pour l'alimentation des très jeunes alevins. Son grand mérite est d'offrir une pulpe très molle, et cependant conservant assez de cohésion pour ne pas se délayer rapidement dans l'eau. Sous ce rapport, elle est supérieure au sang dont les caillots sont plus diffluents.

Il faut bien se rendre compte, lorsqu'on cherche à nourrir des alevins, que l'on est en présence d'êtres dont l'organisation n'est encore qu'à l'état d'ébauche imparfaite, d'animaux à bouche minuscule, dont le système dentaire rudimentaire est incapable de diviser les aliments, et qui, par cette raison, pourront mourir de faim devant la nourriture la plus abondante et la plus azotée, si on ne la leur présente dans un état de division proportionné à l'étendue de leur orifice œsophagien. Or, il n'y a guère que la pulpe de rate et le sang qui présentent ces avantages. Il est presque impossible de réduire (pratiquement) de la viande en une masse assez finement divisée pour les alevins du premier âge. La cervelle et le jaune d'œuf sont souvent employés par nous, mais pour des élevages spéciaux.

Assurément, à l'état de nature, l'alevin ne trouve aucune de ces substances dans les milieux qu'il habite. Il se nourrit d'infusoires plus petits que sa bouche, mais ni les infusoires, ni les crustacés n'étant des aliments riches, la croissance des poissons en liberté est notablement moins rapide que celle des poissons soumis à un élevage artificiel. C'est une vérité bien démontrée sur laquelle il est inutile de s'arrêter.

J'ai soin d'insister également dans mon enseignement sur la manière dont les aliments doivent être présentés aux alevins, car c'est peut-être le point le plus essentiel. Tout d'a-

(1) Ce qui suit est extrait d'une communication faite au Congrès de Pisciculture en 1880.

bord, on doit les employer crus. La cuisson dénature ces matières et, sans leur enlever précisément leur qualité nutritive, les met dans un état physique sous lequel ils sont moins digestifs. Chacun sait que le sang qui a été cuit, durcit notablement ; c'est ainsi qu'on prépare le boudin, qui ne serait, pour ainsi dire pas mangeable, si l'on n'y incorporait des matières grasses, saindoux..., etc. Ce durcissement sous l'action de la chaleur tient à ce que le sang renferme de la fibrine et de l'albumine. La première de ces deux substances coagule spontanément à la température ordinaire et donne au caillot qu'elle forme une consistance molle et souple, comme gélatineuse ; l'albumine restant liquide. Mais, sous l'influence d'une température élevée, l'albumine coagule à son tour et communique à la masse une fermeté, une dureté telle, que les alevins ne réussissent que très difficilement à l'entamer. De plus, la chaleur agit encore sur la fibrine déjà coagulée, qui prend la consistance du caoutchouc. — La connaissance de ces détails prouve que c'est une mauvaise pratique que celle qui consiste à faire cuire le sang destiné à l'alimentation des alevins parce qu'on le rend ainsi impropre à être mangé.

D'autre part, le sang à l'état de caillot naturel se conserve mal, et, quand on le met dans une eau courante, se délaye très vite. Il était donc intéressant de trouver un moyen de concilier ces deux propriétés, mollesse et conservation des matières éminemment nutritives. On y parvient jusqu'à un certain point, en employant un tour de main que j'ai indiqué en 1884, à l'époque où je me servais de ce produit pour la nourriture des alevins du Trocadéro.

Le sang qui vient de l'abattoir doit être préalablement défibriné (1) par un battage énergique, puis il est mis dans un bain-marie où on le chauffe doucement en l'agitant sans cesse. Il ne tarde pas à changer de couleur, à devenir gris et à prendre corps. Lorsqu'il a atteint la consistance de crème

(1) On dira sans doute qu'en défibrinant le sang nous le privons d'une matière azotée éminemment nutritive. Cela est exact, et il est incontestable que le sang présenté sous la forme d'un caillot naturel renferme intégralement la fibrine ; mais une grande partie de l'albumine reste dans le serum, et cette quantité d'albumine, plus grande que la proportion de fibrine du caillot, est conservée dans le sang défibriné et cuit au bain-marie. Il n'y a donc pas de perte en réalité, puisque nous retrouvons du côté du serum plus que nous ne perdons par la défibrination. Entre un même poids de caillot frais et du sang cuit défibriné, la teneur en matière azotée est plus forte dans ce dernier produit.

ou d'œufs au lait, l'opération est terminée. On a soin, pendant la cuisson, d'ajouter à la masse une petite quantité de sel, qui conserve cet aliment plus longtemps et le rend plus sapide. Ce qu'on doit éviter, c'est de pousser la cuisson jusqu'au point où la masse durcit et devient granuleuse. Les diverses variétés de sang se comportent un peu différemment en présence de la chaleur, mais ce sont de simples nuances dont on acquiert vite l'expérience.

Comme annexe à ce sujet, je dirai seulement quelques mots d'une forme particulière du sang qu'on rencontre dans le commerce; c'est le sang desséché que certains industriels vendent en boîtes. Ce produit a été préconisé par quelques auteurs qui, évidemment, n'ont jamais fait d'élevage, ni de pisciculture pratique, car s'ils l'eussent employé eux-mêmes, ils eussent vu combien cette substance est défectueuse. Qu'on puisse arriver à la faire ingérer à des poissons adultes en l'incorporant à d'autres matières pâteuses, la chose est à la rigueur possible; mais le pisciculteur ne doit pas espérer tirer la moindre ressource du sang desséché pour l'alimentation des alevins du premier âge.

L'action de dessécher le sang durcit les matières plastiques que ce liquide contient, et même sous l'action de l'eau, elles ne reprennent plus leur souplesse. On se trouve ainsi en face d'un produit qui n'est comparable qu'au sang cuit à feu nu dont j'ai parlé plus haut, sorte de magma coriace dont les alevins ne sauraient rien tirer.

Le sang desséché se vend en boîtes hermétiquement fermées. Il a l'aspect d'une matière brunâtre en partie pulvérulente, en partie agglomérée, d'odeur forte et peu agréable. Pour l'employer, on le fait tremper dans l'eau pendant quelque temps, et on obtient une sorte de pâte noirâtre qui, pressée entre les doigts, donne la sensation d'une matière grenue et élastique; les jeunes alevins ne l'acceptent pas, quelque précaution qu'on emploie pour le dissimuler, en le déguisant par le mélange avec d'autres produits.

De toutes ces diverses sortes de préparations du sang, la seule qui soit réellement bonne est le sang cuit au bain-marie avec les précautions que j'ai indiquées plus haut. Un pisciculteur qui élève une petite quantité d'alevins peut se trouver très bien de ce procédé, et il lui est loisible d'employer des expédients qui conviennent moins à un élevage installé en grand. Dans ce cas, en effet, on doit viser à épargner la main-d'œuvre et à simplifier, autant que possible, la préparation des aliments, attendu qu'il est avantageux, au point de vue économique, de ne disposer que d'un personnel très restreint pour toutes ces opérations. C'est précisément ce manque de personnel, l'Aquarium n'ayant possédé pendant dix ans que deux employés, qui m'a amené à chercher les procédés d'élevage les plus rapides et les plus pratiques.

J'ai expérimenté successivement divers organes, la viande, le foie, la rate. Cette dernière surtout attira mon attention à cause de la grande analogie que présente la matière qu'elle contient avec le sang. Différents auteurs l'avaient conseillée, mais elle n'était point entrée dans la pratique courante, parce que ceux qui s'en étaient servis avaient trouvé à son emploi de sérieux inconvénients, inconvénients inhérents à sa structure. En effet, quand on essaie de couper une rate en petits morceaux ou de la hacher, on se trouve en présence d'un paquet de fibres aponévrotiques longues, dures, élastiques, qui rendent l'opération du hachage extrêmement longue et difficile, si on veut la pousser assez loin; et la chose est nécessaire pour les jeunes alevins. En présence de cette difficulté quelques éleveurs ont eu la pensée de faire cuire la rate avant de la couper, mais cela ne rend pas l'opération beaucoup plus facile et la cuisson ainsi pratiquée a l'inconvénient de détruire une partie du pouvoir nutritif de l'organe.

Cependant, pour quiconque connaît la structure de la rate et ses fonctions, cet organe renferme une matière aussi riche que le sang, peut-être plus riche à certains points de vue, puisque non seulement les globules rouges y abondent, mais encore parce qu'il s'y trouve une bien plus grande quantité de globules blancs que dans le tissu sanguin. Quant à sa structure, c'est, comme je le disais, un lacis de fibres aponévrotiques circonscrivant de grandes lacunes dans lesquelles se trouve une matière pulpeuse rouge. En somme, cela ressemble, jusqu'à un certain point, à une éponge, avant que l'on ait enlevé le zoophyte qui l'habite.

· J'ai eu la pensée qu'il ne serait pas impossible de retirer cette pulpe, et j'y suis parvenu d'une manière simple et pratique, par le procédé que je décris chaque année dans mon cours. Les rates sont épluchées avec soin. On enlève les matières grasses qui les entourent de façon à ne conserver

que la membrane aponévrotique d'enveloppe de la glande.
Dans cet état, elles sont étendues sur un marbre, et avec
un couteau bien tranchant l'opérateur pratique à la surface
cinq ou six grandes entailles, de cinq centimètres environ,
perpendiculaires au grand axe, ou bien encore obliquement.
Ces entailles ne doivent intéresser que la membrane d'enveloppe, sans traverser l'organe de part en part. Elles doivent
être néanmoins assez profondes pour permettre à l'œil d'a-
percevoir au fond la pulpe sanguinolente qui remplit l'intérieur de l'organe. S'armant alors d'une raclette assez large,
analogue à celle dont se servent les vitriers pour étendre le
mastic, on maintient l'organe de la main gauche et on promène vigoureusement la raclette de la main droite sur toute
l'étendue de la rate. Sous cette pression énergique, on voit la
pulpe rouge sortir par les incisions : et, on l'enlève au fur et
à mesure. A chaque voyage de la raclette, on essuie la pulpe
qui y adhère sur le bord de la cuvette disposée pour la recueillir. L'opération est terminée quand il ne sort plus rien
par les incisions. Il reste alors sur la table un paquet de
fibres aponévrotiques blanches, nacrées, souples et très résis-
tantes ne représentant presque aucune valeur nutritive. Cependant, comme il est de principe en agriculture que rien ne
doit être perdu, j'ai l'habitude de faire couper en morceaux
de la grosseur du doigt ce résidu, et il est certains poissons
voraces dont le suc digestif est tellement actif qu'ils trouvent
moyen d'en retirer encore quelque chose : tels sont les Che-
vesnes et les Anguilles.

L'opération que je viens de décrire nous fournit un produit
alimentaire qui se présente sous l'apparence pulpacée, molle
et veloutée d'un rouge foncé, ayant la consistance d'une confiture assez cuite. Lorsqu'on en place un morceau dans l'eau,
cette matière ne se désagrège point, même si elle est exposée
au courant d'eau qui circule dans les cuves. Après quelque
temps, la surface en contact avec l'eau blanchit, mais l'intérieur reste longtemps rouge. Il n'est besoin d'aucun effort
pour détacher des parcelles de cette masse. Elle réunit donc
les conditions les plus favorables que puisse présenter un aliment : la richesse nutritive et la facilité de préhension. Je
n'ai pas besoin d'ajouter que les alevins la recherchent avec
autant d'avidité que le sang ou la viande.

La pulpe de rate est certainement l'aliment le plus riche,

le plus complet, le meilleur que le pisciculteur puisse employer. Elle est très facile à préparer et elle a de plus l'avantage de se conserver assez bien. Les rates qui n'ont pas été entamées, étant entourées d'une membrane qui les isole du contact de l'atmosphère, se conservent pendant cinq ou six jours pendant l'été, huit ou dix en hiver, sans altération.

La pulpe peut n'être employée que le lendemain ou le surlendemain de la préparation, selon la saison; mais on a tout avantage cependant à n'en préparer que la quantité nécessaire à la consommation journalière.

Les détails que je viens de donner sur la rate et sur sa structure montrent, sans y insister davantage, pourquoi cet organe ne doit pas être employé après cuisson préalable. L'action de la chaleur durcit la matière pulpeuse qui séjourne dans les trabécules de l'organe et n'en sort plus ; l'aliment ne peut donc plus être utilisé par les jeunes poissons. De plus, lorsqu'on fait cuire une rate, c'est toujours après l'avoir immergée dans l'eau. La cuisson enlève alors, par osmose, une bonne partie des principes albuminoïdes solubles, et la richesse de l'aliment diminue d'autant.

Quant à hacher une rate cuite de façon à la réduire en fragments assez petits pour être avalés par les alevins du premier âge, il n'y faut pas songer ; la résistance et l'élasticité des fibres aponévrotiques y mettant un obstacle absolu, ou tout ou moins en faisant une opération tellement longue et compliquée qu'elle ne saurait entrer dans la pratique courante des pisciculteurs.

Quant au mode de préparation dont a parlé M. Raveret-Wattel lorsqu'il dit : *Quelques pisciculteurs emploient la rate cuite et râpée*, je n'ai jamais vu ce genre de nourriture signalé, et je ne vois pas d'ici un pisciculteur râpant une rate cuite. Autant vaudrait essayer de piler un bouchon dans un mortier plein d'eau.

Ce mode de préparation a été souvent employé pour le foie; je m'en suis servi moi-même. Mais cette organe a une tout autre structure que la rate, et le foie cuit et râpé a, en effet, en pisciculture, certaines indications spéciales.

Quoi qu'il en soit de la rate ou du foie, la cuisson doit toujours être proscrite quand ces matières s'adressent à l'alimentation de très jeunes alevins.

J'ai cru devoir exposer avec minutie les procédés de pré-

paration des deux aliments dont nous nous servons le plus
ordinairement, afin de répondre en une fois aux demandes
de renseignements qui me sont adressés incessamment à ce
sujet par des personnes frappées du développement peu ordinaire des alevins de l'aquarium du Trocadéro, et qui suppo-
sent quelquefois que nous avons des procédés particuliers que
nous n'indiquons pas.

Notre seul secret consiste à maintenir nos poissons dans
des conditions très favorables à leur croissance, conditions
parmi lesquelles l'alimentation figure en première ligne.

On voit préconiser à chaque instant, pour la nourriture des
alevins, par des personnes qui n'ont évidemment aucune expérience en ces matières, les substances les plus variées et
souvent les moins propres à cet usage. Nous avons l'habitude de toujours soumettre ces matières à des essais qui sont
toujours faits sans aucun parti pris, attendu que nous serions
nous-mêmes enchantés de rencontrer un procédé plus simple,
plus économique ou meilleur que ceux que nous employons,
mais très habituellement ces substances sont ou inefficaces
ou nuisibles. Quant à l'alimentation par les Daphnies, j'ai
exposé longuement dans la *Revue scientifique*, en 1892, les
raisons pour lesquelles l'éleveur ne doit compter en aucune
manière sur ce procédé, et j'y renvoie le lecteur.

Jusqu'à présent, aucun des aliments dont nous avons fait
usage ne nous a donné les résultats très satisfaisants que
nous obtenons par l'emploi du sang et de la rate.

II. ANALYSES ET EXTRAITS.

LES PRODUCTIONS VÉGÉTALES

DU GUATÉMALA ([1])

Les plantes utiles du Guatémala appartiennent à deux familles principales, les Palmiers et les Orchidées.

Dans le groupe des Palmiers, le *Cohune* (*Attalea Cohune*), nommé aussi *Manáca* ou *Corozo*, est surtout remarquable par ses feuilles qui atteignent des dimensions extraordinaires. M. Morris a rencontré, dans le Honduras, des feuilles longues de soixante pieds et larges de huit. Celles qui mesurent quarante pieds en longueur et cinq pieds en largeur ne sont pas rares. Une seule suffit à recouvrir une habitation. La floraison de l'arbre mâle présente une énorme masse de plus de 30.000 étamines qui forme une grappe de quatre à cinq pieds de long. Le pollen récolté dans environ 450 étamines remplirait une pinte (près d'un litre). Une grappe de Cohune pèse plus de cent livres et porte de 800 à 1.000 noix. Quand ces noix sont mûres, les indigènes les écrasent sous des pierres et pilent dans un mortier d'Acajou les petites amandes qu'ils font bouillir ensuite jusqu'à ce que l'huile surnage ; ils écument cette huile, puis ils la laissent de nouveau bouillir pour en extraire l'eau. Une centaine de noix donne, en moyenne, un *quart* (2) d'huile supérieure, paraît-il, à celle de Coco. Une pinte d'huile de Cohune brûle aussi longtemps qu'un quart d'huile de Coco. Sa fabrication serait moins lucrative que celle du Coco dont la préparation est plus simple.

Les troncs du *Pimento Palm* et du *Poknoby* (*Bactris balanoidea*) servent, dans le Guatémala, à construire les habitations. La noix du *Warce Cohune* (*Bactris Cohune*) est comestible ; on l'ouvre plus facilement que le fruit beaucoup plus gros de l'*Attalea*. Le Chou-palmiste ou *Cabbage Palm* (*Oreodoxa oleracea*) est répandu dans les hautes vallées.

(1) D'après W. T. Brigham, *Guatemala — the Land of the Quetzal*, ch. XI, p. 323. Londres (T. Fischer Unwin, 2ó, Paternoster Square. 1887).
(2) Mesure équivaut à litre 1,1358.

Mais il produit un Chou assez médiocre qui entre peu dans l'alimentation des habitants. Le *Pacaya* (*Euterpe edulis*), palmier élancé, se rencontre dans les forêts ; ses fleurs, à l'état de boutons, sont mangées par les indigènes. Elles figurent sur les marchés, réunies en bouquet. Sur les sommets des montagnes fleurit l'*Acrocomia sclerocarpa* dont le tronc est armé d'épines formidables ; on les utilise en guise d'alênes, d'aiguilles et d'épingles. Une autre espèce voisine, l'*Acrocomia vinifera* abonde dans la vallée de Montagua.

Le *Chamœdorea* n'est pas non plus rare et on en fait d'excellentes cannes. Le *Confra* (*Manicaria Plukenetii*) est recherché pour recouvrir le toit des huttes. Il croît près du rivage, par groupes de cinq à six arbres. On trouverait dans le Guatémala une cinquantaine d'autres sortes de Palmiers connus jusqu'ici seulement par leurs noms indigènes ; aucun d'eux n'a encore été déterminé et étudié.

Parmi les Orchidées, le Vanillier (*Vanilla planifolia*) est commun dans le pays, surtout dans les forêts du Chocon où il fructifie. La qualité de ses gousses est renommée. Pour le cultiver, on coupe les tiges, en conservant trois ou quatre nœuds, à environ un quart de pouce au dessus du dernier nœud inférieur. On plante chaque tige dans un sol préparé d'avance, près de branches basses et au pied d'un arbre à écorce rude, tel que le Calaba (*Calophyllum calaba*). On se sert encore d'un cadre à treillis, haut de trois ou quatre pieds, dont les supports sont faits en bois de Campêche, de Yoke ou de Calaba dépourvu d'écorce. Si les insectes qui fécondent les fleurs n'existent pas dans la contrée, on procède par la fécondation artificielle. Pour préparer les gousses, il faut les récolter quand elles sont mûres ; on les trempe environ deux minutes dans l'eau bouillante, puis on les met, dans de la flanelle, sécher au soleil. Une fois sèches, elles sont placées sur des plaques de fer ou d'étain et aspergées une ou deux fois avec de l'huile douce. Si l'on veut les conserver tendres, on les laisse au soleil pendant quelques jours. Elles prennent alors une belle coloration brune et leur parfum particulier. Dans la région des côtes, il est difficile, durant la saison des pluies, de sécher la Vanille à l'air. On a recours aux séchoirs à air chaud employés dans la préparation du Thé, du Café et du Cacao.

Les côtes du Guatémala n'étant pas très étendues, le com

merce de l'Acajou ou *Mahogany* est bien moins considérable que dans les Deux Honduras. En 1884, la valeur de l'exportation d'Izabal (Livingston) comptait néanmoins pour \$ 14,082,64. La même année, Belize en expédia pour \$ 150,000. L'arbre est surtout commun dans les forêts de Chocon, dans le bassin du Polochic et dans la vallée de Montagua. La colonie de British Honduras doit, en grande partie, son origine à l'exploitation de l'Acajou. L'arbre peut être exploité à trente ans. Les Caraïbes se montrent d'habiles forestiers ; le chasseur ou *montero* choisit les troncs. Quand il a découvert, dans le voisinage de la rivière, des arbres qui ont atteint la dimension voulue — au moins dix-huit pouces carrés, — il ouvre un chemin depuis l'arbre jusqu'au fleuve. On traîne le tronc, ordinairement de nuit et à la lueur des torches, pour le laisser flotter jusqu'au port où il est alors débité pour le marché. Les meilleurs Acajous proviennent de sols calcaires. Avec l'Acajou on rencontre un Cèdre, le *Cedrela odorata*, dont on fabrique des boîtes à cigares. Il sert aussi, comme l'Acajou, à faire les pirogues, *Cayacos* et *dories*, construites d'une seule pièce. Le bois le plus renommé provient de l'Uccimacinta. Cet arbre ne dépasse pas quinze à vingt pieds d'élévation. Son bois se travaille plus facilement que l'Acajou ; on emploie exclusivement le cœur de couleur foncée.

Le Calaba ou *Santa-Maria* (*Calophyllum Calaba*) est recherché dans la construction des demeures. Le Bois de rose (*Dalbergia*) et le *Palo de Mulato* (*Spondias lutea*) sont communs dans la contrée, mais leur poids en rend le transport difficile. Le Sapotillier ou *Sapodilla* (*Achras sapota*) pèse presqu'autant ; une fois coupé, il se retire. Sa dureté lui donne cependant de la valeur et ses éclats servent de clous dans les bois tendres. Le *Salmwood* (*Jacaranda*) est recherché pour la menuiserie des fenêtres ; le Ziricote se distingue par ses veines. Un Pin très répandu, l'Ocote (*Pinus Cubensis*) produit le *fat-pine* que la plupart des peuples de l'Amérique méridionale emploient comme chandelle. L'espèce à longues feuilles (*Pinus macrophylla*) est particulière aux montagnes.

Deux produits qui occupaient autrefois le premier rang dans le commerce du Guatémala, l'Indigo et la Cochenille, sont aujourd'hui supplantés par les teintures fabriquées chimiquement. Les teinturiers indigènes préparent encore l'Indigo naturel que les Indiens apprécient beaucoup.

Les plantations importantes de Canne à sucre sont situées sur la côte du Pacifique ; on en trouve aussi quelques-unes près de Salama, dans des régions plus élevées de l'intérieur. Dans la vállée de Michatoya, on rencontre un grand nombre de petites plantations, nommées *ingenios*. Le pays consomme une quantité considérable de sucre. Les moulins, construits en bois, sont primitifs, et le sucre que l'on fabrique ressemble à la qualité ordinaire du sucre d'Erable. On le fait refroidir dans des blocs de bois creux, de forme hémisphérique ; puis il est dirigé sur les marchés, contenu dans des pots à blé connus sous le nom de *panela*. Une grande partie de la Canne du Guatémala sert à fabriquer un rhum, l'*Aguardiente*.

Le Caféier vient après la Canne à sucre par l'extension de ses cultures et l'excellence de sa qualité. Sur la côte de Liberian, le Caféier fleurit et comme les graines mûres ne tombent pas, la récolte devient aisée. La province de Livingston dirige presque tout son Café sur l'Angleterre et fournit jusqu'ici au commerce le plus renommé. Pour le cultiver, on le place à l'ombre de Bananiers ou d'autres arbres, jusqu'à ce que la plante soit assez forte. Les plantes doivent toujours être éloignées de douze pieds les unes des autres. La coupe a lieu quand elles ont six pieds de haut. Le Café de Libéria est remarquable par ses gros grains ; son prix reste néanmoins inférieur à celui du meilleur café d'Arabie. Il produit cependant beaucoup dans les contrées basses où celui d'Arabie ne réussit pas. On le récolte à la troisième année ; à la cinquième, il donne de 300 à 400 livres par acre (4,000 mètres carrées). Le maximum de sa production est atteint à trente ans. Comme le Tabac, le Caféier épuise le sol plus que toute autre récolte.

Le Cacaotier est originaire des forêts du versant de l'Atlantique. Malgré l'étendue de ses plantations dans le Guatémala, il donne lieu à un faible commerce. Le Cacao le plus renommé provient de la province de Soconusco, près de la frontière mexicaine. La sélection des graines pourrait améliorer celui du Guatémala. Comme le Café, il demande à être protégé. L'ombre légère de l'arbre à Caoutchouc (*Castilloa elastica*) lui convient à merveille. Une plantation bien établie rapporte dès la septième année.

L'arbre à Caoutchouc ou *India rubber* (*Catilloa elastica*) se rencontre, comme le Cacaotier, à l'état sauvage, dans les vallées des régions des côtes. Les plantations ne sont pas nombreuses, malgré les efforts faits par le Gouvernement pour les étendre. Les Indiens récoltent la gomme sans discernement. Ils piquent le tronc qui laisse échapper une abondante résine, qu'ils emploient, d'après Fuentes, pour goudronner leurs bateaux. On prend la résine lorsque l'arbre est âgé de sept à dix ans. Maintenant les chasseurs de Caoutchouc reçoivent, pour les arbres sauvages, des instructions spéciales. Ils pratiquent les incisions, après les pluies d'automne, quand les fruits ont atteint leur maturité, mais avant que les nouveaux boutons soient formés. La gomme est surtout abondante depuis octobre jusqu'en janvier. Les hommes, chargés de la recueillir, sont munis d'échelles ou s'aident avec des Lianes pour monter et ils pratiquent des entailles circulaires, de formes diverses, représentant la lettre V, une feuille de Palmier, etc... L'incision est toujours faite pour que la gomme descende dans le récipient placé au pied de l'arbre. Ils attaquent plusieurs arbres de suite qu'ils laissent saigner pendant quelques heures. Une autre espèce de Caoutchouc, le *Para rubber* (*Hevea Brasiliensis*), se rencontre dans les terrains marécageux, mais il ne se prête pas à la culture. Le vrai Caoutchouc (*Ficus elastica*), originaire des Indes-Orientales, ne paraît pas prospérer dans le Guatémala. Quant au *Coara rubber* (*Manihot Glaziovi*) de l'Amérique du Sud, on le cultive difficilement. Le *Castilloa elastica* pourrait seul devenir une source de richesse pour le Guatémala. Il faudrait le planter à des intervalles de quarante pieds environ. Sa graine étant délicate, on la conserve stratifiée dans la terre dès qu'on l'a récoltée.

La Salsepareille ou *Sarsaparilla* est un des « *vejucos ovines* » très commun dans les forêts du versant de l'Atlantique ; on le nomme aussi *zarza* ou *salsep*. Les Américains connaissent bien les propriétés de cette précieuse plante. Elle est originaire des forêts chaudes et humides où elle grimpe sur les arbres à de grandes hauteurs. La partie employée est la racine, longue et dure, que l'on déterre en ayant soin de replanter la tige qui s'enracine de nouveau. Les racines sont lavées, puis liées (on a soin de ne pas trop les serrer) et vendues. La plus grande partie de Salsepareille exportée par Belize provient du Guatémala et du Honduras. On la reproduit par boutures ou par graines. Elle n'exige d'ailleurs aucune culture spéciale ni le nettoyage nécessaire à d'autres plantes fibreuses. On obtient, en moyenne, 20 livres de racines par plante.

Aucune exportation n'a autant augmenté dans le pays que celle des Bananes (*plantains*). Un service spécial de bateaux a été établi entre la Nouvelle-Orléans et Livingston. On crée continuellement de nouvelles plantations le long des côtes et sur le bord des rivières. En 1883, Livingston en exporta 29,699 régimes; en 1884, 54,635, soit presque le double. Les Bananiers sont généralement plantés dans un *cafétal* ou dans un champ de Cacaotiers ou encore d'Orangers pour que les jeunes plantes soient à l'ombre. Au bout de trois ou quatre ans, on peut les retirer. Les fruits que l'on exporte doivent être coupés et embarqués quand ils sont encore verts, avant qu'ils aient atteint leur maturité complète. L'odeur de la cale et du goudron des bateaux développe dans les Bananes un parfum qu'elles ne possèdent pas dans leur pays d'origine, même si l'on attend leur maturité sur les arbres. Le Chanvre de Pita ou herbe de Pita ou encore « herbe soyeuse » (*Silkgrass*) est très employée comme haie dans l'intérieur du Guatémala. On laisse pourrir les longues feuilles pointues et l'on en extrait la fibre d'une façon assez grossière : on l'écrase sous des pierres, dans un courant d'eau. On en fabrique des sacs, des hamacs et divers cordages d'une grande solidité.

Une plante très voisine, le *Sisal hemp* ou Chanvre de Sisal, est surtout cultivée dans le Yucatan. On l'appelle aussi *henequen* (*Agave Ixtli*). Elle abonde dans les montagnes, jusqu'à 8,000 pieds d'altitude; on en fait des haies. Le *Bromelia* produit une fibre plus belle et plus forte que les Agaves du Mexique, mais elle n'est pas aussi facile à préparer. Ces fibres sont souvent confondues sur les marchés par les Indiens du Guatémala sous la désignation de *Pita* qu'ils appliquent parfois aux Agaves et même aux Plantains. Le *Fourcroya*, voisin de l'Agave, donne aussi une fibre très estimée.

La variété de riz qui croît dans les régions supérieures s'accommode aussi des terrains bas du bassin du Chocon où on la récolte deux fois par an. On la cultiverait avec succès dans tout le pays du *Logwood* (Bois de Campêche). Jusqu'ici ses cultures ne sont point assez étendues pour qu'on puisse éva-

luer la récolte par acre. Il n'existe aucun moulin à Riz ; on
pile les grains dans des mortiers.

Sur les rivages sablonneux où ne croît aucun autre fruit,
la Noix de Coco prospère. Une importante factorerie avait été
installée sur la côte du Hondureñam ; pour des raisons inconnues, on l'abandonna. Actuellement on ne fait sur la côte
septentrionale de Guatémala aucune tentative sérieuse pour
préparer l'huile ou les fibres.

Pour l'Ananas, aucune culture régulière n'a encore été entreprise dans le pays ; les fruits sauvages sont pourtant de
qualité excellente. Le *Pinâ de acuzar* ou *sugar pine* est un
gros fruit, atteignant plus de six livres, tendre et succulent ;
le *Morse pine* a plus de parfum.

Quant aux Muscadiers, il existe un petit nombre d'arbres
en dehors de la plantation de Chocon. Le sol et le climat lui
conviennent. Le Muscadier a besoin d'une moyenne de 80
pouces de pluies par an. Il commence à rapporter à huit ou
dix ans et produit toujours plus pendant cent ans.

Le Maïs croît dans toute la République où il constitue la
base de l'alimentation des Indiens. Les espèces cultivées sont
très productives, mais d'une qualité médiocre.

Outre la Pomme de terre ordinaire, la Patate ou Pomme
de terre douce se rencontre dans ses nombreuses variétés,
depuis l'énorme tubercule rouge et charnu jusqu'au petit tubercule jaune et délicat. On la cultive cependant peu. La
Yam (*Dioscorea*) est plus répandue, mais sa chair est sèche
et fade.

L'Arbre à pain ou *Bread fruit* (*Artocarpus incisa*) prospère
à Livingston et à Belize, bien que son fruit n'atteigne pas la
taille de celui des îles du Pacifique. Cuit au four, il constitue
un légume excellent. On peut aussi le manger coupé en
tranches que l'on fait frire.

Le *Chiote* (*Sechium edule*), plante grimpante de croissance
rapide, sert souvent à couvrir les toits. Son fruit, de la
forme d'une Poire, entre dans l'alimentation.

La Tomate croît partout dans le Vénézuéla et joue un
grand rôle dans la cuisine comme le *Chile* bien connu (*Capsi-
cum annuun*). On trouve plusieurs sortes de Poivres, principalement une grande espèce, verte, qui sert à assaisonner un
mets composé de viande hachée, de mie de pain et d'œufs désigné sous le nom de *Chile relleno*.

Le *Carica papaya* est commun. De même, l'*Akee* (*Blighia sapida*) dont le fruit ressemble à du flan quand il est cuit.

L'*Avocado* (*Persea gratissima*) porte différents noms au Pérou, *palta*, *ahuocate* (Mexique) et *aguacate* des Espagnols, ou encore *avocato ;* les Anglais changèrent ce dernier nom pour en faire l'*Alligator pear* (Poire d'Alligator). Entre la peau et l'amande se trouve une pulpe verdâtre, épaisse d'environ un pouce qui est la partie mangeable. Elle a la consistance du beurre qu'elle peut très bien remplacer. On la mange avec du sel et du poivre. La *Sapote* (*Lucuma mammosa*) lui ressemble, mais est inférieure comme fruit. La Mangue (*Mangifera indica*) est supérieure ; son goût ressemble à celui de la Pomme. Près des côtes, on rencontre l'*Icaco* (*Chrysobalanus Icaco*) ou *Coco plum* dont on fait de bonnes confitures. Dans l'intérieur du Guatémala, on emploie souvent le *Jocote* (*Spondias purpurea*) pour faire des clôtures. Le jus fermenté du fruit sert à préparer une boisson populaire, la *Chicha*. Parmi les *Cherimoyas* (*Anona Cherimolia*) répandus même dans les hautes régions, l'espèce à pulpe rouge est surtout recherchée. Le *Sour-sop* (*Anona muricata*) est cultivé près des côtes ; on le trouve toujours dans les villages des Caraïbes. Les jolies fleurs d'une Passiflore, la *Granadilla* ou *Water-lemon*, sont mises en vente sur toutes les places des contrées élevées. L'espèce la plus répandue porte un fruit de la taille d'un gros œuf de poule. Son enveloppe, assez dure, renferme une gelée très aromatique. On vend ce fruit à raison de 10 pièces pour un *Cuartil* (3 cents). Ces plantes se reproduisent, sans difficulté, par bouture.

Le *Tamarindus officinalis* croît dans tout le Guatémala. On fabrique avec ses gousses une boisson saine et rafraîchissante.

Le pays offre aussi aux bestiaux et aux Chevaux de beaux pâturages. Dans les régions basses et près des rivières il faut semer l'herbe qui consiste généralement en *Guinea-grass* (*Panicum jumentorum*) et *Bahama-grass* (*Cynodon dactylon*). Sur les hauteurs, le *Paspalum distichum* croît naturellement.

III. EXTRAITS DES PROCÈS-VERBAUX DES SÉANCES DE LA SOCIÉTÉ.

SÉANCE GÉNÉRALE DU 14 DÉCEMBRE 1894.

PRÉSIDENCE DE M. A. GEOFFROY SAINT-HILAIRE, PRÉSIDENT.

Le procès-verbal de la dernière séance générale ayant été adopté par le Conseil, conformément au Règlement, il n'en est pas donné lecture.

— M. le Président ouvre la session par une allocution que la *Revue* a publiée dans son numéro du 20 décembre.

— M. le Secrétaire général remercie M. le Président, ainsi que ses Collègues, d'avoir bien voulu porter sur lui leurs suffrages, et assure la Société de son entier dévouement.

— M. le Président proclame les noms des membres admis par le Conseil, depuis la dernière Séance générale du mois de juin.

MM.	PRÉSENTATEURS.
BLANCHARD (Raphaël), membre de l'Académie de Médecine, secrétaire général de la Société zoologique de France, 32, rue du Luxembourg.	Baron J. de Guerne. A. Milne-Edwards. Léon Vaillant.
CANTELAR (Absalon), ex-officier de vaisseau, capitaine de port, à Fort-de-France (Martinique).	A. Geoffroy Saint-Hilaire. Baron J. de Guerne. Jules Grisard.
COLHS (Louis), fabricant d'appareils de pisciculture, 20, quai du Louvre.	Baron J. de Guerne. Jules Grisard. Léon Vaillant.
COUTAGNE (Georges), ancien élève de l'Ecole polytechnique, à Rousset (Bouches-du-Rhône).	A. Geoffroy Saint-Hilaire. Jules Grisard. C. Raveret-Wattel.
FUSTIER (Albert), notaire, à Moulins (Allier).	D'Aubigneu. A. Geoffroy Saint-Hilaire. Jules Grisard.
MUSSÉRI (Victor), ingénieur agricole, propriétaire, au Caire (Egypte).	A. Geoffroy Saint-Hilaire. Baron J. de Guerne. Jules Grisard.

MM.   PRÉSENTATEURS.

VERCKEN (Fernand), administrateur de la (Baron J. de Guerne.
Société fermière du Rio-Sinu, 18, rue ⟨ A. Geoffroy Saint-Hilaire.
Laffitte.   (Jules Grisard.

— M. le Secrétaire a la parole pour le dépouillement de la correspondance, mais six mois s'étant écoulés depuis la dernière séance générale il demande la permission de scinder son analyse pour ne pas retenir trop longtemps l'attention de l'Assemblée sur ce point, et de se restreindre à ce qui concerne les trois premières sections.

— Des demandes d'œufs de Salmonidés, de graines et de cheptels ont été adressées en assez grand nombre, il y a été répondu et satisfaction a été donné à chacun autant que possible.

— M. le Ministre de l'Instruction publique a fait parvenir à M. le Président plusieurs exemplaires du Programme du Congrès des Sociétés savantes qui se tiendra à la Sorbonne en 1895, en invitant la Société d'Acclimatation à y prendre part. — Il a été accusé réception de cet envoi, conformément aux termes de la circulaire qui y était jointe.

— La Société impériale d'Acclimatation des animaux et des plantes de Russie adresse à notre société le manuscrit d'un rapport sur ses travaux pendant l'année 1892, rapport rédigé par M. Koulaguine, Directeur du Jardin zoologique de Moscou. Elle serait heureuse de le voir reproduit dans la Revue. — Des remerciements lui ont été adressés.

— A une demande de renseignements sur les Moutons du Yùn-nân qui lui avait été adressée par M. le Président, M. l'Économe du séminaire des Missions étrangères répond en transmettant la lettre qu'il a reçue à ce sujet, du Père Le Guilcher, provicaire apostolique de Yùn-nân. (Voir Extraits de la correspondance.)

— M. le Dr Wiet écrit de Reims pour donner des nouvelles de son cheptel de Kangurous de Bennett, le petit, dont la naissance a été annoncée il y a quelque temps, est en magnifique état et se développe parfaitement.

— M. Louis Reich écrit à propos d'une notice parue dans l'un des derniers numéros de la Revue des Sciences naturelles *appliquées* au sujet de la création d'une station de bains sulfureux pour Chevaux, à Baden-Vienne. (Voir *Extraits de la correspondance*.)

— M. le gérant du Consulat français à Bahia, consulté par M. le Président sur l'élevage et l'importation du bétail dans cette partie du Brésil, envoie la traduction d'une note rédigée, à sa demande, sur cette question par le Directeur de l'Institut agricole. (Voir *Extraits de la correspondance*.)

—. M. Jules Bellot, de Cognac, offre d'envoyer quelques détails sur un élevage de Cailles de Chine ; son offre a été acceptée avec empressement.

— M. le Dr Laumonier rend compte du cheptel de Canards d'Aylesbury qui lui a été confié.

Notre correspondant joint à ce compte-rendu une notice sur l'emploi de certaines variétés de Bambous dans l'alimentation.

— M. le Ministre de l'Instruction publique a fait transmettre à M. le Président un important mémoire présenté par M. Violet, au Congrès des Sociétés savantes. Ce mémoire a pour titre : *De l'influence que l'on peut attribuer aux usines industrielles et aux amendements agricoles dans la dépopulation de nos cours d'eau*. — La troisième section trouvera là d'utiles documents.

— Toute une correspondance a été échangée avec la Commission des Pêcheries des États-Unis relativement à un envoi de 150.000 œufs de Saumon de Californie que, grâce à une subvention de 1.000 fr., obtenue de la bienveillance de M. le Ministre de l'Agriculture, la Société a pu faire venir en France et répartir entre les établissements nationaux de pisciculture et les membres de la Société. Les œufs sont parvenus en bon état et la Commission des Pêcheries ainsi que la Compagnie des Transatlantiques ont droit à la gratitude de la Société pour le soin et l'activité qu'elles ont apportées à cette expédition.

— M. le Général de Depp a adressé une notice sur la Pisciculture dans la propriété de feu le Chambellan Max Von dem Borne à Bernheim.

— D'autre part, M. Denys, ingénieur des Ponts et Chaussées

dans les Vosges, a communiqué une note sur les observations recueillies par lui et M. Hausser, sous-ingénieur, sur la Pisciculture en Suisse. Cette note a été publiée dans la *Revue*.

— M. A. Lefebvre, répondant à M. le Président, donne des détails sur ses essais de pisciculture dans les étangs et cours d'eau d'Amiens. (V. *Extraits de la correspondance.*)

— M. de Confévron donne des renseignements, sur une épidémie qui sévit dans la rivière la Vingeanne et sur la pêche aux Hirondelles. (Voir *Extraits de la correspondance.*)

— M. le Secrétaire donne la liste des ouvrages nouveaux reçus par la Société. (Voir au *Bulletin bibliographique.*)

— M. Vaillant dépose sur le bureau un ouvrage de MM. René Martin et Raymond Rollinat, intitulé : *Vertébrés sauvages du département de l'Indre.* Il signale cet excellent travail à l'attention de la Société et insiste tout particulièrement sur l'intérêt qu'il y aurait à posséder, pour chaque département, des faunes convenablement faites ; il n'en existe, en effet, qu'un petit nombre, dont plusieurs même sont anciennes et ne sont pas empreintes de toute la rigueur scientifique qu'on réclame aujourd'hui pour des travaux de ce genre. Le livre de MM. Martin et Rollinat a été fait avec le plus grand soin et l'on peut tirer beaucoup de profit des renseignements qu'il contient, car ils présentent un caractère de certitude.

— M. Mégnin offre à la Société, la troisième édition de son ouvrage sur le Chien (Hygiène et médecine), édition à laquelle il a ajouté un chapitre complet sur la chirurgie du Chien, qui n'existait pas dans les précédentes.

— M. Pichot appelle l'attention des éleveurs de Kangurous sur un travail de MM. Lannelongue et Achard, présenté récemment à l'Académie des Sciences par M. A. Milne-Edwards et traitant de la carie des os qui affecte fréquemment la mâchoire des Kangurous. Cette maladie constitue un des grands empêchements à la réussite dans l'élevage de ces animaux et il serait important de bien la connaître dans toutes ses phases. Il ajoute qu'il serait heureux que, dans des circonstances semblables, M. Milne-Edwards voulût bien ne pas oublier l'intérêt que des études de ce genre ont pour la Société nationale d'Acclimatation.

— M. J. Forest aîné fait une communication sur l'Autruche, son importance économique, son avenir au point de vue des intérêts français. Il termine en demandant à la Société de vouloir bien seconder ses efforts auprès des autorités compétentes. M. le Président, en rappelant que le Conseil a déjà fait des démarches dans ce sens, dit que la demande de M. Forest sera de nouveau soumise à ses délibérations. Cette étude sur l'Autruche sera reproduite ultérieurement dans la *Revue*.

— M. Michotte fait une communication sur l'emploi des Orties comme plantes textiles et présente à la Société des échantillons de filasse et de cordes fabriquées avec ces végétaux. La *Revue* donnera également une analyse de cette communication.

Le Secrétaire des séances,

JEAN DE CLAYBROOKE.

SÉANCE GÉNÉRALE DU 28 DÉCEMBRE 1894.

PRÉSIDENCE DE M. LÉON VAILLANT, VICE-PRÉSIDENT.

Lecture et adoption du procès-verbal de la séance générale précédente.

— M. le Président proclame la nomination d'un nouveau membre de la Société :

PARATRE (René), 14, rue Littré, à Paris. { Raphael Blanchard. / Baron J. de Guerne. / Léon Vaillant.

— M. le Secrétaire général appelle l'attention de ses collègues sur les nouvelles cartes des séances qui donnent le tableau des séances générales, séances du Conseil et des différentes Sections, et qui ont été envoyées à chaque sociétaire avec le dernier numéro de la *Revue des sciences naturelles appliquées*. Ces cartes doivent être timbrées pour être valables et donner l'entrée dans les salles de la Société d'Acclimatation. Il pense qu'elles réalisent un progrès et il serait heureux que les personnes ayant des modifications de ce genre à signaler voulussent bien le faire, afin de faciliter, autant que possible, le fonctionnement parfait des différents services de la Société.

— M. le Secrétaire procède au dépouillement de la correspondance.

— M. Magaud d'Aubusson transmet la communication que lui a adressée M. Ernest Olivier, Directeur de la *Revue scientifique du Bourbonnais*, à propos d'une observation faite par lui, à Moulins, dans le courant de l'hiver dernier. (Voir *Extraits de la correspondance*.) « Elle apporte, dit notre » collègue, un fait nouveau à l'opinion que j'ai soutenue de » l'hibernation accidentelle des Hirondelles dans nos con- » trées. Cette observation a été insérée dans la *Revue scien- » tifique du Bourbonnais*, numéro du 15 mars 1894. »

— M. de Confevron fait part de la mesure qui vient d'être prise par M. le Préfet de la Haute-Marne au sujet de la pêche aux Écrevisses. (Voir *Extraits de la correspondance*.)

— M. le Dr Alfredo Dugès, agent consulaire de France à Guanajuato (Mexique), annonce l'envoi d'une petite boîte contenant des œufs d'*Attacus splendida*. Le mâle et la femelle ont été pris accouplés.

Malheureusement, l'éclosion s'est produite pendant le voyage. M. Dugès a été prié de nous envoyer des cocons.

— M. le Ministre des Colonies écrit à M. le Président, au sujet des services que la Société pourrait rendre aux cultiva- teurs de Libreville. (Voir *Extraits de la correspondance*.)

— M. Léon Say, président de la Société nationale d'Horti- culture de France, écrit à M. le Président de la Société d'Acclimatation pour annoncer l'Exposition internationale des produits de l'Horticulture et des industries qui s'y rat- tachent, qu'elle organise pour le mois de mai 1895. (Voyez *Revue*, 1894, 2e semestre, p. 519.)

Le Conseil aura à prendre une décision à ce sujet.

— Notre collègue, M. Georges Coutagne, à Rousset (Bouches-du-Rhône), propose aux membres de la Société qui pourraient en désirer, des graines d'*Iris pabularia* et *aurea*. (Voir *Extraits de la correspondance*.)

Des remerciements ont été adressés à M. Coutagne.

— M. Arm. Leroy, d'Oran, remercie la Société de l'envoi de graines d'*Opuntia* qui lui a été fait. (Voir *Extraits de la correspondance.*)

— M. Genebrias de Boisse, propriétaire aux Blanquies, près Bergerac, adresse à la Société un paquet de graines fraîches du Chrysanthème de Dalmatie, plante insecticide, utile à l'agriculture, pour l'acclimatation et la vulgarisation de laquelle il a obtenu une médaille d'argent au Concours viticole de Périgueux, en juin 1894.

— M. Jean Dybowski fait une communication sur la production spontanée et particulièrement celle des arbres à Caoutchouc dans l'Afrique centrale.

— M. Remy Saint-Loup donne un résumé d'un travail intitulé : *Quelques remarques sur l'acclimatation du Mara.* Il présente un dessin de cet animal exécuté par lui d'après nature.

— M. le Président remercie MM. Dybowski et Remy Saint-Loup de leurs très intéressantes communications qui seront publiées par la Société dans sa *Revue.*

Le Secrétaire des séances,

JEAN DE CLAYBROOKE.

IV. EXTRAITS DE LA CORRESPONDANCE.

LES MOUTONS DU YUN-NAN.

Les Moutons constituent une des principales richesses de nos montagnes du Yûn-Nân. Ils sont mêlés en général avec les troupeaux de Chèvres. Ces dernières descendent jusque dans les plaines, et y dominent par le nombre tandis que les Moutons sont plus nombreux sur les hautes montagnes :

1º Le poids d'une Brebis adulte varie de 25 à 35 livres. Un Mouton bien engraissé peut atteindre 50 livres et même davantage;

2º La toison est variée. Il y en a de toutes blanches; il y en a de toutes noires. Les premières sont employées à faire toute espèce d'habits pour les mandarins. Les noires font aussi de beaux pardessus. Il y a des toisons de couleurs mélangées. La laine est, je crois, de bonne qualité; on l'emploie à faire des tapis et des bonnets. Cette laine employée par des mains européennes servirait à confectionner des draps de bonne qualité;

3º La fécondité des Brebis n'est pas grande. Elles ne font en général qu'un petit chaque année. Cela vient peut-être de ce qu'on ne les nourrit pas à la crèche;

4º Le climat où l'on rencontre les troupeaux de Moutons est plutôt froid que tempéré. Car c'est toujours dans les hautes montagnes qu'on les rencontre au Yûn-Nân;

5º Je crois que l'attitude normale où vivent ces Moutons est de deux à trois mille mètres;

6º L'herbe des montagnes est leur alimentation habituelle. Pourtant on leur donne un peu de sel. Mais à part cela on ne les nourrit guère à la crèche. A peine quand les Brebis ont mis bas leur donne-t-on un peu de *Hoûang-téou* (espèce de lentille) (1).

N. B. La livre chinoise est plus forte de 1/4 que la livre française.

(*Lettre du R. P. Le Guilcher, provicaire apostolique au Yûn-Nân.*)

STATION DE BAINS SULFUREUX POUR CHEVAUX.

Je me permets de vous rappeler que nous possédons en France depuis bien longtemps une station analogue à Amélie-les-Bains, où l'administration des Haras, tout au moins, envoie ses Chevaux malades.

Louis REICH.

⨯

---

(1) Suivant le *Dictionnaire français-chinois* de Paul Perny, le Hoûang-téou serait le *Phaseolus flavus* qui produit un petit haricot jaune. (*Réd.*)

LA QUESTION DU BÉTAIL AU BRÉSIL (ÉTAT DE BAHIA).

L'État de Bahia n'a rien fait jusqu'à ce jour qui mérite une mention sérieuse relative au perfectionnement du bétail, et précisément par le manque de soins zoologiques, il est visiblement en retard.

Je ne crois pas que l'on ait obtenu jusqu'à présent à Bahia aucun produit du « Zébus » que, seuls, les États du Sud ont importé dernièrement.

Le seul, entre nous, qui possède quelques animaux de bonne race, et qu'il améliore ici, c'est l'intelligent éleveur M. José de Vasconcellos de Souza Bahiana, en sa propriété « Capim », Municipe de Santo Amaro, qui pourra peut-être vous donner des instructions utiles au sujet des essais qu'il aura pu faire.

Faute de données statistiques sur l'amélioration du bétail dans le Sud du pays et sur les importations faites d'Europe ou d'autres provenances ; de renseignements sérieux et minutieux concernant les essais faits ainsi que les résultats obtenus, je regrette ne pas pouvoir vous fournir toutes les informations demandées.

A Bahia, les éleveurs qui prêtent le plus d'attention à cette industrie n'ont pas encore, que je sache, acquis de « Zébus » ; toutefois, et seulement maintenant, le Sénat de Bahia s'occupe de créer officiellement quelques étables, dans des fermes-modèles pour l'élevage du bétail, à seule fin d'en améliorer la qualité par le croisement de celui qui existe avec des reproducteurs étrangers de bonne race, capables de résister à notre climat sans perdre leurs qualités.

(Note rédigée par M. le Directeur de l'Institut agricole et transmise par M. le Gérant du Consulat français à Bahia.)

ESSAIS DE PISCICULTURE DANS LE NORD DE LA FRANCE.

Dans votre lettre du 28 novembre dernier, vous me demandiez de vous tenir au courant de mes empoissonnements à Amiens et à Bray-lès-Mareuil.

En ce qui concerne cette dernière localité où je vais très rarement, je ne puis vous donner des nouvelles d'une centaine de Saumons de Californie, nés à la fin de 1891, mesurant de 10 à 11 centimètres de longueur, le 21 juillet 1892, époque où je les ai lâchés. Il en est de même de cent Truites d'environ 15 mois, que j'y ai portées, le 22 mai 1893. Ces poissons, que je ne surveille pas, ont pu s'échapper par la petite rivière formant la limite des prés où je les avais mis, car j'ai remarqué que l'eau s'est creusé un passage sous la grille, en amont du fossé communiquant avec cette rivière.

A Amiens, malgré la grande étendue du bassin de la Hotoire,

11,800 mètres environ de superficie, je suis plus à portée de savoir ce que deviennent les sujets que j'y dépose. Cependant, je ne peux pas vous renseigner actuellement sur les 535 Salmo quinnat, dont 440, versés le 15 juillet 1892, de la même taille que ceux portés à Bray, et 95, dont les plus longs mesuraient 20 à 22 centimètres, le 7 mars 1893. Néanmoins, j'ai bon espoir d'en revoir un jour dans ce bassin, et considérablement grossis.

Dans ce même bassin, appartenant à la Ville, j'ai revu, les 24 et 25 août dernier, quelques-unes des 400 Truites de différentes variétés, âgées de 15 mois, à l'époque où je les ai portées, le 8 mai 1893 ; il en est qui se sont très bien développées.

Sur ma proposition, l'Administration municipale m'a chargé de lui procurer des Carpes. Au commencement de juin 1893, j'en ai versé 500, dorées et reines, âgées d'un an. Elles ont admirablement prospéré dans ce bassin qui renferme aussi de nombreux Rotengles, des Anguilles et des Brochets. Ces deux dernières espèces trouvent toujours moyen de s'y introduire, malgré les grilles dont les barreaux n'ont pas plus d'un centimètre d'écartement, et la mise à sec pour le curage que l'on opère après une période d'environ sept ans.

Le 1er mars 1894, j'ai fait une expédition de 200 Truites, longues de 13 à 23 centimètres, pour peupler des étangs du Pas-de-Calais. Elles sont arrivées en parfait état. Le 20 du même mois, j'ai fait un second envoi de 225 Truites variées, du même âge, pour la même destination, avec une réussite complète. Le 18 juin dernier, je recevais une lettre du propriétaire des étangs, qui me disait que les Truites allaient très bien. J'ai encore chez moi 60 sujets de la même année.

Sur les œufs de Truite arc-en-ciel que la Société d'Acclimatation m'a envoyés, le 16 avril 1893, j'ai expédié 105 alevins, le 23 janvier 1894. Ils ont été placés dans une entaille à Longpré-les-Corps-Saints. Le 25 avril dernier, 5 ont sauté hors du bassin où ils se trouvaient, l'un d'eux était long de 177 millimètres, haut de 39, épais de 19 et pesait 52 grammes ; deux autres ont sauté le 24 et le 29 avril. Aujourd'hui il m'en reste environ 80. Les éclosions se sont produites du 17 au 25 avril 1893, donc cette Truite, longue de près de 18 centimètres, était âgée d'un an.

Le 23 mars 1894, j'ai expédié, dans l'arrondissement de Doullens, 206 Truites des lacs et Saumonées nées du 4 au 16 février 1893, pour être placées dans un ruisseau se jetant dans l'Authie.

J'arrive à vous parler des œufs de Truite arc-en-ciel, que vous m'avez adressés, le 21 février dernier. Sur 1,830 œufs bons à l'arrivée, 236 sont morts. Le 15 mars, les éclosions terminées, j'avais compté 1,600 jeunes, trois mois après, le 16 juin, j'en avais retiré 114 morts. A partir du 9 avril, la résorption de la vésicule étant à peu près achevée, je leur ai distribué des Daphnies et des Naïs. L'aquarium ayant 87 centimètres de longueur, 45 de largeur et 55 de hauteur d'eau, devenait insuffisant pour contenir les 1,457 jeunes qui s'y trouvaient. Cette insuffisance me parut indiquée par une recrudescence de mortalité dans la première quinzaine de juin. De nouveaux bassins en fer et ciment, à cascades venaient d'être construits et je n'attendais plus que les cadres en fer, treillagés, destinés à les recouvrir (à ce moment entre les mains du peintre), pour opérer le déplacement d'une partie des Alevins, afin de rendre moins dense la population de l'aquarium, mais un accident se produisit.

Le trop plein de l'aquarium se compose d'un tuyau vertical entouré à sa partie supérieure d'un cylindre dont le fond, perforé de très petits trous, se trouve quelques centimètres au-dessous du niveau de l'eau, tandis que la paroi verticale s'élève de plusieurs centimètres au-dessus de ce niveau. Cette disposition empêche les jeunes poissons d'être entraînés sur le trop plein ; mais à trois mois ils sautent déjà, et comme le cylindre n'était pas muni d'un couvercle, un Alevin se trouvait dans ce cylindre. Pour le retirer, j'ai arrêté l'arrivée de l'eau et fait fonctionner le tuyau de vidange, afin de mettre le poisson à sec ; j'ai fait baisser le niveau de 8 centimètres et, après avoir fermé le robinet de vidange, j'ai remis facilement la petite Truite avec les autres ; mais j'ai oublié de rouvrir le robinet qui permet le renouvellement de l'eau. A cette époque, je la faisais arriver dans le fond et non à la surface, ce qui explique que je ne me sois pas aperçu tout de suite de mon oubli. Je suis sorti aussitôt après, vers quatre heures du soir et ne retournai à mon aquarium que le lendemain à 9 heures du matin.

Vous pouvez juger de ma consternation en voyant tout le fond de mon aquarium couvert de cadavres! Il y en avait 1,270 ! Cependant 187 conservèrent l'existence, malgré un séjour de 17 heures dans 186 litres de cette eau non renouvelée. Je m'empressai de la remplacer et m'occupai immédiatement de retirer les morts que je fis égoutter sur un tamis et versai dans une cuvette. A quatre heures je les pesai, il y en avait 1 kilog. 022 grammes. Je les retirai un à un pour les compter et trouvai au fond du vase 32 grammes de liquide rendu par eux, et dans ce liquide, je vis trois vers bien remuants que je suppose être des vers intestinaux.

Voici les poids et dimensions de ces Alevins morts :

le plus fort : 2 gram. 2 décigr. long. 0 m. 054, haut. 0,012, épais. 0,006
le plus petit :   4 —   — 0   031 —   0,005 —   0,003

Aujourd'hui il me reste 180 de ces jeunes, échappés à la mort.

Désirant ne pas vous laisser sous l'impression d'un si grand insuccès, je vous informe que j'ai reçu de l'établissement de Bessemont, le 2 avril dernier, 1158 œufs bons à la réception, de Truite arc-en-ciel. Ils ont donné naissance à autant d'alevins, dont il me reste aujourd'hui 1,061. J'ai compté parmi eux 225 jeunes, âgés de sept mois, plus ou moins marqués de la bande rouge.

A. Lefebvre.

✕

Epidémie sur les Ecrevisses de la Vingeanne (Haute-Marne).
La Pêche aux Hirondelles.

J'apprends que la maladie sévit d'une façon désastreuse dans la Vingeanne, depuis sa source, à Aprez (Haute-Marne), jusqu'à son confluent avec la Saône un peu au-delà de Percez-le-Petit (Côte-d'Or), 45 kilomètres environ.

Le lit de la rivière est, paraît-il, jonché de carapaces mollasses et décolorées de ces crustacés.

Cette maladie, qui avait fait il y a quatre ou cinq ans de grands ravages, semblait pourtant prendre fin.

Je crois que les engrais chimiques à la chaux, très largement employés par l'agriculture, depuis quelques années, ne sont pas sans influence sur la qualité des eaux et, par suite, sur la mortalité du Poisson et des Écrevisses. Mais, qu'y faire ? C'est la loi du progrès qui fait qu'un jour, qui n'est pas éloigné, l'homme se trouvera seul sur la terre, maître d'un grand désert où il n'aura pour compagnons que les animaux domestiqués.

La Vingeanne a été repeuplée avec soin, en Truites, par l'Administration des Ponts-et-Chaussées, mais l'année dernière a été sèche, l'eau basse et les populations riveraines en ont profité pour vendre ou manger abondamment, en fritures, tout l'alevin. C'est à refaire.

Quand on veut repeupler une rivière, la première nécessité qui s'impose, c'est de fermer, d'une façon absolue, la pêche pendant plusieurs années. Sinon, ce n'est pas la peine d'essayer.

Un de mes cousins qui, jadis, fut magistrat à Châlon-sur-Saône, me racontait, dernièrement, que, de son temps, on pratiquait dans cette ville la pêche aux Hirondelles.

Voici comment :

Les pêcheurs armés de longues lignes et placés sur les ponts, laissaient pendre, peu au-dessus de la surface de l'eau, leurs hameçons amorcés avec des Mouches. Les Hirondelles rasant la rivière, à la recherche de leur nourriture, happaient les Mouches au passage, s'enferraient et étaient remontées sur le pont.

Ce sont certainement ces pêches aux Hirondelles qui ont donné lieu aux fables ou légendes, d'Hirondelles submergées et retirées de l'eau comme des Goujons engourdis.

De Confévron.

✕

HIBERNATION DES HIRONDELLES.

Le 12 février, vers deux heures de l'après-midi, à Moulins, j'ai observé plusieurs Hirondelles (*Hirundo rustica*), volant au-dessus de l'Allier, autour du pont. Il tombait une petite pluie fine ; le thermomètre marquait + 9°. Ces oiseaux n'ont pas paru les jours suivants.

« Je n'insiste pas. J'ai dit ailleurs (numéro du 5 octobre 1894) ce qu'il fallait penser de ces apparitions anormales et des conditions physiologiques dans lesquelles ces oiseaux pouvaient passer l'hiver.

» Je remercie M. Ernest Olivier d'avoir enrichi notre dossier de cette intéressante observation. »

P. S. Je profite de l'occasion pour rectifier une erreur typographique qui s'est glissée dans la dernière phrase de ma réponse à M. de Confévron (5 décembre 1894).

On m'a fait dire : Au surplus, nous venons d'entrer dans la saison où ces observations tant désirées *vont* se produire. C'est *peuvent* se produire qu'il faut lire.

(*Note de M. Ernest Olivier transmise par M. Magaud d'Aubusson.*)

PÊCHE AUX ÉCREVISSES.

Une excellente mesure vient d'être prise dans la Haute-Marne.

Par arrêté préfectoral du 5 octobre 1894, « la pêche de l'Ecrevisse est complètement interdite *pendant toute l'année*, dans les rivières de la Marne, le Rognon, la Blaise, l'Aube, l'Aujon, l'Amance et ceux de leurs affluents ayant leur confluent situé dans le département de la Haute-Marne, ainsi que dans la Meuse, sur toute leur étendue dans le département ». (Art. 3 de l'arrêté.)

Que cette mesure n'est-elle généralisée partout et étendue à d'autres espèces !   DE CONFEVRON.

CULTURES MARAICHÈRES A LIBREVILLE (Afrique).

Monsieur le Président,

Par la lettre du 3 mars dernier, vous m'avez manifesté l'intention de vous intéresser aux essais de cultures maraîchères tentées aux environs de Libreville par les détenus annamites, et vous m'avez demandé de vous faire connaître par quels moyens vous pourriez les faciliter.

M. le Commissaire général du Gouvernement dans le Congo français, à qui j'ai soumis votre bienveillante proposition, vient de m'informer qu'en outre des détenus annamites, un certain nombre d'indigènes se livrent à la culture maraîchère, et que la Société d'Acclimatation ferait œuvre des plus utiles en envoyant dans la colonie des graines potagères et des outils de jardinage qui seraient distribués en récompense, à ceux qui les auraient mérités par leur travail. Les envois de graines surtout seraient précieux, les légumes d'Europe, s'ils réussissent bien en général, ne donnant, pour ainsi dire, pas de graines. Je vous remercie d'avance de ce que vous voudrez bien faire dans ce sens.

Le Ministre des Colonies, DELCASSÉ.

IRIS PABULARIA. — IRIS AUREA.

Je pourrai vous adresser environ 500 grammes de graines d'*Iris pabularia* dont il est parlé p. 224, du n° 17 de la *Revue* (5 septembre dernier), si vous pensez que quelques membres de la Société en désirent. J'ai dans mon jardin quelques touffes de cet Iris, provenant d'un semis fait en mars 1888. Il réussit fort bien ici, quoique le terrain soit calcaire ; il a résisté aux hivers à — 14° et 15° de température minima (250 mètres altitude). La plante se ressème spontanément. Elle commence à pousser en feuilles vers fin janvier, fleurit en avril ; les graines sont mûres et commencent à tomber vers fin septembre ; enfin, les feuilles meurent aux premières gelées. Cet Iris a été indiqué comme susceptible d'être cultivé pour fourrage ; mais je ne l'ai pas encore essayé à ce point de vue.

Je pourrais aussi offrir à la Société une centaine de grammes de graines d'*Iris aurea*, belle espèce à tiges hautes de plus d'un mètre, et à fleurs jaune d'or, très ornementales.

Georges COUTAGNE, à Rousset (Bouches-du-Rhône).

OPUNTIA CAMOESA ET CARDONA.

Je possède déjà des plants hauts de près d'un mètre de l'*Opuntia Camoesa* et de l'*Opuntia Cardona* qui proviennent de M. le docteur Weber. Les articles de ces plantes sont garnis d'épines, contrairement à ce qui semble résulter des observations inscrites sur les paquets de graines des mêmes variétés qui se trouvent dans votre envoi.

Ces plants poussent bien, mais ils n'ont pas encore fructifié.

Arn. LEROY, d'Oran.

V. BULLETIN BIBLIOGRAPHIQUE.

OUVRAGES OFFERTS A LA BIBLIOTHÈQUE DE LA SOCIÉTÉ.

1re SECTION. — MAMMIFÈRES.

Pierre Mégnin. — Le Chien, élevage, hygiène, médecine. Vincennes, aux bureaux de l'*Eleveur*, 6, avenue Auber, 1894. 2 volumes in-8°, figures. Auteur.

| *Le Dr J.-A. Dembo.* — L'abatage des animaux de boucherie, étude comparée des diverses méthodes. Paris, Félix Alcan, éditeur, 108, boulevard Saint-Germain, 1894. In-8°. M. J. Forest.

2e SECTION. — AVICULTURE.

Le Baron d'Hamonville. — A quelles causes attribuer les pontes anormales constatées chez certains oiseaux. Extrait des mémoires de la Société Zoologique de France pour l'année 1894. Paris, au siège social, 7, rue des Grands-Augustins, 1894. In-8°. Auteur.

Jules Forest aîné. — La question de l'élevage des Autruches d'Algérie en 1889. Paris, imprimerie Charles Schlaeber, 257, rue Saint-Honoré, 1889. In-8°. Auteur.

3e SECTION. — AQUICULTURE.

Docteur Marcel Baudouin. — L'Industrie de la Sardine en Vendée. Paris, *Revue des Sciences Naturelles de l'ouest*, 14, boulevard Saint-Germain. In-8°, figures.

L. d'Aubusson. — Esquisse de la Faune égyptienne. Deuxième partie, Batraciens et Poissons. Le Caire, impr. Nationale, 1894. In-8°. Auteur.

4e SECTION. — ENTOMOLOGIE.

Ad. Targioni Tozzetti e G. Del Guercio. — Sulle emulsioni insetticide di sapone. Firenze, Tipographia pei Minorenni corrigendi, 14, via Oricellari, 1894. In-8°. Auteurs.

Emile Blanchard. — Etude concernant les dommages occasionnés par différents insectes dans les plantations de Cannes à sucre. Paris, Chamerot et Renouart, 19, rue des Saints-Pères, 1894. In-18.

Dr Laboulbène.

P. Camboué. — Araignées et leur venin. Bruxelles, impr. Polleunis et Ceuterick, 37, rue des Ursulines. In-8°. Auteur.

5e SECTION. — BOTANIQUE.

J. Dybowski. — Traité de Culture potagère. Paris, G. Masson, éditeur, 120, boulevard Saint-Germain, 1895. In-8°, figures. Auteur.

Rapports sur l'Exposition internationale de Chicago en 1893. — L'horticulture française à Chicago. — L'horticulture aux Etats-Unis. Rapport de M. Maurice L. de Vilmorin. Impr. Nationale, 1893. Grand in-8°. Auteur.

E. *Levasseur* et *H. L. de Vilmorin*. — L'Agriculture aux États-Unis. Paris, Chamerot et Renouard, 19, rue des Saints-Pères, 1894. Extrait du Tome CXXXVI des Mémoires de la Société nationale d'Agriculture de France. In-8°. M. H. L. de Vilmorin.

Félix Sahut. — La crise viticole, ses causes et ses effets, suivie de l'Étude sur l'influence des gelées tardives sur la végétation. Montpellier, Coulet, 5, Grand'Rue, 1894. In-8°. Auteur.

GÉNÉRALITÉS.

Georges Jacquemin. — Emploi rationnel des Levures pures sélectionnées pour l'amélioration des boissons alcooliques. Nancy, 15, rue de la Pépinière, 1894. In-8°. Auteur.

Emile Dubois. — Conférence sur la Laine, ses caractères, son commerce. Reims, impr., 40, rue de Talleyrand, 1894. In-18. Auteur.

L. Moulé. — Annuaire de la Société centrale de médecine vétérinaire. Paris, Asselin et Houzeau, place de l'École-de-Médecine, 1894. In-8°. La Société centrale de Médecine vétérinaire.

Fernand Blum. — Notices coloniales publiées sous le patronage de M. Delcassé, ministre des Colonies, à l'occasion de l'Exposition universelle internationale et coloniale de Lyon (1894). Melun, Impr. administrative, 1894. In-8°. Ministère des Colonies.

René Martin et *Raymond Rollinat*. — Vertébrés sauvages du département de l'Indre. Société d'éditions scientifiques, 4, rue Antoine-Dubois, 1894. In-8°. M. le professeur Léon Vaillant.

VI. NOUVELLES ET FAITS DIVERS.

Le Chamois dans le canton des Grisons. — En Suisse, le Département fédéral de l'industrie et de l'agriculture a fait cette année procéder à l'inspection des districts du canton des Grisons dans lesquels la chasse est interdite. Entre autres buts, cette inspection avait pour mission de constater le plus ou moins d'abondance des différents gibiers dans les diverses régions. Si le Tétras à queue fourchue (*Tetras tetrix*) devient de plus en plus rare, si les Lagopèdes et les Bartavelles (*Perdix saxatilis*) sont peu abondants, en revanche le Chamois semble prospérer. M. H. Vernet, dont le journal *Diana* reproduit le rapport, rencontre le premier jour de sa tournée 31 Chamois dont 6 jeunes; le lendemain, par un temps affreux, il aperçoit plusieurs bandes : l'une de 7, l'autre de 12, une troisième de 11, puis enfin deux autres de 14 et de 8. Le résultat du relevé de la journée donne 54 Chamois, 6 Marmottes, 3 Lagopèdes. La troisième excursion est encore plus satisfaisante, M. Vernet compte 104 Chamois, dont un troupeau de 42 têtes. Les jeunes forment partout un tiers du contingent. L'espèce n'est donc pas sur le point de disparaître comme on l'a dit souvent. Max. DU MONT.

Chevaux empoisonnés par le Tabac en Australie. — Les journaux australiens ont récemment signalé une épidémie fort singulière qui a sévi sur des Chevaux occupant certains pâturages sur les bords de la rivière Darling. Leur vue s'affaiblissait graduellement, et ils finissaient par arriver à la cécité complète, en un laps de temps variant entre un et deux ans. Il semble que cette épidémie soit due à la consommation, par les Chevaux, des feuilles d'un tabac indigène, *Nicotiana suaveolens*.

Mais pourquoi le mal s'est-il développé subitement? Il semble que la plante n'existait point auparavant dans ces pâturages ; mais, au cours d'un des débordements de la rivère Darling, qui est sujette à des crues considérables, des graines de ce *Nicotiana* entraînées par les eaux, d'un niveau plus élevé, auraient été abandonnées et auraient germé. En tout cas, la plante a fait son apparition peu de temps après une inondation, et le transport des graines par les rivières est un fait d'occurrence quotidienne, maintes fois signalé, et appuyé par des faits indéniables ; et l'épizootie ne s'est montrée qu'après l'introduction de la plante. Le Tabac déterminerait donc l'amblyopie chez le cheval aussi bien que chez l'homme, et cette amblyopie, chez l'un et l'autre, peut être le seul signe d'intoxication, la santé demeurant parfaite à tous autres égards. Deux chevaux aveugles ont pu en effet faire quelque 800 kilomètres pour se rendre à la station vétérinaire. Leur cécité paraît être incurable. On connaît des cas où elle se produit sous l'influence d'autres aliments : M. Ferdinand von Mueller a vu des exemples de cécité déterminés par l'alimentation avec une plante appelée localement le *Lis d'herbe*.   (*Revue scientifique*.)

Les Sphinx atropos et les Chats à la Réunion. — Nous empruntons le renseignement suivant à une lettre adressée de Saint-Louis par M. Aug. de Villèle à la *Revue internationale d'Apiculture* (numéro d'octobre 1894) :

« ... Les ruches se trouvent pour la plupart sur la lisière des bois, dont les troncs vidés naturellement ou avec des gouges, servent d'abri aux Abeilles. Pour les préserver la nuit du vent qu'on nomme vent de terre, et le jour de la chaleur du soleil à son déclin, les possesseurs d'Abeilles mettent à chaque extrémité de ces troncs creux, des planchettes ou des morceaux d'écorce, qui n'empêchent pas malheureusement les Papillons tête-de-mort de s'y introduire et de manger tout le miel. La seule défense que les vieux créoles aient contre ces pillards est le Chat, qui, au crépuscule, guette leur arrivée et les prend avec habileté, pour les manger ensuite, toujours au même endroit, de sorte qu'à sa place accoutumée il y a un amas d'ailes noires bordées de jaune, les seules parties qu'il laisse de côté. »

N'y a-t-il pas lieu d'admirer ici l'utilité que le génie de l'homme parvient à tirer des instincts des animaux.

Voici des Insectes qu'il amène à travailler pour lui, en leur laissant prudemment une part de leur produit. Un parasite vient lui faire une concurrence fâcheuse, celui-ci est d'une seconde famille, et l'homme désespère de l'apprivoiser ou de le détruire lui-même ; il appelle à son secours un nouvel animal dès longtemps à ses gages, troisième personnage et véritable valet de cette comédie dont son profit est le dénoûement.   DE S.

Culture réunie de Truites arc-en-ciel et de Carpes. — M. Eisen rend compte dans l'*Allgemeine Fischerei Zeitung* (n° 9 novembre 1894) d'un essai fait par la Société de pêche de Weissenbourg pour cultiver le *Salmo irideus* avec la Carpe.

Dans l'automne de 1893, un étang d'un hectare de superficie fut peuplé de 250 Carpes âgées de deux et trois ans. La pièce d'eau a 4 mètres dans sa plus grande profondeur ; d'épais roseaux croissent sur ses bords. Le courant n'y est jamais bien fort ; en été, il cesse même quelque temps. Plusieurs sources sortent du sol de l'étang. Vers la fin du mars 1894, on immergea 90 Truites arc-en-ciel qui pouvaient avoir de 8 à 10 ct. de taille. La température de l'eau atteint souvent, pendant les mois d'été, 20° Réaumur. En octobre dernier, on retira tous les Poissons. L'on trouva 241 Carpes ; 50 Truites arc-en-ciel, longues de 26-30 cm. et pesant de 300 à 480 grammes.

La perte en Salmonides paraît plutôt due aux débordements acci-
dentels de l'étang. DE B.

Un Poisson d'aquarium peu connu. — Au mois d'avril dernier, la Société allemande *Triton* reçut de l'Amérique du Sud certains
Poissons que les Brésiliens nomment « *Chanchitos* » (1) — Il s'agit
probablement de l'*Heros facetus* ou d'une espèce voisine. — Ils mesurent 12 centimètres en longueur et 5 en largeur. On les rencontre
surtout dans les lacs, les étangs et les cours d'eau de la région de
Buénos-Ayres.

Les Chanchitos peuvent, grâce au jeu des chromatophores, changer
instantanément de couleur. Leur livrée, d'ordinaire jaune de laiton ou
verdâtre, où se dessine une série de larges bandes transversales
noires, varie donc beaucoup. Ces marques sombres pâlissent suivant
l'état du Poisson et deviennent parfois presque transparentes. Chez
ces Poissons-Caméléons, les nageoires restent toujours noires. Leurs
yeux jaunes deviennent parfois rouge sang quand ils sont excités. Il
n'existe pas de signes extérieurs pour distinguer le sexe.

Le journal *Natur und Haus* (2) met les Chanchitos au même rang
que les Cyprins dorés ; ils ont, en effet, de la valeur pour nos aquariums. La température de l'eau où on les cultive peut varier de
10° à 20° Réaumur. L'alimentation consiste en divers animalcules
aquatiques, en Vers de terre et un peu de viande que l'on pétrit
entre les doigts.

A l'époque du frai le mâle et la femelle vivent ensemble. Comme
on l'observe chez les Macropodes, ils décrivent de grands cercles,
sortes de tournois d'amour, où ils tiennent leurs nageoires complètement étalées en faisant briller leurs plus belles couleurs. Ils
choisissent dans un coin de l'aquarium une place qu'ils nettoient avec
le plus grand soin. C'est là que la femelle dépose ses œufs qu'elle
fixe contre les parois à l'aide de son oviscapte long de 5 millimètres ;
ils sont aussitôt fécondés par le mâle qui se tient près d'elle. Ensuite, les Poissons mâle et femelle restent autour du nid qu'ils gardent avec vigilance. Les alevins naissent quatre jours après ; quinze
jours plus tard, ils perdent la vésicule. Durant cette période, ils
n'abandonnent pas le nid. L'amour maternel est développé chez l'espèce ; on a vu, lorsqu'on approchait la main de la surface de l'eau,
les vieux Chanchitos s'élancer hors de l'aquarium. Même, quand les
jeunes sont grands, et que les vieux se préparent de nouveau à frayer
(généralement huit semaines après la première ponte) ils défendent
encore leur progéniture au moindre danger.

On nourrit les alevins avec des Daphnies. G.

(1) Signifie « petits Cochons », à cause de la forme ramassée de leur corps.
(2) 1894, numéro d'octobre.

Pigeons de haut-vol. — Un amateur du *Wiener Hochflugtauben-sfort* a évalué la limite atteinte dans les airs par des Culbutants à 15,000 et 18,000 pieds (attitude du Kilimandjaro). On ne s'attendrait pas à trouver chez des Pigeons, produits de la sélection, une puissance musculaire et une force de poumons aussi considérables.

Comme chiffre de comparaison rappelons que, selon M. Gätlhke, l'observateur de l'île d'Helgoland, nos Oiseaux migrateurs s'élève-raient parfois jusqu'à 35,000 et 40,000 pieds et qu'ils se maintien-draient même à pareille hauteur sans inconvénient.   DE S.

Culture du Caoutchoutier de Ceara. — Le Directeur du Jardin d'essai de Libreville a annoncé, dans son rapport mensuel du mois de juillet, que les expériences de germination du Caoutchou-tier de Ceara, entreprises depuis longtemps, venaient d'être couron-nées de succès. Il a rendu compte en ces termes du procédé em-ployé : « On sait qu'à la maturité, les fruits éclatent en faisant un bruit sec et projettent les graines sur le sol. Ces graines sont ramas-sées et passent une à une dans la main de l'opérateur, qui les casse toutes de quelques millimètres avec une serpette ou un couteau assez fort, au hile, extrémité de la graine où il y a une légère dépres-sion ; un homme en prépare ainsi plusieurs centaines par jour. Ces graines mises en terre de suite et arrosées journellement, s'il ne pleut pas, lèvent en huit jours. »

Le Jardin de Libreville possède actuellement un millier de petits plants (1).

Le Lactaire délicieux (*Lactarius deliciosus*). — Je ne sais quelle action directe le Champignon bien connu, scientifiquement, sous le nom de *Lactarius deliciosus*, peut avoir sur les reins, mais j'ai pu constater qu'absorbé en moyenne quantité il a la propriété de donner à l'urine la couleur rouge-sang bien caractérisée. Du reste, très co-mestible, excellent, de facile digestion et ne donnant lieu à aucun autre symptôme.

J'ai pensé que cette observation positive, qui n'a peut-être pas encore été faite, méritait d'être signalée aux botanistes, aux myco-logues et surtout aux membres du corps médical qui font partie de la Société d'acclimatation.   DE CONFEVRON.

———————

(1) Bulletin de l'*Union Coloniale Française*, 1re année, n° 4; 1er no-vembre 1894.

———————

Le Gérant : JULES GRISARD.

I. TRAVAUX ADRESSÉS A LA SOCIÉTÉ.

HISTOIRE NATURELLE

ET

ACCLIMATATION DU MARA

DOLICHOTIS PATAGONICA (DESMAREST)

PAR M. REMY SAINT-LOUP.

(SUITE ET FIN[*])

Dimensions. — Les Maras dépassent en dimension les plus grands spécimens de Lièvres. La longueur, de l'extrémité du nez à la naissance de la queue, est d'environ 80 centimètres, la hauteur aux épaules de 40 centimètres. La hauteur de la croupe est un peu supérieure. L'oreille a 9 ou 10 centimètres de haut et 6 centimètres de large. La longueur de la queue varie de deux à quatre centimètres. Dans chaque sexe il y a quatre mamelons.

Mœurs des Dolichotis. — Nous avons relaté, d'après les différents auteurs et observateurs qui ont écrit sur le Mara, ce que nous pouvions savoir des mœurs de cet animal. Si nous résumons ce que l'on peut accepter à travers quelques récits contradictoires (1) et en écartant les erreurs que l'on peut attribuer à une confusion dans le nom des Rongeurs du groupe, nous dirons, qu'en liberté, dans les Pampas de l'Amérique, les Maras habitent de préférence les grandes étendues désertiques, les terrains dont le sol rocailleux ou sablonneux constitué de débris volcaniques ne donne qu'une végétation maigre. On le trouve aussi dans les plaines arides dont le sol est formé de dépôts de sel et d'une couche de limon desseché.

(*) Voyez plus haut, page 1.
(1) Les observations de Gœning, transcrites par Brehm (*Mam.*, p. 211) semblent se rapporter à la Viscache et non pas au Dolichotis. On peut s'en rendre compte en lisant les Notes de voyage communiquées par d'Orbigny à Isidore Geoffroy Saint-Hilaire.

5 Février 1895.

Là aussi, ne se rencontrent que des herbes éparses et de petits
buissons dont il serait intéressant de connaître les essences.
Nous pouvons penser que la flore de ces régions a quelque ressemblance avec l'ensemble des productions végétales que l'on
désigne sous le nom de *Salt-Bushes* et tirer de ces remarques
quelques indications pour donner aux Maras en captivité une
nourriture appropriée. Dès que le pâturage devient abondant,
dès qu'une herbe épaisse et succulente se développe sur des
terres grasses et humides, les Dolichotis disparaissent comme
s'ils redoutaient cette humidité du sol ou les qualités spéciales des herbages riches. Aussi croyons-nous que leur acclimatation sera plus facile dans les terres relativement
arides de certaines parties de notre pays, en quelques régions
de l'Auvergne, par exemple, plutôt que dans les contrées
telles que la Normandie. Encore dans les pays humides, ne
faudrait-il pas désespérer de voir se multiplier les Maras ;
nous voyons, en effet, le Lapin de garenne, qui a la réputation de préférer les terrains secs et sablonneux, vivre et se
reproduire dans les autres régions, mais il recherche alors
surtout les pentes inclinées d'où l'eau s'écoule rapidement.
De même pour le Mara, il sera bon de ménager dans les enclos qu'on lui destine, des drainages pour diminuer l'humidité et même des monticules faits de cailloux et de sable,
pour qu'il trouve toujours à se tenir au sec.

On ne peut guère songer à leur donner dans nos pays la nourriture qu'ils recherchent à l'état sauvage, mais on peut tirer
quelques indications, non seulement des relations de voyage,
mais de la structure même de leur organisme. Nous avons insisté sur leur ressemblance avec le Cochon d'Inde et nous pouvons donner le conseil de traiter les Maras, au point de vue du
régime alimentaire, à peu près comme ces petits rongeurs qui
pullulent si facilement dans les écuries et basses-cours. Remarquons cependant que la musculature des mâchoires du
Mara est extrêmement développée, que leurs molaires sont
faites pour broyer très puissamment et très finement leurs
aliments et que non seulement les graines, mais encore les
ramilles, les petites branches des buissons et des arbres dont
le goût leur convient, peuvent, avec un semblable appareil,
être réduits en très fine pâtée. L'entrée de leur œsophage est
extrêmement étroite, le voile du palais descend très bas et ces
animaux ne peuvent avaler que des aliments divisés en

R. St Loup.

Le Mara (*Dolichotis Patagonica*), pelage d'hiver.

parcelles des plus ténues. Il en résulte qu'ils doivent manger lentement et très souvent, aussi doit on toujours laisser à leur portée les aliments qu'on leur destine. Les fourrages secs leur conviennent peut-être mieux que les herbes trop succulentes, mais il faut alors qu'ils trouvent de l'eau pure pour étancher leur soif.

Les Maras sont-ils des animaux de terriers? Les voyageurs ne sont pas absolument d'accord sur ce point. Je pense que, suivant les circonstances, le Dolichotis s'abrite dans les excavations naturelles du sol, dans les terriers abandonnés par des animaux qui sont à peu près de la même dimension que lui, et lorsqu'il en éprouve le besoin, il creuse la terre afin de se créer un refuge pour lui-même ou pour ses petits. Le creusement de ce terrier dépend très probablement de la nature du terrain, le Mara renonce au travail s'il rencontre un sol trop dur pour ses griffes et surtout s'il rencontre l'humidité. Les observations sur les Maras en captivité, observations que nous devons surtout à M. Pierre-Amédée Pichot qui nous a communiqué et abandonné très gracieusement le relevé de ses notes, complèteront d'ailleurs ce qu'il est nécessaire de savoir pour l'aménagement de la demeure des animaux qui nous occupent (1). A ce propos, je ferai remarquer que la femelle que j'ai disséquée était morte de congestion; elle a dû être saisie par le froid à un moment où la réserve graisseuse hivernale des tissus n'était pas encore faite, et je crois pouvoir en conclure qu'il serait bon de donner en automne à ces animaux une nourriture abondante, des grains, de l'avoine, du maïs, du pain même, tandis qu'au printemps, il ne faudrait pas craindre de revenir exclusivement au régime des herbes et des ramilles. Des autopsies faites autrefois par M. Mégnin ont permis de relever d'autres cas de congestion chez le Mara; ces accidents étaient accompagnés de symptômes correspondants à des maladies parasitaires dont l'étude est encore incomplète, mais notre collègue ne tardera

(1) Je remercie très vivement M. Pierre-Amédée Pichot, directeur de la *Revue Britannique*, de la communication de ces documents. M. Pichot m'a donné, en outre, une femelle adulte morte de congestion pulmonaire et intestinale à l'entrée de l'hiver, deux jeunes morts-nés avant terme, un autre mort-né à terme et un embryon d'un âge indéterminé. Des observations que j'ai pu faire sur ces animaux, il sera rendu compte dans un travail anatomique spécial, mais je veux rendre ici hommage à ces procédés qui apportent un secours précieux à la tâche souvent ingrate de la recherche scientifique.

pas à nous instruire sur les résultats de ses recherches.

Comment se comportent les Maras en captivité ? Ceux qui furent observés à Sèvres dans la propriété de M. P.-A. Pichot avaient libre parcours dans un vaste jardin ayant environ deux hectares d'étendue. Un couple de ces animaux donna naissance à des rejetons dès la première année de son introduction dans cette nouvelle demeure. La première mise bas eut lieu le *12 mai,* elle produisit un jeune ; la seconde mise bas eut lieu le *10 octobre* de la même année (1891), elle fut de *deux rejetons.* Dans la suite, les portées varièrent de *un* à *trois* individus.

« Lors de leur première portée, dit M. Pichot, les Maras
» avaient commencé à gratter de côté et d'autre quelques
» jours avant la mise bas ; mais le terrain étant argileux et
» dur, ils ne purent faire que des amorces sans importance,
» aussi leur premier petit fut déposé sur le sable d'une allée
» et parut très décontenancé de ne pas trouver l'habitation
» sur laquelle il comptait. Après avoir cherché quelque temps,
» les parents le conduisirent à la porte d'une écurie inoccu-
» pée dont le nouveau-né s'empressa de prendre possession
» en allant se blottir sous un gros coffre à avoine placé dans
» un coin. C'est là qu'il resta tant qu'il eut besoin d'un abri.
» Les parents venaient à la porte de l'écurie sans jamais y
» pénétrer eux-mêmes ; ils appelaient leur jeune par un
» grognement qui leur est particulier, et celui-ci s'empressait
» d'accourir sur le pas de la porte. Quand il avait fini de
» téter, il retournait dans sa cachette. »

Ainsi, lorsque les Maras rencontrent, en essayant de creuser un abri, des terrains dont la nature paraît ne pas leur convenir, ils savent se contenter, pour abriter leur progéniture, des dispositions créées par le hasard ou, ce qui revient presqu'au même, créées par la main de l'homme. Si des Maras se trouvaient confinés dans une île rocailleuse creusée d'excavations naturelles du rocher ou dans des contrées couvertes d'amoncellements de débris de laves, ils perdraient sans doute l habitude d'opérer des fouilles et se contenteraient des abris naturellement aménagés.

Une expérience faite par M. Pichot montre que la légende qui attribue aux Dolichotis l'habitude d'utiliser les terriers de Viscaches est sans aucun doute très exacte. Nous transcrivons son récit :

« Voyant la difficulté que les Maras avaient éprouvée à creu-
» ser leur première rabouillère, je leur ménageai plusieurs
» demeures ou amorces artificielles au moyen d'une caisse
» de bois que j'enfouissais dans le sol et à laquelle je laissais
» un accès en forme de gueule de terrier. Les Maras eurent
» vite adopté un de ces terriers artificiels situé au pied d'un
» mélèze sur un terrain un peu élevé et bien sec, et depuis
» lors c'est à la porte de ce même terrier qu'ils sont venus
» déposer successivement toutes leurs portées. »

Ainsi les animaux modifient leurs habitudes suivant les facilités que les circonstances laissent à la liberté de leur instinct. Quand les habitudes nouvelles ont fait perdre le souvenir des usages anciens, les mœurs d'une même espèce offrent
les apparences de nouveaux caractères zoologiques, et l'on
comprend que de légères différences dans les mœurs d'animaux, d'ailleurs assez semblables, ne peuvent suffire pour
décider de la séparation spécifique originelle de ces êtres. Je
fais allusion ici à la distinction qui a été faite par quelques
auteurs parmi les Lièvres et les Lapins, en raison de l'habitude des premiers qui se contentent d'un gîte à la surface du
sol, et de l'habitude des autres qui creusent un terrier. Ces
caractères de mœurs sont en rapport avec les conditions
extérieures fournies aux Lièvres ou aux Lapins par la nature
à une époque où ces deux types d'un même genre étaient
peut-être tout à fait semblables. D'ailleurs, les auteurs dont
je parle ignoraient sans doute qu'il y a des Lièvres qui, dans
les pays de rochers, vont s'abriter dans les petites cavernes
naturelles, et des Lapins de garenne qui, rencontrant des
abris naturels faits de pierres et de fagots, ne se donnent pas
la peine d'accomplir des travaux de terrassement.

Les animaux en général ne se donnent de fatigue que pour
leur conservation ; les Maras, poursuivis par des chasseurs
bipèdes ou quadrupèdes, ont pris la fuite, lorsqu'assez grands
pour être rapides, ils pouvaient espérer s'éloigner assez vite ;
ils se sont blottis dans une touffe d'herbe, sous un buisson,
dans une excavation du sol, quand, jeunes et faibles, ils n'o-
saient essayer de la vitesse de leurs jarrets. La sécurité
offerte par le terrier accidentellement rencontré a été comprise par les jeunes animaux et cette notion, devenue héréditaire et instinctive, est devenue un caractère des mœurs du
Mara. Pour que ce caractère de mœurs subsiste, il faut, natu-

rellement un terrier; quand le sol est trop dur, le jeune Mara cherche autre chose, comme nous l'avons vu précédemment.

Si nous insistons sur ces détails et sur l'idée de la modification possible des instincts caractéristiques d'une espèce animale considérée à une époque et dans une contrée déterminée, c'est que nous croyons très utile de réunir des documents précis au moment où une domestication s'opère pour permettre la comparaison avec les résultats qui seront observés après plusieurs années.

Le défaut de remarques semblables, lorsqu'il s'agit d'animaux depuis longtemps domestiqués, est cause de cette ignorance où nous sommes de la marche de phénomènes que l'on attribue à l'influence de la domestication. C'est pour cela que nous saisissons avec empressement l'occasion de décrire les mœurs du Mara à notre époque. Généralement quelques jours avant la naissance des jeunes Maras, les parents creusent une rabouillère ou terrier peu profond.

La femelle met bas à l'entrée de ce creux, où quelques minutes après la naissance les petits vont s'abriter d'eux-mêmes. « Les petits continuent à creuser le terrier pendant le temps » qu'ils y habitent et leurs fouilles sont considérables à en » juger par la quantité de terre et de gravats qu'ils ramènent » à l'entrée. » Voici donc l'animal qui instinctivement s'est abrité dans une excavation du sol et qui transforme peu à peu cet abri en une demeure où il se trouvera plus à l'aise. Il a conscience par hérédité des dangers auxquels il est exposé au dehors tant qu'il ne sera pas agile et robuste et il garde pendant quelques semaines l'habitude du terrier.

« Dans les premiers temps, ils ne sortent que pour téter, » lorsque les parents viennent les appeler à l'entrée Dès que ». la mère a donné ses soins à sa progéniture, les parents » s'éloignent au galop et vont rejoindre le reste de la bande » à une certaine distance. Le père ne néglige pas d'assister » au déjeuner de ses enfants ; assis tout près, il surveille la » scène avec une complaisance évidente. »

Les parents ne se tiennent pas habituellement auprès du terrier, bien au contraire, et ne s'en approchent qu'avec les plus grandes précautions, comme s'ils voulaient donner le change sur l'endroit où est déposé leur progéniture.

Quelques jours avant la mise bas, la femelle, toujours accompagnée de son mâle, vient souvent visiter l'entrée du terrier, y plonge sa tête et parfois la moitié de son corps, mais n'y entre jamais complètement (1).

Quand la portée est de deux petits, ils viennent au monde à cinq ou six minutes d'intervalle. D'abord incapables de tenir sur leurs jambes, ils se tortillent, roulent sur le sol, puis après quelques minutes disparaissent dans le terrier, soit qu'ils le trouvent eux-mêmes, soit que les parents les conduisent. Le mâle, assis à quelques pas, est resté en sentinelle dès le début ; il fait bonne garde et tient en respect les autres Maras qui s'approcheraient par hasard.

« A une certaine distance, la grosse bande des Maras se » tient à l'écart, mais ils savent bien qu'il se passe quelque » chose, et lorsque les petits sont installés, ils viennent tous » au terrier où a lieu une sorte de présentation. Ils flairent » les nouveau-nés à tour de rôle, et, lorsqu'ils ont fait con- » naissance, ils s'éloignent tous ensemble en bondissant d'une » façon joyeuse et vont reprendre leurs occupations habi- » tuelles, sans plus s'occuper des nouveau-venus. »

Ces minutieuses et spirituelles observations de M. P.-A. Pichot nous permettent de penser que, même à l'état sauvage, les Dolichotis vivent en bandes, en sociétés, et sont capables de groupements divers, ayant une certaine hiérarchie dans leur entendement. Ainsi chez eux l'assemblage social élémentaire est celui de la famille. Un mâle et une femelle ont l'un pour l'autre un attachement qui se maintient non-seulement avant la naissance des jeunes, mais aussi plus tard.

Exceptionnellement, on a pu voir une femelle venir seule au terrier, et aucun mâle n'a paru s'occuper du jeune. « Sa solitude avait quelque chose de lamentable et il nous semblait que les autres Maras la tenaient à l'écart et affectaient de ne pas la connaître ! » Les différentes familles se connaissent, vivent en bonne harmonie, mais on ne sait jusqu'où va leur solidarité, parce qu'en captivité les dangers qui menacent une colonie d'animaux sauvages sont à peu près écartés, et qu'il est par conséquent difficile d'observer si, par

---

(1) On peut supposer qu'en quelques circonstances les Maras, même adultes, se réfugient au terrier. Une alerte très vive, une blessure, une souffrance peuvent les déterminer à recourir à cet abri. La femelle atteinte de congestion est allée mourir au fond d'un terrier.

exemple, les mâles s'unissent pour couvrir une retraite par des feintes.

Leur organisation sociale est susceptible de se plier à des modifications imposées. Ainsi chez M. Sharland, à Tours, où les Maras sont tenus dans de grands parquets, les hardes se composent d'un mâle et de trois ou quatre femelles. Dans ces conditions, certainement moins naturelles, les portées ne sont pas aussi nombreuses que le nombre des femelles pourrait donner à espérer.

L'état de captivité, le changement de climat, le changement dans les relations de température et de saison, ont sans doute une influence très importante sur la reproduction des animaux en expérience et aussi sur la manière d'être des individus nés en captivité. Les modifications entraînées par ces influences en devenant héréditaires, auront, sans doute, pour résultat de nous donner plusieurs variétés de Maras. Nous avons dit que le nombre des jeunes produits par ces animaux en Amérique était de un ou deux par portée. En France, à l'état de captivité, les portées ont été de un à trois individus. Je ne serais nullement surpris de voir bientôt les portées se composer de quatre individus. En même temps on voit la domestication avoir pour conséquence une tendance à l'avortement. Parmi les jeunes morts-nés que j'ai examinés, il y en avait deux qui, certainement, n'étaient pas encore parvenus au même degré de développement, qu'un troisième échantillon, lui aussi mort-né, et cependant on m'assura que les uns et les autres étaient semblables aux jeunes nés viables. Non seulement j'ai remarqué une différence de volume considérable, mais aussi une différence dans le développement des phanères. Les dents du troisième spécimen étaient à un stade de développement sensiblement plus parfait que celles des deux premiers.

Si de pareilles différences dans la vitesse de croissance d'individus nés viables se transmettaient par hérédité, s'accentuaient même sous l'influence d'une captivité plus étroite, si ces inégalités de ce que j'ai appelé les vitesses plastiques de l'organe ou de l'organisme sont protégées dans leurs effets par la ségrégation, nous obtiendrons des races de Maras domestiques aussi différents du Mara sauvage que notre Lapin domestique diffère de notre Lièvre. De tels résultats s'obtiendraient mieux, selon toute probabilité, par un élevage des

Maras en espace restreint, en parquets de petites dimensions, en cabanes même, et le système d'élevage de M. Sharland peut, à ce point de vue, devenir très instructif. La suite
de l'expérience dont j'indique ici les résultats, par déduction
tirée d'une certaine interprétation des faits acquis, serait
pour les sciences biologiques du plus capital intérêt ; par certains côtés aussi, elle serait avantageuse pour les résultats
pratiques en matière d'élevage.

Le poids des Maras adultes a-t-il déjà changé par l'effet des
circonstances inhérentes à la captivité ? On serait tenter de
le croire, et, dorénavant, il serait bon d'inscrire des documents sur ce chapitre. Tandis que nous avons vu les premiers Maras du Jardin d'acclimatation être signalés comme
pesant environ 5 kilogrammes, nous apprenons que ceux de
M. Pichot pèsent de 8 à 10 kilogrammes ; la distance est si
considérable qu'il faudrait être assuré de l'exactitude de la
première pesée, mais il y a dans cette direction d'intéressantes observations à faire (1).

Utilité des Maras. — Tous les observateurs ont signalé
l'élégance des formes et des attitudes du Dolichotis. Ils sont,
au dire des personnes qui les élèvent dans de grands jardins,
extrêmement décoratifs, et c'est un plaisir qui a bien son prix
que celui d'être intéressé par la vue de ces jolis animaux, par
l'harmonie de leurs lignes, par le contraste de leurs nuances
avec les tons lumineux ou sombres du paysage. En dehors de
ces qualités agréables, le Mara sera apprécié aussi par les gens
plus positifs qui goûtent mieux les satisfactions artistiques
quand leur appétit est satisfait. La chair du Dolichotis ressemble plus à celle du Lapin qu'à celle du Lièvre ; elle est
blanche, très fine de goût et le rôti est de belles dimensions.
La multiplication de cet animal est donc liée à de très sérieux
avantages au point de vue de notre alimentation.

Le poil de ces animaux est un peu cassant, la fourrure n'a
pas les qualités de souplesse appréciées par les connaisseurs,
mais leur peau est sans doute utilisable pour certaines industries et peut-être spécialement pour la ganterie. Enfin, il ne

---

(1) Nous ne savons que penser de la manière dont le poids des Maras a été
apprécié par Waterhouse, qui les fait varier de 20 à 36 pounds, ce qui ferait de
9 à 16 kilogrammes. Il faut évidemment contrôler par quelques pesées précises
ces expressions si différentes.

faut pas oublier que l'on a pu créer, par sélection, des Lapins
Angora, des Cochons d'Inde à long poil soyeux et que la
fourrure des Maras pourra peut-être aussi prendre des qualités nouvelles. Dès à présent, les efforts accomplis pour acclimater le Mara n'ont pas été stériles. Le plus difficile est
fait, et, pour réaliser cette conquête pacifique et utile, il a
fallu l'idée directrice d'un naturaliste éminent, d'un penseur
illustre, il a fallu la persévérance de quelques hommes actifs
et généreux, sachant employer à une œuvre intéressante et
utile les ressources de leur fortune et de leur intelligence.
Faire connaître cette œuvre, c'est éveiller la reconnaissance
de chacun pour un bienfait et pour les auteurs de ce bienfait.
Si j'ai oublié quelques-uns des travailleurs qui ont aidé à
faire connaître l'histoire naturelle du Mara et à réaliser son
acclimatation, j'espère qu'ils m'excuseront, parce que j'ai
cherché dans une étude minutieuse à retrouver les uns et les
autres, et à n'exclure personne.

En terminant, nous donnerons ci-dessous, à titre de documents, la liste des éleveurs de Maras et le tableau de l'élevage chez M. Sharland (1).

Différents éleveurs de Maras.

En première ligne, M. *Sharland*, qui a continué à Tours
les élevages de M. Cornély, qui a le premier obtenu en France
(et je crois en Europe) la reproduction du Mara.

M. *Arthur Touchard*, aux Aulxjouannais, par Chatillon-
sur-Indre (Indre). — Troupeau d'une dizaine d'animaux vivant en liberté dans un grand enclos de son parc.

M. *Barrachin*, château de Beauchamp, près Herblay
(Seine-et-Oise). — Sept ou huit individus provenant de deux
couples achetés à M. Sharland, mais dont une femelle était
morte presque tout de suite.

M. *Edgar Roger*. — Une demi-douzaine d'animaux dans
son parc de Nandy, par Cesson.

M. *Camille Bérenger* (voir *Revue des Sc. nat. appl.*,
5 juin 1892).

---

(1) Documents transmis par M. P.-A. Pichot.

M. le *comte Frisch de Fels*, château de Voisins, près Rambouillet. — Deux couples achetés à M. Sharland tout récemment.

M. *Amédée Pichot*, Sèvres (Seine-et-Oise).

Le troupeau est aujourd'hui de 12 têtes dont 4 mâles.

En Angleterre, la statistique des parcs à Daims publiée en 1892 (*Deer parks y paddocks of England by Joseph Whitaker*, Londres, 1892) ne signale pas l'existence de Maras dans ces grandes réserves, cependant il doit y en avoir, M. Sharland ayant vendu beaucoup de ses élèves pour l'Angleterre.

TABLEAU DE L'ÉLEVAGE DE MARAS

chez M. Sharland, à la Fontaine, Tours (Indre-et-Loire).

1885. 2 Maras mâles achetés.

1886. 1 Mara mort.

1887, 4 févr. Acheté un Mara femelle de M. Cornély.

— 4 juin. 2 Maras nés dont 1 trouvé mort.

1888, 2 août. 2 Maras élevés et vendus.

1889. Au 1er janvier il y avait 1 mâle et 2 femelles.
  6 naissances. 1 mort à trois jours et 1 mort à un mois.

1890. Au 1er janvier il y avait 1 mâle et 3 femelles.
  7 naissances. Tous élevés.

1891. 23 naissances. 2 tués par une autre mère à la naissance.
  2 morts à quatre mois.
  1 perdu sans doute enlevé par quelque Fouine ou Chat.

1892. 20 naissances. 2 morts à la naissance par mauvais temps.
  1 mort à huit jours.
  1 mort à deux mois.
  1 mort à neuf mois.
  3 trouvés morts très jeunes dans un terrier très humide après un grand orage.
  2 nés le 30 novembre et gelés aussitôt nés.

1893. Les résultats de 1892 n'étaient pas bons; les jeunes n.e t paraissent pas si forts que les autres années. Au mois d'août de 1892, M. Sharland avait fait l'acquisition d'un mâle importé au Jardin d'Acclimatation. Au 1er janvier, il y avait 2 mâles et 7 femelles.

25 naissances. 2 noyés à la naissance. 3 morts avant huit jours. 1 disparu (Chat ou Fouine).

Au total production de 85 individus; mort de 22 d'entre eux.

P. S. — Pendant que ces pages étaient à l'impression, ayant poursuivi mes recherches sur le Mara, je puis ajouter d'une manière très sommaire quelques remarques.

Des Dolichotis enfermés dans des parquets de petites dimensions, apprennent fort bien à s'abriter dans une cabane ou dans une petite grotte artificielle qu'on leur construit, surtout si on a le soin de leur porter à manger dans cette demeure.

Parmi les specimens nés en France, il s'est déjà formé des variétés sous le rapport du pelage et j'en ai vu provenant de l'élevage de M. Edgar Roger qui ne présentaient ni la tache noire ni la grande ligne blanche de la croupe.

Enfin, à la suite de la comparaison que j'ai faite des dents du Mara avec les dents d'autres rongeurs actuels ou fossiles je crois pouvoir conclure qu'ils ont beaucoup d'affinités avec le groupe des Kerondens et des Cavias de l'Amérique, mais qu'entre ce groupe et les espèces fossiles d'Europe voisines du type Issiodoromys il y a une lacune dont il ne sera possible d'apprécier l'importance qu'avec les progrès de l'odontologie embryonnaire comparative. Je dois à M. le professeur Filhol l'indication de documents très intéressants pour ces questions spéciales de Paléontologie, qui méritent d'être approfondies, mais qui sont extrêmement difficiles. On sait que les Dolichotis sont très anciens sur la terre de Patagonie ; ils y existaient à l'époque tertiaire et certains spécimens un peu plus grands que l'espèce actuelle avaient la tête sensiblement plus large en proportion.

SUPRÉMATIE DES ANCIENS SUR LES NOUVEAUX

CHEZ LES

PALMIPÈDES LAMELLIROSTRES

EN CAPTIVITÉ

ET QUELQUES CONSEILS POUR MAINTENIR CHEZ EUX LA BONNE HARMONIE

PAR M. GABRIEL ROGERON.

(SUITE ET FIN [*].)

II

Mais si cette suprématie des anciens sur les nouveaux prend parfois un caractère inquiétant et dangereux, nécessitant certaines mesures de précaution, même à l'égard des espèces d'ordinaire faciles, telles que mon Carolin, chez quelques autres, chez les Bernaches du Magellan et les Casarkas, le type des oiseaux jaloux et méchants, les ennuis de cette nature sont beaucoup plus fréquents. Il y a lieu alors d'avoir recours aux combinaisons énergiques que j'ai citées et dont je vais, en terminant, mentionner quelques exemples.

J'ai raconté autrefois (1) une partie de l'histoire de mon premier couple de Bernaches du Magellan. Ces oiseaux vivaient en assez bonne harmonie avec presque tous mes palmipèdes à l'exception toutefois de mes Casarkas variegata. Mais, néanmoins, je pus conserver ces deux couples conjointement bon nombre d'années, et voici comment. Je renfermais les Magellan le printemps, époque où elles étaient le plus terribles, dans un clos de vigne séparé de mon jardin par un grillage. Au bas de ce grillage étaient pratiquées des ouvertures trop étroites pour leur passage, assez larges néanmoins pour celui des Canards qui ne se faisaient pas faute, du reste, d'en user, aimant beaucoup ce côté retiré de ma propriété. Quant aux Variegata qui avaient essayé d'y

[*] Voyez plus haut, page 49.
(1) *Bulletin de la Société d'Acclimatation*, 1888, p. 12.

pénétrer, ils avaient été si mal reçus par les Magellan, tellement roués de coups qu'ils ne tentèrent plus de renouveler l'expérience. De cette sorte pendant le printemps au moins, les deux couples se trouvaient séparés et par conséquent vivaient en paix. Le reste de l'année on supprimait les grillages sans trop d'inconvénient, les Magellan étant alors d'un sang beaucoup plus rassis et les Variegata ayant toujours soin de se tenir à distance.

Dans ces conditions j'aurais pu conserver ces deux couples indéfiniment, si pour d'autres motifs je n'eusse été obligé de me défaire du mâle Variegata. Mes Variegata si petits, si humbles vis-à-vis des Magellan, leurs *anciens*, étaient devenus de leur côté hautains, méchants et absolument intolérables pour trois autres de mes canards, un couple de Casarkas roux (Rutila) dont l'arrivée chez moi leur était postérieure, et pour leur propre fils (1) auquel ils faisaient la vie la plus dure. Ce dernier ils l'eussent tué d'ailleurs depuis longtemps, si je n'eusse eu soin de le protéger en l'enfermant dans une sorte de prison d'où il ne sortait jamais qu'en ma présence et sous ma garde. Comme il fallait prendre une décision, choisir entre ces mauvais parents et l'enfant fort gentil d'ailleurs et auquel nous tenions beaucoup, je jugeai qu'il n'y avait pas à hésiter, et l'expulsion du vieux mâle fut décidée.

Mais chose qui m'étonna beaucoup, la femelle Variegata restée seule, changea aussitôt de contenance et devint aussi timide vis-à-vis des Casarkas roux que naguère elle était méchante et excitée contre eux. Ceux-ci de leur côté ne tardèrent guère non plus à s'apercevoir de son état d'esprit ainsi que de l'absence de protection pour elle ; aussi prirent-ils désormais un malin plaisir à se venger en lui donnant la chasse. D'un autre côté, ce qui me parut non moins singulier, sa haine à l'égard du jeune Variegata paraissait s'être entièrement évanouie. Tout au contraire, elle semblait rechercher ses bonnes grâces et de préférence à celles d'un mâle de son espèce que je venais de lui faire venir du Jardin d'Acclimatation.

· Mon intention n'était pas d'accoupler ce jeune mâle à ma vieille femelle, aussi continuai-je comme par le passé à le tenir renfermé à part dans sa cellule. Mais cette femelle ac-

(1) *Bulletin de la Société d'Acclimatation*, 1883, p. 172.

compagnée de son nouveau mâle, qui ne semblait la suivre de
ce côté qu'à regret, revenait sans cesse près de la porte gril-
lagée où l'autre se trouvait, et cette fois non pour l'invectiver
à travers les barreaux de sa prison, comme elle faisait jadis.
Lui-même par ses manières, ses grognements amoureux, laissait clairement voir qu'il professait le pardon des injures et
n'était nullement insensible à ces marques de sympathie.
Enfin, si je le faisais sortir, comme la chose était nécessaire,
de temps à autre, pour sa santé, les trois oiseaux se réunissaient aussitôt, mais je remarquais que les deux mâles se
considéraient d'un œil douteux.

Celui que j'avais fait venir de Paris, déjà chez moi depuis
plusieurs semaines, tandis que mon élève était toujours renfermé, avait pris toutes ses habitudes avec la vieille femelle
et semblait parfaitement convaincu de son rang et de sa qualité de mari, aussi voyait-on qu'il n'acceptait qu'avec peine
la présence d'un troisième compagnon, cherchait sans cesse
à l'écarter par quelques grognements et de légers coups de
bec qu'il eût appliqués avec bien autre énergie, à n'en pas
douter, s'il se fût senti *ancien* et en pied sur les lieux. Quant
à son jeune concurrent, méprisant ces coups timides et inoffensifs ainsi que celui qui les portait, il n'y prenait même
pas garde continuant ce qu'il avait déjà si bien commencé à
travers les grilles de sa cellule c'est-à-dire à conquérir les
bonnes grâces de la femelle Casarka. Puis bientôt les rôles
changèrent ; hautain et convaincu de sa qualité d'ancien, ce
fut lui qui se mit à battre son compagnon à coups de bec et
d'aile, cette fois si vigoureusement appliqués que celui-ci
n'eut bientôt d'autre ressource que de fuir piteusement et
hué par sa femme elle-même qui s'était empressée de se
mettre du côté du vainqueur. Il fallut donc me défaire de ce
mâle et conserver celui que j'avais élevé.

Mais tandis que mon jeune Casarka usait ainsi despotique-
ment de son droit d'ancien sur ce nouveau mâle, mes Casarkas roux et Bernaches du Magellan forts de ces mêmes droits
d'ancienneté vis-à-vis de lui, agissaient avec non moins de
rigueur à son égard ainsi qu'à celui de sa femelle Ces Casarkas roux naguère si craintifs, si timorés même, en présence
du précédent couple de Variegata, prenaient une revanche
terrible sur le nouveau. Mais c'était le jeune Variegata plus
gros et plus fort qu'eux qui avait surtout à souffrir des con-

séquences de sa poltronnerie. Il était si convaincu de son infériorité de situation, tellement anéanti, paralysé par la peur, qu'il n'avait même pas l'énergie de fuir devant ses ennemis ; dès qu'il se sentait poursuivi, il tombait à terre comme foudroyé, et là, inanimé, il continuait à recevoir les coups des deux Rutila, la femelle étant aussi acharnée que le mâle.

Il n'y avait aucune chance que la situation s'améliorât, car d'habitude parmi les oiseaux, les vainqueurs deviennent d'autant plus impitoyables qu'ils sentent leurs ennemis plus démoralisés. Je m'arrêtai donc au moyen qui, je l'espérais, devait me réussir, c'était de changer le mâle Rutila contre un nouveau.

En attendant le départ de celui-ci, de crainte de malheur, je l'enfermai dans un lieu à l'écart, mais d'où la femelle, sans le voir, pouvait encore entendre sa voix. Tant qu'il fut là, bien que seule et sans appui effectif, elle conserva toute sa méchanceté ordinaire. Mais dès qu'il fut réellement parti, son audace et son ancienne énergie disparurent subitement, pour faire place à la plus grande pusillanimité vis-à-vis de ses anciens persécutés qui aussitôt devinrent hautains et pleins de morgue pour elle, sans cependant user de grandes représailles. Et il n'y eut pas de changement quand son nouveau mâle arriva ; lui-même passa à peu près inaperçu, grâce toutefois, bien entendu, à ce que comprenant sa situation de *nouveau*, il sut se faire, de même que sa femelle, aussi petit, aussi modeste que possible. Ainsi au moyen de cette combinaison, de l'élimination du premier mâle Rutila, je suis parvenu à une paix relative et à une tranquillité suffisante pour qu'ils puissent vaquer aux soins de la famille et me donner chaque année de belles couvées.

Si néanmoins mon couple reconstitué de Variegata avait pu prendre qualité *d'ancien* vis-à-vis celui de Rutila, avec la modification que je venais de faire subir à ce dernier (remplacement du mâle), par contre, ces mêmes Variegata étaient réduits au dernier degré d'infériorité vis-à-vis des Magellans. Cependant, ils savaient si prestement prendre la fuite à la simple vue de leurs ennemis, et avaient de si bonnes jambes pour leur échapper, que j'aurais laissé longtemps les choses aller ainsi sans trop d'inconvénients. Mais, d'un autre côté, le mâle Magellan était devenu tellement maussade pour moi-même, m'obligeant à me munir d'un bâton, quand je voulais rester dans mon jardin, pour le tenir à distance et me garantir de ses redoutables coups d'ailes, que je résolus de m'en débarrasser. Dans ce but, je conservais un couple de cette espèce que j'avais élevé, dont le mâle me semblait parfaitement doux, inoffensif, et j'attendais qu'il eût deux ans, qu'il fût adulte, pour renvoyer l'ancien.

Chose singulière, je pus conserver ainsi ce jeune couple sans inconvénient, conjointement avec le vieux, près de deux années. Ce dernier si maussade pour les Variegata, qui eût dû être encore plus jaloux en présence d'oiseaux de son espèce, tolérait ces deux Bernaches et ne leur donnait que de rares et courtes chasses sans importance.

Quant à mes Variegata, d'une autre espèce qu'elles et qui eussent dû être désintéressés dans la question, il n'y avait pas de misères qu'ils ne fissent subir à ces jeunes Bernaches, on eût dit qu'ils voulaient se venger sur les enfants de la frayeur que leur inspiraient les parents.

Je me débarassai d'abord de mon mâle Magellan, comptant conserver la vieille femelle bonne pondeuse jusqu'à ce que la nouvelle m'eût donné des preuves de ce côté. Je possédais donc en même temps le jeune couple, plus la vieille femelle.

Pendant la première année que je les eus après le départ du mâle, le jeune Magellan, convaincu de la supériorité d'*ancienneté* des Variegata, continua sans mot dire à supporter leurs mauvais procédés, mais au bout de ce temps, je le surprenais à témoigner quelques marques d'impatience, quelque apparence de résistance. Enfin, l'année suivante, il y eut révolte ouverte de sa part contre pareils procédés ; et ce fut dès lors coups pour coups qu'ils se rendirent avec acharnement égal. On était toujours averti de ces luttes homériques par les cris des deux femelles, qui cette fois n'osaient y prendre part, se contentant de tourner autour des combattants en poussant des cris qu'on entendait à plus d'un kilomètre. Les femelles Casarkas et Magellan ne prenaient, en effet, part au duel de leurs époux que quand il n'y avait plus de crainte de résistance, et quand l'ennemi vaincu était à terre, pour lui donner les derniers coups et l'insulter dans sa défaite. Le Variegata ne cédait pas, ne s'avouait jamais vaincu ; terrassé il se relevait aussitôt pour reprendre l'offensive, mais il était évidemment le moins fort et aurait fini par succomber, si je n'eusse jugé prudent de séparer mes Magellan.

J'ajouterai qu'une prééminence de même nature réside encore chez les femelles, s'il s'agit de mariage dans l'ancienneté et même la vieillesse ; les deux se combinent parfois. Chose assez bizarre, en effet, les mâles parmi les palmipèdes préfèrent les femelles les plus âgées aux plus jeunes. Il est vrai qu'ici elles ne perdent en vieillissant ni leur beauté ni leur fraîcheur. Si un Canard devient veuf par hasard, ce n'est donc pas avec la plus jeune, comme on pourrait croire, qu'il se remariera, mais ce sera parmi les plus âgées et surtout parmi les plus vieilles habitantes de l'endroit qu'il fera son choix. Néanmoins, il faut le dire, le mâle n'est pas toujours libre dans ses préférences, et la vieille femelle, forte de ses droits d'ancienneté sur la nouvelle, sait bien tenir celle-ci à l'écart. Quelquefois même, elle se substitue à l'épouse aimée dans les unions les mieux assorties.

Mon jeune couple de Magellan, jusqu'au départ du vieux mâle, vivait dans la meilleure harmonie ; ils appartenaient à la même couvée, les deux oiseaux avaient été élevés ensemble et ne s'étaient jamais quittés. Ne pouvant même tolérer d'être séparés un instant, ils poussaient des cris lamentables dès que par hasard ils se trouvaient loin l'un de l'autre ; enfin c'était un ménage fait pour être uni et heureux, si la vieille femelle que j'avais conservée ne s'était malencontreusement trouvée là.

Celle-ci, en effet, sentant son appui lui faire défaut, son protecteur lui manquer par le départ de son mâle, perdit, comme d'habitude en pareille circonstance, toute sa morgue hautaine et querelleuse, pour devenir l'oiseau le plus timide, le plus humble, non seulement en présence des Variegata, mais même de ses propres enfants, les jeunes époux Magellan qui, eux aussi, dois-je ajouter, comprenant parfaitement la déchéance de leur mère, avaient accompli un revirement complet à son égard ; de très timorés, de très craintifs en présence de leurs peu commodes parents, aussitôt qu'elle fut seule, ils devinrent presque menaçants.

Néanmoins, malgré ces mauvaises dispositions à son égard, elle se sentait si seule, s'ennuyait sans doute tellement dans son isolement, qu'elle prit bientôt l'habitude de les suivre, d'abord de loin, se tenant respectueusement à distance à

paître sur les pelouses. Mais bientôt cette distance diminua ;
elle s'enhardit et se rapprocha peu à peu au point que les
trois oiseaux ne formèrent plus qu'un même groupe ; puis
écartée de temps à autre par les coups de bec des jeunes
époux, surtout de la femelle, elle én tenait peu compte, ne se
rebutait pas, ne cherchant au contraire qu'à se rapprocher le
plus possible, au point même de prendre parfois place entre
les deux époux. Ce fut elle qui dès lors commença à battre
la jeune femelle, sans que le mâle trouvât rien à redire ;
la pauvre délaissée comprenant elle-même bientôt qu'elle
était de trop et avait perdu l'affection de son époux, se retira
mélancoliquement d'elle-même, sans éclat ni protestation,
pour aller vivre à l'écart avec quelques amis isolés comme
elle, entre autres, mon Cygne de Bewick ; et les deux oiseaux
se prirent l'un pour l'autre d'une touchante amitié, sans
cependant, je crois, qu'il s'y mêlât un sentiment plus tendre.

Pendant toute la journée ensemble sur ma pièce d'eau ou
sur les pelouses, ils n'étaient séparés que la nuit, couchant
dans deux locaux différents. Le matin en se revoyant, c'é-
taient les plus vives démonstrations de joie ; tous deux venaient à la rencontre l'un de l'autre se saluer avec effusion,
elle de sa voix rauque, lui de la sienne aussi forte que douce
et harmonieuse, battant des ailes en signe de vif contente-
ment. Si, par hasard, il restait plus longtemps qu'elle renfermé dans sa chambre à coucher, elle venait aimablement
l'attendre à la sortie. Jusqu'à ce que la porte fût ouverte et
bien qu'ils se sussent séparés par de gros murs, c'étaient
toujours de longs entretiens chacun dans son langage, intel-
ligible certainement pour tous deux malgré ses différences.

Enfin leurs liaison et amitiés devinrent tels que sa jeune
amie, d'un caractère plus entreprenant, lui fit bientôt perdre
ses habitudes jusque là absolument sédentaires sur ou près
de ma pièce d'eau, pour comploter avec lui de longues et
fréquentes promenades dans la campagne. A différentes reprises, je les rencontrai, en effet, tous deux dans mes vignes
à plusieurs centaines de mètres de mon jardin ; ce qui fit que,
craignant à juste titre de perdre mon Cygne ou plutôt qu'il
ne me fût volé, car son éclatant costume attirait de loin les
regards, je dus, bien qu'à regret, profiter de la première occasion pour me défaire de cette jeune et malheureuse Ber-
nache.

II. ANALYSES ET EXTRAITS.

LA

DESTRUCTION DU BISON AMÉRICAIN

D'APRÈS M. HORNADAY, SUPERINTENDANT DU PARC
ZOOLOGIQUE DE WASHINGTON

PAR M. H. BREZOL.

(SUITE ET FIN *)

Dans les possessions anglaises, où le gibier de toute espèce
était rare, excepté celui ci, où, suivant l'expression du professeur Kenaston, un vaste espace de terrain entourait
chaque animal sauvage, le Bison constituait la principale
ressource des Indiens qui ne voulaient absolument pas cultiver la terre, et des métis, qui ne consentirent à se livrer à
l'agriculture que quand il ne resta plus de Bisons. Dans ces
conditions, ces animaux étaient poursuivis avec plus de té-
nacité encore, plus de persistance qu'aux Etats-Unis, où les
Indiens trouvaient en abondance l'Élan, le Daim, l'Antilope,
et une infinité d'autres gibiers, et où même, un gouvernement
paternel leur fournissait tout le nécessaire. Contrairement
donc à l'opinion généralement répandue en Amérique que le
pays du Saskatchewan dans les possessions anglaises possédait encore de puissants troupeaux, longtemps après que
ceux des États-Unis n'existaient plus, les Bisons avaient
presque disparu de l'Amérique septentrionale anglaise, quand
en 1880, l'ouverture de la ligne Northern Pacific inaugura le
massacre final du troupeau du Nord. La ligne Canadian Pacific ne joua donc aucune rôle dans l'extermination des Bisons de l'Amérique anglaise, puisqu'ils n'existaient plus à
l'époque où elle fut mise en service. Les métis du Manitoba,
les Crees des plaines de la rivière Qu'Appelle et les Pieds-
Noirs du cours inférieur du Saskatchewan avaient depuis
longtemps dépeuplé toute la région canadienne comprise
entre les Montagnes-Rocheuses à l'Ouest et le Manitoba à
l'Est. La ligne Canadian Pacific ne trouva donc plus que des

(*) Voyez *Revue*, 1894, 2ᵉ semestre, p. 433, et plus haut, p. 15.

squelettes blanchissant dans le pays qu'elle traversait. Le
Bison avait disparu de toute cette contrée avant 1879 et son
extinction mettait les Indiens Pieds-Noirs à la vieille de mourir de faim. Quelques milliers de Bisons étaient restés autour des sources de la rivière Battle, entre le Saskatchewan
du Nord et celui de Sud, mais entourés et attaqués de tous
côtés, ils disparurent rapidement.

Le professeur Kenaston, qui entreprit en 1881 et en 1883
pour le compte de la compagnie du Canadian Pacific une
longue exploration de la région située entre le lac Winnipeg et
le fort Edmonton, a pu fournir à M. Hornaday quelques renseignements sur les derniers jours de ces Bisons canadiens. Il
fit entre ces deux points quatre voyages qui lui permirent de
reconnaître une vaste étendue de pays de plusieurs centaines
de kilomètres de largeur. Se trouvant en 1881 à Moose yaw,
à 120 kilomètres au Sud-Est du coude décrit par la branche
Sud du Saskatchewan, il y rencontra un parti d'Indiens
Crees qui arrivaient du Nord-Ouest avec plusieurs chariots
chargés de viande fraîche de Bison. Au fort Saskatchewan
situé au-dessus d'Edmonton sur la branche Nord du Saskatchewan, il fit connaissance d'une société de sportsmen anglais, qui venaient de chasser le Bison sur les rivières Battle
et Red-Deer, entre Edmonton et le fort Kalgary, et qui en
avaient, paraît-il, tué autant qu'ils avaient voulu. Ils en
avaient abattu 14 en un après-midi et c'est volontairement
qu'ils interrompirent le massacre.

En 1883, le professeur Kenaston trouva à un coude de la
branche Sud du Saskatchewan la piste fraîche de 25 ou 30 Bisons, mais il n'en rencontra plus d'autre ensuite et n'en
entendit plus parler dans le pays. En 1881, du reste, il avait
vu au fort Qu'Appelle des Indiens absolument épuisés par les
privations, et il n'y avait plus ni viande de Bison, ni pemmican au fort. Au moi de mai 1883, M. Kenaston put cependant acheter encore un peu de pemmican frais, à raison de
75 centimes la livre de 453 grammes, à Winnipeg. La préparation de ce pemmican, dont le prix était fort élevé, ne re-
montait certainement pas au-delà du mois d'avril.

Les Sioux portèrent les premiers une énergique atteinte
au troupeau du Nord vivant sur le territoire des États-Unis,
en massacrant rapidement les bandes qui paissaient sur tout
le pays situé entre la Platte du Nord et une ligne allant du

centre du Wyoming au centre du Dacota. On tuait tout le long du Missouri, de Bismark au fort Benton, et le long de la Yellowstone, jusqu'au point où cette rivière devient navigable. Toutes les tribus indiennes de cette vaste région, Sioux, Cheyennes, Corbeaux, Pieds-Noirs, Bloods, Piegans, Assinniboines, Gros-Ventres, Shoshoes, etc., trouvaient la chasse du Bison fort rémunératrice, et comme source de distractions, elle venait immédiatement après le plaisir de scalper un blanc. Il leur fallait alors 8 à 12 peaux pour faire une tente, un terpu ordinaire ; certains terpus exigeaient 20 et 25 peaux.'

Les Indiens des territoires du Nord-Ouest vendirent aux marchands 75,000 robes environ par an, tant que le troupeau fut assez puissant pour les fournir. En admettant qu'ils gardassent 4 robes pour leurs propres besoins, quand ils en vendaient une aux blancs, ce qui est une évaluation assez basse, ces tribus devaient donc massacrer 375,000 Bisons par an.

La décroissance du nombre des Bisons, que tant d'observateurs prédisaient depuis des années, commença réellement à se manifester en 1876 pour le troupeau du Nord, deux années après les grands massacres du Sud, mais c'est seulement quatre ans plus tard, en 1880, que l'attaque devint générale, portant à la fois sur toute la surface du range.

En 1876, on expédiait 75,000 robes du fort Benton vers l'Est, on tombait à 20,000 en 1880, à 5,000 en 1883. Il n'y en avait plus à expédier en 1884. La plupart des robes enlevées dans la région de la Yellowstone étaient chargées sur les wagons de la ligne Northern Pacific.

Le début du massacre final du troupeau du Nord date donc de 1886. A cette époque, les Indiens avaient vu leur récolte annuelle de robes diminuer considérablement, des trois quarts environ, et les blancs inauguraient le système de prolonger la chasse jusque pendant l'été, simplement pour se procurer des cuirs. Le range des Bisons était entouré de trois côtés par des tribus indiennes, armées de fusils se chargeant par la culasse et abondamment pourvues de munitions jusqu'en 1880 ; ces tribus détruisaient probablement trois fois autant de Bisons que les chasseurs blancs, et si elles étaient restées seules maîtresses de la prairie, le Bison n'en aurait pas moins disparu ; la durée de l'opération eût simplement été plus longue, elle se fût prolongée dix ans de plus peut-être. Une réserve indienne habitée par huit tribus, qui massacraient des Bisons en toute saison, l'été, pour se procurer de la viande à faire sécher au soleil, l'hiver, pour avoir des robes, couvrait la région large de 800 à 900 kilomètres comprise entre une ligne menée du Missouri à la frontière canadienne, et une autre ligne allant de la réserve située dans le Nord-Ouest du Dakota aux Montagnes-Rocheuses. Depuis la puissante tribu des Sioux au Sud-Est, jusqu'aux Cheyennes et aux Corbeaux au Sud-Ouest, tous étaient engagés dans la même guerre sans merci contre le Bison. L'armée des États-Unis toute entière eût été impuissante à arrêter le massacre. Les Indiens sont donc aussi responsables de la destruction du troupeau du Nord que les blancs. Jamais un Indien n'interrompait une scène de carnage en songeant à l'avenir. Deux facteurs seulement limitaient le nombre des pièces qu'ils abattaient : la fatigue qui les obligeait à s'arrêter, ou l'absence de tout gibier. Pour le blanc, la chasse est un sport, et en sa qualité de sportsman, elle ne lui plaît qu'autant qu'elle présente des difficultés à vaincre. L'Indien, lui, ne voit pas de même, et quand il croit avoir tué assez pour satisfaire à tous ses besoins, il s'arrête n'ayant plus de motif pour continuer. Cette particularité a fait émettre bien des fois l'hypothèse que les Indiens ne tuaient que les Bisons nécessaires à leur consommation ; mais avec le mode de gaspillage en usage, ce nécessaire constituait un large superflu, et jamais dans la chasse du Bison l'insatiable Indien n'a ménagé les ressources de la nature.

L'établissement de la ligne Northern Pacific à travers le Dakota et le Montana précipita le dénouement qui s'approchait, du reste, mais ce fut un simple incident dans la destruction du troupeau du Nord. Sans cette voie ferrée, le résultat fatal eût été exactement le même, sauf qu'il se fût peut-être fait attendre jusqu'en 1888. Cette ligne atteignait en 1876 Bismark, ville du Dakota située sur le Missouri, et ce sont ses wagons qui, à partir de cette époque, transportèrent toutes les robes et tous les cuirs venant de la région comprise entre le Missouri et la Yellowstone. La compagnie du Northern Pacific n'a malheureusement pas établi de compte spécial pour ses transports de peaux et de viande de Bisons, ce qui empêche toute évaluation sur le nombre des animaux de cette espèce tués dans le range du Nord, pendant les six années qui ont précédé la fin du troupeau. On sait cependant, que de 1876 à 1884, Bismark fût le point le plus avancé de la ligne pour l'expédition vers l'Est des robes arrivant du Nord du Missouri. Il en partit 3 à 4,000 balles de robes, pendant chacune des quatre années 1876, 1877, 1878, 1879. La moitié environ de ces balles contenaient 12 robes, l'autre moitié 10. On n'expédiait pas un seul cuir sec non tanné à cette époque, pas une seule peau dépourvue de poils provenant des Bisons tués l'été. C'est en 1880 que les expéditions de cuirs commencèrent. En 1881 et 1882, la ligne se prolongea vers l'Ouest et les points d'expédition furent déplacés, allant jusqu'à Terry et Sully Springs dans le Montana. Il est absolument impossible de donner une idée exacte du nombre des robes expédiées pendant les trois années 1880, 1881, 1882. On sait seulement que plus de 75,000 cuirs secs, non tannés, et quelques robes partirent de Bismark en 1881 et on en chargeait aussi à d'autres stations.

Le poids de la viande de Bison transportée par la ligne Northern Pacific n'a jamais été consigné ; la majeure partie de ce produit restait du reste sur la prairie, sa valeur étant, disait-on, insuffisante pour payer le voyage. Les stations extrêmes, d'où on chargeait les robes sur les wagons, étaient vers l'Est de la ligne : en 1880, Bismark, et 1881, Clendive, Bismark et Beaver Crech, l'ordre d'énonciation de ces stations étant l'ordre de l'importance des expéditions qui en partaient; en 1882, Terry et Sully Springs dans le Montana ; vers l'Ouest, on n'avait que Jornyth.

Jusqu'en 1880, tant que les Bisons ne furent chassés que pour les robes, leurs bandes diminuèrent peu, mais au commencement de cette campagne, on se mit à les tuer pour se procurer des cuirs et le massacre final commença, suivi d'une rapide disparition. On pouvait constater jusqu'en 1881 l'existence de deux grandes agglomérations de ces animaux, séparées par le cours de la Yellowstone, mais les Bisons qui vivaient au Sud de la rivière, sur sa rive gauche, furent refoulés de l'autre côté par les chasseurs, et on ne les revit jamais sur leur rive primitive.

L'année 1882 mit fin au transport des robes et des cuirs de Bisons sur la ligne Northern Pacific, quelques envois furent encore faits cependant, mais ils étaient fort rares et ne portaient que sur de faibles quantités de robes, venant sans doute de la région comprise entre le Haut-Missouri et Bismark.

En 1880, le range du Nord s'étendait sur tout le pays, arrosé par le Missouri et ses affluents, depuis le fort Shaw, dans le Montana, jusqu'au fort Bonnett, dans le Dakota, et par la Yellowstone avec ses divers affluents. Son centre géographique était Miles-City, dans le Montana, L'herbe croissait excellente sur toute son étendue, et les divisions du troupeau se déplaçaient continuellement d'un point à un autre, en parcourant souvent des centaines de kilomètres. Maintenant, leurs os y blanchissent, là où ils n'ont pas encore été ramassés et vendus. Cette immense surface allait des rivières Uppa Maria et Mill près de la frontière canadienne, jusqu'à la Platte vers le Sud, et de la James dans le Dakota central, à l'Est, jusqu'à une altitude de 2,600 mètres dans les Montagnes-Rocheuses. Sur bien des parties de ces prairies, on peut encore marcher des journées entières sans perdre de vue des squelettes de Bisons. Il en était ainsi en 1886 pour la région située entre le Missouri et la Yellowstone, au Nord-Ouest de Miles-City. Partout et toujours, au milieu des plus mauvais terrains comme dans les vallées des ruisseaux et sur les plateaux élevés, on trouvait l'inévitable et horrible squelette, lamentablement étendu sur le dos, avec sa tête desséchée sous sa couverture de longs poils, ses naseaux ridés, ses jambes à demi dépouillées et ses os d'un blanc de craie.

En 1881, le range était envahi par une cohue de chasseurs analogue à celle qui sillonnait dix ans plus tôt le range du Sud, mais les robes valaient alors deux et trois fois le prix auquel on les payait dans le Sud, le marché n'en trouvait pas assez, et l'adroit chasseur avait de bonnes journées assurées tant qu'il resterait des Bisons. Les chasseurs et les marchands de robes évaluaient alors à 500,000 le nombre de ces animaux vivant dans un rayon de 250 kilomètres autour de Miles-City, et ils estimaient que tout le range en possédait un million. [Les résultats du massacre prouvèrent que ces hypothèses étaient assez voisines de la réalité. En cette année de 1881, le fort Custer fut si étroitement bloqué par un troupeau de passage, qu'un détachement de soldats reçut l'ordre de les chasser loin du poste.

En 1882, un immense troupeau apparut sur les hauts plateaux situés au Nord de la Yellowstone, plateaux dominant

Miles-City et le fort Keogh. On envoya contre eux une escouade du 5ᵉ régiment d'infanterie et en moins d'une heure ils avaient assez de viande pour en charger six chariots à quatre mules.

Les habitants du pays rapportent qu'il n'y avait pas moins de 5,000 chasseurs blancs et d'écorcheurs en 1882 sur le range. Un cordon de camps s'étendait du Missouri jusqu'à la frontière de l'Idaho vers l'Ouest, retenant les Bisons dans les prairies traversées par la Milk, le Musselsell, la Yellowstone et les Marias, en leur barrant la route du Canada. De l'autre côté, les chasseurs du Nebraska, du Wyoming et du Colorado les refoulaient au Nord, sur ces milliers de fusils prêts à les recevoir.

En 1883, un troupeau de 75,000 têtes traversant la Yellowstone, à quelques kilomètres au Sud du fort Keogh, poursuivi par une horde hurlante d'Indiens, de bouchers et de vagabonds, et se dirigea vers la frontière du Canada où il espérait trouver un refuge. Quelques-uns seulement atteignirent cette frontière.

La détermination des meilleurs terrains de chasse du range du Nord eût été assez difficile à établir. Le grand triangle limité par le Missouri, la Musselshell et la Yellowstone, aurait contenu 250,000 Bisons en 1882. Cette région a fourni du reste un nombre énorme de robes, et depuis la fin du massacre, on y a recueilli des milliers de tonnes d'os. La contrée située entre la rivière de la Poudre, la Powder River et le Missouri, principalement les vallées des ruisseaux du Castor et du O'Fallon, figurait aussi parmi les pâturages favoris des Bisons. C'était là surtout qu'affluaient les bandes de chasseurs et d'écorcheurs, venant des stations situées sur le parcours du Northern Pacific, de Miles-City à Glendive. Les chasseurs des villes comprises entre Bismark et Glendive, allaient le plus souvent vers le Sud dans les vallées du ruisseau du Cèdre, Cedar-Creke, du Grand et de la rivière Moreau, qui servaient également de terrain de chasse aux Sioux vivant sur la grande réserve située plus au Sud.

Des centaines de milliers de Bisons ont été tués dans le bassin de la Judith, et le nord du Wyoming sur la rivière du Lait, Milk River et la Maria.

La méthode de chasse en usage, déjà décrite, était le still-hunt, mais dans le Nord on avait renoncé au cruel gaspillage d'un usage si général contre le troupeau du Sud. Les robes étaient arrivées à valoir de 8 à 18 ou 19 francs suivant leurs dimensions, leur nature, la façon et les soins avec lesquels elles avaient été conservées. 100 robes vendues ne représentaient pas plus de 110 Bisons tués, et ce déchet provenait même presque exclusivement d'animaux blessés allant au loin servir de pâture aux Loups.

Après avoir enlevé la peau, le chasseur ou l'écorcheur l'étendait en l'étirant soigneusement, le côté chair en dessus, il taillait ses initiales dans le muscle peaussier adhérant au cuir et la laissait là jusqu'au commencement du printemps, époque où l'acheteur faisait recueillir toutes ses robes.

Comme dans le Sud, c'est la cruelle habileté des tireurs, détruisant un troupeau entier en une journée, qui fit disparaître le troupeau du Nord, avant que l'opinion publique ait eu le temps de s'en émouvoir. Pendant l'hiver de 1881-82, Smith, le plus fameux chasseur du Montana, tua dans la région connue sous le nom de Red Country, contrée rouge, à 160 kilomètres au Nord-Est de Miles-City, 107 Bisons en une heure, sans changer de position. Il en abattit 5,000 pendant cette campagne. Deux autres chasseurs, Aught et John Harry tuèrent la même année, l'un 85, l'autre 75 Bisons en une seule fois. Là où les Bisons étaient assez nombreux, tout homme un peu tireur tuait 1,000 à 2,000 têtes pendant la saison de chasse, qui durait de novembre à février.

En octobre 1882, les milliers de Bisons du range étaient assez régulièrement distribués sur toute son étendue. Presque tous ceux du Montana se tenaient entre la rivière du Lait, Milk River, et les montagnes de la Patte-d'Ours, de la Beac Paw ; quelques petites bandes seulement paissaient entre le Missouri et la Yellowstone. Ils abondaient sur le cours supérieur de la Maria. Au Sud de la ligne Northern Pacific, leur domaine avait la rivière de la Poudre, la Powder River, comme limite occidentale. Il s'étendait à l'Est jusqu'au Missouri et arrivait vers le Sud à 100 ou 110 kilomètres des Collines-Noires, des Black Hills. Il embrassait les vallées de tous les affluents orientaux de la Poudre, de tous ceux du ruisseau du Castor, Beaver Creek, de l'O'Fallon, du petit Missouri, de la rivière Moreau et des deux branches de la Cannon Ball, jusqu'à la moitié de leur parcours. Ce vaste-territoire, situé pour une moitié sur le Montana et pour l'autre moitié sur le Dakota, servait depuis une époque immémoriale de pâturage aux Bisons, et les vaches y paissaient souvent l'été, vêlant tranquillement sur la prairie.

En 1882, la viande valait 15 centimes la livre de 454 grammes dans cette région et les robes 11 fr. 70.

La saison de chasse qui commença en octobre 1882 pour finir en février 1883, mit fin à l'existence du troupeau du Nord dont il ne resta que quelques milliers d'individus. Un de ces événements les plus mémorables, fut la retraite vers le Nord de l'immense troupeau de 75,000 têtes qui traversa la Yollowstone et dont une partie atteignit le Canada. Les habitants de la région qui rappellent souvent cet important fait cynégétique, réduisent parfois à 50,000 têtes l'effectif primitif de ce troupeau. Beaucoup d'entre eux pensent qu'il gagna le Canada, et qu'un bon nombre des survivants se tiennent actuellement en quelque région éloignée, entre la Peace et le Saskatchewan ou ailleurs et qu'ils redescendront sans doute un jour aux Etats-Unis. C'est une illusion, car le troupeau n'atteignit pas la frontière, et si du reste il avait pu gagner le Canada, les Crees et les Pieds-Noirs, mourant de faim depuis 1879, date de l'extinction de leurs Bisons, les auraient bientôt eu détruits. Ce grand troupeau fut à peu près entièrement massacré par les chasseurs blancs le long du Missouri, et par les Indiens vivant au nord de ce fleuve. Une bande de 200 de ces animaux put cependant se réfugier dans le dédale de ravins et de vallées de ruisseaux, situé à l'ouest du Musselshell, entre le ruisseau du Saule plat, du Flat Willow et celui du Box Elder. Un autre troupeau de 75 têtes environ se lança dans les terrains stériles limités par les sources du Big Dry et du Big Porcupine, du Gros Porc-Epic, où quelques individus existaient encore en 1886.

Au sud de la ligne Northern Pacific, une bande de 300 Bisons environ s'établit en permanence dans le parc national de Yellowstone et dans ses alentours, mais ils diminuèrent assez rapidement, quoique mis sous la protection de la loi ; les chasseurs, en effet, étaient continuellement aux aguets sur la limite du parc, et tout Bison qui la franchissait était immédiatement tué. D'après le capitaine Harris, directeur du parc de Yellowstone, il en resterait encore 200 à l'époque actuelle et le tiers de ces animaux serait né sur le territoire protégé.

Le sort d'une portion du troupeau qui se refugia dans le sud-ouest du range est bien connu. Comprenant 10,000 têtes environ, ce débris du grand troupeau vivait au commencement de 1883 sur la partie ouest du Dakota, à mi-distance entre les Black Hills et Bismarck, entre la rivière Moreau et la Grande, et fut rapidement réduit à 1,000 têtes, 1,100 ou 1,200 peut-être. Sur ces entrefaites, en octobre 1883, le chef indien Sitting Bull arriva à l'agence de Standing Rock avec sa bande comptant plus de 1,000 braves, et en deux jours tout le troupeau était massacré.

Il est assez singulier que les chasseurs de Bisons eux-mêmes aient ignoré que la fin de la campagne de chasse de 1882-83 avait marqué la fin du Bison, du moins comme espèce habitant les prairies et constituant une source de revenus. Dans l'automne de 1883, presque tous ces individus, envers lesquels la prairie se montrait si généreuse, s'équipèrent et s'approvisionnèrent comme à l'ordinaire, en dépensant parfois plusieurs centaines de dollars, et de tous les côtés on partit gaiement, sans inquiétude, vers le range, large dispensateur de ses robes. Mais au lieu du succès espéré, c'était la banqueroute qui les attendait. De quelque côté que le regard se portât au loin sur la plaine, on n'apercevait pas un seul Bison, après les millions de têtes, les milliers et les centaines avaient disparu à leur tour.

Il est impossible de déterminer exactement le nombre des robes qui ont été fournies par le range du Nord, pendant les dernières années du massacre, de 1876 à 1883, et la seule estimation qui ait été faite est celle de M. Davis de Minneapolis, Minnesota, qui pendant de longues années acheta dans le nord-ouest des robes, des cuirs et des fourrures, principalement des robes et des cuirs de Bisons. D'après M. Davis 500,000 Bisons devaient vivre en 1876 dans un cercle de 240 kilomètres de rayon, décrit autour de Miles-City comme centre; quand en 1881, la ligne Northern Pacific atteignit Glendives et Miles-City, en se prolongeant vers l'ouest, Indiens et Bisons couvraient en nombre incalculable les prairies qu'on traversait. C'est cette année que les chasseurs blancs firent leurs premiers envois de robes, 50,000 environ, expédiées des stations comprises entre Miles-City et Mandan. En 1882, les expéditions s'élevèrent à 200,000 cuirs et robes, pour tomber à 40,000 en 1883. En 1884, un seul chariot de robes partit de Dickinson dans le Dakota, envoyé vers l'est par M. Davis. C'était les dernières robes.

' Pendant longtemps, la majorité des anciens chasseurs entretenait la douce illusion que le grand troupeau n'était pas détruit, mais qu'une capricieuse migration l'avait conduit au Canada, d'où il reviendrait certainement un jour et même avec un fort accroissement. Partout circulaient des bruits de découvertes de troupeaux, que chacun s'empressait de prendre au sérieux. Au bout d'un ans ou deux, cependant, il fallut se convaincre de la réalité, les Bisons étaient bien morts, il ne restait plus un seul troupeau d'une certaine importance même au Canada. Les anciens bouchers accrochèrent alors leur vieux sharp au mur ou le vendirent à bas prix, et se cherchèrent d'autres moyens d'existence, quelques-uns se mirent à recueillir les os des Bisons pour les vendre à la tonne, la plupart des autres se firent cow-boys.

RÉSULTATS ET EFFETS DE LA DESTRUCTION.

Quoique l'existence de quelques individus largement dispersés permette encore de dire aujourd'hui que le Bison n'est pas absolument éteint à l'état de nature, il est évident qu'aucun animal de cette espèce n'existera encore dans 10 ans, si les rares survivants actuels ne sont efficacement protégés. Plus, en effet, une espèce animale s'approche de son extinction, plus elle est misérable, ses individus étant l'objet d'une poursuite continuelle. De nombreux chasseurs de l'ouest se disputent maintenant l'*honneur* d'avoir tué le dernier Bison, qui, le fait est à noter, a déjà été tué un certain nombre de fois.

Quelques Bisons vivent encore en liberté, mais ils sont si peu nombreux, que les chasseurs ont pu en dresser une sorte d'inventaire donnant le chiffre exact des derniers représentants de l'espèce encore libres et indépendants.

Le petit troupeau du parc de la Yellowstone est compté dans ce relevé comme vivant en captivité et sous la protection de l'homme, car sans l'appui de la loi, et sans les gardiens du parc, il n'existerait depuis longtemps plus un seul de ses individus. Si la loi qui les sauvegarde était rapportée, ils seraient tous tués au bout de trois mois, car un Bison est

aujourd'hui un animal de haut prix, sa tête seule étant payée
de 135 à 270 francs par' les Taxidermistes. Sans cette loi
protectrice, strictement appliquée par le capitaine Harris,
directeur du parc, les Bisons seraient depuis longtemps
tombés sous les balles des Smith, des frères Rea, et autres
chasseurs, qui rôdent continuellement autour de leur dernier
refuge.

La mort d'un Bison aux Etats-Unis est un événement si
important de nos jours, que la presse et le télégraphe le font
immédiatement connaître à tous.

En décembre 1886, la Smithsonian Institution, le Muséum
d'histoire naturelle de Washington, organisait une expédition chargée d'aller entre la Yellowstone et le Missouri, dans
le Montana, se procurer quelques dépouilles de Bisons destinées aux différents musées des Etats-Unis. Les chasseurs
tuèrent 25 Bisons et en repoussèrent 15 sur les terrains
stériles du Montana compris entre le Missouri et la Yellowstone, vers la source du ruisseau du Big Porcupine, du Gros
Porc-Epic. En 1887, 3 de ces survivants furent tués par
des cow-boys, et 2 autres périrent encore en 1888. Cette
région posséderait donc, à l'heure actuelle, 8 ou 10 solitaires,
vivant cachés dans ses parties les plus sauvages et les plus
accidentées, aussi loin que possible des ranches à bétail, et
qui sont rarement visitées par les cow-boys eux-mêmes.
Depuis deux ans, aucun autre Bison n'a été tué dans le
Montana qui ne possède certainement plus que ces 8 à 10
individus.

Au printemps de 1886, un propriétaire, M. Winston, chassant à 115 kilomètres environ à l'Ouest des Grands-Rapides,
Dakota, aperçut 7 Bisons dont 1 fut tué et 1 autre capturé
vivant. Un taureau solitaire fut tué en 1888 à 5 kilomètres
d'Oackes, dans le comté de Dickey. Il resterait donc encore
4 Bisons vivant en liberté dans le Dakota.

Le 28 avril 1887, le docteur Stephenson de l'armée des
Etats-Unis, rencontra des Bisons dans la région des Rock
Springs, Wyoming, où des cow-boys en tirèrent 2, d'une
bande de 18, et peu de temps après, on en aperçut une autre
bande de 4. Ces Bisons ont été revus depuis, en 1888 et 1889,
errant au nombre de 26 dans le Désert-Rouge du Wyoming.

Les environs du Parc de la Yellowstone qui s'étendent sur
le Wyoming, le Montana et l'Idaho ne possèdent plus un seul

Bison, excepté ceux qui sortent parfois du Parc, et ne tardent du reste pas à être tués.

Une dizaine ou une douzaine de Bisons des montagnes vivraient dans le Colorado, sur la région portant le nom de Lost Park, et en 1888, on vendit à Denver, Colorado, 8 robes fraîches provenant de Bisons tués dans cette contrée. Il y avait encore en 1885 une quarantaine de Bisons des montagnes dans une autre partie du Colorado nommée South Park, Parc du Sud, mais leur nombre a dû décroître considérablement, et tout cet état ne doit guère posséder actuellement qu'une vingtaine de ces animaux.

Quelques débris du grand troupeau du Sud vivent dans la contrée du Pan Handle au Texas, entre les deux branches de la Rivière-Canadienne. De 200 en 1886, le nombre de ces animaux s'était réduit à 100 et peut-être même à moins de 100, pendant l'été de 1887. Un éleveur de bétail en fit tuer 52 pendant la campagne d'hiver 1887-1888, et, en 1888, M. Jones de Garden-City, en vit une bande de 37, dont il captura 18, 11 vaches et 7 veaux. Il est probable que les Bisons chassés par M. Jones et ses hommes étaient les derniers représentants de l'espèce vivant sur le Pan-Handle, où il ne doit pas en rester plus de 25. Ils sont du reste si sauvages, d'une approche si difficile, qu'on les considère comme ne valant plus la peine d'être chassés.

Quant aux possessions anglaises, on donne des chiffres très variables sur le nombre des Bisons qui y vivent encore. La plupart des personnes compétentes affirment, il est vrai, qu'ils sont fort peu nombreux, et surtout représentés par des solitaires. On a cependant de bonnes raisons de croire que quelques centaines de Bisons des bois vivent dans l'Athabasca, entre les rivières de la Paix et Athabasca. Il y en aurait là 5 à 600 peut-être répartis entre plusieurs bandes fort dispersées. Leur nombre ne semble pas avoir diminué depuis une quinzaine d'années, car la nature boisée du pays empêche de les poursuivre à cheval. Ils vivent donc sans être beaucoup inquiétés. Ces animaux pèsent 70 kilogs au moins de plus que les Bisons des prairies, ils ont le poil plus court, et les cornes plus droites.

Les Bisons des bois existaient encore en petit nombre entre le cours inférieur de la Paix et le grand lac de l'Esclave, et entre la Paix et l'Athabarca.

Le 22 octobre 1887, M. Harrison Young, de la Compagnie de la baie d'Hudson, écrivait à M. Hornaday que quelques Bisons paissaient encore sur les prairies du Nord-Ouest, mais on n'en avait pas tué un seul pendant les deux années précédentes. On abattrait encore d'après M. Harrison Young quelques Bisons des bois chaque année, le long de la Rivière-Salée, dans le district d'Athabarca, où ils deviennent de plus en plus rares, et se montrent fort farouches.

En prenant la moyenne des évaluations précédentes, on peut admettre que 550 Bisons vivent encore dans l'Ouest du Canada, ce qui donnait au 1er janvier 1889 un chiffre total de 635 têtes en liberté sur toute l'Amérique septentrionale.

Ce chiffre total se décomposait de la façon suivante :

Pan-Handle du Texas.....................	25 Bisons.
Colorado..............................	20 —
Sud du Wyoming......................	26 —
Région de la Musselshett, Montana....	10 —
Ouest du Dakota.....................	4 —
Total pour les États-Unis...	85 Bisons.
Athabarca, territoire du Nord-Ouest, d'après estimation................	550 —
Total général.......	635 Bisons.

En ajoutant à ce chiffre celui des Bisons vivant dans le Parc de la Yellowstone, et en captivité, on obtient un total de 1,091 Bisons.

A notre époque de chemins de fer et de chasse à outrance, il est impossible qu'un troupeau de 100 ou même de 50 têtes existe encore aux États-Unis ou au Canada sans avoir été signalé. On peut même prédire qu'il ne restera, plus dans cinq ans, un seul des 85 animaux qui vivent encore en liberté sur les états de l'Ouest. Le Bison a acquis une telle valeur, c'est aujourd'hui un si grand honneur d'en tuer un, que les derniers seront poursuivis à outrance. Le Bison n'a donc plus la moindre chance de se perpétuer à l'état sauvage, et dans quelques années même, la surface des prairies ne présentera plus un seul ossement pour attester l'existence passée de cette race autrefois si puissante et si féconde.

Les Bisons donnaient aux Indiens : viande, vêtements,

tentes, couvertures, selles, boucliers, cordes, ustensiles divers et même objets servant à la parure. Un gouvernement paternel a pris auprès d'eux la place du Bison, en approvisionnant les hommes rouges de tout ce qui leur est nécessaire, et la mission dont il s'est ainsi chargé coûte chaque année plusieurs millions de dollars au trésor américain.

Les tribus indiennes dont les noms suivent sont celles qui demandaient au Bison la totalité ou une forte partie de leurs objets de nécessité et même un luxe rudimentaire.

Sioux	30,561	individus.
Cheyennes	3,477	—
Corbeaux	3,226	—
Kiowas et Comanches	2,756	—
Piégans, Bloods et Pieds-noirs	2,026	—
Bannach et Shoshones	2,001	—
Assinniboines	1,688	—
Nez-percés	1,460	—
Winnebagos	1,222	—
Arapahoes	1,217	—
Omahas	1,160	—
Pawnies	998	—
Utes	978	—
Gros-ventres	856	—
Auckarus	517	—
Ariaches	332	—
Nandans	283	—
Total	54,758	individus.

Cette énumération, empruntée au recensement de 1886, ne tient pas compte des milliers d'individus vivant dans le territoire indien et sur plusieurs autres régions du Sud-Ouest, qui se procuraient, chaque année, par la chasse du Bison une certaine provision de viande et de robes, tout en vivant surtout de la culture des terres.

Les Indiens de la région qui constituait autrefois le pays du Bison ne sont pas morts de froid et de faim, parce que le gouvernement qui s'est subsistué à cet animal, leur fournit régulièrement de la viande, des tentes et des couvertures. Il est vrai que l'autorité pouvait s'éviter cette dépense, de nourrir et d'habiller 54,758 individus, en réglant la chasse des Bisons.

La situation dans laquelle se trouvent actuellement les Indiens des possessions anglaises, moins favorisés que ceux des États-Unis, nous la connaissons par le volume de M. John Macoun : *Manitoba and the Great West* : « Pendant les trois » années qui ont précédé 1883, dit cet écrivain, les grands » troupeaux de Bisons ont été repoussés au Sud de la fron- » tière canadienne, et nos Indiens ont failli mourir de faim. » En 1877, des milliers de Bisons paissaient sur les collines, » et deux ans après, la famine décimait les Pieds-noirs. »

Pendant l'hiver de 1886-1887, la famine et la mort ravagè-rent certaines tribus indiennes du territoire du Nord-Ouest, et en 1888, l'évêque du diocèse dont fait partie la région de l'Athabarca et de la Paix, adressait au ministre de l'intérieur du Canada une instante supplique signée par six prêtres et missionnaires et par plusieurs juges de paix. Il y disait que les ·Indiens s'étaient vus à la veille de mourir de faim pen-dant l'hiver et l'été précédents, par suite de la disparition du gibier. « Le dénûment de ces malheureux est extrême, y était-il consigné, et ils sont dans l'impossibilité de se fournir de vivres, de vêtements, de tentes et de munitions pour l'hiver prochain. » La faim et le cannibalisme qui en est la con-séquence avaient réduit, pendant l'hiver de 1886, une petite tribu de 29 Crees à deux individus seulement. C'étaient ces mêmes Crees qui cernaient les troupeaux de Bisons, leur tuaient 2 ou 300 têtes avec la plus féroce allégresse, et lais-saient toute cette viande excepté quelques morceaux de choix se putréfier sur place. 20 ou 30 Indiens habitant autour du fort de Chippewyan moururent de faim pendant l'hiver de 1888-1889, et la vie de beaucoup d'autres fut abrégée par les privations. Un grand nombre de Crees, de Castors, de Chip-pewyans vivant sur les régions où sont installés des postes ou des missions, seraient certainement morts de faim, sans les secours que les marchands et les missionnaires leur distri-buèrent.

La supplique de l'évêque déclarait qu'un grand nombre de familles privées de leurs chefs périraient de faim ou s'entre-dévoreraient au prochain hiver, si on ne venait à leur secours. La misère et le cannibalisme règnent donc actuellement sur tout ce qui constituait autrefois le domaine des Bisons.

Si jamais des populations insensées ont été punies de leur odieuse imprévoyance, ce sont bien les Indiens et les Métis du Nord-Ouest, et ils expient cruellement aujourd'hui le gaspillage qui leur servait de règle de conduite il y a quelques années.

Le Bison s'est bien vengé, s'est vengé lui-même et avec une énergie que ses meurtriers n'avaient certes pas prévue.

Législation du Congrès sur la protection du Bison.

Le massacre du Bison a été l'objet de la vindicte publique, qui a énergiquement blâmé le gouvernement d'avoir toléré l'accomplissement de semblables horreurs sur le domaine national. On doit cependant dire à l'honneur du Congrès que plusieurs tentatives ont été faites de 1871 à 1876 pour protéger le Bison. La forme seule du gouvernement des États-Unis est cause de l'échec de ces propositions.

La première en date émanait de M. Mac Cormich, de l'Arizona. Le bill qu'il déposa à la Chambre des représentants en mars 1871, punissait d'une amende tout individu coupable d'avoir tué un Bison sans en utiliser la peau et la chair. Ce bill fut imprimé, puis il tomba dans l'oubli.

En février 1872, M. Cole, un sénateur californien, présentait au Sénat un autre bill demandant qu'on protégeât le Bison, l'Élan, l'Antilope et les autres animaux utiles.

La même année, M. Wilson du Massachusetts, demandait la restriction du massacre; en avril de cette même année, M. Mac Cormich prononçait un long discours à la Chambre des représentants, dans lequel il demandait l'interdiction de le chasse du Bison et mentionnait un article illustré du *Harper's Magazine*, dont il lut des extraits.

Une série d'autres propositions similaires se succédèrent ainsi jusqu'en mars 1876, sans qu'aucune fût adoptée par les Chambres. La dernière, émise par M. Fort de l'Illinois, demandait l'établissement d'un impôt sur les peaux de Bisons.

L'insuccès de ces tentatives, dont les dernières furent faites à une époque où le troupeau du Nord pouvait encore être sauvé, découragea leurs promoteurs, qui ne les renouvelèrent plus.

Quelques États ont cependant promulgué des lois spéciales

à différentes époques, mais elles n'avaient ni portée ni sanction. La loi de 1872 sur le gibier, en vigueur dans le Colorado, recommandait simplement aux chasseurs de ne pas laisser se perdre la viande de leurs Bisons.

On a souvent répété qu'il était impossible d'arrêter ou d'empêcher le massacre. La chose était cependant très facile, mais il eût fallu le personnel nécessaire ; or la solde de ce personnel eût été aisément récupérée par une taxe de 50 cents, de 2 fr. 65 environ, prélevée sur chaque robe de Bison. Cette taxe eût pu rapporter annuellement une somme suffisante pour payer et entretenir un corps de gardes-chasse.

On a toutes raisons de croire que si le gouvernement ne s'en occupe pas activement, le Bison de pur sang aura bientôt absolument disparu. La destinée du Parc de la Yellowstone est très incertaine en effet. Les Bisons ne s'y sentiraient plus en sûreté si un chemin de fer venait à le traverser ; or plusieurs Compagnies cherchent à obtenir la concession de cette ligne.

Les Bisons du Jardin zoologique de Washington sont peu nombreux, et si on ne les fait pas permuter entre eux pour la reproduction, la taille de la race diminuera rapidement, et la reproduction continue en consanguinité les conduira à une extinction rapide. C'est cette même cause qui fait décroître la taille et le nombre des Aurochs, *Bos Urus* ou Bisons européens, qui habitent encore les forêts lithuaniennes.

Quant à l'influence que les particuliers peuvent exercer sur la conservation du Bison, ils s'occuperont surtout de croisement, et à moins que quelques éleveurs tels que M. Jones ne prennent des précautions spéciales pour conserver l'intégrité de la race, il ne restera plus dans vingt ans un seul Bison de sang pur, car l'hérédité des formes domestiques prédomine toujours sur celle des formes sauvages.

Le gouvernement doit donc agir promptement. Une somme dépassant un million de francs a été votée par le congrès, en vue de créer dans le district de Colombie un parc zoologique où on conservera un certain nombre de quadrupèdes américains des espèces menaçant de disparaître.

On devrait y entretenir 8 ou 10 Bisons de pur sang et leur conserver la pureté de race primitive en évitant la reproduction en consanguinité, qui amènerait la dégénérescence et l'extinction du troupeau. C'est dans ces conditions seulement que nous pourrons transmettre aux siècles futurs des représentants de cette espèce.

En continuant à laisser les quelques Bisons que nous possédons encore se reproduire en consanguinité, nous en amènerions la disparition irrévocable. L'action de la dégénérescence est assez lente, il est vrai, pour que le propriétaire d'un troupeau puisse ne pas en constater la marche progressive, mais le résultat fatal n'est qu'une question de temps. Le sort de la majorité des troupeaux de bétail anglais sauvage, de la race blanche des forêts dérivée du *Bos Urus*, de l'Aurochs, nous avertit de la destinée réservée au Bison américain si on le soumettait aux mêmes errements. Des 14 troupeaux de ce bétail qui existaient en Angleterre et en Ecosse pendant la première partie du XIXᵉ siècle, descendants directs des bandes autochtones de la Grande-Bretagne, 9 ont complètement disparu par suite de la reproduction consanguine.

Les 5 troupeaux existant encore sont ceux de Somerford Park, de Blickling Hall, de Woodbastwick, de Chartley et de Shillingham, celui-ci appartenant au duc de Sutherland.

ÉLEVAGE DE CANARDS D'AYLESBURY.

Vernoil (Maine-et-Loire), 1er mars 1894.

Le couple que j'ai reçu en cheptel a très bien passé l'hiver. Les froids rigoureux des dix premiers jours de janvier ont été bien supportés. Depuis, la température n'a jamais été assez basse pour lui empêcher de se baigner dans le petit bassin que je lui ai ménagé. Du reste, l'enclos que ces oiseaux habitent seuls est parfaitement abrité et conviendrait à un élevage multiple. Jusqu'ici, je n'ai fait que de l'acclimatation végétale.

Le Caneton que j'avais gardé, en partageant, au mois de septembre, avec la Société les si rares produits obtenus en 1893, se trouve être une femelle. J'aurai donc prochainement des œufs de deux Canes, et plusieurs couvées seront sans doute l'objet d'éclosions.

Il est à peu près impossible de distinguer la mère de la fille. Ce groupe de trois oiseaux d'une blancheur éclatante, se prélassant sur les pelouses, est vraiment beau. Le Canard est plein de sollicitude, veillant à ce que les Canes prennent leur provende, et n'y touchant pas lui-même s'il n'y en a qu'une petite quantité. Ils sont moins silencieux que dans les premiers mois, toutefois, on ne remarque pas de cris assourdissants.

Comme nourriture on leur a servi du son, tantôt pur, tantôt mélangé à des pommes de terre bouillies et bien écrasées. Dans la saison où les laitues étaient en végétation, ils se sont régalés fréquemment de feuilles coupées. Leur appétit se soutient.

Depuis plus de quinze jours, le mâle donne des preuves de ses désirs de reproduction. Comme l'espace occupé est assez vaste et qu'il y a de nombreux arbustes et arbrisseaux, il y a peut-être des œufs disséminés sous des feuilles sèches.

En 1893, à partir du moment où la Cane à couvé, aucun œuf n'a été pondu. Cela ne se voit-il pas cependant quelquefois ?

Cette année, aurai-je des Canetons en nombre suffisant pour apprécier le mérite culinaire de cette race ? Je le voudrais bien, car on est heureux de mêler l'utile à l'agréable. Plus je pourrai en procurer à la Société, plus je serai satisfait. J'ai été bien morfondu des déceptions éprouvées dans ma première année.

Le poids de mes pensionnaires est : Canard, 3 kil. 402 grammes ; Cane, 3 kil. Je ne les avais pas pesés à la réception, et j'ai eu tort en ceci. Je me figure qu'ils sont plus lourds maintenant.

Vernoil (Maine-et-Loire), 1er octobre 1894.

..... Mes oiseaux ont passé l'hiver en s'agitant sans relâche dès qu'il faisait jour. Leur appétit est demeuré excellent et ils se baignent quotidiennement. Il est vrai que nous n'avons eu que très peu de gelée, et encore il faudrait quelle fût intense et prolongée pour que l'eau du bassin de leur domaine si abrité fût prise. La Cane, arrivée en mars 1893, se met à pondre au mois de mars 1894, à peu près tous les deux jours. N'ayant pas de. Poules, j'en loue une qui est en train de couver, et je lui confie treize œufs le 4 avril. Au bout de quatorze jours, elle laisse son nid d'emprunt. Impossible de la décider à réchauffer les œufs, qui sont perdus. Il y en avait six fécondés.

Huit à dix jours plus tard, je loue successivement deux autres Poules, qui ne me donnent pas de meilleur résultat; l'une ne reste sur les œufs que six jours. Pourtant ces volailles, au début, étaient toutes bien décidées à se livrer à l'incubation et elles furent établies dans un lieu bien tranquille, sec, à l'abri de toute indiscrétion.

L'année dernière, j'avais conservé un des deux produits obtenus. Comme je vous l'ai écrit, c'était une Cane, qui, cette année 1894, a pondu au mois d'avril, et a contribué à augmenter le stock d'œufs que je suis à même d'expérimenter.

Une quatrième Poule est employée à couver quinze œufs. Enfin en voici une qui persévère trente jours et au-delà! Les Canetons percent la coquille, ils se font entendre, ils vivent! J'avais déjà remarqué, dans les trois nichées précédentes, un grand nombre d'œufs non fécondés. Cette fois-ci, il y en a huit. Donc, sept canetons sont appelés au banquet de la vie. Il en meurt successivement deux, trois, quatre. Trois me restent. Pendant une dizaine de jours, c'est toute ma famille. Le onzième ou le douzième jour, j'en perds encore un sans cause appréciable. Pourtant, ces jeunes élèves avaient été bien traités, et leur mère adoptive en prenait bien soin!

Une cinquième Poule s'occupe d'une nouvelle série d'œufs. Elle couve vingt jours, et les abandonne ensuite sans retour, quoi qu'on fasse pour la maintenir. Encore plus de la moitié des œufs clairs! Mais quel dépit de voir, dans les autres, des Canetons déjà bien formés, morts dans la coquille!

Enfin, les Canes entrent en scène pour se livrer à la fonction sédentaire et silencieuse de l'incubation. La mère débute dans un bosquet où elle avait dissimulé douze œufs. On est quelque temps à faire la découverte de ce *buen retiro* où elle disparaît. Elle ne se baigne plus, ses repas sont espacés. Elle est tout à son affaire; rien ne la distrait, et on se ferait un scrupule de se promener auprès d'elle. Pourquoi faut-il que sa persévérance ne soit pas couronnée de succès! Au bout de 30, 31, 32 jours, aucun Caneton ne paraît, bien qu'on ait constaté que bon nombre d'œufs aient été fécondés. Le 33ᵉ jour, on en casse; les petits étaient morts. Ils étaient arrivés à peu près à leur terme. Etouffés dans la coquille : telle avait été leur destinée. La Cane, en mère exemplaire, restait quand même sur son nid. J'ai voulu voir jusqu'où elle pousserait son dévouement. Ce n'est que le 42e jour que j'ai ôté les deux œufs qui étaient restés. Elle était donc clouée sur son espoir de progéniture. Bien entendu, pas un œuf n'était alors présentable. Tous ceux qui n'étaient pas clairs avaient offert des Canetons sur le point d'éclore, mais parvenus à un certain degré de putréfaction. Encore uue éclosion manquée, une couvée qui se dissipe en fumée! La malheureuse mère a maigri ; sa voix est changée ; elle est en proie à une raucité qui attire la commisération.

Dans nos campagnes, on attribue à la présence de clous ou autres vieux débris de ferraille, posés sous les œufs, une influence particulière qui préserve ceux-ci des dangers causés par l'électricité. J'avoue que je n'en avais pas mis ; mais étais-je bien fautif? Dans l'état sauvage, les couvées réussissent presque en entier; et jamais cependant le père et la mère ne se préoccupent d'apporter le moindre vieux clou. Il est vrai que la nature, *alma mater,* agit alors, de *planot:* sa bénigne et féconde protection se fait sentir *ab ovo* et écarte toutes les causes d'insuccès mieux que l'art ne peut jamais le faire. Faut-il donc toujours employer le paratonnerre rural ci-dessus? Dans le doute, pourquoi pas? C'est si facile et si peu coûteux !

Enfin, la Cane née en 1893 se déroba à son tour, et couva ses œufs entassés sous des amas de feuilles de Bambous. L'espoir me revient ; je compte sur des Canetons dont la moitié me restera et sur lesquels je pourrai prélever de quoi faire un rôti qui me fera apprécier les qualités de la fameuse race d'Aylesbury.

Les 30e et 31e jours apparaissent des Canetons. Il y avait neuf œufs clairs et sept fécondés. Deux petits ne vivent que deux ou trois jours ; mais cinq se trémoussent, piétinent, frétillent, nagent, trempent leur bec des centaines de fois par jour dans l'élément liquide conservé dans une *assiette creuse.* Certes, ils ne s'y noieront pas. Je compte sur le développement de ces cinq élèves. Avec deux qui me sont restés, cela est un bien maigre succès, mais une autre année je réussirai mieux, je l'espère. Hélas ! un contre-temps imprévu, incroyable, s'abat sur l'intéressante petite famille. La jeune mère ne mange que peu ou point : les Canetons se mettent à jeûner, malgré une provende convenable et souvent renouvelée. Elle cherche toujours à les retenir sous elle. Son langage et ses gestes les trouve soumis ; les voilà qui dédaignent la nourriture, qui prennent de moins en moins leurs ébats, et qui se réfugient presque constamment sous ses ailes. Quel est le motif d'une anorexie si rare? Je n'ai pu le pénétrer. Chaque jour, j'ai perdu un de ces petits malheureux. Le huitième, le dernier, mourait sans convulsions. Tous finissaient par s'étaler sur le dos. Pas de diarrhée. Ne sont-ils morts que de faim? Mystère! Toujours est-il que la Cane, après avoir perdu ses enfants, s'est bientôt remise à manger. La diète cessa pour elle. Son extrême sollicitude pour les réchauffer, même par une température très douce, est bizarre. Elle ne voulait pas man-

ger, refusait d'aller à l'eau. Les Canetons, quelque envie qu'ils eussent
de suivre leur instinct, en faisaient autant. Ils sont demeurés victimes
d'une singulière consigne. Explique ceci qui pourra.

Finalement, mon élevage n'a pas été prospère. J'aurais certainement réussi en confiant à des tiers possédant des Poules en état d'incubation, les œufs, que j'avais gardés chez moi.; mais je n'ai pas osé
le faire, par respect pour ma position de cheptelier. Je craignais un
détournement possible de quelques œufs, une substitution (de part, si
j'ose employer ce mot technique). En effet, ces Canards d'Aylesbury,
que personne dans le pays n'avait encore vus, excitaient une admiration légitime, et des convoitises auraient pu naître aux dépens de la
Société et de moi : ce que j'ai voulu éviter avant tout.

Quant aux deux seuls produits qui ont survécu cette année-ci sur
plus de soixante œufs couvés, ils sont aujourd'hui âgés de quatre
mois et de toute beauté. Il y a une certaine jalousie entre les deux
jeunes et les trois autres. Je vois que les premiers forment un couple.
Alors le Canard (père) cherche toujours à repousser à quelques pas le
jeune canard ; — de même la Cane (mère) et celle de 1893 manifestent des sentiments de répulsion pour la jeune de cette année. Mais
en somme, ces cinq individus sont souvent côte à côte et deviennent
parfois assez loquaces. Les coups de bec sont sans conséquences ; ce
sont de légers pincements.

Le printemps et l'été ayant souvent été pluvieux, les Palmipèdes
considèrent 1894 comme une année bénie — n'en doutons pas — et la
célébraient par des *coin-coin* expressifs. En 1893, au contraire, sécheresse de sept mois consécutifs. Je trouvais les Aylesbury notablement
silencieux.

J'ai fait tout dernièrement acquisition de diverses Poules. Je fonde
donc un certain espoir pour 1895, car j'aurai, sur le nombre, des couveuses habituées à la maison. L'école que j'ai faite me sera utile.
Puisse-t-elle servir aussi à d'autres amateurs! Quoi qu'il en soit, on
peut retenir que la race d'Aylesbury, — dans ce pays-ci du moins, —
donne une grande proportion d'œufs clairs, et que parfois les Canes
cessent, sans cause apparente, de conduire les nouveaux nés, ne s'occupant que de les couver, malgré le beau temps.

Je vais garder le jeune Canard obtenu cette année. Avec la Cane
de 1893, j'aurai donc un couple qui me donnera certaines chances
pour l'avenir, et je rendrai le couple confié au commencement de 1893,
accompagné de la Cane de 1894. Ces cinq oiseaux sont, je le répète,
d'une prestance splendide. Bien des fois les visiteurs, en les apercevant, ne savaient quel nom leur donner; mais trouvaient de suite que
ce sont de nobles étrangers.

Dr LAUMONIER.

IV. BULLETIN BIBLIOGRAPHIQUE.

Traité de culture potagère (Petite et grande culture), avec 115 figures dans le texte, par J. DYBOWSKI, 2ᵉ édition revue et corrigée. — G. Masson, éditeur, 120, boulevard Saint-Germain, Paris.

Quand l'auteur voulut résumer au profit des cultivateurs, jardiniers de profession et amateurs les leçons par lui faites·à l'école nationale d'agriculture de Grignon, il se préoccupa, tout en étant aussi complet que possible, de rester à la portée de tous. Il passa en revue les pratiques suivies dans les différents pays pour chaque espèce végétale et, éloignant toute idée de parti pris, montra celles qu'il était bon d'adopter. Il n'oublia pas de faire ressortir toutes les fois qu'il en eut l'occasion les avantages à retirer de la culture en grand et de la production des graines pour le commerce. Son ouvrage eut, à son apparition, un légitime succès, mais en agriculture comme en tout, chaque jour amène un progrès, une découverte, et si les principes généraux restent les mêmes, les méthodes se perfectionnent, puis les prix des denrées et par suite le rendement des cultures sont sujets à des variations. C'est ce qui a déterminé M. Dybowski à publier une nouvelle édition de son traité, qu'il a soumis à une révision minutieuse, le complétant par la constatation de toutes les améliorations obtenues récemment et y joignant des notes intéressantes sur la culture des légumes dans les colonies françaises qu'il a visitées.

L'ouvrage se recommande suffisamment par le succès de sa première édition pour que nous jugions inutile d'insister davantage sur son utilité et sur sa valeur.   J. G.

OUVRAGES OFFERTS A LA BIBLIOTHÈQUE DE LA SOCIÉTÉ.

GÉNÉRALITÉS.

Henri Gadeau de Kerville. — *Recherches sur les Faunes marines et maritimes de la Normandie* (1ᵉʳ voyage, région de Granville et îles Chausey (Manche), juillet-août 1893), suivies de deux travaux d'**Eugène Canu** et du Dᵣ **E. Trouessart**, *Sur les Copépodes et les Ostracodes marins et sur les Acariens marins récoltés pendant le voyage* (avec 11 planches et 7 figures dans le texte). Extrait du « Bulletin de la Société des Amis des Sciences naturelles de Rouen » (1ᵉʳ semestre 1894). Paris, J.-B. Baillière et fils, 19, rue Hautefeuille, 1894. In-8°.   Auteur.

1ʳᵉ SECTION. — MAMMIFÈRES.

Henri Gadeau de Kerville. — *Les Moutons à cornes bifurquées*, avec une planche en phototypogravure. Extrait du journal « Le Naturaliste », n° du 15 mai 1894. Paris, « Le Naturaliste », 46, rue du Bac, 1894. In-18. Auteur.

2e SECTION. — ORNITHOLOGIE.

Henri Gadeau de Kerville. — *Le Lamprocouliou Chalybé*, avec une planche en couleurs. Extrait de « L'Ami des Sciences naturelles », n° 3, 1er septembre 1894. Rouen, rue des Champs-Maillets, 11, 1894. In-8°. Auteur.

Xavier Raspail. — *La protection des Oiseaux utiles.* Extrait du « Bulletin de la Société zoologique de France » pour l'année 1894. Paris, 7, rue des Grands-Augustins, 1894. In-8°. Auteur.

3e SECTION. — AQUICULTURE.

Repeuplement des étangs, rivières et pièces d'eau, 2 planches en couleurs. Extrait de « Pêche et Pisciculture ». Chez M. Nothomb, château de la Soye (Belgique). In-8°. M. Nothomb.

De Confévron. — *De quelques bassins artificiels français propres à la Pisciculture.* Extrait du « Bulletin de la Société centrale d'Aquiculture de France ». Paris, Société d'éditions scientifiques, 4, rue Antoine-Dubois, 1894. In-8°. Auteur.

4e SECTION. — ENTOMOLOGIE.

P. Camboué. — *L'Araignée. Psychique de la bête.* Extrait de la « Revue des questions scientifiques », octobre 1894. Bruxelles, Polleunis et Ceuterick, 37, rue des Ursulines. In-8°. Auteur.

5e SECTION. — BOTANIQUE.

Édouard Blanc. — *Note sur le Kendir* (*Apocynum Sibiricum*). Extrait du tome CXXXVI des « Mémoires de la Société nationale d'Agriculture de France ». In-18. Auteur.

Le même. — *La culture du Coton en Asie centrale et en Algérie.* Extrait du tome CXXXVI des mêmes « Mémoires ». Paris, Chamerot et Renouard, 19, rue des Saints-Pères, 1894. In-18. Auteur.

Paul Constantin. — *Le monde des Plantes*, fascicules 1 et 2. J.-B. Baillière et fils, 19, rue Hautefeuille. Grand in-8°. Éditeurs.

L'ouvrage de MM. René Martin et Raymond Rollinat, annoncé dans le dernier numéro comme offert par M. Léon Vaillant, a été présenté par lui en séance, mais en réalité il a été donné par les auteurs.

V. NOUVELLES ET FAITS DIVERS.

Régime des Vaches laitières. — Dans la dernière assemblée des propriétaires de laiteries du Wisconsin, M. Hiram Smith s'est demandé si le régime de fourrage ensilé, avec fermentation douce, tend à augmenter la production du lait et du beurre. D'après lui, cette alimentation donnerait 20 % de lait de plus que le fourrage sec. On constate aussi une augmentation dans le rendement de beurre.

DE S.

Effets nuisibles d'une plante nouvelle cultivée comme fourrage (1). — Dans plusieurs localités des bords de la Saône ou de l'Ain, à Thoissey, Belleville, Beynost et dans toute la Dombes, on a vendu cette année, sous le nom de Pesette ou Vesce cultivée, une plante bien différente de celle qui est connue sous ce nom par tous les cultivateurs. Au premier abord, cette plante offre quelque analogie avec les Vesces par ses nombreuses folioles, mais sous tous les autres rapports, elle ressemble à une Gesse, et c'est, en effet, une espèce de ce genre. Autant qu'on en peut juger sur des échantillons plus ou moins déformés par la culture et dont la maturation incomplète n'a pas permis d'étudier parfaitement le fruit, cette plante est la Gesse articulée, *Lathyrus articulatus* L., espèce méridionale, rare en France, à l'état spontané.

Au reste, voici sa description prise sur la plante fraîche et aussi exacte que possible. On peut la comparer avec celle que les auteurs donnent de la Gesse articulée.

Plante entièrement glabre. Tige de 4 à 10 décimètres, souvent rameuse dès la base, largement *ailée*, couchée ou grimpante ; *feuilles inférieures réduites à un pétiole foliacé dépourvu de vrille*, feuilles supérieures munies d'une vrille rameuse à 2-4 paires de folioles, mucronées, presque alternes, linéaires lancéolées et parfois ovales lancéolées de 2 à 12 millimètres de largeur, les plus rapprochées d'en bas dépourvues de stipules à 2-4 folioles surmontant un large pétiole foliacé, les suivantes à 6 ou 8 folioles munies de stipules, d'abord ovales, puis, plus haut, linéaires et semi-sagittées ; tube du calice généralement peu évasé ; *étendard muni de deux bosses calleuses à la base ;* style obtus, non prolongé en pointe ; gousse fortement bosselée sur les faces, carénée sur le dos ; graines brunes ou blanc-grisâtre, lenticulaires, veloutées ; fleurs à étendard pourpre, à ailes violettes, à carène blanche ou rose pâle, solitaires ou géminées sur un pédoncule non aristé.

(1) Bull. de la Soc. des Sc. nat. de l'Ain, n° 1, 1er semestre, 1894. Bourg.

On rencontre quelquefois une troisième fleur, mais qui avorte constamment.

Les ailes de la tige vont en se rétrécissant vers les nœuds, ce qui la fait paraître comme articulée. C'est de là, sans doute, que la plante tire son nom spécifique.

Cette plante produit sur le bétail des effets qui méritent d'être signalés. Les Veaux la refusent, les Vaches, et en général, les bêtes adultes la mangent de mauvaise grâce ; elles laissent beaucoup de débris qu'on est obligé de mettre au fumier ; la brassée qu'on leur sert dure d'un repas à l'autre ; ce sont les propres expressions des cultivateurs. Si le bétail ne mange cette plante qu'en petite quantité, pendant peu de temps, et surtout si sa nourriture est variée, alternée, les effets de la Gesse en question se font peu sentir ; mais s'il ne mange pas autre chose, au bout de quelque temps il devient malade, il tombe dans une espèce de marasme, il se meut difficilement, il finit par être atteint de paralysie et il faut l'abattre.

Telles sont les observations qui ont été faites par des cultivateurs de Mogneneins, de Saint-Didier-sur-Chalaronne, de Genouilleux, de Villefranche, de Miribel, etc.

De nouveaux et nombreux cas d'empoisonnement par l'usage de cette plante se sont produits à Pezieux et à Beynost.

Ces faits ont attiré l'attention des vétérinaires qui ont envoyé la plante aux laboratoires, afin de savoir si elle renferme un principe vénéneux.

Cette précaution n'était pas nécessaire si, ce qui me paraît certain, cette plante est réellement la Gesse articulée. En effet, d'après M. Cornevin, auteur d'un bon traité des plantes vénéneuses, les propriétés toxiques de certaines Gesses sont si bien constatées et produisent des effets tellement caractéristiques que, pour les désigner, on a inventé un mot tiré du nom générique de ces plantes (*Lathyrus*). Cet empoisonnement a reçu le nom de *lathyrisme*.

Parmi les espèces de ce genre plus spécialement accusées d'être vénéneuses, on cite la Gesse Chiche, *Lathyrus cicera* L., surnommée Jarosse, Jarousse, Pois cornu et parfois cultivée comme fourrage, la Gesse cultivée ou Gesse ordinaire, *Lathyrus sativus* L. ; la Gesse sans feuilles, *Lathyrus aphaca* L., plante de nos blés, la Gesse Clymène, *Lathyrus clymenum* L., plante d'Afrique et du midi de la France. Or, la Gesse articulée est une espèce très voisine de la Gesse Clymène, tellement que certains auteurs les confondent ensemble. Si donc la seconde est vénéneuse, il n'est pas étonnant que la première le soit aussi.

L'auteur cité plus haut, qui est professeur à l'Ecole vétérinaire de Lyon et vice président de la Société d'agriculture du Rhône, affirme carrément que la Gesse cultivée est une espèce vénéneuse aussi bien que la Gesse Chiche, et qu'en l'état actuel de la science, cette pro-

priété ne peut laisser de place à aucun doute. Il n'est donc pas éton_
nant que l'emploi de cette plante comme fourrage devienne de plus en
plus rare.   Abbé J.-P. Fray.

Au moment où nous mettons sous presse, nous recevons de M. l'abbé
Fray la lettre suivante qui rectifie et complète la notice qu'on vient
de lire :

« Je crois que la reproduction de ma note pourra être utile, seulement je vous préviens qu'elle a été, de ma part, l'objet d'une rectification qui doit paraître dans le second numéro de notre *Bulletin*.
La Gesse en question que j'avais étudiée d'abord à un état de végétation peu avancé, alors que la gousse et les graines n'étaient pas développées, n'est pas le *Lathyrus articulatus* L., mais le *Lathyrus clymenum* L., Gesse clymène, espèce très voisine et qui a souvent été
confondue avec la précédente. Je ne crois pas qu'il puisse y avoir
doute là dessus, quoique notre Gesse offre avec le *Lathyrus Clymenum*
décrit dans les auteurs quelques petites différences, qui peuvent très
bien être attribuées à la culture.

» Je n'ai pas la racine de cette plante, racine qui est très petite et
qui ne m'a pas paru offrir des caractères spécifiques, mais je vais vous
envoyer la plante en fleur et en fruit. Vous pourrez vérifier mes dire.

» Ma rectification a été lue à la Société, mais elle n'a pas encore
été imprimée. Néanmoins, je prierai M. le Secrétaire de vous en
envoyer une copie. »

Au sujet de graines de *Lathyrus macrophyllus* qui lui ont été
adressées, M. l'abbé Fray ajoute :

« Il me serait difficile de vous dire à quelle espèce appartiennent
vos graines. Il faudrait pour cela avoir en collection toutes celles des
Lathyrus. Je n'ai pas cette espèce en herbier et je ne la trouve indiquée dans aucune de mes flores. Je sais qu'on a essayé de cultiver
comme plante fourragère le *Lathyrus sylvestris*, qui est bien une des
espèces qui ont les feuilles les plus grandes, après le *Lathyrus latifolius*. Il vous sera facile de vous procurer les graines de cette plante
et de comparer.

» Je vous envoie les graines de la Gesse qui a fait périr tant de
bétail sur les bords du Rhône et de la Saône. On m'assure que le
seul Asile d'Oullins, près de Lyon, a perdu vingt têtes de bétail sur
trente. Ajoutons que le marchand de graines a dû payer les pots
cassés et c'est justice : on ne doit pas vendre ce qu'on ne connaît pas.

» Les graines vendues dans notre région étaient originaires d'I-
talie. »

Le Gérant : Jules Grisard.

L'AUTRUCHE

SON IMPORTANCE ÉCONOMIQUE

DEPUIS L'ANTIQUITÉ JUSQU'AU DIX-NEUVIEME SIÈCLE

SON AVENIR EN ALGÉRIE AU POINT DE VUE FRANÇAIS (1)

PAR M. J. FOREST AÎNÉ.

A la Société nationale d'Acclimatation de France.

Monsieur le Président,
Mes chers collègues,

. La série des publications de la *Société d'Acclimatation* renferme la plupart des documents relatifs à l'histoire des tentatives faites par des Français, dans le but d'enrichir l'Algérie d'une industrie qui a fait la fortune des éleveurs de l'Afrique australe.

La *Société d'Acclimatation* qui a eu l'honneur de provoquer et d'encourager, par tous les moyens en son pouvoir, la propagation des procédés devant assurer la reconstitution de l'Autruche d'Algérie, la *Société*, qui a mis en lumière cette question économique, doit enregistrer aujourd'hui la dernière tentative infructueuse de l'un de ses membres.

Notre éminent Président, mieux que personne, connaît l'étendue des sacrifices de toutes sortes, que je me suis imposés dans un but patriotique ; tous mes efforts devenant inutiles, je me retire de la lutte pour céder la place à de plus jeunes, non que l'âge ait refroidi ma confiance dans la réussite de l'entreprise, mais uniquement parce que je me trouve dans l'impossibilité de tirer utilement partie de vingt années d'études théoriques et pratiques. D'autres seront peut-être plus heureux.

(1) Communication faite à la *Société* dans la séance générale du 14 décembre 1894.

20 Février 1895. 10

Je ne voudrais pas d'ailleurs qu'on pût croire que ma persistance opiniâtre ait pour but la recherche d'une position personnelle ou d'une situation quelconque dont je n'ai nul besoin ; aujourd'hui encore, le succès de mes efforts suffirait à mon ambition.

C'est avec un profond regret, mais sans découragement aucun, que je fais ici ces déclarations. Mes vœux accompagneront toutes nouvelles entreprises, au besoin mes conseils seront à la disposition des intéressés.

Je vous prie, Monsieur le Président, et vous, mes chers collègues, d'agréer mes remerciements pour votre bienveillance, ainsi que l'assurance de mes sentiments reconnaissants et dévoués.

Paris, le 14 décembre 1894.

——————

A plusieurs reprises déjà, j'ai eu l'occasion de faire devant la *Société d'Acclimatation* diverses communications sur la reconstitution de l'Autruche en Algérie ; je viens de nouveau appeler l'attention de la *Société* sur cette tentative qui, en Algérie, je ne crains pas de l'affirmer, n'est pas une expérience purement spéculative ; l'histoire nous démontre péremptoirement que pratiqué dans notre colonie africaine, l'élevage de cet Oiseau constituerait une industrie hautement rémunératrice qui nous permettrait à la fois de reconquérir la première place pour la production et de nous affranchir du tribut de l'étranger (1).

Tout d'abord, il faut remarquer qu'on ne peut pas juger de la valeur de la plume barbaresque d'après les cours actuels ; celle-ci, en effet, a une valeur considérable et sa défaveur présente n'est imputable qu'aux procédés commerciaux surannés des négociants de Tripoli ; les déboires auxquels

(1) Je suis vivement contrarié de ne pouvoir présenter, dans cette séance, la collection de plumes d'Autruche de toutes sortes et de provenances diverses que j'ai fait figurer, à la demande de M. le Gouverneur général de l'Algérie, à l'Exposition de Lyon. J'ai réclamé cette collection à M. le Commissaire général de la Section algérienne, à plusieurs reprises depuis deux mois, mais, à mon grand regret, je n'ai pas reçu les objets qui auraient si utilement complété ma communication.

on est exposé dans la fabrication des plumes barbaresques ont fait effectivement abandonner en partie cette industrie.

En outre, les fraudes fréquentes dans les marchandises de cette provenance les font exclure des ventes publiques dans les Docks de Londres. Aussi la fabrication étrangère en consomme-t-elle fort peu.

Ce sont précisément là les raisons qui ont fait le succès de la plume du Cap ; celle-ci est d'une préparation extrêmement simple ; la matière première, de prix très modéré, ne se prête que très difficilement à la falsification ou tout au moins à la fraude.

L'élevage de l'Autruche en territoire français s'impose donc d'une façon urgente : ce serait une révolution économique qui du même coup nous débarrasserait de produits étrangers et servirait à alimenter directement l'industrie nationale.

En outre, les Autruches nous fournissent les auxiliaires les plus précieux dans la lutte contre les Sauterelles dans toutes les périodes de leur existence. Ces Oiseaux se nourrissent exclusivement de Sauterelles, lorsque ces Insectes se trouvent en abondance à leur portée (1). M. Charles Rivière a, d'ailleurs, sur ma demande, fait diverses expériences significatives : l'Autruche dévore journellement plusieurs kilogrammes de Criquets.

Parmi les Oiseaux, dont le rôle utilitaire a une influence au point de vue économique, il n'en existe pas qui ait l'importance de l'Autruche.

L'*Oiseau-Chameau*, selon les contrées, présente des différences dans sa taille et dans la qualité de son plumage. Néanmoins les plumes de qualité supérieure demeurent l'apanage de l'espèce soudanaise ou barbaresque. Malgré le bas prix des plumes de l'Afrique australe, la préférence ne pourra manquer comme autrefois, de retourner à l'espèce barbaresque, qui permet seule l'emploi gracieux et élégant de la *plume simple* sans doublure dont l'élégante d'antan faisait sa parure de prédilection.

(1) *Oiseaux acridiphages. Nos alliés contre les Sauterelles* « Rev. Sci. nat. app. », 1893, Paris, 1894 « Le Naturaliste », en cours de publication, « l'Algérie agricole », Alger, 1894. Emile Blanchard, *L'Homme aux prises avec la Nature*, « Bulletin S. n. d'Agriculture », « L'Enseignement au village », « Nouvelle Revue, 1894 », *Criquet*, « Dictionnaire universel d'Histoire naturelle ».

L'élevage. de l'Autruche dans nos possessions africaines de l'Algérie, de la Tunisie, de la Sénégambie, est certainement possible. Il n'est pas chimérique d'espérer la reconstitution des nombreuses Autruches qui, dans l'antiquité, ont parcouru le Sahara et les steppes des Hauts-Plateaux, en bandes si nombreuses qu'Heliogabale put faire figurer dans un festin plusieurs centaines de cervelles d'Oiseaux - Chameaux, et que Domitien s'est servi de ces Oiseaux en guise de jeu de massacre.

La réacclimatation de l'Autruche en territoire français ne pourrait être obtenue que grâce à l'appui du Gouvernement, seul dispensateur des vastes emplacements nécessaires à cet élevage ; aucun particulier ne pourrait parvenir avec ses propres ressources à créer cette industrie. La réussite vraiment surprenante de l'élevage de cet Oiseau dans l'Afrique australe tient uniquement à l'usage rationnel d'immenses étendues favorables à cette pratique. A l'exemple des colons anglais et hollandais, nous voyons aujourd'hui les Hottentots et les Cafres indépendants interdire l'entrée de leurs territoires aux chasseurs blancs et protéger les survivants de l'espèce sauvage encore en liberté ; d'ailleurs depuis 1878, l'élevage en domesticité est pratiqué dans ces régions et les produits ainsi obtenus, grâce à la demi-liberté dont jouissent les Oiseaux, sont bien supérieurs à ceux fournis par les colons du Cap.

Il convient du reste de rappeler que la reconstitution des troupeaux algériens d'Autruches, qui s'impose au point de vue économique pourrait très probablement être réalisée sans grande difficulté; l'histoire de l'acclimatement de cet Oiseau dans l'Afrique australe permet tout au moins de le supposer.

Les premières Autruches furent domestiquées au Cap en 1865. Le recensement officiel fait la même année accusa l'existence de 80 Autruches ; dix ans après, en 1875, on en comptait 32,247! En 1888, le recensement constatait l'existence de 152,445 Autruches. En 1889, *année d'épizootie et de sécheresse* il s'abaissa, il est vrai, à 149,684 individus. Actuellement le nombre total des Autruches de l'Afrique australe doit s'élever à plus de 350,000 individus. L'exemple des éleveurs de la première heure est peut-être encore plus encourageant : M. Arthur Douglas qui entreprit l'élevage des

Autruches près de Grahamstown ne possédait en 1865 que trois Autruches sauvages, plus tard il en eut huit. Dès qu'il eut constaté que celles-ci pondaient en captivité, il tenta des éclosions artificielles. Pendant trois ans, les résultats furent peu satisfaisants, mais bientôt, grâce à un incubateur particulier, le succès fut complet : en moins de dix ans, M. Douglas avait si bien dirigé ses incubations que ses onze Autruches primitives lui avaient fourni un troupeau de 900 têtes.

En somme, la réacclimatation de l'Autruche en Algérie s'impose, et sa réalisation est relativement aisée. L'étude de l'histoire nous montre en outre que cette tentative peut être la source d'une industrie hautement rémunératrice.

L'industrie plumassière en France remonte à une époque fort ancienne, que je crois pouvoir fixer au xiiie siècle (1). Ce sont sans doute des Juifs qui ont importé cette industrie et c'est sans doute une des conséquences les plus certaines des Croisades.

Pendant le xive siècle, les banquiers lombards vinrent s'abattre sur la France : ceux-ci se firent les intermédiaires du commerce des plumes d'Autruche, en grande partie monopolisé par les négociants de Livourne dont les pratiques commerciales se sont peu modifiées au cours des siècles

---

(1) Les indications les plus anciennes relatives à cette industrie sont peu nombreuses; je les trouve dans l'excellent *Dictionnaire historique de l'ancien langage françois* de L. Favre, Niort, 1880 :

Plumaceau. — Plumes qui se mettaient sur l'armet (André de la Vigne. *Voyage de Charles VIII à Naples*, 1495, p. 162).

Plumacier, plumassier. — Se braguer comme un *plumacier* (*Chasse et Départie d'amours*, p. 183).

Plumail [1º Plumet, « car j'ai mis ce plumail au vent, or le suyve qui a attente »]. (Villon, *Grand Testament*) ; 2º gibier à plumes : le regardait de costé comme un Chien qui emporte un plumail », (*Rabelais*, p. 211).

Plumas. — Touffe de plumes que l'on mettait sur les casques et sur la tête des Chevaux : « L'armet en teste a un grand plumas d'Italie » (*Mém. d'Olivier de la Marche*, liv. I, p. 251).

« Ayans leurs plumas ou pennaches seurs leurs salades » (Math. de Coucy, *Histoire de Charles VII*, p. 593).

Plumasserie, métier de plumassier. — Monet.

Plumassier {3º rang, qui sont les métiers médiocres. *Plumassier* dit anciennement chapelier de Paons].

« Edit avril 1597 — 4º rang plumassier de plumes à écrire » (*Ibid.*).

Austruchier, titre d'officier. C'était le titre d'un des officiers de Charles VI, sans doute celui qui avait soin des Autruches (Voy. Godefroy, *Annot. sur l'histoire de Charles VI*).

et se sont même transmises à ceux de leurs descendants qui·
se sont fixés en Tripolitaine.

Les plumassiers formaient autrefois à Paris une corporation érigée en communauté et corps de jurande sous le
règne de Henri III. Leurs lettres d'érection· et leurs statuts,
qui datent du mois de juillet 1579, furent confirmés en 1659
et 1692. Les plumassiers n'avaient que deux jurés, dont un
se renouvelait annuellement par voie d'élection. Chaque
maître n'avait qu'un apprenti engagé pour six ans ; il pouvait cependant prendre, par devant notaire, un second
apprenti à la fin de la quatrième année. L'apprenti passait
compagnon et, après quatre années, s'il produisait un chef-
d'œuvre, il devenait maître. Les fils du maître étaient
exemptés du chef-d'œuvre ainsi que leurs gendres ou les
compagnons qui épousaient la veuve de l'un d'eux. Les
maîtres plumassiers avaient seuls le droit de faire tout ouvrage de plumes de quelque Oiseau que ce pût être.

Il leur était sévèrement interdit de mélanger aucune plume
de Héron, d'Oie avec des plumes d'Autruche, si ce n'était
pour des ouvrages de ballet ou de mascarade. En 1776, les
« panachers plumassiers », comme on les appelait souvent,
furent réunis aux faiseuses de modes. Cet état de choses fut
supprimé par la Révolution (1).

(1) Nous devons remarquer que l'industrie plumassière s'est complètement
modifiée depuis cette époque ; actuellement elle s'est adjoint, en effet, la fabrication des plumes de fantaisie, des parures d'Oiseaux, des passementeries, etc.
La fabrication proprement dite de la plume d'Autruche comprend les opérations suivantes : triage, enfilage, lavage, détirage, teinture, couture et frisure.
Cette dernière pratique mérite à elle seule une mention distincte ; on distingue,
en effet :

1° La *frisure chapelier*, principalement affectée aux plumes dénommées *amazones* et aux bordures des bicornes des généraux et des fonctionnaires, — frisure
d'une solidité réelle, dépendant de la sorte de plume utilisée. — Barbarie de
préférence.

2° La *frisure mode*, travail plus flou, plus vaporeux, dans le but de reproduire l'aspect de la plume simple, *sans doublure*, uniquement recherchée jusque
il y a une vingtaine d'années, remplacée, hélas ! par la plume du Cap, au grand
préjudice de la corporation.

La teinture de la plume d'Autruche, surtout pour la plume noire, est en progrès sensible. Les couleurs d'aniline ont énormément facilité le travail de
l'ouvrier teinturier en couleur ; la teinture est un travail manuel assez pénible
et, pour cette raison, n'a pas été conquis par la femme.

La décoloration par l'eau oxygénée qui, il y a une quinzaine d'années, a jeté
un trouble si profond dans notre industrie, est aujourd'hui limitée à sa plus
simple expression. Le bas prix des plumes blanches du Cap, la défaveur des

La France conserva jusqu'en 1870 le monopole des plumes d'Autruche, mais depuis ce commerce est passé aux mains des Anglais. Les Allemands nous font également une concurrence redoutable avec leurs articles *billig und schlecht.* Néanmoins on évalue le mouvement d'affaires parisien en plume d'Autruche, mouvement qui varie beaucoup en raison du caprice de la mode, à environ dix millions, année moyenne. Cette industrie emploie plus de 3,500 ouvriers des deux sexes. L'évaluation précédente ne s'applique qu'à l'industrie plumassière proprement dite, et ne comprend ni la passementerie, ni l'industrie des « marchands de fleurs et plumes (1) ».

L'exportation totale des plumes pour modes de toutes sortes, Autruche, Oiseaux fantaisie, passementerie en plumes, a été évaluée :

En 1888 à........... 39.000.000 francs.
En 1889 à........... 28.552.422 —
En 1890 à........... 33.232.155 —
En 1891 à........... 39.800.670 —

***

Il est généralement admis que les raffinements de l'élégance correspondent à un degré de civilisation élevée, l'historique de l'emploi somptuaire de l'Autruche permet des rapprochements instructifs que je livre à la méditation de mes contemporains. S'orner de plumes, est un usage qui remonte à la plus haute antiquité ; on sait qu'à l'origine, la plume était portée comme amulette.

On sait que la nouveauté en modes n'est souvent que la répétition d'anciennes coutumes, modifiées, adaptées au

plumes teintes de couleurs variées, ont rendu cette situation très nuisible à nombre de plumassiers.

Pour mémoire, je citerai certains procédés de fabrication produisant « les Saules », tombés en désuétude, qu'il serait assez gênant de voir ressusciter : le *déchiré*, le *noué*, le *frimaté*, l'*ondulé*. Depuis une vingtaine d'années, ce genre de travaux n'a pas été pratiqué, il s'en suit que la génération présente ne connait plus ces procédés plus ou moins oubliés par les doyennes de la corporation.

(1) La totalité du personnel ouvrier de la corporation plumassière dépasse environ dix mille ouvriers et ouvrières (*ouvriers teinturiers, ouvrières plumassières*).

goût du jour. Pour s'en convaincre, quelques promenades dans les galeries historiques du Musée de Versailles, du Louvre, du Musée d'Ethnographie du Trocadéro, du Musée d'Artillerie; les collections d'estampes de la Biblothèque nationale, du Musée Carnavalet, seront éminemment suggestives pour le curieux, pour l'artiste, pour l'industriel à la recherche de beaux modèles de coiffures avec plumes d'Autruche.

Les plus anciens documents sont fournis par les fresques existant sur les murs des hypogées et des nécropoles de l'Egypte, qui remontent à deux mille ans avant l'ère chrétienne; elles figurent des guerriers coiffés d'une plume, dès chars attelés de Chevaux qui sont richement empanachés de plumes multicolores (1).

L'écran éventail formait le complément de la toilette féminine d'une dame de la cour de Ramsès, de Sésostris; ces écrans s'emploient aujourd'hui encore dans toute l'Afrique mahométane (2). Nous voyons de majestueux éventails formés d'un grand bambou dont l'extrémité est garnie de plumes d'Autruche d'énormes dimensions. Ces éventails étaient encore en usage de nos jours dans les cérémonies de gala des potentats nègres du Bornou, du Wadaï, dans l'Afrique centrale.

Les modes d'emploi égyptiens de la plume d'Autruche furent adoptés par les Chaldéens et les Assyriens; les Phéniciens entre autres étaient marchands de plumes d'Autruche; les Mèdes et les Perses complétaient les emplois précédents par l'usage des coquilles d'œufs d'Autruche qu'ils suspendaient dans les temples ou dans les maisons, en signe de bénédiction ou d'ex-voto, symbole de fécondité ou de vie éternelle.

Il est remarquable que ce symbolisme, héritage du passé, ait été transmis particulièrement au monde Musulman; partout où l'on fait *Salam*, l'œuf d'Autruche est recherché et a conservé cette signification depuis l'antiquité la plus reculée

La coiffure des dames grecques de l'antiquité est plus ou moins variée; les plus aisées se mettaient des brillants, mais

---

(1) Nos contemporains retrouveront cette mode dans l'empanachement lugubre des Chevaux et des corbillards servant aux convois funèbres de luxe.

(2) Willemin, *Costumes des peuples de l'antiquité.* — M. S. Blondel, *Histoire des éventails chez tous les peuples et à toutes les époques.*

le plus souvent une aigrette de Héron ou une petite plume d'Autruche leur borde le haut du front (Ferrario, *Le costume ancien et moderne*). — Cette mode fut adoptée par l'aristocratie romaine et il n'en apparaît aucune trace après la période du démembrement de l'empire romain jusqu'aux Croisades (1).

Ce n'est que vers le milieu du XIIIe siècle que le panache ou bouquet de plumes, quelquefois surmonté d'une aigrette du Héron-aigrette, fait son apparition dans le monde occidental.

C'était un ornement exclusivement masculin qui ornait le cimier du casque et le chanfrein des Chevaux d'armes, en usage dans l'Asie Mineure et dans l'Arabie parmi les populations guerrières dès la plus haute antiquité.

La chevalerie chrétienne adopta la mode sarrazine, la plume conquise était un trophée très apprécié au moyen âge. Les trois plumes qui constituent les armoiries du prince de Galles rappellent la dépouille opime que le prince Noir arracha au casque de Jean de Luxembourg, roi de Bohême, à la bataille de Crécy, en 1346, après l'avoir tué de sa main.

La plume d'Autruche comme garniture de vêtement doit être d'un emploi fort ancien. Nous trouvons une description très explicite dans le roman de *Petit Jehan de Saintré*, qui vivait à la cour du duc de Bourgogne sous le règne de Charles VII, vers 1422. La description de la façon des plumes et de leurs coloris dénote des procédés de fabrication très perfectionnés. « Et quant au regard de mes parements, j'en ai trois qui sont assez riches, dont l'un est de damas cramoisi très richement broché de drap d'argent, qui est bordé de Martres zibelines ; et en ay un autre de satin bleu, lozangé d'orfèvrerie à nos lettres, qui sera bordé de fourrure blanche ; et si en ay un autre de damas noir, dont l'ouvrage est tout parfilé de fil d'argent, et le champ rempli de houppes couchées, en plumes d'Autruche vertes, violettes et grises, à vos couleurs, bordé de houpettes blanches, aussi d'Au-

---

(1) Pendant le XIIIe et le XIVe siècle, le luxe fut très grand. On porta alors une grande quantité de plumes d'Autruche, objet fort rare et qui coûtait fort cher ; mais les plumes semblent n'avoir été affectées qu'aux coiffures d'hommes, car il nous a été impossible de trouver le moindre indice d'une coiffure de femme où soit employée la plume. (*Hist. de la coiffure des femmes en France*, par G.-P. Eze et N. Marcel. Paris, Ollendorf, 1886.)

truche, avec mouchetures noires en façon d'Hermine (1). »

En Italie (2), l'usage de la plume d'Autruche se développa très rapidement ; grâce aux relations commerciales des Vénitiens, des Pisans et des Génois, elle ne tarda pas à franchir les Alpes : sous François Ier, cette mode triompha en France, les galeries du Louvre renferment, en effet, un tableau où ce roi est coiffé d'une toque bordée d'une passe de plumes *frisure chinoise*, en usage de nos jours.

Au XVIe siècle, il se fit dans l'Occident un très curieux amalgame d'hommes et de choses. Les expéditions d'Italie, la longue rivalité de Francois Ier et de Charles-Quint, amenèrent en même temps que des relations plus suivies entre peuples voisins, amis ou ennemis, un perpétuel échange d'habitudes et de costumes. Ce fut tout d'abord un mélange fort confus ; puis, peu à peu, l'ordre se fit et l'on aperçut distinctement les trois courants principaux dans lesquelles la mode française était entraînée.

« L'accoustrement de la tête estoit selon le temps. En hyver, à la mode françoise. Au printemps, à l'hespaignole. En été, à la tusque (toscane) (3) ».

Sous Henri II, les Médicis introduisent en France la mode des coiffures féminines avec plumes d'Autruche.

Pendant la seconde moitié du seizième siècle, les plumes d'Autruche furent adoptées par les dames de l'Europe occidentale à l'exception, toutefois, de l'Angleterre ; elles furent en usage en Italie, moins en Espagne et dans l'Europe orientale, où les coiffures en dentelle restent en faveur. Par contre dans ces pays, l'usage de l'éventail chasse-mouche ou écran de plumes d'Autruche était partout répandu : les Génois, les Vénitiens, les Pisans, qui avaient le monopole du commerce levantin, fournissaient aux industriels livournais les plumes d'Autruche qu'ils écoulaient dans le monde occidental, ainsi que les éventails dont nous venons de parler.

Nous retrouvons d'ailleurs ces ornements sur de nombreux monuments : en particulier sur les bas-reliefs de

---

(1) Quicherat, *Histoire du costume en France,* p. 277.
(2) Les Italiens modernes sont restés fidèles au culte du panache. Dans toutes les fêtes publiques, cerémonies, etc., la plume d'Autruche figure avantageusement. Le dais qui recouvre *la Sedia gestatoria* du Pape est empanaché de plumes blanches d'une longueur remarquable, *sans doublure*, de toute beauté et d'une grande richesse.
(3) Rabelais, *Gargantua,* 1535, liv. I, chap. LVI.

l'hôtel de Bourg-Théroulde à Rouen qui représentent des épisodes du camp du Drap-d'or, sur le tombeau de François Ier à Saint-Denis, et à Bâle, dans la cour de l'Hôtel-de-Ville, où j'ai admiré un superbe chevalier dont le casque est surmonté d'au moins vingt-quatre grandes plumes.

Les toques avec plumes d'Autruche, d'après les portraits de Charles IX, de Henri III et de leur Cour, sont encore très fidèlement portées de nos jours.

Henri IV à la bataille d'Ivry (1590), illustra le panache blanc ; sous Louis XIII, les mousquetaires rendirent populaire le panache d'Autruche.

Au XVIIe siècle, les coiffures de la noblesse, de l'armée, dans toute l'Europe, sont couvertes de plumes d'Autruche. Les majestueux lits à colonnes ont leurs baldaquins surmontés de panaches, quelquefois accompagnés d'aigrettes.

Le beau sexe de l'aristocratie sembla se conformer à cette mode sous la Fronde : certaines statues permettent tout au moins de supposer que la Grande Mademoiselle était coiffée d'un chapeau de feutre orné de plumes d'Autruche lorsqu'elle commanda le feu à la Bastille (2 juillet 1652). De 1630 jusque vers 1670, les chapeaux prirent beaucoup d'ampleur et furent garnis d'un tour de plumes « le chapeau à bords triangulaires, dit *à trois gouttières,* adopté pendant la seconde moitié du règne de Louis XIV, était porté par les dames dans les costumes de cheval. Les plumes en étaient blanches ou teintes et à barbes plus ou moins longues selon le ton du jour ; parfois on y ajoutait un nœud de rubans. Le tour de plumes fut conservé jusqu'en 1710.

L'emploi du dépassant ou frange d'Autruche, d'un prix modique comparé à celui des plumes d'Autruche de parure, est une des conséquences de la situation économique désastreuse de cette époque ; cet emploi s'est continué jusqu'à nos jours, les chapeaux des généraux français sont bordés comme ceux de l'époque du règne de Louis XIV. Par extension, cet emploi gracieux a été adopté dans la garniture des toilettes féminines contemporaines.

A partir de Louis XIV, les innovations de la mode furent définitivement monopolisées par la France. En Angleterre, en Allemagne, en Italie, en Espagne, partout on s'efforça de s'habiller à la française. Cependant nous ne devons pas oublier que, pendant une courte période du règne du Grand

Roi, l'adoption des coiffures à la Fontanges fit momentanément tomber en désuétude les plumes d'Autruche.

Sous la Régence, ces ornements ne furent guère plus en
faveur, mais vers 1750, Mme de Pompadour remit en faveur
les chapeaux à grandes plumes : le peintre Watteau coiffait
ses bergères de chapeaux relevés sur le côté et ornés de
rubans ou de plumes. La période de prospérité inoubliable de
l'industrie plumassière fut le règne de Louis XVI.

Dès son avènement, l'influence de Marie-Antoinette se fit
sentir en toutes choses et principalement dans les modes,
ainsi qu'on en peut juger en lisant les mémoires de Mme Campan : « On voulait, dit-elle, à l'instant même avoir la même
parure que la Reine, porter ses plumes, etc. » Elle avait la
passion des panaches et la fureur des plumes fut poussée si
loin que le prix en avait décuplé et qu'on les payait jusqu'à
50 louis la pièce. Quand la Reine passait dans la galerie de
Versailles, raconte Soulavie dans ses *Mémoires historiques
du règne de Louis XVI*, on n'y voyait qu'une forêt de plumes
élevées d'un pied et demi et jouant librement au-dessus des
têtes (1).

Le goût pour les plumes fut une véritable rage. On en mit
dans les cheveux aussi bien que sur les bonnets. Elles furent
plantées dans toutes les positions, devant, derrière, sur les
côtés de la tête (2).

Il faut le témoignage de l'histoire pour se faire une idée
des extravagances auxquelles la mode des plumes d'Autruche
donna lieu.

On sait que Marie-Antoinette, allant à un bal donné par
le duc d'Orléans, fut obligée de faire ôter son panache
pour monter en carrosse ; on le lui remit lorsqu'elle descendit (3).

Les frères de Goncourt ont donné dans leur livre, *La*

---

(1) Voir dans Paul Lacroix, *Le Dix-huitième siècle*, « les Gravures » ; « les
Variétés amusantes en 1789 », les Théâtres, etc.

(2) La coiffure à la Minerve date de cette époque : elle se composait d'un
cimier de dix plumes d'Autruche mouchetées d'yeux de Paon, qui s'ajustait
sur une coiffe de velours noir toute brodée de paillettes d'or. (Voir les gravures de modes conservées à la Bibliothèque de la Ville de Paris et à la Bibliothèque nationale ; et pour les années 1785 à 1788, *le Magasin de modes*.
— Voir : *Les Panaches ou les Coiffures à la mode*, comédie en un acte. Paris,
1778, in-8°.

(3) *Mémoires de Mme Campan*, t. I, chap. IV, p. 96. — *Mémoires secrets de
Bachaumont*, 6 nov. 1778, t. XII, p. 154.

Femme au XVIII° *siècle*, une peinture saisissante de cette période de luxe effréné.

« Dans ce triomphe universel, tyrannique, absolu du goût français, quelle fortune des marchands et des grandes faiseuses. Quel gouvernement que celui d'une Bertin (1), appelée par le temps « le Ministre des Modes » ! Et quelles vanités, quelles insolences d'artiste ! Les anecdotes du siècle nous ont gardé sa réponse à une dame mécontente de ce qu'on lui montrait : présentez donc à Madame des échantillons de mon dernier travail avec Sa Majesté ; et son mot superbe à M. de Toulongeon se plaignant de la cherté de ses prix : « Ne paiet-on à Vernet que sa toile et ses couleurs ? »

« C'est le temps des grandes fortunes de la mode, le temps où l'on parle de la société, de la marchande de rouge de la Reine, du cercle de Mme Martin, du Temple. Nous entrons dans le règne des artistes en tout genre, des modistes de génie aussi bien que des cordonniers sublimes. »

On sait le rôle que jouèrent les empanachements en plume d'Autruche au commencement du règne de Louis XVI (2), un moment cette furie de coiffures extravagantes fut menacée, mais aussitôt les modistes redoublaient d'efforts et d'étalage. C'étaient de nouvelles surcharges, de prodigieux empanachements, qui enrichissaient les plumassiers, qui leur valaient d'un seul coup, d'une seule ville de l'étranger, de Gênes, où la duchesse de Chartres montrait ses panaches, une commande de 50,000 livres. C'est l'époque des coiffures si majestueusement monumentales que les femmes sont obligées de se tenir pliées en deux dans leurs carrosses, de s'y agenouiller même. Baulard est en ce moment le modiste sans pareil, le créateur, le poète qui mérite l'honneur de la dédicace du *Poème des Modes*, par ses mille inventions et ses délicieuses appellations de fanfioles qu'on dirait apportées de Cythère, sans compter les nuances combinées, disposées, imaginées par son goût.

(1) Malgré la haute faveur dont elle jouissait en 1787, Mlle Bertin fit une faillite d'un chiffre tel qu'il étonnerait encore de nos jours. Il n'est resté de la modiste de Marie-Antoinette qu'un aphorisme qu'elle aimait à répéter : ce qu'il y a de plus nouveau, c'est le vieux.

(2) Voy. la planche de Moreau, intitulée : 21 janvier 1782, Relevailles de la Reine et grande fête à l'Hôtel-de-Ville. Le règne de Louis XVI a vu, en 1782, les plus belles fêtes données par la ville de Paris sous l'ancien régime. Elles ont eu la fortune de trouver un historien dans Moreau le Jeune. Ses dessins charmants et ses planches sont les meilleurs témoins à consulter.

L'origine de l'emploi féminin de la plume d'Autruche en Angleterre mérite d'être signalée : Lord Stormont, ambassadeur du roi Georges III auprès de Louis XVI, emporta de Paris une plume d'Autruche qui avait plus de trois pieds de long. Il en fit présent à la duchesse de Devonshire et cette plume monstre, dont la duchesse se para fièrement, marqua le début en Angleterre de la mode française, qui fut continuée fidèlement jusqu'à nos jours, au grand profit des éleveurs d'Autruches du Cap (1).

Ce serait une erreur de croire que la Révolution changea brusquement les modes féminines ; elles restèrent stationnaires pendant un temps relativement assez long. Il est bien remarquable d'observer que si les plumes étaient toujours en faveur en France, elles étaient extrêmement recherchées en Angleterre où on avait la rage de fourrer des plumes partout. Ces plumes étaient d'Autruche, de Héron, ou de Coq ; argentées, dorées, noires, blanches, bleues, jaunes, vertes, saumon, lilas. En 1795, en Angleterre les plumes prennent de telles dimensions qu'elles ont communément trois fois la hauteur de la tête (2). Ces excentricités ne furent pas suivies en France, elles auraient rappelé les coiffures exagérées du temps de la Reine Marie-Antoinette et auraient été fort dangereuses à exhiber dans cette période troublée.

Une transformation se produit, le symbolisme aristocratique de la plume d'Autruche est conservé comme signe du commandement dans l'armée, les conventionnels et les généraux seuls portent le panache tricolore ; le plumet en plumes de poule teintes aux couleurs nationales remplace dans les armées de la république la plume d'Autruche, en usage dans presque toute l'armée de la Monarchie.

Nos contemporains retrouveront cet ornement démocratisé sur le casque de nos pompiers, des cuirassiers et de la garde municipale de Paris, exclusivement. La plume d'Autruche, bien modestement, frange le bicorne des chefs de nos armées de terre et mer, le panache d'Autruche n'est plus en usage dans l'armée française.

Cette période de splendeur plumassière, si peu interrompue par la Révolution refleurit sous le Directoire et le Consulat

(1) Quicherat, *Histoire du costume en France*. — Premières années de Louis XVI, p. 597.
(2) Voir *Gallery of fashion*, Londres, 1794-1796.

si nous en jugeons d'après les gravures de l'époque représentant les Phrynés des Galeries de Bois du Palais-Royal coiffées d'un véritable nimbe de plumes d'Autruche.

Le Directoire fut une période de triomphe pour les chapeaux garnis de plumes immenses ; elles décoraient surtout les turbans à la persane, agrémentés par des rangées de perles et de guirlandes de Myrte ; une plume blanche et *un esprit*, nom de l'Aigrette à l'époque, complétaient cette coiffure (1).

Les conventionnels et les généraux de la république, les maréchaux de l'empire, ont promené le panache tricolore presque dans toute l'Europe. Durant la période impériale la coiffure militaire se complète par des Aigrettes, le plumet surtout prend des dimensions triomphales (2). Le théâtre contemporain nous a fait défiler comme dans un kaléidoscope les plumets de la Grande Armée, les panaches des Tuileries et de la noblesse du nouveau régime (3).

Sous le Consulat, Bonaparte exigeait le plus grand luxe de sa femme Joséphine de Beauharnais. Elle faisait des dépenses folles en toilette, il y avait des mémoires de trente huit chapeaux dans un mois ; des Hérons de 1800 francs, des *esprits* (Aigrettes) de 800 francs. La mode des plumes s'éclipse sous Marie-Louise, de 1809 à 1813, on n'en voit pas sur les coiffures féminines, mais en 1813, elles reprennent une vogue nouvelle.

La période qui correspond aux deux invasions de 1814 à 1815 est l'époque du succès des parures en plumes de coq, à l'imitation des armées alliées (4). En 1815, toutefois, une réaction se produit ; le chapeau à la Van Dyck, avec ses larges bords hardiment retroussés et sa touffe de plumes altières sauve la cause du bon goût français. Cette mode prit un développement considérable en 1816, les grands chapeaux aux larges bords étaient ornés d'immenses panaches blancs. Le retour au blanc complet marqua surtout dans la toilette des

---

(1) En 1797, Wenzel eut l'idée des piquets de fleurs artificielles odorantes, lilas, muguets, roses, pensées.

(2) La production de plumes de Poules et de Coqs blancs est presque exclusive à la France, qui en fait un commerce d'une certaine importance.

(3) Voir au Musée du Louvre *Le couronnement de Napoléon*, par David.

(4) En France, le plumet flottant de Coq est l'ornement du corps de l'Etat-major, des élèves de l'Ecole militaire de Saint-Cyr, de la cavalerie légère et des chasseurs à pied. Toutes les armées européennes ont des usages analogues.

femmes le retour des Bourbons. Fleurs de lys, chapeaux à la Henri IV, munis de panaches blancs, telles étaient, en 1814, les modes nous intéressant.

La période de la Restauration jusqu'en 1830 n'est pas par_ ticulièrement remarquable par des coiffures transcendantes.

Le couronnement de Charles X fut, au xixe siècle, l'unique répétition du luxe extraordinaire de plumes d'Autruche en France qui nous rappelle le sacre de Louis XVI. Sous Charles X apparaissent les premiers turbans de Paradis ; il paraîtra extravagant de dire, ici, que le résultat le plus pra_ tique du voyage de circumnavigation de Dumont d'Urville fut de mettre à la portée des classes bourgeoises le fameux turban de Paradis, exclusif, en 1828, à l'aristocratie du règne de Charles X. Les marins de la *Coquille*, en 1824, en avaient rapporté un petit assortiment, mais ceux de l'*Astrolabe* et de la *Zélée*, en 1839, en rapportent une quantité suffisant aux convoitises élégantes de l'aristocratie du régime constitu- tionnel.

Sous le règne de Louis-Philippe, se produisent des modes de plumes, d'une fabrication assez compliquée comme travail, et dont la reproduction aujourd'hui serait fort difficile. Le *Mo- niteur de la Mode* du 10 juin 1844, nous parle des saules ombrés, de plumes plates tournées en spirale. Le numéro du 10 novembre 1843 nous renseigne très exactement : « On met fort peu de fleurs aux chapeaux, mais en revanche beaucoup de plumes, des marabouts noués des plumes d'Au- truche, des plumes disposées en *follettes* très légères, des panaches *Cortez* (1). »

Les plumes, de 1840 à 1845, subissent une rude concurrence de la part des fleurs artificielles en plumes, qui se portaient à l'époque et qui ont fait leur apparition nouvelle cette présente année, 1894. — D'ailleurs, sous le régime constitutionnel de 1830 à 1848, la plume d'Autruche figure assez modestement dans la coiffure féminine ; sa vogue ne se relève pas durant la période de la deuxième république, mais reprend une

---

(1) Ces panaches se composent de six ou sept plumes montées en demi-guir- landes, en chaperon ; la première peut avoir 25 centimètres de haut ; elles vont en diminuant chacune jusqu'à la dernière, qui a au plus 10 centimètres. De même qu'elles vont en diminuant de grandeur, elles se dégradent de tons : la grande est beaucoup plus foncée que la petite ; elles vont ainsi du gros bleu au bleu tendre, du gros vert au vert clair, etc. Ces guirlandes de plumes se posent à cheval sur la forme du chapeau.

splendeur presque égale à·celle d'une partie du xviiie siècle et également sous l'influence d'une souveraine d'origine étrangère qui, comme l'on sait, s'était plu à faire refleurir les modes de la reine Marie-Antoinette. La période contemporaine qui s'écoule depuis l'année terrible jusqu'à nos jours est assez mouvementée. Elle a connu des années de splendeurs remarquables, mais c'était surtout l'article de grande consommation qui en était favorisé, c'est la période du développement envahissant de l'industrie plumassière en fantaisies d'Oiseaux.·

Les procédés chimiques de décoloration par l'eau oxygénée, permettant de rendre blanches les plumes de toutes sortes, ont amené une défaveur générale dans l'emploi des belles plumes d'Autruche, qui précédemment ne pouvaient avoir pour origine que des plumes blanches naturelles, par conséquent d'un prix élevé ; le blanchiment chimique produisant des plumes d'un bon marché inouï, la conséquence fut de rendre commun l'usage de la plume d'Autruche de couleur ; ce nouveau procédé et la production énorme de plumes d'Autruche de l'Afrique australe, principalement, ont amené l'état de crise dont souffre, en France, l industrie plumassière de l'Autruche proprement dite. Le salut se trouvera dans la reconstitution de l'Autruche barbaresque en territoire français. ·

Il suffirait du retour de cette mode, *la plume simple*, pour justifier et récompenser les éleveurs français en concurrence avec les productions du Cap, représentées par la plume inférieure à l'aspect ordinaire et commun, encombrant le marché et d'un prix relatif. Il importe d'insister sur la différence absolue qui existe entre la plume barbaresque et la plume australe. Celle-ci, la plus abondante, est vulgaire et à la portée de tout·le monde, ·l'autre, plus rare, s'adresse à une clientèle élégante et choisie.

(A suivre.)

Dès qu'il s'agit d'acclimater des plantes dans les pays où la nature ne les a pas fait naître, il est évident que la question de climat est la première dont il faille se préoccuper. Ordinairement on juge un peu au hasard des chances de succès de l'expérience commencée, mais la résistance des plantes aux vicissitudes des climats laisse toujours de l'incertitude, d'autant plus que les climats sont sujets à des anomalies que leur régime habituel n'aurait pas fait soupçonner. En somme, il faut souvent bien des années pour savoir exactement quel sera le résultat définitif des essais d'acclimatation en tel lieu donné. Je vais en citer quelques exemples.

L'hiver que nous traversons (1894-95) a été dans beaucoup de lieux plus froid que les hivers ordinaires, et cela s'est surtout fait sentir dans le midi méditerranéen, aussi bien en Afrique qu'en Europe. C'est ainsi qu'à Antibes, le mois de décembre a perdu plus de 3 degrés centigrades sur sa moyenne des douze années précédentes, et que, dans la première quinzaine de janvier, on a constaté des minima de 3 à 6 degrés au-dessous de zéro, suivant les endroits plus ou moins abrités où se faisaient les observations. Il en est résulté que beaucoup de plantes exotiques, qui restent ordinairement indemnes à la villa Thuret, ont été plus ou moins gravement maltraitées. Ces épreuves, toujours déplaisantes pour l'acclimateur, ne sont cependant pas sans profit pour lui : elles sont un enseignement dont il profitera dans une autre occasion, et quelquefois elles révèlent, chez certaines plantes, des résistances auxquelles on était loin de s'attendre, ainsi qu'on le verra par ce qui va suivre.

Au printemps dernier, j'ai reçu du Dr Barretto, agriculteur distingué de la ville de Saint-Paul, au Brésil, des graines d'un bon nombre de plantes de ce pays tropical, graminées,

légumineuses et autres, qui ont toutes prospéré pendant
l'été, mais qui, les froids de novembre et de décembre survenus, ont toutes succombé. Toutes, non, car il s'en est
trouvé une dans le nombre, qui, sans le moindre abri, est
restée absolument indemne. C'est une curieuse Graminée,
que l'ampleur de ses touffes, son beau feuillage et l'élégance
de ses panicules rendent tout à fait digne de prendre rang
parmi nos plantes ornementales. Je n'en sais pas encore le
nom, mais le Dr Barretto me l'a adressée sous l'appellation un
peu prétentieuse de *Regina de cœlo fulgens*, ajoutant qu'elle
paraît étrangère au Brésil, et qu'on l'y croit descendue du
ciel ! Si singulière que paraisse cette opinion du vulgaire,
elle n'est peut-être pas dépourvue de sens, car il se peut que
la graine, enlevée par quelque cyclone dans son pays originaire, ou peut-être apportée par des Oiseaux, soit descendue
des hauteurs de l'atmosphère, tombant en quelque sorte du
ciel. Quelques botanistes pensent qu'elle a eu son point de
départ en Australie, ce qui, malgré la distance, n'a rien d'impossible. Le fait est à vérifier, et, en attendant qu'on sache
d'où elle vient et qu'on lui ait trouvé un nom plus conforme
aux usages botaniques, nous lui conserverons celui de *Reine
descendue du ciel*.

Parlons maintenant des anomalies climatériques. C'est un
fait bien connu aujourd'hui que, même dans des pays que
leur régime climatologique fait classer dans ce qu'on appelle
vulgairement *les pays chauds*, il se produit de loin en loin
des abaissements de température que leurs latitudes n'auraient jamais fait supposer. L'Égypte, presque tropicale, en
a offert plus d'un exemple dans le cours des siècles, et on y
a vu le Nil pris de glace. Il y a une trentaine d'années, à
l'époque où on travaillait à percer l'isthme, le froid a été si
violent que tous les jardins et vergers des environs du Caire
en ont été ravagés. Un fait semblable s'est produit en Australie, il y a une quarantaine d'années, et sans remonter plus
haut que l'année 1893, la gelée et la neige ont causé de véritables désastres agricoles à Canton et à Hong-Kong, deux
villes situées presque sous le tropique du Cancer. Plus récemment encore, c'est-à-dire pendant l'hiver actuel, la Floride, située à la lisière de la zone torride, a été ravagée par
le froid. La nouvelle nous en est apportée par le principal
journal d'agriculture et d'horticulture des États-Unis, le

Garden and Forest, dirigé par M. Ch. Sargent, la première
autorité parmi les botanistes américains.

Au mois de décembre dernier, nous dit M. Sargent, une
grande vague de froid s'est abattue sur la Floride et y a
causé des désastres tels qu'on n'en avait pas encore signalé
depuis bien des années. Le froid a été si vif que la glace y a
atteint un bon pouce d'épaisseur, et cela jusqu'au lac Worth,
qui occupe à peu près le milieu de la péninsule, aux environs
du 25e degré de latitude. Le mal causé aux immenses plantations d'Orangers, de Citronniers, de Bananiers et autres
plantes, qui constituent le fond de l'agriculture dans cette
région ordinairement privilégiée, n'aurait pas été plus grand
si la Floride avait été parcourue dans toute sa longueur par
l'incendie. Les plantations d'Orangers, la principale industrie
agricole du pays, sont anéanties pour plusieurs années, et la
perte n'atteint pas seulement les cultivateurs, elle s'étend
aussi aux commerçants et aux employés subalternes qui
vivaient de cette industrie. Par suite du déficit, les oranges
ont triplé et quadruplé de prix à New-York et autres villes
des États-Unis, et on tâche d'y remédier en s'adressant aux
cultivateurs de la Sicile, qui ne peuvent manquer de trouver
leur compte dans le malheur de leurs concurrents d'Amérique ; cette compensation d'ailleurs leur était due après les
années de misères qu'ils ont traversées.

LES

MALADIES DE LA POMME DE TERRE

AUX ÉTATS-UNIS

Nous empruntons au *Farmer's Bulletin*, n° 15, du département de l'Agriculture des États-Unis (Washington, 1894), les renseignements suivants publiés par M. B.-T. Galloway, chef de la division de Pathologie végétale. Remarquables par leur précision, ils nous paraissent bons à conserver, lorsque l'importation des Pommes de terre américaines peut à tout instant menacer la culture française de la contagion des maladies qu'ils décrivent. Heureusement, le remède y est aussi nettement signalé que le mal.

Parmi les différentes maladies fongueuses (dues à des Champignons) qui sévissent, aux Etats-Unis, sur la Pomme de terre irlandaise, on en compte trois qui apparaissent d'une manière régulière et qui causent des dégâts considérables. Ces maladies sont le *potato blight* (peste de la pomme), nommé aussi *downy Mildew* (mildene cotonneux) ; le *Macrosporium* et le *potato Scale* (galle de la pomme).

La première, le Blight (*Phytophthora infestans*) attaque les feuilles, les tiges et les tubercules. D'ordinaire, les premiers symptômes se manifestent sur les feuilles sous forme de taches brunâtres ou noirâtres devenant molles et sentant la pourriture. Le fléau est si rapide que des champs, verdoyants la veille, sont entièrement noirs le lendemain, comme si le feu y avait passé. L'extension de la maladie dépend surtout des deux agents atmosphériques, la chaleur et l'humidité. En effet, si l'on a pendant le jour 22° à 25° centigrades et si l'air est en même temps humide, le Blight se développe facilement. Quand la température moyenne, diurne, dépasse 25° centigrades pendant plusieurs jours consécutifs, le mal se trouve, au contraire, enrayé. Cela nous explique pourquoi il s'étend

rarement d'une façon inquiétante dans les régions où la température moyenne de la journée excède, pendant quelque
temps, 25° centigrades. Les tubercules atteints présentent à
la surface des taches foncées, concaves, où l'on distingue des
pustules et des raies brunâtres ou noirâtres. D'autres maladies des pommes de terre offrent des symptômes presque semblables, mais ici ceux des feuilles sont toujours caractéristiques.

Le *Macrosporium* paraît plus répandu et même plus nuisible aux États-Unis que le *Blight*. On l'a souvent confondu
avec ce dernier auquel on attribuait d'ailleurs presque toutes
les maladies de la Pomme de terre. Le *Macrosporium* se déclare sur les feuilles et quelquefois sur les tiges ; on ne l'observe jamais sur les tubercules. Il apparaît sur des plantes
hautes de quatre à six pouces. Les taches grisâtres et brunâtres se voient d'abord sur les feuilles les plus âgées ; la partie atteinte devient dure et cassante. Le fléau progresse lentement ; les taches s'étendent graduellement et suivent surtout
le bord des feuilles. Dix ou quinze jours plus tard, une moitié
de la feuille prend une couleur brun-sombre et devient cassante, tandis que l'autre moitié reste jaune pâle. Il s'écoule
parfois trois semaines ou même un mois avant que les feuilles
ne tombent et les tiges restent vertes jusqu'au moment où
elles meurent, ne recevant plus de nourriture. La croissance
des tubercules s'arrête presqu'aussitôt que les feuilles sont
atteintes ; la récolte est compromise.

Quant au Scale, dont on s'est particulièrement occupé, en
ces dernières années, les signes maladifs se reconnaissent
très aisément sur les tubercules. Nous ne nous arrêterons
donc pas sur ce point. .

Voici les méthodes employées jusqu'ici avec le plus de
succès sur le Nouveau continent.

Contre le Blight et le Macrosporium ou se sert de la
mixture ou bouillie bordelaise. On remplit un tonneau mesurant 204 litres avec environ 136 litres d'eau pure. Puis l'on
prend 6 livres anglaises de *blue stone*, de sulfate de cuivre :
on l'enferme dans un sac de toile que l'on suspend au-dessous
de la surface de l'eau. Le sac est simplement attaché à une
corde retenue à un bâton qui traverse le haut du tonneau, on
introduit quatre livres de chaux vive. On l'éteint en versant

d'un seul coup, une petite quantité d'eau ; on doit obtenir
un liquide coulant, crêmeux et exempt de gravier. Quand le
sulfate est dissous, au bout d'une petite heure, on verse le
lait de chaux dans cette solution, en ayant soin de remuer
constamment. On ajoute l'eau nécessaire pour remplir le
tonneau ; on remue encore. La bouillie est toute préparée.

Une solution de sublimé corrosif a donné d'excellents résultats contre le Scale. On la prépare en faisent dissoudre
environ un demi-gramme de sublimé dans environ dix litres
d'eau chaude que l'on étend, dix ou douze heures plus tard,
avec 60 litres d'eau.

Mais comment applique-t-on ces fungicides ? Pour les
Blight et le Macrosporium, on peut verser la mixture bordelaise sur les plantes dès qu'elles ont atteint environ 6 pouces
anglais de hauteur ; on continue le traitement, par intervalle
de douze ou quatorze jours, en le renouvelant cinq ou six
fois en tout. Si la saison est pluvieuse, on recommence à
traiter les plantes tous les dix jours. On tâche de recouvrir
de mixture toutes leurs parties. Si l'on ajoute quatre onces
de « vert de Paris » par tonneau de bouillie bordelaise, on
préserve aussi les Pommes de terre du Colorado et de divers
Insectes nuisibles. Mais avant d'employer cette subtance, il
faut en former une sorte de pâte en y mêlant un peu d'eau.

La réussite dépend en grande partie de la façon dont les
fungicides sont administrés. L'ancien havresac portatif tend
toujours plus à être remplacé par des machines à jet, qui
suffisent pour des champs mesurant trois hectares ou plus
petits. Dans des terrains plus vastes, on fait usage de machines plus puissantes. L'attirail complet, soit le tonneau, la
pompe, le tuyau et ses accessoires, enfin l'opérateur qui l'ac-
compagne, peut être tiré par un seul Cheval.

On combat le Scale avec la solution du sublimé corrosif
dont nous avons parlé. Les tubercules qui doivent être plantés
sont simplement arrosés de cette solution, d'une heure et
demie en une heure et demie ; on les plante ensuite de la
manière ordinaire. On se sert d'un récipient, de préférence
d'un large tonneau. Les Pommes de terre sont placées dans
un sac en toile, puis suspendues dans le liquide ; on a soin
de les laver avant de les plonger. Le sublimé étant un poison
violent, on le manie avec certaines précautions. Les tubercules traités ainsi peuvent être plantés.

Le coût de l'opération pour le Blight et le Macrosporium dépend des machines employées et du prix de la journée de travail. Avec un appareil bien approprié, et en comptant la journée d'ouvrier à 8 francs, les champs pourront être aspergés six fois, pour environ 32 francs par an (0 hect. 404,671).

On jugera de la nécessité de porter remède à pareils fléaux quand on saura que les trois maladies que nous venons de mentionner, causent aux États-Unis des pertes annuelles s'élevant à plusieurs millions de dollars.

III. EXTRAITS DES PROCÈS-VERBAUX DES SÉANCES DE LA SOCIÉTÉ.

SÉANCE GÉNÉRALE DU 4 JANVIER 1895.

PRÉSIDENCE DE M. LE MARQUIS DE SINÉTY, VICE-PRÉSIDENT.

Lecture et adoption du procès-verbal de la séance générale précédente.

— M. le Président proclame la nomination d'un nouveau membre de la Société :

M.	PRÉSENTATEURS.
Piot-Bey, chef du service vétérinaire des Domaines de l'Etat, secrétaire général de l'Institut égyptien, au Caire (Egypte).	E. Decroix. Jules Grisard. P. Mégnin.

— M. le Secrétaire procède au dépouillement de la correspondance :

— M. Le Tolguenec, de Machecoul (Loire-Inférieure) propose des Hérissons à ceux de nos collègues qui voudraient en tenter l'élevage. (Voir *Extraits de la correspondance.*)

— A ce propos, M. le Secrétaire signale en quelques mots l'intérêt qui s'attache à ces animaux, les usages que l'on en tirait autrefois et que l'on en fait encore de nos jours, et surtout leur utilité comme destructeurs de Vipères et de Rongeurs nuisibles. Enfin leur fiel possède, d'après Brehm, une odeur de Musc qui pourrait être utilisée. Cette odeur musquée se retrouve dans un genre voisin des Hérissons, celui des Tanrecs (*Centetes*), de Madagascar.

— M. Clarté accuse réception des tirages à part de son mémoire sur la protection des Oiseaux insectivores et de leurs nids. Il espère qu'à force d'insistance, on arrivera à prouver l'urgente utilité de la question.

— M. L. Hollot communique ses observations sur la façon dont les Pies savent reconnaître les plantes dont le pied est attaqué par un Ver blanc, bien qu'aucun signe extérieur ne le révèle encore, et déterrer la larve ; elles en ont détruit ainsi, dit-il, un grand nombre dans son jardin, où se trouvent des milliers de boutures de Geranium ; mais comme elles font périr en même temps ces boutures et qu'elles commettent

encore nombre d'autres méfaits en détruisant les nids et couvées de petits Oiseaux, il continue à les considérer comme des
animaux nuisibles, qu'il faut poursuivre avec acharnement,
eux et les Chats. .

— M. de Lépinay, au Ris, par la Tremouille (Vienne), propose aux personnes qui pourraient en avoir besoin des Dindons sauvages pur sang. Il rappelle que ces Oiseaux atteignent
une grande taille et présentent l'avantage d'être presque
complètement à l'abri du *Rouge*.

— M. le Dr L. Trabut, à Alger-Mustapha, écrit à propos du
Rhus coriaria (Sumac) que cette plante croît spontanément à
Alger et qu'il serait facile de la cultiver. L'Italie nous ayant
vendu en 1893 pour 3,000,000 de Sumac de Sicile, employé
surtout à Lyon pour la teinture, on voit que la possibilité de
cette culture en Algérie présente un réel intérêt.

— M. Sicre annonce l'envoi de quelques boîtes de poudre
de Pyrèthre et signale une application nouvelle de ce produit.
(Voir : *Extraits de la correspondance.*)

— M. Jules Canelle, au château d'Annezin (près Béthune,
Pas-de-Calais) écrit à la Société qu'il a rapporté des graines
d'un Genêt indigène de l'Amérique centrale qui pourraient
être utilisées par l'industrie. (Voir : *Extraits de la correspondance.*)
Des graines ont été remises à plusieurs membres de la Société en Tunisie et nous espérons recevoir prochainement
des renseignements sur les résultats de cette culture.

— M. le baron F. von Mueller, de Melbourne, annonce
l'envoi d'un paquet de graines de *Dendrocalamus membra-
naceus*, rare et beau Bambou de Burma, qui, dit-il, croîtra
probablement en pleine terre dans les régions méditerranéennes. — Des remerciements lui ont été adressés.

— M. Clarté écrit de Baccarat à M. le Président pour appeler à nouveau l'attention de la Société sur la culture du
Goumi du Japon. (Voir : *Extraits de la correspondance.*)

— M. Robertson Proschavsky demande à participer aux
distributions de graines que fait la Société chaque année.
Cette demande a été inscrite.

— M. Paul Uginet, à Pennedepie (Calvados), rend compte

de ses cultures d'Igname de Chine. (Voir : *Extraits de la correspondance*.)

— M. Beauchaine, de Châtellerault, annonce l'envoi d'une bille de *Cedrela sinensis* qui lui avait été demandée comme échantillon et propose à la Société une petite quantité de graines d'une plante vivace fourragère, le *Lathyrus macrophyllus*. (Voir : *Extraits de la correspondance*). — Il a été répondu à M. Beauchaine pour le remercier de sa proposition.

— Dans une première lettre, du mois de juin 1894, le R. P. Camboué écrit à M. le Président au sujet de l'introduction et de la culture de différents végétaux à Madagascar. (Voir : *Extraits de la correspondance*.)

Dans une deuxième lettre, du mois de juillet, notre collègue annonce l'envoi de graines de *Piptadenia chrysostachys* et de *Vernonia pectoralis*. (Voir : *Extraits de la correspondance*.) — Des remerciements lui ont été adressés.

— M. le Dr Laumonier rend compte de son cheptel de Canards d'Aylesbury. Les résultats en ont été satisfaisants et les produits seront expédiés prochainement à la Société. (Voir : *Extraits de la correspondance*, p. 136.)

— M. Naudin, Villa Thuret, à Antibes, remercie de l'envoi qui lui a été fait de graines d'Opuntias du Mexique. (Voir : *Extraits de la correspondance*.)

— M. Victor Fournier, horticulteur français, à Mexico, répond à une demande de renseignements que lui avait faite M. le Président au sujet de l'*Opuntia Engelmanni*. (Voir : *Extraits de la correspondance*.) — Des remerciements lui ont été adressés.

— A propos de la correspondance, M. Raveret-Wattel demande la parole pour donner quelques renseignements sur les travaux de pisciculture et essais de repeuplement des cours d'eau actuellement entrepris dans le département de la Seine-Inférieure par la station aquicole de Fécamp.

— M. le Président remercie M. Raveret-Wattel de son intéressante communication.

— M. Jules Grisard dépose sur le Bureau une collection

de graines envoyées par M. Beauchaine, de Chatellerault. (Voir: *Extraits de la correspondance.*)

— M. Grisard présente également des semences de Courges reçues de M. Xavier Dybowski. (Voir : *Extraits de la correspondance.*)

— M. Decaux fait une communication sur un appareil en forme de cadre qu'il a imaginé pour préserver de la Chematobie (*Cheimatobia brumata*) les Pommiers et autres arbres attaqués par cet Insecte. Après quelques observations échangées entre l'orateur et M. Decroix, la séance est lévée.

Le Secrétaire des séances,

JEAN DE CLAYBROOKE.

1re SECTION (MAMMIFÈRES).

SÉANCE DU 18 DÉCEMBRE 1894.

PRÉSIDENCE DE M. DECROIX, PRÉSIDENT.

La section procède à la nomination de son Bureau et d'un Délégué Rapporteur à la Commission des Récompenses.

Sont élus, au 1er tour de scrutin :

Président : M. Emile Decroix ;
Vice-président : M. Mégnin ;
Secrétaire : M. Mailles ;
Vice-secrétaire : M. Jonquoy ;
Délégué aux récompenses : M. Remy Saint-Loup.

Considérant que le mardi est jour de séance à l'Académie de Médecine, dont M. Mégnin, vice-président, est membre titulaire, la Section décide que ses séances auront lieu, dorénavant, le lundi, à 3 heures précises.

M. le Secrétaire procède au dépouillement de la correspondance qui se compose de trois lettres :

1re. — Sur les Moutons du Yûn-Nân (voir *Revue*, p. 84).

2e. — Concernant l'emploi des Zébus à Bahia (Brésil), emploi trop récent et encore trop peu répandu pour avoir donné des résultats certains (voir *Revue*, p. 85).

3e. — Relative à deux Hérissons communs, apprivoisés (voir *Revue*, p. 175).

A propos de cette dernière lettre, M. Decaux raconte des faits tendant à démontrer que ces animaux sont susceptibles d'apprivoisement réel, et savent revenir de loin aux endroits d'où on les a emportés.

Il ajoute que le Hérisson est un bon destructeur de Souris, Vers blancs et Escargots, et, qu'en captivité, il devient omnivore, mangeant même les légumes du pot-au-feu.

M. Mailles fait observer que, cependant, les Hérissons qu'il a pu observer refusaient, même affamés, les légumes verts et les fruits. Ils sont très utiles dans les jardins où ils rendent des services considérables, sans causer des dégâts sérieux, puisqu'ils n'attaquent pas les végétaux. Leur passage répété, en certains endroits, peut seul nuire à quelques plantes fragiles, étant donné le volume et le poids de ces Insectivores.

M. de Claybrooke rappelle que les Hérissons attaquent les Vipères, et qu'on les dit réfractaires à l'action du venin de celles-ci.

M. Mailles confirme cette réputation et ajoute que ces Mammifères passent également pour détruire les Cantharides, dont ils pourraient avaler impunément de grandes quantités.

M. Rathelot déclare qu'il serait important de savoir si, véritablement, le Hérisson tue impunément la Vipère, car, dans le cas de l'affirmative, cet animal pourrait rendre de grands services dans certaines localités où abondent les Serpents venimeux. Il serait facile de faire des expériences concluantes.

La Section exprime le désir que cette question soit sérieusement éclaircie.

M. Mailles dit avoir constaté, bien souvent, que les Chats refusent de manger les Musaraignes. Mais ils les tuent volontiers, et jouent avec, auparavant, absolument comme avec les Souris. Il est fâcheux que cette destruction ait lieu, car les Musaraignes détruisent beaucoup d'Insectes (1).

Ayant mis une Musaraigne (*Crocidura aranea*) dans une cage où vivaient deux Mulots, ces trois animaux dormirent ensemble tout le jour. Vers le soir, les Mulots tuèrent et dévorèrent, en partie, leur compagne improvisée.

Le Secrétaire,

CH. MAILLES.

(1) Voir à ce sujet l'intéressante notice publiée dans la « Revue des Sciences naturelles appliquées » du 20 novembre 1894, par M. Remy Saint-Loup et intitulée : *L'humeur spécifique de la Musaraigne.*   (*Note de la Réd.*).

Machecoul (Loire-Inférieure).

Actuellement, j'élève deux Hérissons, ce qui n'est pas facile. L'étendue de mon jardinet n'est pas, je pense, suffisante pour leur nourriture en fait d'Insectes, etc., aussi, je les trouve parfois, le soir, mangeant les détritus de cuisine. Ils se couchent, dans la journée, dans des copeaux de bois, et ne sortent naturellement que le soir.

Si, par vos relations, vous pouviez placer de ces animaux utiles, ou si même, vous en aviez besoin, je suis à votre disposition ; pourvu que je ne perde pas le dernier qui est trop coureur le soir. Le premier élevé, jeune, est plus sage, et se fait caresser à un cri particulier.

Je suis convaincu que ce sont des bêtes éminemment utiles, surtout pour les grands jardins, et même pour l'agriculture. Trop de personnes les détruisent sans motif. En tous cas, c'est un simple avis que je vous transmets ; et je ne cherche ensuite qu'à propager cet élevage qui ne coûte guère. Si ces animaux m'ont détruit quelques racines, ce dont je ne me suis pas encore aperçu, ils m'ont rendu par contre de réels services ; c'est la revanche contre les Insectes et les Mulots.

J. Le Tolguenec.

×

POUDRE DE PYRÈTHRE.

Je vous envoie quelques boîtes de poudre de fleurs de Pyrèthre pure, que je vous prie de mettre à la disposition de ceux de nos collègues qui voudront bien l'expérimenter.

Je considère la poudre de Pyrèthre, lorsqu'elle est pure et préparée avec certains soins, comme un excellent insecticide, et je crois que ce produit pourrait être avantageusement employé dans bien des cas pour lesquels il n'a pas encore été recommandé. J'ai pu constater notamment que la poudre de Pyrèthre agissait énergiquement sur les Fourmis, qu'elle détruisait plus rapidement et plus sûrement que les nombreux moyens généralement mis en usage.

On arriverait, sans aucun doute, à un résultat analogue, en opérant sur d'autres Insectes.

Si ces recherches intéressent nos collègues, je serai heureux de leur adresser la quantité de poudre de Pyrèthre dont ils auront besoin et je les prie de me la demander.

A. Sicre, 8, quai de Gesvres, à Paris.

×

BAMBOUS ET IGNAME PLATE.

Vernoil (Maine-et-Loire).

Depuis longtemps je cultive divers Bambous. Je savais depuis bien des années qu'en Chine, au Japon et ailleurs, les habitants mangent les jeunes pousses des espèces qui croissent spontanément chez eux, ou du moins certaines d'entr'elles. Cependant, je n'avais jamais cherché à m'éclairer à ce sujet en récoltant dans un but gastronomique des turions de mon Bambusarium (mot nouveau que vous m'excuserez sans doute de faire figurer ici). Il y a quelque temps j'ai voulu en avoir le cœur net, et j'ai soumis à mon expérimentation trois espèces alors en pleine végétation vernale : les *Phyllostachys viridi-glaucescens*, *Quilioi* et *flexuosa*. Depuis, une quatrième est tombée sous ma dent: le *Phyllostachys violacea*. J'ai pris seulement la pointe et une quinzaine de centimètres de ce qui était sous terre. J'en ai fait des bottes, après avoir épluché comme un cuisinier, et j'ai soumis ce *légume* à une honnête cuisson. Pendant ce temps, la domestique préparait une sauce blanche à l'instar de celle où triomphent les Asperges.

Aussitôt servi, je dégustai consciencieusement — sans me brûler les lèvres — et je dois dire que j'ai regret de ne pas en avoir mangé plus tôt, car *c'est un plat délicat*. Avis aux amateurs de cuisine exotique qu'on peut si facilement se payer en France ! Les Bambous se multiplient, Dieu merci. Déjà leur mérite décoratif et les services qu'ils peuvent rendre à l'industrie sont appréciés bien qu'il y ait beaucoup à faire pour les populariser suffisamment ; mais une utilisation qu'on doit prôner, c'est l'*emploi culinaire*.

A ce propos, je crois bien faire de vous soumettre quelques réflexions que je viens de prendre sur le vif.

Il ne faut choisir que les pousses sorties *récemment* de terre, et ne mesurant pas plus de 10 à 15 centimètres. On tranchera sous terre à 15 centimètres environ. On enlèvera avec soin, en commençant par la base, les curieuses gaînes spathiformes si bien décrites par MM. Rivière dans leur admirable ouvrage, que tout amateur doit se procurer ou au moins lire. Il restera le brin, très cassant, très facile à écraser sous la pression du doigt, n'ayant pas encore de silice. Il est remarquable combien un végétal destiné à devenir si dur au bout d'un an, et parfois moins, est tendre dans sa première quinzaine C'est alors seulement qu'il constitue un aliment agréable, qu'il est à désirer de voir se répandre.

La cuisson est plus longue que pour l'Asperge. On n'a pas besoin de jeter la première eau.

Les gaînes spathiformes ont un goût âcre. Peut-être pourrait-on leur trouver un emploi comestible, en les associant à d'autres légumes. C'est à essayer.

La saveur que je reconnais dans les turions de Bambou, mangés à l'âge ci-dessus, est très différente de celle de l'Asperge. Elle me paraît approcher de celle des rosettes du Chou de Bruxelles, mais c'est plus fin, plus distingué, si je puis ainsi dire.

Les époques auxquelles se présentent les Bambous à la consommation sont : pour ceux à touffe cespiteuse, à ramifications rhizomateuses disposées en faisceau, l'*automne* ; — pour les Bambous à rhizome traçant, à ramifications presque toujours géminées, le *printemps*.

Les premiers ne peuvent guère s'étendre abondamment sous la latitude de l'ouest de la France, mais réussiront dans le sud-ouest et surtout le midi. Les seconds se propagent très bien dans l'ouest, le centre, et même l'est et le nord. C'est à ceux-ci que nous faisons surtout allusion, par conséquent.

J'ai trouvé dans le *Phyllostachys flexuosa* une saveur agréable ; dans le *P. violacea*, qui présente une eau de végétation abondante, une plus grande facilité pour la cuisson ; dans le *P. viridi-glaucescens*, à peu près le même goût. Le *Phyllostachys Quilioi* en possède un supérieur. Je serai enchanté que l'on contrôle mes assertions. Je regrette de n'avoir pas encore fait porter mes essais sur tous les Bambous que je possède ; mais quelques-uns ne sont pas encore au point. Je vais continuer ces examens de façon à me rendre compte du mérite relatif des espèces, et je vous en ferai part. J'ajoute que j'ai fait goûter ce mets (sans dire d'où il provenait) à des personnes impartiales qui l'ont trouvé fort bon.

Sans doute, les Bambous ne détrôneront pas l'Asperge sur les tables des riches comme sur celles des pauvres, mais réfléchissons bien à ceci. Le légume ancien que je viens de citer n'a-t-il pas un goût d'abord âcre, qu'on a vaincu par habitude, et que l'excipient corrige plus ou moins ? La vertu nutritive est faible. Il tache les doigts en les engluant désagréablement. Il faut s'essuyer et maculer sa serviette après qu'on a fini de l'ingurgiter. Il a des qualités médicinales qui méritent qu'on l'emploie quand il est indiqué. Mais le Bambou, ce comestible *nouveau* pour les Européens, n'en aurait-il pas certaines autres. C'est à étudier. — Finissons par un argument topique en faveur de celui-ci. L'émonctoire rénal *respecte*, jusqu'à expulsion complète, les parties non assimilées du Bambou cuit. Mais vous savez ce qui se produit lors de l'ingestion de l'Asperge. Une heure ou deux après, le convive, qui s'est régalé, a subi dans l'organe ci-dessus des phénomènes de chimie animale qui ont des conséquences bien désagréables pour les nerfs olfactifs, et ceci pendant plusieurs heures, à chaque miction. Aliment sain, facile à manier, facile à digérer, mets encore inconnu chez nous, digne toutefois de la cuisine française, voilà ce que j'affirme à tous ceux qui recherchent de la variété dans les plaisirs de la table bien compris. J'ajoute qu'il n'est pas difficile de se procurer ce produit, et que dans son jardin on peut aussi cultiver cette splendide graminée (ne fût-ce que le *Phyllostachys aurea*), de façon à lui faire produire des jets au point de vue culinaire.

Il convient de ne cueillir que ceux qui n'ont qu'un diamètre médiocre ou minime, car il serait dommage de détruire les gros qui sont destinés à former de belles tiges. Du reste, je puis le dire par expérience, les *belles touffes* doivent toujours être débarrassées au plus tôt de tout turion ou jet ayant *moins de 2 mètres*. Il ne restera alors que des chaumes recommandables, et la sève se répartira, l'année suivante, de façon à donner plus de nouveaux produits ornementaux — ainsi que des comestibles.

Une fois la partie coupée, le reste se dessèche, la perte de substance du sommet du turion ne lui permet plus de se soutenir. Sans vouloir faire de plaie pour prendre de quoi former sa *botte*, on est exposé, en passant dans un massif de Bambous, à en *casser* des jets qui viennent de sortir de terre, tant est grande la tendreté de ces jeunes pointes, et parfois l'on tombe sur un turion qui donnait les plus belles espérances. Alors on fera bien de le joindre aux petits qui étaient destinés à la marmite.

Le *Bambou* ainsi considéré peut-il être ajouté à la liste des plantes qui figurent dans l'intéressant ouvrage de MM. Bois et Paillieux ? Non, sans doute, car c'est un arbrisseau, un arbuste le plus souvent, et parfois un arbre ; — mais il vaut la peine d'être soumis, sous le point de vue que je signale, à l'examen et au palais compétent de l'honorable M. Paillieux, et je serais heureux que vous voulussiez bien lui faire part au plus tôt de mon observation. Dans le cas peu probable où il ne trouverait pas sous la main de quoi faire une dégustation suffisante, je m'empresserais de lui envoyer une *botte d'essai*, pourvu que ce soit d'ici peu de temps, car vers le 10 ou le 12 juin les turions auront tous 0^m,50 et plus, et s'élanceront ensuite *rapidement*. Je vous fais à vous-même la même proposition, ne doutant pas que vous n'accordiez vos suffrages à la majestueuse Graminée dont je rappelle un des emplois, dans l'intérêt de tous.

J'avais reçu, il y a quelques années, de petits tubercules d'*Igname plate*, dont j'avais rendu compte à la Société. La moitié environ avait végété la première et la deuxième année. En 1892 et en 1893, je n'ai vu aucune trace de tiges. Je croyais donc tout mort. Cette année 1894, j'ai été surpris de voir l'un de mes sujets végéter vigoureusement et fournir une douzaine de bulbilles axillaires. Je crois que ce fait mérite être cité, et il serait bon que la Société eût les appréciations de quelques autres collègues qui eussent expérimenté la culture de cette Dioscorée. A l'appui de l'aptitude à *dormir* excessivement longtemps que présentent certaines plantes — et entre autres du *Tamus communis* (autre Dioscorée) — je puis ajouter qu'ennuyé de ne trouver, en herborisant, que des pieds *mâles*, j'eus cependant un jour, il y a huit ou dix ans, la· chance de rencontrer un pied *femelle*. L'arrachage des Tamus est excessivement laborieux. Je revins avec outil et aide en rapport avec cette tâche, que la houlette d'un botaniste est impuissante à mener à bonne fin. L'énorme tubercule, pourtant transplanté avec soin, ne poussa qu'*au bout de deux ans*, et alors que je le croyais pourri depuis longtemps ! Il y a donc, dans certains cas, un repos exagéré observé par certains végétaux. Heureux alors quand le terrain n'a pas été bouleversé, ameubli, comme on le fait pour empêcher la mousse ou les mauvaises herbes d'y élire domicile.

Maintenant, cette Igname plate est-elle réellement une acquisition remarquable ? Ce n'est pas bien sûr. Car elle ne parvient pas à un volume bien grand. La facilité d'arrachage est réelle, mais le rendement peut être cinquante fois moindre qu'avec l'Igname ordinaire.

Dr LAUMONIER.

✕ •

GENÊT SACCHARIFÈRE.

Château d'Annezin, près Béthune (Pas-de-Calais).

J'ai rapporté d'un voyage d'exploration dans l'Amérique centrale des graines d'un Genêt que je n'ai rencontré que dans une seule localité et qui présente cette particularité que les graines sont enveloppées dans un drupe assez épais et qui se compose de sucre de raisin presque pur. Il se trouve en assez grande quantité pour pouvoir être utilisé par l'industrie.

Cette plante est très robuste et végète dans les terrains les plus arides, comme les sables ou les calcaires, où l'on ne rencontre aucune autre végétation.

J'ignore si ce Genêt a déjà été étudié et j'ai pensé qu'il pourrait être intéressant d'en faire faire l'essai sur le littoral méditerranéen, où il réussirait peut-être, et en Algérie et en Tunisie.

S'il conservait dans ces contrées ses propriétés saccharifères, il pourrait certainement être employé soit pour la distillerie, soit pour la nourriture des bestiaux et être en même temps utilisé pour retenir les sables au lieu et place, et avec plus de profit, que les Ajoncs.

Si vous faites faire des essais, je vous serai bien obligé de me tenir au courant des résultats qu'on aura obtenus.

La cosse, qui contient les graines de ce Genêt, au lieu d'être droite et mince comme celle de nos Genêts indigènes, est arrondie comme celle de nos petits Pois à manger.

J. CANELLE.

✕

Le Goumi du Japon.

Baccarat (Meurthe-et-Moselle).

A différentes reprises, j'ai appelé l'attention des membres de la Société nationale d'Acclimatation, par la voie de la *Revue des Sciences naturelles appliquées*, sur un arbuste fruitier nouveau, le Goumi du Japon, dont la rusticité est à toute épreuve et dont l'énorme production ne tarit jamais ; j'ai engagé à utiliser les terrains incultes pour toutes sortes de motifs à faire des plantations de ce précieux arbuste qui serait certainement la plante la plus productive et la plus rémunératrice, d'autant plus, comme je l'ai déjà dit, que l'on pourrait planter le Goumi sous les arbres à haute tige des vergers, il y produirait et y mûrirait également ses fruits.

J'ai envoyé des boutures, j'ai donné tous les renseignements qui m'ont été demandés à un grand nombre de personnes qui avaient intention d'essayer cette culture ; mais excessivement peu m'ont informé de leurs tentatives et des résultats obtenus, en sorte que je ne sais rien ou presque rien de ce qui s'est fait.

Il serait bien utile cependant, dans l'intérêt de tous, que des comptes rendus des essais faits par les membres de la *Société d'Acclimatation* fussent envoyés et publiés dans la *Revue*, dans le but de faire connaître les résultats obtenus, afin que tous nous puissions profiter des bons résultats. Ce serait le seul et véritable moyen de propagande en faveur des nouveautés susceptibles de s'acclimater car tous les membres de la Société d'Acclimatation devraient avoir le même but, celui de se rendre utiles à tous ; mais malheureusement ce but est, je crois, trop souvent oublié.

Je ne puis terminer cette lettre sans vous dire un mot de ma petite plantation de Goumis ; elle présente, en ce moment que les fruits arrivent à maturité (juillet), un coup d'œil véritablement phénoménal et unique dans l'arboriculture fruitière : tous les plants écrasent sous le poids des fruits, heureusement que le bois de cet arbuste est assez flexible, il plie mais ne rompt pas.　　　　J. CLARTÉ.

Igname de Chine.

Pennedepie (Calvados).

Je comptais écrire à la Société à ce sujet, quand j'aurais pu récolter les racines des Ignames de Chine, mais pour satisfaire à votre désir, je m'empresse de vous communiquer le résultat de ma plantation.

Les bulbilles qui m'ont été envoyées ont été mises en germination de deux manières différentes : l'une en pleine terre, l'autre dans des godets et sur couche.

Voici les résultats obtenus :

Les tubercules semés sur couche n'ont donné que trois plantes seulement, sur une vingtaine de bulbilles ; ces trois pieds ont été mis en place au mois de juin, le 1er, je crois ; les autres graines ont pourri avant la germination.

La végétation des trois pieds, mis sur couche à melon, est très peu vigoureuse, je ne sais si à la récolte nous aurons un résultat sérieux, je doute que nous puissions obtenir la semence seulement.

Les tubercules, qui ont été mis en pleine terre le 14 avril dans un terrain froid et humide, ont tous levés, aucun manque ne s'est produit. Malheureusement, si la germination a été bonne et prompte, les sujets résultant de ce semis sont peu vigoureux. Nous les avons pourtant soumis à des cultures répétées, telles que binage, sarclage, et même nous avons fait un labour superficiel autour des pieds pour enfoncer des matières fécales comme engrais, nous en avons obtenu une végétation un peu plus verdoyante, mais sans grande vigueur pourtant. Nous n'avons pu voir si des rhizomes se formaient, car les racines étaient trop profondes, toutefois aux petites radicelles que nous avons pu voir, nous avons constaté un commencement de renflement, notre conviction est que nous ne récolterons pas grand'chose ; nous vous tiendrons du reste au courant de notre récolte.

Comme vous pouvez le constater, les bulbilles, mises dans une terre légère et à une température tempérée, n'ont donné qu'une germination insignifiante, tandis que celle de pleine terre a été complète.

Paul Uginet.

✕

Cedrela sinensis et Lathyrus sylvestris.

Châtellerault (Vienne).

Conformément au désir que vous avez bien voulu m'exprimer, je vous fais parvenir, franco, rue de Lille, 41, un colis contenant un morceau de la bille de *Cedrela* que j'ai fait abattre, plus quelques débris des racines, l'un tel que l'ont mis les Rats, le reste, ce que l'on a pu trouver avec écorce, afin de vous mettre à même de faire faire analyse, si vous le jugez à propos (Voy. *Revue*, 1er semestre, p. 472).

Quelques journaux agricoles recommandent l'emploi du *Lathyrus sylvestris* comme plante vivace fourragère. Un autre *Lathyrus*, tout aussi rustique, également vivace, serait plus productif encore. Il s'agit du *Lathyrus macrophyllus*, lequel, associé au Seigle pour soutien, donnerait un large produit de fourrage vert. La grosseur des tiges pourrait peut-être rendre le fourrage sec moins facilement assimilable. Je mettrai volontiers à votre disposition la très minime quantité de graines de ce *Lathyrus macrophyllus* que je pourrai récolter sur les quelques exemplaires que je cultive. C. Beauchaine.

NOTES SUR MADAGASCAR.

Tananarive, 25 juin 1891.

Dans une petite communication faite à la Société sur la Vigne à Madagascar, communication parue dans la *Revue*, n° du 20 juin 1893, je signalais l'existence d'une Vigne malgache *Voalobokagasy* poussant sur divers points de la grande île africaine ; tout en faisant remarquer que ladite Vigne pouvait bien provenir de plants importés ou introduits à Madagascar par les anciens ou premiers colons européens de l'île. Aujourd'hui, il ne semble plus y avoir de doute à ce sujet.

L'envoi de graines et de sarments de *Voalobokagasy* qui ont réussi à germer en France et en Algérie a permis à des savants des plus compétents, MM. Naudin, Baillon, Maxime Cornu, A. Grandidier, d'y reconnaître la Vigne classique d'Europe, *Vitis vinifera*. C'est là un fait d'acclimatation, ou plutôt de naturalisation, assez intéressant à noter.

Le vin que nous avons obtenu cette année, avec une quantité de raisins de *Voalobokagasy* un peu plus considérable, mais encore bien trop minime, nous a cependant encouragés à continuer et à développer, si faire se peut, nos petits essais de plantation dudit cépage.

D'autre part, les plants de Vigne américaine introduits et cultivés, soit en *Imerina* soit au pays *Betsileo*, semblent s'acclimater. J'ai déjà entretenu la Société de leur bonne venue en *Imerina*. Au pays *Betsileo*, un de mes confrères, le R. P. Lavigne, prématurément enlevé par la mort à la direction d'une petite exploitation agricole créée par la Mission catholique à *Antsahamasina* près *Fianarantsoa*, le chef-lieu de la province, écrivait, quelques jours avant son décès, que sur les 5,000 pieds environ de sa plantation, 3,000 à peu près seraient en rapport cette année. Des greffes de quelques-uns de ces plants avec de la Vigne du Cap donnent de bonnes espérances.

Mais, dans cette même région *Betsileo*, comme du reste en *Imerina*, c'est la culture du Café qui, jusqu'à présent du moins, donne les meilleurs résultats pratiques.

J'ai déjà entretenu la Société des essais d'acclimatation du Blé sur nos hauteurs tempérées de l'intérieur de Madagascar. De nouveaux essais plus étendus sont tentés en ce moment par un de nos colons français de Tananarive, qui a introduit des semences de diverses variétés de Blé confiées à la terre sur divers points de l'*Imerina*, cette année même, vers la fin de la saison pluvieuse. Là encore, il faut attendre une série d'expériences diverses pour pouvoir conclure. Surtout en acclimatation et dans les pays neufs comme Madagascar, il faut, je crois, se tenir en garde contre les conclusions trop *a priori*.

Ci-joint un article sur « la culture de la Vanille à Madagascar » pris dans le journal français de Tananarive, *Le Progrès de l'Imerina*.

Par la même malle qui vous porte ces lignes, vous recevrez également un tirage à part d'une petite note sur « les Araignées et leur venin ». La question n'est pas sans quelque intérêt pour l'Acclimatation. L'existence ou l'absence d'animaux dangereux est, en effet, un facteur assez considérable à déterminer pour les pays ou colonies de peuplement.

Tananarive, 30 juillet 1894.

Par cette même malle, j'ai l'honneur de vous adresser un petit paquet postal renfermant quelques graines de deux végétaux utiles de la région d'Imerina.

L'un est le « Fano » des indigènes, *Piptadenia chrysostachys*, Bth., petit arbre dont le bois sert, à Madagascar, pour la confection d'instruments de musique. C'est avec les graines de ce végétal que les « mpisikidy » ou sorciers malgaches font leurs « sikidy » ou combinaisons d'où ils déduisent leurs oracles ou prédictions. Aux jours des combats de Taureaux ou Bœufs (Zébu), la racine de « Fano », pilée et puis mêlée à de l'eau, était donnée aux animaux du combat dans l'intention de les rendre plus fougueux. L'infusion de la feuille est usitée dans la thérapeutique indigène pour les cas de coliques.

Le second est le « Sakatavilona » des Hovas, *Vernonia pectoralis*, Baker ? ou voisin. C'est un arbuste très fréquenté, par les Hyménoptères, à la floraison, et qui serait peut-être une bonne plante mellifère. C'est aussi une plante médicinale.

S. A. Mgr le Prince Henri d'Orléans nous est arrivé à Tananarive, dimanche dernier dans la soirée, accompagné de M. de Grandmaison et d'un jeune naturaliste de Tamatave, M. E. Perrot. Les voyageurs n'ont pas suivi la route ordinaire pour se rendre, pour « monter », comme l'on dit ici, de Tamatave à la capitale. Ils se sont acheminés tout d'abord par les bords de la mer jusqu'à Mahambo. De là, ils ont gagné le pays Isianaka et le lac Alaotra » ; puis longeant de très près la grande ligne de partage des eaux de l'île, ils ont rejoint, à Anyozorobe, la route d'Ambatondrazaka à Tananarive. Le Prince et ses compagnons ont bien voulu visiter Ambohipo, établissement de la Mission près de Tananarive, où nous avons fait quelques petits essais d'acclimatation de végétaux utiles dont j'espère pouvoir entretenir la Société par la suite. Le *Châtaignier*, en particulier, dont je dois les graines à l'obligeance de M. le professeur Maxime Cornu, du Muséum de Paris, commence à se multiplier de marcottes et me paraît appelé, si je ne me trompe, à faire d'utiles plantations sur nos immenses « tanety » ou terrains dénudés de l'intérieur de notre grande île africaine. Mais, pour le moment, la situation n'est pas ici à des entreprises considérables de culture.

Paul CAMBOUÉ, *Procureur de la Mission de Madagascar.*

VI. SOCIÉTÉS SAVANTES.

Académie des Sciences de Paris.

JANVIER 1895.

ZOOLOGIE. — Parmi les communications faites à l'*Académie des Sciences* pendant le mois de janvier 1895 et relatives à la Zoologie, aucune n'intéresse spécialement la *Société*.

Il convient cependant de signaler ici la note de S. A. le Prince Albert Ier de Monaco sur : *Les premières campagnes scientifiques de la princesse Alice*. On sait, en effet, que le Secrétaire général de la *Société d'Acclimatation*, le baron Jules de Guerne, a été le principal organisateur des laboratoires du yacht monégasque et qu'il n'a cessé de mettre au service du Prince, avec un désintéressement absolu, son temps et sa science, sans parler de son esprit pratique si généralement apprécié. M. de Guerne a accompagné le Prince soit pendant une partie seulement, soit pendant toute la durée des voyages faits dans la Méditerranée ou au large des côtes d'Espagne et de Portugal. Il a, d'ailleurs, pris part à quelques-unes des expériences réalisées par le Prince de Monaco sur l'*Amphiaster*, petit vapeur appartenant au regretté professeur Hermann Fol et dont les résultats sont également consignés dans la note en question.

L'emploi des nasses en eau profonde semble avoir surtout préoccupé le Prince pendant ses dernières courses maritimes. L'un de ces appareils a été immergé jusqu'à près de 5,000 mètres (4898 mètres); d'autres ont séjourné plus ou moins longtemps dans des fonds supérieurs, rapportant soit des Squales bien connus des pêcheurs de Setubal, soit de curieux Poissons voisins des Anguilles. Au point de vue de la Zoologie pure, les types les plus intéressants paraissent être les petits animaux et notamment les Crustacés ramenés dans les nasses de faibles dimensions placées à l'intérieur des grandes.

BOTANIQUE. — Deux notes sont à signaler pour les viticulteurs, l'une de M. de Mély, sur *Le traitement des Vignes phylloxérées par les Mousses de tourbe imprégnées de schistes*, l'autre de M. Louis Sipière, sur *Le Mildew ; son traitement par un procédé nouveau : le lysolage*.

Le but de M. Sipière a été de livrer à l'agriculture un procédé de traitement plus facile à employer et surtout plus économique que le sulfatage des Vignes.

La puissance microbicide et anti-cryptogamique du Lysol, sa solubilité dans l'eau, son innocuité et surtout son prix modique sont les raisons qui ont décidé M. Sipière à faire emploi de cette substance.

Le nouveau procédé de traitement du Mildew consiste en pulvérisations à répandre dans les vignes, comme par le sulfatage adopté jusqu'à ce jour.

Le lysolage doit comprendre trois opérations annuelles, chacune à la dose de 5 pour 1,000 (500 grammes de Lysol par hectolitre d'eau ordinaire). Les époques de chaque opération seraient : la première, du 20 au 30 avril; la deuxième, du 1er au 8 mai; la troisième du 1er au 8 juin.

Si l'on considère que le département de l'Hérault, seul, dépense tous les ans, d'après les statistiques, 3,780,000 francs de sulfate de cuivre, on peut affirmer que, par l'emploi du lysolage, l'économie réalisée chaque année dans ce département sera d'*un million* de francs en moyenne, abstraction faite de l'économie provenant de la main-d'œuvre, car il est prouvé que celle-ci, dans le sulfatage, est très onéreuse.

— Puis une communication de MM. Lecomte et A. Hébert sur *les graines de* Coula *du Congo français* dont les premiers échantillons, rapportés par M. Aubry-Lecomte en 1845, furent étudiés par M. le professeur H. Baillon, qui créa pour l'arbre qui produit ces graines oléagineuses le genre *Coula*. L'espèce qui a fourni les semences examinées par les auteurs se rapproche par tous les caractères essentiels du *C. edulis* décrit par M. Baillon, mais le fruit, d'une forme analogue à celui du Noyer, en diffère en ce qu'il n'est pas aplati au sommet, mais au contraire un peu ovoïde, à grand axe continuant le pédoncule et le noyau recouvert de petites saillies arrondies au lieu d'être lissé.

Chaque fruit contient une graine unique, à peu près sphérique, comestible et présentant un goût assez prononcé et agréable de pain de Seigle.

Le rendement des amandes en huile est de 22 %. Cette huile est jaune, complètement liquide, fort peu soluble dans l'alcool à 90°. Le tourteau constitue une substance assez azotée et qui pourrait être employée comme engrais ou comme nourriture pour le bétail.

— Enfin une note de M. Prunet sur *la maladie du Mûrier*.

Il existe dans la pathologie du Mûrier une véritable confusion; cela tient à ce que la maladie prend des apparences extérieures multiples. De là les descriptions si peu exactes et si différentes des auteurs. Ces inexactitudes et ces divergences sont dues principalement à la marche peu uniforme de la maladie dont les manifestations nombreuses ont pu être considérées comme représentant autant d'affections distinctes.

La maladie du Mûrier est due à un Champignon de la famille des Chytridinées qui présente de grandes ressemblances avec celui de la Vigne. Le *Cladochytrium* qui la produit ne diffère de celui de la Vigne que par les dimensions un peu moindres de ses zoosporanges, de ses kystes et de ses zoospores.

La similitude des parasites amène la similitude des traitements, c'est-à-dire l'emploi du sulfate de fer en solution de 20 à 40 % de concentration.

Société zoologique de France.

Dans les dernières séances de l'année 1894, la *Société zoologique de France* a reçu quelques communications concernant la Zoologie appliquée, l'une entre autres d'un grand intérêt, due à M. Xavier Raspail, *sur la protection des Oiseaux utiles* (1).

Après avoir rappelé les efforts persévérants accomplis dans cette voie par la *Société zoologique*, l'auteur se préoccupe surtout de rechercher les causes naturelles de destruction des Oiseaux au moment de la reproduction.

Le mémoire de M. Xavier Raspail mérite d'être cité presque entièrement :

« Cette année, j'ai voulu rechercher les « causes naturelles » de destruction au moment de la reproduction, celles qui proviennent du fait des animaux vivant à l'état sauvage.

» Mes observations ont été faites dans une propriété close d'une haie vive et par conséquent soustraite aux incursions des enfants. Les Chats y sont impitoyablement mis hors la loi, mais la proximité du village les renouvelle sans cesse, de sorte qu'il ne se passe pas de nuit sans qu'on ne relève les traces de quelques-uns de ces abominables maraudeurs. Aussi verra-t-on dans le tableau ci-dessous que le nombre des nids détruits par eux est encore important.

» Quant aux autres animaux nuisibles, ils ont été aussi éliminés autant que possible par les pièges et le fusil, sans que j'aie pu arriver à annuler complètement leur action à cause du voisinage d'une grande forêt. Dans ces conditions, la destruction que j'ai constatée est évidemment bien inférieure à ce qu'elle doit être partout ailleurs où de pareilles précautions sont négligées, et il est facile de se rendre compte du peu de couvées qui réussissent quand on ajoute à ces causes naturelles les déprédations des enfants et ce que la culture détruit forcément de nids établis dans les champs.

» Ainsi, sur 67 nids observés d'avril à août, 26 seulement sont arrivés à terme ; dans les 41 détruits, le Chat en a encore 15 à son compte ; après lui vient le Lérot avec 8.

» Devant ce désastreux résultat, j'ai cherché si, par des moyens peu dispendieux et d'une application facile, on pouvait, dans le plus grand nombre de cas, protéger efficacement les nids. J'y suis arrivé sans difficulté et d'une façon des plus simples : pour tous ceux établis à terre, dans les buissons ou même sur les arbres, il suffit d'un simple entourage de grillage à mailles de 41 millimètres, tous les Oiseaux s'en accommodent très bien ; même lorsque cet entourage est placé

(1) Séance du 13 novembre 1894, publiée au *Bulletin*, vol. XIX, p. 143.

autour du nid avant la fin de la ponte, ils n'éprouvent aucune hési-
tation à passer à travers les mailles.

ESPÈCES.	NOMBRE DE NIDS.	RÉUSSIS.	DÉTRUITS.	CAUSES RECONNUES DE LA DESTRUCTION.
Bouvreuil vulgaire......	3	»	3	Deux par Lérot ; troisième femelle prise sur le nid par un Oiseau de proie.
Verdier ordinaire.......	1	1	»	
Pinson ordinaire	22	9	13	Huit par Chat, les autres par Lérot, Pie et Geai.
Chardonneret élégant....	2	2	»	
Linotte vulgaire........	3	1	2	Chat et Geai.
Bruant jaune..........	2	»	2	Œufs enlevés du nid par ?
— zizi............	3	1	2	Lérot.
Pipi des arbres	3	»	3	Pie.
Merle noir............	4	1	3	Chat, Écureuil et Lérot.
Loriot................	1	1	»	
Rossignol ordinaire	3	1	2	Chat et Hérisson ?
Rouge-Queue de muraille.	2	»	2	Lérot.
— Tithys..	3	2	1	Chat (le nid était dans un trou de mur à 60 cent. de terre).
Mouchet chanteur	3	2	1	Lérot (fit ses jeunes dans ce nid).
Fauvette des jardins....	3	1	2	Chat et Geai.
— à tête noire....	2	1	1	?
Babillarde grisette......	2	1	1	Chat.
Pouillot Fitis..........	3	2	1	Chat.
Troglodyte mignon	1	»	1	Lérot.
Orite longicaude	1	»	1	Jeunes mangés dans le nid par ?
	67	26	41	

» Pour les nids placés dans des trous d'arbres et de murs où ils
sont continuellement exposés à la visite du Lérot et de tous les animaux carnassiers de taille à y pénétrer ou à les atteindre avec la
patte comme le font le Chat et la Fouine, on peut disposer des cavités
artificielles inaccessibles aux animaux destructeurs. Sans recourir à
un fabrication spéciale, beaucoup d'ustensiles de ménage hors d'usage
peuvent être utilisés dans ce but : entonnoir en fer blanc fixé sur une
planche et dont on élargit le sommet du cône après en avoir enlevé le
tube, boîtes à lait et burettes fixées horizontalement ; pots en grès
vernis pyriformes, dont on perfore le fond, et tant d'autres qui ne
donnent que l'embarras du choix. Il ne reste qu'à suspendre l'objet
au tronc d'un arbre ou contre un mur. Les parois lisses des ustensiles
ont sur les bûches creuses préconisées par quelques-uns, l'avantage

que les animaux nuisibles ne peuvent s'y maintenir et parvenir jusqu'à l'ouverture.

» Je ne puis dire si beaucoup des Oiseaux qui nichent dans les trous s'en accommoderaient ; les Picidés, par exemple, qui creusent eux-mêmes de profondes cavités dans les arbres pour y déposer leurs œufs, ne s'en serviront évidemment jamais ; mais je puis assurer que sans compter le Moineau qui bien, que considéré par beaucoup comme nuisible, détruit un nombre considérable d'Insectes pour nourrir ses jeunes, deux Oiseaux assez nombreux partout, la Mésange charbonnière et le Rouge-Queue de muraille, les adoptent immédiatement, même de préférence aux cavités naturelles : c'est déjà quelque chose que d'assurer la reproduction de ces deux insectivores par excellence.

» Avec l'entourage de grillage, les nids à terre ne peuvent être attaqués que par la Belette, le Mulot et la Souris ; dans les buissons peu élevés, ils ne sont menacés que par ces deux derniers rongeurs ; dans les arbres, l'entourage assure surtout la sécurité contre le Chat ; mais ainsi qu'on a pu le voir, ce n'est pas une des. moindres causes de destruction annulée. Voici le résultat obtenu à l'aide des moyens que je viens d'indiquer :

ESPÈCES.	NOMBRE DE NIDS.	JEUNES SORTIS DU NID.	OBSERVATIONS.
Pinson ordinaire........	1	5	
Linotte vulgaire........	1	5	
Bruant zizi	1	4	
Merle noir...........	3	11	Un œuf clair.
Rossignol ordinaire......	2	9	
Rouge-Queue de muraille.	1	4	Deux œufs clairs.
Fauvette des jardins.....	1	5	
Babillarde grisette	1	4	
Pouillot Fitis	3	16	Un œuf clair.
—	1	1	Trois jeunes furent enlevés par un animal qui s'était fait un passage sous le grillage.
Mésange charbonnière ..	2	21	Un œuf clair.
Nonnette.............	1	6	
Orite longicaude........	2	11	Un des nids détruit par un Lérot deux jours avant l'éclosion.
	20	102	

» Sur 20 nids protégés, un seul a été entièrement détruit ; ce nid d'Orite longicaude était placé contre le tronc d'un Peuplier d'Italie à

1ᵐ,30 du sol ; pour l'entourer, je m'étais servi d'un grillage à très petites mailles ne permettant le passage à aucun quadrupède ; mais le Lérot qui a mangé les œufs est venu par les arbres voisins dont les branches touchaient-le Peuplier: De plus, un nid de Pouillot fitis n'a donné qu'un seul jeune, les autres ayant été enlevés par un animal inconnu qui s'était creusé un passage sous le grillage.

· » Mais en fait, cette protection a assuré la reproduction de 102 jeunes pour 19 nids. Si on compare ce chiffre au relevé des couvées non protégées, on trouve proportionnellement que sur ces 20 nids, 7 seulement auraient réussi s'ils n'avaient pas été préservés.

» En admettant donc qu'on se décide à appliquer nos lois et que les intéressés veuillent bien renoncer à leur coupable négligence, de façon que les causes de destruction des Oiseaux utiles imputables à l'homme soient supprimées dans la mesure du possible, il faudrait encore pendant un certain temps se préoccuper d'assurer la reproduction contre les animaux sauvages, et je viens de démontrer combien c'est chose facile et applicable à peu de frais. Pour beaucoup de nids, il suffit de deux à trois mètres de grillage dont le prix est si minime que la dépense est insignifiante étant faite une fois pour toutes, puisque ce grillage peut servir indéfiniment.

» Voilà ce que les Sociétés protectrices des Oiseaux, les Sociétés d'agriculture et d'horticulture, directement intéressées dans la question, devraient propager et encourager ; en agissant ainsi, elles seraient assurées de poursuivre un but pratique : le repeuplement des Oiseaux par la protection éficace de leurs couvées. »

A signaler dans la même séance une curieuse note du baron d'Hamonville sur *Les Moules perlières de Billers*. Dans cette petite localité du Morbihan, on peut observer une colonie de Moules comestibles perlières absolument cantonnée au milieu de bancs considérables des mêmes Mollusques, offrant une nacre tout à fait normale.

M. Ch. Wardell Stiles, du *Bureau of animal Industry*, de Washington (Etats-Unis), continue à publier dans le *Bulletin de la Société zoologique de France* ses *Notes sur les parasites*. La plupart des types étudiés proviennent d'animaux domestiques : Poules, Lapins, etc. A ce titre, elles intéressent les éleveurs, mais le caractère trop technique des descriptions empêche de les résumer ici.

M. Rémy Saint-Loup décrit, sous le nom de *Lepus Schlumbergeri*, une nouvelle espèce de Lièvre du Maroc et discute à ce propos la définition de l'espèce. Pour lui, « l'espèce nouvelle est un cas tératologique qui se reproduit pendant un temps plus ou moins long et dont l'existence n'est pas toujours apparente pour la seule étude morphologique ». Il y a là matière à des discussions d'une haute portée philosophique et qui sont peut-être moins étrangère qu'on ne serait tenté de le croire à la Zoologie appliquée.

Dans la dernière séance de l'année, la *Société zoologique* a constitué son bureau pour 1895 de la façon suivante :

> *Président :* M. Léon Vaillant, professeur au Muséum d'histoire naturelle.
>
> *Vice-Présidents :* MM. E.-L. Bouvier, professeur agrégé à l'Ecole de Pharmacie de Paris; R. Moniez, professeur d'histoire naturelle à la Faculté de Médecine de Lille.
>
> *Secrétaire général :* M. Raphaël Blanchard, membre de l'Académie de Médecine, professeur agrégé à la Faculté de Médecine de Paris.
>
> *Secrétaires :* MM. J. Richard et de Kerhervé.
>
> *Trésorier :* M. Schlumberger.
>
> *Bibliothécaire :* M. Pierson.
>
> *Archiviste :* M. Secques.

Société centrale d'Aquiculture de France.

La *Société centrale d'Aquiculture de France* dont le siège est à Paris, 7, rue des Grands-Augustins, a constitué son bureau de la façon suivante pour l'année 1895 :

> *Président :* M. le baron de Guerne, secrétaire général de la *Société d'Acclimatation.*
>
> *Vice-Présidents :* MM. Gauckler, inspecteur général des Ponts et Chaussées en retraite ; George (des Vosges), président de Chambre à la Cour des Comptes ; Edmond Perrier, membre de l'Institut, professeur au Muséum ; Raphaël Blanchard, membre de l'Académie de Médecine, professeur agrégé à la Faculté de Médecine de Paris.
>
> *Secrétaire général :* M. le Dr Georges Roché, inspecteur principal des Pêches maritimes.
>
> *Secrétaires :* MM. Bouillot, Leroy et R. Parâtre.
>
> *Trésorier :* M. le Dr Mocquard, assistant au Muséum.
>
> *Bibliothécaire-archiviste :* M. F. Rathelot.

Étant donnée la composition du bureau, il est superflu de faire remarquer que la *Société d'Aquiculture* et la *Société d'Acclimatation* vont vivre désormais en bonne intelligence pour le plus grand bien de tous ceux qu'intéresse la culture des eaux.

VI. NOUVELLES ET FAITS DIVERS.

Reproduction du Poisson rouge dans un petit aquarium. — Nous empruntons au recueil *Science Gossip* (Londres, 1, N, S., 8 octobre 1894, p. 186) la note suivante, signée P. HILTON :

« Depuis environ trente ans, je possède un tout petit aquarium mesurant 55 centimètres de long sur 38 de large.

L'année dernière, je l'avais rempli de plantes qui s'y développaient à merveille, des *Vallisneria spiralis*, entre autres. J'y avais mis, en outre, deux Poissons rouges et quelques *Planorbis corneus*.

En juillet, je constatai, dans l'aquarium, la présence de quelques jeunes Cyprins; j'en fus très surpris, car, jusqu'alors, aucun fait semblable ne s'était offert à mon observation.

Les alevins se développèrent, mais quelques-uns croissaient lentement, tandis que d'autres grossissaient rapidement au point que le plus fort atteignait un volume égal à plusieurs fois celui du plus petit.

Les Poissons les plus faibles disparurent peu à peu et j'en conclus qu'ils avaient été dévorés par leurs frères.

Au bout d'un certain temps, en effet, il ne restait plus qu'un seul Poisson, mais celui-là d'assez belle taille.

En 1894, j'exerçai une surveillance plus attentive et voici ce que j'observai : Le 12 août, le Poisson se montra très excité, nageant vigoureusement et se frottant contre les parois de l'aquarium. Le 13, au matin, je vis fixés à celles-ci ou collés sur les plantes un certain nombre d'œufs de la grosseur d'un grain de Sagou fin.

Dans le but d'augmenter les chances d'éclosion, je changeai les œufs de milieu, je donnai quelques unes des feuilles qui en étaient recouvertes à un de mes frères, possesseur d'un bassin dépourvu de Poissons, mais contenant des Plantes et des Mollusques. J'en confiai en même temps, d'autres à un ami qui les plaça dans un bocal à large orifice dans lequel se trouvaient aussi des Plantes et des Mollusques. Enfin, je gardai le reste dans un vase rempli d'eau pure. C'est là que le 17 septembre se produisit une première éclosion, tandis que chez mon frère et chez mon ami les œufs disparurent sans qu'on eût aperçu aucun Poisson. Ils avaient sans doute été la proie des Mollusques (1). »

✕

(1) Les observations précédentes, bien qu'elles ne semblent point offrir une exactitude scientifique rigoureuse, nous ont paru cependant devoir être publiées afin d'attirer l'attention de nombreux amateurs de Poissons rouges (*Note de la Rédaction*).

Résistance des bois de l'Inde. — Dans une circulaire, datée du 31 octobre 1879, le Gouvernement indien enjoignait aux Écoles forestières d'organiser des expériences pour connaître la durée de certains bois indigènes. On devait choisir pour cela les meilleurs échantillons de même grandeur.

L'École forestière de Dehra-Dein entreprit cette étude en 1881 et la poursuivit jusqu'à ces derniers temps. 39 échantillons de divers bois furent fichés dans le sol; la moitié du morceau était sous terre, l'autre moitié restait à l'air. Le jardin de l'École possède un terrain très sablonneux qui a fourni à l'analyse : 35 pour cent de sable ; 24 % de terre et 5 % de matières organiques.

Cette localité (altitude : 700 mètres) est située au pied de l'Himalaya, dans une large vallée qui s'étend du Jumna au Gange ; le climat en est tempéré. On évalue la moyenne annuelle des pluies à 11 centimètres cubes.

Parmi ces échantillons, certains bois tendres et délicats disparurent au bout de peu de temps ; ils pourrirent ou furent attaqués par les Termites ou Fourmis blanches. En août 1892, soit onze ans plus tard, on retira tous ceux qui avaient plus ou moins resisté. Voici ce que l'on constata :

Trois sortes de bois étaient parfaitement conservées ; le Cyprès de l'Himalaya (*Cupressus torulosa*), exposé depuis dix ans ; le Teck (*Tectona grandis*), depuis neuf ans et l'Anjan (*Hardwickia binata*) depuis sept ans. Le Deodar (*Cedrus Deodara*) et le Sissoo (*Dalbergia sissoo*), exposés depuis onze ans, avaient le cœur intact, tandis que l'aubier était atteint des Fourmis. Le Piaman (*Eugenia operculata*) et le Jaman (*Eugenia jambolana*), mis depuis dix ans, résistèrent bien. Il en fut de même du Sandan (*Eugenia dalbergioides*), du Toon (*Cedrela Toona*) et de l'*Albizzia procera*. Le Toon était presque intact dans sa partie restée à l'air ; mais l'autre partie enterrée était trouée par le Mycelium de Champignons. Les *Terminalia tomentosa* et *Albizzia Lebbek* étaient en bon état après huit ans. Les *Phyllanthus Emblica, Odina cordifolia, Cedrela serrata, Pinus excelsa* et *Abies Smithiana* furent atteints après sept ans de séjour. Le *Pinus longifolia* et trois espèces de Chênes (*Quercus semecarpifolia, incana* et *dilatata*) résistèrent six ans. L'*Ægle marmelos*, le *Stephegyne parvifolia*, l'*Abies Webbiana* et le *Schleichera trijuga* étaient sains au bout de cinq ans. Le *Grewia* ne dépassa pas quatre années. Les Bois qui durèrent le moins furent les *Lagerstræmia parviflora, Anogeissus latifolius, Acacia Arabica, Butea frondosa, Æsculus Indica* et le Manguier (*Mangifera Indica*) qui commencèrent à se détériorer à la troisième année. DE S.

Le Gérant : Jules GRISARD.

DES CHIENS D'AFRIQUE

Par M. DE SCHÆCK

D'APRÈS M. SIBER DE SIHLWALD.

(SUITE ET FIN [*].)

Andersson nous parle d'un autre devoir qui incombe aux Chiens de la côte occidentale. Les Damaras, de race Bantu, se nourrissent surtout de lait. Ils mangent et boivent toujours dans la même tasse. Pour la laver, on la présente à lécher aux Chiens. Ces gens pensent que si on la lavait, les Vaches cesseraient de donner du lait.

Francis Fleming mentionne encore cette habitude chez les Cafres de la côte sud-est. « Quand les écuelles à lait sont » vides, on les place en dehors des huttes ; les Chiens affamés » et attentifs se précipitent immédiatement pour les lécher. » Ensuite les tasses sont serrées jusqu'à nouvel ordre. »

M. E. de Weber cite un autre emploi du Chien dans l'Afrique méridionale. Nous voulons parler de son dressage pour la chasse à l'homme. Ce voyageur raconte ce qui suit : « La » fille d'un Cafre d'Amakosa fut vendue par son père à un » homme âgé qu'elle n'aimait point ; elle s'échappa pour se » cacher au milieu des roseaux d'un étang. C'est là que les » Chiens de son persécuteur la découvrirent ; ils la saisirent » et la rapportèrent au mari. Cette femme s'enfuit de nou- » veau et resta cachée dans un ravin pendant quatre jours » jusqu'à ce que les Chiens la ramenassent. Sa sœur, mariée » aussi contre son gré, s'esquiva de la même façon. Mais » poursuivie par sa famille, accompagnée d'une meute de » Chiens, elle se jeta dans un fleuve où elle devint la proie » des Crocodiles. »

(*) Voyez *Revue*, 1893, 2e semestre, p. 529, et 1894, 2e semestre, p. 485.

On se sert encore des Chiens dans les jugements de Dieu. M. O'Neill, consul d'Angleterre, rapporte un cas curieux qui nous vient du pays des Makúas. Comme on sait, cette peuplade habite la partie du continent située entre le lac Nyassa et la côte orientale, en face de l'île de Mozambique. Quand il s'agit de juger de la culpabilité ou de l'innocence d'un accusé ou de quelque autre différend entre deux plaideurs, les Makúas et de même les Muasws ou indigènes du lac Nyassa et de la vallée du Zambèze, ont la singulière habitude de donner la décoction vénéneuse d'un arbre à boire au Chien de l'une des parties. S'il survit, le propriétaire est acquitté ou vainqueur. Généralement, on enferme le soir le Chien dans la demeure d'un médecin qui doit préparer le poison et le lui administrer le matin suivant, à jeun. Quand parfois l'animal trépasse, conséquence d'une erreur dans la dose, le médecin ne manque pas d'offrir son Chien crevé aux voyageurs. Il obtient en échange un yard et demi de calicot.

« Pendant mon court séjour chez les Makúas, il ne m'arriva » rien de semblable, car je fus obligé de forcer ma marche et » je ne pus attendre pour assister à une scène de ce genre. » Mais les quelques Chiens que je rencontrai dans les villages, » quoique de forte taille, n'appartenaient à aucune race et, » de plus, mal soignés, ils n'auraient guère supporté l'expé- » rience que j'ai rapportée. »

Selon Livingstone, cette sorte de *jugement de Dieu,* par l'intermédiaire des Chiens, existe chez les Barotsés (13°-16° de lat. sud ; 17°-21° de longit. ouest). Mais chez cette tribu, on administre le *Muawe* à un Chien ou à une Poule. On évalue la faute d'après la façon dont l'animal expire.

Le Dr Jean Schinz de Zurich nous parle dans son volume *Deutsch Südwestafrika* des sacrifices de Chiens qui sont pratiqués par les Ovambós de l'Amboland, au sud de l'Afrique, région située entre les Damaras et le Kunéné. Les Ovambós les immolent pour apaiser leurs ancêtres irrités, auxquels ils attribuent les maux qui leur surviennent. On distingue environ six sacrifices de ce genre ; le second est appelé *Oxula jombuamba,* ce qui signifie qu'un vrai sacrifice de Chien est offert en faveur des malades. La victime est amenée ; on l'assomme en la frappant jusqu'à ce que le crâne soit fracassé. Un petit bâton, entouré de feuilles de Palmier, est alors plongé dans son sang ; on en frotte le visage, les bras et les jambes du malade. Le foie, le cœur et les reins sont rôtis dans de la cendre chaude, et l'on fait cuire, en même temps, dans un pot, un morceau de la viande du Chien, pour en tirer un bouillon. Viande et bouillon ne sont pas consommés, mais le sorcier les jette en l'air en se servant du bâton, et il s'écrie : « Vous, ancêtres, prenez votre viande et votre bouillon, mais mon enfant doit guérir ! » Le malade mange des entrailles, mais se garde d'y toucher avec les mains. Le sorcier l'encourage par ces paroles : « Mange la victime, on l'a tuée pour toi. » Le reste de la viande est partagé entre les invités qui assistent à la cérémonie.

Nous voyons encore le Chien jouer un rôle dans les superstitions. Au récit d'Andersson, une croyance des Damaras leur fait admettre que l'âme continue à vivre après la mort en prenant une autre forme. Ordinairement, c'est l'apparence d'un Chien avec des pattes d'Autruche. Quiconque rencontre un esprit de ce genre en meurt.

Le Chien est même mentionné dans les histoires de spectres que l'on raconte au Cap de Bonne-Espérance où les esprits sont très nombreux. Ils apparaissent soit sous une forme humaine, soit sous une forme canine. « Un jour, je » revenais à une heure avancée de la baie de Simon — » raconte le conducteur d'Andersson, du nom de John, — » lorsque tous mes Bœufs s'arrêtèrent soudain ; ils se seraient » précipités dans la forêt si je n'avais pas immédiatement » changé la direction de l'attelage. On ne voyait rien, mais » bientôt un grand Chien blanc, portant une chaîne au cou, » se montra. Il avança lentement sans nous faire aucun mal » et disparut dans un carrefour, quand nous continuâmes » notre route. Une autre fois, je rencontrai un esprit sous » la forme d'un géant noir, suivi d'un énorme Chien de la » même couleur. »

En Afrique, les Chiens se contentent parfois d'une nourriture particulière. Johnston nota dans un village, près de Stanleypool, que l'on y faisait une véritable orgie d'Ananas. Les indigènes sont trop paresseux pour aller vendre ces fruits. Les enfants, les Chiens, les Chats, les Cochons, les Chèvres, les Volailles, etc., sont nourris d'Ananas. En Arabie, dans la Syrie et même le sud de l'Afrique, on sait que les Chiens mangent les Sauterelles, mais il n'existe dans ce fait rien d'extraordinaire, car le colon apprécie lui-même

ce mets nutritif qu'il cuit, légèrement, au-dessus du feu. Ainsi
à Aden, on voit journellement des Arabes et des Nègres,
armés de grands filets à Papillons, se rendre à la chasse aux
Sauterelles.

Mais il est plus rare de voir des Chiens se nourrir de Termites volants blancs. Dans le Sud-Ouest, Livingstone rencontra de grands vols de ces Fourmis qui ressemblaient à
des flocons de neige dans l'air. Les Chiens, les Chats, les
Faucons et presque tous les Oiseaux suivaient ces vols, et
ils mangeaient avec satisfaction les Insectes qui tombaient
sur le sol. Il semble encore naturel que les Chiens aiment
beaucoup la noix de coco, bien entendu la partie charnue de
la noix ouverte; ils s'en nourrissent partout où ils la rencontrent.

De même, en Asie et en Afrique, les Chiens indigènes
recherchent les excréments humains. Cela n'est pas extraordinaire, car ils y trouvent toujours des substances nutritives qu'ils peuvent s'assimiler. Mais il est curieux de constater leur goût prononcé pour la fiente des Poules.

Région méditerranéenne et Maroc. — Le nord de l'A-
frique, la Tripolitaine, la Tunisie, l'Algérie et le Maroc nous
offrent une grande variété de Chiens. Les nègres ne font
preuve d'aucune habileté pour les domestiquer et les élever
d'une manière rationnelle. Si l'on trouve dans ces contrées des races plus appréciées, cela tient, d'une part au trafic
établi avec l'Europe depuis des siècles, et d'autre part au
climat subtropical d'une partie de ces régions, conditions
favorables au développement des animaux domestiques. Cependant, à l'exception de l'Algérie et du Maroc, ces pays ne
nous offrent pas aujourd'hui de races caractérisées. On
n'est point parvenu jusqu'ici à établir la souche de notre
Barbet; les uns veulent qu'il soit originaire du nord de
l'Afrique, la première description de cette race fut en effet
donnée en Espagne, au xve siècle. Mais nous ne connaissons pas un seul document qui atteste la présence ou l'origine du Barbet, voire même de ses variétés les plus voisines, dans ces pays. Par contre, l'Afrique septentrionale
possède quatre et même cinq espèces de Lévriers, dont
deux véritables Sloughis, un Lévrier à poil ras et à oreilles
pendantes, un Lévrier de chasse, enfin, un Lévrier à poil

long (1) dont les oreilles retombent. De plus, on y rencontre une sorte de Pariah, venu d'Espagne, désigné par Krichler sous le nom de *Podenco* ; un grand Chien de Berger, moitié Chien-Loup, moitié Spitz, c'est le *Chien des Douars* (fig. 44), enfin plusieurs variétés de Spitz. Inutile d'ajouter qu'on y voit de nos jours, surtout en Algérie, diverses races européennes qui produisent entre elles, et avec des races autochtones, des métis variés.

Figure 44.

Maroc. — Nous avons déjà donné quelques renseignements sur une race remarquable que l'on trouve au Maroc. Le *Berliner Anzeiger*, du 13 juillet 1891, parle très probablement de ces Chiens quand il signale une magnifique race de ces animaux existant au Maroc et dont les habitants sont très fiers. « Pour empêcher leur exportation, on a établi un monopole » sur eux. L'homme qui n'en tiendrait pas compte devien- » drait un criminel sujet à l'extradition. »

Les renseignements qui nous sont parvenus sur ces Chiens du Maroc sont très peu importants ; nous les reproduisons néanmoins pour compléter les documents que nous avons exposés précédemment.

Stutfield (*El Magreb*), dit que ces animaux causent des désagréments au voyageur. « Chaque Chien de village était

---

(1) Nous reproduisons en dernier lieu, des dessins du Lévrier à poil long et du Chien des Douars dans les chapitres suivants, où l'on trouvera des renseignements détaillés sur ces deux races.

continuellement sur le qui-vive et annonçait par ses aboie-
ments furieux notre moindre mouvement. » Stutfield mentionne (*Zeitschrift für Ethnologie* XIX, 243) un usage rare
dans le Maroc où les préceptes du Coran défendent de manger
la chair du Chien. Cependant, suivant ce voyageur, on en
nourrit les femmes pour les rendre belles et grasses. Quand
on connaît l'aversion pour le Chien que professent les musulmans, on peut s'étonner de voir aller si loin l'amour-propre
des femmes du Maroc et le désir des hommes de les embellir.

Horrowitz (*Maroc*, 1887) donne des renseignements très
différents de ceux de Stutfield qui écrivait : « *Dogs are a
great nuisance.* » D'après lui, on ne rencontre pas au Maroc
ces troupes de Chiens errants et demi-sauvages que l'on voit
dans les pays mahométans de l'Orient. Peut-être ce narrateur
s'est-il trouvé dans des régions où ces animaux avaient été
anéantis par quelque maladie, ou dans des localités peu fré-
quentées par les Chiens, car la notice suivante publiée par le
Zeitschrift für Ethnologie, t. XX, 206, nous dit tout le
contraire :

« Chez les Marocains de race Berbère, le Chien est indis-
» pensable pour veiller sur les douars. Chaque douar pos-
» sède une forte meute qui n'a pas de maître particulier. Ces
» animaux sont cependant très attachés à leur village et ne
» le quittent jamais. A l'approche des étrangers, ils font un
» tapage infernal, et le voyageur doit parfois se garantir de 30
» à 40 Chiens en leur jetant des pierres. En outre, il est dit
» qu'ils n'appartiennent pas à une race particulière (?) ; ils se
» rapprocheraient surtout de nos Loulous. Selon la plupart
» des auteurs, aucun cas de rage a été signalé jusqu'ici au
» Maroc. Récemment, toutefois, Quedenfeldt en a noté plu-
» sieurs cas (1). »

Thomson dans ses *Travels in the Atlas and South Mo-
rocco* n'est pas du même avis qu'Horrowitz; d'après lui,
les Chiens ne sont pas seuls à causer du bruit et des désordres dans les villages, les Chevaux se mêlent à eux. Col-
ville (*A ride in petticoats and slippers*) partage encore la
même opinion. « Les Chiens marocains sont un véritable
» fléau pour le pays. S'ils s'étaient contentés pendant nos

(1) La rage fut probablement introduite par les Anglais qui chassent au Maroc avec leurs Chiens ; peut-être est-elle venue d'Algérie par les établissements
français de l'intérieur. — M. S.

» repas d'allonger leur tête jusque dans notre tente, passe
» encore; mais le repas terminé, ils restaient près du cam-
» pement, tout prêts à nous sauter dessus dès que nous
» sortirions. »

D'après Hooker, dans certains lieux autour de Tanger, l'air
est empesté par les cadavres de Chiens et de Chats, tandis
que d'autres animaux amaigris et galeux font entendre leurs
plaintes (*Reise in Marokko, Globus*, 1879). Chez les Arabes
du Maroc, on croit que les Chiens n'aboient pas aux personnes qui sont dépouillées de vêtements. M. A. de Conring
nous parle de cette croyance dans le récit de Los, la femme
arabe.

« Le *Mansur* arabe, qui porte un poignard entre les dents·
» et un fusil dans la main et qui se traîne le ventre contre
» terre, est entièrement nu, car il sait que le Chien n'aboie
» pas contre un homme nu, et il se glisse dans la tente de
» Fatma où son époux dort près d'elle. »

On ne connaît pas assez exactement les allures de ces
Chiens du Maroc. Christ nous dit seulement que ceux de
Tanger sont « de petite taille, maigres, allongés, avec des
» oreilles pointues qui retombent à moitié; leur queue pend;
» leur robe est rougeâtre, noire ou tachetée. Ils se montrent
» craintifs ».

La *Zeitschrift für Ethnologie*, t. XX, mentionne une autre
race : « Les Lévriers à long poil (Sloughis) répandus dans tout
» le Magreb, principalement chez les Arabes du Sud-Ouest
» du Beled-el-Machsin, n'existent pas chez les Berbères. Les
» Arabes s'en servent souvent dans la fauconnerie. » Sans
aucun doute, il s'agit ici du Lévrier à oreilles retombantes,
race qui ressemble un peu au Setter, distribué dans l'ouest
algérien, en particulier à Tlemcen. Ce Chien et le vrai Sloughi sont répandus autant dans le nord de l'Afrique qu'en
Arabie.

De nos jours, les Européens et surtout les Anglais, qui
viennent en hiver chasser avec ardeur dans la région des
côtes du Maroc, poursuivent de préférence le Sanglier,
l'Antilope et le Chacal. A côté des traqueurs indigènes, ils
emploient aussi les Chiens du pays. Ces animaux, un peu
Pariahs, ne sont guère vaillants; leurs pattes sont élevées,
leur pelage roux, leurs oreilles grandes et étroites, leur
queue droite. Franz Krichler fut le premier qui décrivit cette

race, comme nous l'avons déjà rapporté, c'est le Podenco
ou Lévrier de Majorque. Au Portugal, aux Canaries et aux
Baléares, on l'emploie comme Chien courant. Le Char-
nigue du Sud de la France et des côtes méditerranéennes
lui est très voisin, mais il possède plus de sang de Lévrier.
On ne doit pas supposer que ces Pariahs chassent aussi bien
que nos Chiens courants. Ils suffisent pourtant aux besoins
locaux, car ils sont habiles à pousser le gibier dans les épines
et les broussailles ; ils ne suivent pas seulement la pièce
à vue, mais aussi au nez.

L'Algérie. — D'après l'*Ausland*, les Chiens de Tlemcen
(province d'Oran) constituent un danger perpétuel pour les
promeneurs. W. Kobelt rencontra dans les établissements des
Kabyles algériens, à Tunis, des Chiens Spitz, toujours ag-
gressifs. Selon les *Petermanns Mitteilungen*, le Chien des
Touaregs occidentaux ressemblerait à celui des Kabyles.
Kobelt rapporte plus loin : « ...dans le Sud, ces animaux,
» toujours du genre Spitz, sont plus grands et plus forts que
» ceux du Djurdjura; leur queue, plus longue, possède un
» fouet plus élégant. On les estime beaucoup. Deux femmes
» portaient tendrement des petits dans leurs bras. Dans une
» auberge, située près de la gare, je vis un exemplaire ma-
» gnifique, mais aveugle. On pourrait tirer profit de cette
» race. »

M. Stähelin, de Bâle, qui voyagea en Algérie et au Maroc,
dit qu'à Laghouat, les Chiens des Arabes, désignés par les
Français sous le nom de *Chiens kabyles*, se montrent méchants et agressifs vis-à-vis de tous les Européens. Maurice
Wagner nous dit à propos des Chiens d'Alger : Ils sont
presque tous d'un blanc sale, à pelage long, de taille moyenne.
Comme chez les Chats, ils ont de l'attachement pour la
demeure, mais ils n'en montrent aucun envers leur maître.
« Ces Chiens de Bédouins sont très vigilants, mais non cou-
» rageux. Ils s'accouplent souvent avec les Chacals ; j'ai vu à
» plusieurs reprises le produit de cette union. »

Nous reproduisons cette dernière assertion sous toute réserve, car s'il n'est pas rare de voir, à l'état captif, le Chien
s'accoupler avec le Chacal, cela n'arrive qu'exceptionnellement en liberté. Des observateurs consciencieux qui ont vécu
longtemps dans des localités où ces deux Canidés se trouvent

en présence, se refusent à admettre qu'une telle union ait jamais eu lieu. De même, chez nous, on prétend que les croisements entre le Chien et le Renard sont fréquents bien qu'on n'en ait encore constaté aucun cas. Cela tient peut-être à ce qu'un grand nombre de Chiens d'Orient possèdent un faciès de Chien sauvage qui les rapproche du Chacal.

« ...Ici l'on voit souvent des Chiens de chasse d'Europe
» échappés qui se sont installés dans les douars (villages
» arabes). Ils prennent les habitudes des Chiens des Bé-
» douins. »

Autrefois, à Alger, il arrivait souvent que des Européens étaient effrayés à la vue des Chiens des Douars. Un touriste qui traversait la province de Constantine nous raconte ce qui suit dans l'*Ausland* (1849) : « Pendant une excursion, je m'a-
» venturai dans un petit douar composé de six tentes, où je
» fus très mal reçu par une douzaine de Chiens agressifs. Ces
» animaux, à demi sauvages, ne sont jamais nourris; ils
» dévorent le bétail qui meurt et recherchent, en outre, les
» Lézards, les Vers, les Sauterelles et le crottin frais des
» Chevaux. L'été leur est particulièrement dur; l'arrière-
» automne et l'hiver fournissent au contraire une nourriture
» abondante, car en cette saison les bestiaux crèvent en
» grand nombre par suite du froid et du fourrage humide
» qu'on leur distribue. Les Chiens sont dressés pour la chasse
» du Hérisson et du Porc-épic par les Maures de Constantine.
» Dans ce but, ils les élèvent à grands frais; la plupart sont
» des croisés entre Chiens de chasse, Lévriers et Spitz. »

M. Pierre Mégnin fut le premier qui donna dans son volume *Le Chien* (2ᵉ édition) un excellent dessin du Chien des Douars. Notre seconde figure est reproduite d'après une photographie prise dans les montagnes d'Algérie. M. Mégnin ajoute : « Le Chien des Douars est un bon gardien dont les
» Arabes nomades d'Alger se servent pour garder leurs
» troupeaux. Il se reconnaît non seulement par son cou-
» rage, mais par l'instinct merveilleux de distinguer les
» animaux qui appartiennent à son campement de ceux des
» autres douars. »

Kobelt prêta une très grande attention aux Chiens de tous les pays qu'il visita; il publie sur l'Algérie et la Tunisie l'observation suivante : « Vers Bou Noura, la station avant
» Kroubs, je vis un superbe Lévrier rayé comme un Loup,

» et un véritable Sloughi des déserts, de belle race, qui res-
» semble à notre grand Lévrier ; cependant il était plus vi-
» goureux et portait ses *oreilles pendantes*, très gracieux
» dans sés allures ; mais quand on l'excitait, il devenait sau-
» vage et sanguinaire. Les Chiens de cette région sont géné-
» ralement d'un jaune roux uniforme, mais l'on en voit
» aussi au.pelage rayé et, à Tunis, j'en remarquai un d'un
» noir brillant. Ils vivent toujours séparés des Chiens ordi-
» naires des villages. Leurs allures sont très rapides. Les
» meilleurs, qui appartiennent aux chefs, capturent la Ga-
» zelle. On chasse ordinairement l'*Alcelaphus bubalus*. Le
» Sloughi est l'animal préféré de l'Arabe et de sa famille ; il
» vit dans sa tente ; on l'estime autant qu'un Cheval. Il a
» émigré en même temps que l'Arabe, car le Lévrier des an-
» ciens Egyptiens, représenté sur leurs monuments dans des
» chasses au Lion, n'est pas le Sloughi ; il possède des oreilles
» droites dont le bord supérieur seul retombe. La tradition
» arabe voudrait faire dériver son nom du pays légendaire
» *Slugnïa* ; il serait issu du croisement du Loup avec le
» Chien. »

Kobelt commet une erreur en donnant au vrai Sloughi des
oreilles pendantes. Les plus purs Sloughis ont les oreilles
des Lévriers ; chez ces derniers, elles sont légèrement plus
grandes que chez le *Greyhound* anglais. Son allusion à l'antique Égypte n'est guère admissible. Précédemment, nous
avons reproduit des Lévriers de type à oreilles pendantes
et droites, et remontant à 3,000-4,000 ans.

ÉDUCATIONS D'OISEAUX EXOTIQUES

FAITES A ANGOULÊME EN 1894

Par M. DELAURIER aîné.

A M. le Président de la Société nationale d'Acclimatation.

Cher Monsieur,

Depuis plus d'une année, je n'ai rien remis au *Bulletin* de notre Société ; ma paresse écrivassière seule en est cause ; puisse la notice que je vous envoie me rappeler à votre bon souvenir.

Il semble que le *Bulletin* de la Société, si bien fait et si savant qu'il soit, consacre bien peu de pages à un sujet qui intéresse un certain nombre de ses lecteurs, c'est-à-dire à l'élevage.

Chacun a sa manière d'entretenir les animaux, sa façon d'élever leurs jeunes ; un rien décide parfois de la réussite. Il est donc utile et intéressant pour tous que chacun explique sa méthode, surtout lorsqu'elle s'applique à des animaux nouvellement introduits ou encore peu connus, et moi qui compte parmi les plus anciens dans cette catégorie, je donne l'exemple et je souhaite qu'il soit suivi.

Voici donc mes notes d'élevage de l'année 1894 :

Tinamou Tataupa (*Crypturus Tataupa*). — Cet oiseau, d'une taille un peu inférieure à celle de notre Perdreau gris, a le manteau roux vineux, se changeant en gris cendré vers la tête et sous le corps, l'abdomen est recouvert de plumes grises et blanches, le bec mince et long est rouge, les pattes verdâtres, les doigts très courts ne peuvent servir qu'à la marche. Malgré son uniformité, le plumage de ce petit Tinamou, se dégradant en tons tendres, produit un joli effet.

Au Brésil, son pays d'origine, on le considère comme une sorte de Perdrix, sa nourriture est celle des Gallinacés, mais

contrairement à ceux-ci, il se baigne à la façon des Co-
lombides. C'est un oiseau silencieux, paisible, indifférent et
par conséquent excellent pour la volière.

J'ai reçu un couple de Tataupa en 1892 ; ils ont été logés
dans un compartiment de 40 mètres carrés contenant des
Argus, Colombes et Perruches, et ils y ont passé les deux
derniers hivers sans paraître souffrir du froid. Le mâle, même
pendant les nuits les plus dures, a toujours couché en plein
air, cependant leurs ongles ont gelé et ont été remplacés par
des callosités, mais sans leur occasionner ni la moindre boî-
terie, ni le plus petit léger malaise apparent. Les deux sexes
sont identiques.

On ne reconnaît les mâles qu'aux cris d'appel plusieurs fois
répétés qu'ils font entendre durant le printemps et une partie de l'été. A cette époque, ils se battent entre eux et il est
nécessaire de les séparer.

Au mois de mai 1893 la femelle pondait, près d'un tas de fagots, quatre œufs plus gros que ceux de Perdrix, d'un rouge
vineux vernis ; elles les couva assidûment, les recouvrant
de brindilles et de plumes lors de ses sorties journalières.
Après 18 à 20 jours d'incubation, elle laissa le nid suivie de
quatre petits, vêtus d'un joli duvet roux rayé de lignes noires.
Très vifs, se dissimulant au plus léger bruit, à la moindre
approche des autres oiseaux, dans les plus petits recoins et
sous les plus minces touffes d'herbes, ces poussins si agiles
évitaient toutes les atteintes, et, à un appel bas de la mère, ils
se réunissaient en un instant sous elle. Elle éloignait parfois
son mâle qui circulait indifférent autour de la petite famille.
Avec la pâtée ordinaire, quelques œufs de fourmis et les petits insectes qu'ils trouvaient dans le parquet, ces petits Tinamous croissaient à vue d'œil. A un mois et demi, ils pouvaient se passer des soins de la mère et celle-ci fit une
nouvelle ponte de quatre œufs et une troisième que l'on
confia à une poule ; de sorte qu'en 1893, 11 jeunes furent
élevés.

Cette année, la même femelle répéta ses pontes plus fréquemment, et, sans fatigue, elle donna en œufs presque trois
fois son poids. Ses cinq pontes successives furent de 5, 6 et 7
œufs. Elle éleva la première et la dernière couvée ; mais les
œufs de celle-ci, pondus dans un endroit découvert, furent
brisés sauf deux, qui, transportés dans un nid artificiel placé

dans une boîte demi-close, furent néanmoins couvés par la femelle qui éleva les deux jeunes.

Certaines poules n'acceptent pas ces poussins si dissemblables des leurs par leurs formes et leurs allures ; c'est ainsi qu'une des couveuses a tué tous les jeunes Tinamous au fur et à mesure de leur naissance. L'emploi de la Poule négresse est donc tout indiqué pour ce genre d'éducation.

Les cinq couvées de la saison dernière ont donné 20 jeunes ; trois ont été tués par les Chats, un s'est échappé de la volière, un autre est mort en bas âge, 15 ont été élevés.

La rusticité et la fécondité de cet oiseau, son caractère placide, mérite qu'on s'en occupe, d'autant mieux que le Tataupa, très charnu relativement à sa taille, a des pectoraux énormes et constitue un rôti exquis.

Colin de Gambel (*Lophortyx Gambeli*). — Proche parent du Colin de Californie, de taille un peu plus forte et beaucoup plus joli.

Son plumage est plus clair, plus varié et plus riche que celui du Lophortyx de Californie. L'occiput est d'un beau brun marron, les plumes de la huppe ont un très grand développement ; ses flancs sont d'un beau roux brun rayés de marron clair et de blanc, le dessous du corps est cendré et l'abdomen est noir, le port de cet oiseau est très élégant et la femelle elle-même est jolie.

Le couple Colin de Gambel qui est arrivé ici en octobre 1893 a passé tout l'hiver dehors sans accident.

Du 1er au 18 avril, la femelle pondait 15 œufs dans un lit informe construit par elle derrière un Fusain. Cette femelle ne manifestant aucun désir de couver, les œufs furent confiés à une petite poule. Tous étaient clairs.

Au commencement de mai, le mâle fit entendre fréquemment des cris assez retentissants, et la femelle, qui à peine interrompait ses pontes, donna, de mai à fin juillet, environ 60 œufs, dont 25 étaient fécondés. Ces œufs répartis successivement sous cinq petites poules donnèrent naissance à 22 jeunes. Un mourut à l'âge de huit jours et trois autres qui avaient passé au travers du grillage devinrent la proie des Chats.

L'élevage de cette variété de Colins se pratique exactement comme celle du Colin de Californie. Le jeune, à sa naissance, est a peu près de la taille de celui-ci, encore plus actif, plus agile et plus farouche. La boîte d'élevage convient bien jusqu'à l'âge de 12 à 15 jours, les accidents ne sont plus à craindre et, en raison de l'exiguïté de leur taille, il faut une maille très fine pour retenir les petits Colins dans leur parquet pendant les premiers jours de leur existence ; enfin la boîte d'élevage les préserve de l'humidité à laquelle ils paraissent sensibles dans le bas âge. Dès la naissance on aperçoit déjà la huppe, qui est, ainsi que je l'ai dit, de même forme mais plus développée que chez le Colin de Californie. Ces oiseaux sont très sociables, j'ai successivement réunis toutes les couvées ensemble, puis avec le vieux couple, et jamais je n'ai vu la moindre querelle.

Le Colin de Gambel est une nouvelle et charmante acquisition pour nos volières. Aussi rustique et d'un élevage aussi facile que le Colin de Californie, il dépasse un peu celui-ci en taille et surtout en beauté.

Tragopan de Hasting. — Ce Tragopan est la plus belle variété de la famille ; le couple que je possède, arrivé au printemps de 1893, n'a manifesté cette première année aucun désir de reproduction.

Au printemps dernier le coq, superbe, montrait fréquemment les appendices érectiles bleus barrés de jaune orange qu'il fait saillir de sa gorge et étale sur sa poitrine rouge carmin ; il redressait ses cornes bleues cylindriques et avait perdu son naturel farouche.

Après plusieurs accouplements, la femelle prit possession d'un panier de Poule pondeuse placé à deux mètres du sol et y fit cinq œufs, presque de la grosseur de ceux du Lophophore, à deux et trois jours d'intervalle.

Sachant les excellentes qualités de la femelle Tragopan comme couveuse et mère, on les lui laissa, mais elle les abandonna au bout de huit ou dix jours pour recommencer une nouvelle ponte de trois œufs qu'elle refusa également de couver.

Les deux couvées, confiées à deux Poules nourrices donnèrent 7 petits, 4 la première et 3 la seconde ; un seul œuf, le premier pondu, était clair.

L'élevage des Hasting se pratique de la même façon que celui des autres variétés de Tragopans.

Un jeune est mort en bas âge ; un des plus beaux coqs, issu de la première ponte, a été, à l'âge de 3 mois et demi, atteint d'une paralysie des membres inférieurs qui l'a emporté en 3 jours. Les 5 autres, 4 mâles et une seule femelle, ont, à 5 mois, presque la taille des parents. Ils ont été nourris, pendant les deux premiers mois, de pâtée, œufs de fourmis et asticots, puis de flan ; ils étaient et sont encore très avides de Mouron, Laitrons, Pissenlits, herbes dont ils sont approvisionnés chaque jour. Les coqs se distinguent facilement à l'âge de deux mois, ils prennent les teintes du mâle adulte, mais plus effacées. La large plaque rouge carmin, qui orne la poitrine de l'adulte, est, chez le jeune coq, jaune rougeâtre.

Outre le couple adulte, je conserve le jeune couple, tout à fait familier, né chez moi cette année. J'espère donc que ce magnifique oiseau deviendra, plus tard, à la portée des amateurs qui reculent devant les prix élevés qu'il atteint en raison de sa rareté et de la difficulté de son importation.

Pintade vulturine. — L'élevage de ces oiseaux s'est fait à la campagne en liberté complète.

Mon couple a enfin donné ses œufs en bonne saison, c'est-à-dire en juillet. La femelle a pondu une trentaine d'œufs dont les derniers seulement (environ 12) étaient fécondés ; 11 jeunes sont nés sous deux Poules, 2 sont morts en bas âge, les 9 autres ont parfaitement réussi, sans soins pour ainsi dire. Ces deux couvées ont d'abord vécu dans le grand jardin clos où sont installées les volières. A l'âge de 15 jours, les jeunes Vulturines franchissaient les murs de clôture et faisaient la chasse aux Sauterelles et insectes dans une vigne et un pré qui dépendent de la propriété ; jamais elles ne se sont éloignées de leur lieu de naissance. Elles habitent la partie d'une grande serre aménagée pour elles en parquet, et, chaque soir, et par les temps pluvieux, elles reviennent fidèlement au logis.

Elles sont plus familières et moins vagabondes que la Pintade commune. Nul oiseau ne paraît mieux se prêter à la domesticité ; et quel magnifique habitant pour la basse-cour que la Pintade vulturine avec son port d'échassier, les plumes étroites qui ornent son cou et forment de longues raies blanches sur le bleu d'outre-mer superbe de sa poitrine.

Cet oiseau n'a pas le cri aussi désagréable et si souvent répété de la Pintade ordinaire et il est très-sociable.

Les deux couvées élevées chez moi se sont réunies et les jeunes, toujours ensemble, vivent en parfaite intelligence. Cette espèce est encore un peu délicate, craint le froid et l'humidité, mais, après plusieurs générations, lorsqu'elle aura accepté nos saisons et sera bien acclimatée, elle remplacera avantageusement la Pintade commune qu'elle surpasse en taille et surtout en beauté.

Oiseaux divers. — Dans une précédente notice j'ai expliqué les élevages des divers oiseaux qui peuplent mes volières qui se composaient savoir :

Un couple d'Argus desquels j'ai obtenu, cette année, 4 jeunes dont 3 élevés.

Un couple de Chinquis : 11 jeunes.

Les Sœmmering et les Elliot n'ont fait que des œufs clairs, malgré leur bon état et l'ardeur apparente des coqs.

Un couple de Colombes poignardées : 8 jeunes.

Des Colombes grivelées, lumachelles et poignardées ont fait de nombreuses couvées, dont les petits ont été élevés, soit par elles, soit par des Colombes ordinaires ; j'ai obtenu d'un couple de Perruches multicolores 2 couvées et 4 jeunes ; d'un couple Nouvelle-Zélande 9 jeunes, et 4 en deux couvées de Perruches ondulées jaunes.

Les Diamants mirabilis m'ont donné 8 jeunes, plus deux, qui en ce moment (18 déc.), sortent du nid et réussiront si la température douce, dont nous jouissons, se maintient pendant quelques jours,

Le couple Argus, qui est ici depuis trois ans, ne m'a jamais donné aucune déception. Cette espèce est bien plus robuste qu'on le suppose. On peut loger les Argus avec n'importe quels oiseaux, ils sont inoffensifs pour tous. Leurs jeunes s'élèvent aussi facilement que les petits de l'Éperonnier, ils sont plus frileux, voilà tout. En trois ans, j'ai pu élever 11 de ces oiseaux. La proportion d'œufs clairs, cette saison, (3 sur 7) a été plus forte que dans les années précédentes.

Mon unique couple Éperonnier Chinquis vit ici depuis 10 ans ; le mâle était importé, la femelle venait de Beaujardin ; les pontes, toujours abondantes, se composaient d'œufs à peu près tous fécondés, la mortalité pendant l'élevage est presque nulle, la moyenne des jeunes élevés chaque année a été de 9 à 11.

Deux couples de Colombes plumifères (*Phaps plumifera*) espèce très voisine mais bien plus jolie que la marquetée, sont ici depuis le printemps dernier. Un de ces couples a pondu cet été, à terre dans une légère cavité, dans laquelle ces Colombes avaient apporté quelques brindilles, 6 œufs blancs plus petits que ceux de la Colombe ordinaire. Je n'ai pu sauver qu'un seul de ces œufs cassés par la poule Hasting lorsque la Plumifère abandonnait son nid.

Cet œuf mis en incubation sous les Colombes nourrices a été jeté ou est tombé hors du nid, au moment où le petit allait naître. Depuis cette époque et malgré l'ardeur persistante des mâles il n'y a plus eu de pontes. Cette variété de Colombe marcheuse avec son plumage bigarré de jaune sable, noir, bleu cendré, l'œil entouré d'un cercle rouge avec joues bleu cendré et cravaté noir, huppe longue et effilée, miroirs violets aux ailes, est une des plus jolies variétés connues. Elle paraît fort rustique, pas sensible au froid, pas farouche ; le mâle, très ardent, étale à chaque instant les miroirs violets de ses ailes ; la reproduction ne devra pas présenter plus de difficultés que celle de la marquetée, mais son caractère querelleur est un obstacle à sa conservation en volière et rendra fréquemment le mâle victime de ses attaques contre plus fort que lui.

RECHERCHES SUR LES MARRONS D'INDE

PAR M. CH. CORNEVIN,
Professeur à l'École vétérinaire de Lyon.

Pendant la malheureuse année 1893, plusieurs agriculteurs m'ont consulté pour savoir s'ils pourraient utiliser les Marrons d'Inde ou fruits de l'*Æsculus hippocastanum* à la nourriture de leurs animaux domestiques et trouver ainsi un petit appoint pour parer à la disette fourragère résultant de la sécheresse.

Je n'avais pas à ce moment d'expériences personnelles sur lesquelles je pusse m'appuyer pour donner des réponses précises, premier motif de la réserve dans laquelle je me suis tenu vis-à-vis de mes correspondants. Un deuxième motif avait pour cause les divergences que je rencontrais parmi les auteurs que je consultais, les uns présentant le Marron d'Inde comme pris sans difficulté par le bétail et constituant une nourriture saine et tonique, d'autres affirmant qu'il n'est que difficilement accepté et parfois complètement refusé. C'est ainsi que Rodet, dans sa *Botanique médicale et fourragère* dit : « Dans quelques localités de la France, on les fait macérer pour les donner comme nourriture aux bestiaux, principalement aux Vaches et l'on assure que dans plusieurs contrées de l'Asie, on en fait manger la farine aux Chevaux, d'où serait venu le nom d'*Hippocastanum* qui veut dire Châtaigne de cheval. Il est aussi démontré qu'on peut composer avec cette farine du pain propre à la nourriture de l'homme. »

Magne et Baillet reconnaissent que la plupart des herbivores refusent d'abord le Marron puis s'habituent à le manger. « Il est tonique, disent-ils, et comme le Gland, il pourrait assaisonner la nourriture fade, relâchante, les tubercules et les racines ; il est d'ailleurs nourrissant par lui-même et serait favorable surtout aux ruminants disposés, les années pluvieuses, à contracter la pourriture. Il produit un lait riche en caséum (1). »

(1) Magne et Baillet, *Hygiène vétérinaire*, t. III, page 185.

Nous pourrions multiplier les citations et, aux précédentes, ajouter celles de personnes qui ont dit que leurs Vaches en sont friandes, et les mettre en opposition avec celles de personnes soutenant qu'en raison de son amertume et de la dureté de son écorce les animaux ne s'en accommodent pas du tout. C'est même pour faire disparaître en partie cette amertume qu'un auteur anglais, Elias, a conseillé de diviser le Marron, de le faire macérer dans quantité suffisante d'eau et de jeter celle-ci.

S'il y avait divergence sur l'accueil fait par les animaux domestiques aux Marrons, ni les praticiens ni les auteurs d'ouvrages de botanique ou d'hygiène vétérinaire ne les signalaient comme vénéneux, à preuve, Rodet disant qu'on en peut faire du pain pour l'homme. Mais en 1893, parut l'entre filet suivant dans la *Revue des sciences naturelles appliquées*, 2ᵉ semestre, p. 478 :

« L'automne dernier, différents journaux d'élevage conseillaient de distribuer les fruits du Marronnier d'Inde (*Æsculus hippocastanum*), hachés et trempés aux volailles. Un grand propriétaire saxon en donna à ses Poules, en éliminant au préalable l'infusion amère. Elles refusèrent cette nourriture, mais les Canards ne se firent pas longtemps prier. Le lendemain, onze d'entre eux périssaient. Il ne s'agissait pas d'épidémie. La dissection démontra qu'ils avaient été empoisonnés par le tannin (*sic*) contenu dans les Marrons. L'effet de cette substance n'est peut-être pas le même chez d'autres animaux. On déconseille cependant de donner des Marrons en quantité aux Porcs.

» Il serait intéressant de faire des essais, car on sait que les Marrons d'Inde peuvent être donnés avec profit et sans inconvénients aux ruminants. »

Cette note m'avait frappé et je m'étais promis de contrôler le fait quand l'occasion s'en présenterait. Dans une lettre personnelle, M. A. Geoffroy Saint-Hilaire qui avait été non moins intéressé que moi par la note précitée, voulut bien me demander d'étudier expérimentalement la question, car, me disait-il, j'ai souvent fait consommer des Marrons aux ruminants sans détriment pour leur santé et, d'autre part, je n'ai trouvé dans votre livre sur « LES PLANTES VÉNÉNEUSES » aucun renseignement sur le plus ou moins de nocuité des fruits du Marronnier d'Inde.

Fin octobre 1894, une provision de Marrons fut recueillie et je me mis à la besogne en me proposant d'étudier : 1° l'accueil fait par les animaux aux Marrons crus et cuits ; 2° si les ruminants peuvent en manger impunément et quelle quantité ; 3° si ces fruits sont vénéreux et leur ingestion mortelle pour les oiseaux de basse-cour ; 4° si la macération, la cuisson, la torréfaction détruisent le principe vénéneux ; 5° les symptômes et les lésions de l'empoisonnement ; 6° la nature du toxique.

1° *Appétance des animaux pour les Marrons d'Inde.* — J'ai expérimenté sur les Moutons, les Porcs et les Canards.

Dans tous mes essais, les Marrons ont été décortiqués ; en les privant ainsi de leur enveloppe passablement dure et qui pouvait rebuter les animaux, je pensais éliminer une des causes capables de contribuer à les faire délaisser.

Dans une première série d'expériences, Moutons, Porcs et Canards ont été laissés à une diète préalable de vingt-quatre heures, puis on a placé devant chaque lot des Marrons décortiqués, crus et divisés en tranches. Malgré la faim qu'ils éprouvaient, ces animaux n'y touchèrent pas, les Porcs pas plus que les autres, dans la journée et la nuit qui suivirent cette distribution. Le lendemain, ils en consommèrent, mais en quantité insignifiante.

Voyant que les Marrons distribués seuls n'étaient pas acceptés ou l'étaient à peine, j'en fis mêler les tranches à de l'avoine. La quantité consommée fut un peu plus forte qu'auparavant, mais non satisfaisante, les Canards et surtout les Moutons opérant le triage de l'avoine avec une habileté et une rapidité remarquables. Par ce système, je ne pus faire consommer plus de 50 grammes de Marrons par jour et par Mouton.

2° *Les ruminants mangent-ils impunément le Marron d'Inde ?* — Peu satisfait, je laissai de côté, momentanément, le Canard et le Porc, pour concentrer mon attention sur le Mouton. Je fis mélanger les Marrons finement divisés à des cossettes de Betteraves. Cette fois le succès fut complet. Les Moutons mangèrent intégralement leur ration. J'avais commencé par faire un mélange à parties égales comprenant 100 grammes de Marrons frais et 100 grammes de Betteraves, puis je suis arrivé progressivement, de quatre jours en quatre jours à doubler la proportion de Marrons vis-à-vis de celle de Betteraves. De 100 grammes, je suis monté successivement à 150, 200, 250, 300 et 400 grammes de Marrons par tête et par jour quantité qui n'a pas été dépassée. L'expérience a duré vingt quatre jours ; *aucun dérangement ne s'est manifesté dans la santé des Moutons.*

Pendant que je réalisais cette expérience, j'ai appris que M. Flahaut, vétérinaire à Poitiers, avait recueilli l'automne précédent une observation sur le même sujet qui constitua une expérience bien plus vaste que la mienne. Le tiers d'un troupeau de 120 bêtes, soit 40 Moutons, reçut d'abord pendant quinze jours 250 grammes de Marrons divisés, crus et mélangés à des Betteraves, puis 500 grammes pendant un mois, et cela sans qu'il survînt aucun accident (1).

Il est donc exact que le Mouton peut consommer impunément jusqu'à un 1/2 kilogramme de Marrons frais chaque jour. Bien que je n'aie point expérimenté sur les autres ruminants domestiques, je crois que cette immunité s'applique à la Chèvre et à la Vache. En effet, Ternaux utilisa autrefois des Marrons à la nourriture de ses Chèvres de Cachemyr sans qu'il survînt d'accidents. Un propriétaire lorrain, M. de Malglaive, dans une communication à la Société d'agriculture de Nancy a fait connaître que depuis vingt ans il fait distribuer chaque automne, « un picotin » de Marrons d'Inde par jour à chacune de ses Vaches et que non seulement il n'a pas vu survenir d'accident, mais que la qualité du lait et surtout du beurre a été améliorée. D'après mon évaluation, le picotin doit représenter environ 2 kil. 200 gr. de Marrons frais.

3° *Le Marron d'Inde est-il vénéneux pour les Oiseaux de basse-cour ?* — On a vu plus haut le refus opposé par les Canards à l'ingestion *spontanée* du Marron d'Inde en quantité suffisante pour qu'on pût se prononcer, puisque mes sujets d'expérience n'ont consommé chacun que 8 grammes de Marrons. J'eus recours alors au gavage. On sait avec quelle facilité se fait chez les Anatidés cette opération qui ne perturbe en rien leurs phénomènes digestifs.

Il est exécuté avec soin et chaque Canard reçoit en deux

(1) Flahaut, *Étude locale des aliments distribués au bétail du Poitou en 1893-1894*, in « Journal de médecine vétérinaire et de zootechnie », novembre 1894.

fois 100 grammes de Marrons crus, décortiqués et divisés en
menus fragments. Des régurgitations ne tardent pas à se
produire, mais la totalité n'est pas évacuée. En pesant ce qui
a été rejeté et en le déduisant de la quantité introduite par
gavage, on constate que chaque Canard en a conservé 49
grammes. Le lendemain mêmes manœuvres, mêmes résultats. A ce moment, les Canards sont tristes, mangent à peine,
barbottent beaucoup dans l'eau et sont atteints d'une diarrhée qui les épuise. Le troisième jour au matin, l'un des oiseaux, la femelle dont le poids est inférieur de 140 grammes
à celui du mâle, est trouvée morte. Elle avait ingéré et conservé 98 grammes de Marrons frais et décortiqués.

On continue le gavage du Canard survivant qui, ce troisième jour, ne vomit plus ; son jabot est distendu et les parois
en semblent paralysées.

Le quatrième jour au matin, cet oiseau paraît très malade,
il se déplace difficilement et ne cherche pas à s'éloigner quand
on veut le saisir. Il meurt à dix heures et demie après avoir
reçu et conservé environ 198 grammes de Marrons frais.

Une première chose frappe avant de faire les autopsies,
c'est l'amaigrissement rapide qui s'est produit. Ainsi la femelle, qui a succombé la première, a perdu dans trois jours
420 grammes de son poids et le mâle, mort ensuite, a maigri
de 255 grammes en quatre jours.

A l'autopsie, j'ai trouvé une certaine quantité de fragments intacts de Marrons dans le jabot et le gésier. La partie de l'intestin contiguë au gésier était le siège d'une inflammation des plus vives et continue ; dans le reste du tube
digestif çà et là quelques plaques hémorrhagiques. Autres
organes sains.

Cette expérience a été contrôlée sur un second lot de Canards et elle a conduit à des résultats semblables. Il y a donc
lieu de conclure que le Marron d Inde frais et décortiqué,
à la dose de 48 à 50 grammes par jour, empoisonne les
Canards.

4° *La dessiccation, la torréfaction, la cuisson et la macération avec rejet de l'eau employée, sont-elles capables de
détruire la vénénosité du Marron d'Inde ?* — Le Marron
frais est d'une conservation difficile, ce qu'il partage d'ailleurs avec la Châtaigne. Il se couvre assez rapidement de

moisissures; pourrit, fermente ou germe. Voudrait-on en faire
une provision pour l'alimentation hivernale, il serait nécessaire de le dessécher pour éviter toutes ces altérations.
Si en assurant sa conservation. la dessiccation détruisait la
vénénosité, il y aurait double avantage à la pratiquer. J'ai
donc dû étudier ce point.

Le Marron sec et divisé est accepté, en mélange, par le
Mouton comme le Marron frais. Je m'en suis assuré et, de
son côté, M. Flahaut, dans l'expérience précitée a fait nourrir 40 Moutons pendant un mois et demi avec une ration dans
laquelle le Marron sec entra d'abord pour 125 grammes puis
pour 250 grammes par tête et par jour.

Par suite des résultats obtenus plus haut, ce n'est pas le
Mouton qu'il faut choisir pour savoir si le Marron reste vénéneux, mais le Canard.

Dans un premier essai, des Marrons décortiqués, ont été
desséchés à l'étuve réglée à 55°. Leur nocuité n'a pas été
détruite, ils ont tué les Canards qui les ont ingérés.

Dans un second essai j'ai poussé jusqu'à la torréfaction.
Les Marrons décortiqués et divisés, ont été placés dans une
étuve Wiesnegg chauffée à 130° et on les y a laissés 1 heure
20 minutes. Ils ont acquis une couleur café et répandu une
odeur de caramel. Il y a eu une forte diminution de poids,
car 700 grammes de Marrons frais ne pesaient plus que 430
grammes au moment où on les a retirés de l'étuve, soit une
perte de 39 %.

Distribués au Canard, les Marrons torréfiés l'ont empoisonné, mais l'intoxication a été lente et en ramenant le poids
des Marrons secs à leur poids à l'état frais, il en fallut *trois*
fois plus. Une partie du toxique avait-elle été détruite par la
torréfaction ? S'était-il produit quelque mutation chimique
ayant pour résultat la formation d'un nouveau corps moins
actif ?

En faisant cuire avec une quantité suffisante d'eau, les
Marrons jusqu'à ce qu'ils s'écrasent à la façon des Pommes de
terre cuites, et en les faisant ingérer, les effets sont différents
suivant qu'on jette l'eau de cuisson ou bien qu'on la laisse
pour faire une purée. Dans le premier cas, les Marrons sont
à peine vénéneux ; je ne puis dire qu'ils ne le sont plus du
tout, car dans mes recherches j'ai occasionné la mort mais en
donnant des quantités *quarante-huit* fois plus considérables

qu'avec des Marrons crus. Il est possible que si, après avoir
jeté l'eau de cuisson, j'eus lavé soigneusement les Marrons
cuits, ils eussent été complètement inoffensifs.

Dans le second cas, quand on broie les Marrons cuits avec
leur eau de cuisson pour faire une bouillie, la toxicité subsiste, mais avec un amoindrissement, car il m'a fallu *six*
fois plus de Marrons cuits que de crus pour occasionner la
mort.

La macération amène de semblables résultats ; en jetant
l'eau dans laquelle ont baigné pendant vingt-quatre heures
des Marrons dépourvus de leur enveloppe et divisés, leur
toxicité est considérablement abaissée sans avoir disparu
complètement. Il est probable qu'en prolongeant la macération et en la complétant par une série de lavages on enlè-
verait entièrement le principe toxique.

5° *Symptomatologie et lésions de l'empoisonnement par
les Marrons d'Inde*. — Le Canard qui a ingéré des Marrons
perd l'appétit, il est atteint de soif vive, de diarrhée ; un
amaigrissement rapide, puis de la faiblesse, de l'inertie du
jabot, de la difficulté des déplacements surviennent et finalement la mort arrive dans la prostration.

Pour mieux suivre les symptômes, je me suis servi du
Chien comme sujet d'expérience en utilisant la voie hypoder-
mique.

Huit cents grammes de Marrons crus et frais ont été réduits en pulpe puis soumis à la presse. Le suc exprimé a été
injecté sous la peau d'une Chienne épagneule, en excellente
santé et du poids vif de 15 kilogrammes. Les chiffres ci-dessous renseignent sur l'état du pouls, de la respiration et de la
température :

	TEMPÉRATURE.	RESPIRATION.	CIRCULATION.
Avant l'injection hypodermique..	38°,6	24 r. à la minute.	88 puls.
1 heure après l'injection......	38°,3	26 —	84 —
2 — —	38°,9	28 —	84 —
4 — —	39°,3	30 —	90 —
6 — —	40°,8	36 —	108 —
12 — —	38°,8	» —	pouls à peine explorable.

Voici les autres symptômes observés. Il y eut d'abord un

peu d'agitation, l'animal, se relevant et se couchant tour à tour, puis à partir de la 25ᵉ minute après l'injection, une salivation qui alla en augmentant se déclara et persista pendant deux heures ; l'animal poussa des plaintes vives et répétées. A partir de la troisième heure il fut plus calme, cessa à peu près de saliver, mais resta très triste, continua à faire entendre de temps à autre des plaintes, refusa la viande et la soupe mais but de l'eau fraîche.

Vers la cinquième heure, il y eut une notable accélération de la respiration et du pouls qui devint petit. La marche se ralentit et une raideur du train postérieur se manifesta.

A partir de la sixième heure, il se tint debout, immobile, comme accablé ; pourtant l'intelligence était restée intacte, l'animal remuait la queue quand on le caressait.

Vers la douzième heure, il se coucha de tout son long ; il pouvait à peine se tenir debout quand on le relevait. Il mourut dix-huit heures après l'injection, sans convulsions, dans un état de faiblesse extrême, après quelques vomissements.

L'autopsie, pratiquée peu après, a décelé une irritation notable de la muqueuse gastrique, des plaques hémorrhagiques semées de place en place sur toute la longueur de l'intestin, mais plus rapprochées vers le rectum. Celui-ci, dans toute sa longueur, était vivement congestionné ; c'était la partie la plus malade de l'intestin. Très légère irritation des reins. Les autres organes, cœur, poumons, foie, rate étaient normaux ainsi que les centres nerveux.

Cette autopsie — et j'en ai fait un certain nombre dont les résultats ont été les mêmes — a donc montré des lésions semblables à celles qu'on obtient quand le poison, au lieu d'être injecté sous la peau, est introduit directement dans le tube digestif. — Ce poison a sur celui-ci une action élective ; il n'y a pas besoin du contact direct par suite de l'ingestion ; quelle que soit la voie par laquelle on l'introduit dans l'économie, il va réagir sur l'estomac et l'intestin, spécialement sur la partie terminale ; il chemine vers les voies digestives pour s'éliminer par leur muqueuse et son élimination provoque une vive inflammation qui va jusqu'à l'hémorrhagie.

6° *Considérations sur la nature de l'agent toxique du Marron d'Inde.* — Les considérations médicales qui précèdent vont aider à la discussion de la nature du toxique renfermé dans le Marron. Il n'est pas inutile de chercher dans la sémiologie et l'anatomo-pathologie des lumières, car les recherches chimiques pures n'ont pas donné une solution définitive et satisfaisante.

En effet, les chimistes disent avoir trouvé dans le Marron d'Inde, outre l'eau, la fécule, la gomme, le glucose, l'huile et une protéine (albumine ou caséine), du tannin, une substance amère soluble dans l'alcool, une résine et une matière savonneuse identifiée par Frémy à la saponine.

Parmi ces dernières substances, le tannin a été particulièrement accusé. C'est à tort suivant moi, car de nombreuses expériences entreprises à propos de végétaux très tannifères m'ont prouvé qu'il ne produit nullement l'empoisonnement précité. D'ailleurs une preuve sans réplique est fournie par la comparaison symptomatologique résultant de l'ingestion du tannin et du Marron. Dans le premier cas, une constipation opiniâtre se produit ; dans le second, c'est une diarrhée affaiblissante. Je me suis assuré également que l'huile doit être mise hors de cause.

L'une des trois substances restantes, la saponine, est connue depuis longtemps comme vénéneuse, c'est elle, en particulier, qui rend la nielle des Blés (*Agrostemma githago*) nocive. En étudiant par la méthode des injections veineuses et hypodermiques les divers principes toxiques extraits des végétaux, comme je l'ai fait lors de la rédaction de mon Traité des plantes vénéneuses, en voit qu'il en est deux qui produisent des lésions presque identiques, qui s'éliminent de la même façon par l'intestin et dont la symptomatologie a beaucoup de rapports, sans arriver à une similitude complète, ce sont la saponine et la colchicine ou, pour parler d'une façon plus exacte, les extraits de la nielle des Blés et du bulbe du Colchique d'automne, car les chimistes n'ont pas tiré complètement au clair la question de leurs principes vénéneux.

Or, l'expérimentation sur les animaux m'a montré que les effets du Marron d'Inde sont intermédiaires entre l'un et l'autre. Par ses symptômes et ses lésions, le poison dont il s'agit établit la transition sans être absolument identique ni à la saponine, ni à la colchicine.

D'où il faut conclure qu'il existe dans le Marron d'Inde un toxique propre, qui n'est ni la saponine, ni la colchicine, mais près de l'un et de l'autre; ou admettre que la saponine et la colchicine ne sont pas des corps fixes, nettement définis, mais variables suivant leur provenance et que c'est à eux que convient bien l'épithète de protéiques, qu'en un mot il y à plusieurs sortes de saponines et de colchicines.

« M. Rochleder ne considère pas comme de la saponine la substance extraite des Marrons d'Inde par M. Fremy. D'après ce chimiste, l'extrait alcoolique des cotylédons des Marrons d'Inde contient un principe amer, *l'argyrescine*, une matière colorante jaune amorphe et une substance qu'il nomme *aphrodescine* et qui n'est pas identique à la saponine. En effet, l'aphrodescine est soluble dans l'eau et précipitable à chaud par l'acide chlorhydrique en flocons volumineux. Elle diffère de la saponine par sa solubilité dans l'alcool et par l'action des alcalis qui la transforment en acide escinique et en acide butyrique. » M. Rochleder attribue à l'aphrodescine la formule $C^{52} H^{34} O^{23}$, tandis qu'il attribue à la saponine la formule $C^{32} H^{54} O^{18}$. D'après lui, l'aphrodescine et l'acide escinique, traités à chaud par l'acide chlorhydrique, se dédoublent en sucre et en un nouveau corps qu'il appelle télescine. (*Bulletin de la Société chimique*, 1863, t. V, p. 219.)

Il ne m'appartient pas de trancher les différends des chimistes. J'ai voulu simplement montrer par l'étude clinique : 1° qu'il existe dans le Marron un principe vénéneux à effets intermédiaires entre ceux de l'*Agrostemma gilhago* et du *Colchicum autumnale* ; 2° que ce principe est particulièrement actif pour le Canard qu'il tue rapidement.

Dans une prochaine campagne, je rechercherai si les fruits du *Pavia*, si voisins des Marrons, sont vénéneux.

II. EXPOSITIONS ET CONCOURS.

COUP D'ŒIL SUR LE CONCOURS GÉNÉRAL

Par M. E. PION,
Vétérinaire.

Le Concours agricole de l'an 1895 ne diffère pas assez de ses aînés, pour que nous ayons à trouver beaucoup de nouveau en le parcourant. Ce qu'il y a de plus dissemblable, si l'on veut établir une comparaison, c'est la température, par trop sibérienne. On croirait que cette immense étable est en plein air, et que les viandes de ces pauvres exposés, naturellement congelées, malgré leurs couvertures, vont se conserver jusqu'à l'été prochain, en faisant concurrence aux Moutons venus tout frigorifiés de la Plata.

Un autre changement consiste en ceci : les volailles vivantes sont descendues de la galerie supérieure où elles étaient nichées auparavant et on peut les admirer dans le centre de la nef où elles s'ébattent au milieu de leurs cages à claires-voies. Jamais le Palais de l'Industrie ne fut mieux peuplé. L'extension porte principalement sur les bêtes bovines et porcines. Les Taureaux ont le droit d'être plus nombreux, puisqu'on a porté leur limite d'âge jusqu'à quatre ans. Il est évident que le local va devenir insuffisant, étant donnés l'émulation des éleveurs et l'appât des médailles dont le nombre a été généreusement augmenté.

Mais s'il y a là toutes les espèces animales possibles et imaginables, la Chèvre, qui pourrait sans doute intéresser le jury, si elle était présentée par Esmeralda, n'y figure point. C'est une bête pauvre dont plusieurs milliers de montagnards vivent en France, et sans laquelle la Corse ne saurait exister ; mais, malgré M. Geoffroy Saint-Hilaire et ses plus humbles collaborateurs, cette rare productrice n'eut jamais le don de plaire à l'administration.

J'ai toujours prétendu, à tort évidemment, qu'un joli lot de Chèvres, en pleine lactation, attirerait les regards des curieux et des mères, et qu'un commerce de cette humble laitière s'établirait, utile et rémunérateur. M. le Ministre, qui est médecin, ne peut se désintéresser à ce point d'un lait si précieux aux enfants et aux malades, et le moins suspect de tous certainement, si l'on envisage la profanation par les bacilles de la tuberculose. Nous ressasserons l'antienne à ce sujet, jusqu'à ce que nous obtenions raison, c'est-à-dire dans quelque cinquante ans. Nous avons le temps d'espérer comme on dit en Normandie.

Pour les frileux, signalons tout d'abord cette véritable consolation : les volailles mortes, les beurres, les fromages ne sauraient s'altérer, ni accueillir le plus mince microbe, fût-il rempli de tendresse et de bonne volonté; mais les braseros les mieux surveillés, les mieux entretenus même pendant toute la nuit, n'ont pu empêcher les fleurs de se flétrir au grand détriment des efforts de MM. de Vilmorin, Forgeot et autres fleuristes de premier ordre.

L'an dernier, la pénurie des fourrages avait légèrement influencé le concours; aujourd'hui, l'abondance des graisses exagérées nous prouve que la nourriture n'a pas manqué; de plus, le prix de la viande, fort élevé depuis si longtemps, a sollicité les fermiers à garnir et à étoffer leurs étables. Quel dommage que la zootechnie ne puisse arriver à produire du muscle seul, à défaut de tissu adipeux ! Ce serait là un événement plus considérable que beaucoup d'autres dont sont chargées les colonnes des journaux.

Quelle opinion avoir sur un ensemble d'animaux portés à ce point de perfectionnement ? Un avis quelconque est fort difficile à donner. Le jury déjà, composé de connaisseurs émérites, est lui-même critiqué dans ses jugements. Je ne sais pas quels sont les hommes qui ont octroyé un grand prix à une Vache et à un Taureau bretons; mais j'y applaudis de toutes mes forces; il est temps que la revanche des petites races, un peu trop dédaignées, finisse par arriver. C'est très beau le Durham, mais, étant donné l'avilissement de la graisse, ce roi des ampleurs et des précocités est justement déchu.

Je ne dirai rien de ces éternels compagnons de Saint-Antoine qui depuis longtemps ont tenu toutes leurs promesses ; à mon sens, le moins éleveur des paysans peut se targuer de produire un Cochon de concours : le hasard d'un bon goret bien nourri fera la chose. — Je passe.

Je loue sans réserve le prix d'honneur des Limousins, et la

bande des Charollais blancs ; ces bêtes exquises ne feraient
pas tache dans un concours en Angleterre. Malgré les services que certains croisements ont rendus, j'estime que les
animaux anglais nous seront de moins en moins nécessaires ;
si nous avions eu des Backewel et des Colling, nous aurions
fait de nos races des chefs-d'œuvre d'embonpoint et de précocité. Dans cet ordre d'idées je trouve très légitime notre
chauvinisme agricole.

J'ai vu et admiré avec le plus vif plaisir les merveilleux
Moutons de M. Nouette-Delorme qui, par sa persévérance et
son goût, est parvenu à perfectionner le Southdown et le
Dyshley au point de faire enrager le plus glorieux des gen-
tilshommes farmers du Royaume-Uni. De même je couvrirai
d'éloges le lot sans pareil de Brebis, nourries dans le Cher
et appartenant à M. Macé, sous le n° 2,053. Il n'est guère
possible d'aller plus loin dans l'art zootechnique.

La Ferme de la Faisanderie, sous le nom du Ministère de
l'Agriculture, a exposé — mais hors concours heureusement,
— quelques bêtes dont les lignes ne correspondent pas au
parallélipipède idéal, adoré des amateurs. Ces Bœufs, dont
deux surtout étaient ensellés, n'auraient pu faire tort à leurs
rivaux s'ils s'étaient mis sur les rangs.

Je regrette de ne pas voir, comme l'an dernier, un lot de
Bœufs tunisiens ; il aurait été intéressant de constater les
progrès réalisés par cet élevage spécial dans un pays où la
légende entretient, dit-on, une sécheresse éternelle sans pâturages et sans verdure. — Un maigre lot d'algériens, qui ne
paraissent pas purs encore, nous a désillusionnés sur les
producteurs de ce pays qui, certes, auraient pu nous montrer
quelques échantillons plus perfectionnés dans la race elle-
même. — Nous pouvons assurer que dans les mois d'été,
parmi les nombreux troupeaux envoyés au marché de la
Villette, on pourrait choisir certains sujets, qui, triés sur le
volet, feraient une bonne figure au Palais de l'Industrie et
mériteraient un prix à part, comme il en a été accordé déjà.
Cet élevage d'Algérie, par un temps de viande rare et chère,
devrait être encouragé par tous les moyens possibles ; car la
métropole a besoin des Moutons voisins, et la colonie n'a pas
à se plaindre si les beaux écus de France passent la Méditerranée pour aller grossir la sacoche des colons et des indigènes.

III. EXTRAITS DES PROCÈS-VERBAUX DES SÉANCES DE LA SOCIÉTÉ.

2ᵉ SECTION (OISEAUX).

SÉANCE DU 8 JANVIER 1895

PRÉSIDENCE DE M. OUSTALET, PRÉSIDENT.

Le Bureau de 1894 est réélu à l'unanimité et se trouve ainsi composé pour 1895 :

Président : M. Oustalet.
Vice-président : M. Magaud d'Aubusson.
Secrétaire : M. J. Forest aîné.
Vice-secrétaire : M. le comte d'Esterno.
Délégué aux Récompenses : M. G. Mathias.

M. Decroix fait diverses observations sur l'utilité d'un ensemble d'efforts par les diverses Sociétés s'occupant de l'importante question de « la protection aux Oiseaux utiles ».

M. Oustalet rappelle qu'une conclusion conforme était le résultat des travaux de divers Congrès ornithologiques, notamment à Vienne en 1884, à Paris en 1889 et à Buda-Pesth en 1891. L'adoption de mesures protectrices internationales s'impose ; en France, il conviendrait de modifier la loi de 1844 sur la chasse, d'unifier les périodes de chasse et les désignations d'espèces d'animaux dont la chasse serait autorisée, actuellement soumises à l'arbitraire préfectorale ; de toute façon la chasse des Oiseaux insectivores avec des engins quelconques sera interdite : la chasse au fusil pourrait être seule pratiquée en période de chasse ouverte.

M. Rathelot demande l'interdiction du commerce de gibier de conserve, en période de chasse fermée.

M. Mailles donne lecture d'une notice sur les Hirondelles et demande son insertion dans la *Revue* de la Société, la Section décide que les renseignements concernant les Hirondelles seront centralisés et complétés par ceux qu'il sera possible d'obtenir en Algérie et en Tunisie.

M. Forest signale les dégats considérables que font les Moineaux en Algérie et en Tunisie ; ils sont considérés comme un fléau aussi funeste que les Sauterelles ; il devient impossible de conserver autour ou dans les exploitations agricoles les arbres servant d'abri à ces Passereaux. En Tunisie, les colons réclament énergiquement la destruction des lignes d'*Eucalyptus* qui bordent la voie ferrée dans la Medjerda. A Aïn-Regada, dans la province de Constantine, un petit bois d'*Eucalyptus* est le refuge de Moineaux qui dévastent annuellement les cultures des environs. En 1894, on en a détruit 35,000, sans que le nombre paraisse en avoir diminué. Tous les crédits votés pour leur destruction ont été épuisés et l'on recherche, s'il ne serait pas possible d'attaquer ces Oiseaux à l'aide de quelque parasite microscopique. Depuis un grand nombre d'années, le Comice agricole de Sétif s'adresse à tous les corps savants pour obtenir un moyen de se préserver des Moineaux.

Dans les environs de Médéah, un agriculteur de nos amis a recours à un procédé de destruction assez original. Tous les jours avant le coucher du soleil, on étend sur les meules de paille, refuge nocturne des Moineaux, sur des piquets, etc , des vieux filets de pêche enduits de glu. Un écart de 10 à 20 centimètres sépare le piège des meules de paille que recouvrent ces filets. Les Moineaux, malgré l'hécatombe journalière, persistent à fréquenter ce gîte inhospitalier ; malgré la méfiance et l'intelligence que l'on reconnaît à ces oiseaux, ils y reviennent toujours et leur nombre ne diminue pas. Cette destruction, sans portée pratique, me fait croire qu'il y aurait un emploi utile, à faire de ces victimes Nous savons qu'au Japon le Moineau est particulièrement détruit dans un but industriel, il fournit un élément important au commerce de la parure. Une seule maison d'importation de Paris, en 1894, en a vendu plus d'un million, teints en noir. De gros envois de ces Moineaux japonais, ont été expédiés à New-Souk au prix extravagant de bon marché de 1 fr. 80 la douzaine d'Oiseaux teints en noir, montés, c'est-à-dire préparés pour mettre sur un chapeau. D'ailleurs, il me paraît que la création d'un produit alimentaire, à l'imitation du fameux pâté de Mauviettes de Chartres et de Pithiviers serait un emploi assez pratique ; en tout cas il pourrait contrebalancer le massacre déplorable des Oiseaux insectivores. Nous verrons alors le Moineau comestible jouer le rôle du Lapin de la Nouvelle-Zélande qui, fléau la veille, est aujourd'hui une source de revenus puisqu'il s'exporte à Londres en énormes quantités à l'état de congélation ou de conserve en boîtes.

Au commencement du mois de novembre dernier, les journaux contenaient une annonce assez extraordinaire, je la reproduis intégralement ne voulant pas ternir l'éclat de cette perle : « La Société des chasseurs français est informée qu'un membre de l'association des tireurs de Biskra lui porte un amical défi : tuer trois mille Cailles au passage, qui doit avoir lieu, dans la colonie algérienne, fin novembre. Le chasseur qui aura le plus vite atteint ce chiffre sera gagnant et bénéficiera du prix de tout le gibier tué. Les inscriptions sont reçues dès à présent, au café de la gare de Biskra. »

Cependant, une circulaire du Ministre a recommandé aux Préfets de réprimer autant que le permettraient les habitudes locales, les destructions d'Oiseaux insectivores, désignés sous le nom de « petite chasse ». Dans une étude sur les Oiseaux acridiphages, j'ai essayé de démontrer l'utilité des Cailles ainsi que le préjudice que ce massacre stupide causait à l'agriculture. Certainement s'il est difficile de refréner en France, la chasse des Oiseaux insectivores, cela est encore plus difficile en Algérie en raison des circonstances locales et du manque de surveillance efficace. Nous savons que le gouvernement use de ménagements très appréciables à l'égard des chasseurs, aux passages du Midi, du département de la Somme et dans l'Est l'habitude de détruire au moyen d'engins autres que le fusil ne sera déracinée qu'à la longue et au prix d'une énergique persévérance stimulée par l'entente commune des différentes Sociétés ayant dans leur programme « Protection aux Oiseaux utiles ».

M. Oustalet et M. Decroix font d'expresses réserves à l'encontre de la destruction du Moineau. En tout cas la confusion volontaire ou involontaire dans la destruction des Moineaux amènerait le massacre d'Oiseaux utiles tels que Pinsons, Bruants, Fauvettes, faciles à confondre par leur plumage et leur taille.

M. de Guerne recommande à la Section l'étude des Oiseaux dont l'utilité, même au point de vue industriel, justifierait la sollicitude de la *Société d'Acclimatation*.

M. Forest recommande l'introduction à Madagascar de la faune ornithologique de la Nouvelle-Guinée, des Oiseaux de Paradis, des Gouras et des Pigeons Nicobar notamment. On sait que la Papouasie offre une certaine analogie avec Madagascar, qui possède également une faune spéciale et pour ainsi dire localisée. La similitude se complète par l'absence de grands Carnassiers, Mammifères et Oiseaux, ainsi que des Singes et des Reptiles, très friands d'oiseaux et de leurs œufs.

Ce serait une des plus heureuses conséquences de la conquête dont se réjouiraient les savants, les naturalistes, l'industrie plumassière serait assurée d'une ressource qui pourrait lui manquer plus tôt que l'on ne croit, en raison du massacre ininterrompu se pratiquant en Nouvelle-Guinée.

Le Secrétaire,

J. FOREST AÎNÉ.

IV. EXTRAITS DE LA CORRESPONDANCE.

LE MACLURE ÉPINEUX.

La *Revue des sciences naturelles appliquées*, du 20 novembre 1894, contient, sur le Paliure épineux, une très intéressante note qui me rappelle un autre arbuste cultivé dans la région où l'on trouve en abondance le Paliure, c'est-à-dire dans nos départements méridionaux et notamment en Vaucluse.

Je veux parler du Maclure épineux (*Maclura aurantiaca*). Celui-ci n'est pas indigène comme le précédent, mais nous vient de la Louisiane.

C'est un joli arbuste épineux dont on fait des haies fourrées et impénétrables.

Le Maclure épineux est dioïque. Ses feuilles ovales, pointues, sont d'un beau vert brillant et lustré. Il produit des fruits, non comestibles, de la grosseur d'une orange, très rugueux, de couleur jaunâtre, et qui exhalent une odeur de pomme très prononcée.

Cet arbuste contient du tannin dans une proportion que je ne connais pas exactement, mais assez considérable pour qu'on puisse l'utiliser, à supposer qu'on se place dans une importante culture.

Les épines axillaires très robustes sont une arme défensive redoutable.

Le Maclure se multiplie par boutures ou par fragments de racine. Il porte aussi parfois le nom d'Oranger des Osages.

On ne saurait trop le recommander pour haies d'un vert gai, reposant agréablement la vue et bien fourrées.

Sous le climat de Paris, il est à craindre qu'il ne supporte pas les hivers rigoureux.

DE CONFÉVRON.

×

ÉCHANGES DE VÉGÉTAUX AVEC LE MEXIQUE.

Mexico, 18 juin 1894.

Je regrette beaucoup que l'article d'*Opuntia Tuna* que je vous ai fait parvenir ne vous soit pas arrivé en meilleur état. Je pense toutefois que ce qui vous en reste sera suffisant pour déterminer si cette espèce peut vous être utile et vaut la peine d'être acclimatée en Tunisie; dans ce cas, je pourrais vous en préparer pour le mois de septembre ou octobre un envoi qui alors aurait chance de vous parvenir en meilleures conditions. A cette époque également, ou peutêtre un peu plus tôt, je vous en enverrai des graines fraîchement récoltées ; et, bien que je n'ai encore pas de réponse du Texas au sujet des *O. Engelmanni*, j'espère ne pas laisser passer la saison sans vous en avoir également envoyé.

Dans le dernier paragraphe de votre lettre, vous m'exprimez le désir de recevoir des végétaux propres à être acclimatés en France, je me permets donc de vous faire parvenir une petite caisse d'Orchidées récoltées par moi dans la Sierra Madre de l'état de Oaxaca, dans l'espoir qu'elles vous seront agréables et que vous pourrez les acclimater et en obtenir aussi profuse floraison que celle qu'il m'a été donné d'admirer dans leur état de nature.

La caisse vous sera remise par les soins de M. Louis Rouyer, mon beau-père, 30, rue Victor-Hugo, à Montreuil-sous-Bois (Seine).

Mexico, 28 juillet 1894.

Je vous accuse réception d'un petit sachet, par la poste aux échantillons, contenant quatre paquets de graines d'*Eucalyptus corynocalyx*, *leucoxylon*, *rostrata* et *incrassata*, dont je vous remercie. Quant aux graines d'*Acacia pycnantha* dont vous m'entretenez, je ne les ai pas encore reçues ; j'accueillerai avec empressement les renseignements que vous me promettez sur ce végétal, lorsqu'il vous plaira de me les communiquer.

Entre temps, je m'empresse de vous informer que l'arbre connu sur le versant du Pacifique sous le nom de *Capomo*, et sous celui d'*Ojite* sur la côte de l'Atlantique, et aussi d'*Oxotsin* dans quelques Etats du Mexique, est, d'après le Dʳ Manuel M. Villada, le *Brosimum alicastrum* ; ses feuilles constituent un excellent fourrage pour les bestiaux, et les indigènes en emploient les graines dans les années de disette de Maïs en remplacement de ce dernier pour confectionner les tortillas ou galettes qui forment le fond de leur alimentation.

Mexico, 31 août 1894.

Je suis satisfait que la caisse d'Orchidées vous soit arrivée en bon état et j'espère qu'avec le concours de l'horticulteur spécialiste auquel vous les avez confiées il vous sera possible de les voir se développer et fleurir, et qu'alors elles seront justement appréciées par les membres de la Société entre lesquels vous jugerez opportun de les répartir.

Ces jours derniers, je vous ai envoyé un petit paquet contenant quelques sachets de graines tout fraîchement récoltées d'*Opuntia*, entre lesquels un peu d'*O. Engelmanni* reçu d'Austin. Texas, les autres sont toutes des variétés mexicaines cultivées ici soit pour leurs fruits (la plupart), soit pour leurs articles « Pencas ».

Quelques jours auparavant, j'avais fait un envoi semblable (moins 'O' Engelmanni) à M. P. Bourde, à Tunis. — C'est tout ce qu'il m'a été possible de récolter jusqu'à présent.

V. Fournier.

Envoi de M. Victor Fournier, horticulteur à Mexico (Septembre 1894).

OPUNTIA (sept variétés) :

1. *Opuntia Tuna Camoesa,* fruit sphérique énorme, rouge sang, articles peu épineux.
2. *O. Tuna di Santa Rita,* fruit rouge, elliptiforme, sans épines.
3. *O. Tuna Cardona,* fruit allongé, vert, gros, sans épines.
4. *O. Tuna Tapon,* fruit rouge, en forme de battant de cloche, peu d'épines.
5. *O. Engelmanni.*
6. *O. Tuna temprantlla, Amarilla,* très hâtive (mûrit en juin), fruit elliptiforme, jaune à la maturité, sans épines.
7. *O. Tuna verte longue,* peu d'épines.

LES OPUNTIAS COMME FOURRAGE.

Antibes, le 20 septembre 1894.

Je viens de recevoir votre paquet de graines d'Opuntias du Mexique et je vous prie d'en recevoir mes remerciements.

Les Opuntias *sans épines* seraient une précieuse acquisition pour tout le nord de l'Afrique, comme plantes fourragères, parce qu'elles pourraient donner une haute valeur à beaucoup de terrains que leur aridité fait négliger par l'agriculture. M. Paul Bourde a eu une excellente idée en songeant à ces plantes. Du reste, l'Opuntia commun, ou Figuier de Barbarie, même épineux, rend déjà des services à plusieurs colons, pour l'alimentation des bestiaux et des Porcs. L'idée de M. Bourde a donc déjà reçu un commencement d'exécution.

Le Dʳ Barretto, de Saint-Paul, au Brésil, nous promet des graines d'Opuntias bien supérieurs, dit-il, à ceux que nous connaissons.

Ch. NAUDIN, de l'Institut.

COURGES D'ASIE MINEURE.

Adabazar (Asie Mineure), 29 décembre 1894.

Je vous envoie, par ce courrier, recommandé, un paquet contenant des graines de trois variétés de Courges que l'on cultive ici et qui me paraissent intéressantes.

Vous trouverez, inclus, les dessins de ces trois Courges. On les sème généralement dans les champs de Maïs ou les plantations de Mûriers et on les abandonne à elles-mêmes. Quelquefois cependant on vend au marché dès plants ; ceux-ci sont repiqués et dans ce cas arrosés une fois, au moment de la plantation. Les arroser plus souvent serait trop de peine. Chaque pied est laissé libre et n'est jamais taillé ; il produit de deux à six Courges de dimensions variables. On les récolte au commencement de novembre et elles se conservent jusqu'en mars-avril, peut-être même plus longtemps.

On ne les consomme guère autrement ici que cuites au four, entières ou coupées en plusieurs parties. Quelquefois on les fait bouillir par tranches qui restent fermes cependant, mais, dans les deux cas, on les vend telles quelles dans les rues et on les mange tièdes ou froides ; cela constitue un assez bon légume qui peut ne pas être du goût de tout le monde mais qui est très sain et se recommande aux estomacs délicats.

La chair de ces Courges est très ferme, et on peut en faire d'excellentes croquettes ou des confitures.

J'ai cultivé dans mon jardin des Potirons dont j'ai fait venir des graines de Paris, comme terme de comparaison. Ces Potirons, traités de la même façon, c'est-à-dire cuits au four ne donnent qu'une chair très fade, n'ayant aucune consistance et sont absolument inférieurs.

Voici les observations que j'ai faites sur ces trois variétés.

N° 1. Hauteur 0^m,23, largeur, 0^m,26. Ecorce verte et rouge épaisse de 2^{mm} environ, très dure qu'on ne peut guère couper qu'à la scie. Très sucrée : Cuite au four, des gouttelettes de sirop tapissent la pulpe qui reste très ferme et non filandreuse.

N° 2. Hauteur 0^m,22, largeur 0^m,35. — Ecorce blanche et grise, lisse, relativement tendre. Chair moins consistante que celle de la première variété et moins sucrée ; les dimensions ci-dessus sont très souvent dépassées. — Non filandreuse.

N° 3. Longueur 0^m,37, diamètre moyen 0^m,20. Ecorce jaune verdâtre, pas dure. Moyennement sucrée, un peu filandreuse, très parfumée : odeur de violette. Se prête fort bien à la fabrication des confitures.

L'épaisseur de la chair cuite au four de ces trois variétés est de 5 à 6 centimètres tandis que celle du Potiron est de moitié moindre. Il est évident que bouillies, ces Courges conservent une épaisseur plus grande.

Les faibles dimensions de ces variétés se prêtent bien à la consommation ménagère et peut-être quelques-uns de nos Confrères voudront-ils en essayer la culture. Je serai heureux dans ce cas de leur avoir été agréable.

X. DYBOWSKI.

V. BULLETIN BIBLIOGRAPHIQUE.

L'Abatage des Animaux de boucherie. Étude comparative,
par le Dr J.-A. Dembo, médecin de l'hôpital Alexandre à Saint-
Pétersbourg. — F. Alcan, éditeur.

Le Dr Dembo s'est préoccupé de rechercher par quelle méthode les
animaux destinés à la boucherie avaient le moins à souffrir des an-
goisses ou des douleurs qui précèdent la mort. Après avoir constaté
par des expériences de laboratoire, par le spectacle et l'étude des procédés employés par les bouchers que l'assommage des animaux est un
supplice beaucoup plus long qu'on ne s'imagine, M. le Dr Dembo fait
très savamment le procès de la massue, du masque Bruneau, du
masque Sigmund, et conclut en disant que de tous les procédés mis
en pratique, la saignée est certainement le moins cruel. L'auteur, dans
les considérations théoriques invoque l'autorité des physiologistes
français, comme Brown-Séquard et Vulpian ; pour l'enquête pratique, il
fournit une quantité de documents empruntés aux plus éminents professeurs d'art vétérinaire. M. Dembo a su mériter les félicitations des
maîtres allemands, Wirchow et Preyer, et son étude est, en effet, très
remarquable. La question est traitée avec la très louable intention d'é-
pargner la souffrance aux êtres vivants, et son exposé montre en outre
que les qualités comestibles de la chair des animaux mis à mort par
saignée sont très préférables. Ces conclusions ne sont pas adoptées
par tout le monde savant, mais nous nous bornons à exposer sans
apprécier davantage.   R. S. L.

Guide élémentaire de multiplication des végétaux,
par S. Mottet. — Octave Doin, éditeur, 8, place de l'Odéon, Paris.

Ce traité qui fait partie de la bibliothèque d'horticulture et de jardinage, publiée sous la direction du Dr F. Heim, donne des indications précises, sur les moyens à employer de préférence suivant les
espèces. Les procédés auxquels les praticiens expérimentés ont recours
sont si nombreux, si variés, parfois si minutieux que beaucoup sont
ignorés du débutant et de l'amateur, surtout en ce qui concerne leur
mode d'application. L'auteur déclare lui-même ne pas avoir la prétention d'avoir épuisé son sujet, il a voulu seulement grouper les indications les plus indispensables, sachant que la pratique et l'observation personnelle sont, en pareille matière, les meilleurs éducateurs.
Mais dans les limites qu'il s'est tracées il est assez complet pour
servir de guide à ceux qui n'ont que les premières notions en hor-

ticulture, et 85 figures intercalées dans le texte, aident le lecteur à mieux saisir le précepte donné. J. G.

Aide mémoire de zoologie, par le professeur Henri GIRARD, — J.-B. Baillière et fils, éditeurs, Paris, 12, rue Hautefeuille.

L'auteur a eu pour but de résumer dans une série de petits volumes qui constituent le Manuel d'Histoire naturelle, les points les plus importants des connaissances sur lesquelles le candidat pourrait être interrogé, et cela avec assez de netteté et de concision pour que le candidat puisse d'un seul coup d'œil embrasser les matières de l'examen. On doit reconnaître qu'il a atteint son but, et il est certain que son petit livre rendra bien des services aux jeunes gens qui ont à se présenter pour répondre aux questions d'un jury. J. G.

Liste des principaux ouvrages français et étrangers traitant des Animaux de basse-cour (1).

2° OUVRAGES ALLEMANDS (suite).

Màly (Frz.). Vorzüge der künstlichen Brut und Aufzucht des Geflügels im Allgemeinen, sowie des von mir angewandten Verfahrens ins besondere. Wien, Gerolds Sohn, 1882. 60 Pfg.

> *Maly (Franz).* Avantages de l'incubation et de l'élevage artificiels de la volaille en général, ainsi que du procédé dont je me suis servi, en particulier. Vienne, Gerold fils, 1882. 60 Pfg.

Masson (Narcise.). Die Perlhühner in Mittheil. des Ornitholog. Vereins. Wien, 10. Jahrgang, p. 69-70, 79-81, 90-94, 118, 175-176, 214-215.

> *Masson (Narcisse).* Les Pintades, dans Rapports de la Société ornithologique. Vienne, 10e année, p. 69-70, 79-81, 90-91, 118, 175-176, 214-215.

Meyer (Gust.). Kalender für Geflügelfreunde. Ein Jahrbuch für Züchter u. Freunde der Geflügel u. Vogelwelt. Minden, W. Köhler, 1883. M. 1.

> *Meyer (Gust.).* Calendrier pour les amis des oiseaux. Un annuaire pour les éleveurs et les amis de la volaille et du monde des oiseaux. Minden, W. Köhler, 1888. M. 1.

---

(1) Voyez *Revue*, année 1893, p. 564 ; 1894, 2e semestre, p. 560, et plus haut, p. 48.

Michaelis (*R.*). Goldene Regeln der Hühnerzucht, nach den Meistern der Neuzeit zusammengestellt. Leipzig, Freyer, 1882. 50 Pfg.

> *Michaelis* (*R.*). Règles d'or de l'élevage des Poules, composées d'après les maîtres des temps modernes (actuels). Leipsic, Freyer, 1882. 50 Pfg.

Nehring (*A.*). Ueber die Heimat der gezähmten Moschusente (Anas moschata L.) in Sitzgsberichte. Ges. Naturf. Fr. Berlin, 1889, n° 2, p. 33-35.

> *Nehring* (*A.*). Sur la patrie du Canard musqué apprivoisé (Anas moschata L.). Dans le rapport de séance de la Société des amis naturalistes. Berlin, 1889, n° 2, p. 33-35.

Nehring (*Alf.*). Ueber die Herkunft der sogenannten türkischen Ente (Anas moschata L.) in Humboldt Dammer. 8. Jahrgang, p. 379-382.

> *Nehring* (*Alf.*). Sur l'origine du soi-disant Canard turc (Anas moschata, L.), dans Humboldt. Dammer, 8e édition, p. 379-382.

Neumeister Glob. Das Ganze der Taubenzucht. 3. Aufl. umgearbeitet und herausgegeben von Gust. Prutz. Mit 17 Tafeln. Weimar, E. F. Voigt, 1876. M. 9.

> *Neumeister Glob.* L'élevage des Pigeons dans son ensemble. 3e édition, corrigée et éditée par Gust. Prutz, avec 17 planches. Weimar, E. F. Voigt, 1876. M. 9.

Ottel (*Robert*). Der Hühner oder Geflügelhof. 1. Aufl. 1863. Görlitz-Römer, 4. Aufl. Weimar, E. F. Voigt, 1873. 5. Aufl., 1874. 6. Aufl., 1879. 7. Aufl. von W. Liebeskind. Mit 45 Illustr. und 1 Titelkupfer, 1887. M. 4,50.

> *Ottel* (*Robert*). La basse-cour. 1re édition, Görlitz-Römer, 1863; 4e édition, Weimar, E. F. Voigt, 1873; 5e édition, 1874; 6e édition 1779; 7e édition de W. Liebeskind, avec 45 illust. et 1 gravure sur cuivre en titre, 1887. M. 4,50.

Ottel (*R*). Hühner, Enten, Gänse oder die Geflügelzucht als Nebenerwerb für den Kleinbürger und Landmann, etc. Mit Taf. Hamburg, Berendsohn, 1876. 75 Pfg.

> *Ottel* (*R.*). Les Poules, Canards, Oies, ou l'élevage de la volaille, qui devient un bénéfice accessoire pour le petit bourgeois et l'agriculteur, avec planche. Hambourg, Berendsohn, 1876. 75 Pfg.

Ottel (*Robert*). Die Truthühner- und Perlhühnerzucht aus dem Französischen, von Mariot-Didieux. 2. Aufl. Weimar, E. F. Voigt, 1873. M. 1,20.

> *Ottel* (*Robert*). L'élevage des Dindons et des Pintades, trad. du français de Mariot-Didieux, 2e édition. Weimar, E. F. Voigt, 1873. M. 1,20.

(*A suivre.*)

VI. ÉTABLISSEMENTS PUBLICS ET SOCIÉTÉS SAVANTES.

Académie des Sciences de Paris.

FÉVRIER 1895.

BOTANIQUE. — A signaler une communication de MM. H. Lecomte et A. Hébert *sur les graines de Moâbi*, produites par un grand arbre de la famille des Sapotacées qu'on rencontre dans la vallée du Kouilou (Congo français).

Le Moâbi, véritable géant des forêts africaines, s'élève, à 25-35 mètres sous branches et son tronc atteint facilement 2 m. 50 et même 3 mètres de diamètre.

L'écorce, très épaisse (jusqu'à 0,15 c. sur les gros troncs), contient dans un système de lactifères articulés un latex assez abondant, épais, fournissant, par la, coagulation, un produit assez riche en gutta-percha.

Cet arbre diffère du D'javé (*Baillonella*) par ses feuilles et par ses fruits, mais ces derniers présentent, à une petite différence de taille près, les caractères de ceux du Makerou du Grand-Bassam (*Thieghemella Heckeli* PIERRE).

Les graines ont environ 50^mm de long, 30 à 35^mm de large et 25^mm d'épaisseur. Sous un tégument brun de 1^mm d'épaisseur, elles contiennent une amande formée de deux cotylédons charnus laissant dépasser, à une extrémité, la radicule de l'embryon. Celui-ci contient une multitude de lactifères articulés, constitués par des files de grosses cellules dont le contenu paraît surtout résineux. Les cotylédons ont leurs cellules gorgées de gouttelettes de graisse.

Les amandes décortiquées donnent 40 à 50 °/o de graisse jaunâtre, solide à la température ordinaire, fondant à 32°-33° et se solidifiant à 25°-26°. Elle est très peu soluble dans l'alcool à 90°.

Le tourteau de Moâbi constitue un excellent engrais et un bon aliment pour le bétail.

— Dans une note, trop succincte à notre gré, M. Edouard Bureau, professeur au Muséum d'histoire naturelle, a exposé *l'état actuel des études sur la végétation des colonies françaises et des pays du protectorat.* Ces sortes de travaux ont une très grande importance pour l'avenir de nos possessions. En effet, il importe de bien connaître les productions naturelles d'un pays pour savoir ce qu'on peut lui demander au point de vue agricole, industriel et commercial.

— Enfin, M. Emile Mer a soumis à l'Académie le résultat de ses études *sur l'influence de l'état climatérique sur la croissance des arbres.*

La sécheresse paraît exercer un ralentissement sur le développement en diamètre mais plus encore sur l'allongement des pousses des
végétaux ligneux observés par M. Mer.

————

Réunion des Naturalistes du Muséum.

Le 29 janvier 1895 a été inaugurée, sous la présidence de M. Milné-
Edwards, la série des réunions mensuelles des Naturalistes du
Muséum. Ces réunions sont destinées à resserrer les liens qui rattachent les différents services et à multiplier les points de contact entre
les professeurs, les assistants, les préparateurs, les élèves des laboratoires, les stagiaires, les boursiers, les correspondants du Muséum,
les voyageurs-naturalistes, en un mot entre tous ceux qui, chacun
dans leur spécialité, concourent à l'avancement de la science et à
l'accroissement de nos collections nationales. Elles auront de nombreux avantages que M. Milne-Edwards a fait ressortir au début de la
première séance. Les voyageurs pourront ainsi faire connaître immédiatement l'itinéraire qu'ils auront parcouru et les conditions dans
lesquelles ils auront recueilli leurs collections que les naturalistes
décriront ensuite en signalant les espèces nouvelles. Une large place
sera également réservée aux questions d'ordre physiologique, chimique et physique. Les travaux présentés dans chaque séance,
comptes-rendus sommaires d'explorations, diagnoses d'espèces et nouvelles scientifiques intéressant le Muséum, seront publiés rapidement dans le *Bulletin du Muséum d'histoire naturelle*, par les soins du
Secrétaire général, M. Oustalet et des Secrétaires particuliers, M. Bouvier pour l'anatomie et la zoologie, M. Poisson pour la botanique,
M. Boule pour la géologie, la paléontologie et la minéralogie, M. Phi-
salix pour la physiologie, M. Verneuil pour la physique et la chimie.

Parmi les nombreuses communications qui ont été faites dans la
première réunion des naturalistes du Muséum et sur lesquelles nous
aurons probablement l'occasion de revenir, il y en a quelques-unes
qui ont trait à des sujets rentrant dans le cercle des études de la
Société d'Acclimatation. Telles sont la description, par M. Remy
Saint-Loup, d'un type de Léporidé (*Lepus Edwardsi*) découvert par
M. Diguet sur l'île d'Espiritu Santo (Basse-Californie) et offrant à
certains égards des caractères intermédiaires entre ceux du type
Lièvre et ceux du type Lapin ; une notice de M. Milne-Edwards sur
de grands Oiseaux coureurs (*Mullerornis*) qui ont vécu à Madagascar
jusqu'à une date récente et la description par M. Baillon, de végétaux
très curieux, les *Didierea* qui ont l'aspect extérieur de certaines Eu-
phorbes, appartiennent en réalité à la famille des Sapindacées. X.

VII. NOUVELLES ET FAITS DIVERS.

Le commerce des peaux de Buffles. — D'après les documents statistiques fournis par la douane de Shanghaï, l'exportation totale des peaux de Buffles pour l'Europe et l'Amérique, du 1er juillet 1893 au 30 juin 1894, a été de 99,195 piculs, contre 64,827 pendant l'année 1892-93.

Les affaires ont été assez rémunératrices durant la campagne qui vient de s'écouler et elles ont une tendance à rester satisfaisantes à cause du change qui se maintient favorable et de la bonne qualité et de l'abondance de la marchandise.

Les provinces qui exportent les peaux se trouvent placées en dehors de la sphère des opérations de la guerre sino-japonaise et il n'y a pas lieu de craindre que l'exportation soit interrompue pendant la durée de cette guerre. (*Moniteur du Commerce.*)

Chevaux américains en Autriche. — L'importation de Chevaux d'Amérique continue en Autriche. MM. Morgenstern et Ruzicka font venir actuellement de New-York un chargement important, composé de bêtes des meilleures races et d'excellents trotteurs. On peut dire aujourd'hui qu'un tiers des Chevaux de grand luxe existant en Europe est importé d'Amérique. De S.

Hivernage et hibernation des Hirondelles. — Aristote et Pline disent que les Hirondelles vont passer l'hiver dans des climats tempérés, *lorsque ces climats sont peu éloignés* des régions où elles se trouvent en été; mais que *celles qui en sont trop éloignées*, au moment des premiers froids, passent l'hiver dans leur pays natal, dans des endroits bien exposés, et que *beaucoup d'entre elles* ont été trouvées *sans une seule plume* sur le corps.

Albert, Heldelin, Nyphus, Augustin et d'autres encore, affirment que, souvent, en hiver, des Hirondelles engourdies dans leurs nids et dans des trous d'arbres ont été vues.

Le 27 décembre 1775, on vit deux Hirondelles de cheminée voltiger tout un jour dans les cours du château de Mayac, en Périgord, par un temps doux et pluvieux.

On le voit, cette croyance en l'engourdissement hivernal des Hirondelles remonte fort loin. De tous les faits rapportés par les auteurs, quelques-uns n'ont pas grande valeur, étant trop entachés de merveilleux. D'autres indiquent seulement que ces Oiseaux ont été surpris par le froid et surtout la faim, à leur retour dans leur patrie, comme c'est le cas pour l'Hirondelle que cite Pallas, trouvée inanimée le 18 mars, et aussi pour celles qu'Achard vit capturer *fin* mars, dans leurs trous.

Les faits certains sont : Qu'on a vu, en hiver, des Hirondelles, soit vives et alertes, soit inanimées, ou à peu près. Mais entre cet affaiblissement causé par les privations et le froid, et le véritable sommeil des animaux hibernants, il y a loin.

Que de fois des Mulots, des Musaraignes, s'étant pris au piège dans mon jardin, la nuit, je les ai trouvés inertes, froids, le matin. Réchauffés ensuite, ces petits Mammifères revenaient à la vie active, absolument de la même manière que les Lérots. Et pourtant, le Mulot et la Musaraigne ne sont nullement susceptibles de contracter le sommeil hibernal. Le froid et la faim sont les causes de ce ralentissement de l'activité vitale. Il est donc fort possible qu'il en ait été de même pour les Hirondelles observées sans mouvements, en hiver, et surtout au printemps, après leur retour.

Jusqu'à plus ample informé, je partage le scepticisme de M. de Confévron sur ce point. Je crois aussi, avec lui, que le froid n'est pas ce qui détermine ces Oiseaux à nous quitter l'hiver, mais bien la faim ; lorsqu'ils reviennent trop tôt, et sont surpris par des neiges, des gelées ou des pluies froides, ils souffrent et, parfois, périssent en assez grand nombre. On les voit alors voleter en rasant les maisons, cherchant âprement leur nourriture.

M. Hébert, cité par Monbeillard, a vu voltiger des Hirondelles de rivage dans tous les mois d'hiver, au nombre de quinze ou seize. C'était très près de Nantua, dans les montagnes du Bugey, à une faible altitude, dans une gorge d'un kilomètre de long sur environ 300 mètres de large, bien abritée et exposée au midi.

Peut-être y a-t-il ici confusion entre deux espèces, *Cotyle riparia* et *C. rupestris*. Cette dernière n'est pas rare, en hiver, dans certaines régions abritées de l'Europe. Je l'ai observée, en petit nombre, à Vintimille, en février 1880, par un temps sombre et assez doux, volant au-dessus de flaques d'eau, près de la mer.

J'ai vu quelquefois des Hirondelles en saison anormale. Mais celles qu'on aperçoit en mars, même au commencement du mois, sont probablement de nouvelles arrivées, et celles qui séjournent encore parmi nous à la fin d'octobre et au commencement de novembre sont des attardées. Il est à remarquer que les premières sont des *Hirundo rustica* et les secondes des *Chelidon urbica*. C'est du moins ce que j'ai constaté invariablement dans ces cas anormaux. Or, on sait que l'Hirondelle de cheminée arrive la première et que l'Hirondelle de fenêtres part la dernière.

Mais une fois j'ai observé deux *Hirundo rustica*, en janvier 1871. C'était à Tarbes, par une matinée de gelée forte et de soleil brillant, mais peu chaud. Ces Oiseaux voletaient autour d'un grand arbre, où ils se reposaient souvent. Je ne les ai pas revus les jours suivants.

En 1892, les Chélidons sont restés, en grand nombre, très tard dans la région de Paris. Le 11 octobre, j'ai vu à la Varenne-Saint-

Hilaire, beaucoup de nids garnis de jeunes et auxquels les parents apportaient incessamment la becquée. Quelques jours plus tard, ces nids étaient vides, mais les Hirondelles étaient toujours nombreuses sur la Marne, volant en effleurant la surface de l'eau, comme en plein été. Le 16 octobre, on trouva aux écoles de la Varenne une jeune Hirondelle tombée du nid. Jusqu'à la fin du mois, j'ai constaté la présence de ces Oiseaux. Evidemment, ils étaient retenus par l'élevage d'une couvée tardive et supplémentaire. Pourquoi cette ponte anormale? L'automne n'offrait rien de particulier. Celui de 1894 a été plus chaud et plus prolongé, et les Chélidons sont partis de bonne heure. Donc, cette espèce ne prévoit pas plus l'état de la température à venir, en automne, que l'autre, au printemps. Toutes les Hirondelles que j'ai vues aussi tardivement étaient, sans exception, des *Chelidon urbica*.

Parmi les Hirondelles nées aussi tardivement et qui ont pu prendre leur vol, quelques-unes ont dû vivre, mais il est douteux qu'elles aient eu la force d'émigrer. Que sont-elles devenues?

A côté de la question des Hirondelles, il y a celle des Martinets. A Paris, les premiers de ces Oiseaux se voient, habituellement, vers le 25 avril. Ils nous quittent en pleine canicule. Ici, on ne peut invoquer des motifs de température ou d'alimentation; il fait chaud et les Insectes abondent lors du départ des Martinets et longtemps encore après. Où vont-ils? Comment voyagent-ils? J'appelle sur ces points l'attention des observateurs.

Pour ce qui concerne les Hirondelles en général, il serait intéressant de savoir si l'Afrique septentrionale possède, en hiver, des représentants des espèces qui viennent en France pendant la belle saison. Si oui, s'il s'agit d'individus établis définitivement dans le nord africain ou de sujets venus d'Europe pour hiverner. La *Société d'Acclimatation* possède des membres et des correspondants en Algérie, en Tunisie et en Egypte; peut-être pourra-t-elle être renseignée sur ces points? CH. MAILLES.

Relations entre les Oiseaux du genre Buceros et les Singes. — M. Weyers, ingénieur et naturaliste à Indrapœra (île de Sumatra), a commmuniqué récemment à la *Société de Physique et d'histoire naturelle de Genève* (séance de 15 novembre 1894), une note concernant les relations qui existent entre les Toucans et les Singes. Dans les forêts de Sumatra, les premiers servent aux seconds d'indicateurs, fort mal récompensés, pour la découverte des arbres où les fruits sont parvenus à l'état de maturité.

Les Requins dans la Manche. — Les captures de Requins (*Selache maxima*) sur les côtes d'Angleterre paraissent être plus fréquentes depuis quelque temps.

Un individu adulte mesurant plus de trois mètres en longueur et un mètre de circonférence fut pris dernièrement à une distance de sept milles marins de Brighton dans un filet à Maquereaux. Sa dépouille sera préparée pour le Musée de cette ville. Il y a quelque temps déjà, l'équipage de la *Liberty*, brick se livrant à la même pêche, captura un jeune Requin long de 0m,60 et pesant quatorze livres. Dᴿ S.

Le développement de la Sardine. — M. Nicollon, du Croisic, dans une note adressée à la *Société des Sciences naturelles de l'Ouest* (1), confirme les observations faites par le Dᴿ G. Roché sur le développement de la Sardine (2), qui, loin de s'éloigner des côtes à l'état jeune, semble accomplir au contraire dans les eaux littorales et sublittorales, dans l'Océan comme dans la Méditerranée, la plus grande partie de son évolution postlarvaire.

« La présence de ce Clupe sur nos côtes, dit M. Nicollon, en dehors de la saison ordinaire de pêche, nous étonne d'autant moins que nous l'avons trouvé en février et en mars dans l'estomac des Merlus. Nous avons même à signaler plusieurs cas d'observations faites par nos pêcheurs, de bancs de Sardines trouvés en plein hiver et par un beau temps, dans le périmètre fréquenté par les grands chalutiers. Aussi avons-nous depuis longtemps la certitude que les zoologistes de nos Laboratoires maritimes peuvent suivre le développement de ce délicat Poisson qui, jusqu'à présent, leur a semblé introuvable dans les premières périodes postlarvaires. »

Nouveau Champignon s'attaquant à la Pomme de terre. — Le Dᴿ Jean Dufour a présenté récemment à la *Société Vaudoise des Sciences naturelles* (3) des Pommes de terre provenant des environs de Lausanne et qui sont atteintes d'une nouvelle maladie. Celle-ci noircit d'abord la pelure, puis se propage à l'intérieur du tubercule en le faisant pourrir. Elle est causée par un Champignon du genre *Rhizoctonia* dont le mycélium, de couleur violette, attaque les tubercules comme aussi les racines de la Luzerne. On a vu en Allemagne des Betteraves atteintes également par ce parasite.

Jusqu'à présent, aucun remède ne s'étant montré suffisant, on doit se borner à recommander de ne pas planter de Pommes de terre près de la Luzerne malade.

Le Phalaris arundinacea en Allemagne. — Cette Graminée constitue un article de commerce important dans la région de Küstrin

(1) Bulletin, vol. 4, 1894, p. ᴸᴵⱽ.
(2) *Note sur les conditions du développement de la Sardine*, Ann. Sc. nat., Zool. (VII), vol. 16, 1894.
(3) Séance du 21 novembre 1894.

et près des rivés du fleuve Warthe, où ses plantations occupent de vastes terrains. On l'expédie principalement à Berlin et à Dresde. Les demandes dépassent même la production. Les fleuristes allemands s'en servent surtout pour faire les fameux bouquets-Makart.

Le *Phalaris arundinacea* réussit dans presque tous les sols, mais les terrains marécageux lui conviennent toujours mieux. Il atteint jusqu'à deux mètres d'élévation. Ses graines mûrissent en juin. On le propage en mai ou juin, ou encore au moment de sa seconde croissance, c'est-à-dire en septembre; pour cela, on divise les racines. Ce Phalaris résiste très bien à la gelée. On a vu de mauvaises terres rapporter par sa culture. Quand il est jeune, il sert à nourrir le bétail. Dans la contrée de l'Oder, cette plante est aussi répandue que le Trèfle. DE S.

Exportation de Henequen du Mexique. — Le Henequen continue à être l'un des principaux articles d'exportation du Mexique : il y a deux ans, il venait en première ligne, mais depuis lors, la culture du Café a fait d'immenses progrès dans la République et a relégué le Henequen au second plan.

Néanmoins, si l'on tient compte qu'il n'y a qu'un ou deux Etats du Mexique qui produisent et exportent cette fibre et si l'on considère les difficultés contre lesquelles elle a à lutter sur les marchés étrangers, on doit conclure que, de toutes les industries de la République mexicaine, c'est celle du Henequen qui est la plus avancée. Comparée à celle de l'exercice précédent, l'exportation du Henequen en 1893-1894 a cependant subi une légère diminution.

Voici, d'après l'*Economista Mexicano*, comment s'est répartie l'exportation du Henequen du Mexique pendant les douze dernières années.

EXERCICES.	VALEUR.
1882-1883	3.311.062 piastres.
1883-1884	4.165.020 —
1884-1885	3.988.791 —
1885-1886	2.929.116 —
1886-1887	3.901.628 —
1887-1888	6.229.459 —
1888-1889	6.872.592 —
1889-1890	7.392.244 —
1890-1891	7.048.556 —
1891-1892	6.358.220 —
1892-1893	8.893.071 —
1893-1894	8.276.124 —

Comme on le voit, l'augmentation des exportations n'a pas eu lieu d'une manière constante, bien que le développement de la production soit vraiment remarquable pendant la période étudiée.

(Moniteur du Commerce.)

L'Hydrocotyle d'Asie (*Hydrocotyle Asiatica* L., *H. pallida* DC.) est une petite plante herbacée, vivace, à tiges grêles, articulées, rampantes ; à feuilles alternes, longuement pétiolées, orbiculaires, crénelées, glabres en dessus, légèrement velues en dessous dans leur jeune âge.

Originaire de l'Inde, où on la rencontre communément dans les lieux ombragés et humides, au bord des cours d'eau et des étangs, elle est également répandue dans un grand nombre de régions tropicales en Asie, en Afrique, en Amérique, ainsi que dans les îles du Pacifique, la Nouvelle-Zélande et l'Australie.

La plante fraîche possède une odeur aromatique et une saveur désagréable, amère et piquante qui disparaissent par la dessiccation en lui faisant perdre une partie de ses propriétés. Employée depuis longtemps, à Java et dans l'Inde, comme diurétique et à Ceylan comme anthelmintique, l'Hydrocotyle d'Asie a été soumise à de nombreuses expérimentations, sur l'instigation de M. Jules Lépine qui en a fait l'objet d'une étude spéciale dans l'Inde.

En 1852, Boileau, médecin français de Maurice, signala à l'attention du corps médical ses propriétés dans le traitement de la lèpre, et publia les résultats très satisfaisants qu'il obtint. Vers 1855, les expériences furent reprises par les docteurs Poupeau, Gilbert et Collas, ainsi que par A. Hunter, chirurgien des hôpitaux de Madras, qui proposèrent les préparations d'*Hydrocotyle Asiatica* contre les maladies chroniques et rebelles de la peau, notamment contre l'éléphantiasis.

Son action curative de la lèpre est aujourd'hui généralement niée, mais il est cependant hors de doute que l'usage de ce médicament a eu pour résultat des guérisons complètes et surtout une amélioration sensible dans l'état des sujets soumis à un traitement raisonné.

Les médecins anglais disent, en outre, avoir employé avec beaucoup de succès l'extrait alcoolique dans les affections syphilitiques et ulcéreuses. De son côté, M. Audouit, ancien médecin de la marine française, dit avoir obtenu des résultats très sérieux dans le traitement des eczémas, lèpre tuberculeuse, lupus exedens, ulcérations diverses, en administrant les préparations d'Hydrocotyle selon les formules homœopathiques. Quelques praticiens regardent encore cet agent thérapeutique comme utile, dans certains cas, par son action tonique altérante et stimulante.

M. V.–B.

Le Gérant : JULES GRISARD.

I. TRAVAUX ADRESSÉS A LA SOCIÉTÉ.

QUELQUES REMARQUES

SUR

LES ANIMAUX DOMESTIQUES D'ISLANDE [1]

Par Gaston BUCHET,

Chargé de Mission par le Ministère de l'Instruction publique.

M. Cornevin, professeur à l'Ecole vétérinaire de Lyon, a bien voulu, lors de mon dernier voyage en Islande, m'indiquer les observations les plus intéressantes à faire sur les animaux domestiques de ce pays. Mais le programme de ma mission était fort compliqué et les circonstances ne me furent point toujours favorables ; c'est pourquoi mes recherches zootechniques sont demeurées très incomplètes.

Les quelques documents que j'ai recueillis se rapportent presque exclusivement à la grande presqu'île du Nord-Ouest. Cette région est très différente des autres contrées de l'île ; aussi, certains des documents en question ne doivent-ils point être généralisés.

Porcs. — Les Porcs sont si rares qu'on ne peut, à proprement parler, les considérer comme faisant partie des animaux domestiques d'Islande. Je n'ai vu de Porcs qu'à un seul endroit, encore s'y trouvaient-ils dans des conditions spéciales : c'était à Dyrafjordr, chez un armateur baleinier. On les nourrissait presque exclusivement de chair de Baleine. Ils étaient très bien portants et multipliaient beaucoup. Je ne crois pas qu'actuellement on puisse, dans d'autres conditions, élever cet animal en Islande. Cependant, d'après d'anciens ouvrages historiques, *Landmana, Stourlounga Saga, Graagaase,* etc., ces animaux semblent avoir été jadis très abondants.

(1) Communication faite à la *Société d'Acclimatation* dans la séance générale du 15 février 1895.

Renne. — Le Renne fut, il y a relativement peu de temps, introduit comme animal domestique; mais ne pouvant être utilisé, il revint à l'état sauvage. On en connaît actuellement deux troupeaux vivant fort éloignés l'un de l'autre.

Les pâturages spéciaux qui conviennent à ce ruminant sont séparés les uns des autres par de grands espaces couverts de cendres et de pierres; c'est ce qui s'oppose à sa dispersion. Les Rennes islandais ont été importés de Laponie.

Chèvres. — Je n'ai point vu de Chèvres dans la presqu'île du Nord-Ouest; cependant, d'après les anciennes lois islandaises, elles ne paraissaient point rares autrefois. Il y a quatre-vingts ans environ, elles étaient encore assez nombreuses dans le district du nord. Elles donnaient beaucoup de lait et résistaient bien aux hivers les plus rigoureux.

Poules, Oies et Canards. — Les Poules, les Oies et les Canards domestiques sont très rares; les derniers même semblent manquer absolument à la basse-cour islandaise. D'après le *Graagaase*, la *Haensathoris Saga*, etc., il semble qu'autrefois les oiseaux domestiques étaient beaucoup plus répandus.

Actuellement, je vois [donc dans la région que j'ai explorée cinq espèces d'animaux domestiques : le Bœuf, le Mouton, le Cheval, le Chien et le Chat.

Bœufs. — L'espèce bovine est dépourvue de cornes ou, du moins, presque tous les individus de cette espèce en sont privés. Quand, par hasard, elles existent, elles sont très courtes et peu apparentes; cependant, j'ai vu à Isafjordr des Vaches ayant des cornes de 30 ou 35 centimètres de long.

Ces animaux ne sont point grands; leur taille cependant est sensiblement supérieure à celle de la race bretonne. Malheureusement, je n'ai pris aucune mesure. Le pelage est très variable ; je n'ai pourtant pas vu d'animaux entièrement noirs ou complètement blancs ; beaucoup sont blancs et noirs.

Le prolongement trachelien du sternum m'a paru faire en avant une saillie beaucoup plus grande que dans les autres races; ce qui donne au poitrail de ces animaux un aspect tout spécial.

La gestation de la Vache est de 280 jours. La quantité de lait varie de 2,500 à 3,000 litres par an. Ce lait donne une grande quantité de crème et est de très bonne qualité.

Dans bien des cantons, on nourrit en partie les Vaches avec des débris de Morues, particulièrement avec les vertèbres écrasées au moyen d'un maillet. Dans le voisinage des pêcheries de Baleines, on leur donne la chair bouillie de ces grands Cétacés. Elles mangent aussi beaucoup de plantes marines qu'elles vont brouter à marée basse.

Aux Fœroer, on rencontre déjà des Vaches dépourvues de cornes ; cependant, celles qui en possèdent sont plus nombreuses qu'en Islande. Du reste, dans ce dernier pays, il semble qu'elles n'en ont pas toujours été privées ; il est question, en effet, dans une *Saga* dont le titre m'échappe, comme d'une chose fort ordinaire, de gens tués à coups de cornes par des Taureaux ; actuellement ce serait un fait exceptionnel. La plupart de ces animaux se servent, en combattant, plutôt des pieds de devant que de la tête, ce qui ne les empêche pas d'être souvent fort dangereux.

Ce qui semble encore prouver que la race sans cornes a pris naissance sur le sol même de l'Islande et n'y a point été importée avec les caractères que nous lui voyons actuellement, c'est que jadis on se servait communément de cornes de Bœufs pour faire des gobelets. Les Islandais imprégnaient d'une matière grasse la base des cornes pour les faire pousser plus vite et peut-être aussi pour les rendre plus malléables ; car, au moyen de ligatures, ils leur donnaient la forme spéciale aux vases à boire.

Moutons. — Les Moutons islandais sont de couleurs variées ; les uns sont blancs, les autres noirs ou bruns ; beaucoup enfin présentent ces couleurs mélangées en diverses proportions. Leur laine est longue, plutôt ondulée que frisée ; elle ressemble au poil de Chèvre.

Leurs oreilles sont pointues, la queue est courte et ils on l'agilité des Chèvres. Les cornes sont disposées de diverses manières ; on prétend même que beaucoup en ont trois, quatre ou davantage encore. Il semble qu'en Islande les animaux domestiques présentent, plus souvent qu'ailleurs, des monstruosités héréditaires.

Le plat des cuisses est recouvert de poils très clairsemés, on n'y voit jamais de laine.

Un Agneau d'un an et quatre mois pèse vif de 45 à 50 kilogrammes. Le Mouton donne en moyenne 2 kilogrammes de laine; la Brebis adulte, 1 k. 05; le Bélier, 1 k. 05 jusqu'à 2 kilogrammes, selon l'âge et la nourriture. On ne tond point les Moutons; on arrache la laine à la main. L'époque à laquelle cette opération a lieu varie avec la température; on la pratique de la mi—mai à la fin de juin.

La gestation de la Brebis est de 140 jours. Souvent elle produit deux Agneaux, surtout au bord de la mer, parce que, dit-on, elle mange du Thym. Exceptionnellement, elle en donne trois. La fréquence de ce fait semble être de deux ou trois pour cent environ.

Une Brebis donne un quart et quelquefois même un demi litre de lait par jour, cela dépend de la nourriture que l'animal a eu pendant l'hiver. Ce lait est très gras et fournit un beurre blanc ayant l'apparence de la graisse de Porc.

La dentition subit avec l'âge les modifications suivantes : la première année, l'Agneau perd les deux incisives médianes (les pinces); pendant l'hiver, elles sont remplacées; au milieu de l'été, il est certain qu'elles sont égales aux incisives caduques. Le second hiver, les deux incisives suivantes (premières mitoyennes) disparaissent et sont remplacées à la même époque que les premières. Le même phénomène se produit pendant quatre ans, de telle sorte qu'au bout de ce temps, toutes les incisives ont été remplacées. Ces renseignements sont certains : car, en Islande, on vend les Brebis selon leur âge, et ce dernier est déterminé par la dentition. Au-delà de quatre ans, on apprécie approximativement l'âge d'après l'usure des dents.

Il sévit sur les Moutons une maladie désignée sous le nom de peste. Une tache rouge et saillante apparaît dans le quatrième estomac. En quelques heures, la chair devient noire et répand une affreuse odeur; enfin, l'animal meurt toujours avant vingt-quatre heures, le plus souvent, en six ou huit heures, quelquefois plus rapidement encore. Cette maladie passe pour être contagieuse, mais on ignore ses causes déterminantes.

Il existe, paraît-il, surtout aux environs du Cap-Nord d'Islande, une maladie spéciale dont le siège est dans la tête. Lorsqu'on tue un de ces Moutons malades, il suinte le long de la moelle épinière une grande quantité de liquide blanchâtre et visqueux.

Le crâne de ces Moutons est très aminci, surtout entre les yeux. Le seul traitement paraît être la trépanation pratiquée sur la ligne médiane au-dessus des yeux. Cette opération se fait avec la pointe d'un couteau. Le liquide s'écoule et l'animal guérit souvent.

Le roi Frédéric V, en peuplant de Moutons étrangers sa bergerie modèle du district de Guillbrigusysla, semble avoir introduit en Islande une maladie nouvelle. Elle est caractérisée par une éruption qui envahit tout le corps; la laine tombe, la peau se couvre de taches rouges, s'épaissit énormément et se ride; enfin, généralement, l'animal meurt. Cette maladie sévissait surtout en hiver. Au moment de son apparition, le médecin Poulsen fit l'autopsie des Moutons malades. Il ne trouva aucune lésion interne et attribua cette maladie « à un insecte nuisible qui se fixe près de la racine de la laine », mais il n'a point constaté la présence du parasite; il ne s'agit donc que d'une simple hypothèse. Cette épizootie dévasta surtout le sud de l'Islande; je ne sais si elle y sévit encore quelquefois.

Généralement, les Moutons sont en pleine liberté, en hiver comme en été, car il n'y a guère de bergeries; aussi, beaucoup périssent pendant les grands froids et les tourmentes de neiges. On ne rassemble les Brebis dans des parcs volants que pour les traire.

Lorsque les Moutons paissent sur le bord de la mer, ils se nourrissent, en partie, de plantes marines; surtout d'Algues sucrées.

Ils broutent aussi le Lichen qui recouvre les rochers. On leur donne souvent des débris de divers poissons et de la chair de Squale coupée en bandelettes.

Chevaux. — Les Chevaux sont de petite taille et de couleur variée. Leur solidité et leur vigueur sont extrêmes; ils nagent aisément avec un cavalier sur le dos. Malheureusement, lorsqu'on les importe en France, ils perdent en grande partie leurs bonnes qualités; peut-être leurs descendants les retrouveraient-ils.

Ces chevaux sont très sobres généralement; ils restent dehors en toutes saisons, car, en Islande, les écuries sont rares. Comme les Vaches et les Moutons, ils mangent des plantes marines et des débris de poissons; la plupart d'entre eux n'aiment pas l'Avoine et ils refusent longtemps le foin importé de Norvège.

Chiens. — Je n'ai vu en Islande qu'une seule race de Chiens. Ces animaux sont de diverses couleurs, à poils longs, à museau pointu, à queue enroulée en spirale; ils sont de petite taille et ressemblent un peu au Chien-Loup. Anciennement, on en distinguait trois races; peut-être en est-il encore de même dans certains districts de l'île.

Chats. — Les Chats n'offrent rien de particulier; cependant on en voit beaucoup d'un gris bleu; leur pelage ressemble à celui de l'Isatis.

Anciennement, d'après le *Graagaase*, les peaux de Chats étaient un article de commerce : on les taxait à 30 centimes environ (1).

_____

(1) Beaucoup de ces documents, la plupart de ceux concernant les Moutons, m'ont été fournis par le Dr David Salseving Thorsteinsson de Brjanslœkr ; je ne saurais trop l'en remercier, ainsi que de la bonne hospitalité qu'il me donna pendant quelques jours.

PIGEONS VOLANTS ET CULBUTANTS

Par M. Paul WACQUEZ.

(suite*)

.

4e Famille. — **Pigeon Volant allemand à queue de couleur.**

Cette quatrième famille des Volants allemands est, lorsque les sujets sont de race bien pure, une des plus jolies que nous connaissions.

Ces pigeons ont absolument la même performance que les Volants des précédentes familles et variétés ; c'est-à-dire : l'œil d'émail généralement insablé, la tête fine allongée, le bec fin, long, blanc, le cou fin et élégant, le maintien gracieux, les pattes lisses.

1re *Sous-variété.*

Performance : 12 points.
Couleur : 10 points.

Le corps de l'oiseau est entièrement blanc avec la queue noire ; plus la couleur se détache nettement plus le Pigeon est joli ; les plumes du cou, du ventre présentent au repos une teinte blanche un peu grise. Cette particularité est un point très important car, en soufflant fortement sur les plumes du cou ou bien en les écartant avec les doigts, elles apparaissent à la base, près de la chair, complètement bleunoir et n'ont de blanc que l'extrémité.

2 points pour la couleur blanche du cou, 2 points pour le fond du plumage, également du cou, 2 points pour les ailes, 1 point pour le corps, 1 point pour la ligne séparant le blanc du noir sous la queue, 1 point pour la même ligne sur le croupion, 2 points pour la couleur de la queue.

La 2e sous-variété, tout-à-fait semblable à la première, est

. (*) Voyez *Revue*, 1894, 1er semestre, p. 529.

à queue bleue. Il existe deux autres variétés à queue rouge ou jaune, mais elles sont moins recherchées, ne présentant pas le même intérêt pour les plumes du cou lesquelles sont simplement blanches.

5ᵉ FAMILLE. — **Pigeon Volant allemand à barres blanches.**

Fig. 8.

Entièrement d'une couleur uniforme quelconque avec, aux ailes, deux barres blanches.

Cette famille se subdivise en deux catégories et cinq sous-variétés ou couleurs.

Figure 8.

La première catégorie à tarses et doigts nus.

La seconde, pattue, c'est-à-dire avec les tarses et doigts garnis de plumes très courtes, serrées et drues, poussées de haut en bas.

Performance : 12 pᵗˢ.

Signes généraux absolument semblables à ceux de la race précédente.

Pour la couleur : 6 points.

2 pour la couleur générale, 2 pour celle des bandes, 2 pour les plumes aux pattes.

1° Pigeon Volant noir à barres blanches : 2° Pigeon Volant bleu à barres blanches ; 3° rouge ; 4° jaune ; 5° gris-perle, avec, sur les ailes, à l'extrémité du manteau, deux barres blanches.

Il m'a été donné d'en voir un couple bleu, avec une barre blanche également à l'extrémité de la queue.

Ces Pigeons sont fort estimés en Allemagne, mais la variété pattue ne fournit pas un vol prolongé.

6ᵉ FAMILLE. — **Pigeon Volant hollandais.**

Columba tabellaria batavica.

Type pur : 18 points.
Performance : 12 points.
1ᵉʳ point : Taille, grosseur, ordinaires au Volant.
2ᵉ point : Tête longue et fine.
3ᵉ point : Bec, blanc-rosé.
Morilles, simples.
4ᵉ et 5ᵉ points : Œil, blanc d'émail, entouré d'un cercle légèrement sablé.
6ᵉ point : Membrane fine, blanche.
7ᵉ point : Poitrine ; 8ᵉ point : dos, croupion ; 9ᵉ point : queue ; 10ᵉ point : ailes, ordinaires à la race des Volants.
11ᵉ et 12ᵉ points : Tarses, doigts, longueur moyenne, couverts de plumes abondantes, plantées horizontalement.
Pour la couleur : 2 points lorsque la couleur est bonne, ainsi qu'il est indiqué précédemment, 1 seul si la couleur est défectueuse. Pour la couleur de la queue : 2 points ; pour les marques : 2 points.
1° Pigeon Volant hollandais entièrement noir ; les plumes du cou avec des reflets : verts, violets, cramoisis, à la queue blanche ; 2° Pigeon Volant hollandais bleu, à queue blanche ; 3° Pigeon Volant hollandais rouge, à queue blanche ; 4° Pigeon Volant hollandais jaune, à queue blanche.

7ᵉ FAMILLE. — **Pigeon Volant de Norvège.**

Columba tabellaria Norvegica.

Type pur : 18 points.
Performance : 12 points.
1ᵉʳ point : Taille et grosseur du Volant liégeois.
2ᵉ point : Tête allongée, fine.
3ᵉ point : Bec grêle, gris-brun.
Morilles simples, blanchâtres.
4ᵉ et 5ᵉ points : Œil blanc de porcelaine, cerclé d'un tour sablé.
6ᵉ point : Membrane, tour d'œil, fine, blanche.
Joues un peu creuses.

7e point : cou court, assez gros, très garni de plumes ; poitrine large.

8e point : Dos, croupion, de largeur moyenne.

9e point : Queue de longueur ordinaire.

10e point : Ailes semblables à celles de la race.

11e et 12e points : Tarses et doigts nus, d'un rouge vif.

Pour la couleur : 6 points.

Ce délicieux Pigeon n'existe qu'en une seule couleur : marron (acajou).

13e point : Marron, les plumes de la tête sont de nuance plus claire, celles du cou, avec des reflets changeants : violets, verts, mordorés.

14e, 15e et 16e points : Le dos, le croupion, là queue : marron plus foncé ; l'extrémité de la queue bordée d'une bande brune presque noire. Le ventre, le dessous des ailes : marron clair, se rapprochant des nuances de la tête.

17e et 18e points : Ailes marron, avec les grandes pennes de trois nuances. La partie interne, cachée, de chaque plume : marron clair, nuance de la tête ; le tuyau de la plume, puis l'autre côté, marron, et l'extrémité des barbes externes presque noire.

DEUXIÈME CATÉGORIE.

Absolument semblable à la première, comme performance et comme couleur, mais avec les tarses et les doigts couverts de plumes marron, poussant le long de la jambe et des doigts qu'elles couvrent légèrement.

J'ai pu, tout particulièrement, apprécier cette jolie race chez M. de Vanssay, à Courbevoie.

Ce connaisseur, un des plus fins, des plus délicats, des plus sûrs qu'il m'ait été donné de rencontrer, avait, en plus d'une remarquable, incomparable et bruyante collection de pigeons Tambour, plusieurs types de ce Volant norvégien.

Ce Pigeon, intéressant par son attrayante couleur marron-acajou, peut fournir un vol égal à celui du Volant Maurin, et ce monsieur me racontait que, peu de temps après son installation dans la banlieue parisienne, un de ses Volants norvégien, s'étant échappé de la volière, était retourné à sa précédente demeure, au Mans. Là, ne trouvant plus ni pigeonnier, ni cages, il avait erré sur les nombreuses cheminées de la ville jusqu'à ce que le coup de feu d'un barbare habitant vint récompenser notre fidèle Volant de sa trop bonne mémoire, ou bien le punir d'avoir voulu jouer au Pigeon voyageur.

TROISIÈME RACE.

VOLANT ANGLAIS.

Columba tabellaria Britannica.

Vieillot, dans le *Dictionnaire d'histoire naturelle Déterville* — et, plus tard, Boitard et Corbié, parlent d'une espèce de Volant anglais fort remarquable : « Il diffère (ce » Volant) essentiellement des précédents par ses pieds très » garnis de plumes ; il est noir à manteau et à ailes blanches, » teintées de rose lorsqu'on le regarde au soleil ; barres » noires. »

La compétence et le savoir de ces trois auteurs, dont j'ai pu apprécier toute l'étendue, depuis vingt-cinq ans que je pratique l'élevage du Pigeon, font que, sans jamais l'avoir vue et, en la supposant éteinte, je place cette famille de Volants anglais comme première.

Ne fût-ce qu'à titre de souvenir !

2e FAMILLE : **Pigeon Volant anglais unicolore.**

Cette famille des Volants unicolores anglais, avec ses quatre variétés : noire, bleue barrée noir, rouge et jaune, est de tous points semblable à la race de nos Volants de couleur uniforme et ne demande pas une description spéciale. Au reste, les anglais ont peu ou pas de Pigeons Volants, le berceau de cette espèce est l'Allemagne, c'est dans le pays de Gœthe qu'il faut aller chercher les races de Pigeons de haut vol et leurs innombrables variétés aux délicieuses et chatoyantes couleurs.

QUATRIÈME RACE.

PIGEON A COURTE FACE.

Short faced.

Nous classerons, à la suite des Volants anglais, les Beards et les Bald-Heads, non pas que nous ayons la pensée de présenter ces derniers comme étant de la race des Volants, leur performance se rapprochant sensiblement de celle des Tumblers serait là pour nous démentir; mais, le vol calme, léger de ces charmants oiseaux, leur œil blanc d'émail semblent les désigner pour servir de trait d'union entre l'espèce des Pigeons de haut vol et celle nombreuse des Culbutants. Puis *The Beard* ou Le Barbu, nommé de la sorte à cause de la tache blanche qu'il a sous le bec, est lui-même un produit de Tumbler et de Volant. D'aucuns diront que cet autre Beard descend du Culbutant Pie, mais nous ne saurions partager cette opinion, parce que, malgré toute les sélections possibles, jamais un Pie à queue noire ou rouge, etc., n'a pu produire, accouplé avec une femelle à vol et queue de couleur, comme sont les Tumblers, un Pigeon à queue blanche, tandis que dans les grandes familles des Volants nous trouvons des sujets à vol blanc, à queue blanche, nous n'avons que l'embarras du choix.

1re FAMILLE : **The Beard Pigeon. — Le Pigeon Barbu.**

Type parfait : 24 points.
Performance : 12 points.
1er point : taille et grosseur petite.
Tour de corps 21 centimètres.
Longueur 29 centimètres.
2e point : Tête ronde, du bec au cou, d'une joue à l'autre ; le front haut et un peu plat au-dessus du bec.
3e point : Bec droit, pointu, un peu de la forme de celui du passereau, les deux mandibules égales de grosseur, la supérieure ne doit recouvrir qu'imperceptiblement l'inférieure.
Très effilé à l'extrémité, ce bec va en s'élargissant vers la tête de l'oiseau.

Nous ne commettrons pas l'erreur d'indiquer la mandibule inférieure blanche, car ce point serait introuvable.

Le bec du Beard varie selon la couleur du sujet et voilà ce qu'en pensent deux auteurs anglais Robert Fulton et Lewis Wright qui, eux, ont étudié le pigeon avant d'écrire leur livre :

« La couleur du bec d'un Beard dépendra de celle du corps
» de l'oiseau : le bec des rouges, jaunes et silvers sera légè-
» rement coloré, tandis que celui des noirs et des bleus sera
» noirâtre ou foncé ainsi que les morilles, bien que le dessus
» conserve une teinte fraîche. »

Morilles simples, petites, blanches, un peu teintées de gris, plus larges que longues.

4e et 5e points : Œil bombé, placé très haut, le plus haut possible dans la tête, et un peu de face ; l'iris blanc, imperceptiblement sablé par un mince filet rosé.

Voilà encore un point qui le rapproche du Volant.

6e point : Membrane plus large que chez le Volant, régulière, blanche, à peine teintée de rose.

7e point : Cou court, que l'oiseau porte très en arrière.

8e point : Poitrine très proéminente.

9e point : Dos assez large.

10e point : Queue de largeur et de longueur ordinaires.

11e point : Ailes de longueur moyenne, portées bas, même en dessous de la queue chez quelques sujets ; cependant, cette tenue n'est pas obligatoire comme pour le Tumbler.

12e point : Jambes très courtes.

Tarses et doigts courts, d'un rouge vif ; ce pigeon est très bas sur jambes, marche un peu sur le bout des doigts comme le Tumbler ; et lorsqu'il est au repos, dans une attitude triste, les plumes soulevées, droites, gonflées, les pattes disparaissent sous les plumes du ventre.

Pour la couleur : 12 points.

13e et 14e points : d'une couleur uniforme, avec des reflets changeants dans les plumes du cou.

15e et 16e points : Tache blanche sous le bec, placée tout à fait sous le bec, allant d'un œil à l'autre par une ligne droite et redescendant plus bas, à deux centimètres sous le bec, en une forme de croissant.

17e et 18e points : Vol blanc, dix pennes des ailes blanches. Certains connaisseurs anglais le déclarent bon à 7, d'autres à

8. M. Robert Fulton en préfèrerait 9 ; nous croyons qu'il est très acceptable à 8.

19ᵉ point : Croupion blanc.

20ᵉ et 21ᵉ points : Queue blanche.

22ᵉ et 23ᵉ points : Jambes de couleur.

24ᵉ point : Maintien, tête et cou très droits portés en ar_rière, la poitrine bombée, les ailes traînantes.

1ʳᵉ Sous-Variété : PIGEON BEARD BLEU.

Fig. nᵒ 9.

Figure 9.

Bleu, d'un bleu franc, bien luisant, avec les teintes du cou plus foncées et nuancées de couleurs changeantes. Tache, vol et queue blancs ; deux barres noires aux manteaux.

Cette variété est la plus répandue en Angleterre ; c'est dans cette couleur bleue que l'on rencontre les plus beaux types, les têtes les mieux formées, cependant les femelles sont rarement belles, et aussi belles que les mâles jamais.

2ᵉ Sous-Variété : PIGEON BEARD SILVER.

Couleur correspondant à notre Fauve, chez les Cravatés et les Romains, avec deux barres brunes aux extrémités des manteaux.

3ᵉ Sous-Variété : PIGEON BEARD ROUGE.

Semblable aux précédentes, mais rouge, rouge bien luisant, brillant.

4ᵉ Sous-Variété : PIGEON BEARD JAUNE.

D'un joli chamois, un peu foncé.

5ᵉ Sous-Variété : PIGEON BEARD GRIS-PERLE.

D'une nuance fine, délicate.

6ᵉ *Sous-Variété* : Pigeon Beard noir.

Cette couleur, la plus rare, la plus belle, est presque introuvable, avec des marques parfaites, et plus la plume de l'oiseau est noire, plus il a de valeur.

Voici, pour l'élevage, quelques croisements indiqués par Robert Fulton :

« Nous accouplerons le meilleur mâle Beard noir avec une
» femelle noire Tumbler courte-face et nous sélectionnerons
» le meilleur oiseau de la progéniture, celui dont les marques
» se rapprocheront le plus près du Beard, et l'accouplerons
» avec un autre Beard.

» Si ceci ne peut être fait, nous accouplerons, à la saison
» suivante, le père à la plus jolie jeune femelle ; et si un autre
» mâle Beard ne peut pas être pris dans la même combi-
» naison, nous choisirons la mère et la donnerons à un des
» jeunes mâles montrant le plus de points vers les Beards.

» Le croisement avec la femelle Tumbler noire apporte
» non seulement les points de la tête, mais, ce qui est plus
» important, les points de tête et de maintien ; ces derniers
» sont en réalité très rares à trouver bons dans celui appelé
» Courte-face Beard.

» Les bleus, principalement les mâles étant les plus appro-
» chants de ce qui est désiré, nous aviserons à l'accouple-
» ment du mâle bleu avec la meilleure femelle Silver et vice-
» versâ, le meilleur mâle Silver avec la meilleure femelle
» bleue.

» Chacun de ces croisements est fait pour obtenir une
» meilleure couleur bleue, l'un des croisements étant pour
» les mâles et l'autre pour les femelles. Il y a un certain
» danger au sujet des barres qui peuvent être kite (rousses)
» ou de couleur mêlée, mais les sujets qui ont ce défaut
» sont généralement remplis de qualités dans la tête et
» le bec.

» Si l'amateur a un mâle Beard rouge convenable, mon-
» trant une barbe comme elle doit être, avec pas moins de
» huit pennes blanches — s'il en a dix, il sera meilleur — il
» l'accouplera à une femelle rouge agathe Courte-face pour
» avoir les qualités de tête et celles de dos. »

2ᵉ Famille. — Le Tête-Chauve.

The Bald-Head.

Figure nº 10.

Est absolument comparable au Beard pour la force, la longueur, la grosseur et le maintien.

Les 5ᵉ, 6ᵉ, 13ᵉ et 14ᵉ points, seuls, varient.

5ᵉ point : L'œil complètement blanc ; le plus petit cercle sablé est un grave défaut, dit l'auteur cité plus haut.

Figure 10.

6ᵉ point : La membrane plus large que chez le Beard, blanche.

13ᵉ et 14ᵉ points : La tête plus en forme de boule, avec le front plus haut, entièrement blanche, séparée de la couleur du cou par une ligne franche partant à un demi-centimètre sous le bec, passant à la même distance sous l'œil droit, contournant le cou pour revenir, toujours droite, à son point de départ.

L'amateur ne doit pas se montrer trop difficile sur l'emplacement de cette ligne de démarcation, l'essentiel est qu'elle soit bien nette et que les deux couleurs ne se mélangent point.

Le vol, le croupion, la queue, comme chez le Beard, blancs ; le vol acceptable à huit pennes blanches.

Les plumes des jambes et le dessous du ventre blancs.

1ʳᵉ Sous-Variété : Pigeon Bald-Head bleu.

Avec deux bandes noires à l'extrémité du manteau.

Cette variété bleue est la plus nombreuse, la plus vigoureuse comme constitution et fournit les sujets les plus beaux;

cependant il est très. difficile de trouver des femelles aussi belles que les mâles.

Les plumes doivent être brillantes et bleu foncé ; celles de la gorge, à reflets verts.

2ᵉ *Sous-Variété* : PIGEON BALD-HEAD NOIR.

D'un beau noir. de jais, brillant, lustré, sur lequel la tête, le vol, la queue se détachent d'un blanc de neige.

Cette variété noire est la plus rare et les jeunes sont difficiles à élever à cause de la faiblesse de leur constitution, mais elle est aussi la plus recherchée.

Ce Bald-Head noir est un des plus jolis Pigeons que nous connaissions et nous avons peine à nous expliquer pourquoi il est si peu répandu en France.

3ᵉ *Sous-Variété* : PIGEON BALD-HEAD SILVER.

Fauve, d'un fauve roux aux plumes de la gorge, d'un fauve gris sur les ailes; avec, aux manteaux, deux barres brun foncé.

4ᵉ *Sous-Variété* : PIGEON BALD-HEAD GRIS PERLE.

En quelque sorte une sous-variété de la précédente, mais d'un joli gris perle, très pâle sur les ailes.

5ᵉ *Sous-Variété* : PIGEON BALD-HEAD ROUGE.

Rouge, d'un rouge lustré, brillant. Cette 5ᵉ variété de Bald-Head, ainsi que la 2ᵉ est rare.

6ᵉ *Sous-Variété* : PIGEON BALD-HEAD JAUNE.

Chamois foncé, est la plus commune après les bleus.

Le Bald-Head ou tête chauve tient son nom de la couleur blanche de sa tête, car ici la traduction exacte est: Tête chauve, mais signifie plutôt en réalité. tête claire, tête blanche.

Pour sélectionner les rouges et les jaunes, voir les indications données pour le Volant-Pie.

Pour les noirs, les bleus, les silvers, nous redonnerons une traduction de MM. R. Fulton et L. Wright, l'opinion de ces auteurs étant absolument la nôtre ; il en est toujours ainsi lorsqu'on se trouve entre vrais connaisseurs.

« On remédiera à la mauvaise couleur du bleu par le croi-
» sement avec le silver. En mettant un mâle silver avec une
» femelle bleue, ils produiront des femelles bleues de bonne
» couleur.

» Si cependant le produit n'était pas à notre satisfaction
» nous sélectionnerions une des jeunes femelles bleues ou
» silvers et nous l'accouplerions à son père ; alors nous ob-
» tiendrions presque sûrement des femelles bleues parfaites ;
» mais, de même que pour les Beards il y a un risque pour
» la couleur des barres qui peut être kite ou de couleur
» mêlée.

» Un autre mode est d'accoupler un mâle bleu avec une
» femelle silver ; les barres très foncées de la femelle seront
» les meilleures.

» Pour les noirs : nous procurerons un mâle de bonne cou-
» leur, mais sans qualité, en Courte-face et bien coupé, à une
» femelle minime roux, de couleur foncée et nous aurons la
» chance d'obtenir un ou deux sujets ressemblant au Bald
» dans les marques.

» Cette manière de procéder devrait, selon nous, produire
» de bons noirs.

» Il n'est pas toujours aisé de trouver une femelle Bald-
» Head ayant d'assez bonnes qualités en tête et en bec. Nous
» accouplerons donc un mâle Bald-Head à une femelle noire,
» n'importe si elle est produite de Mottles ; et, adoptant le
» même système pour la saison suivante, le vieux mâle Bald-
» Head sera accouplé à la jeune femelle produite de la sé-
» lection. »

(A suivre.)

LES COCCINELLIDES NUISIBLES [1]

Par M. le Dr Paul MARCHAL,

Chef des travaux à la Station entomologique de Paris.

Les Coccinellides sont connues en général par les services qu'elles rendent à l'agriculture, en se nourrissant des Pucerons qui sucent la sève des plantes cultivées. On sait que, dans ces dernières années, l'une d'entre elles, la *Vedalia cardinalis*, importée d'Australie aux États-Unis pour détruire l'*Icerya Purchasi*, Cochenille qui ravageait les cultures d'O-rangers, s'y est multipliée au point d'anéantir entièrement, en certaines localités, le redoutable fléau qu'elle tenait déjà en échec dans son pays d'origine. Les résultats obtenus ont été si satisfaisants que des serres ont été construites pour la conservation de cet insecte pendant l'hiver, et qu'un véritable service a été organisé pour l'expédition de *Vedalia* dans les différentes parties du globe contaminées par l'*Icerya*. Toutes les Coccinellides pourtant ne doivent pas être considérées comme des auxiliaires : certaines d'entre elles, par une curieuse inversion de régime, au lieu de se nourrir de Pucerons ou d'autres insectes, sont phytophages et exercent leurs ravages aussi bien pendant la période lar-vaire que pendant la vie de l'insecte adulte.

Ces Coccinellides nuisibles appartiennent à trois genres distincts, les genres *Epilachna*, *Subcoccinella* (*Lasia*) et *Cynegetis*. Elles forment ensemble un groupe spécial que l'on désigne habituellement, d'après la particularité biologique la plus saillante qui les caractérise, sous le nom de Phyto-phages, ou encore sous le nom d'Epilachniens (Mulsant) (**9**). Ce groupe est caractérisé par la fine pubescence du corps, et, en outre, par des caractères d'adaptation, qui sont en rapport avec leur régime végétal. Les mandibules, qui chez les Aphi-diphages sont terminées par une simple pointe ou sont tout au plus bifides, se trouvent, dans le groupe qui nous occupe,

---

(1) Communication faite à la *Société d'Acclimatation* dans la séance générale du 1er mars 1895.

munies de trois ou quatre dents de longueur inégale, et
crénelées sur une partie de leur étendue : Chez les Coccinelles carnassières, les mandibules n'ont guère, en effet,
d'autre fonction que de ponctionner les tissus de la proie
pour permettre à l'insecte d'en aspirer les liquides nourri-
ciers ; chez les phytophages, au contraire, elles doivent
carder les tissus végétaux de façon à les réduire en pulpe et
à en exprimer la sève. Les ongles des tarses présentent aussi
des caractères différentiels en rapport avec le genre de vie
de ces animaux. Ces insectes restant fixés sur les feuilles et
ayant des allures lentes, faisant contraste avec celles des
Aphidiphages, qui doivent courir sur les plantes pour donner
la chasse aux Pucerons, ont le plus souvent des ongles en
grappin, et chacun de leurs crochets est formé de trois dents
graduellement plus courtes de dehors en dedans. Leurs
mœurs sédentaires ont déterminé aussi chez certains Phytophages une tendance marquée vers l'atrophie des ailes. Cette
tendance se réalise surtout chez ceux qui s'attaquent à la
famille fort répandue des Légumineuses (*Cynegetis*). Léon
Dufour a enfin constaté chez les *Epilachna* (*E. argus*), des
caractères anatomiques en rapport avec le régime végétal.
Le tube digestif est chez elles quatre à cinq fois plus long
que le corps, tandis que chez les Aphidiphages il atteint seulement le double de sa longueur.

Les larves des Coccinelles phytophages ont un facies tout à
fait caractéristique : elles sont d'une couleur jaunâtre, comme
les feuilles qui ont été flétries par leurs morsures, et sont
hérissées de longues épines élégamment ramifiées et disposées dorsalement sur chaque anneau en une ligne transversale, de façon à constituer sur toute la longueur du corps six
rangées longitudinales. Ainsi que l'a fait remarquer Huber (**8**),
ces larves offrent par leurs caractères une analogie frappante
avec celles des Cassides : comme chez elles aussi, la nymphe,
pour se transformer, ne se débarrasse qu'à moitié de la dépouille larvaire, qui, collée à la plante par son extrémité
postérieure, enveloppe les derniers anneaux du corps de la
nymphe. Par ces caractères les Epilachniens semblent donc
former une transition entre les Cassides et les Coccinelles, en
dépit du nombre des articles complètement développés aux
tarses, qui est de quatre dans le premier groupe et de trois
dans le second.

D'après ces affinités, il semble assez naturel d'admettre que le régime primitif des Coccinelles a dû être le régime phytophage, et que les Coccinelliens aphidiphages représentent la forme la plus modifiée. Certains faits viennent du reste attester l'évolution graduelle qu'ont dû subir, dans leur régime alimentaire, les Coccinelliens : c'est ainsi que, d'après une observation intéressante de J. B. Smith (**30**), les premières larves écloses d'une ponte d'*Epilachna borealis* commencent par dévorer les œufs non encore éclos, avant d'attaquer la feuille. Inversement, dans le groupe des Aphidiphages, certains auteurs ont signalé quelques rares espèces comme pouvant se nourrir de végétaux, notamment la *Coccinella hyeroglyphica*, qui d'après Reich (**1**) se nourrit de Bruyères, et le *Chilocorus uva*, qui d'après Coquerel (**10**) vivrait à la Martinique aux dépens des feuilles du Tamarin.

Nous examinerons successivement les trois genres de Coccinellides phytophages :

1⁰ Les *Epilachna*, présentent le facies général des Coccinelles proprement dites : elles s'en distinguent par les caractères du groupe, et les taches noires dont leurs élytres rouges sont ornées sont souvent cerclées d'une auréole claire, qui leur donne une apparence ocellée. Elles vivent, en général, sur les Cucurbitacées ou les Solanées ; une espèce, pourtant (*E. corrupta*), s'attaque, ainsi que nous allons le voir, au genre *Phaseolus*.

Il a été adressé, cette année, de Tunis, à la station Entomologique de Paris, des *Epilachna chrysomelina* F., tant à l'état de larves qu'à l'état d'adultes. Cette espèce, d'après les renseignements fournis par M. Castet, Jardinier-chef de la Station d'Essais de Tunis, fit de grands dégats dans les cultures de Melons. « Ces Coléoptères », écrivait-il au 12 août dernier, « sont un vrai fléau pour les Melons de France : il ne » reste pas une feuille ; des carrés entiers sont détruits. Les » traitements au jus de tabac, au soufre, à la naphtaline et » au pyrèthre sont sans résultat... D'autre part, les Arabes » cultivent sur des hectares entiers, un Melon non amélioré » à gros fruit, de goût médiocre, qui ne paraît pas souffrir » de cette invasion. » D'après M. Castet, ces insectes passent l'hiver à l'état parfait sur les troncs des arbres ; ils se réunissent en grand nombre, côte à côte, et forment plaques. Cette particularité est éminemment favorable à leur destruction et on peut facilement, pendant l'hiver, les récolter à la main. L'*Epilachna chrysomelina* a été mentionnée par Junker (6) comme vivant sur *Bryonia dioïca*, et par Macquart (14) sur *Momordica elaterium*; mais à ma connaissance elle n'avait pas encore été signalée comme nuisible aux Cucurbitacées cultivées.

Sa congénère, l'*Epilachna argus* Fourcr., que l'on rencontre dans toute la France, tandis que l'espèce précédente ne s'y trouve guère que dans la zône méridionale, vit aussi le plus souvent sur la Bryone (5). La larve ronge les feuilles sur les deux faces et se transforme avant l'hiver. *Epilachna argus* vit également sur *Momordica elaterium* (14), et elle a été signalée comme nuisible aux Melons, Concombres, Potirons et Citrouilles (21).

En Amérique, deux Epilachna sont nuisibles aux cultures. L'une, l'*Epilachna borealis* Fab., exerce de grands ravages dans les cultures de Melons et autres Cucurbitacées de la région Nord des Etats-Unis (16, 18, 19, 20, 22, 23, 27, 29, 30). L'autre, l'*Epilachna corrupta* Muls. (New mexican bean-bug), détruit, parfois en totalité, au Mexique, les plantations d'un Haricot fort répandu dans cette région et qui constitue l'une des bases de l'alimentation des habitants. Le seul moyen que les Mexicains aient trouvé pour lutter contre ce fléau, est de planter les Haricots tardivement, vers le milieu de juillet : car, alors, le moment principal de l'apparition des Epilachna est passé ; on peut encore semer d'une façon très précoce, du 15 avril au 1er mai. Cet insecte ne se trouve guère que dans les vieux champs anciennement mis en culture ; sur les terres nouvellement cultivées, il est très rare et peut y rester complètement inconnu pendant les premières années. Cette Coccinelle redoutable existe aussi au Colorado ; là aussi elle ne s'attaque qu'aux Haricots, dont elle détruit les gousses et les feuilles (24, 26, 28, 30, 32).

En Australie, l'un des plus grands ennemis de la Pomme de terre, des Courges, des Tomates et autres Solanées ou Cucurbitacées, appartient au même genre : c'est l'*Epilachna vigintiocto-punctata*, qui dévore les feuilles de ces plantes et ne laisse que les nervures, causant ainsi un énorme préjudice aux cultures (25).

Dans l'Afrique Australe, une autre *Epilachna*, l'*E. hirta*, a été aussi récemment signalée comme occasionnant de grands dégâts dans les cultures de Pommes de terre et de Tomates (**31**).

Le second genre dont nous ayons à nous occuper a reçu le nom de *Subcoccinella* Hub. (*Lasia* Muls.) : il se distingue du précédent par ses épaules anguleuses. La *Subcoccinella 24-punctata* L. (*S. globosa* Schn., *S. saponariæ* Hub.), caractérisée par sa forme très globuleuse, est d'un rouge fauve, avec points noirs en nombre variable. Elle a parfois ses ailes en partie avortées; mais ce n'est pas une règle ainsi que le croyait Huber. Signalée par Géné (**2**), et divers auteurs (**4, 7, 12. 17**), comme pouvant être très nuisible aux Trèfles, Luzernes et Vesces, elle se trouve fréquemment aussi sur la Saponaire. D'après Huber (**8**), qui a étudié cet insecte sur cette plante et l'a nommé Subcoccinelle de la Saponaire, les larves ne font que comprimer le parenchyme des feuilles et en exprimer le suc, tout comme les Coccinelles aphidiphages compriment et sucent les Pucerons dont elles rejettent l'épiderme. Elles enfoncent leurs dents dans le parenchyme de la feuille, en faisant avancer graduellement leur tête, et il résulte de cette mastication une petite bande saillante qui se dessine et s'élève au-dessus de l'épiderme de la feuille. Après avoir fait une de ces petites bandes, la larve en recommence une autre parallèlement, puis une troisième, toutes à la même distance et à peu près de la même longueur. Quand elle en a fait 10 à 12, elle s'avance et en recommence une autre rangée. Le tout forme enfin une grande tache blanche sur laquelle se dessinent les stries précédentes et qui, dans l'origine, sont vertes, mais deviennent blanches par la dessiccation. Après plusieurs mues, la larve parvient en moins d'un mois à l'état de nymphe, et, six ou huit jours plus tard, à l'état d'insecte parfait. Celui-ci continue sur la plante nourricière la même vie que la larve ; il passe l'hiver, et, dès le printemps, la femelle dépose ses œufs jaunes, ovoïdes, tantôt isolés, tantôt par groupes, sur les feuilles des végétaux propres à la nourriture des larves.

3° Les *Cynegetis*, qui constituent le troisième genre de Coccinelles phytophages, sont très voisines du genre précédent. Elles sont caractérisées par l'absence d'ailes sous les

élytres et par leur forme très arrondie. La *Cynegetis impunctata* F., de trois millim. de long, entièrement rousse, avec
une tache noire au milieu du corselet, et parfois des taches
noires variables sur les élytres, s'est montrée nuisible à
diverses plantes fourragères : en Autriche et en Allemagne
notamment, elle a été signalée par différents auteurs comme
capable de faire de très grands dégâts dans les cultures de
Vesce, de Sainfoin, de Trèfle et de Luzerne (**3**, **11**). La larve,
d'un blanc jaunâtre avec quelques taches vertes, est, comme
celle des précédentes espèces, chargée d'épines ramifiées :
c'est elle surtout qui se montre nuisible en rongeant le parenchyme des feuilles dont elle laisse les nervures intactes.
En France, toutefois, ses dégâts ne paraissent pas avoir
encore été signalés.

Pour s'opposer aux ravages causés par les Coccinelles nuisibles, la meilleure méthode paraît être encore l'alternance
des cultures ; car ainsi que nous l'avons vu, surtout pour les
Epilachna, elles ne vivent que sur un nombre d'espèces végétales assez restreint et appartenant à la même famille. On
a aussi conseillé, pour les *Lasia globosa*, l'emploi de machines semblables à celles dont on se sert pour la récolte et
la destruction du Négril (*Colaspidema atrum*). La coupe du
fourrage, avant l'éclosion des adultes, de façon à déterminer
la mort des larves, sera aussi, lorsque les circonstances le
permettront, une excellente mesure.

En Amérique, on a essayé contre l'*Epilachna corrupta* les
pulvérisations de liquides arsénicaux et notamment des solutions de « Paris Green » (Arsénite de Cuivre) ; mais les
plantes attaquées, appartenant au genre *Phaseolus*, se sont
trouvées, au moins dans un certain nombre d'expériences,
avoir une force de résistance insuffisante pour supporter le
traitement ; contre sa congénère, l'*Epilachna borealis*, qui,
aux Etats-Unis, s'attaque aux Cucurbitacées, et contre l'*E-
pilachna hirta*, qui, dans l'Afrique Australe, s'attaque aux
Solanées, ces mêmes arsénites ont au contraire donné de
bons résultats. Si cette année l'*Epilachna chrysomelina* recommence en Tunisie les ravages qu'elle a exercés l'année
dernière, on pourra donc tenter l'emploi de ces insecticides,
en s'entourant de toutes les précautions que nécessite leur
emploi, et en arrêtant les arrosages avec le liquide arsénical

dès que les fruits commenceront à grossir, afin d'éviter le danger d'empoisonnement.

L'usage des émulsions de pétrole et de savon, du kérosène avec ou sans pyrèthre, devra aussi être expérimenté. Mais avant de recourir à ces mesures, on devra tenter d'enrayer le fléau, en changeant l'emplacement des plantations, et en ayant soin de choisir à cet effet des champs écartés du voisinage de toute espèce de Cucurbitacée sauvage ou cultivée. D'après les indications fournies par M. Castet, la récolte, pendant l'hiver, des insectes réunis par plaques sur les troncs d'arbres, est facilement pratiquable, et ce procédé ayant pour résultat la suppression des insectes qui doivent pondre au printemps, ne peut manquer d'avoir une très grande effi-cacité.

INDEX BIBLIOGRAPHIQUE

1. Reich, *Bemerkungen über Lebensverhaltnisse der* Coccinellen *uberhaupt und der* Coccinella hyeroglyphica *insbesondere.* Magazin Gesells. nat. Fr. Berlin, t. III, p. 288, 1809.

2. Géné, *Saggio su gli Insetti piu nocivi alla Agricoltura, agli animali domestici et al prodotti dell' Economia rurale.* Milano, 1827; éd. 2 a 1836. (*Lasia globosa.*)

3. Kolar, *Naturgesch. der schädl. Insect. in Bezug auf Landw. und Forstcultur.* Wien (5ᵉ vol. de la nouvelle série de : Verhandl. Landw. Ges. Wien), p. 138, 1837. (*Cynegetis impunctata.*)

4. Philippi, *Ueber die Metamorphose der* Coccinella globosa. Zweiter Iahresb. Ver. f. Naturk. Cassel, 1838, p. 11.

5. Westwood, *An Introd. to the mod. classific. of Insects.* London, 1839. (*E. argus.*)

6. Junker, *Epilachna chrysomelina, deren Nahrung und Fortpflanzung.* Stettin. Ent. Zeit., t. II, p. 2-5, 1841.

7. Boie, Cynegetis globosa *und* Epilachna chrysomelina *nebst Beschreibung eines Fanginstruments für Kleine Insekten.* Stett. Ent. Zeit., t. II, p. 79-80, 1841.

8. Huber (J.-P.), *Mémoire pour servir à l'hist. de la Coccinelle de la Saponaire.* Mém. soc. phys. Genève, t. IX, p. 363-374, pl. 1, 1842.

9. Mulsant, *Hist. nat. des Col. de France. Sécuripalpes.* 1846.

10. Coquerel, Ann. de la Soc. Ent. de France. 2ᵉ sér., t. VII, p. 452, pl. xiv, 1849 (*Chilocorus uva*).

11. Heeger, *Beiträge z. Naturgesch. der Insecten.* Sitzb. Ak. Wiss. Wien; V, p. 207-209, pl. 4, 1851. (*Cynegetis impunctata.*)

12. Kolar, *Ueber* Epilachna globosa *Ill. als schädliches Insect für den Luzern-Klee.* Verhandl. zool. bot. ver. Wien, t. II, p. 24-25, 1852.

13. Chapuis et Candèze. *Catalogue des larves de Coléoptères.* Mém. soc. roy. des sc. de Liège, t. VIII, p. 630-635, pl. ix, 1853.

14. Macquart, *Plantes herbacées d'Europe et leurs insectes.* Mém. de la soc. Imp. des sc. de l'Agr. et des Arts de Lille. 2° sér., t. III, p. 236, 1854.

15. Doebner, *Beitr. z. Entwickt. einiger Käfer.* Berlin, ent. Zeitschr, t. VI, p. 67-68, pl. iii, 1862.

16. Walsh, Pract. Ent., t. I, p. 111, 26 août 1866. (*E. borealis.*)

17. Frauenfeld, Verhandl. zool. bot. Ges. Wien, t. XIV, p. 161, 1868. (*Lasia glabosa.*)

18. Scudder (Sam.-H.), *An insect destructive to squash-vines.* Americ. Journal Horticult., t. III, p. 80-82, 1868. (*E. borealis.*)

19. Walsh and Riley, *Insect foes of the bark-louse.* Americ. Ent., t. VI, p. 39, 1868. (*E borealis.*)

20. Riley, *The northern lady-bird, its larvæ.* Americ. Ent. and Bot. December 1870, p. 373. (*E. borealis.*)

21. Girard (Maurice), *Catalogue raisonné des Animaux utiles et nuisibles de la France,* fasc. 2, p. 82, 1878.

22. Riley, *Entom. Notes.* Rural New Yorke, 13 janr. 1883, p. 78, et Americ. Nat., t. XVII, 1883, p. 198-199. (*E. borealis.*)

23. Riley, *Entom. notes of the year.* Prairie Farmer, t. LV, 24 november 1883, pp. 86-87.

24. Insect-Life, 1889-90, p. 114 et p. 377. (*E. corrupta* au Mexique.)

25. Agr. Gaz. of New. South Wales vol. 1, n° 3 (*E. vigintioctopunctata*), d'après Insect Life, 1890-91, p. 434.

26. Insect-Life, 1890-91, p. 121 et p. 419. (*E. corrupta.*)

27. Insect-Life, 1891-92, p. 44. (*E. borealis* in New Jersey.)

28. Insect-Life, 1891-92, p. 355. (*E. corrupta* in Colorado.)

29. Scudder (S.-H.), Twenty-Third An. Rep. of the Ent. Soc. of Ontario. Toronto (*E. borealis*), d'après Insect-Life, 1892-93, p. 357.

30. Insect-Life, 1892-93, p. 81, 98, 356-357. (*E. borealis* et *E. corrupta.*)

31. Rep. of the Depart. of Agr. for the year, 1890-91, Cape Town, 1892 (*E. hirta*), d'après Insect-Life, 1892-93, p. 4.

32. Prairie Farmer, 1892 (*E. corrupta,* avec fig.), d'après Insect-Life, 1892-93, p. 356.

II. EXTRAITS DES PROCÈS-VERBAUX DES SÉANCES DE LA SOCIÉTE.

SÉANCE GÉNÉRALE DU 15 FÉVRIER 1895.

PRÉSIDENCE DE M. A. GEOFFROY SAINT-HILAIRE, PRÉSIDENT.

Le procès-verbal de la séance précédente est lu et adopté.

— M. le Président proclame les noms des nouveaux membres admis par le Conseil :

MM.	PRÉSENTATEURS.
Boigeol (Armand), propriétaire, 91, avenue Kléber, à Paris.	De Claybrooke. P. Mégnin. Dʳ Ménard.
Brongniart (Charles), docteur ès sciences, assistant de zoologie au Muséum d'Histoire naturelle, 9, rue Linné, à Paris.	Baron J. de Guerne. A. Milne-Edwards. Léon Vaillant.
Loyer (Maurice-Alexandre), avocat à la Cour d'appel, 147, boulevard Saint-Germain, à Paris.	Baron J. de Guerne. Jules Grisard. C. Raveret-Wattel.
Marchal (Paul), directeur adjoint de la Station entomologique de Paris, docteur en médecine, docteur ès sciences, 126, rue Boucicaut, à Fontenay-aux-Roses.	Dʳ Raphael Blanchard. Baron J. de Guerne. Léon Vaillant.
Maurice (Charles), docteur ès sciences, au château d'Attiches, par Pont-à-Marcq (Nord).	Dʳ Raphaël Blanchard. A. Geoffroy Saint-Hilaire. Baron J. de Guerne.
Olivier (Louis), docteur ès sciences, directeur de la *Revue générale des Sciences pures et appliquées*, 34, rue de Provence, à Paris.	Dʳ Raphaël Blanchard. Baron J. de Guerne. Léon Vaillant.
Palm (H.), ingénieur, via Dreossi II à Gorice Littoral (Autriche).	De Claybrooke. Baron J. de Guerne. Jules Grisard.
Roland-Gosselin (Robert), Colline de la Paix, par Villefranche-sur-Mer (Alpes-Maritimes).	Baron J. de Guerne. Jules Grisard. Dʳ Weber.

Le Conseil a en outre admis au nombre des *Sociétés agrégées* :

Le Syndicat des Pêcheurs à la ligne, à Reims (Marne).

— M. le Président constate avec plaisir ce nombre relativement important de présentations ; il exhorte chaque sociétaire à faire tous ses efforts pour amener à la Société le plus possible de nouveaux membres ; plus on sera nombreux, dit-il, et plus on sera fort.

— M. Raveret-Wattel, inscrit à l'ordre du jour pour une communication, s'excuse de ne pouvoir assister à la Séance.

— M. le Secrétaire procède au dépouillement de la correspondance :

— Des remerciements sont envoyés par MM. Coutagne, Musséri et Piot-Bey pour leur récente admission.

— Plusieurs de nos Confrères demandent à participer aux prochaines distributions de graines.

— Des remerciements pour les récompenses qui leur ont été attribuées sont adressés par un grand nombre de lauréats.

— M. James Forrester Anderson, Assistant-Secrétaire de la Société royale des Arts et Sciences de l'Ile Maurice, fait hommage à la Société des tomes I et II des *Supplementary papers* de la Société royale de Géographie de Londres.

— M. le Dr Wiet, de Reims, rend compte de ses cheptels d'Agoutis et de Kangurous de Bennett. Les œufs de Truite Arc-en-ciel qu'il a reçus en 1894, lui ont donné une magnifique éclosion.

— M. de Confévron envoie une nouvelle note sur l'hibernation des Hirondelles. (Voir *Extraits de la correspondance.*)

— M. Jules Bellot, de Cognac, adresse à M. le Président quelques renseignements sur l'élevage des Cailles dè Chine. (Voir *Extraits de la correspondance.*)

— Des comptes rendus de Cheptels sont envoyés par MM. Olivier Larrieu, château.de Badech, près Villeneuve-sur-Lot (Lot-et-Garonne) pour son cheptel de Bernaches de Magellan ; M. P. Zeiller, de Lunéville, pour ses cheptels de Perruches omnicolores et de Faisans de Swinhoë ; M. Fernand de Lacger, au château de Mascès, près Castres (Tarn) pour son cheptel d'Oies du Canada.

— Des demandes de cheptels sont faites par MM. Larrieu et Cᵗᵉ de Lainsecq.

— Le R. P. Paul Camboué, Procureur de la Mission de Madagascar, 34, rue de la Compagnie, à Saint-Denis (La Réunion), adresse à M. le Président une brochure sur les mœurs de l'Araignée, d'après ses observations et expériences sur quelques espèces des îles de Madagascar, La Réunion et Maurice (Voir *Bibliographie*).

— M. Arn. Leroy, Sous-inspecteur des Domaines, 40, rue des Jardins, à Oran, envoie des renseignements sur les semis de graines d'Opuntia qu'il a reçues de la Société et sur quelques autres cultures. (Voir *Extraits de la correspondance*.)

— M. E. Bagnol annonce un envoi de graines diverses. (Voir *Extraits de la correspondance*.)

— M. le Dʳ Lecler fait hommage d'une petite quantité de bulbilles d'Igname de Chine.

— Lecture est donnée d'une lettre de M. Forest aîné, dans laquelle il réclame la priorité pour l'introduction de l'Arganier du Maroc en Algérie, à propos d'un récent article de M. Leroy paru dans le n° 17 de la *Revue des Sciences naturelles appliquées* du 5 septembre 1894. — M. Leroy combat cette assertion dans sa lettre du 29 octobre 1894. (Voir *Extraits de la correspondance*.)

— M. Bucquet, de Paris, demande des renseignements sur la culture des Acacias australiens. — M. le Dʳ Bourlier, d'Alger, auquel cette demande a été communiquée, répond aux questions de M. Bucquet. (Voir *Extraits de la correspondance*.)

— M. Victor M. Musséri, Ingénieur agronome au Caire, rend compte des procédés qu'il emploie pour l'extraction de l'Indigo. (Voir *Extraits de la correspondance*.)

— M. le Dʳ L. Trabut envoie une notice imprimée sur la Baselle à grandes feuilles (*Basella cordifolia*) (Voir *Faits divers*).

— M. de Saint-Quentin, 47, boulevard du Muy, à Marseille, expose les résultats qu'il a obtenus avec des graines et des plantes que la Société lui a remises. (Voir *Extraits de la correspondance*.)

— M. O. R. Proschawsky, de Nice, annonce avec plaisir à M. le Secrétaire général que ses cultures d'*Agave Lechuguilla* dont il avait reçu des graines de la Société, ont parfaitement réussi.

— M. le Ministre, en réponse à une demande de renseignements sur les cultures maraîchères du Congo, que lui avait adressée M. le Président, envoie une brochure de MM. A. Pinaud et C. Chalot, traitant de cette question. (Voir *Bibliographie.*) — A ce propos, M. le Secrétaire général rappelle que la Société a décerné une médaille d'argent à l'un des auteurs de cette brochure, M. Chalot.

— M. le Secrétaire général annonce que M. Berthoule vient d'offrir à la Société environ *vingt mille* œufs d'Omble-Chevalier. Ces œufs sont parvenus en parfait état et ont été immédiatement distribués. Il en a été fait une douzaine de lots qui ont été répartis entre différents membres de la Société. On a pu également en donner à plusieurs établissements publics ou particuliers, sur la désignation de M. Guillain, Directeur des routes et de la navigation au Ministère des Travaux publics. Plusieurs milliers de ces œufs ont été envoyés à l'établissement de Bouzey, dans les Vosges. La Station aquicole de Boulogne-sur-mer, dont le nouveau directeur, M. Canu, avait demandé des œufs, quoique ne faisant pas partie de la Société, en a reçu également un certain nombre.
Enfin il a été expédié à la Station aquicole du Nid-de-Verdier, près Fécamp, dirigée par notre collègue, M. Raveret-Wattel, un lot qui lui était spécialement destiné par le donateur et qui se composait d'œufs d'Omble-Chevalier fécondés avec de la laitance de Truite. Il y a là une expérience intéressante à suivre, dont M. Raveret-Wattel rendra compte ultérieurement à la Société.

— M. le Secrétaire général dépose sur le Bureau un certain nombre de brochures et de livres offerts par les auteurs. (Voir *Bibliographie.*) Il fait ensuite au nom de M. Gaston Buchet une communication sur les animaux domestiques de l'Islande. (Voyez p. 241.)

— M. Grisard lit une note de M. Naudin intitulée : *Excentricités climatériques.*
A ce propos, M. le Président présente quelques observa-

tions qu'il a faites.récemment dans le midi sur les résultats des derniers froids. A Cannes, dit-il, où la neige a atteint l'épaisseur de 35 centimètres exactement, les cultures d'arbres exotiques, qui sont une des richesses du pays ont eu cruellement à souffrir ; à Hyères, au contraire, on a eu la bonne fortune de ne pas avoir de neige du tout. Aussi, malgré des abaissements de température intenses, puisque le thermomètre est descendu jusqu'à 8° au-dessous de zéro, ce qui est exceptionnel, le mal n'a pas été aussi grand qu'on aurait pu le supposer. C'est qu'en effet le grand péril pour les végétaux exotiques qui sont conservés dans la zone méditerranéenne, c'est avant tout l'humidité. Quand une pluie survient et qu'elle est suivie d'un abaissement de température, même de 2 ou 3 degrés, différence pourtant presque insensible, les dégâts sont immenses. Cette année, les plantes bien *aoûtées*, celles qui avaient achevé leur développement complet, n'ont pas ou du moins ont peu souffert du froid.

Plusieurs observations sont échangées au sujet de cette communication entre MM. le marquis de Sinéty, Léon Vaillant et Jules de Guerne.

— M. Rémy Saint-Loup dépose sur le bureau un travail sur une espèce marocaine du genre *Lepus*. (Voir *Bibliographie*.)

Le Secrétaire des séances,

JEAN DE CLAYBROOKE.

5ᵉ SECTION (BOTANIQUE).

SÉANCE DU 29 JANVIER 1895.

PRÉSIDENCE DE M. P. CHAPPELLIER, VICE-PRÉSIDENT.

La section procède à la nomination de son Bureau qui se trouve ainsi composé pour 1895 :

Président : M. Henry de Vilmorin.
Vice-président : M. P. Chappelier.
Secrétaire : M. J. Grisard.
Vice-secrétaire : M. Soubies.

M. le Secrétaire fait connaitre que M. le Dr Mêné lui a exprimé ses regrets de ne pouvoir continuer ses fonctions de délégué près de la Commission des récompenses et qu'il désire qu'il soit pourvu à son remplacement.

En conséquence il est procédé à l'élection d'un nouveau rapporteur et M. A. Paillieux est désigné, à l'unanimité des suffrages, pour remplir ces fonctions.

M. le Secrétaire fait le dépouillement d'une volumineuse correspondance parvenue pendant les vacances et met en distribution les graines reçues par la Société depuis sa dernière séance.

A propos des noix de *Juglans ailantifolia* offertes par M. Beauchaîne, M. Decaux dit que des arbres de cette espèce existent depuis 25 ans au Bois de Boulogne et qu'ils y fructifient.

La lettre de M. le Dr Laumonier sur l'Igname donne lieu à quelques observations de la part de M. Rathelot.

Notre confrère craint qu'en dehors de la difficulté d'arrachage, les perches de 6 à 8 mètres qu'on est obligé d'employer comme tuteurs ne soient toujours un obstacle sérieux à la propagation de ce légume.

M. Chappellier dit que c'est là une erreur, malheureusement trop répandue, qu'il importe de rectifier.

Des soutiens de 2 mètres sont largement suffisants et même on peut, à la rigueur, laisser courir les tiges des Ignames sur le terrain.

A l'occasion du don de graines de Cucurbitacées d'Asie-Mineure fait par M. X. Dybowski, M. Grisard rappelle que, l'année dernière, notre collègue avait déjà adressé un envoi de semences de Melons dont une variété mérite d'être particulièrement signalée pour la longue durée de sa conservation.

Voici en effet ce que M. Chatot lui écrivait à la date du *21 décembre* dernier : « Je suis heureux de vous dire que je mange aujourd'hui mon dernier Melon que j'aurais voulu conserver encore plus longtemps mais il commençait à se gâter vers le pédoncule. Pour n'être pas aussi parfumé que nos Melons d'été, je le trouve cependant encore très acceptable. »

Dans une lettre postérieure, M. Chatot annonce l'envoi d'une petite quantité de graines et ajoute :

« Ces Melons semés en pleine terre le 8 mai, sont parfaitement venus à maturité sans abri.

» Je vous adresse le peu de graines que je possède, vous pouvez encore en distribuer quelques-unes à un certain nombre de nos collègues qui pourront les expérimenter dans des climats différents. Ces Melons diffèrent sensiblement comme je vous le disais précédemment de ceux que nous cultivons. Outre la faculté qu'ils ont de se conserver fort longtemps, je crois encore, qu'ils pourraient être soumis à la cuisson. »

M. Paillieux donne lecture de deux notes l'une sur le *Ban-tchoun-tsi*, radis rond, rouge, monstrueux de Kashgar, l'autre sur *l'O Soune* ou Romaine du Pamyr.

M. Fallou dit que cette dernière, préparée suivant les indications de M. Paillieux, donne un légume apprécié et qu'il en a déjà distribué des graines à ses voisins de campagne.

M. Chappellier ajoute que des tiges de Romaine ordinaire qu'il avait recueillies dans un semis très serré, abandonné à lui-même, lui ont fourni également un excellent aliment. Il y aurait peut-être même intérêt à essayer dans ces conditions une culture régulière d'arrière-saison.

MM. Fallou et Grisard rendent compte des excellents résultats qu'ils ont obtenus de la poudre insecticide de Pyrèthre Sicre.

M. Paillieux distribue des graines d'une Luzerne chinoise dont les feuilles sont alimentaires.

M. le Secrétaire présente à la section les deux premiers fascicules de l'ouvrage intitulé : *Le Monde des Plantes*, par M. le professeur Paul Constantin. (Voir *Bibliographie*.)

Nous constatons avec plaisir que l'auteur a fait de nombreux emprunts à la *Revue des Sciences naturelles appliquées,* qu'il cite du reste consciencieusement.

Le Secrétaire,

Jules GRISARD.

III. EXTRAITS DE LA CORRESPONDANCE.

Je viens vous offrir en cheptel pour les membres de la Société les lots suivants :

- 1-2 Cou-Nu de Madagascar.
- 1-2 Malais rouges.
- 1-2 Américains Claiborn.
- 1-2 Américains Philena.
- 1-2 Bruges Bleus.
- 1-1 Malais Blancs.

Tous ces Oiseaux *sont parfaits* et de 1894.

Si vous pensez qu'ils ne puissent être confiés en cheptel cette année, je vous serais reconnaissant de les annoncer dans la *Revue* au nom de M. Charles Lagrange, faisandier chez M. de Fossey à la Madeleine. Evreux.

$\times$

Cailles de Chine.

Cognac, 20 décembre 1894.

...Si je vous signale mon élevage des Cailles de Chine, c'est que les personnes qui viennent chez moi admirent la grâce de ce gentil Oiseau, et que je suis étonné qu'il ne soit pas plus répandu et son élevage plus suivi, l'éducation en étant si facile.

Ce minuscule pulvérateur (15 centimètres de long) avec sa robe ardoise et brun foncé, son collier noir et blanc, est vraiment fait pour orner le bas des volières, même lilliputiennes.

La femelle est brun uni et se rapproche un peu de la couleur de nos Cailles communes, comme le mâle elle possède un collier.

Comme chant ces oiseaux lancent une note claire qu'ils répètent plusieurs fois de suite, je trouve que l'appel de la femelle est plus perçant que celui du mâle. Enfin comme mœurs ce sont des gens fort sociables et très doux envers les autres oiseaux, ils deviennent vite familiers si vous leur présentez de temps en temps un ver de farine.

Ayant perdu ma femelle l'année dernière ce n'est qu'à grand'peine que je pus la remplacer, car elles sont importées assez rarement.

Mon mâle fut ravi de l'arrivée d'une compagne; dès son entrée il lui souhaita la bienvenue en claquant du bec et en lui présentant un ver de farine; après ce festin qui cimenta leur union, l'accord le plus parfait régna dans le ménage.

Dans un coin de la volière la femelle creusa légèrement le sable, y porta du foin et de la plume, et y déposa 6 œufs de couleur café au lait, mais malgré mes recherches je n'y vis pas les points bruns signalés par Brehm

Le 15 juillet on vint me dire que les œufs étaient épars dans tous les coins de la cage..., une femelle de Tangara pourpre, qui nichait près du nid de Cailles fut accusée, vu sa mauvaise réputation, de ce crime ! On ramassa œufs et petits et tout fut remis dans le nid sans grand espoir ; mais une heure après tout ce petit monde reprenait vie, à ma grande joie.

Je ne puis donner une idée de la grosseur des nouveaux-nés, qu'en les comparant, comme taille, à de gros Bourdons ; comme livrée ils ont un duvet brun jaune avec des raies noires.

Jamais je n'ai vu un élevage aussi rapide ; moins d'un mois après on ne reconnaît plus les parents des enfants.

Comme première nourriture il leur faut vers de farine coupés en petits morceaux, œufs de fourmi, *millade* et salade hachée, grâce à ce régime bien simple la famille pousse comme par enchantement ; mais ne laissez pas le père, j'ignore pour quelle cause, mais maman Caille veut seule élever et conduire ses enfants. Aussitôt qu'elle couve il faut la séparer du mâle, qu'elle tuerait.

J'ajouterai que non seulement les 6 œufs éclos dans de si mauvaises dispositions ont produit 6 petits, mais que l'élevage en est parfait. Remarquez que je n'ai eu qu'une femelle, est-ce un hasard, ou son importation si rare provient-elle de cette cause ?

Jules BELLOT.

✕

HIBERNATION DES HIRONDELLES.

Flagey, 9 janvier 1895.

J'ai écrit à mon ami, M. l'abbé Demaison, curé de Modane, originaire de Lans-le-Villard, près de Bessans, pour le prier de faire visiter, en cette saison, par des gens dignes de foi, la grotte dite « l'Hirondellière ».

Voici la réponse y relative :

« J'ai un peu tardé à vous répondre, voulant vous donner des renseignements exacts concernant la grotte de l'Hirondellière ».

« J'ai dû interroger des habitants de Bessans. Ils m'ont tous répondu qu'ils n'avaient nullement connaissance du phénomène dont vous me parlez. »

« Il y a en effet, dans cette commune, deux endroits qui portent le nom d'Hirondellière, parce que, disent-ils, les Hirondelles y viennent au printemps ; de très bonne heure, souvent au mois d'avril, si le

temps n'est pas trop mauvais ; elles font leurs nids dans la grotte.
Plusieurs ont ajouté qu'ils ne pensaient pas même que ces Oiseaux
fussent de véritables Hirondelles, de celles qui n'arrivent en Savoie
que lorsque le temps est très beau. Il me semble donc que l'affirmation du Dr Larrey est purement et absolument gratuite. »

Ces renseignements confirment absolument ce que j'avais avancé.
Les Oiseaux qui habitent les grottes dites de l'Hirondellière, en Savoie,
sont bien comme je le pensais des Hirondelles de rochers (*Hirundo
rupestris*) qui sont nombreuses dans ce pays où elles arrivent de très
bonne heure pour ne le quitter que très tard, ce qui a pu induire en
erreur, mais, qui n'hivernent pas dans les grottes.

De Confévron.

✕

ACACIAS AUSTRALIENS.

Paris, le 5 octobre 1894.

J'ai lu dans le supplément de la *Revue*, en date du 5 août une
communication de M. le Dr Bourlier d'Alger, sur ses cultures d'A-
cacias australiens.

Cette communication m'a beaucoup intéressé en ma qualité de
propriétaire en Algérie, et M. le Dr Bourlier ayant l'obligeance de
se mettre à la disposition de la Société pour renseignements complé-
mentaires et envoi d'échantillons, je prends la liberté de solliciter
votre intermédiaire pour lui demander :

1º S'il est fixé dès à présent sur la variété d'Acacia la plus avantageuse à planter.

2º N'y aurait-il pas avantage, au point de vue de la réussite, au
lieu de faire des pépinières, à semer en pots, ce qui n'entraînerait
qu'une dépense insignifiante, et permettrait de planter avec la motte
entière et intacte.

3º A quelle distance les uns des autres les arbres doivent-ils être
plantés pour pouvoir prendre leur développement normal, et pour
que l'on ne soit pas obligé d'exploiter trop tôt.

4º Y a-t-il avantage ou inconvénient à cultiver entre les lignes,
comme on le fait dans les plantations de Caroubiers, qui ne s'en portent que mieux.

5º M. le Dr Bourlier pourrait-il envoyer quelques échantillons de
Gomme avec indication des variétés sur lesquelles ces échantillons
auront été recueillis, et quelques échantillons de graines. Peut-il
livrer des graines dès à présent, quelles quantités et quelles conditions ?

6º Le parcours des troupeaux de Bœufs et Moutons n'est pas trop
à craindre pour les plantations d'Eucalyptus ; en est-il de même des

plantations d'Acacias ? Est-il nécessaire, en pays Kabyle, si une plantation est située de façon à ne pouvoir être surveillée sévèrement, de clore cette plantation ?

L. BUCQUET.

Alger, 1er novembre 1894.

Je vous prie tout d'abord de vouloir bien excuser mon retard à vous répondre. Je suis tellement absorbé depuis quelque temps que je n'ai pu rendre visite à mes plantations depuis plus de six semaines.

En réponse au questionnaire formulé par M. Bucquet, voici ce que je puis formuler :

1º Je suis absolument fixé dès maintenant sur les deux variétés d'Acacias à adopter définitivement.

2º Au lieu de faire des pépinières et de semer en pots, j'estime qu'il y a tout avantage à semer suivant le procédé indou : *en tubes de gros roseau.*

A ce sujet, j'enverrai prochainement une notice.

Avantages, réussite mieux assurée, économie considérable. Extrême facilité de manipulation et de transport.

3º Distances 2 mètres sur 3 d'interlignes.

4º Cultures intercalaires possibles seulement pendant les deux premières années — surtout Fèves ou Oignons — *pas de Cucurbitacées.*

5º Je ne pourrais livrer des graines sélectionnées qu'en juillet 1895 — en 1894 j'ai épuisé ma récolte spécialement pour mes semis.

Mes Gommes sont mélangées et diffèrent peu entre elles.

6º Parcours, par *Moutons seulement,* à partir de la 3e année.

Il faut clore les jeunes plantations.

J'ai un stock assez considérable de graines incomplètement sélectionnées de la récolte de 1894. Ce sont déjà des produits devant donner de très bons sujets.

Comme je ne veux pas m'occuper de la vente de graines, je pourrai expédier à MM. Andrieux et Vilmorin tout ce qu'ils désireront.

Cependant en tant qu'échantillons je me tiens à la disposition des membres de la Société d'Acclimatation.

Dr J. BOURLIER.

×

CULTURES DIVERSES.

Marseille, 15 octobre 1894.

Je viens vous rendre compte des résultats que j'ai obtenus avec des graines et des plantes que la Société a bien voulu me remettre.

Je commencerai par les Goumis (*Elæagnus longipes*) auxquels elle paraît s'intéresser plus particulièrement. J'ai reçu, au printemps, il y a

quatre ans, je crois, cinq boutures enracinées de cet arbuste. Je les ai
immédiatement expédiées et fait planter dans la Haute-Garonne, où
j'ai une petite propriété, en recommandant de les placer dans une bonne
exposition et de les surveiller avec soin. Elles furent mises au milieu
d'une pelouse, sur un renflement circulaire qui avait été nettoyé et
préparé pour faire un massif de fleurs, et qui reçoit les rayons du soleil, toute la journée. Malheureusement je n'habite mon petit domaine
que pendant les mois d'août et de septembre. Lorsque j'y arrivai, à
l'époque habituelle, je reconnus que l'emplacement choisi était
mauvais. Trop exposé aux ardeurs brûlantes du soleil, le sol argileux
qui n'avait pas été fumé depuis longtemps, se durcissait sous l'influence de la sécheresse et passait à l'état de brique. Cependant malgré
ces mauvaises conditions, malgré la privation d'arrosage, mes cinq
boutures étaient toutes vivantes ; mais elles avaient beaucoup souffert, par exemple, deux surtout.

Je me décidai donc à les placer dans des conditions plus favorables.
Sur la même pelouse, mais dans un endroit où la terre est un peu
moins forte, et qui ne reçoit les rayons du soleil, qu'une partie de la
journée, je fis préparer, ameublir et fumer une autre corbeille. J'y
fis transporter les Goumis. Des deux plus faibles, qui avaient à peine
végété depuis le printemps, l'un ne tarda pas à périr. Le second fut
écrasé et brisé près du collet par un Chien. Les trois autres ont
parfaitement repris et ont grandi depuis lors, mais bien lentement,
car le plus grand forme un buisson qui n'a que soixante-quinze centimètres de hauteur tout au plus. Toutefois, la manière dont ces
plantes ont résisté à la sécheresse et à la chaleur, l'année même de
leur plantation me fait croire qu'elles sont extrêmement rustiques et
vivaces. Cette année, au mois d'août, j'ai trouvé sur le plus grand
de ces arbustes, deux ou trois baies qui avaient mûri puis séché sur
pied. Elles avait le goût d'une Cerise sauvage séchée. Je serais heureux d'avoir quelques renseignements sur la manière de cultiver le
Goumi, car il est évident que je n'ai pas obtenu, avec cet *Elæagnus* ce
qu'on peut appeler un succès.

Je quitte le Goumi pour retourner en arrière. Il y a plusieurs
années, dix ans peut-être, notre Société avait mis en distribution pour
être semées, des Pacanes, (fruit du *Carya olivæformis*). Comme j'ai eu
souvent l'occasion étant aux Etats-Unis, de manger de ces excellentes
noix que j'aime beaucoup, je m'empressai d'en demander. Il m'en fut
envoyé huit que je plantai chez mon frère, dans la Gironde. Cinq
d'entre elles germèrent et ont continué à grandir depuis J'en ai
donné deux à des voisins et j'ai gardé les trois autres. Malheureusement ces arbres sont dioïques et je n'ai que des femelles. Je déses-
pérais donc d'avoir des fruits, lorsqu'étant allé récemment chez mon
frère, je lui parlai de ces arbres et de leur stérilité, Il me raconta
alors, qu'à l'automne précédent, l'un d'eux avait produit deux ou trois

fruits très étranges. Mon frère connaît les Pacanes aussi bien que moi et les aime aussi beaucoup. Il fut donc très surpris de constater que ces fruits n'étaient pas oblongs comme la Pacane, que la coque en était plus dure et, enfin, que le goût de l'amande et l'odeur du brou différaient sensiblement de la Pacane. Malheureusement il n'avait conservé aucun de ses fruits, ni une parcelle de leurs débris.

Cela me parut très extraordinaire et je lui suggérai l'idée que nous étions peut-être en présence d'un cas d'hybridation. Il partagea mon avis et, après enquête, nous constatâmes qu'il y avait, non loin de nos Pacaniers, quelques autres *Carya* dont je n'ai pas eu le temps de déterminer l'espèce. Ces arbres sont très grands et je les connais depuis plus de trente ans. Ils doivent être monoïques, ou de sexes différents, car ils produisent chaque année, un grand nombre de noix presque sphériques, à coque épaisse et très dure, enveloppées d'un brou très aromatique. Je suis convaincu que c'est le pollen de ces arbres qui a fécondé les fleurs de notre Pacanier et déterminé le développement de ces fruits bizarres qui ont tant étonné mon frère. Si le fait se reproduisait, j'en informerais la Société et je planterais soigneusement les fruits obtenus. Je saisis cette occasion pour engager vivement ceux de nos confrères qui ont des parcs, ou qui font des plantations, à se procurer des Pacaniers et à les multiplier. Je ne connais rien en effet, de meilleur que cette petite noix, au point de vue de la finesse du goût et de la délicatesse de la chair.

Je passe maintenant à d'autres envois. Il y a deux ans la Société m'a envoyé des graines de *Cryptotænia Canadensis*. Elles avaient perdu leur qualité germinative ; car, semées avec le plus grand soin, par moi et deux autres personnes, elles n'ont point levé, non plus que des graines de Tulipier, reçues à la même époque. Des graines de Pin rigide que j'avais demandé l'an dernier, je crois, ont levé en très petit nombre, mais les plants n'ont pas tardé à dépérir et finalement sont morts. Je ne puis dire si les semences étaient altérées ou si la nature de mon terrain leur était contraire.

Tels sont les résultats que j'ai obtenus. Je reconnais qu'ils sont médiocres. Mais tant que mes fonctions me forceront à demeurer loin de ma campagne au moment même où les semis et les plantations exigent une surveillance et des soins tout particuliers, il me sera difficile d'avoir de véritables succès.

DE SAINT-QUENTIN.

✕

L'ARGANIER DU MAROC EN ALGÉRIE.

Paris, le 22 octobre 1894.

Dans l'intéressante publication de notre collègue, M. Leroy, *Culture et propagation de végétaux en Algérie,* n° 17, 5 septembre 1894, se trouve une notice sur l'Arganier du Maroc.

Je m'intéresse tout particulièrement à cet arbre dont l'existence normale en Algérie produirait des ressources incalculables. On sait qu'il porte des fruits toute l'année et que, sous ce rapport, sa culture serait plus avantageuse que celle de l'Olivier. M. Leroy dit, ce qui est fort exact, que cet arbre pousse fort lentement. « C'est sans doute une des causes des insuccès éprouvés dans les essais qu'on en a fait précédemment ».

Dans mes nombreux voyages en Algérie, je n'ai jamais entendu parler de l'existence de ce pseudo-Olivier, ni qu'il en ait pu être fait des essais de culture, pour une raison péremptoire : aucune graine, aucun plant n'a pu être introduit en Algérie avant que je n'eusse la bonne fortune d'en rapporter du Maroc *en 1891,* conséquence d'une exploration des environs de Mogador. Les graines (noyaux), remises à M. Ch. Rivière, Directeur du Jardin d'Essai d'Alger, ont toutes réussi, la plante pousse et se développe très lentement — comme dans son pays d'origine. M. Rivière m'ayant donné l'assurance qu'il n'existait pas en Algérie d'autres Arganiers que ceux produits par les semences que je lui ai données, je me permets d'insister sur la priorité des essais du Jardin d'Alger et je revendique l'honneur de les avoir suggérés et facilités, grâce à mon voyage de Mogador et malgré le risque d'enfreindre les lois du Maroc interdisant, sous peines sévères, d'emporter les semences d'aucun Arganier et autres plantes spéciales au pays.

J'ai l'honneur, en conséquence, de demander l'insertion de la présente dans la *Revue des Sciences naturelles appliquées* de la Société d'Acclimatation. Ayant été à la peine, il est tout naturel que j'en revendique l'honneur.

J. FOREST, aîné.

Oran, 29 octobre 1894.

Monsieur le Président,

Par lettre du 24 octobre courant, M. Grisard m'a informé que vous désiriez avoir des renseignements au sujet de l'origine des noyaux qui ont servi aux essais de culture de l'Arganier du Maroc qui ont été faits en Algérie, avant 1891.

Je m'empresse de répondre à votre demande.

Les essais que j'ai faits, et dont les résultats ont été exposés dans une note que je vous ai adressée à la date du 24 avril 1887 (*Bulletin de la Société d'Acclimatation,* 1887, p. 589), ont eu lieu avec des noyaux distribués, en 1886, par le Gouvernement général de l'Algérie et qui avaient été envoyés par M. le Consul général de France au Maroc.

Vous en trouverez la preuve dans deux lettres que M. le Préfet d'Oran m'a adressées les 21 mars et 7 mai 1887 et dont des copies sont ci-jointes.

Il ressort, en outre, des renseignements contenus dans la dernière de ces lettres que le Service des Forêts avait réussi, à la même époque, un semis d'Arganier fait aux environs d'Alger.

Je puis ajouter que plusieurs personnes en ont fait autant à Oran, mais qu'elles se sont désintéressées de la culture de cet arbre, en raison de son lent développement, alors que l'Olivier pousse beaucoup plus vite et donne une huile de meilleure qualité.

Ces renseignements suffiront, je l'espère, pour établir que l'Arganier a été cultivé sur plusieurs points de l'Algérie, *avant 1891* ; il l'a même été avant 1886, car il en existait des plants à la pépinière du gouvernement du Hamma, en 1854, ainsi que je l'ai rappelé dans ma note précitée.

LEROY.

Oran, le 11 mars 1887.

Monsieur le Préfet,

Des graines d'Argan, distribuées d'après les instructions de M. le Gouverneur général, m'ayant été remises en 1886, j'ai l'honneur de vous adresser une note faisant connaître les résultats que j'ai obtenus.

J'ai complété cette note par des renseignements que j'ai recueillis et par des observations que j'ai faites moi-même.

Vous pourrez constater, Monsieur le Préfet, que l'Argan se trouve au Maroc bien avant dans les terres et non seulement sur le littoral, comme on l'avait dit.

Dans ces conditions, il semble utile d'en tenter la propagation dans l'intérieur de l'Algérie, et surtout en pays indigène où cet arbre rendrait plus de services que sur le littoral.

Daignez, etc.

LEROY.

Voici le texte des lettres adressées à M. Leroy, *Secrétaire de la Ligue du reboisement*, par M. le Préfet d'Oran :

Oran, le 21 mars 1887.

Monsieur,

J'ai l'honneur de vous accuser réception du rapport que vous m'avez adressé, le 11 mars 1887, sur la culture de l'Arganier.

Je l'ai lu avec intérêt et j'ai constaté que les renseignements qu'il contient seront d'une précieuse utilité pour les personnes appelées à tenter des essais de propagation de cet arbre.

Aussi, je crois devoir, Monsieur, vous adresser mes félicitations pour votre étude.

En ce qui concerne la propagation de l'Argan dans l'intérieur de l'Algérie, j'estime, comme vous, que l'expérience peut en être faite. Dans ce but, je demande à M. le Gouverneur général, en lui communiquant votre rapport, de *m'adresser, s'il en possède encore*, quelques noyaux pour être distribués par les soins de la Ligue (1) aux personnes de l'intérieur les plus aptes à tenter ces essais.

Je vous serai obligé de vouloir bien, de votre côté, prier M. le Président de la Ligue de répartir, dès à présent, entre ces personnes les noyaux qu'il aurait pu réserver *sur la quantité qui lui a été envoyée le 26 mars 1886.*

Le Préfet,

Signé : DUNAIGᴀE.

Oran, le 7 mai 1887.

Monsieur,

Ainsi que je vous en ai avisé, à la date du 21 mars dernier, j'ai communiqué à M. le Gouverneur général votre rapport au sujet de l'acclimatation de l'Arganier en Algérie, notamment dans l'intérieur du pays.

J'ai la satisfaction de vous informer que ce haut fonctionnaire a fait insérer cet intéressant travail dans le journal *l'Algérie agricole*, qui a déjà publié des études fort remarquables sur l'introduction en Algérie des végétaux exotiques. Je vous adresse, ci-joint, un exemplaire du numéro de ce journal qui contient votre article.

En ce qui concerne ma demande d'un nouvel envoi de noyaux d'Argan, M. le Gouverneur général me fait connaître qu'il en possède encore de ceux provenant de *l'envoi que lui avait fait, l'année dernière, M. le Consul général de France au Maroc ;* mais il hésite, toutefois, à en expédier dans la crainte qu'en raison de l'époque déjà ancienne à laquelle ils ont été recueillis, ils n'aient perdu leur puissance germinative.

Il s'empressera, néanmoins, de mettre une certaine quantité de ces noyaux à votre disposition dans le cas où vous estimeriez pouvoir les utiliser.

Au surplus, ajoute M. le Gouverneur général, comme le Service des Forêts *a semé*, *l'*ANNÉE DERNIÈRE, dans le périmètre de reboisement de la colonne Voirol, près Alger, *des noyaux d'Arganier qui ont parfaitement levé*, il lui serait possible, si vous le désiriez, de vous faire expédier un certain nombre de plants ainsi obtenus, pour des essais de plantations à tenter à demeure.

Recevez, etc.

Pour le Préfet :

Le Secrétaire général,

Signé : GAROBY.

✕

(1) Ligue du reboisement, à Oran.

CULTURES EN ALGÉRIE.

Oran, le 12 décembre 1894.

Suivant la promesse que je vous ai faite, par lettre du 3 octobre dernier, je viens vous donner des renseignements sur les résultats du semis des graines d'Opuntia que j'ai reçues de la Société.

Ce semis a parfaitement réussi pour l'*Opuntia Tuna* à fruit vert, l'*Op. Tapon*, l'*Op. Cardona*, l'*Op. Camoesa*, l'*Op. Engelmanni* et l'*Op. Tuna* de Santa Ritta. L'*Op. amarilla* n'a pas germé; cependant je ne désespère pas de réussir avec cette variété comme avec les autres.

Je profite de la circonstance pour vous signaler que j'ai aussi essayé, cette année, la culture des plantes ci-après : Coton d'Egypte, Coton précoce de Chine, *Lespedeza gigantea, Antigonon leptopus, Manduvira minor, Manduvira mirabilis, Solanum auriculatum, Yucca baccata, Yucca elata, Agave Palmeri, Gourliea Chilensis, Prosopis siliquastrum, Acacia arabica, Anacardium occidentale, Phœnix melanocarpa, Erythea edulis, Diplopappus filifolius* du Cap, et les Graminées : *Chloris sempervirens, Decaisnea pratensis, Jaraqua* du Brésil, *Leucontexia longifolia, Phalaris Brasiliensis*.

En général, ces plantes ont bien poussé.

Le Coton précoce de Chine, semé dans les premiers jours d'avril, a donné des graines mûres en novembre ; il reste bas et est moins vigoureux que le Coton d'Egypte ; mais les gousses de ce dernier sont encore vertes, à l'heure actuelle.

Le *Lespedeza gigantea* et le *Manduvira mirabilis* ont donné des fleurs, mais trop tard pour que les graines aient mûri.

Les *Graminées* ont bien poussé avec des arrosages ; le *Chloris sempervirens* est surtout remarquable par le grand développement qu'il a pris et la facilité avec laquelle ses tiges s'enracinent en touchant terre ; reste à savoir comment ces plantes se comporteront en terrain non arrosé.

Depuis longtemps, je désirais essayer la culture du *Physocalyx edulis*. J'en ai enfin un plant auquel je donnerai tous mes soins afin d'en obtenir des fruits.

J'ai lu dans le dernier numéro de la *Revue*, page 524, que la Société possède des graines de *Maiten* du Chili. Vous m'obligeriez en m'en faisant adresser quelques-unes.

LEROY.

$\times$

DON DE GRAINES.

Battaria, le 2 janvier 1895.

Je vous ai fait expédier par l'entremise du bureau de la Société

Franco-Africaine deux paquets graines, dont un colis graines de Caroubier et divers autres paquets contenant Pin d'Alep, *Lasiagrostis*, *Panigum virgatum*, *Hibiscus esculentus* et *Mimosa lophanta*.

Je regrette de ne pouvoir vous envoyer un plus gros assortiment, les graines de *Chamærops* m'ont manqué, et la montagne est en ce moment couverte de neige, qui s'oppose à la récolte des semences.

Les semis de ces graines, ne présentent pas de difficulté, excepté pour la germination de celles du Caroubier.

La semence sera mise dans un baquet rempli d'eau pendant une huitaine de jours, dans une pièce chaude.

Au bout de ce laps de temps, on pourra semer en pots toutes les graines dont la radicule blanche sera bien apparente, et ainsi au fur et à mesure des autres. Par ce procédé peu de graines manqueront.

On peut aussi semer en place, mais en usant toujours du même procédé. Le Caroubier ne supporte pas la transplantation, même le repiquage étant très jeune.

Le *Panicum virgatum* est une graminée recommandée par M. Naudin, dans son *Manuel de l'Acclimateur*, comme plante fourragère pour terrains secs.

Le *Lasiagrostis* (je doute de cette dénomination) est une graminée indigène de Tunisie; peu fourrageuse, elle donne des épis lâches, analogues à l'*Agrostis*; les graines lisses sont très petites, mais très pesantes. La plante se maintient verte tout l'été dans les ravins abrités; elle est particulièrement recherchée par les jeunes compagnies de Perdreaux qui se nourrissent de sa graine.

J'ai essayé de l'élevage des Pintades ici à Battaria, et c'est, je puis le dire, grâce à cette graine que j'ai pu obtenir mes premiers sujets, les jeunes en sont très avides.

E. BAGNOL,

Chef de culture forestière à Battaria,
par Enfidaville (Tunisie).

IV. BULLETIN BIBLIOGRAPHIQUE.

Les Microorganismes et la Fermentation, par Alfred JOER-
GENSEN, de Copenhague, traduit par Paul FREUND et révisé par
l'auteur. — Paris, Société d'éditions scientifiques, 4, rue Antoine-
Dubois, in-8°, figures.

La Société d'éditions scientifiques vient de publier en français un
livre de M. Alfred Joergensen qui résume les connaissances modernes
sur la morphologie et la biologie des Microorganismes de la fermentation. L'auteur présente ainsi sous une forme claire et précise un
aperçu général des travaux de l'Ecole de Pasteur et de ceux du laboratoire de Hansen où ces questions ont été très spécialement étudiées.

La technique bactériologique est d'abord exposée, la recherche
microscopique, l'étude de la morphologie et de l'évolution, la culture
des individus et des colonies microbiennes font l'objet des premiers
chapitres. La très intéressante histoire des antiseptiques est résumée en
quelques pages où les aperçus relatifs à la variation de l'action de ces
substances suivant leur degré de dilution sont cependant consignés.

Dans les chapitres consacrés à l'analyse de l'air, sont passés en
revue les beaux travaux de Miquel, directeur du Laboratoire de
Montsouris et de son collaborateur Frendenreich, et les expériences
qui firent reconnaître le monde vivant qui se transporte dans les pous-
sières que nous respirons.

La partie principale du livre traite successivement des Bactéries,
des Moisissures, de la Fermentation alcoolique. Tout cela est très-clair
très méthodique, mais il semble que non seulement l'auteur se soit
proposé de vulgariser la connaissance de ces questions, mais encore
qu'il ait été conduit par son éducation scientifique à mettre en première ligne les travaux de Hansen sur le polymorphisme des Sac-
charomyces. Il y a cependant dans la littérature scientifique française
d'excellentes études sur les ferments, soit au point de vue des réactions chimiques, soit à celui de la morphologie et nous avons été
étonnés de ne voir citer que très incidemment les travaux de Duclaux
sur la fermentation lactique. A part ces réflexions qui nous laissent
cependant parfaitement disposés à faire l'éloge du livre de M. Joergensen, nous devons adresser de très sincères félicitations à l'auteur,
comme aussi aux éditeurs qui ont fait traduire cette publication utile.
Il y a deux ans nous avions vu paraître, dans la même bibliothèque, un
livre de M. Emile Boucquelot, sur les fermentations, mais où le sujet
était traité plutôt au point de vue de la chimie spéciale. Ainsi les deux
ouvrages se complètent pour la connaissance générale de la biologie
des Microorganismes, et cette science devient ainsi de plus en plus
accessible au grand public qui ne peut rester étranger a des questions
aussi capitales pour les applications industrielles.   R. S. L.

V. NOUVELLES ET FAITS DIVERS.

La loi d'hérédité chez les Cobayes. — La théorie dite *Infektionstheorie* ou *Influenztheorie*, exposée encore récemment par Settegast dans son ouvrage sur l'élevage des animaux (1), admet, pour le dire en deux mots, que le premier accouplement imprègne la femelle de caractères qui se perpétuent dans les générations suivantes. Elle trouve, même aujourd'hui, des partisans, surtout parmi les éleveurs de Chevaux et de Chiens. Les résultats qu'ont obtenus, en ces dernières années, MM. Nehring et Heck sur des croisements de Cobayes (2) contredisent cette théorie. Nous résumons donc la suite des expériences que publie la *Zeitschrift für wissenschaftliche Landwirthschaft* (3).

Rappelons d'abord un point : chez des Cobayes hybrides, issus de femelles d'hybrides et de mâles de Cobayes domestiques — qui ont par conséquent les 3/4 de sang de ce dernier — le pelage de l'espèce sauvage (*Aperea*) domine.

Poursuivant leurs recherches, MM. Nehring et Hek croisèrent le mâle du Cobaye sauvage avec la femelle, âgée d'environ deux mois, du Cochon d'Inde Angora (à long poil). La couleur fondamentale de l'Angora était d'un blanc pur avec quelques grandes taches noires, irrégulières, sur le corps et une tache jaunâtre à la tête. Elle mit bas deux petits qui n'avaient aucun des caractères de la coloration de la mère ; ils ressemblaient entièrement au père, sauf les poils un peu plus longs de la nuque qui les rapprochaient de l'Angora.

Cette même femelle d'Angora, accouplée avec un mâle à pelage lisse, mais tacheté, de Cobaye domestique ordinaire, donna trois jeunes qui ne ressemblaient nullement aux petits de la première portée. Leur robe présentait des taches surtout noires et blanches ; leur poil était hérissé dès leur naissance. Ils avaient les caractères de la mère Angora. Ils tenaient du père par le façon dont étaient distribuées les couleurs sur la tête.

Deux autres Cobayes femelles, issus d'hybrides et ayant conservé la livrée du sauvage, mirent bas chacune un petit ressemblant aussi à l'*Aperea*. Elles s'apparièrent presqu'aussitôt avec le même mâle d'*Aperea*. La plus âgée eut quatre petits ; la plus jeune en eut deux, tous à pelage de l'espèce sauvage. Elles s'accouplèrent de nouveau avec un mâle d'Angora, de forte taille et à poil particulièrement long ; sa robe était noire et blanche. La première ne porta pas ; mais la seconde, la jeune, produisit cinq petits qui différaient totalement de ceux des

(1) *Die Thierzucht,* 5ᵉ édition, Breslau, 1888, 1, p. 242.
(2) Voy. la *Revue*, 1893, II, p. 523 ; 1894, I, p. 187.
(3) Berlin, 1894, p. 673.

portées précédentes. Ceux-ci se rapprochaient de l'*Aperea* par la
robe ; ces derniers au contraire variaient ; on y trouvait les caractères
des deux parents. Deux individus étaient d'un beau noir avec des
taches blanches, ces deux couleurs sous forme de grandes taches —
caractère du père — par contre, le poil était uni comme chez la mère.
Chez un autre qui périt peu de temps après, le pelage était d'un noir
brillant et uniforme ; mais il possédait le poil rude du père. Un quatrième, à poil ras, rappelait par sa coloration générale l'*Aperea*, mais
il était beaucoup plus clair que sa mère et se distinguait en outre par
un trait blanc, étroit, se dirigeant du sommet de la tête jusqu'au
bout du museau. Enfin, le cinquième ressemblait à celui-ci ; mais il
portait sur le corps une grande tache jaune et au front, une petite
tache blanche.

Il est superflu d'ajouter, qu'au cours de ces intéressantes recherches, les sujet reproducteurs ont toujours été isolés avec soin.
La durée de la gestation est relativement longue chez les Cochons
d'Inde ; ils portent, en moyenne, 63 jours.   De B.

Les Aigles dans le Canton de Lucerne. — On se plaignait
dernièrement, dans les pâturages voisins de Flühli, des déprédations
que commettent les Aigles royaux. Plusieurs de ces magnifiques Oiseaux hantent la contrée ; dans un seul pâturage ils ont enlevé sept
jeunes Moutons.   De S.

Repeuplement en Anguilles. — La Société allemande de
pêche a fait récemment un envoi de 65,000 alevins d'Anguilles qui
seront immergés par les soins de différentes sections dans le bassin
du Danube.   G.

La Gourde ou Calebasse. (*Lagenaria vulgaris*) est une plante
herbacée, annuelle, à tiges grêles, grimpantes, anguleuses, longues de
trois mètres environ, très ramifiées et munies de vrilles palmées ;
à feuilles alternes, cordiformes-arrondies, presque entières, lanugi-
neuses, molles, légèrement odorantes.

Originaire de l'Inde, de l'Arabie et de l'Afrique tropicale, la
Gourde croît encore naturellement au Japon et dans quelques îles de
l'Océanie, surtout à la Nouvelle-Calédonie.

Cette espèce est souvent cultivée en France, pour ses fruits qui,
suivant les variétés, portent différents noms d'après leur forme qui
varie d'une façon singulière. Les plus connus sont ceux que l'on
désigne sous les noms de « Gourde des pèlerins, Gourde trom-
pette, Cougourde, Gourde plate, Gourde poire à poudre, Gourde
serpentine, Massue d'Hercule, etc. » qui en indiquent suffisamment
l'aspect.

Tous ces fruits contiennent, sous une enveloppe jaune ou rouge, dure, épaisse et ligneuse, une chair pulpeuse, blanche et insipide, quelquefois amère et purgative. Sous le nom de Bela-shora-sa, on cultive dans l'Inde une variété à chair douce et mangeable. Au Japon, la Gourde est également regardée comme plante alimentaire, mais on ne la consomme jamais fraîche. On fend les fruits dans toute leur longueur et on les fait sécher au soleil pour les conserver. Cet aliment ainsi préparé prend le nom de *Kampiô*.

L'écorce ou enveloppe de la Gourde sert à faire des récipients de toutes formes, employés à de nombreux usages. A la Nouvelle-Calédonie les indigènes trouvent dans cette enveloppe des vases excellents pour la conservation de l'eau. Après avoir vidé, nettoyé et lavé le fruit intérieurement, ils le recouvrent de tresses plates faites en fibres de coco, qu'ils réunissent en forme d'anses pour faciliter le transport et aussi pour augmenter la solidité. Dans ce pays, disent Vieillard et Deplanche, les Calebasses ne servent pas toujours à porter de l'eau : Les femmes en font aussi usage quand elles vont pêcher le poisson ou le corail, sur les récifs, c'est pour elles un appareil de sauvetage.

Les semences sont grises, elliptiques et plates ; elles renferment une amande blanche et huileuse qui était autrefois une des quatre grandes *semences froides*.

Ces graines ont été préconisées en Europe comme ténifuges, mais ce remède eut de nombreux insuccès ; toutefois, nous devons ajouter que dans certains cas, d'après les expériences faites dans les hôpitaux, ce médicament a quelquefois réussi où ceux que l'on ordonne habituellement avaient échoué.

M. le D^r Ed. Heckel a fait l'analyse des graines et a donné le nom de *pépo-résine* à une matière résineuse extraite de la pellicule qui enveloppe l'embryon et qu'il considère comme le principe actif. D'après cet auteur, on doit admettre que la Gourde jaune est plus riche en résine que la rouge ; cette dernière serait même inactive. La pépo-résine est administrée en pilules à la dose de 0, 80 cent. à 1 gramme, ce qui équivaut à 250 grammes de semences. Deux heures après l'ingestion, on prescrirait l'huile de Ricin pour faciliter l'expulsion du Tenia.

L'amande renferme environ 20 pour 100 d'huile d'un brun rougeâtre, siccative, insipide et inodore, employée dans l'art vétérinaire et connue en Alsace sous le nom de *Kurbis Kernœl*. Étudiée chimiquement, l'huile de Gourde est neutre ; l acide hypoazotique est sans action sur elle, ce qui établit qu'elle ne renferme pas d'oléine mais bien des éthers glycériques, de l'acide linoléique. Sa densité est de 0,920. Cette huile ne doit pas être confondue avec celle du Calebassier fournie par le *Crescentia Cujete*.   J. G.

Le Gérant : Jules GRISARD.

I. TRAVAUX ADRESSÉS A LA SOCIÉTÉ.

L'AUTRUCHE

SON IMPORTANCE ÉCONOMIQUE
DEPUIS L'ANTIQUITÉ JUSQU'AU DIX-NEUVIÈME SIÈCLE

SON AVENIR EN ALGÉRIE AU POINT DE VUE FRANÇAIS (1)

PAR M. J. FOREST AÎNÉ.

(SUITE ET FIN *)

Dans la séance générale du 21 avril 1876, notre regretté collègue J. de Mosenthal donnait de très intéressants détails sur l'importation des Autruches de Barbarie expédiées au Cap de Bonne-Espérance, il nous dit : « Les éleveurs s'occu-» pent déjà de substituer une race supérieure à l'Autruche du » sud de l'Afrique, sous le rapport de la qualité de la plume. » Ainsi, alors que, vers 1865, l'éducation lucrative de l'Au-» truche en captivité était encore un problème à résoudre, » on en est actuellement (1876) à choisir les races et à éli-» miner les moins avantageuses. » — « On distingue, ajoute-t-il, » sept qualités différentes de plumes d'Autruches. La meil-» leure provient de l'Autruche du désert de Syrie désignée » sous le nom de *plumes d'Alep* ; en seconde ligne vient celle » de l'Autruche de la partie du Sahara voisin des États bar-» baresques et appelée *plumes de Barbarie*. Elle est presque » aussi fine que celle d'Alep, et cette espèce, plus facile à se » procurer que l'espèce précédente, était tout indiquée pour » des tentatives d'amélioration de celles du Cap. »

**

Quoique le commerce des plumes d'Autruche se rattache à une industrie de luxe, à une question de mode, on ne peut méconnaître l'importance qu'il acquiert dans l'état écono-mique actuel, en particulier lorsqu'on réfléchit que la mode qui a fait de ces plumes une parure de prix dure depuis près de quatre mille ans. Le front des Pharaons, dont la dynastie

(*) Voyez plus haut, page 145.

compte parmi les plus anciennes de l'Egypte, en était en effet orné (le premier Pharaon d'Egypte dont l'histoire fasse mention vivait 2450 ans avant J.-C.) et, de nos jours, elle jouit de la même faveur, mais elle s'est démocratisée au point qu'à Londres, elle coiffe la première pauvresse venue à la recherche d'un penny.

Pour l'appréciation de l'importance du commerce de plumes d'Autruche, je produis un exposé relatif au chiffre des exportations, d'après les meilleures sources de renseignement sérieux. Malgré l'importance qu'il y aurait de posséder des chiffres par série d'années et par provenances, toutes mes recherches dans ce but ont été infructueuses et vaines.

1° Exportation de Tripoli de 1884 à 1891, francs 14,600,000; moyenne annuelle, francs 1,826,000, l'exportation de Bengazi de 1885 à 1890 s'est élevée à francs 905,000; moyenne 181,000 (1);

2° Exportation par Mogador de 1865 à 1874, francs 949,700 moyenne, francs 118,710 (2);

3° Exportation du Caire (Egypte) année 1893, environ francs 60,000 (3);

4° Exportation par Aden, Souakim, Berbera, valeur inconnue 3 à 4,000 k°ˢ, des plumes désignées *Yamani* ou *faux-Alep*.

5° Exportation de Saint-Louis (Sénégal), au 1ᵉʳ janvier 1878; 684 kilogrammes, francs 30,780, prix moyen de 45 francs le kilogramme (4);

6° Exportation par Sierra Leone, Lagos, Accra??

Je vous présente ci-contre également un tableau des cours cotés à Paris en 1891 et en 1894. Ces chiffres par comparaison établissent que la diminution des prix est consécutive à l'augmentation de la production du Cap. La consommation courante, alimentée principalement par la plume du Cap, ne pourra que prendre un plus grand développement, car il importe de constater qu'il n'existe pas d'ornement féminin plus économique que « la parure d'Autruche ». Dans les pays de race germanique, cette plume constitue la base des accessoires de la toilette féminine, aussi cette industrie y est très prospère.

(1) D'après *Annual Series of Foreign office*.
(2) D'après Beaumier, consul de France à Mogador.
(3) D'après des renseignements particuliers.
(4) D'après *Tableau des exportations de Saint-Louis*.

TABLEAU COMPARATIF DU COURS DES PLUMES D'AUTRUCHE A PARIS DES ANNÉES 1891-1894.

PLUMES DES MALES.

CAP.	1891.	1894.	BARBARIE.	1891.	1894.
(Poids brut sans ficelle).			*(Poids brut sans ficelle.)*		
Prix du kilog. Esc^{te} 8 %.				Prix du kilog.	

PLUMES D'AILES.

	Francs.	Francs.		Francs.	Francs.
Premières..........	600 à 800	450 à 600	Premières et secondes		
Secondes	450 à 600	250 à 400	mêlées	200 à 500	150 à 300
Tierces.............	300 à 450	180 à 300	Tierces.............	50 à 100	15 à 30
Écarts.............	10 à 50	»	Écarts	5 à 20	»

PLUMES DE QUEUES.

Qualité courante.....	175 à 225	100 à 120	Qualité courante.....	150 à 200	90 à 120

PLUMES DU CORPS.

Long noir..........	200 à 350	300 à 350			
Moyen noir........	200 à 250	200 à 250	Lots comprenant		
Court.............	120 à 160	60 à 80		80 à 200	60 à 85
Commun..........	55 à 65	15 à 30	les		
		Long : 60 à 80	différentes tailles.	Veule de 20 à 50	
Veule............	100 à 150	Court : 20 à 40			

PLUMES DES FEMELLES.

PLUMES D'AILES.

Premières claires....	400 à 650	300 à 400	Sortes généralement		
Secondes demi-claires.	300 à 450	200 à 270	assorties	150 à 300	100 à 120
Plumes foncées......	270 à 350	160 à 200	claires et foncées.		

PLUMES DE QUEUES.

Claires	125 à 150	80 à 100	Claires	80 à 120	60 à 75
Foncées	75 à 100	35 à 50	Foncées	45 à 60	30 à 40

PLUMES DU CORPS.

Long gris..........	200 à 250	150 à 200			
Moyen gris........	150 à 180	90 à 120	Par lots	60 à 100	25 à 30
Court.............	100 à 115	20 à 40	comprenant		
Commun..........	40 à 60	10 à 15	les		
Veule grand et moyen.	120 à 150	50 à 60	différentes sortes.	Veule de 15 à 35	
Veule moyen et court.	65 à 100	20 à 30			

NOTES SUR LES COURS DU SOUDAN ET DU CAP
COTÉS, EN 1894, A PARIS.

1º Plumes d'Autruches sauvages. — Très peu de cette sorte, aujourd'hui peu courante dans le commerce, vient à Paris. Généralement celles qui nous sont offertes sont mélangées de plumes
d'oiseaux privés.

2º Sénégambie. — L'exportation de Saint-Louis est insignifiante, les
provenances de la Sénégambie et du Soudan occidental, venant
par Tripoli principalement, sont englobées dans la rubrique *Barbarie*, quelquefois *Tombouctou*.

La majeure partie des plumes d'Autruche produite dans les
pays Mossi, Haoussa, s'échange contre le sel gemme saharien à
Kano, à Sokoto et s'écoule par les caravanes haoussas portant
l'ivoire, les plumes, etc., par Kratschi et Salaga à Acera (Côte de
l'or), d'où ces marchandises sont expédiées à Londres.

3º Algérie. — Cette sorte de plumes est d'une contribution insignifiante dans le commerce et l'industrie des plumes ; les provenances du M'zab, originaires de l'Aïr et du Soudan occidental,
d'habitude transitent par Ghadamès et Tripoli, rarement par Alger
ou Tunis. Les rares oiseaux domestiqués ne produisent pas une
quantité de plumes influant sur les cours des sortes désignées
Barbarie.

4º Yamaui. — Les provenances d'Egypte et d'Aden n'ont aucune influence sur les cours, elles sont considérées comme sortes inférieures.

BARBARIE. — CAP. — Sont les deux désignations marchandes pour
les plumes ayant un cours commercial régulier, avec contrôle possible par les mercuriales de Londres et les cours pratiqués à Paris.

Observation. — En général, les causes de fluctuation dans les cours
échappent à l'observateur le plus compétent. En effet, la grande
consommation n'étant plus localisée à Paris, les achats destinés
à la fabrication de New-York, Londres, Vienne, Berlin, Dresde,
Varsovie, etc., influent sur les cours sans appréciation possible
pour et par la place de Paris. La haute élégance depuis plusieurs
saisons a adopté des fantaisies de plumage d'oiseaux divers ; les
plumes d'Autruches sont tombées dans une catégorie d'emplois
courants de grande consommation et d'un bon marché surprenant. La conséquence la plus appréciable de cette situation est
celle-ci ; les affaires *en haute mode* se font dans des conditions
désastreuses pour le fabricant spécialiste qui, pour sa production, est obligé de trouver un débouché à tout prix. Dans les pré-
sentes circonstances, il serait difficile de fixer un terme à cette
période ruineuse.

Durant la période de temps comprise entre 1879 et 1888, la colonie du Cap n'a pas exporté moins de un million de kilogrammes d'une valeur d'environ 200,000,000 de francs. (Exactement 1,022,083 kilogrammes d'une valeur de 184,081,691 francs). La production qui, d'après les rapports de 1892, était triple de celle constatée en 1879 a aujourd'hui quadruplé, mais la valeur marchande a baissé dans une proportion inverse. Les poids des quantités exportées depuis cette époque suivent l'échelle ascendante proportionnelle au nombre d'oiseaux vivants qui s'élève, en 1894, à environ 350,000.

Ces chiffres ont une éloquence singulière et établissent la prépondérance capitale de l'exportation du Cap, malgré l'infériorité du produit. L'intelligence humaine a su contrebalancer victorieusement la production des splendides plumes barbaresques provenant d'oiseaux sauvages tués aux époques de la reproduction, saison du plumage de noces et aussi celles produites dans les pays Haoussa et dans la Sénégambie, principalement par des oiseaux parqués qui sont plumés de façon stupide, dont les plumes, désignées *Barbarie privé*, sont très défectueuses de forme et fort difficiles à travailler.

Ces plumes ont le grand défaut d'être boîteuses, c'est-à-dire, elles n'ont pas le duvet régulièrement poussé sur les deux côtés de la tige et sont couvertes de « coups de bec ». Cette expression désigne une défectuosité consistant dans une série plus ou moins nombreuse, plus ou moins apparente, de rayures dans le sens horizontal du duvet et de la tige des plumes des ailes principalement. Les causes originelles de ce défaut sont :

1º Une mauvaise nutrition de l'oiseau dont l'appauvrissement constitutionnel provoque les démangeaisons de l'épiderme et aura comme effet l'action plus ou moins répétée de mordre la plume à son point d'érosion sub-cutané, morsure produisant les rayures creusant le duvet et la tige, au grand préjudice de la valeur d'emploi ;

2º Le mauvais procédé d'extraction qui blesse l'alvéole des plumes et provoque un état de dégénérescence produisant des plumes informes, rachitiques, excessivement défectueuses ;

3º La misère physique produit aussi des parasites, *poux*, qui rongent le duvet des plumes dans l'alvéole sous-cutané et retardent la pousse des plumes dont le duvet reste défectueux, maigre et sans consistance.

Le docteur Fritsch (1) a d'ailleurs insisté sur les différences que présentent les plumes suivant la provenance et l'habitat de l'animal qui les produit. « Celles des districts fertiles, relativement bien arrosés, ont les plumes maigres, longues et lourdes, mais raides et sans belle apparence, en raison de leur grosse tige et de la maigreur des barbules ; celles du Kalahari et des régions avoisinantes sont moins longues, plus légères et supérieures en raison de leurs tiges fines, assurant aux barbules leur plein développement gracieux, coiffés en forme de panache. Les plumes provenant de l'intérieur du désert ont une légère coloration jaunâtre résultant sans doute de la nature du sol (2). »

Il convient de remarquer que toutes les tentatives faites pour obtenir l'aspect du coiffé sur la plume de l'oiseau privé ou domestiqué ont échoué. Aucun croisement, aussi bien avec l'oiseau du Nord qu'avec l'Autruche du Cap n'ont pu améliorer la disposition défavorable de la plume de l'aile des troupeaux de l'Afrique australe. Comme l'observe fort judicieusement M. le professeur Milne-Edwards (3) :

« Un fait bien connu en zootechnie et dont le naturaliste
» doit tenir compte, c'est que les caractères d'une race sont,
» ainsi que je l'ai déjà dit, d'autant plus stables, plus diffi-
» ciles à modifier par les moyens dont l'agronome dispose,
» que cette race est plus ancienne, qu'elle est plus pure de
» tout mélange avec des races étrangères et qu'elle a subi
» moins de déplacements. »

Toutes les plumes noires de production australe sont plus ou moins veules, la couverture alaire noire est très brillante, les grandes plumes des ailes sont toujours plus blanches que celles fournies par l'oiseau du Nord, mais leur duvet est plus mou, les barbules sont plus maigres et moins touffues, la tige est toujours grosse. La plume blanche de l'aile ne peut s'utiliser qu'avec doublures.

La conclusion pratique qui se dégage de ces faits, c'est que

(1) Fritsch, *Drei Jahre in Süd-Afrika*, Breslau, 1868.

(2) Les rares plumes d'Oiseaux sauvages viennent aujourd'hui du Congo portugais (Mossamédés). Ce sont des Boers, émigrés du Cap, qui continuent au Congo l'extermination de l'Autruche australe sauvage.

(3) *Annales des Sc. natur.*, mai 1879, n° 9, 4. 8.

l'espèce du Nord peut seule fournir une plume suceptible· de satisfaire aux exigences de la rénovation de la mode.

Jusqu'en 1880, les colons du Cap n'avaient pas encore de concurrents sérieux dans l'industrie lucrative de l'élevage des Autruches. En 1881, quelques expéditions d'Autruches du Cap, à destination de Buenos-Ayres et de Montevideo, s'ajoutant aux entreprises de l'Australie, de la Nouvelle-Zélande, de l'île Maurice et de la Californie, provoquèrent l'établissement d'un droit de sortie de 2,500 francs par oiseau et de 125 francs par œuf, droit que le gouvernement colonial a maintenu depuis 1883.

Les établissements pour l'élevage des Autruches, installés dans les pays énumérés ci-dessus, sont tous prospères ; l'exposition de 1889 a permis d'apprécier la qualité des produits. L'établissement de Mataryeh, près du Caire (Egypte), entre autres, possède un millier d'Autruches dont le nombre ne tardera pas à s'accroître, grâce à de grands espaces que le gouvernement khédivial vient de mettre à la disposition des propriétaires.

Ceux de l'Algérie n'ont pas été aussi heureux : à l'exception d'Aïn Marmora (1) et du Hamma d'Alger, les établisse-ments algériens, fortement éprouvés, ont disparu.

Les diverses entreprises algériennes ont échoué par suite de causes assez complexes ; nous ne signalerons que celles d'ordre général, c'est-à-dire : climat humide du littoral, emplacements trop restreints et mal appropriés au développement des jeunes oiseaux.

L'Autruche aime la solitude et les grands espaces ; pourvue de membres puissants, elle franchit en très peu de temps des espaces considérables, par conséquent, il est indispensable, pour élever ces oiseaux, de disposer d'énormes étendues de terrains ; l'observation intelligente des conditions d'existence nécessaires à l'Autruche est la cause du succès des établissements fondés au Cap par les Anglais (2).

« Des fermes de 1,000, 2,000 arpents, dit Holub, sont les

(1) Au 2 octobre 1894, cet établissement possédait encore 23 mâles et 6 fe melles. On n'y fait plus d'élevage depuis plusieurs années.

(2) Voy. *Original Map of Great Namaqualand and Damaraland*, de Th. Hahn, 1879. Capt. Sinclair's property. Deux degrés géographiques 26° 27°, en partie utilisés pour l'élevage des Autruches.

plus communes, la plupart ont 3,000, même 5,000 arpents ;
quelques-unes disposent d'emplacements représentant des
surfaces immenses (1). »

Le Gouvernement français qui dispose de millions d'hectares
incultes dans le Sud de l'Algérie, dans les régions impropres
à la création de centres de population européenne, pourrait
et devrait aider à la création d'une industrie si importante
dont la réussite dépend uniquement de la possibilité d'utiliser
de grands espaces. Il y a bientôt cinquante ans, dès 1856,
le général Daumas recommandait au Dr Gosse les emplacements favorables des environs de Biskra ou encore les
oasis des Zibans. Ma dernière exploration dans cette région,
en 1891, me permet d'apprécier l'exactitude et la valeur des
recommandations du général Daumas.

Mais une modification politique de cette région arrête toute
tentative de réacclimatation de l'Autruche. Le Sénatus-
Consulte de 1863 empêche l'acquisition des terres commu-
nales, il est un obstacle à la colonisation, *l'État ni la tribu
ne pourrait ni vendre, ni céder* (Général Noellat, *L'Algérie
en 1882*). Pour la création d'une autrucherie modèle servant
de haras au repeuplement du Sahara, il n'existe pas dans
ces régions d'autres emplacements favorables que ceux des
Smalas appartenant à l'Administration de la Guerre, sur terrains confisqués après insurrection des tribus arabes. Au fur
et à mesure des besoins de la colonisation, la majeure partie
des Smalas a disparu, comme par exemple : la Smala de
l'Oued Sly, près d'Orléansville (Alger), celle de l'Ouizert,
près de Saïda et Tiaret (Oran), etc., occupées aujourd'hui
par des colons qui s'y livrent à l'agriculture.

Dès 1876, mes études et mes recherches préparatoires
avaient comme objectif les oasis sahariennes. Ma première
exploration de 1879, dont le but était la création d'une autrucherie à Biskra, fut interrompue par l'insurrection de
l'Aurès, qui, en m'empêchant, à mon grand regret, de pénétrer dans le Sud, me fit tenter l'expérience à Misserghin
(province d'Oran).

Malgré l'insuccès de ma tentative, ma conviction reste im-
muable : la reconstitution de l'Autruche dans le Sud algérien
est possible ; sa réalisation ne dépend que d'un concours de

(1) Holub : *Beiträge zur Ornithologie Sud-Afrika's.* Wien, 1882.

circonstances favorables qui m'ont fait défaut. Je suis persuadé, que l'on obtiendrait facilement sur le sol algérien la reproduction normale et régulière d'Autruches de provenance indigène si on prenait soin de les installer convenablement dans une localité favorable.

Cette tentative serait facilitée par la sécurité dont jouit actuellement le Sahara algérien ; les risques de transport sont réduits aux risques habituels d'un envoi d'animaux vivants par chemin de fer. En effet, grâce à ce moyen de transport, on évite, autant que possible, les accidents de route ordinairement fort préjudiciables aux éleveurs ; car les frais de transport sont très élevés et le nombre d'oiseaux sera toujours relativement restreint. Il ne faut pas songer à en importer du dehors, à moins d'exposer au hasard des sommes relativement élevées. Ce n'est qu'avec des moyens modestes qu'on peut espérer réussir.

La condition du succès, c'est de pouvoir nourrir sur place des couples reproducteurs sans grands frais de clôture, de garde, d'entretien, etc. Les jeunes seront élevés en liberté et conduits au pâturage en compagnie de troupeaux de Moutons ou de Chameaux, qui représentent le complément de l'élevage saharien. Dès que l'on aura élevé ou acclimaté un nombre d'oiseaux suffisant aux besoins de l'exploitation, l'excédent des sujets disponibles pourrait être placé en cheptel sous la direction administrative des tribus nomades du Sud, constituées en Djemâa, là où ce système social est pratiqué ; certainement, en procédant ainsi, il faudrait peu d'années pour constituer dans ces immenses étendues, actuellement improductives, une industrie lucrative.

En 1879, le gouvernement général de l'Algérie sembla vouloir encourager les essais d'élevage d'Autruches par des concessions territoriales. La sollicitude éclairée du général Chanzy, gouverneur général, et la bienveillance de M. le Myre de Vilers, directeur général des affaires civiles et financières, était acquises à divers éleveurs. Ces traditions, malheureusement, semblent absolument oubliées aujourd'hui ; on sait que l'Administration militaire seule détient les emplacements convenables et, pour des raisons qui échappent à notre compétence, celle-ci ne consent pas à s'en dessaisir, même en faveur d'une œuvre d'importance capitale pour l'avenir économique de notre colonie ; les recommandations

-expresses du Gouverneur général et des notabilités scientifiques les plus autorisées devraient suffire cependant à dégager la responsabilité de l'autorité militaire qui ne pourrait
arguer en l'occurence de son incompétence.

Mon expérience d'ancien éleveur me permet d'affirmer
que, si les essais avaient été faits dans le Sahara, région
qui, il y a quinze ans, était encore d'un accès dangereux,
nous occuperions aujourd'hui le premier rang dans la production des plumes d'Autruches, et notre colonie posséderait
une nombreuse population d'oiseaux de cette espèce barbaresque, tant prisée autrefois.

Nous pourrions, dans le Sahara, pratiquer l'incubation
artificielle telle qu'elle y fut pratiquée dès la plus haute antiquité. La pratique de cette industrie est des plus simples.
Probablement, il suffirait, comme Emin Pacha l'a vu faire
aux Latoukas (1), pour obtenir l'éclosion des œufs, d'enfouir
ceux-ci dans des meules de Dourah (*Penicillaria*, espèce de
Sorgho rouge) ; d'autre part, les Maures du Sénégal, il y a
une trentaine d'années, produisaient l'éclosion artificielle des
œufs en les enfermant dans un sac au milieu de graines de
Coton, qui, en germant, établissent une chaleur favorable,
c'est encore le procédé le plus rationnel et le plus avantageux. Les moyens d'ailleurs ne manquent pas. En Egypte
notamment, on trouve des fours nommés *Mamals* spécialement destinés à cet usage.

On sait que les Égyptiens, pour suppléer à l'incubation de
la Poule, employèrent d'abord la chaleur du fumier ; puis
ensuite celle d'un four particulier de leur invention, dans lequel ils plaçaient les œufs sur un lit de paille, ayant soin de
les retourner de temps en temps (2).

(1) « Die Strausseier werden häufig auch durch Hinlegen in Durrah-Haufen
künstlich ausgebrütet. » — *Stuhlman mit Émin-Pacha im Herz von Afrika.*
— Berlin, 1894. P. 786.

(2) Les procédés égyptiens furent pratiqués, à l'époque des Croisades, en
Europe, si nous croyons André de la Vigne ; dans son *Vergier d'Honneur*,
en décrivant la ménagerie d'une maison de plaisance d'Alphonse II, roi de
Naples, cet auteur dit :

> Aussi y a un four à œufs, couvert,
> Dont l'on pourrait, sans géline (poule), élever
> Mille poussins qui en auraient affaire
> Voire dix mil, qui en vouldroit tant faire.

Le mathématicien Gohorry en parle dans son *Instruction sur le Pétun* (tabac)
(Ann. 1572). A propos de l'espèce de feu qu'il faut pour extraire certaines huiles,

Ces sortes de fours subsistent encore aujourd'hui en
Egypte, mais perfectionnés sans doute. On les nomme *Mamals*. Ce sont des bâtiments en brique, enfouis en terre,
ayant un double étage et plusieurs chambres qu'on échauffe
avec des mottes faites de fientes d'animaux et de paille
hachée, chauffage ordinaire du pays. Il y a beaucoup de
ces *Mamals* en Egypte, et ordinairement chacun d'eux a son
district composé de vingt à vingt-cinq villages, lesquels
viennent y apporter tous leurs œufs. Au reste, l'art de diriger les *Mamals* n'est point un art que tous les Egyptiens
connaissent. Il est concentré exclusivement dans un village
appelé Bermé, dont les habitants se le transmettent de génération en génération comme un héritage. Au temps prescrit
pour l'opération, on voit sortir trois à quatre cents Ber-
méens qui se répandent par toute l'Egypte et qui vont dans
les différents *Mamals* faire éclore les œufs qu'on y a portés.
D'après Porta (1), de mêmes fours analogues furent en usage
à Malte au XVe siècle.

Les Chinois emploient un procédé différent : les œufs sont
placés sur une couche de sable fin et recouverts d'une natte ;
on les expose à la chaleur d'un brasero (2).

Les territoires nécessaires pour ces essais ne manquent pas
non plus. Comme je le disais en 1885 dans une notice sur
les élevages algériens adressée à la Société d'Acclimatation :

« L'occupation du Touat avec l'assistance de notre armée,
l'exode futur des Oulad Sidi-Cheikh et des Chambaas, dans
le pays des Touareg, permettrait d'avoir un espace aussi
grand qu'il peut être nécessaire. Je vois déjà en imagina-
tion des troupeaux d'Autruches pâturant dans l'Oued Mya et
remontant l'Iggarghar. Nos Rouarhas seraient des gardiens
aussi excellents que les Cafres ou les Hottentots.

» La route de l'Algérie au Niger serait ouverte à la civili-

Gohorry dit, qu'il avait enseigné ce feu à un philosophe qui le lui avait demandé
pour faire éclore des œufs d'Autruche, *comme ceux de poulets étaient couvés
l'hyver, au grand Roi François, à Montrichard*. On connaît les expériences entreprises par Réaumur sur l'ordre de Bonaparte, premier consul, à son retour
d'Egypte. C'est le point de départ de la grande industrie de l'incubation artificielle qui se pratique universellement aujourd'hui.

(1) Porta, *Magie naturelle.* — *Histoire de la vie privée des François*, par Le
Grand d'Haussy. Paris, 1815.

(2) Voy. pour un second procédé usité par les Chinois : R. P. Juan Gon-
zalès de Mendoce, *L'Histoire du grand royaume de la Chine*, mise en français
par L. de la Porte. Paris, 1600. In-8o, chap. XXII, l. 96.

sation. Les lieux d'étapes seront les futurs parcs à Autruches ajoutés aux créations d'oasis par les puits artésiens. Les dattes, le sel, les cotonnades, la verroterie, etc., fourniront l'élément transport vers le Soudan, et par échange, on aurait de première main les ivoires, la poudre d'or, les gommes, les arachides, etc., qui, aujourd'hui, nous échappent et transitent par Ghadamès et Tripoli, ou par Mogador et Gibraltar, ou encore par Suez et Aden et les possessions anglaises de l'Afrique occidentale depuis le cap Juby jusqu'à l'embouchure du Niger (1) ! »

Le développement progressif des ressources de l'Extrême-Sud algérien pourrait, enfin, entrer en bonne voie, le gouvernement français ayant adopté diverses modifications dans la constitution du commandement du 19e corps d'armée, en Algérie. Dans la province de Constantine, la subdivision de Bône et, dans la province d'Alger, la subdivision de Dellys sont supprimées et remplacées par celle de Laghouat qui comprendra, outre le cercle de Laghouat, celui de Ghardaia (Mzab) avec son annexe d'El Goléa et les nouveaux postes avancés de création récente, qui forment l'amorce de l'occupation d'Insalah. Le choix ne manquera pas pour la création de nouvelles Smalas (zemalah) qui permettront enfin l'utile création d'une autrucherie modèle, dans un emplacement désaffecté, réunissant les conditions, assurant le succès d'un nouvel essai.

Dans la province d'Oran, la nouvelle subdivision d'Aïn-Sefra modifiera certainement les conditions de sécurité de nos frontières du Maroc, mais elle exige un complément qui est la possession de l'oasis de Figuig et de la rive gauche de la Molouya.

Ces modifications seront complétées par le développement de l'élevage des Autruches dans l'Afrique française : là conquête d'Insalah permettra la création de fermes à Autruches qui formeront notre ligne de jonction entre l'Afrique septentrionale et le Soudan français.

Un grand problème économique est lié à la reconstitution de l'Autruche en Afrique française. L'Algérie est en effet peuplée de 4,500,000 Arabes, dépossédés de leurs terres dans

(1) Une partie de ce travail a paru sous le titre : *Un projet d'élevage d'Autruches pour 1887-1888, dans le S.-E. Algérien*, in *Algérie agricole*, n° 155, 15 août 1887.

le Tell et dans le Sahel. Il leur reste en partie la région des Hauts-Plateaux et le Sahara. La région forestière algérienne se trouve menacée de plus en plus, car il faut absolument leur permettre pour assurer leur existence d'y mener paître leurs troupeaux ; comme ce sont les seules ressources du pays, il en résulte des incendies terribles occasionnés souvent par leur incurie invétérée et par leur insouciance « Inch Allah ! »

En plus des incendies, causes d'amendes formidables, les procès-verbaux forestiers, contraventions aux prohibitions de pâturage, etc., ont ruiné les Arabes qui sont dans un état de misère à faire craindre des soulèvements ; en tous cas la sécurité personnelle est très précaire, dans toute région subissant cet état de choses, évidemment loin des agglomérations urbaines. Le remède radical — il n'y en a pas d'autres : — faire émigrer, comme une nouvelle invasion hilallienne (1), les trois quarts des Arabes algériens et les amener dans le Soudan français, dépeuplé et parfaitement convenable pour assurer l'existence de l'Arabe nomade-pasteur qui d'ailleurs y est représenté par le Peuhl ou Foullah. La question touareg serait résolue du coup et le Soudan pourrait être régénéré et adapté selon les besoins de la situation algérienne et africaine. L'Autruche serait un important élément à ressources variées, car elle est transportable sur pied ; elle servirait au besoin à l'alimentation.

Du même coup, nous pourrions centraliser dans nos mains

(1) 1048-1052. Les Zirides, gouverneurs de Magreb, au nom des Califes d'Egypte, se déclarent indépendants. — Invasion des Arabes de la Haute-Egypte dans le Magreb. — Il survint vers cette époque un événement considérable qui modifia profondément les rapports et la composition des pays du nord de l'Afrique et dont nous devons parler, bien qu'il ne nous semble pas avoir influé sur la politique des rois d'Afrique avec les chrétiens de leurs états ou les chrétiens du dehors. El Moëzz, le Ziride, gouverneur de l'Afrique orientale, au nom des Fatimides d'Egypte, s'étant déclaré indépendant à El-Mehadia, en 1048, le calife El-Mostancer résolut de punir sa révolte en lançant contre lui les tribus d'Arabes pillards et misérables, appelés les Arabes Hilaliens, qui erraient dans la Haute-Egypte. Il les fit assembler et leur dit : « Je vous fais cadeau du Magreb et du royaume d'El Moëzz, fils de Badis, esclave qui s'est soustrait à l'autorité de son maître. Ainsi, dorénavant, vous ne serez plus dans le besoin. » En différentes fois, un million de nomades, autorisés par cette concession facile, envahirent la Cyrénaïque, qu'ils dévastèrent, et peu après, en l'année 443 de l'hégire, 1031-1052 de l'ère chrétienne, pénétrèrent dans l'Afrique proprement dite, où ils mirent littéralement tout à feu et à sang. (*Relations et commerce de l'Afrique septentrionale ou Magreb avec les Nations chrétiennes au moyen âge*, par M. le comte de Mas-Latrie, membre de l'Institut.)

le commerce des plumes d'Autruche qui transitent par Tombouctou (1); de ce chef, les commerçants de Tripoli font actuellement un bénéfice annuel d'environ 2,000,000 de francs (2).

Je crois avoir suffisamment insisté sur l'importance économique qui s'attache à la reconstitution de l'Autruche en Algérie. Comme le faisait observer M. le professeur Milne-Edwards en présentant, à la séance du 18 avril 1894 de la *Société nationale d'Agriculture*, mes diverses publications sur l'Autruche :

« Nous possédons des milliers d'hectares improductifs
» dans le Sud algérien : ils pourraient, s'ils étaient bien
» aménagés, devenir une source de richesse, et la domesti-
» cation de l'Autruche est une question qui doit, aujour-
» d'hui, attirer toute l'attention du gouvernement, car elle
» intéresse la prospérité de l'Algérie et celle du commerce
» français, qui est forcé de s'adresser à l'Angleterre pour se
» procurer les plumes qu'il serait si facile de produire dans
» notre colonie. Aussi croyons-nous devoir signaler à M. le
» Ministre l'importance des études de M. Jules Forest. »

En terminant, je prie la *Société d'Acclimatation* de bien vouloir se pénétrer de l'importance économique qui s'attache à la réacclimatation de l'Autruche en territoire français ; je ne doute pas que la Société n'adopte les conclusions que l'éminent Directeur du Museum n'hésitait pas à formuler au printemps dernier devant la *Société nationale d'Agriculture* ; aussi osé-je espérer que le Bureau compétent voudra bien faire les démarches nécessaires auprès de MM. les Ministres de l'Intérieur, de l'Agriculture, du Commerce, des Colonies et de la Guerre, pour appeler leur haute bienveillance sur cette question :

LA RECONSTITUTION DE L'AUTRUCHE EN ALGÉRIE.

---

(1) Remarquons que les commerçants de Tripoli et de Mogador vendent sous le nom de « Tombouctou » les plumes de la Sénégambie. Comme la dénomination de Sénégal est appliquée à la qualité de plumes la moins estimée, celle de l'Afrique orientale (*Yamani*), il en résulte dans l'esprit des plumassiers une méprise très fâcheuse pour notre colonie.

(2) C^t Audry, *Du Sénégal au Niger*, Bull. Soc. Géogr. comm. de Paris, t. XV, 1893, 3e fascicule.

PRODUCTION

ET

EMPLOI DE PROIES VIVANTES

POUR LA NOURRITURE DU POISSON

Par M. RAVERET-WATTEL.

D'intéressants essais ont actuellement lieu, en Autriche, sur la production et l'emploi de proies vivantes pour la nourriture des Salmonides. Une subvention de 200 florins, pour chacune des années 1893, 1894 et 1895, a été accordée, par le Ministère de l'agriculture, à un pisciculteur de la Basse-Autriche, M. K. Feldbacher, de Payerbach, sous la condition de créer dans son établissement une installation suffisante pour la production en grand de « nourriture naturelle » (*Naturfutter*) propre à l'alimentation des Salmonides, et de consacrer cette nourriture à l'élevage d'alevins de Truite et d'Omble-Chevalier, en effectuant les essais sous le contrôle de la Société autrichienne de pisciculture (*Œsterreichischer Fischereiverein*), chargée de publier chaque année, dans ses *Mittheilungen*, un rapport sur le résultat desdits essais. La *Schweizerische Fischereizeitung* donne (1), sur les expériences faites en 1893, les détails ci-après, empruntés au rapport officiel de la Société autrichienne.

M. Feldbacher a commencé par établir six fossés, de 4 à 6 mètres de long, sur 1 à 3 mètres de large, et 50 à 75 centimètres de profondeur, pour la production des Daphnies et des larves de Cousin. Ces fossés sont garnis d'une maçonnerie qui s'élève à 60 centimètres environ au-dessus du sol, pour les garantir contre l'invasion des Grenouilles et des Crapauds. Les parois cimentées présentent une surface lisse ; mais le fond du bassin n'a besoin d'être maçonné qu'autant qu'il ne possède pas une étanchéité suffisante. Quand on est ainsi obligé de garnir tout le fossé d'un revêtement en ciment, il faut recouvrir ensuite le fond d'une couche de

---

(1) *Schweizerische Fischerei-Zeitung.* — (*Künstliche Fischzucht : Naturfutter für Forellen.*) — 1894, p. 96.

terre d'environ 20 centimètres d'épaisseur, pour fournir, pendant l'hiver, un refuge aux petits Crustacés.

Au printemps, on remplit les bassins avec de l'eau de pluie ou de rivière, à l'exclusion absolue d'eau de puits ou de source ; puis on introduit un mélange de bouse de Vache et d'excréments humains, dans la proportion de 5 à ' 1' avec un peu de fiente de Poules ou de Pigeons. Il faut ensuite « ensemencer » l'eau en allant, à l'aide d'un filet fin, récolter dans les mares du voisinage une certaine quantité de Daphnies qu'on introduit dans les bassins. En faisant cette récolte, il n'est pas inutile de prendre aussi un peu de la vase de ces mares, laquelle est ordinairement chargée d'œufs de Daphnies, aussi bien que de spores d'Algues servant à la nourriture de ces petits Crustacés. De temps en temps, on agite le dépôt formé au fond des bassins, de même qu'on remplace l'eau perdue par évaporation. Une couverture en planches doit pouvoir être placée sur ces bassins pour les protéger contre les pluies froides et les grands vents, ainsi que contre les trop ardents rayons du soleil. En un mot, les conditions requises pour un pareil élevage sont : humidité, chaleur et ombrage.

Dans les bassins ainsi préparés, les Daphnies se multipliant par milliards, du milieu d'avril jusqu'en septembre, il a été possible d'en récolter chaque jour plusieurs kilos, sans entraver d'une façon appréciable leur pullulation.

Pendant toute la belle saison, les femelles de Cousins viennent pondre dans les bassins, qui se trouvent produire, dès lors, une quantité prodigieuse de larves. On récolte ces larves en même temps que les Daphnies avec un filet en tulle, et on lave le tout dans de l'eau propre avant de distribuer cette nourriture aux alevins dans les bacs d'élevage.

Par l'emploi de ce système, M. Feldbacher a pu assurer l'alimentation de 40,000 alevins de Truite, et la dépense, dit-il, n'a guère atteint que la moitié du chiffre auquel elle se serait élevée si l'on avait employé la nourriture habituelle, c'est-à-dire la viande de Cheval, la farine de viande (*Fleischmehl*), etc.

M. Feldbacher s'est également occupé de la production des larves de Diptères par le procédé suivant : des caisses en bois de 50 à 75 centimètres de long, sur 25 à 50 de large et autant de profondeur, sont enterrées dans le sol et remplies de sciure de bois ou de tourbe sèche et pulvérisée, d'argile humide, de sang coagulé et de serum, de Poisson haché, et d'herbes ou de Champignons également hachés, le tout disposé par couches, chacune de l'épaisseur de plusieurs doigts. Ces caisses sont mises à l'ombre, sous des arbres ; au bout de très peu de temps, des quantités de Mouches y ont effectué leur ponte, et bientôt fourmillent des myriades de larves, qu'on emploie pour la nourriture du Poisson. Une seule caisse suffit pour donner chaque jour jusqu'à trois kilos de larves. Par un temps chaud et humide, on doit faire de fréquentes récoltes ; sans quoi, les larves passeraient promptement à l'état de nymphe, puis d'Insecte parfait. Quand surviennent des pluies froides, on abrite les caisses au moyen de couvercles.

Les larves de Diptères sont employées pour la nourriture des grosses Truites qui, à ce régime, prospèrent d'une façon remarquable.

LES BOIS INDUSTRIELS

INDIGÈNES ET EXOTIQUES

Par Jules GRISARD et Maximilien VANDEN-BERGHE.

(SUITE *)

COUEPIA DULCIS Aubl. Coupy ou Couépi.

Acia dulcis Willd.
Acioa Guianensis Aubl.

Guyane : *Coupy* ou *Coupi*. (Arrouagues) : *Caboucalli* ou *Kabukalli*. (Galibis) : *Kopie*. (Démérary) : *Camara* ou *Camera*. (Surinam) : *Water Kopie* ou *Water Kopie ?*

Grand arbre forestier de la Guyane, dont le tronc, revêtu d'une écorce lisse, cendrée, atteint une hauteur moyenne de 20 mètres sur un diamètre de un mètre environ. Feuilles alternes, simples, ovales, aiguës, subcoriaces, lisses.

Son bois, de couleur jaunâtre ou rougeâtre, est lourd, dur, de bonne qualité, mais sujet aux attaques des Termites et d'une odeur désagréable ; son grain serré permet de lui donner un poli brillant. Employé exclusivement à Surinam pour les constructions civiles, le Coupy donne également de bonnes pièces pour les constructions navales, mais à la condition d'être doublé et chevillé en cuivre. Il est aussi d'une conservation assez longue pour traverses de chemins de fer. Le tronc fournit des pièces de très grandes dimensions utilisées dans la construction des moulins à sucre. Les industriels se servent de ce bois, de préférence à tout autre, pour précipiter la matière colorante de l'Indigo et du Rocou. Enfin, à la Guyane, la cendre de ce bois entre dans la composition des poteries Indiennes. Sa densité varie de 0, 819 à 1,063, suivant son état de siccité ; sa résistance à la rupture est de 179 kilog. d'après Dumonteil.

(*) Voyez *Revue*, année 1894, 2ᵉ semestre, note p. 540.

Le fruit est un gros drupe ovale, couvert d'une écorce presque ligneuse, renfermant un noyau mince dans lequel se trouve une amande agréable au goût, donnant aussi, par expression, une huile comparable à celle de noisettes pour la saveur et la fluidité.

Le *Couepia Guianensis* AUBL. (*Acia amara* WILLD. ; *Moquilea Couepia* ZUCC. Guyane : *Couépi*) est un grand arbre à feuilles alternes, coriaces, très voisin du précédent, également originaire des forêts de la Guyane. Son bois, de couleur rougeâtre, assez dur et pesant, présente à peu près les mêmes qualités que celui de l'espèce ci-dessus et s'emploie aux mêmes usages. L'amande amère du fruit n'est pas comestible.

Une espèce indéterminée du même genre, connue au Vénézuéla sous le nom de « Merecure » donne également un bois de construction, mais les dimensions de l'arbre ne dépassent pas 10 mètres de hauteur sur un diamètre proportionné.

CRATÆGUS ARIA L. Alizier blanc.

Mespilus Aria SCOP.
Pyrus Aria ERHR.
Sorbus Aria CRANTZ.

Allemand : *Mehlbaum, Mehlbeerbaum. Weissbaum.* Anglais : *White Beam, Lottree.* Français : *Alanche, Alouche, Alouchier de Bourgogne, Allouchier, Sorbier des Alpes, Droullier.*

Arbre forestier d'une hauteur de 8-12 mètres, à feuilles alternes, ovales-oblongues, doublement et inégalement dentées, vertes en dessus, d'un blanc satiné en dessous.

Indigène dans la plus grande partie de l'Europe, l'Alizier est très abondant en France, dans les départements de la Haute-Marne, du Jura et des Basses-Alpes. Cet arbre prospère surtout dans les plaines et sur les coteaux, dans les terrains assez profonds, formés de calcaire ou d'argile ; il se développe mal dans les sols arides et sableux, ainsi que dans les bas-fonds humides et marécageux. Il croît aussi naturellement sur les montagnes et dans les rochers, mais il ne constitue souvent, dans ces conditions, qu'un petit arbuste et même une sorte de buisson.

Son bois, de couleur chair au moment de la coupe, et d'une odeur agréable, prend en vieillissant une teinte plus foncée ;

le cœur est noirâtre, mais comme il est sujet à se fendre et à se casser facilement, on s'en sert peu comme bois de travail. Lourd, très dur, liant et très résistant, l'Alizier est formé de fibres longues et tenaces. Ce bois se travaille aisément, prends bien la teinture et reçoit des applications nombreuses et variées. Employé très souvent pour la marqueterie et la tabletterie à cause de la finesse de son grain et du beau poli qu'il peut recevoir, on en fait aussi de jolis petits meubles sculptés et tournés, des coffrets, des boîtes à parfums et à gants, etc. ; les luthiers en tirent également un assez bon parti. Lorsque les dimensions du tronc le permettent, l'Alizier peut être utilisé avec avantage dans le gros charronnage et pour faire d'excellentes vis de pressoirs. Cette essence est encore très recherchée pour confectionner des dents de roues, des écrous, des manches d'outils, des rabots à moulures, des bois de fusil, des sabots, des navettes de tisserands, des règles, des équerres, des mesures articulées, etc. Les branches donnent des cannes d'une grande solidité. L'Alizier est très estimé comme bois de feu et son charbon est considéré comme équivalant à celui du Chêne.

Le fruit, appelé *Alize* ou *Alouche*, est une petite baie ovoïde de la grosseur d'une noisette, qui prend une belle teinte rouge orangé à l'arrière saison ; sa saveur est âpre, puis sucrée et acidule. Ce fruit est peu recherché comme aliment si ce n'est par les enfants qui le mangent blet. Cueillies avant leur complète maturité et passées au four, les Alizes donnent une boisson fermentée analogue au cidre, mais de qualité inférieure ; on peut également en obtenir de l'alcool et du vinaigre.

CRATÆGUS AZAROLUS L. Azerolier.

Mespilus Azerolus LAMK.
Pyrus Azarola SCOP.

Allemand : *Azarolbaum, Azarolbirne, Welsche Espel, Welsche Mispel.* Anglais : *Azarole. Thorn, Neapolitan Medlar.* Arabe (Kabyle) : *Azarour.* (Tunisie) : *Zârour.* Italien : *Lazzeruolo.* Français : *Azerolier, Azarolier, Argerolier, Epine d'Espagne, Néflier de Naples, Azarol Harothorn,* (Languedoc) : *Arjerola.*

Petit arbre vigoureux, épineux ou inerme, atteignant généralement de 5 à 8 mètres d'élévation et quelquefois plus ;

branches nombreuses, courtes, cassantes, bien garnies, formant une cîme arrondie et touffue. Feuilles trifides, anguleuses, dentées ou divisées, dures, sèches et coriaces, d'un beau vert en dessus, pubescentes en dessous.

Indigène dans toute la zone méditerranéenne, d'où il a probablement été transporté vers le nord, l'Azerolier croît naturellement dans les forêts stériles du midi de l'Europe, en Provence, en Italie, en Espagne, etc. ; on le rencontre également dans toute la région septentrionale de la Tunisie. Ses jolies fleurs blanches, disposées en corymbe, en font l'ornement des jardins printaniers. Cet arbre craint les terres argileuses, froides et humides, mais il végète bien dans un terrain léger, un peu chaud, et n'exige pas une grande profondeur ; l'exposition au sud et à l'est lui convient le mieux.

Son bois, blanc ou rougeâtre à la périphérie, est ordinairement rouge brun vers le centre. Ses rayons médullaires sont minces et nombreux et l'aubier se distingue peu du bois parfait. Lourd, dur, compact, d'un grain serré et homogène qui le rend propre à recevoir un beau poli, ce bois est sujet à se gercer et à se déjeter ; il n'offre aussi que peu de souplesse. L'Azerolier convient surtout aux ouvrages de tour ; on en fait également des outils pour la menuiserie, des navettes pour le tissage, des dents d'engrenages et différentes pièces de mécanique destinées à subir des frottements. C'est un excellent bois de chauffage qui fournit un charbon très estimé.

Le fruit ou *Azerole*, est une petite baie ronde ou ovale, charnue, de couleur jaune et tachetée de rouge du côté exposé au soleil. Ce fruit possède une saveur sucrée, acidule, légèrement vineuse et un goût assez agréable. En Provence, on le vend sur les marchés soit pour être mangé frais, soit pour être préparé en confiture ou en gelée. Ces conserves sont très recherchées et font même l'objet d'une petite industrie locale. L'Azerole entre dans les confitures de ménage dites « Raisiné » qui sont excellentes, dans les confiseries, la pâtisserie, les conserves au vinaigre, etc. ; les Orientaux obtiennent, au moyen de la fermentation, une boisson analogue au cidre mais de qualité inférieure.

On distingue plusieurs variétés de l'Azerole commune mais la plus fréquemment cultivée est l'Azerole ronde ou de Provence.

CRATÆGUS OXYACANTHA L. Aubépine.

Mespilus oxyacantha GÆRTN.

Allemand : *Hagdorn, Mehlbeerstaude.* Anglais : *Haw-thorn, May* ou *May-bush, Quick* ou *Quick-set Thorn, White Thorn.* Arabe : *Aïne-el-Bekra, Dmamaï, Ademameï, Admam* (Kabyle) : *Idmim.* (Tunisie) : *Demim.* Espagnol : *Espino blanco.* Français : *Aubépin, Aubépine, Epine blanche, Noble épine, Epine vive, Bois de Mai.* Hollandais : *Hagedoorn.* Italien : *Bianco spino.* Polonais : *Bodlak.* Russe : *Bojarischnik.*

Arbrisseau ou petit arbre épineux, à tronc toujours tortueux, atteignant parfois jusqu'à 10 mètres d'élévation avec l'âge et lorsqu'il croît isolément. Feuilles obovales à 3-7 lobes dentés ou incisés, glabres, coriaces, luisantes en dessus, plus pâles en dessous, munies de stipules foliacées généralement persistantes.

Indigène dans toutes les forêts de l'Europe et du nord de l'Afrique, l'Aubépine est très répandue en France dans les bois et dans les broussailles. Elle prospère dans presque tous les sols, à l'exception des terrains absolument arides et rocheux ; les terres argilo-calcaires profondes et fraîches lui sont particulièrement favorables.

Son bois, de couleur blanche avec une légère teinte rougeâtre, offre beaucoup de ressemblance avec celui de l'Azerolier. Extrêmement dur, pesant, compact et coriace, il est souvent rempli de nœuds d'une couleur plus foncée. Très enclin à se gercer et à se tourmenter, il n'est pas non plus d'un beau grain, quoiqu'il puisse cependant recevoir le poli. On en fait peu d'usage dans l'industrie, à cause de ses dimensions ordinairement restreintes ; les tourneurs s'en servent parfois pour divers travaux lorsqu'il est bien sec. C'est un excellent bois de feu qui brûle aisément et donne beaucoup de chaleur. Les rameaux sont d'un emploi fréquent dans les campagnes, pour le chauffage des fours. Les haies sèches faites avec cette plante résistent longtemps à la pourriture.

L'Aubépine est d'une croissance très lente et peut vivre des siècles. La grande facilité avec laquelle elle subit la taille, l'a fait rechercher pour établir des haies vives qui, dès les premiers jours du printemps, se couvrent de petites fleurs blanches ou roses, d'une odeur très prononcée d'amande amère. Le fruit est un petit drupe charnu, rouge à sa maturité ; la pulpe cotonneuse qui enveloppe l'endocarpe osseux

est souvent mangée par les enfants, malgré sa saveur fade.
Les sommités des jeunes pousses ont été proposées comme un
aliment agréable et très sain que l'on prépare comme les épi-
nards, mais dont il faut nécessairement relever le goût par
des condiments énergiques.

CRATÆGUS TORMINALIS Lamk. Alizier ou Sorbier torminal.

Pyrus torminalis Ehrh.
Sorbus torminalis Crantz.

Anglais : *Sorb, Wild service, Swallow pear*. Français : *Alisier des bois,
Alisier dysentérique, Allier* (dans quelques pays).

Arbre forestier d'une hauteur de 12-15 mètres, indigène
dans une partie de l'Europe ; feuilles alternes, assez larges,
ovales, cordiformes, pennatilobées, à lobes acuminés, dentelés, les inférieurs divariqués, légèrement pubescentes en
dessous, glabres à l'âge adultes.

Son bois, de couleur blanchâtre à la périphérie, est assez
foncé vers le cœur ; très dur et très homogène, il se travaille aisément et reçoit un beau poli. D'après M. de Gayffier,
l'Alizier des bois ressemble beaucoup à l'Alizier blanc, mais
son bois est plus dense et de plus fortes dimensions. Les
graveurs, les tourneurs, les mécaniciens et les facteurs
d'instruments de musique le recherchent parce qu'il a la
propriété de ne pas se tourmenter et de ne prendre que fort
peu de retrait en vieillissant. Les menuisiers s'en servent
aussi pour faire ou monter divers outils. Il fournit également
un très bon bois de feu et un excellent charbon pour les
usages économiques.

Ses fruits, petits et de couleur brun foncé, se vendent par
bouquets sur les marchés de Londres et en Allemagne. Les
oiseaux, surtout les Grives, les mangent avec avidité. Cette
espèce doit son nom vulgaire, à ce que l'écorce était employée, autrefois, contre la dysenterie en raison de ses propriétés astringentes.

Les États-Unis d'Amérique possèdent un certain nombre de
Cratægus dont le bois est généralement lourd, dur, à grain
fin et agréablement teinté de rose ou de rouge, mais nous
ignorons les usages particuliers auxquels on l'emploie.

CYDONIA VULGARIS Pers. Cognassier, Coignassier.

Cydonia Europæa Sav.
Pyrus Cydonia L.

Allemand : *Quittenbaum.* Anglais : *Quince tree.* Arabe : *Sfeurdjell.* Espagnol :
Membrillo, Membrillero. Hollandais : *Kweboom.* Italien : *Cotogno.* Persan :
Haivah. Polonais : *Pigwa.* Portugais : *Marmeleiro.* Russe : *Armud.* Tunisie :
Sferdjel.

Arbre peu élevé, à tronc légèrement tortueux, recouvert
d'une écorce brune se détachant par plaques. Feuilles alternes, ovales, arrondies, très entières, molles, vertes en
dessus, blanches et cotonneuses en dessous. Originaire du
Levant, cette espèce est aujourd'hui cultivée comme arbre
fruitier dans toutes les provinces centrales et méridionales
de l'Europe, ainsi que dans les régions septentrionales de
l'Afrique.

Son bois, de couleur jaune ou brun rougeâtre clair, avec
des lignes et des taches plus foncées, se distingue peu de
l'aubier. Très lourd, compact, homogène, d'une densité supérieure à celle de l'eau, le Cognassier présente un beau grain
fin et serré, qui le rend susceptible de prendre un beau poli.
Ce bois est assez disposé à se tourmenter et même à se fendre
lorsqu'il est mis en œuvre avant d'être entièrement sec. On
s'en sert quelquefois pour l'ébénisterie, la tabletterie et la
confection de différents objets de fantaisie, mais il est sans
importance commerciale. Le Coignassier fournit d'excellents
sujets pour la greffe d'autres arbres fruitiers de la famille
des Rosacées.

Le fruit appelé *Coing* est une grosse baie charnue, pyriforme jaunâtre, couverte d'un duvet fin. D'une odeur forte
et pénétrante, ce fruit possède une saveur particulière, mais
il est d'un goût trop acerbe pour être mangé cru. On en fait
des gelées, des compotes et d'excellentes confitures. On en
prépare aussi, avec de l'eau-de-vie et du sucre, une très
bonne liqueur appelée *Eau de Coings.* Les semences contiennent un principe mucilagineux qui possède les propriétés
adoucissantes de la gomme arabique.

C'est à ce genre qu'appartiennent les Cognassiers de la
Chine et du Japon qui, par leur riche floraison, sont un des
plus beaux ornements de nos jardins.

FEROLIA GUIANENSIS Aubl. Bois de Férole.

Ferolia variegata Lamk.

Guyane française : *Bois de Férole, Bois Satiné, Satiné de la Guyane, Bois marbré, Bois Baroit.* Guyane anglaise : *Bow-wood, Waciba* ou *Washiba.* Salvador : *Ronrón.*

Grand et bel arbre, dont le tronc est recouvert d'une écorce lisse et cendrée. Feuilles alternes, brièvement pétiolées, petites, ovales, acuminées, entières, luisantes en dessus, blanchâtres en dessous, portées sur des rameaux nombreux, fins et très déliés.

Originaire de la Guyane, cette espèce est assez commune dans les forêts aux environs de Cayenne ; on la rencontre également au Salvador.

L'aubier est très épais, blanc, dur, compact, mais sans utilité. Le cœur est d'une belle couleur jaune ou rouge et présente des veines longues et fines, dont la nuance varie du rouge brun ou écarlate au gris jaunâtre ou verdâtre. Le bois de Férole doit ses noms vulgaires soit à ses rayures qui lui donnent l'aspect de certains marbres, soit à l'éclat brillant et chatoyant qu'il prend sous le ponçage et le fait ressembler à du satin. Cette essence offre beaucoup d'analogie avec les Bois de lettres, mais elle est plus saine et moins irrégulière. Dur, pesant, d'une texture fine et serrée, le bois de Férole se travaille aisément et se débite sans déchet ; on le réserve spécialement aux travaux d'ébénisterie de luxe et pour la marqueterie ; ce n'est qu'occasionnellement qu'on l'emploie dans la construction, au Salvador, malgré ses qualités de force, de tenacité et de durabilité. Ce bois comprend commercialement plusieurs variétés dites « Satiné moucheté, Satiné rubané, Satiné rouge et Satiné gris ». Le Satiné rouge est d'une très belle couleur rouge ; c'est d'ailleurs un des plus beaux bois d'ébénisterie connus, malgré l'uniformité de sa teinte, car c'est celui dont la nuance est la plus vive et qui possède le plus d'éclat. Le Satiné rubané est plus pâle, veiné de rouge et de jaune ; il est surtout remarquable par ses gracieux dessins ondulés et par son miroitement lorsqu'il est poli et verni. Le bois de Férole a été introduit en Europe, il y a environ un siècle, par Férole, ancien gouverneur de la Guyane, dont il a gardé le nom. On le désigne aussi sous le nom de « Bois de Cayenne », dénomination qu'il partage, du reste, avec d'autres bois de même provenance. On le reçoit généralement en billes nues d'un diamètre de 50 centimètres environ, plus rarement en planches de différentes dimensions.

MALUS COMMUNIS Lamk. Pommier commun.

Pyrus Malus L.

Allemand : *Apfelbaum.* Anglais : *Common Apple tree.* Arabe : *Tefaha, Teffahh, Teffah.* Espagnol : *Manzano.* Italien : *Melo selvatico.* Portugais : *Maceira.*

Arbre de moyenne grosseur mais d'une grandeur médiocre, à rameaux étalés, ordinairement épineux à l'état sauvage, inermes chez les sujets cultivés. Feuilles alternes, ovales, un peu aiguës, légèrement dentées, d'un vert sombre en dessus, velues en dessous, éparses ou réunies en bouquets à l'extrémité des rameaux.

Indigène dans la plus grande partie des forêts de l'Europe, où il croît habituellement dans les sols calcaires un peu frais, le Pommier est un des arbres fruitiers dont la culture est la plus ancienne et la plus commune dans les régions septentrionale et centrale de la France. C'est aussi une des espèces qui comptent le plus grand nombre de variétés horticoles bien tranchées.

Son bois, de couleur gris rougeâtre, est quelquefois d'un beau rouge au centre ; dans les vieux arbres, il est généralement sillonné par des veines d'un brun rougeâtre d'un assez bel effet ; l'aubier est jaunâtre. Le bois du Pommier présente des propriétés physiques analogues à celles du Poirier cultivé, mais il est de qualité inférieure, plus difficile à travailler, d'une couleur moins agréable à l'œil et plus sujet à se voiler ; il est aussi plus enclin à se fendre et à se piquer aux vers. Le bois de l'espèce sauvage possède une odeur légèrement aromatique et peut aussi recevoir un grand nombre d'applications industrielles, mais il est moins estimé. Le Pommier est assez recherché des ébénistes, des menuisiers et des tourneurs à cause de la finesse de sa texture. Sa dureté et sa grande résistance à la rupture le font aussi employer pour vis de pressoir et d'établis, écrous, roues dentées,

fuseaux de lanternes, mandrins, manches d'outils, etc. On
en fabrique aussi des planches d'impression pour les indiennes et les papiers peints. Comme bois de chauffage, le
Pommier donne un feu vif et durable ; son charbon est
également estimé.

MESPILUS GERMANICA L. Néflier.

Cratægus Germanica.
Pyrus Germanica B. H.

Allemand : *Esperling, Mispelbaum, Nespelbaum.* Anglais : *Medlar tree, Min-
shull Crab.* Espagnol : *Nispero.* Hollandais : *Mespelboom.* Italien : *Nespolo.*
Persan : *Aigil.* Polonais : *Niesplik.* Portugais : *Nespereira.* Russe : *Tschiski.*

Grand arbrisseau ou arbre de troisième grandeur, à tronc
tortueux et épineux à l'état sauvage, inerme dans les cultures. Feuilles alternes, ovales, lancéolées, légèrement dentées
sur les bords, vertes et lisses en dessus, blanchâtres et un
peu velues sur la face inférieure.

Indigène dans une grande partie de l'Europe centrale et
méridionale, le Néflier croît surtout à l'état sauvage dans les
endroits montagneux. Introduit autrefois en Amérique par
les jésuites français qui l'amenèrent à la Nouvelle-Orléans,
il est aujourd'hui naturalisé dans les forêts du nord de la
Floride. Peu difficile sur la nature du sol, sa culture ne demande presque aucun soin particulier ; toutefois il vient mal
dans les terrains marécageux et préfère une terre un peu
légère, chaude et substantielle; toutes les expositions semblent lui convenir.

Le bois du Néflier, de couleur blanchâtre ou grisâtre, est
veiné, moucheté ou flambé de rouge brun foncé au cœur.
Très dur, compact, d'un grain fin et égal, ce bois offre beaucoup d'analogie avec le Cormier. Le Néflier est lourd, solide et
ne casse jamais, mais il a le défaut de se fendre et de se tourmenter, ce qui empêche de l'employer couramment en menuiserie malgré le beau poli qu'il est susceptible de recevoir.
Celui que l'on trouve dans le commerce est très recherché
par les tourneurs pour les objets qui doivent éprouver des
chocs et des frottements ; on en fait aussi des manches d'outils, diverses pièces de mécanique, des fléaux pour les bat-
teurs, des cannes, des fouets, etc. Dans les campagnes nor-

mandes, les paysans façonnent avec les jeunes pieds, décortiqués, polis et vernis après avoir·été passés au feu, des bâtons noueux, lourds et·fléxibles, souvent agrémentés d'une monture en cuir, qui sont pour les voyageurs une véritable arme de défense.

L'écorce et les feuilles sont très astringentes et servent quelquefois pour le tannage des cuirs. Le fruit, connu sous le nom de Nèfle, est·comestible lorsqu'il est blet.

PERSICA VULGARIS Mill. Pêcher commun.

Amygdalus Persica L.
Persica communis Duham.
Prunus Persica Benth. et Hook.

Allemand : *Pfirschbaum, Perschenbaum.* Anglais : *Peach tree, Nectarine.* Annamite (vulg.) : *Dào tren.* (Mand.) : *Tâô chôu, Tâô hô gîn.* Arabe et Kabyle : *Khokha.* Espagnol et Mexique : *Durazno, Prisco, Melocotonero.* Japon : *Momô.* Portugais et Brésil : *Pecegueiro.* Toukin : *Qua dao.* Tunisie : *Khoukh.*

Arbre de médiocre grandeur, très variable dans son port, dont le tronc est recouvert d'une écorce d'un gris blanchâtre ou cendré. Feuilles alternes, oblongues-lancéolées, aiguës, finement dentelées sur les bords, glabres sur les deux faces, munies de deux stipules linéaires, caduques.

Originaire de l'Asie méridionale occidentale, selon toute probabilité, le Pêcher a été importé en Europe à l'époque romaine et s'est ensuite répandu dans un grand nombre de pays chauds et tempérés. Il a été introduit avec succès dans plusieurs contrées de l'Amérique ; sa culture est aujourd'hui très développée dans l'est des États-Unis, ainsi que dans beaucoup d'États du centre·et de·l'ouest de l'Union. On le rencontre également au Mexique, au Brésil, dans la·République Argentine, etc.

Son bois, de couleur rougeâtre, est sillonné de belles et larges veines d'un rouge brun au milieu desquelles se trouvent entremêlées d'autres veines d'un brun plus clair. La richesse de ses tons, sa dureté moyenne, son grain fin et serré permettant de lui faire prendre un magnifique poli, en feraient certainement un de nos plus beaux bois d'ébénisterie si, comme cela se produit d'ailleurs pour la plupart des espèces de cette famille, les arbres n'étaient pas spécialement cultivés pour leurs fruits. Contrairement à beaucoup d'essences le contact de l'air n'altère pas ses nuances et ajoute même encore à son éclat. Pour être utilisé avec profit, le bois de Pêcher doit être débité peu de temps après la coupe, lorsqu'on veut en obtenir du placage, de manière à éviter une perte trop grande : mais comme il est sujet à se gercer, on ne doit l'employer que très sec comme bois plein. Ce bois ne se rencontre qu'exceptionnellement dans le commerce et ne provient guère que des arbres abattus pour une cause accidentelle. Lorsque l'arbre cesse de produire des fruits, son bois commence à subir des modifications assez importantes dans sa texture et perd peu à peu sa valeur industrielle. Le Pêcher est recherché pour le tour, la marqueterie, la tabletterie et l'ébénisterie de fantaisie.

Cette espèce comprend un grand nombre de variétés différant par leurs fruits. Le Pêcher exige une terre meuble, perméable, substantielle, contenant une certaine quantité de calcaire ; sa végétation est languissante dans les sols secs et légers, les terres humides et compactes facilitent la production de la gomme, cause très nuisible au développement du sujet.

PRUNUS DOMESTICA L. Prunier domestique.

Allemand : *Pflaumenbaum*. Anglais : *Plum tree*. Annamite (vulgaire) : *Mân*. (Mandarin) : *Ly tsé*. Arabe : *Aïnn, Barkuk*. Espagnol : *Ciruelo*. Hollandais : *Pruimboôm*. Italien : *Pruno, Prugno, Susino*. Mexique : *Ciruelo de España*. Polonais : *Sliwino*. Portugais : *Amexieira*. Rép. Argentine : *Ciruelo silvestre*. Russe : *Sliwnik, Sliwki*.

Arbre de médiocre grandeur, à rameaux étalés, épineux ou inermes, dont le tronc est recouvert d'une écorce brune ou cendrée. Feuilles alternes, longuement pétiolées, ovales-oblongues, dentées sur les bords, d'un vert sombre en dessus, pubescentes sur la face inférieure.

Le Prunier domestique est regardé comme provenant de deux types sauvages dont l'un, à fruits allongés, ne se rencontrerait à l'état spontané qu'en Grèce et en Asie ; l'autre, à fruits arrondis, serait indigène dans les forêts montagneuses d'une partie de l'Europe. La culture du Prunier a pris aujourd'hui une importance considérable dans un grand nombre de pays étrangers, notamment en Amérique.

Le bois du Prunier cultivé présente, sous le rapport de

l'aspect et des qualités, une grande analogie avec celui dè l'Abricotier. Il est marqué de belles veines rougeâtres disposées en dessins variés et souvent entrelacées de mouchetures rouge cerise qui se détachent admirablement sur le fond jaunâtre. La zone du printemps est toujours de nuance plus pâle ; les rayons médulaires sont très apparents, clairs et nombreux. La couleur naturelle de ce bois est encore avivée en présence de l'eau de chaux. L'éclat chatoyant et très agréable à l'œil qu'il prend sous le ponçage et le vernis, lui fait quelquefois donner le nom de « Satiné de France ou Satiné bâtard ». Dur, lourd, compact, plein, à fibres soyeuses, le Prunier se travaille bien lorsqu'il est sain et se coupe nettement, mais comme il se tourmente et se fend assez facilement, on ne doit l'employer que lorsqu'il est bien sec. Ce bois est utilisé pour l'ébénisterie et surtout pour la tabletterie ; on en fait aussi des coffrets très élégants, des boîtes à ouvrage, des nécessaires de fantaisie, des étuis, des rouets, des dévidoirs et différents autres objets généralement fabriqués au tour. Le bois du Prunier sauvage offre la même diversité de nuances et une texture semblable à celle du Prunier domestique, mais il est rarement sain et ses dimensions beaucoup plus faibles ne permettent pas de le débiter aussi avantageusement.

PYRUS COMMUNIS L. Poirier commun.

Allemand : *Birnbaum*. Anglais : *Pear*, *Choke pear*. Annamite (vulgaire) : *Lê sa lê*, *Lê tuyet lê*. (Mandarin) : *Ly*, *Ly tsé*. (Cambodgien) : *Phlê barĕang*. Arabe : *Lindjaç*, *Liundjace*. (Tunisie) : *Endjass*. (Kabylie) : *Thifirest*. Espagnol : *Pero*. Hollandais : *Peireboom*. Italien : *Pero selvatico*, *Peruggine*. Mexique : *Peral*. Polonais : *Gruska*. République Argentine : *Pero silvestre*. Russe : *Gruscha*.

Arbre d'une hauteur moyenne de 10-12 mètres, dont le tronc, de grosseur moyenne, est recouvert d'une écorce fendillée, de couleur gris brun à l'âge adulte, rougeâtre avant son complet développement. Feuilles ovales, arrondies ou lancéolées, finement dentées en scie, un peu velues dans leur jeunesse.

Indigène dans toutes les forêts de l'Europe, le Poirier est un de nos arbres fruitiers les plus estimés et les plus anciennement cultivés. Il comprend un nombre très considérable de variétés répandues aujourd'hui dans presque toutes les ré-

gions du globe. L'espèce sauvage croît assez bien dans tous.
les terrains, notamment dans les sols calcaires un peu frais.
et profonds, mais il vit mal dans les terres froides et argileuses qui retiennent trop l'humidité.

Le Poirier sauvage fournit un bois rougeâtre ou de couleur
chamois, dont l'éclat n'est pas susceptible de se voiler. Assez
dur, dense, d'une texture fine et compacte, il est aussi très
homogène et peu fibreux, ce qui permet de le tailler aisément
en tous sens et de lui communiquer un beau poli. C'est un
bois doux, très liant, d'une longue conservation, qui ne gau-
chit pas et n'est pas attaqué par les vers. Plus élastique que
le Chêne et le Noyer, il est aussi plus résistant que le Tilleul.
Le Poirier cultivé présente à peu près les mêmes qualités,
mais il est plus tendre, d'un grain moins serré et moins uni ;
on l'emploie d'ailleurs assez peu, et celui que l'on trouve dans
le commerce provient surtout des arbres abattus pour cause
de stérilité. Le Poirier est le bois par excellence pour la confection des règles plates, des équerres et autres instruments
qui exigent de la finesse et de la précision. Il est préféré à
tous les autres bois pour la sculpture parce qu'il se travaille
avec la plus grande facilité sans éclater, se fendre ou faire
dévier l'outil, ce qui permet d'en obtenir des cadres, des coffrets et autres charmants objets d'art, agrémentés de figurines, de plantes et d'animaux d'une extrême délicatesse.
Comme il prend bien la teinture, on s'en sert beaucoup en
ébénisterie pour imiter l'ébène d'une façon admirable lorsqu'il est noirci, poli et ciré. Le bois de Poirier s'emploie aussi
quelquefois pour la tabletterie, la lutherie, la mécanique, etc. ;
on le trouve sur le marché en tiges et en billes de toutes dimensions, ainsi qu'à la mesure cubique, en plateaux, en tables
ou en grumes.

QUILLAJA SAPONARIA Molina. Quillay.

Quillaja Smegmadermos DC.
Smegmadermos emarginatus Ruiz et Pav.
Smegmaria emarginata Willd.

Chili : *Quillay* ou *Quillay.* Français (écorce) : *Bois de Panama.*

Grand arbre dont le tronc atteint environ 10 mètres de hauteur sous branches. Feuilles persistantes, alternes, courtement

pétiolées, de moyenne grandeur, elliptiques, obtuses, un peu aiguës, entières, assez épaisses, lisses et d'un beau vert en dessus.

Originaire de l'Amérique du Sud, cet arbre se rencontre au Pérou et surtout au Chili, où il est assez commun sur les collines et dans les plaines des provinces centrales : c'est le dernier arbre de haute futaie que l'on trouve dans les régions élevées, sèches et rocheuses de la Cordillière des Andes.

Son bois, généralement blanchâtre, est dur et de bonne qualité. Peu résistant aux variations atmosphériques, il se conserve, au contraire, fort bien à l'humidité et sous terre. Employé en Amérique comme bois de charpente pour les constructions civiles, il est également apprécié pour le boisement des mines ; on s'en sert encore comme bois de chauffage et pour la fabrication du charbon.

Les couches libériennes, débarrassées de la partie rugueuse de l'écorce, constituent, sous le nom de *Bois de Panama*, un article important de commerce en Amérique et même en Europe, où on en importe aujourd'hui des quantités assez considérables (1).

(1) L'écorce de Quillay du commerce se présente sous forme de morceaux longs de 1 mètre environ, larges et aplatis, fibreux, de couleur blanc jaunâtre ou grisâtre, qui provoquent de violents éternuements lorsqu'on les brise ; sa saveur, d'abord faible, ne tarde pas à devenir âcre. Cette écorce doit ses propriétés détersives à une substance particulière regardée comme de la Saponine, mais que Kobert a démontré être un corps complexe formé de plusieurs principes inertes et actifs qui sont : la Saponine, la Lactosine, l'acide Quillaïque et la Sapotoxine ; les deux dernières sont des glucosides très toxiques.

Ses cendres sont très riches en oxalate de chaux.

Le Bois de Panama est d'un emploi très fréquent, soit en décoction, soit sous forme d'extrait ou de préparations commerciales quelconques, pour le nettoyage des étoffes de laine et de soie, auxquelles il communique un lustre particulier sans altérer les nuances, même les plus délicates, des tissus et sans nuire à la souplesse naturelle des fibres. Au Chili et autres pays de l'Amérique du Sud, l'écorce de Quillay est surtout utilisée, dans toutes les classes de la société, pour le dégraissage, l'entretien et la conservation de la chevelure.

En médecine, cette écorce pulvérisée a été proposée comme succédané avantageux du *Polygala Senega*. Son action stimulante et expectorante serait plus active et plus certaine ; elle serait également mieux supportée par l'estomac et produirait rarement de la diarrhée et des vomissements.

SORBUS DOMESTICA L. Sorbier domestique, Cormier.

Cormus domestica SPACH.
Pyrus Sorbus GÆRTN.
— *domestica* SMITH.

Allemand : *Adelesche, Spierlingbaum.* Anglais : *Common Service tree.*

Bel arbre d'une hauteur moyenne de 15 mètres, mais pouvant atteindre jusqu'à 20 mètres lorsqu'il croît dans les terres fraîches et profondes; tronc recouvert d'une écorce grise, rude et fendillée. Feuilles ailées avec impaire, composées de 13-17 folioles sessiles, ovales-oblongues, un peu obtuses et dentées, velues en dessous surtout dans leur jeune âge, presque glabres plus tard.

Originaire des parties méridionales de l'Europe, où il se rencontre dans les bois des terrains montagneux, le Sorbier est fréquemment cultivé, même dans le nord, pour son bois, mais c'est un arbre fruitier d'une importance très secondaire.

Son bois, de couleur rouge brunâtre, est parfois entremêlé vers le cœur de veines noires, droites ou ondulées, et de filets rougeâtres ou carminés. Très compact et d'une grande solidité, il est d'une dureté et d'une homogénéité extrême; son grain fin et très serré permet de lui faire prendre un poli doux et brillant. Pour être mis en œuvre avec profit, ce bois demande à être travaillé lorsqu'il est très sec, car il éprouve un retrait énorme par la dessiccation et se tourmente beaucoup. Son aspect ordinairement peu agréable et sa nuance le plus souvent uniforme ne permettent guère de l'employer pour l'ébénisterie et la menuiserie de luxe, mais c'est un bois de premier ordre pour la confection des vis de pressoir, poulies, cylindres, alluchons, engrenages, en un mot de toutes les pièces de machines qui doivent être soumises à des frottements. C'est aussi le plus apprécié de nos bois durs indigènes pour le montage des divers outils employés pour la menuiserie; on en fait encore des planches pour la gravure, des verges de fléau, des fuseaux, des navettes et un grand nombre d'objets façonnés au tour.

Le fruit, appelé *Corme* ou *Sorbe*, est une petite baie pyriforme, de couleur jaune verdâtre teintée de rouge, qui n'est pas comestible étant fraîche à cause de sa forte âpreté, mais devient mangeable étant blette. Les Sorbes sont quelquefois utilisées pour faire du cidre ; on peut également en tirer de l'alcool par la fermentation ; toutefois, l'eau-de-vie de Sorbe n'acquiert une saveur agréable qu'après la purification et la rectification du premier produit de distillation.

Sorbus aucuparia L. (*Mespilus aucuparia* ALL., *Pyrus aucuparia* GÆRTN.) Sorbier des oiseaux, Sorbier sauvage, Cochêne. Anglais : « Mountain Ash, Rowan ». Petit arbre d'une hauteur de 8-10 mètres, à rameaux dressés et à feuilles pennées, croissant naturellement dans les forêts de l'Europe. Son bois ressemble beaucoup à celui du Sorbier domestique et s'emploie aux mêmes usages, mais il lui est inférieur sous tous les rapports ; ses dimensions sont également beaucoup plus faibles.

(*A suivre.*)

II. EXTRAITS DES PROCÈS-VERBAUX DES SÉANCES DE LA SOCIÉTÉ.

SÉANCE GÉNÉRALE DU 1er MARS 1895.

PRÉSIDENCE DE M. A. GEOFFROY SAINT-HILAIRE, PRÉSIDENT.

Le procès-verbal de la séance précédente est lu et adopté.

— M. le Président proclame les noms des membres récemment admis par le Conseil :

MM.	PRÉSENTATEURS.
CAUSTIER (Eugène), agrégé de l'Université, professeur au lycée de Versailles, 50, boulevard de Port-Royal, à Paris.	Baron J. de Guerne. A. Milne-Edwards. Dr Roché.
DAMOISEAU (Adolphe), adjoint au maire des Lilas, 26, rue du Garde-Chasse, aux Lilas (Seine).	Baron J. de Guerne. A. Porte. Léon Vaillant.
ELIAD (Georges M.), fermier-éleveur, à Calarase (Roumanie).	A. Geoffroy Saint-Hilaire. Baron J. de Guerne. Jules Grisard.
MARÈS (Roger), ingénieur-agronome, 35, rue Michelet, à Mustapha (Algérie).	Brongniart. Baron J. de Guerne. A. Milne-Edwards.

— M. le Secrétaire procède au dépouillement de la correspondance.

— MM. Roland-Gosselin et Eugène Caustier adressent des remerciements au sujet de leur récente admission dans la Société.

— Des remerciements sont également adressés pour les graines de Végétaux ou œufs de Poissons qu'ils ont reçus par MM. Levasseur, Dr Wiet, Terminarias, Arn. Leroy, comte de Galbert et l'établissement de pisciculture de Bouzey.

— M. Gabriel Rogeron annonce l'envoi d'une note d'observations sur ses Canards pendant les froids de février 1895.

— M. le comte de Galbert fait parvenir un rapport sur la Pisciculture dans l'Isère.

— M. Ch. Cornevin, professeur à l'École vétérinaire de

Lyon, fait connaître qu'il remettra prochainement à la Société une étude sur la toxicité des Marrons d'Inde pour certains animaux de basse-cour. (Voir *Revue*, p. 210.)

— M. Dugès, de Guanajuato, adresse à la Société un nouvel envoi de cocons d'un *Atlacus* séricigène qui vit sur l'*Ipomœa muricoides*. Notre gracieux correspondant fait en outre ses offres de services pour les végétaux du Mexique qui peuvent intéresser la section de botanique.

— M. Genebrias de Boisse, en remerciant la Société de la médaille qui lui a été envoyée, fait connaître qu'il adressera prochainement quelques notes sur la manière d'extraire l'essence du Chrysanthème de Dalmatie qui compléteront le mémoire déjà publié sur la culture de cette plante. (Voir *Revue*, 1894, 2ᵉ sem., p. 509.)

— M. le Secrétaire général annonce à l'assemblée que M. le professeur Zograf, l'un de nos lauréats pour la pisciculture en Russie, doit venir prochainement en France pour y étudier les questions d'aquiculture. Nous devons nous féliciter de cette nouvelle, car M. Zograf ne peut manquer de s'intéresser à nos travaux et il sera le bienvenu parmi nous.

— M. de Guerne signale ensuite l'importance prise par la Société lombarde de pisciculture, fondée l'année dernière, avec laquelle il vient d'entrer en relations.

Il dépose enfin sur le bureau divers travaux imprimés de M. Bolau, directeur du Jardin zoologique de Hambourg, et l'éloge de M. Henri Bouley par M. Leblanc, secrétaire général de la Société centrale de médecine vétérinaire. (Voir *Bibliographie*.)

— M. Raveret-Wattel dépose sur le bureau : 1º une note sur des essais très intéressants qui ont lieu actuellement en Autriche sur la production et l'emploi des Daphnies et des larves de Cousins pour la nourriture de l'alevin de salmonide ; 2º une brochure de M. Danevig sur les travaux du laboratoire de pisciculture marine de Dunbar (Écosse). (Voir *Bibliographie*.)

— M. le Dʳ Raphaël Blanchard fait hommage à la Société : 1º d'une brochure ayant pour titre : Règles de la nomenclature des êtres organisés adoptées par les congrès internationaux de zoologie ; 2º d'un important mémoire publié dans

le *Bulletin des Musées de zoologie et d'anatomie comparée,*
de Turin, intitulé : « Hirudinées de l'Italie continentale et
insulaire ». (Voir *Bibliographie.*)

— M. le Président donne lecture à l'assemblée d'une lettre
de M. le baron Enguerrand du Fossey, qui met à la disposition de la Société pour être distribuées en cheptel un certain
nombre de volailles de choix.

Des remerciements ont été adressés à notre confrère. Nous
espérons que ce généreux exemple trouvera de nombreux
imitateurs.

— M. Raveret-Wattel fait une communication sur les bacs
d'alevinage pour Salmonides.

— M. le Dr Paul Marchal, chef des travaux à la station
entomologique de Paris, présente quelques observations sur
les Coccinellides nuisibles (Voir *Revue,* p. 259).

— M. le Secrétaire général présente les cocons du nouvel
Attacus séricigène du Mexique que nous devons à M. le
Dr Dugès, de Guanajuato.

— M. Grisard donne lecture d'un mémoire de M. le professeur Cornevin sur le Marron d'Inde comme aliment pour
les animaux domestiques.

— M. Kunstler, professeur adjoint à la Faculté des Sciences
de Bordeaux, entretient l'assemblée des travaux de rempois-
sonnement entrepris par la Société de pisciculture du Sud-
Ouest.

Le Secrétaire des séances,

JEAN DE CLAYBROOKE.

1ʳᵉ SECTION (MAMMIFÈRES).

SÉANCE DU 4 FÉVRIER 1895.

PRÉSIDENCE DE M. DECROIX, PRÉSIDENT.

Le procès-verbal de la séance précédente est adopté, sans observations.

M. le Secrétaire donne lecture de plusieurs passages du Rapport de M. Bourde sur les Moutons élevés en Tunisie.

A ce propos, M. Mégnin dit que pour améliorer les races ovines, en Tunisie, il faut surtout porter son attention sur les pâturages. S'ils sont défectueux, les importations de bonnes races étrangères n'aboutiraient à aucun résultat satisfaisant. Au contraire, par l'obtention d'une alimentation riche, les Moutons indigènes s'amélioreraient d'eux-mêmes.

M. Decaux appelle l'attention sur le *Tamaris articulata*, pour l'élevage des Moutons, en Tunisie, (voyez Revue p. 30).

M. Mégnin présente des *Strongylus dolichotis*, parasites de la muqueuse de l'estomac du Mara ; ce ver appartient au même genre que le Strongle du Lapin. Pour combattre ces parasites, il faut planter des Saules dans les localités où les Maras sont infectés. Plusieurs autres végétaux insecticides peuvent rendre aussi des services en ces conditions.

M. Decaux signale le *Salix repens*, à rameaux bas et arqués, comme bon à employer dans cette circonstance, parce que les Lapins peuvent aisément les brouter.

M. Mailles fait observer que les Saules Marsault et quelques espèces voisines, croissant dans les terrains secs, sont plus riches en acide salicylique que ceux qui viennent dans les sols humides.

M. Mégnin confirme ce dire, mais ajoute que ce qu'il importe, avant tout, c'est que les animaux trouvent un préservatif, ou un remède, à leur portée. Le Saule rampant, à ce point de vue, est tout indiqué.

M. Mégnin conclut en déclarant que les Rongeurs atteints par les Strongles peuvent être livrés à la consommation, sans aucun danger.

M. Decroix dit, catégoriquement, que toute viande infectée peut être mangée impunément, si elle a subi une cuisson parfaite. Lui-même en a fait plusieurs fois l'expérience. Toutefois, il est très utile d'interdire la vente de ces viandes, car elle pourraient être mal cuites, et, d'ailleurs, leur manipulation offre des dangers.

M. de Guerne cite un cas où des viandes trichinées, régulièrement ingérées pendant fort longtemps par le garçon d'un laboratoire chargé de détruire après expertise des jambons saisis et déclarés nuisibles ne semblent avoir produit aucun effet morbide.

M. Decroix rappelle les expériences qu'il a faites sur lui-même en mangeant du Porc atteint de trichinose ; il ne s'en est pas mal trouvé, et conclut, de nouveau, que le danger est moins grand qu'on ne le pense généralement, lorsque des viandes infectées, peu ou pas cuites, sont absorbées. Tout danger disparaît avec celles qui sont complètement cuites.

MM. Decaux, Mégnin et de Guerne prennent la parole au sujet des *Tænia* ; le développement et les moyens de transmission de ces parasites sont l'objet d'une discussion. C'est par l'eau que se propagent surtout les *Tænias* ; le bétail, en s'abreuvant et en paissant, avale des germes qui se développent ensuite directement dans un même animal ou après des migrations passives chez différents hôtes.

M. Mégnin promet des notes, pour la *Revue*, résumant les communications qu'il fait en cette séance.

Le Secrétaire,

Ch. MAILLES.

III. EXTRAITS DE LA CORRESPONDANCE.

QUELQUES CULTURES A RECOMMANDER.

J'ai l'honneur de vous adresser un colis postal contenant :

1° Quelques fruits de *Citrus triptera* vel *Limonia trifoliata*, l'Oranger de pleine terre. Cette Aurantiacée serait fort utile à employer pour la création de haies vives car l'arbuste forme de compacts buissons et ses branches, d'une jolie couleur vert gai, sont armées de robustes épines acérées qui lé rendent impénétrable. Ses remarquables fleurs blanches sont des plus ornementales et ses fruits dorés, à l'automne rendent l'aspect des plus agréables en toute saison (1).

Il est à désirer que ce joli arbuste soit plus connu et plus multiplié. Ses nombreux fruits pleins de graines de facile germination peuvent permettre de le reproduire en quantité.

2° Des fruits de Noyer à feuilles d'Ailante, *Juglans ailantifolia*, splendide variété d'ornement, d'entière rusticité, la noix est comestible, est même d'excellente qualité, seulement sa faible grosseur et la grande dureté de l'enveloppe en rendraient l'extraction dispendieuse.

3° Du *Maïs du 15 août*, Maïs nouveau de très grande précocité. La plante n'est pas élevée, environ soixante à soixante dix centimètre de hauteur, elle est basse et trapue et les premiers épis entourent le pied et semblent sortir de terre. Le grain est petit, le rendement médiocre et l'espèce n'a de remarquable que sa très grande précocité. J'ai pu dès le 15 août cueillir des épis mûrs sur des plantes semées le 20 mai. Cette précoce maturité permettrait la culture de ce Maïs dans le Nord de la France et une sélection prolongée pendant quelques années pourrait donner une race de meilleur produit. — Le faible volume du grain le rend très propre à la nourriture des animaux de basse cour, qui l'acceptent volontiers tel quel et sans être préalablement concassé.   BEAUCHAINE.

✕

L'INDIGO ET LE THÉ EN ÉGYPTE.

L'an dernier, j'ai obtenu de l'Indigo par la méthode de la macération à froid dans des bassins superposés, qui ne le cédait en rien à l'Indigo des Indes. La variété cultivée était l'*Indigofera argentea*, dont

(1) Les fruits amers du *Citrus triptera* étaient restés sans emploi jusqu'à ce jour. Mais il résulte des essais faits par M. Doumet-Adanson que préparés verts comme *Chinois*, ils ne laissent rien à désirer.   *Réd.*

les semences nous viennent de la Syrie. Des semences de l'*Indigo tinctoria*, envoyées par M. de Vilmorin, n'étaient pas aussi robustes. Plusieurs indigènes cultivent sur une très petite échelle l'*Indigo argentea*. Leur méthode d'extraction est fort simple : L'Indigo est mis, après avoir été coupé avec un coupe-feuille, dans des réservoirs cylindriques, dits « Dennes », formés de troncs de Palmiers vidés. On verse dessus de l'*eau bouillante* et de l'eau froide dans le rapport de 1 de la première pour 2 de la deuxième. Aussitôt, deux ouvriers, armés de sorte de pelles ou plutôt de demoiselles, battent énergiquement la plante noyée. Ce travail dure trois heures, après quoi on laisse reposer une demi-heure et on bat de nouveau une demi-heure. C'est un travail pénible. On laisse reposer une demi-heure, puis on fait couler l'eau dans un grand pot de terre cuite et on laisse reposer jusqu'au lendemain. L'eau a été absorbée et évaporée, tandis que l'Indigo forme bouillie au fond. D'autres fois on écoule l'eau vert-jaunâtre, obtenue après battage sur des fosses faites sur le sable et recouvertes de toile ; l'eau est absorbée par le sable et l'Indigo reste en pâte. Dans les deux cas l'Indigo est pris et moulé à la main en boules qu'on laisse sécher sans soin aucun. On obtient un produit abondant, mais d'un vert-jaunâtre très sale Je me propose de l'analyser prochainement. Le procédé dont j'ai usé est celui décrit dans Würtz, *Dictionnaire de Chimie* (1872). J'ai l'intention de remplacer le travail manuel par des machines. Ce sera du nouveau, mais du moment que j'ai obtenu de bons résultats, je pense résoudre le problème.

. Une autre voie attire mon attention, c'est celle d'obtenir l'Indigo par une voie chimique. Par exemple, épuiser par l'eau bouillante l'Indigo et, ensuite, par un acide étendu transformer l'Indigo en Indigotine. Purifier ensuite et former les pains.

La consommation de l'Indigo est très importante en Égypte et il vient uniquement des Indes. Le pays en produit, mais si peu qu'il ne compte pas. Si cela vous intéresse, je vous enverrai un échantillon de mon Indigo.

Un autre essai à faire est celui de l'acclimatation du Thé en Égypte. Il y a chez nous des provinces très humides et très chaudes en même temps ; ce sont là de bonnes conditions. Un de mes amis fut envoyé exprès en Chine pour y étudier la culture du Thé pour l'introduire en Syrie J'espère qu'il me fournira quelques détails.

VICTOR M. MUSSERI,
Ingénieur-agronome, au Caire (Égypte).

IV. BULLETIN BIBLIOGRAPHIQUE.

———

L'Amateur de Papillons, guide pour la chasse, la prépaiation et la conservation, par H. COUPIN, préparateur à la Faculté des sciences de Paris. 1 vol. in-18 jésus de 334 p., avec 246 figures; cartonné. (*Bibliothèque des connaissances utiles.*) 4 fr. — Librairie J.-B. Baillére et fils, 19, rue Hautefeuille, à Paris.

Comme suite à son précédent ouvrage, *l'Amateur de. Coléoptères,* M. Coupin publie un volume analogue intitulé *l'Amateur de Papillons.*

L'auteur jette d'abord un coup d'œil général sur l'organisation des Papillons, leur classification et leur habitat.

Puis il entre aussitôt dans le vif de la question, en traitant de l'équipement du chasseur de Papillons, et en décrivant les engins que l'on peut employer à cette récolte.

Il passe ensuite en revue la chasse des Papillons et la récolte des chenilles, suivant leur habitat, sur les plantes, les arbres, les fruits, etc. Il donne des renseignements pratiques sur l'élevage des chenilles. La chasse des chrysalides et la récolte des œufs font l'objet de deux chapitres.

Enfin, il termine son livre par les renseignements habituels sur la manière d'apprêter les Papillons et les Chenilles, et de les mettre en collection.

De nombreuses figures empruntées à des ouvrages bien connus illustrent le texte et l'éclairent utilement.

———

Les Oiseaux de Basse-Cour, *Cygnes, Oies, Canards, Paons, Faisans, Pintades, Dindons, Coqs, Pigeons*, par Ch. CORNEVIN, professeur à l'école vétérinaire de Lyon. 1 vol. gr. in-8 de 322 p., avec 4 planches coloriées et 116 fig., 8 fr. — Librairie J.-B. Baillère et fils, 19, rue Hautefeuille, à Paris.

Ce *Traité de Zootechnie spéciale* est le complément naturel du *Traité de Zootechnie générale* du même auteur. En effet, après avoir exposé les modalités et les lois de la formation des races animales domestiques ainsi que les règles de leur multiplication, amélioration et exploitation, il restait à faire connaître en détail chaque groupe ethnique, de façon qu'on arrive à leur détermination aussi couramment qu'on procède à celle d'une forme spécifique quelconque du règne animal ou végétal ; c'est l'objet du présent livre.

Ce qui est la raison de ce *Traité de Zootechnie spéciale* et lui donne son originalité, c'est la méthode taxinomique employée. Il a été rédigé en vue d'amener le lecteur à distinguer une race, sous-race ou variété et à en dire le nom aussi facilement qu'on arrive, une flore à la main à déterminer une plante. Pour cela, les caractères sur lesquels on s'appuie doivent être tranchés; nets, faciles à percevoir par les débutants. Ce n'est qu'à ces conditions qu'une classification est pratique. Les plumes, poils, laine, corne, répondent à ces desiderata, aussi l'auteur s'en est-il servi tant qu'il l'a pu ; il a joint les dispositions des organes des sens, la conformation de la tête et de ses appendices, les renseignements que fournissent le format et la stature ; bref tout ce qui possède une valeur diagnostique a été utilisé.

C'est en se conformant à ce programme que M. Cornevin examine dans le présent volume les *Oiseaux de basse-cour*, passant successivement en revue les Cygnes, les Oies, les Canards, les Paons, les Faisans, les Pintades, les Dindons, les Coqs et Poules, les Pigeons, les Autruches, et les Nandous.

Chaque chapitre est accompagné de tableaux synoptiques et illustré de très nombreuses planches en noir et en couleurs.

OUVRAGES OFFERTS A LA BIBLIOTHÈQUE DE LA SOCIÉTÉ.

GÉNÉRALITÉS.

Alph. Dubois. — *Les animaux nuisibles de la Belgique*, histoire de leurs mœurs et de leur propagation. Bruxelles, librairie C. Muguardt, rue des Paroissiens, in-18, figures. Prix : 2 francs. Auteur.

E. Forgeot et Cie. — *Rôle et importance des engrais chimiques en horticulture.* Paris, 6 et 8, quai de la Mégisserie. Prix : 50 cent. Auteurs.

Alfred Joergensen. — *Les microorganismes de la fermentation*, traduit par M. Paul Freud et révisé par l'auteur, 1895. Paris, Société d'éditions scientifiques, 4, rue Antoine-Dubois, in-8°, figures. Éditeurs.

1re SECTION. — MAMMIFÈRES.

Juan Bautista Cornador. — *Ganaderia*, cria y engorde de los animales domesticos, bajo el sistema mas conveniente al suelo Argentino. Buénos-Aires, Imprenta Jacobo Peuser, 1894, in-18. M. de Frézals.

Remy Saint-Loup. — *Sur une espèce marocaine du genre du Lepus*, extrait du Bulletin de la Société zoologique de France. Paris, 7 rue des Grands-Augustins, 1894, in-8°. Auteur.

Cornevin et Lesbre. — *Étude comparée des Canards de Barbarie de Rouen, sauvage et mulard.* Lyon, imprimerie Pitrat aîné, 1894, in-8° M. Cornevin.

V. NOUVELLES ET FAITS DIVERS.

Jardin d'Acclimatatión du Bois de Boulcgne. — Le *Jardin d'Acclimatation* vient de recevoir du Mexique un petit Mammifère de la famille des Porcs-Epics et qu'on voit assez rarement dans les ménageries. C'est un Sphigguro mexicain.

L'animal a environ un metre de long, y compris la queue. Les poils sont luisants, épais, un peu crépus, et recouvrent presque complètement des piquants d'un jaune soufre, avec la pointe noire.

Tant que le Sphigguro est tranquille, on n'aperçoit guère d'autres piquants que ceux qui entourent l'œil et l'oreille; mais quand il est en colère, il hérisse ses poils épineux, et il a alors un aspect tout à fait étrange. Les piquants adhèrent peu à la peau et on les enlève par douzaines en promenant seulement la main sur l'animal.

Signalons aussi des Poneys minuscules de la Corse, des Landes et de l'Espagne. Rien de coquet, d'élégant, de mignon comme ces nains à la crinière flottante et à l'œil de feu, à la queue épanouie en gracieux panache. Lorsque, dans les grandes allées du Jardin, au milieu des Zébus et des Lamas trotteurs, des Chèvres, des Anes, des Dromadaires et des Eléphants, ces miniatures de Poney promènent les enfants ravis, on dirait des Chevaux de Lilliput, emportant le char aérien de quelque fée d'Orient.

Résistance de quelques Vertébrés à la soif. — On ne manque jamais de citer le Chameau comme exemple de tolérance extrême pour la soif.

L'on ajoute à cet exemple celui des animaux hibernants qui vivent longtemps sans boire. Le Chameau porte une provision d'eau, de sorte que ce qu'il y a de plus étonnant, dans son cas, c'est la structure anatomique de son estomac. Les animaux engourdis ont besoin de peu d'humidité ou même n'en ont aucun besoin, et, en outre, ils profitent de l'humidité ambiante.

Mais un bien meilleur exemple se trouve, ce sont, dans les plaines arides, près des Montagnes-Rocheuses et des Sierras, ces innombrables, actifs, bruyants et petits rongeurs que l'on rencontre à de longues distances des fleuves, des rivières ou de tout marécage et qui n'ont, d'ailleurs, aucune chance d'atteindre l'eau en creusant.

Qu'on les observe dans leurs terriers, en été, sûrement, comme le fit un de mes compagnons de voyage, on demandera : « Qu'ont donc à boire ces malheureuses petites bêtes ? » La seule réponse plausible est celle-ci : *Elles boivent quand elles trouvent de l'eau, et s'en passent le reste du temps.* Pendant des semaines et des mois quand la végétation est grillée et desséchée et que les sables ont atteint leur plus haut

degré de chaleur, ces rongeurs attendent la pluie. Mais il est inutile
d'aller jusqu'aux Montagnes-Rocheuses pour observer des faits analogues. La Souris commune supporte la soif tout aussi bien que les
Chiens des prairies. On en a eu souvent la preuve ici en gardant des
Souris comme réserve de nourriture pour des reptiles.

La privation d'eau empêchait la mauvaise odeur particulière aux
Souris : ceci conduisit à garder quelques-uns de ces rongeurs complètement sans eau, à titre d'expérience. L'hiver dernier, quelques
Souris furent conservées dans une chambre chaude, pendant plus de
trois mois, avant d'être livrées aux Serpents. Le 1ᵉʳ octobre 1894, plusieurs furent mises de côté, auxquelles il ne devait pas être donné à
boire. Trois mois et demi plus tard, à l'heure actuelle (17 janvier
1895) ces animaux mangent avec appétit les graines de Maïs et les
herbes les plus sèches avec lesquelles on les a exclusivement nourris ;
ils se comportent, d'ailleurs, comme s'ils étaient capables de supporter l'expérience un mois ou deux encore.

Rôle du Chameau dans le commerce en Australie. —

La note que publiait dernièrement la *Revue des Sciences Naturelles
Appliquées* (1) sur l'emploi en Russie du Chameau, comme animal
agricole, nous engage à rappeler l'utilité qu'il a maintenant en Australie au point de vue commercial. Nous puisons ces renseignements
dans le *Journal d'Agriculture* du Cap (n° 26, juillet 1894) ; ils ont été
reproduits d'après l'*Australasian*.

Les voies commerciales de l'intérieur mènent aux stations de chemins de fer souvent très éloignées les unes des autres. Elles sont pendant plusieurs mois impraticables aux attelages de Bœufs et de
Chevaux. Cela occasionnait des retards dans le transport des marchandises, en particulier de la laine. Les fermiers (*Pastoralists*) du
Queensland formèrent un syndicat pour introduire un assez grand
nombre de Chameaux. L'un d'eux fait aujourd'hui cette remarque :
« Sans les Chameaux, mes laines ne seraient pas encore à Brisbane
(port du Queensland) au moment où elles sont vendues à Londres. »

Le continent australien offre d'immenses étendues où, à défaut d'attelages ordinaires, le Chameau est utile en accélérant le transit. Il
y a une trentaine d'années, le *Bulletin* (2) de la Société s'est occupé à
diverses reprises de son acclimatation à Victoria. Mentionnons ce passage : ...« après celle de l'Alpaca... vient ensuite, par rang d'importance, la conquête également réalisée du Chameau. Dans les territoires nouveaux où le sol est aride et où l'eau manque tout-à-fait,
du moins pendant une partie de l'année, l'emploi de cet animal sera
seul possible d'ici à un siècle. »

(1) 1894, II, p. 337.
(2) *Bulletin*, 1860, p. 433; 1862, p. 829 ; 1864, p. 378 ; 1866, p. 230 ;
69, p. 392.

Un Lâcher de Pigeons sur terre et sur mer. — Le *Petit Journal* a convié les Sociétés colombophiles et les éleveurs isolés de Pigeons voyageurs à une série d'expériences qui commenceront le 23 juin, par un lâcher monstre de Pigeons qui aura lieu à Paris entre le Trocadéro et la tour Eiffel.

Afin de permettre aux Sociétés siégeant dans les villes les plus éloignées, de prendre part à cette expérience, la mise en liberté des volatiles s'effectuera par « zones » en commençant à l'aube et jusqu'à dix heures du matin pour les Pigeons de Paris et de la banlieue.

En outre, un paquebot qui lèvera l'ancre le 29 juin, à Saint-Nazaire, sera affrété pour aller au large et à l'ouest de la pointe du Croisic à 100, 200, 300, 400 et 500 kilomètres, lancer des Pigeons qui rapporteront des dépêches.

6,000 francs de primes seront répartis entre les adhérents du lâcher monstre et des épreuves maritimes, plus un grand nombre de médailles et de diplômes.

Du reste, de généreux donateurs adressent chaque jour au promoteur de l'idée, M. Pierre Giffard, des sommes d'argent, des médailles et des objets d'art.

Les adhésions seront reçues jusqu'au 30 avril.

La *Société d'Acclimatation* s'intéresse vivement aux expériences provoquées par l'initiative tout à fait digne d'éloges du *Petit Journal*. Les lecteurs de la *Revue des Sciences naturelles appliquées* seront tenus au courant des résultats obtenus.

De la destruction des couvées des Oiseaux. — Sur vingt oiseaux qui naissent, a dit quelque part Darwin, en parlant de la diminution de nos petits Oiseaux chanteurs, dix-sept périssent de façon ou autre dans la même année et deux ou trois seulement survivent et se reproduisent l'année suivante.

Cette énorme proportion de dix-sept morts sur vingt naissances ne paraît pas exagérée si l'on considère les multiples causes de la destruction des petits Oiseaux.

Nous ne voulons parler aujourd'hui ni de l'enlèvement des nids par les enfants, ni des captures que font les tendeurs, en temps de neige, nous voulons seulement dire un mot sur la destruction des nids par quelques espèces d'animaux.

Dans un récent article publié dans le *Bulletin de la Société zoologique de France* (1), M. Xavier Raspail énumère les résultats des expériences par lui faites dans un petit parc et il constate que, sur 67 nids observés, 41 ont été détruits par les Chats, les Lérots, les Écureuils,

_____

(1) Vol. XIX, n° 9. L'article de M. Raspail a été reproduit presque en entier dans la *Revue des Sciences naturelles appliquées*, 1893, n° 4, 20 février 1893.

les Pies et les Geais ; un aurait même été saccagé par un Hérisson et un autre enlevé par un Oiseau de proie. Le Chat, l'ennemi le plus redoutable des Oiseaux, avait dévoré le contenu de 15 nids, le Lérot en avait détruit 8, bien que dans le parc en question, les Chats fussent impitoyablement mis hors la loi.

Mais il est d'autres animaux malfaisants qui, d'après nos observations faites en Berry et en Poitou, déciment les Oiseaux dans une effrayante proportion : ce sont les Belettes, les Couleuvres et surtout les Vipères. Maintes fois nous avons surpris des Vipères enlevant du nid les oiselets les uns après les autres ; parfois aussi nous avons entrevu une Belette filant devant nous au milieu des broussailles, et, à l'endroit où nous l'avions effrayée, gisait à terre, à côté d'un nid en lambeaux, des petits ou des œufs de Rossignol ou de Bruant.

Des observations de M. Raspail et des nôtres, il résulte que sur cent nids d'Oiseaux chanteurs : Merles, Bouvreuils, Pinsons, Verdiers, Bruants, Rossignols, Fauvettes et autres, on peut dire que 65 à 70 sont détruits dans les proportions suivantes :

Par les Chats (au moins)....	15	Par les Belettes	6
Par les Pies et les Geais....	15	Par les Rapaces	3
Par les Ecureuils..........	10	Par le Hérisson, le Blaireau	
Par les Lérots et les Rats...	10	ou autres bêtes..........	1
Par les Serpents...........	8		

Il est évident que s'il s'agit seulement des nids construits sur les arbres élevés, la proportion s'exagère du côté des Geais, des Pies et des Rapaces, tandis qu'elle augmente du côté des Serpents et des Belettes, s'il s'agit de nids faits à terre.

Si donc vous voulez protéger les Oiseaux chanteurs, comme c'est votre devoir, pourchassez sans merci les Chats, les Belettes, les Pies et les Geais. Ce sont, plus encore que les enfants, les grands destructeurs des nichées.

Nous n'avons pas parlé du Coucou qui s'empare, lui aussi, de quelques nids de Becs-fins ; chaque femelle de Coucou causant au profit de ses jeunes la ruine de 4 à 5 nids par an. Mais le Coucou est relativement peu commun et c'est un grand destructeur de Chenilles velues. Faisons-lui grâce, un peu forcément d'ailleurs, et n'épargnons pas, à l'occasion, les Pies, les Geais et les Chats errants !... (1)

RENÉ MARTIN.

Empoisonnement des Poissons de l'Indre par l'eau du gazomètre de la Châtre. — Depuis le fameux empoisonnement de l'Escaut, causé en 1861, par le déversement de l'eau contenue dans la cuve du gazomètre de Cambrai (*Rapports du Conseil de salu-*

(1) Extrait de la *Revue du Centre*, nº 2, février 1893. Châteauroux.

brité du Nord, XX, p. 270, 1862), bien des cas de destruction par le même procédé ont été signalés et sont restés impunis.

En voici un nouvel exemple, non moins désastreux et dont l'auteur ne semble pas devoir être puni davantage.

Le 13 septembre dernier, l'eau du gazomètre de la Châtre, en s'écoulant dans l'Indre, a empoisonné tous les Poissons des biefs qui se trouvent en aval jusqu'à Nohant et même au-delà, c'est-à-dire sur une longueur de 8 à 10 kilomètres au moins. Les riverains ont fait des pêches miraculeuses ; plusieurs milliers de kilogrammes de Poissons ont été recueillis, mais, par mesure de précaution, la vente en a été interdite. Les pêcheurs étaient dans la consternation en voyant l'Indre charrier, pendant plusieurs jours, des pièces magnifiques et en songeant que la rivière était dépeuplée pour longtemps. On a ramassé des Carpes, des Brochets, des Barbeaux, etc., pesant jusqu'à 8 et 10 livres !...

En signalant le fait dans un journal de Châteauroux (*Progrès de l'Indre*), j'ai cru devoir ajouter : « Espérons qu'une enquête sérieuse sera faite et qu'on n'hésitera pas à punir sévèrement l'auteur de cet empoisonnement qui contribuera largement à dépeupler la rivière déjà considérablement ravagée (1). »

Plante astringente d'Australie.

— Le Jardin Royal de Kew a reçu des fruits d'un arbrisseau qui croît dans le Nord de l'Australie centrale. Les habitants s'en servent, avec succès, contre la diarrhée. Ces nouveaux fruits semblent appartenir à un *Zizyphus* voisin de *Z. œnophia*. Il est à présumer que toutes les espèces de ce genre possèdent des propriétés astringentes.

Propriétés du Papayer employé comme fourrage.

— Le *Pharmaceutical Journal and Transaction* mentionne (2) un cas assez extraordinaire.

Du bétail nourri de feuilles de Papayer aurait succombé à une perforation de l'estomac. Cette revue publia plus récemment des observations différentes (3). Un autre correspondant distribua souvent à ses bêtes les feuilles vertes et les fruits sans nuire à leur santé. Cependant, ayant remarqué chez elles une certaine aversion pour le goût de la plante, il cessa de la leur offrir.

(1) Extrait de la *Revue du Centre*, numéro de janvier 1895.
(2) Numéro du 6 février 1894.
(3) Numéro du 31 mars 1894.

Le Gérant : Jules GRISARD.

SUR

UNE GASTRITE VERMINEUSE DU MARA

OU LIÈVRE DE PATAGONIE

(*DOLICHOTIS PATAGONICA* Desm.) (1)

Par M. P. MÉGNIN.

Tous nos lecteurs connaissent maintenant le *Mara*, ou Lièvre de Patagonie, qu'on s'occupe d'acclimater depuis une vingtaine d'années et dont l'histoire complète a été donnée, au commencement de l'année, dans la *Revue des sciences naturelles appliquées*, par notre collègue M. Remy Saint-Loup (2).

Depuis quinze ans, et à différentes reprises, nous avons fait des autopsies de Maras morts de différentes maladies, dont les cadavres nous étaient envoyés, d'abord par M. Cornély, de Tours, puis par M. P.-A. Pichot. La cause la plus fréquente de la mort de ces rongeurs était une affection de l'estomac, véritable gastrite vermineuse, causée par un parasite que nous avons cru d'abord être le même que celui qui détermine une maladie semblable chez notre Lièvre ou notre Lapin indigène et que nous observons fréquemment depuis une douzaine d'années. Cette maladie consiste en une irritation violente de la muqueuse stomacale qui est rouge et dans laquelle sont implantés par leur extrémité buccale une foule de petits Vers rouges filiformes, de deux centimètres environ de longueur. En soulevant avec précaution, et d'un seul bloc, les matières alimentaires contenues dans l'estomac, on voit cette masse comme attachée par de nombreux fils qui se tendent et qui finissent par céder en restant adhérents à la muqueuse stomacale. Ces Vers sont des Strongles. L'espèce qui vit chez le Lièvre et le Lapin indigène a été décrite depuis longtemps par le savant helminthologiste français Du-

(1) Communication faite à la Section des Mammifères, séance du 5 février 1895.
(2) Voir *Revue*, 1895, 1er semestre, p. 1.

20 Avril 1895.   22

jardin (1). Nous ne répèterons pas sa description très complète ; nous renvoyons pour cela à son ouvrage, — il l'a nommé Strongle rayé (*Strongylus strigosus*). En comparant, avec beaucoup d'attention, ce Strongle rayé avec le Strongle du Mara, nous avons constaté des différences assez sensibles pour conclure que ce dernier constitue une espèce particulière et nouvelle pour les naturalistes : ainsi le rétrécissement péri-vulvaire qui existe chez la femelle du Strongle rayé (fig. B) n'existe pas chez la femelle du Strongle du Mara (fig. A qui est aussi de dimension un peu plus grande ; le mâle par contre est plus petit (fig. C) ; quant aux autres caractères de coloration et de conformation, ils sont les mêmes dans les deux espèces.

En raison de l'analogie qui existe entre les deux espèces, nous proposons de donner à la nouvelle le nom de *Strongylus affinis*.

Quant aux moyens préventifs, plutôt que curatifs, que cette maladie réclame, nous conseillerons aux acclimatateurs de Mara d'introduire fréquemment dans l'alimentation de ces Rongeurs, soit des feuilles d'Absinthe, soit des sommités fleuries de Tanaisie et d'Armoise, soit enfin de l'écorce et des feuilles de jeunes rameaux de Saule. Éviter aussi pour eux les terrains humides qui favorisent la pullulation des Vers.

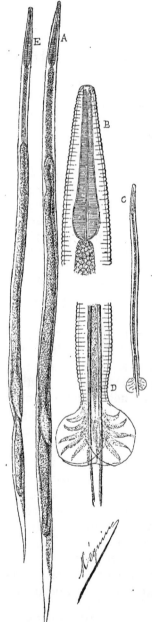

(1) *Histoire naturelle des Helminthes*, Paris, 1845, voir page 120.

PIGEONS VOLANTS ET CULBUTANTS

Par M. Paul WACQUEZ.

(suite.*).

II

PIGEON CULBUTANT

synonymes étrangers (1) :

Allemand : *Tummeltaube, Taumler, Tummler, Tümmler, Purzeltaube, Burzeltaube.*
Anglais : *Tumbler.*
Danois : *Tumleren.*
Hollandais : *Draajer, Tumelaar.*
Suédois : *Tumlaren.*
Wallon : *Cumulet.*

> « Un Culbutant qui ne culbute pas
> est un pigeon Volant. »

Cette race, *a priori*, ressemble beaucoup à celle des Volants, mais elle en diffère cependant par plusieurs points :

1º L'œil sablé rouge, en opposition, par conséquent, avec celui du Volant ;

2º Le plumage généralement papilloté ou caillouté, comme on voudra, ou de plusieurs couleurs mélangées chez les Culbutants culbuteurs ;

3º La manière de voler.

Alors que le Volant s'élève tranquillement dans l'air pour planer ensuite à une grande hauteur, le Culbutant, au sortir de la volière, monte vivement, d'un vol rapide, à cent mètres environ dans le ciel et, immobilisant les ailes, renverse, rejette la tête et le cou en arrière — la tête placée dans la direction de la queue, le cou le long du dos — se laisse choir

---

(*) Voyez *Revue*, 1894, 1er semestre, p. 529, et plus haut, p. 247.
(1) D'après la faune populaire de France.

en tournoyant sur lui-même : quatre, six, huit fois de suite, étend les ailes lorsqu'il se sent approcher de la terre, fait un ou deux tours de vol et remonte vers les nuages pour recommencer, par de nouvelles culbutes ou tournoiements, une nouvelle chute !

Ces Pigeons lorsqu'ils se livrent à cet exercice offrent vraiment un curieux intérêt.

Malheureusement il arrive fréquemment, principalement à la ville, que, calculant mal leur distance, ils se tuent en heurtant, dans leurs dégringolades, les cheminées, les toits de maisons !

Un bon Culbutant doit rouler (c'est le terme employé par les éleveurs pour désigner chaque tour que l'oiseau fait pendant sa descente) cinq ou six fois sur lui-même, entre l'instant où il commence sa chute et celui où il étend de nouveau les ailes.

Le Culbutant, comme son congénère le Volant, est un excellent reproducteur si l'on abandonne toute idée d'entraînement pour le vol ; car il est compréhensible que le Culbutant mâle, dont la gave est pleine de grains et d'eau pour l'alimentation de sa jeune famille, sera gêné dans ses évolutions aériennes ; la femelle qui porte des œufs — Aristote dit qu'il s'écoule de douze à quatorze jours, selon les races, entre la « visite » du mâle et la ponte du premier œuf — sera de même bien lourde pour se livrer à ces exercices gymnasiarques, et les indications données pour la précédente race des Volants sont également applicables à ce dernier. Celui-ci ne devra donc sortir que tous les deux jours et presque à jeun.

Le pigeon Culbutant se divise en trois grandes races : Le français, l'allemand et l'anglais.

PREMIÈRE RACE.

CULBUTANT FRANÇAIS.

Columba gyratrix gallica.

Le pigeon Culbutant français se subdivise en trois grandes familles : Le Pantomime, le Savoyard, le Culbutant de couleur.

1ʳᵉ Famille : **Pigeon Culbutant pantomime.**

Columba gyratrix gestuosa.

Type parfait : 22 points.
Performance : 12 points.

1ᵉʳ point : Taille, moyenne grosseur, moyenne petite comme celle du Volant, mais il est plus court de queue et d'ailes, ce qui lui donne un aspect plus trapu, plus lourd.

Tour de corps 25 centimètres, longueur 30 centimètres.

2ᵉ point : Tête fine, allongée, un peu aplatie sur le sommet, joues quelque peu rentrées.

3ᵉ point : Bec grêle, de longueur ordinaire, blanc couleur corne avec l'extrémité noire (appelée coup de crayon).

Morilles simples longitudinales, de la nuance du bec.

4ᵉ et 5ᵉ points : Œil blanc, sablé, entièrement sablé, mais d'un sablé dégradé, rouge près de la paupière et s'atténuant en des teintes plus pâles pour finir dans le tour blanc vif qui encercle la prunelle.

6ᵉ point : Membrane régulière, rose.

7ᵉ point : Cou court, mince, que l'oiseau porte droit.

8ᵉ point : Poitrine assez large, la plume couvrant l'aile.

9ᵉ point : Dos, croupion, reins ordinaires.

10ᵉ point : Queue un peu étroite, de longueur moyenne, plutôt courte.

11ᵉ point : Ailes longues, arrivant presque jusqu'à l'extrémité de la queue.

12ᵉ point : Jambes un peu courtes.

Tarses nus, très rouges. Doigts moyens et nus.

1° *Pigeon Culbutant pantomime : papilloté noir et blanc.*

Pour la couleur : 10 points.

13ᵉ, 14ᵉ et 15ᵉ points : La tête, le cou, la poitrine mélangés de plumes noires et blanches ; le blanc ni le noir ne doivent dominer, mais être répartis bien régulièrement ; le dessus de la tête plutôt de couleur noire, les joues plutôt blanches.

16ᵉ et 17ᵉ points : Ailes, la partie nommée manteau mêlée de plumes blanches ; dans cette partie du corps, le blanc doit dominer, se détacher, en nuance claire sur le cou et le vol.

18ᵉ et 19ᵉ points : Vol. les dix pennes des ailes noires, d'un noir franc l'aile fermée ; l'aile déployée, chaque penne marquée d'une teinte plus grise vers le tuyau.

Cette teinte éclaircit à chaque mue, finit par devenir blanche et nuit alors à la valeur de l'oiseau.

20e point : Dos, croupion mélangés de plumes noires et blanches ; le croupion plus noir, cependant.

21e point : Queue noire, bien marquée, comme les rémiges.

22e point : Dessous des ailes, du ventre, blanc gris.

Ce Pigeon est défectueux avec : le manteau entièrement blanc ; le cou complètement, ou noir, ou blanc ; les plumes du vol, de la queue blanches ou simplement noires à leur extrémité.

2° *Pigeon Culbutant papilloté rouge et blanc.*

Type parfait : 22 points.

Performance : 12 points.

Absolument semblable au précédent.

Pour la couleur : 10 points.

13e, 14e, et 15e points : La tête, le cou rouge (rouge brique), mélangé de plumes blanches, ces dernières en moins grande quantité que les autres.

16e et 17e points : Le manteau, blanc, caillouté de plumes rouges.

18e et 19e points : Vol rouge (brun clair), chaque penne un peu blanchâtre vers le tuyau de la plume.

20e point : Le dos, le croupion rouge mêlé de blanc, mais plus rouge que blanc.

21e point : Queue rouge, les pennes se marquent de blanc près du tuyau lorsque l'oiseau devient vieux, de la couleur des pennes des ailes.

22e point : Dessous des ailes et du ventre rouge gris.

3° *Pigeon Culbutant papilloté jaune et blanc.*

Tous les points semblables à ceux du Culbutant rouge, mais entièrement jaune, d'un jaune [chamois] caillouté de blanc.

2e FAMILLE : **Pigeon Culbutant savoyard.**

Columba gyratrix sabaudia.

Le plumage de ce Pigeon savoyard, le plus beau et le meilleur rouleur de toutes races de Culbutants, se compose d'un ravissant fouillis de brun noir, de roux, de gris bleu et de blanc.

Mêmes signes généraux que pour le précédent, mais une idée plus gros et la tête moins fine, moins allongée, plus ronde.

Performance : 12 points.

Couleur : 10 points.

13e, 14e, 15e points : Tête, cou, poitrine mélangés de teintes brun noir, roux gris et blanc, avec les nuances foncées du cou toutes chargées de scintillements verts et violets, le dessus de la tête brun foncé, les joues gris bleu.

16e et 17e points : Le manteau de l'aile caillouté de ces mêmes couleurs, mais le blanc dominant un peu.

18e et 19e points : Les dix pennes des ailes brun noir, avec le milieu de la plume roux gris.

20e point : Dos, croupion brun noir mélangé de plumes blanches, peu nombreuses.

21e point : Queue aux rectrices gris bleu, à extrémité desquelles se trouve une bande presque noire.

22e point : Dessous des ailes et du ventre gris bleu, roux, fondus en une teinte générale.

Ce Pigeon est défectueux dans les mêmes conditions que les pantomimes.

Les pigeonneaux de ces quatre familles de Culbutants doivent être, avant la première mue : presque noirs chez les premiers, rouges chez les deuxièmes, jaunes chez les troisièmes, et gris roux chez les derniers.

Ces Culbutants ne deviennent ordinairement parfaitement beaux que lorsqu'ils commencent leur troisième année (après la troisième mue). Ils battent leur plein pendant trois ou quatre ans et généralement — il y a des exceptions, mais elles sont rares — deviennent trop blancs ; nous en avons vus, à l'âge de huit ans, n'avoir plus que le dessus de la tête, le bout des pennes des ailes et de la queue marqués en couleur. L'amateur doit donc se garder de conserver les jeunes qui porteraient manteau et poitrine blancs avant la première mue.

Nous conseillerons toujours l'accouplement d'un vieux mâle avec une jeune femelle.

3e FAMILLE : **Pigeon Culbutant unicolore.**

Type parfait : 16 points.
Performance : 12 points.
Couleur : 4 points.

1º Pigeon Culbutant noir. Même performance que le culbutant pantomime papilloté, mais de couleur uniformément noire ; d'un beau noir de jais ;

2º Pigeon Culbutant bleu. Pareil au précédent, mais bleu avec deux barres noires à l'extrémité du manteau et une autre plus large à la queue ;

3º Pigeon Culbutant rouge. Entièrement d'un joli rouge brique, avec des reflets verts au cou ;

4º Pigeon Culbutant jaune.

Pour nous, un Culbutant, culbuteur ou rouleur est toujours de plumage caillouté, et l'expérience que nous avons acquise du Pigeon ne nous permet guère de croire aux qualités acrobatiques des Culbutants unicolores et encore moins aux mêmes dispositions chez cette incommensurable et toute nouvelle famille des Culbutants étrangers que nous voyons chaque jour s'étendre comme une déplaisante tache d'huile, et englober dans ses innombrables nomenclatures la plupart des vieilles espèces de Volants allemands ! Nous ne garantirons donc à l'amateur, désireux de posséder une espèce de vrais Culbuteurs, que les savoyards et les pantomimes caillloutés, noirs, rouges et jaunes.

DEUXIÈME RACE.

CULBUTANT ALLEMAND.

Columbu. gyratrix germanica.

Ces Culbutants allemands se partagent en deux grandes

divisions dont la première est tellement semblable à celle de
nos Culbutants de couleur que nous jugeons inutile d'en
donner une description complète, puis l'amateur qui se pro-
curera de ces oiseaux ne tardera pas à remarquer, à s'apercevoir que, dans de nombreuses circonstances, il se trouve en
présence de Pigeons Volants à œil trop sablé, et que ses Culbutants ne culbutent absolument pas ; nous ne saurions trop
le répéter.

Nous n'indiquerons que quelques variétés de Culbutants
allemands les plus remarquables par le plumage, et nous classerons les Wiener Tümmel-Taube et Tumbler beaucoup plus
intéressants.

Je sais qu'en plaçant parmi les Culbutants : les Wiener
Tummel-Taube et les Tumbler anglais, je vais causer un léger
étonnement, étonnement bien justifié, car il est certain que
ces deux familles de Pigeons ne rappellent le Culbutant que
par la traduction du mot.

A prendre, à ouvrir n'importe quel dictionnaire anglais, la
traduction du mot « Tumbler » est danseur, sauteur, culbuteur. Françis Willughby, naturaliste anglais, qui vécut de
1635 à 1676, dit à la page 138 de son *Traité d'Ornithologie* :

« Gyratrix seu vertagi.

» Anglicè : Tumbler. »

Brisson, en 1756, donne au Pigeon Culbutant les noms de,
en latin : *Columba gyratrix*.

« Germanicè : Tummel Taube », et Vieillot, en 1818, écrit
à la page 303 du 26ᵐᵉ volume du *Dictionnaire Déterville* :
« L'Angleterre nous en fournit une variété charmante, nom-
» mée, en anglais : Tumbler et, en allemand : Tummel-
» Taube ! »

Il est bien certain qu'il ne saurait être question de demander des qualités acrobatiques aux charmants et délicieux
Tumbler ou Wiener Tummel-Taube. Ces petits Pigeons, pour
triompher n'ont qu'à présenter des formes et des couleurs
parfaites ; cependant M. Horwath, l'éleveur bien connu de
Budapesth, parle des qualités de vol de ses Pigeons viennois,
« qui, dit-il, s'élèvent dans le ciel pour voler en peloton,
» serrés les uns contre les autres. »

1re Division.

TUMMEL - TAUBE.

1re Famille. — **Pigeon Culbutant allemand unicolore.**

Cette famille des Culbutants allemands unicolores (einfar-bige) ressemble absolument à la nôtre. Elle forme cinq couleurs ou sous-variétés.

La première est noire, avec l'extrémité du bec cornée et l'œil sablé comme celui des pantomimes.

La deuxième est bleue, barrée de noir.

La troisième bleue avec le manteau barré et écaillé de noir.

La quatrième rouge et la cinquième jaune. Il en existe, dit-on, une sixième sous-variété blanche, avec l'œil de vesce.

Cette famille (première) de Culbutants allemands se subdivise en deux catégories : l'une à tarses lisses, l'autre à tarses légèrement emplumées, c'est-à-dire chaussées.

Le bas de la jambe est couvert de plumes courtes, molles, recouvrant un tiers de la longueur des doigts.

2e Famille. — **Pigeon Volant allemand bicolore.**

Type parfait : 20 points.
Performance : 12 points.

Cette deuxième famille de Culbutants allemands est tout à fait semblable à la première pour les lignes de performance.

Pour la couleur du plumage, elle se subdivise en cinq grandes variétés :

1re *Variété* : Pigeon Culbutant allemand unicolore,
à queue blanche.

(*Weissschwanztümmler.*)

Couleur : 8 points.

Les 13e et 14e points : pour la couleur de la tête, du cou, de la gorge ; le 15e : pour celle du dos, du croupion qui ne doit jamais être blanc, mais bien de la couleur du dos, des épaules ; les 16e, 17e points pour la couleur générale des ailes du corps ; le 18e pour la couleur blanche de la queue ; les 19e et 20e pour les lignes séparant les deux couleurs, dessus et dessous de la queue.

Cette variété à les tarses et les doigts nus, elle forme quatre couleurs :

    1° Noir à queue blanche (Schwarz-Weissschwanz) ;

    2° Bleu à queue blanche (Blau-Weissschwanz) ;

    3° Rouge à queue blanche (Roth-Weissschwanz) ;

    4° Jaune à queue blanche (Gelb-Weissschwanz).

2e *Variété* : PIGEON CULBUTANT ALLEMAND UNICOLORE, à bavette et vol blancs, dit : le Culbutant de Brunswick.

    (*Das Braunschweiger Weissschlagbärtchen.*)

Ce Culbutant ressemble beaucoup au Pigeon Volant Maurin, pour la performance et la couleur. Cependant, il a (le 2e point) la tête plus fine, plus allongée ; le 3e point, le bec plus long à extrémité noire ; le 6e point la membrane ou tour d'œil rouge carminé.

Pour la couleur : 8 points.

Les 17e et 18e points : le vol blanc (10 remiges) ; le 19e point : au cou, tout à fait sous le bec, une petite bavette blanche de 20 millimètres de large sur 10 de haut ; 20e point, les plumes des jambes (cuisses) toujours de la couleur générale, jamais blanches.

Le Pigeon Culbutant allemand de Brunswick, est :

    1° noir ; 2° bleu ; 3° rouge ; 4° jaune à vol et bavette blancs.

    1° Schwartz-Weissschlagbärtchen ;

    2° Blau   —

    3° Roth   —

    4° Gelb   —

3e *Variété* : PIGEON CULBUTANT ALLEMAND UNICOLORE, à vol blanc dit : le Culbutant de Hanovre, à vol blanc.

    (*Der Hannoversche Weissschlagtümmler.*)

Semblable au précédent avec la tête plus allongée, le bec

un peu plus long et mince, la membrane carminée ; le cou également plus long.

Le Culbutant de Hanovre est de couleur uniforme avec le vol, neuf à dix pennes, blanc.

Les plumes des jambes de couleur.

4e *Variété* : PIGEON CULBUTANT ALLEMAND BLANC, à vol et queue noirs, dit : le Culbutant de Budapest.

(*Der Budapester Tümmler.*)

Type parfait : 20 points.

Le bec plus court que les précédents, la tête plus ronde, la membrane bleu violet ; le Culbutant de Budapest est d'un blanc très brillant avec le vol et la queue noirs et, quelquefois, des plumes noires au cou.

Il se divise en deux catégories : la première à pattes lisses (Glattbeinig) ; la deuxième à pattes emplumées (pieds rugueux) (Rauhbeinig).

3ᵉ FAMILLE. — Pigeon grand Culbutant allemand-autrichien.

Le Culbutant viennois Cigogne (*Der gestorchte Wiener Tümmler*).

Type parfait : 20 points.

« Le Pigeon Culbutant-Cigogne, dit Jean Bungartz, est
» un Pigeon à tête longue, applatie, anguleuse, avec un front
» marqué et un bec mince, long et pointu, le cou long élancé,
» les ailes fortement attachées sur le devant, de même que
» chez le « carrier » avec lequel le Culbutant-Cigogne a la
» plus grande similitude de forme. »

Performance : 12 points.

2ᵉ point, tête très longue, applatie, anguleuse ; 3ᵉ point, bec très long, mince et pointu, les morilles longues ; 4ᵉ et 5ᵉ points, œil grand, bien à fleur de tête, l'iris gris violet rosé (aspect sauvage).

6ᵉ point, membrane gris bleu ; 7ᵉ point : cou très long, mince, élancé ; 8ᵉ point : poitrine étroite, pas très bombée... ; 11ᵉ point, ailes longues, raides, atteignant presque l'extré-

mité de la queue ; 12e point, les pattes hautes, les tarses
nus ainsi que les doigts.

Les couleurs ou sous-variétés sont :

1° Le Culbutant-Cigogne foncé (gris noirâtre avec bandes)
(Der dunkelgestorchte Tümmler) ;

2° Le même à cou brillant (c'est-à-dire argenté) (Der dun-
kelgest-lichthalsige Tümmler) ;

3° Le même noir imbriqué (c'est-à-dire avec les plumes du
cou mélangées de blanc. Plus les marques sont régulières, plus le Culbutant est estimé) (Der schwarzgeda-
chette Tümmler) ;

4° Le Culbutant-Cigogne rouge (Der rothgestorchte Tümmler);

5° Le même rouge imbriqué (avec le cou blanc et rouge)
(Der rothgedachette Tümmler) ;

6° Le Culbutant-Cigogne jaune (Der gelbgedachette Tümmler);

7° Le même jaune imbriqué (Der gelbgedachette Tümmler) ;

8° Le Culbutant-Cigogne blanc (Der weissgestorchte Tümmler).

2e *Variété* : LE CULBUTANT-PIE DE GALICIE.

(*Der Galizische Elstertümmler.*)

Même performance que pour les Culbutants-Cigognes précédents, avec le plumage blanc et d'un beau bleu lavande
clair. Les deux couleurs disposées comme chez le Volant-Pie
français.

3e *Variété* : LE CULBUTANT A COURONNE DE GALICIE.

(*Der Galizische Kronentümmler*).

Ce Tümmler a le bec plus court, la tête moins allongée que
les Culbutants des autres variétés. Il a, ce Kronentümmler,
une jolie et large huppe, en forme de coquille ou couronne,
derrière la tête à la naissance du cou.

Plus la couronne ou huppe est régulière, plus l'oiseau est
estimé des amateurs.

Pour la couleur : 8 points.

Le Culbutant à couronne de Galicie est de couleur uniforme avec le dessus de la tête et l'extrémité du vol blancs.

Le 13e point, couleur blanche du dessus de la tête, le blanc bien marqué de l'intérieur de la coquille aux morilles et sur les joues, par une ligne partant du bas de la coquille, passant à la moitié de l'œil pour finir entre les mandibules ; 14ᵉ point, la supérieure et les morilles blanc rosé ; le 15ᵉ point, la mandibule inférieure de la couleur ; le 16ᵉ point, pour la couleur du cou ; les 17ᵉ, 18ᵉ, la couleur générale ; les 19ᵉ et 20ᵉ, l'extrémité du vol blanche (les grandes pennes).

Le Pigeon Culbutant à couronne de Galicie est : 1° noir ; 2° bleu, barré de noir ; 3° rouge ; 4° jaune ; 5° minime ; 6° gris, à dessus de la tête et extrémité du vol blancs.

« Les Pigeons Culbutants longirostres sont, disent les auteurs allemands, de remarquables voleurs, » c'est aussi notre opinion et nous ajouterons que leur vol, d'une régularité calme, et généralement leurs performances en font de véritables Pigeons Volants.

« Ils multiplient en moyenne très bien, ils sont des Oiseaux » vifs, animés et ardents. »

(*A suivre.*)

LA PISCICULTURE DANS L'ISÈRE [1]

PAR M. LE COMTE DE GALBERT,

Membre du Conseil départemental d'Agriculture,
Chevalier du Mérite agricole, etc.

Le département de l'Isère est certainement un de ceux où la pisciculture devrait être le plus en faveur.

L'excellence de ses eaux, d'une abondance extrême, d'une fraîcheur extraordinaire, chargées par le nombre de cascades d'une quantité relativement considérable d'oxygène, donnent à celles-ci toutes les qualités requises pour l'élevage de la Truite dans les conditions les meilleures, j'ajouterai, les plus rémunératrices.

Il n'existe cependant dans l'Isère que deux établissements sérieux, et un seul est installé au point de vue commercial.

Depuis quelques années, divers propriétaires, locataires des pêches de l'Etat, lacs ou torrents, se sont mis à faire éclore des œufs fournis par le Bouzey et à verser ensuite dans leurs pêcheries les alevins en provenant.

Tels sont MM. Robert et Calvat, de Grenoble, et un propriétaire de Saint-Hugon.

Le département achète aussi chez M. Rivoiron, à Réaumont, 60 à 70,000 alevins et les fait verser dans les lacs et torrents.

Le Conseil départemental d'Agriculture avait décidé, sur ma proposition, la création d'une société d'aquiculture locale, qui, placée sous son haut patronage, aurait pour but, non seulement de produire des alevins et de les répandre ensuite dans le département, mais aussi de prendre l'initiatives des mesures à demander aux autorités pour la garde de ces alevins, la répression du braconnage et aussi de signaler à qui de droit les agents les plus actifs et de les récompenser.

Les statuts de cette association sont préparés et il en sera certainement question à la réunion d'avril du Conseil départemental.

La Truite vient naturellement en abondance dans tous les torrents et lacs de nos montagnes, mais le braconnage est tel,

---

(1) Communication faite en séance générale du 15 mars 1895.

même dans ceux loués à des sociétés qui ont des gardes spéciaux, qu'il est rare de la voir arriver à une belle grosseur. On en trouve cependant quelques-unes dans l'Isère, la Romanche et les lacs.

De plus, les établissements d'eau, les hôtels de montagne recherchent d'une façon toute particulière la petite Truite de 150 à 200 grammes, plus agréable à présenter entière aux voyageurs que la grosse Truite qu'il faut diviser et servir en morceaux.

Il est certain aussi que cette petite Truite de nos torrents est d'une supériorité de goût indiscutable et que l'on comprend facilement la préférence qui lui est donnée. Et si on ne les prenait que de ce poids !

La Truite de torrents est de beaucoup la meilleure à répandre dans nos cours d'eaux, et je ne comprends guère que le département ne cherche pas à se procurer chaque année par ses gardes-pêche la quantité de reproducteurs voulus pour obtenir les œufs nécessaires.

Il me semble que cette manière de procéder serait excellente et ne coûterait guère plus cher que l'achat fait de variétés non acclimatées. Rien n'empêcherait d'ailleurs de confier les œufs ainsi récoltés à un établissement particulier qui les élèverait à peu de frais, ou à avoir à Grenoble même, dans un des bâtiments de l'Etat, une ou deux salles où l'incubation se ferait sous la surveillance des ingénieurs. Les eaux de la ville sont extrêmement abondantes et d'une pureté parfaite. L'élevage réussit admirablement avec elles.

Néanmoins, les essais faits avec de la Truite des lacs et de la Truite saumonée semblent avoir donné quelques résultats sérieux.

Dans les étangs des arrondissements de la Tour-du-Pin et de Vienne, dans les Chambarands, l'élevage de la Truite arc-en-ciel devrait être tenté. Ces eaux peu courantes s'échauffent pendant l'été jusqu'à 17° ou 18° (le lac de Paladru monte plus haut). Dans ce dernier, il y aurait à s'appliquer à la culture de l'Omble-chevalier qui s'y trouve naturellement et y atteint de belles dimensions. Mais en raison de la pêche, peut-être aussi de la variation de niveau du lac, on l'y rencontre de plus en plus rarement, et il est certain qu'il disparaîtra vite si l'on n'y pourvoit largement. Il importera là, plus qu'ailleurs encore, de ne lancer que des sujets de certaine force, car ils auront à se défendre contre de nombreux et gros Brochets, Perches et Lottes. La création de quelques bassins spéciaux sur les bords du lac serait des plus simples, peu coûteuse et remplirait facilement le but recherché.

Trois amateurs seulement s'occupent activement d'élever de petites Truites pour les jeter dans les eaux dont ils ont la pêche. M. Robert, fabricant de liqueurs à Grenoble, a établi des appareils dans un bâtiment près de son usine, il y a fait éclore 6,000 Truites saumonées et 2,000 Ombles, venant de Bouzey et du lac de Paladin en 1892. En 1893, il a encore le même nombre d'œufs de chaque variété; en 1894, il produit 7,000 Truites et 5,000 Ombles.

Tous ces alevins ont été versés par lui dans le grand lac de Laffrey.

Les Truites y ont admirablement réussi, et l'automne dernier, il a pêché des poissons de variétés mises par lui et ayant atteint déjà une jolie taille.

Il n'a pu encore se rendre compte exactement de la réussite des Ombles. Il continue cette année. M. Ernest Calvat, le grand amateur, producteur de Chrysanthèmes, s'intéresse aussi beaucoup à la pisciculture. Il est locataire du Guiers, torrent qui descend des montagnes de la Grande-Chartreuse. Il possède à Grenoble un appareil Japy alimenté par les eaux de la ville; il a pu se procurer, en 1893 et 1894, des œufs de Bouzey et, après les avoir menés à une certaine taille, il les a versés dans ce torrent.

M. Calvat espère réussir, mais il se plaint vivement du braconnage.

A chacun d'eux, j'ai été heureux de remettre cette année plus de 2,000 œufs provenant des fécondations faites à la Buisse avec des Truites, dont les œufs m'avaient été remis, en 1892, par M. Jousset de Bellesme. Ils m'ont assuré que leurs éclosions avaient parfaitement réussi.

Ils doivent venir demain chercher encore chacun 5 à 600 alevins de Truites des lacs.

A Saint-Hugon, un propriétaire avait fait opérer quelques fécondations et verser ses alevins dans le Bréda. Je n'ai pu me procurer son nom. On dit aussi qu'à Saint-Pierre-d'Entremont, le comte Witty, propriétaire d'un établissement industriel, veut se livrer à la pisciculture.

Enfin, le Conseil général de l'Isère vote tous les ans une

somme relativement considérable pour faire verser, par les
soins de M. l'Ingénieur chargé du service hydraulique et des
torrents, dans les affluents de l'Isère et dans quelques lacs de
la haute montagne, soit du côté d'Allevaud, soit dans le bourg
d'Orsain, environ 65 à 70,000 alevins achetés chez M. Rivoiron. Chaque année, ses alevins sont versés dans des endroits
et torrents différents.

En 1895, M. de la Brosse compte en verser encore dans
quelques ruisseaux de la plaine, creusés à mains d'hommes
pour le dessèchement des marais qui bordent l'Isère et entretenus et gardés par les divers syndicats d'assainissement de
la vallée.

Ces ruisseaux remplis des eaux limpides d'infiltration sont
bien indiqués pour l'élevage de la Truite. Mais, en outre, la
garde y sera faite mieux qu'ailleurs, car ces associations ont
toutes des agents spéciaux pour le service de surveillance de
leurs digues. Avec elles, on obtiendra d'excellents résultats,
et voici sur quelles bases je me fonde pour l'affirmer.

En aval de mes bassins, les canaux emmènent mes eaux
dans un de ces collecteurs appelé l'Eygala. Depuis 1892, de
nombreuses Truitelles se sont échappées par les grilles, et
maintenant on en pêche de fort jolies dans tous les ruisseaux
de la plaine et spécialement dans ce canal, alors qu'auparavant, il était rare d'en prendre à d'autres époques qu'au
moment du frai où elles remontaient de l'Isère.

Le même fait s'était présenté du temps de mon père. Il serait à désirer que M. l'Ingénieur put en mettre dans toutes
les *chantournes* de la haute vallée du Grésivaudan: Elles y
réussiraient admirablement.

Il me fait savoir qu'il compte verser 6,000 alevins cette année dans ce ruisseau. J'en mettrai moi-même 2,000. Je suis
certain de la réussite.

M. de la Brosse va cette année aussi essayer le repeuplement des lacs des Sept-Laux et de la Pra. Deux ou trois tentatives de repeuplement ont eu lieu dans les ruisseaux riverains du Rhône, mais on m'affirme qu'il n'y a eu aucun bon
résultat.

A quoi cela tient-il, est-ce à la qualité des eaux souvent
polluées par les égouts d'usine? C'est probable, mais le voisinage du Rhône y est aussi pour quelque chose. En grossissant, les Truites ont émigré.

Je ne crois pas devoir revenir sur les deux établissements de pisciculture.

J'ai donné sur celui de la Buisse tous les renseignements possibles à la Société d'Acclimatation dans un rapport spécial publié dans son bulletin, en novembre 1893.

Rien n'y est changé, sinon que j'ai installé des cuves en planches et grillages qui me permettent de garder quelques mois les alevins et de ne les lâcher que s'ils sont capables de trouver seuls leur nourriture parmi les Mollusques, Crevettes et Daphnies naturelles qui croissent en abondance sur les bords des pièces d'eau.

Les cuves sont garnies intérieurement de tuf accidenté, de pierres cassées qui forment mille et mille petites cachettes. Elles sont ombragées par des claies de Vers à soie et quelques pots de Cresson qui flottent à la surface.

J'ai pu, cette année, obtenir, avec des sujets choisis parmi les plus beaux élevés depuis 1891-1892 par moi, plus de 30,000 œufs qui ont bien éclos. Quelques femelles trop grasses n'ont pas voulu donner leurs œufs, et le 7 février, j'ai dû en manger une à laquelle il avait été impossible de se délivrer naturellement.

Mes petits alevins ont actuellement presque tous perdu la vésicule. Ils se nourrissent fort bien. J'ai commencé avec un peu de crème, mais ils préfèrent de beaucoup le sang de Bœuf et la rate rapée.

En outre, j'ai reçu divers envois de Truites et d'Ombles du Bouzey et de la Société d'Acclimatation. J'attends encore des Saumons du Ploin et des Truites arc-en-ciel.

Il me sera donc possible de faire des études et des expériences permises par l'étendue des bassins.

Outre ce que j'ai pu donner comme œufs à MM. Robert et Calvat, plusieurs amis, M. le vicomte de Linage, de Combarieu, Barthelou m'ont demandé des alevins pour les pièces d'eau de leurs parcs. Je les remettrai dès que leur taille le permettra, me réservant de garder ceux provenant des envois qui m'ont été faits.

Je tiens à signaler d'une façon spéciale la réussite remarquable des *Salmo fontinalis* venus de Bouzey. Leur voracité est grande. Ils croissent rapidement et nos eaux très fraîches leur conviendront bien. C'est un premier essai.

Je n'ai pu obtenir des Truites arc-en-ciel qu'en 1894. Leur

taille actuelle me fait espérer que ce joli poisson réussira bien et surtout croîtra rapidement. Je sais qu'ils réussissent fort bien dans le Raumont où sont placés les bassins de MM. Blanchet frères et Kléber. C'est là que se trouve leur établissement de pisciculture confié aux soins de M. Rivoiron, dont le nom est bien connu.

Son installation est faite dans le but commercial, et il a de beaux résultats. Je renvoie pour les renseignements complets au rapport publié sur la pisciculture dans l'Isère par le Dr Brocchi, rapport adressé à M. le Ministre de l'Agriculture en 1894 et reproduit dans le bulletin de la Société centrale d'Aquiculture (avril 1894).

Je ne pourrais en fournir de plus complets.

Il reste donc encore beaucoup à faire dans notre pays; il serait facile de réussir, car nous possédons le nécessaire, même au point de vue pécuniaire. Mais, sans vouloir médire de mes compatriotes, car je crois le mal général, et au risque de répéter ce que d'autres ont dit, commençons par une bonne loi contre le braconnage ou seulement appliquons sérieusement les règlements existants.

En résumé, pour arriver à un bon résultat dans l'Isère, il serait nécessaire :

1° D'établir un laboratoire départemental où, avec la somme actuellement consacrée à l'achat d'alevins, on pourrait en élever un nombre quatre ou cinq fois supérieur et les conserver plus longtemps ;

2° Faire opérer par les gardes-pêche de l'Etat ou des communes des fécondations avec des sujets appartenant aux espèces anciennes du pays ;

3° Encourager dans les lacs la culture de la Truite arc-en-ciel ;

4° Verser dans le lac de Paladru, notamment, une quantité considérable d'Ombles-Chevaliers, car c'est là qu'il vient naturellement et qu'il est excellent;

5° Encourager par des récompenses pécuniaires sérieuses les gardes dans la répression du braconnage et demander pour les délinquants des peines aussi sévères que possible.

La Buisse, 20 février 1895.

SUR UNE INVASION DE CHENILLES

SIMÆTHIS NEMORANA (Hübner)

DÉVORANT LES FEUILLES ET LES FRUITS DU FIGUIER

DANS LE DÉPARTEMENT DES ALPES-MARITIMES (1)

Par M. DECAUX,

Membre de la Société entomologique de France.

La communication, que j'ai l'honneur de faire à la Société, est encore incomplète, pour fixer sûrement quelques parties des mœurs de la Chenille du *Simœthis nemorana* (Hbn.); mais, comme elle peut intéresser immédiatement les agriculteurs du midi, par son côté pratique, pour arrêter l'extension de cette prolifique bestiole, j'ai cédé à de bienveillants conseils, en envoyant une note à l'Académie des sciences (séance du 21 octobre dernier), et, en venant, dès aujourd'hui, soumettre avec l'historique du sujet, mes observations personnelles, complétées par les procédés de destruction qu'on peut conseiller pour détruire la Chrysalide pendant l'hiver et la Chenille au printemps.

Le 5 août dernier, M. F. Gagnaire, professeur de sciences naturelles à l'Ecole pratique d'agriculture du Golfe Juan, m'adressait quelques feuilles de Figuier dévorées en partie par une petite Chenille, avec deux échantillons de celle-ci.

« J'ai observé, me disait-il, la présence de cette Chenille pour la première fois l'année dernière. Si ce Lépidoptère n'est pas une espèce nouvelle, il est au moins un ennemi nouveau ! Cette année, l'invasion s'est beaucoup développée, non seulement sur les feuilles, mais partout où il y a deux figues qui se touchent, l'un des fruits a été détérioré et tombe maintenant à l'approche de la maturité. Je ne connais pas le Papillon. »

Cette Chenille n'est pas rare en Corse et en Italie, où j'ai eu occasion de l'observer sur les feuilles du Figuier et aussi sur les Figues (juillet 1865). D'après les renseignements qui m'ont été fournis par mon savant collègue et ami, M. Rago-

---

(1) Communication faite en séance générale du 5 avril 1895.

not, elle aurait été trouvée assez souvent en France, à
Cannes, par M. Millière; à Antibes, par M. Ragonot; à Nice,
par M. Peragallo ; à Dax, où elle n'est pas rare, par M. Lafaury ; cette Chenille se trouverait, plus ou moins répandue,
dans tout le midi de la France, et il est probable qu'elle doit
se rencontrer dans toute la zone méditerranéenne : Grèce,
Tunisie, Algérie, Turquie, etc...

En étudiant les dégâts causés à un vieux Figuier (par *Hy-
poborus Ficus* (Er.), dans un jardin de Savenay (Loire-Inférieure), 1890, j'avais remarqué quelques Chenilles de *S. nemorana* sur les feuilles, mais sans dégâts appréciables.

Enfin, me rappelant avoir déjà vu une Chenille analogue
sur les Figuiers, aux environs de Paris, après de minutieuses recherches (à Argenteuil), j'ai pu recueillir quatre
Chenilles adultes, le 13 août dernier; elles se sont méta-
morphosées en captivité et m'ont donné le Papillon. Je les
présente à la Société avec des feuilles et des figues contaminées.

Etant donnée la rareté de cette Chenille à Argenteuil et à
Savenay, on peut supposer que l'insecte a dû être importé
chez les horticulteurs de ces deux pays avec des envois de
plantes du midi, et que la différence de climat empêchera son
développement excessif ; jusqu'ici ses dégâts sont restés
inaperçus des horticulteurs.

Le papillon de cette espèce est décrit depuis longtemps
sous le nom de *Simœthis nemorana* appelé aussi *Tortrix
nemorana*, par Hubner ; *Asopia incisalis*, par Treitsilhke ;
Xylopoda nemorana, par Duponchel, qui l'a figuré assez
exactement dans son *Histoire naturelle des Lépidoptères
de France* (1837), t. IX, p. 462, pl. 260, fig. 7) ; d'après lui,
la Chenille et ses mœurs sont inconnues, il ne croit pas
qu'elle se trouve aux environs de Paris, son habitat est le
midi ; *Entomoloma nemorana*, par Ragonot (*Soc. Ent. de
Fr.*, 1875, Bull., p. XLIII).

Voici sa description succincte dans tous ces états :

Papillon. — Envergure, 15 millimètres environ, les ailes supérieures
sont marron roussâtre, avec deux lignes transverses sinuées d'une
nuance gris noisette, qui se terminent chacune à la côte par un point
blanc. Les ailes inférieures sont brun foncé, avec leur milieu d'un

jaune fauve et une ligne marginale de cette dernière couleur. La frange est brun foncé. La tête et le corselet sont grisâtres. Les palpes et les pattes sont couverts d'un épais duvet blanc, et les antennes atteignent plus de la moitié de la longueur du corps et sont annelées de noir et de blanc.

L'aspect de ce microlépidoptère est lourd ; au repos, il se tient généralement les ailes allongées en toit, mais non enroulées, le corps relevé ; son vol est rapide et saccadé.

Chenille (1). — Longueur, 13 à 15 millimètres, cylindrique, sensiblement amincie postérieurement avec les segments ridés en travers, gris rosé dessus et dessous, ayant de chaque côté trois lignes longitudinales de petits tubercules noirs, surmontés de poils gris, très fins ; la ligne dorsale ayant deux tubercules par anneau, et les deux autres lignes un seul tubercule par anneau

Tête globuleuse, grosse, luisante, d'un roux clair, portant en dessus, sur le front, deux tubercules noirs semblables à ceux des lignes dorsales ; mandibules d'un roux brun.

16 pattes, les écailleuses luisantes, de la couleur du dessous avec leurs crochets roux. Les membraneuses intermédiaires et anales de la couleur du dessous avec leurs couronnes ferrugineuses ; les anales plus robustes sont entourées par deux cercles de points noirs portant chacun un poil gris très fin.

Chrysalide. — Longueur, 6 à 7 millimètres, d'un marron clair, luisant, avec l'enveloppe des ailes, un peu plus foncée vers la tête et plus claire à son extrémité, terminée en pointe obtuse. Les segments sont susceptibles de se contracter avec une grande vivacité lorsqu'elle veut se retourner dans son abri ou lorsqu'on la dérange.

MŒURS.

Des nombreux auteurs, qui se sont spécialement occupés de Lépidoptères depuis cinquante ans (qu'il m'a été possible de consulter), très peu font mention des mœurs de *S. nemorana*. Zeller (2) paraît être le premier qui ait signalé cette Chenille. comme vivant aux dépens des feuilles du Figuier, à Naples. En France, mon vieil ami, M. A. Peragallo (3), donne de précieux renseignements que je reproduis ci-après :

« En août. dit ce savant observateur, les Figuiers exposés à l'humidité ou manquant d'air sont envahis dans leurs

(1) La chenille et la chrysalide n'ont pas été décrites à notre connaissance, sauf quelques caractères à peine indiqués par A. Peragallo et par Zeller.
(2) Zeller, Isis, 1847, page 640, Leipzig.
(3) Peragallo, *Etude sur les Insectes nuisibles à l'agriculture*, Nice, 1885, page 163.

branches, leurs feuilles et leurs jeunes fruits, par une Chenille d'un jaune verdâtre avec points noirs brillants.

» Parfois cette Chenille. qui est celle du *S. nemorana*,
est établie au centre de la face inférieure d'une feuille, sous
une large toile à tissu lâche, à l'abri de laquelle on la voit
dévorant le parenchyme.

» Souvent, elle s'adresse au jeune fruit, qu'elle englobe
dans une toile appliquée également à la branche. Là, abritée,
elle pratique. au-dessus de la queue, dans ce fruit, un trou
rond dans lequel elle disparaît.

» Enfin, elle perfore aussi, dans les mêmes conditions, les
bourgeons, qui se détachent bientôt, flétris et noircis.

» Lorsque le moment de la dernière transformation est arrivé, la Chenille se retire dans le repli bien accentué d'une
feuille, où elle se construit un cocon irrégulier, à tissu épais
et d'un blanc de lait.

» En captivité, elle délaisse la feuille et s'établit dans un
coin. où elle file un cocon, embrassant les deux parois de la
vitrine. Les Chrysalides, formées le 15 juillet, sont écloses le
10 août suivant :

» Selon mes remarques, le *S. nemorana* est, après les Coccides, l'ennemi le plus dangereux du Figuier. »

Bien que je n'aie pu constater l'existence de jeunes Chenilles au printemps, il est à ma connaissance que MM. Lafaury et Millière en ont trouvé vers la mi-juin, ce qui suppose
une première éclosion au mois de mai ; l'hypothèse de deux
générations par an est très probable dans le midi ; la première en mai et la seconde en juillet ; généralement, les Papillons de la seconde génération passent l'hiver à l'état de
nymphes ; cependant, il peut y avoir par exception quelques
éclosions à la fin d'août et en septembre ; si ces Papillons se
reproduisent, les jeunes Chenilles meurent, presque toujours,
avant d'arriver à leur entier développement.

D'après mes notes, le Papillon, qui est crépusculaire, apparaît vers le 15 ou 20 juin ; en Corse et en Italie (environs
de Florence), j'ai trouvé de jeunes Chenilles au commencement de juillet ; généralement, on rencontre sur le dessus de
la feuille 2, 3 ou 4 Chenilles réunies sous une légère toile,
composée de fils de soie blanche, d'une grande finesse,
qu'elles ont confectionnée en commun. Ainsi défigurés et
couverts de toiles blanches, les Figuiers attaqués ont un as-

pect tout particulier, qui attire l'attention. Les Chenilles se nourrissent de parenchyme de la feuille, ne laissant que les nervures, de sorte que les places dévorées ressemblent à un réseau de dentelle.

Les feuilles mutilées ne tardent pas à jaunir, puis à se dessécher ; les arbres attaqués languissent, portent des fruits moins gros, la valeur de la récolte en est sensiblement diminuée.

Lorsque les Chenilles sont nombreuses, comme elles se sont montrées cette année au golfe Juan et à Antibes, elles s'attaquent aussi au fruit dont elles *dévorent l'enveloppe verte* (cette observation inédite peut être contrôlée sur les figues placées sous les yeux de la *Société*), par bandes de 2 à 3 millimètres, allant de la queue à l'ombilic. Les fruits ainsi détériorés cessent de s'accroître et finissent par tomber ; en ce cas, la perte peut atteindre 1/3 à 2/3 de la récolte.

D'après les observations de M. Peragallo citées plus haut, nous avons vu que la Chenille pratique, au-dessus de la queue, un trou rond, par lequel elle pénètre dans le fruit. Elle aurait donc deux manières bien distinctes de dévorer la figue : une extérieure, qui nous paraît normale, la partie verte de l'enveloppe ne différant pas sensiblement du parenchyme des feuilles, et une intérieure, concernant la pulpe du fruit ou les pépins, que nous n'avons pas remarquée.

D'une façon générale, lorsque le moment de la dernière transformation est arrivé, la Chenille quitte son abri, se dirige vers le bord de la feuille, qu'elle plie plus ou moins largement, se retire dans ce repli et en ferme l'ouverture avec une toile irrégulière, à tissu épais, très soyeux, d'un blanc pur. Mes observations sur ce fait, sauf dans les détails, sont en parfait accord avec celles de MM. Peragallo, Millière, Ragonot et Lafaury.

Cette règle générale paraît avoir une exception pour une partie des cocons contenant des chrysalides devant passer l'hiver sous cette forme. Nous avons surpris, en Italie (fin août), des Chenilles adultes suspendues à un fil, et se laissant descendre jusqu'au sol (M. Gagnaire a observé le même fait au golfe Juan) ; le même jour, après quelques recherches, nous avons ramassé à terre, sous le Figuier, deux chrysalides vivantes, enfermées dans des débris de feuilles, retenus par de nombreux fils de soie blanche. En captivité, le 14 août

dernier, une Chenille a quitté la feuille de Figuier qui lui
servait de nourriture, pour aller se transformer entre les
plis d'une feuille de papier; une toile serrée, composée de
fils de soie blanche, de 0,04 1/2 retient fortement les deux
parties de la feuille. (Nous avons vu que M. Peragallo a fait
une remarque semblable.) L'hypothèse d'une transformation
à terre, dans un cocon fabriqué, en réunissant des débris de
feuilles ou autres détritus fortement liés avec des fils de soie,
me paraît justifiée, par exception, pour un petit nombre de
chrysalides devant hiverner. J'espère pouvoir m'assurer du
fait l'année prochaine.

De mes observations en liberté et en captivité, on peut
estimer que soixante à soixante-dix jours sont nécessaires
au *Simœthis nemorana* pour accomplir toutes ses métamorphoses, depuis la ponte jusqu'à l'éclosion du papillon (en
captivité, une chrysalide enfermée le 13 août a donné l'éclosion du papillon le 4 septembre). On sait que toutes les Chenilles provenant d'une même ponte n'arrivent pas à leur
complet développement en même temps, il s'ensuit que la
S. nemorana n'a pas deux générations bien distinctes, mais
plutôt une suite d'éclosions, depuis le mois d'avril ou mai
jusqu'en septembre.

Observation. — On sait que les feuilles du Figuier (*Ficus
carica*) ne se détachent pas de l'arbre, à la même époque,
dans toutes les parties du midi de la France ; ainsi au golfe
Juan, à Antibes et autres parties du littoral bien abritées, le
1/4 ou la 1/2 des feuilles passent quelquefois l'hiver sur
l'arbre ; tandis qu'à Marseille, Valence et autres pays où il
fait plus froid, il n'en reste presque plus à la fin de décembre.

Cette indication peut avoir son importance pour l'application, en temps utile, des moyens de destruction, qu'on
peut conseiller contre la Chrysalide pendant l'hiver.

MOYENS DE DESTRUCTION.

Pendant l'hiver, de préférence au mois de janvier ou de
février, au plus tard jusqu'au 15 mars, on peut conseiller de
ramasser avec soin les feuilles et autres détritus trouvés
sous les Figuiers et de les détruire par le feu, ils contiennent des chrysalides en grand nombre, il faut en même
temps s'assurer si les quelques feuilles, qui sont encore at-

tachées aux arbres, ne contiennent pas des cocons, pour les détruire. En complétant l'opération par un labour profond sous les arbres, on enterrera les Chrysalides qui auront échappé. Plusieurs expériences nous ont démontré qu'il est impossible au papillon, lors de son éclosion, de remonter au travers d'une couche de terre de 10 à 15 centimètres d'épaisseur.

Si l'on remarque que chaque Chrysalide femelle détruite supprime 200 à 300 Chenilles au printemps qui, à la deuxième génération, pourraient produire 30,000 Chenilles, on comprendra l'immense importance de ce mode facile de destruction pour arrêter l'extension de ce trop prolifique Papillon.

Contre les Chenilles, les moyens de destruction sont nombreux ; la compétence incontestée de leurs auteurs me fait un devoir de signaler les deux suivants :

L'aspersion des feuilles et des fruits envahis avec de l'eau savonneuse à 2 ou 2 1/2 pour cent, recommandée par notre éminent maître M. E. Blanchard, contre la Chenille de l'*Iponomeute* du Pommier.

Ou le procédé préconisé par mon cher maître, M. le docteur Laboulbène, pour la destruction de la Cochylis de la Vigne, qui consiste à répandre sur les feuilles et les fruits attaqués une poudre fine, composée pour 3/4 de cendres de bois finement tamisées et 1/4 de chaux, celle-ci fait adhérer le tout aux feuilles pendant quelque temps. Nous ajouterons que dans le midi, en Tunisie et en Algérie, où la cendre de Tamarix n'est pas rare, elle devra être préférée à cause de la grande quantité de sels potassiques qu'elle contient. Les Chenilles en contact avec cette poudre sont prises de convulsions, en se contractant la poudre adhère à leur corps, elle obture les stigmates et, empêchant la respiration, les fait périr.

En résumé, je pense qu'en employant les moyens de destruction ci-dessus conseillés, on coupera court à l'invasion anormale du *Symœlhis nemorana* HUBNER, c'est pour les faire connaître que, malgré ses imperfections, j'ai offert ce travail à la *Société nationale d'Acclimatation*.

UTILISATION DES ORTIES INDIGÈNES

Par M. Félicien MICHOTTE.

Extrait du compte rendu sténographique.

SÉANCE DU 14 DÉCEMBRE 1894.

Messieurs, c'est la seconde fois que j'ai l'honneur de prendre la parole en votre présence : dans la dernière session, je vous ai en effet entretenu des Agaves comme plantes textiles et je vous ai démontré qu'elles étaient des plantes coloniales par excellence et d'une réelle valeur. Aujourd'hui, je vais vous parler d'un végétal qui intéresse la France : de l'Ortie. Pour l'Ortie, pas plus que pour la Ramie, je n'ai la prétention de venir vous présenter du nouveau. Je viens tout simplement vous faire connaître le résultat des expériences que j'ai faites cette année, pendant trois mois, au château de Montiers, dans l'Oise, de concert avec le propriétaire, M. le comte d'Astanières.

L'Ortie textile a été préconisée par nombre de personnes, elle l'a encore été récemment dans une brochure de M. Barot ; je ferai un reproche à cette publication : c'est qu'elle ne contient que l'exposé des faits anciens, sans aucun fait nouveau.

Le gouvernement allemand a, il y a quelques années, en 1880, nommé une commission et fait faire une enquête qui a abouti à la publication d'un volume intitulé : *Les Orties textiles*, par les professeurs Boucher et Grothe. Dans ce volume, la commission a donné tous les résultats de ses travaux au point de vue cultural. Mais, il y a une chose qui m'étonne de personnes aussi compétentes que les professeurs Boucher et Grothe : les résultats obtenus au point de vue de l'extraction de la fibre ont été nuls ; toutes les méthodes essayées ont complètement échoué. Or je suis surpris à bien juste titre de cet échec, car je ne pense pas que ma compétence fût universelle, et cependant toutes les expériences que j'ai entreprises, je les ai réussies dès le premier essai. Je suis donc très étonné que ces Messieurs, qui devaient être aussi compétents que moi, si ce n'est plus, aient échoué dans tous leurs essais.

L'Ortie peut être employée comme textile. Elle l'a été dans

les temps anciens, et c'est le Coton qui est venu lui faire concurrence ; néanmoins, malgré la concurrence du Coton, si on ne peut pas faire reprendre aux Orties l'ancienne place qu'elles occupaient jadis comme textile, on peut certainement les utiliser en beaucoup de points. On cherche des fibres textiles, on va en chercher même très loin, et nous en avons à notre porte.

L'Ortie peut donner très facilement en culture, d'après les résultats que j'ai constatés, 50,000 kilogrammes de tiges avec feuilles· Comme rendement des tiges, j'ai constaté 3, 2, et la commission allemande avait constaté 3, 4, nos chiffres concordent ; on peut donc obtenir 3 kilos à 3 kilos 1/2 de fibres brutes dans cet état (*présentation d'un échantillon*), et, en France, on pourra certainement pratiquer deux coupes. Ces deux coupes, je les ai faites dans l'Oise sur une culture absolument sauvage, où les Orties s'étaient développées sur 6 hectares, et c'est cette quantité et cette abondance qui m'a fait demander par M. le comte d'Astanières si je pouvais chercher à les exploiter. J'ai fait là, pour extraire l'Ortie, toutes les expériences possibles et imaginables. Je les diviserai en deux groupes : d'abord celles qui peuvent servir à extraire l'Ortie par les procédés rudimentaires, c'est-à-dire par les procédés agricoles employés pour le Chanvre, puis celles qui peuvent servir à l'extraire par les procédés plus perfectionnés qui constituent la décortication et le dégommage. On peut traiter l'Ortie exactement comme le Chanvre et par les mêmes procédés, c'est-à-dire qu'on peut la rouir soit à l'eau stagnante, soit à l'eau courante, soit sur la prairie. A l'eau stagnante, il faut à peu près une huitaine de jours pour obtenir les fibres ; on fait sécher les tiges au soleil, comme pour le Chanvre, puis on les traite avec la broie et on les peigne. Voici un échantillon de tiges traitées par ce procédé, et vous constaterez que l'aspect de la fibre ainsi traitée est absolument analogue à celui du Chanvre. D'ailleurs, je vous dirai que j'ai soumis ces échantillons d'Ortie à des gens du métier, à des négociants en Chanvre, en leur demandant ce qu'était ce textile, et tous m'ont répondu : c'est du Chanvre. Ils ont été fort étonnés quand je leur ai dit : non ; c'est tout simplement de l'Ortie, je voulais voir si vous la reconnaîtriez...

Outre cette manière, on peut encore traiter l'Ortie à

l'eau courante ; là, le produit est encore plus joli, voici un petit échantillon que nous avons obtenu. Nous n'avons pas voulu empoisonner nos poissons, et nous avons opéré seulement sur quelques tiges ; au bout de six jours, nous avions cette filasse très belle, comme vous pouvez en juger. Voici un échantillon obtenu par le rouissage des tiges sur la prairie, puis séchées pendant un mois, et ensuite traitées à la broie et peignées.

Maintenant, j'ai à examiner le traitement des tiges, et c'est surtout de cette façon que j'ai opéré en employant les procédés perfectionnés, c'est-à-dire les machines décortiqueuses et les procédés chimiques. L'emploi des décortiqueuses est évidemment la solution, non seulement pour les Orties, mais pour tous les textiles, Chanvre, Ramie et autres ; on cherche depuis plusieurs années, d'ailleurs, à opérer dans cette voie ; seulement les machines étaient toujours à trouver. Cette année, j'ai fait fonctionner mes machines durant trois mois et j'ai constaté, pour la décortication des tiges de l'Ortie, exactement les mêmes phénomènes que j'avais constatés pour la décortication de la Ramie, c'est-à-dire qu'il faut opérer immédiatement après la coupe ; si vous attendez seulement vingt-quatre heures, la tige se pourrit, mais moins vite que celle de la Ramie, et, au bout de vingt-quatre heures, elle est en complète fermentation, seulement, dans cet intervalle, elle a perdu son action urticante. En effet, le seul inconvénient du traitement de l'Ortie, ce sont ses piquants. Eh bien, cette action n'est pas dangereuse ; on l'annihile en mettant des gants de peau, même un sac de toile, quand on ne se passe pas de ces moyens de préservation. Je n'ai pas les mains d'un campagnard, tant s'en faut, j'ai plutôt celles d'un écrivain, c'est-à-dire très sensibles, j'ai néanmoins fait fonctionner ma machine une journée entière par curiosité ; j'en ai été quitte, le soir, pour avoir un peu mal aux mains pendant deux heures et pour les laver de temps en temps. C'est vous dire que ce n'est pas terrible. Les ouvriers peuvent, d'ailleurs, se servir de gants, et quelques-uns d'entre eux, à certains jours, les oubliaient et s'en passaient fort bien.

Les tiges sont passées à la machine ; j'ai pu traiter un grand nombre de tiges, puisque j'ai fait fonctionner deux machines, et voici les échantillons de filasses telles que je les obtiens. On peut obtenir ce produit excessivement bon marché, mais

il nécessite une machine et une force motrice ; j'ai reconnu
là une fois de plus la vérité de ce que j'avais soutenu, théoriquement, que les machines décortiqueuses à bras étaient
une plaisanterie, il est absolument impossible à un homme de
faire manœuvrer une décortiqueuse à bras ; ce n'est pas une
question de force, mais une question de vitesse. Avec un
moteur de moins d'un cheval, vous faites marcher une décortiqueuse, et j'ai constaté que les miennes pouvaient passer facilement de 800 à 1,000 kilos à l'heure, je suis même
arrivé à 1,300 kilos de tiges brutes avec les feuilles ; mais ce
n'est pas un chiffre à recommander, parce qu'il faut aller
avec une telle vitesse que l'ouvrier ne peut y suffire longtemps. Avec 800 kilos à l'heure, le prix de la main-d'œuvre
à 3 fr. 50 par jour, en comptant la force motrice à 50 centimes par cheval et par heure, prix supérieur au prix obtenu
avec les moteurs à pétrole, nous sommes arrivés à un prix
de décortication qui ne va pas au-dessus de 5 francs les
100 kilos de lanières. A ce prix, il faut ajouter les frais de
coupe ; il faut quatre jours à deux hommes pour couper un
hectare, en plus, vous avez les frais de transport à la machine, qui ne sont pas énormes, mais qu'il faut compter, et
cela donne un établissement de prix de fibres qui revient à
15 francs maximum les 100 kilos, à l'état brut.

Lorsque cet état brut est obtenu, il s'agit d'extraire la
fibre. J'ai opéré de différentes façons ; d'abord par le rouissage des lanières, en voici un échantillon après un séjour
d'environ un mois dans de l'eau stagnante ; ce traitement
donne une fibre assez cotonneuse et qui a l'aspect du Chanvre, mais qui cependant n'est pas très jolie. Comme inventeur de machines, je cherche les moyens de les utiliser et il m'est venu cette idée : au lieu de rouir les tiges
comme on le fait pour le Chanvre, ne pourrait-on pas arriver à rouir les lanières obtenues par la décortication ?
J'ai essayé et en voici les résultats qui sont absolument
concluants ; voici les mêmes lanières qui ont été exposées
sur la prairie, sans arrosage, ni soins particuliers, pendant environ trois semaines. Les voici brutes et les voici
peignées. Elles sont complètement rouies, et le produit
est aussi joli et aussi solide que ceux obtenus précédemment. Il y a cet avantage, au point de vue agricole, pour
un petit cultivateur, qu'il pourrait traiter ses lanières sans

passer par l'intermédiaire des procédés chimiques de dégommage, lesquels seraient réservés à la grande industrie. J'ai appliqué également cette méthode au rouissage du Chanvre que j'ai décortiqué à l'aide de ma machine, et j'en ai fait rouir les lanières sur la prairie, j'ai obtenu un produit absolument analogue au Chanvre gris. Il y aurait là une nouvelle indication pour la culture du Chanvre, car ce qui empêche la culture de ce textile et qui l'a fait abandonner presque complètement en France, ou du moins sur un grand nombre de points, ce sont les manipulations du rouissage, lesquelles consistent à mettre rouir les tiges d'abord, à les faire sécher, puis à les sécher au four, à les passer à la broie, à les écanguer, à les peigner, ce qui demande un temps considérable. On arrive à faire quelques kilos par jour, même en travaillant très consciencieusement. Au contraire, en décortiquant, si vous avez une machine qui vous produit 250 à 300 kilos de ruban que vous déposez sur la prairie et que vous n'avez qu'à retourner une ou deux fois, comme j'ai fait pour mon Chanvre, en quinze jours, et qu'il suffit ensuite de peigner, vous voyez toute la simplicité de la main-d'œuvre, par conséquent, ce qui se traduit par un prix beaucoup moins élevé que celui actuel.

En outre, j'ai employé les procédés chimiques. Je ne vous parle pas de tous les essais nombreux faits, car il en a été tellement exécutés que, pour se les rappeler, il a fallu les cataloguer ; je ne vous parlerai que de celui qui a de la valeur. De tous les procédés, nous n'en avons trouvé qu'un qui ait donné des résultats très bons et très économiques ; c'est le même procédé, avec des modifications, naturellement, dans la composition des liquides, que celui que j'ai employé pour la Ramie. Voici deux échantillons de fibres qui ont été ainsi obtenues. Ces fibres ont été traitées, pendant une heure et demie, en autoclave, et le coût serait moins élevé que celui de la Ramie et ne reviendrait guère qu'à 20 francs au maximum. J'ai obtenu ces fibres à l'état peigné, et je les ai soumises également à des fabricants très compétents dans la question de la Ramie, qui tous ont cru que c'était cette dernière plante. Voici, du reste, un petit échantillon qui, quoique un peu noirâtre à force de traîner dans mon portefeuille, rappelle énormément ce qu'on appelle le peigné de Chinagrass, pour la Ramie.

Vous voyez, au point de vue cultural, les avantages qu'offrirait cette plante : c'est que d'abord la culture se ferait sans frais, mais je m'aperçois que j'ai oublié de vous dire que toutes mes expériences ont porté sur deux plantes, sur l'*Urtica urens* et sur l'*Urtica dioïca*. L'*Urtica urens* ne peut pas être considérée au point de vue textile; celle qui mérite d'attirer l'attention, c'est l'Ortie dioïque; la grande Ortie, qui permet d'obtenir des tiges d'un mètre cinquante et même plus; voici un échantillon dont les tiges avaient plus de deux mètres, et en culture, on obtiendra certainement les chiffres que je vous ai indiqués, peut-être même plus. On peut reproduire l'Ortie par deux procédés, soit par graines, soit par rhizomes. Une fois qu'elle est plantée, la durée de la plantation est de quinze ou vingt ans, et il n'y aurait que très peu d'engrais à donner, au moins chaque année. L'Ortie a des ennemis qui sont principalement le Liseron et la Cuscute. Mais, dans cette culture sauvage, j'ai constaté que partout où les Orties étaient venues dans des proportions suffisamment denses, il n'y avait aucune mauvaise herbe. D'ailleurs, quand il y en aurait quelques-unes, cela ne gênerait pas beaucoup, si on passe à la machine, elles se trouvent éliminées d'elles-mêmes.

Nous avons faits d'autres expériences qui ont porté sur l'Ortie comme plante fourragère. Nous avons pris un troupeau de seize Moutons, en avons mis huit au pâturage et nous avons nourri les huit autres pendant un mois et demi rien qu'à l'Ortie, nous disant : Si les Moutons s'en trouvent mal, nous le verrons, et non seulement ils ne s'en sont pas trouvés mal, mais ils s'en sont trouvés très bien, car alors que nos huit Moutons nourris au pâturage n'avaient augmenté que de quelques grammes, les huit sujets que nous avions pris et qui n'étaient pas les meilleurs (dans les huit, il y en avait deux malades au commencement de l'expérience), au bout d'un mois et demi, avaient gagné un kilo et demi en moyenne à quelques grammes près. L'Ortie aurait donc, à ce point de vue, une grande valeur. D'ailleurs, elle a déjà été recommandée comme plante fourragère, et il est certain que, poussant dans tous les terrains sans soins et sans frais, on pourrait obtenir là une importante réserve de fourrage. Il suffit tout simplement, pour que l'Ortie soit consommée par les animaux, de la faire faner, c'est-à-dire de la mettre sur des tréteaux ou même de la laisser sur le sol pendant vingt-quatre heures; tous les animaux auxquels nous l'avons donnée s'en sont montrés très friands.

J'ai essayé aussi cette grande théorie qu'on a émise pour la Ramie : l'utilisation des déchets produits par la machine ; eh bien, j'ai constaté que l'utilisation des déchets n'était pas à recommander ; car nous avons essayé de nourrir nos Moutons avec les déchets produits par la machine, c'est-à-dire avec les bouts de bois et les feuilles, et cela ne leur plaisait pas du tout ; certainement ces déchets peuvent être donnés, mais en très petite quantité et mêlés avec d'autres matières, aux Porcs et aux gros animaux, mais non aux Moutons. Le meilleur emploi que nous en avons fait a été de les répandre sur le terrain, de manière à ce qu'ils servent d'engrais. C'est peut-être le meilleur moyen de les utiliser, et je crois qu'il en sera de même pour la Ramie.

Maintenant, quel sera le rôle futur qu'on pourra assigner à l'Ortie, au point de vue textile en France ? A mon avis, il ne sera pas extrêmement considérable. Je pense plutôt que ce sera un rôle exclusivement local et qui pourra permettre, la fibre coûtant très peu et la plante venant sans frais, d'obtenir dans certains endroits quelques produits soit pour en fabriquer du papier, soit pour en faire des cordes. J'ai ici un certain nombre de ces cordes qui ont ceci de particulier c'est qu'elles ont été faites avec des fibres absolument brutes, telles qu'elles sont sorties de la machine ; j'en ai depuis deux mois et demi dans l'eau, et je n'ai pas encore, jusqu'à présent, constaté la moindre diminution de résistance. C'est dire que la fibre d'Ortie pourrait être conservée et résiste bien à l'eau, bien qu'elle ait été là dans des conditions particulières pour se pourrir, puisqu'elle subit dans l'eau une sorte de rouissage. Ne voulant pas abuser de votre complaisance et, l'heure s'avançant, je m'en tiendrai à ce point pour cette communication. (*Applaudissements.*)

II. EXTRAITS DES PROCÈS-VERBAUX DES SÉANCES DE LA SOCIÉTÉ.

4ᵉ SECTION (ENTOMOLOGIE).

SÉANCE DU 22 JANVIER 1895.

PRÉSIDENCE DE M. CLÉMENT, VICE-PRÉSIDENT.

La Section procède au renouvellement de son bureau et à la nomination du Délégué dans la Commission des récompenses. Sont désignés pour remplir ces fonctions :

MM. A.-L. Clément, *président.*
Decaux, *vice-président.*
Paul Marchal, *secrétaire.*
Ch. Mailles, *vice-secrétaire.*
A.-L. Clément, *délégué aux récompenses.*

M. de Guerne présente divers ouvrages qui intéressent plus particulièrement la section et signale d'une façon spéciale le livre de M. Clément, intitulé : *L'Apiculture moderne,* arrivé en très peu de temps à sa seconde édition et qui vient d'être honoré par la Société d'Acclimatation d'une médaille de première classe.

M. Fallou présente un cadre contenant un certain nombre de *Neuronia popuiaris* à tous les états de développement. Plusieurs préparations fort bien exécutées montrent la Chenille dont la voracité a causé, en mai 1894, de grands ravages dans les prairies de l'arrondissement d'Avesnes (Nord).

M. de Guerne rappelle à ce propos que la *Revue des Sciences naturelles appliquées* a reproduit (1) une notice fort intéressante sur le Lépidoptère dont il s'agit, publiée par le Dʳ P. Marchal dans le *Bulletin de la Société entomologique de France.* M. Moniez, professeur d'histoire naturelle à la Faculté de Médecine de Lille, a donné également sur les *Neuronia* un travail très complet où il signale entre autres faits intéressants divers parasites (Diptères, Hyménoptères, Cryptogames) qui attaquent la Chenille en question (2).

(1) Nᵒ du 20 juillet 1894, p. 88.

(2) R. Moniez, *La Chenille du* Neuronia (Haliophobus) popularis *dans les environs d'Avesnes en 1894, ses dégâts, ses ennemis naturels, moyens employés pour la détruire.* « Rev. biolog. du Nord de la France », vol. VI, nᵒ 12.

SÉANCE DU 5 MARS 1895.

M. le Dr Paul Marchal, secrétaire, s'excuse de ue pouvoir assister à la séance.

M. J. Grisard dépose sur le bureau divers travaux imprimés qui intéressent plus spécialement la section.

1º Un rapport présenté à la Chambre de Commerce de Lyon par la Commission administrative du laboratoire d'essai des soies. — Ce volumè renferme, entre autres, plusieurs mémoires de notre collègue M. G. Coutagne sur l'amélioration, les croisements, la sélection des Vers à soie.

2º Un mémoire de M. Vicente de la Roche, notre collègue, sur l'*Attacus spondiæ*, Ver à soie sauvage de la Colombie qui vit ordinairement sur les Aurantiacées et les Euphorbiacées.

3º Un ouvrage de M. R. de Taillasson sur les ravages du *Lasiocampa pini* dans les plantations résineuses de la Champagne crayeuse.

M. le Secrétaire général présente à la section un lot de cocons renfermant les chrysalides vivantes d'*Attacus splendidus* ? envoyés par M. le Dr Dugès, de Guanajuato (Mexique).

M. Decaux donne lecture du vœu suivant qui est adopté par la section et sera transmis au Conseil.

« Au nom des agriculteurs, cultivant les fruits à pépins dans le Nord, la Somme, la Touraine, l'Anjou, la Normandie, le Morbihan, etc , j'ai l'honneur de demander à la section d'Entomologie de vouloir bien s'intéresser à l'étude du *Carpocapsa pomeneana* TREITCH, ou *Ver* des fruits, et d'émettre le vœu qu'un prix soit décerné en 1896 à l'auteur du meilleur mémoire faisant connaître les principaux procédés de destruction proposés et employés par les auteurs, anciens et modernes, français et étrangers, jusqu'à ce jour, discutant ces procédés et montrant, par des essais pratiques répétés, ou leur insuffisance, ou les difficultés d'exécution ; les moyens nouveaux employés par l'auteur, les résultats pratiques obtenus (moyennant un prix de revient modéré), *d'après des expériences personnelles probantes.* »

La question a une importance considérable. On sait que la culture des Pommes à cidre est estimée à 120 millions, année moyenne, et que la valeur des fruits de table, Poires et Pommes récoltées en France, atteint de 100 à 150 millions.

L'expérience a démontré que le ver des fruits à pépins détruisait au minimum 25 à 30 % de la récolte, et que la perte pouvait atteindre 50, 60 % et plus dans certaines années.

M. Fallou dit à ce sujet qu'il a fait la bibliographie de tous les ouvrages concernant le *Carpocapsa* et qu'il a indiqué avec soin tous les moyens de destruction préconisés par les auteurs. Ce travail est déposé à la Société des agriculteurs de France.

M. de Guerne résume une note du Dr Trouessart destiné à la *Revue* et qui a pour titre : *Un Acarien parasite des fosses nasales de l'Oie domestique.*

Cet animal, qui appartient à une espèce nouvelle à laquelle l'auteur donne le nom de *Sternostomum rhinolethrum,* se gorge du sang de son hôte avec une avidité plus grande encore que celle des Dermanysses. — Les pattes sont munis d'ongles rétractiles, comparables à ceux des Chats, et qui leur permettent de se fixer solidement à la muqueuse nasale de manière à ne pas être projetés au loin par le souffle ou par l'éternuement de l'oiseau.

Un mémoire de M. le Dr P. Marchal sur les *Coccinellides nuisibles* (1), actuellement sous presse, est également signalé par le Secrétaire général.

M. Rathelot offre à la section un tableau des ennemis du Pommier qui sera consulté avec fruit.

M. Clément présente deux glossomètres ou appareils à mesurer la longueur de la langue des Abeilles. L'un est dû à M. Froissard et l'autre à M. Legros. La *Revue* publiera ultérieurement une note montrant tout l'intérêt que ces appareils présentent.

Pour le Secrétaire absent,

Jules Grisard.

(1) Voyez plus haut, page 269.

III. CHRONIQUE DES SOCIÉTÉS SAVANTES.

Académie des Sciences de Paris.

MARS 1895.

ZOOLOGIE. — A signaler une communication de MM. E.-L. Bouvier et Georges Roché, *sur une maladie des Langoustes :*

« A la fin de novembre dernier, M. Guillard, de Lorient, avertit l'administration de la Marine qu'une épidémie sévissait sur les Langoustes conservées en vivier par les mareyeurs du Morbihan : la maladie était apparue au commencement d'octobre et, prenant de suite les proportions d'un véritable désastre, avait fait périr en deux mois plusieurs milliers de Crustacés. Préoccupé de connaître l'origine de la maladie, d'enrayer sa marche, si possible, et tout au moins de prévenir son retour dans l'avenir, M. Félix Faure, alors Ministre de la Marine, prescrivit qu'une enquête technique et scientifique fût immédiatement faite à ce sujet. Bien que les recherches issues de cette enquête ne soient pas terminées, nous croyons bon de publier dès aujourd'hui, dans l'intérêt des pêcheurs et des mareyeurs, les résultats généraux et les observations qui se dégagent des renseignements recueillis sur les lieux et des examens de laboratoire effectués jusqu'ici. Beaucoup de gens, sur la foi d'un renseignement erroné, ont voulu voir une corrélation entre l'épizootie faisant l'objet de cette communication et les cas d'intoxication survenus l'été dernier à la suite de l'ingestion de Langoustes qui avaient subi un commencement de décomposition avant ou après la cuisson. En ce moment encore, le commerce de la Langouste, dont la pêche aventureuse occupe en France une nombreuse population de marins, souffre du discrédit jeté inconsidérément sur ses produits. Il n'est donc pas inutile de rappeler que l'épizootie n'a débuté que très postérieurement aux empoisonnements dont nous parlons et d'affirmer que, si elle a causé un grave préjudice aux gens de mer, elle n'a présenté absolument aucun danger pour l'hygiène publique.

» C'est un mareyeur de Quiberon qui s'aperçut le premier de l'invasion du mal ; il reconnut que les Langoustes de ses viviers périssaient en grand nombre et constata, en même temps, que les animaux malades « paraissaient saigner aux articulations ». Quelques jours après, les mêmes faits étaient signalés par les autres mareyeurs de la même localité, puis par ceux du Palais (Belle-Isle-en-Mer), de Groix et de Lomener (près de Lorient).

» Il résulte de nos observations que la maladie se manifeste à l'extérieur par des crevasses fréquemment œdémateuses qui envahissent les deux premières articulations des pattes, la face inférieure de l'abdomen et surtout les cinq lamelles de la rame natatoire caudale ; dans certains cas, les fausses pattes abdominales sont également atteintes. Il est exact que les Langoustes malades perdent leur sang et nous pouvons ajouter que c'est par les crevasses qu'il s'écoule pour venir se coaguler à l'air ; certaines de ces crevasses paraissent se cicatriser, mais la plupart s'étendent en détruisant les tissus voisins et facilitant l'émission sanguine qui amène, au bout de quelques jours, la mort de l'animal.

» A l'autopsie, les Langoustes malades paraissent ne différer en rien de celles qui sont indemnes. Mais, si l'on pratique des coupes dans les régions ulcérées, on arrive à mettre en évidence, au sein même des tissus, de nombreuses colonies bactériennes qui se colorent parfaitement par la méthode de Gram ou par le bleu de Kühne. Ces colonies sont constituées par un cocco-bacille assez large; comme elles abondent surtout au voisinage des lacunes sanguines, en des points où les rubans chromatiques des globules sanguins sont fréquemment dissociés, nous avons craint longtemps de les confondre avec ces débris nucléaires; mais MM. Metschnikow et Borelli ont parfaitement reconnu le microbe, signalé plus haut, sur des coupes que nous leur avons présentées et qu'ils avaient colorées en violet par la thionine. Au reste, nous croyons avoir réussi à cultiver le cocco-bacille dans la gélatine peptone; si les inoculations que nous allons tenter viennent confirmer cette présomption, le microbe des Langoustes malades serait mobile, dépourvu de toute propriété chromogène et liquéfierait la gélatine. Il ne paraît pas être soumis à la phagocytose et c'est là, vraisemblablement, ce qui explique la gravité de l'épizootie.

» Le mal sévit uniquement sur les animaux que l'on conserve dans des viviers (radeaux ou anfractuosités de rochers), en attendant qu'ils soient livrés à la vente; les causes que lui assignent les gens de mer sont : l'emploi d'appâts plus ou moins décomposés; la corruption des eaux littorales (où sont installés les viviers) par les déchets de l'industrie sardinière; la température trop élevée de ces eaux durant le dernier automne; enfin, la contamination par des Langoustes espagnoles venues malades de leur point d'importation. Aucune de ces explications ne nous paraît satisfaisante : la maladie, en effet, n'a nullement sévi dans les viviers des localités bretonnes où la pêche se pratique sur les mêmes fonds (Le Croisic) ou avec les mêmes appâts (Finistère) qu'à Quiberon; elle n'a fait son apparition, l'automne dernier, ni à Concarneau, ni dans aucun autre port du Finistère où se pratique l'industrie sardinière; par contre, elle paraît avoir ravagé, il y a quelques années, les localités de l'Aberwrach (1) et de Roscoff où n'existe pourtant aucune friturerie de Sardines ; quant aux Langoustes espagnoles, elles paraissent mieux résister au mal que les Langoustes

(1) M. Fabre-Domergue nous a dit avoir observé dans cette localité, en 1891, des animaux présentant les caractères extérieurs de cette épidémie, qui a, d'ailleurs sévi à Quiberon en 1885 et 1889, aux dires des mareyeurs.

iŋdigènes et, d'ailleurs, n'ont nullement souffert cette année à Cama-ret, l'Aberwrach et Roscoff.

» Pour nous, la source première du mal serait la dépression organique causée chez les Langoustes par les conditions biologiques défavorables qu'elles rencontrent dans les viviers, dépression qui aurait facilité l'invasion du microbe en lui offrant un terrain de culture approprié à son développement. Parmi ces conditions biologiques mauvaises, il y a lieu de signaler l'entassement des Langoustes dans les viviers et la privation presque complète, sinon complète, de nourriture qu'on leur impose; mais on doit placer au premier rang, ce nous semble, les différences considérables qui existent entre la pression et la température dans les viviers et celles que supportent les Langoustes par les fonds de 25ᵐ à 80ᵐ où elles vivent normalement. Il ne sera pas inutile de rappeler, à ce sujet, que les Crustacés presque littoraux, comme les Homards, sont restés parfaitement indemnes dans les viviers où un simple grillage les séparait des Langoustes malades, et que l'invasion de l'épizootie a coïncidé avec une période de chaleur inaccoutumée, rendue plus sensible par la morte-eau. Au reste, les études bactériologiques, que nous avons entreprises, nous permettront sans doute d'établir, avec plus de précision, la nature exacte du mal, son origine et son processus de contamination.

» Pour terminer, disons que l'épidémie des Langoustes n'existe plus et affirmons de nouveau qu'elle n'a exercé aucune influence défavorable sur l'hygiène publique. Dès que les mareyeurs, en effet, s'aperçurent du mal, ils soumirent à la cuisson, avant qu'ils fussent morts, les animaux attaqués et les vendirent à bas prix aux habitants de la côte; les Langoustes de cette provenance ont été consommées en grand nombre dans le Morbihan, l'année dernière, et n'ont jamais causé le moindre mal à la population. »

Société entomologique de France

La Société entomologique de France a pris, depuis quelque temps, l'habitude excellente de se réunir chaque année en un Congrès destiné à rappeler la date de sa fondation.

La séance qu'elle tient à cette occasion présente toujours un grand intérêt tant par le nombre des membres qui y prennent part que par les communications qui y sont faites. La plupart de celles-ci sont d'ordre purement scientifique ; nous donnons toutefois ci-après des extraits de plusieurs travaux relatifs à l'Entomologie appliquée et le résumé des recherches du Dʳ Standfuss, si importantes au point de vue de la biologie générale.

Note sur les invasions des Locustides des genres *Ephippiger* et *Barbitistes*, par J. Azam. — A la séance du Congrès de 1894, M. J.

Künckel d'Herculais donnait des détails intéressants sur les ravages causés par les invasions de *Decticus albifrons* FABR., en Afrique. Ces renseignements ont pu surprendre quelques entomologistes, car, jusqu'à ces derniers temps, certains Acridiens seuls étaient classés parmi les Insectes nuisibles.

Pourtant les Dectiques ne sont pas les seuls Locustides dont on ait eu à se plaindre. En 1886, une invasion d'*Ephippiger vitium* fut signalée dans le canton de Montagnac, arrondissement de Béziers.

On peut ajouter à celle-là l'invasion d'*Ephippiger provincialis* YERSIN, et de *Barbitistes Berengueri* VALÉRY MAYET, qui, en 1888, a détruit en partie les récoltes dans les cantons de Grimaud et de Saint-Aropez, sur le littoral de la Méditerrannée.

Ces invasions de Locustides aptères diffèrent beaucoup de celles des Acridiens, aussi bien que de celles des Dectiques. Tandis que ceux-ci arrivent par bandes, souvent de très loin, s'abattre sur un pays où ils détruisent tout sur leur passage, ceux-là, prennent naissance dans la contrée même qu'ils dévastent.

Ces Orthoptères ont probablement toujours existé dans le Var. Ils éclosent dans les bois de Chênes-Liège qui recouvrent une partie du littoral et accomplissent là les diverses phases de leur développement, n'en sortant pas tant qu'ils y trouvent suffisamment de nourriture. Mais leur nombre augmentant d'année en année, ils finissent par s'y trouver à l'étroit ; c'est alors qu'après avoir dévoré tout ce qui leur a convenu dans les bois, ils descendent dans les campagnes, où ils occasionnent des dégâts plus importants encore. Toutes les récoltes sont atteintes et, en premier lieu, la Vigne et les arbres fruitiers. Après avoir dévoré les fleurs et les fruits, ils attaquent les parties vertes de toutes les plantes. Du reste, tout leur est bon : lorsqu'on écrase un de ces Insectes, les autres ne dédaignent pas son cadavre et le dévorent.

On s'est beaucoup occupé dans le Var, en 1888, des moyens de combattre ces invasions. Les uns ont proposé de débroussailler en hiver et de brûler le bois mort après l'éclosion ; ce moyen serait excellent, mais il devrait être général et se renouveler plusieurs années de suite. D'autres ont pensé que les systèmes employés en Algérie pourraient réussir aussi. C'est peu probable, surtout quant à la destruction des œufs, car, dans le cas des Locustides, il n'existe pas de coques ovigères. On a essayé, soit à Montagnac, soit dans le Var, de lancer des troupeaux de Dindons dans les campagnes infestés ; ils sont tous morts en quelques jours.

Ce qu'il y aurait de mieux, je crois, ce serait de prévenir les invasions en attaquant les Sauterelles alors qu'elles ne sont pas encore sorties des bois et dès qu'on s'aperçoit que leur nombre commence à devenir inquiétant.

Je signalerai deux autres points du département du Var qui sont menacés. Les collines des Escolles, ramifications de l'Estérel, situées entre la mine des Vaux et le village de Bagnols, sont envahies depuis plusieurs années par une quantité considérable d'*Ephippiger terrestris* YERSIN.

Ces Sauterelles se conduisent, dans les bois où elles ont élu domicile, ainsi qu'autour des rares campages qui se trouvent dans ces quartiers, comme celles du littoral. Le territoire du Muy est aussi menacé, car, depuis plusieurs années, je rencontre, dans un bois situé à cinq kilomètres de ce village, un grand nombre de *Barbitistes Berengueri*.

———

M. Camille Jourdfeuille résume les recherches récentes et pleines d'intérêt du Dr Standfuss sur la production des variétés et des aberrations chez les Lépidoptères.

Le Dr Standfuss a recherché qu'elle était l'influence des modifications de température sur les chrysalides, et il est arrivé à un résultat qui a pu dépasser son attente. On comprend son enthousiasme en voyant éclore, dans ses boîtes de chrysalides récoltées dans les environs de Zurich, des types qu'il avait pris lui-même à Jérusalem ou qui lui avaient été expédiés de Finlande ou des pays tropicaux !

Procédant scientifiquement, M. Standfuss a soumis, soit dans des étuves, soit dans des glacières portatives, les chrysalides à étudier à des températures diverses, toujours régulièrement constatées. Il a opéré sur un nombre considérable d'individus (plus de 5,000) prenant en général, bien entendu, des espèces communes et ayant le soin de conserver des individus non soumis à ce régime particulier pour lui servir de témoins.

Les résultats ont été des plus curieux, ainsi que peuvent en témoigner les quelques individus mis sous les yeux de la Société qui, malheureusement, ne sont pas les plus caractérisés, mais suffisent pour en donner une idée.

On remarquera d'abord : des *Vanessa Antiopa* L., dont la bordure jaune est devenue presque noire et qui se rapprochent singulièrement du *Vanessa cyanomelas* DOUBL., originaire du Mexique. — Une autre paire de *V. Antiopa*, obtenue par le froid, dont les points bleus ont pris une importance considérable et pénètrent comme des coins dans la bordure jaune. — Une espèce de *Vanessa atalanta* dont la bordure rouge s'est élargie, ce qui la rapproche de *V. callirhoe*, tandis qu'une autre, sous l'influence du froid, a sa bande rouge presque effacée. — Une variété de *V. urticæ* L. obtenue par le chaud, presque identique avec l'Ichnusa de Corse, formant un contraste complet avec une autre obtenue par le froid et semblable à la var. *polaris* STGR. — Enfin, sur une planche, sont représentées différentes variétés de *Vanessa Io.* L., dont certaines constituent des rapprochements vraiment frappants avec *V. urticæ* L.

Par ces expériences le savant docteur est arrivé à démontrer, d'une façon expérimentale, qu'on obtenait ainsi :

1° Des individus identiques à ceux désignés sous le nom de variétés de saison ;

2° D'autres identiques aux variétés désignées sous le nom de races locales ;

3° Des aberrations analogues à celles qui se trouvent parfois dans la nature ;

4° Des aberrations se rapprochant quelquefois tellement d'autres espèces qu'il est difficile de ne pas admettre que ces espèces doivent provenir d'une souche commune et d'ancêtres qui existaient à une époque géologique antérieure.

Ces constatations permettent de concevoir, avec un haut degré de probabilité, comment ont pu se former, dans la nature, les variétés de saisons, les races locales et la plupart des aberrations.

M. Standfuss, qui élève tous les ans, *ab ovo*, les Lépidoptères les plus rares, s'est livré aussi à des essais d'hybridation, qui ont donné les résultats les plus inattendus. Il est arrivé à constater que les mâles des hybrides obtenus étaient féconds et pouvaient, croisés avec des femelles d'espèces parentes, donner des produits. Bien plus, il a obtenu des œufs fécondés résultant de l'accouplement d'espèces appartenant à des genres différents, ce qui paraît contraire aux faits jusqu'ici observés.

Toutes ces recherches sont consignées dans un ouvrage qui ne tardera pas à paraître, et les résultats les plus intéressants sont établis par une série de planches qui accompagneront l'ouvrage, dont les cinq premières sont présentées à la Société.

Les entomologistes, en suivant et en étendant les procédés du Dr Standfuss, trouveront certainement l'occasion de se procurer des aberrations des plus curieuses et surtout de faire progresser une branche de la biologie qui peut amener les découvertes les plus importantes et les plus inattendues.   (*A suivre.*)

Société scientifique du Chili.

La *Société scientifique du Chili*, dont la création remonte à 1890, est due en grande partie à l'activité de notre confrère M. Lataste. D'abord nommé secrétaire général, il en est aujourd'hui le président.

Dans sa séance du 17 décembre dernier, la Société chilienne a procédé à la nomination d'une série de membres honoraires et de membres correspondants. Dans la première catégorie nous relevons avec satisfaction, parmi les noms français, celui de M. Alph. Milne-Edwards, et dans la seconde ceux de MM. le Baron J. de Guerne, notre secrétaire général, et Raphaël Blanchard.

IV. NOUVELLES ET FAITS DIVERS.

Vers et Insectes nuisibles observés en Angleterre. — M. El. Ormerod vient de publier de nombreux documents (1) sur une trentaine d'Insectes ou autres invertébrés qui se sont montrés particulièrement nuisibles en Grande-Bretagne pendant le cours de l'année dernière. Nous signalerons en particulier un article, illustré d'une planche et de dessins dans le texte, où l'auteur expose, avec une grande clarté, la biologie et les caractères différenciels des trois Nématodes qui, avec le *Tylenchus tritici*, causent le plus de dommages à l'agriculture : ce sont *Tylenchus devastator*, *Heterodera Schachti* et *Heterodera radicicola*.

A signaler aussi le chapitre concernant un nouveau Lépidoptère nuisible au blé, *Niana* (*expolita* Dbl.) dont la chenille attaque et détruit le cœur de la plante, un article fort complet sur *Bryobia prétiosa*, l'Araignée rouge du Groseiller, et une étude originale sur *Helophorus rugosus*. Ce dernier insecte, voisin des Hydrophylides et dont les congénères ont des mœurs plutôt aquatiques, vient d'être signalé par l'auteur comme nuisible aux Navets (*turnips*). L'Insecte adulte ronge les feuilles, et la larve se creuse des galeries dans le haut de la racine et dans la base des feuilles. Les pieds attaqués finissent par pourrir. Un chapitre fort intéressant est aussi consacré à quelques Carabides qui, par inversion du régime habituel au groupe, sont phydophages et peuvent causer des dégâts considérables notamment dans les plantations de Fraisiers. Ce sont *Pterostichus madidus*, *Harpalus ruficornis* et *Calathus cisteloïdes*; des dégâts considérables causés par ces insectes ou par leurs congénères ont déjà été signalés par Curtis, Forbes et Ritzema-Bos : Outre le *Labrus gibbus*, connu de tous par ses dégâts parmi les Céréales, l'auteur cite encore *Harpalus æneus*, *Calathus latus*, *Calathus gregarius*. On peut se convaincre par la dissection (Forbes) que la nourriture végétale l'emporte parfois de beaucoup sur la nourriture animale chez ces insectes réputés carnivores.

Une étude très complète et très documentée sur l'Hypoderme du Bœuf (*Wœrble-Fly*) se trouve enfin dans le même ouvrage. Les pertes attribuables à ce Diptère s'élèvent en Angleterre à un chiffre considérable. C'est ainsi que sur le seul marché d'Aberdeen pour 46,272 peaux saines reçues en cinq mois, il y a eu, en 1888, 14,830 peaux dépréciées par *Hypoderma bovis*, ce qui, en évaluant la dépréciation à raison de 3/4 d. par livre donne une perte totale de 2,873 livres sterling en cinq mois. Outre les mesures préventives

(1) El. Ormerod, *Report of observations of injurious Insects..... during the year 1894*. 18 th. Report London, 1895.

consistant à enduire les endroits vulnérables avec un mélange de goudron, de graisse et de soufre, l'auteur rappelle l'avantage qu'il y a, lorsque cela est possible, à laisser aux animaux un facile accès vers des prairies marécageuses, l'Hypoderme ayant une répulsion, démontrée par diverses observations, pour les terrains submergés, sur lesquels il renonce à poursuivre les animaux.   P. Marchal.

Vers nématodes parasites du Houblon. — *Natural Science* publie un intéressant mémoire de J. Percival (1) sur une maladie nouvelle qui sévit depuis quelques années sur le Houblon en Angleterre, principalement dans le comté de Kent, et dont cet auteur vient de découvrir la cause. Les racines de la plante sont infestées à la fois par deux Nématodes, le *Tylenchus devastator* et l'*Heterodera Schachti* (2). Jusqu'ici ces Vers avaient été signalés isolément sur les végétaux, chacun d'eux suffisait malheureusement a lui seul pour assurer son œuvre de destruction. Le *Tylenchus devastator* avait en outre été considéré jusqu'à ce jour comme vivant exclusivement dans les tiges et les feuilles, et Ritzema-Bos l'avait même désigné sous le nom d'Anguillule de la tige par opposition aux Nématodes qui vivent dans les racines. Les observations de Percival démontrent que, pour ce qui regarde le Houblon, c'est au contraire la racine qui est sujette à ses attaques. Enfin l'*Heterodera Schachti*, si connu en France par les dégâts qu'il cause dans les cultures de Betterave, n'avait pas encore été signalé en Grande-Bretagne, c'est de plus la première fois que l'on indique la présence de Nématodes sur le Houblon.

Le symptôme le plus important de la maladie réside dans la forme particulière que prennent les feuilles. Elles sont arrêtées dans leur developpement, sont de teinte plus foncée, et ont leurs bords recroquevillés du côté de la face supérieure ; les nervures de la face inférieure font en outre une saillie exagérée, et la feuille ressemble alors assez bien à celle de l'Ortie, d'où le nom de *nettle headed*, qui alors a été donné à la plante En même temps, la tige perd la faculté de grimper et de se fixer à son tuteur : elle s'affaisse à terre, le développement s'arrête, et la plante finit par mourir. Dans certaines localités on a dû procéder à l'arrachage des plantations.

On ne peut préconiser contre cette maladie que des mesures préventives et notamment l'emploi des plantes pièges.   P. Marchal.

Rapport du Laboratoire d'Etudes de la Soie pour 1893-1894 (Tome VII, Lyon, 1894). — Ce rapport contient (p. 137)

---

(1) J. Percival, *An Eelworum Disease of Hops.* « Natural science, t. VI, n° 37, mars 1895, n° 187. »

(2) Le fait a été vérifié par les spécialistes les plus compétents (De Nan, Ritzema, Bos).

un travail de M. Léon Southonnax sur les *Lépidoptères séricigènes
des Musées de Londres et de Paris.*

L'auteur donne la liste des espèces séricigènes qu'il a pu étudier
d'après les types du British Museum et d'après les collections Moore,
A. Wailly et W. Rothschild. Quelques détails intéressants sont donnés
sur l'installation des insectes vivants au jardin zoologique de Londres.
Un pavillon spécial est réservé aux cages qui servent à l'éducation
des espèces séricigènes. Ces cages sont de simples cloches en toile
métallique, dont un côté seulement est vitré, celui qui fait face aux
spectateurs ; elles reposent sur des caisses profondes de 6 centimètres
environ et remplies de terreau. On y maintient une température
uniforme.

Dans le même volume (1) se trouve une note sur l'*Araignée fileuse de
Madagascar* par M. Dusuzeau et sur les récents envois concernant l'Ha-
labe de Madagascar (*Nephila Madagascarensis*) faits par le R. P. Camboué au laboratoire de Lyon. Deux planches représentent l'Araignée
fileuse dans sa toile, avec le mâle qui est relativement de très petite
taille, ainsi que les coques ovigères dont la soie est susceptible
d'être utilisée. On peut retirer la soie de l'involucre de bourre qui
recouvre les œufs. ou bien on peut l'extraire directement des organes
séricigènes de l'animal sous formes de petites échevettes de soie
continue. — La soie de l'Oothèque étant embrouillée, et celle des
toiles ne pouvant être utilisée à cause des nœuds, c'est sur la soie
ainsi prise directement à l'Araignée que se fondent les espérances
de production régulière de fils continus propres à un emploi industriel et délicat. Les spécimens de soie ainsi obtenus par le R. P.
Camboué ont été présentés au public à l'Exposition universelle de
Lyon. — Il résulte des essais encore incomplets faits sur cette soie
que sa tenacité, malgré son extrême finesse, est équivalente à la tenacité des baves des cocons de *Bombyx mori.* — Peut-être le problème
de la domestication de cette grande Araignée fileuse se résoudra-t-il
un jour dans nos colonies africaines, si l'on y crée des *Araigneries*
bien conduites soit en plein air, soit à couvert, où les Halabées,
vivant facilement par groupes, se multiplieraient vite.   P. MARCHAL.

**Le marché des soies de Porc et des crins de Cheval
en Allemagne.** — Depuis plusieurs années, ce genre de marché
est tenu avec une certaine régularité à Leipzig, surtout au moment des
foires Les acheteurs. sachant y trouver de bons assortiments s'habituent toujours plus à y recourir, même à d'autres époques de l'année.
En 1893, l'importation à Leipzig de ces deux produits représente
4,681,900 kilogs d'une valeur de 15,418,000 marcs, et l'exportation
2,621,200 kilogs valant 11,752,000 marcs.   DE S.

---

(1) Dusuzeau, ibid., p. 163.

Cordes pour la pêche. — Si l'extrémité d'une corde échappe au pêcheur, la corde est souvent perdue ; elle enfonce.

Les cordiers américains viennent d'inventer une corde spéciale composée de filasse et de petits morceaux de liège. Elle est à la fois solide et flexible. Pour une corde d'un diamètre de 25 millimètres, la résistance est évaluée à 50 kilogs par décimètre de longueur. Elle guide le pêcheur pour retrouver les filets ; enroulée, elle lui sert même de bouée.   DE S.

Le Piassava de Madagascar (*Dictyosperma fibrosum* Wright)(1). — Il y a une vingtaine d'années, le jardin botanique de Kew vit arriver de Madagascar certaines fibres qui ressemblaient à celles fournies par le Piassava du Brésil. Elles étaient de dimension moyenne, d'une belle couleur brune et provenaient sans aucun doute, comme la fibre brésilienne, des tiges de quelque Palmier. On les reçut les premiers temps en petite quantité et dans un état grossier. Aujourd'hui, la qualité des fibres malgaches s'est beaucoup améliorée et, à l'époque où ont lieu les commandes, elles atteignent un prix élevé. La découverte dans l'ouest africain d'une autre espèce de Piassava, appelée *Bass fibre,* que l'on retire du *Raphia vinifera,* produisit une baisse sensible sur la vente des fibres de Madagascar ; leur prix descendit jusqu'à ne couvrir qu'à peine les frais de la production, comme on l'a constaté aux derniers marchés de Londres.

Grâce à l'obligeance de MM. Proctor brothers, des échantillons complets, avec tige et feuilles, de cette plante — nommée *vonitra* en langue malgache — parvinrent, en 1890, à l'établissement de Kew. La tige grêle, atteint près d'un mètre et demi de hauteur et environ deux pouces et demi le diamètre. Une couronne de feuilles gracieusement pennées, longues de 1 m. 50 à 1 m. 60, la surmonte. Cette tige est entièrement revêtue à sa base par une masse épaisse et dense de fibres qui s'étend de l'intérieur de la gaîne et des bords des pétioles. Si l'on isole une fibre, elle paraît fine, plus souple que le Piassava du Brésil, mais elle est un peu plus courte que celui-ci. La fibre de Madagascar peut mesurer jusqu'à cinq mètres et demi en longueur. MM. Ide et Christie nous renseignent sur son rôle commercial. Quand elle est bien droite, nettoyée et peignée, elle vaut de 75 à 90 francs les vingt quintaux. Souvent, on l'expédie de l'île trop tôt, alors qu'elle est encore petite ; sa préparation devient coûteuse. Les chargements se font à Tamatave et dans d'autres ports du Sud. En septembre dernier (1894) au moment des demandes, on l'a vendue 115 francs la *tonne* de vingt quintaux. Ce Palmier est cultivé dans le jardin de Kew où il atteint maintenant 0,60 cm. de haut. Il se rapproche surtout du *Dictyosperma album,* espèce ornementale ré-

(1) *Bulletin de Kew,* 1894, p. 358.

pandue sur les îles Maurice et de la Réunion. Le jardin de Kew a envoyé de ses graines à différents établissements des colónies.

De S.

Sur le commerce du Jaborandi et l'espèce nouvelle de Ceara (*Pilocarpus trachylophus* Holmes) (1).

— Les cargaisons de Jaborandi de provenance brésilienne varient beaucoup en quantité. En 1892, l'on reçut 72 ballots de Ceara et 50 de Maranham ; en 1893, 80 ballots de Ceara, 117 de Maranham et 20 de Parahiba. La plus grande partie fut immédiatement exportée sur l'Europe. Pour les envois faits de bonne heure, les feuilles furent d'abord vendues 0,40 c. la livre (2) ; elles atteignirent 1 fr 90. Ensuite, le prix varia entre 1 fr. 25 et 1 fr. 65 la livre anglaise. La plante de Maranham ne diffère pas de celle de Ceara.

Au mois de juin de 1894, les envois atteignaient environ 90 kilogs pour Maranham et 25 kilogs pour Ceara.

Les folioles du Jaborandi de Ceara ressemblent à celles du Jaborandi de Pernambouc par leur tissu coriace comme du cuir, par la couleur vert foncé ou vert brunâtre de la face supérieure ainsi que par le sommet élargi. Mais elles se distinguent par la face inférieure, garnie de poils courts, recourbés, simples et unicellulaires. Sur la face supérieure les poils revêtent la nervure centrale ; mais ailleurs, ils sont épais. En outre les feuilles ont un bord sinueux. Quant aux fruits, répandus dans le commerce, ils diffèrent de ceux du *Pilocarpus jaborandi* par leur pédicelle très court. Ils sont plus petits. Les zones transversales qui se voient sur ceux du *P. jaborandi* font défaut. Les feuilles et les fruits se rapprochent surtout de ceux du *Pilocarpus longiracemosus*.

En analysant les feuilles de l'espèce de Ceara, on constate qu'elles ne renferment, comme base, qu'une petite quantité de nitrate cristallisable correspondant au sel de pilocarpine. Quand on les traite par le procédé indiqué dans la Pharmacopée britannique, on obtient 0,4 pour cent d'un produit basique, amorphe et de couleur foncée. En titrant le résidu de la solution de chloroforme et en neutralisant, on a trouvé la même poudre que celle de la pilocarpine. Celle-ci produisit seulement 0,02 pour cent de nitrate cristallisable. On a soumis d'autres feuilles à la chaux caustique et à l'alcool pour en extraire l'alcoloïde. On a obtenu ainsi 0,12 pour cent d'un produit probablement formé par la décomposition partielle de l'alcoloïde. Il faut reconnaitre que la base obtenue ainsi n'est pas la pilocarpine. Car, sous l'action de la chaux, la pilocarpine se décomposerait.

De S.

(1) *Pharmaceutical Journal*, 1894, p. 1065.
(2) La livre anglaise de commerce représente 453 grammes 592.

Le Gérant : Jules GRISARD.

MES CANARDS PENDANT LES FROIDS

DE FÉVRIER 1895

PAR M. GABRIEL ROGERON (1).

Château de l'Arceau, près Angers (Maine-et-Loire).

Monsieur le Président,

Pendant les froids rigoureux que nous venons de subir, il s'est produit parmi mon personnel de Canards quelques faits intéressants que je viens vous soumettre.

J'ai pour habitude de rentrer et de mettre sous clef, chaque soir, la plupart de mes Palmipèdes. Une partie cependant de mes Canards du pays sont parqués pour la nuit dans un petit bassin, entouré de murs, voisin de mon habitation.

Depuis l'hiver 1879-1880, il en avait été constamment ainsi. Cet endroit abrité gèle plus difficilement, et jusqu'ici les Canards par leurs barbotages incessants étaient parvenus, pour un espace de quelques pieds carrés au moins, à empêcher l'eau de se congeler ; mais survenant les froids excessifs du commencement du mois, elle a gelé malgré tout.

Je ne pouvais pas laisser ainsi ces Oiseaux privés d'eau, par un temps pareil, et pouvant, sans défense sur la glace, devenir la pâture des Fouines dont je constatais de nombreuses traces sur la neige de mon jardin. Le 6 février où le froid s'accentuait encore, je me décidai à les rentrer, opération délicate que j'avais retardée à cause des difficultés qu'elle me semblait présenter. Mais on eût dit que ces pauvres volatiles, comprenant ce qu'on leur voulait, ne demandaient pas mieux que d'abandonner leur séjour glacé. Sous la conduite de trois personnes, le petit troupeau quitta le bassin en rangs serrés et on le dirigea sans grande peine vers le local habité déjà par les Mandarins et les Carolins.

Cependant, arrivées à la porte, trois Canes, se prenant subitement d'effroi à la vue de ce qui leur semblait sans

(1) Communication faite à la *Société d'Acclimatation* dans sa séance générale du 15 mars 1895.

doute une prison, se rappelèrent qu'elles avaient des ailes et s'en retournèrent sur ma pièce d'eau. Là, pendant plusieurs jours, elles restèrent presque sans boire, car la glace qu'on leur brisait était aussitôt solidement reprise. Cependant elles paraissaient assez philosophiquement attendre des temps meilleurs, presque toujours couchées près les unes des autres.

Le vendredi 8 février, une épaisse bourrasque de neige fine et sèche venait recouvrir la glace d'une couche de plus de trente centimètres. Elles ne semblèrent pas s'en émouvoir et restèrent, comme d'habitude, toute la journée couchées et enfoncées jusqu'à mi-corps sur ce froid et léger matelas. Mais le lendemain matin, après avoir constaté que mon thermomètre marquait — 14° (d'autres ont vu — 18° au leur ; c'est d'ailleurs la journée la plus froide que nous ayons eue en Anjou), je descendis voir à mon bassin comment mes trois Canes avaient passé la nuit ; mais je n'y aperçus plus que leurs trois empreintes bien marquées sur la neige. Elles n'avaient sans doute pu résister plus longtemps à une telle rigueur de température, surtout au manque d'eau complet, et étaient parties.

La perte de ces trois Canes fut chez moi l'événement du jour, d'abord parce qu'on savait que j'y tenais, ensuite à cause d'elles-mêmes, de la place qu'elles avaient su prendre parmi mes autres Palmipèdes malgré leur modeste apparence.

Deux étaient de simples Canes sauvages, dont l'une horriblement boiteuse par suite d'une patte démise dans son jeune âge ; condamnée à cause de cela à être rôtie, elle n'avait dû son salut qu'à l'intervention de personnes compatissantes pour son infirmité même. Mais avec le temps on s'était attaché à la *Boiteuse*. Elle était si amusante avec la jeune couvée que presque chaque printemps elle nous ramenait des prairies voisines, et que passionnée pour la marche malgré sa jambe infirme, elle reconduisait bientôt dans les douves et fossés de leur lieu de naissance pour les ramener de nouveau ; c'était dès lors un va-et-vient perpétuel jusqu'à l'éducation terminée. Les jeunes Canards, eux fort ingambes, connaissant parfaitement la route, marchaient toujours en avant à longue distance de leur pauvre mère boiteuse les rappelant et faisant de vains efforts pour les rattraper ; ce n'était alors qu'en prenant son vol qu'elle parvenait de temps en temps à les rejoindre ;

car elle volait fort bien, mais toujours la patte pendante.

L'autre Cane sauvage, sa fille, était au contraire de tournure très fine et très correcte. J'y tenais surtout à cause de son accouplement avec un Pilet, fait très rare. Le printemps précédent elle m'avait donné une couvée de neuf métis Pilet-Sauvage.

La troisième Cane, trois quarts sang Bec-Oranger du Cap et un quart Sauvage, mais ayant toutes les apparences, quant à la couleur et à la forme, d'une pure Bec-Oranger, était certainement celle à laquelle on tenait le plus. Elle était devenue chez moi une vraie personnalité, portant le nom de *Loïka,* que ma fille toute jeune alors, qui s'était beaucoup occupée de son éducation, lui avait donné. Agée de sept ou huit ans, comme les deux précédentes, elle allait nicher chaque printemps dans les prairies situées à un demi-kilomètre de mon habitation, et, de même, ramenait sa couvée dans ma pièce d'eau dont, à la différence de ses compagnes, elle ne bougeait plus alors. Excellente mère, mais d'une nature méridionale et peu commode, elle s'établissait alors en souveraine sur mes douves; les autres mères de famille devaient partout et toujours lui céder la place. Elle poussa même l'amour maternel, une année qu'elle avait perdu sa couvée, jusqu'à voler les petits de l'une d'elles, de la Boiteuse, après une lutte acharnée de plusieurs jours. Mais comme elle les éleva avec beaucoup d'intelligence et la plus tendre sollicitude, qu'en somme elle les mena à bien, je ne lui en voulus pas trop de ce forfait. Le printemps dernier elle m'avait donné trois triple métis Sauvage-Bec-Oranger-Siffleur de l'Inde.

La perte de ces trois Canes, en dehors de l'intérêt tout particulier que je leur portais, dérangeait donc absolument mes élevages futurs et nouvelles expériences de métis et d'hybrides.

Toute la journée, j'attendis avec d'autant plus d'impatience leur retour, que je savais qu'à cette époque de grands froids tous les chasseurs de Canards de la Loire et de nos autres rivières étaient sur pieds. Le dimanche matin, je conservais encore un vague et dernier espoir qu'elles pourraient être revenues, mais ma pièce d'eau était déserte comme la veille.

La nuit suivante, il y eut une apparence de dégel ainsi que le lendemain lundi; il tomba beaucoup de pluie, et au milieu de la journée, grâce à la neige fondue, il était survenu près de dix centimètres d'eau sur la glace de mes douves. C'était

le troisième jour du départ de mes, Canards, il n'y avait plus
d'apparence qu'ils dussent revenir, quand, vers deux heures
de l'après-midi, tout à coup j'aperçus dans les airs, traçant
de grands cercles dont ma pièce d'eau était le centre, trois
Canards sauvages, parmi lesquels j'eus la vive satisfaction de
reconnaître, à son cou plus long et à ses couleurs plus pâles,
ma Cane Bec-Oranger ; il n'y avait pas de doute que ses compagnes ne fussent aussi mes deux autres Canes. Cependant,
bien qu'elles eussent baissé et rétréci considérablement leurs
circonvolutions, on eût dit qu'elles hésitaient à descendre ;.
de plus, je n'apercevais pas la patte de la Boiteuse pendre
comme d'habitude. Enfin, elles finirent cependant par s'a-
battre toutes les trois sur le bord de ma pièce d'eau. J'avais
vraiment trop de chance après tout espoir perdu de les retrouver ainsi au complet ! Je me hâtai de rentrer chez moi
annoncer la bonne nouvelle. Loika de retour avec les deux
autres voyageuses ! Je courus leur chercher du pain pour les
réconforter. Mais revenu près d'elles au bord de ma pièce
d'eau, je fus fort surpris de ne plus trouver que deux Canes,
l'infirme manquait ; la troisième était une véritable Cane sauvage rencontrée en route ; à peine avait-elle pris terre qu'elle
était repartie pendant les quelques instants que j'étais rentré
chez moi. Ainsi s'expliquait le temps et la difficulté qu'elles
avaient mis à descendre, cette dernière n'y tenant pas sans
doute, et l'absence de patte pendante chez celle que je suppo-
sais la Boiteuse.

Mais où étaient-elles allées pendant une aussi longue absence, pendant ces trois jours ? Avaient-elles émigré vers le
Sud, ou les avaient-elles passés sur les bords de la mer ? Toujours est-il qu'elles ne revenaient plus que deux et que la
troisième avait dû recevoir un mauvais coup.

Ces trois jours de voyage avaient complètement modifié
l'aspect extérieur de mes deux Canes ; contre leur habitude,
elles paraissaient désormais préoccupées, inquiètes. Aussi
craignant un nouveau départ, je m'ingéniai à les traiter de
mon mieux, pain et grainailles leur furent prodigués ; cependant, malgré cela, à cinq heures et demie du soir, elles repartaient. Ce n'était qu'un faux dégel que nous avions eu ; dans
la nuit, le froid reprenait avec toute son intensité précédente ;
le lendemain matin, la glace de mes douves était redevenue
aussi sèche, aussi compacte que d'habitude ; cependant, à

huit heures, les deux Canes arrivaient, mais comme la veille, tout effarées, le moindre objet insolite les effrayait et les faisait partir ; elles volaient alors pendant une heure pour retomber sur ma pièce d'eau ou auprès des Poules qu'elles recherchaient depuis que leurs compagnons, les autres Canards, étaient enfermés. Il va sans dire que, comme la veille, je m'efforçai de ne les laisser manquer de rien ; nourriture variée et eau sans cesse déglacée furent constamment mises à leur disposition ; cependant le soir, à l'heure exacte du jour précédent, c'est-à-dire à cinq heures et demie, elles repartaient à tire-d'aile vers le Sud-Ouest. Le mercredi 13 au matin, elles revinrent comme le jour précédent pour repartir le soir, juste à la même heure et dans la même direction.

Le jeudi matin elles revenaient également à l'heure des jours précédents. Mais le froid redevenant de plus en plus rigoureux et rien ne faisant prévoir sa fin prochaine, comme mes Canes semblaient avoir toutes les chances contre elles en continuant cet exercice trop longtemps, je résolus d'essayer de les prendre en me servant d'un moyen qui m'avait réussi quelquefois. C'était de les attraper par la patte avec un nœud coulant disposé au bout d'une longue ficelle. Si les deux Canes n'eussent pas été alors en compagnie des Poules, la chose eût été assez facile, mais à peine jetais-je du pain aux environs du collet que celles-ci arrivaient les premières, le détendaient ou se prenaient elles-mêmes par les pattes ; de plus le vent froid et excessif de ce jour-là paralysait en partie mes mouvements pour tirer à temps le léger cordon. Enfin j'arrivai à prendre la Cane sauvage. La Bec-Oranger, ordinairement effrayée à moins, ne partit pas comme je l'eusse cru en la voyant saisie ; au contraire, elle vint près de moi semblant fort anxieuse de ce que j'allais faire à sa compagne. Je me hâtai de lier une aile à celle-ci et de la laisser aller ; les deux Canes se réunirent aussitôt. J'essayai alors de prendre la seconde, mais en vain. Je pensais du moins que la Cane devenue incapable de voler retiendrait l'autre, car elles semblaient inséparables. Je l'enfermai le soir à cette intention dans le petit bassin entouré de murs après avoir préalablement défoncé et enlevé la glace dans un endroit. La Bec-Oranger vint, en effet, aussitôt la rejoindre en volant. J'espérais que les deux Canes en compagnie l'une de l'autre allaient y rester, d'autant plus que l'heure règle-

mentaire du départ était passée, quand, à la nuit tombante on
vint m'avertir que la Bec-Oranger venait de partir, mais non
cette fois sans avoir fait de nombreuses rondonnées autour
de ma pièce d'eau en appelant sa compagne avant de disparaître. Mais le lendemain matin, vers huit heures et demie,
quand je descendis, je trouvai les deux Canes tranquillement
couchées côte à côte sur la glace ; et ayant renouvelé mes
tentatives de la veille, je fus assez heureux, cette fois, pour
prendre la Bec-Oranger presque aussitôt.

Mais où se rendaient ces deux Canes partant ainsi chaque
soir et revenant à heure fixe ? J'ai bien de la peine à croire
qu'elles allaient passer la nuit sur la Loire dont elles prenaient la direction, car elles n'y eussent trouvé aucun avantage, celle-ci étant comme ma pièce d'eau entièrement soli-
difiée. Les seuls endroits formant exception étaient ceux où
la glace avait été brisée par les chasseurs autour de leurs
huttes afin d'y attirer les Canards sauvages et en même temps
d'y donner un refuge à leurs *appelants ;* mes Canes s'y fussent naturellement réfugiées et y eussent été tirées aussitôt.
Il n'est pas présumable qu'apprivoisées comme elles l'étaient
et ignorantes du danger, elles eussent pu impunément renouveler une telle imprudence pendant près d'une semaine à un
moment où nos nombreux chasseurs sont constamment aux
aguets de cette sorte de gibier.

Je crois bien plutôt qu'elles se rendaient, chaque soir,
coucher au bord de la mer avec laquelle elles avaient dû
faire connaissance pendant leur première migration de trois
jours et dont elles prenaient également la direction. Qu'était-
ce, en effet, pour elles, chaque soir, qu'un voyage de 25 ou
30 lieues les séparant de nos côtes ! Il ne devait guère les
embarrasser avec la rapidité de leur vol ; en une ou deux
minutes, elles ne me paraissaient plus que comme des points à
l'horizon et je les avais perdues de vue. Au moins alors, après
un excellent souper fait chez moi, elles pouvaient quitter nos
glaces et se bercer toute la nuit sur une onde relativement
tiède.

La chose, du reste, n'avait rien d'étonnant par elle-même ;
chaque soir, à la même heure, nous voyons les Mouettes,
éparses le jour sur nos rivières, se réunir et descendre le
cours de la Loire d'un vol rapide, sans doute afin d'aller coucher en mer. Quand les rivières débordées recouvrent les

vastes marais que nous possédons en Anjou, nous les voyons peuplés d'une multitude de Canards; là au milieu de ces larges nappes d'eau, ils se sentent en sûreté et y passent la journée. Mais si les eaux viennent à se retirer et les prairies par là même à se découvrir, tous ces Canards disparaissent le jour pour revenir le soir à la nuit tombante et repartir avant le lever du soleil. Les chasseurs prétendent qu'ils s'en vont passer la journée en mer sur les côtes de l'Océan, pour revenir pâturer, la nuit, dans nos marais.

Pendant nombre d'années, chaque hiver et presque chaque semaine, quand les eaux étaient basses, je gagnais, accompagné de mon Chien et muni de mon fusil, les marais situés au nord de notre ville, à la réunion de nos trois rivières, la Mayenne, la Sarthe et le Loir. Ces expéditions étaient loin d'être toujours couronnées de succès, surtout d'un succès équivalant à la peine que je prenais à parcourir ces prairies détrempées et sans cesse entrecoupées de fossés à franchir. Mais si le gibier était difficile à atteindre, il était varié, intéressant à observer même de loin, et mes goûts d'histoire naturelle s'accommodaient parfaitement de cette chasse. Cependant, dans ce lieu de l'Anjou préféré des Canards sauvages, c'étaient les Canards qui manquaient le plus aux heures où je m'y trouvais. A peine si, dans la journée, je parvenais à en faire partir deux ou trois, souvent même je n'en apercevais pas un seul, bien que de nombreuses huttes en parfait état témoignassent d'une chasse active et que quelques chasseurs, rencontrés par hasard, me racontassent que, le matin au crépuscule, les Canards étaient abondants, mais ces Canards, me disaient-ils, avaient disparu au jour, comme d'habitude, ils étaient à présent *en mer*. Et il en était de même de tous les autres marais de l'Anjou à pareille heure, ceux-ci se trouvaient aussi vides de Canards. Mais, quand le soir je repartais à la nuit tombante, j'entendais de tous côtés, dans les airs, les sifflements aigus des ailes des nombreux Canards sauvages arrivant alors, venant repeupler nos marais jusqu'au lendemain matin.

Ainsi, ces mêmes voyages aux rives de l'Océan que Mouettes et Canards sauvages exécutent si facilement, mes deux Canes, pour retrouver l'eau manquant sur toute la surface de notre département, avaient bien pu, sans plus de difficulté, les accomplir.

NOTE SUR UN ACARIEN PARASITE

DES FOSSÉS NASALES DE L'OIE DOMESTIQUE

(*STERNOSTOMUM RHINOLETHRUM*, N. Sp.) (1)

Par M. le Dr E. TROUESSART.

Les Acariens des fosses nasales des Oiseaux constituent un groupe de Gamasides bien distinct des *Dermanyssinœ* par la position de l'ouverture stigmatique. Au lieu d'être *ventrale* comme chez les Dermanysses et les Ptéroptes, elle est ici tout-à-fait *dorsale*. Ce déplacement de l'ouverture des organes respiratoires est nécessité par les mœurs de ces Acariens qui ont constamment la région ventrale de leur corps baignée par le mucus nasal. En outre, le péritrème stigmatique est ici réduit à un simple bourrelet circulaire entourant l'ouverture des trachées.

Dans un précédent travail (2), j'avais pensé que l'on pouvait rattacher ces Acariens à la sous-famille des *Pteroptinœ*. Un examen plus approfondi m'a montré que ces parasites des fosses nasales sont aussi distincts des *Pteroptinœ* que des *Dermanyssinœ*, et qu'il convient d'en faire une sous famille à part sous le nom de *Rhinonyssinœ*.

Cette sous-famille comprendra les genres suivants : *Rhinonyssus* (Trt., 1884), *Ptilonyssus* (Berl. et Trt., 1889), *Sternostomum* (= *Sternostoma*, Berl. et Trt., 1889), tous vivants sur les Oiseaux, et probablement aussi *Halarachne* (Allmann, 1847), qui vit dans les fosses nasales des Phoques.

Tous ces Acariens sont hématophages et se gorgent du sang de leur hôte avec une avidité plus grande encore que celle des Dermanysses. Leurs pattes sont munies d'ongles rétractiles, comparables à ceux des Chats, qui leur permettent de se fixer solidement à la muqueuse nasale, de ma-

---

(1) Communication faite à la Section d'Entomologie appliquée dans sa séance du 5 mars 1895.

(2) Comptes rendus de la Société de Biologie, 17 novembre 1894.

nière à ne pas être projetés au loin par le souffle ou l'éternuement de l'Oiseau.

L'espèce qui vit dans les fosses nasales de l'Oie domestique appartient au genre *Sternostomum* que j'ai caractérisé, en collaboration avec M. Berlese (1), sous le nom de *Sternostoma* dont la terminaison doit être modifiée conformément aux règles de la nomenclature moderne.

Le genre *Sternostomum* (Berl. et Trt.), est essentiellement caractérisé par *son rostre infère*, complètement caché par l'épistome lorsqu'on voit l'animal de dos.

Dans l'espèce-type du genre (*Sternostomum cryptorhynchum*), qui vit sur le Moineau (*Passer domesticus*), les pattes antérieures se touchent par leur base comme dans le genre *Leiostaspis* de Kolenati, décrit comme appartenant aux *Pteroptinæ*. Cette espèce est de petite taille.

Dans la nouvelle espèce que je signale ici sous le nom de *Sternostomum rhinolethrum* n. sp., les pattes antérieures ne se touchent pas, l'épistome étant coupé carrément en avant, mais le rostre n'en est pas moins complètement infère et même *rétractile* dans l'ouverture du camérostome, située entre les hanches de la première paire de pattes.

Le *S. rinolethrum* est un Acarien beaucoup plus robuste et trapu que les Dermanysses. Sa taille atteint près de 1 millimètre de long, plus du double de l'espèce-type du genre. Les pattes sont très robustes, et celles de la première paire sont un peu plus longues et plus fortes que les autres ; toutes sont armées d'ongles recourbés formant de solides crampons. La femelle est *vivipare*, et la larve est hexapode comme celle des Dermanysses.

Les téguments sont transparents et laissent voir l'estomac rempli de sang, ce qui donne à ces Acariens une teinte d'un rouge plus ou moins foncé, suivant l'état de la digestion.

Ces parasites survivent très bien à la mort de l'hôte et continuent à se gorger de sang longtemps après. M. R. Rollinat (d'Argenton) m'a envoyé par la poste, à plusieurs reprises, des becs d'Oies désarticulés, pour la recherche de ces Acariens. Bien que la mort des Oiseaux remontât à cinq ou six jours au moins, les Sternostomes étaient encore

---

(1) BERLESE et TROUESSART, *Diagnoses d'Acariens nouveaux ou peu connus* (Bull. Biblioth. scientif. de l'Ouest, 1889, n° 9, p. 128).

parfaitement vivants. On en trouvait qui s'étaient littéralement plongés dans les gouttes de sang qui maculaient l'intérieur de la boîte d'envoi, et qui semblaient encore en parfaite santé.

Zurn et Weber, qui ont vu cet Acarien, mais sans le déterminer ni le décrire, le confondant avec les Dermanysses, ont constaté qu'il pouvait provoquer sur l'Oiseau une inflammation catarrhale des fosses nasales.

Je donnerai prochainement dans le *Bulletin de la Société zoologique de France* la description complète et la figure de cette espèce.

EXPÉRIENCES DE M. MILLARDET

SUR L'HYBRIDATION

EXPOSÉ ET DISCUSSION PAR M. REMY SAINT-LOUP (1).

———

M. le professeur Millardet, dont on connaît les beaux travaux de botanique et spécialement ceux qui traitent de la Vigne, s'est occupé, dans ces dernières années, d'instituer des expériences relatives à l'hybridité chez les végétaux. Une première série d'essais a été exécutée avec les fleurs de la Vigne, une autre série avec celles du Fraisier, et chaque fois les résultats obtenus ont été des plus intéressants (2).

Je me propose d'exposer ici ces résultats et, avec l'autorisation de M. Millardet, de présenter les interprétations que me suggère l'examen des faits. Les critiques à formuler n'atteindront en aucune manière l'expérimentateur ingénieux et habile, elles auront seulement pour effet de signaler une fois de plus les inconvénients des doctrines consacrées par l'usage et relatives à la notion d'espèce (3).

Le mémoire intitulé : *Essai sur l'Hybridation de la Vigne* commence par ces mots : « On sait ce qu'est un hybride, c'est
» le produit du croisement de deux espèces différentes. Le
» Mulet, issu de la Jument et du Baudet, en est l'exemple le
» plus universellement connu peut-être, et pour cette raison,
» on désigne fréquemment les hybrides sous le nom de
» mulets. Par le terme de métis, on désigne le produit du
» croisement non plus de deux espèces distinctes, mais de
» deux races de la même espèce. Ainsi deux variétés de
» Chiens, deux races de Poules appariées ensemble produi-
» sent, non pas des hybrides, mais des métis. »

Voici donc l'hybride et le métis définis d'une manière par-

---

(1) Communication faite à la *Société d'Acclimatation* dans la séance générale du 19 avril 1895.

(2) *Essai sur l'hybridation de la Vigne*, par A. Millardet, professeur à la Faculté des Sciences de Bordeaux, correspondant de l'Institut, 1891.

(3) *Note sur l'hybridation sans croisement ou fausse hybridation*, id., id., 1894.

faitement claire, la notion est à ce point classique que l'on ne
songe guère à la discuter et, cependant, elle implique ce *pos-
tulatum* que l'espèce, la race, la variété sont parfaitement
distinctes, définies par des qualités morphologiques qui indiquent indubitablement l'application du terme. En effet, s'il
en était autrement, les mots hybride et métis pourraient être
synonymes. Les expériences de M. Millardet montrent admirablement cette synonymie, et par conséquent l'insuffisance
de la morphologie comparée pour marquer les limites de
l'espèce, de la race, de la variété, pour établir l'espèce en
fonction de la forme lorsque la différence des expressions de
mesure de deux formes tend vers zéro.

Voici d'ailleurs ce que dit M. Millardet à propos de la
Vigne : « Les Vignes désignées communément sous le nom
» d'*Hybrides Bouschet* étant le résultat du croisement de
» diverses races (*Teinturier, Aramon, Alicante*, etc.), d'une
» seule espèce (*V. vinifera*), constituent des métis et non des
» hybrides. » Mais, plus loin, l'auteur semble admettre qu'il
existe de véritables hybrides de Vignes, car il ajoute :
« Quant à l'intérêt scientifique qui s'attache aux hybrides
» des Vignes, il provient de l'exception remarquable, unique
» même en tant qu'étant porté à ce degré, que font les hy-
» brides en question à la loi d'altération de la sexualité...
» Non seulement le croisement a réussi jusqu'à présent entre
» toutes les espèces de Vignes que j'ai tenté d'hybrider
» (quinze espèces du Nouveau-Monde et deux de l'Ancien),
» mais tous les hybrides quaternaires (formés par le concours
» de quatre espèces) se laissent croiser à leur tour soit entre
» eux, soit avec leurs parents, soit même avec d'autres es-
» pèces et sont pleinement féconds. En un mot, ces hybrides
» se comportent comme des métis. »

Que M. Millardet m'excuse de pousser encore plus loin la
conclusion et de condamner au nom du fait expérimental la
classique et arbitraire admission des divisions en espèces. On
délivrera les sciences biologiques d'un thème fécond en mal-
entendus lorsqu'on aura dit aux classificateurs, en les priant
de céder à la logique, à peu près ceci : Vous avez donné le
nom d'espèces à des formes vivantes parmi lesquelles vous
remarquiez des différences qui vous paraissaient importantes,
mais votre appréciation ne pouvait en elle-même s'imposer,
et la méthode expérimentale démontre l'erreur même de l'ap-

préciation. Puisque par définition les espèces sont génériquement séparées, il faut lorsque des croisements réussissent entre des types organiques nommés Espèces différentes, non pas considérer ces faits comme des phénomènes exceptionnels, mais logiquement reconnaître que la dénomination d'espèces différentes avait été inexactement appliqué. Et si cependant l'alliance a lieu pour une seule génération entre spécimens très éloignés de forme, on dira que l'unité spécifique persiste encore affaiblie, entre des types dont l'évolution a profondément altéré la forme.

Pour la pratique, cette critique des termes perd évidemment de son importance. Si les croisements entre les divers types de Vignes produisent des résultats avantageux, peu importe que les praticiens nomment hybrides ou métis les rejetons formés, mais pour la discussion générale des lois biologiques, il est nécessaire de définir exactement les expressions. M. Millardet a fait, à mon gré, trop délicatement sentir cette nécessité en disant : « Ces hybrides se comportent comme des métis. » En exposant les expériences, il marque davantage l'intérêt de l'exacte définition.

« En général, après la fécondation d'une fleur par un pollen
» étranger, rien, ni dans les fruits, ni dans les graines qui
» sont le résultat du croisement ne peut servir à reconnaître
» ce dernier, les fruits et les graines restant conformes à ce
» qu'ils sont habituellement dans la plante mère... Cependant dans les croisements entre l'*Aramon*, la *Carignane*
» et le *Teinturier* (ce dernier fonctionnant comme père) un
» certain nombre de fruits au lieu d'avoir le jus incolore,
» comme il est naturellement dans ces cépages, l'avaient
» coloré en rouge comme dans le père (*Teinturier*)... Le
» *Sanginella* de Naples ayant été fécondé par le pollen du
» *Sabal-Kanskoï* rouge de Crimée, plusieurs baies de la
» grappe montrèrent la couleur rouge du Sabal-Kanskoï.

» Lorsqu'au contraire la grappe femelle est rougé, il ne se
» produit pas de décoloration par croisement avec un mâle
» à grappe blanche. »

Ne pourrait-on conclure de tout ceci qu'en général les modifications qui donnent des aspects variés aux différents types de Vignes n'atteignent pas la composition intime spécifique des sucs végétaux, de leurs liquides organiques et que, dans les croisements semblables, il n'y a que des faits de mé-

tissage. En général ici les métis tiennent en apparence exclusivement du type maternel, mais il est intéressant de constater que *certaines qualités* du type père ont le pouvoir de
modifier cet ordre et d'influencer le produit d'une manière
prédominante. Il est évident que ces *certaines qualités* restent actuellement mal définies, elles échappent à une analyse
qui puisse faire comprendre leur rôle de causalité ; aussi
doit-on se borner à les signaler. Ce n'est que par le rapprochement de faits nombreux analogues que la causalité pourra
peut-être se dégager.

Une autre expérience de M. Millardet est, au point de vue
des théories générales relatives aux croisements, des plus
remarquables : « En 1884, dit-il, je pollinisai cinq grappes
» castrées de *V. rupestris* par l'*Aramon-Teinturier-Bous-*
» *chet*, plante à étamines longues et qui n'offre rien d'anor-
» mal dans la fructification. La coulure fut presque générale
» et je ne récoltai que cinq pépins bien constitués en appa-
» rence, mais dont aucun ne germa. » En résumé, l'opération inverse donna le même résultat. Une grappe tout entière
d'*Aramon-Teinturier* pollinisée par un *rupestris* mâle ne
produisit que quelques baies dont aucun pépin ne leva.

Une grappe d'*Aramon* pollinisée par un *Riparia-œsti-*
valis produit un petit nombre de baies et de graines (12)
dont neuf seulement germèrent.

Enfin une grappe de ce même *Aramon*, pollinisée par le
rupestris Ganzin donna une ample récolte de baies bien
développées, mais sur soixante et un pépins, trois seulement
germèrent.

N'est-il pas curieux de remarquer cette inégalité dans la
compatibilité des types de Vignes et n'assistons-nous pas aux
progrès des différenciations, qui conduisent peu à peu à la
séparation complète, à la séparation en espèces distinctes de
formes organiques assurément de même origine primitive.
La morphologie ne peut nous faire comprendre cette séparation graduelle et nous pouvons être excusé de revenir encore
ici à cette hypothèse des modifications de l'humeur spécifique
que l'étude biologique du genre *Lepus* nous faisait adopter.
Nous avons parlé à ce propos de l'*incompatibilité d'humeur
absolue ou en voie de formation* qui nous paraissait corres-
pondre aux degrés divers d'éloignement des êtres d'un type
morphologique en apparence homogène, et les expériences

de M. Millardet mettent en relief des faits qui paraissent venir à l'appui de notre thèse de la disjonction des espèces.

Nous citerons encore le fait suivant mis en lumière par M. Millardet : « En hybridant la Vigne européenne par le » mâle américain, on obtient une très haute résistance au » *Phylloxera*, mais la fructification est insuffisante. Par l'o- » pération inverse, la fructification est bonne, mais la résis- » tance a disparu en grande partie. » Cette loi, comme le fait remarquer l'expérimentateur, a une importance considérable au point de vue pratique, mais aussi, ajouterons-nous, le fait nous permet de faire remarquer que dans ces alliances, si les qualités morphologiques sont conservées par le type maternel, des qualités chimiques sont transmises par le type paternel. Dans tous les cas où ces croisements donnent des grappes dont les graines sont capables de germer, il nous paraît nécessaire d'admettre que les spécimens mis en présence étaient des variétés ou des races d'une même et unique espèce. Dans le cas du croisement d'*Aramon* et *Riparia œstivalis*, on peut dire que les spécimens peuvent être considérés comme deux races sur le point de devenir relativement l'une à l'autre des espèces distinctes.

Dans un autre travail intitulé : *Note sur l'Hybridation sans croisement ou fausse hybridation*, M. Millardet se propose de démontrer que dans le genre Fraisier (*Fragaria*), les produits obtenus par l'hybridation de certaines espèces reproduisent intégralement le type spécifique du père ou celui de la mère et ressemblent par conséquent exclusivement soit à l'un, soit à l'autre, sans réunir jamais à la fois aucun des caractères distinctifs des deux espèces composantes. Certainement, cette donnée paraît en opposition avec la doctrine classique, mais elle cesse immédiatement d'être surprenante si nous supprimons les mots genre et espèce et si nous considérons les croisements dont il est question comme des métissages entre variétés d'un groupe unispécié. Si nous déclarons n'avoir pas compétence pour juger de la valeur des caractères morphologiques qui décident de la hiérarchie dans la classification des Fraisiers, nous dirons cependant que les faits constatés dans les alliances sont ici de même ordre que ceux dont il a été question pour les Vignes et peuvent cadrer dans la même théorie. Exceptionnellement, M. Millardet a constaté un mélange des caractères paternels et maternels.

En somme, les résultats sont les mêmes que ceux que l'on peut observer lors de l'union d'individus qui sont exactement de même race et qui ne diffèrent que par des qualités attribuables à des *variétés*. Ainsi, par exemple, on sait que des Souris de la variété blanche unies à des Souris de la variété noire produisent des rejetons noirs, des rejetons noirs et blancs et d'autres entièrement blancs. Il y a une tendance à la prédominance des spécimens blancs, et l'on peut en conclure que, dans l'union de types appartenant à des variétés d'une même espèce, des caractères apparus dans l'espèce sous des influences inconnues ont une force héréditaire prédominante, mais non pas absolue. Ici les caractères dont il s'agit sont assurément physiologiques, en relation avec des qualités de composition chimique plutôt qu'avec des qualités morphométriques.

On peut supposer qu'il existe une gradation insensible dans ces modifications des individus qui s'éloignent d'un type primitif pour passer par ces stades que l'on a nommé variété, race, espèce, et que de nombreuses années sont nécessaires pour disjoindre les espèces. Mais je ne crois pas que cette idée de travail lent corresponde nécessairement à la réalité du phénomène, et l'altération capable de disjoindre, dans une espèce, un certain nombre de couples formant ainsi une espèce nouvelle peut aussi bien être supposée subite et pour ainsi dire tératologique. La théorie de la fixité de l'espèce s'élèvera contre ces propositions ; nous pensons ici bâtir à côté d'elle sans engager d'hostilités et sans dédaigner l'examen des faits qu'elle mettra en lumière.

M. Millardet, nous nous plaisons à le constater, a rejeté la notion rigide de l'espèce lorsqu'il a dit : « Quand on est un » peu au courant des phénomènes si variés de l'hybridation, » on peut dire hardiment qu'il n'y a, même *a priori*, dans » les faits nouveaux que je viens de signaler, malgré leur » étrangeté, rien d'impossible. Je dirai plus : la fausse hybri- » dation (c'est ainsi que l'auteur désigne les faits de croise- » ment des Fraisiers) devait être prévue. Elle n'est à vrai » dire *que le terme extrême d'une série de faits parfaite- » ment constatés.* »

En résumé, les expériences de M. Millardet ont déterminé d'une manière précise l'état, relativement aux procréateurs, de rejetons formés par les types organiques distincts, et ses travaux sont de ceux dont l'utilité est aussi incontestable pour la théorie que pour la pratique. Nous manquons encore aujourd'hui des moyens d'apprécier les distinctions de structure qui ne sont pas traduites par la forme de la cellule, de l'organe ou de l'organisme, et quand cette voie nouvelle sera défrichée, il y aura un grand progrès dans les sciences biologiques. Des travaux comme ceux que nous venons d'analyser, en montrant mieux la complexité des faits, indiquent aussi la nécessité d'explorer des champs inconnus ; les hypothèses sont comme une lumière pour éclairer en avant ; si elles dessinent des silhouettes inexactes, elles invitent au moins les explorateurs à marcher pour se rendre compte.

Les sciences mathématiques et les sciences physiques utilisent l'hypothèse pour le progrès, pourquoi refuserait-on aux sciences naturelles le droit d'employer ce moyen ; aussi, à la faveur des observations expérimentales précises et circonstanciées de M. Millardet, n'avons-nous pas craint d'entrer un peu dans le domaine des suppositions. Ajoutons toutefois que ces suppositions s'accordent assez bien avec d'autres études expérimentales qui nous sont personnelles et déjà publiées.

Peut-être n'avons-nous pas assez insisté sur la très grande portée pratique des recherches de M. Millardet. Ces expériences sur les croisements, en mettant en lumière les aptitudes nouvelles des métis, ont permis de reconstituer de grandes étendues de vignobles. Non seulement les Vignes nouvelles résistent au Phylloxera, mais elles sont peu sujettes à la chlorose qui atteint les Vignes que l'on pourrait appeler *Européennes pur sang*. Des essais importants ont donné d'excellents résultats en plusieurs départements, dans l'Hérault, dans le Gers, dans les Charentes ; les plus sévères adversaires du progrès scientifique devront reconnaître une fois de plus l'utilité de l'œuvre d'un savant et le bienfait qui en résulte.

5 Mai 1893.

LES STACHYS

NOUVELLE MÉTHODE DE CULTURE

DE L'IGNAME DE CHINE

Par M. P. CHAPPELLIER.

Je cultive trois espèces de *Stachys* :

D'abord le *S. tuberifera*, introduit par notre Société et vulgarisé par notre zélé collègue, M. Paillieux, sous la dénomination de Crosne du Japon.

Vous connaissez les qualités de ce légume, mais il a, comme toute chose ici-bas, ses défauts ; on en signale surtout deux.

En premier lieu, ses tubercules sont bien petits ; en raison de ce faible volume, il en reste en terre un grand nombre lors de l'arrachage, ce qui fait d'abord une perte de récolte ; puis, au printemps, tous ces abandonnés repoussent, épuisent la terre, et le jardinier a du mal à s'en défaire ; de son côté, la cuisinière est de méchante humeur lorsqu'il lui faut nettoyer et brosser cette infinité de petits tubercules.

Le second reproche qu'on adresse aux Crosnes, c'est leur insipidité. Pour apprécier convenablement un légume nouveau, il convient de le cuire à l'eau salée, sans aucun assaisonnement ; dégusté dans ces conditions, le *S. tuberifera* n'a pour ainsi dire pas de saveur propre.

J'essaye de réaliser pour cette plante ce qu'on a fait pour la plupart de nos légumes : créer une variété améliorée au moyen du semis et de la sélection ; malheureusement, ce Stachys ne donne pas de graines, on peut même dire pas de fleurs ; tout ce que j'ai pu obtenir depuis deux ans, et à la suite de quel travail ! ça été une dizaine de fleurs ; et sachant qu'avec certaines plantes on n'obtient de graines fertiles que par l'intervention d'un pollen étranger, j'ai eu soin de féconder ces fleurs par le pollen des deux espèces dont je vais parler. Peine inutile ; je n'ai pas obtenu une seule bonne graine. Donc, résultat nul jusqu'à présent.

Ma deuxième espèce en expérience est le *S. Floridana* que

j'ai introduit d'Amérique il y a deux ans. Les tubercules sont très gros ; c'est ce volume que je voudrais voir au Tuberifera. Par contre le goût est âpre et sauvage. La floraison est abondante, mais pas une graine n'est fécondée. Il ne faut pas oublier que cette plante n'est introduite que depuis deux ans ; il n'est pas impossible que le fait seul d'une culture plus prolongée sous notre climat adoucisse sa saveur et la fasse grainer ; c'est un essai à suivre.

Enfin, le troisième Stachys dont je m'occupe, n'est plus un exotique, c'est le *S. palustris*, espèce indigène croissant en abondance dans nos vallées et sur le bord de nos rivières.

Divers auteurs et quelques amateurs l'ont indiqué comme comestible. Cette appréciation me semble un peu optimiste ; comme je l'ai déjà dit ici même, je ne me laisserais pas mourir de faim devant un plat de *S. palustris*, malgré sa saveur amère et sauvage, mais je me garderais bien d'en faire mon ordinaire.

Le Palustris ne donne pas de tubercules proprement dits ; il produit seulement des stolons ou plutôt de très nombreuses et très longues tiges souterraines de la grosseur d'un tuyau de plume ou d'un crayon. Les fleurs et les graines fertiles sont très abondantes, ce qui permet d'espérer l'amélioration par semis et sélection. D'ailleurs une variété accidentelle de cette espèce a déjà été trouvée dans un jardin des environs de Noyon et signalée par M. Bellair, jardinier en chef des parcs et jardins de Versailles. Les tiges souterraines de cette variété ne sont plus uniformément cylindriques sur toute leur longueur ; elles présentent au contraire des renflements qu'il faudrait arriver à amplifier encore pour les transformer en vrais tubercules.

J'ai semé l'an dernier des graines de cette variété, mais mes jeunes semis ont un trop petit volume pour que je puisse apprécier dès à présent leur futur mérite.

En résumé : Pour le *S. tuberifera* ou Crosne, et pour le *S. Floridana*, pas de graines et dès lors peu d'espoir au moins à prochaine échéance ; le *S. palustris* au contraire est en bonne voie d'amélioration.

J'arrive à l'*Igname*. — Je ne voudrais pas recommencer l'éloge que je vous en ai déjà fait plus d'une fois ; laissez-moi cependant vous redire encore que c'est un très bon légume, beaucoup trop négligé. Diverses raisons, disons mieux, divers préjugés ont motivé cet abandon ; l'un d'eux, le plus répandu et, il faut l'avouer, le plus excusable, c'est la trop grande longueur du tubercule. Celui que je mets sous vos yeux mesure 70 centimètres de long. Il me serait facile de combattre ce préjugé ; mais je l'ai déjà fait ici et ailleurs sans du reste beaucoup de succès. Au lieu de recommencer à signaler le mal, cherchons plutôt le remède.

Deux moyens se sont tout d'abord présentés à l'esprit.

En premier lieu, importer des contrées où l'Igname est indigène une espèce à tubercules courts pouvant vivre et prospérer sous notre climat. En second lieu, et à défaut d'une importation, créer par le semis et la sélection une variété présentant les mêmes conditions. Dans ce but, notre Société a ouvert un concours et institué des primes.

De nombreuses tentatives en ces deux sens ont été faites, mais elles sont restées jusqu'à ce jour infructueuses ; je cherche depuis quelques années à créer cette variété améliorée.

Parmi mes semis de 1892, deux présentaient bien le caractère requis. En vous les présentant à la séance du 23 décembre 1892, (*Rev. des Sc. nat. appl.* du 20 avril 1893) j'avais eu soin de vous prévenir que je ne me faisais pas d'illusions à leur égard. En effet, mon expérience de semeur d'Ignames m'a appris que la forme initiale du tubercule de semis de première année a une tendance à se modifier les années suivantes. C'est ce qui est arrivé ; ces deux tubercules qui étaient presque complètement sphériques en 1892, se sont allongés en 1893, mais toutefois l'allongement est très modéré ; ils sont devenus seulement demi-longs, et, s'ils devaient conserver définitivement cette forme moyenne, le but cherché serait en partie atteint.

L'an dernier, en 1893, parmi un très grand nombre de semis, dont la plupart retournaient à la trop longue forme paternelle, j'en ai trouvé sept, tout à fait remarquables. Je me disposais à vous les présenter à la séance du 16 mars, mais cette séance a été consacrée entièrement à la conférence faite par M. Foa. L'époque de plantation de ces tubercules ne pouvant être retardée plus longtemps, je les ai mis sous les yeux de M. le Président et de quelques membres du Conseil et j'en ai fait tirer une épreuve photographique que je dépose sur le Bureau.

Si ces jeunes tubercules conservaient leur forme sphérique,
le succès serait complet ; il est malheureusement à craindre

Jeunes Ignames de forme arrondie.

que, pendant cette année 1894, ils ne manifestent une tendance plus ou moins grande à l'allongement.

En attendant que l'introduction ou la création d'une variété tout à fait méritante nous apporte la solution parfaite du problème posé par notre Société, ne pourrait-on tourner la difficulté au moyen d'un procédé spécial de culture ?

Quelques essais ont été faits en ce sens.

Dans des terrains argileux et compacts, des jardiniers ont battu le fond d'une plate-bande, comme on le fait d'une aire de grange ; d'autres ont été jusqu'à y mettre un pavage, un carrelage, un grillage... Ces essais et d'autre analogues n'ont pas donné de résultats pratiques.

On avait aussi pensé à le mettre en pot, mais il est facile de comprendre que, pour obtenir un tubercule aussi volumineux que celui que je mets sous vos yeux, il faudrait un développement considérable du système radiculaire, ce qui nécessiterait l'emploi d'un vase d'une très grande capacité. C'est cependant ce résultat que je suis parvenu à atteindre par un procédé artificiel que je vais décrire.

Je prends un pot d'environ 16 centimètres, je l'enterre assez profondément pour que son bord supérieur se trouve à environ 20 centimètres au-dessous du niveau du sol ; je plante une tête d'Igname au-dessus de ce pot de façon que l'œil ou nœud vital soit placé à 10 centimètres au-dessous de la surface de la terre. On sait que c'est de cet œil terminal que partent les racines. Ces racines s'étendent tout à leur aise dans la terre environnante, et y trouvent à leur portée tous les éléments de fertilité nécessaires à leur entier développement et à la production normale de la tige et du tubercule; ce tubercule descend perpendiculairement dans la terre, mais il ne tarde pas à rencontrer le fond du pot ; il est forcé de s'y contourner en spirale et prend la forme bizarre, mais ramassée, dont je vous présente trois exemplaires (fig. p. 407).

Ne pas oublier de boucher à peu près le trou du pot avec une baguette pour en interdire l'accès au tubercule tout en permettant l'écoulement d'un excès d'eau.

Ce procédé artificiel de culture réunit deux conditions qui semblent incompatibles : culture simultanée en pot et en pleine terre, et il réalise le vœu de la Société !... arrachàge facile.

Je n'ai pas cependant la prétention de l'introduire dans la grande culture : un maraîcher se résignerait difficilement à enterrer des centaines de pots dans ses plates-bandes ; mais ne pourrais-je pas le recommander à un propriétaire qui désirerait varier son ordinaire et offrir à ses invités pendant l'hiver ou au printemps quelques plats d'un légume peu connu ? J'admets jusqu'à un certain point qu'un jardinier

Igname cultivée en pot.
(Cliché communiqué par la *Librairie agricole*.)

répugne à défoncer son sous-sol jusqu'à 80 centimètres et à aller chercher un tubercule à cette profondeur, mais quel prétexte pourrait-il mettre en avant pour se refuser à cultiver une vingtaine de pots par le procédé que je viens d'indiquer.

II. EXTRAITS DES PROCÈS-VERBAUX DES SÉANCES DE LA SOCIÉTÉ.

3ᵉ SECTION (AQUICULTURE).

SÉANCE DU 14 JANVIER 1895.

PRÉSIDENCE DE M. EDMOND PERRIER, MEMBRE DE L'INSTITUT,

PRÉSIDENT.

M. le Président ouvre la première séance de la session par une allocution au cours de laquelle il rend compte des dispositions prises pour mener à bonne fin l'enquête sur l'état de la pisciculture en France, commencée par la 3ᵉ section. Il donne lecture de la lettre ci-après qui a été adressée à un grand nombre de pisciculteurs et d'établissements d'aquiculture :

Monsieur, dans sa dernière séance, la Section d'aquiculture de la Société nationale d'Acclimatation s'est attachée à faire ressortir tout l'intérêt qu'il y aurait à connaître exactement la situation de la pisciculture dans notre pays ; elle a décidé, en conséquence, qu'une circulaire serait envoyée par ses soins aux différents établissements, Sociétés et particuliers qui s'occupent de la culture des eaux.

Les documents reçus seraient ensuite centralisés et formeraient la base d'un *rapport détaillé sur le mouvement piscicole en France*. Un exemplaire de ce rapport serait envoyé à ceux qui auraient contribué à sa confection, et leur collaboration y serait mentionnée.

Je viens vous demander, Monsieur, si vous voudriez bien participer à cette œuvre utile en me faisant connaître toutes les adresses auxquelles nous pourrions envoyer notre lettre-circulaire, et si vous seriez disposé, pour votre part, à nous fournir les renseignements les plus complets sur les procédés et conditions de votre élevage et sur les résultats que vous avez obtenus, ainsi que votre avis sur les questions principales que nous devrons poser aux pisciculteurs dans notre enquête.

Veuillez agréer, Monsieur, avec mes remerciements anticipés, l'assurance de mes sentiments très distingués.

Le Président de la Section de Pisciculture,

EDMOND PERRIER,
Membre de l'Institut.

M. de Claybrooke lit un mémoire de M. Violet, secrétaire adjoint de la *Société historique et archéologique* des Vans (Ardèche), sur l'influence que l'on peut attribuer aux usines industrielles et aux amendements agricoles dans la dépopulation de nos cours d'eau. A propos de ce mémoire, MM. Raveret-Wattel et Rathelot présentent diverses observations, et M. le Président signale l'intérêt qu'il y aurait à faire des enquêtes locales sur le sujet en question ; ce serait, pense-t-il, le moyen le plus efficace pour agir en pleine connaissance de cause et après un travail d'ensemble, auprès des pouvoirs publics compétents.

M. de Guerne annonce la création d'une nouvelle Société de bienfaisance, qui s'intitule *Œuvres de mer*, et se propose d'acheter, d'armer et d'envoyer à Terre-Neuve, pendant les campagnes de pêche, un navire-hôpital, destiné à fournir aux pêcheurs les secours matériels et moraux dont ils sont ordinairement privés. Cette œuvre intéresse tous ceux qui s'occupent à quelque titre que ce soit des grandes pêches maritimes. Le président du Comité des *Œuvres de mer* est le vice-amiral Lafont, le secrétaire général, M. B. Bailly, ancien officier de marine, 5, rue Bayard, à Paris, auquel peuvent être adressées les offrandes et toutes les demandes de renseignements.

M. Georges Roché expose rapidement l'organisation de la piscifacture marine installée à Dunbar par les soins du *Fishery Board of Scotland*, et qu'il a visitée récemment. Il rappelle les études scientifiques faites sur les conditions biologiques des animaux marins comestibles et sur le régime de leurs larves, dans les eaux écossaises, par Mac Intosh, Prince, Fulton, etc. Il insiste sur la nécessité de faire précéder toute tentative de pisciculture de recherches très sérieuses sur les conditions physiques et organiques du milieu marin qui avoisine la région du littoral où doit être faite cette tentative. A cet égard, la localité de Dunbar a été fort bien choisie ; la pureté et la densité convenable des eaux s'y prêtent particulièrement aux essais piscicoles qui sont, là, favorisés, d'ailleurs, par l'aménagement très pratique d'une installation bien étudiée et parfaitement appropriée au rôle qu'elle doit remplir.

Celle-ci comprend : 1° un bassin, où sont réunis les animaux reproducteurs qui ne sont pas encore prêts à frayer ; 2° un vivier de ponte, où s'opère librement la fécondation des éléments sexuels (dans un volume d'eau restreint) et qui est muni d'un collecteur spécial — d'un filtre à œufs — pour la récolte de ces œufs flottants ; 3° une série de filtres pour purifier l'eau destinée à alimenter les boîtes incubatrices ; 4° une salle pour les appareils d'incubation, qui sont du système Dannevig ; 5° une pompe, actionnée par un moteur à vapeur, et qui alimente les diverses parties de l'usine aquicole.

La pisciculture du *Carrelet* a fait, surtout cette année, l'objet des travaux des savants écossais, auxquels M. Harald Dannevig, fils du célèbre pisciculteur norvégien, a prêté avec un grand dévouement son concours éclairé. Elle a produit 25 millions de jeunes Poissons ; une mortalité de 4,4 % seulement a été constatée durant l'élevage, depuis

la récolte des œufs fécondés jusqu'à la résorption complète de la vésicule ombilicale ; à ce stade, en effet, les jeunes individus ont été immergés dans les eaux marines avec des soins particuliers et en tenant
compte des conditions physiques du milieu océanique dans les
points d'immersion. Des essais faits sur une plus petite échelle pour
la pisciculture du *Turbot* et de la *Morue* ont donné d'excellents résultats.

On voit donc, après de pareilles expériences, que la technique de
l'aquiculture marine est aujourd'hui assez précise pour que l'on puisse
tenter, dans nos eaux françaises, de contrebalancer par les pratiques
piscicoles les effets dévastateurs de la pêche intensive — de celle,
notamment, qui, s'exerçant sur des animaux adultes, détruit les reproducteurs avant qu'ils n'aient frayé. D'ailleurs, si l'on rapproche les
résultats obtenus à Dunbar de ceux obtenus en Norvège et à Terre-
Neuve pour la culture de la *Morue* et du *Homard*, on est amené à
demander la création de piscifactures sur notre côte.

Dans la région boulonnaise, le Dr E. Canu a déterminé, avec précision, les données principales auxquelles on doit se référer pour voir
celles-ci fonctionner avec succès. Des études analogues à celles de ce
savant devront être faites en d'autres points du littoral. Déjà, du reste,
le professeur Ed. Perrier, mettant à la disposition des pisciculteurs,
non seulement sa haute compétence scientifique, mais les ressources
du laboratoire de Saint-Vaast-la-Hougue, se dispose à tenter des essais
aquicoles sur la côte Est du Cotentin.

En somme, il est démontré que l'on peut, aujourd'hui — dans des
conditions d'économie suffisante, eu égard au but à atteindre — réem-
poissonner les fonds marins appauvris en utilisant les méthodes
exactes de la pisciculture. Il ne faut pas se dissimuler, toutefois, que
c'est par centaines de millions qu'il faut semer dans les eaux marines les jeunes Poissons d'élevage pour régénérer ces fonds. Cette
tâche mérite largement d'être entreprise par les Français qui ont
l'honneur d'avoir eu l'initiative des méthodes ostréicoles, dont les
résultats ont dépassé toutes les espérances.

M. Raveret-Wattel insiste sur l'intérêt des travaux exposés par le
Dr G. Roché et qu'il espère voir bientôt prendre en France un développement proportionné à l'importance du littoral maritime.

M. Parâtre présente une tête de Saumon de grandes dimensions,
animal de 11 kilos environ, dont il a fait opérer dernièrement la saisie
aux Halles de Paris, avec le concours de M. Fayna, président de la
Société des Pêcheurs à la ligne du cantonnement de Paris. Il signale l'indifférence regrettable manifestée en cette circonstance par les agents
chargés de réprimer l'introduction de certains Poissons en temps prohibé. Ce n'est qu'après de nombreuses protestations et une insistance
énergique que les saisies en question ont pu être réalisées.

La tête de Saumon, présentée à la Section, est celle d'un *Bécard*, avec crochet de la mandibule très développé ; M. Parâtre rappelle à ce propos que ce n'est pas là un caractère spécifique comme l'avait admis Cuvier et quelques naturalistes après lui, ce n'est même pas un caractère de race ; sur des quantités considérables de Saumons observés par lui, il s'en trouvait de toutes les tailles et de tous les âges avec le crochet en question, beaucoup plus souvent à la vérité chez les mâles que chez les femelles.

Au sujet de la pièce très volumineuse apportée à la séance et qui commence à répandre dans la salle une odeur peu agréable, M. Jules de Guerne appelle l'attention de ses collègues sur l'emploi du *Formol* pour la conservation des plantes et des animaux, notamment des Poissons ; ce produit donne d'excellents résultats ; il a l'avantage de bien conserver les couleurs et d'être très économique surtout lorsqu'il s'agit d'objets de grandes dimensions.

· M. Raphaël Blanchard ajoute qu'il se sert, depuis un an, du formol pour la conservation des Hirudinées et que, jusqu'à présent, il est très satisfait de ce procédé, indiqué d'abord par M. Blum, de Francfort-sur-le-Mein. M. Joubin s'en est servi également pour les Céphalopodes, dont quelques-uns sont fort délicats.

Dans les préparations de formol, les Sangsues semblent émettre plus de mucosités que dans l'alcool ; mais il suffit de les essuyer plusieurs fois avec un linge jusqu'à ce que cette secrétion ait pris fin. Les spécimens conservés gardent leurs couleurs ; seules les teintes jaune paille ou jaune beurre pâlissent légèrement, mais sans disparaître. Le formol se mélange dans l'eau distillée ou simplement filtrée dans la proportion de 1 à 2 %.

M. le Secrétaire général lit une longue liste de travaux inscrits pour les prochaines séances et montre l'intérêt que vont prendre les travaux de la Section, qu'il invite à procéder au renouvellement de son bureau. Sont nommés à l'unanimité, pour 1895 :

> *Président*, M. Edmond Perrier.
> *Vice-Président*, M. le Dr Georges Roché.
> *Secrétaire*, M. Jean de Claybrooke.
> *Secrétaire adjoint*, M. René Parâtre.
> *Délégué aux récompenses*, M. le Dr Raphaël Blanchard.
> *Délégué du Conseil*, M. Raveret-Wattel (1).

Le Secrétaire,
JEAN DE CLAYBROOKE.

––––––––

(1) Nomination faite par le Conseil dans sa séance du 26 avril 1895.

5e SECTION (BOTANIQUE).

SÉANCE DU 12 AVRIL 1895.

PRÉSIDENCE DE M. HENRY DE VILMORIN, PRÉSIDENT.

Le procès-verbal de la séance précédente est lu et adopté.[1]

A propos des Melons d'Asie-Mineure dont M. Chatot a constaté la longue conservation, M. le Président rappelle que nous possédons déjà un certain nombre de variétés de ce fruit qui sont recommandables à ce point de vue, et il cite notamment le *Melon de Malte* qui, dans le Midi, se cultive beaucoup pour l'arrière-saison. Ses fruits, cueillis dans le courant de l'automne se conservent au fruitier pour l'hiver. Les Melons *Olives d'hiver* et *Blancs d'Antibes* sont également de longue garde et bons à conserver pour la mauvaise saison.

M. Mailles, à l'occasion des observations de MM. Rathelot et Chappellier sur les supports à donner aux Ignames, dit qu'il a employé du grillage de clôture à grosses mailles pour faire grimper ces plantes et qu'il s'en est fort bien trouvé.

M. le Président ajoute que l'on a, en effet, beaucoup exagéré la hauteur des perches à employer et que, généralement, deux mètres suffisent. On peut laisser aussi les tiges courir sur le sol, comme le dit M. Chappellier, mais il est préférable de ramer pour la production des tubercules.

M. Paillieux donne lecture de diverses notes sur les cultures de plantes alimentaires exotiques, puis il distribue entre ses collègues un certain nombre de graines, cent plants d'Igname de Chine et des tubercules de Capucine tubéreuse.

M. Mailles dit, à propos de cette communication, que chez lui, à la Varenne-Saint-Hilaire, le *Solanum laciniatum* se resème naturellement.

M. le Secrétaire procède au dépouillement de la correspondance et présente diverses publications qui intéressent plus particulièrement la Section (voir *Bibliographie*).

M. Chatot annonce qu'il met à la disposition de ses collègues cinquante plants de Mioga, plante condimentaire du Japon.

M. Roland-Gosselin offre quelques semences d'un Haricot vivace des Antilles.

M. E. Forgeot fait hommage d'une brochure ayant pour titre : *Rôle et importance des engrais chimiques en horticulture.*

Le Secrétaire,

Jules GRISARD.

III. EXTRAITS DE LA CORRESPONDANCE.

LA CULTURE DU COTONNIER EN ALGÉRIE.

Oran, le 23 mars 1895.

J'ai pu récolter, en 1894, quelques gousses de Cotonniers d'Égypte et de Chine. Les graines vont être semées à Perrégaux, localité du littoral où les terres sont irrigables et dont le climat est plus chaud que celui d'Oran.

En les envoyant, j'ai fait observer que, dans les essais de culture du Cotonnier, on doit rechercher des plants à grand rendement.

Cette culture a été très prospère en Algérie, notamment dans le département d'Oran, vers 1860, lorsque le Gouvernement l'encourageait, en distribuant des prix annuels dont l'un était de *vingt mille francs!* — en accordant des primes aux planteurs et en achetant les cotons récoltés, à des prix fixés à l'avance. Mais, elle n'a pas tardé à péricliter, par suite de la suppression des primes et du développement de la concurrence étrangère.

Actuellement, les conditions ne paraissent pas favorables pour reprendre cette culture, en Algérie, sur de grandes bases du moins, parce que la main-d'œuvre y est beaucoup plus coûteuse que dans la Russie transcaspienne et en Amérique où les plantations du Cotonnier n'ont pas cessé de progresser.

Aussi, des personnes compétentes concluent à l'inutilité des nouveaux essais de culture qui pourraient être faits avec les bonnes variétés connues ; d'autres conseillent de restreindre ces essais à de petites parcelles.

Il semble que réduite, suivant ce dernier système, la plantation du Cotonnier pourrait servir d'appoint aux autres cultures, si elle était faite par des personnes ayant une famille nombreuse et n'étant pas obligées, dès lors, de recourir à la main-d'œuvre étrangère ; c'est ainsi que se pratique, généralement, la culture du Tabac dans le Nord de la France.

Mais, il faudrait, en outre, n'employer que des variétés à grand rendement (150 à 170 gousses par pied).

Or, je ne crois pas qu'il en existe en Algérie.

La première chose à faire est donc d'acclimater, en Algérie, une variété à grand produit, ou d'en créer une, en éliminant celles qui n'ont qu'un faible rendement et en sélectionnant celles qui se rapprochent le plus du but à atteindre.

C'est dans ce sens seulement qu'à mon avis, les essais doivent être faits, pour le moment, et c'est le conseil que j'ai donné, en envoyant les graines que j'avais.

Je ne manquerai pas de vous faire part des renseignements que j'aurai sur les résultats qui seront obtenus.   LEROY.

$\times$

L'ARGANIER EN ALGÉRIE.

Pour compléter les renseignements sur cette Sapotée qui a fait l'objet d'une série de notes dans la *Revue* du 20 mars 1895, je tiens à faire connaître l'existence à Alger, dans un jardin de la ville dit Jardin Marengo, d'un sujet âgé d'Arganier du Maroc. Je connais cet arbre depuis plus de vingt ans, il donnait déjà des fruits en 1873.

Je ne crois pas à l'avenir de cet arbre en Algérie, l'amande est mince comme du papier; elle est contenue dans un noyau d'une épaisseur extraordinaire et très dur. L'huile est peu utilisable comme aliment et elle coûterait beaucoup plus cher que l'huile d'Olive. L'Arganier pourrait être utilisé comme haie défensive; mais sa croissance est très lente, surtout pendant les premières années.   Dr TRABUT.

$\times$

Le numéro de la *Revue des sciences naturelles appliquées* du 20 mars 1895, contient une série de documents très intéressants sur l'Arganier du Maroc, fournis par notre collègue M. Leroy, en réponse à la lettre adressée par moi à la *Société d'Acclimatation* le 22 octobre 1894, dans laquelle je signalais la réussite des semis au Jardin d'Essai d'Alger, des graines d'Arganier que j'avais rapportées du Maroc, en 1891.

Je n'attache qu'une importance très secondaire à la question de priorité, en ce qui concerne l'introduction de cette plante, mais je constate que je ne suis pas seul à avoir pensé que l'Arganier complèterait utilement l'arboriculture algérienne et, par extension, tunisienne.

Il est très regrettable que les essais dont parle M. Leroy, tentés par lui en 1886, n'aient pas été poursuivis avec la sollicitude qu'ils méritaient, car notre colonie, aujourd'hui, posséderait une source de richesse qui lui manque. La Compagnie transatlantique entretient un agent à Mogador, qui est occupé, uniquement, de l'achat de l'huile d'Argan, utilisée, je crois, pour l'entretien de sa machinerie à bord.

M. Ch. Rivière, directeur du Jardin d'Essai d'Alger, me confirme qu'à l'exception des plants actuellement au Hamma et quelques sujets rabougris ailleurs, il ne connaît pas d'autres Arganiers en Algérie valant la peine d'être cités. C'est là qu'est tout l'intérêt de la question et je me trouve largement satisfait d'avoir pu aider à réparer cette lacune botanique.

Les Arganiers sont confinés dans une région très spéciale, au sud-est de Mogador, dans la forêt *Raba Ida* ou *Gert*, qui couvre un des contreforts de l'Atlas marocain, sur un plateau accidenté ayant une grande étendue, à l'est, vers Marrakesch (Maroc), au sud, vers l'Oued Noun. Dans cette forêt, en partie dénudée, se font des cultures d'Orge, production presque unique de ces clairières assez nombreuses et de dimensions minimes. Cette région est habitée par des Chellouh (Berbères), population assez mal famée, d'ailleurs plus ou moins indépendante à l'égard du Sultan du Maroc.

Ces explications complètent, dans ma pensée, celles qu'a fournies M. Leroy ; j'ajouterai toutefois que, sans doute, l'échec des tentatives antérieures doit avoir pour cause principale le mauvais état des graines employées ; je pourrais faciliter tout nouvel essai par la possibilité de recevoir des graines qui me seraient fournies, par des amis de Mogador, dans les meilleures conditions devant assurer le succès de nouvelles tentatives.   J. FOREST aîné.

P. S. — Note de M. Rivière : « Dans la plupart des cas, jusqu'à ce jour, les graines envoyées n'étaient pas fraîches ; celles que j'ai rapportées ont constitué de suite un semis de bonne venue. »

✕

PROTECTION DES PETITS OISEAUX.

A propos de la communication faite par M. Xav. Raspail à la Société zoologique de France sur la protection des Oiseaux utiles et qui a été reproduite en grande partie dans la *Revue des Sciences naturelles appliquées* du 20 février 1895, M. Mailles nous adresse une note sur l'efficacité des grillages employés à la protection des Oiseaux. Nous en extrayons ce qui suit :

« Il existe au fond de mon jardin un mur garni de Chèvrefeuilles. Le vent les arrachait quelquefois, malgré les fils de fer tendus pour les retenir. Je me suis décidé, il y a cinq ans, à fixer un grillage de clôture, à larges mailles, contre ce mur, pour retenir solidement mes plantes grimpantes. Un couple de Rubiettes niche, tous les ans, depuis une dizaine d'années, dans un trou de ce mur. La pose du grillage ne l'a nullement dérangé, bien qu'à ce moment les Oiseaux construisissent leur nid. Depuis, comme avant, mes Rossignols de murailles élèvent, tous les ans, une nichée dans ce mur, tantôt la première, tantôt la seconde, jamais les deux. Pourquoi ? Je n'ai pu en deviner la cause. Le fait est que l'application du grillage n'a en rien modifié leurs habitudes, et que les petits s'envolent tranquillement, au lieu de devenir la proie des Chats, comme presque toujours autrefois. »

Comme on le voit, notre collègue confirme absolument l'opinion de M. Xav. Raspail.   CH. MAILLES.

IV. BULLETIN BIBLIOGRAPHIQUE.

OUVRAGES OFFERTS A LA BIBLIOTHÈQUE DE LA SOCIÉTÉ.

GÉNÉRALITÉS.

G. Coutagne. — *Remarques sur l'hérédité des caractères acquis.* Lyon, in-8°.   Auteur.

P. S. Langley. — *Report of the Secretary of the Smithsonian Institution fort the Year ending june 30, 1894.* Washington. Governement Printing office, 1895.   Smithsonian Institution.

2ᵉ SECTION. — ORNITHOLOGIE.

Giacinto Martorelli. — *Monografia illustrata degli Uccelli di rapina in Italia.* In-4°, fig. et pl. col., Milan, 1895.   Auteur.

3ᶜ SECTION. — AQUICULTURE.

G. Coutagne. — *Recherches sur le Polymorphisme des Mollusques de France.* Lyon, 1895, in-8°.   Auteur.

Gadeau de Kerville. — *Jeunes Poissons se protégeant par des Méduses,* avec une figure. « Le Naturaliste », 1ᵉʳ décembre 1894.   Auteur.

4ᵉ SECTION. — ENTOMOLOGIE.

R. de Taillasson. — *Les plantations résineuses de la Champagne crayeuse. Invasion de la Chenille* Lasiocampa pini *en 18.2, 1893 et 1894.* Sens, in-18, planche en couleurs.   Auteur.

Laboratoire d'études de la Soie fondé par la Chambre de Commerce de Lyon. Rapport présenté par la Commission administrative, 1893-1894. Volume 7°, grand in-8°, Lyon, 1895, planches noires et coloriées.
                                                                              Laboratoire d'études.

5ᵉ SECTION. — BOTANIQUE.

Félicien Michotte. — *Traité scientifique et industriel des plantes textiles.* Supplément au tome III. *L'Ortie.* Paris, 1895, in-8°.   Auteur.

A. Larbalétrier. — *Les grandes cultures de la France.* Paris, in-8°.
                                         Société d'éditions scientifiques, 4, rue Antoine-Dubois.

Clément et Henri Denaiffe, à Carignan (Ardennes). — *Manuel pratique de culture fourragère.* In-8°, figures. Graineterie Denaiffe. Auteurs.

Léon Duval. — *Les Azalées. Historique, multiplication, culture, forçage, emplois,* etc., avec figures dans le texte, in-18, Paris, 1895.
                                                                              Octave Doin, éditeur.

Charles Baltet. — *Une page d'histoire de l'enseignement de l horticulture en France. Hier et aujourd'hui.* In-18, Troyes, 1895.   Auteur.

D. Guiheneuf. — *Les plantes bulleuses, tuberculeuses et rhizomateuses ornementales de serres et de pleine terre.* Paris, 1895. in-12 de 600 pages orné de 227 figures.   Octave Doin, éditeur.

Liste des principaux ouvrages français et étrangers traitant des Animaux de basse-cour (1).

2° OUVRAGES ALLEMANDS (suite).

Ottel (Robert). Ueber künstliche Brut von Hühnern und anderm Geflügel. Nach dem Englischen des W. J. Cantels. Weimar, E. F. Voigt, 1874. 60 Pfg.

> *Ottel (Robert).* Sur l'incubation artificielle des Poules et d'autres volailles, d'après l'anglais de W. J. Cantels. Weimar, E. F. Voigt, 1874. 60 Pfg.

Ortleb (A. und J.). Der Vogelfreund und Geflügelzüchter. Mit 52 Abbildungen auf 7 Tafeln. Erfurt, 1887, M. 2.

> *Ortleb (A. et G.).* L'ami des oiseaux et l'éleveur de volailles, avec 52 figures sur 7 planches. Erfurt, 1887. M. 2.

Palacky (Joh.). Zur Frage über die Abstammung des Haushuhns in Vortr. auf dem ornithologischen Congress. Wien, p. 23-28.

> *Palacky. (Joh.).* Sur la question de l'origine de la Poule domestique. Conférence au congrès ornithologique. Vienne, p. 23-28.

Philipps (E. Cambr.). Ueber die Abstammung des Haushuhns. Aus dem Englischen übersetzt von Gust. v. Hayck, in Mittheil. des ornithologischen Vereins. Wien. 8. Jahrgang, p. 52-53 u. 76 77.

> *Philipps (E. Cambr.).* Sur l'origine de la Poule domestique, traduit de l'anglais par Gust. de Hayck, dans les rapports de la Société ornithologique. Vienne, 8° année, p. 52-53 et 76-77.

Prybil (Leo E.) Die Geflügelzucht. Mit einem Vorwort von Whm. Ritter von Hamm. Berlin, Parey, 1884. M. 2,50.

> *Pribyl (Leo E.).* L'élevage de la volaille, avec une préface du chevalier Whm (Guillaume) de Hamm. Berlin, Parey, 1884. M. 2,50.

Prutz (Gust.). Das Ganze der Taubenzucht. 3. Aufl. Mit 17 Tafeln. Weimar, E. F. Voigt, 1876. M. 9.

> *Prutz (Gust.).* De l'élevage complet des Pigeons. 3° édit. avec 17 pl. Weimar, E.-F. Voigt, 1876. M. 9.

(A suivre.)

---

(1) Voyez *Revue*, année 1893, p. 564; 1894, 2° semestre, p. 560, et plus haut, p. 48 et 231.

V. ÉTABLISSEMENTS PUBLICS ET SOCIÉTÉS SAVANTES.

Société entomologique de France (1).

LA COCHENILLE DES VIGNES DU CHILI (*Margarodes vitium* GIARD),
PAR VALÉRY MAYET.

« Ayant été dès 1889, c'est-à-dire bien avant le professeur Giard,
appelé à étudier cet Insecte sous une forme bizarre, arrondie, connu
en Amérique sous le nom de *Perles de terre*, ayant fait sur lui des observations biologiques intéressantes, ayant enfin, à plusieurs reprises,
obtenu l'éclosion de l'imago, nous avons tenu à exposer de suite un
résumé de notre travail.

Ces *Perles de terre*, soit l'état de nymphe enkystée de *Margarodes vitium*, était commandé par le milieu extra-sec où ces Cochenilles sont
appelées à vivre. On sait, en effet, que les pluies sont rares au Chili,
qu'elles manquent parfois totalement pendant tout le cours d'une année et qu'un Insecte terricole à enveloppe chitineuse mince, risquerait
de succomber s'il n'était protégé contre la dessiccation par une coque
solide, entièrement close. Sous cette enveloppe solide, l'Insecte est
tellement bien garanti que nous en avons conservé jusqu'à aujourd'hui
plusieurs exemplaires vivants depuis 1889, c'est-à-dire depuis bientôt
six ans, sans aucune alimentation possible. Ils vivent sur leurs réserves qui sont considérables et se contentent, quand on arrose la
terre dans laquelle on les tient, d'absorber de l'eau par endosmose.

Les jeûnes prolongés chez certains Arthropodes sont connus. La
Tique des Chiens (*Ixodes ricinus*), la Tique des Pigeons (*Argas reflexus*)
peuvent passer trois ou quatre ans sans manger. Que dire des six années observées chez notre Cochenille ? Le fait est nouveau, chez les
Insectes. On se trouve là en présence d'un phénomène constaté chez
les Vers et les Mollusques gastéropodes : les premiers enkystés, les
seconds protégés par une coquille épaisse.

Ce cas de véritable vie latente, chez un Insecte, ne peut être expliqué que par les trois actions combinées de la « déshydratation » qui
ralentit la vie, de l' « enkystement » qui isole, de l' « histolyse »,
enfin, qui retarde l'évolution. Si, pendant tout le printemps, on a tenu
les kystes dans la terre humide, si, pendant l'été, juin et juillet pour
nos pays, décembre et janvier pour l'autre hemisphère, on les soumet
à une température atteignant 30° à 35°, on obtient l'éclosion de l'Insecte parfait.

(1) Voir ci-dessus, page 376; une faute d'impression a rendu méconnais-
sable le nom de M. Camille Jourdheuille, qui a résumé devant la Société entomologique les recherches du Dᴿ Standfuss *Sur la production des Variétés et
des Aberrations chez les Lépidoptères.*

C'est toujours une femelle, le mâle est encore inconnu. Cette femelle a été comparée à une larve de Lamellicorne. Je ne puis, comme premier aspect, que la rapprocher à une larve de Longicorne du genre *Vesperus* décrite par nous en 1875 dans les Annales de la Société entomologique de France. Même corps, court, trapu, atténué en avant, surtout vu de profil, développé en forme de cube à la partie postérieure ; mais pour peu que l'examen soit poussé plus loin, les différences sautent aux yeux : 1° l'Insecte est « astome », incapable de se nourrir ; 2° il est muni de pieds robustes, dont les deux paires antérieures sont remarquables par le développement des cuisses et des tarses. Ces derniers, constituant d'énormes griffes, sont aptes à fouiller le sol.

L'Insecte pond-il par parthénogénèse ? C'est ce que je ne crois pas. Les quelques pontes obtenues par nous à Montpellier sont demeurées stériles ; mais M. Lataste, le zoologiste bien connu, qui s'est le plus occupé des mœurs de l'Insecte au Chili, a obtenu des pontes fécondes sans avoir pu observer le mâle. Les œufs sont déposés sur le sol, au milieu d'amas de filaments cireux blancs, secrétés par la partie postérieure du corps de la mère.

La jeune larve suce les racines, non seulement de la Vigne, comme on l'a constaté tout d'abord, mais de bien d'autres végétaux. A quelle phase de leur existence se transforment-elles en nymphes ? C'est ce qui n'est pas encore élucidé. Ce qu'il y a de certain, c'est qu'elles vivent sur les racines à l'état de larve et à celui de nymphe enkystée. »

Société zoologique de Londres.

La Société zoologique de Londres vient de tenir, sous la présidence de M. W. Flower, sa 66ᵉ assemblée générale annuelle. Le rapport présenté à la séance indique une notable diminution des recettes effectuées par la *Société* en 1894, relativement à celles de 1893. Cette diminution dépasse 27,750 francs ; elle doit être attribuée au mauvais temps prolongé de l'année dernière pendant laquelle les entrées au jardin n'ont été que de 625,538, contre 662,649 en 1893.

Au 31 décembre 1894, la *Société* possédait 2,563 animaux dont 669 Mammifères, 1,427 Oiseaux et 467 Reptiles. Diverses espèces nouvelles sont entrées à la ménagerie pendant le dernier exercice parmi lesquelles des Tortues géantes, des Autruches à peau bleue du pays des Somalis, des Crapauds d'eau de Surinam et plusieurs types rares d'Antilopes et de Kangouros.

Le nombre des membres titulaires de la *Société zoologique de Londres* était de 2,972 au 1ᵉʳ janvier 1895, légèrement inférieur à celui de l'année dernière. Cela tient au chiffre des décès (111) très élevé en 1894.

VI.! NOUVELLES ET FAITS DIVERS.

Les Mouflons de la Haute-Hongrie. — On nous écrit à propos de l'introduction de Mouflons dans le massif du Tatra (*Revue*, 1894, 2ᵉ semestre, p. 473) que, dans le domaine de Ghymnes appartenant au comte Forgash, ces animaux sont acclimatés et se reproduisent depuis une vingtaine d'années. En 1869, on lâcha 10 individus d'abord dans un enclos de 60 hectares, puis dans un parc à gibier de 700 hectares. En 1883, on comptait 150 Mouflons. 100 furent alors laissés libres; en 1890, leur nombre était évalué à 400. Beaucoup souffrirent pendant l'hiver rigoureux de 1891 où l'on retrouva les restes de 64 d'entre eux. Aujourd'hui le troupeau s'élève à 467 Mouflons et il augmente de 75 à 85 individus par an.   DE S.

Un cas de sociabilité chez l'Hirondelle de cheminée. — « Etant à la toilette par une belle matinée de mai 1894, je vis une Hirondelle de cheminée — *Hirundo rustica* — passer et repasser en voltigeant avec persistance aux carreaux de la croisée de ma chambre à coucher. Je m'approchai sans la faire fuir, j'ouvris la fenêtre ; elle entra.

Mon étonnement fut grand alors de la voir, comme elle le faisait au dehors, continuer de s'agiter à l'intérieur de la pièce, volant au-dessus de ma tête et m'enveloppant dans un inextricable enchevêtrement de circonférences et de courbes aux rayons raccourcis par les dimensions assez restreintes de l'appartement. Elle chantait en même temps sans interruption. Ce n'étaient pas ces cris stridents et brefs que l'Hirondelle effrayée lance au moment du départ, mais une sorte de doux ramage exempt de toute inquiétude, et semblant invoquer la protection et la pitié.

Intrigué de plus en plus, je sortis de la pièce en laissant à la porte une faible ouverture afin de ne rien perdre de ce qui allait se passer.

Elle s'abattit dans un coin de la chambre, sur le haut du chambranle d'un placard servant de vestiaire qui faisait sur le mur une saillie de 6 centimètres, puis demeura quelques instants sans plus chanter ni se mouvoir.

Bientôt une seconde Hirondelle arriva se poser près d'elle, et commença ce gazouillement familier, témoin de la satisfaction la plus grande, jointe à la plus complète sécurité.

Le mâle et la femelle, dans un but que je définissais mal encore, s'entretenaient simplement de leurs petites affaires ; et la conversation terminée, ils s'enfuirent ensemble à tire-d'aile.

Profiter à la hâte de leur absence, saisir une chaise et m'élever à la hauteur du chambranle fut l'affaire d'un moment, tant j'étais désireux de bien connaître la cause qui les attirait en ce lieu. Quelle ne fut pas ma surprise en apercevant quelques becquées de vase qui, disposées en rond les unes à côté des autres, donnaient la preuve indubitable qu'un nid, encore rudimentaire, était, à mon insu, depuis la veille, ébauché dans cet endroit.

Le travail fut continué vivement ; et, comme il s'accomplissait dans la première partie du jour, la femme de chambre reçut l'ordre de ne vaquer que plus tard aux soins du ménage, avec toutes les précautions nécessaires pour ne pas gêner l'heureux couple. Chaque matin, les gracieux visiteurs attendaient mon réveil pour pénétrer dans la chambre qui leur était immédiatement ouverte ; et, il s'était établi dans notre vie commune une telle intimité que j'allais et venais sans m'occuper de leur petit manège, et sans qu'ils parussent faire la moindre attention à moi. Au bout de quelques jours la femelle garda le nid plus longtemps. Un soir, à mon coucher, elle s'y trouvait encore ; je fermai la croisée sans qu'elle y prit garde et nous passâmes la nuit ensemble. L'incubation était commencée. Le lendemain, mettant à profit une des rares absences de la mère, et désirant vérifier l'état des lieux à loisir, je fermai la croisée. » (1).

Il est fort regrettable que l'auteur de ce récit, M. F. Chaillou, n'ait plus des ce moment rouvert la fenêtre et qu'il ait sacrifié, suivant son propre aveu, la fin d'une observation curieuse au simple désir de placer dans sa collection quelques œufs d'Hirondelle. Puissent les ornithologistes ne pas suivre ce fâcheux exemple, si jamais le hasard les place dans des circonstances analogues.

Acclimatation du Poisson rouge (*Carassius auratus*) dans le rio Mapocho de Peñaflor, au Chili.

— Importé de Chine en Europe par les Portugais, le Poisson rouge est, comme on le sait, en train de devenir cosmopolite. En France, dans nombre d'étangs et de cours d'eau, il s'est parfaitement acclimaté et se reproduit librement : je l'ai souvent ramené dans mon troubleau, quand je pêchais les Batraciens aux environs de Paris. On le rencontre également à l'état sauvage au Cap où il fut introduit avant d'arriver en Europe, à Maurice, à Sainte-Hélène, aux Açores (J. DE GUERNE. *Excursions zoologiques dans les îles de Fayal et de San Miguel, Açores*, 1888) et au Chili.

A Peñaflor, en janvier dernier, dans une partie de chasse, je l'ai pris moi-même jusque dans le bras principal du rio Mapocho; et à plusieurs reprises, j'ai vu des pêcheurs qui en rapportaient de nombreux exemplaires, pêle-mêle avec des Bagres (*Trichomyterus*) et des Pejereyes (*Atherina*) pêchés dans les acequias adjacentes.

C'est accidentellement, en 1885, que l'espèce a été introduite dans la localité. Mme Rosa Aldunate de Waugh, de qui je tiens ce récit, en

(1). « Bulletin de la Soc. des Sc. nat. de l'Ouest de la France », 1er trimestre 1895. Nantes.

ayant apporté quelques sujets dans sa maison de campagne, et une crue ayant mis le réservoir dans lequel elle les avait installés, en communication avec le large acequia qui limite sa propriété.

Le sujet que j'ai pris dans le rio était une énorme femelle en frai. Je traversais le rio à cheval, quand je l'aperçus et, après l'avoir poussée vers la rive en l'effrayant avec ma monture, je pus la saisir à la main. En toute autre circonstance, sans doute, elle se serait sauvée; car ni l'eau, ni l'espace ne lui faisaient défaut. Le frai qu'elle laissait échapper, se collait à ma main.

Dans l'étang de la Quinta Normal de Santiago, à l'époque du frai, il est aisé de prendre ainsi à la main, surtout dans la matinée, les Poissons rouges mâles et femelles, qui s'approchent du bord pour y déposer les œufs ou pour les féconder et qui semblent alors avoir en partie perdu l'instinct de la conservation.

Un jour de l'été dernier, dans l'après-midi, j'étais assis auprès de cet étang, quand mon attention fut attirée par un léger remous de l'eau vers la rive opposée. Je vis alors un Poisson rouge qui nageait d'une façon anormale, le corps incliné sur l'horizon et en partie émergé. Il s'avançait dans ma direction, parfois quittant sa route pour décrire des cercles, et puis la reprenant en ligne droite. Je me levai et m'approchai du bord et comme le Poisson arrivait à ma portée, je réussis à l'étourdir d'un coup de canne ; mais je dus le laisser couler au fond sans essayer de le recueillir, un gardien étant aussitôt accouru pour me faire observer que la pêche dans l'étang était interdite, et la vue du public qui se rassemblait déjà m'ayant engagé à me retirer pour éviter un scandale ; je ne pus donc savoir si j'avais eu affaire, dans ce cas, à un mâle ou à une femelle, ni s'il fallait attribuer à l'excitation génésique ou à toute autre cause la bizarre manœuvre que je venais d'observer » (1).

L'acclimatation au Chili du médiocre Cyprinide dont parle M. Lataste (1) et à la place duquel il eût été si facile d'introduire des espèces très rustiques et réellement alimentaires, comme la Tanche, par exemple, nous rappelle une tentative bizarre faite précisément en 1885, à grands renforts d'argent et de publicité pour transporter dans le même pays divers Poissons d'eau douce de France. L'envoi comprenait 100 Saumons de Californie longs de 0^m,12 ; 40 Carpes de 0^m,15 ; 20 Tanches de 0^m,12 ; 20 Goujons, 20 Orfes (sic) ; 60 Anguilles de 0^m,30 ; 20 Barbeaux de 0^m,15 ; 15 Vérons et 10 Lottes de 0^m,10 ! Une pareille énumération se passe de commentaires, aussi n'avons-nous point l'indiscrétion de demander ce que sont devenus les Poissons expédiés de Paris à Bordeaux, puis à Pauillac et embarqués enfin sur le *Sarata*, de la Compagnie anglaise de Navigation du Pacifique,

(1) F. LATASTE, *Actes de la Soc. scientif. du Chili*, vol. IV, séance du 16 avril 1894, p. LX.

à destination de Santiago, viâ Magellan. 2,500 kilogrammes de glace, dépensés pendant, le voyage ne réussirent pas à sauver la moitié de la pacotille ichtyologique destinée à peupler les eaux douces du Chili.

Rappelons que la superficie de ce grand pays, dont M. Jousset (de l'Aquarium du Trocadéro) avait entrepris de changer ainsi la faune, dépasse d'un tiers environ celle de la France (1).

Jules DE GUERNE.

La Belle-de-nuit ou **faux Jalap** (*Mirabilis Jalapa* L., *Nyctago hortensis* JUSS.) (2) est une plante herbacée, vivace, à tige très rameuse, d'une hauteur de 50-80 centimètres environ dont les feuilles opposées, simples, entières, ovales-aiguës ou presque cordiformes sont glabres et légèrement glutineuses.

Originaire de l'Amérique tropicale, notamment du Pérou, cette plante a été introduite dans tous nos jardins. Plusieurs variétés sont recherchées par les horticulteurs pour leurs belles fleurs blanches, jaunes, rouges ou panachées, qui, comme toutes celles du genre, ne s'épanouissent que le soir et exhalent une odeur douce et suave. Dans l'Inde, les feuilles fraîches écrasées et cuites sont appliquées par les natifs sur les parties contusionnées pour combattre l'enflure.

Les graines de cette plante ont été préconisées, il y a plus d'un demi-siècle, pour la nourriture des animaux, et même de l'homme, en raison de la fécule qu'elles renferment. En 1859, un membre de la Société d'émulation de l'Ain, M. Salesse, recommandait à nouveau la Belle-de-nuit pour la grande culture. Comme le faisait fort bien remarquer à cette époque M. A. Remy (*Rev. hort.*, 1859, p. 280), la matière utilisable ne forme que 28 % des graines entières, et il est très difficile d'enlever les coques, les pellicules, etc., de telle sorte que nous ne pouvons guère croire à une exploitation avantageuse de cette plante, qui nous paraît devoir rester dans le domaine des plantes d'ornement.

Voici l'analyse donnée par M. Salesse pour cent parties de la matière placée sous l'enveloppe parenchymateuse des graines desséchées :

Fécule très pure.....................	70
Matière extractive....................	18
Matière fibreuse-glutineuse...........	12
Total.................	100

La racine est tubéreuse, fusiforme, épaisse et charnue, noirâtre ex-

---

(1) Voir « Revue scientifique », 28 janvier 1888.

(2) La Belle-de-nuit porte encore les noms de : *Herbe triste, Merveille du Pérou, Fleurs admirables, Nyctage,* etc.

térieurement ; la partie intérieure jaunâtre, dure, compacte et pesante. La section transversale est lisse et marquée de stries concentriques, serrées et un peu saillantes. Cette racine possède une odeur faible, nauséeuse et une saveur tout à la fois âcre et douceâtre.

Elle passait autrefois pour être la source véritable du Jalap ; mais, quoique purgative, à la façon de celui-ci, elle est beaucoup moins énergique et ses effets sont assez incertains ; elle est aujourd'hui sans emploi. J. G.

Exposition internationale d'Horticulture. — Une Exposition internationale d'Horticulture se tiendra à Paris dans le Jardin des Tuileries, du 22 au 28 mai prochain.

Les demandes d'admission d'exposants venues de France et de l'étranger sont déjà très nombreuses. Le jury aura à sa disposition pour plus de 30,000 francs d'objets d'art ou de médailles offerts par des amateurs et par la Société nationale d'Horticulture de France, qui ne recule devant aucune dépense pour assurer à son Exposition décennale de 1895, le même succès que celui qu'elle a obtenu en 1885 (1).

Les membres du jury ont été choisis par la Société dans toutes les nationalités ; ils prendront part au Congrès international horticole, qui se tiendra à l'Hôtel de la Société, pendant la durée de l'Exposition et qui promet d'être des plus intéressants.

L'exportation du Coprah des Philippines. — Le Coprah est, comme on sait, l'albumen desséché ou amande de la noix de Coco. Aux Philippines, il donne lieu à un mouvement commercial important. La plus grande partie est dirigée sur l'Europe, via Marseille. On en expédie aux Indes par Singapore. La Chine en reçoit aussi une petite quantité. L'année dernière, les Philippines exportèrent pour 184,404 picules de Coprah contre 259,539 picules en 1892. L'huile de Coco fraîche est comestible ; autrement, elle sert surtout à l'éclairage et à la fabrication du savon. DE S.

---

(1) Dans sa séance du Conseil du 26 avril 1895 la Société nationale d'Acclimatation a décidé qu'une médaille d'argent hors classe, à l'effigie d'Isidore-Geoffroy Saint-Hilaire, serait mise à la disposition de la Société nationale d'Horticulture.

Le Gérant : Jules GRISARD.

LE CHEVAL A TRAVERS LES AGES

Par M. G. D'ORCET.

(fin *)

Le Cheval de la Mer Noire.

On sait que la mer Noire est l'estuaire des trois plus grands
fleuves de l'Europe, qui sont le Don, le Dnieper et le Danube.
Ces trois fleuves arrosent la Russie méridionale, la Hongrie
et l'Autriche, c'est-à-dire les pays les plus riches en Chevaux de l'univers. La Russie à elle seule en possède plus
de vingt millions en Europe, dont les deux tiers dans le
bassin de la mer Noire et dans celui de la mer Caspienne,
qui peut en être considéré comme une dépendance, car à
une époque géologique relativement moderne, la mer Noire,
la mer Caspienne et la mer d'Aral n'en faisaient qu'une se
déversant dans la Méditerranée par une cataracte analogue
à celle du Niagara, dont les vestiges se voient encore dans
le Bosphore.

Si le Cheval s'est tant multiplié dans le bassin de la mer
Noire, c'est que le climat et le fourrage que produisent ces
vastes plaines lui conviennent également. Aussi serait-on
porté à en conclure que c'est du bassin de la mer Noire qu'il
est originaire. Mais cette hypothèse n'est pas admissible,
parce que, pendant que le Cheval primitif broutait le Chiendent (1) du Calvados, qui en a gardé le nom, presque tout le
bassin de la mer Noire était submergé.

La rupture du barrage, qui abaissa son niveau d'une trentaine de mètres, ne semble pas antérieure à l'existence de

---

(*) Voyez *Revue*, année 1892, 2d semestre, p. 561.
(1) *Kelbdesh*, herbe à chien, en phénicien.

l'homme, car il dut en résulter un déluge dont tous les peuples riverains de la mer Noire ont gardé le souvenir.

Cette mer, en se retirant, découvrit de vastes plaines riches en sel que le Cheval affectionne particulièrement. Le bassin de la mer Noire s'étend presque jusqu'à la vallée du Rhin. Il semblerait donc tout naturel que le grand Cheval à front busqué des rives de la Manche ait suivi les eaux à mesure qu'elles se retiraient lentement, pour brouter le Chiendent qui, lui aussi, s'y propageait de proche en proche, apporté et semé par le Cheval lui-même dans ses déjections. Mais cette hypothèse semble aussi combattue par les portraits d'une merveilleuse exactitude que les artistes grecs nous ont laissés du Cheval de la mer Noire, car il était de petite taille et n'avait pas le front busqué. Il se rapprochait donc de la race de l'Euphrate et non de celle amenée par les Khaitos de Gaule en Egypte. Cependant sa tête est plus courte que celle du Cheval assyrien, ancêtre direct du Cheval arabe. Il est donc probable que le Cheval assyrien est le résultat d'un croisement entre ceux de la Manche à longue tête busquée et ceux de la mer Noire à front court et droit.

Quant à l'origine de ce dernier, nous croyons qu'il faut plutôt la chercher dans les steppes tartares de l'Est, mais cette question ne peut être élucidée que par des recherches géologiques qui en sont encore à leurs débuts. Tout ce que nous savons personnellement est que, d'après les rapports des missionnaires, les vestiges fossiles du Cheval sont communs dans le nord de la Chine.

En revanche, on peut affirmer que le Cheval à front droit n'a pas été amené par l'homme dans le bassin de la mer Noire, et qu'il y est arrivé spontanément à l'état sauvage avant que l'homme eût appris à le dompter, car il ne l'a été, au moins comme Cheval de trait et de selle, que vers le xxve siècle avant notre ère. Mais auparavant, il devait être utilisé comme Cheval de bât et dès une époque qui doit remonter à celle des ivoires gravés du Périgord. Il devait être déjà domestiqué à cause du lait que fournissaient les juments.

C'était au nord de la mer Noire que se trouvaient, au commencement de notre ère, les Hippomulges, ou trayeurs de juments, et les Gélons, ou cavaliers. Ces peuples, qui se tatouaient comme tous les dompteurs de Chevaux, étaient évidemment des Eoliens ou Valaques venus du pays de Wales, sur la Manche, ou de celui des Pictons, dont les noms indiquent également des races tatouées. A côté d'eux, sur les bords du Bas-Danube, se trouvaient les Getes ou Khaitos et les Daces venus de Toulouse. Tous ces Gaulois se mêlèrent aux Scytes, aïeux des Russes modernes, et leur apprirent à monter à cheval, mais ces derniers n'apparaissent comme cavaliers que vers le viie siècle avant notre ère.

Les Gelons passaient pour descendre de Gelon, fils d'Hercule, ce qui implique une origine greco-phénicienne ne remontant pas au-delà des expéditions des Argonautes, entreprises par des peuples de race mixte, connus sous le nom de

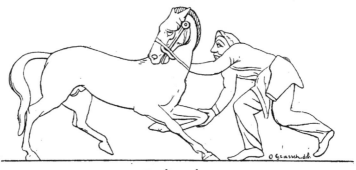

Cavalier gelon.

Leuco-Syriens. Ces peuples, sous le nom de Gerra, en Phéniciens *étrangers*, colonisèrent la vallée du Borysthène. Tous portaient le costume gaulois, composé de la blouse, des braies à la turque et du bonnet phrygien en feutre rouge. Ils avaient appris des Scythes, avec lesquels ils s'étaient mêlés, l'usage de l'arc, et leur cavalerie légère fatigua beaucoup les Romains lorsqu'ils eurent à combattre Mithridate. Cependant ils furent complètement battus par l'infanterie de Sylla.

Les Romains étaient essentiellement fantassins. Ils maintinrent la prédominance de cette arme jusqu'au viie siècle. L'invention de la selle à arçons, et surtout des étriers, le perfectionnement des cotes de mailles et autres pièces de l'armure défensive assurèrent tout d'abord de faciles succès à la cavalerie arabe, mais les Byzantins ne tardèrent pas à se mettre au niveau de ces incontestables progrès, et les Califes, tant qu'ils durèrent, ne réussirent jamais à entamer ce qui restait aux Byzantins, c'est-à-dire les pays peuplés par les Greco-Celtes, des bords de la mer Noire et de la mer Caspienne.

Là, il se forma une nouvelle cavalerie, très supérieure à celle des Arabes. Non seulement elle l'arrêta net, mais la désorganisa à tout jamais, de sorte qu'elle prépara l'œuvre des Croisades qui détruisirent le califat de Bagdad.

Ce ne fut pas avec l'ancienne race à front droit des Gelons que cette cavalerie combattit victorieusement les élégants coursiers de l'Arabie. Les peintures byzantines nous représentent toujours les cavaliers grecs montés sur de grands et lourds Chevaux venus de Hongrie ou des bords de la Manche.

Les Arabes s'étaient servis pour détruire l'infanterie romaine de longues lances de bambou, dont le fantassin ne pouvait soutenir le choc, tandis que lui-même n'avait aucune prise sur un cavalier couvert d'une chemise de mailles, solidement assis dans une selle à arçons, les pieds appuyés sur des étriers qui lui permettaient de se dresser debout, pour mieux assurer ses coups. L'épieu du fantassin était à peu près impuissant contre l'armure de l'homme et du Cheval. Il fallut l'invention de l'arbalète à cric pour permettre à l'infanterie de braver la cavalerie en rase campagne.

Mais avant ce perfectionnement considérable des armes de trait, les Byzantins battirent les Arabes en renforçant leurs armures à l'aide de plaques d'acier capables de résister à la lance de bambou, et grâce à la hauteur de leurs Chevaux, ils substituèrent avantageusement les armes contondantes à la pointe de l'épée et de la lance.

Ces armes contondantes étaient la masse ou la hache d'armes, que tout le monde connaît; elles sont d'un maniement facile pour un homme robuste, et si son Cheval est plus haut que celui de son adversaire, tout l'avantage est pour lui. Mais ces armes ont en revanche l'inconvénient d'être très courtes et par conséquent de n'atteindre qu'à une très petite distance. Aussi les cavaliers grecs préféraient à la hache et à la masse l'ancienne arme des Centaures primitifs, nommée lagobole, parce que les Grecs s'en servent encore pour la chasse du lièvre.

Le lagobole est un jeune arbre déraciné auquel on laisse sa racine en forme de boule. Sa longueur est d'environ

1 m. 40, c'est-à-dire plus de deux fois celle de la masse
d'armes, et par conséquent, lorsqu'il est manœuvré par un
rapide et robuste cavalier, l'adversaire muni d'une hache ou
d'une masse est assommé avant d'avoir pu se servir de son
arme.

Mais ce n'est pas l'emploi le plus dangereux du lagobole.
Celui qui connaît le maniement de cette arme aussi barbare que singulière, la pose sur son épaule, comme le bâton avec lequel on fait danser les Ours, en appuyant fortement ses deux mains dessus, pour la maintenir horizontale.
Le cavalier qui s'en sert doit être assez sûr de son cheval
pour lui laisser la bride sur le cou, car ses deux mains sont
occupées. Il se lance sur son adversaire de façon à passer à
côté de lui, à la distance d'environ deux mètres, qui est la
portée de son arme. Au moment de le dépasser, il lâche brusquement le lagobole d'une de ses mains, ce qui le fait basculer sur son cou de façon que la boule décrit un demi-cercle
pour aller frapper la tête de l'ennemi.

Il n'y a aucune parade contre le lagobole, aucun casque
n'y résiste, et dans les combats singuliers si à la mode à cette
époque, l'arme des Centaures avait raison de la lance ou arrêt, comme de l'épée et de la masse. Aussi le cavalier byzantin le portait-il toujours pendu à gauche, à l'arçon de sa
selle, pour s'en servir en temps et lieu. Mais dans une mêlée
de cavalerie, il devenait inutile à cause de l'espace qu'il exigeait pour pouvoir être manœuvré à l'aise. Il était alors remplacé par une sagaie ou javeline d'environ un mètre et demi
de longueur, exactement pareille des deux bouts et munie de
deux fers très aigus. Il paraît que cette arme était terrible
entre les mains des cavaliers grecs. Quant à expliquer la façon dont ils s'en servaient, la chose est difficile, car aucun
auteur n'en a donné la description depuis Homère qui la
nomme *dorys amphistomos*.

Cette arme si primitive semble remonter au viiie siècle avant
notre ère. Elle était si efficace qu'elle s'est maintenue bien
longtemps après l'invention des armes à feu, puisque les
Stradiots ont servi d'éclaireurs aux armées françaises, jusque
vers le milieu du siècle dernier, où ils ont été remplacés par
les hussards.

Ces Stradiots étaient des aventuriers tous Grecs d'origine,
qui formaient une chevalerie errante bien antérieure à celle

dont se moquait si agréablement Cervantès. Accompagnés
d'un seul écuyer, ils allaient de cour en cour offrir leurs services aux princes d'Occident, comme professeurs d'équitation
et comme vétérinaires, car ils formaient une véritable corporation hippique fermée aux profanes, comme les maçonne-
ries modernes. Ils possédaient une foule de secrets, sur l'élève
et les maladies du cheval, qu'ils se transmettaient par initia-
tion secrète.

L'Espagne avait été aussi terrorisée que Byzance, par le
premier choc de la cavalerie arabe. Les Francs et les Goths,
qui avaient succédé aux Romains, étaient fantassins comme
eux et, du reste, comme tous les Germains, dont les mauvais
Chevaux ne servaient qu'à transporter d'un lieu à un autre
une simple infanterie montée.

Le peu de cavalerie que possédait la dynastie mérovin-
gienne était recrutée chez les Gallo-Romains et montée en
Chevaux de la Manche. Les Stradiots furent les premiers à en
apprécier la supériorité sur les Chevaux arabes, pour le
maniement de la masse d'armes.

Ils firent adopter aux cavaliers carlovingiens les nouvelles
armes défensives destinées à résister à la lance ou arrêt,
l'arme favorite des Sarrasins et de leurs héritiers les Genets
d'Espagne.

Ce fût grâce à cette réorganisation de la cavalerie occidentale, par les Grecs byzantins, que Charles Martel écrasa les
Sarrasins à Poitiers.

On voit par ce qui précède qu'en fait de cavalerie, celle
des Stradiots est véritablement le trait d'union entre les temps
anciens et les temps modernes.

Comme il en est beaucoup question dans les vieux auteurs,
et que rien en Occident n'est moins connu que leur histoire,
nous allons en donner un bref résumé d'après les pièces au-
thentiques réunies et publiées aux frais du gouvernement grec
par M. Sathas.

On sait que *Stradiot* vient du grec Στρατιώτης qui veut dire
soldat, mais ces chevaliers errants étaient non moins connus sous le nom d'Albanais ou Hauts-bonnets. C'est ainsi que
les nomme Rabelais, et dans son langage, le temps des Hauts-
bonnets correspond à l'anglais *dark age*.

Ce nom leur venait-il des hauts bonnets coniques, comme

ceux des janissaires, qui étaient leur coiffure habituelle et
a duré jusqu'à nos jours, sous le nom de bonnet de police?
Etait-ce un jeu de mots destiné à rappeler leur origine? car
ils venaient de la mer Caspienne ou mer d'Argent, nommée
par les Romains *Albanium*,
d'où la province asiatique d'Al-
banie tout proche de l'Ibérie.
Les habitants de cette province
étaient renommés dans l'antiquité pour leurs yeux bleus.
Tout près de là se trouvait la
large plaine de Nissa, fameuse
pour ses Chevaux. Que les Albanais fussent d'excellents cavaliers, la chose était donc
toute naturelle, mais ils formaient de plus une secte mys-
térieuse restée fidèle au paganisme hellénique. Ils étaient
adorateurs de Mithra, aussi

Stradiot au service de France
(XVI° siècle) (1).

comme le dit M. Sathas, leur historien, les Stradiots sont le
fil mystérieux qui conduit l'historien au milieu des ténèbres épaisses recouvrant encore l'empire byzantin.

Nous n'avons ici à les étudier qu'au point de vue de l'histoire de la cavalerie.

Si l'empire byzantin n'était qu'un nid de moines, comme on
se plaît à l'écrire, le prolongement de sa résistance n'a-t-il
pas été un miracle ?

N'était-ce pas un miracle que la persistance de ces Stradiots à chanter leurs divinités helléniques, en combattant en
Calabre sous la bannière du roi de France Charles VIII : « Ma
ton Kur helion ton Khryson, ma ten glykeian tou Mana. »
(Par le seigneur Soleil d'or, par sa douce mère.)

Ce soleil, c'était le petit Noël gaulois, le Mithra grec. C'était
ce vieux culte populaire qui rattachait ces Celtes de la mer
Caspienne au pays dont ils avaient jadis amené le Cheval, ce
grand destrier normand qu'ils continuaient à monter et non
l'élégant bidet de la mer Noire.

Ainsi s'expliquent les persécutions constantes des Stradiots

(1) Daniel, *Histoire de la Milice française*, 1724.

par les moines byzantins de l'école égyptienne, nommés par
les contemporains *Kleptabades* (moines voleurs) ou *Klepta-
gious* (vole saints), autres cavaliers dont les bandes armées
dévastaient la Macédoine, la Grèce et les Iles, préparant ainsi
la conquête des Francs, puis celle des Turcs.

Ces moines grecs cavaliers, car on n'ose dire chevaliers,
ont cependant servi de type aux templiers qui reçurent leurs
règlements du patriarche grec de Jérusalem.

Nous avons dit que les Stradiots furent les fondateurs de la
chevalerie errante, c'est même de leur poème national Manoli Blissis que Cervantès a tiré son chevalier de la triste
figure et son inimitable écuyer Sancho Pança. Voici comment
le vénitien Drogoncino da Fano décrit un aventurier Stradiot
dans son poème de *Marphisa :*

« Je suis bon compagnon et je me nomme Gorgut, et je
vais en Occident dans ses nobles États, pour voir Charlemagne et tous ses paladins. Grec est mon sang, et ma patrie
est le monde, lequel je traverse à l'aventure, assoiffé de
voir les choses inconnues que sait faire la haute maîtresse
nature. »

Manuel Chrysolaros s'intitulait *Eques* ou *Miles Constanti-
nopolitanus*, mais tous n'étaient pas soldats ; il y avaient aussi
de maîtres ès arts. Léonce Pilate, le premier maître de Boc-
cace, était un Stradiot, ou *Grec vagabond*, comme disaient
ses élèves.

Les Albigeois, vagabonds aussi, se nommaient *passagii*
(passagers) et *Gazares* du grec *Cathares* (purs), nom resté
très commun dans le midi de la France. M. Sathas voit à tort
une corruption de *Gozari* dans le nom de *Zagdores*, sous lequel les stradiots sont désignés dans les documents vénitiens,
et qui semble vouloir dire faire le moulinet avec la sagaie. Il
est encore plus difficile de trouver une parenté sérieuse entre
Zagdor et *Zarasdos*, ou adorateurs de Zoroastre, insulte
que les Byzantins lançaient aux Péloponésiens du temps de
Constantin Porphyrogenète. Quant au nom de *zangares* ou
bangares donné aux Athéniens modernes, il est plus facile à
expliquer, car il veut dire fils d'étrangers.

L'emblème des Stradiots était le phénix, oiseau fabuleux
qui a beaucoup varié. Chez les anciens Phéniciens, où il était
né, c'était un Perroquet ou Cacatoès pourpre ; dans les oracles
de Léon et pendant le moyen âge, c'était un volatile indéter-

miné se rapprochant du Faisan ; dans les poèmes de Manoli Blessi, c'est encore un Perroquet; dans les chansons populaires grecques, une Hirondelle.

Tout cela sentait singulièrement le paganisme. C'est qu'en effet dans tout le monde grec, le christianisme avait toutes les peines du monde à s'asseoir solidement.

Constantin V venait au cirque accompagné de chanteurs qui célébraient Bacchus ; en 793, Constantin VI menaçait le Patriarche de rouvrir les temples païens. En 811, l'empereur Stavrochios songea à proclamer la République, pour mettre fin à toutes ces discussions ; son père Nicéphore se plaisait aux Tauroboles, ou sacrifices à Mithra, importés des Gaules par Constantin-le-Grand.

Les doctrines secrètes des Stradiots comptaient donc un grand nombre d'adhérents dans toutes les classes et semblent s'être confondues avec celles des Iconoclastes.

C'était dans cette secte que se recrutaient les Mirdites. M. Sathas veut faire venir ce nom de Mithra, mais Mirdite vient évidemment du grec *Merides*, part. On désignait sous ce nom les colons militaires échelonnés depuis le Caucase jusqu'aux défilés de l'Isaurie pour défendre les frontières contre les Arabes et les Parthes. Ces colons recevaient des lots en terres au lieu de solde ; de là leur nom de Mirdites, qui est resté celui de la tribu princière des Albanais de l'Adriatique. Les Turcs ont conservé cette organisation à laquelle ils ont donné le nom de *Timar*, traduction exacte du grec Meride, et ils ont maintenu dans leurs lots tous ceux des anciens Mirdites qui en ont manifesté le désir.

Mais ils n'ont pas eu de peine à les attirer à l'islamisme, car ces Mirdites étaient tenus par les Grecs orthodoxes pour des mécréants et toujours en butte aux criailleries des moines demandant qu'on les dépouillât de leurs fiefs, et en temps de paix, ils en faisaient brûler tant qu'ils pouvaient.

Ces Mirdites étaient donc pour la plupart forcés de s'expatrier et allaient servir en Occident, de préférence dans les armées françaises. Ceux qui restaient devaient cacher leur foi sous une dissimulation devenue proverbiale. Les jeûnes rigoureux auxquels ils se soumettaient pour s'entraîner leur donnaient une pâleur qui était la risée des gros moines aux joues vineuses.

Ils avaient hérité, en effet, des austérités du culte militaire de Mithra, dont Cervantès se moque si agréablement dans la pénitence que s'imposait son héros sur la montagne Noire.

La base de l'éducation des Stradiots était de mortifier le corps pour concentrer l'esprit sur l'emblème du drapeau du soleil ou *Flammouron*, afin de donner à l'œil la pénétration de celui du Faucon. C'était un de leurs grades, empruntés au rite de Mithra. De même que ces sectaires, ils avaient aussi un jargon imitant le cri du Corbeau, que le peuple nomme encore en Grèce *Korakistika*. Ces traditions et bien d'autres qui ne nous sont pas parvenues, jointes à la science du Cheval qu'ils tenaient des Celtes, leurs aïeux, faisaient des Stradiots les cavaliers les plus accomplis de leur temps.

Les Romains ne furent jamais que de piètres cavaliers, les Francs ne furent pas moins fantassins. Les Arabes, en tout, furent plus brillants que solides et ne paraissent jamais avoir possédé la vraie science du Cheval qu'en dépit de quelques exceptions ils ont laissé partout dégénérer. Ce furent les Stradiots, chercheurs d'aventures, qui rapportèrent en Occident les véritables principes de l'équitation et de la tactique équestre, revenue aujourd'hui à son point de départ, la Manche.

Si malgré ses dissensions intestines, l'empire d'Orient prolongea si longtemps son existence, il le dut uniquement aux chevaliers Mirdites, car du Liban au Taurus, ils avaient élevé une infranchissable muraille de fer, qui arrêta net les invasions arabes.

Anne Comnène, décrivant ces *mâles*, fourvoyés dans une société d'*eunuques*, les appelle : *libres de nature, indomptables hommes de fer et de diamant*.

Tels étaient ces intrépides partisans. Les moines les qualifiaient de Manichéens, parce qu'en ce temps, là ce nom s'appliquait à tout ce qui protestait contre l'orthodoxie byzantine.

Les Mirdites furent transportés en Grèce et en Thrace, où ils existent encore sous le nom d'Albanais. Là leurs doctrines secrètes s'enracinèrent fortement. Ils comptèrent parmi leurs adeptes l'impératrice Eudoxie qui, dans son *Violetum*, lança un défi public au christianisme. Mais l'orthodoxie victorieuse des Iconoclastes se tourna contre leurs alliés les Manichéens. La persécution commença par les épouvantables massacres de Michel Banghabé. Alexis Comnène, *le* XIIIe *apôtre*, s'il faut

en croire sa fille Anne, les brûla par centaines dans l'hippo-
drome, et la princesse bas-bleu décrit même, en véritable
réaliste, l'odeur de leurs chairs grillées. Dans le Bosphore,
on en noya 10,000, parmi lesquels sa grand-mère, parente
d'Eudoxie, qui avait été chassée de la Cour.

Pendant ce temps, des bandes de moines cavaliers s'abattaient sur la Grèce, vandalisant, détruisant tout ce qui restait de statues et de monuments précieux, respectés par les
empereurs, imposant le baptême aux Athéniens à coups de
masse d'armes et transformant les couvents en forteresses.
La vie que menaient ces frères Jean des Entommeures n'a-
vait rien à voir avec la règle de saint Basile. Ennemis jurés
des beaux manuscrits, ils ne s'inquiétaient que de la qualité du
vin. Ils s'étaient organisés en escadrons de cavalerie, flanqués
de robustes fantassins. Vêtus de longues robes noires, leurs
barbes et leurs longs cheveux au vent, armés d'arcs et de
masses d'armes, montés sur de beaux Chevaux arabes, le
Faucon sur le poing, ils assommaient tout sur leur passage.

Ces bandes avaient fait leur apparition au ixe siècle. D'où
venait cette étrange cavalerie monastique? de l'occident,
semble-t-il, comme toute l'oligarchie byzantine elle-même.
Les Comnènes étaient des Flaviens descendant de Vespasien,
les Paléologues étaient une branche des Bonaparte de Tré-
vise et ainsi de suite.

Quel était leur but? une future guerre sainte qui devait
bientôt éclater. Ils étaient surtout les ennemis des évêques
et des prêtres, et ils attendaient un mot d'ordre.

Du reste les armées byzantines n'étaient pas plus nationales que ces mystérieux étrangers, on y trouvait des Francs,
des Allemands, des Anglais, des Sarrasins, des Bulgares, des
Russes, des Circassiens, bref, de tout excepté des Grecs. Sur
cent mille habitants, Constantinople comptait soixante mille
occidentaux constitués en autonomies consulaires, sous le
nom de *Federâts*, ils fournissaient des contingents militaires
qui, au moment prévu, devaient s'unir aux Croisés, pour
partager avec eux les provinces grecques.

Ainsi se prépara de longue main cette croisade de Constantinople, qui porta à l'empire byzantin un coup dont il ne
se releva jamais. Il est vrai qu'elle fut anathématisée par les
papes qui se joignirent aux Bulgares pour chasser les Francs
de Constantinople.

Pourchassés en Europe et en Asie, les Grecs, adorateurs
de Mithra, durent s'allier aux Valaques, aux Arméniens et
surtout aux Turcs, pour engager une lutte à mort contre
l'oligarchie byzantine.

Ainsi se forma cette cavalerie grecque des Akingis, qui
passa au service du premier sultan des Ottomans Osman I⁰ᵉ
fondateur des milices des janissaires et des spahis ; la première était recrutée exclusivement de chrétiens, dans la seconde, chrétiens et musulmans servaient ensemble et n'é-
taient reconnaissables qu'à la couleur de leurs bottes qui
était rouge pour les musulmans et jaune pour les chrétiens.

Aussi les Croisés trouvèrent-ils dans les rangs des Turcs
des masses considérables de Grecs, d'Esclavons, de Bulgares,
et dans l'épopée de Manoli Blessi, le Stradiot de Nauplie
banni de cette ville, y rentre à la tête des Turcs. Les chrétiens servaient exclusivement dans la cavalerie et ils furent
commandés, pendant plus de deux siècles, par des Michaël
Oglon, une famille princière grecque d'Anatolie qui s'était
jointe aux Turcs dès la première heure. Ces Akingis se firent
une terrible réputation dans les campagnes du Danube.

Athènes resta jusqu'à la prise de Constantinople une
grande école, ou plutôt la seule école de cavalerie du moyen
âge parce que cette science était intimement reliée au culte
de Mithra, à cause des maîtres qui l'enseignaient. Outre que la
superstition antique considérait le Cheval comme dédié au
soleil, il entrait toujours de la magie dans les traditions de
l'art vétérinaire de cette époque, et comme leurs aïeux les
Celtes venus de Thulé, les instructeurs de la cavalerie athénienne étaient à la fois *Keletes* et *Keletores,* c'est-à-dire cavaliers et sorciers. Les maréchaux-ferrants turcs, qui posent
les fers, mais ne les forgent pas et portent le nom singulier
de *Gallica*, n'ont pas encore perdu ce double caractère.

Les Stradiots, qui détestaient les Romains et les Francs,
ont été cependant les amis des Français, parce que, comme
eux, ils appartenaient à la grande faction guelfe. Aussi pas-
sèrent-ils en masse au service de Charles d'Anjou, et ce
furent eux qui décidèrent la victoire à la bataille de Taglia-
cozzo.

Ils ne furent pas étrangers non plus à la conquête d'A-
thènes par la dynastie bourguignonne. Le terrible chef stradiot Léon Sgouros, seigneur de Nauplie, ayant repoussé une

attaque de l'évêque de Corinthe, s'empara de ce prélat et le fit précipiter du haut d'un rocher après lui avoir fait crever les yeux, puis il vint mettre le siège devant Athènes qui appartenait à l'archevêque Michel. Comment ce prêtre-soldat se tira-t-il des griffes de l'ennemi des moines, et comment le bourguignon Othon de la Roche le détrôna-t-il sans coup férir ?

C'est que les Grecs en général et les Stradiots en particulier préféraient la domination française à celle d'un clergé vicieux et persécuteur.

En effet, les Français, maîtres du Peloponèse, confirmèrent les Stradiots dans leurs fiefs, les couvents furent respectés, les indigènes reçurent leur part dans le partage que firent les nouveaux seigneurs des terres impériales et épiscopales, et la persécution religieuse disparut à jamais du sol hellénique.

Du reste, à l'exception des Vénitiens, dont la tyrannie commerciale et fiscale était insupportable, les Grecs se sont toujours entendus aisément avec les conquérants d'Occident, parce qu'ils s'absorbaient rapidement dans l'élément indigène.

A partir de cette époque jusqu'au commencement du siècle dernier, les Stradiots n'ont pas cessé de faire partie des armées françaises.

Comme ils ont été les véritables créateurs de la chevalerie errante et de la littérature chevaleresque, nous ne terminerons pas cette courte esquisse sans signaler cette littérature à ceux qu'intéresse l'histoire de la chevalerie orientale, car non seulement elle éclaire d'un jour tout nouveau l'histoire si énigmatique de la domination byzantine, mais elle fournit des renseignements précieux sur les origines non moins obscures de la race hellénique.

De même que les anciens auteurs, les Stradiots la faisaient venir des régions hyperboréennes, expression vague désignant l'archipel britannique et les deux presqu'îles scandinaves. Renchérissant sur eux, les Stradiots prétendaient venir d'Islande, l'ancienne Thulé. Mais aujourd'hui, on s'accorde généralement à chercher Thulé dans l'archipel britannique, le pays originaire du Cheval.

Il est à remarquer que les Stradiots ont très peu écrit dans leur langue et encore moins dans la nôtre, malgré l'a-

mitié qui les unissait à la France. Après la prise de Constantinople qui les rejeta définitivement en Occident, ils se sont
servis exclusivement du latin ou du vénitien.

C'est dans ce dernier dialecte qu'a été publiée à Venise,
en 1560, leur grande épopée de Manoli Blessi, qui a manifestement inspiré Cervantès. On y retrouve le type si curieux de
Sancho Pança, sous le nom de Katzikis (le biquot).

Avec eux ont disparu, en même temps l'école de cavalerie
athénienne et le Cheval grec, qui s'est abâtardi après la prise
de Constantinople, en Grèce comme en Anatolie. Il existait
encore cependant au milieu du XVIᵉ siècle, comme on peut le
voir d'après la magnifique statue équestre de Malatesta da
Rimini. Ce condottière italien essaya en effet de s'emparer
du Peloponèse, mais il ne put s'y maintenir.

Cheval de la Mer Noire,
d'après un vase grec du musée de Kertch
(IVᵉ siècle av. J.-C.).

PIGEONS VOLANTS ET CULBUTANTS

Par M. Paul WACQUEZ (1)

(suite *)

Culbutants français (figure n° 14).

Jeune, 6 mois.   Femelle pantomime, noire et blanche, 2 ans.

(1) On voudra bien compléter ou modifier ainsi les descriptions de la page 349, lire · 1" le Culbutant-Cigogne foncé (gris bleu noirâtre; les plumes de la tête, du vol, de la queue presque noires).

4° Le Culbutant-Cigogne blanc, avec : la tête, le vol et la queue rouges.

6 Le Culbutant-Cigogne blanc, avec : quelques plumes à la tête, le vol et la queue jaunes.

Le gestorchte Wiener a, du reste, les couleurs du plumage disposées comme celles de l'oiseau dont il porte le nom.

Lire : Dans le bas de la même page, le Culbutant de Galicie est de couleur uniforme avec la tête (le dessus et les joues) et les ailes blanches, au lieu de l'extrémité du vol.

Ce Culbutant a l'œil de vesce, iris noir.

Page 350, lire : les 19° et 20° points, pour la couleur blanche des ailes, au lieu de l'extrémité du vol.

Le Culbutant à couronne de Galicie est un Pigeon-Pie à tête blanche. Weissköpfige Elster-Tümmler.

(*) Voyez *Revue*, 1894, 1ᵉʳ semestre, p. 529, et plus haut, p. 247 et 339.

4° Variété : Le Culbutant-Pie danois.

(*Der dänische Elster-Tümmler*)

Type parfait : 24 points.
Performance : 14 points.

Le dänische Elster-Tümmler ou Culbutant de Copenhague est de la grosseur du Culbutant de Galicie à couronne. Il a le bec de longueur moyenne, *blanc*; l'œil blanc un peu sablé, entouré d'une mince membrane *rouge vif*; les pattes lisses.

Pour la couleur : 10 points.

Disposée comme pour le Culbutant galicéen à tête couronnée, cependant avec la tête foncée, pleine, c'est-à-dire de la même nuance que la partie colorée du plumage de l'oiseau, comme le Volant-Pie français.

Le Culbutant danois se divise en deux sous-variétés.

La première est absolument pareille à la variété des Pies français, quoique plus épaisse, plus lourde dans sa performance.

La deuxième, qui caractérise mieux ce Culbutant, porte derrière la tête une couronne de plumes qui se prolonge sur le cou jusqu'à la naissance des épaules, en forme de coquille, ainsi que fait la capuche d'un mauvais capucin.

Le Culbutant-Pie danois est noir, bleu, pâle, rouge, jaune.
1° Schwarz dänische Elster-Tümmler.
2° Blau dänische Elster-Tümmler.
3° Roth   —   —
4° Gelb   —   —

5° Variété : Pigeon Culbutant allemand,

à tête, vol, queue et jambes blancs.

Le Culbutant prussien à tête blanche (*Der Preussische Weisskopf-Tümmler*).

Type parfait : 23 points.
Performance : 12 points.

Le Culbutant prussien à tête blanche est de la taille grosseur des Tümmlers, des variétés précédentes. Le bec plus court, 18^{m}/^{m}, est blanc, l'œil blanc, la membrane mince et rosée, les pattes lisses.

Pour la couleur : 9 points.

Le Culbutant prussien a les couleurs disposées, comme le *Bald head* anglais. 13e et 14e points : la couleur. 15e et 16e points : la tête blanche, séparée de la couleur du cou par une ligne prenant au sommet de la tête et descendant sous le bec à 10 ou 12m/m en une courbe gracieuse qui passe sous les joues. 17e et 18e points : le vol dix pennes blanches aux ailes ; 19e point : croupion blanc ; 20e et 21e points.: queue blanche. 22e et 23e points : le ventre, les plumes des cuisses blancs.

Le Culbutant prussien à tête blanche est : noir, bleu, barré de noir aux ailes, gris perle, rouge, jaune.

Culbutant de Berlin.　　　　Culbutant cigogne foncé.

6e *Variété :* LE PIGEON CULBUTANT DE BERLIN.

(*Berliner Tümmler und Flugstaube*).

Type parfait : 20 points :

Le Tümmler berlinois est un Pigeon volant. Soumis aux mêmes conditions d'entraînement que les Volants français ou belges, il peut, comme eux, voler haut dans le ciel pendant de longues heures sans éprouver de fatigue.

Cette remarquable variété de Volants, très appréciée des colombiculteurs de Prusse, était déjà cultivée avec enthousiasme à Berlin, vers le milieu du xviiie siècle.

Le Tümmler berlinois est un peu moins gros que le Pigeon Volant de Paris. Il a le 2e point : la tête, très longue, les joues plates ; le 3e point : le bec très long, près de 30 m/m, est placé haut sur le front et forme une ligne droite avec le dessus du crâne ; morilles longues et plates. 4e et 5e points : œil blanc, généralement voilé — ce que nous appelons en France œil coulé — c'est-à-dire brouillé, donnant assez bien l'aspect d'une minuscule glace recouverte d'un léger crêpe ou d'un verre noirci. 6e point : membrane ou tour d'œil gris bleu. 7e point : Cou très long et fin. 12e point : jambes et tarses hauts *chaussés*, couverts de plumes courtes et très molles, les doigts libres.

Ce Tümmler se tient très droit, le cou allongé, la tête renversé. Il est très sauvage.

Pour la couleur : 8 points.

Le Culbutant de Berlin est bleu très pâle avec la tête et la queue plus foncées et les ailes blanches ou bleu foncé avec les plumes du cou papillotées de bleu pâle et de blanc.

(*Der berliner blaubunte Tümmler*).

4e FAMILLE : **Pigeon Culbutant allemand à tête couronnée.**

Cette famille forme deux variétés :

Le Culbutant de Hambourg et le Culbutant de Königsberg.

Nous classons ces Culbutants comme famille à cause : 1o de la disposition particulière de leur couleur ; 2o de la fraise de plumes qu'ils portent à la tête et qui les classe parmi les Volants allemands à tête huppée ou couronnée ; parce que, enfin ! accouplés avec une femelle des nombreuses variétés de Tümmlers qui entourent les pays dont ils portent le nom, ils produiraient des Pigeons sans aucun caractère. La couronne de plumes disparaîtrait, le plumage serait simplement brouillé, et dans le classement des Pigeons que nous avons adopté, les variétés seules peuvent se croiser et multiplier entre elles.

1re *Variété* : PIGEON CULBUTANT ALLEMAND BLANC à calotte et queue de couleur.

Le Culbutant de Hambourg.

(*Der Hamburger Tümmler oder Calottentaube.*)

Type parfait : 22 points.

Le Hamburger Tümmler est de la taille et de la grosseur du Volant brésilien. La tête : moins longue, presque large sur le sommet du crâne, le bec moins grêle, plus fort et blanc ; l'œil : blanc, légèrement sablé ; la membrane : fine, blanchâtre ; derrière la tête une fraise de plumes formant couronne et encadrant la tête ainsi qu'il est dit pour la famille du *Columba tabellaria cristata*. 13e et 14e points : la couronne bien placée derrière la tête, formée de plumes courtes et molles poussées de bas en haut l'extrémité de la plume vers le front. La couronne doit prendre régulièrement à 10 millimètres de chaque côté des yeux. Voir la figure n° 7 des Pigeons volants.

Pour la couleur : 8 points.

15e et 16e points : la couleur blanche générale ; les 17e, 18e et 19e points : la calotte ; le 17e point : la couleur du dessus de la tête, du bec à la couronne ; les 18e et 19e points : les marques sur les côtés de la tête formant une ligne nette allant de l'ouverture du bec à la naissance de la couronne en divisant l'œil en deux. Les trois autres points pour la couleur de la queue ainsi qu'il a déjà été expliqué.

Comme le Brésilien, le Hamburger Tümmler ou Calottentaube est blanc avec le dessus de la tête et la queue d'une des couleurs suivantes :

1° noire, 2° bleue, 3° grise, 4° brune, 5° rouge, 6° jaune.

Le Hamburger Tümmler se divise en deux sous-variétés :

La première avec une couronne et le dessus de la tête blanc (*Farbenschwänzige-Tümmler*).

La seconde avec une calotte de couleur, mais sans couronne à la tête (*Platten-Tümmler*).

2ª *Variété* : PIGEON CULBUTANT ALLEMAND à tête et queue de couleur.

Le Culbutant de Königsberg.

(*Der Königsberger Mohrenkopf-Tümmler*).

Type parfait : 24 points.
Performance : 15 points.

Le Culbutant de Königsberg ne diffère du Culbutant de Ham-

bourg à tête couron-née que par la couleur qu'il porte à la tête, qui chez lui descend sur les côtés et jusqu'à la moitié de la longueur du cou, et ses jambes grandement emplumées. Mêmes taille et grosseur, même forme de tête et de couronne, même force et longueur de bec, même bec blanc, les morilles légèrement plus farineuses, l'œil blanc, la membrane fine et rosée.

15ᵉ et 16ᵉ points : les jambes emplumées, les cuisses et les tarses couverts de longues plumes flexibles et pointues, dépassant grandement les doigts et les ongles.

Pour la couleur : 8 points.

Disposés comme pour le Hambourgeois.

Les 17ᵉ, 18ᵉ et 19ᵉ points : la couleur de la tête, du bec à la couronne et par côté. La couleur pleine du dessus de la tête, des joues et d'une partie de la gorge est séparée de la blancheur du cou par une ligne qui descend de la pointe basse de la couronne en une courbe gracieuse pour passer à 6 centimètres sous le bec en forme de bavette oblongue. Les autres points comme le Tümmler précédent.

Le Culbutant de Königsberg est blanc, à tête et queue

noires, ou tête et queue bleues, ou tête et queue rouges, ou tête et queue jaunes.

Schwarz Königsberger Mohrenkopf-Tümmler.

Blau   —   —
Roth   —   —
Gelb   —   —

Le Culbutant de Königsberg forme deux sous-variétés :

La première a l'intérieur des plumes de la couronne — côté de la tête — blanc.

La seconde a l'intérieur de la couronne de la couleur des plumes de la tête.

2e Groupe.

COLUMBA MINIMA.

CULBUTANTS BRÉVIROSTRES.

Kurzschnäblige Tümmler.

Ce groupe des Culbutants brévirostres se divise en trois familles :

1re Famille : **Pigeon Culbutant autrichien (Columba austriaca) à tour d'œil charnu.**

Cette première famille des Tümmlers brévirostres est très répandue actuellement dans le nord et le centre de l'Allemagne, l'Autriche, une partie de la Hongrie.

Le pays d'origine de ce Tümmler à tour d'œil charnu est la Prusse, où la seconde famille Altstämm-Tümmler (vieille souche) était connue vers le milieu du XVIIe siècle. Willughby (1) désigne en 1676 ce Alstämm-Tümmler sous le nom de : « Columbæ tremulæ augusticaudæ seu austicaudæ, anglice : Narrow tail's shakers. » J.-L. Frisch (2) en fait mention en 1743, et les auteurs modernes H. Dietz et G. Prütz (3) le donne comme étant connu en Angleterre, sous le nom de Old fashioned Tumbler, avant le Tumbler Almond.

Les sujets de cette famille de Culbutants sont plus petits

(1) *Ornithologia*, page 132, n° 4.
(2) *Beschreibung der Vögel für das Jahr* 1743.
(3) *Die Tümmler und Purzlertauben*, page 78.

que les Pantomimes et Savoyards et se rapprochent davantage du Tumbler anglais.

Comme lui, ils ont — quoique moins accentuée — la tête
rappelant celle de la Perdrix, le front haut, l'œil saillant, et
ne diffèrent du Pigeon anglais que par leur membrane, ou
tour d'œil, épais, presque charnu et rouge, et leur œil de
vesce, dans la variété « Geganselte » des bicolores.

« Pigeons petits, mais cependant très forts », disent les
catalogues des expositions d'aviculture de la capitale autrichienne, « qui sont en état de voler pendant des heures par
» la seule puissance de leurs muscles, de sorte que souvent
» ils s'élèvent assez haut au-dessus des nuages pour qu'on ne
» puisse plus les suivre à l'œil nu. »

« Le Tümmler viennois, à bec court et front haut », nous
écrivit M. Anto Horwart, l'amateur bien connu de Köbánya
(Budapest), « porte le nom de Tümmler parce qu'il vole très
» haut, et pendant des heures entières en cercle et comme
» en peloton. Le prix d'une paire de ces oiseaux de bonne
» marque varie de 20 à 40 florins. »

Les sujets de cette race, une des plus agréables et élégantes,
comme forme, comme plumage, sont généralement de bons
reproducteurs.

1re *Variété :* Pigeon Culbutant viennois unicolore.

(*Der einfarbige Wiener Tümmler.*)

Tête de Wiener einfarbige.

Type parfait : 21 points.
Performance : 15 points.

1er point : Taille et grosseur,
excessivement petites. Tour de
corps 19 centimètres ; longueur
28 centimètres, de la morille à
l'extrémité de la queue.

2e point : Tête, absolument
ronde sur les côtés, le derrière,
applatie de face, au-dessus du
bec, entre les deux yeux, dans
la partie appelée front. La tête
portée en arrière.

3e point : bec, droit, court,
10 à 11 millimètres y compris
la morille, très pointu, s'élar-

gissant vers la tête ; les deux mandibules égales, la supérieure ne recouvrant qu'imperceptiblement l'inférieure.

4e point : Morilles, simples, peu développées, plates, aussi larges que longues, très légèrement nuancées, suivant la couleur de l'oiseau.

5e et 6e points : Œil, grand, bombé, blanc, plutôt couleur paille très claire, cerclé d'un mince tour sablé pour les variétés de couleur, de vesce (iris noir), chez les sujets au plumage marqué de blanc.

7e et 8e points : Membrane, bien régulière autour de l'œil, épaisse, presque charnue et rouge carminé.

9e point : Cou, assez court, mince à l'attache de la tête, porté en arrière.

10e point : Poitrine, développée, ayant l'aspect d'une forte boule.

11e point : Dos, large.

12e point : Queue, large pour la grosseur de l'oiseau, de longueur moyenne.

13e point : Ailes, assez longues que le Pigeon porte de chaque côté de la queue.

14e point : Jambes, très courtes, tarses courts nus rouge vif. Doigts, également courts et rouges.

21e point : Maintien, la tête, le cou, droits, portés en arrière, la poitrine proéminente, les ailes basses, la queue droite. Le Wiener est très bas sur jambes.

Pour la couleur : 6 points.

Dans toutes ses couleurs ou sous-variétés, le Wiener einfarbige sera d'une jolie teinte uniforme du bec à l'extrémité de la queue. Il se divise en 8 sous-variétés :

1° Pigeon Culbutant viennois noir (schwarz), le corps entièrement d'un noir brillant de la tête à la queue ; aux plumes du cou des reflets de couleurs changeantes : verts, violets, cramoisis ;

2° Pigeon Culbutant viennois minime (braun), d'une jolie teinte brun verdâtre ;

3° Pigeon Culbutant viennois fauve (fahl), d'une jolie couleur grise, aux manteaux, des bandes plus foncées ; le cou, le vol, la queue d'un gris rougeâtre ;

4° Pigeon Culbutant viennois bleu (blau), les plumes du cou, du vol, de la queue d'un bleu foncé ;

5º Pigeon Culbutant viennois rouge (roth), entièrement d'un beau rouge acajou ;

6º Pigeon Culbutant viennois jaune (gelb), d'un chamois foncé ;

7º Pigeon Culbutant viennois Isabelle (Isabell), ton café au lait pâle ;

8º Pigeon Culbutant viennois blanc (weiss).

Ce Wiener Tümmler (einfarbige) donne, à l'âge adulte, assez bien l'idée d'un mauvais Pigeon polonais de trois mois, à la tête déplorablement ronde, au bec affreusement pointu.

2ᵉ *Variété* : LE VIENNOIS BI-COLORE. — WIENER TUMMLER UNICOLORE A VOL BLANC.

(*Der Weissschlag Wiener Tümmler.*)

Type parfait : 23 points.
Performance : 15 points.
Semblable au précédent Wiener unicolore pour les lignes de performance et pour les couleurs, avec le vol blanc, toutes les textrices primaires et secondaires blanches.
Pour la couleur : 8 points.
Les 21ᵉ et 22ᵉ points : pour les textrices blanches ; le 23ᵉ point : maintien.

3ᵉ *Variété* : LE MÊME WIENER UNICOLORE A MANTEAU BLANC.

(*Der Weisschildige.*)

Type parfait : 24 points.
Toujours pareil pour la forme, le bec, le tour d'œil charnu au Wiener einfarbige.
Pour la couleur : 9 points.
16ᵉ et 17ᵉ points : la couleur de la tête, du cou ; 18ᵉ point : couleur du dos, des reins ; 19ᵉ point : couleur de la queue ; 20ᵉ point : le ventre, les plumes des jambes ; 21ᵉ et 22ᵉ points : couleur du vol ; 23ᵉ et 24ᵉ points : les manteaux blancs.

Ce brévirostre Wiener est d'une couleur uniforme à la tête, au vol, à la queue, avec les manteaux blanc pur, dans le genre des Tambours de Dresde.

4e Variété : Lé même (Culbutant brévirostre) bicolore.

Wiener Ganselt ou Geganselte.

Fig. 27 (1).

Type parfait : 25 points.
Performance : 15 points.

Cette variété de la famille des Viennois ne s'éloigne de la précédente que par les 5e et 6e points, œil de vesce (iris brun noir) et l'ensemble du plumage d'une couleur quelconque, avec : la tête, le dessous du corps et les ailes blancs.

Couleur : 10 points.

Les 16e et 17e points : la tête, blanche, séparée de la couleur fondamentale par une ligne prenant derrière la tête, un peu bas, et descendant de chaque côté du cou pour se rejoindre à 3 ou 4 centimètres sous le bec, sur la poitrine.

18e et 19e points : le derrière du cou et le dos d'une même couleur, détachée de celle des ailes par une ligne droite de l'épaule au croupion, comme chez le Volant-Pie français.

Fig. 27.

20e point : la poitrine, de couleur, séparée de celle du ventre blanc par une ligne nette remontant sous les ailes — toujours comme le Pigeon-Pie — pour rejoindre les côtés du dos et finir sous la queue.

21e point : la queue de la même couleur que le dos, le croupion, bien marquée sur le ventre blanc.

(1) Ce cliché a été trop réduit à la photogravure ; le Pigeon est de la grandeur du Bald head de la page 256 de la *Revue*.

22e et 23e points : les ailes, entièrement blanches, séparées
de la couleur du dos par la ligne indiquée au 18e point.

24e point : le ventre, le dessous du corps, les jambes blancs.

25e point : maintien ainsi que celui du Viennois précédent.

Cette disposition des couleurs que nous traduisons sous le
nom de Pie harnaché est très répandue parmi les Pigeons allemands; nous la retrouverons dans le Boulant, le Bagadais,
une sorte de petit Mondain, etc., etc.

1° Sous-variété : Pigeon Culbutant viennois, genre oie,
noir, à tête, ailes, dessous du corps blancs (Schwarzgansel
Wiener Tümmler) ;

2° Pigeon Culbutant viennois, genre oie, bleu et blanc
(Blaugansel Wiener Tümmler) ;

3° Pigeon Culbutant viennois, genre oie, rouge, un peu
foncé et blanc (Rothgansel Wiener Tümmler) ;

4° Pigeon Culbutant viennois, genre oie, jaune et blanc
(Gelbgansel Wiener Tümmler) ;

5° Pigeon Culbutant viennois, genre oie, gris (Graugansel
Wiener Tümmler) ;

(*A suivre.*)

SUR DIVERSES

PLANTES ALIMENTAIRES EXOTIQUES

Par M. Aug. PAILLIEUX (1).

Mes chers Collègues,

Si vous voulez bien recourir à notre *Revue* du 20 août
1892, vous y trouverez un récit d'un vif intérêt qui fait connaître les circonstances dans lesquelles des explorateurs
français ont recueilli, parmi beaucoup d'autres plantes, quelques légumes de l'Abyssinie et les efforts que je n'ai cessé de
faire depuis cinq ans pour me les procurer.

Dans ces derniers temps, j'avais une lueur d'espoir. Le
saint Père, conformément aux précédents, avait remplacé
par un vicaire apostolique italien le titulaire français, mais
celui-ci, revenu à Paris, m'avait recommandé aux Lazaristes
qui résidaient encore à Kéren.

Le conseil de la Congrégation venait même de décider
l'envoi d'une mission dans l'Amarah, province qui n'en avait
pas encore reçu, lorsque j'ai appris que nos compatriotes
étaient expulsés et rentraient en France.

Au même moment, le gouvernement russe préparait une
mission scientifique qui devait se rendre à Obock et de là
auprès de Ménélik.

Dès que je l'ai su, j'ai écrit à M. Alexandre Bataline, directeur du Jardin impérial de botanique, à Saint-Pétersbourg,
qui s'est empressé de m'envoyer, avec son obligeance habituelle, l'encourageante réponse que voici :

Saint-Pétersbourg, 27 janvier/8 février 1895.

« Très honoré Monsieur,

» En réponse à votre honorée du 30 janvier 1895, j'ai l'hon-

---

(1) Notes lues à la Section de Botanique (séances des 29 janvier et 12 mars
1895).

neur de vous informer que votre désir sera réalisé avec le plus grand soin possible et que j'ai déjà donné les instructions nécessaires à MM. les membres de la Mission pour l'Abyssinie.

» Agréez, Monsieur..... »

Pour le moment, je me suis borné à demander les tubercules et les racines alimentaires qu'on peut voir sur les marchés et chez les habitants.

Quant aux graines du *Ferula Abyssinica* et du *Momordica Adoensis*, plantes qui, selon toute apparence, ne nous seraient pas utiles, j'en ajourne la recherche.

Ban-tchoung-tsi de Kashgar (*Radis rond, rouge, monstrueux*).

Au printemps de 1890, M. N. Zolotnitski, président de la section de botanique, dans la Société impériale d'acclimatation de Russie, dont le siège est à Moscou, nous a adressé, au nom de cette société, de nombreuses graines de la Kashgarie et du Pamir.

Dans cette collection étaient comprises des graines de Ban-tchoung-tsi, Radis rond, rouge, monstrueux de Kashgar.

Nous avons appliqué à cette espèce la culture que réclamait le développement extraordinaire de ses racines.

Les graines ont été semées en ligne et le plant a été éclairci de façon à ménager à la végétation de chaque plante cinquante centimètres d'espace en tous sens.

Nous citerons les Radis que nous avons obtenus en 1893. Ils étaient énormes. Le plus gros pesait 3 kilos 700 grammes.

Donné par notre jardinier à un traiteur de Paris, il a figuré dans l'étalage sous le nom de Radis russe. Après avoir excité l'admiration des passants, il a été servi par tranches aux consommateurs de l'établissement qui s'en sont montrés fort satisfaits.

Nous avons donné beaucoup de Radis de Kashgar à des amis et à des voisins ; ils ont été déclarés excellents.

Sa chair est croquante sans être dure et piquante sans excès. Son défaut est d'être trop gros pour être servi entier et c'est dommage, car c'est une splendide racine.

Il monte à graine promptement et nous avons reconnu que, sous le climat de Paris, il ne fallait pas le semer, avant le mois de juillet.

Il est d'ailleurs dévoré par l'Altise comme toutes les Crucifères.

M. Édouard Blanc, notre collègue, a donné au Muséum des graines d'un volumineux Radis du Turkestan que nous considérons comme identique au nôtre, et M. le professeur Maxime Cornu, pensant avec raison qu'il pouvait être utilisé par les agriculteurs, en a présenté de beaux spécimens à la Société nationale d'Agriculture.

A ce point de vue, nous ne nous en occuperons pas ici.

Nous devons dire cependant qu'en 1891 ou 1892, nous avons reçu de Moscou, sous le nom de *Dong-la-bout* (?) une variété de Radis long, rouge, monstrueux de Kashgar, qui nous semble pouvoir être proposée aux cultivateurs.

Sa chair est de saveur à peu près nulle, mais sa peau est excessivement piquante et pourrait sans doute être servie isolément comme hors-d'œuvre.

Nous ne cultivons plus cette variété.

O Soune (*Romaine du Pamir*).

Dans le sachet de graines d'O Soune que nous avons reçu de la Société impériale d'Acclimatation de Russie, nous avons trouvé, en mélange avec les graines blanches de la Romaine Gigogne (1), des graines brunes qui nous ont donné une plante très distincte et très intéressante.

Nous la considérons comme identique à celle qui figure sous le nom de Romaine-Asperge dans l'ouvrage intitulé : *Les Plantes potagères*, publié par la maison Vilmorin-Andrieux et Cie, mais elle n'est pas comprise dans le catalogue de cette maison.

Elle n'est pas hâtive. Semée dans les premiers jours de mars, elle n'est à point qu'à la fin de juin.

Des semis successifs permettent de la récolter jusqu'à la fin de septembre.

Elle ne pomme pas. Sa tige atteint la hauteur de 50 centi-

(1) *Le Potager d'un curieux*, p. 471.

mètres, dont la partie comestible, réduite à 30 centimètres
environ, dépouillée de son écorce, cuite pendant une demi-
heure dans un jus léger, constitue un plat de légume de belle
apparence et d'un excellent goût.

Dans nos familles, l'usage est de faire cuire simplement
les tiges dans du bouillon, en laissant ainsi au légume sa saveur naturelle. Rien de plus aisé, on le voit; mais les *cor-
dons bleus* de notre village ne s'en tiennent pas là, et l'on
cite notamment une préparation à la crème et au fromage
qui a beaucoup de succès.

En 1892 et en 1893, nous avons imprudemment donné à
l'*O Soune* le nom de Romaine-Asperge qui a induit les consommateurs à faire cuire à l'eau les tiges et à les manger à
la sauce blanche. Elles n'avaient plus de goût et le nom a
failli tuer la plante; nous l'avons changé.

Il faut avertir les jardiniers que notre Romaine ne pomme
pas. Plusieurs l'ont arrachée en se figurant qu'on s'était mo-
qué d'eux.

Les tiges de Romaines paraissent être en grand usage en
Chine. M. Maurice de Vilmorin a reçu de Shang-Haï des semences de quatre variétés de cette espèce et nous a obligeamment attribué une part de chacune d'elles.

Ces sachets étaient étiquetés *Qu Sen, Romaine dont on
mange les tiges.*

L'un d'eux portait ces mot : *Ou Sen* odoriférant. Ces semences n'ont pas germé.

Une autre variété, présentée comme hâtive, nous a paru
négligeable.

Nous considérons comme fort intéressantes deux variétés,
l'une rouge, l'autre blanche.

La rouge est plus hâtive que la Romaine du Pamir. Ses
tiges s'élèvent moins haut. On en mange 20 centimètres.
Elles sont très tendres et d'une saveur très forte. Elles répandent beaucoup d'odeur dans la cuisine. Il est probable
qu'elles pourraient être *blanchies* avant d'être accommodées.
Cuites dans le bouillon, elles sont bonnes.

La variété blanche est tardive. Elle a le mérite d'être très
blanche, de s'entourer de petites Romaines adventives comme
la R. Gigogne, de fournir par conséquent une jolie salade,
et, finalement, de donner des tiges tendres, de saveur assez

forte, qu'on peut employer sur une longueur de 20 centimètres.

Nos jardins sont donc aujourd'hui en possession de trois
variétés d'une Romaine, oubliée ou inconnue jusqu'ici, que
tous nos amis font servir sur leur table et dont ils se montrent très satisfaits. Nous en recueillons tous les jours de
nouveaux témoignages.

Oxalide crénelée.

On voit chaque année quelques tubercules d'Oxalide cré-
nelée dans les étalages des marchands de produits exotiques.

Le mois dernier, je les ai rencontrés, pour la première
fois, chez un gros épicier. La variété exposée était rouge et
offerte comme un excellent légume.

J'ai vu des tubercules beaucoup plus beaux et d'une couleur rouge superbe sur le marché de Pau. Dans le pays, on
les mange simplement revenus ou frits entiers dans la poêle.

Je ne prévois pas que la vente de l'Oxalide puisse s'étendre
beaucoup à Paris. Le prix en sera toujours trop élevé pour
son mérite; mais je crois devoir vous communiquer le résultat d'une expérience que je viens de faire.

Si vous en avez le loisir, vous pourrez lire dans le *Potager
d'un curieux*, p. 398 à 402, ce que disent MM. Weddel et Ed.
André du séchage au soleil des tubercules d'Oxalide.

Dans mes essais, à défaut de soleil, je fais usage du four
comme on le pratique pour les Pruneaux, et je vous présente
ce que j'ai obtenu.

J'ai d'abord mangé l'Oxalide à l'état frais, en compote et
en salade cuites; puis, à l'état sec, des deux mêmes façons.
Je n'ai pas trouvé de différence.

Si l'on fait tremper dans l'eau, pendant quelques heures,
les tubercules *prunifiés*, ils reprennent leur volume primitif.
On les emploie alors en compote avec vin et sucre, comme les
Pruneaux, dont ils ont un peu le goût; ou bien en salade
avec un assaisonnement assez relevé.

Dans les deux cas, ils sont absolument tendres et jouent le
rôle de fruits et de tubercules frais.

Je pense que les Oxalides séchées peuvent se conserver
dans une armoire comme les Pruneaux.

. Je ne vous dirai rien de la culture de la plante. Vous la trouverez dans le *Bon Jardinier* et dans le magnifique ouvrage de MM. Vilmorin, intitulé : *Les Plantes potagères*.

Cette culture n'est pas d'une parfaite simplicité, mais elle est digne des amateurs.

Capucine tubéreuse.

Mes chers collègues,

Je remets à chacun de vous une carte sur laquelle est figurée la plante dont je désire vous parler aujourd'hui.

Cette carte n'est pas ce qu'elle devrait être. Le dessin est fort joli, mais le texte qu'il entoure ne propose les tubercules de la Capucine que comme hors-d'œuvre, et c'est à tort.

Les hors-d'œuvre ne sont pas à la mode. On n'en sert plus sur les tables, et c'est comme conserve au vinaigre, seuls, ou associés aux Cornichons, que j'aurais dû faire l'éloge des tubercules de la Capucine.

Ils constituent en effet la conserve la meilleure, la plus nouvelle et la plus distinguée.

Je n'ai pas réussi jusqu'à présent à produire une assez grande quantité de Capucines tubéreuses pour en propager l'usage, par la raison que la plante ne forme ses tubercules qu'en novembre, que la première gelée la tue et que la récolte est nulle ; mais ce danger, qui semble inévitable sous le climat de Paris, ne saurait arrêter les amateurs, et voici la culture que je conseille :

— Mettre les tubercules en végétation, un à un, dans des godets sous châssis.

— Choisir, au 1er juin, les plus beaux pieds et les planter en plein air, à des distances calculées, de façon à pouvoir placer sur eux au 1er octobre les coffres et panneaux dont on dispose, à raison d'un *seul pied* par panneau.

— Obtenir ainsi en six panneaux, je suppose, six grosses touffes qui donneront une quantité de tubercules suffisante pour une famille.

— La récolte étant faite après le 15 novembre, employer les plus gros tubercules en hors-d'œuvre et mettre les petits, qui sont très nombreux, dans le vinaigre, aromatisé comme on le fait pour les Cornichons.

J'ai essayé, sans succès, de placer plusieurs pieds de Capucine sous le même châssis. Les plantes s'y étouffaient.

Mais au 1er octobre, les coffres et les châssis sont sans emploi et l'on est heureux de pouvoir les utiliser.

Ceux d'entre vous qui pratiqueront la culture que j'indique en seront, je crois, satisfaits.

Ou Sen blanc de Chine.

Au printemps dernier, j'ai distribué aux membres de notre Section des graines de la Romaine du Pamir. Plusieurs ont cultivé cette plante, qui est celle dont on mange les tiges sur une longueur de 30 centimètres. C'est un légume fort bon, mais de faible saveur.

Dans notre dernière séance, je vous ai offert des semences de l'Ou Sen rouge de Chine, variété de forte saveur, odoriférante, qui sera cultivée concurremment avec la précédente. Elle est hâtive et sa tige ne s'entoure pas de pousses latérales adventives.

Le même jour, je vous disais que je possédais une troisième variété, un Ou Sen blanc, tardif, qui donne, comme la Romaine Gigogne, mais moins abondamment, de petits légumes adventifs, que leur blancheur invite à servir en salade.

La tige se mange au jus sur une longueur de 20 centimètres. Elle a de la saveur et de l'odeur.

Je ne vous ai pas offert ces graines le 29 janvier, parce que j'en possédais bien peu. Cependant, malgré mon indigence, j'en apporte aujourd'hui six petits sachets. S'ils ne suffisaient pas, je prierais notre secrétaire de prendre les noms des postulants et je chercherais à les satisfaire.

Igname de Chine.

Mes chers collègues, je vous offre 100 plants d'Igname.

Vous savez tous ce qu'exige la plante : labour très profond, fumure, arrosage.

Personnellement, je récolte chaque année à peu près 500 kilog. de racine d'Igname, que j'arrache le 15 novembre.

J'en vends environ 450 kilog. Je fais des cadeaux avec le surplus.

Les racines cassées se cicatrisent aisément, se gardent bien et suffisent à ma table.

Voici les emplois que je préfère :

Potage, dont le mérite est de ne pas gratter la gorge comme la Pomme de terre, ne pas le faire épais.

Purée, au lait et au beurre. Préparée un peu claire, elle ressemble à une crème.

Croquettes. La meilleure recette consiste à faire des croquettes frites avec une purée d'Igname. On les mange, soit au sel, soit au sucre. C'est excellent.

Courge-Patate.

La plante a été introduite en France par M. Léonard Lille, horticulteur à Lyon.

Elle a été présentée à la Société d'Horticulture et n'est plus une nouveauté.

Si je vous en parle aujourd'hui, malgré le dédain que je professe d'une manière générale pour les Courges, c'est qu'à mes yeux, elle a plus de mérite que la plupart d'entre elles.

Quelles sont donc ses qualités ?

La plante est très productive dans l'Amérique du Nord. On lui attribue une fécondité extraordinaire.

Elle donnerait 80 ou 100 fruits par pied.

C'est beaucoup, mais pourquoi pas ?

Ses tiges en s'étendant sur le sol, s'y marcottent, y reprennent des forces et fructifient de plus belle.

Je vous préviens immédiatement de la nécessité de supprimer les trois ou quatre premiers fruits noués. Ils arrêteraient tout net la croissance des tiges et comme conséquence la récolte serait nulle.

On peut récolter dix fruits par pied sous le climat de Paris, avec les soins d'usage.

Poquets garnis de fumier, distants d'au moins deux mètres les uns des autres, arrosage, etc.

Les fruits sont petits; un ou deux suffisent pour un potage, une purée, une friture, un gâteau.

Je ne les emploie qu'en gâteaux. La fécule en est remarquablement légère et n'a pas le goût de Potiron, ce qui est pour moi un grand mérite.

Le gâteau peut être aromatisé de diverses façons. Je vous le recommande.

Je termine l'éloge de la Courge-Patate en priant notre excellent collègue, M. Hédiard, qui la connaît bien, de vous en parler à son tour.

Je vous en offre quelques graines. J'en ai fort peu.

L'origine de la Courge-Patate est incertaine. Voici ce que M. Léonard Lille écrivait le 3 septembre dernier à mon ami, M. Bois :

« Monsieur, en réponse à votre lettre du 30 août, nous avons l'honneur de vous informer que nous croyons la Courge-Patate originaire de l'Illinois (Amérique Septentrionale).

» Les premières graines nous ont été données par un ami comme étant une plante potagère remarquable.

» Le nom de Courge-Patate que porte cette variété lui a été donné par nous en 1890, et nous ne lui en avons jamais connu d'autre. »

II. EXTRAITS DE LA CORRESPONDANCE.

LES MARAS DANS LA RÉPUBLIQUE ARGENTINE.

Notre collègue, M. Georges de Frézals, qui habite depuis plusieurs années la République Argentine, écrit de Mendoza à M. Pichot, à la date du 22 mars 1895 :

« L'histoire de l'acclimatation du Mara, publiée par la *Revue des Sciences naturelles appliquées* dans sa livraison du 5 février dernier, m'a fort intéressé, et j'y ai vu avec plaisir vos succès dans cet élevage auquel j'ai dû un moment contribuer. Feu les trois Maras que je vous destinais étaient ici enfermés dans un vaste poulailler entouré d'un grillage en fil de fer et au centre duquel est une nappe d'eau alimentée par une rigole d'irrigation. Ces eaux donnent une certaine humidité au sol d'une part, et, d'autre part, ce sol est ombragé par des Peupliers et des Saules. Est-ce l'humidité, est-ce l'ombre ? Le fait est que jamais les Maras (un couple jeune et un vieux mâle) n'ont essayé de creuser un terrier. A Mendoza, où quelques personnes ont un Mara domestique (mon vieux mâle « Juanito » répondait à son nom comme un chien), je n'ai jamais entendu dire qu'ils fassent des trous dans les maisons qui, cependant sont généralement construites en « adobes » ou briques crues mélangées de paille. C'est précisément parce qu'ils ne font pas de dégâts dans les maisons qu'on les y garde avec toute la liberté que permet la crainte que des Chiens ne leur fassent mal.

» Mon associé, M. Claude Mabit, le fils d'un médecin qui a été bien connu à Bordeaux, causant avec moi de l'article de M. Remy Saint-Loup, me disait que dans la province de la Rioja, qu'il a habitée à plusieurs reprises, en séjournant aux mines de Famatina, les Maras creusent des terriers. En chevauchant il y a quelques jours en partie de chasse, à une heure de galop au sud en face d'ici, sur la rive droite du Rio Tunugan, nous avons aperçu des Maras et ils avaient des terriers dans lesquels ils sont entrés à notre approche. M. Mabit me disait qu'à la Rioja, où ils sont nombreux, on en prend en les déterrant à coup de pelles; les terriers ne sont pas profonds. Le parage où nous avons vu ces animaux dans notre excursion était une pampa aride et brûlée du soleil et très dénudée. Les Maras nous semblent donc creuser des terriers dans le but de se garantir des ardeurs du soleil et de trouver sous terre un peu de fraîcheur, tandis qu'ils n'en creuseraient pas quand l'ombre et l'humidité leur sont autrement assurées. »

✕

Le Goumi du Japon.

Pour répondre au désir de notre distingué confrère, M. J. Clarté, je viens dire à la Société d'Acclimatation mon appréciation et les observations que j'ai pu faire sur le Goumi du Japon (*Elæagnus edulis* — Chalef à fruit comestible).

Encouragé par les bons renseignements que M. Clarté nous donnait sur cet arbuste, j'en ai demande quelques pieds à M. Simon, Louis, horticulteur à Plantières-lès-Metz.

Depuis cette époque, c'est-à-dire depuis sept ou huit ans, je cultive à Flagey (Haute-Marne) ces arbustes où, sans grands soins, je les vois bien végéter et parfaitement se comporter.

Je ne sais si le sol et l'exposition leur conviennent, mais ils me paraissent fort accommodants et disposés à vivre partout. Ici, j'en ai dix sujets plantés au bas d'un coteau aride et brûlé par le soleil. Ils poussent vigoureusement, se couvrent de petites fleurs blanc crème au printemps, puis en automne, de jolis fruits d'un jaune abricot, oblongs, diaphanes et que, pour la forme, je puis comparer aux fruits du Cornouiller, ou mieux, à ceux du Jujubier. Très acerbes à manger crus, quelle que soit leur degré de maturité, tous les ans, on en fait, chez moi, des confitures (gelée) que nous trouvons excellentes. Une ou deux fois, j'ai eu assez de fruits pour les faire distiller et j'ai obtenu une eau-de-vie qui, goûtée par un aréopage d'amateurs, a été déclarée très bonne et d'un goût fort agréable.

Les Goumis n'ont nullement souffert du rude hiver que nous venons de traverser et c'est à l'éloge de leur rusticité, car bon nombre d'arbustes, cotés comme résistants, ont été gelés.

Je profite de l'occasion pour en citer quelques-uns à titre de renseignement.

Presque tous les Rosiers, même les hybrides les plus solides sont morts. J'en excepte les Jules-Margottin et quelques autres. Beaucoup d'arbres fruitiers ont souffert. Aucun arbre à feuilles persistantes n'a résisté. Dans le nombre, je désignerai les Berberis, les Cotoneasters, les Buxus, les Caprifolium, un peu délicats, toutes les Céanothes, les Clématites à grandes fleurs, les Cratægus, les Fusains, les Houx, les Jasmins, les Troènes, les Pivoines en arbre, les Sumacs, quelques Spirées, etc., etc.

Les Ribes, les Bignones, les Glycines et les Cognassiers du Japon eux-mêmes ont été fortement atteints.

Par contre, toutes les plantes herbacées vivaces, même les délicates, mais qui ont été couvertes de neige, s'en sont tirées indemnes.

Au milieu de tous ces désastres, les Goumis se sont montrés très vaillants. Ils se prêtent au palissage ou à la forme qu'on veut leur donner et ne sont pas encombrants. Somme toute, ce sont des arbustes très recommandables et dont on peut tirer bon parti. Je dois pourtant déclarer qu'ils sont moins faciles à bouturer que je ne l'avais cru tout d'abord, moins que les Groseilliers, par exemple, mais en s'y prenant à la bonne époque, au premier printemps ou à la sève d'août, on peut encore réussir d'une façon satisfaisante.

DE CONFEVRON.

✕

LE JUTE ET LES TERRAINS SALÉS EN ÉGYPTE.

J'avais pensé depuis longtemps qu'il y avait quelque profit à tirer du Jute, surtout dans les sols salés (et ils sont nombreux en Égypte) où le Coton donne toujours de fort mauvais rendements. Je crois, sans cependant en être complètement sûr, que le Jute y donnera des produits satisfaisants. Ces sols salés, dont je vous parle, sont consacrés pour la plupart à la culture du Riz, en alternance annuelle avec le Coton, c'est-à-dire une année de Riz et une autre de Coton ; cependant quelques régions, où le sel est en forte proportion, on ne peut cultiver le Coton que tous les deux ans, en alternance avec le Riz (deux ans de Riz et un de Coton).

Ce qui me permet de croire que le Jute viendrait bien dans les sols pas trop salés, c'est que, dans ces terres, la Corète potagère (*Corchorus olitorius* L.) pousse abondamment parmi les herbes salissantes ou introduites exprès dans les champs de Coton lors des semailles, pour protéger les jeunes plants de l'action trop vive du soleil.

La plupart du temps, cependant, elle y pousse à l'état spontané et on est obligé de l'arracher lors des savelages.

Je crois donc qu'il y aurait avantage à essayer le Jute dans ces sortes de terres salés, en adoptant un assolement biennal, Riz et Jute, ou triennal, Riz, Riz et Jute. On ne peut point songer à cultiver, je crois, le Riz et le Jute la même année en Égypte, étant donné que le Riz s'y sème dès le commencement d'avril. On peut toutefois cultiver du Maïs après le Jute, étant donné la rapidité de végétation de cette dernière plante.

V. MUSSÉRI,
Ingénieur agricole, au Caire.

III. BULLETIN BIBLIOGRAPHIQUE.

Médecine légale vétérinaire, par A. GALLIER, médecin-vétérinaire, inspecteur sanitaire de la ville de Caen. 1 volume in-16 de 502 pages, cartonné, 5 fr. — Librairie J.-B. Baillière et fils, 19, rue Hautefeuille, à Paris. (Ce volume fait partie de l'*Encyclopédie vétérinaire* de M. le professeur CADÉAC.)

Attaché depuis de longues années au service de l'inspection sanitaire d'une ville placée dans un centre d'élevage, fréquemment commis comme expert par les magistrats, M. Gallier a été à même de voir bien des cas où l'art vétérinaire et le droit se trouvaient aux prises, et il a pu ainsi acquérir une grande expérience en ces matières.

Ce volume est divisé en quatre parties :

1º *Médecine légale proprement dite* (Mort, blessures, asphyxie, vices rédhibitoires, maladies contagieuses, viandes de boucherie, assurances contre la mortalité et les accidents, etc.).

2º *Responsabilité* des vétérinaires, des empiriques, des maréchaux ferrants, des étalonniers, des maîtres pour les dommages causés par leurs domestiques, des propriétaires, des logeurs, des locataires et emprunteurs, des voituriers et compagnies de chemins de fer.

3º *Jurisprudence médicale* (Enseignement, exercice, honoraires, secret professionnel, responsabilité médicale, vente de clientèles, exercice de la pharmacie vétérinaire).

4º *Expertises médico-légales* (Rapports des vétérinaires avec la justice, l'administration et les parties, pièces à fournir, experts, etc.).

On trouvera condensé dans ce volume tout ce qui peut intéresser les praticiens et les élèves, le plus souvent étrangers aux questions de droit qui, dans un grand nombre de circonstances, peuvent présenter pour eux un intérêt considérable.

Instructions pratiques sur l'utilité et l'emploi des Machines agricoles sur le terrain, *Récoltes,* par Alfred DEBAINS, ingénieur des Arts et Manufactures, professeur de Génie rural à l'Ecole nationale d'Agriculture de Grand-Jouan. Un volume in-8º avec 80 figures dans le texte et 24 clichés hors texte, publiés en appendice et représentant des machines agricoles. Prix cartonné : 4 francs. — Société d'éditions scientifiques, place de l'Ecole de Médecine, 4, rue Antoine-Dubois, Paris.

Dans ce volume, l'auteur continue ses intéressantes études sur les machines agricoles commencées dans les deux premières parties déjà publiées, traitant des labours et des semailles; dans cette troisième partie intitulée *Récoltes*, il indique les moyens d'obtenir rapidement les produits des cultures, prairies, céréales et racines. Ce volume traite d'une manière complète la question du moissonnage et du liage mécaniques des céréales en indiquant par des dessins nombreux la manière dont opèrent les machines destinées à ce travail. Cette partie est tout à fait nouvelle et n'a encore été traitée dans aucun ouvrage. Comme les deux premières, cette troisième partie contient toutes les indications nécessaires pour le règlement et la conduite des instruments destinés à effectuer les récoltes.

Liste des principaux ouvrages français et étrangers traitant des Animaux de basse-cour (1).

2° OUVRAGES ALLEMANDS (*suite*).

Prutz (*Gust.*) Die Arten der Haustaube. Preisschrift. Nach dem Entwurfe der Delegirten des 1. deutschen Geflügelzüchter-Tages beschrieben. 2. Aufl. Leipzig, C. A. Koch, 1874. 3. Aufl. mit einem Anhange « Die Krankheiten der Taube », 1878. 4. Aufl., 1890. M. 2,25.

> *Prutz* (*Gust.*) Les espèces du Pigeon domestique. Ouvrage couronné. Rédigé d'après le plan des délégués de la première assemblée des éleveurs de volaille en Allemagne. 2ᵉ édit., Leipzig, C.-A. Koch, 1874 ; 3ᵉ édit., avec un appendice : Les maladies du Pigeon, 1878 ; 4ᵉ édit., 1890. M. 2,25.

Prutz (*Gust.*). Illustrirtes Mustertaubenbuch. Mit 60 Farbendruckblättern von Chr. Förster und Originaltext-Illustrationen. Hamburg, J. F. Richter, 1884-1886. M. 48.

> *Prutz* (*Gust.*) Livre illustré de Pigeons-modèles. Avec 60 planches coloriées de Chr. Förster et des illustrations originales dans le texte. Hambourg, J.-F. Richter, 1884-1886. M. 48.

Prutz (*Gust.*) Die Krankheiten der Haustauben und ihre Heilung. Nach 30 jährigen Erfahrungen und den Beobachtungen hervorragender Autoritäten der Taubenzucht beschrieben. Hamburg, J. F. Richter, 1886. M. 3.

> *Prutz* (*Gust.*) Les maladies des Pigeons domestiques et leur guérison. Rédigé d'après des expériences de 30 ans et des observations d'autorités competentes de l'élevage des Pigeons. Hambourg, J.-F. Richter, 1886. M. 3.

Pullwer (*F. W.*). Die rationell betriebene landwirthschaftliche Hühnerzucht. Coblenz, W. Gross, 1883. 50 Pfg.

> *Pullwer* (*F.-W.*). L'élevage rationnel de Poules domestiques. Coblence, W. Gross, 1883. 50 Pfg.

Rathgeber (*Praktischer*) für Vogel-, Geflügel-, Bienenzüchter und Liebhaber. Eine grosse Auswahl sehr empfehlenswerther Schriften über
Vogel- und Geflügelzucht. Mit einem Anhange über Kaninchenzucht. Œhringen, Stürmer, 1881. 60 Pfg.

> *Conseiller pratique* des éleveurs et amateurs d'oiseaux, de volaille et
> d'Abeilles. Un grand choix d'ouvrages très recommandables sur l'éle-
> vage des oiseaux et de la volaille. Avec un appendice sur l'élevage
> des Lapins. Œhringen, Stürmer, 1881. 60 Pfg.

Reissert (*Louis*). Die landwirthschaftliche Geflügelzucht. Praktische
Anleitung zum Grossbetriebe derselben. Breslau, W -G. Korn, 1879.

> *Reisert* (*Louis*). L'élevage de volaille domestique. Guide pratique pour
> l'élevage en gros. Breslau, W.-G. Korn, 1879.

Reissert's Katechismus der verbesserten Landhühnerzucht. Nebst einer
Anleitung über das Truthuhn und die Züchtung und Mästung der
Gänse und Enten. 3. Auflage, herausgegeben von E. Sabel. Bres-
lau, W.-G. Korn, 1884. 70 Pfg.

> *Reisert*. Catéchisme de l'élevage amélioré des Poules. Avec un guide
> sur le Dindon, sur l'élevage et l'engraissement des Oies et des Ca-
> nards. 3ᵉ édit., éditée par E. Sabel. Breslau, W.-G. Korn, 1884. 70 Pfg.

Radiczky (*Eug. v.*). Die Monographie des Truthuhns. Wien, Frick,
1882. M. 1,60.

> *Radiczky* (*Eug. de*). La monographie de la Dinde. Vienne, Frick, 1882.
> M. 1,60.

Römer (*K.*). Die Zucht und Pflege des landwirthschaftlichen Nutz-
geflügels. Mit 19 Holzschnitten. Stuttgart, Ulmer, 1880. M. 1.

> *Römer* (*K.*). L'élevage et l'entretien de la volaille d'utilité agricole. Avec
> 19 gravures sur bois. Stuttgart, Ulmer, 1880. M. 1.

Röttiger (*A.*). Anleitung zur Zucht und Pflege der Fasanen und einiger
Wildhühner-Arten. Mit 6 Illustrationen. Wien, Frick, 1882, M. 1,60.

> *Röttiger* (*A.*). Guide pour l'élevage et les soins des Faisans et de quel-
> ques espèces de Poules sauvages. Avec 6 illustrations. Vienne, Frick,
> 1882. M. 1,60.

Roullier-Arnoult (*E.*). *et Arnoult* (*E.*). Die künstliche Brut und Aufzucht des wilden und Hausgeflügels durch Hydro-Brutmaschinen
und Hydro-Glucken. Uebersetzt von A. Röttiger. Göttingen, Vanden-
hœk und Ruprecht, 1880. M. 1,60.

> *Roullier-Arnoult* (*E.*) *et Arnoult* (*E.*). L'incubation et l'élevage artificiels
> de la volaille domestique et sauvage par des machines d'incubation
> hydrauliques et des (poules) couveuses hydrauliques. Traduit par
> A. Röttiger. Gœttingue, Vandenhœk et Ruprecht, 1880. M. 1,60.

(*A suivre.*)

_____

(1) Voyez *Revue*, année 1893, p. 564 ; 1894, 2ᵉ semestre, p. 560 et plus
haut, p. 48, 231 et 417.

IV. NOUVELLES ET FAITS DIVERS.

Expositions à l'étranger. — Une *Exposition de plantes médici-nales et usuelles* aura-lieu à La Haye en juillet 1895. Les demandes d'admission doivent être adressées au Dr M. J. Greshoff, 97, Laon van Meerdervort à La Haye avant le 15 juin.

On annonce également une *Exposition commerciale et industrielle*, placée sous le patronage du Sénat de Lubeck, qui comprendrait tous les produits donnant lieu à un trafic entre l'Allemagne et les autres contrées du nord de l'Europe. Parmi les vingt-cinq groupes que comporte le programme, nous citerons, comme pouvant plus particulièrement intéresser les membres de la *Société d'Acclimatation* : Agriculture, forêts et leurs produits, jardins, aliments et boissons, tabacs bruts et manufacturés, textiles et étoffes, bois et produits, cuirs et caoutchoucs, etc.

Cette exposition aura lieu du 1er juillet au 30 septembre 1895.

Note adressée aux Préfets au sujet de la destruction des Oiseaux insectivores. — La note circulaire suivante vient d'être adressée aux Préfets par la Direction de la sûreté générale (bureau de la chasse) :

« Monsieur le Préfet,

» Je vous prie d'appeler l'attention de toutes les municipalités de votre département sur la disparition croissante des Oiseaux insectivores, qui m'est signalée, au grand préjudice de l'agriculture, et de leur faire remarquer tout particulièrement que la chasse des Oiseaux du pays non considérés comme gibier, doit être interdite *d'une façon absolue*.

» Il importe aussi de faire connaître aux officiers de police judiciaire, à la gendarmerie et aux agents verbalisateurs en matière de chasse que les propriétaires et fermiers ne peuvent détruire, *même sur leur propre terrain*, colporter ni même mettre en vente les nichées et œufs des Oiseaux autres que ceux reconnus nuisibles. »

La Sardine sur la côte de Porto durant la campagne de 1894-1895 (1). — Parmi les diverses questions de biologie maritime, l'histoire de la Sardine doit être considérée comme une de celles qui intéressent le plus le nord du Portugal, non seulement en raison des rendements considérables qu'elle produit ainsi que par la grande population vivant de cette industrie.

(1) *Annaes de Sciencias naturaes*, II anno, no 2. Porto, avril 1895. L'auteur nous excusera d'avoir parfois rectifié la forme de son texte, sans d'ailleurs jamais en modifier le sens.

Il faut donc surveiller cette pêche et chercher à préciser scientifiquement les causes probables du dépeuplement pour éviter, autant que possible, que la crise sardinière qui a envahi les côtes océaniques de la France et de l'Algérie (1) vienne réduire à la misère nos populations maritimes, déjà bien affligées par le sensible manque de certaines espèces de Poissons, dont la disparition est attribuée exclusivement, par nos pêcheurs, aux mauvais procédés du chalutage à vapeur. Les pêcheurs oublient néanmoins qu'eux-mêmes se procurent une ruine de leur industrie par l'exploitation intensive avec les engins traînants employés pour la pêche des Tacauds (Faneca, *Gadus luscus*, L.), des Soles (Linguados, *Solea*) et des Plies (Solhas, *Platessa vulgaris*, GOTT.), en outre, engins de résultats bien plus dangereux que ceux des vapeurs de pêche, qui exercent leur industrie à une assez grande distance de la côte.

On conçoit toutefois aisément comme doit être énorme la destruction des Poissons de si petite taille, surtout des Trigles (Ruivos, *Trigla*) et les Merlus (Pescadas (2), *Merlucius vulgaris*, COSTA), dont la vente est nulle.

Nous avons eu, nous-mêmes, occasion de constater de semblables ravages, auxquels on a attribué la disparition des Trigles, il y a peu d'années si abondants, qu'ils donnaient lieu à une importante pêche à l'hameçon. Et, en effet, quand on ouvrait le fond du filet traînant hissé sur le mât, les petits Trigles et Merlus, en quantité énorme, tombaient morts, pour la plupart, sur le pont du vapeur.

On peut, sans doute, accuser le chalutage à vapeur de ruiner la pêche des Trigles à l'hameçon, car les vapeurs ont cherché, pour leurs pêches, les parages qui, pendant la saison des Trigles, étaient choisis par les pêcheurs à la ligne qui, maintenant, découragés par des pêches infructueuses au loin de la côte, n'y vont plus.

Dans le but de constater l'importance de la pêche de la Sardine sur les côtes de Porto, il suffit de limiter la présente notice à la plage de Matosinhos, de toutes la plus importante, au point de vue de la pêche, aux environs du Douro.

Il convient de remarquer que, avant la construction du port de Leixões, au dedans duquel est situé le village de Matosinhos, on n'y comptait pas un seul bateau s'exerçant exclusivement à la pêche de la Sardine ; tout ce Poisson que l'on y trouvait en vente était recueilli par les filets sardinaux des bateaux de pêche de Povoa de Varzim, le plus important port de pêche du Portugal, situé à 28 kilomètres au nord de Porto.

(1) G. Roché, *Les pêches maritimes modernes de la France*. Paris, 1894 A. Odin, *Recherches documentaires sur les pêches maritimes françaises ; Histoire de la pêche de la Sardine en Vendée et sur les côtes les plus voisines* (in. *Rev. des Sc. nat. de l'Ouest*). Paris, 1894, p. 137.

(2) On désigne vulgairement sous le nom de *Pescadnha marmota*, les Merlus de petite taille.

Le port de Leixões venant d'être achevé, on trouve déjà à Matosinhos vingt-quatre bateaux, exclusivement pour la pêche de la Sardine, outre une quarantaine d'autres bateaux qui s'exercent soit dans cette pêche, soit dans celles des Crabes (Mexoalho, Pilado, *Polybius Henslowi*), qui est importante et destinée à l'engrais des terres.

Cependant, c'est aux pêcheurs de Povoa de Varzim (*Poveiros*) que l'on doit la valeur considérable de la pêche dans le port de Leixões ; ils y viennent journellement et parfois en nombre supérieur à une centaine de bateaux pour vendre le produit de la pêche, et cela tient surtout à l'abri qu'ils trouvent dans ce port pendant la saison d'hiver contre les coups de vent du nord ou du sud-ouest, qui produisent les grosses mers et souvent rendent périlleux, sinon impossibles, les débar-quements sur la plage de Povoa.

Les bateaux des *Poveiros* jaugent de plus forts tonnages que ceux de Matosinhos, ils ne sont pas pontés, marchent avec vitesse à la voile et tiennent admirablement la mer. Leur équipage est de tout au plus vingt-six hommes vigoureux, qui se hasardent aux plus lointains parages de pêche, comme celles des Merlus, par 300 brasses de fond.

Outre les bateaux des *Poveiros,* on voit avec fréquence à Matosinhos des canots de pêche d'autres ports situés au nord comme Vianna, Ancora et Caminha.

Après la campagne sardinière de l'hiver, on commence la pêche des Poissons dont nous avons parlé, avec les filets traînants. Quand on reproche aux pêcheurs de ruiner leur industrie avec ces engins de capture, ils prétendent s'excuser en assurant que ces appareils traînants ne causent pas les ravages des autres filets de grandes dimensions, des *artes* (1), employés au sud du Douro sur les plages sablonneuses d'Espinho, Torreira, etc., et que dans ces filets on recueille parfois une quantité épouvantable de Sardines de petite taille, dont la vente pour l'alimentation publique est nulle.

Bien qu'il s'agisse d'un fait incontestable, nous ne pouvons pas, en tous cas, laisser de condamner, comme fort préjudiciels, les autres filets traînants, car eux aussi râclent les fonds en détruisant la vie, et, du reste, nous avons, nous-mêmes, plusieurs fois observé de jeunes Sardines de très petite taille mortes dans le fond de ces bateaux de pêche.

Des observations semblables ont été faites par M. Marion sur les côtes de Marseille, par M. Cunningham sur les côtes de Plymouth et par M. Roché sur plusieurs lieux de pêche des côtes océaniques de la France Malgré la supposition de Pouchet, qui croit que la Sardine est un Poisson migrateur se reproduisant en haute mer, nous sommes portés à croire, d'accord avec les opinions de M. Marion et

---

(1) Ce filet correspond au bourgin des pêcheurs français.

de M. Cunningham, de Plymouth, que la Sardine vient frayer près des côtes.

La trouvaille de Sardines de quelques millimètres de longueur près des plages, recueillies dans les filets traînants, et la présence de ce Poisson aux abords de nos côtes, à l'époque de la ponte, tout cela semble démontrer ce que nous venons de dire, bien que les œufs de la Sardine étant flottants puissent être emportés au loin par les courants.

Il y a, cependant, beaucoup à constater sur les lieux de ponte et savoir si la Sardine fraye au fond, puisque le développement de l'œuf est connu depuis les belles recherches de M. Cunningham au laboratoire de Plymouth (1).

Pour nos pêcheurs, la Sardine vient frayer vers le rivage en se frottant le ventre contre le sable.

La campagne sardinière a été d'une importance digne d'attention dans le port de Matosinhos pendant la dernière période d'août à janvier. Cette campagne (safra) a lieu surtout d'août à février et mars, mais cette année, les tempêtes qui sont tombées sur nos côtes vers la fin de la première quinzaine de janvier ont mis fin à cette première époque de pêche de la Sardine.

Le total de cette campagne a atteint la somme de 552,497 francs (99,456.010 réis), d'après les données officielles et avec l'exactitude approchée qu'elles comportent, répartis ainsi qu'il suit :

Août...............	41,777 francs	(7,527,130 réis)
Septembre..........	22,659 —	(4,078,680 —)
Octobre.............	40,027 —	(7,204,000 —)
Novembre..........	212,388 —	(38,229,900 —)
Décembre...........	220,385 —	(39,669,300 —)
Janvier.............	15,261 —	(2,747,000 —)
	552,497 francs	(99,456,010 réis)

Comme on le voit, entre décembre et janvier, il y a une différence énorme, due à la cause ci-dessus présentée.

Durant cette époque de pêche, le prix de la Sardine a oscillé entre 55 centimes et 2 fr. 75 le cent.

La Sardine a été trouvée pendant cette saison à partir de 6 brasses, et on l'a cherchée jusqu'à 50 ou 60 brasses ; elle s'est maintenue, tou-

(1) *The Life-history of the Pilchard*, 1894.

tefois, presque toujours près de la côte. Les pêcheurs de Povoa de Varzim exercent la pêche de la Sardine depuis le nord de Vigo jusqu'au sud de Figueira da Foz. Les filets dérivants de ces pêcheurs sont construits à la main avec du Lin très fin, mais les filets des pêcheurs de Matosinhos sont presque exclusivement des filets espagnols fabriqués à la machine et d'un fil beaucoup plus fin que celui des autres : il y en a avec des mailles de plusieurs dimensions. Ces appareils récoltent plus de Poissons que les autres.

Le tannage des filets s'effectue toujours avec la décoction de l'écorce de Chêne qui a l'inconvénient de rendre le fil des filets très dur et cassant et d'une couleur très foncée. Nous avons fait essayer le Cachou, et, en effet, ce produit a l'avantage de rendre le fil moins coloré et plus résistant en conservant toutefois la souplesse si utile pour la pêche. Cependant, il est difficile de faire changer d'usages à ces gens, et le tan continuera à être le procédé de conservation des filets. Il faudrait l'initiative du Gouvernement pour que les expériences pussent être menées régulièrement et avec persistance, au contraire, bien que j'aie pu décider quelques pêcheurs à faire usage des fils de Coton au lieu du Lin, et bien qu'ils reconnaissent la supériorité de celui-là, ils n'ont continué à s'en servir que pour quelques lignes pour la pêche à la main.

Les pêcheurs n'emploient pour la Sardine aucun appât comme il est l'usage dans d'autres pays, tout en constatant l'approche de la Sardine lors de l'affluence des Oiseaux de mer, tels que les *Sula bassana* (Mascato), les *Lomvia troile* (Araus) et les *Larus* (Gaivotas, etc.) aussi bien que le *Stercorarius pomatorrhinus* (Mandrião, Moleiro).

Les *Sula* se précipitent d'une grande hauteur sur le Poisson et les *Stercorarius* se plaisent généralement à poursuivre les *Larus* qui viennent de saisir une proie en les forçant à la rejeter pour en profiter.

D'autres fois, les pêcheurs se guident par l'énorme quantité de bulles d'air que l'on voit venir crever à la surface de l'eau et auxquelles ils donnent le nom de *garguïhada*. La Sardine se maintient à la surface de l'eau. Pendant la nuit, on reconnaît sa présence en frappant contre le bateau avec un des coins qui servent à soutenir le mât (bater a cunha) ; alors s'il y a de la Sardine, celle-ci se dénonce (alre) par la lueur (ardentia) produite par l'argenté de son ventre, très visible par le mouvement rapide de ce Poisson causé par le bruit (1).

La pêche s'effectue généralement pendant la nuit en deux ou trois jets (lances), le premier après le crépuscule (alvor) et le dernier dans la matinée. A Matosinhos, on pratique aussi la pêche de la Sardine

---

(1) Il me paraît certain que la présence du Poisson est rendue manifeste par la phosphorescence que provoquent ses mouvements plutôt que par l'éclat propre de son corps (J. de G.).

avec des filets fixes, les madragues ; il n'y en a que deux en dehors
du port de Leixoes, l'une au nord et l'autre au sud, et qui ne pêchent
pas pendant l'hiver à cause des grosses mers ; on les enlève pour les
remettre en place en mars ou avril, ce qui dépend de l'état du temps.
Ces appareils prennent beaucoup de Sardines au commencement de la
saison, août, septembre et parfois jusqu'à novembre.

Il y a encore une deuxième époque de pêche de la Sardine peu durable, du 15 juin au 15 juillet à peu près.

Foz do Douro, le 10 mars 1895.

Aug. NOBRE.

Manière de tuer et d'utiliser les Hannetons détruits. —
Les maires du département de la Côte-d'Or viennent de faire afficher
dans leurs communes une instruction rédigée par M. Magnien, professeur départemental d'agriculture, et qui a pour but de vulgariser les
moyens de combattre les Hannetons ou leurs larves, plus connues sous
le nom de Vers blancs. Le document dont il s'agit a d'ailleurs été tiré
en brochure pour être distribué gratuitement dans la région. Il suffit
de le demander à la Préfecture ou à l'auteur, à Dijon. — Voici quelques-uns des excellents conseils donnés par M. Magnien :

« Quand on a ramassé les Hannetons en grandes quantités, on peut
s'en débarrasser de différentes manières. On y arrive facilement en
plongeant les sacs pleins d'Insectes dans l'eau bouillante ou en les
introduisant pendant 8 ou 10 minutes dans un four ordinaire préalablement chauffé avec quelques fagots.

Un troisième moyen, qui a donné des résultats très satisfaisants,
consiste à vider les sacs de Hannetons dans un cuvier ou une vieille
barrique en arrosant les diverses couches d'Insectes avec un lait de
chaux. Il est nécessaire qu'un ouvrier armé d'une pelle agite constamment le mélange et empêche la sortie des Insectes. Quand le récipient a reçu un volume de Hannetons suffisant, on achève de le
remplir avec de la chaux vive. Il se produit dans la masse une forte
chaleur qui fait périr tous les Hannetons.

Le contenu du tonneau peut être ensuite versé dans une fosse
creusée en terre et ayant de 1 m. à 1 m. 50 de profondeur, autant de
largeur, et, s'il y a lieu, 3 m. ou plus de longueur. Dès que celle-ci
est pleine, on recouvre les Insectes d'une couche de chaux et enfin
d'une couche de terre de 0 m. 15 à 0 m. 20 d'épaisseur.

Un autre mode peu adopté, mais qui est d'une efficacité certaine,
c'est de verser dans les tonneaux pleins d'Insectes quelques centaines
de grammes de sulfure de carbone, de recouvrir le récipient d'un couvercle et d'attendre une heure. Au bout de ce temps, tous les Hannetons sont asphyxiés.

Les Hannetons ont une haute valeur comme engrais azoté ; c'est un
produit très riche et rapidement assimilable. Leur mélange avec la

chaux procure un excellent compost dont on peut tirer bon parti, notamment dans la culture potagère, et qui, fabriqué par les soins des communes et vendu à leur profit, leur permettra de récupérer une partie des sommes votées par elles pour encourager la lutte sur leur territoire.

Lorsqu'on se sert du feu pour anéantir les Hannetons, leur valeur fertilisante est réduite à la matière minérale, c'est-à-dire à peu de chose. Dans ce cas, voici comment on opère : dans une grande fosse, on place les Hannetons par couches alternant avec des branchages recouverts de goudron de houille. Quand la fosse est pleine, on allume ces branchages et le tout se consume aussi complètement que possible. »

Le tanin des Myrica. — On sait maintenant que l'écorce du *Myrica Nagi.*Thunb. entre dans la médecine du Nord de l'Inde à cause de ses propriétés astringentes. En poudre, on s'en sert comme d'un Tabac pour combattre les catarrhes ; mêlée à du Gingembre, on l'administre contre le choléra. Un échantillon de *Kino* de cette espèce, étudié par M. D. Hooper, contiendrait 60,8 % d'acide tannique à l'état pur.

Dans l'écorce du *Myrica rubra* — espèce probablement identique au *M. Nagi* — provenant d'Ishikawa, on a reconnu de 11 à 14 % de tanin, et dans un échantillon recueilli à Bombay, 13 %.

Une autre espèce, le *Myrica asplenifolia* L., examinée par M. C. Mauger renfermerait la plus forte dose de tanin, dans les proportions suivantes :

Myrica asplenifolia.	FEUILLES.	TIGE.	RHIZOMES.	TOTAUX.
à l'état vert.......	9.42	3.72	5.47	18.61 %
à l'état sec........	10.28	4.16	6.00	20.44 %

DE S.

Les Alcaloïdes de l'Ipécacuanha (*Cephœlis Ipecacuanha* A. Rich.). — L'Ipécacuanha doit ses propriétés thérapeutiques aux alcaloïdes contenues dans sa racine. Le Dr Paul vient de reconnaître qu'elle contient un hydrocarbure d'émétine cristallisable par de l'acide hydrochlorique étendu d'eau et un hydrocarbure de céphaline cristallisable par de l'acide faible d'hydrochlorure Ces recherches démontrent la différence du degré de solubilité entre l'emétine et la céphaline dans l'eau et l'alcool.   DE S.

Le Gérant : Jules GRISARD.

I. TRAVAUX ADRESSÉS A LA SOCIÉTÉ.

UN PARC A GIBIER AUX ÉTATS-UNIS [1]

Devant les progrès de la colonisation, les grandes espèces animales qui peuplaient autrefois les vastes solitudes de l'ancien et du nouveau monde disparaissent rapidement. Aussi les Anglais se sont-ils préoccupés de former dans leurs colonies du Cap des réserves de gibier où seront préservés les animaux dont plusieurs espèces n'existent déjà presque plus qu'à l'état de souvenir historique. Tandis que notre confrère M. Harting, le savant secrétaire de la Société Linnéenne de Londres, s'occupe activement de l'organisation de la *South African game preservation Society,* il publie dans le *Zoologist,* qu'il dirige, un article américain du *Forest and Stream* que nous croyons utile de placer aussi presque *in extenso* sous les yeux de nos lecteurs.

P.-A. Pichot.

Il y a quelques années, M. Austin-Corbin, le célèbre constructeur de chemins de fer, reçut en cadeau d'un ami quelques jeunes Cerfs de Virginie. Possédant une grande propriété territoriale sur Long-Island, à l'embouchure de l'Hudson, M. Corbin fit enclore une partie de bois pour lâcher ces animaux. L'entrepreneur de travaux n'était ni un sportsman, ni un naturaliste ; il n'avait eu aucun contact avec les animaux sauvages depuis les années de son enfance où il tendait des pièges aux Ecureuils et dénichait les œufs de Colins au pied des Montagnes-Blanches, néanmoins, il s'intéressa à ses pensionnaires, et son fils, Austin junior, ne prit pas moins de plaisir que son père à suivre des yeux les ébats du troupeau de Cerfs sur les pelouses du parc de Long-Island.

La propriété était assez grande pour contenir d'autres animaux que des Cerfs. Peu à peu, l'idée germa dans le cerveau de M. Corbin d'introduire dans son parc des Cerfs Wapitis, des Elans, des Antilopes et ces fameux Buffalos même qui commençaient à disparaître. M. Corbin avait habité Iowa jeune homme, alors que les bandes de Buffalos parcouraient les plaines de Nebraska, de Kansas et du Texas en théories innombrables !

(1) Communication faite en séance générale du 17 mai 1895.

Peu à peu, des spécimens de toutes ces espèces vinrent grossir le nombre des pensionnaires du domaine de Long-Island. Mais ce domaine n'avait rien de sauvage. Sur ses pelouses bien tondues, dans ses allées bien ratissées, Cerfs et Antilopes ne jouaient que le rôle d'animaux d'ornement, et les Buffalos de Long-Island remplaçaient simplement les Durhams perfectionnés.

M. Corbin en vint à vouloir assurer à ses protégés un asile plus en rapport avec leurs mœurs. Il y a dans le New-Hampshire, sur la frontière du Canada, de vastes étendues qui sont encore aujourd'hui à peu près aussi sauvages que lorsque Hudson débarqua sur les côtes. M. Corbin acheta de 20 à 30,000 acres de ces terrains négligés dans lesquels se trouvaient de grands morceaux boisés, des bruyères odorantes, des étangs et des ruisseaux. Il s'agissait d'enclore cet espace. On commença par dérouler une clôture en grillage de fil de fer ayant six pieds de haut et fixée de dix en dix pieds à de solides poteaux. Au-dessus de ce grillage, on raidit dix fils de ronce artificielle, mais après avoir construit 18 kilomètres de cette manière, on ferma l'enceinte en n'employant plus que de la ronce. Les frais de cette seule clôture montèrent à près de 400,000 francs.

Neuf grilles sont disposées de façon à donner accès à cette enceinte, et chaque grille commandée par une maison de garde où logent les employés chargés de défendre l'accès du terrain aux rôdeurs et aux braconniers.

C'est là qu'on a fini par réunir 25 Buffalos, 60 Wapitis, 70 Cerfs de Virginie, une demi-douzaine de Caribous et d'Antilopes, 18 Sangliers importés d'Allemagne, une douzaine peut-être d'Elans. Quatre Rennes furent apportés du Labrador, mais ils ne vécurent point. Enfin, M. Corbin veut établir dans ce parc une colonie de Castors qui y trouveront assez d'étangs et de ruisseaux à leur disposition, pour se livrer à toutes les sollicitations de leurs instincts constructeurs (1).

C'est un nommé Thomas H. Ryan que M. Corbin avait chargé de monter son parc. Cet agent était parti en octobre 1890 pour le Canada afin de réunir tout ce qu'il pourrait y trouver en manière de faune sauvage, à l'exception des

---

(1) Après le Buffalo, le Castor est menacé de disparition dans le nouveau monde ! Ne fera-t-on rien chez nous pour protéger l'existence des quelques Castors que l'on trouve encore en Camargue sur les rives du Rhône ? — A. P.

Ours, des Jaguars, des Loups et des Renards. A Sherbrook, Ryan fut mis en rapport avec un nommé Dan Ball, de Megantic, qui était très versé dans les mœurs des Cervidés, et ayant contracté un engagement avec lui pour en prendre, il remonta à 200 milles à l'Ouest de North Bay et à Mattawa où l'Elan, les Cerfs et les Castors sont encore nombreux. Il embaucha les services de trappeurs pour se procurer une vingtaine de chacune de ces espèces d'animaux.

A Megantic, Dan Ball avait attendu la saison des neiges pour se mettre en chasse. Ayant étudié les retraites des animaux, il rembucha une bande de Cerfs qui comptait environ 300 têtes, et s'étant approché du fort sans faire de bruit, sur des patins de neige, il provoqua une panique parmi les animaux rassemblés en tirant un coup de fusil dont la détonation dispersa le troupeau comme une volée de Cailles. Au lieu de suivre les sentiers frayés et battus, les Cerfs affolés se précipitèrent en tous sens et s'embourbèrent dans la neige molle et profonde, si bien qu'on put s'emparer d'une dizaine d'individus.

En janvier, Ryan se mit en devoir de rapporter ses captures au parc de New-Hampshire. Un wagon du chemin de fer Canadien-Pacifique fut aménagé en compartiments où les animaux qui avaient été jusque là enfermés dans des remises furent soigneusement emballés. Neuf arrivèrent vivants au parc.

Les Buffalos étaient originaires de Montana, mais furent achetés à un commerçant de Minnesota, d'où provinrent également les Elans, Wapitis et Caribous. Les Elans ont supporté un transport de 2,000 milles en quatre jours sans souffrances.

Le dernier envoi fait au parc comprenait 16 Elans, 3 Cerfs de Virginie et 1 Caribou. 8 Elans moururent peu après leur arrivée, sans doute des suites du changement d'eau et de nourriture. Une autre fois, un train apportant 30 Cerfs eut une collision qui fit périr 26 animaux. On a remarqué que les Cerfs ne veulent pas manger pendant que le train est en mouvement, et que la chaleur de l'atmosphère confiné du wagon leur est particulièrement nuisible.

C'est ainsi que les Corbin père et fils se trouvent aujourd'hui à la tête d'un jardin zoologique privé, dont il n'y a pas d'analogue, et pour lequel ils ont dépensé plus de 2 millions de francs. Depuis leur installation, presque toutes les espèces

se sont multipliées. Des 22 Buffalos qui furent lâchés dans le
parc, il y a environ un an, 8 femelles sont pleines, et 2 veaux
sont nés. Le nombre des Wapitis qui était resté presque sta-
tionnaire à Long-Island a doublé par les naissances dans le
parc de New-Hampshire. La reproduction de l'Elan en captivité paraissait la plus problématique ; il y en a plus de 60 têtes
dont 6 femelles ont mis bas cependant.

Malgré l'épaisseur des fourrés au milieu desquels ils ont été
se retirer, on a souvent vu reparaître les Sangliers importés
d'Allemagne. Ils ont beaucoup multiplié et voyagent fréquemment à de grandes allures à travers le parc où ils se sont
séparés en plusieurs compagnies. Quant aux Cerfs de Virginie,
ils se sont tout à fait accommodés à leur nouvelle existence.

Dans l'enclos du parc, il y a deux étangs de vingt à trente
arpents chacun, et environ 100 milles de cours d'eau. En 1890,
on a détruit les Anguilles et certains autres Poissons pour
favoriser la reproduction des Truites qui y ont été mises.

M. Corbin a fait venir d'Angleterre 20,000 pieds d'Aubépine
qui ont été mis en place au printemps et qui sont destinés à
former, derrière le grillage, une clôture épaisse que les Buffalos, eux-mêmes, ne pourraient forcer. Une haie naturelle
remplacera ainsi, avec le temps, la clôture artificielle.

Outre son grand parc dans le New-Hampshire, M. Corbin
possède encore deux autres réserves à gibier ; celle de Long-
Island, dont nous avons déjà parlé, où il y a actuellement
21 Wapitis et 18 Cerfs de Virginie, et une autre à Manhattan
où il y a 25 Wapitis. Il va faire creuser dans ce dernier endroit
des étangs qui recevront l'eau de la mer au moment de la
marée par la baie de Sheepshead, et ces étangs seront peuplés
de Phoques et d'Otaries qu'on fera venir de Terre-Neuve et
de la côte du Pacifique.

LES

SÉRICIGÈNES SAUVAGES DE LA CHINE

Par M. A. FAUVEL,

Ancien fonctionnaire des Douanes chinoises (1).

Extrait du compte rendu sténographique.

SÉANCE GÉNÉRALE DU 15 AVRIL 1895.

Monsieur le Président, Messieurs,

J'ai l'honneur de présenter à la Société nationale d'Acclimatation de France un volume que je viens de faire paraître sur les Séricigènes sauvages de la Chine. Ce volume, imprimé sous les auspices du Ministère de l'Instruction publique et des Beaux-Arts, à la recommandation du savant directeur du Jardin des Plantes, M. Milne-Edwards, et de M. H. Cordier, professeur à l'Ecole des Langues orientales, a été composé pour la majeure partie sur des documents chinois imprimés ou sur des manuscrits inédits que j'ai récoltés en Chine pendant un séjour effectif de dix ans alors que j'étais officier des Douanes sous les ordres de Sir Robert Hart. J'ai profité de mon passage en ce pays pour étudier quelques-unes de ses ressources industrielles et commerciales, entre autres l'industrie des soies.

Je ne vous parlerai pas des Vers à soie du Mûrier élevés en magnanerie : ils sont trop connus aujourd'hui. Mais j'ai cru qu'il y avait lieu de rechercher l'origine de ces Vers. Depuis quelques années, on a pensé qu'il était intéressant de rechercher la race primitive des Vers à soie domestiques. Cette race existe-t-elle ? Où se trouve-t-elle ? Tel est le travail que j'ai cherché à faire, et j'ai réussi en partie. Je dis en partie, parce qu'il y avait déjà eu des travaux accomplis sur ce sujet, entre autres par le respectable et savant abbé A. David, un très bon naturaliste qui, il y a plus de vingt ans, a fait des recherches dans la Mongolie et dans le district de l'Ourato. Il y trouva des petits Vers à soie blancs, ressem-

(1) La chambre de Commerce de Lyon a bien voulu prêter à la *Société d'Acclimatation* les clichés qu'illustrent cet article.

blant absolument à nos Vers à soie domestiques, et vivant à l'état sauvage sur le *Morus sylvestris*, qui est probablement la forme sauvage et primitive du *M. indica* ou du *M. alba*. Le *M. nigra*, d'après un savant botaniste, le docteur russe Bretschneider, n'existerait pas en Chine. Les fruits noirs du *M. alba* auraient d'après lui induit en erreur certains botanistes.

Nous avons cependant rapporté du Chan-Toung et déposé au Muséum des échantillons de *Morus* qui n'étaient pas tout à fait complets : nous n'avions pas les fleurs et les fruits, mais notre ami M. Franchet a cru pouvoir les rapporter au *Morus nigra*. Les Vers à soie domestiques seraient donc bien originaires de la Chine. Il n'y a pas de doute, si l'on

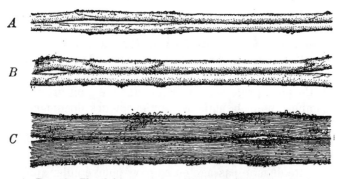

A   Bave du *Theophila mandarina*, diamètre 0,02 (grossie 200 fois).
B   Bave du *Bombyx mori*, diamètre 0,03 (grossie 200 fois).
C   Bave de l'*Antheræa Pernyi*, diamètre 0,06 (grossie 200 fois).

étudie les plus anciens livres chinois qu'on connaisse, que le Ver à soie ne fut connu dans ce pays environ 2,600 ans avant Jésus-Christ. C'est une Impératrice princesse qui aurait la première enseigné l'élevage du Ver à soie. Mais, bien longtemps avant, on avait trouvé au Chan-Toung des Vers à soie qui y vivaient absolument à l'état sauvage. J'ai retrouvé dans les classiques, entre autres dans le Yü-Koung ou « tribut de Yü » (plus exactement les travaux de Yü), des citations qui se rapportent absolument à la soie. Il y est dit que les sauvages du pays de *Laï* apportèrent à l'Empereur, qui venait faire ses dévotions à la montagne sacrée de *Tai*, des paniers remplis d'une quantité de cocons de soie ; ils apportèrent aussi des soies.

J'ai recherché quelles pouvaient être ces soies, alors que
j'habitais à Tché-Fou qui se trouve dans l'ancien pays des
Laïs, sauvages qui ont précédé les Chinois au Chan-Toung
dont ils étaient en quelque sorte les autochtones ou aborigènes. Les Chinois, d'après M. Terrien de la Couperie et
d'autres savants, seraient venus de la Bactriane. La théorie
est contestée, en tout cas ils sont certainement venus de
l'Occident et se sont établis dans cette province, qui est le
berceau de la Chine. C'est là en effet que sont nés Con-
fucius, Lao – Tseu et Mencius, les grands philosophes chinois. C'est là que se sont formés les premiers empires,
les royaumes de Yü et de Yao, les grands Empereurs des
temps mythologiques. J'ai donc recherché quelles pouvaient

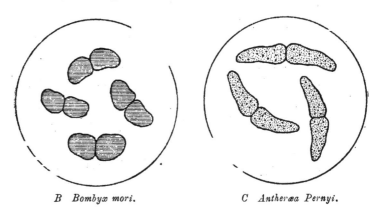

B Bombyx mori. *C Antheræa Pernyi.*

Coupe des deux brins formant la bave. (Voir la figure précédente.)

bien être ces soies. Je me suis persuadé, à la lecture des
textes latins que j'ai revus avec soin, qu'il y avait lieu
d'interpréter ces textes dans le sens de Vers à soie vivant à
l'état sauvage, c'est-à-dire construisant leurs cocons dans un
état de liberté complète sur les arbres de la province, et non
de Vers à soie domestiques. Ces arbres servant à la nourriture de ces Vers je les ai recherchés; et j'ai trouvé dans les
montagnes un *Morus* complètement sauvage ou redevenu
tel : il est assez difficile de dire exactement lequel des deux
est le terme exact; mais j'ai trouvé aussi des Chénes sur
lesquels vivent encore aujourd'hui des Vers à soie dont les
cocons sont utilisés par les habitants du pays, qui les car-
dent ou les filent. Ces cocons sont ceux du Ver à soie du

Chêne qui a été introduit en France par l'abbé Perny, et en Italie, un peu avant lui, par le Père Fantoni. Le papillon est l'*Attacus Pernyi*. Les textes latins m'ont fait penser que les auteurs anciens parlaient des soies qui venaient de l'Extrême-Orient, de la Serica, du pays des soies, de la Chine. Ces soies devaient appartenir au Ver sauvage du Chêne plutôt qu'au Ver à soie du Mûrier. En effet, on trouve ces Vers du Chêne dans le Chan-Toung et dans la Mandchourie, aux environs de Moukden où se pratique encore aujourd'hui le demi-élevage. Dans l'histoire naturelle de Pline, on lit :

Primi sunt hominum qui noscantur Seres lanicio sylvarum
Nobiles perfusam aqua depectentes frondium caniciem.

(Naturalis Historia, Lib. VI, § 20.)

Ce qui veut dire qu'on croyait, à cette époque-là, que la soie poussait sur les arbres, que c'était un produit végétal. D'autres historiens, Ammien Marcellin entre autres, disent qu'on se servait de l'eau chaude pour décoller cette soie des branches sur lesquelles elle se trouvait. Ainsi nous trouvons dans Claudius Claudianus ces quatre vers qui semblent indiquer, en effet, cette provenance :

Jam parat auratas trabeas cinctus que micantes
Stanime : quod molli tondent de stipite Seres
Fronclea lanigeræ carpentes vellera sylvæ :
Et longum tenues tractus producit in aurum.

Ce mot « auratum » semble indiquer que c'était aussi une soie jaune, la soie du Mûrier, par conséquent ; mais la soie du Chêne est également de couleur dorée.

J'ai étudié ensuite sur place les textes chinois, j'ai recherché non seulement dans le Chan-Toung, mais dans les provinces du Sud, dans le Tché-Kiang, dans le Kiang-Sou, dans le Houpé, des Vers à soie sauvages, et j'y ai trouvé quelques petits Vers à soie d'une espèce nouvelle (*Theophila mandarina*). M. Kleinnachter, commissaire des Douanes de Chine, ayant fait aussi des recherches sur les Vers à soie, près de Ningpo, a trouvé le mâle d'un papillon dont j'ai trouvé à Hankeou des femelles, des cocons et des chenilles ; nous les avons envoyés à M. Natalis Rondot, qui les fit étudier en Angleterre par M. F. Moore.

Ce savant a pu déterminer un Insecte absolument in-

connu. C'est un petit Ver à soie nouveau de quelques millimètres de longueur avec un cocon de la grosseur d'une noisette, d'un très beau jaune ; on a créé pour lui un genre
spécial, on l'a appelé *Rondotia* et l'on a nommé l'espèce *menciana*. Ayant donc retrouvé des types sauvages qui ont peut-

Theophila mandarina.

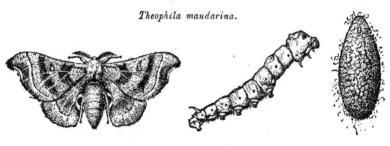

Papillon femelle.   Chenille au 4ᵉ âge.   Cocon
                                                    sans la bourre.

être été la souche, par les croisements, par l'éducation, des
Vers à soie actuels, j'ai voulu étudier dans les livres chinois la façon dont les choses s'étaient passées et comment
on était arrivé à
traiter ces soies.
J'ai trouvé dans le
Tche-wou-ming-
che-tou-kao, grosse
encyclopédie en   Cocon du *Theophila mandarina*
cinquante volumes,   avec ses attaches.
illustrés de dix-huit
cents figures, toute
l'histoire des Vers
à soie sauvages du
Chêne ; quant aux
petits Vers à soie
dont je viens de
parler, ils sont peu

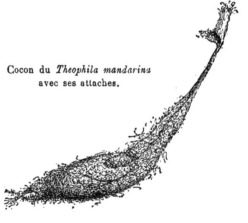

connus, leur soie est beaucoup trop fine pour être filée : on
la ramasse pour faire de la bourre de soie qui sert à ouater
les vêtements.

L'histoire de la soie des Vers à soie du Chêne est admirablement décrite dans l'encyclopédie précédemment citée,
mais, comme ce livre est ancien, j'ai voulu compléter les
recherches faites par les anciens Chinois et leur donner une

direction un peu plus scientifique. J'ai conseillé à quelques lettrés du Chan-Toung et de la province de Tché-Kiang de prendre des informations orales auprès des gens du pays, de m'apporter des cocons et des feuilles de tous les végétaux sur lesquels les Vers à soie vivaient à l'état semi-domestique ou sauvage. Nous avons pu ainsi récolter plus de

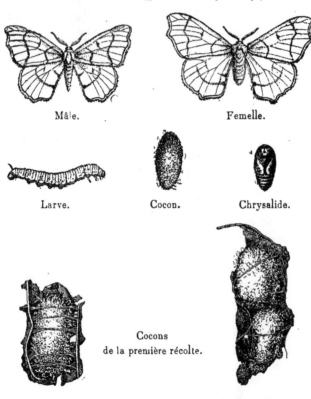

Rondotia menciana (génération du printemps).

Mâle.

Femelle.

Larve.

Cocon.

Chrysalide.

Cocons
de la première récolte.

quinze espèces de Vers filant une soie utilisée en Chine. Voici les principales de ces espèces : l'*Antherœa Pernyi* que nous connaissons depuis 1863 ; le *Philosamia cynthia* qui est acclimaté en France et dont j'ai trouvé dernièrement des cocons sur les Ailantes du boulevard Montparnasse, le *Philosamia Walkeri*, le *Theophila mandarina*, le *Brahmea*, le *Rondotia menciana*, le *Saturnia Atlas*, l'*Actias selene*, etc. Enfin il existe encore un certain nombre de Vers à soie qui sont absolument indéterminés. Nous en avons soit des cocons, soit des produits, et j'ai reçu entre autres, de M. l'abbé Armand David, deux cocons absolument fénestrés. Ils sont à petites mailles et ont l'air d'être tissés en fil de fer, tant ils sont résistants. On n'a pas pu encore trouver le papillon, mais il doit appartenir au genre *Caligula*. Il y a dans l'Inde un *Caligula simla* qui fait des cocons analogues. La soie en est brune, très dure, mais, avec des bains alcalins, on arrive à la décreuser.

J'ai obtenu de mes lettrés un traité complet, fait sur place pendant ces dernières années, et indiquant en détail la façon dont les Chinois élèvent les Vers du Chêne et ceux de l'Ailante. J'ai décrit cet élevage, le choix des cocons, la manière dont on les enfile, dont on les chauffe. Il faut les enfiler par le bout opposé à celui de l'ouverture, car la plupart de ces cocons sont ouverts et, si le fil traversait l'ouverture, l'Insecte parfait ne pourrait plus sortir, parce qu'il n'a pas d'appareil pour couper le fil du cocon, il mourrait emprisonné.

J'ai décrit l'éclosion des cocons, l'accouplement, la ponte, la façon dont se fait l'achat des œufs. Je donne des détails assez intéressants sur la façon dont les Chinois truquent leurs cartons ou plutôt leurs paniers dans lesquels ces œufs sont vendus. On met les femelles dans de grands paniers doublés de papier sur lequel on les laisse déposer leurs œufs. Les Chinois ont trouvé moyen de tirer parti des œufs mauvais, non éclos ou séchés : ils les donnent comme excellents, ayant soin d'y ajouter un certain nombre d'œufs frais pour faire passer la marchandise. Pour donner un aspect naturel à ces espèces de cartons formés par les paniers, ils aspergent l'intérieur avec un peu de sang de Porc ; cela fait des petites taches brunâtres analogues à celles que déposent les femelles quand elles pondent. Je donne la description de l'élevage des chenilles, des différentes maladies de ces Vers a soie, des Vers de bon augure, car les Chinois ont remarqué que certains Vers étaient tachetés d'une façon plus ou moins curieuse, et ils en tirent des signes de bon augure ou de malchance. J'explique le coconnage, la seconde éducation, car les Vers du Chêne et de l'Ailante sont généralement bivoltins ; je décris les maladies des cocons, l'étouffage des chrysalides. Tout ce chapitre de l'industrie est absolument traduit des documents chinois.

Ensuite vient le chapitre des soieries, qui termine l'ou_

vrage et dans lequel j'explique la façon dont les cocons sont
dévidés et tirés. Il y a deux tirages : le tirage à l'eau et le
tirage à sec. Le tirage à l'eau se pratique après avoir fait
bouillir les cocons pendant un certain temps dans une très
forte lessive de potasse qui les décreuse. On les tire soit dans
l'eau, soit sur la vapeur des cuves ; on fait aussi le filage des
cocons. Dans le tirage, en effet, la soie n'est pas positivement filée, elle est simplement tirée réunie en bourre, cardée,
en quelque sorte, et est ensuite tordue à la main sur de
petites quenouilles au moyen de bobines chargées de quelques
sapèques pour leur donner du poids. Le filage proprement
dit se fait avec huit, dix, douze cocons dont on réunit le fil
sur le rouet, c'est ce qui donne le degré de la soie.

C'est au moyen de ces soies tirées ou filées que l'on fabrique
les pongées. J'ai cherché l'étymologie du mot. Elle est assez
obscure. Les uns prétendent que c'est un mot indien ou hin-
doustani. J'ai cru, pour ma part, en retrouver l'origine dans
les deux mots Pong-Ttche, qui ont été traduits Pongee par
les Anglais. C'est le nom de la machine à dévider dont on se
sert dans le Sud.

Je donne enfin la statistisque de la production de ces soies
qui est assez considérable et qui augmente rapidement tous
les ans. Les ports d'exportation des soies sauvages du Chêne
sont Niéou-Tchouang, dans le Nord, qui vient d'être pris par
le Japon, et Tché-Fou, qui a été investi également. Le Yun-
nan produit également ces soies.

Chose remarquable, les Vers à soie du Chêne, élevés dans
les provinces du sud, ont été importés du nord de là Chine
par des mandarins originaires de Chan-Toung. C'est donc
bien cette province qui est le berceau de ces soies. Des
mandarins du Chan-Toung ont importé cette industrie dans
le sud, où elle prospère dans les parties montagneuses seulement. En effet, dès qu'on descend dans la plaine, il semble
que les Vers souffrent de la chaleur, car ils ne donnent plus
que des produits inférieurs, et souvent qu'un seul cocon dans
l'année au lieu de deux.

Voilà ce que j'avais à dire sur ce travail qui, s'il présente
un certain nombre de choses connues et déjà anciennes, contient aussi quelques nouveautés, quelques traductions où
appréciations tout à fait inédites tirées du chinois ou de
mes observations personnelles.

LE CAMPHRE

SON EXPLOITATION — SON COMMERCE

PAR M. LE Dr MEYNERS D'ESTREY.

Le Camphre est un principe immédiat, une huile volatile concrète, qui existe dans un grand nombre de végétaux, parmi lesquels nous citerons en particulier le Sassafras, le Cannelier, le Galanga, la Zédoaire, le Gingembre, les Cardamomes et autres Amomées. Les Labiées et particulièrement le Thym, la Lavande, le Romarin, en contiennent beaucoup dans leurs huiles essentielles ; aussi Proust avait-il fondé en Espagne une industrie pour l'exploitation du Camphre de ces plantes. Les huiles volatiles d'une foule de Synanthérées offrent encore manifestement l'odeur du Camphre. Mais du reste, il n'est pas prouvé que ce produit qu'on pourrait retirer de ces végétaux soit identique avec celui qui nous vient de l'Inde.

L'arbre qui fournit l'énorme quantité de Camphre du commerce européen, et que Kæmpfer a fait connaître, est le *Laurus camphora* L., arbre élégant dont le port ressemble assez à celui de notre Tilleul. Il croît dans les régions les plus orientales de l'Asie, et principalement en Chine et au Japon.

On réduit en copeaux tronc, branches et racines, on les fait bouillir avec de l'eau dans des pots de fer recouverts de chapiteaux garnis intérieurement de paille de Riz, sur laquelle le Camphre vient se condenser ; on le recueille, et on l'expédie en Europe.

Tel est le procédé suivi à Satzouma et à Goto au Japon.

Dans l'île de Formose en Chine, où l'on récolte beaucoup de Camphre, on fait bouillir des copeaux de Camphrier dans l'eau jusqu'à ce que celle-ci soit assez chargée pour que le Camphre adhère à la spatule avec laquelle on remue la matière ; on passe, et par le repos, le produit se concrète.

Ce Camphre brut a besoin d'être purifié. Les Hollandais ont eu pendant longtemps le monopole de ce raffinage ; mais aujourd'hui, on le fait en France. A cet effet, on mêle le Camphre brut avec un peu de chaux, et l'on sublime dans des matras à fond plat, à la chaleur du bain de sable ; ou bien encore on distille dans un alambic particulier.

Le Camphre raffiné est en pains de 1 à 2 kilogrammes ayant la forme d'un plateau de balance. Il est blanc, très onctueux au toucher, fragile ; sa cassure est brillante, sa texture cristalline, sa saveur chaude et piquante, son odeur vive et pénétrante ; sa densité est de 0,989. Il ne se pulvérise bien qu'à l'aide de l'alcool et mieux encore de l'éther.

Les anciens ne disent rien du Camphre. Ce sont les médecins arabes, Aétius, Avicennes, Sérapion, qui les premiers le mentionnent. Mais ils n'en connaissent pas l'origine. Ce fut Agricola qui fit savoir qu'il provenait d'une Laurinée. Camphre est le mot arabe *câfour* qui a la même signification.

Il en existe une sorte nommé « Camphre de Bornéo », qui est l'objet d'un grand commerce dans les différents archipels de l'Inde et de la Chine, mais qui n'arrive pas en Europe, à cause de l'estime toute particulière qu'on lui accorde dans ces pays et de son prix plus élevé. C'est là le véritable *Capour barros* des Malais. Cette sorte de Camphre est fournie par le *Dryobalanops camphora* (Guttifères), arbre qui croît spontanément à Bornéo et à Sumatra. Ce Camphre exsude naturellement de l'arbre, dans les cavités et sous l'écorce duquel on le trouve sous forme de masses cristallisées plus ou moins grosses. Mais ce n'est que lorsqu'il est vieux que cet arbre fournit du Camphre. Jeune il donne, par incision, un liquide jaune pâle, d'une odeur forte de Camphre et nommé *huile de camphre* ou *camphre liquide* par les naturels, bien qu'on ne l'ait trouvé formé que d'une huile essentielle contenant 6 %, de résine.

On retire des baies du *Laurus camphora* une huile grasse analogue à celle qu'on retire des baies du *Laurus nobilis* que les Japonais emploient à l'éclairage.

Au Japon, ce sont surtout les contrées élevées sur les bords de la mer au Sud de 34° latitude nord, les îles Kiou-Siou et Shikokou où le Camphrier embellit les forêts. On le trouve aussi dans quelques provinces de la Chine, mais le Céleste Empire n'exporte pas de Camphre.

L'île de Formose produit presque exclusivement le Camphre que l'on consomme en Europe. Les forêts vierges de cette île sont remplies d'arbres qui le produisent.

Le Camphrier est de la même famille que le Laurier, qui pousse dans l'Europe méridionale. Il rappelle un peu le Chêne ; comme ce dernier, c'est un arbre robuste, à fortes branches, à feuilles vert foncé coriaces. Ses dimensions sont quelquefois gigantesques ; le professeur Balz, de Tokio, parle d'un exemplaire qui avait 72 pieds 1/2 de circonférence à la base et qu'il estime avoir l'âge d'environ 2000 ans. Reiss mentionne aussi, dans son ouvrage sur le Japon, des Camphriers qui avaient 11 mètres 1/2 de circonférence à la base et une hauteur de 50 mètres.

C'est dans les régions montagneuses les plus élevées du centre de l'île de Formose que l'on rencontre le plus de Camphriers. Mais l'exportation de cette île augmentant toujours, et les Chinois étant peu économes de cet arbre, il est probable que, dans quelques siècles, il aura complètement disparu, à moins que les Chinois, guidés par les Japonais qui viennent de faire la conquête de cette île, ne commencent à en faire une culture régulière.

Jusqu'à présent ils abattent les arbres qui ont 3 à 4 pieds de diamètre. Ils abandonnent la partie supérieure du tronc qui ne contient pas beaucoup de Camphre. La partie inférieure et les racines qui en sont très riches, sont coupées à l'aide de haches particulières, et les morceaux ainsi obtenus sont exposés à la vapeur d'eau chaude dans des fours établis dans la forêt. Le Camphre que l'on extrait ainsi du bois se solidifie aux parois d'un pot de terre placé sur ces fours. Ce procédé est très simple ; au Japon, on a des appareils beaucoup plus pratiques. Le Camphre sublimé est ensuite détaché en grattant les parois du pot, enveloppé dans des feuilles et porté dans des paniers aux *hongs* (maisons d'achat des commerçants). Comme en cet état il contient encore beaucoup d'huile, on tâche de l'en débarrasser en le passant sous des presses que l'on fait venir de l'Europe. Il est ensuite mis dans des caisses et expédié en Europe et en Amérique.

Voici les quantités exportées par le Japon :

En 1886........ 3.269.600 kilogrammes.
En 1887........ 3.887.400.   —
En 1888........ 2.733.800
En 1889........ 2.982.500
En 1890........ 2.678.300

Par Formose :

En 1889........   252.100 kilogrammes.
En 1890........   438.900   —
En 1891........ 1.119.200   —
En 1892........ 1.048.000   —

L'exportation du Japon a donc légèrement diminué alors que celle de Formose a considérablement augmenté.

Ce sont les Chinois établis à Formose qui s'occupent de cette industrie. Depuis deux siècles environ, ils occupent la partie occidentale de l'île. A mesure qu'ils détruisent les forêts vierges en utilisant les Camphriers, ils augmentent les cultures de Riz auxquelles ils donnent le plus grand soin. Dans ces dernières années ils ont aussi commencé des plantations de Thé, toujours au détriment des Camphriers qu'ils détruisent.

A Twatutia, le premier port de mer de Formose, on voit déjà venir tous les ans un grand nombre de négociants européens pour acheter le Thé récolté par les Chinois.

Mais à côté des *hongs* (comptoir chinois) pour le commerce du Thé, ceux pour le commerce du Camphre jouent un rôle important.

Ces produits viennent de l'intérieur de l'île par un chemin de fer construit par des ingénieurs anglais, pour le compte du gouvernement chinois.

Il est probable que l'île de Formose étant tombée aux mains des Japonais, d'autres améliorations ne tarderont pas à se produire.

II. EXTRAITS DES PROCÈS-VERBAUX DES SÉANCES DE LA SOCIÉTÉ.

SÉANCE GÉNÉRALE DU 15 MARS 1895.

— Le procès-verbal de la séance précédente est lu et adopté.

— M. le Président proclame les noms des membres récemment admis par le Conseil :

MM.	PRÉSENTATEURS.
BLANC (Edouard), explorateur, rue Spontini, 18, à Paris.	Baron J. de Guerne. A. Milne-Edwards. Léon Vaillant.
BOISSON (E.), docteur en médecine, rue Houdan, 74, à Sceaux (Seine).	Baron J. de Guerne. G. Mathias. Léon Vaillant.
MARÈS (Roger), ingénieur-agronome, rue Michelet, 35, à Mustapha (Algérie).	Ch. Brongniart. Baron J. de Guerne. A. Milne-Edwards.

— M. le Secrétaire procède au dépouillement de la correspondance.

— M. Decaux envoie ses remerciements pour la médaille de première classe qui lui a été décernée.

— MM. le comte de Buisseret, Roland-Gosselin et O. R. Proschawsky, de Nice, demandent à participer aux distributions de graines de végétaux faites par la Société ; ce dernier offre en outre des graines de *Trachycarpus (Chamœrops) excelsus* et de *Solanum marginatum* ; il lui a été répondu que son offre était accepté avec empressement.

— M. le Dr Wiet, de Reims, rend compte de son cheptel de Kangourous de Bennett et annonce que l'envoi d'œufs d'Omble-chevalier, qui lui a été fait dernièrement, lui est parvenu en parfait état.

— Plusieurs lettres sont envoyées de différents points de la France, en réponse à la circulaire adressée dans toutes les provinces aux pisciculteurs et établissements d'aquicul-

ture, par les soins de la 3ᵉ section. Elles contiennent, ainsi
que celles déjà reçues, un nombre important de renseignements, ce qui fait espérer une heureuse issue pour l'enquête
commencée.

— M. J. Forest écrit à M. le Président et lui demande l'appui de la la Société pour ses essais de reconstitution d'autrucheries en Algérie.

— M. le Secrétaire général annonce qu'un don très important d'œufs de Corégones, envoyés par le Dʳ O. Grimm, inspecteur général des pêches en Russie, vient de parvenir à la
Société. Ces œufs, au moment où ils sont arrivés, se trouvaient à la limite de l'éclosion. Une grande activité a été
déployée pour en faire la distribution immédiatement. Ils
ont été envoyés particulièrement dans les régions des Vosges,
du Dauphiné et de l'Auvergne. M. Jules de Guerne exprime
le regret de ne pas avoir pu en faire expédier dans le Jura
français. Il existe en effet dans cette contrée toute une série
de lacs, qui ont été très bien explorés ces dernières années
au point de vue hydrographique et au point de vue de la température des eaux, par M. A. Delebecque, ingénieur des
Ponts-et-Chaussées. Il serait très intéressant de peupler de
Corégones ces eaux sans doute très favorables au développement de ces Salmonides ; mais il n'existe dans la région
aucun laboratoire, aussi rudimentaire qu'il soit, pour faire
éclore les œufs et soigner les alevins. Espérons qu'il n'en
sera plus de même l'année prochaine, grâce aux démarches
faites par la Société auprès du Ministre des Travaux publics.

— M. le Secrétaire général donne l'analyse d'une lettre
qu'il a reçue de M. C. Flegel, concernant la pêche des
Éponges dans l'archipel grec et l'abus qui commence à être
fait du scaphandre pour ce genre de travail. Il présente une
série d'ouvrages offerts à la Société (Voyez : *Bulletin bibliographique*).

— M. Raveret-Wattel rend compte de quelques travaux accomplis à la station du Nid-de-Verdier, dans le département
de la Seine-Inférieure, où la Truite arc-en-ciel est, dit-il, actuellement en voie de se naturaliser dans plusieurs petits
cours d'eau. Il annonce que les œufs d'Omble-chevalier, fécondés avec de la laitance de Truite, et que M. Berthoule lui

à fait parvenir par l'intermédiaire de la Société, ont mal réussi et semblent ne devoir donner aucun bon résultat.

— M. Wuirion dépose sur le bureau plusieurs exemplaires d'une brochure de M. Couvreux, intitulée : *Le Mouton en Algérie et en Tunisie*. — Des remerciements sont adressés à l'auteur.

— M. le Président présente un volume publié par notre collègue, M. Villard, président de la commission des expositions de la Société d'horticulture. Cette note, précédée d'une préface de M. Grandeau, professeur d'agriculture, énumère d'une façon systématique, en les groupant par familles, les plantes qui sont cultivées, depuis plusieurs années déjà, dans les jardins de la Villa des Kermès, située à Carqueyranne, petit village entre Toulon et Hyères. Cette collection présente un réel intérêt et constitue un véritable arboretum des plantes qui sont susceptibles de vivre sur le littoral de la France, dans la région de l'Oranger. M. le Président rappelle à ce propos un catalogue qu'il a présenté il y a plusieurs années à la Société, et dans lequel il énumérait en détail les végétaux plantés dans le Jardin d'Hyères, fondé vers cette époque. « On peut y voir, dit-il, par la comparaison, que depuis Hyères jusqu'à Vintimille, la flore a été absolument transformée, et que la normale, c'est le végétal nouveau, récemment introduit, tandis que les vieilles plantations, les plantes qui faisaient l'ornement du jardin de nos pères, ne sont plus que l'exception. »

— M. Michotte fait une communication sur l'Ananas comme plante textile ; l'analyse en sera publiée dans la *Revue*.

— M. J. Grisard donne lecture d'une note de M. Rogeron, intitulée : *Mes Canards pendant le mois de février 1895* (Voy. *Revue*, 1895, p. 385.)

— M. Raveret-Wattel lit une communication de M. le comte de Galbert sur la pisciculture dans l'Isère. (Voy. *Revue*, 1895, p. 351.)

Le Secrétaire des séances,

JEAN DE CLAYBROOKE.

SÉANCE GÉNÉRALE DU 5 AVRIL 1895.

PRÉSIDENCE DE M. LE PROFESS. LÉON VAILLANT, VICE-PRÉSIDENT.

Le procès-verbal de la séance précédente est lu et adopté.

— M. le Président proclame la nomination de deux nouveaux membres :

MM.	PRÉSENTATEURS.
BERTOUT (S.-M.-P.), ancien officier d'infanterie de marine, rédacteur au Ministère de la Guerre, 195, rue de l'Université, à Paris.	A. Geoffroy Saint-Hilaire. J. de Claybrooke. Wacquez.
LEMARIGNIER (Albert), agent général de la Société pour l'Instruction élémentaire, maire à Ouistreham (Calvados), 14, rue du Fouarre, à Paris.	Baron J. de Guerne. Jules Grisard. Léon Vaillant.

— M. le Secrétaire procède au dépouillement de la correspondance.

— MM. Bertout et Édouard Blanc remercient de leur admission.

— M. C. Raybaud remercie également la Société de la médaille de 1re classe qui lui a été décernée pour l'amélioration de la race ovine en Algérie. Il ajoute qu'il s'occupe activement du croisement du Mouton mérinos avec la Brebis arabe, non dans les douars, où souvent les étalons sont mélangés avec des Béliers arabes, mais sous ses yeux et à la bergerie communale. Il se fera un devoir de tenir la Société au courant des résultats qui seront obtenus.

— M. Ramelet, de Neuvon (Côte d'Or), accuse réception des œufs d'Omble-Chevalier qui lui ont été envoyés dernièrement et qui lui sont parvenus en très bon état. L'éclosion s'est terminée heureusement et les alevins paraissent robustes. M. Ramelet fera connaître les résultats de cet essai d'acclimatation d'un Poisson qui n'existe pas dans la localité qu'il habite.

— M. C. Vasseur, de Margut (Ardennes), a reçu en bon état également les œufs d'Omble-Chevalier qui lui ont été attribués ; il rend compte de ses cultures d'Ignames et de Pyrèthre de Dalmatie, lesquelles n'ont pas réussi.

— M. le Directeur de l'École pratique d'Agriculture du Paraclet, près Boves (Somme), envoie quelques renseignements en réponse à la lettre-circulaire qui lui a été adressée par les soins de la section d'aquiculture.

— M. Georges Coutagne, de Rousset (Bouches-du-Rhône), fait don à la Société d'une brochure sur l'hérédité des caractères acquis chez les Vers à soie. (Voyez *Bulletin bibliographique*.) — Des remerciements lui sont adressés.

— MM. de Saint-Quentin et J. Chatot adressent des demandes de graines ; ce dernier rend compte de ses essais de culture de Melon asiatique et de Pyrèthre de Dalmatie.

— M. Arm. Leroy, d'Oran, écrit à M. le Président au sujet de la culture du Cotonnier en Algérie. (Voyez *Extraits de la correspondance*, p. 413.)

— M. le Dr Trabut envoie une note complémentaire sur l'Arganier en Algérie. (Voyez *Extraits de la correspondance*, p. 414.)

— M. Forest aîné adresse aussi quelques renseignements sur le même sujet. (Voyez *Extraits de la correspondance*, p. 414.)

— M. Fauvel offre à la Société son ouvrage publié par les soins du Ministère de l'Instruction publique et intitulé : *Séricigènes sauvages de la Chine* (Voy. *Revue*, p. 477).

— M. le Secrétaire général annonce un nouvel envoi de cocons d'*Attacus splendidus*, adressé par M. A. Dugès, de Guanajuato (Mexique).

— M. Raveret-Wattel donne l'analyse d'un article paru dans un journal américain, le *Post-Express*, de Rothenfield, sur la propagation de l'*Alosa præstabilis* dans les eaux de la Californie.

— M. Remy Saint-Loup résume et discute un travail récent du professeur Millardet sur l'hérédité chez les végétaux. (Voyez *Revue*, 1895, p. 395.)

— M. le Secrétaire général dépose sur le Bureau une plaquette spécialement reliée à l'intention de la Société et dans laquelle se trouve décrite l'installation nouvelle du Jardin zoologique de Moscou. Cet envoi est fait par M. Knauss, le nouveau directeur du Jardin, qui adresse en même temps à la Société une lettre des plus cordiales. — Des remerciements lui ont été envoyés.

M. le Secrétaire général présente encore une série de travaux sur la République Argentine, offerts par M. Menjou.

Il annonce la fondation à Rio-de-Janeiro d'une *Société d'Acclimatation* dont nous venons de recevoir les statuts.

Il signale enfin à l'attention des colombophiles le concours ouvert par le *Petit Journal* pour un lâcher de Pigeons sur terre et sur mer. Ce concours aura lieu le 23 juin à Paris, et le. lâcher se fera entre le Trocadéro et la Tour Eiffel. Les engagements seront clos le 30 avril courant.

— M. Magaud d'Aubusson fait une communication sur le Castor ou Bièvre et sur la disparition de cette espèce en France.

— M. Decaux fait une communication sur une invasion de Chenilles, la *Simœthis nemorana,* qui détruit en partie les Figuiers des environs du cap Juan et d'Antibes (Voy. *Revue des Sc. nat. appl.* 1895, p. 357).

A ce propos, M. Fallou fait observer que cette espèce n'est pas spéciale au Figuier ; elle a été trouvée dans nos départements du centre où elle vivait sur des Chênes et dans les taillis.

— M. Remy Saint-Loup donne lecture d'une note de M. de Confévron, intitulée : *Chasseurs et braconniers.* (V. *Revue.*)

Le Secrétaire des séances,
JEAN DE CLAYBROOKE.

SÉANCE GÉNÉRALE DU 19 AVRIL 1895.

PRÉSIDENCE DE M. RAVERET-WATTEL, SECRÉTAIRE DU CONSEIL,
ET DE M. LE MARQUIS DE SINÉTY, VICE-PRÉSIDENT.

Le procès-verbal de la séance précédente est lu et adopté.

— M. le Secrétaire procède au dépouillement de la correspondance.

— M. Lemarignier remercie de son admission.

— MM. Combarieu, président de la Société de Pisciculture du Lot, à Cahors ; Mousseaux, président de la Société des Pêcheurs à la ligne de Châteauroux ; Dubois, secrétaire du Syndicat des Pêcheurs à la ligne de Lille et de la région, envoient divers renseignements en réponse à la lettre-circulaire qu'ils ont reçue de M. le Président de la section d'aquiculture.

— M. Genebrias de Boisse, à Blanquies (Gironde), écrit à M. le Secrétaire général pour offrir à la Société des semences de Chrysanthème de Dalmatie ; il joint à sa lettre une note intitulée : De l'extraction de l'essence ou résine jaune du Chrysanthème de Dalmatie ; préparation de la chrysanthémine et ses divers usages. (Voyez *Extraits de la correspondance*.)

— M. Musséri adresse quelques renseignements sur la culture possible du Jute dans les terrains salés en Egypte. (Voyez *Extraits de la correspondance*, p. 462.)

— M. Proschavsky annonce l'envoi d'une petite quantité de graines de *Trachycarpus excelsus* et donne quelques renseignements sur ce Palmier. (Voyez *Extraits de la correspondance*.)

— M. le Secrétaire présente plusieurs ouvrages récemment offerts à la Société. (Voyez *Bulletin bibliographique*.)

— M. Berthoule fait une communication sur la pêche de l'Omble-Chevalier dans le lac Pavin.

— M. le Secrétaire donne lecture d'une note de M. Mégnin intitulée : Sur un parasite du Mara ou Lièvre de Patagonie. (Voyez *Revue*, p. 337.)

— M. le Dr Michon indique un procédé pour élever les Perdreaux qui lui a donné, dit-il, d'excellents résultats : c'est l'élevage des Perdreaux par le mâle. (Voyez *Revue*.)

— Au cours de la séance, MM. Bivert, Fallou, Grisard et Rathelot, réunis en Commission, procèdent au dépouillement des votes pour la nomination du Bureau et des membres du Conseil sortants.

M. le Président proclame le résultat du scrutin.

Le nombre des votants était de 188. Voici le chiffre de voix obtenus par chacun des candidats :

Président : M. A. Geoffroy Saint-Hilaire............ 186
Vice-Présidents : MM. le Dr Laboulbène............. 186
            Le marquis de Sinéty......... 187
            Le Dr Léon Vaillant......... . 184
            H. de Vilmorin.............. 188
Secrétaire général : M. le baron Jules de Guerne..... 188
Secrétaires : MM. Edgar Roger (*Intérieur*)........,.. 187
         Raveret-Wattel (*Conseil*) 186
         Caustier (*Séances*)............... 185
         P.-A. Pichot (*Étranger*)........... 188
Trésorier : M. Albert Imbert..................... 188
Archiviste-bibliothécaire : M. Jean de Claybrooke..... 187
Membres du Conseil : MM. Édouard Blanc........... 187
            Raphaël Blanchard........ 187
            Dareste................. 187
            Mégnin 187
            Olivier.................. 187
            Oustalet................. 187

En conséquence, sont élus pour 1895 :

Président : M. A. Geoffroy Saint-Hilaire.
Vice-Présidents : MM. le Dr Laboulbène, le marquis de Sinéty, le Dr Léon Vaillant et Henry de Vilmorin.
Secrétaire général : M. le baron Jules de Guerne.
Secrétaires : MM. Edgar Roger (*Intérieur*), C. Raveret-Wattel (*Conseil*), Eugène Caustier (*Séances*), P.-A. Pichot (*Étranger*).
Trésorier : M. Albert Imbert.
Archiviste-bibliothécaire : M. Jean de Claybrooke.
Membres du Conseil : MM. Édouard Blanc, Raphaël Blanchard, Dareste, Mégnin, Olivier et Oustalet (1).

                        Le Secrétaire des séances,

                        JEAN DE CLAYBROOKE.

—————

(1) Le Conseil, dans sa séance du 22 mars 1895, a conféré le titre de Trésorier honoraire à M. Georges Mathias et le titre de Membre honoraire du Conseil à M. le D^r Ed. Mène.

SÉANCE DU 5 MAI 1895.

Le procès-verbal de la séance précédente est lu et adopté.

— M. le Président proclame les noms des membres récemment admis par le Conseil :

MM.	PRÉSENTATEURS.
DECOLOGNE, industriel et maire, à Saint-Martin, par Langres (Haute-Marne).	De Confévron. Jules Grisard. Baron J. de Guerne.
TALLON (Eugène), aviculteur, à Voisinlieu, par Beauvais (Oise).	Jules Grisard. P.-A. Pichot. Marquis de Sinéty.

— M. le Secrétaire procède au dépouillement de la correspondance.

— MM. Imbert, trésorier, Édouard Blanc, Raphaël Blanchard, Louis Olivier, membres du Conseil, et Eug. Caustier, secrétaire des séances, élus dans la dernière séance, remercient leurs collègues de la Société d'avoir bien voulu porter sur eux leurs suffrages et les assurent de leur entier dévouement.

— Des remerciements sont également adressés par MM. Ernest Olivier, Roland-Gosselin et Grévin, pour des graines de végétaux ou des œufs de poissons qu'ils ont récemment reçus.

— M. Canu, directeur de la Station aquicole de Boulogne, se met à la disposition de la Société pour tous les renseignements intéressant la pisciculture dans le Boulonnais.

— M. Jaffier adresse des renseignements sur la Pisciculture dans la Creuse.

— M. le Marquis de Pruns se met à la disposition de la Société pour introduire de nouvelles variétés d'arbres en haute et basse Auvergne.

— M. Pichot, au nom de M. de Frezals, remet à la Société des graines de *Sina-Sina*, arbuste résineux qui pousse de Buenos-Ayres jusqu'au pied des Andes. Cet arbuste conviendrait pour la côte de Provence, entre Marseille et Hyères.

M. Pichot donne ensuite lecture d'une note de M. de Frézals sur les Maras dans la République Argentine. (Voir *Extraits de la Correspondance*, p. 460.)

— M. Decaux fait une communication sur un Insecte, l'*Otiorhynchus ligustici*, L., qui cause en ce moment, dans les environs de Paris, de très importants dégâts. (Voir *Revue*.)

— M. le professeur Laboulbène qui a plusieurs fois signalé les dégâts causés à la Vigne par les *Otiorhynchus*, appuie les observations de M. Decaux. Il vient de recevoir d'un ami de M. Becquerel des *Otiorhynchus ligustici* qui dévorent, non seulement les plantes basses, mais encore les fleurs des arbres fruitiers, et même paraît-il, les bourgeons de l'an prochain. Son avis est que, pour combattre le fléau, il faut, sans négliger les larves, s'attaquer surtout aux Insectes parfaits, car, en tuant une femelle, on détruit 40 à 50 œufs. M. Laboulbène fait remarquer que la culture moderne aide à la reproduction de ces Insectes, car, en faisant un sol plus meuble, elle facilite la ponte aux femelles. Il se rallie à l'opinion de M. Decaux quant aux procédés à employer pour détruire l'Insecte adulte.

— M. Mégnin parle des dégâts causés par les mêmes Insectes dans les Luzernes de Seine-et-Marne.

— M. le Secrétaire général annonce à l'Assemblée que le Conseil, dans sa séance du 26 avril 1895, a décidé que trois médailles d'argent, à l'effigie d'Isidore Geoffroy Saint-Hilaire, seraient mises à la disposition :

L'une, de la Société nationale d'Horticulture dont le concours international s'ouvre le 22 mai ;

L'autre, du jury du concours de Pigeons voyageurs qu'organise *Le Petit Journal* ; cette récompense devra être attribuée au Pigeon voyageur qui aura accompli un voyage en mer ;

Et la troisième, du jury de l'exposition canine pour récompenser les Chiens qui sont les auxiliaires de l'homme, soit pour la garde des troupeaux ou des habitations isolées, soit pour la destruction des animaux nuisibles.

— M. le Sécrétaire général annonce que la Société a reçu, pour être distribués en cheptel :

1º de M. J. de Claybrooke : Un couple de Pigeons damascènes ;

2º de M. Remy Saint-Loup : Un couple de Lapins japonais;

3º de M. Guillierme : Dix jeunes Nandous provenant de la République Argentine et qui sont actuellement au Jardin zoologique de Marseille.

Il serait préférable d'attendre quelque temps avant de distribuer ces derniers, car leur jeune âge ne permet pas de déterminer leur sexe. D'après M. Remy Saint-Loup, le climat de Normandie serait particulièrement favorable à l'acclimatation du Nandou.

— M. de Guerne parle de la terrible catastrophe qui vient de détruire l'important établissement piscicole de Bouzey, établissement qui avait remplacé celui de Huningue, annexé à l'Allemagne depuis 1870. ·

Ensuite, M. le Secrétaire général dépose sur le Bureau le *Bulletin des Pêches des Etats-Unis*, volume qui renferme des articles intéressants sur la pêche du Saumon et sur les filets fixes servant à prendre l'Alose qui pullule en ces régions.

— M. Edouard Blanc fait une communication sur les Vers à soie du Turkestan et les diverses espèces de Mûriers qui les nourrissent. (Voir *Revue*.)

— M. le Secrétaire dépose sur le Bureau : 1º Une note de M. Rogeron sur l'hibernation des Hirondelles (voir *Revue*); 2º Différentes notes de M. de Confévron sur le Goumi du Japon, les Hirondelles et le Lérot (voir *Extraits de la Correspondance*); 3º Un ouvrage de M. Simpson, de Sheffield (Angleterre), lauréat de la Société qui a précisément récompensé le travail sur le Lapin sauvage dont le volume actuel est une nouvelle édition, et deux exemplaires d'une brochure de M. Remy Saint-Loup (voir *Bibliographie*).

Le Secrétaire des séances,

Eug. CAUSTIER·

1re SECTION (MAMMIFÈRES).

SÉANCE DU 29 AVRIL 1895.

PRÉSIDENCE DE M. DECROIX, PRÉSIDENT.

Le procès-verbal de la séance précédente est adopté avec une rectification, présentée par M. Decroix.

M. Decroix expose sommairement l'historique de l'hippophagie. Il rappelle les efforts que fit le fondateur de la Société d'Acclimatation, Isidore Geoffroy Saint-Hilaire, pour faire admettre les viandes de Cheval, de Mulet et d'Ane dans l'alimentation publique. M. Decroix rend hommage au zèle déployé à cette époque, malheureusement sans succès. Depuis, la consommation, en viandes d'Équidés, augmente d'une manière continue.

Enfin, M. Decroix, parlant des expéditions en Italie et au Maroc, signale des cas où nos armées ont fait usage de cette nourriture, et s'en sont bien trouvées.

M. Remy Saint-Loup, délégué de la Section à la Commission des récompenses, prie les membres présents d'étudier les prix à fonder, supprimer ou modifier.

La section procède à cet examen. De nombreuses modifications sont proposées à l'approbation de la Commission et du Conseil. M. le délégué en prend note.

MM. Mégnin et Remy Saint-Loup disent quelques mots des Maras, concernant surtout les essais d'acclimatation et de domestication dont ils sont l'objet depuis quelque temps. Il semble qu'il y ait un temps d'arrêt dans la prospérité des colonies de ces animaux chez les éleveurs.

A ce propos M. Mailles déclare n'être nullement surpris de ce fait. Les petits Rongeurs qu'il a élevés et élève encore, ou vu élever chez MM. Lataste, Héron-Royer et autres amateurs, ont toujours présenté, après d'encourageants débuts, des périodes de stérilité, relative ou absolue, qu'il semble difficile de surmonter. C'est ce qui a causé l'anéantissement de la colonie de *Dipodillus Simoni,* d'abord si prospère.

Le Secrétaire,

CH. MAILLES.

3ᵉ SECTION (AQUICULTURE).

SÉANCE DU 18 FÉVRIER 1895.

PRÉSIDENCE DE M. EDMOND PERRIER, MEMBRE DE L'INSTITUT,
PRÉSIDENT.

M. le Secrétaire donne connaissance d'une série de lettres adressées en réponse à la circulaire-questionnaire envoyée aux pisciculteurs pour connaître l'état de la pisciculture en France ; les renseignements déjà recueillis sont assez nombreux et font espérer une issue favorable pour l'enquête commencée.

— M. le Secrétaire général annonce que M. Berthoule vient d'offrir à la Société environ vingt mille œufs d'Omble-Chevalier. Ces œufs sont parvenus en parfait état et ont été immédiatement distribués. Il en a été fait une douzaine de lots qui ont été répartis entre différents membres de la Société.

— M. le Secrétaire général analyse un travail de M. von Lendelfeldt où sont relatées diverses expériences et observations sur les mœurs de la Rainette (*Hyla arborea*). Il en résulterait que les données généralement admises sur les indications barométriques fournies par ces batraciens sont loin d'être exactes ou précises.

— M. Georges Roché fait part à la section de quelques observations générales, concernant l'industrie ostréicole, qui lui ont été suggérées par l'influence des froids rigoureux de cet hiver dans quelques centres huîtriers. Il rappelle qu'une crise sévit, à l'heure actuelle, dans les régions de production de naissain et d'Huîtres de demi-élevage, que cette production dépasse de beaucoup les besoins de la consommation et que, à Arcachon notamment, beaucoup de parqueurs ne peuvent parvenir à écouler leurs produits.

En 1876, déjà, un publiciste arcachonnais écrivait : « Nous produisons trop, nous produisons trop cher, et nous ne savons pas vendre. » Aujourd'hui, bien certainement, on ne peut dire que les parqueurs girondins produisent à des prix trop élevés ; mais l'on peut encore se demander s'ils fournissent véritablement les produits susceptibles de plaire aux consommateurs et s'ils ont trouvé tous les débouchés offerts à leur industrie.

Quoi qu'il en soit, l'opinion dominante parmi eux est que l'on doit réduire leur production. Or, les parcs, comme on le sait, étant établis sur le domaine public maritime, les ostréiculteurs ont obtenu de l'Etat, en 1894, qu'une partie de ce domaine, sur lequel — avec ou sans autorisation — existaient des parcs, serait soustraite à l'exploitation ostréicole. Ainsi, sur la *bordure des chenaux* du bassin d'Arcachon, une zone de 15 mètres doit demeurer libre. Cependant

M. Georges Roché a constaté qu'un nombre de collecteurs égal à celui des années précédentes, a été placé cette année dans le bassin. Il en conclut que si les animaux producteurs d'embryons ont été diminués par l'application du règlement concernant la *zone de quinze mètres*, la surface de fixation offerte aux embryons étant restée la même, il y a de fortes chances pour que la quantité de naissain recueillie cette année ne soit pas inférieure à celle des époques précédentes. Aussi, les ostréiculteurs pensent-ils que la restriction apportée à la production arcachonnaise fera seulement sentir ses effets parce que les parties du bassin sur lesquelles sont étendus les jeunes animaux étant plus soumises aux variations atmosphériques que celles qui bordent immédiatement les chenaux, la mortalité des individus en élevage sera beaucoup plus considérable que par le passé.

M. Georges Roché croit donc que les froids de cet hiver ont pu causer quelque plaisir à une partie de la population ostréicole ; mais il pense que des mesures restrictives de ce genre ne sauraient résoudre une question aussi grave que celle de la mévente des Huîtres. Il pense que l'industrie arcachonnaise devrait bien plutôt se préoccuper de modifier la qualité des Huîtres qui sortent de ses parcs et tâcher de fournir des produits qui ne soient pas obligés de stationner dans d'autres centres d'engraissement, pour avoir une réelle valeur commerciale. Il pense, d'ailleurs, que beaucoup de débouchés peuvent être encore ouverts en France aux producteurs d'Huîtres. Enfin, il entre dans le détail des faits sur lesquels est établie son opinion et conclut qu'en pareille matière, les restrictions reglementaires apportées à l'exercice d'une industrie de cette nature ne lui paraissent même pas susceptibles d'atténuer l'acuité de la crise dont souffrent les parqueurs.

Le Secrétaire,

JEAN DE CLAYBROOKE.

SÉANCE DU 1er AVRIL 1895

PRÉSIDENCE DE M. EDMOND PERRIER, MEMBRE DE L'INSTITUT, PRÉSIDENT.

Le Secrétaire donne lecture de plusieurs réponses adressées de différents points de la France, à la lettre-circulaire envoyée par les soins de la section dans tous les départements, afin de poursuivre une enquête sur l'état de la pisciculture dans notre pays. Il dépose sur le bureau une brochure de M. Feddersen, de Copenhague, *Sur la pêche et l'élevage de l'Écrevisse* (en danois).

M. Jules de Guerne, secrétaire général, résume un travail récent du Dr C.-G. Joh Petersen, de Copenhague, sur la Livrée sexuelle de l'Anguille. De ce mémoire, qui paraîtra dans la Revue des sciences naturelles appliquées, il semble résulter que les Anguilles argentées ne sont autre chose que les Anguilles jaunes parvenues à l'état de maturité sexuelle. L'Anguille ne deviendrait argentée qu'une fois dans son existence et mourrait après s'être reproduite. Chez ce Poisson, l'appareil digestif est presque atrophié tandis qu'il est très volumineux relativement chez l'Anguille jaune en pleine période d'accroissement.

M. le Président rappelle qu'on voit chez beaucoup d'animaux, comme le Dr Petersen l'a observé chez l'Anguille, le tube digestif s'atrophier ou même disparaître au moment de la reproduction.

Au sujet d'une lettre de M. Dussouchet, conseiller général de la Haute-Savoie, et qui a paru dernièrement dans plusieurs journaux quotidiens, concernant les résultats obtenus à l'établissement de pisciculture de Grémaz (Ain), M. le Secrétaire général fait ressortir tout l'intérêt qu'il y aurait à visiter cet établissement et à bien définir les conditions de l'aquiculture dans une région des plus favorables à l'élevage des Salmonides.

La section émet le vœu que M. de Guerne veuille bien s'en charger, ce qu'il accepte aussitôt avec son dévouement habituel.

M. Raveret-Wattel donne quelques détails sur la production des Daphnies à Grémaz et sur les quantités de ces Crustacés qu'il y a vues. Malheureusement, dit-il, les procédés indiqués par M. Lugrin pour cette multiplication intensive, n'ont pas donné les mêmes résultats au laboratoire du Nid-de-Verdier, malgré toutes les précautions employées. Raison de plus pour étudier scientifiquement les conditions où le succès a pu être obtenu, à Grémaz.

M. de Guerne rend compte d'une visite récemment faite par lui, en compagnie de MM. Imbert et Roché, à l'établissement de Bessemont près Villers-Cotterets (Aisne) et que dirige M. de Marcillac. Il donne la description des prises d'air ou d'eau et des filtres qui commandent toute la canalisation, des appareils à éclosion, des bacs d'alevinage et des bidons employés pour le transport du Poisson vivant.

Les dispositions éminemment simples et pratiques adoptées en tout par M. de Marcillac sont des plus recommandables. Les pisciculteurs désireux de réussir et d'arriver à tirer convenablement parti du Poisson qu'ils produisent, trouveront à Bessemont de très bons exemples à suivre.

Après une discussion concernant la meilleure forme à choisir pour les appareils de transport du Poisson vivant, la séance est levée.

Le Secrétaire,

Jean DE CLAYBROOKE.

4ᵉ SECTION (ENTOMOLOGIE).

SÉANCE DU 9 AVRIL 1895.

PRÉSIDENCE DE M. CLÉMENT, PRÉSIDENT.

Le procès-verbal de la séance précédente est adopté sans observation.

M. Paul Marchal, secrétaire, s'excuse de ne pouvoir assister à la séance et adresse plusieurs notes. Ces notes ont été publiées dans la *Revue*.

M. Decaux présente des fragments d'une branche d'*Alnus gluti-nosa* L. ayant servi de tuteur à un Rosier, pendant deux années, et complètement détruit par les Insectes.

Il montre la lutte pour la vie entre cinq espèces d'Insectes, qui ont vécu dans cette chétive branche, de la grosseur du doigt :

1° *Phymatodes variabilis* L., Coléoptère de la famille des Longicornes, dont la larve creuse de longues galeries de 4 millimètres de diamètre, jusqu'au centre de la branche ;

2° *Gracilia brevipennis* Muls., autre Longicorne dont la larve creuse ses galeries de 1 1/2 à 2 millimètres dans l'aubier ;

3° Deux espèces d'Hyménoptères parasites, indéterminées, dont les larves ont vécu aux dépens de *Gracilia brevipennis,* et qui ont dévoré huit larves sur dix, ne laissant arriver que deux Insectes à l'état parfait ;

4° Une espèce d'Hyménoptère, de la famille des Braconides n. sp. ? dont les larves ont détruit six larves du *Phymatodes variabilis* sur sept, ne laissant arriver qu'un seul Insecte à l'état parfait.

M. Decaux montre ensuite des fragments de bois provenant du tronc d'un vieux Cerisier (*Cerasus avium*. L) de soixante ans environ, poussant au Bois de Boulogne, avec une grande vigueur, malgré la perte, il y a dix ans, d'une partie de son écorce, 35 centimètres en diamètre sur 80 centimètres en hauteur (par suite d'un accident). Le liber mis à nu s'est décomposé en partie, sous l'action de l'humidité et des intempéries, des Insectes sont venus y établir une colonie.

L'éclosion en captivité a donné un grand nombre de *Xestobium tes-sellatum* L , Coléoptère bien connu par les dégâts que cause sa larve dans les bois d'œuvres de nos appartements : parquets, boiseries, etc., mais non encore signalé dans le tronc du Cerisier vivant.

Au Bois de Boulogne les dégâts de cet Insecte sont enrayés par la présence de trois Hyménoptères parasites, de la famille des Braconides (probablement inédits ?) et de deux Coléoptères parasites : *Megatoma undata* L. et *Tiresias serra* L , dont les larves vivent aux dépens de celles du *Xestobium tessellatum.*

M. Decaux présente ensuite des *Xestobium* vivants et les différentes espèces d'Insectes parasites obtenus par éclosion, en captivité ; il appelle particulièrement l'attention sur les mœurs, les métamorphoses et la forme curieuse des larves de : *Megatoma* et *Tiresias,* dont il montre des exemplaires vivants, il rappelle qu'il a décrit et figuré la larve de *Tiresias serra,* dans une note « Récréation entomologique » : *Le Naturaliste,* 15 janvier 1891, p. 26.

Il termine en faisant remarquer la loi d'équilibre créée par la nature, pour empêcher la trop grande extension de certains Insectes destructeurs, en dotant d'autres Insectes de qualités suffisantes pour leur permettre de découvrir et atteindre ces espèces, même lorsqu'elles vivent dans l'intérieur du bois ; enfin, le parti que l'homme peut tirer de ces observations, en protégeant et en favorisant la multiplication de ces auxiliaires utiles.

MM. Fallou et Decaux font observer à ce propos que tous les pieux employés comme tuteurs doivent être auparavant débarrassés de leur écorce et leur bois recouvert de blanc de céruse. Cet enduit les rend inattaquables par les Insectes.

M. Wuirion demande s'il ne pourrait pas lui être indiqué un moyen économique, mais sûr, pour détruire les Puces qui pullulent dans les rainures du parquet d'une grande chambre. La poudre de Pyrèthre n'a pas donné de résultat appréciable.

M. Decaux conseille le lavage avec une solution saturée de potasse. L'Insecte et la larve sont détruits ; mais ce procédé est assez coûteux s'il s'agit de grandes surfaces. Le soufre, cassé en petits morceaux et enflammé dans la pièce hermétiquement close, donne de l'acide sulfureux qui détruit bien les Insectes, mais ne tue pas les larves.

A ce propos, M. Wuirion appelle l'attention sur les propriétés antiseptiques du bichlorure de mercure (sublimé corrosif), employé en dissolution à la dose 4 pour 1000 pour le lavage des mangeoires d'animaux et qui détruirait sans doute les Insectes comme toutes sortes de germes infectieux plus ou moins microscopiques.

M. Clément insiste sur l'action très énergique du sublimé, employé déjà pour détruire les Rats, mais avec lequel il faut prendre de grandes précautions.

Pour le Secrétaire,
G. THUVIEN.

5e SECTION (BOTANIQUE).

SÉANCE DU 23 AVRIL 1895.

PRÉSIDENCE DE M. HENRY DE VILMORIN, PRÉSIDENT.

Le procès-verbal de la séance précédente est lu et adopté.

M. Chappellier présente à la section un spécimen d'Igname de Chine cultivée en pot.

Notre collègue, ayant publié, sur ce sujet, une note circonstanciée dans la *Revue*, nous nous contenterons d'y renvoyer nos collègues. (Voyez, *Revue*, 1895, p. 402).

M. le Secrétaire donne lecture d'une lettre de M. Arn. Leroy (d'Oran), sur la culture du Cotonnier en Algérie. (Voyez *Revue*, 1895, p. 413).

M. le Président fait remarquer à cette occasion que les variétés à grands rendements ne sont précisément pas celles qu'il faudrait rechercher, mais bien plutôt les variétés hâtives.

Si des tentatives déjà anciennes ont pu faire croire à la culture lucrative du Cotonnier en Algérie, c'est qu'à cette époque on se trouvait dans des conditions exceptionnelles en raison de la guerre de sécession, mais aujourd'hui, la lutte est impossible, et, du reste, la climatologie de notre colonie est mieux connue et ne permet plus de conserver de doutes à ce sujet.

M. le Secrétaire donne lecture de lettres de MM. de Confévron, sur le Goumi; Dr Trabut et Forest, sur l'Arganier du Maroc. (Voyez *Revue*, 1895, p. 414.)

Puis il dépose sur le bureau un certain nombre d'ouvrages intéressant la section.

M. J. Grisard signale, à titre de curiosité, un article publié en 1854, dans *L'Agriculteur praticien*, sur la Capucine tubéreuse, cultivée pour la nourriture des bestiaux.

M. Duval, horticulteur à Versailles, fait connaître que le lot d'Orchidées du Mexique, qui lui a été confié, est en bon état de végétation, mais qu'il n'y a pas encore à compter sur leur floraison cette année, la culture doit en être continuée.

M. le Président distribue, entre les membres présents, des semences de Haricot nain vert de Vaudreuil, de Navet blanc, dur, d'hiver, et de grandes Marguerites variées.

Le Secrétaire,

Jules GRISARD.

III. EXTRAITS DE LA CORRESPONDANCE.

DESTRUCTION DES INSECTES PAR LA POUDRE DE PYRÈTHRE.

La *Société* a bien voulu me confier de la poudre de Pyrèthre Sicre, pour faire quelques expériences sur les Insectes nuisibles à notre horticulture.

D'une manière générale, en projetant cette poudre avec un soufflet, directement sur les Insectes ou autres animaux à téguments mous : Pucerons, Chenilles, Limaces, Cloportes, Tinéides, etc., ceux-ci ne tardent pas à périr.

Pour mieux connaître la puissance destructive de cette poudre, j'ai fait l'expérience suivante :

Deux *Lucanus cervus* L., de forte taille, ont été placés dans une boîte à l'air libre, mais recouverte d'une toile métallique, puis j'ai projeté 1/2 gramme de poudre sur chacun des Insectes.

Pendant la première demi-heure, les *L. cervus* sont restés sans manifester de malaise appréciable, au bout d'une heure, ils étaient renversés sur le dos, mais remuant encore les pattes, le lendemain, même position avec des mouvements plus lents, enfin tout mouvement a cessé après 60 à 70 heures.

Une expérience comparative, faite avec des *Lucanus* de même taille, enfermés dans les mêmes conditions, sur lesquels j'ai pulvérisé séparément :

Une solution d'eau pétrolée au 40e ; — ou, une solution de nicotine à 1 degré (Baumé) ; — ou, de l'eau savonneuse à 3 °/o ; ou, des vapeurs d'éther, ont manifesté un malaise, se sont renversés sur le dos, les pattes se sont raidies, au point de croire ces Insectes morts, mais le lendemain ils étaient revenus à la vie.

Je dois ajouter que le *Lucanus cervus* est, de tous les Insectes français, celui que je considère comme le plus difficile à tuer. Les vapeurs d'éther et de chloroforme en vase clos, ne réussissent pas toujours à le faire périr ; je citerai comme exemple, un magnifique *Lucanus* resté 24 heures dans un tube avec quelques gouttes d'éther, puis piqué et placé dans ma collection, et que j'ai retrouvé plein de vie, huit jours après, se promenant en traînant l'épingle passée au travers de son corps.

La poudre de Pyrèthre donnera de bons résultats dans les moulins pour combattre le Papillon et les Chenilles d'*Ephestia Kuehniella*, si nuisible aux farines.

DECAUX.

IV. NOUVELLES ET FAITS DIVERS.

Médailles décernées au nom de la Société d'Acclima-
tation à l'Exposition d'Horticulture et à l'Exposition
canine. — La grande médaille d'argent à l'effigie d'Isidore Geoffroy
Saint-Hilaire mise à la disposition de la *Société nationale d'Horticulture*
a été décernée au nom de la *Société d'Acclimatation* à M. Sallier père,
pour ses magnifiques *Vriesia*, plantes ornementales de la famille des
Broméliacées. Celle offerte à la *Société centrale pour l'amélioration des*
races de Chiens en France a été attribuée à M. Blancher pour son
Dogue de Bordeaux, à masque rouge, *Ramus II*.

Résistance des Vertébrés à la soif. — Par suite d'une erreur
dans la mise en pages et contrairement à la règle qu'entend suivre
désormais son Comité de rédaction, la *Revue des Sciences naturelles ap-*
pliquées a publié, dans son numéro du 5 avril 1895, une note sans indication d'origine et qui a pour titre : *Résistance de quelques Vertébrés à*
la soif. C'est la traduction libre du fragment d'une lettre adressée au
journal anglais *Nature* par un zoologiste bien connu des Etats-Unis,
M. Sam. Garman (1); il est même singulier que ce naturaliste, particulièrement versé dans l'étude des Reptiles, n'ait cité aucun fait relatif à l'endurance de ces animaux pour la soif.

Dans les contrées mêmes où vivent les Chameaux et les Chiens des
prairies, se trouvent en effet divers Ophidiens ou Sauriens (Varans du
désert, Phrynosomes, Cerastes, etc.) qui semblent supporter, les uns
et les autres, sans le moindre inconvénient, un manque d'eau longtemps prolongé. Nombre d'Oiseaux seraient dans le même cas et la
Revue scientifique qui avait, de son côté, reproduit la note de M. Garman,
vient de recevoir à ce sujet la lettre suivante de M. E. Poirier, de Pa-
ramaribo (Guyane hollandaise).

« Je me suis procuré, en août 1894, un Perroquet de l'espèce dite
« Marguerite » (*Psittacus purpureus* — Papegeai violet, BUFFON). Il était
âgé d'environ deux mois ; je lui donnai de l'eau qu'il ne voulut pas
boire ; je la supprimai et il ne parut en ressentir aucun effet nuisible
à sa santé. Du 7 août 1894 au 10 janvier 1895, c'est-à-dire pendant
cinq mois, il n'a pas bu une goutte d'eau. A cette dernière date, je lui
en redonnai, et depuis il en boit de temps à autre, mais en très petite
quantité. Il est nourri de riz commun ; quelquefois, mais rarement, je
lui donne une banane ou une sapotille. En somme, il est nourri d'aliments presque exclusivement secs, et néanmoins il est resté cinq
mois sans éprouver le besoin de boire (2). »

(1) *Thirst endurance in some Vertebrates, Nature,* 7 février 1895.
(2) *Revue scientifique,* 20 avril 1895, p. 506.

Concours de Pigeons voyageurs. — C'est le 23 juin 1895, ainsi que l'a annoncé la *Revue des Sciences naturelles appliquées,* que commenceront les grandes manifestations colombophiles organisées par le *Petit Journal.* Près de 1,000 sociétés sont inscrites pour le lâcher monstre sur terre, et environ 600 pour le lâcher sur mer.

La *Société nationale d'Acclimatation* s'intéressant particulièrement au côté utilitaire de ce concours a accordé, pour être décernée à l'un des vainqueurs des épreuves maritimes, une grande médaille d'argent à l'effigie d'Isidore Geoffroy Saint-Hilaire. Ces épreuves maritimes auront lieu le 30 juin et jours suivants à l'ouest de la Pointe du Croisic, à bord du « *Manoubia,* » paquebot de la Compagnie Transatlantique et que le *Petit Journal* a affrété spécialement pour la circonstance. Tous les convois de Pigeons devront être rendus à Saint-Nazaire le 29 juin avant midi. L'embarquement se fera immédiatement en présence d'une commission de colombophiles adjointe au délégué du *Petit Journal,* M. Charles Sibillot. Cette commission est chargée des manipulations techniques, du contremarquage et de l'apposition des dépêches.

Les lâchers se feront successivement les 30 juin, 1er, 2, 3 et 4 juillet à des distances de 100, 200, 300, 400 et 500 kilomètres de la Pointe du Croisic.

Dès l'arrivée au colombier, les propriétaires télégraphieront au *Petit Journal,* à Paris, le libellé de la dépêche et des contremarques dont les Pigeons auront été chargés en pleine mer. Ce télégramme devra donc coïncider avec les registres du bord : tel sera le moyen de contrôle.

Cette épreuve va permettre, du moins nous l'espérons, de trancher cette question controversée de l'emploi des Pigeons à la mer. Nous croyons assez volontiers à la réussite de ces expériences. Depuis quelques années, en effet, les colombiers maritimes, installés à Brest, Toulon, Marseille, ont donné d'excellents résultats. Les pêcheurs de Boulogne qui travaillent au large du cap Gris-Nez emploient les Pigeons avec succès. Des essais satisfaisants ont également été tentés dans la région des îles de la Réunion et de Maurice ; un Pigeon a parcouru, en mer, une distance de 95 milles en 3 heures. L'Angleterre n'emploie-t-elle pas des Pigeons sur ses bateaux gardes-côtes ?

Il faut cependant reconnaître que jusqu'ici les expériences n'ont pas été faites à de grandes distances en pleine mer ; et c'est précisément pour résoudre ce point intéressant que le *Petit Journal* a organisé ces épreuves maritimes sur lesquelles nous reviendrons afin de tenir nos lecteurs au courant de cette question de biologie appliquée.

Eug. CAUSTIER.

La destruction des Oiseaux utiles à l'Agriculture. —

M. Xavier Raspail, dont la *Revue des Sciences naturelles appliquées* reproduisait dernièrement (20 février 1895, page 186), une note fort intéressante présentée à la *Société zoologique de France* et relative à la *Protection des Oiseaux utiles,* vient d'adresser à la *Revue scientifique* (25 mai 1895) la lettre suivante :

« Dans son numéro du 16 courant, le journal l'*Acclimatation* rend compte d'une visite qu'un de ses rédacteurs a faite le dimanche précédent au Marché des Oiseaux. Outre des milliers d'Oiseaux des différentes espèces visées par la loi, il a constaté qu'il y avait 180 à 200 Rossignols. Le soir, à cinq heures, il en restait une centaine, dont plus de 60 femelles.

» Tous ces Oiseaux, capturés quelques jours auparavant, ne peuvent pas vivre en captivité; ils meurent d'autant plus rapidement que la liberté leur a été ravie en pleine période de reproduction. »

» C'est donc une destruction aussi abominable que stupide, ne profitant qu'à une bande d'individus, véritables braconniers qui, à l'aide de tous les engins prohibés, dépeuplent nos bois et nos champs de leurs hôtes les plus précieux. En dépit des réclamations réitérées du monde savant depuis nombre d'années, rien n'est donc changé, témoin ce que m'écrivait en 1892 mon vénérable collègue M. J. Vian, président honoraire de la *Société zoologique de France* :

» Le dimanche 1er mai, à deux heures, je traversais le Marché aux Oiseaux; j'y ai vu plus de 2000 Chardonnerets dont la fraîcheur des plumes attestait une capture d'un jour ou deux au plus. Certains individus en avaient plusieurs centaines chacun. Il y avait d'autres Passereaux dans les mêmes conditions, mais les Chardonnerets étaient beaucoup plus abondants. Je suis rentré chez moi navré ».

» Oui, on est navré de voir la loi outrageusement violée sous les yeux mêmes de l'autorité, car il n'y a pas à sortir de ce dilemme : ou M. le Préfet de police ignore les faits délictueux qui se passent ouvertement au Marché des Oisaux, et une telle ignorance de sa part serait déjà blâmable; ou il en est instruit et laisse faire, et, dans ce cas, c'est au Ministre compétent de conclure.

» En fait existe-t-il une loi défendant la capture, le colportage et la vente des Oiseaux utiles? Si oui, j'en demande la rigoureuse application.

» Et, en cela, je crois être l'interprète de tous les esprits sensés qui, depuis trop longtemps, ont déjà à déplorer la complicité de l'Administration supérieure dans la destruction en masse des Oiseaux insectivores qui s'opère dans l'est et le midi de la France, lors des passages de l'automne et du printemps. Le moment est venu de faire cesser ces « irrégularités », si l'on veut que la France puisse être représentée avec autorité dans la Commission internationale dont le Ministre de l'Intérieur a provoqué la réunion, de concert avec le Ministre de l'Agriculture, pour rechercher justement les moyens de protéger les Oiseaux utiles. »

**Le prétendu Conseil supérieur national de Piscicul-
ture.** — La lettre suivante, publiée par la *Revue scientifique*, le 18 mai
1895, et que plusieurs journaux ont déjà reproduite, doit trouver
place ici à titre de document. Il est d'ailleurs superflu d'insister sur
l'exclusion singulière dont se trouve frappée la *Société d'Acclimatation*,
toujours prête à justifier son titre d'établissement d'utilité publique,
et qui n'a du reste pas cessé, depuis plus de trente ans, d'encourager
le développement de l'Aquiculture en France.

« La *Revue scientifique* du 4 mai (p. 570) annonce la création à Paris
d'un *Conseil supérieur national de Pisciculture*. Appelé cette année, par la
confiance de mes collègues, à remplir en même temps les fonctions de
secrétaire général de la *Société nationale d'Acclimatation de France* et de
président de la *Société centrale d'Aquiculture de France*, j'ai le devoir de
vous informer que ces deux Sociétés sont restées absolument étrangères à la nomination de ce prétendu conseil. Vous me permettrez donc
de lui contester, jusqu'à nouvel ordre, les épithètes de *supérieur* et de
national. On ne saurait en effet qualifier de la sorte le tout petit cénacle
qui vient de s'ériger en pontificat après avoir négligé — est-ce ignorance, est-ce parti-pris ? — de convoquer à ses réunions les représentants des Sociétés dont il s'agit. Celles-ci, du reste, bien qu'elles comprennent les pisciculteurs, savants, praticiens ou législateurs les plus
autorisés du pays, n'ont pas été seules laissées de côté. Il en est de
même de la plupart des rédacteurs des journaux spéciaux, de tous les
corps savants, des établissements où s'enseigne l'ichtyologie, le Muséum d'histoire naturelle, par exemple, de l'Inspection des pêches
et des services publics les plus intéressés au développement rationnel
de la culture des eaux. » Jules DE GUERNE.

Destruction de la Cuscute de la Luzerne. — « Dès qu'un
champ de Luzerne est envahi par la Cuscute, on doit immédiatement
s'en débarrasser. La meilleure époque pour cela est la fin du printemps,
moment où la plante entre dans sa vie de parasite et n'a pas encore
formé ses graines.

Pour la détruire on avait conseillé l'emploi de la chaux vive avec
addition de soude ou de potasse, de la tannée, du sel marin, du goudron, mais ces différentes substances n'ont donné que de médiocres
résultats.

Un autre moyen qui a obtenu une certaine vogue, consiste à faucher les parties de la Luzerne envahie, et à y répandre une légère
couche de paille à laquelle on met le feu. Avec toutes les précautions
voulues, on n'arrive pas à enrayer complètement la maladie de cette
manière, aussi conseillons-nous l'un des deux procédés suivants :

Le premier est celui donné par M. Poussard ; il consiste à répandre
une dissolution de sulfate de fer sur les parties de la Luzerne contaminées que l'on fait faucher en ayant soin de couper à 0^m,50 au

delà de la tache. On fait ramasser minutieusement tout ce qui est coupé et on le place dans un sac pour éviter d'en laisser tomber dans le transport sur des parties exemptes de la maladie car chaque fragment de filament perdu suffirait pour propager le parasite.

La place ainsi nettoyée est arrosée avec une dissolution composée de 10 kilos sulfate de fer dans 100 litres d'eau. Le traitement est fait avec un arrosoir à pomme très fine ou mieux encore avec un pulvérisateur, rien n'échappe ainsi au contact du liquide.

Sous l'action du sulfate de fer, les fragments restant encore au collet des tiges de la Luzerne et sur le sol ne tardent pas à prendre une coloration brunâtre et à perdre leur vitalité.

Il va sans dire que le produit du fauchage des parties envahies sera brûlé aussitôt arrivé à la ferme et non jeté sur le fumier, ni donné aux animaux.

Le second procédé est indiqué par le distingué directeur de la station d'essais de semence à l'*Institut national agronomique*, M. Schribaux, de la manière suivante : on fauche la Luzerne sur les parties attaquées, et à un mètre au-delà; puis on brûle avec soin tout ce qui a été coupé, au centre même de la tache. Ensuite on défonce le terrain, en commençant par les bords et en se dirigeant vers le centre ; et on sème dans la partie ainsi défoncée une céréale, de l'Avoine par exemple. La céréale, en végétant, étouffe la Cuscute et en purge définitivement le terrain.

Dans la session du mois d'avril 1895, le Conseil général de Vaucluse a émis un vœu tendant à ce que la destruction de la Cuscute, par ce dernier procédé, soit rendue obligatoire par application de la loi du 24 décembre 1888. C'est là une mesure qui ne peut que porter ses fruits.

Se débarrasser de la Cuscute, c'est quelque chose ; mais la prévenir est encore mieux.

Pour cela, la première des choses à faire dans la création d'une luzernière, c'est de ne jamais semer de graines de Luzerne sans qu'elles aient été passées au contrôle de la station d'essais établie par le Ministre de l'agriculture à l'*Institut national agronomique*, à Paris.

On aura ainsi des produits réguliers et une graine irréprochable au point de vue de la qualité. C'est surtout à cela que l'agriculteur doit viser afin de maintenir et d'augmenter encore la bonne renommée de la graine de Luzerne de Provence (1). »

ED. ZACHAREWICZ,
Professeur départemental d'Agriculture de Vaucluse.

(1) *Le Viticulteur et le Bas Rhône réunis*, IVe année, n° 18, Nimes, 4 mai 1895.

Le Gérant : Jules GRISARD.

I. TRAVAUX ADRESSÉS A LA SOCIÉTÉ.

LE BIÈVRE

Par M. MAGAUD D'AUBUSSON (1).

Le Bièvre, c'est le Castor : « Bièvre » est le vieux nom national issu de « Bibar », dans le dialecte des Francs. Les anciens lui avaient donné les noms de « Castor » et de « Fiber », mais l'expression savante de « Castor » n'apparaît, chez nous, qu'au XVIe siècle. Notre français du moyen âge ne le connaissait que sous la dénomination de Bièvre.

Ces vieux noms de bêtes, d'allure surannée, qui font rêver d'âges écoulés et de chasses abolies semblent liés étroitement à l'histoire de la patrie. Pour un peu, on continuerait d'appeler le Blaireau « Taisson », et « Conil » le Lapin. Le Renard, le plus littéraire des animaux, resterait pour plusieurs le « Goupil ». Aussi bien, cet antique nom de Bièvre, tombé en désuétude, convient à une race déchue qui achève de mourir.

En vérité, les temps sont proches où le dernier Castor français sera couché dans la tombe. Son ennemi le plus acharné est l'ingénieur des ponts et chaussées, qui, sans respect pour les droits acquis et un passé glorieux, pourchasse, sans pitié, dans tous les recoins de la Camargue, leur suprême refuge, les rares couples solitaires de ces industrieux bâtisseurs, sous prétexte de digues à défendre — eux, les grands constructeurs de digues d'autrefois.

J'ai connu l'un de ces malheureux persécutés. Celui-là, on ne l'avait pas tué, on s'était contenté de le condamner à la réclusion. Indolent et triste, il traînait des jours misérables derrière les grilles de sa prison. En son regard doux, on lisait l'incurable nostalgie de ses humides solitudes. Rapidement le chagrin l'acheva. Pris jeunes, au contraire, ces animaux so-

(1) Communication faite en séance générale du 5 avril 1895.

ciables s'habituent facilement à la captivité, s'attachent à
leur maître et traduisent de mille façons aimables le plaisir
qu'ils éprouvent à se trouver près de lui. Mais pourquoi imposer la servitude au Castor? Son genre de vie, ses mœurs,
ses habitudes lui rendent chère la liberté, et presque indispensable. Accordons lui plutôt une intelligente et affectueuse
protection dans les retraites qu'il a choisies, à l'exemple de
ce prince de Schwartzenberg qui fait conserver précieusement dans l'un de ses domaines d'Autriche la colonie de Castors qui s'y est établie.

Que reproche-t-on à ces pauvres animaux qui puisse inspirer tant de haine? Laissons-les vivre heureux de l'écorce
et des bourgeons des Osiers et des Saules de la rive, et accomplir, sans trouble, leurs travaux de mineurs. Quel dommage peuvent-ils causer? Ils sont si peu nombreux !

Hélas ! que de bêtes illustres ont déjà disparu de l'inventaire zoologique de la France, ou sont sur le point de disparaître. Que sont devenus l'Elan, l'« Alces » de la forêt
hircynienne, dont parle César et que chassaient les Gaulois ;
et les deux grandes espèces de Bœufs sauvages, le Bison et
l'Urus, que nourrissait la Gaule dans ses forêts séculaires (1) :
et le Bouquetin, aujourd'hui si rare, qui parcourait jadis nos
Alpes en troupes si nombreuses que les Romains en prenaient
souvent jusqu'à deux cents, en vie, pour les faire paraître
dans les jeux du cirque ; et le Lynx et tant d'autres, si clairsemés maintenant que l'on prévoit le jour prochain de leur
disparition définitive.

Que nous reste-t-il, à l'heure actuelle, du Castor? A peine
quelques individus dispersés sur le Rhône et le Gard. Con-
servons-les, au moins, comme échantillons de la race et en
souvenir des splendeurs évanouies. Car le Bièvre était autrefois très commun en France. A défaut d'autre témoignage,
les noms de plusieurs de nos rivières et de diverses localités
suffiraient pour attester sa présence. Il était sur notre sol
dès les âges reculés de la nature primitive. A une époque où
notre pays ne devait guère différer du Canada et du Labrador, il déployait déjà, sous ce ciel inclément, ses talents

(1) Consultez sur ce sujet l'article publié par M. le baron de Noirmont dans
la *Revue des Sciences naturelles appliquées*, 1893, 2ᵉ semestre, p. 49, et la savante *Histoire de la chasse en France* du même auteur, œuvre considérable de
recherches qui fait autorité en la matière.

d'architecte. Les tourbières du Jura, celles de la Somme, nous ont transmis ses ossements, et nous savons que ses dents tranchantes fournirent des outils aux peuplades inconnues de l'âge de la pierre. Plus tard, les Gaulois se nourrirent sans doute de sa chair et se parèrent de ses dépouilles.

Les Francs le chassaient et avaient des Chiens spécialement dressés pour aller le relancer dans ses demeures souterraines et le forcer à sortir. Les rois carolingiens se livraient aussi à cette chasse. Ils gardaient même, paraît-il, des Castors en captivité. C'est du moins ce que semblerait indiquer les termes employés par Ducange dans le *Glossarium*, mais, comme on ne retrouve ailleurs aucune trace de ce fait, observe judicieusement l'érudit auteur de l'*Histoire de la Chasse en France*, les « Bevarii », que l'on voit figurer parmi les officiers de venerie des rois de la seconde race, étaient probablement chargés de prendre des Castors, dont la fourrure était fort recherchée (1).

Le Bièvre peuplait alors la plupart de nos grands cours d'eau et leurs affluents, notamment la Saône, le Gard, la Durance, l'Isère, le Rhône, l'Oise, la Marne, la Somme. Il a baptisé la petite rivière de Bièvre qui se jette dans la Seine à Paris, une autre rivière de Bièvre dans le département de la Meurthe, le Beuvron en Sologne et la Beuveronne en Brie, Beuvron en Normandie, Beuvry dans le Pas-de-Calais, et beaucoup d'autres localités d'où il a depuis longtemps disparu.

Quand nos rivières traversaient des solitudes sauvages et des bois silencieux, le Bièvre bâtissait en paix ses cabanes et élevait en toute sécurité ses digues de préservation. La crainte n'avait pas encore dispersé ses tribus, et il n'était pas obligé de s'enfouir dans des terriers, comme la Loutre et le Blaireau, pour échapper à ses persécuteurs (2). Des colonies florissantes existaient à l'embouchure du Rhin et les villages de ces habiles constructeurs s'échelonnaient sur les bords de l'Ill, de la Fecht, de la Thur, de la Weiss, de la Bruche, de la Zorn, de la Moder. C'est ainsi que nous voyons figurer les

(1) Baron Dunoyer de Noirmont.

(2) C'est un exemple curieux d'adaptation de l'instinct aux circonstances que cette transformation des habitudes des derniers Castors français qui, d'architectes et d'ingénieurs, sont devenus simples mineurs par nécessité de défense.

Castors au nombre des hôtes de la Hardt dans la charte de donation de cette forêt à l'église de Bâle par l'empereur Henri II, en 1004.

Au XVIᵉ siècle, ils avaient encore des établissements importants sur la Reuss, l'Aar, la Limmat, et Gessner nous apprend que la Birse, qui traverse les gorges de Moustiers et vient s'épancher dans le Rhin, près de Bâle, était citée pour l'abondance de sa peuplade de Castors.

Au commencement du XVIIIᵉ siècle, les grandes îles boisées du Rhin, entre Rhinau et Strasbourg, contenaient assez de ces curieux animaux pour que l'évêque et ses chanoines prissent plaisir à les chasser (1). Mais, à cette époque, ils avaient déjà abandonné la plupart des cours d'eau qu'ils fréquentaient autrefois en France, et on ne les trouvait qu'en petit nombre sur les bords du Rhône inférieur, du Gard et de la Cèse. Les pauvres bêtes avaient beaucoup de mal à s'y maintenir, car les habitants leur faisaient une guerre sans trêve ni merci, les accusant d'endommager les Saules et les Osiers, qui sont la principale richesse des riverains. Mais on avait perdu l'habitude de tirer parti de leur chair, on les tuait seulement pour les détruire.

En 1749, un chartreux s'avisa d'en servir un en étuvée à ses confrères, comme aliment maigre, il fut trouvé excellent ; l'exemple gagna et précipita la perte du Castor. « Depuis ce temps, ajoute Legrand d'Aussy, dans l'*Histoire de la vie privée des Français*, tout le monde mange du Bièvre dans nos provinces méridionales ; on le met en ragoût, en pâté, on en conserve les cuisses dans de l'huile comme on le fait pour l'Oie, et ces cuisses sont devenues, comme les cuisses d'Oie, un objet de commerce ou de présent. Cependant il n'a point encore gagné dans la capitale, et, probablement, avant qu'il ait le temps d'y pénétrer, les Castors, déjà si rares, auront été détruits en France. »

La prédiction de Legrand d'Aussy ne tarda pas à se réaliser. Les Castors furent tellement traqués de tous les côtés qu'il n'en survécut que quelques-uns dont les descendants continuent de végéter au fond de la Camargue.

J'adjure les ponts et chaussées de respecter les jours de ces derniers survivants, au moins à titre de curiosités

_____

(1) Gérard, *Essai d'une Faune historique de l'Alsace.*

zoologiques, mais je me fais peu d'illusion sur le succès de ma requête.

Et puis, c'est une loi inéluctable que l'homme, pour assurer son empire, porte de plus en plus la destruction dans les rangs des êtres animés. Partout où il se propage, les espèces animales indépendantes se raréfient. Certaines, mieux armées pour cette lutte incessante de deux courants hostiles, résistent plus longtemps, mais nulle ne peut éviter le moment fatal. Un temps viendra où la surface du globe ne produira plus que des plantes cultivées et ne connaîtra que des animaux domestiques. La terre perdra, sous l'influence de l'activité humaine, toutes les espèces sauvages qui l'animent et la parent. Cette époque sera horriblement maussade, et je me réjouis de n'être pas appelé à contempler de mes regards ce triste spectacle ;

Hélas ! depuis des siècles déjà aura disparu le dernier Castor français et, très probablement aussi, le dernier Castor européen (1).

Quand j'ai communiqué à la *Société nationale d'Acclimatation*, dans sa séance générale du 5 avril 1895, la note que l'on vient de lire, plusieurs de mes collègues ont fait, à ce plaidoyer incomplet que m'avait inspiré, au retour d'un déplacement de chasse en Provence, le sort malheureux des Castors de la Camargue, des objections fort justes si on les considère dans un sens général et au point de vue surtout d'un utilitarisme étroit.

J'avoue que les Castors, répandus en grande quantité, peuvent commettre des dégâts préjudiciables aux intérêts matériels de l'homme, et qu'il serait sans doute imprudent de prêcher l'expansion de ces animaux. Tel n'est pas le but que je me suis proposé en prenant la défense des derniers et très rares Castors français. Je crains que l'on ait mal interprété ma pensée.

Ces curieux animaux sont si clairsemés aujourd'hui sur

---

(1) L'Angleterre est la première contrée d'où le Castor ait disparu en Europe. En Allemagne, on ne le rencontre plus qu'isolément sur les bords du Danube, de la Nab, de la Moselle, de la Meuse, de la Lippe, du Weser, de l'Aller, de la Riss, du Bober, et sur tous ces points il tend à disparaître. On le trouve encore en Autriche, en Pologne, en Russie, en Suède et en Norwège.

D'après Strabon, on en trouvait autrefois en Espagne dans presque tous les cours d'eau, et en Italie, il était commun à l'embouchure du Pô.

notre territoire, et ils ont à soutenir, en dehors de l'action directe de l'homme, une lutte pour la vie tellement défavorable qu'il n'est pas à craindre que leur nombre se développe outre mesure et devienne un danger pour les riverains. C'est précisément parce que tout conspire à leur perte que je réclame des mesures protectrices et la suppression de la prime que l'administration accorde, paraît-il, à leur destruction. Et en élevant la voix en faveur du Castor, au sein de la *Société nationale d'Acclimatation de France*, je reste dans l'esprit qui anime cette société, car dès 1865, elle a fait figurer au programme de ses prix une récompense pour la *domestication en France du Castor, soit du Canada, soit des bords du Rhône.*

Cet esprit de protection n'a pas été méconnu par la section de notre Société qui s'occupe spécialement de l'étude des Mammifères. Dans sa dernière séance, en effet, la 1re section, appelée à donner son avis, en ce qui la concerne, sur la révision des prix, a maintenu, sur la proposition de M. Mailles qui, comme moi, ne peut voir sans tristesse s'appauvrir progressivement notre faune française, a maintenu ce prix qui vise directement la domestication du Castor, il est vrai, mais par cela même lui promet une protection efficace dans ses retraites.

Il semble, au surplus, que l'homme, à l'heure actuelle, soit comme pris de remords à la vue des épouvantables hécatombes qu'il est contraint d'immoler pour aménager confortablement sa demeure.

Notre collègue, M. Pichot, nous a montré tout dernièrement les Américains consacrant des milliers d'hectares à la conservation de certaines espèces animales en voie de disparition, et les Anglais du Cap, alarmés de la destruction presque complète des Lions dans leurs pays, offrant à ces superbes échantillons de la race féline un asile inviolable et une protection assurée (1). Certes, le Lion est un dangereux voisin, et il est

_____

(1) *Revue des Sciences naturelles appliquées*, 5 juin 1895, p. 473, et communication verbale faite en séance générale du 17 mai. Dans la très intéressante communication de M. Pichot : *Un parc à gibier aux États-Unis*, je lis : « Enfin, M. Corbin veut établir dans ce parc une colonie de Castors qui y trouveront assez d'étangs et de ruisseaux à leur disposition pour se livrer à toutes les sollicitations de leurs instincts constructeurs. » Et M. Pichot ajoute en note : « Après le Buffalo, le Castor est menacé de disparition dans le Nouveau Monde ! Ne fera-

permis d'en limiter sévèrement le nombre et les incursions, mais qui de nous, pour peu qu'il possède le sentiment esthétique des œuvres de la nature, verrait sans regret disparaître définitivement de notre planète ces splendides formes de la vie? J'en appelle à tous les naturalistes, à tous les artistes, et, comme l'on disait autrefois, à tous les curieux de la nature.

Ne ferons-nous pas pour quelques couples de Castors réfugiés au fond de la Camargue et presque inoffensifs, ce que les Anglais du Cap font pour leurs Lions?

t-on rien chez nous pour protéger l'existence des quelques Castors que l'on trouve encore en Camargue sur les rives du Rhône? »

Absent de Paris, je n'ai pu apporter plus tôt à la *Revue* le présent article. Je suis heureux de ce retard involontaire qui me vaut la bonne fortune de pouvoir joindre à mon plaidoyer, en faveur des Castors français, l'opinion autorisée de M. Pichot.

PIGEONS VOLANTS ET CULBUTANTS

Par M. Paul WACQUEZ (1).

(SUITE *)

2e FAMILLE : **Pigeon Culbutant prussien à tour d'œil charnu.**

Cette deuxième famille des Culbutants brévirostres se divise en trois variétés.

1re Variété : LE CULBUTANT DE BERLIN A CORPS TRAPU.

(Der Altslämmige Berliner Tümmler.)

Fig. 28.

Type parfait : 25 points.

Quoique ressemblant au Culbutant viennois, le Berliner Tümmler a pourtant le bec plus fort, la mandibule supérieure recourbée, les morilles épaisses, formant presque caroncules.

Fig. 28.

Les couleurs disposées comme celles du Pigeon-Pie avec une tache blanche sur la poitrine.

Type parfait : 25 points.

Performance : 15 points.

1er point : taille, grosseur, semblable au précédent, plus large de poitrine. d'épaules, de dos, le corps trapu.

(*) Voyez *Revue*, 1894, 1er semestre, p. 529, et plus haut, p. 247, 339 et 439.

2e point : tête, à peu près ronde, épaisse « lourde » et, contrairement à celle du viennois, fuyante vers l'occiput.

3e point : bec, court, gros, l'extrémité de la mandibule supérieure courbée.

4° point : morilles, épaisses, charnues, formant caroncules blanches.

5e et 6e points : œil, blanc perlé.

7e et 8e points : membrane, épaisse, rouge vif.

9e point : cou, de moyenne longueur, bien arqué, tremblant légèrement (dans le genre de celui du Pigeon queue de paon), lorsque le Berlinois est inquiet, émotionné.

10e point : poitrine, proéminente, large.

11e et 12e points : le dos, large, la queue, ordinaire.

13e point : les ailes assez longues, pointues, portées sur la queue, atteignant presque son l'extrémité.

14e point : jambes courtes, aux tarses emplumés ; les tarses seulement.

15e point : doigts libres, nus.

Pour la couleur : 10 points.

Disposée comme chez le Wiener Geganselt, mais avec la tête et le haut du cou de la couleur de la poitrine et du dos. Le 16e point : couleur de la tête. Le 17e point : une tache blanche, ronde (20 millimètres de diamètre), un peu allongée par le bas, que le Berlinois porte sur la poitrine.

Les sous-variétés sont :

1° Culbutant de Berlin noir et blanc, d'un joli noir brillant, avec les ailes, le dessous du corps blancs (Berliner Alstschwarz-Tümmler) ;

2° Culbutant de Berlin rouge et blanc (Berliner Alstroth-Tümmler) ;

3° Culbutant de Berlin jaune (chamois foncé) et blanc (Berliner Alstgelb-Tümmler) ;

4° Culbutant de Berlin, blanc (Berliner Alstweiss-Tümmler.

2e *Variété :* LE CULBUTANT DE BERLIN DE VIEILLE SOUCHE.

(Der Altstämmer Berliner Tümmler.)

Type parfait : 25 points.

Le Berliner Tümmler de vieille souche, appelé ainsi parce qu'il paraît avoir donné naissance à la plupart des Culbutants brévirostres des autres familles ou variétés, est absolument pareil au Berlinois de la variété précédente. Comme lui, il a le bec légèrement crochu, le tour d'œil charnu et rouge, les tarses chaussés.

Pour la couleur : 10 points.

Pour la disposition des couleurs, ce Berliner de vieille souche porte plumage blanc, rehaussé de noir. La tête, le cou blancs ou mélangé de plumes noires ; le vol noir ainsi que la queue ; les manteaux presque blancs, c'est-à-dire quelquefois mélangés de plumes noires.

3ᵉ *Variété :* LE MÊME CULBUTANT DE BERLIN DE VIEILLE SOUCHE BLANC.

(*Der Weissreinauge Berliner Tümmler*).

Le Culbutant brévirostre de Berlin, Berliner Tümmler de vieille souche, forme deux sous-variétés.

1ʳᵉ *Sous-variété.* — *Type parfait* : 24 points.

Le Weissreinauge de la première sous-variété est de performance semblable aux Tümmler des variétés qui précèdent. De même qu'eux, il a l'œil blanc perlé (très beau), le bec court et recourbé, la membrane ou tour d'œil charnu, les pattes emplumées, les pieds chaussés. Il est entièrement blanc, d'un blanc très pur, aux plumes très brillantes et serrées. Il a de plus, derrière la tête, une fraise de plumes en forme de couronne.

16ᵉ et 17ᵉ points : la couronne (voir la description donnée pour les Tümmler de Galicie, de Hambourg, etc.).

Pour la couleur : 6 points ; 24ᵉ point : Maintien, commun à tous les Tümmler brévirostres.

2ᵉ *Sous-variété.* — *Type parfait* : 22 points.

Les Weissreinaugen de la seconde sous-variété ont la même forme de tête que les Reinaugen à tête couronnée, le bec courbé, la morille un peu large, mais plate, l'œil blanc perlé à la membrane régulière, encore large, mais non char- nue, *la tête lisse* sans couronne.

Ils forment deux catégories : l'une à tarses et doigts chaus- sés, l'autre à pattes nues.

Les Tümmler de la seconde catégorie n'ont que 14 points de performance.

3ᵉ Famille : **Pigeon Culbutant allemand brévirostre à tour d'œil fin.**

Cette troisième famille des Culbutants à tour d'œil fin se divise en trois variétés.

1ʳᵉ Variété : Pigeon Culbutant allemand, a tête, queue et vol blancs. — Le Culbutant a tête blanche Prussien ou d'Elbing.

(*Der Preussiche oder Elbinger Weisskopf-Tümmler.*)

Type parfait : 24 points.

Le Culbutant d'Elbing ressemble beaucoup au Pigeon anglais Bald-Head ; comme lui, il a la tête blanche, le rein ou croupion blanc, la queue blanche, le vol blanc. Les manteaux et la poitrine de couleur.

Performance : 12 points.

1ᵉʳ point : taille, grosseur semblables à celles des viennois.

2ᵉ point : tête, ronde, quelque peu longue, à front bas.

3ᵉ point : bec, droit, pointu, cependant plus long que celui du Wiener. Morilles simples.

4ᵉ et 5ᵉ points : œil, grand, blanc, moins saillant que chez le Wiener.

6ᵉ point : membrane, mince, simple, blanc rosé.

7ᵉ point : cou, de longueur moyenne, l'attache à la tête fine.

8ᵉ point : poitrine, proéminente.

9ᵉ et 10ᵉ points : dos, queue, larges.

11ᵉ point : ailes, longues que le Pigeon porte sur la queue.

12ᵉ point : jambes, tarses, doigts assez courts et nus.

24ᵉ point : maintien, la tête droite, le cou droit, cependant moins renversé que celui et celle du Wiener, les ailes bien pointues sur la queue, que le Pigeon porte moins relevée.

Pour la couleur : 10 points.

15ᵉ et 16ᵉ points : la couleur fondamentale des manteaux de la poitrine, avec, aux plumes du cou, des reflets de nuances changeantes. La tête blanche le mieux marquée possible, non à la façon du *Bald-Head*, plutôt comme un Culbutant de Galicie, sans couronne, la ligne de démarcation partant de l'oc-

ciput et descendant sous les joues pour passer à 18^{m}/^{m} sous
le bec.

17e et 18e points : vol, blanc; 19e point : croupion, blanc ;
20e point : queue, blanche ; 21e point : le dessous de la queue,
le ventre, blancs ; 22e et 23e points : jambes, blanches.

Ce Culbutant d'Elbing n'offre presque jamais la correction
de plumage d'un Bald-Head, pour ce motif simple qu'il ne fut
jamais l'objet des soins méticuleux avec lesquels les Anglais
sélectionnent les races de Pigeons.

Les principales sous-variétés sont :

1° Le Culbutant d'Elbing noir, à tête, vol et queue blancs
(Der Elbinger Schwarzweisskopftümmler) ;

2° Le Culbutant d'Elbing bleu, à tête, vol, etc. (Der Elbinger
Blauweisskopftümmler) ;

3° Le Culbutant d'Elbing rouge, à tête, etc. (Der Elbinger
Rothweisskopftümmler) ;

4° Le Culbutant d'Elbing, jaune, à tête, etc. (Der Elbinger
Gelbweisskopftümmler) ;

5° Le Culbutant d'Elbing gris, à tête, vol, etc. (Der Elbinger
Grauweisskopftümmler).

2e Variété : LE CULBUTANT BRÉVIROSTRE DE BUDAPEST A VOL
ET QUEUE NOIRS.

(*Der Pester Weissgestorchte Tümmler.*)

Type parfait : 22 points.

Taille, grosseur, plus fortes que les autres Tümmlers brévirostres, presque de la force des petits longirostres; la tête
large, au crâne plat; l'œil blanc brillant, bombé ainsi que les
joues; la membrane épaisse bleu noir; le bec court, noir;
la mandibule supérieure recourbée, la morille plate blanc
bleuté.

Le cou relativement court, fort, la poitrine forte; les ailes
ainsi que la queue de longueur moyenne; les jambes courtes,
les doigts aussi.

Le Budapester Gestorchte est blanc, d'un blanc très brillant à reflets bleu électrique, avec le vol, toutes les textrices,
noir bleuté, la queue de même couleur.

Pour la couleur : 10 points.

Les 13e et 14e points : Nuance du cou; 15e et 16e, des manteaux; 17e: du corps; 18e et 19e: du vol; 20e et 21e: de la queue; 22e: des plumes des jambes *toujours blanches*.

Le Budapester ne doit pas avoir de bandes sur les ailes.

Ce Tümmler forme deux catégories, la première à pattes légèrement emplumées, la seconde à pattes lisses.

Der Pester weissgestorchte rauhbeinige Tümmler.

Der Pester weissgestorchte glattbeinige Tümmler.

3° *Variété :* LE CULBUTANT ALLEMAND BRÉVIROSTE UNICOLORE A BARRES BLANCHES. — LE CULBUTANT DE PRAGUE.

(*Der Prager weissbindige Tümmler*)

Type parfait : 20 points.

Le Culbutant de Prague est de la force du Culbutant de Budapest.

Même forme : de tête, de bec, l'œil blanc est presque creux; la membrane mince est : blanc rosé dans les nuances pâles, gris bleu dans les couleurs foncées. La teinte du bec suit la couleur de la membrane. Les pattes lisses.

Le Culbutant de Prague est unicolore avec deux barres blanches aux manteaux, bien marquées et larges. Ce pigeon est absolument défectueux avec des bandes mal dessinées, ou roussâtres, ou minces et étroites.

Pour la couleur : 8 points.

4 points pour la couleur générale qui doit être unie du bec à la queue, 4 points pour les bandes des ailes.

Le Culbutant de Prague est : noir, bleu, gris-perle (pâle), rouge, jaune.

Der schwarz-weissbindige Tümmler.

Der blau-weissbindige Tümmler.

Der grau-bleich —   —

Der roth   —   —

Der gelb   —   —

La race des Tümmler allemands se compose encore de nombreuses variétés, car nous n'avons décrites que celles que nous avions eu l'occasion de voir, d'examiner depuis vingt ans.

Parmi celles que nous connaissons pour avoir lu les auteurs qui les ont dépeintes se trouve le Culbutant rouleur Bukowinaire.

La description que les auteurs allemands donnent de ce

Culbutant nous paraissant fort intéressante, surtout au sujet
de son vol, nous classerons ce Bukowinaire comme quatrième et dernière famille, et donnerons une traduction
exacte et fidèle de l'opinion émise par les auteurs : H. Dietz
et G. Prütz dans le supplément du remarquable ouvrage du
Pigeon modèle, « Die Tümmler und Purzlertauben ».

4ᵉ Famille. — **Le Culbutant roulant Bukowinaire** (1).

(*Der Bukowinaer Roller*).

Le Rouleur Bukowinaire a l'aspect et les qualités de vol
particuliers au Roulant oriental. Sa taille, du bout du bec
jusqu'à l'extrémité de la queue, est de 34 cent., l'envergure :
70 cent. (!) (2), le bec est moyen et mesure jusqu'à l'angle 2 cent.
Ce Pigeon existe avec et sans huppe. Il porte quelquefois les
ailes pendantes. La queue a généralement 14 ou 16 plumes.
La glande du croupion est rapetissée et manque souvent
totalement. La couleur du plumage est généralement unie et
mouchetée irrégulièrement ; la couleur bleue est raré. L'œil
est *perlé* et entouré d'un cercle charnu (membrane) blanc
pâle, jaune ou rouge. Ce qui est le plu remarquable dans les
Roulant Bukowinaire est sa manière de voler, laquelle justifie
complètement son nom de Roulant.

Quand ce Pigeon a dans son vol atteint une certaine élévation, il commence son jeu caractéristique. Il semble d'abord
stationner un moment dans son vol, exécute quelques batte-
ments d'aile bruyants, et tourne ensuite autour de son axe,
avec la vitesse d'un éclair, en descendant un nombre inconce-
vable de fois ou en stationnant au même point, ressemblant
ainsi à une toupie tournant avec rage. Ce pigeon ne descend
pas simplement, mais il exécute un mouvement en roulant et
fait de la sorte une étendue de beaucoup de brasses. Les
amateurs disent : *Il fait tant et tant de brasses d'un trait.*
« Die Liebhaber sagen alsdann von so einer Taube : Die geht
so und so viele Klafter im Schnitt. »

Ce Culbutant ne culbute pas seulement en descendant, il
culbute encore sur place en stationnant au même point, et en
tournant un nombre incalculable de fois autour de son propre

---

(1) Bukowine, pays voisin de la Gallicie.
(2) Page 59.

axe. Cette manière de culbuter ne peut être mieux comparée
qu'à une roue tournant avec rage autour de son axe fixe.
Les amateurs disent alors de ce Tümmler : il tourne comme
une roue ou comme un moulin. « Die Liebhaber sagen alsdann von so einer Taube : Die geht wie ein Rad, oder wie
eine Mühle. »

Lorsqu'on lâche un peloton de bons Bukowinaires, l'aspect
ressemble aux boules montantes et tombantes d'un jongleur,
qui jette un certain nombre de boules en l'air et les rattrape
pour les relancer continuellement l'une après l'autre.

Pendant qu'un Pigeon Culbutant descend en roulant, un
autre remonte pour descendre pendant que le premier remonte, etc... Il arrive souvent que le Bukowinaire n'arrive
plus à se maîtriser et continue à culbuter jusqu'à l'atteinte
d'une plate-forme dure, sur laquelle il se détériore, quand il
ne reste mort sur place.

Les Bukowinaires, beaux en couleurs, et qui sont également
de bons roulants, sont payés cher à Czernowitz ; il n'est pas
rare que l'on demande 20 marcks et même plus pour une paire
de ces Pigeons. Pour ce qui concerne l'origine, il n'est nullement douteux que le Roulant de Bukowine ne descende du
Roulant oriental. Il y a cent ans, la Bukowine était encore une
province turque, dont le commerce, les usages, les coutumes,
et les goûts étaient orientaux. Les Beys et les Pachas d'alors
ont certainement élevé de vrais Roulants orientaux. Lorsque
la Bukowine est devenue province autrichienne, cette race a
été mélangée avec celle des Tümmler ordinaires. Le Roulant
ou Culbutant culbuteur Bukowinaire est donc une race mélangée de Tümmler et de Roulant oriental.

Nous ne nous sommes pas étendus sur les qualités proli-
fiques des Tümmler, parce que, nous l'avons dit, tout
Pigeon destiné à voler ou culbuter ne peut être, en même
temps, un bon reproducteur ; mais, si l'on supprime chez les
Tümmler ce vol qui fait leur charme, les Longirostres deviendront d'excellents Pigeons de produits. Les Brévirostres
seront, eux, moins bons sur ce point ; ces Pigeons sont petits,
leur chair est peu développée, et leur bec court les gêne
beaucoup pour nourrir leurs enfants, lorsque ceux-ci sont
âgés de trois à quatre semaines.

Nous avons classé pêle-mêle tous les Tümmler sous le

nom de Culbutants, le mot culbutant pris dans un sens très large et ne signifiant nullement Pigeon qui culbute ainsi que nous comprenons le mot culbutant en France.

Tummel-Taube, Tümmler et Tumbler, en Allemagne et en Angleterre — voire même Culbutant en Belgique — expriment une idée de généralité, indiquent *simplement* un Pigeon susceptible de s'élever haut dans le ciel pour voler, tandis que le mot Culbutant, en France, exprime une idée de particularité, désigne *spécialement* un Pigeon s'élevant dans le ciel pour s'y laisser choir et descendre en tournoyant sur lui-même.

Les auteurs anciens donnent, c'est évident, les Tümmler, Tumbler et Culbutant, comme un seul et même Pigeon. Les *Gyratrices sui vertagi,* Anglice : Tumblers, de Willughby (1) ; le *Columba gesluosa seu gesticularia,* Germanice : *Tummel-Taube,* de Frisch (2) ; le *Columbag iratrix,* Germanice : *Tummel-Taube,* de Brisson (3) ; le *Columba giratrix,* Germanice : *Koftauben,* de Bechstein (4), sont des Pigeons culbutants culbuteurs.

Cependant, les auteurs allemands modernes qui se sont occupés particulièrement du Tümmler : le docteur Seelig, de Kiel (5), le docteur Lazarus, de Czernowitz (6), Dietz et Prutz (7), et quelque peu J. Bungartz (8), prennent le nom Tümmler comme terme générique d'une race et la divise en deux groupes bien distincts.

Le Hochflieger Tümmler (haut volant).

Le Roller Tümmler ou Purzlertaube (rouleur culbutant).

Le Hochflieger Tümmler se traduit en français par Pigeon volant et ne détermine nullement une famille de volants supérieure — volant plus haut — aux Pigeons volants français ou belges (9). Le Roller Tümmler ou Purzlertaube se traduit, lui, par culbutant culbuteur — c'est-à-dire qui culbute —

(1) *Ornithologica,* p. 132, n° 10.
(2) *Vorstellung der Vögel in Deutschland Sovie auch einiger fremden, mit ihren natürlichen Farben.*
(3) *Ornithologica,* page 17 (N.).
(4) *Gemeinnützige Naturgeschichte,* chapitre II, 1795.
(5) Der Columbia, *Zeitschrift für Tauben Liebhaber.*
(6) *Blätter für Geflügelzucht.*
(7) *Die Tümmler und Purzlertauben,* pag. 19 et 20.
(8) *Taubenrassen.*
(9) Ainsi que certains colombiculteurs cherchent à le faire croire dans un but facile à comprendre.

lequel correspond au mot hollandais Tuimelaar ou Over-
slager (culbuteur, rouleur), et nous n'avons pas én France
de mot correspondant à celui de Tümmler.

Voilà pourquoi nous voyons à toutes nos expositions d'aviculture françaises, l'étranger envoyer des Pigeons volants
dans les classes de culbutants et des Pigeons culbutants dans
celles des volants ; pour lui, volants et culbutants sont toujours des Pigeons Tümmler ou Tumblers.

(A suivre.)

CULTURES

DE

QUELQUES VÉGÉTAUX SEMI-RUSTIQUES

A LA VARENNE SAINT - HILAIRE (SEINE)

Par M. Charles MAILLES.

———

Depuis l'année 1890, j'ai pu constater la résistance, chez moi, et chez quelques-uns de mes voisins, d'un certain nombre de plantes qui passent ordinairement pour ne pas supporter, ou supporter mal, les hivers de la région de Paris.

En voici quelques exemples :

Ont résisté en pleine terre, sans aucun abri, chez moi :

Cinéraire maritime, Genêt d'Espagne, Laurier-tin, Laurier-amande, Figuiers (3 variétés), Bambou métaké, Bambou doré (2 touffes dépassant 3 mètres de haut).

Avec environ $0^m,25$ à $0^m,30$ de feuilles au pied :

Grenadiers (simples et doubles), *Melia azedarach* et *Lagerstrœmia indica*.

Les Cinéraires, les Genêts et les Lauriers-amandes n'ont jamais souffert du froid ; l'hiver dernier a un peu éprouvé les Lauriers-tin et les Figuiers. Ces deux espèces ont eu les extrémités gelées, mais repoussent bien à présent.

Les Grenadiers ont toujours parfaitement résisté. Ceux que j'ai mis en espalier ont plus de 2 mètres de haut et n'ont aucunement souffert. D'autres, plantés dans un massif d'arbustes divers, ont aussi tous survécu, mais une grande partie de leur bois a gelé. Je les ai rabattus et ils végètent bien actuellement.

Mes deux *Melia*, contre un mur, exposition ouest-nord-ouest, sont un peu moins résistants que les Grenadiers. Cependant ils ne perdent qu'une partie de leur bois et, en un été, émettent des pousses de 2 mètres. C'est une plante au feuillage très décoratif, vigoureuse, et dont la culture est à recommander.

Le *Lagerstrœmia* est au moins aussi sensible que les *Melia*. Il se refait très bien pendant l'été, et la grande beauté de son abondante floraison dédommage bien des quelques précautions qu'il exige pour l'hiver.

Pendant trois ans, j'ai pu conserver, en pleine terre, avec feuilles au pied l'hiver, un *Hortensia* à bois noir. Il fleurissait fort bien tout l'été. Je l'ai supprimé parce qu'il devenait trop haut et se dégarnissait.

Un Genêt, pris dans la plaine Saint-Maur et devenu bien touffu, a presque complètement gelé l'hiver dernier, tandis que les Genêts d'Espagne résistaient crânement !

Température la plus basse, relevée dans mon jardin — 15°, thermométrographe placé contre mur au N.-N.-E. à 1m,50 environ du sol. J'aurais pu me donner la satisfaction de froids atteignant 18° à 20°, en posant un thermomètre sur le sol, ou en l'accrochant à un piquet, en plein jardin, à l'instar de tant de personnes, si heureuses d'avoir eu « plus bas » que les voisins. J'ai dédaigné cette joie, dont le moindre inconvénient est de fausser les idées générales sur la température d'une région. L'habitude est d'avoir un thermomètre contre un mur au nord, ou à peu près, à hauteur de la vue ; conservons donc tous cette coutume commode, et nous n'entendrons plus parler, dans un même quartier, d'écarts de 4°, 5 et plus !

Dans plusieurs jardins, aux environs de chez moi, j'ai constaté également la grande résistance des Figuiers (sans abri), Lauriers-amandes, Lauriers-tin, *Aucuba*, Fusains du Japon ; ces quatre derniers sont très variables sous ce rapport. Les uns sont intacts, les autres plus ou moins malmenés, sans motif apparent. Je connais aussi un *Paliurus aculeatus*, un *Anagyris fœtida* et un *Vitex incisa* qui résistent depuis près de vingt ans en plein air.

Un de mes voisins possède, depuis trente ans, un Grenadier double en pleine terre, et non contre un mur. Il a passé l'hiver 1870-71 sans aucun abri. Habituellement, on le couvre en partie de feuilles sèches.

Pour les plantes qu'il faut rentrer l'hiver en orangerie, ou

pour celles que l'on ne voudrait pas risquer toutes en pleine
terre, par crainte de froids rigoureux, voici un moyen que
j'ai imaginé et dont je me trouve plus satisfait que de l'emploi de grands pots ou de bacs.

Prendre du grillage de clôture, un peu fin de préférence ;
le couper par morceaux de grandeurs variables. Rejoindre
les deux bouts, les accrocher ensemble. On obtient alors un
cylindre. Replier une des extrémités du tube dont on fait
ainsi le fond. Dans ce récipient tout grillagé, on plante à
volonté Laurier-Rose, Grenadier, *Lagerstrœmia*, etc. Mis
en pleine terre, le végétal émet du chevelu tout autour du
grillage. A l'entrée de l'hiver, enlever l'arbuste dont la motte
est obligée de rester intacte, retenue par le réseau de fil de
fer. J'ai deux Lauriers-Roses ainsi cultivés depuis trois ans.
En hiver, je les place dans mon sous-sol, je mets de la terre
autour de leurs mottes pour éviter le dessèchement du chevelu, et j'arrose souvent et sans crainte, puisque l'eau s'é-
coule de toutes parts. En été, ils sont absolument comme en
pleine terre. Par ce procédé, on n'a plus à craindre les effets
de sécheresse rapide ou de pourriture comme dans les bacs
ou les pots. Essayez, et vous m'en donnerez des nouvelles.

Le grillage galvanisé dure des années en terre ; il coûte
peu cher et pourrait aussi servir pour les provignages de
vigne, en remplacement des paniers qui pourrissent si rapidement.

Pour terminer, je rends compte de l'état des deux Goumis
que j'ai reçus de la Société, il y a six ans. Ils sont beaux,
touffus et se couvrent tous les étés de fruits qui mûrissent,
non en automne, mais en juillet. Le froid ne leur fait rien.

II. EXPOSITIONS ET CONCOURS.

COUP-D'ŒIL

SUR

L'EXPOSITION RUSSE DU CHAMP-DE-MARS

PAR M. E. PION, VÉTÉRINAIRE.

Je viens de visiter l'Exposition russe au Champ-de-Mars ;
elle est assez peuplée d'animaux pour plaire aux amateurs
capables d'établir certaines comparaisons. Quoique le public
des sportsmen commence à s'absenter, et que la villégiature
enlève à Paris bon nombre de ses bourgeois, j'espère qu'elle
méritera le succès que nous lui souhaitons. L'effort déployé
sous des auspices quasi officiels, l'amitié d'un grand peuple
dont l'alliance nous est chère, la curiosité des Parisiens pour
les mœurs, les coutumes et les manières d'être des nations
lointaines contribueront certainement à ce résultat.

Nous avons la chance d'avoir sous les yeux des échantillons pris dans les haras impériaux. Ces Chevaux pour la
plupart sont des trotteurs émérites, et d'une façon générale,
ils sont remarquables, par leur distinction, par leur croupe
droite et bien étoffée, par leurs avant-bras bien musclés, et
par une largeur de poitrail qui, malgré tout, donne la force,
sans exclure la vitesse. Nos anglo-normands rappellent ces
Chevaux en les égalant parfois ; on dirait, à considérer l'avant
de certains d'entre eux, tête, poitrail, poitrine et jambes,
qu'ils sont de fort beaux Percherons de ce côté, avec l'ar-
rière-main du pur-sang. Je donne cette comparaison comme
un à peu près : il est si difficile de décrire les êtres et les
choses. Pendant que le gardien russe à la veste rouge
(tscherkeska), aux bottes peintes, rigides par le haut, molles
par le bas, se promène, nous signalons l'élégance et la beauté
de Vizir, par Velerok et Svarlivaia, du haras de Khzenovoy,
et nous sommes frappés par la robe de Radost, robe fort dif-

ficile à mettre en signalement. Est-elle alezane, louvet ou
alezan pommelé ? Nous admirons en passant la jument Ko-
chanka, par Comique et Formula, dont la croupe et le poitrail sont tout simplement merveilleux, et ce Koldoun de
Nowo-Alexandrowsk, étalon alezan à quatre balzanes haut
chaussées, mais portant au membre postérieur droit, entre
la couleur blonde et la couleur blanche, une tache noire violente, comme si la nature avait imprimé là son caprice avec
du charbon.

Nous pourrions attirer l'attention sur d'autres individus
de l'espèce, mais pour éviter une aride nomenclature, disons
seulement que ces animaux ont entre eux un air de famille,
et qu'à peu de chose près, ils ont, grâce à l'habileté du croisement, conservé les formes utiles sur qui les éleveurs
avaient fixé leur préférence. Les Russes nous montrent en
cela qu'ils savent faire de la zootechnie, et qu'ils connaissent
l'art de marier les éléments charnels.

Mais nous voici devant ces fameux trotteurs Orloff dont on
parle si souvent. Je voudrais bien savoir quelle cuisine savante a produit ces types-là qui, d'après la légende, auraient
du russe, du hollandais et de l'anglais sous la peau. M Dimi-
trief, certes, a su les bien choisir, afin d'éviter les dissem-
blances ; et il a dû laisser là-bas ceux qu'un coup d'atavisme
aurait ramenés trop brutalement à l'une des sources originelles. Il est dangereux de jouer avec tant de sangs différents qui pourraient tout à coup produire des organismes
décousus. Pour beaucoup d'amateurs, ces Orloffs seraient
simplement des Chevaux orientaux nourris, étoffés, grandis
par un régime spécial, plus abondant que celui des pays
d'Asie.

Ajoutez à cela la recherche spéciale du trot poussé à sa
dernière vitesse, et vous comprendrez comment le résultat
a été acquis. Je citerai pour mémoire le lot de juments
mères qui fournissent le lait destiné à produire le Koumiss,
fermentation due à un certain microbe dont l'acclimatation
en France pourrait altérer les qualités natives. Je n'oublierai
pas non plus les quatre ambleurs de M. Schoubine Pasdeieff,
Chevaux de selle qui balancent leur cavalier alternativement
à droite et à gauche, et qui rasent le tapis, aux dépens de
l'équilibre. Beaucoup de nos bretons anciennement avaient
cette qualité fort recherchée des dames. A noter les robes

pie des Chevaux baschkirs, dont deux sont à trois couleurs, blanche, noire et marron.

Inutile de dire que toutes ces bêtes sont en parfait état et soignées comme si elles appartenaient toutes à des princes. Or, le plus beau lot, le plus vite, le plus digne d'être admiré, est certainement celui que le grand-duc Dmitri Constantinowitch a bien voulu nous envoyer.

A louanger sans réserve un étalon hors de pair, Bereguis (?) (les noms ne sont pas encore écrits sur la pancarte classique). Il a de la longueur, des épaules couchées, une ample poitrine. Sa robe est gris de fer, avec quatre balzanes dont deux haut chaussées en diagonale, un peu ladre entre les naseaux. Les détails de sa vitesse et de ses succès empliraient les gazettes. Non loin se trouve une jument baie, suitée de sa charmante pouliche, à balzane postérieure gauche, liste en tête, buvant dans son blanc. C'est un régal pour les yeux. Plus loin encore, distinguons un poulain de deux ans, noir jayet ou jais avec trois balzanes dont deux herminées dentées au bipède latéral droit. Nom probable : Memoliotny. Il serait difficile de trouver le moindre défaut, ni la moindre tare chez ces trotteurs qui me semblent approcher de la perfection même.

Les Chevaux d'élite dont je viens de parler doivent être examinés depuis les talons jusqu'à la crinière. Un de leurs palefreniers a eu la bonté de me lever plusieurs pieds. O stupéfaction ! L'instrument barbare appelé le boutoir, trop employé chez nous, n'y a pas touché. Respect des barres, respect sacré de la fourchette. Donc, tous nos compliments à ces excellents maréchaux de là-bas qui se contentent de forger des fers à trois crampons, contre la glace et le verglas, et ne détruisent pas, comme on le fait en France, la largeur, l'épaisseur utiles et l'élasticité du sabot. Chose bonne à relater. Par erreur, certains de ces Chevaux avaient été ferrés et parés à la française. Or, l'argument est sans réplique : ils boitaient, les infortunés !

Dans les campements des Djiguites, sous un hangar, sont alignés une soixantaine de Chevaux cosaques, pareils à des corses ou à des camarguais grossis ; leurs robes sont variées ; leur homogénéité n'est pas très grande ; beaucoup de têtes droites, parmi quelques chanfreins bombés. Une queue somptueuse les termine. Il y a de la finesse et de la netteté dans les attaches. Quelle chance pour eux, mais quelle déveine pour leur vétérinaire ! ils n'ont pas de ferrure. Ils sont marqués au feu sur les cuisses, tantôt à droite, tantôt à gauche, de ronds superposés ou accolés avec quelques boucles plus minces. Au repos, tous ces coursiers ne bougent guère; ils semblent placides et presque indifférents.

Mais les voilà en action ! Ouvrez les yeux et suivez la mobilité de ces montures; ces Chevaux, il y a un instant si tranquilles à l'écurie, semblent des Oiseaux qui s'envolent, montrant dans leur changeante silhouette des modifications de formes tout à fait étranges ; on croirait que le contact du cavalier a soufflé dans ces muscles et dans ces poitrines une âme héroïque.

Ils sont partis et déjà revenus. Décidément, cette colossale galerie était vouée à toutes les machines, même aux machines animées. On dirait les cavaliers intimement liés à leur monture et faisant corps avec elle, tout en multipliant autour d'elle d'invraisemblables mouvements. C'est de la haute école désordonnée, prétendrait un Baucher ou un Filis. A la façon dont les selles sont rembourrées de quatre coussins, auprès des nôtres qui sont plates, nues et découvertes, à la hauteur des pommeaux et des troussequins, à la manière dont les étriers, pleins et ronds, sont placés, on sent que le Cosaque est plutôt grimpé qu'assis, et que son savoir faire ou son brio tient plus à l'acrobatie qu'à l'équitation vraie. Les Arabes en usent ainsi. A de tels Chevaux sans doute, il fallait de tels cavaliers.

Par moments, on se figurerait assister à une représentation de cirque aux exercices fantaisistes. Tantôt ils paraissent, par une brusque volte-face de leurs corps, quitter leur Cheval, en se retournant du côté de sa croupe; tantôt ils disparaissent couchés le long de ses flancs et de ses côtes, comme s'ils galopaient de conserve avec lui ; tantôt ils se couchent, ainsi que leur Cheval, tantôt leurs mains armées, soit de la lance, soit du fusil, ne s'occupent pas du bridon, ni du mors, de sorte que le combat se livre pour eux, comme s'ils guerroyaient à terre. L'amateur qui, par un beau caprice, sèmerait la piste d'une centaine de louis, les verrait ramassés aussitôt par ces chasseurs vertigineux, pleins du mépris des lois de l'équilibre. Ajoutez à cela les finesses ou les sauvageries des visages, selon les pays, l'attrait des costumes rouges

ou bruns, les plis flottants de leur tunique traversée par les
étuis de la cartouchière; les ceintures de cuir où pend le
traditionnel poignard (kinjal), la tige rigide des lances et des
fusils, faisant des angles variés avec toutes choses : en faut-il
davantage pour intéresser, pour captiver même et pour
éveiller des sensations nouvelles ?

Les attelages ne seront pas sans nous arrêter quelques
instants, traîneaux, troïkas, voitures de tous noms et de
toute espèce — on comprend que ce pays le plus souvent
neigeux ait des modes de locomotion tout à fait spéciaux.
Le luxe des harnais et du reste rappelle l'Orient par les effets de couleur et les bruits de grelots, les cuivres et les
houpettes rouges. Chose curieuse! Chiens, Rennes, Chevaux, procèdent par emballement, courent à la diable, sans
discipline, avec des allures de casse-cou. Quand il s'agit de
voyager, tout le monde s'emporte en ce vaste pays, non encore sillonné de nombreux chemins de fer. Partout l'équitation est une mode et une nécessité, comme chez nous au
moyen âge. Les frimas recouvrant ces vastes étendues permettent en tous lieux de tracer des chemins temporaires sur
lesquels glissent des véhicules spéciaux avec des brancards et
des flèches appropriées. Aussi selon les régions — il y a loin
de Tiflis à Arkangel — on se sert des animaux capables de
produire de la force. Comme rareté, signalons les Chiens de
Laponie (Laïtka d'attelage semblables à nos Loulous avec leur
air fûté et leur museau de Renard charbonnier), on les attele
à la file indienne, autant qu'il est nécessaire pour produire
une force suffisante. O Société protectrice des animaux, tu
ne peux pas verbaliser en Laponie, heureusement! Mais que
diras-tu en voyant ces quatre Béliers de combat dont un, en
cossant, a tué déjà plusieurs rivaux — on vous le désignera
— et dont la forme est à peu près celle du Bélier barbarin ;
ils en ont la queue large et grasse. Vous en verrez un qui,
par un juste retour des choses d'ici-bas, à la suite d'un coup
de corne de Buffle, a une tumeur effroyable développée dans
son train postérieur.

Je ne vous apprendrai pas avec quel amour doivent chasser les Moscovites dans leurs forêts et dans leurs solitudes
giboyeuses. L'auxiliaire indispensable est le Chien, comme on
pense, et vous pourrez admirer ces types de superbes Lévriers à poils longs ; un surtout, blanc, aux mèches élé-

gantes, mis dans une cage à part, et qui mérite la place
d'honneur. Il s'appelle Kane. Un étonnement, si quelque
chose vous étonne encore, c'est·le Chien pour la chasse de
l'Ours, entre le Dogue et le Mâtin, appartenant au grand-duc
Nicolas ; c'est un Medilianskaja, trapu, agressif, méchant,
doué de formidables avant-bras. Avec quelques gaillards
pareils acharnés à le coiffer, un Ours doit trouver la partie
mauvaise, évidemment.

La chasse menée avec ces rudes limiers est des plus tra-
giques qu'on puisse rêver. Il paraît que deux valets de Chien
sont obligés, quand il quête la trace encore chaude de
l'Ours, de tenir l'animal au moyen d'une barre de fer, en
qui l'anneau de son collier est passé. Il y faut des précautions et de la force ; car cette sorte de molosse à défaut de
gibier dévorerait bien le valet chargé de le conduire.

N'oublions pas non plus les Chiens courants du général
Dourassof, ni les Chiens de Sibérie à pattes courtes et fortes
(Laika) un peu semblables à des Loups de petite taille, et bien
conformés pour leur destination.

III. EXTRAITS DES PROCÈS-VERBAUX DES SÉANCES DE LA SOCIÉTÉ.

SÉANCE GÉNÉRALE DU 17 MAI 1895.

PRÉSIDENCE DE M. LE PROFESSEUR L. VAILLANT, VICE-PRÉSIDENT.

En ouvrant la séance, M. le Président annonce à l'Assemblée le deuil qui vient de frapper M. A. Geoffroy Saint-Hilaire; il dit combien la Société d'Acclimatation a été touchée par la mort de Mme Geoffroy Saint-Hilaire, et il se fait l'interprète de l'Assemblée en adressant à M. A. Geoffroy Saint-Hilaire un témoignage de respectueuse sympathie.

— Le procès-verbal de la précédente séance est lu et adopté.

— M. le Président proclame les noms des membres récemment admis par le Conseil :

MM.	PRÉSENTATEURS.
FOURNIER (Victor D.), horticulteur, Apartado, 444, à Mexico (Mexique).	Jules Grisard. Baron J. de Guerne. Raveret-Wattel.
JEUNET, pisciculteur, 30, quai du Louvre, à Paris.	Raphaël Blanchard. Baron J. de Guerne. Remy Saint-Loup.

— M. le Secrétaire procède au dépouillement de la correspondance.

— M. Raveret-Wattel s'excuse de ne pouvoir assister à la séance.

— M. Bagnol, de Battaria, remercie des graines qui lui ont été adressées, et qui, toutes, ont germé ; il demande des renseignements sur une race de Poules à cou nu ; il signale ensuite la présence, au milieu d'un bois de cinq à six mille Oliviers, bois situé dans le domaine de l'Enfida à Sidi-Messaoud, d'un Olivier à fruits blancs. Enfin, il donne obligeamment une liste de personnes que leurs travaux et leur situation pourraient amener à faire partie de la Société d'Acclimatation et qui l'aideraient à atteindre le but qu'elle poursuit.

M. le Président remercie M. Bagnol de l'intérêt qu'il porte à la Société, et il engage vivement tous les sociétaires à imiter cet exemple.

— M. le Ministre du Commerce, en réponse au vœu émis
par la Société en faveur de la création de fermes à Autruches
en Algérie, annonce qu'il a appelé à ce sujet l'attention de
M. le Ministre de la Guerre qui dispose des terrains favorables à l'élevage de l'Autruche.

— M. Raidelet, de Lyon, demande une subvention pour
l'aider à faire des essais sur la valeur nutritive du foin de
Ramie ensilé, et il adresse en même temps une brochure intitulée : *Une révolution dans la culture de la Ramie.*

— M. P. A. Pichot, secrétaire pour l'étranger, communique divers faits intéressants relatifs au *Grand Pingouin*
dont un exemplaire vient d'être vendu, en Angleterre, 9,500
francs, un œuf du même Oiseau atteint le prix de 4,500 fr. —
M. de Guerne se rappelle avoir vu quatre de ces œufs chez
M. le baron d'Hamonville.

— M. Decaux fait une communication sur l'*Helophorus
rugosus*, Oliv., Insecte dont la larve ronge les Navets ; il
signale aussi les dégâts causés aux Fraises par l'*Harpalus
ruficornis* (voir *Revue*).

A ce propos, M. le professeur Laboulbène dit qu'un Insecte
producteur de galles ne fait généralement pas de galeries,
c'est pourquoi les *Harpalus* pourraient peut-être manger
autre chose que la Fraise elle-même, de petites Limaces par
exemple.

— M. P. A. Pichot fait une communication très intéressante
sur *Un parc à gibier aux États-Unis* (voir *Revue*, p. 473).

— M. J. de Claybrooke fait une communication sur les
Céphalopodes utiles et montre des engins fort ingénieux
utilisés pour la pêche de ces animaux (voir *Revue*).

— M. le Secrétaire dépose sur le Bureau un certain
nombre d'ouvrages et de brochures (voir *Bibliographie*) ;
il est heureux d'offrir à la Société un exemplaire du livre
qu'il a publié en 1892 sur les *Pigeons voyageurs.* Au nom de
MM. Fabre-Domergue et A. Pettit, M. de Guerne, offre à la
Société un volume intitulé *Éléments de pathologie cellulaire
générale.* C'est la traduction de leçons faites à l'Université de
Varsovie par le professeur Lukjanow. Cet ouvrage semblerait
tout d'abord étranger aux études de la Société d'Acclimatation, mais il est bon de remarquer combien la connaissance
exacte de la pathologie cellulaire est importante au point de

vue de tout ce qui concerne les organismes microscopiques, soit que l'on ait à lutter contre eux, soit qu'on les utilise comme auxiliaires.

— M. le Président, avant de lever la séance qui est la dernière de la session, adresse ses remerciements aux auditeurs et leur donne rendez-vous pour l'automne prochain en leur recommandant d'apporter à la Société des communications inédites sans oublier d'y présenter le plus de membres nouveaux qu'il sera possible.

Le Secrétaire des séances,
Eug. CAUSTIER.

1ʳᵉ SECTION (MAMMIFÈRES).

SÉANCE DU 18 MARS 1895.

PRÉSIDENCE DE M. DECROIX, PRÉSIDENT.

Le procès-verbal de la séance précédente est lu et adopté.

M. le comte d'Esterno fait ressortir l'intérêt que présentent les expériences personnelles faites par M. Decroix avec des viandes d'animaux atteints de maladies telles que la rage, la morve, etc...

M. Decroix dit qu'il est très difficile de se procurer ces viandes réputées insalubres, à cause des craintes ressenties par les propriétaires des animaux après avoir lu que la rage se serait communiquée par l'ingestion de viande provenant de bêtes malades.

Un échange de vues a lieu au sujet des effets des venins et des virus, notamment en ce qui concerne les Serpents venimeux et les animaux atteints de la rage. Venins et virus rabique, d'après les nombreux cas rapportés, sont sans effet sur les muqueuses; ils ne se transmettent et n'agissent activement que lorsqu'ils pénètrent dans la circulation.

Diverses observations sont échangées au sujet de la communication *Sur les animaux domestiques de l'Islande*, adressée à la Société par M. Gaston Buchet, dans la séance générale du 15 février.

M. Jules de Guerne annonce, à ce propos, qu'il a reçu de M. le Dʳ Labonne des photographies de Poneys d'Islande, qui lui ont paru intéressantes et qui seront présentées à la prochaine séance de la Section.

M. Mailles fait observer que le régime alimentaire des Ruminants et des Solipèdes est moins exclusivement herbivore dans les régions froides que dans les régions tempérées de l'Europe. Les Bœufs et les Chevaux, surtout, y deviennent un peu ichtyophages.

M. Magaud d'Aubusson signale un fait qui prouve que l'influence climatérique n'est pas absolue pour ce changement de régime. Il a vu, en Égypte, des Bœufs d'Europe et de race Dongola manger volontiers des Poissons. Au contraire, les Buffles, qui vivent.pourtant dans les endroits marécageux, refusent cette nourriture.

MM. Decroix, d'Esterno, Jonquoy et Mailles parlent de l'emploi des brindilles de bois vert, pour la nourriture du bétail en cas de pénurie de fourrage. M. le comte d'Esterno a vu cette alimentation donnée et bien acceptée par les animaux, dans le Morvan, en 1893; il faut briser, à la machine, les ramilles, en morceaux médiocrement fins.

M. Mailles exprime de nouveau le regret de voir que plusieurs espèces sauvages vont s'éteignant, ou plutôt, sont *éteintes* déjà les unes après les autres, surtout depuis très peu d'années, avec une rapidité déconcertante. Il désirerait que la *Revue des Sciences naturelles appliquées* donnât des renseignements sur l'état actuel des troupeaux d'Aurochs surtout en Lithuanie, et sur les Bœufs à peu près sauvages qui subsistent dans quelques parcs du Royaume-Uni.

M. le Secrétaire général croit qu'il sera possible de satisfaire ces *desiderata*.

A cette occasion, M. de Guerne dit quelques mots d'une race de Bœufs fossiles, de très grande taille, trouvée par M. Filhol, professeur d'Anatomie comparée au Muséum, dans une grotte des Pyrénées, et qui semble appartenir à une espèce voisine du *Bos primigenius*.

Parlant de l'expédition de Madagascar, M. Decroix dit que cette guerre, préparée de longue main, se présente dans des conditions meilleures que la plupart des expéditions similaires. Il pense que les Chevaux résisteront assez bien dans la grande île africaine. Mais il sera bon de les déferrer, pendant le transport, sur les bâtiments, pour éviter les accidents des pieds.

M. de Guerne n'est pas aussi optimiste, relativement à la résistance des Chevaux à Madagascar. La région centrale de l'île n'est point, à ce qu'il paraîtrait, partout aussi fertile qu'on l'avait pensé. La nourriture de la cavalerie sera peut-être parfois difficile à assurer. Aussi a-t-on proposé l'emploi d'Eléphants dressés, qu'on peut nourrir avec des galettes de Riz. Cette question mérite, d'ailleurs, un examen des plus sérieux.

M. Decaux fait connaître les renseignements qu'il a pu obtenir sur la façon dont le Hérisson attaque la Vipère. Le Mammifère saisit le Reptile par la queue, se roule en boule, et attend, pour se dérouler, que le Serpent soit mort, ou à peu près, des blessures produites par les piquants. Il évite ainsi toute morsure.

Après inoculation, à forte dose, du venin de Vipère à un Hérisson, celui-ci serait mort rapidement. Comme tant d'autres sur lesquelles on a beaucoup écrit ou parlé sans faire d'expériences, cette question est loin d'être élucidée.

Le Secrétaire, CH. MAILLES.

3e SECTION (AQUICULTURE).

SÉANCE DU 13 MAI 1895.

PRÉSIDENCE DE M. EDMOND PERRIER ET DE M. JULES DE GUERNE.

La correspondance comprend un grand nombre de lettres dont plusieurs intéressantes, adressées par les diverses sociétés de pisciculture et de pêche des départements, en réponse à la circulaire qui leur a été envoyée par les soins de la *Société d'Acclimatation*.

A noter les lettres de la Société de Pisciculture de l'Indre et du directeur de l'École d'Agriculture du Paraclet (Somme).

Cet établissement instruit, chaque année, dans les pratiques de la Pisciculture, un certain nombre d'élèves dont la liste sera demandée ; ces jeunes gens peuvent faire en faveur du repeuplement des eaux une très utile propagande, de même que les professeurs départementaux d'agriculture auxquels il sera également écrit.

M. Decaux parle de l'utilisation des tourbières de la Somme par la production du Poisson et demande que des démarches soient faites auprès des pouvoirs publics afin d'empêcher la pollution des eaux par l'industrie.

M. Wuirion dit que la surveillance de la pêche est facile dans beaucoup de localités de la Somme et surtout aux environs d'Amiens, où de grandes cultures maraîchères dites *hortillonnages*, séparées par des canaux, occupent une population nombreuse.

A ce propos, M. de Guerne signale l'importance du commerce du Poisson vivant — Carpes et Anguilles notamment — que Paris fait régulièrement avec les marchands de la Somme. Il signale un travail publié voici quelques jours par M. Brocchi dans le *Bulletin du Ministère de l'Agriculture* et où se trouvent divers renseignements précis sur le rendement des *entailles* ou étangs de la Haute-Somme. Le produit de la pêche annuelle peut y être évalué à deux millions de francs environ.

La Truite arc-en-ciel réussirait, sans doute, dans beaucoup de ces *entailles* où l'eau parait être trop froide pour la reproduction de la Carpe.

Après avoir dit quelques mots sur la catastrophe de Bouzey et rappelé les excellents rapports que la *Société d'Acclimatation* entretenait avec cet établissement de pisciculture aujourd'hui disparu, M. le Secrétaire général présente une série de brochures publiées par M. Jaffé, pisciculteur à Gût Sandfort, près Osnabrück (Allemagne), et qui sont destinées à répandre le goût de la pisciculture en faisant connaître dans le grand public les meilleures méthodes à suivre pour l'élevage et le transport du Poisson.

Au nom de M. Delaval, M. Jules de Guerne fait ensuite une communication sur les Poissons télescopes dont notre collègue est arrivé à multiplier, à Saint-Max-lès-Nancy, toute une série de variétés. Ces Cyprins monstrueux, rouge doré, violets, albinos, ont été dessinés et peints avec beaucoup de soin et d'exactitude par M. Delaval, dont les aquarelles sont fort admirées par l'assemblée.

M. Raveret-Wattel décrit les excellentes dispositions adoptées par M. Cameré, ingénieur en chef de la Seine-Inférieure, pour faciliter la ponte des Cyprinides et notamment des Carpes auxquelles de petits bassins tranquilles sont nécessaires pour frayer.

Une discussion s'engage au sujet du nouveau programme des prix que la commission des récompenses élabore en ce moment. La section émet le vœu qu'un prix soit réservé aux inventeurs des systèmes les plus pratiques pour purifier d'une manière quelconque les eaux polluées par les usines.

Pour le Secrétaire, Jules GRISARD.

4e SECTION (ENTOMOLOGIE).

SÉANCE DU 21 MAI 1895.

PRÉSIDENCE DE M. CLÉMENT, PRÉSIDENT.

Le procès-verbal de la séance précédente est lu et adopté.

M. le Secrétaire présente les trois ouvrages suivants envoyés à la Société :

1º *Les Séricigènes sauvages de Chine*, par M. Fauvel ;

2º *18th Report of the State Entomologist on the noxions and beneficious Insects of the Illinois Station by S. A. Forbes* (Monographie des Insectes nuisibles au Maïs) ;

3º *Remarques sur l'hérédité des caractères acquis chez les Vers à soie*, par G. Coutagne.

M. le baron Jules de Guerne signale, d'après un article de Packard, publié dans *Insect Life*, t. VII, nº 1, l'apparition de *Sarcopsylla gallinacea* WESTW. en Floride. — Il est bon d'attirer l'attention de la Société sur ce fait ; car si cet Insecte, nuisible à nos Oiseaux domestiques et originaire de Ceylan, a pu être importé d'Asie en Amérique et s'y acclimater, il se peut que nous ayons un jour à compter sur sa présence dans les régions chaudes de l'Europe et surtout dans nos colonies africaines.

M. le Président procède ensuite à la lecture de l'ancien programme des prix proposés pour la section des Insectes, et discute avec les membres présents les modifications qu'il y aurait lieu d'introduire dans ce programme.

Le Secrétaire, Paul MARCHAL.

IV. EXTRAITS DE LA CORRESPONDANCE.

CHASSEURS ET BRACONNIERS (1).

Je tiens, au bout de ma plume, un sujet scabreux, et la réunion seule des deux termes de mon titre est de nature à soulever des conflits.

Je désire pourtant le traiter sans éveiller la susceptibilité de personne, et j'espère qu'on ne se trompera ni sur mon but, ni sur mon intention.

Certes, loin de-moi l'envie de défendre les braconniers, qui ne sont pas défendables.

En parlant des gueux, Béranger disait :

> « Il faut qu'enfin l'esprit venge
> L'honnête homme qui n'a rien. »

L'esprit de Béranger ne m'a point été dévolu en partage et quand même, je repousserais toute idée de clientèle, bien moins intéressante que la sienne.

Il est encore moins dans mes intentions de blesser l'honorable et respectable corporation des chasseurs — parmi lesquels je compte de bons parents et d'excellents amis.

Mon seul désir est de bien établir la vérité des choses et de rendre à chacun ses responsabilités dans la diminution continue et progressive, dans la prochaine disparition du gibier indigène.

Toutes les fois qu'il est question de la rareté qui se fait dans le gibier, j'entends toujours répéter : c'est la faute des braconniers.

Qui n'entend qu'une cloche n'entend qu'un son, dit un vieux proverbe. Il est applicable dans la circonstance.

Certainement, les braconniers sont coupables, très coupables même, mais, ils ont bon dos et on les charge vraiment trop.

Il est très commode d'avoir ainsi un bouc émissaire pour le charger de tous les péchés tandis que les autres se trouvent indemnes et sont proclamés innocents.

Or, la catégorie de gens que je me permettrai d'appeler les *chasseurs insatiables* ont leur bonne part de responsabilité dans la destruction du gibier.

D'abord, qu'entend-on par braconnier ?

Est-ce celui qui chasse sans permis et qui tend des collets ?

Cette race a à peu près disparu en province où il est bien rare désormais qu'on se hasarde, en plaine ou au bois, avec un fusil à la main et sans permis. Les colleteurs, qui ne feraient pas leurs affaires et risqueraient gros, diminuent aussi avec le gibier.

(1) Note lue dans la séance générale du 5 avril 1895.

Juillet 1895.   36

Je ne parle pas, bien entendu, des environs de Paris où il y a des
gens se postant à l'affût, tendant des collets et faisant, au besoin, le
coup de fusil avec les gardes. Ces braconniers là sont des malfaiteurs
et des criminels des plus dangereux. Mais ils opèrent dans des chasses
gardées, bien peuplées, où l'enjeu vaut qu'on risque la partie. A ce
gibier de potence, il faut pour naître et prospérer, le fumier de la capitale et, je le répète, nous ne le connaissons pas en province.

Désignerait-on, alors, sous le nom de braconnier, celui qui vend
son gibier ?

Mais, à ce compte, je connais bien des chasseurs qui ressemblent à
des braconniers. Comment, sans cela, utiliseraient-ils tout le gibier
qu'ils détruisent sans besoin.

Ici. encore, je ne fais pas allusion aux chasses de Paris ou des environs. Là, c'est un régime particulier ; on met du gibier, on le nourrit ; on applique aux animaux une sorte de culture intensive et, après
chaque battue, on vend une partie du gibier porté au tableau pour
couvrir les frais de location et autres.

Il serait, du reste, bien injuste de faire un crime à un honnête père
de famille et de lui attacher une épithète outrageante, parce qu'il
mange du lard tandis que, tuant quelques Lièvres, il préfère les
vendre pour améliorer le sort de sa femme et de ses enfants.

Vous allez voir qu'en cherchant une bonne définition de ce qu'on
entend par braconnier, nous aurons peine à la trouver.

C'est ainsi que trop souvent on se paie de mots sans en bien comprendre l'exacte signification.

Nous tombons alors dans la conception vague d'un être en quelque
sorte impersonnel. Quelque chose comme tout le monde, chacun et
personne.

Admettons cependant que le vieux braconnier, tel qu'on le comprenait autrefois, ait encore des descendants. Pour moi, c'est tout simplement l'homme chassant sans permis et sans esprit de conservation ;
croit-on qu'il puisse être bien destructeur ?

Sans Chien ou avec un mauvais Chien, toujours escorté par l'inquiétude ou la crainte, fuyant au moindre bruit ; il est bien plus préoccupé des gardes et des gendarmes que du gibier qu'il ne peut que difficilement atteindre avec le fusil défectueux dont il dispose. Ils ne
sont pas très nombreux, les Lièvres que, dans nos départements de
l'est, on peut mettre à mort avec de tels moyens. Quant au gibier à
plume, les braconniers le chassent rarement.

Si nous mettons en parallèle le *chasseur insatiable*, nous constatons
qu'il dispose d'autres ressources et est autrement dangereux.

Sécurité absolue, quiétude parfaite, bons Chiens, piqueurs, rabat-
teurs, armes perfectionnées, ils ont entre les mains tous les moyens
de destruction et ils en usent largement.

Je connais de ces *chasseurs insatiables* qui abattent cent Perdreaux le premier jour de la chasse, cent le lendemain et ainsi de suite, tant que cela peut durer. Le combat ne finit que faute de combattants. Les mêmes tueront sept Lièvres dans une matinée, huit, dix, s'ils le peuvent et, après avoir porté bas trois Chevreuils, ils chercheront s'ils ne pourraient pas en débusquer un quatrième.

C'est à ceux-là qu'il faut surtout attribuer la destruction du gibier. Ils le tuent plus légalement, mais non plus discrètement que les antiques braconniers.

Du reste, les Cailles et les Alouettes ne voient pas leur nombre s'éclaircir d'une façon moins rapide et moins inquiétante que les Perdrix et les autres Oiseaux. Cependant les braconniers ne s'attaquent guère à si petite proie.

Les premières sont capturées en grand nombre, sur les côtes, à l'arrivée et au départ. J'ai voyagé avec un convoi de quatre mille de ces intéressants Oiseaux, de Modane à Chalindrey. On fait des Alouettes de monstrueuses hécatombes, ici au miroir, là au filet.

Parmi les causes, sinon les moins puissantes, de la destruction du gibier, il faut aussi citer les arrêtés intempestifs d'ouverture et de fermeture de la chasse, surtout les exceptions, ouvrant toute large la porte aux abus et autorisant après la fermeture, la chasse des Bécasses, des Grives et des Pigeons ramiers.

Les Bécasses, sous prétexte que ce sont des Oiseaux de passage, qu'elles ne sont guère, les Grives et les Ramiers parce qu'ils sont regardés comme Oiseaux nuisibles qu'ils ne sont pas du tout.

Enfin, pour n'accuser personne, nous citerons comme la cause la plus terrible de mortalité pour les animaux sauvages, la neige, la terrible neige qui tue les Oiseaux par le froid, par la faim et par les Rapaces surtout, dont la voracité est aiguisée par les privations.

Pendant le mois de janvier que nous venons de traverser, les Perdrix, chassées des hauts plateaux par la neige, sont descendues dans les vallées, dans les prés, sur les sources, là où la terre est un peu découverte. C'est alors qu'on voit ces pauvres bêtes faire le gros dos et se laisser facilement approcher, affaiblies qu'elles sont par le froid et la privation de nourriture.

J'ai eu ainsi connaissance de trois groupes. L'un de quatre Perdrix, l'autre de huit et le troisième de dix. Chaque jour, en les recomptant, je me suis aperçu qu'il en manquait une de temps en temps. La compagnie de quatre a disparu assez rapidement, celle de huit reste à cinq et les dix sont réduites à neuf.

C'est la part des Oiseaux de proie qui disparaît ainsi. Ceux-ci, chaque jour, viennent assurer leur vie en enlevant une Perdrix, comme chaque jour on abat un Bœuf du troupeau qui suit une armée en campagne.

Dans la commune que j'habite, on ne tire pas un coup de fusil en temps de neige, mais je sais d'autres parages où des chasseurs, *avec permis*, ne craignent pas de profiter de la détresse de ces pauvres Oiseaux pour les détruire, en les tirant, sous les yeux de la municipalité impassible. De cette façon, la fin arrivera encore plus vite, hélas ! Et il est question de plus large décentralisation administrative.

Flagey (Haute-Marne).   DE CONFEVRON.

✕

Lettre de M. le Gouverneur général de l'Algérie à M. le Secrétaire général de la Société nationale d'Acclimatation de France.

Alger, le 29 mai 1895.

Monsieur,

Vous m'avez fait part du désir de la Société nationale d'Acclimatation de s'associer aux efforts tentés par l'administration algérienne en vue de doter la colonie des espèces animales ou végétales qui lui manquent.

Vous m'avez offert de mettre à la disposition du Gouvernement général, une certaine quantité de semences d'*Acacia pycnantha* ainsi que des graines de *Salt bushes* dont l'acclimatation vous paraît devoir présenter un réel intérêt pour la colonie.

J'ai l'honneur de remercier votre Société de la marque d'intérêt qu'elle témoigne à l'Algérie et de l'offre qu'elle veut bien faire de graines de plantes exotiques. Il y a encore beaucoup à faire en Algérie pour améliorer les végétaux alimentaires qui s'y trouvent déjà, pour en augmenter le nombre et pour doter ce pays de plantes industrielles dont la culture puisse assurer à l'agriculture une rémunération suffisante.

Pour ce qui est des *Acacia pycnantha* et autres variétés de la même essence australienne, ainsi que des *Salts bushes* dont il est question dans votre lettre du 19 mars dernier, la colonie algérienne en possède un grand nombre qu'elle doit à l'obligeance de M. le baron von Mueller, botaniste du Gouvernement australien à Melbourne. Mais la question de la propagation des Salsolacées en Algérie n'en conserve pas moins une grande importance au point de vue de l'alimentation des troupeaux aux époques de sécheresses persistantes.

Conformément au désir que vous m'avez exprimé de posséder les publications faites par le Gouvernement général, je suis heureux de vous informer qu'il vous sera adressé par envoi spécial les ouvrages et brochures ci-après : *Le pays du Mouton, — Les Chevaux du nord de l'Afrique, — Le Cèdre, — Le Chêne-Liège, — l'Alfa, — La Chayote, — Le Noyer pacanier, — Essais sur les Betteraves fourragères, — La Richelle blanche hâtive, — Le Sumac des corroyeurs, — Rapports sur les études de botanique agricole en 1893 et en 1894* (1).

Recevez, etc.

_____

(1) On trouvera les titres complets de ces ouvrages avec le nom des auteurs au Bulletin bibliographique.

V. BULLETIN BIBLIOGRAPHIQUE

Liste des principaux ouvrages français et étrangers traitant des Animaux de basse-cour (1).

2° OUVRAGES ALLEMANDS (suite).

Routilliet (Frz.). Anleitung zur rationellen und gewinnbringenden Hühnerzucht. Praktische Rathschläge für die Anzucht, Aufzucht und Mästung. etc. 2. Aufl., Leipzig, Hugo Voigt, 1888. 80 Pfg.

> *Routilliet (Franç.)*. Guide pour l'élevage rationnel et de rapport des Poules. Conseils pratiques pour l'acclimatation, l'élevage, l'engraissement, etc. 2° édit. Leipzig, Hugo Voigt, 1888. 80 Pfg.

Rüdiger (Ed.). Zur Seelenkunde der Hausente in Zoolog. Garten. 31. Jahrgang, p. 348-349.

> *Rüdiger (Ed.)*. De la psychologie du Canard domestique dans le Journal du Jardin zoolog. 31° année, p. 348-349.

Russ (Karl). Das Haushuhn als Nutzgeflügel für die Stadt- und Landwirthschaft. Magdeburg, Creutz, 1884. M. 2.

> *Russ (Karl)*. La Poule domestique comme volaille de rapport à la ville et à la campagne. Magdebourg, Creutz, 1884. M. 2.

Russ (Karl). Die Brieftaube. Ein Hand- und Lehrbuch. Magdeburg, Creuts'sche Verlagsbuchhandlung, 1877. M. 5.

> *Russ (Karl)*. Le Pigeon-Voyageur. Traité et Manuel. Magdebourg, librairie Creutz, 1877. M. 5.

Sabbach (M.). Die Brieftaube, schneller als der Blitz, flüchtiger als die Wolke. Aus dem Arabischen. Nebst einem Anhange : Beiträge zur Geschichte der Taubenpost, von C. Löper. Strassburg, 1879.

> *Sabbach (M.)*. Le Pigeon-Voyageur, plus rapide que l'éclair, plus fugitif que les nuages. De l'Arabe. Avec un appendice : Supplément à i'histoire de la poste des Pigeons, de C. Löper. Strasbourg, 1879.

Sabel (E.). Züchtungslehre in Handbibliothek für Geflügelzucht und Sport. 1. Theil. Dresden, Meinhold u. Söhne, 1882. 80 Pf.

> *Sabel (E.)*. Instruction pour l'élevage, dans un petit choix de livres pour l'élevage et le sport de la volaille, 1re partie. Dresde, Meinhold et fils, 1882. 80 Pfg.

Sabel (E.). Anleitung zur Hühnerzucht und zur Züchtung der Truthühner, Gänse und Enten. 2. Aufl. Trier, Lintz, 1881. M. 1.

(1) Voyez *Revue*, année 1893, p. 564 ; 1894, 2° semestre, p. 560, et plus haut, p. 48, 231, 417 et 464.

Sabel (E.). Guide pour l'élevage des Poules, Dindes, Oies et Canards. 2ᵉ édit. Trèves, Lintz, 1881. M. 1.

Sabel (E.). Die Mittel zu wirksamer und schneller Förderung der Geflügelzucht behufs Vermehrung der Eier und Fleischproduction. Trier, Lintz, 1881. 60 Pfg.

> *Sabel (E.).* Les moyens pour l'avancement efficace et rapide de l'élevage de la volaille au point de vue de la reproduction des œufs et de leur engraissement. Trèves, Lintz, 1881. 60 Pfg.

Sabel (E.). Die Wild- und Hausenten. Naturgeschichtliches und Anweisung zur Züchtung derselben. Kaiserslautern, Kayser, 1886. M. 1,50.

> *Sabel (E.).* Les Canards sauvages et domestiques. Leur histoire naturelle et guide pour leur élevage. Kaiserslautern, Kayser 1886. M. 1,50.

Schomann-Rostock (Paul). Die Brieftaube. Ihre Geschichte, Zucht, Pflege und Dressur, etc. In freier Uebersetzung des Werkes von La Perre de Roo. Rostock, W. Werther, 1883. M. 3,60.

> *Schomann-Rostock (Paul).* Le Pigeon-Voyageur. Son histoire, élevage, soin et dressage, etc. Traduction libre de l'ouvrage de La Perre de Roo. Rostock, W. Werther, 1883. M. 3,60.

Schraudolph (C.), jun. Ausstellungsraum eines Geflügelzüchters. München, Buchholz und Werner, 1880. M. 1.

> *Schraudolph (C.), jeune.* Place d'exposition d'un éleveur de volaille. Munich, Buchholz et Werner, 1880. M. 1.

Schulz (A.-N.). Der Fasanengarten. Praktische Anleitung zur Zucht, Pflege und Jagd der Fasanen. Berlin, Parey, 1872. Mit Illustrationen. M. 2.

> *Schulz (A.-N.).* La faisanderie. Guide pratique pour l'élevage, les soins et la chasse des Faisans. Berlin, Parey, 1872. Avec des illustrations. M. 2.

Schuster (M.-J.). Das Huhn im Dienste der Land- und Volkswirthschaft, sowie des Sports. Ilmenau, Aug. Schröter, 1886. 2. Auflage, 1887. M. 2.

> *Schuster (M.-J.).* La Poule au service de l'économie politique et de l'agriculture, ainsi que du sport. Ilmenau, Aug. Schröter, 1886. 2ᵉ édit. 1887. M. 2.

Schuster (M.-J.). Truthahn, Perlhuhn, Fasan und Pfau als Nutz- und Ziervögel. Ilmenau und Leipzig, Aug Schröter, 1885. 2. Aufl., 1887. M. 1,50.

> *Schuster (M.-J.).* Dindon, Pintade, Faisan et Paon comme Oiseaux d'utilité et d'ornement. Ilmenau et Leipzig, Aug. Schröter, 1885. 2ᵉ édit., 1887. M. 1,50.

(A suivre.)

VI. ÉTABLISSEMENTS PUBLICS ET SOCIÉTÉS SAVANTES.

La Cécidomyie de l'Avoine (*Cecidomyia avenæ*, nov. sp.).

Le Dr Paul Marchal veut bien nous envoyer la note suivante, résumant les communications adressées par lui à l'Académie des Sciences (1) et à la Société entomologique de France (2) :

« Pendant le cours de l'année dernière, les Avoines du Poitou et de certaines parties de la Vendée ont été ravagées par un Diptère nouveau voisin de la Cécidomyie destructive. On sait que cet Insecte n'a jamais, avant l'année dernière, été signalé sur l'Avoine, et que les Blés, les Seigles et l'Orge ont été seuls jusqu'ici en but à ses atteintes. Il y avait donc lieu de se demander si le nouvel ennemi de l'Avoine, signalé par M. Laboulbène à la Société d'Agriculture comme étant *Cecidomyia destructor* (4 juin 1894) et par moi-même à la Société entomologique comme devant être une espèce distincte (13 juillet 1894), était une espèce nouvelle ou une forme de la Cécidomyie destructive adaptée à l'Avoine. Le problème était délicat ; car si les larves différaient d'une façon notable, les adultes offraient entre eux la plus grande analogie. L'expérience pouvait seule trancher la question.

Le 19 mars une caisse fut donc ensemencée presque entièrement en Avoine, et pour une faible partie en Blé. La caisse fut recouverte d'une cage de gaze ; et de nombreux pieds de Blé secs et bourrés de pupes prêtes à éclore furent suspendus dans la cage : des éclosions eurent lieu à profusion du 5 au 29 avril. Les femelles pondirent à la fois sur l'Avoine et sur le Blé ; mais elles montrèrent une très grande préférence pour ce dernier. Les larves sortirent des œufs et elles descendirent le long de la tige, sur l'une comme sur l'autre plante, pour aller se loger sous les gaînes foliaires au niveau des nœuds inférieurs ; mais tandis que sur le Blé, ces larves continuèrent leur développement, sur l'Avoine elles ne dépassèrent pas la taille qu'elles avaient au sortir de l'œuf et se desséchèrent au bout de quelques jours. Le 15 mai, tous les pieds de Blé arrêtés dans leur développement étaient gonflés de pupariums ou de larves de Cécidomyies complètement développées, et certains d'entre eux éclataient sous leur pression, les laissant s'égrener à terre

Les pieds d'Avoine, par contre, étaient complètement indemnes ; aucun ne présentait trace de la Cécidomyie.

L'expérience inverse fut également tentée ; le résultat fut que la Cécidomyie de l'Avoine ne se développa pas sur le Blé et se déve-

(1) Comptes rendus de l'Académie des Sciences (séance du 10 juin 1895).
(2) Soc. entomol. de France (séance du 12 juin 1895).

loppa au contraire sur l'Avoine. Il résulte donc de ce qui précède que la Cécidomyie destructive et la Cécidomyie de l'Avoine forment bien deux especes distinctes.

La Cécidomyie de l'Avoine prend le nom de *Cecidomyia avenæ*. Sa larve présente une spatule sternale hastiforme, tandis que celle de *C. destructor* est bifurquée ; la Mouche adulte est caractérisée par une bande de poils blancs placée de chaque côté de l'abdomen ; il y a en outre d'autres caractères chez la larve ainsi que chez l'adulte sur les·quels il serait trop long d'insister.

Un voyage que j'ai fait au mois de mars dernier dans les régions contaminées, m'a permis de constater que l'aire de répartition de *Cecidomyia avenæ* est indépendante de celle de *Cecidomyia destructor*.

Les éclosions ne se font pas non plus aux mêmes époques, et tandis que les larves de la génération printanière de *C. destructor* se développent au commencement de mai, celles de *C. avenæ* ne se montrent guère avant le commencement de juin.

Les dégâts causés par *C. avenæ* ont été considérables et tout à fait comparables à ceux de *C. destructor* sur le Blé. La forme renflée en bulbe surmonté d'une pointe que prend le jeune pied d'Avoine attaqué est caractéristique. La génération de mai pond sur les Avoines d'hiver déjà hautes ; celle d'automne sur les Avoines qui viennent de lever. Aux environs de Poitiers, la récolte a été diminuée de plus de moitié, et le rendement est tombé de 200 à 94 hectolitres pour 5 hectares. Il est à noter que, dans la même région, la récolte du Blé a été fort belle et que je n'ai pu trouver trace de la Cécidomyie destructive.

La Cécidomyie de l'Avoine est heureusement attaquée par un grand nombre de parasites (Proctotrupiens et Chalcidiens). Ayant recueilli en mars 1895 aux environs de Poitiers des chaumes de la récolte de 1894 restés sur pied pendant l'hiver, et qui renfermaient une énorme quantité de pupariums de Cécidomyies, je n'obtins dans les bocaux où je les renfermai qu'une nuée de parasites qui vinrent à éclosion pendant les mois d'avril et de mai, et qui ont maintenant infesté la seconde génération. Ce fait a son utilité pratique ; elle nous montre, en effet, que si le temps d'éclosion de la Cécidomyie est passé, il pourra être désastreux de brûler les chaumes qui contiennent toute une légion de parasites prêts à combattre et, peut-être, à anéantir la génération suivante. Appliquée en temps opportun, et sur l'indication formelle des entomologistes compétents, cette mesure pourra au contraire avoir une grande efficacité et reste le principal moyen d'action dont nous puissions disposer contre la Cécidomyie. »

VII. NOUVELLES ET FAITS DIVERS.

L'industrie des peaux de Persiane et d'Astrakan à Leipzig. — La Persiane et l'Astrakan sont deux fourrures fort différentes. La première est de beaucoup supérieure à la seconde, en prix, en élégance et en solidité. Elle provient de la toison des Agneaux de Perse. On l'obtient de la manière suivante :

Aussitôt que la bête est née, les éleveurs persans l'entourent d'un drap ou d'une étoffe résistante dont les deux extrémités sont maintenues autour du corps à l'aide d'une couture, la tête et les pattes de l'animal restant libres. Ce procédé a pour but d'empêcher la laine de croître, de la presser, pour ainsi dire, entre l'étoffe et le corps de l'agneau et de lui donner cet aspect couché, aplati et bouclé qui donne plus tard à la fourrure une si grande valeur. La bête est laissée dans cette situation pendant quinze jours, période de temps jugée suffisante pour obtenir le résultat désiré. De temps en temps, on l'arrose d'eau chaude, on lisse le dos et le ventre avec la main. Les deux semaines écoulées, les agneaux sont tués. On en enlève les toisons et on les soumet à l'œil connaisseur des agents que les maisons de Leipzig entretiennent à Téhéran, à Tauris, à Ispahan et ailleurs. Ceux-ci les expédient à Moscou ou à Nijni-Novgorod, où les fourreurs allemands vont les chercher à l'époque des foires.

Quant à l'Astrakan, ce n'est plus une toison d'Agneau, mais bien de Mouton plus ou moins jeune. Il forme un tout beaucoup moins uni, présente au regard une succession de pompons frisés, laissant parfois entre eux de l'intervalle. On le tire de la Perse et aussi des provinces russes d'Astrakan, de la Crimée et de l'Ukraine. C'est également aux foires russes qu'on l'expédie et que les industriels allemands se rendent pour faire leur choix.

Les peaux de Persiane et d'Astrakan, à l'état brut, se vendent par paquets de dix peaux, lesquels valent suivant la qualité de 80 à 200 marks (100 à 250 francs).

Mais tout n'est pas dit. Reste l'opération de la teinture, du lustre et de l'apprêt qui vaut à Leipzig, depuis si longtemps, le monopole de ce commerce spécial. La teinture en noir est une opération des plus délicates. A l'odeur et au toucher, on reconnaît, paraît-il, immédiatement si c'est bien en Saxe qu'il y a été procédé. Pour arriver à se passer de l'intermédiaire de Leipzig, il faudrait donc connaître les méthodes employées et, jusqu'à présent, personne n'en aurait pénétré le secret.

Les industriels de Leipzig font les plus grands efforts pour se tenir à la hauteur de leur réputation et de la vogue dont ils jouissent. C'est ainsi que dernièrement une personne ayant pris un brevet pour un procédé qui améliorait sur quelques points de détail, les méthodes usitées, une des plus importantes maisons de Leipzig n'a pas hésité à s'en rendre maître et a payé à l'inventeur la somme de 100,000 marks (125,000 francs). (*Moniteur officiel du Commerce* du 9 mai 1895.)

Oiseaux et Singes des forêts de Sumatra. — Dans le numéro du 5 mars 1893, p. 237, la *Revue des Sciences naturelles appliquées* signalait les curieuses observations faites à Sumatra par M. J.-L. Weyers sur les Oiseaux et les Singes de cette île. L'auteur ayant publié à ce sujet une note détaillée (1), nous croyons devoir en donner le résumé qu'on va lire.

L'humidité extrême qui règne dans la partie occidentale de Sumatra permet à la végétation d'y atteindre un développement merveilleux. Des forêts vierges couvrent le sol presque partout. Au silence rarement troublé de ces solitudes, on les croirait inhabitées. Toutefois, cette absence de vie n'est qu'apparente et résulte uniquement de la crainte instinctive inspirée par l'homme aux nombreux animaux qu'elles dissimulent. Ces immenses forêts ont d'ailleurs pour caractère la grandeur et la diversité des arbres qui y atteignent souvent des proportions gigantesques. Leurs fruits mûrissent d'ordinaire deux fois par an. Les Singes abondent dans ces forêts. Comme les indigènes ne les chassent jamais, ces Quadrumanes ne redoutent pas l'homme. Ils se laissent assez facilement approcher et il est aisé de les observer dans des conditions favorables. Ils se nourrissent presque exclusivement de fruits. Or, chaque fois que les fruits d'un arbre arrivent à maturité, on peut être sûr de voir apparaître bientôt, et comme à jour fixe, des Singes de diverses espèces. En premier lieu, on n'observe généralement qu'une seule espèce ; le lendemain, d'autres surviennent comme obéissant à un mot d'ordre. Qui peut donc guider les Singes aussi sûrement ? Est-ce la vue ? Est-ce l'odorat ? Ni l'un, ni l'autre. Serait-ce un instinct nouveau, propre à la race simienne, et qui nous est inconnu ? Découragé et désespérant de jamais pénétrer ce mystère, M. Weyers allait renoncer à poursuivre ses observations lorsque, par une heureuse coïncidence, il acquit la certitude que l'ouïe seule guidait les Singes avec cette singulière précision.

On trouve dans les forêts de Sumatra plusieurs variétés de *Bucerotidæ*, grands Oiseaux fort singuliers et assez semblables aux Toucans. Ils sont munis d'un bec énorme. Comme les Singes, leur nourriture consiste en fruits qu'ils font très adroitement tomber dans leur bec, en renversant la tête en arrière. Ces Oiseaux vivent en petites troupes de quatre à huit individus, rarement davantage. Au vol comme au repos, les *Buceros* poussent des cris discordants, qui s'entendent de fort loin. Souvent on les voit se poser sur la cime des arbres, comme pour examiner ceux-ci, puis les quitter et aller se poser sur d'autres. Lorsqu'ils ont enfin découvert un arbre, dont les fruits leur conviennent, ils redoublent leurs cris en les accentuant d'une certaine ma-

---

(1) J.-L. Weyers, *Oiseaux et Singes des forêts de Sumatra*, Revue biologique du Nord de la France, janvier 1895.

nière comme pour témoigner leur satisfaction et avertir de la bonne aubaine leurs compagnons disséminés dans la forêt.

Au premier jour, ces Oiseaux paraissent être d'ordinaire, les seuls convives; mais le lendemain matin, on voit apparaître une petite troupe de Singes : ce sont tantôt des Gibbons, tantôt une ou plusieurs espèces de Semnopithèques. Le jour suivant, d'autres encore arrivent pour prendre part au festin. C'est alors que les *Buceros*, chassés par les Singes, sont généralement obligés de quitter la place. Les Singes les moins hardis ou les plus faibles sont ensuite contraints d'abandonner l'arbre. L'*Inuus nemestrinus*, plus fort et mieux armé, reste ordinairement maître de la place et achève de dévorer les fruits : image frappante de la lutte pour l'existence qui, d'après Darwin, régit tous les êtres de la création.

Il paraît évident que les Singes apprennent par les cris réitérés des *Buceros* que ceux-ci ont découvert un arbre dont les fruits sont arrivés à maturité et que ce sont ces cris poussés sur place, qui dirigent les Quadrumanes du côté où les Oiseaux se régalent. Les Singes, que le hasard a placés le plus près, arrivent naturellement les premiers, les autres surviennent successivement, guidés toujours par les mêmes cris que les *Buceros* continuent à pousser jusqu'au moment où ils se trouvent chassés. N'est-ce point un cas très remarquable d'association ou plutôt de solidarité bien involontaire, sans doute, entre des animaux appartenant à des classes distinctes mais qu'une nourriture semblable rapproche ainsi, forcément et naturellement.

M. Weyers ajoute que les Toucans jouent, sans doute, au Brésil, un rôle analogue à celui des *Buceros* à Sumatra. Il est à souhaiter que les naturalistes voyageurs s'appliquent à résoudre ces intéressantes questions de biologie.

Transport du Poisson de mer vivant par chemin de fer en Allemagne.

— Les tentatives faites, jusqu'à ce jour, pour transporter le Poisson de mer vivant à l'intérieur de l'Allemagne n'avaient pas donné les résultats qu'il était permis d'espérer. Elles viennent d'être reprises à Cologne et paraissent avoir réussi. Le succès ne pouvait être obtenu qu'à la condition de transporter le Poisson dans l'eau de mer sans cesse agitée, d'entretenir dans celle-ci un courant continuel d'oxygène et de la débarrasser par un filtre des déjections des Poissons. On a construit un réservoir répondant à ces diverses exigences.

Le premier essai a été fait, tout récemment, sur un certain nombre de Poissons : Aiglefins, Cabillauds, Soles, Plies, Barbues, Turbots, qui ont été amenés de la côte hollandaise à Cologne. Tous les Poissons sont arrivés vivants et l'on a pu constater qu'ils avaient meilleur goût que les animaux transportés par les procédés habituels.

On s'occupe de construire un wagon muni des appareils nécessaires pour reprendre l'expérience sur une plus vaste échelle.   *Réd.*

Salmonides monstrueux adultes. — M. Jeunet, membre de la Société d'Acclimatation et bien connu des pisciculteurs français

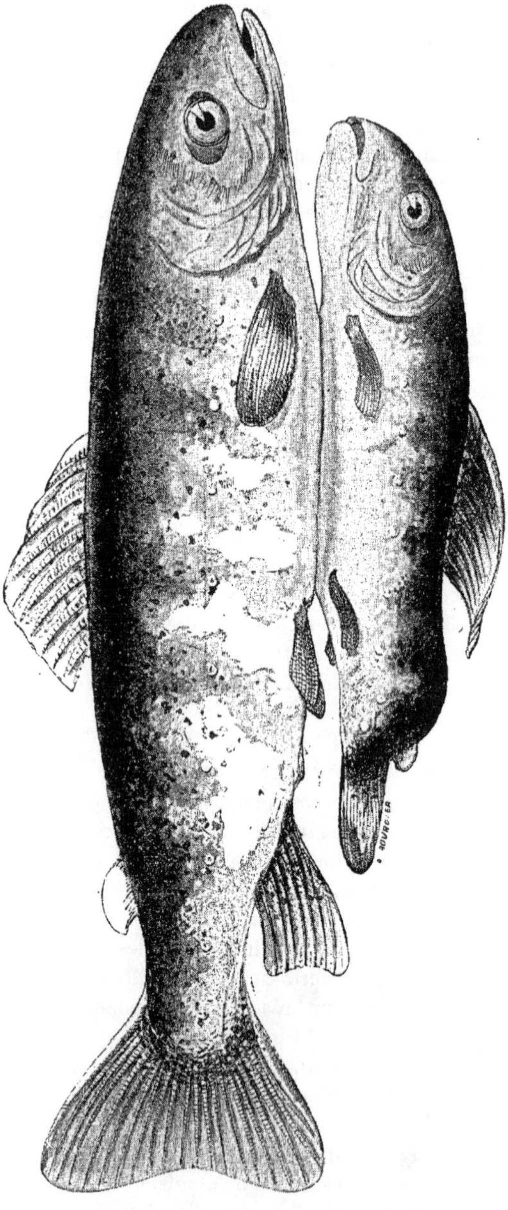

Fig. 4. — *Salmo lacustris*, monstre gastéropage, de grandeur naturelle.

Individu supérieur bien conformé, réuni à l'inférieur sur une longueur de 0m,035 entre les nageoires pectorales et la nageoire anale.

Longueur du corps, de la tête à la naissance de la nageoire caudale........	0m,13
Longueur de la tête.................	0m,03
Largeur du corps.................	0m,030
Longueur d'un individu normal du même âge.................	0m,20 à 0m,25

Individu inférieur plus difforme, moins long que le précédent; sa nageoire dorsale est légèrement atrophiée; ce qui doit tenir à ce que cette raie frotte constamment sur le sol de l'aquarium. Son ... né postérieure est récourbée et se termine presque brusquement par la nageoire caudale.

Longueur du corps, de la tête à la naissance de la nageoire caudale........	0m,085
Longueur de la tête.................	0m,028
Largeur du corps.................	0m,025

pour le soin qu'il apporte à l'élevage des animaux aquatiques, a réussi, non sans peine, à conserver pendant plus d'un an, les singuliers Pois-

sons figurés ci-contre. Nés chez M. Jeunet, le 1er mars 1894, ces Salmonides ont vécu et prospéré, au centre même de Paris, dans un
simple aquarium, grâce à la surveillance attentive dont ils étaient
l'objet.

C'était un curieux spectacle que de voir, comme cela m'est arrivé,

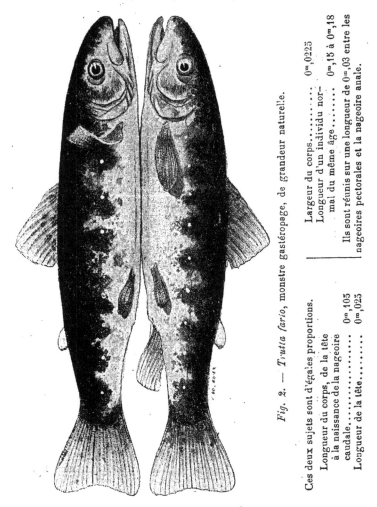

Fig. 2. — *Trutta fario*, monstre gastéropage, de grandeur naturelle.

Ces deux sujets sont d'égales proportions.

Longueur du corps, de la tête à la naissance de la nageoire caudale	0m,105
Longueur de la tête	0m,023
Largeur du corps	0m,0225
Longueur d'un individu normal du même âge	0m,15 à 0m,18

Ils sont réunis sur une longueur de 0m,03 entre les nageoires pectorales et la nageoire anale.

grâce à l'obligeance de notre collègue, les Poissons doubles nageant
avec une grande vivacité et se précipitant sur la nourriture qui leur
était donnée. Pour les Truites surtout, parfaitement symétriques, —
sauf quelques détails des nageoires, on eût dit qu'un Poisson normal
se déplaçait à la surface d'un miroir réfléchissant son image.

Je ne sache pas d'ailleurs, qu'aucune observation ait été faite sur

le point de savoir si l'un ou l'autre des individus se tenait régulièrement le dos en l'air ou si tous deux parfois reposaient sur le flanc.
L'un des Saumons, par contre, avait pris franchement le dessus et
semblait porter comme un vulgaire parasite, le Poisson difforme, très
bien représenté figure 1, et condamné pour toujours par sa faiblesse
même, à une situation inférieure.

Malgré son acolyte, le plus grand des Saumons est, du reste, devenu tellement vigoureux que, maître de l'aquarium, il a grièvement
blessé les Truites, ses compagnes. Celles-ci ont été retirées et mises
dans l'alcool par M. Jeunet. Il est d'ailleurs vraisemblable que ce
Saumon, continuant à se développer, prendra de plus en plus la
prépondérance sur son jumeau, dont l'alimentation deviendra difficile
et qui s'atrophiera peut-être pour disparaître tôt ou tard.

Quoi qu'il en soit, les faits que je viens de rappeler montrent, à
n'en pas douter, que la monstruosité double des Salmonides (dite
gasteropage), et probablement des Poissons en général, n'est pas in-
compatible avec la vie. Les alevins, qui en sont atteints à l'état
naturel, succombent simplement dans la lutte pour l'existence, ne
pouvant échapper à leurs nombreux ennemis et prendre une nourriture suffisante.

On trouvera, dans une note publiée par M. F. Secques, sur les
Poissons dont il s'agit, des documents bibliographiques très complets
sur la question. Les diverses mesures reproduites ci-dessus sont
d'ailleurs empruntées à ce travail (1).

JULES DE GUERNE.

La Rainette et la prédiction du temps, d'après le Dr VON
LENDENFELD (2). — Dans une longue série de recherches, fort judicieusement conduites, M. von Lendenfeld, professeur à l'Université
de Czernowitz, en Bukovine, a résolu de soumettre à la critique de
la méthode expérimentale la fameuse question de l'influence des
conditions météorologiques sur les mouvements d'ascension des
Rainettes.

Une vaste cage vitrée, destinée à renfermer les Batraciens en expérience, reçut une échelle de dix échelons, numérotés de un à dix ;
des points de repère, marqués sur les vitres, permettaient, en outre
d'évaluer rapidement la position des Rainettes, qui ne se trou-

(1) F. Secques, *Deux monstres gastéropages adultes de Salmonides*, Bull. Soc.
zool. de France, vol. XX, p. 119, séance du 14 mai 1895. M. Secques a bien
voulu communiquer à la *Société d'Acclimatation* les clichés exécutés pour sa
notice d'après les dessins de M. Bourdier. L'artiste a travaillé sur nature, en
s'aidant, d'ailleurs, de documents photographiques obtenus par M. Jeunet,
malgré les grandes difficultés qu'on éprouve à saisir dans l'eau, à travers la
paroi d'un aquarium, des êtres aussi mobiles que les jeunes Salmonides.

(2) Note communiquée par M. de Guerne à la 3e section, le 18 février 1895.
Le travail original intitulé : *Laubfrosch und Wetter*, a paru dans « Zoologischer
Anzeiger », nos 436 et 460.

vaient pas sur les échelons. Le nombre d'animaux en observation
était de dix, chaque lecture de ce *Baromètre à Rainettes*, suivant l'expression même de l'auteur, se faisait de la manière suivante : en multipliant le numéro d'ordre de chaque échelon par le nombre de
Batraciens, qui étaient posés sur celui-ci, et en additionnant ces produits partiels, on obtenait finalement la hauteur du *Baromètre à Rainettes*; les indications recueillies variaient donc de 0 à (10×10) 100.

Dans une nouvelle série d'expériences, M. von Lendenfeld a
quelque peu modifié son premier dispositif : il s'est servi d'une vaste
cage en toile métallique, de 1 mètre de large et de long sur 2 mètres
de hauteur ; le nombre des échelons, dans ce cas, était de vingt.

On prenait soin, d'ailleurs de donner aux Rainettes une abondante
ration de viande finement hachée et collée avec du sirop sur un cordon
pendant librement dans la cage.

Les observations étaient faites neuf fois par jour, à deux heures
d'intervalle, entre six heures du matin et dix heures du soir, soit par
le professeur lui-même, soit par son garçon de laboratoire.

M. von Lendenfeld a étudé successivement en comparant les
courbes de position des Rainettes et celles des instruments qui convenaient à chaque cas particulier, l'influence des différentes conditions météorologiques.

1° PRESSION ATMOSPHÉRIQUE. — Sur 48 jours, les courbes ont
concordé 26 fois ; elles ont fourni des indications contraires 22 fois.
Pour les deux jours pendant lesquels a été observée la plus basse
pression barométrique ($736^{mm},5$), la courbe des Batraciens a été une
fois haute et une fois basse. Par contre, pendant les trois jours de
forte pression, cette même valeur a été deux fois élevée et une fois
faible.

2° ÉTAT HYGROMÉTRIQUE. — Les courbes ont concordé 22 jours ;
elles ont fourni des indications contraires 26 fois.

3° PLUIE. — Pendant les 48 jours qu'ont duré les observations, il a
plu 19 jours. Pendant ces 19 jours, la courbe des Rainettes a été 12
fois au-dessus et 7 fois au-dessous de la moyenne.

On peut donc, avec M. von Lendenfeld, conclure de ces expériences
que la pluie n'a aucune influence sur la position des Batraciens ; il
en est de même pour les autres conditions météorologiques. Par
contre, on peut observer une certaine concordance entre les variations
de la courbe des Rainettes et les heures de la journée. La moyenne
quotidienne donne, en effet, les chiffres suivants pour la culmi-
nation :

6 heures du matin,	9 fois.	4 heures du soir..	2 fois.
8 —	0 —	6 —	5 —
10 —	0 —	8 —	18 —
12 —	2 —	10 —	11 —
2 heures du soir..	1 —		

Il ressort nettement de ces chiffres, que les Rainettes opèrent, le soir, un mouvement d'ascension correspondant à leur plus grande activité, et qu'elles redescendent le matin. C'est, d'ailleurs, le seul résultat positif qu'ait obtenu M. von Lendenfeld, dans ses intéressantes observations.

Les charmants Batraciens, qui en ont été l'objet, pourraient donc bien plutôt servir d'horloge que de baromètre.

Le Bahbur dans la fabrication du papier. — Depuis que l'on a découvert chez l'*Ischæmum angustifolium* HACKEL, les propriétés industrielles du Sparte, on en tire profit dans les manufactures de papier. Le *Bhabur-grass* est devenu aujourd'hui la principale matière première des fabriques des environs de Calcutta et d'autres régions de l'Inde anglaise. Le rapport annuel du Jardin botanique de Calcutta (1893-94) nous donne certains détails sur cette Graminée. Ses graines portent différents noms : *Chabar, Babui* ou *Babai*.

Cette plante est surtout répandue dans la chaîne de Siwalik et dans les forêts de Bhabar des districts de Gharwal et de Kumaon dans l'Himalaya. En 1873, un fabricant écossais qui avait reçu des échantillons de Bhabur se prononça en sa faveur. Vers 1877, d'autres envois parvinrent à l'*India Office*. On les soumit à feu M. Routledge du *Ford Paper Mill*, une autorité dans la fabrication ; il déclara que le Bhabur était un peu inférieur au Sparte comme matière première. Peu après, on reconnut qu'il croissait en abondance dans les forêts de Chota Nagpur (partie Est du vaste plateau de l'Inde centrale.) Le *Bally Paper Mill*, établissement voisin de Calcutta, en fit l'essai avec succès. Tout porte à croire que cette industrie se développera dans l'Inde anglaise. On utilise déjà le Bhabur dans d'autres pays et il sera bientôt cultivé dans diverses contrées tropicales.   DE S.

Le plus ancien Magnolia de France. — Le *Bulletin de la Société des Sciences naturelles de l'Ouest* (2º trimestre 1895), publie une lettre adressée en 1765, à Bernard de Jussieu, par le botaniste nantais François Bonamy. Il y est question d'un *Magnolia grandiflora*, bien connu des horticulteurs et qui aurait été planté à la Maillardière, près Nantes, en 1732 ou 1733. Au commencement de l'année 1765, d'après Bonamy : « Ce magnifique et très grand *Magnolia*... a plus de 20 pieds de haut, le tronc est de la grosseur d'un Noyer ordinaire... » C'est sans doute l'un des ancêtres des nombreux individus de la même espèce qui décorent aujourd'hui les parcs et les jardins de l'Europe.

Le Gérant : JULES GRISARD.

I. TRAVAUX ADRESSÉS A LA SOCIÉTÉ.

EMPLOI DES MICROBES PATHOGÈNES

POUR LA DESTRUCTION DES ANIMAUX NUISIBLES

RÉSULTATS OBTENUS JUSQU'A PRÉSENT

PAR M. JEAN DANYSZ,

Attaché à l'Institut Pasteur.

Bien que l'idée d'utiliser les microbes pathogènes pour la destruction des Insectes et d'autres animaux nuisibles date déjà d'une trentaine d'années, leur application dans la pratique n'a été sérieusement tentée en Europe que depuis 1890 et depuis 1885 aux Etats-Unis d'Amérique.

En Allemagne, Cohn, Bail et de Bàry ; en Russie, Metchnikoff, Sorokine, Ienkowski ; en France, Pasteur, Alfred Giard, ont signalé à plusieurs reprises, depuis 1867 déjà, des Champignons insecticides appartenant pour la plupart aux genres *Isaria*, *Botrytis* ou *Entomophtora*. Ces naturalistes ont attiré l'attention sur l'importance de ces végétaux pour l'économie agricole. — Dans certaines conditions, la maladie causée par ces microbes se propage rapidement par contagion, devient une véritable épidémie et détruit complètement une ou plusieurs espèces d'Insectes dans la région où elle apparaît.

On connaît aujourd'hui des exemples très nombreux de ces épidémies spontanées. En Amérique, le *Chinch-bug*, un petit Hémiptère qui cause dans certains Etats du centre des ravages considérables dans les cultures de Blé, a été à plusieurs reprises détruit par des épidémies de *Sporotrichum globuliferum*. En Russie, où les immenses plaines de quelques provinces méridionales sont cultivées en Betteraves à sucre et où ces cultures ont été ravagées périodiquement par un Coléoptère, le *Cleonus punctiventris*, il s'est développé depuis quelques années un *Isaria* parasite de cet Insecte, et ce n'est que grâce à l'action régulière de ce Cryptogame que la culture des Betteraves est redevenue possible dans ces pays.

Les chenilles de la « Nonne » (*Liparis monacha*), Papillon nocturne, qui ont envahi en 1891 les forêts de diverses régions de l'Allemagne du sud et en ont complètement détruit plusieurs milliers d'hectares, ont été à leur tour détruites par la *Flacherie*, une maladie contagieuse analogue à la flacherie du Ver à soie étudiée et décrite par M. Pasteur et due à un petit bacille.

Enfin, l'année dernière, les Parisiens ont pu observer une curieuse épidémie qui a sévi de juillet en octobre sur la Mouche domestique et sur plusieurs autres espèces de Mouches qui fréquentent nos appartements. Les Insectes atteints par cette maladie due à un Champignon particulier, l'*Entomophtora muscæ*, étaient très faciles à reconnaître. Les Mouches atteintes pendaient inertes aux rideaux, aux murs et surtout aux plafonds et présentaient, quand on les examinait de plus près, un abdomen notablement enflé, d'un blanc jaunâtre et avec les jointures des anneaux très proéminentes. Ces abdomens détachés du corps ressemblaient assez à des petits tonneaux à cercles très épais.

En dehors des Insectes, les Rongeurs et notamment les Campagnols et les Mulots deviennent, eux aussi, parfois très nuisibles aux récoltes. Dans certaines régions, ils apparaissent à l'automne en masses innombrables et rongent tout ce qu'ils rencontrent, les Blés d'hiver, les Trèfles, les Sainfoins et même les jeunes arbres.

Leurs apparitions en grandes masses aussitôt après les récoltes et leur disparition presque aussi soudaine à l'entrée de l'hiver ont fait penser pendant bien longtemps que les Campagnols sont des animaux migrateurs. Or, une observation plus attentive de l'évolution et des mœurs de ces animaux nous a permis de constater qu'il n'en est point ainsi. Dans des conditions exceptionnellement favorables, un seul couple de Campagnols peut donner naissance à près de 300 individus de mars en septembre ; les invasions en automne s'expliquent donc tout naturellement par le seul fait de la multiplication de ces animaux. Quant à leurs disparitions tout aussi soudaines, elles sont dues toujours aux épidémies naturelles, à une sorte de septicémie qui se développe d'autant plus facilement qu'ils sont plus nombreux et qui en détruit en quelques semaines plus de 90 0/0. Nous avons eu l'occasion d'observer, en 1893, le développement d'une de ces épidémies dans les environs de Paris, en Seine-et-Marne (1).

Aujourd'hui, on connaît déjà assez exactement les germes de toutes ces maladies et, à l'exception des Champignons appartenant au genre *Entomophtora* qui semblent ne pouvoir vivre que sur des Insectes vivants, on peut les cultiver sur des milieux nutritifs artificiels. Il est donc très possible d'en produire des quantités considérables et de les répandre partout où les invasions des Insectes ou des Rongeurs nuisibles deviennent menaçantes pour les récoltes ou pour les forêts.

Ce qui manquait jusqu'à ces derniers temps, ou plutôt ce qui nous manquait en France et en Europe pour rendre cette méthode de destruction des animaux nuisibles réellement pratique et applicable en grand, c'est l'organisation d'un service ayant pour mission de préparer tous les virus connus et utilisables et d'en propager l'usage. — Aux Etats-Unis, un service de ce genre fonctionne déjà régulièrement depuis plusieurs années. Chaque Etat possède une station expérimentale de ce qu'on appelle « Entomologie appliquée », où l'on étudie les animaux nuisibles de la région et où l'on essaie, par des méthodes rigoureusement scientifiques, les moyens de les détruire. Toutes ces stations publient chaque année un ou plusieurs rapports très détaillés sur les résultats obtenus, et envoient ces rapports tirés à des milliers d'exemplaires jusque dans les plus petites fermes. — Une de ces Stations, celle de Kansas, dirigée par M. Snow, poursuit, depuis cinq ans, la destruction du *Chinch-bug*, dont nous avons parlé plus haut, au moyen des maladies contagieuses (*Sporotrichum globuliferum*, *Empusa viridis* et *Micrococcus insectorum*); d'après les derniers rapports, M. Snow a appliqué cette méthode dans plus de 6,000 fermes et a obtenu dans 75 0/0 des cas contrôlés, un résultat absolument satisfaisant. Il a préservé ainsi d'une destruction certaine pour plusieurs millions de dollars de récoltes.

En France, un service analogue vient d'être organisé à l'Institut Pasteur. Il a pour but d'entretenir les cultures virulentes de tous les microbes pathogènes (Bactéries et Muscar-

---

(1) J. Danysz, *Les maladies contagieuses des animaux nuisibles et leur application en agriculture*, Paris, 1895.

dines) des Insectes et des Rongeurs et d'étudier les conditions de développement des épidémies causées par ces microbes.

Dès à présent, ce service peut mettre à la disposition de tous ceux qui voudraient les étudier ou les employer dans la pratique les cultures suivantes :

1° *Virus contagieux* (*Coccobacillus murium*, Danysz) pour la destruction des Rats, Souris, Mulots et Campagnols.

2° *Muscardines* (*Isaria densa*, Giard, *I. farinosa*, Fries, *I. destructor*, Metchnikoff, *Sporotrichum globuliferum* Spegazzini) pour la destruction des Insectes et, notamment, des Hannetons et des Vers blancs, des Silphes des Betteraves, des Noctuelles (Vers gris) et d'un grand nombre de chenilles nuisibles aux Vignes, aux jardins et aux bois.

L'étude expérimentale du développement des maladies des Insectes est très compliquée et demande généralement un temps très long. Ainsi, jusqu'au printemps de cette année, nous avons dû nous borner à propager l'application dans la pratique des cultures du *Coccobacillus murium* qui nous a donné, du reste, une satisfaction complète.

Ces cultures ont été employées dans plus de 1,500 cas contre presque toutes les espèces de petits Rongeurs nuisibles connues en France et nous n'avons eu à enregistrer qu'un nombre insignifiant d'insuccès, dus le plus souvent aux mauvaises conditions dans lesquelles a été faite l'opération.

Au printemps de cette année, nous avons pu aborder la question de la destruction des Insectes, et nous espérons pouvoir annoncer prochainement les résultats des premières expériences réalisées sur une grande échelle.

L'AUTRUCHE ET SON ÉLEVAGE

DANS LA COLONIE DU CAP

D'APRÈS LES TRAVAUX DE M. NOLTE (1)

On sait. l'extension considérable qu'a pris au cap de
Bonne-Espérance l'élevage de l'Autruche; l'exportation des
plumes s'y chiffre chaque année par une trentaine de millions de francs; d'ailleurs, les résultats obtenus par les fermiers du Cap sont tellement encourageants qu'en divers pays,
on a tenté de pratiquer cette industrie. Si en Australie ces
essais n'ont pas été couronnés de succès, par contre l'élevage
de l'Autruche s'est beaucoup développé en Californie et dans
le sud des Etats-Unis d'Amérique; il y a certainement là des
exemples applicables à l'Algérie ; mais ne l'oublions pas, les
éleveurs du Nouveau-Monde ont emprunté à la fois à la colonie du Cap ses animaux et ses procédés; il semble, en effet,
qu'on ne doive tenter l'élevage de l'Autruche dans notre
grande colonie africaine qu'après une étude approfondie des
procédés usités par les colons du Cap. Notre colonie algérienne, d'ailleurs, possède une espèce spéciale (2), supérieure
aux autres par la beauté et la grandeur des plumes.

(1) C.-W.-J. Nolte, *Strausse und Straussenzucht*, Journal für Ornithologie.
Heft. I, 1895. Voir ci-dessus, p. 145 et 289, un intéressant travail de M. J.
Forest aîné, sur l'Autruche, envisagée surtout au point de vue de son élevage
en Algérie.
(2) Les zoologistes modernes distinguent, en effet, trois espèces ou, tout au
moins, trois races distinctes d'Autruches, présentant les caractères suivants :
1° *Struthio camelus*, L. Toutes les parties dépourvues de plumes présentent
une coloration rouge vif. Anneau de plumes blanches à la partie inférieure du
cou limitant les parties garnies de plumes. Œuf lisse, plus petit que celui du
S. molybdophanes et plus gros que celui du *S. australis*. L'espèce est propre à
l'Afrique septentrionale.
2° *S. molybdophanes*, Reichenow. Les jambes, les pieds et le bec ont une
coloration rouge minium pâle. Œuf plus gros que celui du *S. australis*. La
coquille présente des dépressions. Espèce cantonnée dans l'Afrique centrale.
3° *S. australis*, Gurney. Les talons, les pieds, les angles du bec ne prennent la coloration rouge vif qu'au moment de la reproduction. Les œufs sont
plus petits que ceux des deux espèces précédentes. Ce type habite l'Afrique
australe.

Les Autruches ont une aire d'extension considérable ; on les trouve dans une grande partie de l'Afrique, dans les steppes, sur les plateaux, dans les déserts ; elles ne font défaut que dans les forêts et les régions montagneuses. (Afrique occidentale.) Par leur grande taille elles ont attiré l'attention dès l'antiquité ; la Bible en fait fréquemment mention ; elles sont représentées sur les monuments égyptiens ; enfin, les auteurs grecs et latins en parlent en maints passages. Par contre, les premiers renseignements sur les Autruches domestiquées datent du commencement du siècle et ce n'est qu'en 1859 que la *Société d'Acclimatation de Paris* s'est occupée de cette question. D'ailleurs, les premiers essais sérieux tentés au Cap ne remontent qu'à une trentaine d'années : en 1863, un Allemand acheta dix-sept Autruches de trois à quatre mois qu'il lâcha dans un vaste enclos couvert de gazon et de broussailles. Tel fut le début de l'industrie qui devait, quelques années plus tard, constituer la richesse de la colonie du Cap : en 1875, on comptait 80 Autruches ; dix ans plus tard, leur nombre s'élevait à 32,247 ; actuellement, le recensement a accusé l'existence de plus de 200,000 individus. Le gouvernement de la colonie du Cap s'est efforcé de conserver le monopole de cette lucrative industrie au moyen de tarifs protecteurs ; il a établi un droit de sortie de 2,500 francs par Oiseau adulte et de 125 francs par œuf. Ces mesures prohibitives ont été inutiles ; il est vrai que les fermiers américains n'ont pas reculé devant les frais : chaque Oiseau revenait, en effet, à plus de 6,000 francs.

Au Cap, l'élevage est pratiqué dans des conditions très diverses dépendant de causes multiples, prix d'acquisition, alimentation, etc..., néanmoins, on peut évaluer que la constitution d'un troupeau de 50 têtes (1 mâle pour 2 femelles) entraîne les dépenses suivantes : 7,000 francs pour la clôture d'un parc de 6,000 mètres ; 1,500 francs pour l'établissement de baraquements très simples ; 8,500 francs pour l'achat de 50 Oiseaux à 170 francs l'un ; soit une somme totale de 17,000 francs (1). Remarquons en passant que les prix des Oiseaux varient avec leur âge, par conséquent avec la beauté des plumes ; un poussin qui vient de naître vaut actuellement 75 francs ; un couple d'animaux reproducteurs, un millier de

---

(1) Abstraction faite des frais généraux d'établissement d'une ferme.

francs. Ces Oiseaux n'exigent, d'ailleurs, que peu de soins; dans les petites exploitations on les laisse durant tout le jour courir dans la prairie avec les Moutons et on les ramène le soir dans le Kraal avec le bétail; dans les grandes fermes, au contraire, on se borne simplement à les maintenir dans les limites d'un vaste enclos qu'on désigne sous le nom de *camp;* toutefois, la nature du sol ne leur est pas indifférente; les terres calcaires couvertes d'herbe fine leur conviennent surtout; en outre, elles doivent disposer d'espaces extrêmement vastes (en moyenne 200 hectares pour 100 Oiseaux); leur nourriture se compose d'herbe, de broussailles et d'Insectes; en certains cas, il faut leur fournir du Maïs; l'eau leur est nécessaire, car elles boivent abondamment. La croissance des Autruches est assez lente; elles ne sont capables, en effet, de se reproduire qu'après leur quatrième année; à l'époque de l'accouplement (printemps), le mâle revêt une livrée spéciale; le plumage devient plus beau; le bec, les pieds et les jambes prennent une coloration rouge vif (1). Pendant toute cette période, les Oiseaux adultes sont isolés dans des parcs de ponte dont l'étendue varie de 1/2 à 1 acre. Les Autruches sont alors dangereuses, comme M. Nolte lui-même a pu le constater. Ce savant, en effet, n'a dû une fois son salut qu'à la rapidité de son Cheval et à l'obscurité qui lui permirent de se mettre hors des atteintes d'Oiseaux qu'il avait rencontrés sur sa route. Les Autruches ne construisent pas de nids; elles se contentent de déposer leurs œufs dans le sable, et c'est au mâle qu'incombent, en grande partie, les soins à donner à la progéniture; l'incubation semble exiger de 40 à 45 jours (2). En général, on a recours à des incubateurs artificiels; le modèle le plus employé est celui de Douglas; le manuel officiel de la colonie du Cap, qui vient de paraître, en donne une description complète que nous résumons ici. L'incubateur se compose d'une caisse en bois offrant une surface de 1 mètre carré environ et pouvant renfermer vingt-cinq œufs; celle-ci est ouverte à sa partie inférieure et repose sur un récipient de zinc ou de cuivre de même grandeur qu'on remplit d'eau chaude; on maintient l'incubateur à la tempéra-

(1) Bleue chez *S. molybdophanes.*
(2) Les chiffres varient suivant les auteurs et suivant les pays. Brehm indique 6 à 7 semaines; Harting, 56-60 jours (Alger); Heuglin, 45-52 jours; Andersen, 38 jours (Autruches sauvages].

ture voulue au moyen d'une lampe à pétrole; mais comme
celle-ci dégage des produits de combustion nuisibles pour
l'éclosion, il est préférable de prolonger le réservoir à eau et
de placer la lampe à quelque distance des œufs. Au début,
l'incubateur doit être reglé à 38°,8 ; au bout de deux semaines,
on abaisse la température d'un degré; ensuite, on maintient
l'appareil à 36°,6. Les œufs sont aérés et retournés une ou
deux fois par jour; à cet effet, on ouvre la caisse et on retire les couvertures de flanelle; quatorze jours avant la fin
de l'incubation, on mire les œufs à la lumière pour se rendre
compte de leur état. Le développement du poussin exige dans
ces conditions (1) quarante-deux jours; on facilite d'ailleurs
sa sortie en donnant quelques coups à la coquille au moyen
d'une pointe d'acier ; les jeunes oiseaux, au sortir de l'œuf,
ont déjà la taille d'une Poule; on les conserve à la chaleur
pendant plusieurs jours et même pendant plusieurs mois; en
tous cas, pendant la première année, on les nourrit avec une
pâtée spéciale; on ne les lâche dans le *camp* que lorsqu'ils
sont âgés d'un an; trois années sont encore nécessaires pour
qu'ils arrivent à l'état adulte ; ces Oiseaux sont d'ailleurs
exposés à de nombreux accidents et à diverses affections,
fractures des membres (2), fièvres, diphtérie (3), tumeurs,
vers, etc.

L'Helminthe le plus fréquent est le *Bothriocephalus
struthionis* contre lequel la Térébenthine et l'extrait de
Fougère mâle sont souverains. Viennent ensuite les Fi-
laires, qui peuvent atteindre jusqu'à un mètre de longueur et
qui provoquent de graves désordres dans l'animal qui les hé-
berge; enfin, Cobbold a décrit dans l'estomac un Strongle de
petite taille (sept millimètres). En outre, les Autruches pré-
senteraient une affection spéciale : la *fièvre* ou *foie jaune*,
caractérisée par une altération du foie qui, dans ces cir-

(1) La chaleur de la femelle pendant l'incubation est évaluée à 40°.

(2) Nous donnons ci-contre le dessin d'une Autruche blessée rendue immobile d'après la méthode préconisée par le D'' E. Holub dans son livre si intéressant : *Beiträge zur Ornithologie Südafrikas*, publié à Vienne, en 1882, en
collaboration avec A. von Pelzeln. Le chapitre VI de ce remarquable ouvrage
est tout entier consacré à l'Autruche et renferme des documents de grande
valeur.

(3) Il s'agit vraisemblablement ici de la « diphtérie des Oiseaux » ou tout
au moins d'une affection analogue à celle qui dépeuple parfois nos poulaillers, affection n'ayant, comme on le sait, aucun rapport avec la diphtérie
humaine.

constances, présente une coloràtion jaune dorée anormale.
Néanmoins, les Autruches semblent vivre assez longtemps.

Autruche blessée, immobilisée d'après le système du Dʳ E. Holub.

M. Nolte a fréquemment vu des Oiseaux de vingt ans, et il ne
doute pas que nombre d'entre eux puissent dépasser cet âge.

Comme on le conçoit aisément, la taille des plumes est l'objet des plus grands soins; on la pratique pour la première fois sur le poussin à l'âge de six mois; les plumes n'ont à ce moment aucune valeur, mais cette opération influe sur la beauté ultérieure du plumage; on la renouvelle ensuite régulièrement tous les 7 ou 8 mois environ.

Chaque Oiseau adulte fournit en moyenne à chaque *tonte* une livre de plumes, représentant une centaine de francs; ce sont les mâles qui produisent les plus belles plumes; quelques-unes de celles-ci atteignent, en effet, une longueur de 60 centimètres et 20 à 22 centimètres de large; elles peuvent alors valoir jusqu'à 25 francs pièce.

Mais cette opération n'est pas sans présenter quelques difficultés; en général on procède de la façon suivante : quatre hommes entourent subrepticement l'Oiseau; celui qui se trouve le plus près de l'animal lui jette un sac sur la tête; deux autres hommes s'empressent aussitôt d'attacher les jambes de l'Autruche qui sont douées d'une vigueur peu commune; le quatrième homme survient alors et se hâte de couper les plumes au ras de la peau, là où elles sont les plus belles, soit avec un couteau bien affilé, soit avec un sécateur; dans certaines fermes, on agit un peu moins brutalement : on attire les Autruches dans des espèces de cages au moyen de Maïs ou de quelque autre aliment; dès qu'elles y ont pénétré, on les enferme; on leur passe ensuite un sac sur la tête et, comme l'Oiseau est étroitement serré, il ne peut guère remuer, on le dépouille à loisir de ses plumes; il n'a en effet que la tête de libre.

Les Boërs ont presque entièrement concentré dans leurs mains le commerce des plumes; ils rangent celles-ci, au fur et à mesure des achats, dans de grandes caisses; ce n'est que quand la provision èst terminée qu'ils classent les plumes par catégories, qu'ils les lient en paquets enveloppés dans du papier avec du camphre et du poivre.

La majeure partie de cette marchandise est dirigée sur Londres qui est le centre d'approvisionnement de l'Europe; en 1885, il s'y est vendu 251,084 livres de plumes représentant une valeur de 15,000,000 de francs environ. Nous donnons ci-dessous le cours des plumes au mois de juin 1894 :

PLUMES DU CAP.		LIVRE ANGLAISE (*453 gr.*).	
Plumes sauvages (1ʳᵉ qualité)	180 —	420	shillings.
— blanches (1ʳᵉ et 2ᵉ qualités)...	15 —	180	—
— de femelles................ .	17,50 –	145	—
— courtes de jeunes Oiseaux	90 —	130	—
— noires	4 —	110	—
— jaunâtres.................	2,50 —	75	—

Les Autruches sauvages qui, il y a vingt ans, étaient encore abondantes dans la colonie du Cap et dans le Namaqualand, sont maintenant cantonnées dans le pays de Kalahari ; après la saison des pluies, cette région forme un plateau couvert d'herbe tendre, de petits buissons et de Melons sauvages dont les Autruches sont très friandes. Ces Oiseaux y sont l'objet d'une chasse assez active ; celle-ci se pratique à Cheval au moment où la chaleur du soleil est la plus forte ; dans ces conditions, les Oiseaux sont incapables de fournir une longue course et, en général, on les force en une demi-heure. A ce propos, M. Nolte fait observer qu'il n'a jamais vu une Autruche poursuivie cacher sa tête derrière une pierre.

Ces Oiseaux constituent pour les Bakalaharis de précieuses ressources ; les coquilles des œufs leur servent de réservoir d'eau qu'ils remplissent à l'époque des pluies et qu'ils transportent dans les régions sèches ; en outre, ces peuplades mangent volontiers les œufs et la chair des Autruches qui est d'une saveur agréable; enfin, ils récoltent les plumes des animaux qu'ils ont tués. Les dépouilles d'un mâle peuvent valoir jusqu'à 125 francs, celles des femelles, par contre, ne dépassent guère la moitié de cette somme.

Malheureusement, il est à craindre que la construction du chemin de fer destiné à réunir le Transvaal à Wallfisch-Bay n'entraîne la destruction des Autruches sauvages, comme cela est arrivé en Amérique pour les Bisons.

L'ÉLEVAGE DE LA TRUITE ARC-EN-CIEL

A LA STATION AQUICOLE DE NEOSHO (ÉTATS-UNIS)

Par M. RAVERET-WATTEL.

La station de Neosho (Missouri) est un dès vingt-deux établissements de pisciculture dans lesquels s'exerce l'activité de la Commission fédérale des Pêcheries des Etats-Unis. Le *Salmo fontinalis*, la Truite d'Europe, le Black-Bass (*Micropterus salmoides*), le Rock-Bass (*Ambloplites rupestris*), le Crappie (*Pomoxis annularis*), la Tanche, la Carpe, le Spotted Catfish (*Ichtalurus punctatus*) et surtout la Truite arc-en-ciel sont les principales espèces entretenues dans l'établissement, lequel possède toutefois aussi un vaste bassin ou étang consacré à l'élevage de l'Alose. Vers la fin de mai ou le commencement de juin, on expédie, de la station de Gloucester (Massachusetts), six à sept cent mille alevins d'Alose, qui, versés dans ce bassin, y grossissent rapidement. Leurs nombreuses légions, constamment en mouvement dans les eaux transparentes, font toujours l'admiration des visiteurs de l'établissement. A l'automne, toutes ces jeunes Aloses vont peupler les cours d'eau tributaires du Golfe du Mexique.

Un des côtés les plus intéressants de la station de Neosho, c'est que l'alimentation du Poisson y est tout artificielle et consiste principalement en une sorte de pâtée faite de farine grossière, ou « recoupe », à laquelle on ajoute du foie de Bœuf mélangé en proportion variable, suivant l'époque de l'année et l'espèce de Poisson à laquelle la pâtée est destinée. La meilleure qualité de recoupe est nécessaire, parce que les pâtées faites d'une farine trop chargée de menu son se délayent rapidement dans l'eau et ne peuvent guère être saisies par le Poisson. Pour obvier à cet inconvénient, si la recoupe n'est pas d'assez belle qualité, on y ajoute de 5 à 10 % de farine commune. Une chaudière d'une centaine de litres est remplie d'eau, placée sur le feu et amenée presque à ébullition. On y met alors la recoupe, par quantités de 9 ou 10 litres à la fois, en remuant constamment avec soin, de façon à obtenir une pâte lisse, sans grumeaux. On y ajoute environ un kilog. de sel, et on continue la cuisson, sans cesser de remuer vigoureusement, jusqu'à ce que la pâte soit devenue épaisse. Celle-ci est alors mise dans des seaux, où on la laisse refroidir et prendre de la consistance avant de l'utiliser ; employée immédiatement, elle se délayerait trop aisément dans l'eau. Pour 100 litres d'eau, il faut à peu près 30 livres de recoupe, ce qui donne, déduction faite de l'évaporation, 83 kilog. de pâte environ. Trois quarts d'heure sont habituellement nécessaires pour préparer cette quantité de pâte.

Pour préparer le foie qu'on mélange à la pâte, on se sert d'un hache-viande du modèle *Enterprise*, n° 22, ayant un jeu de plaques perforées dont les trous, qui varient de 1 à 3 millimètres de diamètre, permettent de débiter la nourriture à la grosseur convenable pour le Poisson de toutes tailles, sauf pour les tout jeunes alevins. Cette machine, du prix de 4 dollars, est suffisante pour préparer 10 livres de foie en quatre ou cinq minutes.

Le surintendant de la station, M. William F. Page, donne, sur l'emploi de cette nourriture artificielle, les renseignements ci-après : « Nous possédons actuellement, dit-il (1), un stock de 1,000 sujets reproducteurs de Truite arc-en-ciel, âgés de deux ans et pesant chacun 1 livre 1/2. La nourriture leur est distribuée matin et soir, et la ration quotidienne monte à 30 livres de pâte et 3 livres de foie en mélange. Depuis douze mois, ils sont à ce régime, et tous ont toujours été en parfait état ; plusieurs d'entre eux pèsent 2 livres. Jamais nous n'en avons perdu un seul, soit de suffocation, soit d'inflammation d'intestin, conséquences habituelles d'une alimentation défectueuse..... Nous avons en ce moment 40,000 Truitelles de six semaines. A celles-là, nous distribuons, chaque jour, de 6 à 7 livres de foie, sans mélange de pâte. Quand le Poisson a deux ou trois mois, nous commençons à mêler un peu de pâte à la nourriture et, graduellement, nous augmentons la proportion de pâte avec la quantité de nourriture jusqu'à six mois. A cet âge, la proportion donnée est moitié pâte, moitié foie. Puis l'addition de pâte est beaucoup plus copieuse, de sorte que, lorsque les Poissons atteignent un an, la proportion de foie se trouve réduite au minimum. On peut aisément les nourrir de pâte, sans aucune addition de foie, pendant plusieurs jours de suite. Jamais ils ne laissent cette

(1) *Report of the United States Commissioner of Fish and Fisheries for the fiscal year ending june 30, 1892*, p. LIII, Washington, 1894.

nourriture artificielle aller au fond de l'eau ; ils la saisissent
avec empressement au passage et, plus souvent encore, ils
s'élancent à la surface pour s'en emparer, en faisant bruyam-
ment jaillir l'eau. Les Black-Bass (*M. salmoides*), entretenus
dans nos bassins, n'acceptent, au contraire, la pâtée sous
aucune forme. Parfois, quand elle est fortement mélangée de
foie, ils la saisissent comme s'ils allaient la manger ; mais on
les voit la rejeter immédiatement. C'est ce qu'ils font également pour les diverses espèces de « biscuits de Chiens » et
autres préparations analogues. Aucune nourriture d'origine
végétale n'est acceptée par eux. Nous les avons amenés à se
contenter de foie ; mais celui-ci doit être parfaitement frais ;
dès qu'il a quelque odeur, comme cela arrive fréquemment
en été, la faim ne les décide pas à y toucher. Parfois, du
reste, ils refusent toute nourriture, fait bien connu des
pêcheurs (V. Henshall, *Book of the Black-Bass*, p. 360).
Dans nos bassins, ils ne mangent jamais quand le temps est
mauvais, mais, par les beaux jours, ils sont très actifs à
chercher leur nourriture. En été, ils chassent avidement la
Mouche (moins cependant que les Truites arc-en-ciel), et
l'on en a vu tuer des Couleuvres et les manger. Ils dévorent
certainement la plus grande partie de leurs petits, quand
ceux-ci quittent les nids et se dispersent.

» Des divers Poissons que nous élevons, ce sont les Catfish
qui mangent la pâtée avec le plus d'avidité. A la fin de l'automne, en hiver et au premier printemps, ils sont engourdis
et ne prennent jamais de nourriture ; tout ce qu'on leur jette
va au fond de l'eau et passe inaperçu ; mais, le reste de
l'année, ils viennent à la surface et dévorent la pâtée avec
une voracité extraordinaire. Comme le savent tous les pêcheurs, les Catfish sont particulièrement gourmands de foie,
qui est le meilleur appât pour la pêche de ces Poissons ; mais
rarement nous en mêlons à leur pâtée.

» De temps en temps, nous donnons un peu de foie à nos
Rock-Bass (*Ambloplites rupestris*) ; mais il est douteux qu'ils
en mangent. Parfois, ils s'élancent comme pour se disputer
un morceau, que celui qui saisit cette proie rejette immédiatement. Nous pensons, toutefois, que cette viande ne tombe
pas en pure perte au fond des bassins : elle y favorise la multiplication des Insectes qui paraissent constituer la principale
nourriture de ces Poissons.

» Aux Orfes, aux Cyprins dorés, aux Tanches et aux Carpes, nous distribuons de la pâtée sans mélange de foie, bien que ces Poissons se montrent avides de viande, mais il paraît bien inutile de leur en donner.

» La quantité de nourriture distribuée varie naturellement suivant le nombre de Poissons qui peuplent le bassin ; mais on tient également compte de la dimension de celui-ci, comme de l'époque de l'année et de l'état du temps. Aucune règle ne semble possible à établir ; car, non seulement l'appétit du Poisson varie, mais aussi la quantité de nourriture naturelle que produit chaque bassin et qui vient s'ajouter à la quantité de nourriture artificielle distribuée. D'un autre côté, telle nourriture artificielle qui peut être avantageusement employée dans une localité, serait trop coûteuse ailleurs. Ainsi, par exemple, les graines de coton, qui sont utilisées avec profit pour la nourriture de certains Poissons dans quelques localités des Etats du Sud, seraient à peine avantageuses à employer en Pensylvanie ou dans l'Ohio. A l'établissement de Cold Spring Harbor (Long-Island), on emploie la viande de Cheval comme peu coûteuse. Dans le laboratoire de Forest-Hill, Saint-Louis (Missouri), les déchets des fabriques de biscuits et de « petits-fours » sont utilisés pour la nourriture des Carpes, etc. »

Les Truites arc-en-ciel élevées à la station de Neosho sont mises en rivière soit à l'état de tout jeunes alevins, soit à celui de « yearlings », c'est-à-dire de Poissons d'environ un an. L'emploi de sujets de cet âge tend, en effet, à se répandre de plus en plus aux Etats-Unis, pour le repeuplement des eaux. Ce système est assurément plus coûteux que l'emploi de l'alevin proprement dit, mais on le considère comme notablement plus efficace. Telle est du moins l'opinion émise, depuis longtemps déjà, par des pisciculteurs distingués, notamment par feu Spencer F. Baird, qui écrivait en 1885, dans son Rapport annuel sur les travaux de la Commission fédérale des Pêcheries : « Considérant que le peu de succès obtenu jusqu'à présent dans les essais de repeuplement avec des Salmonides tient à ce que les alevins sont trop faibles et sans défense quand on les met en rivière, il paraît utile de les élever jusqu'à ce qu'ils aient atteint la longueur de 5 ou 6 pouces et soient ainsi, par leur taille et leur vigueur, à peu près en état d'échapper à la poursuite des poissons de proie..... *Cent Poissons de cette taille mis dans une rivière ou dans un étang, présentant des conditions favorables, donneront plus de chances de succès que le versement, dans le même milieu, de dix mille alevins n'ayant pas encore complètement résorbé le sac vitellin* (1). »

J'ai tenu à reproduire textuellement cette phrase, écrite il y a déjà dix ans, parce qu'elle montre que ce n'est pas « bien à tort » — comme le prétend M. Jousset de Bellesme, dans une note publiée il y a quelque temps par la *Revue des Sciences naturelles appliquées* (2) — que je fais « venir d'Amérique » la formule par laquelle l'honorable directeur de l'Aquarium du Trocadéro résume, paraît-il, chaque année, à la fin de son cours, son opinion sur la question. Le cours de pisciculture institué par la Ville de Paris, n'existait pas encore que les pisciculteurs américains avaient déjà constaté l'avantage de l'emploi de sujets d'un an pour les opérations de repeuplement. « L'expérience nous montre », écrivait M. Marshall Mac Donald, dans son rapport à la Commission fédérale des Pêcheries sur les travaux de la station de Wytheville (Virginie), pendant l'année 1882 (3), « qu'il n'est pas bon, en général, de chercher à repeupler les cours d'eau avec des sujets de moins d'un an. Conserver et nourrir long-temps le Poisson en bassin exigera naturellement des installations plus coûteuses, d'assez grandes dépenses de nourriture et plus de frais pour le transport et la distribution. Mais les chances beaucoup plus grandes de réussite,-en employant des alevins de taille et de force à échapper aux attaques des Poissons déprédateurs, compenseront largement le surcroît de dépenses. »

Versés dans les rivières, les « yearlings » de Truite arc-en-ciel que livre la station de Neosho grossissent rapidement ; il n'est pas rare de pêcher des sujets de moins de trois ans dépassant déjà 3 livres et mesurant 55 centimètres de longueur.

---

(1) *United States Commission of Fish and Fisheries. — Report of the Commissioner for 1885*, p. LXXXIII. (Washington, Government Printing Office.)

(2) Nº 2, du 20 janvier 1895, p. 61. Dans la même note, M. Jousset de Bellesme semble s'attribuer la découverte de l'emploi avantageux de la rate pour l'alimentation de l'alevin. Il n'est peut-être pas inutile de rappeler que feu notre collègue M. Carbonnier, décédé en 1883, recommandait déjà l'emploi de la rate, dont il avait été, sinon le premier, du moins un des premiers à constater les excellents effets. *Suum cuique.*

(3) *Report of operations at the Trout-breeding Station at Wytheville*, p. 2.

L'ASTRAGALE EN FAUX

PLANTE FOURRAGÈRE

Par M. le Dr D. CLOS,

Correspondant de l'Institut,
Directeur du Jardin des Plantes de la ville de Toulouse.

Dans la vaste famille des Légumineuses, bien peu de genres l'emportent, quant au nombre des représentants, sur le genre Astragale, riche de plus de cinq cents espèces, la plupart originaires de la Sibérie, de la Tartarie et de l'Arabie, mais néanmoins répandues par tout le globe, le Cap et l'Australie exceptés.

Il est bien caractérisé par ses gousses dont la cavité est divisée en deux par une cloison ; par ses feuilles composées, ailées, à nombreuses folioles, avec ou sans impaire et stipulées ; par ses fleurs de couleurs diverses, rougeâtres, purpurines, jaunes, blanches ou d'un blanc jaunâtre, en grappes ou épis sur des pédoncules axillaires.

Quelques rares espèces sont entrées dans le domaine de la floriculture ; quelques autres, et en première ligne l'*Astragalus gummifer* laissent exsuder de leurs tiges, en Orient, de la gomme adragante. Là se bornent à peu près les usages connus des Astragales ; et pourtant, dès 1821, Bosc écrivait de ces plantes : « Il est probable que quelques-unes sont du goût des bestiaux et peuvent être cultivées avec avantage, pour cet objet, en France. On doit... à l'estimable Thouin des développements fort étendus sur le genre de culture qu'il conviendrait de leur appliquer » (*Nouveau cours d'Agriculture* II, 201). Et c'est vraiment une particularité bien étrange que cette sorte d'encouragement, d'une si lointaine origine, n'ait encore été suivi d'aucun effet.

On voit bien figurer, il est vrai, au *Catalogue général des graines*, du 1er janvier dernier, de la maison Vilmorin et Andrieux, p. 94, au nombre des plantes fourragères, les Astragales Galéga (*A. galegiformis*), et à feuilles de Réglisse

(*A. glycyphyllos*), mais sans aucune indication. Cette dernière, aux grandes folioles et aux épis d'un blanc jaunâtre, assez commune le long des bois, des haies et des buissons, dans la plus grande partie de la France, où elle se présente avec de fortes tiges rameuses et couchées, « fournirait aux animaux, dit M. Ch. Naudin, un fourrage substantiel, sans son odeur et sa saveur aromatique et un peu vireuse, qui leur répugnent (*Encyclopédie de l'Agriculteur*, t. II, p. 69). » Et quant à la première, vivace comme elle, originaire de Russie, et très rustique, elle émet, chaque année, au printemps, un faisceau de longues tiges dressées, raides, devenant promptement grosses et dures, et dont la touffe qu'elles forment avec les feuilles n'est pas très garnie. Elle a aussi une odeur très prononcée. MM. Barral et Sagnier, à l'article *Astragale* de leur *Dictionnaire d'Agriculture*, mentionnent plusieurs espèces de ce genre à des titres divers, mais n'en signalent aucune comme fourragère.

A la date de trois ans environ, un agriculteur, parcourant les plates-bandes de l'Ecole de botanique de Toulouse, où l'on cultive une quinzaine d'espèces d'Astragales, attira mon attention sur la haute taille, la grande vigueur et le beau développement de l'une d'elles, l'Astragale en faux ou en faucille (*Astragalus falcatus* de Lamarck, ou *A. virescens* de quelques botanistes). Le pied qui l'y représente forme, chaque année, une forte touffe de rejets bien feuillés, mais à bois grêle et sans induration. Les feuilles ont de 15 à 20 paires de folioles elliptiques, aiguës, longues d'un centimètre au moins, à peine pubescentes en dessous ; les stipules sont lancéolées et libres ; les grappes axillaires spiciformes, dépassant les feuilles et chargées de nombreuses fleurs d'un jaune sale, dont les supérieures stériles. Le calice, en coupe courte, est noir, poilu, à dents triangulaires, accompagné d'une bractée lancéolée de la longueur du tube. Les gousses *courbées en faux*, de 25 millimètres de longueur et de 4 de large, sont pendantes, passent du vert au jaunâtre, offrent un profond sillon dorsal correspondant à la séparation de l'ovaire et du fruit en deux logettes, dont chacune renferme de trois à cinq petites graines un peu réniformes et légèrement aplaties avec l'ombilic assez profond.

Originaire de la Sibérie, de la Tartarie, du Caucase, de l'Arménie russe, l'Astragale en faux fut adressé au Jardin du

Roi de Paris par M. Demidoff de Moscou. Bientôt après, Lamarck, considérant l'espèce comme nouvelle, la nomma et la décrivit en 1783, dans le *Dictionnaire botanique* de l'*Encyclopédie méthodique*, t. I, p. 310 (1). J'ai lieu de croire que, depuis lors, elle s'y est constamment maintenue, se répandant de là dans nombre de Jardins botaniques, car elle figure sur plus de vingt des Catalogues de graines que j'ai reçus cette année pour échanges, et nous la possédons à Toulouse depuis très longtemps. L'individu de l'Ecole, qui résiste sans aucun abri aux extrêmes de température, et qui a traversé, sans en souffrir, les hivers les plus rudes, a ses branches dressées, atteignant de 60 à 70 centimètres de hauteur, fleurissant au printemps, en fructification à la fin de juin, et cela sans autres soins de culture que le régime commun à nos plantes vivaces. J'en ai fait faucher une partie au printemps, et les rejets, qui pourraient déjà donner une seconde coupe, sont en avance sur ceux de la grande Luzerne fauchée à la même époque (2).

La première jouit encore, à l'exclusion de la seconde, du double avantage de pouvoir braver impunément les gelées printanières et d'être à l'abri des attaques du néfaste *Colaspis atra*.

Des Légumineuses, le Galéga ou Rue de Chèvre (*Galega officinalis*) pourrait seul lutter de vigueur avec l'Astragale en faux, si son odeur ne le faisait obstinément refuser par les animaux, tandis que cet Astragale, non odorant, a été appété par l'espèce bovine et accepté par un cheval. Il serait insensé de songer à le substituer à la grande Luzerne, mais ne pourrait-on pas tenter sur une petite échelle quelques modestes essais à côté d'elle, là où celle-ci ne saurait donner de produits suffisamment rémunérateurs, ni revenir encore de longtemps sur le même sol ?

(1) Figurant, parait-il, dans le *Corollaire* de Tournefort, de 1703, l'Astragale en faux est décrit successivement par Miller (Dict. des Jard , 1837), Gmelin (Flore de Sibérie, 1747), Aiton (Jardin de Kew, 1789, 1812), Vahl (*Symbolæ*, 1790), et en 1872, par Boissier (Flore d'Orient, t. II, p. 423). Au commencement de ce siècle, Pallas d'une part (*Species Astragalorum*, 1800) et de Candolle (*Astragalogia*, 1802) donnaient chacun avec la description détaillée, une figure de la plante.

(2) Il semble même que l'espèce ait jadis tenté de se naturaliser en France, d'après cette note que je relève dans l'*Astragalogia* de de Candolle, in-f°, p. 142, à la suite de la description : « Repertus circa Parisiis, ubi probabiliter ex horto plantarum elapsus. »

Nous traversions naguère une désastreuse année de séche-resse, où les agriculteurs du sud-ouest notamment ont dû se mettre en quête de toutes sortes de ressources pour l'alimen-tation des bestiaux, les demandant aux Graminées (par le Teff d'Abyssinie, les Mohas, les divers Sorghos, etc...), aux Crucifères (par les Moutardes, le Pastel, etc.), aux Borra-ginées (par les Consoudes), aux Hydrophyllées (par les Pha-célies), etc. Longue est la liste des espèces fourragères an-nuelles, et il semble que l'agriculteur, en temps de crise, n'ait que l'embarras du choix.

Toute autre est la catégorie des plantes vivaces : Le beau groupe des Papilionacées, si étendu et si riche en représen-tants utiles pour la nourriture de l'homme, n'a guère pu offrir en dehors de certains Trèfles, Lotiers, Mélilots, etc., en fait d'espèces fourragères de longue durée que la Gesse sauvage (*Lathyrus sylvestris*), acceptée, dit-on, en Allemagne, mais encore à la phase d'essai dans le midi de la France. La Légu-mineuse, objet de cette note, vaudra-t-elle mieux ?

L'Astragale se multiplie et par éclats de la souche et par graines. La pénurie des semences obtenues des divers pieds représentés dans les Jardins botaniques s'opposera toujours à des expériences tant soit peu étendues ; et c'est pourquoi la Société d'Agriculture de la Haute-Garonne, à qui la plante a été présentée à ses divers états, s'est vue dans l'impossibilité de s'y livrer. Seule, la Société nationale d'Acclimatation, si elle daignait accueillir favorablement cette note, pourrait par ses nombreuses relations, en obtenir des lieux d'origine une quantité suffisante pour charger quelques-uns de nos confrères de soumettre la plante à l'épreuve de la culture.

J'aurai l'honneur de faire adresser à la Société quelques échantillons de l'Astragale en faux pour être mis sous les yeux des membres de la Compagnie dès la reprise de ses séances.

Toulouse, le 4 juillet 1895.

II. ANALYSES ET EXTRAITS.

LE CHANVRE DE MANILLE[1]

SA CULTURE ET SON EXPLOITATION

PAR M. LE Dr MEYNERS D'ESTREY.

M. Meerkamp van Embden, consul des Pays-Bas, à Manille, Iles Philippines, vient d'adresser au Musée colonial de Harlem une description de la plante qui fournit le Chanvre de Manille, de sa culture et de sa préparation, avec illustrations (2).

Il y montre l'importance qu'aurait cette culture pour les colonies néerlandaises de l'Inde et nous avons cru qu'il serait utile de présenter un résumé de ce travail à nos lecteurs, en raison de l'intérêt qu'elle offrirait également pour les colonies françaises de l'Indo-Chine.

On prépare le Chanvre de Manille avec la tige et les feuilles d'une espèce de Pisang ou Bananier (*Musa mindanensis* RUMPH. ou *Musa textilis* RUIZ).

Comme tous les Pisangs, ce végétal, quoiqu'assez élevé, (7 à 10 mètres) ayant l'aspect des Palmiers, n'est pas précisément un arbre, car il ne forme pas de bois et son tronc qui acquiert quelquefois l'épaisseur du Cocotier, se compose de feuilles superposées. La plupart du temps, il est vert tirant sur le noir et plus élevé que le Bananier ordinaire. Les feuilles sont grandes, fortes et très vertes ; la fleur est inclinée vers le sol ; les fruits sont plus petits que ceux du Pisang commun et restent verts. Ils ne sont pas mangeables.

Le *Musa textilis* pousse à l'état sauvage dans les forêts des

---

(1) Sur le même sujet voyez *Revue* 1889, p. 547.
(2) *Bulletin van het koloniaal Museum te Haarlem.* Maart 1895. — M. F. W. van Eeden, directeur du Musée, a bien voulu mettre gracieusement à notre disposition les clichés qui accompagnent cette note.

îles Philippines, dans les îles Sangi et Talaut, ainsi qu'à Célèbes et Gilolo. On l'appelle *Abaca* aux Philippines ; *Hoté* à
Sangi et à Talaut ; *Fana* à Amboine ; *Koffo* et *Pisang oetan*
aux Célèbes. A Java il est connu sous le nom de *Gedoeng
Sepet.*

Ce n'est qu'au marché de Londres qu'on lui a donné le
nom de Chanvre de Manille (*Manilla Hemp*).

Sa culture est très facile. Il vient surtout dans les terres
d'origine volcanique, où les eaux ne séjournent point, c'est-
à-dire sur les basses pentes des montagnes de 200 à 500 pieds
d'altitude. Les grandes hauteurs et les terres marécageuses ne
lui conviennent pas ; cependant les pluies sont nécessaires.

Aux Philippines, on le cultive partout. On conserve même
les grands arbres des forêts pour le protéger contre l'action
du soleil et des vents. Ces derniers surtout lui sont très nuisibles.

On le sème ou on le plante. En semant on a, en quatre
années, des plantes propres à la préparation des fibres ; en
plantant, on obtient ce résultat au bout de trois ans.

Les jeunes rejets des plants sont employés pour cette reproduction.

Deux fois par an, on nettoie les terres en enlevant les
mauvaises herbes autour des plants.

Fig. 1. Séchage du Chanvre de Manille.

Pour la préparation des fibres on coupe le tronc un peu
au-dessus du sol et on l'ouvre en faisant des incisions dans
toute sa longueur. On obtient ainsi des bandes que l'on
suspend à l'ombre pour les faire sécher. Deux ou trois
jours après on en retire la matière fibreuse. Ceci se fait à la

main, armé d'un large couteau, adapté à une espèce de levier que l'on manœuvre à l'aide d'un trépied.

Toute la récolte et sa préparation ne demandent que deux hommes comme main-d'œuvre. Un pour abattre les plants et un autre pour la préparation des fibres.

Un temps sec est absolument nécessaire pour la récolte, et

Fig. 2. Nègre retirant les fibres de *Musa.*

il faut abattre les plants avant la floraison, car, dès qu'il y a des fruits, les fibres ont perdu leur force.

Dans le commerce on distingue quatre sortes principales : *Lupin*, *Quilot*, *Gasan* et *Abaca* ordinaire. Chacune de ces sortes principales est divisée en 1re, 2e et 3e qualité.

Le *Lupin*, appelé aussi *Jussi*, est employé pour les tissus les plus fins ; le *Quilot* et le *Gasan* pour des tissus plus grossiers tels que les toiles à voile et cordes ; l'*Abaca* pour des câbles et cordages de navires.

La force des fibres de Manille surpasse celle du Chanvre ordinaire.

Cette culture a beaucoup progressé aux Philippines. En 1841, elle n'était que de 126,000 pikols, et en 1893 elle a atteint le chiffre de 1,283,000 pikols.

L'exportation se fait principalement pour l'Angleterre, l'Australie, la Chine et la Californie ; autrefois aussi pour les Etats-Unis et le Canada, mais aujourd'hui moins, probablement à cause de la concurrence du Chanvre de Sisal (*Agave*) que l'on cultive au Mexique et au Yucatan.

La culture du Chanvre de Manille est très chère à la population parce qu'elle est facile et convient tout à fait à son caractère indolent. Les plantations n'ont rien à craindre des maladies ni des Sauterelles. Seuls les ouragans leur sont préjudiciables.

Une plantation peut produire pendant quinze à vingt ans, passé cette période, la terre est épuisée, il faut chercher de nouvelles cultures.

III. EXTRAITS DES PROCÈS-VERBAUX DES SÉANCES DE LA SOCIÉTÉ.

2e SECTION (OISEAUX).

SÉANCE DU 12 FÉVRIER 1895.

PRÉSIDENCE DE M. OUSTALET, PRÉSIDENT.

Le procès-verbal de la séance précédente est lu et adopté.

Continuation de l'enquête relative aux Hirondelles. Les documents sont insérés dans la *Revue* au fur et à mesure de leur arrivée.

A propos de cette enquête, M. Forest rapporte une observation faite par le savant explorateur Dr Franz Stuhlmann, durant son séjour à Boukoba (Afrique orientale). « Le 26 avril, de grand matin, je vis, dit le voyageur, des milliers et encore des milliers d'Hirondelles (*Hirundo rustica*) voletant et gazouillant au-dessus du poste. Elles s'étaient rassemblées en troupes, pour entreprendre le voyage vers l'Europe, leur patrie. Le jour suivant, il ne se trouvait plus un seul de ces Oiseaux dans tout le pays. » (*Ins Herz von Afrika*, Dr Stuhlmann mit Emin Pascha. Berlin, 1894, p. 697). On sait que les Hirondelles pénètrent en France par le golfe de Gascogne et le golfe du Lion, à leur retour des régions chaudes, où elles prennent leurs quartiers d'hiver. Le Martinet est de tous les Oiseaux celui qui fait chez nous le plus court séjour ; il arrive le dernier et repart le premier.

D'après le Dr Anton Reichenow, *Die Vogelwelt von Kamerun* (1) *Hirundo rustica* vient à Kamerun, comme émigrant d'Europe en octobre. D'après Emin Pacha les Hirondelles vues par lui dans l'Ugogo en 1890 sont *Hirundo Monteiri, H. puella, H. Smithi*, les espèces locales sont *H. senegalensis, H. nigrita, Psalidoprocne nitens*.

M. Oustalet fait remarquer l'aggravation dans la destruction des Oiseaux insectivores qui résultera des arrêtés pris par les Préfets de nombreux départements du Sud ; la chasse aux Oiseaux de passage, close d'habitude le 15 avril, restera ouverte cette année jusqu'au 30 avril. Cette prolongation coïncide très fâcheusement avec le passage des premiers Oiseaux qui reviennent d'Afrique pour gagner le Nord. Beaucoup, sans doute, périront victimes de cette mesure tout à fait intempestive. Quelques Préfets ayant interdit dans leur département la prise, en temps de neige, d'Alouettes, au lacet, des réclamations sous toutes les formes se sont élevées et ont été transmises au Ministère de l'Intérieur. Ces protestations ont produit un résultat fort inattendu : le principal argument invoqué était celui-ci :

---

(1) *Mittheilungen v. F. u. g. aus den Deutschen Schutzgebieten*, t. III, Berlin, 1894.

la chasse par ce moyen se trouve encore autorisée et dans les départements voisins. Le Ministre a tranché la question en invitant les Préfets de ces départements à prononcer à leur tour, la même interdiction. Lors du onzième Congrès international des Sociétés protectrices des Animaux, la Société des Agriculteurs de France, l'Union des chasseurs de France, la Société pomologique de France, etc. avaient délégué M. Albert Duval pour les representer et prendre plus particulièrement la défense des petits Oiseaux.

Le Congrès réuni du 12 au 15 août 1894, avait à examiner entre autres sujets : les mesures à prendre pour une réglementation internationale de la protection des Oiseaux de passage.

M. Duval, émet le vœu qu'il ne soit pas établi de différence entre les Oiseaux de passage et les Oiseaux sédentaires; que la question des petits Oiseaux soit écartée de celle de la chasse, que l'on considère comme *petits Oiseaux* ceux qui sont plus petits que le Merle et la Grive, etc.

M. Decroix fait remarquer qu'il y a des millions d'Oiseaux migrateurs qui sont capturés chaque année dans les environs du Canal de Suez, et qu'il y a lieu de faire des démarches près du Gouvernement égyptien pour qu'il prenne part aux travaux de la commission européenne.

<hr />

SÉANCE DU 26 MARS 1895.

PRÉSIDENCE DE M. MAILLES.

Le procès-verbal de la séance précédente est lu et adopté.

M. Oustalet empêché, s'excuse de ne pouvoir assister à la séance.

Lecture d'une notice de M. Raspail sur la protection aux nids d'Oiseaux, au moyen de grillage en fil de fer.

Lecture d'une note sur l'hibernation des Hirondelles de M. Rogeron et à ce propos, les journaux ont signalé l'arrivée à Arpajon des premières Hirondelles de l'année le 24 mars.

M. Forest donne lecture de notes sur les Oiseaux du Dahomey et sur l'établissement ou ferme d'Autruches, de Mataryeh, près du Caire (Égypte), d'après la relation du voyage du Cesarevitch.

Remise d'une monographie, avec illustrations, sur les Rapaces d'Italie par M. G. Martorelli. Cet ouvrage s'ajoute aux fort intéressantes publications sur les Oiseaux d'Italie : Dr Giglioli *Avifauna italica* ; Salvadori *Fauna d'Italia*, II° partie, *Ucceli* et à celles régionales de Luigi, *Ornitologia siciliana*, et de Ferragni *Avi fauna cremonense*.

La 2e section adresse ses remerciements pour la réception du *Bulletin du Muséum d'histoire naturelle*. Ce bulletin contient les travaux des réunions mensuelles des professeurs, assistants, préparateurs, élèves des laboratoires, stagiaires, boursiers, correspondants et voyageurs du Muséum. M. Milne Edwards en créant cette réunion mensuelle, donne la possibilité aux amis des sciences naturelles d'augmenter leurs connaissances par l'enseignement spécial que leur fournissent les voyageurs qui y font la description de leurs itinéraires et les circonstances de leur récolte scientifique.

M. Forest fait la communication suivante :

« Dans une étude de propagande en faveur de la domestication des Aigrettes (1), j'ai signalé plus particulièrement la douceur de la Garzette et d'après Brehm, je déclarais la grande Aigrette très sauvage, en conséquence, peu facile à domestiquer. Sans doute l'observation de Brehm est basée sur l'espèce de l'Ancien-Monde, cependant des exemplaires étudiés au Jardin d'Acclimatation ne m'ont pas paru très sauvages. Or je viens de trouver une indication très précieuse en faveur de ma thèse; en général, Aigrettes et Garzettes sont susceptibles de domestication, l'espèce américaine très certainement. Dans les procès-verbaux de la Société d'Acclimatation, séance du 25 septembre 1857, je trouve mention d'une lettre du Ministre de la Marine annonçant l'arrivée à Brest, venant de Cayenne, de divers animaux au nombre desquels se trouvait une grande Aigrette élevée en liberté et parfaitement privée. Poursuivant mes recherches dans la publication des *Voyages dans l'Amérique méridionale*, du regretté Dr Crevaux, je ne trouve que ce renseignement assez vague « les Roucouyennes ont une grande quantité d'animaux apprivoisés dans leurs habitations (carbets), ce sont des Agamis ou Oiseaux-trompette, des Hoccos, des Marayes et des Aras au plumage bleu et rouge (p. 201-202). » Il serait désirable que ces renseignements puissent être complétés, je souhaite que ces lignes tombent sous les yeux d'un ami ou d'un membre de la Société d'Acclimatation habitant l'Amérique méridionale et convaincu comme nous de l'utilité de la domestication des Aigrettes, massacrées actuellement pour leur parure qui en fait l'unique valeur. Il serait bien facile de récolter cette parure d'une façon rationnelle qui, assurant l'avenir en conservant une des plus belles créations de la nature, perpétuerait en faveur du commerce et de l'industrie, la parure de l'Aigrette en usage dès la plus haute antiquité. »

M. le Secrétaire communique ensuite diverses notes qui trouveront place dans la *Revue des sciences naturelles appliquées.*

Le Secrétaire,
J. FOREST aîné.

———

(1) J'ai appris, tout récemment, que des essais d'élevage de Garzettes avaient réussi en Tunisie, mais j'ignore par qui et où ces essais ont été faits. La difficulté principale consiste dans l'alimentation des jeunes Oiseaux.

IV. EXTRAITS DE LA CORRESPONDANCE.

LES ABIÉTINÉES PENDANT L'HIVER DE 1894-95 DANS LE PUY-DE-DÔME.

Les Abiétinées importées dans cette dernière moitié du siècle ont un degré de résistance et d'endurance au froid plus grand que ne le pensent beaucoup d'arboriculteurs.

Le thermomètre, dans ma contrée (1), après un mois de décembre printanier, est subitement descendu en janvier à 19 degrés centigrades ; les gelées à divers degrés ont duré près de quarante jours.

L'hiver peut donc être classé comme rigoureux.

Au premier réveil de la végétation, un débordement de la rivière Allier a couvert mes plantations de près de 1 mètre d'eau en hauteur et le terrain a été submergé environ quinze jours ; je craignais un désastre, il n'en a rien été. Sur cent douze variétés de Conifères que je possède, deux variétés seulement ont péri : le Pin de Bunge (de Chine) et le *Juniperus drupacea* ; trois ou quatre ont beaucoup souffert mais sont en train de se remettre : le *Cryptomeria elegans*, le *Cryptomeria Lobii viridis*, le *Thuya compacta* pleureur, plantés à l'entrée de l'hiver, et le Cyprès de Lambert. Les branches les plus basses, prises dans la neige, ont séché. Le Cèdre de l'Atlas a eu son feuillage brûlé. Tous ces arbres sont revenus aujourd'hui. Ces nouveaux venus sont donc relativement robustes et nous pensons qu'avec quelques soins, les premières années de la plantation, ils peuvent être élevés dans nos départements du centre, là où le thermomètre ne s'abaisse pas à plus de 20 à 24 degrés.

Les *Juniperus* et les Cyprès de Lawson variés nous paraissent surtout éminemment rustiques, et le sylviculteur peut doter sans crainte nos champs de ces belles et utiles espèces arborescentes qui viennent aussi bien dans la plaine qu'en côteau.

Je me permets de porter à la connaissance des arboriculteurs un fait que je crois assez rare dans les Abiétinées. J'ai planté, il y a trois ans, âgé d'environ sept à huit ans, le rarissime *Abies Douglasii glaucescens*. Ce printemps-ci, il porte seize cônes bien formés, ce serait à cause de sa rapide propagation une espèce précieuse à propager, les Sapins ne fructifiant, en général, qu'entre quarante et cinquante ans.

Le bois passe pour meilleur que celui de notre Sapin indigène (*Abies pectinata*), son feuillage est glauque et très ornemental (2).

Marquis DE PRUNS.

(1) Brassac-les-Mines (Auvergne), 400 mètres d'altitude supra marine, assis au sud-est.

(2) Il se trouve chez M. Elie Seguenot, horticulteur, à Bourg-Argental (Loire).

EXTRACTION DE L'ESSENCE OU RÉSINE JAUNE DU CHRYSANTHÈME DE DALMATIE ; PRÉPARATION DE LA CHRYSANTHÉMINE ET SES DIVERS USAGES.

Le principe actif du Chrysanthème de Dalmatie (*Pyrethrum cinerariæfolium*) est une essence ou résine jaune soluble dans l'éther sulfurique, insoluble dans l'eau, très peu soluble dans l'alcool, le sulfure de carbone et dans les corps gras lorsqu'elle est extraite de la plante sèche : les alcalis la décomposent rapidement.

Les sommités fleuries de la plante, les feuilles contiennent beaucoup d'essence, les parties inférieures des tiges en renferment très peu. Pour extraire l'essence et l'obtenir à l'état solide il suffit de mettre cette plante desséchée et triturée dans deux fois son volume d'éther sulfurique et après huit jours de macération, décanter et laisser vaporiser le liquide, le résidu obtenu est une substance qui a la consistance et la couleur de la cire vierge et une odeur de pomme de reinette.

Pour extraire l'essence d'une manière pratique, afin d'en faire usage en médecine et en agriculture, on coupe la plante au moment de la floraison, et tant qu'elle est fraîche, après l'avoir passée au hache-paille, c'est-à-dire coupée en morceaux de cinq à six millimètres de longueur, on la met dans un mortier avec la moitié de son poids d'huile de Vaseline ou d'huile de Colza suivant l'usage auquel est destinée la préparation, puis on triture le végétal au pilon ; ainsi préparé *il doit macérer sept à huit heures* et comme l'essence brune qu'il contient fermente très rapidement, ce temps ne doit pas être dépassé, la préparation devant être mise au pressoir avant qu'elle ait trop chauffé ; le liquide provenant du marc pressé est reçu dans un récipient spécial (dit florentin), l'huile sursaturée d'essence jaune se sépare de l'essence brune dissoute dans l'eau de végétation, cette dernière étant plus lourde se précipite dans la partie inférieure du récipient, une ouverture y étant pratiquée (pouvant se fermer et s'ouvrir à volonté), permet de se débarrasser de cette essence qui est sans valeur.

La préparation faite avec l'huile de Vaseline est un remede employé en médecine pour l'usage externe ; d'après les hommes de l'art qui l'ont expérimenté, il a des propriétés calmantes et décongestionnantes très marquées, appliqué sur les brûlures et les plaies contuses, il enlève la douleur et facilite la guérison, il détruit les Insectes parasites de l'homme ; ces vertus ont été signalées à l'Académie de médecine le 8 octobre 1891.

Les préparations faites avec de l'huile de Colza ou de Pétrole sont destinées à être employées en agriculture pour détruire les parasites des végétaux, on les emploie pures pour badigeonner les corps des arbres ou arbustes, et *émulsionnée* avec quarante fois son volume d'eau *seconde de suie* pour être employée en arrosage sur les tiges et les feuilles des végétaux. La chrysanthémine est l'insecticide spécifique des Teignes en général et de tous les Diptères et des Lépidoptères.

P. Genebrias de Boisse.

✕

Don de graines (*Trachycarpus* et *Solanum*).

Je vous envoie pour être distribuées entre nos collègues une petite quantité de graines de *Trachycarpus excelsus* (*Chamærops excelsa*), Palmier le plus rustique connu jusqu'à ce jour, si on en excepte toutefois le *Cocos Yatai* qui paraît être encore plus résistant.

Le *T. excelsus* se cultive en pleine terre dans quelques localités d'Angleterre, et non sans succès, et aussi je crois dans le nord-ouest de la France.

A Nice, on le rencontre dans presque tous les jardins et il donne des graines à profusion qui se ressèment naturellement. Il n'y a guère que le *Phœnix Canariensis* et le *Chamærops humilis* qui se trouvent dans ce cas ici, tandis qu'en Portugal, dans des localités plus favorisées, il est vrai par l'humidité, j'ai vu des *Archontophœnix Cunninghami* (*Ptychosperma elegans, Seaforthia elegans*) venus de semis naturels dans des sols recouverts d'herbe et de mousse.

Jusqu'ici trois Palmiers seulement se sont donc parfaitement acclimatés dans le sens vrai du mot et il est à croire que même abandonnés sans soins ils se propageraient à l'état sauvage comme le font déjà depuis longtemps l'*Agave americana* et une ou deux espèces d'*Opuntia*.

Je joins à cet envoi des graines du *Solanum marginatum* qui forme ici un arbrisseau perdant quelquefois ses feuilles par le froid. Il peut être cultivé dans le Nord comme plante annuelle, il croît rapidement et il est très ornemental.

A.-R. Proschawsky,
Grotte Sainte-Hélène, chemin de Fabron, Nice.

V. BULLETIN BIBLIOGRAPHIQUE

OUVRAGES OFFERTS A LA BIBLIOTHÈQUE DE LA SOCIÉTÉ.

GÉNÉRALITÉS.

Aubusson (L. d'). — *Esquisse de la faune égyptienne.* 1ʳᵒ partie. *Oiseaux et Reptiles.* Le Caire, 1894, in-8°. Auteur.

Bolau (H.). — *Kleine Mittheilungen aus dem Zoologischen Garten in Hamburg.* In-8°, figures. Auteur.

Carnières (de). — *Réforme des Mahsoulats.* Tunis, 1895, in-8°. Auteur.

Carrasco (Gabriel). — *La République Argentine considérée au point de vue de l'Agriculture et de l'élevage* Paris, 1889, in-8°. M. Menjou.

Daireaux (Emile). — *La République Argentine. L'industrie pastorale.* Paris, MDCCCLXXXIX, in-8°. M. Menjou.

Debains (Alfred). — *Les machines agricoles sur le terrain. Récoltes.* Paris, 1895, in-8°, figures. Société d'éditions scientifiques.

Die Arbeiten der Biologischen Anstalt auf Helgoland im Jahre 1893 (Wissenschaftliche Meeresuntersuchungen). Kiel et Leipzig, 1894, in-4°, figures dans le texte et planches.

Dubois (Alph.). — *Les animaux nuisibles de la Belgique.* Bruxelles, in-18, figures. Auteur.

Foa (Édouard). — *Mes grandes chasses dans l'Afrique centrale.* Paris, grand in-8° figures. MM. Firmin-Didot et Cⁱᵉ, éditeurs.

Girard (Henri). — *Aide-Mémoire d'Anatomie comparée.* Paris, 1894, in-12. J.-B. Baillière et fils, éditeurs.

Latzina (F.). — *L'Agriculture et l'élevage dans la République Argentine.* Paris, 1889, g. in-8°, cartes. M. Menjou.

Leblanc (Camille). — *Éloge de H. Bouley.* Paris, in-8°. Auteur.

Lukjanow (S.-M.). — *Éléments de Pathologie cellulaire générale.* Traduction de MM. Fabre-Domergue et A. Pettit. Paris, 1895, in-8°. Offert par les traducteurs.

Maggi (Leopoldo). — *Tecnica protistologica.* Milano, 1895, in-12. Hœpli, éditeur.

Marcassin (J.). — *Le Piègeage.* Paris, 1895. Auteur.

Martin de Moussy (Dʳ V.). — *Rapport sur quelques produits argentins.* Paris, 1867, in-8°. M. Menjou.

Moissan, Membre de l'Académie des Sciences et **Poincaré**, Ministre de l'Instruction publique. — *Discours prononcés à la séance générale du Congrès des Sociétés savantes le samedi 20 avril 1895.* Paris, 1895, in-8°. Ministère de l'Instruction publique.

Perrier (Edmond). — *La faune des côtes de Normandie.* Paris, 1895, in-8°, figures. Auteur.

Règles de la nomenclature des êtres organisés adoptées par les Congrès internationaux de zoologie. (Paris, 1889 ; Moscou, 1892), Paris, 1895, in-8°. Société zoologique de France.

Rodriguez (Juan J.). — *Memoria sobre la Fauna de Guatemala.* Guatemala, 1894, grand in-8°. Auteur.

Saint-Loup (Remy). — *Les causes de la disjonction des espèces.* Paris, in-8°. Auteur.

Wheelock (E.-J.). — *A year's Work at Fordhook farm.* Philadelphie, 1895, in-8°, figures. Auteur.

Ire Section. — Mammifères.

Aureggio (E.). — *Les Chevaux du nord de l'Afrique.* Alger, 1893, in-4° raisin. Gouvernement général de l'Algérie.

Bolau (Dr H.). — *Die Geographische Verbreitung der wichtigsten Wale des Stillen Ozeans.* Hamburg, 1895, in-4°, carte. Auteur.

Couvreux (Ch.). — *Le Mouton en Algérie et en Tunisie.* Paris, in-18, planches. M. Wuirion.

Investigations concerning Bovine Tuberculosis with special reference to diagnosis and prevention. Washington, 1894, planches.
Departement of Agriculture.

Simpson (J.). — *The wild Rabbit in a new aspect or Rabbit.* Warrens that pay. 2e édition. Londres, MDCCCXCV, in-8°. Auteur.

Thierry (Emile). — *Les Vaches laitières.* Paris, 1895, in-16.
MM. J.-B. Baillière et fils, éditeurs.

Turlin (A.), **Accardo** (F.) et **Flamand** (G.-B.-M.). — *Le pays du Mouton.* Alger, 1893, grand in-4° jésus, cartes et planches.
Gouvernement général de l'Algérie.

Zeballos (E.-S.). — *Description agréable de la République Argentine. A travers les bergeries.* Paris, 1889, g. in-8°, figures. M. Menjou.

2e Section. — Ornithologie.

Bolau (Dr H.). — *Der Riesen-Seeadler und der Korea-Seeadler im Zoologischen Garten in Hamburg* (Extrait). In-8°, planche en couleurs.
Auteur.

Caustier (Eugène). — *Les Pigeons voyageurs.* Paris, 1892, in-18, figures. Auteur.

3e Section. — Aquiculture.

Blanchard (Dr Raphaël). — *Hirudinées de l'Italie continentale et insulaire.* Torino, in-8°, figures. Auteur.

Compte-rendu des séances du Congrès national du Pisciculture, tenu à l'Hôtel-de-Ville du 1er au 6 juillet 1889, sous les auspices du Conseil municipal de Paris et de la Direction de l'Aquarium du Trocadéro. Paris, 1895, in-8°. M. Jousset de Bellesme.

L'Horticulture dans les cinq parties du monde (1), par

M. Charles BALTET, horticulteur à Troyes, membre et lauréat de la *Société nationale d'Acclimatation de France.*

Le bel ouvrage publié par M. Charles Baltet, horticulteur à Troyes, est à la hauteur de son titre : *L'Horticulture dans les cinq parties du monde.* La Société nationale d'Horticulture de France lui a décerné la médaille d'or du Congrès et le prix Joubert de 10,000 francs.

L'auteur s'est proposé le programme suivant :

Pénétrer dans tous les pays civilisés ; — Examiner l'état de l'horticulture par la composition des jardins, vergers, pépinières, potagers, parterres, serres, forceries et graineteries, et en établir la production ou le commerce ; — Écrire l'histoire des sociétés et comices ; — Décrire les jardins botaniques, d'essais ou d'acclimatation ; — Indiquer l'œuvre des explorateurs et des semeurs, et les résultats de l'importation ou de l'acclimatement des végétaux exotiques ou inédits ; — Signaler les ouvrages spéciaux et les journaux périodiques ; — Toucher parfois aux vignobles et aux forêts ; — Définir l'action du Gouvernement en ce qui concerne l'instruction horticole, la protection et les encouragements aux travailleurs, la distribution de plants et de semences, la plantation des routes et des friches, la lutte contre les fléaux, la réduction des charges, etc. ; — Relever la statistique des instituts, écoles d'horticulture et des asiles, colonies ou orphelinats qui ont inscrit le jardinage à leur programme.

Telles sont les grandes lignes ou les artères fondamentales du monument construit avec un grand talent d'observation, un sage esprit critique, une méthode savante dans l'exposé des faits, et un style entraînant qui se soutient du commencement à la fin du livre.

En aucun temps et dans aucun pays, un pareil travail n'avait encore été entrepris. Nous sommes heureux que ce soit un Français qui l'ait osé et mené à bonne fin avec un succès indiscutable.

Tous les documents puisés aux sources les meilleures ont du reste été contrôlés au moment de l'impression par les hommes les plus compétents de la France et de l'étranger.

Près de quatre-vingts contrées ont été ainsi fouillées de la façon la plus minutieuse par l'auteur, et la plus instructive pour le lecteur.

La France, l'Algérie et nos colonies, augmentées des pays soumis au protectorat, comportent naturellement un développement plus étendu. Les échanges de végétaux d'utilité ou d'ornement sont devenus un puissant facteur de l'acclimatation, un accroissement de la richesse coloniale et la naturalisation d'espèces nombreuses au Jardin du Bois de Boulogne, au Muséum de Paris, d'Antibes, en pleine Provence ma-

---

(1) Un beau volume de 800 pages, grand in-8° raisin. Prix : 15 francs, *franco.* — A Troyes, chez l'auteur, faubourg Croncels, 26, à Paris, librairie G. Masson, boulevard Saint-Germain, 120.

ritime,.jusqu'à Monte-Carlo, à Brest, sur l'Océan,. à Cherbourg et sur les plages normandes ou bretonnes.

A cet égard, les deux Amériques, l'Extrême-Orient et les Iles océaniennes ont été des mines inépuisables. Le Japon n'est-il pas « la patrie du Camellia, de l'Hortensia, des Lis et du Chrysanthème » ?

L'incursion dans le monde des nouveautés ou des types à recommander au propriétaire, au fermier ou au jardinier fait valoir :

Les variétés de fruits cultivées sur les routes d'Alsace-Lorraine, d'Allemagne, de l'Autriche-Hongrie, du Luxembourg, en Bavière, en Wurtemberg, voire en Pologne ; — Les légumes de grande culture, de primeur ou de saison pour la consommation directe et l'industrie des conserves ; — Les arbres et arbustes de nos parcs selon le climat rigoureux ou tempéré ; — Les plus jolies roses de France et du Luxembourg ; — Les fleurs de pleine terre ou de serre et les plantes à bouquets, corbeilles et parures ; — Les Broméliacées et les Orchidées recueillies sous les latitudes chaudes par les Belges ou les Anglais ; — Les plantes alpines de la Suisse et du Tyrol ; — Un choix de Jacinthes de Hollande classées d'après leur coloris ; — Les vergers de Crimée et les Cucurbitacées de Bessarabie ou d'Astrakan ; — La nomenclature des fruits obtenus en Belgique ; — Le revenu des cultures extensives des États-Unis et les arrivages à contre-saison du Cap et de l'Australie ; — Les pâturages danois et canadiens fécondés par les industries de la laiterie et des vergers ; — Le séchage des Prunes dans l'Agenais, la Touraine et les Principautés danubiennes ; — L'importance de la maraîcherie parisienne qui a transformé les communes suburbaines en jardins vitrés ou libres, alimentant les Halles, toute l'année ; — L'extension donnée à la graineterie potagère ou florale par les grandes maisons de Paris, de Lyon, de l'Anjou, de la Provence, d'Erfurt, de Quedlinbourg, de l'Australie, et même des contrées scandinaves favorisées par les nuits diaphanes, les étés courts et les influences du Gulf Stream.

Partout, l'auteur rencontre d'anciens élèves de nos établissements d'instruction ou d'exploitation du jardinage.

M. Charles Baltet étudie également les denrées populaires récoltées hors frontière :

Les Oranges et Citrons d'Espagne, d'Italie, de Portugal et d'Algérie, les Raisins, les Figues, etc., de Grèce et de Turquie ; — Les Dattes et les Cocos de l'Afrique ; — Les Café, Cacao, Sucre, Coton, Vanille, Caoutchouc, Tabac, bois industriels ; — Les plantes textiles, balsamiques, officinales, tannantes ou tinctoriales ; les Mangues, Bananes, Anones, Avocats, Mangoustes, Litchis, etc., qui croissent du Mexique à la République Argentine.

On voit qu'il s'agit d'une véritable encyclopédie, d'une œuvre magistrale, consciencieusement étudiée et présentée avec un ordre méthodique, dans un beau langage véritablement français. J. G.

VI. ÉTABLISSEMENTS PUBLICS ET SOCIÉTÉS SAVANTES.

Société centrale d'Aquiculture de France.

Conférence de M. le professeur N. de Zograf.

Le 25 juillet dernier, à huit heures et demie du soir, a eu lieu dans la grande salle de la *Société d'Acclimatation* une séance fort intéressante de la *Société d'Aquiculture*. Bien que l'été vienne clore d'ordinaire la série des conférences, le bureau de la Société n'a pas hésité à convoquer, pour la première fois, le grand public, à l'approche même des vacances. Le succès a d'ailleurs pleinement justifié cette initiative. Il s'agissait de faire entendre l'exposé de *l'État présent et de l'avenir de la pisciculture en Russie*, par M. N. de Zograf, professeur de zoologie à l'Université impériale de Moscou, et l'un des principaux organisateurs du Musée des sciences naturelles appliquées de cette ville.

Maniant très heureusement la langue française et secondé par des projections à la lumière oxhydrique, l'orateur a su intéresser vivement l'auditoire. Sa conférence sera publiée *in extenso* dans le Bulletin de la *Société centrale d'Aquiculture* ; mais on peut en lire dès aujourd'hui un compte rendu très fidèle donné par M. A. d'Audeville, dans son excellent journal *Étangs et Rivières* (numéro du 1er août 1895).

A l'issue de la séance, M. le baron Jules de Guerne, président de la *Société d'Aquiculture*, a fait connaître au savant professeur russe que le titre de Membre honoraire de la Société lui était décerné pour le remercier de sa précieuse collaboration.

Le même titre a été conféré à M. Léon Vaillant, professeur d'Ichtbyologie au Muséum d'histoire naturelle, qui avait bien voulu accepter la présidence d'honneur de cette conférence, la première d'une série qu'il est fort désirable de voir continuer.

Société entomologique de France.

Deux nouvelles Cochenilles du Caroubier dans l'île de Chypre.

Dans la séance du 26 juin, M. P. Gennadios, inspecteur de l'Agriculture en Grèce, annonce la découverte faite par lui, dans un récent voyage à Chypre, de deux Cochenilles vivant sur le Caroubier. Ces Hemiptères paraissent être fort communs dans le district de Limissole.

Le premier, que l'auteur appelle *Lecanium ceratoniæ*, est d'un brun clair, ovale, long de 3 mill. et large de 2 mill. Il est toujours accompagné par la fumagine. Les arbres qu'il attaque ne fructifient que très peu ou pas du tout ; leurs branches les plus jeunes se dessèchent.

Le second Insecte, nommé *Mytilaspis ceratoniæ* par M. Gennadios, est plus répandu que l'autre, mais il paraît être moins nuisible. Les Caroubiers ne semblent pas souffrir de sa présence. Chez cette Cochenille, la femelle est de couleur brun foncé, longue de 3 mill. sur 1 mill. à peine ; le mâle, beaucoup plus petit, est blanchâtre.

Congrès international de Zoologie (3ᵉ Session, Leyde, 1895).

Le troisième Congrès international de Zoologie se réunira à Leyde, en Hollande, du 16 au 21 septembre 1895. Ce Congrès, placé sous le haut patronage de S. M. la Reine régente des Pays-Bas, sera présidé par le Dʳ F.-A. Jentink, directeur du Musée national d'histoire naturelle de Leyde. Le secrétaire général du Congrès est M. le Dʳ Hoek, conseiller des pêcheries maritimes hollandaises, au Helder.

Cette réunion, dont le programme vient d'être publié, paraît devoir être fort intéressante. Beaucoup de savants français se sont déjà fait inscrire. La *Société d'Acclimatation* y sera représentée par un grand nombre de membres de son bureau et de son conseil, nous citerons entre autres : MM. Léon Vaillant, vice-président ; Baron de Guerne, secrétaire général ; Caustier, secrétaire des séances ; E. Blanc, R. Blanchard, Milne-Edwards, Oustalet, Remy Saint-Loup, membres du Conseil ; parmi les membres de la Société : MM. Sauvage, Gadeau de Kerville, A. Dollfus, Baron d'Hamonville, Railliet, Roché, etc.

Des visites seront faites aux Jardins zoologiques d'Amsterdam et de Rotterdam, ainsi qu'à l'établissement de notre collègue M. Blaauw, à S'Graveland.

Les membres du Congrès pourront profiter des avantages accordés par les chemins de fer et notamment par la Compagnie du Nord à l'occasion de l'Exposition d'Amsterdam ; les billets d'aller et retour sont valables pour quinze jours, avec arrêts facultatifs dans toute la Hollande (1).

Le montant de la cotisation, donnant droit à toutes les publications du Congrès, est de 25 francs. Il peut être payé au siège de la *Société zoologique de France*, 7, rue des Grands-Augustins, à Paris, où sont également reçues les adhésions.

Il est recommandé aux personnes désirant prendre part au Congrès de s'adresser, pour retenir un logement, à M. le Secrétaire du Comité local, le Dʳ Th. W. van Lidth de Jeude, à Leyde.

---

(1) Prix au départ de Paris : 50 francs en 3ᵉ classe, 76 francs en 2ᵉ classe et 102 francs 90 cent. en 1ʳᵉ classe.

VII. NOUVELLES ET FAITS DIVERS.

Les Castors de la Camargue. — *Leurs mœurs actuelles; différentes manières de les chasser* (1). —. Une colonie de cinq Castors vient d'être capturée sur les bords du Petit-Rhône, près le château Davignon, au-dessous de Saint-Gilles, en Camargue. Ces Rongeurs ont été pris au filet, le 20 octobre dernier, par MM. Sabatier frères, pêcheurs à Beaucaire.

Des renseignements particuliers sur la manière de chasser ces Mammifères m'ayant été obligeamment fournis par M. Sabatier père, qui les pourchasse depuis cinquante ans, et par M. Savoye, propriétaire à Maguelone, ancien maire des Saintes-Maries, je me fais un plaisir de résumer ici les observations qu'ils ont pu faire sur leurs mœurs. Ces renseignements viendront s'ajouter à ceux que donne Jean Crespon, dans sa *Faune méridionale*, publié en 1844 (t. Ier, p. 79).

On verra que, depuis lors, ces intéressants animaux en sont arrivés à modifier légèrement leur genre de vie. La mise en culture progressive de la Camargue les oblige, en effet à émigrer petit à petit dans les endroits les plus sauvages du delta du Rhône, et la chasse incessante dont ils sont l'objet en a tellement réduit le nombre que, malgré leur instinct de sociabilité, ils ne peuvent plus former de véritables colonies. On ne les observe actuellement que par couples isolés dans le Bas-Rhône et dans tout le delta de la Camargue, plus particulièrement dans le Petit-Rhône, depuis Fourques jusqu'à Sylvéréal.

On en trouve encore dans un des affluents de ce fleuve, le Gardon (2), bien qu'ils soient devenus très rares ; cependant à diverses reprises quelques captures m'ont été signalées. Ils ne remontent pas au-delà du Pont-du-Gard.

(1) L'article de M. Magaud d'Aubusson, *Le Bièvre*, publié dans le dernier numéro de la *Revue des Sciences naturelles appliquées*, voir p. 513, nous engage à reproduire les notes fort intéressantes de M. Galien Mingaud sur les Castors de la Camargue bien qu'elles aient paru depuis quelque temps déjà. — *Réd.*

(2) Je suis heureux de pouvoir citer le paragraphe que Ménard, le savant historien nîmois, consacre au Castor, dans son *Histoire de la ville de Nîmes*.

« *Castors*. — On trouve des Castors dans le Gardon. Cette sorte d'animaux, connus dans le pays sous le nom de *Vibre*, porte ailleurs le nom de *Bièvre*. C'est le Castor. Les naturalistes le définissent ainsi, *Castor cauda ovata plana*, Linnæus. M. Klein le met dans l'ordre des Quadrupèdes digités ou onguiculés, couverts de poils, *Quadrupedia digitata pilosa;* et dans la famille des animaux à cinq doigts, dont les pieds sont irréguliers. Les latins l'appellent *Castor* et les allemands *Biber*. Les Castors qui vivent dans le Gardon, y remontent de la mer par le Rhône. Ils ressemblent assez en grosseur et en figure à un Chien caniche. Ils mangent les Poissons. Ils ont la dent cruelle; et arrachent les racines des arbres. »

Observations sur l'histoire naturelle de Nîmes, p. 522. *Histoire de la ville de Nîmes*, par M. Ménard, t. VII, 1758.

I. — Les terriers des Castors du Rhône, creusés dans la berge ou dans les digues élevées au bord de ce fleuve, ont deux issues. L'une est toujours située à deux mètres environ sous les plus basses eaux ; c'est celle par laquelle ils rentrent et sortent. L'autre, très petite, est pratiquée au sommet du terrier et ne sert qu'à l'aérer. Son orifice extérieur est soigneusement dissimulé au milieu des touffes d'herbes et d'arbustes. Le haut de leurs habitations forme une voûte et n'a pas plus de 0,15 à 0,20 centim. d'épaisseur ; aussi arrive-t-il assez souvent qu'il est défoncé par les piétons parcourant les rives du Rhône.

Les terriers présentent deux compartiments assez vastes, eu égard à la corpulence de ces animaux, et communiquant entre eux par un couloir.

Dans le premier, le plus grand, qui constitue le magasin, le Castor entasse ses provisions de rondins de bois de 0,10 à 0,25 centimètres de diamètre et de 0,30 à 0,40 de longueur, dont l'écorce lui sert de nourriture. Quand il l'a rongée, il jette à l'eau le bois.

Dans le second terrier, plus élevé et à l'abri des petites crues, se trouve le logement de la famille. La femelle y met bas de fin mars à fin avril, et sa nichée se compose de 2 à 3 petits, quelquefois davantage. Elle fait son nid au moyen de débris de feuillages et de bourre qu'elle s'arrache du ventre.

II. — La chasse au Castor se fait de plusieurs manières qui dépendent en grande partie du niveau des eaux du Rhône, qui subit souvent des crues de 7 mètres et au-delà. L'époque la plus favorable est celles des crues printanières.

Lorsque le Rhône est gros, les Castors ne peuvent plus habiter les terriers qu'ils se sont creusés dans la berge ; ils se tiennent cachés dans les broussailles avoisinantes d'où ils ne sortent que la nuit pour aller à la recherche de leur nourriture. Se trouvant alors un peu dépaysés, moins méfiants, on arrive à les tuer à l'affût. Mais il faut toujours les chasser la nuit, lorsqu'on s'est assuré, au préalable, de l'endroit qu'ils fréquentent par l'examen du sol, dont les herbes couchées et écartées dénotent une marche lente et pénible, et par la constatation sur les arbres environnants des déprédations récentes.

Si le Rhône est bas et l'eau limpide de façon à pouvoir distinguer l'entrée du terrier, on **capture les Castors** au moyen de filets très forts que l'on met devant l'ouverture. Le filet est généralement un filet de pêche, lesté de plomb, de 2 mètres de hauteur sur 4 à 6 mètres de longueur, que l'on a soin de placer dans l'eau à peu de distance de la rive. Il est attaché par ses extrémités à deux barques dans lesquelles se tiennent les chasseurs.

Pour faire sortir le Castor de son terrier, on agrandit l'ouverture extérieure pour permettre à un Chien d'y pénétrer. Le Castor poursuivi se hâte de sortir de son terrier et vient se jeter dans le filet. On fait avancer aussitôt les barques l'une vers l'autre, de manière à former un cercle, et le Castor se trouve ainsi prisonnier.

Quelquefois aussi, on inonde le terrier, et cette inondation d'un nouveau genre fait fuir le Castor, qui vient se prendre dans le filet préalablement tendu sous l'eau, près l'issue de son terrier.

Ce sont généralement les Chiens qui dépistent le Castor en tombant en arrêt devant la petite ouverture. Les Chiens, peu habitués à flairer un tel gibier, hérissent leurs poils, ce qu'ils ne font pas lorsqu'ils flairent un trou de Lapin, un trou de Rat, etc.

Un terrier de Castor peut encore être indiqué par une crevasse du sol de la rive.

On se sert aussi de pièges à Renards ou à Lapins qu'on a soin de fixer avec une chaîne de fer. On les place sur la berge, à un ou deux mètres de l'eau, sur le passage habituel du Castor. Celui-ci, en gagnant la rive, s'y laisse prendre sans méfiance. Il fait des efforts pour se dégager et, à bout de forces, il roule dans l'eau où on le trouve étouffé.

Les pièges ne sont presque plus employés parce qu'ils brisent les pattes des Castors et déchirent leur peau.

On emploie encore des trappes ou des tonneaux vides recouverts de branchages que l'on a soin de placer sur le sentier que ces animaux suivent pour aller de leurs terriers à la recherche de leur nourriture.

La femelle est plus facile à tuer que le mâle, surtout lorsqu'elle sort accompagnée de ses petits, car le soin qu'elle prend pour les conduire, la rend bien souvent victime de son dévouement maternel.

III. — M. Sabatier père a observé un Castor pendant près de vingt ans, aux environs du château des Pradaous, sur le Petit-Rhône. C'était un solitaire qui vivait toujours dans le même terrier, et pendant ce laps de temps, il le lui a vu reconstruire deux fois, sans jamais pouvoir le capturer.

Non loin du terrier de ce Castor, il y en avait d'autres alors habités par plusieurs familles de ces animaux, qui se fiaient à la vigilance de leur vieux compagnon lorsqu'ils allaient à terre. Ce dernier se mettait en sentinelle sur un tertre, inspectant l'horizon et, au moindre danger, se jetait dans le fleuve et frappait l'eau vivement avec sa large queue de manière à prévenir ses congénères, qui s'empressaient de regagner leurs demeures. M. Sabatier et ses fils, naviguant la nuit, sur le Petit-Rhône, ont souvent remarqué ce Castor à cause de son pelage qui se distinguait par des tâches blanches dans le dos.

Depuis plus de dix ans, il ne l'a plus revu. A-t-il émigré à son tour, a-t-il été tué, ce qui est probable ; ou bien est-il mort de vieillesse dans son terrier ? On sait par l'observation de Castors tenus en captivité, que ces animaux vivent de 30 à 40 ans.

Le Castor du Rhône s'apprivoise très facilement et est susceptible d'attachement à son maître. Ce fait a, d'ailleurs, été prouvé par les Castors qu'on a pu conserver dans divers jardins zoologiques.

On a connu dans notre région des Castors qui ont été gardés vivants plusieurs mois, jouissant d'une grande liberté, sans avoir jamais cherché à s'échapper. Peu difficiles dans le choix de leurs aliments, on les nourrissait en leur donnant les détritus de cuisine.

A l'état de liberté, ils rongent l'écorce du Verne, du Peuplier, etc., mais celle qu'ils préfèrent est celle du Saule. En été, ils mangent des broussailles, de l'herbe et de jeunes pousses de toutes sortes qui croissent sur les rives du fleuve.

De nombreux Castors du Rhône ont été vendus à divers Musées de province et ceux qu'on a pu voir vivants, il y a quelque temps au Muséum d'histoire naturelle et au Jardin d'Acclimatation de Paris, proviennent de la Camargue.

Des cinq Castors pris par MM. Sabatier frères, trois ont été envoyés au Jardin d'Acclimatation — un mâle, une femelle et un petit, — où l'on peut les voir actuellement, et les deux autres ont été tués et vendus.

Ainsi que je l'ai dit au paragraphe consacré au Castor, dans ma *Note sur des Mammifères en voie d'extinction dans quelques départements du Midi de la France* (1), ces animaux seront complètement détruits d'ici à peu d'années, dans le Rhône et ses affluents, et dans le delta de la Camargue (2).

Je dois ajouter qu'avec la disparition du Castor, notre faune verra aussi disparaître une espèce de Coléoptère excessivement rare, le *Platypsyllus Castoris* Ritsema, parasite de ce Mammifère. Ce minuscule Coléoptère, long de deux à trois millimètres, qui ressemble à une Puce aplatie, a été observé, en 1883, par M. Alphonse Bonhoure, sur des Castors tués dans le Petit-Rhône (3).   GALIEN MINGAUD.

(*Bulletin de la Société d'Etudes des sciences naturelles de Nîmes,* 1894.)

Ce que mangent les Serpents. — Le régime alimentaire des Ophidiens à l'état de nature est intéressant à connaître pour bien des raisons. Au point de vue pratique, il nous apprend si telle ou telle espèce rend ou non des services en détruisant des animaux nuisibles.

S'agit-il de faire la chasse aux Reptiles, l'examen du tube digestif des premiers individus capturés fournit de précieuses indications sur le genre de vie des différents types ; l'on peut même arriver ainsi à déterminer quelles sont les heures les plus favorables, diurnes ou nocturnes, et les localités les meilleures pour se procurer chacun d'eux.

Sans parler de l'intérêt qu'offrent pour les directeurs d'une ména-

(1) *Bull. soc. et sc. nat. Nîmes,* p. 44, 1891.
(2) Pour d'autres renseignements sur les Castors du Rhône, je renvoie aux intéressants travaux publiés par M. Savoye (*Revue des Sciences naturelles appliquées, 1888*), et par M. Valéry Mayet. (*Le Castor du Rhône. Compte rendu du Congrès international de zoologie,* p. 58, Paris, 1889.)
(3) *An. Soc. ent. France,* p. 147, pl. 6, 1884.

gerie les données précises recueillies sur l'alimentation normale des animaux, la Zoologie tire également parti des faits observés, en ce qui concerne, par exemple, la migration des Vers parasites. Les Serpents enfin peuvent être pour les simples collectionneurs de très utiles auxiliaires, leurs proies de prédilection échappant souvent, pour diverses raisons, aux recherches de l'homme.

Voici d'ailleurs des faits qui justifient pleinement ces considérations. Le premier est emprunté à M. R. Rollinat, lequel a déjà du reste relaté, dans la Faune publiée par lui en collaboration avec M. Martin (*Vertébrés sauvages du département de l'Indre*, 1894), de nombreuses observations concernant la voracité des Serpents indigènes.

Laissons la parole à l'auteur :

« Dans une petite Couleuvre à collier (*Tropidonotus natrix*) de 0ᵐ,35 de longueur, capturée le 27 juillet 1894, sur les berges de la Creuse, en pleine ville d'Argenton, j'ai trouvé *cinq* jeunes Crapauds communs (*Bufo vulgaris*), de l'année.

» Le 14 août, on m'a apporté une Couleuvre vipérine (*Tropidonotus viperinus*), de 0ᵐ,70 de long qui contenait dans son tube digestif un Barbeau ou Barbillon (*Barbus fluviatilis*) de 0ᵐ,15. Cette Couleuvre a été capturée sur le tunnel des Petites-Roches, près de Chabanet (commune de Saint-Marcel). Elle avait pris sa proie dans la Bouzanne, qui coule au pied du coteau que traverse la voie ferrée ; elle avait gravi, malgré son énorme fardeau, la pente abrupte de ce coteau, qui est élevé, en cet endroit, d'une soixantaine de mètres environ.

» On sait que la Couleuvre vipérine — qui abonde sur les bords de la plupart des étangs, mares, ruisseaux et rivières de l'Indre — détruit une grande quantité de Poissons ; mais, ce que l'on sait moins, c'est que, de son côté, elle devient quelquefois la proie de certains Poissons voraces. Une Truite de rivière (*Salmo fario*), capturée dans la Creuse, près de Gargilesse, rendit une petite Couleuvre vipérine (1). »

Les faits signalés chez les Ophidiens exotiques ne sont pas moins curieux. S'occupant de classer les Reptiles conservés dans l'alcool au Musée de Vienne, le Dᵣ F. Werner a pris soin d'ouvrir tous les spécimens qu'un contour singulier de l'abdomen ou du tronc signalait à son attention. Il est arrivé ainsi à recueillir d'intéressantes données sur la nourriture et sur les mœurs d'animaux presque impossibles à observer à l'état sauvage.

Un Serpent arboricole de Java (*Dendrophis pictus*) renfermait une Grenouille (*Rana chalconota* ?), un autre (*Coluber oxycephalus*) des restes de Chauve-Souris et d'Oiseaux ; un Serpent arboricole nocturne de l'Inde (*Dipsas ceylonensis*) contenait un Lézard également arboricole (*Calotes sp.* ?) ; un autre arboricole nocturne, africain celui-là (*Dipsas obtusa*), avait avalé un Gecko (*Hemidactylus sp.* ?) ; deux Couleuvres aquatiques indiennes renfermaient l'une *(Tropidonotus stolatus)* un Crapaud *(Bufo melanostictus)* ; l'autre *(T. vittatus)*, une Grenouille *(Rana limnocharis)*. Deux Serpents d'eau douce, également de l'Inde, contenaient l'un *(Hypsichina plumbea)*, une Grenouille *(Rana macrodon)*.; l'autre *(Homalopsis buccata)*. un Poisson indéterminé ; un *Lycodon aulicum*, qui a l'habitude de chasser dans les terriers, avait absorbé un Lézard *(Mabnia sp.?)* également terricole ; une Vipère *(Vipera nasicornis)* de Cameroun et un *Trimesurus*, de l'île de Nias, près Sumatra, chacun une Souris ; un Serpent venimeux arboricole *(Dendrophis angusticeps)*, un Rat nouveau-né ; enfin un Bungare de Java *(Bungarus fasciatus)*, avait avalé une Couleuvre *(Tropidonotus vittatus)* presque aussi grosse que lui et qui débordait encore de l'estomac dans l'œsophage. Cette espèce détruit donc ses congénères tout comme le terrible Naja *(Naja ophiophagus)* (1).

Il est à souhaiter que tous les naturalistes auxquels tomberont sous les yeux, dans un musée, des Serpents d'une grosseur et d'un aspect singuliers, suivent l'exemple du Dr F. Werner. La beauté des spécimens ne souffre aucunement d'une autopsie pratiquée avec soin ; souvent même leur conservation se trouve assurée par l'enlèvement des matières absorbées que l'alcool pénètre mal.   Jules DE GUERNE.

Appareils destinés à mesurer la longueur de la langue des Abeilles — GLOSSOMÈTRE CHARTON. *Inventé, en 1892, par Charton Froissard, apiculteur à Dampierre (Aube).* — Cet instrument, destiné à mesurer la langue des Abeilles, afin de choisir, pour la reproduction des mères, les ruchées dont les habitants ont la langue assez longue pour aller puiser le miel dans les fleurs où leurs congénères ne peuvent le faire.

Après plusieurs générations d'un choix scrupuleux de ces ruchés, il reste à savoir si on arrivera à en perfectionner les races, comme on le fait des animaux ; c'est ce que l'avenir fera connaître.

Cet instrument (figure 1) n'est autre chose qu'un parallélogramme d'environ douze centimètres de longueur, sur quatre de largeur et quinze millimètres de hauteur, dans l'intérieur duquel on a soudé un fond en pente affleurant d'un bout le dessus de ce parallélogramme et l'autre à douze millimètres de hauteur du dessus ; le tout construit d'un métal assez résistant et ne s'oxydant pas.

Vous vous trouvez ainsi avoir une boîte profonde de douze millimètres d'un bout et rien de l'autre (figure 2) ; cette boîte est munie d'un couvercle à charnière encadrant une toile métallique dont les fils ne sont écartés que de deux millimètres. Ce couvercle permet de nettoyer l'instrument quand il en a besoin et de voir plus clairement le résultat de l'expérience.

(1) *Zoologische Garten*, 36e an., 1895, n° 3.

Le fond de cette boîte (figure 3) est divisé sur une longueur de dix centimètres par dix lignes transversales distantes entre elles de 1 centimètre (ces divisions commencent à la partie qui affleure le

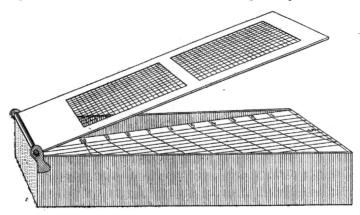

Fig 1. — Glossomètre Charton ouvert.

dessus) et sur la largeur par dix autres longitudinales. En outre, chaque ligne transversale est reliée à la suivante par une ligne oblique qui coupe chaque ligne longitudinale et ces points d'intersection

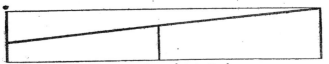

Fig. 2. — Coupe longitudinale.

forment les divisions par millimètre. Ce fond de boîte ressemble assez à une échelle de proportion comme celle dont se servent les géomètres pour la confection de leurs plans.

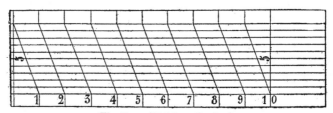

Fig. 3. — Divisions du fond.

Comme ce fond est incliné de un centimètre sur une longueur de dix centimètres, il s'en suit que chaque division de un millimètre marquée sur le fond, se trouve descendre d'un dixième de millimètre.

Pour se servir de cet instrument, on commence, à l'aide d'un niveau d'eau, par bien mettre de niveau le plancher de la ruche à éprouver, on remplit de liquide sucré et coloré la boîte à divisions en versant ce liquide sur la boîte métallique, puis on place l'instrument dans la ruche. Les Abeilles, attirées par le liquide sucré, viennent le sucer à travers la toile métallique et, quand elles ont cessé leur travail, le point où est descendu le liquide indique juste la longueur de la langue des Abeilles de cette ruche et il est bien entendu qu'il faut laisser aux Abeilles le temps nécessaire pour leur travail, car on n'obtiendrait qu'un faux résultat.

La première expérience faite avec le Glossomètre-Charton sur des Abeilles noires du pays, a donné les résultats suivants :

A la 1re ruche, le liquide a été sucé jusqu'à 7mm 1/10.

— 2e	Id.	9mm 2/10.
— 3e	Id.	7mm 5/10.
— 4e	Id.	8mm 0/10.
— 5e	Id.	8mm 4/10.
— 6e	Id.	8mm 8/10.

On voit, par ce qui précède, que de ces six ruches la deuxième était peuplée des Abeilles ayant la langue plus longue, puisqu'elles ont pu enlever le liquide du Glossomètre jusqu'à la profondeur de 9mm 2/10, tandis que celles de la première n'ont pu l'enlever qu'à la profondeur de 7mm 1/10.

Donc, les Abeilles de la deuxième ruche récolteront le nectar sur les fleurs dont le calice aura 9mm de profondeur, tandis que celles des autres ruches seront obligées de les regarder faute d'avoir la langue assez longue.

De là, l'importance d'avoir des Abeilles ayant une langue longue, et la plus longue possible, ce qu'il est permis d'espérer qu'on obtiendra par la sélection en ne choisissant, pour la reproduction des mères et des faux-bourdons destinés à féconder ces dernières, que les ruchées dont les Abeilles ont la plus belle langue.

GLOSSOMÈTRE LEGROS. — En vous présentant mon glossomètre, je crois devoir vous donner le résultat de mes observations, d'après les essais que j'ai faits au moyen de différents appareils dont il est inutile de parler ici, et qui m'ont conduit à adopter celui que je vous présente.

Suivant moi, la toile métallique doit être rejetée pour la construction d'un glossomètre, si l'on veut arriver à une mesure aussi rigoureuse qu'un dixième de millimètre ; en effet, les mailles ou carrés, formant les ouvertures, peuvent varier entre elles, sur la même toile, de plusieurs dixièmes de millimètres, soit par l'irrégularité de l'épaisseur des fils, soit par leur écartement ; dans tous les cas, il est néces-

saire de donner la grandeur exacte de l'ouverture qui livre passage
à la langue de l'Insecte ; *pour plus de précision,* on devrait adopter une
mesure uniforme.

J'ai lu dans un numéro de l'*Apiculteur*, de l'année 1881, page 180,
un article rendant compte d'une réunion annuelle des apiculteurs
de l'Amérique septentrionale, où il est dit que le capitaine Williams
a offert une prime à celui qui montrerait un essaim d'Abeilles ayant

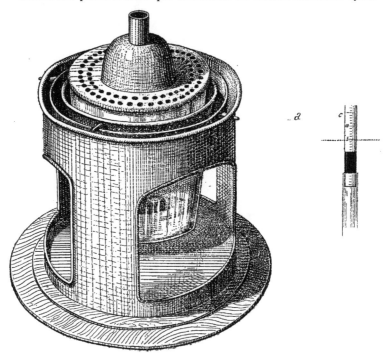

A. Couvercle perforé de trous ronds de deux millimètres de diamètre. *B.* Niveau du liquide après l'expérience (avant l'expérience le liquide touchait le
couvercle perforé). *C.* Papier gradué se trouvant dans le tube du flotteur en
donnant la profondeur atteinte par la langue.

la langue plus longue que les siennes, qui atteignent du sirop à travers une toile métallique à une distance de 11/32 de pouce (000,873) ;
on ne donne pas ici non plus la largeur des ouvertures et cependant
toute la question repose sur ce point puisque de la grandeur de ces
ouvertures résulte la facilité pour l'Abeille d'atteindre à une distance
plus ou moins grande, le liquide sucré contenu dans l'appareil.

J'ai vu aussi que M. Charton avait construit un glossomètre, également avec toile métallique, je ne connais pas cet instrument et ne sais
pas s'il donne la longueur obtenue de la langue de l'Abeille au moyen
de son glossomètre.

Pour éviter les inconvénients de la toile métallique, je me sers d'une feuille de zinc ou de fer blanc perforée de trous ronds de deux millimètres de diamètre, ce qui, suivant moi, est une proportion convenable pour ces expériences ; j'éloigne assez ces ouvertures des parois du récipient pour que la langue des Abeilles ne puisse pas les atteindre et profiter, en léchant ces parois, de l'effet de capillarité qui se produit, mais, au contraire, l'obliger à puiser directement sur le sirop. Une autre observation importante est d'obtenir la parfaite horizontalité de ce liquide, avec la plaque percée de trous qui le recouvre, afin que l'Abeille puise également sur toute la surface. C'est pour obtenir ce résultat que je suspends le vase sur des cercles à roulis (1), qui le tiennent constamment de niveau malgré l'inclinaison que pourrait avoir l'objet sur lequel on le pose.

J'ai trouvé après différents essais que l'Abeille commune (*Apis mellifica*), pouvait atteindre à une distance de (0.0065) six millimètres cinq dixièmes, avec mon glossomètre.

LEGROS, La Clémenterie. (Seine-et-Oise).

Lors de la présentation de ce glossomètre à la Société centrale d'Apiculture, MM. de Layens et Clément ont fait remarquer, avec juste raison, qu'il faudrait s'entendre d'une manière précise sur ce que l'on veut appeler *la langue* de l'Abeille, pour que les mesures puissent être comparables ; nous ajouterons avec M. Legros qu'il y a lieu d'employer un glossomètre construit sur les mêmes données, l'écartement des mailles de la toile métallique ou la grandeur des trous pouvant amener une différence très sensible.   (*N. d. l. R.*)

(*L'Apiculteur*, 1894, n° 9.)

Poisons végétaux employés pour la pêche par les Australiens aborigènes.

— Les Australiens aborigènes vivent uniquement de leur chasse et de leur pêche. Contre les Oiseaux, ils ont, en plus de leurs flèches rapides, cette arme non moins sûre, le *Boomerang*, dont le maniement est resté pour tous les voyageurs un objet d'étonnement et d'admiration. Contre les Poissons, ils ont recours à des procédés plus primitifs encore et auxquels s'attache pour nous comme un renom de barbarie : avec la belle insouciance de nomades qui peuvent dévaster une région, quitte à se transporter ailleurs où les appellent des ressources nouvelles, ils empoisonnent les rivières et les étangs.

Le problème se pose de savoir à quels végétaux sont empruntés des poisons tels que la chimie la plus savante hésiterait peut-être à en citer d'aussi actifs. C'est précisément le point sur lequel ont attiré l'attention les recherches du Dr Greshoff, attaché au fameux Jardin

_____

(1) Système des boussoles à bord des navires.

botanique. de Buitenzorg (Java). A son tour, M. H. Maiden, de Sydney, en a fait l'objet de ses études, et, dans un numéro de l'*Agricultural Gazette of New-South Wales* (1), tout en sollicitant les renseignements dont pourraient profiter ses travaux, il publie la liste des plantes que les noirs utilisent, à sa connaissance, pour prendre du Poisson.

D'une manière très générale, dit en substance M. Maiden, les écorces ou les feuilles que l'on jette dans les cours d'eau pour tuer, ou au moins pour engourdir le Poisson, renferment des éléments tanniques ; mais, sans rien affirmer, j'incline à penser que l'agent vraiment actif est une saponine analogue à celle qui donne à l'écorce de nos Acacias, par exemple, son goût persistant d'amertume. Quoi qu'il en soit, nul doute que l'analyse chimique des plantes qui nous occupent ne puisse fournir la matière d'une étude originale et féconde.

Voici comment procèdent à l'ordinaire les nègres de la Nouvelle-Galles du Sud. Dans la largeur d'un cours d'eau, ils plantent des pieux destinés à retenir des claies d'écorce ou des paquets, des bottes de feuillage. En très peu de temps le Poisson effaré, éperdu, comme enivré, vient se heurter contre la digue, et les noirs postés à proximité s'en emparent facilement. Cette sorte d'ivresse ne se prolonge guère au delà d'une heure environ et ne laisse après elle aucune trace fâcheuse au point de vue de l'alimentation.

Sir W. Mac Arthur, en ces derniers temps, aurait établi que, dans les comtés de Cumberland et de Camden (Nouvelle-Galles du Sud) les aborigènes emploient l'écorce de l'*Acacia falcata*, un petit arbre qui se rencontre dans les districts côtiers, connu quelquefois sous le nom de *Hickory* (Noyer d'Amérique) et vulgairement désigné dans le pays par le mot de *Weetjellan*. Chose curieuse : les noirs font aussi usage de cette écorce pour des pansements dans le cas de certaines maladies cutanées.

Tout à fait au sud de la même colonie, on se sert de l'écorce et des feuilles d'un autre *Hickory* ou « Black wood » (*Acacia penninervis*).

Les nègres de l'intérieur du Queensland emploient dans les petits lacs l'écorce du « Goobang » ou « Cooba », Saule indigène (*Acacia salicina*). Au contraire, dans le Queensland du nord la préférence est pour le Manglier aquatique frais (*Barringtonia racemosa*), vulgairement « Yakooro », dont l'écorce est d'abord débitée en petits morceaux, puis martelée sur la pierre. Quant à une autre variété, le *Barringtonia speciosa*, qui croît aussi dans le Queensland, les Australiens le dédaignent ; mais il est, dit-on, très apprécié pour le même usage par les indigènes des îles Fidji ; seulement on se sert de l'enveloppe extérieure du fruit, et non pas de l'écorce à proprement parler.

Avec le *Careya australis*, autre précaution : pour des raisons igno-

(1) H. Maiden : *Fish-poisons of the Australian aborigines*, Agricultural Gazette of New-South Wales, numéro du 1er juillet 1894.

rées, les noirs emploient.l'écorce de la racine dans les eaux salées et l'écorce de la tige dans les eaux douces.

Ailleurs, on préfère l'écorce broyée du *Cupania pseudorhus*; ailleurs encore, les feuilles pilées du *Derris uliginosa*.

La *Derris elliptica* est plus en faveur à Java, et semble-t-il aussi, dans l'île de Bornéo. Examinée par le Dr Greshoff, elle a révélé des propriétés extrêmement vénéneuses : une décoction de racine, au 300,000e, est fatale à un Poisson. Le seul élément actif que l'on ait pu isoler, mais non à l'état de pureté, est une substance résineuse, nommée *Derrid*, qui ne contient pas d'azote et n'est pas une glucose. A peine soluble dans l'eau, elle se dissout au contraire avec facilité dans l'alcool, dans l'éther, dans le chloroforme ; mêlée à de la potasse, elle donne des acides salicylique et protocatéchique ; une solution dans l'alcool produit un réactif légèrement acide qui entraîne pour des heures l'insensibilité partielle de la langue. Au 500,000e, la solution est presque instantanément mortelle pour le Poisson.

Quant à l'*Eucalyptus*, pourtant si répandu, on ne voit pas qu'il soit d'un grand usage ; à peine est-il nommé par quelques voyageurs. Sir Thomas Mitchell dit, par exemple, en parlant du Lachlan : « La rivière offre des endroits profonds et nous comptions sur une bonne pêche ; mais notre guide nous apprit que le lit avait été récemment empoisonné, d'après la coutume adoptée par les indigènes pendant la saison ·sèche. En effet, tous les trous étaient remplis de branches fraîches d'*Eucalyptus*, et le courant en prenait une teinte noire. » Il s'agit probablement de l'*Eucalyptus microtheca*, que M. E. Palmer dit avoir vu employer de la même façon dans l'intérieur de Queensland.

Signalons enfin, comme servant au même but, d'après divers témoignages : le *Tephrosia purpurea*, nommé en quelques endroits *Jerriljerry* ; le *Luffa ægyptiaca* à l'état vert, une variété de Courge dont le nom est *Bun-bun* ; un *Polygonum*, probablement le *Polygonum orientale*, qui agit si bien que les Poissons ne tardent pas à apparaître mourants, le ventre en l'air, à la surface de l'eau, sans rien perdre d'ailleurs de leurs qualités alimentaires, etc., etc.

Tels sont, ajoute en terminant M. Maiden, quelques-uns des très nombreux végétaux actuellement connus comme employés contre le Poisson. Si incomplète que soit l'énumération, encore vaut-il la peine de rechercher scientifiquement à quelle substance est due leur action. C'est évidemment par hasard que les aborigènes l'ont découverte ; aux savants de l'expliquer (1).   Achille LAURENT.

(1) Cette notice est empruntée à la *Revue générale des sciences pures et appliquées* que dirige avec tant de compétence M. Louis Olivier, membre du Conseil de la *Société d'Acclimatation* (6e année, no 9, 15 mai 1895).

Le Gérant : Jules GRISARD.

I. TRAVAUX ADRESSÉS A LA SOCIÉTÉ.

PIGEONS VOLANTS ET CULBUTANTS

Par M. Paul Wacquez (1).

(suite *)

TROISIÈME RACE.

CULBUTANT ANGLAIS.

Columba Gyratrix Britannica.

1er GROUPE.

CULBUTANT A LONGUE FACE

Longue faced Tumbler.

Ce groupe de culbutants anglais à longue face, c'est-à-dire longirostres se divise en trois familles :

1re FAMILLE : **Le Pigeon culbutant anglais unicolore dit :**

(*The commun Tumbler Pigeon*).

Cette première famille des Pigeons culbutants anglais unicolores ou de couleur pleine (*full colour*) est semblable aux familles correspondantes des culbutants allemands et français unicolores et ne nécessite pas une description complète.

Type parfait : 16 points.
Performance : 12 points.
Couleur : 4 points.

---

(1) Voyez *Revue*, 1894, 1er semestre, p. 529, et plus haut, p. 520.
Septembre 1895. 38

2ᵉ Famille : Le Pigeon volant-culbutant anglais unicolore ou bicolore.

Pour les motifs expliqués à la fin du précédent chapitre sur les Tümmlers, nous classons les Flyings tumblers : (Badge, Saddle, Rosewing, Motthe) sous le qualificatif de culbutants ; mais en spécifiant que ces Tumblers sont des Pigeons volants, ainsi que l'indique leur nom de Flying.

Cette famille des Flyings tumblers se divise en deux catégories.

La première à pattes emplumées (*feather legged*).

La deuxième à pattes lisses (*clean legged*) et soixante-dix variétés ! (1).

Nous n'avons, naturellement, pas le projet de parler des soixante-dix variétés, nous avouons, sans aucune honte, n'en connaître qu'une dizaine à peine.

Nous citerons donc simplement les variétés les plus remarquables de la catégorie pattue.

1ʳᵉ Variété : Le Pigeon culbutant anglais de couleur : à marques de tête, vol et plumes des tarses blancs, dit : (*The Badge Flying Tumbler.*)

Type parfait : 24 points.

Performance : 14 points.

1ᵉʳ point : Taille et grosseur ordinaires au Volant.

2ᵉ point : Tête ronde, du cou au bec, à joues pleines.

3ᵉ point : Bec grêle, plus droit et plus court de 17 ᵐ/ᵐ que celui du Volant ordinaire ; nuancé selon la couleur du sujet.

4ᵉ point : Morilles petites, simples un peu blanches, un peu farineuses.

5ᵉ et 6ᵉ points : Œil blanc d'émail, avec un tour sablé.

7ᵉ point : Membrane légère, régulière, blanc-rosé.

8ᵉ point : Cou court. La ligne, allant du bec au corps de l'oiseau, très creuse, sous le bec et très ressortie sur la poitrine.

9ᵉ point : Poitrine proéminente, développée et emplumée.

10ᵉ et 11ᵉ points : Dos et queue ordinaires.

(1) D'après sir J.-W. Lullow.

12e point : Ailes longues, reposant sur et presque à l'extrémité de la queue ; se touchant légèrement, sans cependant se croiser.

13° point : Jambes emplumées, les plumes des cuisses passées horizontalement et dépassant celles des tarsès.

14e point : Tarses et doigts emplumés, les plumes des tarses très abondantes, plantées de haut en bas, descendant en s'élargissant sur les doigts, ainsi qu'un cornet posé sur le côté ouvert, et laissant la patte mince à l'articulation du talon.

Pour la couleur : 9 points.

Les 15e et 16e points : couleur fondamentale. Les 17e et 18e points : le vol blanc (9 pennes à chaque aile). 19e point : marques blanches de la tête. Une sous le bec, de la forme d'une petite bavette, une autre étroite et longue au-dessus, une par côté derrière l'œil. Ces marques sont généralement irrégulières. 20e et 21e points : les plumes des tarses, seulement des tarses, blanches. Ces plumes blanches qui descendent et couvrent entièrement les doigts, donnent à ce Pigeon un grand charme distingué. 22e et 23e points : les plumes des cuisses de la couleur fondamentale.

24e point : maintien, la tête haute, le cou droit, la poitrine bombée, ferme sur jambes.

Ce Flying Tumbler forme cinq sous-variétés ou couleurs principales : noire, bleue, fauve — de la couleur fauve du Pigeon romain avec les plumes du cou argentées brillantes — rouge, jaune.

1° The black Badge Flying Tumbler ;
2° The blue Badge Flying Tumbler ;
3° The silver Badge Flying Tumbler ;
4° The red Badge Flying Tumbler ;
5° The yellow Badge Flying Tumbler.

2e *Variété* : LE PIGEON FLYING TUMBLER PIE dit (*the saddle Flying Tumbler Pigeon*).

Type parfait : 24 points.
Performance : 14 points.
Couleur : 10 points.

Semblable pour la performance à la première variété, mais de deux couleurs ; disposées comme celles du Pigeon Pie ;

c'est-à-dire : la tête, le cou, le dos, la queue de couleur, le dessous du corps, les plumes des jambes et les ailes blancs.

Les Flyings Tumblers de cette variété sont : noirs, bleus, de nuance un peu grise, rouges, jaunes.

Ils ressemblent à nos Pies françaises, mais sont pattus, ont le bec très corné, la tête plus ronde et l'ensemble général beaucoup plus lourd.

3° *Variété* : Le Pigeon Flying Tumbler blanc *(the White Flying Tumbler Pigeon).*

Semblable aux précédents Flyings Tumblers pour la performance, le White est entièrement blanc, d'un blanc pur.

Il doit avoir l'œil blanc, mais on le rencontre généralement avec l'œil coulé, brouillé, — ainsi que nous l'expliquâmes pour le Tumbler berlinois longirostre — et quelquefois avec l'œil de vesce.

Performance : 14 points. — *Couleur* : 4 points. — *Plumes des jambes* : 1 point. — *Maintien* : 1 point.

3ᵉ Famille. — **Le Pigeon culbutant anglais unicolore, à ailes mouchetées de blanc.**

Fig. n° 13, planche II.

Le Rosewing est un Pigeon de couleur uniforme, ayant aux ailes, en avant de la partie appelée manteau, un tas de petites plumes blanches très régulières et placées à égale distance les unes des autres.

Ces marques blanches aux ailes chez certaines races anglaises de Pigeons sont en quelque sorte le « Poinçon national de la Colombiculture anglaise ».

Ces marques n'existent que parmi les Pigeons des Iles Britanniques et ne sont portées que par les : Rosewing, Mottle, Pouter. C'est même une grande erreur de croire que les Boulants français et de la Poméranie doivent avoir des épaulettes ou plumes blanches aux ailes.

Cette 3ᵉ famille forme deux catégories : l'une à pattes emplumées, l'autre à pattes lisses, que nous classons cette fois comme variétés parce que avec les pattes différencie la performance du Pigeon.

ant

ale

mal

tle,
les

per-

Planche II.

1ʳᵉ Variété : LE PIGEON FLYING TUMBLER à ailes mouchetées (à pattes emplumées).

(The Rosewing Flying Tumbler.)
(Feather legged.)

Mêmes signes généraux que les précédents : Badge, Saddle ou White. Les tarses très fortement emplumés de la couleur générale.

Pour la couleur : 9 points.

15ᵉ et 16ᵉ points : la couleur fondamentale, le brillant de la plume.

17ᵉ et 18ᵉ points : les marques blanches du dos, des plumes blanches en forme de fer à cheval, dont les extrémités s'avancent sur les épaules de chaque côté du cou. 19ᵉ et 20ᵉ points : taches blanches aux ailes, deux points à six plumes ; 21ᵉ et 22ᵉ points. Quatre points à douze plumes marquées très régulièrement. 23ᵉ point : couleur des plumes des jambes lesquelles doivent toujours être de la nuance générale.

La plume, très serrée, très brillante, très riche de ton,

Les quatre sous-variétés de ces Flying Tumbler sont :

1° Noir (black rosewing) d'un noir très brillant avec des plumes blanches aux manteaux et sur le dos,

2° Bleu (blue rosewing).

3° Rouge (red rosewing).

4° Jaune (chamois foncé) (yellow rosewing).

2ᵉ Variété : LE PIGEON FLYING TUMBLER à bec court, à ailes mouchetées (à pattes lisses).

(The Motlhe Flying Tumbler.)

Le Motthe Flying Tumbler se rapproche des Motthe Tumblers brévirostres pour la performance.

Type parfait : 24 points.

Performance : 14 points,

De la taille et grosseur des précédents Flying Tumblers ; il a le 2ᵉ point : la taille plus ronde, le front haut ; le 3ᵉ point : le bec plus court, 10 $^{m}/^{m}$, et noir dans la couleur noire, blanc rosé dans les autres ; l'œil, blanc ; la membrane, fine ; le cou,

court, très arqué ; le 9e point : la poitrine, très proéminente ;
les ailes, longues ; le 13e point : les jambes, courtes ainsi que
les tarses et les doigs ; les pattes sont nues (*clean legged*).

Pour la couleur : 10 points. Disposés comme pour le Rosewing de le 3° variété de la deuxième famille.

J'ai (1), dans mes fonctions de juré aux expositions d'ani-
maux de basse cour de la Section d'aviculture pratique de la
Société d'Acclimatation de France, rencontré parmi des
Almonds Tumblers une remarquable paire de ces jolis Motthes
Tumblers ou Rosewing. Ils étaient rouges sang avec des
marques irréprochables aux ailes.

Les Almonds Tumblers qui les entouraient n'étaient certainement pas beaux ; la meilleure paire avait perdu — à
cause de son âge — ses couleurs blanches, les autres couples
étaient plus défectueux encore.

Je décernai, avec grande joie, le premier prix à ces Motthes
Tumblers, lesquels, n'en déplaise aux exposants que mécon-
tenta ma décision, n'étaient nullement mal classés au milieu
des Tumblers Almonds ou Kites aux yeux d'un juré d'une
exposition internationale ; le nom de race : Tumbler, appartenant aux familles des Almonds, Kites et Rosewings.

2e GROUPE.

PIGEON TUMBLER A COURTE FACE.

Short faced Pigeon.

Grande famille des Tumblers brévirostres anglais.

Ce Pigeon Culbutant que Boitard et Corbié nous présentaient de la sorte, en 1824 : « Columba Gyratrix Britannica ;
» en anglais : Tumbler, en allemand Tumler, est un des
» plus petits Pigeons que l'on connaisse, il diffère des précé-
» dents « Culbutants » par sa taille presque d'un tiers moins
» grosse, par son bec plus court, fin, marqué sur l'extrémité
» de la mandibule supérieure d'une tache (chez le Tumbler
» panaché) ou ayant toute la mandibule noire (dans la variété

(1) En mars 1893.

» qui a le plumage de cette couleur), sa tête, forte et aplatie,
» supportée par un cou mince et gracieux, ressemble un peu
» à celle d'une Perdrix.

» On trouve de ces oiseaux : noirs, roux, panachés de noir
» ou brun caillouté, avec un plastron de couleur plus vive.
» Ces oiseaux sont plus trapus que le Culbutant pantomime
» et aussi féconds... » fut, depuis lors cultivé avec tant de
soins jaloux, selectionné avec une si grande adresse par les
aviculteurs anglais, qu'il vient prendre place, de nos jours,
parmi les races les plus belles, les plus artistiques de nos
Pigeons domestiques.

Il représente, ce Tumbler, le petit, le minuscule, au milieu
des races incomparables, hors pair : des Romains, des Boulants, des Carriers, des Polonais ! Car pendant qu'un rachi-
tique Cravaté tunisien, qu'un Capucin ou qu'un Queue de
Paon sera beau à l'âge d'un an et se conservera ainsi plusieurs années; le Carrier, le Polonais ou le Tumbler met-
tront trois ans à atteindre leur complet développement, —
lorsqu'ils l'atteindront — conserveront ce degré d'esthétique
pendant quelques étés et passeront, se faneront, comme se
fanent les fleurs aux teintes pâles et captivantes, les plantes
aux tiges nerveuses, fines et délicates.

La grande famille des Tumblers se divise en cinq variétés :

La première variété, la plus belle, la plus riche en couleur
celle pour laquelle nous ne pouvons avoir la prétention de
lutter, en notre pays, avec nos voisins d'outre-Manche et dont
ils ont le juste droit de se montrer particulièrement fiers,
est la

1re *Variété* : Les Tumblers almonds.

Type parfait : 30 points.
Les signes généraux de la race des Tumblers sont :
Performance : 20 points.

1er point : Taille et grosseur petites. — Tour de corps :
21 centimètres. Longueur : 30 centimètres.

2e point : Tête ronde, d'un œil à l'autre.

3e point : Ronde également du bec au cou, aplatie de face
et très haute dans la partie appelée front. (*Figure 29.*)

4e point : Laquelle doit : former un angle droit avec le bec, atteindre tout son développement au-dessus des yeux et finir en une courbe gracieuse et fuyante jusqu'au cou.

5⁰ point : Joues proéminentes ; par côtés la tête est ronde jusqu'au-dessous des joues.

6⁰ point : Bec rosé, petit, extrêmement petit, a 10 millimètres de long *au plus*, est très droit, avec les deux mandibules exactement semblables, se terminant en pointe, l'une sur l'autre, sans que la supérieure recouvre l'inférieure.

Fig. 29.

7⁰ point : Morilles petites, simples, même plates, très légèrement farineuses quand l'oiseau est âgé ; plus larges que longues.

8⁰ et 9⁰ points : Œil très saillant, très proéminent, blanc ; pas le blanc perlé ni le blanc porcelaine, un blanc imperceptiblement couleur paille très pâle, légèrement cerclé d'un mince tour sablé.

10⁰ point : Membrane fine, régulière, entourant l'œil d'un étroit cercle gris noirâtre ou gris rose.

11⁰ point : Cou grêle, délié, formant, par devant, une courbe très accentuée du bec à la naissance du bréchet et, par derrière, une ligne tombant droite sur le dos, *laquelle prolongée, doit rejoindre la ligne des cuisses du sujet.* Ce point fait partie du maintien.

12⁰ point : Attache du cou, le cou doit être attaché très finement à la tête et prendre de suite de la grosseur.

13⁰ point : Poitrine ayant l'aspect d'une grosse boule ; portée très en avant.

14⁰ point : Dos large, d'une épaule à l'autre.

15⁰ point : Croupion large, également. Les Tumblers à croupion ou reins étroits portent les ailes au-dessus de la queue.

16⁰ point : Queue assez large, de longueur moyenne.

17⁰ et 18⁰ points : Ailes assez longues, que l'oiseau porte en dessous de la queue. Ce point est également très impor-

tant ; tout Tumbler portant les ailes au-dessus de la queue
est défectueux.

Il court, à ce sujet, une légende qui conte :·que les Anglais
cassent l'aile des Tumblers, à la soudure du radius, du cubi-
tus et de la main, ce qui permet aux rémiges premières, fixées
à cette partie de l'aile, de tomber et de traîner sur le sol.

Tout oiseau ayant subi cette opération ne peut plus voler
qu'avec difficulté ; il est incapable de fournir un vol soutenu,
puis le Tumbler, portant les ailes au-dessus de la queue, a
toujours le croupion étroit et un œil connaisseur reconnaîtra
à cette partie du dos que le sujet ne porte pas les ailes traînantes naturellement.

19e point : Jambes très courtes.

20e point : Tarses-doigts rouge-vif, très courts également.

Lorsque le Tumbler est de race pure, il marche sur l'extrémité de ses doigts.

La définition de la couleur de l'Almond est toute semée de
dangereux écueils, car un Almond parfait naîtra de cette
nuance *sui generis* de la coque d'amande, que le chamois, ni
le chrôme clair, ne peuvent représenter ; pour se transformer
d'année en année, d'automne en automne, de mue en mue !
jusqu'à la fin de son existence et finir ses jours dans une enveloppe emplumée presque noire.

A l'âge de trois mois, avant la première mue, un jeune
mâle Almond doit présenter un plumage d'une couleur coque
d'amande du bec à la queue, avec comme une teinte d'ombre :
(couleur de terre disent les connaisseurs anglais) sur le cou,
les épaules, le croupion, la queue ; mais, cette teinte d'ombre
nous la demanderons très légère, à peine indiquée. Le ton de
ce croupion est un point extrêmement important, tout Almond ayant les plumes du croupion plus pâles que celles des
épaules et de la queue, ne fera jamais qu'un Tumbler défectueux pour la couleur.

A six mois, l'Almond aura de petites taches d'un noir brillant : sur le cou, le dos, les pennes des ailes et de la queue et
à un an il se présentera de la manière suivante.

Pigeon Tumbler Almond tricolore âgé d'un an.

Fig. n° 14, planche II.

21e point : Tête coque d'amande.

22e point : Cou de même nuance ; piqué de plumes noires et brunes (couleur terre).

23e point : Épaules, coque d'amande, quelquefois piquées de noir.

24° point : Croupion complètement semblable aux épaules.

25e point : Queue coque d'amande, terre ; semée de taches blanches quelquefois bordées d'un liseret noir. Les trois couleurs marquées sur toutes les rectrices et rémiges ne sont pas obligatoires ; à cet âge nous préférons même un Almond aux pennes simplement marquées de blanc.

26e et 27e points : Manteaux coque d'amande, mêlés de plumes couleur terre et noire.

28e et 29° points : Vol, les rémiges semblables aux rectrices.

L'oiseau a perdu la couleur uniforme de l'enfance, mais, cependant n'est pas encore irréprochable; il est en pleine période de transformation, de métamorphose.

30° point : Maintien, tête et cou très droits, portés très en arrière, la poitrine très bombée ; la ligne passant derrière le cou, prolongée perpendiculairement à travers le corps, passerait derrière celle des cuisses et des tarses (voir les figures nos 14, 15, 16, etc.). Cette ligne du cou forme un angle obtus avec celle du dos, la queue relevée légèrement et permettant ainsi aux ailes de passer dessous pour tomber et traîner à terre.

Les Anglais tiennent essentiellement au maintien ; c'est pour eux un point très important dans toutes les races de Pigeons.

A dix-huit mois, l'Almond se transformera de nouveau, les plumes du cou, des manteaux, se caillouteront de noir, de brun ; toutes les pennes se marqueront des trois couleurs et, à trois ans, l'Almond apparaîtra, merveilleux, superbe, avec :

21° point : Tête coque d'amande piquée de noir.

22° point : Cou coque d'amande, ombré de brun (terre), piqué de nombreuses plumes noires, très brillantes, Reflets changeants.

23e point : Epaules cailloutées de coque d'amande, de brun (terre), de noir.

24° point : Croupion exactement de la couleur des épaules, mais les taches plus petites.

25e point : Queue brun-terre, noire et blanche ; toutes les

rectrices marquées de ces trois couleurs sont placées irrégulièrement formant comme un fouillis de ces trois tons et
non pas une raie blanche telle que dans la queue du cravaté
d'Orient.

26e et 27e points : Manteau coque d'amande, caillouté de
brun et de noir par des taches plus larges que hautes.

28e et 29e points : Vol, les rémiges, surtout les primaires,
marqués de brun-terre, de blanc et de noir. Même remarque
que pour les rectrices.

30e point : Maintien identique à celui de l'Almond d'un an.
(*Fig. n° 16, planche II.*)

Arrivé à ce point, le Tumbler Almond est incomparable-
ment beau. Il se conservera ainsi pendant deux ou trois saisons (c'est-à-dire années), écrit Robert Fulton, rarement
quatre ; puis, les taches blanches disparaîtront, s'effaceront,
rongées par le noir ; le brun terre foncera, se développera,
envahissant toutes les parties du plumage demeurées coque
d'amande et à cinq ou six ans, au plus tard, l'Almond ne sera
plus que terre-foncée et noir, pour devenir définitivement
presque noir et d'une couleur brun sale. *Fig. n° 18,
planche II.*

Le plumage des femelles de cette race se transforme beaucoup moins que celui des mâles; il ne se caillloute pas de brun-
terre et de noir ; — ou, s'il le fait, c'est très faiblement, —
et conserve conséquemment sa couleur première de coque d'a-
mande, les pennes des ailes et de la queue tachées de blanc.

Pour la reproduction, toutes les femelles de Tumblers petites, seront rejetées, comme étant de mauvaises reproduc-
trices. Quelques-unes pondront des œufs hardés (coquilles
molles), d'autres ne feront qu'une ou deux pontes pendant
la saison et leurs jeunes ne seront jamais vigoureux ni forts.

Nous conseillerons donc de n'employer que des femelles de
bonne constitution, vives, alertes, même de préférence, un peu
fortes et de ne jamais accoupler ensemble deux Almonds de
moins de deux ans.

(*A suivre.*)

BACS D'ALEVINAGE POUR SALMONIDES

Par M. RAVERET-WATTEL.

Chacun sait que la période la plus difficile de l'élevage des Salmonides est celle du tout premier âge, c'est-à-dire la période qui s'étend depuis le moment où, ayant achevé la résorption de la vésicule vitelline, l'alevin commence à manger, jusqu'à celui où, parvenu à l'âge de trois mois environ, il a déjà acquis un développement et une vigueur qui le mettent à l'abri d'une multitude de dangers, de causes de destruction qui entraînent souvent des pertes sérieuses, même dans les élevages les mieux conduits. La principale difficulté avec laquelle on se trouve aux prises pendant cette période, c'est la nourriture de l'alevin. A défaut de menues proies vivantes, qui seraient certainement la meilleure nourriture à donner aux jeunes Poissons, mais qu'il est presque toujours impossible de se procurer en quantité suffisante, on est bien obligé de recourir à l'emploi de nourritures dites « artificielles », de viandes hachées, qui laissent toujours plus ou moins à désirer, et dont le moindre défaut est de salir beaucoup les bacs d'élevage. L'alevin de Salmonides ne va guère chercher la nourriture tombée au fond de l'eau ; il ne prend généralement que celle qui passe à sa portée et qui s'offre en quelque sorte à sa bouche. Les parcelles de viande non saisies au passage vont au fond des bacs et y forment des dépôts qu'il est indispensable d'enlever très fréquemment, car ils ne tarderaient pas à vicier l'eau d'une façon très nuisible pour le Poisson. D'où la nécessité de nettoyages minutieux, qui ne laissent pas que de représenter une main-d'œuvre assez coûteuse pour l'éleveur.

Pour éviter cet inconvénient, depuis 1891, nous avons recours, à l'établissement du Nid-de-Verdier, à l'emploi de bacs d'alevinage, dont j'ai déjà dit quelques mots dans une note insérée au *Bulletin* en novembre 1894, mais sur le fonctionnement desquels je crois devoir revenir aujourd'hui, en soumettant un modèle à la Société, parce que ce système pourra,

je crois, rendre véritablement service dans l'élevage des Salmonides. L'appareil consiste simplement en une caisse rec-
tangulaire en bois un peu épais (1), dont le fond est constitué
par une feuille de zinc perforé, et dont deux côtés (les deux
extrémités) sont faits de toile métallique galvanisée. On recouvre habituellement le bois d'une couche de coaltar étendu
d'essence de térébenthine, afin de le mettre à l'abri de l'action de l'eau, ou bien encore on en carbonise légèrement la
surface avec un fer rouge (2).

Nous plaçons ces caisses dans de petits ruisseaux, alimentés
d'eau de source, et garnis de cresson, où foisonnent une
multitude de petits animaux et surtout de *Gammarus* (Crevettes d'eau douce), qui multiplient là en abondance. Dans
les endroits présentant très peu d'eau, on place chaque caisse
sur deux briques, qui servent de pieds, afin que le fond de
zinc ne repose pas sur le sable du ruisseau ; mais si l'eau présente plus de profondeur, on laisse flotter la caisse ; par suite
de l'épaisseur du bois, celle-ci déplace presque toujours un
volume d'eau suffisant pour pouvoir flotter, même quand elle
est chargée de son couvercle. On peut d'ailleurs fixer sur les
côtés deux flotteurs en liège, qui lui assurent une stabilité
complète. Le couvercle de la caisse est formé d'un cadre en
bois (3), sur lequel on tend, en le fixant avec quelques clous,
un morceau de grosse toile métallique galvanisée. Ce couvercle est mobile et repose simplement sur la caisse. S'il était
fixé par des charnières, il ferait basculer la caisse quand on
l'ouvrirait. Deux pitons enfoncés dans le cadre servent de
boutons pour le saisir commodément, et permettent d'enlever
ou de replacer facilement le couvercle sur la caisse. La toile
métallique du couvercle a pour but de laisser passer l'air et
de ne pas plonger l'intérieur de la caisse dans une obscurité
complète, comme le ferait un panneau plein ; elle laisse tamiser un demi-jour qui est très favorable au jeune Poisson,
et que celui-ci recherche.

(1) Nous employons pour confectionner ces caisses des planches de 25 millimètres d'épaisseur.

(2) Nos caisses ont 0m,70 de longueur, sur 0m,35 de largeur et 0m,35 de hauteur. On pourrait naturellement les faire beaucoup plus grandes ; mais elles
deviendraient moins facilement maniables et conviendraient moins bien pour un
usage spécial dont je parlerai plus loin.

(3) Du « couvre-joint » un peu large convient parfaitement pour confectionner
ce cadre.

Quand les alevins ont résorbé la vésicule et commencent à manger, nous les plaçons dans ces caisses, où ils se trouvent dans des conditions extrêmement favorables à leur développement. Ils y ont tous les avantages de la pleine eau, sans être exposés à ses dangers, car ils sont parfaitement protégés contre les nombreux ennemis du dehors. Le couvercle arrête les Martins-Pêcheurs, grands destructeurs d'alevins, et les trous du fond de zinc sont de trop faible diamètre pour livrer passage aux Insectes carnassiers et autres petits animaux dangereux (Dytiques, Notonectes, etc.). Les alevins se trouvent donc absolument à l'abri, et dans des conditions hygiéniques excellentes. En effet, lors des distributions de nourriture, les parcelles de viande qui ne sont pas consommées et qui vont au fond de la caisse n'y séjournent pas et ne forment point de dépôt nuisible : continuellement en mouvement, les alevins font tamiser ces parcelles de viande par les trous du fond de zinc et effectuent eux-mêmes un nettoyage absolument parfait (1). D'un autre côté, ces parcelles de viande tombant à travers le fond, sous la caisse, y attirent une multitude de Crevettes, qui viennent s'en repaître ; les plus petites (au printemps surtout, il y en a des quantités) passent par les trous du zinc et viennent, dans la caisse, se faire manger par les Truitelles, en leur apportant un supplément de nourriture d'excellente qualité. Alors que, sur les alevins élevés et nourris dans les appareils d'éclosion, la mortalité s'élève souvent à 10 ou 15 pour cent, dans nos bacs immergés en pleine eau, nous réduisons la perte absolument à zéro, tout en évitant des nettoyages fastidieux, et en obtenant un grossissement très rapide de l'alevin.

Voilà donc un premier avantage de l'emploi de ces appareils. Mais nos bacs ont un autre côté utile : celui de pouvoir servir d'appareils d'éclosion. En complétant la caisse par une claie analogue à celle des augettes à incubation du système Coste, on obtient un appareil d'éclosion qui peut recevoir de 2,500 à 3,000 œufs de Truite ou de Saumon, et qui fonctionne fort bien quand on le place dans un courant convenable, c'est-à-dire suffisant pour que les œufs baignent dans une eau bien aérée, mais assez modéré, toutefois, pour ne pas rouler les

(1) Il est même utile d'employer du zinc perforé à trous beaucoup moins rapprochés que ceux des zincs vendus couramment par le commerce ; sans quoi, la viande hachée tamiserait trop vite et il s'en perdrait une quantité considérable.

œufs. Un simple filet d'eau, la moindre source suffit pour alimenter l'appareil, qui constitue, à lui seul, un laboratoire d'éclosion, et qui met ainsi l'incubation des œufs de Truite à la portée de tout le monde. Pendant la durée de l'incubation et la période de résorption de la vésicule ombilicale, il convient de remplacer le couvercle avec toile métallique par un couvercle plein, entièrement en bois, afin de donner aux œufs comme aux tout jeunes alevins l'obscurité qui leur est nécessaire.

Une visite quotidienne de l'appareil est indispensable, pour veiller à ce que les œufs ne soient pas envahis par quelque sédiment nuisible. A la suite de grandes pluies, la plus belle eau de source peut se troubler et charrier des matières terreuses qui, venant à se déposer sur les œufs, pourraient les asphyxier. On évite en partie ce danger en ne garnissant la caisse que d'œufs dans un état de développement très avancé. Grâce à la facilité avec laquelle on peut aujourd'hui se procurer dans le commerce des œufs à tel ou tel stade de développement, rien de plus simple que de se faire adresser des œufs tout prêts à éclore, qui ne resteront, par suite, dans la caisse que très peu de jours avant de donner naissance aux alevins et qui ne courront que peu de danger du côté du manque de limpidité de l'eau. Si, néanmoins, quelque dépôt vaseux venait à se produire, il serait facile de soulever un peu la caisse pour mettre les œufs pendant quelques instants hors de l'eau et, avec une pomme d'arrosoir, projetant une pluie fine, de les nettoyer complètement. Inutile d'ajouter que l'eau employée pour ce lavage doit être celle même qui alimente l'appareil d'éclosion, afin de ne pas faire subir aux œufs des changements de température toujours nuisibles.

Il est, enfin, un troisième usage pour lequel nous nous servons de ces bacs, et qui nous les rend fort utiles : nous les employons pour sequestrer momentanément les alevins, au moment des expéditions, et pour les mettre très rapidement dans les bidons de transport. Mais comme j'ai déjà décrit cette opération dans une précédente note (1), il paraît inutile de revenir ici sur les détails donnés à ce sujet.

-----

(1) *La Station aquicole du Nid-de-Verdier*, *établissement départemental de pisciculture de la Seine-Inférieure* (*Revue des Sciences naturelles appliquées*, n° 21, du 5 novembre 1894).

LES BOIS INDUSTRIELS

INDIGÈNES ET EXOTIQUES

Par Jules GRISARD et Maximilien VANDEN-BERGHE.

(SUITE *)

Pour terminer cette revue des arbres de la famille des Rosacées il nous reste encore à citer :

Cercocarpus ledifolius Nutt. Etats-Unis : *Mountain Mahogany*. Petit arbre atteignant rarement plus de 12 mètres de hauteur, avec un tronc de 0m,60-0m,90 de diamètre. Originaire des Etats-Unis de l'Amérique du Nord. De couleur rouge clair et souvent d'un magnifique brun foncé. Beau bois, très lourd, dur, à grain fin, compact, cassant, difficile à travailler, susceptible d'un beau poli. Rayons médullaires très nombreux, minces. L'aubier est jaune clair. Estimé comme bois de chauffage, il donne aussi un excellent charbon.

Le *Cercocarpus parvifolius* Nutt., également des Etats-Unis, fournit un bois analogue.

Eriobotrya Japonica Lindl. (*Cratœgus Bibas* Lour. ; *Mespilus Japonica* Thunb.) Bibacier, Néflier du Japon. Grand arbrisseau ou, petit arbre à feuilles persistantes, alternes, rugueuses et coriaces, lancéolées, cunéiformes à la base. Originaire du Japon et de la Chine orientale, cette espèce est aujourd'hui cultivée comme arbre fruitier dans tous les pays tempérés. Son bois, légèrement rougeâtre, est dur, flexible et très solide; son grain est fin et sa cassure longue et fibreuse. Les Japonais en font des meubles, des manches d'outils, des instruments de musique, etc., mais il est peu ou point employé industriellement dans d'autres pays. Son fruit, connu au Japon sous le nom de *Biwa*, est un drupe presque globuleux, surmonté d'un œil qu'entourent les sépales persistants ; il renferme dans une chair épaisse, jaunâtre, sucrée et aci-

---

(*) Voyez *Revue*, année 1894, 2e semestre, note p. 540 et plus haut p. 306.

dule, cinq noyaux cartilagineux peu épais. Ce fruit est très apprécié comme dessert, lorsqu'il est frais ; on en fait aussi de bonnes confitures et une liqueur [de table estimée. Les amandes contiennent, une proportion assez élevée d'acide cyanhydrique. Cet arbre prospère bien en Algérie et dans le midi de la France ; ses fruits mûrissent à point et se vendent quelquefois sur les marchés.

Eucryphia cordifolia Cav. *(Pellina cordifolia* Mol.*)* Chili : *Muermo* ou *Ulmo*. Un des plus beaux et des plus grands arbres du Chili, atteignant jusqu'à 40 mètres de hauteur sur un diamètre de 2 mètres environ ; feuilles persistantes, opposées, oblongues, cordiformes, quelquefois marginées et dentées. Originaire du Chili, où il se rencontre depuis Chillan, vers le sud, il est surtout abondant dans les lieux humides et boisés de Valdivia et de Chiloé. Son bois est un des plus durs du pays et se conserve fort bien à l'humidité, ce qui fait qu'il est préféré à tout autre pour la confection des rames et des gouvernails de bateaux, mais on ne peut guère l'employer pour le pont des navires, à cause de la facilité avec laquelle il se fend au soleil ; c'est aussi un bois de feu très estimé. L'écorce contient une grande quantité de tanin ; on s'en sert en médecine et pour le tannage.

Ce genre est encore représenté en Australie par l'*Eucryphia Moorei* F. Muell., de la Nouvelle-Galles du Sud et par l'*Eucryphia Billardieri*, de la Tasmanie. Ce sont des arbres de taille moyenne, à tronc droit, dont le bois, tenace et durable, est cependant peu en usage jusqu'ici.

Kageneckia oblonga Ruiz et Pavon. (*K. cratægoides* D. Don. *Lydæa Lyday* Mol.) Chili : *Bollén, Huayo* ou *Guayo*. Petit arbre toujours vert, à feuilles oblongues, elliptiques, obtuses ou acuminées, coriaces, dentées, croissant naturellement dans les endroits un peu arides d'une grande partie du Chili. D'après M. Murillo, son bois est très dur et sert à faire des pics à deux pointes ; malgré ses faibles dimensions, on l'emploie aussi quelquefois dans la construction. Les feuilles sont très amères et passaient autrefois comme utiles dans les fièvres remittentes ; leur usage est presque abandonné aujourd'hui. Toutefois, suivant Molina, dans certaines circonstances, les médecins emploient les pousses du sommet réduites en poudre et dissoutes dans l'eau, comme vomitif et purgatif, mais sans dépasser une très faible dose, car cette poudre constitue un des émétiques les plus violents du règne végétal.

Licania heteromorpha BENTH. (*L. Guyanensis* KLOTS.) Guyane : « *Bois rouge tisane* ». Arbre de dimensions assez fortes à feuilles ovales, croissant communément dans les forêts de la Guyane. Son bois, de couleur rougeâtre, est lourd, flexible, assez dur, très compact, mais d'une conservation médiocre. Employé aux travaux de menuiserie intérieure et dans les constructions à l'abri de l'humidité, on s'en sert aussi pour clayonnages, jantes de roues, objets de boissellerie, etc. A la Guyane, on donne le nom de *Bois gaulette* à des arbres d'espèces et de genres différents, appartenant surtout aux *Licania* et aux *Hirtella*. Ce bois est remarquable par la facilité avec laquelle il se fend, suivant sa longueur, en lattes très minces et parfaitement droites. De là, dit Sagot, l'usage d'en tirer des gaulettes pour garnir l'intervalle des poteaux dans les petites cases rustiques. De cette disposition des fibres, toutes droites et parallèles, résulte ce défaut du bois qu'il se gerce et se crevasse beaucoup en séchant.

Licania incana AUBL. (Trinité : *Bois gris*, *Case*; Vénézuéla : *Icaquilo*). Bois lourd, de couleur rougeâtre, veiné de brun foncé, employé comme poutres dans les constructions.

Parinarium excelsum SAB. (Sénégal : *Manysalas*, Colons anglais : *Rough skinned*, *Gray Plum*). Arbre de première grandeur, atteignant souvent une élévation de plus de 30 mètres, à tronc droit, muni de fortes branches. Originaire de la côte occidentale de l'Afrique, il croît abondamment dans les forêts de la Casamance. Son bois, de teinte rosée, à grain fin, est beau et de bonne qualité; on s'en sert dans toutes les constructions, pour la fabrication des meubles, la menuiserie, etc.; il est quelquefois exporté. Une autre espèce que l'on rencontre également au Sénégal, le *P. macrophyllum* TEIJSM. (*P. Senegalense* PERR.) donne un bois rouge très dur, employé aux mêmes usages. Ces deux espèces sont oléifères et donnent une huile qui rancit rapidement.

La dernière est désignée sous le nom de *Néou* par les indigènes du Sénégal. Leurs drupes se vendent sur les marchés de Saint-Louis, la chair en est juteuse mais un peu âpre; ceux du *P. excelsum* sont préférables.

Parinarium Griffilhianum Hook. f. (*P. mulliflorum* Miq.)
Indes néerlandaises « Wontameh ». Malacca : « Panahgah
Pya ». Arbre de très fortes dimensions croissant dans les
forêts de Birmanie et dans la presqu'île de Malacca. Son bois,
de couleur brun-rouge, lavé de plus clair, est assez compact,
dur et de longue conservation ; quoique assez difficile à travailler, il est estimé pour les constructions. Il se gerce légèrement en desséchant.

Parinarium Mobola Oliv. (Afrique portugaise : *Nocha
Mola* ou *Mobola*). Grand arbre à feuilles persistantes, d'un
vert intense et brillant, sur la face supérieure, presque
blanches en dessous. Indigène dans les possessions portu-
gaises de l'Afrique, cet arbre se rencontre à Pungo Andongo,
Huilla, sur les territoires de Umbata et de Lopollo, ainsi
qu'au Zambèze. Son bois est assez beau et généralement employé par les indigènes pour la fabrication de leurs ustensiles domestiques. Ses fruits sont très appréciés des natifs
et constituent même, pendant une saison, une partie de
l'alimentation des gens de Huilla. Les semences sont oléagineuses.

Parinarium nitidum Hook., Malacca : *Klut bhaloo*. Petit
arbre qui fournit un bois rougeâtre pâle, à grain moyen, dur,
se gerçant très légèrement à la dessiccation, employé pour
poutres.

Photinia integrifolia Lindl. (Indes néerlandaises : *Tjan-
tigi*). Arbre de dimensions moyennes, croissant dans les régions montagneuses de Java. Son bois, de couleur rougeâtre
un peu nuancé, est dur, très lourd, d'un grain fin et serré.
De qualité excellente pour la confection des poulies et autres
objets demandant de la dureté et de la résistance, il pourrait
être employé avec profit, pour le tour, en Europe.

Photinia villosa DC. (Japon : *Kamatsou bouski, Kochi-
kidé, Ouchikonoski*). Espèce japonaise indigène dans les îles
de Kiousiou, Nippon et Yéso. Son bois est employé par les
Japonais pour faire des manches d'outils et surtout des
manches de maillets pour la taille des pierres. Le fruit est
une petite baie acide, assez recherchée des enfants lorsqu'elle
est fraîche.

Pygeum Maingayi Hooker fil. (Malacca : *Fafoo Loot,
Fafoe laut*). Arbre de moyenne taille, originaire des forêts
de la presqu'île de Malacca. Son bois, de couleur olive pâle

ou blanc olivâtre, est ordinairement strié de lignes brunâtres et nuancé de taches jaunes. D'une dureté moyenne et d'une texture grossière, ce bois présente le défaut de se gercer en séchant ; on s'en sert surtout pour la construction.

Pygeum sp. (annamite : *Câm*). Arbre forestier de Cochinchine, atteignant une hauteur de 10-12 mètres sur un diamètre de 50-60 centimètres. Son bois, de couleur rouge grisâtre, est parsemé de veines blanches très apparentes ; son grain est fin mais peu serré, ses fibres sont longues et droites et ses pores grands et ouverts. Ce bois se conserve mal, pourrit rapidement et ne résiste guère aux attaques des insectes ; de plus, il se fend très facilement à l'air et à la sécheresse. Peu employé dans les constructions à cause de ces défauts, on peut, cependant en tirer quelque parti dans les travaux intérieurs de menuiserie, car il se travaille bien et prend une nuance agréable sous le vernis. Les Annamites en font généralement du charbon pour la forge. Sa densité moyenne est de 0,696.

Les *Pygeum Ceylanicum* GÆRTN. (*P. Walkerii* BL.) et *P. Wightianum* BLUME sont deux espèces de Ceylan, dont le bois ne présente que peu d'intérêt. Les semences mûres dégagent, lorsqu'on les brise, une forte odeur d'acide cyanhydrique. La première de ces espèces porte le nom de « Galmora-gass » à Ceylan et la seconde celui de « Oonoonoogass ».

Le *Pygeum parviflorum* T. et B. (Sondanais : *Kawoyang, Kawojang, Ki-toembilah*) de Java, est employé dans les constructions indigènes.

Polylepis racemosa RUIZ et PAVON. (Rép. Argentine : *Tabaquillo, Queñoa* ou *Queñua*). Petit arbre d'une hauteur de 8-10 mètres au plus, originaire du Pérou et de la République argentine, où il se trouve surtout dans la province de Jujuy. Son bois ne sert guère que pour le chauffage, mais comme il se conserve bien en terre, on en fait aussi, quelquefois, des pieux, des palissades et des haies de clôture. Cette espèce est utilisée dans la médecine indigène.

Vauquelinia Torreyi WATSON. (*Spiræa Californica* TORR., *Vauquelinia corymbosa* TORR.) Petit arbre de la partie ouest des Etats-Unis, fournissant un bois d'un beau brun foncé, rayé de rouge, très lourd, dur, compact, à grain très fin, susceptible d'un beau poli.

FAMILLE DES SAXIFRAGACÉES.

Les Saxifragacées se composent d'herbes et de sous-arbrisseaux, plus rarement d'arbres d'un port varié. Leurs feuilles sont alternes ou opposées, parfois verticillées, simples, ternées ou imparipennées, généralement accompagnées de stipules.

Cette famille comprend plusieurs tribus dont la distribution géographique est assez étendue : les *Saxifragées* habitent principalement les montagnes élevées de l'hémisphère boréal; les *Cunoniées* croissent surtout dans la zone extra-tropicale de l'hémisphère austral ; les *Hydrangées* sont assez fréquentes dans l'Inde septentrionale et au Japon, plus rares dans l'Amérique du Nord. Les *Escalloniées* ne se rencontrent qu'au delà du tropique du Capricorne.

Les Saxifragacées n'offrent que peu d'intérêt en médecine et ne renferment guère de végétaux industriels. Un grand nombre d'espèces sont recherchées comme plantes d'ornement à cause de leur rusticité. Le Seringat de nos bosquets (*Phyladelphus*) est l'objet d'une culture spéciale dans le midi de la France, pour le parfum qu'on extrait de ses fleurs. C'est aussi à cette famille qu'appartient l'Hortensia (*Hydrangea*), plante d'ornement de premier ordre, bien connu pour son riche feuillage d'un beau vert et ses fleurs roses, blanches et même plus ou moins bleues, disposées en larges corymbes arrondis, et le Groseillier dont les diverses espèces sont l'objet d'une culture assez répandue.

CALLICOMA BILLARDIERI D. Don.

Codia montana LA BILL.

Arbre de petite dimension, ne dépassant guère 8 mètres de hauteur sur un diamètre de 20 centimètres environ ; feuilles opposées, obovales, lisses en dessus, souvent veloutées en dessous, à nervures pennées, saillantes.

Indigène à la Nouvelle-Calédonie, cette espèce est commune sur les coteaux ferrugineux à l'état buissonnant et n'atteint dés proportions plus élevées que sur les lisières des futaies.

Son bois, de couleur rouge, prend une teinte noirâtre au cœur lorsqu'il est vieux. D'une texture fine et serrée, d'un travail facile, il est très joli étant verni et peut servir à quelques menus travaux d'ébénisterie et de tabletterie. D'après M. H. Sebert, ce bois peut aussi donner des manches d'outils, mais il n'est pas très liant. Sa densité moyenne est de 0,891.

CARPODETUS SERRATUS Forst.

Carpodetus dentatus Poir.
— *Forsteri* Roem. et Schult.

Nouvelle-Zélande : *Tawiri.* Colons anglais : *White Mapau.* Auckland : *White-birch.*

Petit arbre de 3 à 10 mètres de hauteur dont les branches étendues en éventail lui donnent un aspect gracieux et très ornemental.

Originaire de la Nouvelle-Zélande, cette espèce croît dans les îles du Nord et du Sud, particulièrement sur le bord des cours d'eau.

Son bois est sans valeur industrielle, mais on s'en sert souvent pour la fabrication des manches d'outils et des instruments agricoles, à cause de sa force et de sa souplesse.

CUNONIA CAPENSIS L.

Cap : *Haed Els, Red Els, Rood Els, Red Alder.*

Arbre d'une hauteur moyenne de 8-10 mètres, mais atteignant au Cap, son pays d'origine, dans les meilleures conditions de sol et d'exposition, les dimensions d'un arbre de haute futaie. Feuilles imparipennées, composées de 4-5 paires de folioles, opposées, oblongues ou lancéolées, aiguës, dentelées, lisses, coriaces et d'un beau vert foncé. Ecorce noire, ridée.

Son bois souple, à grain fin, quelque peu semblable à celui de notre Tilleul d'Europe est estimé. Assez joli quand il est poli il est fort recherché des ébénistes. On l'emploie dans le tour et le charronnage et il convient particulièrement pour faire des vis. Comme il est peu susceptible aux influences atmosphériques, et notamment à l'humidité, il est encore utilisé dans la construction des moulins.

Le. *C. Capensis* se cultive en serre d'orangerie pour son feuillage très ornemental, mais il n'y dépasse guère la taille d'un grand arbrisseau.

Cunonia pulchella BRONGT et GRIS. Arbre forestier d'une hauteur de 15 mètres environ sur un diamètre de 40 centimètres, croissant isolément sur les côteaux boisés, à la Nouvelle-Calédonie. Feuilles opposées, imparipennées, à folioles opposées, lancéolées. Comme ses congénères, cette espèce fournit un beau et bon bois, propre à différents usages économiques et industriels, tour et tabletterie principalement.

GEISSOIS PRUINOSA BRONGT. et GRIS.

Petit arbre d'une hauteur de 10 mètres environ et d'un diamètre rarement fort, se rencontrant communément dans les sols ferrugineux de la Nouvelle-Calédonie. Feuilles opposées, longuement pétiolées, digitées, composées de 5 folioles ovales, légèrement acuminées, épaisses, coriaces, lisses en dessus, glauques sur la face inférieure.

Son bois, de couleur rouge, est finement et agréablement veiné. D'un travail facile et d'une densité moyenne, il est très joli étant verni et constitue un beau et bon bois d'ébénisterie. Sa densité est de 0,827. Son aubier, rougeâtre est assez épais.

Geïssois Benthami F. MUELL. Grand et très bel arbre forestier de l'Australie à tronc droit et élevé, atteignant environ 15 mètres sous branches, feuilles trifoliées amples, à folioles suborbiculaires. Son bois, solide et facile à travailler, est peu employé jusqu'ici.

Geïssois racemosa LA BILL. Grand arbre forestier d'un fort diamètre, à feuilles opposées, digitées, composées de 5 folioles ovales légèrement ondulées sur les bords, lisses et coriaces, croissant spontanément dans les sols schisteux et ferrugineux de la Nouvelle-Calédonie. Cette espèce, ainsi que les *G. montana* VIEILL. et *G. hirsuta* BRGT. et GRIS. des mêmes localités, fournissent de bons bois généralement rosés, à grain fin et propres aux travaux de menuiserie et ébénisterie. Le *G. racemosa* est une belle plante ornementale très résistante dans les appartements.

PANCHERIA TERNATA Brongt. et Gris.

Nouvelle-Calédonie : Un des *Chênes rouges* des colons. *Hiramia, Naama* des indigènes.

Arbre de haute futaie, dont le tronc, très élevé et d'un fort diamètre est recouvert d'une écorce rouge noirâtre extérieurement ; croît naturellement à la Nouvelle-Calédonie, sur la côte Nord-Est, dans les terrains ferrugineux. Feuilles verticillées par trois, ovales, dentées en scie, penninerves.

Son bois, de couleur rouge violacée ou pourpre foncé, est panaché de veines noires lorsqu'il est vieux. D'un grain fin et serré, dur et assez lourd, il est aussi d'une longue conservation et résiste admirablement à l'humidité et aux intempéries. Très beau étant verni, surtout lorsqu'il est vieux, il imite alors l'acajou foncé et peut servir comme bois d'ébénisterie et de tour. Sa densité moyenne est de 0,984.

Le *Pancheria obovata* Brongt. et Gris, arbre de petite dimension, dont la tige ne dépasse guère 15-20 centimètres de diamètre, originaire de la Nouvelle-Calédonie, où il porte le nom de *Ouébo*, croît dans les sols ferrugineux découverts ; il fournit aussi un bois rouge-violacé, dur, à grain fin, bon pour les ouvrages de tour. Il est assez joli étant verni et pourrait servir à quelques travaux d'ébénisterie fine.

WEINMANNIA GLABRA L.

Vénézuéla : *Curtidor.* (Merida) : *Say-say.*

Petit arbre d'une hauteur de 8-10 mètres sur un diamètre de 25-35 centimètres, à feuilles imparipennées, opposées, à 3-7 folioles elliptiques, oblongues, serretées au dessus de la base, croissant naturellement dans les forêts de Vénézuela, à la Guadeloupe, la Martinique, etc.

Son bois, de couleur brun-rouge est assez dur et d'une densité moyenne. D'une texture compacte, il présente des pores très nombreux et très petits qui se présentent isolement ou disposés en groupes rayonnants ; ses rayons médullaires sont nombreux, légèrement ondulés, mais moins compacts que le tissu ligneux. Ce bois est peu employé jusqu'ici dans l'industrie. Sa densité moyenne est de 0,750.

L'écorce est utilisée pour le tannage par les Vénézuéliens ; elle sert quelquefois à frauder le quinquina et laisse exsuder une sorte de gomme.

WEINMANNIA MACROSTACHYA DC.

Réunion : *Bois de tan des haut.* (Variétés) : *Tan blanc, Tan rouge.*

Arbre de moyenne taille, acquiérant un diamètre de 50 centimètres environ, à feuilles opposées, imparipennées, assez répandu sur plusieurs points de la Réunion.

Son bois, de couleur brune, est flexible et assez solide, mais il se tourmente beaucoup, même longtemps après sa mise en œuvre, et résiste peu à l'humidité ; son grain est très uni et ses fibres droites et un peu longues. Excellent pour moyeux, jantes et attelles, on l'emploie aussi quelquefois dans les constructions légères. Sa densité moyenne est de 0,618.

L'écorce, à saveur astringente, fournit à l'industrie une matière tannante estimée et une matière colorante rouge ; elle a été préconisée en médecine comme fébrifuge.

WEINMANNIA PARVIFLORA FORST.

Nouvelle-Calédonie : *Chêne blanc* des colons, *Nia* des indigènes. Taïti : *Aïto—moua.*

Arbre de grosseur moyenne, mais très élevé et très droit, à feuilles opposées, imparipennées, à folioles coriacées, serretées, assez répandu dans les forêts de la chaîne centrale de la Nouvelle-Calédonie, ainsi que dans les régions montagneuses de Taïti.

Son bois est blanc-grisâtre, très fibreux, souple, léger et d'une dureté moyenne. Facile à travailler, il pourrait surtout convenir aux ouvrages de tonnellerie et de boissellerie ; les indigènes s'en servent pour toutes sortes de travaux.

L'écorce connue anciennement à Taïti sous le nom de *Hiri,* dit M. de Lanessan, servait à fixer les teintures ; elle renferme une grande quantité de tanin qui lui communique des propriétés astringentes, et laisse exsuder une sorte de gomme qui était utilisée pour rendre plus consistantes les étoffes tissées par les indigènes.

WEINMANNIA RACEMOSA Forst.

Leiospermum racemosum A. Cunn.

Nouvelle-Zélande : *Tawero, Towhai, Kamahi.*

Arbre forestier d'une hauteur de 10-15 mètres environ, sur un diamètre moyen de 80 centimètres, à feuillage d'un vert foncé.

Originaire de la Nouvelle-Zélande, on le rencontre dans les contrées méridionales des îles du Nord et dans toutes les îles du Sud.

Son bois, de couleur acajou clair, est lourd, d'une texture fine et serrée, mais un peu cassant. Assez joli, étant verni et susceptible de poli, ce bois peut être utilisé pour le tour et la fabrication des meubles, mais il n'est guère employé jusqu'à présent pour cet objet. On s'en sert surtout pour la confection des rabots et autres outils de menuiserie, des planches pour l'impression, ainsi que des tables sur lesquelles on coupe le papier et les étoffes d'indienne.

L'extrait retiré de l'écorce est très astringent, et il suffirait que ce produit fût plus connu des tanneurs pour être utilisé par eux avec avantage.

Le *Weinmannia Rutenbergii* Engl. (Madagascar : *Hàzo-mèna*) fournit un bois très durable.

Ceratopetalum apetalum D. Don. (*C. monopetalum* Caley ; *C. montanum* D. Don) Nouvelle-Galles du Sud : « Light wood ». Grand et bel arbre à tronc droit et cylindrique, croissant naturellement en Australie, dans la Nouvelle-Galles du Sud. Son bois, tendre, léger et tenace, est recherché pour l'ébénisterie, la menuiserie et la carrosserie.

Codia obcordata Brongt. et Gris. Petit arbre de la Nouvelle-Calédonie, assez semblable au *Callicoma Billardieri* dont il diffère à première vue par ses feuilles échancrées en cœur au sommet. Son bois offre les mêmes caractères physiques que celui de cette espèce et peut recevoir les mêmes applications.

Codia floribunda Brongt. et Gris. De la Nouvelle-Calédonie, fournit un bon bois d'ébénisterie.

Deutzia scabra Thunb. (*D. crenata* Sieb. et Zucc.) Japon « *Outsougni* ». Arbrisseau à feuilles opposées, ovales, lancéolées, acuminées, dentées, très rugueuses, croissant spontanément dans les plaines du Japon. Son bois très dur et très serré, quoique de petites dimensions, est très utile aux Japonais qui en font des clous, des chevilles, de petits tuyaux ou de la marqueterie. Les feuilles servent à poncer les bois destinés à la confection des objets laqués.

Escallonia floribunda H. B. K. (Mexique : *Escalonia*. Vénézuéla : *Cochinilo*). Petit arbre d'une hauteur de 6-10 mètres, à feuilles oblongues, obtuses, finement dentelées, glanduleuses et visqueuses. Originaire de l'Amérique méridionale, on le rencontre au Mexique, à la Nouvelle-Grenade et au Vénézuéla. Son bois, de couleur rouge jaunâtre, est d'une densité moyenne et d'une texture assez compacte ; il exhale, étant frais, une odeur de porc, d'où lui vient son nom vulgaire.

L'*Escallonia myrtilloïdes* L. f. donne un bois très dur, utilisé pour manches d'outils.

Platylophus trifoliatus DON. (*Weinmannia trifoliata* THUNB.). Cap : « White Alder, Wit Els ». Petit arbre de 10-12 mètres, à écorce gris blanchâtre, assez lisse, originaire des l'Afrique australe. Bois blanc plus léger que celui de *Cunonia Capensis* ; il fournit un bon matériel pour la construction de meubles communs, et il a belle apparence quand il est verni ; on l'emploie également pour tiroirs, boîtes, encadrements et pour le charronnage.

Schizomeria ovata DON. Grand arbre des forêts de la Nouvelle-Galles du Sud dont le bois, de couleur claire, à grain serré, se travaille aisément et s'emploie surtout pour la carrosserie.

Spiranthemum Vitiense GRAY. Arbuste de la Nouvelle-Calédonie fournissant un très beau bois d'ébénisterie.

FAMILLE DES HAMAMÉLIDÉES.

Les Hamamélidées ne comprennent que quelques genres : Ce sont des arbrisseaux et des arbres, généralement résinifères, à feuilles persistantes ou caduques, alternes, plus rarement opposées, simples ou palmatilobées, entières ou dentées, le plus souvent munies de stipules caduques.

Ces végétaux habitent l'Amérique boréale et tropicale, l'Asie-Mineure et les îles de la Sonde ; quelques-uns se rencontrent aussi dans l'Afrique australe. La plupart des espèces de cette petite famille laissent exsuder une matière oléo-résineuse employée en médecine et dans la parfumerie (1).

(1) Le *Styrax liquide*, produit par le *Liquidambar orientalis*, est l'objet d'une exploitation suivie, dans l'Asie-Mineure, par une des tribus de Turcomans nommée « Yuruk ». Il s'obtient en faisant bouillir dans l'eau les couches extérieures de l'écorce et les couches profondes, préalablement raclées et divisées en menus fragments. Au bout de quelque temps, le baume s'amasse au fond du vase et il ne reste plus qu'à le recueillir. Il se présente alors sous forme d'une masse résineuse de couleur gris brunâtre, opaque, visqueuse, ayant la consistance du miel. Son odeur est bitumineuse et même désagréable, lorsqu'il est frais, mais il prend en vieillissant une odeur balsamique, forte et fatigante ; sa saveur est piquante sans âcreté, chaude et aromatique. Le Styrax se dissout complètement dans l'éther et partiellement dans l'alcool ; ses solutions rougissent le tournesol. Il se compose chimiquement de styracine, de styrol, d'acide cinnamique, d'une huile volatile, d'une substance odorante encore mal définie et de divers éthers composés. Ce produit est peu employé en médecine aujourd'hui, surtout à l'intérieur, à cause de la difficulté de se le procurer dans un état de pureté suffisant. Ses propriétés thérapeutiques sont d'ailleurs à peu·près les mêmes que celles du baume de Tolu et de l'essence de térébenthine, c'est-à-dire qu'il exerce une action spéciale sur les muqueuses dont il modifie les secrétions. Ce baume entre encore dans quelques préparations pharmaceutiques, notamment dans l'onguent styrax du Codex.

Le Styrax liquide est reçu en tonneaux ou dans des peaux de chèvres dans les principales villes du Levant, pour être expédié ensuite, pour la plus grande partie, dans l'Inde et en Chine.

Le *Baume de Liquidambar* est fourni par le *Liquidambar styraciflua*. Ce produit se présente sous deux formes assez différentes par leurs caractères physiques, suivant qu'on l'obtient directement à l'aide d'incisions pratiquées sur l'écorce, ou qu'on le recueille sur l'arbre lorsqu'il s'est épaissi au contact de l'air. Dans le premier cas, c'est un liquide épais, huileux de couleur ambrée, d'une odeur forte mais plus agréable que celle du Styrax liquide ; sa saveur est âcre et aromatique ; on le désigne ordinairement sous le nom d'*huile de Liquidambar* (ambre liquide). Le Liquidambar mou est un corps blanchâtre et opaque qui, par une longue exposition à l'air, devient entièrement solide, presque transparent, mais conserve peu d'odeur. La composition chimique du Liquidambar ne diffère guère de celle du Styrax liquide. Ce produit est d'un emploi fort restreint en Europe et n'entre guère que dans la composition de certains articles de parfumerie. En Amérique, ce baume est encore recherché pour hâter la cicatrisation des plaies et des blessures.

ALTINGIA EXCELSA Noronh.

Altingia cærula Poir.
Liquidambar Altingiana Bl.
—   *Rasamala* Bl.
Sedgwickia cerasifolia Griff.

Malais et Sondanais : *Rasamalah, Rosamala, Rosamallas, Cotter-mija.*

Grand et bel arbre atteignant 50 mètres et plus d'élévation sur un diamètre proportionné ; feuilles persistantes, ovales ou oblongues, non lobées, acuminées, accompagnées de stipules.

Originaire de l'Archipel indien, cette espèce se rencontre surtout à Amboine et à Java, presque exclusivement dans la régence des Préanger, à une altitude moyenne de 1,000 mèt.

L'aubier est blanc, mou et sans valeur ; le bois, de couleur brunâtre à la périphérie, est rouge au centre. Assez lourd, solide et de bonne qualité, il remplace le Teck pour la construction des habitations et l'édification des ponts, toutefois, il est moins durable et se gerce assez facilement. Sa densité moyenne est de 0,850.

L'écorce laisse écouler une résine molle, analogue au *Styrax* ; de couleur jaune pâle lorsqu'elle exsude naturellement, cette résine présente une couleur plus foncée quand on l'obtient à l'aide d'incisions pratiquées sur le tronc ; molle au début elle se solidifie à l'air.

DISTYLIUM RACEMOSUM Sieb. et Zucch.

Japon : *Hin-noki.* (Nord) : *Isu* ou *Issou.* (Sud) : *Iousou Ioussou.*

Grand arbre forestier à feuilles persistantes, atteignant une hauteur moyenne de 10-12 mètres sous branches, sur un diamètre de 1 mètre environ.

Originaire de l'Asie orientale, cette espèce se rencontre en Chine et surtout au Japon, où elle est assez abondante dans la province de Fiouga, sur les montagnes argilo-rocheuses, à une altitude variant entre 600 et 1,000 mètres.

Son bois, de couleur rouge brun, est dur, compact, homogène, raide et d'une forte densité. Il possède toutes les qualités du Cormier d'Europe, tout en présentant des dimensions beaucoup plus grandes. Sa durée est des plus remarquables.

M. E. Dupont rapporte avoir trouvé un arbre situé sur le faîte d'une montagne et déraciné par le vent depuis une vingtaine d'années, au minimum ; malgré ce long laps de temps, l'aubier seul avait presque disparu, mais le cœur du tronc et des branches était absolument sain. C'est le premier des bois de charpente du Japon ; il est naturellement désigné pour être mis sous la cuirasse des bâtiments blindés. Ce bois convient en outre à tous les travaux exigeant à la fois de la force et de la durée, notamment pour outils de menuiserie, coulisses de tables ou de lits, diverses pièces de mécanique, dents d'engrenages, écrous, chevilles et autres objets de ce genre. Pour la décoration des maisons, son aubier blanc est utilisé à cause du contraste qu'il forme avec le rouge foncé du vieux bois.

Au Japon, la cendre de cet arbre est regardée comme indispensable à la composition des glaçures de porcelaine.

LIQUIDAMBAR STYRACIFLUA L.
Copalme d'Amérique.

Liquidambar barbata STOKES.
— *gummifera* SALISB.

Allemand : *Amberbaum* : Amérique du Nord : *Liquidambar*. Anglais : *Sweet gum*. Hollandais : *Amberboom*. Mexique : *Balsamo copalme, Liquidámbar, Ocoxotl, Ocozotl, Xochio ocozotl, Xochicotzoquahuitl*. Portugais : *Liquidambreiro*.

Grand et bel arbre forestier, de 30-35 mètres de hauteur, assez semblable au Platane par son port et son feuillage ; tronc d'un diamètre de 1^m20-1^m40, recouvert d'une écorce légèrement crevassée, de couleur brun-pâle extérieurement ; feuilles alternes, palmatifides, divisées en 5-7 lobes divergents, allongés, très aigus, régulièrement dentelés sur les bords, vertes sur les deux faces, un peu visqueuses.

Originaire de l'Amérique septentrionale, cette espèce se rencontre en Louisiane, en Floride, dans toute la partie orientale et centrale des Etats-Unis, ainsi qu'au Salvador et au Mexique, où elle constitue presque à elle seule l'essence principale des forêts du sud et des régions du centre. Introduit en France comme plante d'ornement, le Liquidambar croît rapidement dans les sols humides riches en humus.

Son bois, d'un beau brun veiné de rouge, est parfois marbré d'une manière très agréable. Assez dur, à grain fin, d'une densité intermédiaire entre celle du Chêne et du Noyer, ce bois présente une texture fine qui permet de lui communiquer un poli brillant et satiné. Il se conserve bien aux intempéries, mais n'offre pas une grande résistance à la rupture ; il a aussi comme inconvénient de se voiler et surtout de se contracter fortement en séchant, ce qui le rendait autrefois presque sans valeur comme bois d'œuvre. Les procédés modernes permettant d'avoir rapidement une dessiccation aussi complète que celle que l'on ne pouvait obtenir qu'après une dizaine d'années d'exposition à l'air, cette essence est devenue d'un excellent profit pour la charpente, le boisement des mines, l'ébénisterie commune, la menuiserie, le pavage des chaussées, etc. Son aubier est presque blanc.

Cette espèce fournit au commerce les produits gommo-résineux connus sous les noms de « Styrax liquide, Huile de Liquidambar, Ambre liquide », etc.

Liquidambar orientalis Mill. (*L. imberbis* Ait. ; *Platanus orientalis* Poc.) Bel arbre d'une hauteur moyenne de 15-20 mètres, à port de Platane, dont le tronc est revêtu d'une écorce épaisse. d'un gris pourpré, ne s'exfoliant pas ; feuilles alternes, cordées à la base, divisées en 5 lobes inégaux, irrégulièrement serretées sur les bords.

Originaire de l'Asie Mineure, cette espèce est surtout commune dans une partie restreinte du sud-ouest, où elle forme des forêts assez étendues. Cet arbre a été introduit depuis longtemps en France ; il résiste bien en pleine terre mais ne donne aucun produit oléo-résineux. Son bois offre les mêmes caractères physiques que celui de l'espèce précédente.

A citer encore dans cette famille :

Dycoryphe viticoides Baker. Arbre de Madagascar, où il porte le nom de *Tsitsihina*, dont le bois est employé par les indigènes pour divers travaux usuels.

Trichocladus crinitus Pers. (Cafre : *Siduli*. Cap : *Underwood*; *Onderbosch*), arbrisseau de l'Afrique australe dont le bois dur, souple et élastique est employé pour chariots ; les branches et les rameaux se courbent sans se rompre et sont estimés pour faire des cercles, etc.

(*A suivre.*)

NOTE

AU SUJET DE LA

SEMI-RUSTICITÉ DE QUELQUES VÉGÉTAUX

OBSERVATIONS FAITES A L'ÉCOLE D'ARBORICULTURE
DE LA VILLE DE PARIS

PAR M. PAUL CHAPPELLIER.

———

A la séance du 28 mai 1895 de la Section de Botanique, M. Charles Mailles a fait sur quelques végétaux semi-rustiques une communication qui a été reproduite dans la *Revue des Sciences naturelles appliquées* (juillet 1895, p. 530).

Sur la demande de notre collègue, appuyée par les membres de la section, j'ai visité ses cultures, et j'ai reconnu, ce dont aucun de nous du reste ne doutait, la parfaite exactitude des faits qu'il nous avait signalés.

Ma mission se trouvant ainsi remplie, je pourrais m'en tenir là; mais il m'a semblé que je devais aller plus loin et examiner jusqu'à quel point ces faits sont exceptionnels.

N'étant pas très fort en arboriculture, j'ai dû me renseigner.

J'ai d'abord consulté quelques ouvrages, un notamment, l'avouerai-je, bien humble, bien modeste, sans prétention, bien peu lu, et qui cependant pourrait servir — je ne dirai pas, comme nos grands-pères, de guide-âne — mais de vademecum, de bréviaire à bien des jardiniers, voire même à quelques propriétaires, *le bon jardinier*, ou *le nouveau jardinier*.

J'y ai trouvé déjà quelques renseignements rentrant dans les observations de notre collègue, par exemple, les suivants :

Grenadier. — L'espèce type se cultive aux environs de Paris, en plein air, mais seulement au long de murailles bien abritées et à une exposition chaude ; encore est-il nécessaire d'en couvrir le pied de feuilles bien sèches, ou de paillassons pour l'hiver.

Figuier. — Dans le midi, le Figuier est cultivé en plein vent ; dans le nord, il exige l'espalier et l'exposition du midi.

Mais j'ai fait mieux que de feuilleter des livres, j'ai visité

l'Ecole d'Arboriculture de la Ville de Paris, située avenue
Daumesnil, à l'entrée du Bois de Vincennes, et j'ai eu la bonne
fortune d'y avoir pour guide le professeur qui est attaché à
cet établissement, M. Chargueraud, homme très instruit, et
de plus, aimable et complaisant, auquel je renouvelle ici tous
mes remerciements.

Il m'a fait voir en *pleine terre* et *en plein air* la plupart
des plantes mentionnées par M. Mailles, notamment : Genêt
d'Espagne, Laurier-tin, Laurier amande, Aucuba, Fusain du
Japon, Hortensia bois noir, Goumi avec fruits mûrs, Grenadier, Figuier, *Vitex agnus-castus* et *incisa*, *Idesia poly-
carpa*, *Hovenia dulcis*, *Paliurus aculeatus* en arbre de
4 mètres de hauteur.

Parmi les plantes signalées par notre collègue, deux surtout ont paru attirer plus particulièrement l'attention de
quelques membres de la section et j'y insisterai davantage,
ce sont le Figuier et le Grenadier.

Il est bien vrai que ce dernier ne se voit d'habitude qu'en
caisse comme l'Oranger, mais les exemples ne sont pas rares,
aux environs de Paris, de Grenadiers en pleine terre et en
espalier produisant des fruits bien comestibles. On en a cité
notamment un à Saint-Mandé et un autre à Charenton ; les
fruits de ce dernier ont été présentés plusieurs fois à la
Société d'Horticulture.

Etant enfant, j'ai habité la campagne ; mes parents et
presque tous les habitants aisés du village possédaient un
enclos, ce qu'on appelait *le clos* et où, étant moutards, nous
avons fait de si bonnes parties ; un angle bien exposé de la
plupart de ces clos était occupé par un vieux Figuier que l'on
ne se donnait guère la peine de couvrir. Lorsque l'hiver était
rude, le pauvre Figuier perdait une partie de son jeune bois,
commé cela arrive chez notre collègue : mais, quand la saison
était propice, j'y ai souvent *chipé* de bien bonnes figues.

Il ne faut pas, au sujet du Figuier, confondre la simple
résistance du végétal à la gelée et sa fructification. Ce n'est
pas précisément pour garantir leurs Figuiers de la gelée, que
les cultivateurs d'Argenteuil les enterrent, mais bien en vue
d'obtenir une bonne et abondante fructification.

En somme, de tout ce que j'ai vu, lu et entendu, il semble
bien résulter que les faits de semi-rusticité mentionnés par
M. Mailles, ne sont pas très exceptionnels ; on en trouverait

facilement d'analogues, si on se plaçait dans les *mêmes condi-tions*. J'insiste sur ces mots *mêmes conditions* et cela m'a-mène à rappeler l'observation que j'ai déjà soumise à notre collègue lorsqu'il a fait sa communication.

Le jardin où croissent ses arbres est de petite étendue et entouré de murs, donc, situation très abritée ; d'un autre côté, le sol de la Varenne-Saint-Hilaire est en grande partie siliceux, maigre, sec, en somme peu fertile. La végétation n'y est donc pas très vigoureuse et les plantes y ont tout le temps et les conditions nécessaires pour acquérir un aoûte-ment parfait en automne et, par suite, une résistance suffi-sante aux gelées hivernales.

On sait que les désastres causés par l'hiver de 1879 80 sont dûs en grande partie à ce que l'automne avait été doux et humide, et que les arbres étaient encore en sève et n'avaient pas acquis un aoûtement complet.

Si les plantes observées par M. Mailles étaient transportées à quelques kilomètres de chez lui, dans un jardin que je pos-sède en Brie — sol riche, profond et fertile — la semi-rus-ticité qu'il a constatée pourrait bien s'amoindrir.

En résumé, les faits rapportés par notre collègue présentent de l'intérêt ; il est à désirer que son exemple soit suivi et que des observations de même genre nous soient signalées ; l'examen comparatif de ces faits, soit concordants, soit con-tradictoires, pourrait conduire à des conclusions pratiques sur l'opportunité de l'adaptation de telles ou telles variétés d'arbres ou d'arbustes, à telles ou telles conditions de composition chimique ou physique du sol, d'exposition, de latitude, d'altitude, etc. . . .

Puisque j'ai été amené à parler de l'Ecole d'Arboriculture de la Ville de Paris, qu'il me soit permis de dire quelques mots de ce très intéressant établissement, qui a été trans-formé depuis huit ans en vue de l'enseignement spécial qui y est donné.

Il est trop peu connu, surtout des personnes riches ou aisées possédant parcs ou grands jardins, par cette raison probablement qu'il est situé à la porte du Bois de Vincennes. Oh ! s'il était dans le voisinage du Bois de Boulogne. Mais voilà, *aller au Bois* ne veut pas dire aller au Bois... de *Vincennes*.

Cette école d'arboriculture n'est pas, comme la Muette, une usine à multiplication des végétaux destinés à l'alimentation des parcs et jardins publics de la capitale. Ce n'est pas non plus un savant arboretum jaloux de collectionner *toutes* les variétés connues d'un végétal, sans s'occuper de leur mérite.

C'est une véritable école, destinée d'abord à former des jardiniers, mais aussi à mettre sous les yeux du public *un choix* des variétés les plus méritantes d'arbres et arbustes d'ornement et d'arbres d'alignement et même de plantes vivaces ou annuelles de plein air sous le climat de Paris et employées pour la garniture des jardins publics de Paris.

On y trouve également un jardin fruitier contenant les variétés les plus recommandables de nos principaux genres de fruits : Pêchers, Poiriers, Pommiers, Pruniers, Cerisiers, Vignes, etc.

Les végétaux sont groupés par analogie de forme et d'emploi.

Détail à noter : l'étiquetage de tous les végétaux est particulièrement soigné.

Le propriétaire, qui désire créer un parc ou embellir celui qu'il possède, peut éprouver un certain embarras lorsqu'il doit choisir entre les centaines de variétés d'arbres et arbustes figurant sur le catalogue de son pépiniériste.

A l'école du Bois de Vincennes, il verra et pourra apprécier un *choix restreint* des arbres d'ornement réputés les meilleurs aux yeux des jardiniers des parcs et jardins de la Ville. De même pour les arbres fruitiers ; de même encore pour les plantes à fleurs. Sur une même platebande, on lui montrera, côte à côte, par petits groupes, les meilleures variétés de Géraniums, de Bégonias, etc.,... adoptées, après longue épreuve, par les jardiniers de la Ville de Paris dont la compétence ne saurait être mise en doute.

Je dois ajouter que l'école proprement dite, consistant suivant l'usage en longues platebandes droites, étroites, bordées de buis, généralement assez monotones, est ici accompagnée de larges allées sinueuses bien sablées, encadrant de belles pelouses parsemées de massifs de plantes fleuries, le tout parfaitement entretenu. C'est aussi bien un parc qu'une école ; il serait difficile de mieux réaliser la devise : *utile dulci*.

II. EXTRAITS DES PROCÈS-VERBAUX DES SÉANCES DE LA SOCIÉTÉ.

2e SECTION (ORNITHOLOGIE).

SÉANCE DU 7 MAI 1895.

PRÉSIDENCE DE M. OUSTALET, PRÉSIDENT.

Lecture et adoption du procès-verbal de la séance du 26 mars.

M. le marquis de Sinéty fait une communication sur la migration du Rollier (*Coracias garrula*) qui de l'Orient, par Malte, monte jusqu'en Norvège ; par contre, dans sa route occidentale, par l'Espagne, le même Oiseau dépasse rarement les Pyrénées. Il serait très intéressant que ces observations pussent être complétées par nos collègues sur divers points de l'Europe.

A propos de l'hibernation des Hirondelles, M. de Sinéty rapporte que, pendant divers séjours en Suisse, près du lac de Brienz, au moment du départ, il a pu observer des cas cas isolés d'Oiseaux trop jeunes pour suivre la masse émigrante. Ces Oiseaux se réfugient alors dans les cavernes et tombent en léthargie jusqu'au retour de la belle saison. Si parfois une Chauve-Souris se montre par une belle journée d'hiver, et que son vol la fasse prendre pour un Oiseau, cette erreur ne doit pas justifier la croyance à l'hibernation des Hirondelles, celles-ci, uniquement insectivores, ne peuvent trouver, durant la saison froide, la nourriture qui leur est nécessaire.

M. le Président approuve cette manière de voir et déclare absolument erronée la croyance répandue dans certains pays que les Hirondelles passent l'hiver sous l'eau, dans les puits ou les marais gelés. Ces faits, admis par Spallanzani, sont de pures fables.

M. Magaud d'Aubusson insiste sur l'intérêt scientifique de cette question et fait appel au concours de nos collègues de France et de l'étranger, afin de réunir une série de documents pouvant l'élucider complètement.

M. Magaud d'Aubusson signale la capture de deux Échasses dans les environs du Crotoy (Somme), au commencement de mai. En 1818 et en 1849, deux cas de nidification d'Échasse (*Himantopus candidus*) ont été observés dans les marais de la Somme. Aux passages de l'hiver dernier, fort rigoureux, les Cygnes sauvages étaient assez fréquents.

M. de Sinéty signale le cas isolé de capture d'une Garzette dans le Nord et, comme apparition erratique, celle du petit Faucon Kobez (*Falco vespertinus*) et de l'Elanion blac (*Elanus melanopterus*) aux pieds rouges.

Dans une précédente séance, divers membres ont signalé les dégâts occasionnés par les Pies et la nécessité de les détruire, observations à compléter par celles qui pourraient être adressées à la Section. M. le Secrétaire donne lecture, à ce propos, d'une note publiée par la

Société d'Acclimatation, en 1857, sur la *Conservation des Oiseaux insectivores*. L'auteur, M. Girou de Buzareingues, fournit des renseignements sur les dégâts occasionnés par les Pies et les moyens de détruire ces Oiseaux. Ces renseignements et les appréciations relatives aux Oiseaux insectivores ont conservé un véritable caractère d'actualité.

La Section émet le vœu que les Pies soient classées parmi les Oiseaux nuisibles et que leur destruction soit permise toute l'année.

M. Oustalet signale quelques acquisitions d'Oiseaux de Paradis rares et nouveaux par le Muséum d'Histoire naturelle, entr'autres le *Pteridophora Alberti*, orné de deux plumes assez longues implantées de chaque côté de la tête, en arrière des yeux, et portant une série de plaques cornées. Ces deux plumes sont découpées en crémaillère, leurs plaques cornées rappellent celles existant sur des plumes du camail du Coq de Sonnerat ou sur quelques plumes des ailes du Jaseur de Bohême. En outre, le Muséum a reçu une nouvelle espèce de Sifilet (*Parotia Carolæ*) qui, avec le *Parotia Lawesii*, forme la troisième variété de Sifilets connus aujourd'hui. Chacune de ces variétés a un cantonnement local (1).

Le Secrétaire, J. Forest aîné.

5e SECTION (BOTANIQUE).

SÉANCE DU 28 MAI 1895.

PRÉSIDENCE DE M. P. CHAPPELLIER, VICE-PRÉSIDENT.

Le procès-verbal de la séance précédente est lu et adopté.

M. le Secrétaire procède au dépouillement de la correspondance.

M. H. de Vilmorin exprime ses regrets de ne pouvoir assister à la séance.

M. Paillieux demande à être remplacé dans les fonctions de *Délégue aux récompenses* qu'il ne peut accepter. — M. J. Grisard est désigné par la Section pour remplir ce mandat.

M. Mailles présente des échantillons d'*Urtica cannabina* qui lui paraît être plus rustique que la Ramie et donne quelques détails sur la résistance au froid de certaines plantes qu'il cultive à la Varenne-Saint-Hilaire (2).

Sur la demande de M. Mailles, M. Chappellier est prié par la Section de vouloir bien visiter les cultures de notre collègue et d'en rendre compte (3).

Le Secrétaire, Jules Grisard.

---

(1) M. Oustalet a publié récemment dans *La Nature*, n° du 1er juin 1895, les figures et la description détaillée de ces curieux Oiseaux.

(2) Voyez *Revue*, p. 530.

(3) *Id.*, p. 641.

III. BULLETIN BIBLIOGRAPHIQUE.

OUVRAGES OFFERTS A LA BIBLIOTHÈQUE DE LA SOCIÉTÉ.

ENCYCLOPÉDIE DES AIDES-MÉMOIRE

Publiée par MM. G. Masson et Gauthier-Villars, éditeurs, sous la direction de M. Léauté, membre de l'Institut.

Ouvrages offerts par M. Léauté sur la demande, de M. Louis Olivier, membre du Conseil de la Société d'Acclimatation.

GÉNÉRALITÉS.

BEAUREGARD (Dr H.). Le microscope et ses applications.

BERGONIÉ (J.). Physique du physiologiste.

CHATIN (J.). Organes de nutrition et de reproduction chez les Vertébrés.

— Organes de relation chez les Vertébrés.

— Organes de relation chez les Invertébrés.

CORNEVIN (Ch.). Production du lait.

CUÉNOT. Moyens de défense dans la série animale.

— L'influence du milieu sur les animaux.

GALIPPE et BARRÉ. Le pain. Physiologie, composition, hygiène.

GAUTIER (Armand). La chimie de la cellule vivante.

GRÉHANT (N.). Les gaz du sang.

HÉBERT (Alex.). Examen sommaire des boissons falsifiées.

HOUDAILLE (F.). Météorologie agricole.

KŒHLER (R.). Application de la photographie aux sciences naturelles.

MÉGNIN (P.). La faune des cadavres.

MEUNIER (Stanislas). Les météorites.

MEUNIER (Victor). Sélection et perfectionnement animal.

POLIŃ et LABIT. Examen des aliments suspects.

THOULET (J.). Guide d'océanographie pratique.

TROUESSART (E.-L.). Les parasites des habitations humaines.

WEISS (G.). Technique d'électrophysiologie.

3e SECTION. — AQUICULTURE.

ROCHÉ (G.). Pêches maritimes modernes de la France.

4e SECTION. — ENTOMOLOGIE.

MÉGNIN. Les Acariens parasites.

5e SECTION. — BOTANIQUE.

BERTHAULT (F.). Les prairies. Prairies naturelles ; prairies de fauche.

Liste des principaux ouvrages français et étrangers traitant des Animaux de basse-cour (1).

2° OUVRAGES ALLEMANDS (suite).

Schuster (*M.-J.*). Der Taubenfreund oder auf Erfahrung gegründete Belehrung über das Ganze der Taubenzucht, etc. 10. Aufl., 1888. 11. Aufl., Ilmenau und Leipzig, Aug. Schröter, 1890.

> *Schuster* (*M.-J.*). L'ami des Pigeons ou instruction basée sur des expériences concernant l'ensemble de l'élevage de Pigeons, etc. 10ᵉ édit., 1888. 11ᵉ édit., Ilmenau et Leipzig, Aug. Schröter, 1890.

Schuster (*M.-J.*). Das Wassergeflügel im Dienste der Land- und Volkswirthschaft, sowie als Zierde. Ilmenau, Aug. Schröter, 1884. 2. Aufl., 1886. M. 2.

> *Schuster* (*M.-J.*). Les ciseaux aquatiques au service de l'agriculture, de l'économie politique et comme ornement. Ilmenau, Aug. Schröter, 1884. 2ᵉ édit., 1886. M. 2.

Schuster (*J.-M.*). Die Ente im Dienste der Land- und Volkswirthschaft. 3. Aufl., Ilmenau, Schröter, 1886. M. 1.

> *Schuster* (*J.-M.*). Le Canard au service de l'agriculture et de l'économie politique. 2ᵉ édit. Ilmenau, Schröter, 1886. M. 1.

Schuster (*J.-M.*). Die Gans im Dienste der Land- und Volkswirtschaft, sowie als Ziervogel. 2. Aufl. Ilmenau, Aug. Schröter, 1886. M. 1.

> *Schuster* (*M.-J.*). L'Oie au service de l'agriculture et de l'économie politique et comme oiseau d'ornement. 2ᵉ édit. Ilmenau, Aug. Schröter, 1886. M. 1.

Schuster (*M.-J.*). Der Schwan als Zier- und Nutzvogel. 2. Aufl. Ilmenau, Aug. Schröter, 1886. 30 Pfg.

> *Schuster* (*M.-J.*). Le Cygne comme oiseau d'ornement et d'utilité. 2ᵉ édit. Ilmenau, Aug. Schröter, 1886. 30 Pfg.

Schwabe (*X.-W.*). Illustrirter Hausthierarzt. Die Krankheiten der Pferde, Rinder, etc., und des Federviehs Verhütung und Behandlung derselben nach den Grundsätzen der Homöopathie. 6. Auflage. Leipzig. Schwabe, 1887. M. 3.

> *Schwabe* (*X.-W.*). Vétérinaire domestique illustré. Les maladies des Chevaux, du bétail, de la volaille, etc. Comment il faut les éviter et les traiter d'après les principes homœopathiques. 6ᵉ édit. Leipzig, Schwabe, 1887. M. 3.

Stiebeling (*G.-C.*). Ueber den sogenannten Instinkt des Huhns und der Ente. New-York, 1872.

(1) Voyez *Revue*, année 1893, p. 564 ; 1894, 2ᵉ semestre, p. 560, et plus haut, p. 549.

Stiebeling (*G.-C*.). Sur le soi-disant instinct chez la Poule et chez le Canard. New-York, 1872.

Stiehler (*Carl*). Die Taube im Kriegsdienste in Mittheilungen des Ornithologischen Vereins. Wien, 10. Jahrgang, p. 200-203.

> *Stiehler* (*Charles*). Le Pigeon au service de la guerre, dans les rapports de la Société ornithologique. Vienne, 10ᵉ année, p. 200-203.

Taschen-Kalender für Geflügelfreunde auf das Jahr 1890, resp. 1891. Herausgegeben unter Mitwirkung bewährter Fachmänner von der Redaction der Allgemeinen deutschen Geflügelzeitung. Mit vielen Illustrationen. Leipzig, Expedition der Allgemeinen deutschen Geflügelzeitung 1889, resp. 1890.

> *Almanach de poche* pour l'ami de la volaille pour l'année 1890, c'est-à-dire 1891. Édité en collaboration d'hommes compétents et du métier, par la rédaction du Journal général de la volaille en Allemagne. Avec de nombreuses illustrations. Leipzig, Expédition du Journal général de volaille en Allemagne, 1889, c'est-à-dire 1890.

Taube (*Die*). Mit Abbildungen verschiedener Brieftaubenrassen. Ein Büchlein für jeden Taubenfreund. Schaffhausen, Rothermel, 1874. 60 Pfg.

> Le *Pigeon*. Avec des figures des différentes races. Un petit livre pour tous les amateurs de Pigeons. Schaffhouse, Rothermel, 1874. 60 Pfg.

Taubenzucht (*Die*) als Mittel zur Vermehrung und Vergrösserung seiner Einnahme, sowie überhaupt sich ein nicht unbedeutendes Einkommen zu sichern. Hamburg, Kramer, 1878. 75 Pfg.

> *L'élevage de Pigeons* comme moyen d'augmenter et d'agrandir ses revenus et pour s'assurer un bénéfice important. Hambourg, Kramer, 1878. 75 Pfg.

Taubert (*Franz*). Anleitung zum rationellen Betrieb der Nutztaubenzucht. Berlin, Parey, 1884. M. 1.

> *Taubert* (*François*). Guide pour l'exploitation rationnelle de l'élevage des Pigeons utiles. Berlin, Parey, 1884. M. 1.

Thiele (*W*.). Zum Wohlbefinden unserer Eierlieferanten in Monatsschrift des deutschen Vereins zum Schutze der Vogelwelt, 1881, Nᵒ 12, p. 277.

> *Thiele* (*W*.). Du bien-être de nos oiseaux pondeurs dans le Journal mensuel de la Société allemande de la protection du monde des oiseaux, 1881. Nᵒ 12, p. 277.

Tiemann (*Fr*.). Leitfaden für die praktische Geflügelzucht. Mit Holzschnitten. Breslau, Schletter, 1883. M. 1.

> *Tiemann* (*Fr*.). Guide pratique pour l'élevage de la volaille, avec des gravures sur bois. Breslau, Schletter, 1883. M. 1.

Tragau (*Karl*). Die Geflügelzucht. Ein extrareicher Nebenerwerbszweig der Landwirthschaft in Sammlung Gemeinnütziger Vorträge. Prag, Nᵒ 101 und 106. 40 Pfg.

Tragau (Charles). L'élevage de volaille. Un revenu accessoire de grand rapport dans l'agriculture. Dans le recueil des conférences d'utilité publique. Prague, n° 101 et 106. 40 Pfg.

Treskow (*v.*). Krankheiten des Hausgeflügels und deren Heilung. Pathologie und Therapie über Geflügelkrankheiten für den Laien, in allgemeiner, verständlicher Weise bearbeitet. Kaiserslautern, Kayser, 1882. M. 3,50.

> *Treskow (de).* Les maladies de la volaille domestique et leur guérison. Pathologie et thérapeutique sur les maladies de la volaille, rédigées d'une manière claire et générale pour les novices. Kaiserslautern, Kayser, 1882. M. 3,50.

Ulm-Erbach (Baronin), geb. v. Siebold. Bericht über die aus Japan neu importierten Chabo-Hühner in Mittheilungen des Ornithologischen Vereins. Wien, 7. Jahrgang, p. 72-73.

> *Ulm-Erbach (la baronne) née de Siebold.* Rapport sur les poules Chabo, nouvellement importées du Japon. Dans les rapports de la Société ornithologique. Vienne, 7e année, p. 72-73.

Ulm-Erbach (Baronin), geb. v. Siebold. Die Geflügelzucht in Japan. In Mittheilungen des Ornithologischen Vereins. Wien, 8. Jahrgang, p. 7-11.

> *Ulm-Erbach (la baronne) née de Siebold.* L'élevage de la volaille au Japon. Dans les Rapports de la Société ornithologique. Vienne, 8e année, p. 7-11.

Ulm-Erbach (Freifrau von). Das schwanzlose Huhn. Mit Abbildung. In Mittheilungen des Ornithologischen Vereins. Wien, 10. Jahrgang, p. 88-90.

> *Ulm-Erbach (la baronne de).* La Poule sans queue. Avec figure. Dans les rapports de la Société ornithologique. Vienne, 10e année, p. 88-90.

Untersuchungen über das Gewicht der Eier verschiedener Hühnerrassen. In Zoolog. Garten, 27. Jahrgang, p. 94.

> *Recherches* sur le poids des œufs de différentes races de Poules. Dans le Journal du Jardin Zoologique, 27e année, p. 94.

Verzeichniss sämmtlicher Schriften über Geflügelzucht, Stuben-, Zier- und Singvögel, Nutzen und Schaden der Vögel und ihrer Eier, Kaninchenzucht, welche in den Jahren 1850-1888 im deutschen Buchhandel erschienen sind. Leipzig, Gracklauer, 1888. 60 Pfg.

> *Catalogue* de tous les ouvrages parus dans la librairie allemande, dans les années 1850 à 1888, sur l'élevage de la volaille, sur les oiseaux domestiques, d'ornement et chanteurs, en quoi les oiseaux et leurs œufs sont utiles et nuisibles, l'élevage des Lapins. Leipzig, Gracklauer, 1888. 60 Pfg.

(A suitre.)

Notes sur les Termites de l'Afrique australe. — *Leur récolte; comment on les accommode pour les manger* (1). — « Le Termite (*Termes bellicosus*) est un Insecte dans le genre d'une grosse Fourmi ; il en a les mœurs. On l'a classé dans l'ordre des Névroptères, quoiqu'il ne porte des ailes que pendant quelques instants. Il construit des habitations en terre argileuse, qu'il pétrit avec sa salive et à la-

Termitière et Cryptogames.

Cliché communiqué par la maison Firmin-Didot et Cⁱᵉ.

quelle il donne une dureté extraordinaire. Ces nids, que j'appellerai termitières, abritent des milliers d'individus ; ils affectent généralement la forme conique ; j'en ai vu qui atteignaient jusqu'à 4 mètres de hauteur ; couverts de végétation et souvent placés à l'ombre, entre des grands arbres, ils sont une ressource providentielle pour le chasseur ; en plaine surtout, ils l'aident à se dissimuler lorsqu'il poursuit

(1) Edouard **Foa**, *Mes grandes chasses dans l'Afrique centrale*, Paris, Firmin-Didot et Cⁱᵉ, grand in-8° avec gravures.

le gibier et le cachent beaucoup mieux qu'un arbre; s'il veut voir de loin, ils lui fournissent un observatoire fort commode. Ils font plus que cacher le chasseur, ils le nourrissent aussi.

Il y a trois sortes bien distinctes de Termites : 1o. les mâles et les femelles ; 2o les soldats; 3o les ouvriers.

Les mâles et les femelles quittent la termitière aussitôt que les premières pluies ont trempé le sol. La nature leur donne alors des ailes pendant quelques minutes; ils quittent le nid et se répandent dans l'air par milliers, mais dès qu'ils touchent de nouveau le sol, leurs ailes tombent pour toujours. Il n'y a qu'une femelle par habitation ; elle a vite peuplé celle-ci, si on songe qu'elle pond une moyenne de 15,000 œufs par vingt-quatre heures; sur ce chiffre, un tiers se compose généralement de mâles et de femelles, le reste de soldats et d'ouvriers.

Les soldats ont une tête énorme douée de fortes mandibules qui les rendent très redoutables. Présents partout à la fois, ils protègent l'habitation et le travail des ouvriers. Ces derniers, sans défense aucune, et les plus petits de l'espèce, possèdent la propriété de secréter un liquide agglutinant avec lequel ils pétrissent la terre. Ils portent le mortier ainsi obtenu à l'endroit où il y a des travaux en cours d'exécution.

Les Termites se nourrissent exclusivement de végétaux (1). Ils ne rongent que le bois mort où les parties desséchées d'un arbre; ils rendent en Afrique de très grands services en débarrassant les broussailles de toutes les branches et même les arbres tombés qui seraient fort gênants, sans eux, pour la circulation.

S'ils rendent des services à la nature, ils sont quelquefois un véritable fléau pour le voyageur; si vous n'avez pas remarqué leur présence à l'endroit où vous campez, une seule nuit leur suffit pour faire disparaître la natte sur laquelle vous avez étendu votre couverture, ou le fond d'une de vos caisses, ou la semelle de vos chaussures, et en général toutes les parties restées en contact avec la terre, tentes, cordages, manches d'outils, etc.

Aussi, quand on craint les Termites, faut-il mettre sous chaque colis, pour les protéger, deux morceaux de bois qui l'isolent du sol (2). On a à prendre dans la jungle mille précautions de ce genre.

Revenons maintenant au rôle utile du Termite comme aliment. Le soir d'un jour de pluie, on amoncelle autour de la termitière du bois mort et des végétaux desséchés qu'on a mis à l'abri à cet effet, et on

(1) Ou de matières tout à fait assimilables à des végétaux et ayant perdu leur véritable caractère, telles que le cuir tanné, la soie, etc....
(2) Il y a aussi une espèce de Fourmi noire, haute de pattes, qui est très friande de Caoutchouc; la plaque de cette matière que j'avais sur la crosse de mes carabines attirait de fort loin des fourmillières entières; et, pour en éviter la destruction, je posais ma crosse sur une écuelle d'eau.

les fait brûler tandis qu'on se munit de grosses branches feuillues ou de faisceaux d'herbes formant comme des balais.

Dès que la chaleur se fait sentir après l'humidité, elle détermine et hâte la migration des mâles et des femelles, migration qui a lieu presque tous les jours pendant les pluies; les Insectes s'envolent en nuages, se brûlent les ailes au-dessus des flammes, tombent en dehors du cercle de feu et sont balayés en tas sur un terrain nettoyé d'avance, quelques-uns passent-ils indemnes au-dessus du feu, on les abat avec des coups de ces balais improvisés dont j'ai parlé. On les met ensuite dans des paniers hauts dont ils ne peuvent sortir et on continue jusqu'à ce que la migration soit terminée ce jour là. On récolte ainsi de dix à quinze kilos d'Insectes, on éteint le feu et on s'en va procéder à la cuisson.

Les Termites sans ailes ont à peu près 0,02 centimètres de longueur. Ils sont excessivement blancs, gras et dodus. On prend une poêle ou une marmite plate, on la met sur le feu et on les fait rôtir à sec en les remuant absolument comme des grains de Café. Dès qu'ils ont pris la couleur mordorée, on les met de côté dans des récipients bien bouchés et ils peuvent se conserver fort longtemps.

La façon de les manger diffère beaucoup, les uns les mettent à recuire avec de l'eau et du sel; d'autres, et je suis de ceux-là, les mangent secs sans préparation aucune en ajoutant tout simplement un peu de sel. Quant au goût, je souhaite à ceux qui auront faim de ne jamais avoir rien à manger de plus mauvais. Le Termite rôti ressemble un peu à la Crevette avec un parfum agréable de torréfaction et de sel.

C'est assez curieux de voir à toutes les distances, par des nuits obscures et souvent par la pluie, les feux des chasseurs de Termites à demi éclairés, levant leurs balais au-dessus des flammes, ils font l'effet de démons qui seraient aux prises devant une fournaise. »

Les Insectes nuisibles et le commerce (1). — Le commerce, en disséminant sur toute la surface du globe les produits naturels des différentes contrées, assure en même temps la dispersion des ennemis de nos plantes cultivées. Les Insectes nuisibles, dont la fécondité et la résistance sont, en général, très grandes, transportés avec les plantes, les fruits ou les graines sur lesquels ils se trouvaient, étendent ainsi peu à peu leur aire de répartition ou finissent même par devenir cosmopolites.

L'horticulture, principalement, qui s'adresse à toutes les parties du monde, pour enrichir les jardins de plantes nouvelles, souffre d'une façon permanente de l'importation de ces hôtes dangereux. C'est ainsi que aux États-Unis, où l'on compte une centaine de Cochenilles nui-

_____

(1) *Insect Life*, v. VII, 1895, n° 4, p. 332.

sibles, il n'y en a pas moins de quarante d'importation étrangère, et c'est parmi elles que l'on trouve les plus redoutables.

M. Howard, le directeur de la division d'Entomologie au Ministère de l'Agriculture des États-Unis, pense que des mesures sérieuses devraient être prises par les Gouvernements pour s'opposer à cette dissémination inquiétante des ennemis de nos cultures. La première condition à remplir pour chaque Gouvernement est l'établissement d'un service analogue à celui qui existe en Amérique. Il demande en outre pour les pays qui présentent déjà cette organisation, une loi donnant au Directeur de l'Agriculture le pouvoir de nommer des commissaires ayant charge de contraindre les habitants d'une région contaminée à se servir des méthodes les mieux appropriées à la destruction des ennemis de leurs cultures, afin que les intérêts agricoles du pays ne se trouvent pas compromis par la négligence des individus.

Il demande encore des pénalités contre tous ceux qui auront vendu, à leur escient, des produits infestés par des Insectes ou des Champignons nuisibles. Enfin, dans tous les ports de commerce, il souhaite l'établissement d'un service destiné à l'inspection des produits importés et à l'établissement de quarantaines en cas de nécessité.

Pour ce qui regarde les horticulteurs, dont les cultures forment actuellement des centres d'infection où viennent, pour ainsi dire, se donner rendez-vous les Insectes nuisibles de toutes les parties du monde, il serait à souhaiter que toutes les plantes dont ils prennent livraison soient soumises à une désinfection complète, et soient exposés, par exemple aux vapeurs d'acide cyanhydrique. Si la généralisation de cette mesure, pratiquement paraît difficile à réaliser, ne pourrait-on tout au moins exiger du vendeur un certificat attestant que les plantes livrées ne sont atteintes d'aucune maladie ? Muni de cette attestation, l'horticulteur pourrait avoir recours contre le vendeur et exiger des dommages et intérêts.

Tels sont les vœux que M. Howard émet au sujet d'une organisation contre la dissémination des Insectes nuisibles et des maladies cryptogamiques ou bacillaires. Peut-être leur réalisation paraîtra-elle difficile. Il convient toutefois de rappeler qu'une organisation analogue, basée sur une loi datant de 1881, existe déjà dans un des États-Unis, la Californie. Les plantes et les fruits importés y sont examinés avec grand soin ; s'ils sont infestés, ils sont soumis à des fumigations d'acide cyanhydrique ou même entièrement détruits si cela est nécessaire. De plus, des pénalités sont édictées contre tous ceux qui exposent pour la vente, sur les marchés, des fruits infestés. Les cargaisons, qui arrivent dans les ports de Californie, sont soumises à une inspection, et il en est de même pour les plantes qui viennent de l'Est par la voie ferrée.

Si la Californie réussit à se protéger contre l'importation des Insectes nuisibles, il est évident que les autres pays, en ayant recours à des mesures analogues, peuvent arriver au même résultat et s'opposer ainsi à l'introduction de nouveaux ennemis dont la virulence devient souvent plus forte encore dans la région sur laquelle ils viennent de s'établir que dans leur pays d'origine. P. M.

La consommation du vin aux États-Unis. — On lit dans un récent rapport adressé au Ministère de l'Agriculture et du Commerce à Rome, par l'agent œnotechnique italien à New-York. « Sur une importation totale de 5,596,584 gallons (1) de vins étrangers aux États-Unis en 1893, 3,213,860 gallons furent débarqués à New-York. La consommation du vin aux États-Unis pendant l'année 1893 peut être évaluée à 31,987,819 gallons. Les vins étrangers participant dans cette consommation pour le chiffre précité de 5,596,584 gallons, la production du pays a donc pris la différence, soit 26,391,235 gallons.

Comme on le sait, les États-Unis produisent du vin, mais en quantité restreinte jusqu'à présent. La Californie est l'État qui a la production annuelle la plus élevée, on peut l'évaluer à 18 millions de gallons environ ; le reste est produit par les États de l'est principalement sur les rives du lac Érié, dans l'Ohio, le Missouri, la New-Jersey et dans l'État de New-York.

Les vins étrangers trouvent donc une concurrence dans les vins du pays qui, ne supportant pas de droits sont d'un prix modéré, mais dont la qualité laisse généralement beaucoup à désirer.

En examinant le chiffre de la consommation du vin aux États-Unis, on se rend compte que l'usage de cette boisson n'est pas encore bien répandu. En effet, ce grand pays, avec une population de plus de 62 millions d'habitants, d'après le recensement de 1890, ne consomme annuellement que 32 millions de gallons de vin environ, c'est-à-dire 0,45 gallon par habitant, ou 2 litres à peu près. La boisson nationale est la bière, qui ressemble à la bière allemande, et dont la consommation annuelle atteint le chiffre de 1,074,546,336 gallons, soit 46.08 gallons par habitant. Même les liqueurs comme le whisky, le rhum, le gin ont une plus grande consommation que le vin, car celle-ci monte à 101,497,753 gallons, soit 1.51 gallon par habitant. La population américaine n'a pas encore appris à boire du vin; sur la table des citoyens des États-Unis, le vin manque en général, et les gens riches, à part ceux qui ont voyagé et vivent à l'européenne, consomment pendant les repas d'autres boissons que le vin qu'on offre seulement au dessert, sous le nom de « claret », « champagne » ou « porto » avec le whisky, le brandy et les liqueurs. Les vrais consommateurs du vin dans l'Amérique du Nord sont donc les étrangers qui y sont très nombreux, et spécialement ceux qui viennent des pays où l'usage de cette boisson est habituel.

(1) Le gallon américain équivaut à 3 litres 785.

Les Allemands, qui sont au nombre de plus de 6 millions aux Etats-Unis, quand ils veulent boire du vin, préfèrent naturellement les vins du Rhin, qui occupent la première place dans les importations, et les Italiens, les Français et les Espagnols font de même pour leurs produits respectifs. Les Italiens qui sont au nombre de 500,000, dont 100,000 à New-York, consomment aussi une quantité considérable de vins de Californie, qu'on vend à très bon marché.

On constate néanmoins chez les Américains, à mesure que s'étend la manière de vivre à l'européenne, une tendance croissante à faire usage du vin et notamment du bon vin de table. Depuis 1840, la consommation du vin aux Etats-Unis a doublé, il est vrai que la population a augmenté dans une proportion plus grande encore, et on peut croire qu'avec le temps, ce pays deviendra un grand consommateur de vin, attendu que les Américains eux-mêmes ont intérêt à en favoriser la consommation puisqu'ils sont eux aussi producteurs ».

(*Moniteur officiel du Commerce du* 9 *mai* 1895).

La culture du Kapok au Cap et en Australie. — Un groupe d'agronomes australiens se préoccupe d'introduire aux environs de Melbourne la culture du Kapok et la question a même été soulevée en janvier 1895, au parlement de Victoria (1). D'après M. Pendergast, le sol de l'Australie conviendrait fort bien à ce végétal qui fournit une quantité de graines et de duvet. Ces matières pourraient devenir l'objet d'un commerce important et être expédiées régulièrement en Europe.

L'initiative des colons australiens en cette circonstance attire l'attention d'un correspondant de l'*Agricultural Journal* qui espère voir également introduire au Cap la culture du Kapok. Ce serait chose faite depuis longtemps à ce qu'il paraîtrait. La plante croît partout dans la colonie et il est facile de la multiplier comme le Chanvre ou la Ramie.

Les efforts tentés dans cette voie ne semblent pas cependant devoir être encouragés. La culture du Kapok n'est pas rémunératrice, les frais de la récolte étant très élevés. Il faudrait par conséquent qu'un gros capital fût engagé par les producteurs avant de garantir aux industriels une quantité de matière première suffisante pour alimenter des usines (2).

---

(1) Kapok est le nom donné dans les Indes néerlandaises à l'*Eriodendron anfractuosum*. Ce nom a sans doute été étendu au *Calotropis procera* qui paraît faire l'objet de cette note et qui donne un duvet analogue à celui des Bombacées.

(2) D'après *Agricult. Journal., Depart. of Agricult. of the Cape Colony,* 14 avril 1895.

Le Gérant : Jules GRISARD.

I. TRAVAUX ADRESSÉS A LA SOCIÉTÉ.

AVANTAGES DE L'HIPPOPHAGIE

UN DERNIER MOT SUR LA QUESTION

PAR M. É. DECROIX,

Officier de la Légion d'honneur,
Fondateur du Comité de la viande de Cheval.

SOMMAIRE. — Historique de l'hippophagie. — Comité de la viande de Cheval. — Ouverture de la première boucherie à Paris. — Fonctionnement administratif. — Perte de viande pendant le siège. — Effets du siège sur l'hippophagie. — L'hippophagie en campagne. — État actuel de l'hippophagie. — Avantages de l'hippophagie pour les riches, les pauvres, les Chevaux, les industriels, les animaux affamés. — Hippophagie en province et à l'étranger. — Propagande en Angleterre. — Souscription et souscripteurs. — Résumé et conclusions.

Nonne corpus plus est quam vestimentum.
(MATH., VI.)

De tous les besoins qui rendent la vie de l'homme sur la terre si difficile, le plus impérieux, celui dont il faut le plus constamment se préoccuper du matin au soir, c'est assurément le besoin de manger, de se nourrir. Le vêtement, l'habitation ne viennent qu'au deuxième rang.

C'est pourquoi l'éminent naturaliste Isidore Geoffroy Saint-Hilaire, dès 1847 et jusqu'à sa mort, en 1861, fit des communications dans les Sociétés savantes, publia des notices et rédigea un ouvrage destinés à démontrer que la viande du Cheval, de l'Ane et du Mulet est un aliment sain, réparateur, et qu'elle doit être livrée à la consommation comme la viande de Bœuf.

Historique de l'hippophagie. — Bien avant cette époque, des savants, des philanthropes ont appelé l'attention sur les services que peut rendre la chair des solipèdes dans l'alimentation publique. Ainsi que l'a rappelé I. Geoffroy Saint-

Hilaire, par toute la terre, à une époque ou à une autre, on a fait usage de la chair du Cheval. En ce qui concerne la France, on a cessé d'en faire usage au huitième siècle, pour des considérations religieuses qui n'existent plus aujourd'hui, et aussi parce que la chair des Ruminants répondait aux besoins de l'époque.

Pendant une longue période de mille ans, on ne se préoccupa plus guère de la viande de Cheval, ou au moins les chroniques et l'histoire n'en font plus guère mention ; mais à la fin du dix-huitième siècle, Parmentier, qui avait propagé la Pomme de terre ; Huzard, vétérinaire distingué ; Parent-Duchatelet, savant philanthrope ; le baron Larrey, illustre médecin militaire, etc., s'efforcèrent de faire ressortir les avantages de l'hippophagie, mais sans succès, tant est puissante l'aveugle routine.

Lorsqu'il fonda la Société d'Acclimatation, I. Geoffroy Saint-Hilaire disait que, non seulement elle devait s'efforcer d'acclimater de nouvelles espèces, mais encore qu'elle devait chercher à tirer un meilleur parti de celles déjà acclimatées. En propageant l'hippophagie, il était donc conséquent avec ce principe ; il désirait que le Cheval ne fût plus exclusivement animal *auxiliaire*, mais qu'aussitôt impropre au service, il rendit des services comme animal *alimentaire*.

Un peu avant I. Geoffroy Saint-Hilaire, le docteur Perner, de Munich, avait traité la question et avait eu le plaisir de faire ouvrir des boucheries chevalines dans son pays. Notre compatriote s'appuyait même sur les résultats obtenus en Allemagne, en Autriche et ailleurs, pour soutenir sa thèse en faveur de la France. Il provoqua des essais parmi les savants ; le Dr Amédée Latour, le directeur de l'Ecole vétérinaire Renault, le Dr Joly, etc., publièrent des comptes rendus de ces essais et s'efforcèrent, de leur côté, de répandre l'hippophagie. Mais hélas, sans qu'ils aient pu faire ouvrir une seule boucherie spéciale à Paris.

En ce qui me concerne, j'avais bien eu connaissance qu'à l'Ecole d'Alfort, pendant les quatre années que j'y ai passé, des élèves, par bravade, avaient mangé de la viande de Cheval, mais sans en manger moi-même ; d'autre part, en 1846, pendant une expédition chez les Ouled Naïl (Algérie), j'avais bien fait préparer un morceau d'un Cheval tué par

accident, et voilà tout. Dans les autres expéditions ou campagnes que j'ai faites, notamment en Crimée, où hommes et
chevaux ont souffert de la faim, il ne m'est pas venu à la
pensée de propager le précieux aliment. Il faut arriver à
1859 pour me voir prendre la question tout-à-fait à cœur,
dans les circonstances suivantes :

A peine rentré à Alger de la Campagne d'Italie, mon régiment (1er chasseurs d'Afrique) reçoit l'ordre de partir pour
le Maroc, sous le commandement du général de Martimprey,
afin de châtier quelques tribus. A une lieue environ du camp
du Kis, sur le territoire ennemi, je m'aperçois que l'un de
mes Chevaux, celui que je montais, marchait difficilement ;
il arriva à grande peine au bivac et se coucha aussitôt pour
ne plus se relever : il était frappé de *paraplégie incurable,*
(étant donné que nous devions continuer notre marche en
avant les jours suivants et que nous n'étions pas dans les
conditions pour appliquer un traitement efficace). Plutôt que
d'abandonner la pauvre bête et de la laisser dévorer vivante
par les Chacals, elle fut abattue.

Avec l'approbation de mon colonel, M. de Montalembert,
et de mes autres convives de la pension d'état-major, je por-
tai un filet au cuisinier, qui trouva la viande si belle, comparée à celle des Bœufs exténués que l'on distribuait, qu'il
demanda le second filet. Mais pendant ces quelques pour-
parlers, les maréchaux, les chasseurs, suivant l'exemple du
vétérinaire, avaient enlevé toute la viande, le second filet
notamment... Ce fut un trait de lumière ; et je me promis
que si je ne mourais pas dans cette expédition, je propagerais
le nouvel aliment. — Un quart de la colonne mourut du choléra pendant cette très pénible campagne de trois mois ;
notamment, mon colonel, mon lieutenant-colonel, le général
Thomas, etc.

Rentré à Alger, je commençai, en 1860, à faire connaître
que la chair du Cheval, de l'Ane, du Mulet est plus saine, plus
nourrissante que celle du Bœuf, bien que souvent moins
agréable. Je rédigeai une note que je lus à la Société de
médecine d'Alger, récemment fondée par mon ami Charles
Roucher ; je publiai des notes dans les journaux, notamment
dans l'*Akhbar* ; j'organisai, au printemps de 1861, un grand
banquet, qui eut lieu dans le foyer du théâtre (aucune salle
d'hôtel n'étant assez grande pour contenir tous les convives) ;

un Ane fut rôti tout entier, comme un Lièvre, par des Arabes habitués à rôtir des Moutons.

Je fus puissamment secondé par les civils, les militaires, le clergé ; je dois surtout témoigner ma reconnaissance à M. le maire de Mustapha ; au commissaire central, M. Anglade ; à mon colonel, M. de Lascour ; au commandant Sérieyx ; à M. l'abbé E. Chapelier ; aux sœurs de Saint-Vincent de Paul, qui ont distribué de la viande aux pauvres après s'être assurées par elles-mêmes de la qualité de cette viande.

En 1861 et 1862, j'ai dû partir avec mon régiment pour des excursions dans le sud de l'Algérie ; de sorte que ma propagande subit des interruptions regrettables. Néanmoins, j'avais trouvé un boucher tout disposé à ouvrir une boucherie chevaline ; mais les lenteurs administratives, l'opposition des bouchers à ce que les Chevaux fussent sacrifiés à l'abattoir de la ville, firent traîner les affaires en longueur, de sorte que rien n'était encore décidé lorsque je me préparais à partir pour la campagne du Mexique, et lorsque, à mon grand étonnement, je fus nommé vétérinaire en 1er à la Garde de Paris.

Comité de la viande de Cheval. — On ne doit pas s'engager légèrement dans une entreprise, mais quand on a jugé utile de commencer, il ne faut pas se laisser décourager par les difficultés ; il faut persévérer malgré les obstacles. Après m'être mis au courant de mon nouveau service militaire, j'ai repris la propagande en faveur de l'hippophagie. Celle-ci eut pour point de départ des communications faites le 18 mars 1863 et le 21 janvier 1864 à la Société protectrice des animaux, où il était facile de démontrer que les Chevaux hors de service seraient moins malheureux à la fin de leur carrière, s'ils étaient soignés comme animaux de boucherie, plutôt que de continuer à être surmenés jusqu'à épuisement extrême de forces, puis livrés sans soin à l'équarrisseur. A la Société d'Acclimatation, la cause avait été traitée par son illustre fondateur I.-Geoffroy Saint-Hilaire ; il n'y avait pas d'opposition.

L'important était de déterminer au moins l'une de ces Sociétés à faire les démarches nécessaires auprès de la Préfecture de Police pour obtenir l'autorisation d'ouvrir des boucheries chevalines. Ni l'une ni l'autre n'ayant voulu se charger de cette besogne, de longues discussions et même des divisions s'étant produites au sein de la Société protectrice des animaux, les partisans du nouvel aliment voulurent bien, au mois de mars 1865, continuer à me seconder en se constituant en *Comité de la viande de Cheval*, comité indépendant des deux Sociétés ci-dessus.

Comme militaire, j'avais à prendre certains ménagements, certaines précautions qui ne m'ont pourtant pas préservé de menaces officielles à la suite de démarches malveillantes faites auprès de mon colonel.

Le président du Comité fut le Dr Henri Blatin; le trésorier, M. Bourrel; quant à moi, j'étais secrétaire. Le Bureau fut ainsi constitué, en avril 1865. Le Dr Antonin Bossu mit les bureaux de l'*Abeille médicale* à notre disposition comme siège du Comité. (Le siège effectif était chez moi, à la caserne des Célestins.) Pour la propagande « par l'action » une souscription fut ouverte. Tous les membres du Comité, mes amis et connaissances donnèrent leurs offrandes. Pour ma part, je donnais ce que je pouvais distraire de ma solde de vétérinaire en 1er; mais mon concours était plus efficace par les distributions de viande de Cheval aux pauvres, d'abord à la caserne, puis chez les Sœurs de la rue du Fauconnier, puis enfin chez les Lazaristes de la Maison Blanche, après que des Messieurs de la Préfecture de la Seine eurent défendu aux Sœurs de me laisser distribuer de la viande chez elles. Toutes les semaines un Cheval était débité par un boucher, et c'est moi qui donnais les morceaux plus ou moins gros aux mères de famille, selon le nombre d'enfants.

Sans m'étendre davantage sur divers incidents auxquels donnèrent lieu ces distributions et surtout l'*abattage clandestin* des Chevaux (l'administration ne voulant pas nous laisser disposer d'un coin d'abattoir de la ville), passons à un autre ordre de faits.

Dans un de ses discours, l'Empereur a dit : « L'Opinion est la Reine du Monde. » Il fallait donc éclairer, former l'opinion, nous rendre sympathique. Un des moyens employés par le Comité fut d'organiser un grand banquet au Grand-Hôtel. Sur notre demande, M. de Quatrefages voulut bien le présider et prononcer un éloquent discours en faveur de la chair du Cheval, de l'Ane et du Mulet, dont les convives venaient de juger *de gustu*. Comme la presse était largement représentée à ce banquet, un grand nombre d'articles ont été publiés sur les qualités du nouvel aliment. Il y en a un qui nous a fait bien rire, il concluait à peu près en ces termes :

« Vins délicieux, bombe glacée parfaite, café exquis. Quant au Cheval, je n'en ai pas goûté !... »

Plus tard, il y eut d'autres banquets chez Lemardelays ; puis un banquet populaire, sur l'initiative de M. Sauget, à Ménilmontant. Mais ces derniers n'ont été organisés que pour célébrer la victoire remportée.

Le point capital, pour le Comité, consistait à obtenir de la Préfecture de Police l'autorisation d'ouvrir des boucheries chevalines. Aux premières démarches, on opposa la force d'inertie : « I. Geoffroy Saint-Hilaire a voulu faire manger la viande de Cheval ; il n'a pu y arriver. Par conséquent, vous (pygmées !...), vous ne pouvez prétendre à un meilleur résultat. Laissez-nous tranquille... » Dans les bureaux on me croyait intéressé pécuniairement dans cette affaire ; on n'a été désabusé qu'en constatant que, loin de convoiter un bénéfice, j'offrais une prime de 500 francs à celui qui ouvrirait la première boucherie.

Heureusement, j'étais chargé — à titre gracieux — du service vétérinaire du Préfet de Police, M. Boitelle, et j'avais procuré à Mme Boitelle un filet de Cheval pour un grand dîner. Je profitais de ces circonstances pour agir sur M. X..., chef de bureau compétent ; de sorte que je finis par obtenir que l'on demanderait des renseignements en Autriche et en Allemagne sur l'hippophagie dans ces contrées.

D'autre part, je suis allé à la Préfecture de la Seine pour avoir l'appui du Directeur de l'Assistance publique. Voici la conclusion de la réponse à mon long panégyrique : « Les riches n'en ont pas besoin et les pauvres n'en voudront pas. »

Ce à quoi je ripostai : « Veuillez vénir ou envoyer demain à telle heure, rue du Fauconnier, chez les Sœurs ; j'y distribuerai aux pauvres environ 200 kilos de viande de Cheval, et je n'en aurai pas assez pour satisfaire à toutes les demandes... » C'est à la suite de cette visite qu'il fut interdit aux Sœurs de me laisser faire mes distributions chez elles.

Une autre démarche a été tentée. Dans une lettre-pétition, je rappelai à l'Empereur que Parmentier n'avait pu vaincre le préjugé contre la Pomme de terre que grâce à l'exemple donné par Louis XVI qui avait bien voulu en faire usage. Pour la viande de Cheval, si l'Empereur en faisait servir sur sa table, le préjugé disparaîtrait instantanément.

Ne recevant aucune réponse, je renouvelai ma proposition une vingtaine de jours plus tard. Deux ou trois jours après, je reçus une lettre m'invitant à me rendre chez le général Rolin, adjudant général du Palais. Cet officier supérieur était renommé pour son peu de courtoisie — si ce n'est pour sa brutalité — ce qui n'exclut pas nécessairement un bon cœur·

Je me rendis donc aux Tuileries, bien disposé à supporter quelques paroles dures, et à plaider ensuite avec tout le calme possible la cause qui m'amenait. A mon grand étonnement, au lieu de faire antichambre pendant un temps plus ou moins long, l'huissier qui avait transmis ma carte m'introduisit incontinent. En entrant, je vis tout de suite que le discours que j'avais préparé ne me servirait de rien. En effet, le général était en commission avec d'autres généraux ou personnages officiels auxquels il me sembla qu'il aurait dit :

« Restez, restez, Messieurs, en voilà un que je vais expédier lestement. » Toujours est-il qu'à peine entré, il m'apostropha ainsi :

« — C'est vous, qui voulez faire manger du Cheval à l'Empereur ?... »

Sans attendre ma réponse, il continua :

« — Jamais je ne dirai à l'Empereur de manger du Cheval. Et puis, vous êtes militaire, pourquoi n'avez-vous pas suivi la voie hiérarchique ? »

Je fis observer timidement qu'il s'agissait d'une œuvre de bienfaisance et non d'une affaire militaire. Mais sans guère écouter et sans attendre la fin de mes explications, il répliqua :

« — Est-ce qu'il n'y a pas des Sociétés de bienfaisance ?... »

Puis, toujours debout en face de moi, avec un air menaçant comme quelqu'un qui va mettre un adversaire à la porte, il revint sur ce que j'étais militaire et que je n'aurais pas dû écrire directement à l'Empereur.

Dès lors, je n'avais plus qu'à me retirer en balbutiant quelques paroles d'excuses ; car à cette époque mon colonel m'avait déjà engagé à *modérer mon zèle* pour l'hippophagie, et si une note venant de la Maison impériale lui était parvenue, il aurait pu m'arriver de graves désagréments.

Des démarches qui précèdent, je conclus que si « ventre affamé n'a point d'oreilles », ventre rassasié n'a point de cœur !

Je ne modérai point mon ardeur ; je la manifestai moins au grand jour. Je trouvai un brave petit rentier, M. Romain Gérard, qui voulut bien se charger d'acheter chaque semaine un Cheval de boucherie, le conduire chez M. Bodin, supérieur des Lazaristes de la Maison-Blanche, le faire abattre par un boucher et en surveiller la distribution aux pauvres.

Ouverture de la première boucherie. — Enfin je passe à la conclusion. Les bureaux de la Préfecture de Police voyant que la temporisation ne refroidissait nullement le zèle des membres du Comité, finirent par faire signer, le 6 juin 1866, un arrêté réglementant l'inspection, l'abattage et la vente de la viande de Cheval. Il était signé de M. Piétri, qui remplaçait depuis quelques jours M. Boitelle.

Au point de vue de l'hygiène publique et de la réglementation du commerce de la boucherie, l'arrêté donnait toute garantie et toute satisfaction. Mais comme si les bureaux avaient voulu enterrer l'affaire, il y avait cette clause : « Le boucher devra avoir un abattoir particulier. »

A Paris, un industriel assez riche pour avoir un abattoir à lui ne court pas les risques d'ouvrir une boucherie spéciale avec les chances d'insuccès. L'arrêté retirait donc d'une main ce qu'il accordait de l'autre. Ne trouvant pas de boucher remplissant les conditions exigées, et après de vaines tentatives pour obtenir *un coin* dans les abattoirs de la ville, le Comité se décida à en faire construire un et à ouvrir lui-même la boucherie par actions de 100 francs. M. Boncompagne, avocat, se chargea de rédiger les statuts de la nouvelle société. Au moment où nous terminions la séance où ces statuts ont été adoptés, M. Antoine s'est présenté disant qu'il pouvait disposer d'un abattoir ! Toutes les difficultés administratives étaient donc levées...

La première boucherie chevaline a été inaugurée par le Comité, le 9 juillet 1866, Place d'Italie, dans le quartier où des distributions avaient été faites aux pauvres. Il est bon d'ajouter que très souvent de la viande était donnée dans la classe aisée, qui nous venait en aide pécuniairement pour notre propagande.

La première boucherie ayant eu un grand succès, d'autres furent bientôt ouvertes, notamment par M. Victor Tétard, qui a continué jusqu'à ce jour son commerce avec un grand succès. Plus tard, M. Hyacinthe Thoin en a ouvert une quinzaine qui fonctionnent encore aujourd'hui sous son intelligente direction.

Il est juste de rappeler qu'au moment de notre propagande dans la presse, M. Guerrier de Dumast a obtenu de faire établir, à Nancy, une boucherie quelques semaines avant l'inauguration de celle de Paris.

Fonctionnement administratif. — Dès le début de l'hippophagie, et surtout lorsque l'on put constater que, contrairement aux prédictions pessimistes de quelques agents et anciens bouchers, le nouvel aliment trouvait consommateurs, une opposition plus ou moins latente ou évidente se manifesta et provoqua l'intervention du Comité. Un inspecteur vétérinaire, M. Pierre, était chargé de visiter, à l'abattoir, les Chevaux et d'apposer l'estampille administrative après vérification ; mais d'autres inspecteurs, la plupart anciens bouchers à cette époque, allaient dans les boucheries ; ils trouvaient la viande insalubre et voulaient la confisquer. Ou bien encore, ils voulaient empêcher la fabrication des saucissons de Cheval, etc. Ce qui était bien plus regrettable, c'est que l'inspecteur en chef avait prédit que la « viande de Cheval ne prendrait pas » !

Heureusement, il y avait au-dessus de lui l'Inspecteur général des Halles et Marchés, M. Dollez, homme de progrès, au caractère droit et ferme, qui intima l'ordre à ses subalternes de laisser faire loyalement l'épreuve, sans l'entraver par de mesquines tracasseries. C'est à M. Dollez que je m'adressais de préférence, au nom du Comité, chaque fois que de nouvelles difficultés se présentaient. Grâce à son intelligente intervention, elles étaient ordinairement aplanies à notre entière satisfaction.

On ignore généralement dans le public que si, à Paris, le service de l'inspection de la boucherie a été amélioré par la suppression des anciens bouchers ou agents plus incapables encore et leur remplacement complet par des vétérinaires, notre Comité a beaucoup contribué à cette amélioration, qui s'est propagée dans toute la France. En effet, dans les démarches auprès des administrateurs, nous nous efforçions de faire ressortir l'incompétence de la plupart des inspecteurs pour apprécier la salubrité ou l'insalubrité de la viande de Cheval (et sous-entendu des autres viandes). Sans prétendre à l'infaillibilité des vétérinaires, les études qu'ils font dans les écoles spéciales sont, pour l'hygiène publique, une garantie que n'offraient pas des inspecteurs plus ou moins ignorants. L'attention de la Préfecture étant appelée sur cette question, le nombre des inspecteurs incompétents a diminué peu à peu, et aujourd'hui il n'y a plus que des vétérinaires pour l'inspection de la boucherie et le service sanitaire.

Lorsque, en 1870, la France a déclaré la guerre à la Prusse, il y avait à Paris une quinzaine de boucheries chevalines fonctionnant parfaitement, avec un service d'inspection bien organisé. Depuis quatre ans, une grande partie de la population, par raison d'économie ou par curiosité, avait voulu s'éclairer *de gustu* sur les qualités de la viande de Cheval, dont toute la Presse s'était occupée. C'est ce qui explique comment, pendant le siège, au fur et à mesure que la viande de Bœuf diminuait, le nouvel aliment la remplaçait, de sorte que, sans qu'il y ait eu la moindre protestation, à un moment donné, tout le monde mangeait du Cheval et regrettait de n'en avoir pas à satiété.

Perte de viande pendant le siège. — A cette occasion, voici quelques détails. On a laissé perdre, par imprévoyance, incurie, incapacité de nos administrateurs, des quantités considérables de bonnes viandes. En ce qui me concerne, il y avait là une question vétérinaire que je pouvais traiter.

Quand on s'est aperçu que, non seulement nos armées étaient arrêtées dans leur marche sur Berlin, mais que, fait incroyable, les armées allemandes se dirigeaient sur Paris, on fit venir une trentaine de mille Bœufs d'approvisionnement qui, au moment de l'investissement, étaient répartis dans la capitale, principalement du côté de Montrouge. Le typhus ou une autre maladie épizootique étant apparue dans les troupeaux peu de jours après, douze à quinze animaux mouraient chaque jour et étaient livrés à l'équarrisseur. Pour éviter cette perte, j'ai fait un rapport déclarant au Ministre de l'agriculture qu'il était possible de n'en pas perdre un seul ; et le moyen était très simple. Un animal ne meurt pas de maladie instantanément ; en règle générale, il commence par être triste, ne plus bien manger, marcher difficilement. Il s'agissait donc tout simplement d'exercer une bonne surveillance à l'heure des repas, et de marquer, pour être abattus les premiers, tous les Bœufs qui ne mangeaient pas aussi bien que de coutume. A cette période initiale de la

maladie, il n'y a aucune inquiétude à avoir quant à la salubrité ; la chair peut être *livrée à la consommation en toute
sécurité*.

Pour être aussi affirmatif, dans une aussi grave question
d'hygiène publique, je m'appuyais sur les expériences que
j'avais faites sur moi-même dans les circonstances suivantes :

Parmi les objections qui m'ont été faites au début de ma
propagande hippophagique, l'une d'elles me paraissait très
sérieuse : « Si l'on faisait consommer la viande de cheval, des
bouchers, par ignorance ou cupidité, pourraient faire manger
des Chevaux malades, morveux et causer ainsi des maladies
et même la mort ! »

Je répondais que la viande de Cheval serait nécessairement
inspectée et qu'elle n'offrirait pas plus de danger, au point de
vue des maladies, que les autres viandes. Mais à part moi,
considérant que certaines personnes aiment la viande
saignante, et qu'un rôti brûlé à l'extérieur peut n'être
pas cuit à l'intérieur, j'ai voulu m'éclairer à ce sujet. Il ne
fallait pas, en effet, sous prétexte de venir en aide aux né-
cessiteux, leur offrir du poison sous forme d'aliment.

Sept ou huit fois, malgré ma répugnance pour la viande
saignante, j'ai mangé ou plutôt avalé une pilule de différents
Chevaux abattus pour morve aiguë ou chronique. J'ai ensuite
élargi mon champ d'expérience sur tous les Chevaux morts
dans mon service pour n'importe quelle maladie de l'espèce
chevaline, et en dernier lieu sur les autres animaux de boucherie. Quelques-unes de ces expériences ont été publiées
dans un mémoire couronné par l'Académie de Médecine (1).

J'étais donc suffisamment éclairé pour affirmer à M. le Ministre de l'Agriculture que l'on pouvait, en toute confiance,
livrer à la consommation la chair des Bœufs abattus lors de
l'apparition des premiers symptômes de la maladie. On n'a
pas tenu compte de mes observations ; aussi, sur 30,000
Bœufs, on en a peut-être perdu 2 à 3,000.

On a laissé perdre en outre une grande quantité de viande
de Cheval. En temps opportun, c'est-à-dire lorsque nous
venions d'être enfermés, je voyais qu'on gaspillait cet aliment.
J'ai écrit également à ce sujet au Ministre de l'Agriculture
pour le prier de faire procéder au recensement de tous les

(1) *De l'usage des viandes insalubres.*

Chevaux, et de leur appliquer la même mesure qu'aux Bœufs, c'est-à-dire d'en réglementer l'abatage en raison de la population. On avait, au début du siège, des Chevaux pour 4 et 5 francs. (Les cultivateurs, qui venaient se réfugier à Paris, n'avaient pas de quoi les nourrir, et les vendaient à vil prix aux bouchers ou aux équarrisseurs.)

Quoi qu'il en soit, mes lettres relatives aux Bœufs et aux Chevaux n'eurent pas même les honneurs d'un accusé de réception. Elles sont probablement tombées entre les mains de quelque administrateur au « ventre rassasié » sans pitié pour les « ventres affamés ».

Plus tard, lorsque la disette commença à se faire sentir, on fit bien le recensement des Chevaux et l'on en rationna la viande, mais il n'était plus temps pour agir efficacement contre la perte d'une quantité considérable de viande de Bœuf, de Cheval et même de Mouton. Je sais qu'une maladie a fait aussi beaucoup de victimes dans les troupeaux de Moutons.

Effets du siège sur l'hippophagie. — Avant le siège, pendant les quatre années où l'on a vu fonctionner les étaux de viande de Cheval, une grande partie de la population parisienne, par curiosité, si ce n'est par économie, avait voulu s'éclairer sur la qualité du nouvel aliment dont on parlait tant ; mais une autre partie, sans en avoir jamais goûté, continuait à en dire du mal : la viande était noire, échauffante, dure, coriace, indigeste, fournie par des Chevaux exténués, malades, etc. Après le siège, les plus réfractaires, les *hippophobes* les plus endurcis ne pouvaient plus formuler leur critique sans qu'aussitôt un auditeur prît la parole pour rappeler les services qu'elle avait rendus aux assiégés.

Pendant le siège, je remplissais les fonctions de vétérinaire en chef de la division du général Bertin de Vault. En cette qualité, j'avais donné l'ordre à tous les vétérinaires de cette division de me prévenir au plus tôt chaque fois qu'un Cheval mourrait ou serait abattu pour une cause quelconque. De cette façon, j'avais toujours l'occasion de faire prendre sur les cadavres de bons morceaux de viande pour mes amis et pour moi. Je ne cherchais pas à dissimuler la maladie dont les Chevaux avaient été victimes, tout en déclarant, bien entendu, que l'on pouvait en faire usage sans crainte et en donnant moi-même l'exemple. Une seule personne a refusé de cette viande, c'était la femme de mon ancien lieutenant-colonel, général de Brancion : « Moi, j'en mangerais bien, me dit-elle, mais je n'oserais pas en faire manger à mon mari. »

Vers le 1er décembre, alors que nous étions cantonnés dans le bois de Vincennes et à Fontenay-sous-Bois, je fus prévenu qu'un Cheval était mort près du grand restaurant du lac. Le temps de me rendre sur les lieux, le cadavre avait été enterré ; sur ma demande il fut déterré ; j'en emportai un quartier, et les soldats suivirent mon exemple.

Plus tard, rentré avec mon régiment à la caserne de la Cité, je vais assister à l'autopsie d'un Cheval morveux, à la Préfecture de Police. Comme de coutume, je déclare que l'on peut en faire usage. Le jeune aide vétérinaire, dont je ne me rappelle pas le nom, commence un beau discours pour démontrer que, d'après les savants, il serait très dangereux de faire usage de la chair de cet animal. Pour toute réponse j'en découpe un morceau gros comme une petite noix et l'avale sur-le-champ. Puis je fais prendre un quartier de derrière, et un maréchal l'apporte à la caserne, où je fais la distribution aux femmes des gardes. Mais il s'en présente encore lorsque toute la viande est donnée. Je prie le maréchal d'aller en prendre de nouveau à la Préfecture. Il revient un peu plus tard et me rend compte qu'à son arrivée toute la viande avait été enlevée par les militaires, qui avaient eu plus de confiance en moi que dans les arguments de mon jeune confrère.

Hippophagie en campagne. — J'espère qu'en campagne on ne laissera plus perdre la viande des animaux tués par le feu de l'ennemi, ou abattus pour cause d'accident, et même, en cas de pénurie, morts de n'importe quelle maladie. Au début de l'expédition de Madagascar, je me suis empressé d'envoyer à l'un des vétérinaires désignés pour en faire partie, ma brochure : *Armées en campagne, considérations sur les hommes et les Chevaux*, dans laquelle se trouve un chapitre sur la viande de Cheval.

Et si le soldat est exposé à avoir faim à un moment donné, n'y a-t-il pas toujours dans les grandes villes, à Paris même, des gens qui sont privés d'aliments, des pauvres à qui je pense plus particulièrement en m'occupant de la viande de Cheval.

Vers 1875, le Comité a écrit au Ministre de la Guerre pour

le prier de donner des ordres, afin que les Chevaux qui ont
des fractures des membres ou autres accidents nécessitant
l'abatage et n'altérant pas la viande, fussent vendus aux
bouchers hippophagiques et non plus aux équarrisseurs. L'un
d'eux avait offert de passer un marché et de fournir au besoin un cautionnement. Dans notre lettre, nous faisions ressortir qu'il y aurait avantage : 1° pour le Trésor, les bouchers payant plus cher que les équarrisseurs les Chevaux
dont il s'agit ; 2° pour l'alimentation publique, chaque Cheval
représentant plus de 200 kilos de viande. Notre proposition
fut adoptée... une quinzaine d'années plus tard ! — Toujours, ventres rassasiés... !

Etat actuel de l'hippophagie. — Après le siège, l'administration s'est enfin décidée à accorder ce que le Comité avait
demandé cinq ans auparavant, à savoir : que les Chevaux
destinés à l'alimentation seraient préparés dans les abattoirs
publics. A cet effet, un compartiment de l'abattoir du boulevard de l'Hôpital fut spécialement affecté aux bouchers de
la viande de Cheval. Depuis cette époque, c'est là que le plus
grand nombre de Chevaux sont abattus. Le service de l'inspection y est très bien organisé, de manière à donner toute
sécurité aux consommateurs sur la salubrité de la viande.
Je dirai même que cette sécurité est plus grande que pour
les autres viandes, ainsi :

L'inspecteur hippophagique visite d'abord les Chevaux vivants et envoie aux équarrisseurs ceux qui sont trop maigres,
ou affectés de maladies rendant la viande insalubre. Ceux
qui ont une bonne apparence extérieure peuvent être abattus dans la journée. Après l'abatage, l'inspecteur fait une
deuxième visite et n'appose l'estampille administrative que
s'il ne constate aucune maladie interne qui aurait pu lui
échapper à l'inspection de l'animal vivant. Pour les autres
animaux de boucherie, une seule visite est faite après l'a-
batage.

A l'époque où la Préfecture de Police exigeait que les bouchers eussent un abattoir à eux, M. Victor Tétard a acheté à
Pantin un terrain et y a fait construire des écuries, un magasin à fourrage, un abattoir, un corps de bâtiment pour
loger une partie de son personnel, ce qui a exigé des frais
considérables. Comme il est parfaitement installé pour
exercer son industrie, il a préféré ne pas bénéficier des

avantages des abattoirs publics. L'administration a chargé
un inspecteur de la surveillance de cet abattoir particulier ;
cet inspecteur est changé chaque mois, sous la direction de
l'inspecteur en chef, M. Villain.

Tout est donc pour le mieux en vue d'un fonctionnement
offrant toute garantie et ayant fait ses preuves depuis bien
des années. Tout ce qui est à désirer, c'est que le caractère
versatile de quelque administrateur influent ne vienne apporter la perturbation sous prétexte d'amélioration, et ne
porte atteinte à la nouvelle industrie. Et ces craintes ne sont
pas chimériques ; comme le prouve un vœu émis au « Congrès de l'alimentation » tenu l'année dernière à Paris (1894)
et ayant pour but de faire payer pour la viande de Cheval
les mêmes droits que pour la viande de Bœuf. Une pétition
ayant le même but a été adressée au Conseil municipal de
Paris. Voici la lettre qu'a envoyée le Comité de la viande de
Cheval pour combattre cette proposition :

« Paris, le 24 janvier 1895.

» Monsieur le Président,

» En 1864, des hygiénistes, des médecins, des philanthropes se sont réunis en Comité ayant pour but de faire
entrer la viande de Cheval dans l'alimentation publique et
de diminuer ainsi les privations des travailleurs et des
pauvres.

» Après bien des lenteurs et des difficultés, l'autorisation
de *faire un essai* fut donnée par la Préfecture de police, en
1866, à la condition que les bouchers hippophagiques n'auraient pas le droit d'abattre dans les tueries de la ville, et
qu'ils devraient avoir à leurs frais des abattoirs particuliers.

» Ce nouvel obstacle fut surmonté comme les autres et des
boucheries hippophagiques furent ouvertes successivement
dans les différents quartiers de Paris et de la banlieue.

» De là avantages : 1° pour les *travailleurs* qui peuvent se
procurer à bas prix une viande saine et très nourrissante ;
2° pour les *propriétaires*, qui vendent leurs Chevaux hors
de service plus cher aux bouchers qu'aux équarrisseurs ;
3° pour les *Chevaux*, qui sont mieux traités qu'autrefois dans
leurs vieux jours en vue d'en obtenir de bonne viande.

» La nouvelle industrie, pour le succès de laquelle le *Co-*

mité de la viande de Cheval a dépensé 7,854 francs, est aujourd'hui, sinon prospère, au moins en bonne voie.

» Mais voici que l'on veut lui porter une grave atteinte et même la supprimer s'il est possible.

» En effet, nous apprenons par la Presse, qu'une pétition a été adressée au Conseil municipal de Paris pour demander que la viande de Cheval soit taxée comme les autres viandes.

» Et d'abord, quel a pu être le mobile du pétitionnaire ? Il est permis de douter que ce soit l'intérêt public plutôt que l'intérêt privé qui l'ait fait agir...

» Les adversaires plus ou moins intéressés de l'hippophagie disent bien que la classe peu aisée ne consomme guère de viande de Cheval, que la plus grande partie de cet aliment est achetée par des restaurateurs qui le vendent pour du Bœuf, ou encore qu'elle sert à faire des saucissons, etc.

» S'il est vrai que tous les étaux hippophagiques vendent du saucisson de viande de Cheval à un prix très modéré, il est non moins vrai que les restaurants qui substituent frauduleusement le Cheval au Bœuf doivent être rares. Même observation pour les fabricants de saucissons. En tous cas, il y a des lois pour punir ceux qui trompent sur la nature de la chose vendue ; ce n'est pas l'affaire des bouchers qui, eux, ne trompent pas les acheteurs.

» La viande de Cheval est vendue à moitié prix par morceaux correspondants, de la viande de Bœuf. Si on la taxait comme celle-ci, ce serait en réalité une taxe double. Mais alors, le boucher hippophagique serait dans la nécessité d'augmenter ses prix, au détriment des classes laborieuses. Alors aussi, celles-ci préféreraient acheter du Bœuf et abandonner le Cheval, laissant tomber une industrie instituée au prix de tant de sacrifices et dans l'intérêt de l'alimentation publique.

» Sans m'étendre davantage, et au nom du *Comité de la viande de Cheval*, je prie instamment le Conseil municipal de laisser les choses en l'état. De même que les loyers inférieurs à 500 francs sont exempts de contributions, que la viande à prix réduit soit exempte de taxe.

» Veuillez agréer, etc. »

Pour le cas où des influences intéressées et malfaisantes viendraient compromettre les heureux résultats obtenus par le Comité au prix de tant de démarches, de tant de temps, de tant d'argent, il me paraît utile de faire connaître la progression du nombre des Chevaux. Anes et Mulets livrés à la consommation à Paris chaque année, depuis 1866 jusqu'en 1894 inclus. Les chiffres que je vais donner, sauf ceux du siège, m'ont été gracieusement fournis par la Préfecture de Police, à qui j'adresse tous mes remerciements.

ÉTAT DES CHEVAUX, ANES ET MULETS

Livrés à la consommation, à Paris, du 9 juillet 1866 au 31 décembre 1894.

(Le rendement en viande nette a été fixé par l'administration à 190 kilogrammes pour chevaux et mulets, et 50 kilogrammes pour les ânes, de 1866 à 1881, et à 225 kilogrammes à partir de 1882 pour les chevaux et mulets, le poids des ânes restant le même.)

ANNÉES.	CHEVAUX.	ANES.	MULETS.	TOTAL.	POIDS NET.
1866, 2e semestre	902	»	»	902	171,380
1867	2,069	59	24	2,152	400,620
1868	2,297	97	11	2,405	443,370
1869	2,622	132	4	2,758	505,540
1870, 1er semestre	1,904	86	2	1,992	366,440
1870, 2e semestre. *Siège.* ⎫ 1871, 1er sem. *Commune.* ⎭	64,362	635	3	65,000	12,261,100
1871, 2e semestre	1,863	250	17	2,130	369,700
1872	5,034	675	23	5,732	994,580
1873	7,834	1,092	51	8,977	1,552,750
1874	6,659	496	29	7,184	1,295,520
1875	6,448	394	23	6,865	1,249,190
1876	8,693	543	35	9,271	1,685,170
1877	10,008	558	53	10,619	1,939,490
1878	10,800	488	31	11,319	2,082,290
1879	10,281	529	26	10,836	1,982,620
1880	9,012	307	32	9,351	1,732,520
1881	9,293	349	31	9,673	1,789,020
1882	10,891	340	34	11,265	2,475,115
1883	12,776	406	52	13,234	2,528,665
1884	14,548	346	32	14,926	3,297,800
1885	16,506	381	53	16,940	3,744,825
1886	18,051	355	29	18,435	4,085,750
1887	16,203	204	39	16,446	3,664,650
1888	17,256	246	43	17,545	3,904,575
1889	17,948	196	31	18,175	3,965,280
1890	20,889	227	40	21,156	4,615,930
1891	21,231	275	61	21,567	4,697,990
1892	19,132	258	47	19,437	4,232,280
1893	21,277	236	47	21,560	4,703,080
1894	23,186	383	43	23,612	5,129,530
Totaux	389,975	10,543	946	401,464	81,866,770

La viande est vendue à peu près à moitié prix de celle de Bœuf par morceaux correspondants. Elle peut être préparée à toutes sauces comme celle-ci : Pot au-feu et bouilli au naturel, en mironton, en hachis, en vinaigrette ; Cheval à la mode, civet de Cheval (ou mieux d'Ane), *horsesteak*, rôti (avec filet), langue de Cheval braisée, beignet à la cervelle de Cheval, foie à la chevaline, gelée de pieds de Cheval. On fait aussi des pâtés de foie de Cheval, des conserves de viande de Cheval, etc.

Les bouchers font du saucisson avec une partie de la viande des *animaux maigres*. La viande très grasse se prête mal à cette préparation et à sa conservation. Il y a diverses qualités de saucisson, depuis celui à bon marché et pouvant être consommé dès sa fabrication, jusqu'au *Saucisson de Lyon*, qui coûte plus cher et peut se conserver pendant long-temps.

Pour les fritures de toutes espèces, les crêpes et les gaufres, la graisse de Cheval est meilleure que la graisse de Bœuf ou de Porc. L'*huile de Cheval* est aussi bonne que la meilleure huile d'Olive. Pour la préparer : Achetez de la graisse brute chez le boucher ; coupez en morceaux de la grosseur d'une petite noix ; pour un kilogramme ajoutez un demi verre d'eau dans la marmite et faites fondre à feu doux, ou mieux au bain-marie ; passez dans un linge, laissez re-froidir. Une partie se précipite au fond du vase, c'est la graisse ; l'autre surnage et reste liquide, c'est la belle et bonne huile. On peut en toute sûreté l'employer pour la salade sans que personne puisse s'en douter, si l'on garde le secret. Cette huile, comme celle d'Olive, se fige pendant l'hiver.

Avantages de l'hippophagie. — Bien des gens trouvaient que le Comité avait tort de faire tant de démarches, de tant insister pour faire entrer la viande de Cheval dans la con-sommation. Un médecin entre autres, me disait un jour : « Vous feriez bien mieux de leur donner de bon Bœuf à vos pauvres !... » Qu'il me soit donc permis de signaler en quelques mots les principaux avantages de l'hippophagie. Elle profite aux propriétaires de Chevaux, aux pauvres, aux Chevaux, aux industriels, aux animaux affamés.

A. *Les riches.* — Autrefois les Chevaux hors de service étaient vendus aux équarrisseurs 10 à 15 francs et souvent moins. Aujourd'hui, ils sont vendus environ 80 à 150 francs, selon le poids et l'état d'embonpoint. La nouvelle industrie donne à chaque Cheval une plus-value moyenne de 100 francs environ, soit approximativement, pour toute la population chevaline de la France, de 400 millions de francs.

Et ce n'est pas là une valeur fictive, conventionnelle, comme celle d'un bijou ou d'un objet dont la mode fait le principal mérite : c'est une valeur réelle, répondant au plus pressant de nos besoins naturels : celui de manger.

Un philanthrope dont je ne me rappelle pas le nom disait : « A côté d'un pain naît un homme. » — On peut ajouter : « A côté d'un kilogramme de viande il en naît deux. »

B. *Les pauvres.* — Tout ce qui augmente nos ressources alimentaires profite aux pauvres, aux travailleurs. Quelle que soit la pénurie de viande, le riche aura toujours sa ration. L'addition de la viande de Cheval aux viandes des autres animaux profite donc aux classes les moins favorisées par la fortune.

J'ai entendu objecter que le nouvel aliment n'empêchera pas la disette de viande ; que celui qui n'a pas le sou ne peut pas plus acheter du Cheval que du Bœuf ; que l'on fait venir maintenant des viandes d'Amérique, etc.

Je craindrais d'abuser de la bienveillante attention du lecteur, si je me livrais à l'examen critique de ce qu'il faut penser de ces objections. Je dirai seulement que la viande de Cheval livrée chaque année à la consommation profite à ceux qui en font usage, et que, s'il n'y avait pas de boucherie chevaline, ces Chevaux seraient perdus pour l'alimentation publique.

C. *Les Chevaux.* — Relativement aux Chevaux, la question doit être examinée au double point de vue du bien-être de ces précieux auxiliaires, et des avantages qui résultent pour l'homme d'avoir à son service des serviteurs pouvant lui donner la plus grande somme possible de travail.

Les Chevaux sont d'autant plus malheureux, d'autant plus à plaindre, qu'ils sont plus âgés, plus infirmes. Les mauvais traitements sont d'autant plus prodigués, que les pauvres bêtes sont plus épuisées, plus dignes de pitié.

L'hippophagie tend à raccourcir cette période des infirmités et des cruautés. Un Cheval trop maigre, trop fatigué est refusé pour la boucherie.

Un mauvais Cheval, un Cheval impropre au travail occa-

sionne autant de frais pour le logement, les soins, la nourriture, le vétérinaire, qu'un bon Cheval. Le propriétaire a donc
intérêt à le remplacer, sans attendre qu'il soit épuisé au point
d'être impropre à la consommation. Les personnes qui peuvent faire la comparaison constatent que, depuis une trentaine d'années, c'est-à-dire depuis la fondation du Comité,
l'état des Chevaux de place s'est considérablement amélioré ;
on voit beaucoup moins de Chevaux maigres, boiteux, exténués qu'autrefois.

A l'appui de cette assertion, je citerai les pesées qui ont
été faites en 1866 et en 1881 pour obtenir la moyenne de
rendement des Chevaux. A la suite des premières pesées, la
moyenne du poids des Chevaux en viande nette, c'est-à-dire
sans les viscères, a été fixée à 190 kilogrammes. D'après les
pesées de 1881, la moyenne a été fixée à 225 kilogrammes.
L'amélioration est donc notable.

Certainement il y a encore des Chevaux bien détériorés,
bien maigres sur la voie publique de Paris ; mais il y en a
beaucoup moins qu'autrefois.

L'hippophagie offre en outre un débouché aux éleveurs :
lorsqu'ils voient qu'un Poulain de quatre ou cinq mois ne
pourra jamais faire qu'un Cheval mauvais ou médiocre, la
boucherie leur permet de le vendre comme *poulain de lait*,
aussi bon que le veau. — On peut se demander s'il n'y pas
quelquefois substitution, comme on a vu le Cheval substitué
au Bœuf ? — Les mauvais Poulains coûtent autant à élever
que les bons, et ne peuvent faire que des animaux de peu de
valeur. Ainsi l'hippophagie améliore la *population* chevaline.
(Pour améliorer la *race* il faut agir par des reproducteurs.)

Parmi les objections élevées contre l'hippophagie, il est
bon de citer celle-ci : « La France n'a pas assez de Chevaux,
et vous voulez encore en diminuer le nombre en les livrant à
la boucherie. »

La viande est vendue à si bon marché que l'on ne peut
livrer à la consommation que ceux impropres à faire un service rémunérateur. La production sera à hauteur de la demande ; il y aurait, au besoin, à utiliser pour la reproduction
un plus grand nombre de juments ; et notamment à faire en
France ce qui a lieu en Algérie, à savoir : que l'armée n'a-
chète plus de belles juments pour les condamner à la stérilité.

D. *Industriels.* — Beaucoup de gens sont à la recherche

d'une position sociale ; bien des hommes de bonne volonté cherchent du travail et n'en trouvent pas toujours. Eh bien, la nouvelle industrie procure du travail à des milliers d'hommes et de femmes. Il ne faut pas considérer seulement, pour Paris, les employés des deux cents établissements où l'on vend la viande ; il y a en outre les marchands de Chevaux de boucherie, les employés dans les abattoirs, les fabricants de saucisson, etc.

E. *Aux animaux affamés.* — Un avantage de l'hippophagie non signalé par le Comité, c'est qu'en cas de disette de fourrage, la chair peut servir à nourrir les animaux et les Chevaux en particulier. On sait depuis longtemps que les Lapons, les Islandais, donnent à leurs bestiaux du Poisson cru ou cuit. Mais ce qui est plus intéressant pour nous, c'est de faire connaître que divers auteurs, et notamment notre confrère et ami M. Laquerrière, a fait un grand nombre d'expériences permettant de conclure que « la chair musculaire crue ou cuite, dont les fibres sont dissociées par l'acte de la mastication, se digère complètement sans qu'on puisse en rencontrer de traces dans l'appareil gastro-intestinal du Cheval... Des morceaux de chair portés directement dans l'œsophage sans avoir, par ce fait, subi ni mastication, ni insalivation, n'en subissent pas moins une digestion complète... »

Les expériences de M. Laquerrière n'avaient pas pour simple but de satisfaire la curiosité, elles ont un but d'utilité dont l'avenir pourra faire son profit ; ainsi pendant le siège de Metz, alors que des Chevaux mouraient de faim, notre confrère a fait un rapport officiel à la suite duquel, sur l'avis favorable du vétérinaire principal Goux, le général Desvaux, dans un ordre du jour du 12 octobre 1870, encourageait l'alimentation des Chevaux encore vivants avec la chair de ceux qui succombaient.

En dehors des temps de siège et seulement en cas de disette de fourrage, plutôt que de laisser tous les herbivores souffrir de la faim et quelquefois en mourir, il est préférable de sacrifier les plus épuisés, les plus vieux, afin de profiter du peu qu'ils mangeraient et de leur propre chair pour nourrir suffisamment les autres. Il faut espérer que, dans l'avenir, les idées ci-dessus ne seront pas perdues.

Les Chevaux affamés — nouveaux cannibales — s'habituent assez vite à cette alimentation ; il suffit, au début, de couper la viande cuite ou crue en petits morceaux et de les mélanger avec un peu de farine, de pain, de feuilles ou de foin haché.

Dans ces derniers temps, des expériences ont été faites par M. le professeur Cornevin et divers physiologistes sur l'emploi du sang, de la poudre de viande, de la viande elle-même ; on a aussi fait des *biscuits-viande*, dans lesquels les morceaux de chair disparaissent, sont digérés pour ainsi dire, pendant la fermentation panaire (1).

Hippophagie en province. — Peu de temps après l'ouverture des premières boucheries à Paris, la province suivit l'exemple de la capitale ; bientôt toutes les grandes villes eurent des étaux de viandes de Cheval. Au mois de janvier 1869, notamment, je fus prié par M. Rollin d'aller faire une conférence à Troyes, à l'occasion d'une boucherie qu'il allait y établir. Parmi les villes où le nouvel aliment a le mieux réussi, il faut citer Lyon, Rouen, Marseille, etc.

Il est bon de rappeler que Paris n'a pas le privilège des administrateurs indifférents aux ventres affamés. Il est vrai que les bouchers, appuyés par le Comité, fondaient leur demande sur ce qui se passait dans la capitale ; mais il est vrai aussi que, dans certaines villes, à Lyon entre autres, on ne se. contentait pas d'exiger que le boucher eût son abattoir particulier, on lui faisait payer le déplacement de l'inspecteur. Or, le plus souvent, cet inspecteur étant un vétérinaire ayant à satisfaire sa clientèle, ne venait qu'aux heures qui lui convenaient. Ailleurs, on faisait payer à la viande les mêmes droits qu'à la viande de Bœuf. Ailleurs encore, certains inspecteurs étaient d'une sévérité excessive, à tel point que des Chevaux refusés dans telle ou telle localité, étaient envoyés à Paris où ils étaient acceptés sans obervation. — On ne doit pas exiger que les Chevaux soient engraissés comme les Bœufs.

Je sais bien que, dans la pratique, entre un animal bon ou mauvais, il y a un état intermédiaire où il est difficile d'établir une ligne absolue entre ce qui doit être accepté ou refusé. A mon avis, le rôle de l'inspecteur ne doit pas être de ne laisser consommer que de la viande de première qualité, mais bien *toute viande qui n'est pas insalubre*, au moins tant qu'une grande partie de la population n'aura pas sa ra-

(1) Pour les détails, voir l'intéressante brochure de M. Laquerrière : « *De l'alimentation du Cheval par les substances animales.* »

tion normale de viande. Je dirai plus, en cas de disette, m'appuyant sur mes expériences personnelles et mes observations, je répète que l'on peut faire impunément usage de la chair cuite d'un animal malade ou mort de n'importe qu'elle maladie. Il vaut mieux manger de cette chair que de souffrir de la faim !

En province comme à Paris, des bouchers ordinaires ont craint que l'hippophagie fît tort à leur commerce, et pour cette raison, ils ont fait leur possible pour entraver l'établissement de la nouvelle industrie. Mais généralement ils n'ont pu empêcher la concurrence bien anodine qu'ils redoutaient.

Le Comité a prié le Ministre de l'Agriculture, en 1874, à l'époque où il y avait encore de mesquines tracasseries, de demander aux Préfets s'il existait dans leurs départements des boucheries chevalines, et dans l'affirmative, la quantité de Chevaux, Anes et Mulets livrés à la consommation en 1873. A notre grand regret, l'enquête n'a pas permis d'avoir tous les chiffres sur lesquels le Ministre aurait pu compter.

A défaut de chiffres officiels, on peut estimer, sans exagération, que la province consomme au moins autant et même plus de Chevaux que la capitale, soit donc 25 à 30 mille animaux, et pour toute la France environ 50 mille par an. Ce qui est important à constater, c'est que l'on ne vend plus aux équarrisseurs que les Chevaux impropres à la consommation. Les bouchers de Paris ne trouvent plus sur place assez d'animaux ; ils en achètent en province et même à l'étranger. Pour le transport, plusieurs Compagnies de chemins de fer ont consenti à faire une réduction et à taxer les Chevaux de boucherie comme les Bœufs.

M. Hyacinthe Thoin a contribué beaucoup à obtenir cette réduction. Le Syndicat de la boucherie hippophagique de Paris, fondé et présidé par M. Victor Tétard, finira, espérons-le, par obtenir de toutes les Compagnies le tarif des Bœufs pour les Chevaux de boucherie, tarif déjà en vigueur sur les lignes d'Orléans, de l Ouest, etc.

Les causes de la livraison à-la boucherie sont : vieillesse, boiterie, efforts des tendons, fracture, pousse, cornage, rétivité, cécité, accidents divers n'altérant pas la qualité de la viande. Lorsqu'un convoi de Chevaux arrive, le boucher sacrifie d'abord ceux qui sont en meilleur état ; il refait un peu, il *blanchit* les autres en les laissant reposer et les nourrissant bien pendant quelques jours, afin d'améliorer la qualité de la viande.

La nouvelle industrie est-elle arrivée à son apogée? Je ne le pense pas ; et voici les chiffres sur lesquels je m'appuie : Notre population en Solipèdes est de 3,600,000 têtes environ. La vie moyenne étant approximativement de douze ans, il y a chaque année 300,000 animaux qui disparaissent. En admettant que les deux tiers — ce qui est excessif — succombent pour affections rendant la chair insalubre, il resterait encore 100,000 animaux qui devraient être livrés à la consommation; et actuellement, on n'en consomme guère que 50,000.

Hippophagie à l'étranger. — Dans le *Bulletin* de juillet 1892, M. Morot, vétérinaire municipal et inspecteur de la boucherie de Troyes, donne la relation d'une minutieuse enquête sur la consommation de la viande de Cheval en France et à l'étranger. Il serait trop long d'en rapporter ici les résultats.

Le Comité s'est occupé activement de faire de la propagande en Angleterre. Voici quelques faits :

A l'époque de nos grandes luttes, alors que la presse nous secondait puissamment, M. S. Bicknell organisa à Londres, à l'instar de ceux de Paris, un grand banquet qui eut un brillant succès ; mais notre coopérateur n'a pas assez persévéré dans sa louable entreprise, aussi la question est retombée dans l'oubli ou à peu près. En 1875, un banquet *anglo-français* fut organisé par MM. Bicknell et Decroix, et il eut lieu le 3 avril, au Grand-Hôtel. Là, le Comité promit une prime de 500 francs à l'industriel qui ouvrirait la première boucherie à Londres. Cette prime, par les additions que j'ai faites ensuite, s'est augmentée tous les ans, de sorte qu'elle s'élevait, en 1878, à 1,200 francs (dont 600 pour viande aux pauvres), plus une médaille d'honneur.

Malheureusement, aucun boucher *anglais* ne s'est présenté. Mais un boucher français, alléché sans doute par la prime, est allé à Londres, quoique ne connaissant pas la langue du pays. Grâce aux recommandations du Comité, il a obtenu des autorités la permission de faire abattre des Chevaux et d'établir une boucherie.

Le Comité avait mis dans les conditions que, pour avoir la prime, il fallait que la boucherie fonctionnât régulièrement pendant trois mois au moins. Eh bien, cette boucherie a existé pendant environ quatre mois et, au bout de ce temps, elle a été fermée, en partie pour cause de maladie dans la famille.

Il est facile de s'expliquer ce résultat : Si, à Paris, sans le secours du Comité, un Anglais, un Allemand ou un Italien était venu ouvrir la première boucherie de viande de Cheval, il n'aurait pas eu de succès non plus.

Souscription et souscripteurs. — Nous avons fait ressortir précédemment les principaux avantages de l'hippophagie ; nous avons évalué à environ cinquante mille le nombre des Chevaux annuellement livrés à la consommation en France, nous avons dit que pour obtenir ce résultat, le Comité avait dû faire bien des démarches et dépenser des sommes relativement élevées. — Notices, banquets, distributions de viande, récompenses, etc. — Pour couvrir nos frais, une souscription fut ouverte le 28 février 1864 (n'ayant pour toute ressource que ma modeste solde de vétérinaire en 1er, il m'était impossible, seul, de faire face à ces dépenses). Les noms des souscripteurs sont religieusement conservés dans les archives du Comité ; la liste en est trop longue pour être reproduite ici ; je citerai seulement les principales souscriptions ; et je profite de cette occasion pour adresser de nouveau à tous les souscripteurs, l'assurance des sentiments de reconnaissance du Comité et les miens en particulier, car c'est moi qui me suis le plus occupé de recueillir des fonds. J'ai sans doute été quelquefois indiscret dans mes sollicitations. Puisse le but que je poursuivais être mon excuse.

La Société d'Acclimatation (13 février 1865)..	500 fr.	»
La Société protectrice des animaux (27 juillet 1866)......................................	1.000	»
Le Dr Perner, de Munich (16 novembre 1865).	500	»
M. Thomassin, ancien notaire (en 3 fois).....	300	"
M. Victor Tétard (en 2 fois)................	170	"
M. Albert Geoffroy Saint-Hilaire...........	100	"
Le colonel Follop..........................	100	"
Mme veuve Bance..........................	100	"
M. Decroix, de février 1864 à juillet 1895	2.050	»
Divers....................................	3.066	50

Total des recettes	7.886 fr.	50
Total des dépenses..........	7.886	50

Plusieurs personnes et notamment Mme veuve Geoffroy Saint-Hilaire (mère d'Isidore) ont donné non seulement de l'argent, mais encore des Chevaux pour distributions aux pauvres.

De 1866 à 1870, le Comité a distribué aux pauvres pour 1,750 francs de bons de viande et de saucisson, afin de leur faire connaître le chemin des boucheries hippophagiques.

Résumé. — 1° Il y a un siècle que des savants français ont appelé l'attention sur les qualités alimentaires de la viande de Cheval, mais c'est vers le milieu de ce siècle qu'Isidore Geoffroy Saint-Hilaire l'a remise en honneur ;

2° En 1864, un *Comité de la viande de Cheval* s'est constitué à Paris et a fait ouvrir des boucheries chevalines en 1866, après plus de deux ans de luttes et de démarches ;

3° De ce que les avis du Comité n'ont pas été suivis pendant le siège, des quantités considérables de viande ont été gaspillées ou perdues ;

4° Actuellement l'hippophagie se trouve bien administrée, bien exploitée ; il suffit de ne pas lui créer des entraves fiscales ou autres, afin qu'elle continue à livrer chaque année à la consommation 10 à 12 millions de kilogrammes de viande.

5° Le succès de l'hippophagie est avantageux pour les pauvres et les travailleurs, pour l'armée, pour les industriels, pour les Chevaux eux-mêmes ;

6° Pour accomplir sa tâche, le Comité a ouvert une souscription qui a mis à sa disposition 7,886 francs ; il est reconnaissant envers tous les souscripteurs, dont les noms sont religieusement conservés dans ses archives.

MULTIPLICATION DES PERDREAUX

LEUR ÉLEVAGE PAR LE MALE

COMMUNICATION ORALE DE M. LE DOCTEUR MICHON.

Membre du Conseil de la Société nationale d'Acclimatation (1).

La Société d'Acclimatation s'occupe beaucoup d'élevage, et un certain nombre de nos collègues sont chasseurs. C'est pourquoi je crois utile de parler d'un procédé très simple de multiplier les Perdreaux, procédé que j'ai employé depuis plusieurs années, dont je ne suis pas l'inventeur, mais que je crois bon de vulgariser et qui permettrait de repeupler non pas les grandes chasses où se pratiquent des battues, mais les chasses ordinaires, c'est-à-dire les plus nombreuses.

. Il s'agit de l'élevage des Perdreaux par le mâle. Voici comment on procède : on se procure des œufs, soit en les achetant à l'étranger, soit en les récoltant à l'époque des fauchaisons ; on fait couver ces œufs par des Poules, et, lorsqu'ils éclosent, on fait réchauffer et sécher les petits Perdreaux pendant vingt-quatre ou quarante-huit heures, pas davantage, soit sous la Poule, soit dans une éleveuse. C'est alors que vont servir des mâles tenus en réserve ; on en prend un ; on le met dans une boîte à élevage à deux compartiments, en ayant soin d'y produire l'obscurité. C'est la seule petite modification qu'il faille apporter aux boîtes à élevage ordinaires. Puis on donne à manger à ce Perdreau, toujours dans l'obscurité, où on le laisse vingt-quatre heures. Au bout de ce temps, le soir, la nuit de préférence, on met les petits Perdreaux dans le compartiment avec le mâle, qui ne tarde pas à les attirer tous sous ses ailes. Le lendemain, on donne de la lumière ; on met de la pâtée ou des œufs de Fourmis, le mâle apprend aux petits à manger. Un jour ou deux après, la nourriture est placée dans le second compartiment ; les petits vont manger ; le mâle les rappelle, et, à ce moment-là, si le temps est beau, il suffit de lever la planche qui ferme la boîte. Vous voyez le Perdreau, à condition que rien ne le

(1) Séance générale du 19 avril 1893.

trouble en cet instant, — il faut se cacher avec soin pour
voir comment les choses se passent — vous voyez le Perdreau emmenant sa progéniture d'occasion, la rappelant,
la venant chercher. Je sais par expérience qu'on retrouve
dans le voisinage de l'endroit où l'élevage a été fait des compagnies de Perdreaux qui ont été élevés exclusivement par le
mâle et sans aucun soin de la part des gardes. Il n'est pas
nécessaire de donner à manger aux Oiseaux. Une précaution
bonne à indiquer, c'est de songer que, quand il y a un père et
une mère, on peut avoir des couvées de seize à dix-huit Perdreaux, mais il ne faudrait pas confier seize et dix-huit Perdreaux à un seul mâle, parce qu'il serait incapable de les
couvrir seul. Le mauvais temps pourrait en détruire au moins
une partie. Cependant on peut mettre dix Perdreaux, douze
au maximum à un mâle.

La faculté, je ne dirai pas d'assimilation, mais de paternité
du Perdreau, est si grande qu'il ne regarde pas beaucoup à
la qualité des enfants qu'on lui donne. Témoin l'expérience
suivante : j'ai confié des Perdreaux rouges à un Perdreau
gris, il les a élevés. J'ai voulu pousser les choses plus loin
(j'aurais essayé d'autres Oiseaux, si j'en avais eu) : j'avais
sous la main de ces petits Poulets Cayenne dont on se sert
pour élever les Faisans, j'en ai donné au Perdreau qui s'en
est chargé ; et, quand je chassais, au mois de septembre, dans
les alentours du parc, je rencontrais assez souvent ma volée.
Le Perdreau, croyant ses enfants en état de se défendre,
partait, les Poulets voulaient en faire autant, mais réussissaient moins bien, ils tombaient au bout de quelques mètres.
Le Perdreau venait les reprendre ; le lendemain ou le surlendemain, je les retrouvais avec leur père d'adoption.

Je crois donc qu'il y a là un procédé d'élevage à bon
marché, qui se rapproche de la nature, et qui pourrait être
employé par beaucoup de nos collègues, s'il était vulgarisé.
Je répète que je n'en suis pas l'inventeur, qu'il a été déjà
indiqué, et qu'il a très bien réussi chez moi.

Autre détail : un jour, mon garde, sans y faire attention,
au lieu d'un mâle, avait pris une femelle dans sa réserve ;
il a confié les petits Perdreaux à cette femelle qui ne les avait
pas couvés... ç'a été l'affaire d'un instant : les Perdreaux
ont été tués par la femelle qui n'a pas songé à les adopter.

LE JOJOBA

(*SIMMONDSIA CALIFORNI* Nutt).*C.A*

Par M. Léon DIGUET,

Chargé d'une mission scientifique par le Ministère de l'Instruction publique.

Le *Simmondsia californica* Nutt. (famille des Euphor-biacées-Buxacées) est parmi les espèces de la flore de la Basse-Californie, celle qui par sa rusticité et son extrême résistance aux conditions les plus dures d'un climat sec, indiquerait le mieux un essai d'acclimatation dont pourraient bénéficier les régions désertiques de nos colonies du Nord africain.

Désigné dans la contrée sous le nom de *Jojoba*, il produit un fruit qui est consommé par les indigènes soit à l'état vert comme les Amandes, soit torréfié et moulu comme succédané du Cacao, tantôt en simple infusion, tantôt incorporé à du sucre et moulé en tablette. De plus ses fruits exprimés donnent une huile comestible de bonne qualité, ne rancissant pas. Nous reviendrons plus loin sur ces propriétés et nous donnerons une analyse de l'huile en question ; voyons d'abord les caractères de la plante.

Le *Simmondsia* se rencontre partout en Basse-Californie, sauf toutefois dans les parties un peu élevées de la Sierra. La nature du terrain lui est indifférente. On le rencontre poussant dans les endroits pierreux, dans les fissures de rochers, dans les graviers, dans les sables argileux des alluvions ; partout il se montre dans un état prospère ; ses feuilles sont persistantes.

Sa forme et sa hauteur se modifient suivant les conditions dans lesquelles là nature l'a placé ; ce fait ne lui est d'ailleurs point particulier : bon nombre de végétaux du pays se comportent de la même façon et peuvent par leur apparence, donner de précieuses indications climatologiques sur la localité où ils vivent.

Ainsi dans les endroits fort arides, la taille du *Simmondsia* ne dépasse guère cinquante centimètres, ses branches sont grosses, tordues et prennent des formes rampantes ; dans les

endroits où l'eau est suffisante, elle est plus élancée, plus
touffue, atteint une taille qui parfois arrive jusqu'à deux
mètres et prend l'aspect d'un bois taillis. Les localités trop
humides lui sont funestes.

A l'encontre de la plupart des végétaux auprès desquels il
vit, le *Simmondsia* conserve ses feuilles même durant les
longues périodes de sécheresse pendant lesquelles le peu d'humidité qui reste dans le sol est incapable de fournir aux racines l'eau nécessaire à l'entretien de la plante et à la fonction des feuilles.

La persistance de celles-ci doit s'expliquer par un effet
modificateur analogue à celui que présentent certains arbres
de la contrée, chez lesquels l'écorce se modifie au moment de
la sécheresse, de façon à permettre l'absorption de l'humidité
atmosphérique, tout en entravant l'évaporation par les pores
épidermiques, de l'eau contenue dans les tissus; les feuilles
au lieu d'épuiser la plante qui ne reçoit plus l'élément vivi-
fiant par l'intermédiaire de ses racines se chargerait dans ces
conditions de suppléer ces dernières.

Lorsqu'une humidité un peu forte se produit, on voit
l'arbre se couvrir d'un nombre considérable de fleurs et si
cette humidité persiste, les fruits succèdent aux fleurs, mais
ces premiers ne se développent que lorsque l'eau a été assez
abondante.

Les fruits n'arrivent donc à maturité que lorsque plusieurs
pluies sont tombées dans le courant de l'année; leur nombre
varie encore selon la quantité d'eau reçue; lorsque deux ou
trois pluies sont tombées pendant l'année, on est assuré d'une
ample récolte.

Le *Simmondsia californica*, par sa conformation, présente donc à un très haut degré les caractères d'un arbuste
adapté aux rigoureuses exigences d'un climat désertique;
car si les conditions ne sont pas favorables au complet développement des fruits, l'arbuste ne s'épuisera pas pour
pourvoir à la maturation des graines; et ces dernières, si
l'eau fournie à l'arbuste n'est pas suffisante, se dessécheront
et tomberont à n'importe quelle phase de leur développement.

La plante se prêterait donc facilement à l'acclimatation
et fournirait une espèce fruitière pour les localités prétro-
picales où les pluies sont rares et où les moussons viennent

pendant de longues périodes exercer leur action desséchante.

Le fruit du *Simmondsia californica* est de la grosseur et de la forme d'un gland de chêne ; lorsqu'il se dessèche, l'épicarpe se détache et le fruit demeure recouvert de son endocarpe qui prend par la dessiccation une teinte foncée.

Pour consommer ce fruit, il convient de le débarrasser de cet endocarpe qui lui donne un goût d'amertume assez prononcé. Le procédé est des plus simples : pendant la torréfaction l'endocarpe se dessèche complètement et devient friable, la moindre agitation suffit alors à le réduire en une poussière ténue, qu'enlève un léger souffle.

La graine, après avoir été torréfiée et moulue, est employée aux usages mentionnés plus haut.

Pour la fabrication de l'huile, le procédé assez primitif encore en usage dans le pays est celui usité pour la préparation de l'huile d'Olive, c'est-à-dire l'ébullition avec de l'eau pour opérer la séparation.

Le *Simmondsia californica* pourrait être cultivé et produirait une récolte régulière grâce à quelques irrigations ; une surface de quatre mètres carrés est nécessaire au développement de chaque pied.

Le rendement à l'hectare de cette culture n'a pu être établi que d'une manière fort approximative en se basant sur un certain nombre d'observations (1).

Une analyse sommaire de la graine sèche du *Simmondsia* qui m'a été complaisamment offerte a donné :

Matière azotée..............	11.62	azote 1.86
Cellulose et matière amylacée.	35.48	
Matière grasse.............	48.30	huile fondant à 5º
Cendres....................	2.00	contient de l'acide phospho-
Eau.......................	2.60	[rique

100.00

---

(1) A l'époque où je me trouvais en Basse—Californie sévissait, depuis près de deux années, une sécheresse générale ; ce n'est donc qu'en étudiant certains plants qui se trouvaient plus favorisés par l'eau que j'ai pu arriver au chiffre approximatif de 1 k. 500 pour un arbuste de 1m,50, soit une production à l'hectare de 3 t. 250 en graines sèches. Ces chiffres, je le répète, ne sont que très approximatifs et ont été établis d'après des plants à l'état sauvage ; il est probable que la culture augmenterait le rendement.

II. EXTRAITS DE LA CORRESPONDANCE.

AMÉLIORATION DU BÉTAIL AU BRÉSIL (1).

Le Brésil, découvert et colonisé par les Portugais, n'a pris d'essor que quand ses ports ont été ouverts au commerce de tous les pays. Avant cela, les colons, dont nous sommes les descendants, recevaient tout du Portugal, qui leur apporta, de ses colonies d'Afrique, le bétail que nous possédons.

Après l'indépendance, on songea à améliorer le produit de ce bétail, et l'on fit quelques essais, presque toujours infructueux, pour bien des raisons, car il est difficile, sinon impossible, d'acclimater à Bahia et dans les autres Etats du nord, les races perfectionnées de l'Europe, à cause du climat qui est excessivement chaud. Aussi, la seule espèce qui ait réussi dans la province, est le Zébu, qu'un heureux hasard nous a amené comme je vais vous le dire.

En 1829, au mois de juin, un navire anglais venant de Calcutta et allant à Londres fut obligé de relâcher au port de Bahia pour se rafraîchir et y prendre des provisions. Un passager, colonel d'un régiment anglais qui avait fini son temps de service, avait emmené un couple de Zébus, de la race conservée comme pure par les prêtres Brahmes. Craignant de perdre ces animaux dans la longue traversée que le navire devait faire encore, il les vendit à mon père, qui en était devenu enthousiaste. Mon père les fit d'abord soigner à la ville, parce qu'ils avaient beaucoup souffert pendant le voyage, et après il les fit conduire à sa plantation, où, trouvant une nourriture abondante, ils devinrent des animaux magnifiques. Le mâle, mis au paturage des Vaches indigènes, donna des produits admirables. La femelle mourut par accident sans laisser aucune fille pour perpétuer la race légitime ; de sorte que le bétail existant ici n'est que le produit d'un métissage constant. Devenu planteur, je me suis occupé de l'élevage et j'ai cherché à fixer cette race par une sélection judicieuse dans les appariements. J'ai toujours obtenu de bons résultats et mon bétail était connu comme le meilleur de Bahia. Mais la subite émancipation des esclaves, en ruinant toutes les plantations, m'a fait perdre tout mon troupeau ; aujourd'hui je ne possède rien de bon.

Les planteurs des Etats de Rio de Janeiro, de Saint-Paul et de Minas-Geraes, mieux favorisés par le climat, s'occupent sérieusement de l'industrie pastorale. Ils ont des animaux des meilleures races de l'Europe et aussi des Zébus qu'ils ont fait venir de l'Indoustan. Il existe déjà des plantations bien montées et qui peuvent servir de

(1) Extrait d'une lettre adressée de Bahia à M. le Président de la Société nationale d'Acclimatation.

modèle. A Saint-Paul, l'élevage des Chevaux de course a reçu un développement considérable à cause du bénéfice qu'il donne aux planteurs. C'est donc dans ces trois Etats que la transformation du pays s'opère avec le plus de succès, à cause de l'immigration qui les préfère, en raison du climat et du grand commerce de Rio avec tous les pays. C'est là que vous pourrez avoir de meilleures informations que celles que je vous donne.

JOSÉ DE VASCONCELLOS SOUZA BAHIANA.

TRAVAUX DE PISCICULTURE DANS LE DÉPARTEMENT DE L'EURE. — L'ASPERGE ET LA VIGNE AUX ANDELYS.

A M. le baron Jules de Guerne, secrétaire général de la Société nationale d'Acclimatation de France.

Chaville, 16 août 1895.

Mon cher collègue,

Je viens de faire chez M. Morin, propriétaire aux Andelys (Eure), une visite qui m'a vivement intéressé et dont il ne me paraît pas inutile de rendre compte à notre Société.

Depuis bientôt trente ans, M. Morin s'occupe de pisciculture avec un véritable succès et, je dois ajouter, avec un rare désintéressement. C'est, en effet, avant tout, dans l'intérêt général qu'il travaille, car les produits de ses élevages vont, pour la plus grande partie, peupler les cours d'eau de la région : le Gambon, l'Andelle, etc. Apôtre zélé de la pisciculture, M. Morin a su faire partager ses convictions par plusieurs propriétaires voisins, dont il s'est assuré le concours, et qui lui facilitent son œuvre d'utilité publique en mettant à sa disposition soit des eaux pour ses élevages, soit des locaux pour l'installation de petits laboratoires d'éclosion. C'est ainsi, par exemple, qu'au Grand-Andely, dans un moulin situé au milieu même de la ville, l'usinier le laisse disposer chaque année, dans le local de son moteur hydraulique (roue à aubes), quelques appareils Coste, qui reçoivent, après la fraie, pas mal de milliers d'œufs de Truite, œufs dont l'incubation s'effectue toujours fort bien, et sans que cette petite installation temporaire apporte la moindre gêne dans le service du moulin. Nous trouvons là déjà un excellent exemple de ce qui pourrait être également fait sur un grand nombre de points, où les moulins installés sur des cours d'eau offriraient presque toujours le moyen de faire fonctionner quelques appareils d'éclosion et de produire, pour ainsi dire sans frais, d'importantes quantités d'alevins.

Dans le bief d'un autre moulin du Grand-Andely, sur la petite rivière du Gambon qui traverse la ville, M. Morin a construit un enclos pour parquer des sujets reproducteurs. Cet enclos, qui occupe la moitié du lit de la rivière, sur une longueur de 15 à 20 mètres, est fait d'un grillage en fil de fer galvanisé, qui dépasse d'au moins 50 centimètres hors de l'eau, afin que les Truites captives ne puissent le franchir en sautant. J'ai vu là tous sujets de 3 à 5 livres environ, car M. Morin élimine, avec beaucoup de raison, pour la fécondation artificielle, les Truites trop jeunes, qui ne donnent que de petits œufs et, par suite, de petits alevins. La plupart de ces Poissons étaient des Truites des lacs, race que M. Morin a introduite dans le Gambon et qui y domine actuellement ; elle réussit fort bien dans ce petit cours d'eau et grossit beaucoup plus rapidement que la Truite ordinaire. Un peu en amont de la ville se trouvent de belles frayères naturelles, où, chaque année, la ponte est abondante ; ce qui n'empêche pas de périodiques versements d'alevins obtenus par fécondation artificielle (1) ; de sorte que la rivière est partout bien peuplée, et que, particulièrement à son embouchure dans la Seine, on y prend de fort belles pièces. Le fait est intéressant à noter, attendu que, faute de bassins d'alevinage, M. Morin verse ses alevins en rivière dès qu'ils ont résorbé la vésicule ombilicale ; ce qui ne l'empêche pas d'obtenir un repeuplement manifeste, en dépit du braconnage qui s'exerce là comme partout à peu près sans répression.

Il y a quelques années, M. Morin reçut un petit lot d'alevins de *Salmo fontinalis*. Mis dans un bassin qu'alimente une source, dans une propriété particulière au Petit-Andely, ces jeunes Poissons se développèrent avec une rapidité qui frappa l'attention. Dès leur seconde année, ils purent servir à des fécondations artificielles et, depuis lors, chaque année, on obtient une reproduction abondante. En deux ou trois ans, ces Poissons atteignent leur maximum de développement, soit environ $0^m,40$ de longueur. La chair en est plus fine que celle de la Truite. S'ils grossissent plus vite, ils paraissent aussi vieillir plus rapidement que la Truite ; du moins, est-il rare qu'un sujet puisse servir plus de trois années de suite à donner des œufs ou de la laitance. Ceux que j'ai vus occupaient un vivier habité aussi par quelques Truites ; plus prompts, plus rapides que celles-ci dans leurs mouvements, ils réussissaient presque toujours à accaparer les petites proies (Vers de terre, Escargots, etc.) que nous nous amusions à leur jeter.

Dans un bassin voisin se trouvaient des alevins de cette année, mesurant de $0^m,10$ à $0^m,12$ de longueur ; presque tous avaient, quant à la grosseur, l'avantage sur des alevins de Truite qui, nés seulement quelques jours plus tard, ont été mis dans le même vivier, pour servir de termes de comparaison.

(1) M. Morin a pu expédier cette année à la *Société de Pisciculture du Sud-Ouest*, à Bordeaux, 30,000 œufs de Truite des lacs fécondés artificiellement par ses soins.

Bien que M. Morin ait plusieurs fois mis des *S. fontinalis* dans le
Gambon, on n'y a repêché qu'un assez petit nombre de ces Poissons
ayant atteint une belle grosseur ; ils paraissent émigrer, car c'est
presque toujours près de l'embouchure, vers la Seine, qu'on en a
repris (1).

Pour le repeuplement de la Seine, M. Morin s'occupe de la multiplication de la Carpe, en utilisant principalement à cet effet un ancien
bras du fleuve (le bras du Hamel) dont son gendre est propriétaire.
Ce bras, large d'une trentaine de mètres, en moyenne, et profond de
3 mètres sur presque toute sa longueur, représente une surface d'eau
de 5 hectares. Il n'est en communication avec le fleuve qu'au moment
des hautes eaux, ce qui le rend éminemment favorable à la multiplication des Cyprins, lesquels y trouvent, au milieu d'une abondante
végétation aquatique, d'excellentes frayères naturelles, dans une eau
qui s'échauffe beaucoup en été. Ce vaste réservoir, bien peuplé de
Carpes, renferme également des Tanches de belle taille, mais aussi
d'inévitables Brochets, souvent de dimension très respectable. Au
moment de la fraie, M. Morin établit avec des clayonnages et des fas-
cines, dans les endroits herbeux, de petits enclos qui reçoivent chacun
quelques couples de Carpes ; puis, aussitôt la ponte effectuée, on s'empresse de remettre en liberté ces Poissons, qui ne manqueraient pas
de dévorer la plus grande partie de leurs propres œufs ou des alevins.
Ceux-ci, à l'abri dans les enclos, y sont gardés jusqu'à ce qu'ils aient
pris un certain développement. Parfois, afin de multiplier les foyers
de dissémination, des paquets d'herbes chargées d'œufs sont portés
dans la Seine même, et placés dans des endroits abrités, dans des
anses, où l'eau, s'échauffant bien au soleil, assure l'éclosion des œufs.
On obtient ainsi, sur divers points, une abondante production d'alevins,
qui se répandent dans les eaux du fleuve.

C'est donc, on le voit, surtout dans l'intérêt public que travaille
M. Morin, lequel, du reste, ne s'occupe pas seulement de l'exploitation
des eaux. Président d'une société locale d'horticulture, il s'attache à
introduire dans la région la culture des végétaux qui peuvent y devenir
une source de profits. Il n'y a que peu de temps encore, l'Asperge
était pour ainsi dire complètement négligée par les cultivateurs des
Andelys ; à peine, çà et là, de rares plantations, fort mal dirigées,
produisaient-elles une Asperge de si médiocre qualité qu'elle ne pouvait guère figurer sur une table bourgeoise, et qu'on était obligé de
s'approvisionner au loin de ce légume. M. Morin a complètement
changé cet état de choses : par ses conseils et son exemple, par des

(1) Les *Salmo fontinalis* qui figurent à l'Aquarium du Trocadéro ont été
offerts à cet établissement par M. Morin.

distributions de semence ou de griffes, il a amené les cultivateurs à pratiquer, sur une échelle importante, l'exploitation d'une des plus belles variétés d'Asperge hâtive ; de telle sorte que, maintenant, loin de faire venir du dehors ce légume pour la consommation locale, les Andelys se trouvent en expédier aux marchés voisins.

Encouragé par ce premier résultat, M. Morin s'occupe activement aujourd'hui de rétablir dans la région la culture de la Vigne, qui y fut jadis assez prospère, et qui permettait la production d'un vin meilleur que celui des coteaux d'Argenteuil. Mais de longues séries de mauvaises récoltes, résultant d'une insuffisance de maturité du raisin, sous un climat un peu froid pour la Vigne, ont fait graduellement abandonner cette culture. Dans une pépinière d'essai, M. Morin a réuni une nombreuse collection de cépages, mis en expérience tant au point de vue de la qualité que de leur endurance au climat du pays ; il est actuellement en possession d'une variété qui semble devoir être extrêmement précieuse par sa vigueur et par sa précocité extraordinaire : le fruit en est mûr souvent dès le 24 juin, et, dans tous les cas, jamais plus tard que le 15 juillet ; ce qui, même dans les plus mauvaises années, par les étés les plus froids, permettra d'obtenir un raisin mûr en temps utile pour le pressoir. Par une ingénieuse méthode de culture et de bouturage, M. Morin s'occupe de multiplier en abondance cette variété, et de la répandre autour de lui, pour doter la région d'une nouvelle exploitation lucrative.

Ce sont assurément là de très louables efforts, qui m'ont paru mériter d'être portés à la connaissance de la Société nationale d'Acclimatation, toujours heureuse d'applaudir à des travaux pouvant augmenter la richesse agricole du pays.

Agréez, etc.

RAVERET-WATTEL.

LA LUTTE CONTRE LES ACRIDIENS EN TUNISIE ;
SOUVENIRS DE L'INVASION DE 1891.

En 1888 et 1889, je m'étais trouvé déjà en présence d'invasions de ce genre, mais dues à une autre espèce, le *Stauronotus maroccanus*. Les pontes avaient eu lieu dans les plaines sablonneuses de Foussana, la vallée de l'Oued el Hatob, à Khanguet Sloughia, Sbiba, les environs du Djebel Akhrila près de Sbeïtla. Les lieux infestés étaient parfaitement circonscrits, la recherche des coques ovigères se faisait sur un espace absolument délimité, et était partant assez facile. Le sol, couvert d'une maigre végétation herbacée, nous permettait lors des éclosions d'incendier les places où elles se produisaient. Aussi ces campagnes durèrent peu.

En 1891, rien de semblable, les pontes de l'*Acridium peregrinum*, favorisées par des pluies abondantes, avaient eu lieu, au milieu des bois de l'Enfida, dans les lits sablonneux des oueds, autour des touffes de Lentisques et de Thuyas, partout enfin où le terrain plus humide apportait moins d'obstacles à la tarière des femelles.

Le terrain à bouleverser sur le domaine de l'Enfida avait une superficie de près de 50,000 hectares ; force fut donc d'attendre le moment des éclosions pour entamer la lutte.

Le 15 mai, je vais m'installer en forêt, sur la route de Zaghouan à Enfidaville, pour commencer la défense. Les cheikhs des villages de Zeriba, Takrouna et Djeradou m'amènent chaque matin une centaine d'hommes chacun ; ces hommes sont occupés à abattre le Diss, les broussailles, qui devront plus tard nous servir à incendier les touffes dans lesquelles se produiront les éclosions.

Ce travail dure jusqu'au 26 mai, jour où les premiers Criquets commencent à éclore ; au sortir de l'œuf, les jeunes sont de couleur jaunâtre, leur corps est mou, ils ne se meuvent qu'avec difficulté ; une heure de soleil, et le changement est complet, le corps est devenu noir, assez dur, la marche commence.

Les Arabes les écrasent avec des balais de branches de Lentisque.

Le 3 juin, nous arrivent les appareils cypriotes, bandes de toile de Coton de 50 mètres de longueur, garnies à la partie supérieure d'une bande de toile cirée ; le tout, bien tendu, est supporté par des piquets. Nous les établissons contre les roches de Takrouna jusqu'auprès de la route d'Enfidaville à Tunis, constituant ainsi un barrage de près d'une lieue, couvrant les vignobles au nord.

Nous faisons faire un retour à la tête de l'appareil formant ainsi un grand angle, dans lequel on entasse des broussailles sèches, Romarins, Diss, etc.,... les Criquets, qui échappent aux fosses établies contre les bandes de toile, viennent s'entasser sur ces broussailles où on les maintient jusqu'au moment où survient un arrêt dans la marche des Insectes ; on enlève alors l'appareil et l'on incendie.

Sur toute la ligne sont creusés de grands trous, de près de deux mètres de profondeur, et dans chacun d'eux est placé un homme, qui piétine les Criquets au fur et à mesure qu'ils tombent. Dans d'autres trous sont allumés des feux que l'on entretient, en ayant soin de ne pas laisser s'élever les flammes pour ne pas brûler les toiles.

Tout ce travail se fait à grands renforts de cris, de coups de bâtons sur les toiles des appareils cypriotes, pour faire retomber les Criquets, qui, malgré la toile cirée, trouvent fort bien le moyen de passer outre. Nous frottons alors cette bande d'huile mélangée de pétrole. L'effet produit est parfait : les Criquets glissent et restent en deçà de la barrière.

Il y avait bien sur le chantier un millier d'hommes pour barrer le passage aux Criquets ; depuis quelques jours, la marche se dirige franchement vers le nord. Le 7 juin je quitte l'Oued el Brek pour aller défendre les vignobles de Bou-Ficha, tandis que la lutte continue à Enfidaville.

En prenant leur marche vers le nord, les Criquets se sont engagés au milieu des collines de Aïn el Halloul et de Sidi Khelifa et viennent déboucher auprès de la Koubba de Sidi Khelifa et c'est au débouché de cette petite vallée que je viens les attendre.

Nous travaillons là jusqu'au 14, jour où la compagnie de tirailleurs algériens (capitaine Danteroche) avec de nombreux appareils, vient s'installer en mon lieu et place et me permettre de rentrer chez moi à Bou-Ficha.

D'autres colonnes de Criquets, venant de l'ouest, sont, pendant le temps où j'étais occupé à Sidi Khelifa, descendues vers Bou-Ficha. Ne disposant toujours que de mes cinq appareils de Sidi Khelifa, mais ayant avec moi les colons de Reyville, qui vont me seconder avec courage et intelligence, leurs Vignes étant en jeu, nous plaçons nos cinq appareils contre les collines de Sidi Abd'errahman, disposés en V avec une grande fosse au sommet ; entre temps on m'envoie de nouveaux appareils et quelques tonneaux d'huile lourde de goudron ; le 18, il m'arrive encore cinquante appareils. Je les fais placer la tête contre les collines de Sidi Abd'errahman, la fin contre Reyville, couvrant ainsi près de trois kilomètres, protégeant et Bou-Ficha et les vignobles de Reyville.

Les Criquets ont grandi, aussi, nous n'avons plus affaire à des Insectes de la grosseur d'une Mouche, mais bien à de voraces et robustes bêtes de deux à trois centimètres de long. Au passage de ces bandes affamées tout disparaît ; les Pois chiches, le Maïs encore vert sont dévorés ; les appareils cypriotes sont également mangés surtout ceux en toile de Coton ; ceux faits en toile de Jute ou de Chanvre sont respectés. Les Orges et les Blés mûrs sont garantis par leur dessiccation. Mais c'est surtout sur la Vigne que la marche des Insectes semble dirigée.

On m'adjoint à nouveau une compagnie de tirailleurs algériens commandée par M. le capitaine Requier. Cette compagnie s'installe à Bou-Ficha et l'adjudant M. Bertin prend la direction des appareils cypriotes au nord ; je conserve la partie avoisinant Bou-Ficha et Reyville. Les colons de ce village, voyant la tournure prise par la défense, amènent leurs femmes et leurs enfants munis d'aiguilles, de fil pour coudre les toiles destinées à recouvrir les fosses. La compagnie de tirailleurs a apporté avec elle une soixantaine d'appareils. Voici notre ligne portée à plus de cinq kilomètres.

Nous installons sur la ligne près de cent à cent cinquante fosses couvertes : ces fosses se remplissent tous les quarts d'heure, et chaque jour s'entassent sur leurs bords plus de deux à trois mètres cubes de cadavres de Criquets.

Notre personnel est bien moindre qu'au commencement de la campagne. Plus de bruit, plus de coups de bâtons sur les toiles ; le travail s'accomplit à la muette. Deux hommes en permanence à chaque fosse suffisent, une bonne partie des indigènes s'occupe à moissonner l'Orge et le Blé sur le passage des appareils. Lorsque le 25 juin arrivent à Bou-Ficha MM. P. Bourde, directeur de l'agriculture ; Tauchon, contrôleur civil de Sousse ; Coeytaux, régisseur de la Société Franco-Africaine, venant se rendre compte des travaux de défense, ils trouvent amoncelés une quantité énorme de Criquets, qui est évaluée à plus de 200 mètres cubes. Vignobles et plantations ont été préservés ; le but de tous nos efforts a été atteint.

La campagne contre les Criquets m'a occupé personnellement du 15 avril 1891 au 12 juillet de la même année.

Des divers moyens employés pendant cette campagne, la Melhalfa, l'écrasement avec des balais, l'emploi des fosses avec ou sans feu, sont excellents contre les jeunes Criquets, mais impuissants au bout d'une quinzaine de jours ; l'emploi des appareils cypriotes, bien compris, peut à l'aide de fosses couvertes soit avec des toiles, soit avec des planches munies de bandes de fer-blanc arrêter toute invasion de cette nature.

Il existe aussi des fosses dites *fosses de zinc* ; j'ai vu un modèle de ce genre au Concours agricole de Tunis, en 1893 : il semble inspiré des fosses couvertes d'appareils cypriotes. Cet appareil rigide vaut mieux ; mais fabriqué d'une seule pièce de forme carrée, avec une ouverture centrale, il a un inconvénient assez grand, c'est d'exiger des fosses creusées régulièrement, partant d'être difficile à manier pour des Arabes, lesquels ne connaissent pas la régularité dans le creusement des fosses ; puis il est impossible à adapter dans certains terrains sablonneux.

Un appareil sera toujours disposé en forme de V contre le bord de la fosse pour ramener les Insectes. On pourra, au besoin, pour ne plus se servir de l'huile lourde de goudron, toujours dangereuse à manier, faire de très grandes fosses, ou bien, la fosse étant prolongée en arrière des appareils, adapter à l'ouverture dans laquelle viennent tomber les Criquets un manchon de toile forte, qui, aboutissant dans un sac, permettra d'utiliser les cadavres comme engrais.

Le seul amoncellement de Criquets pendant le travail, les manipulations exigées pour leur transport à la ferme, tueront les Insectes ; on pourra, du reste, battre les sacs à l'aide de bâtons et verser chaque jour leur contenu dans la fosse à fumier.

Battaria, le 1er août 1895.

E. Bagnol.

III. ÉTABLISSEMENTS PUBLICS ET SOCIÉTÉS SAVANTES.

Académie des Sciences de Paris.

OCTOBRE 1895.

ZOOLOGIE. — M. Jourdain. *Sur les effets de l'hiver 1894-95 sur la faune des côtes.* « Le dernier hiver a été remarquable, moins par sa rigueur que par l'époque tardive à laquelle il a sévi d'une manière prolongée.

» On a déjà entretenu l'Académie de quelques effets de cette crise de froid sur la faune littorale de la Manche. Parmi les espèces qui ont été particulièrement atteintes, il faut citer un Crustacé comestible, le *Maia squinado*, qu'on pêche en abondance au printemps sur les grèves du département de la Manche (1). Cette année, ce Décapode est devenu d'une rareté extrême; sur certains points, il a même entièrement disparu. Il en est résulté pour la pêche côtière un préjudice, dont l'absence de données statistiques ne permet pas de fixer le chiffre, mais qui est relativement important pour les populations du littoral.

» Par contre, la pêche des Palémons comestibles, qui se trouvent en grande quantité sur les côtes occidentales de la presqu'île du Cotentin, ne paraît avoir subi aucun déchet.

» Au cours de cet hiver, j'ai eu l'occasion de faire sur un autre animal, terrestre cette fois, la Taupe, une observation qui m'a semblé digne d'intérêt. A l'époque où le sol, recouvert d'une mince couche de neige, était gelé sur une épaisseur de 10 à 15 c/m, je fus surpris d'y voir apparaître ces monticules de terre ameublie, qui proviennent du travail souterrain des Taupes et qui en signalent sa présence. Comment ces insectivores, excellents fouisseurs à la vérité, sont-ils parvenus à rejeter à la surface la terre du sous-sol non gelé et, pour cela, à percer une couche glacée, que le pic entamait avec difficulté ? Je n'aurais pas cru la chose possible, si je ne l'avais vue se produire à diverses reprises sous mes yeux... »

Muséum d'histoire naturelle.

M. le professeur Léon Vaillant ouvrira le cours de zoologie (Reptiles, Batraciens et Poissons), le mardi 12 novembre 1895, à une heure, dans l'amphithéâtre du rez-de-chaussée des galeries de zoologie, et le continuera les jeudis, samedis et mardis suivants, à la même heure. Le cours sera complété par des conférences pratiques au Laboratoire et à la Ménagerie.

(1) L'auteur fait allusion à une note d'intérêt purement zoologique communiquée à l'Académie dans la séance du 9 septembre 1895, par M. P. Fauvel et concernant la faune marine.

IV. BULLETIN BIBLIOGRAPHIQUE.

Les Oiseaux de Parcs et de Faisanderies. — Histoire naturelle. Acclimatation. Élevage, par M. REMY SAINT-LOUP. 1 volume in-16 de 354 pages avec 48 figures, cartonné, 4 fr. — Librairie J.-B. Baillière et fils, 19, rue Hautefeuille, à Paris.

L'importation et l'acclimatation des Oiseaux exotiques présentent certaines difficultés qui sont d'autant plus graves que l'on a une connaissance moins parfaite de l'histoire naturelle de ces êtres.

L'inexpérience des conditions favorables ou nuisibles à la santé, à la domestication, à la reproduction de ces Oiseaux intéressants pour l'ornementation de nos parcs et de nos jardins est aussi une cause des insuccès capables de décourager les éleveurs. Aussi, dans ce nouveau livre, M. Remy Saint-Loup, membre du Conseil de la Société d'Acclimatation, s'est-il appliqué à réunir des documents fournis par les récits des voyageurs, par les indications des zoologistes et par la relation des essais heureux ou infructueux des éleveurs, de manière à constituer un guide pratique. L'ouvrage ne comprend pas une série de formules et d'axiomes dogmatiques, mais un exposé des faits acquis qui permet à chacun de se faire une opinion concernant l'intérêt et les facilités d'éducation d'une espèce d'Oiseaux.

M. Remy Saint-Loup expose en même temps l'histoire abrégée de l'acclimatation des Oiseaux utiles, l'histoire d'une œuvre à laquelle notre Société n'a cessé de consacrer ses efforts et dont le succès s'affirme chaque jour. Les annotations du livre donnent l'indication des nombreux travaux publiés dans le *Bulletin* de la Société et dont l'analyse a été faite.

L'auteur passe successivement en revue le Nandou, les Dromées, les Autruches, l'Agami, les Hoccos, les Tétras ; le Cygne, ornemental par excellence pour les grandes pièces d'eau, puis les Colins, ces jolis Oiseaux, voisins par la dimension de nos Perdrix ordinaires et qui sont si faciles à élever. Enfin on a réservé une large place aux Oiseaux de faisanderie proprement dits, aux Faisans, aux Euplocomes, aux Thaumalés, aux Crossoptilons, etc. En divers passages, des faits remarquables au point de vue des théories scientifiques de l'espèce sont signalés mais sans développements étendus qui eussent été déplacés dans le cadre de l'ouvrage.

Le volume, illustré de 48 figures, fait partie de la *Bibliothèque des connaissances utiles*, qui compte déjà beaucoup d'ouvrages intéressants et pratiques.

Petit traité d'agriculture tropicale, par M. H.-A. ALFORD-
NICHOLLS et E. RAOUL. — Paris, Challamel, 1895, 1 vol. in-8° de
380 pages, avec figures.

Les questions coloniales, si longtemps négligées chez nous, y sont
maintenant à l'ordre du jour d'une façon définitive. Le Français, ré-
puté péremptoirement, depuis un temps immémorial, mauvais colo-
nisateur, va peut-être, comme ses voisins d'outre-Manche, devenir
voyageur, lui aussi, et se décider à suivre le mouvement d'expansion
dont les autres nations lui ont donné l'exemple. Ainsi paraît l'exiger
impérieusement, aujourd'hui, la concurrence vitale entre les peuples
européens, en vue de leur puissance et de leur importance à venir.

Mais ce n'est pas tout que de conquérir des colonies, il faut encore
les mettre en valeur et les exploiter. Cette exploitation ce n'est pas
seulement par le commerce et par l'importation des produits de la
métropole qu'elle se fera. C'est aussi par l'agriculture, principale
source de la production coloniale, d'où dépend l'exportation des produits coloniaux, soit vers la métropole, soit vers d'autres pays. On
aura bientôt fait de tarir la réserve de poudre d'or, de dents d'élé-
phants ou de pépites, laissées à la surface ou même dans les profondeurs des sols vierges à la disposition des pionniers nouveaux venus,
par l'insouciance des races primitives. C'est l'agriculture qui fournira
aux colonies, aux nouvelles terres choisies comme domiciles et domaines d'adoption par les peuples de la vieille Europe épuisée et re-
froidie, les éléments d'une richesse nouvelle et indéfiniment renais-
sante.

Les Anglais, et peut-être les Allemands, garderont longtemps encore, probablement, la supériorité en matière de trafic et de commerce, mais les paysans français, le jour où ils se décideront à
s'expatrier et à cultiver autre chose que leur coin de terre natale,
prendront sans doute, en Agriculture, le rang incontesté qui leur appartient dans le vieux monde.

Mais si nos paysans français, fervents adeptes de la tradition et
même de la routine, sont experts dans la culture des plantes de leurs
climats, ils n'ont pas la moindre notion, en général, de la culture
des plantes tropicales, éléments essentiels de la mise en valeur de nos
nouveaux domaines.

A ce titre, le remarquable ouvrage que viennent de publier, sous
un titre modeste, MM. les professeurs E. Raoul et Alford-Nicholls,
comble une lacune et répond exactement, avec toute la précision et le
détail désirables, à un besoin de l'époque. Les auteurs sont à la fois
des voyageurs et des savants, qui ont passé leur vie à parcourir les
pays dont ils parlent, et ils traitent les questions avec l'expérience de
praticiens jointe à la science de naturalistes. M. Raoul avait déjà produit, en collaboration avec M. Sagot, un ouvrage de premier ordre,

bien connu des savants, le *Manuel pratique des cultures tropicales* (1). Mais cet ouvrage, auquel les auteurs ont travaillé pendant trente ans, n'est encore publié qu'en partie. Le plan en est très considérable et son achèvement demande des années. Le *Petit traité élémentaire d'Agriculture tropicale*, plus à la portée de tous, écrit à un point de vue plus restreint, spécialement agricole, est le premier traité complet de culture coloniale qui paraisse en France.

C'est un livre utile, clair, écrit par des auteurs consciencieux et compétents, un livre qui vient à son heure et qui répond à un besoin d'intérêt national.

Les Palmiers de serre froide et leur culture, par M. Raphael de Noter. — Paris, Doin, éditeur, 1895. 1 vol. in-18 de 150 pages avec figures.

Les Palmiers, par leur port tout spécial, leur feuillage toujours vert, jouissent d'une réputation méritée, et cette vogue ne sera pas éphémère, car il n'y a là aucune question de mode mais bien une réelle admiration pour ces végétaux, qui seraient difficilement remplacés dans l'ornementation de nos serres et de nos appartements.

L'auteur a donc rendu un véritable service en donnant dans ce petit ouvrage, sous une forme concise, les notions de culture les plus indispensables aux amateurs des genres de cette riche et belle famille.

Dans la préface, signée d'un nom autorisé, M. Rivière, directeur du Jardin d'essai d'Alger, apprécie très favorablement ce travail. C'est la meilleure recommandation que nous puissions en faire.

----

(1) L'ouvrage débute par des notions générales, exposées d'une façon très lucide, sur la formation des sols, la classification des terrains, la vie des plantes, les méthodes et opérations générales d'agriculture.

Après ces notions générales vient l'étude des plantes tropicales utiles ; elles sont décrites, tant au point de vue de la culture qu'au point de vue de la récolte, de la préparation et du commerce.

Les végétaux utiles passés en revue par les auteurs à ces points de vue multiples sont les suivants :

Café, Cacao, Thé, Canne à sucre.

Fruits. — Oranges, Limon, Bananes, Ananas.

Épices. — Muscadier, Giroflier, Bois d'Inde, Cannelier, Gingembre, Cardamome, Poivrier, Vanillier.

Narcotiques et masticatoires. — Tabacs, Aréquier, Bétel.

Substances médicinales. — Quinquina, Coca, Rhubarbe, Salsepareille.

Plantes oléagineuses. — Cocotier, Ricin, Palmier à huile, Arachide.

Teintures. — Roucou, Safran des Indes, Campêche, Indigo.

Céréales des tropiques. — Maïs, Riz, Sorghos.

Plantes alimentaires. — Manioc, Arrow-roots, Patates douces, Taros, Ignames.

VII. NOUVELLES ET FAITS DIVERS.

Le **Service des Renseignements commerciaux et de la colonisation** (Ministère des Colonies), vient de recevoir des collections d'articles de provenance étrangère en usage dans les colonies dont les noms suivent :

> Nouvelle-Calédonie,
> Saint-Pierre, Miquelon,
> Guinée française,
> Congo français.

Le public peut visiter ces collections au Palais de l'Industrie. porte XII, tous les jours, sauf le lundi, de 2 heures à 5 heures.

Des renseignements détaillés sur les conditions du commerce des articles exposés seront mis par le personnel du Service à la disposition des personnes qui en feront la demande.

Concours d'Aquiculture en Russie. — La Section d'Ichtyologie de la Société Impériale d'Acclimatation de Russie a l'honneur de porter à la connaissance du public qu'elle ouvrira, le 2/16 mars 1896, dans les vastes salles du Club des Chasseurs à Moscou, un concours de pêche, de pisciculture et des industries qui s'y rattachent.

Le but de ce concours est de donner un aperçu de tous les progrès réalisés jusqu'à ce jour dans ces industries, d'en faire connaître les côtés pratiques et de présenter tous les appareils, instruments, bateaux, etc., qui y sont en usage.

Il comprendra les groupes suivants :

1º Poissons, animaux et plantes d'aquarium et de terrarium ; — 2º appareils et instruments à l'usage des pêcheurs-amateurs ; 3º élevage artificiel des Poissons ; — 4º Poissons et autres animaux aquatiques employés dans l'alimentation et dans l'industrie (conserves, Poissons salés et fumés, colle de Poisson, etc.) ; — 5º appareils en usage dans l'industrie de la grande pêche ; — 6º collections scientifiques.

Bien qu'assurée de la participation des exposants russes, la Section d'Ichtyologie sera très reconnaissante aux exposants étrangers qui voudront bien prendre part à ce concours, pour lequel elle a décidé de décerner des médailles d'or et d'argent ainsi que des mentions honorables.

Les adhésions devront parvenir, avant le 20 janvier/1er février 1896, à M. le Président du Comité d'organisation (Musée Polytechnique, Place Loubianka, à Moscou) ; les exposants sont priés de faire connaître les dimensions de l'emplacement qui leur est nécessaire. Celui-ci sera mis gratuitement à leur disposition

Les envois devront être adressés franco à l'adresse ci-dessus. Les objets qui ne sont pas destinés à être vendus seront exemptés des frais de douane.

La clôture de ce concours aura lieu le 17/29 mars 1896. Après cette date, les objets exposés devront être enlevés par leurs propriétaires dans un délai de trois jours, sinon ils seront considérés comme cédés au Comité d'organisation qui pourra en disposer à son gré.

La Section d'Ichtyiologie de la Société Impériale d'Acclimatation de Russie a, d'ailleurs, délégué pour provoquer les envois des exposants français, M. le baron Jules de Guerne, secrétaire général de la Société d'acclimatation, président de la Société d'Aquiculture, et M. André d'Audeville, membre du Conseil de cette même Société, directeur du journal *Etangs et Rivières*.

Observations sur la Mouche Tsé-tsé. — La Tsé-tsé a la taille et les proportions de notre Mouche domestique ; son abdomen est rayé transversalement de brun et de noir, le reste du corps étant noirâtre ou gris-foncé ; ses ailes, lorsqu'elle est posée, ne sont pas l'une à côté de l'autre comme celles de la Mouche domestique, mais bien superposées ; elle possède en avant de la tête de petits tentacules raides au nombre de trois, ressemblant à un bouquet de poils. Son aspect n'a rien de repoussant ni de particulier pour celui qui ne la connaît pas ; elle vole avec une vitesse excessive, il est impossible de la distinguer dans l'espace quand elle est à jeun ; lorsqu'elle a l'abdomen plein de sang, son vol s'alourdit et elle se cache immédiatement pour digérer en paix. Son agilité fait qu'il n'est pas possible de l'attraper comme une Mouche ordinaire. Quand elle se pose elle le fait avec tant de délicatesse qu'on ne la sent pas, elle reste immobile pendant 15 ou 20 secondes, son aiguillon dirigé en avant, dans une attitude méfiante, prête à s'envoler. Lorsqu'elle croit être en sécurité, elle abaisse son arme, écarte ses pattes de façon à s'aplatir davantage et pique la chair sans produire aucune douleur au début, comme le Moustique. La prévoyante nature a pourvu cet Insecte d'une liqueur qui insensibilise momentanément la piqûre qu'il fait, de façon à lui permettre de se nourrir avant qu'on le chasse.

Pendant que son aiguillon, qui a au moins un tiers de centimètre, disparaît complètement dans les chairs, il reste immobile suçant le sang, son abdomen grossissant et devenant rose par la transparence, puis ensuite rouge foncé et rebondi. Ce n'est qu'au moment où il a déjà pris une grande partie de sa nourriture qu'une petite douleur ou plutôt une démangeaison indique sa présence.

Lorsqu'il a le ventre plein, il est encore fort difficile de l'attraper à la main, car il ne s'éloigne pas en s'envolant, mais s'esquive rapidement de côté. Les indigènes et moi-même, d'après leurs indications, nous la prenions d'une autre façon : on place la lame d'un couteau à

plat à 30 centimètres de la Mouche, sur le bras ou toute autre partie
où elle est posée, on fait glisser lentement cette lame qui vient rencontrer et serrer l'aiguillon de la Mouche encore dans les chairs et la
fait ainsi prisonnière ; sans cesser de presser on relève la lame, on la
retourne et on tue la Mouche ou bien on la saisit avec ses doigts. On
a naturellement déjà été piqué par elle ; on se console en pensant que
c'est toujours un ennemi de moins parmi les milliers dont on est entouré (1).

J'ai à parler maintenant des sensations qui sont provoquées par sa
piqûre chez les animaux domestiques. Parmi ces derniers, je citerai
ceux qu'on est appelé à posséder en Afrique : le Bœuf, le Chien, l'Ane,
le Mulet, le Mouton, le Porc, la Chèvre. Livingston dit que cette
dernière et quelquefois l'Ane sont exempts de la piqûre, tandis que
toutes les autres bêtes en meurent. Je puis dire, après en avoir fait
plusieurs expériences, qu'aucun des animaux que je cite n'y survit :
cela dépend tout simplement du nombre des piqûres. La faune locale
est inoculée dès sa jeunesse par le venin de la Mouche ; c'est d'ailleurs sur elle que cette dernière prend sa nourriture, mais lorsque
accidentellement la Tsé-tsé rencontre des animaux domestiques, elle
s'acharne à leur poursuite d'une façon particulière ; la bête sent d'instinct le danger qui la menace ; elle fait des bonds, des écarts, et après
la première piqûre, le bruit seul de la Mouche l'affole littéralement,
elle perd la tête, s'enfuit, espérant ainsi distancer l'Insecte meurtrier
qui bourdonne autour d'elle. La Mouche venimeuse vient de fort loin
sur sa proie, soit que sa vue soit perçante ou son odorat exceptionnellement délicat ; je pencherais plutôt pour la dernière hypothèse, ayant
remarqué que le Diptère arrive toujours de sous le vent, et qu'en
général il pique plutôt de ce côté. La Tsé-tsé se tient sous les feuilles
et non dessus, attendu qu'on ne la voit jamais et qu'elle préfère l'ombre au soleil. Elle craint particulièrement l'odeur des excréments :
dès qu'on tue une Antilope, par exemple, pour se débarrasser des
Tsé-tsé qui couvrent littéralement gibier et chasseurs, il n'y a qu'à
ouvrir le ventre de l'animal et à vider les entrailles : l'Insecte cesse
aussitôt de vous harceler (2).

E. FOA.

(1) Cette façon de la prendre avec un couteau prouve que la Tsé-tsé n'y voit
pas devant elle et en dessous.

(2) De même que les *Notes sur les Termites de l'Afrique australe* reproduites dans le dernier numéro de la Revue, p. 651, ces intéressantes observations sont extraites du livre de M. E. Foa intitulé : *Mes grandes chasses dans
l'Afrique centrale* et non point dans l'*Afrique australe* comme l'indique à tort
la *Revue scientifique*. Etant donnée cette erreur dans l'indication du titre, nous
avons tout lieu de croire que le secrétariat de la *Revue scientifique* n'a pas eu
sous les yeux l'ouvrage original et qu'il s'est contenté de reproduire dans son
numéro du 9 novembre 1895, p. 605, le passage que nous avions pris la peine
d'extraire du livre de M. Foa. — (*Réd.*)

Sur une nouvelle Gomme laque de Madagascar (1). —
La gomme laque qui se forme sur des arbres de genres différents sous
l'influence de la piqûre d'Insectes hémiptères du groupe des Coccides,
est importée journellement en Europe pour trouver dans diverses industries, et principalement dans la fabrication des vernis, des applications variées. La France en importe chaque année pour une somme
d'environ un million de francs, et jusqu'ici les Indes pouvaient être
considérées comme le seul centre producteur de cette substance.

M. Gascard vient d'appeler l'attention sur une nouvelle gomme
laque que l'on trouve à Madagascar et qui est produite par la piqûre
d'un Insecte nouvellement décrit par M. Targioni-Tozzetti, sous le nom
de *Gascardia madagascariensis*.

Déjà signalée par de Flacourt, en 1661, comme étant employée par
les indigènes pour faire tenir les sagaies dans leur manche, cette
gomme laque se distingue immédiatement de celle des Indes par l'absence de matière colorante : elle se présente en masses sphériques ou
ovoïdes traversées par une branche suivant le plus grand axe, et atteignant à peine la grosseur d'un œuf de Pigeon ; l'arbre producteur appartient à la famille des Lauracées, mais est encore indéterminé au
point de vue spécifique. Si on brise une de ces masses résineuses, on
constate à son intérieur une grande quantité d'alvéoles bruns qui sont
constitués par les carapaces des Insectes incrustés dans la gomme
laque ; la cassure présente des zones jaunâtres translucides et des
traînées blanches opaques, ces dernières étant formées de la cire secrétée par les Insectes.

Les Cochenilles de la laque de Madagascar sont assez différentes du
Carteria lacca, Insecte producteur de la laque des Indes, pour justifier la création d'un genre distinct. L'Insecte femelle adulte est subcy-
lindrique avec l'extrémité orale prismatique et l'extrémité aborale gib-
beuse et terminée par une épine sternale et trois tergales. La larve
ressemble beaucoup à celle des *Carteria*, mais l'Insecte fixé par son
rostre sur le rameau de la plante nourricière se déforme à mesure qu'il
augmente de taille et s'enveloppe du produit résineux qui s'accumule
autour de lui, en rayonnant de l'intérieur à l'extérieur. Enfoui au milieu de cette masse, l'Insecte ne peut se procurer l'air nécessaire à la
respiration que grâce à une disposition spéciale qui mérite d'être signalée. La face sternale porte en avant quatre stigmates d'où rayon-
nent à l'intérieur du corps quatre riches faisceaux de trachées. Ces stigmates s'ouvrent au niveau de quatre aires elliptiques qui portent de
nombreuses perforations. Celles-ci ne sont autres que les orifices des
glandes filières destinées à secréter les filaments de cire blanche dont
nous avons parlé, et qui traversent la masse résineuse, partant de

_____

- (1) Voir sur ce sujet : A. Gascard, *Contributions à l'étude des gommes laques
des Indes et de Madagascar*. Paris, Société d'Ed. scient., 1893, et Targioni-Tozzetti, *Sopra una specie di Lacca del Madagascar*. Bull. della Soc. Ent. Ital.
1894.

l'Insecte pour aboutir à la surface extérieure. La structure poreuse et perméable à l'air de ces traînées filamenteuses permet à l'air d'arriver jusqu'aux stigmates de l'Insecte et assure ainsi sa respiration.

Comme chez le *Carteria lacca*, il y a des mâles qui, fixés à l'état larvaire dans des incrustations ayant la forme de follicules, deviennent libres à l'état adulte. Au point de vue chimique, la gomme laque de Madagascar renferme une cire et une résine plus difficiles à séparer que celles de la gomme laque des Indes, et dont les proportions sont très différentes. La gomme laque de Madagascar renferme en effet beaucoup plus de cire que l'autre.

La résine de la gomme laque de Madagascar renferme des acides azotés, et un peu d'acide formique. La cire renferme de l'alcool cérylique, éthérifié par l'acide formique, peut-être par l'acide oléique et surtout par des acides azotés qui se trouvent en partie à l'état de liberté.

Pour apprécier à son juste titre la valeur industrielle de ce produit, il serait nécessaire d'entreprendre de nouvelles études portant sur un ensemble de matériaux plus considérable que celui qui a été mis jusqu'ici à la disposition de M. Gascard. Espérons qu'après avoir signalé l'existence de ce nouveau produit, l'auteur nous donnera bientôt des données sur les procédés permettant de l'exploiter et d'en opérer l'extraction, ainsi que sur l'avenir qui lui est réservé au point de vue de sa valeur industrielle.   Dr P. M.

Exposition d'aviculture. — Le Conseil de la *Société des Aviculteurs Français*, dans sa séance du 2 novembre 1895, a décidé de tenir sa première exposition internationale d'animaux de basse-cour, au Palais de l'Industrie, les jeudi 12, vendredi 13, samedi 14 et dimanche 15 décembre, avec réception des animaux le 11 et départ le 16. Cette exposition sera installée dans les salons du Palais faisant face à la place de la Concorde et sur la galerie correspondante. En même temps se tiendra dans la nef du Palais et dans les salons opposés, l'exposition du Cycle, de sorte que l'affluence des visiteurs, à cette époque de l'année où Paris est le plus peuplé, ne peut manquer d'être considérable.

Le programme, qui sera publié très prochainement, contiendra des classes de jeunes et des classes d'adultes pour toutes les races connues, qui auront à se partager comme récompenses : Un objet d'art, plusieurs grandes médailles, plusieurs grands prix d'honneur de cent francs et quantité de primes en argent.

Les Poules, Pintades, Dindons, Oies, Canards et Lapins concourrent isolément, les Pigeons par couple. Le jury sera constitué sur le principe du juge unique.

Les demandes de renseignements et les déclarations devront être adressées à M. le Secrétaire de la *Société des Aviculteurs Français*, au siège de la Société, 41, rue de Lille, Paris.

Le Gérant : Jules GRISARD.

I. TRAVAUX ADRESSÉS A LA SOCIÉTÉ.

ETUDES HISTORIQUES SUR LE CHEVAL

LA RENAISSANCE

Par M. G. D'ORCET.

Quand on voit la place que le Cheval occupe dans l'histoire de l'humanité depuis tantôt quarante-cinq siècles, on s'étonne de la rareté des documents que fournit cette même histoire sur le compte de la plus belle conquête de l'homme, quoique sa valeur sportive et militaire ait été diminuée depuis par les deux chevaux d'acier modernes, la locomotive et le vélocipède.

Ces deux derniers modes de locomotion se prêteraient à une étude très intéressante, qui pourrait prendre pour titre *l'Histoire de la Route et de la Roue*, car elles sont réciproquement mère et fille l'une de l'autre, comme le père et le fils de la triade platonicienne, et cette étude est le complément nécessaire de celle du Cheval, mais ce n'est pas encore le moment de s'en occuper.

La période qui va faire l'objet de cette esquisse a été celle où l'importance du Cheval à tous les points de vue, a atteint un apogée, après lequel elle n'a plus qu'à décroître et cependant si les monuments figurés abondent, les documents écrits sont encore plus rares qu'à l'époque précédente.

Grâce aux livres de pierre dont se servaient les Egyptiens, nous sommes beaucoup mieux renseignés sur les soins qu'ils donnaient à leurs chevaux que sur la façon dont on les traitait à l'époque de Charlemagne.

Les registres céramiques de l'ancienne Chaldée devraient nous fournir les mêmes renseignements sur le Cheval assyrien, mais jusqu'ici, je n'en ai point ouï parler.

Xénophon a écrit sur le Cheval grec, le seul ouvrage, ou

plutôt le seul opuscule que nous ait légué l'antiquité classique. Les Romains sont restés muets, ce qui se comprend jusqu'à un certain point puisque leur tactique avait assuré au fantassin la prééminence sur le cavalier. Les invasions de la cavalerie arabe la rendirent à ce dernier, et l'on peut dire que depuis Mahomet, jusqu'à l'invention de la poudre à canon, le fantassin ne parut sur le champ de bataille que pour achever les blessés et ramasser les prisonniers. Cependant ni les Arabes de Mahomet, ni les Francs de Charlemagne, ne nous ont rien transmis sur le Cheval. A peine peut-on trouver quelques rares renseignements se rapportant plus ou moins directement à cet animal, dans les romans de chevalerie et les traités de vénerie.

On sait cependant à n'en pas douter que dans l'Occident, et particulièrement en France, l'équitation était une science qui avait été portée à son plus haut degré de perfection, ou peu s'en fallait ; mais la chevalerie était une corporation à moitié secrète comme toutes les autres, l'enseignement était oral et traditionnel. S'il n'était pas interdit de le confier à l'écriture, à coup sûr il n'entrait pas dans l'esprit de l'époque de le vulgariser ; d'ailleurs, avant l'invention de l'imprimerie, la chose était difficile, aussi n'est-ce que vers le milieu du xvi siècle que les premiers traités d'équitation ont fait leur apparition en Italie et en Allemagne, pour ne se montrer en France que sous le règne de Louis XIII.

Il ne faudrait pas en conclure, je le répète, que par suite de cette lacune nous fussions en arrière de l'Allemagne et de l'Italie. Depuis qu'il y a des cavaliers, la France a toujours tenu le premier rang, au point de vue de la théorie comme de la pratique, mais les Allemands et les Italiens ont toujours eu l'esprit plus pédagogique et plus pédantesque, aussi ont-ils toujours plus que nous, fourni des professeurs *de omni re scibili et quibusdam aliis.*

Cependant le premier traité d'équitation publié en Italie, n'est pas dû à un de ces pédagogues de profession, car il porte la signature de Pascale Carracciolo, un grand seigneur qui ne dut jamais être professeur en titre d'équitation.

Il était en effet, le frère puîné de Petro Como Carracciolo duc de Martina, aïeul du célèbre amiral qui fut pendu par ordre de Nelson, et il appartenait par conséquent à une des familles princières les plus illustres du royaume de Naples.

Outre le duc de Martina, il cite comme des cavaliers accomplis, Domitio, Ascanio, Marcello, Trajano, Pompilio Carlo, Gennaio, Virgilio, Fabio et Julio Carraccioli, ce qui avec lui complète la douzaine. A cette époque tout gentilhomme qui n'était pas prêtre était nécessairement écuyer de titre et de profession. C'est pour les besoins de sa nombreuse famille que Pascale Carracciolo a composé son traité d'équitation.

Il l'a intitulé *La Gloria del Cavallo*, et il l'a fait imprimer à Venise en 1569, chez Giolito di Ferrari. Ce traité est surtout précieux pour l'histoire de la science vétérinaire, par les très nombreux documents qu'il renferme à ce sujet. Dans sa dédicace du livre à ses deux fils Giovanbatista et Francesco, il cite comme son principal collaborateur, le philosophe et médecin Decio Bellobuono di Campagna. On ne voit pas que cet ouvrage ait fait grand bruit à son apparition, car Pascale Carracciolo n'a pas laissé de trace personnelle dans l'histoire de la science hippique.

La Gloria del Cavallo contient une liste curieuse quoique incomplète des personnages célèbres qui ont brillé dans les sports hippiques depuis les origines de l'histoire du Cheval, jusqu'au milieu du XVIᵉ siècle, c'est par là que nous commencerons, à partir de l'ère chrétienne seulement.

SPORTSMEN ET SPORTWOMEN CÉLÈBRES DU MOYEN-AGE ET DE LA RENAISSANCE.

En galant chevalier, l'auteur commence par les dames. La première qu'il cite postérieurement à notre ère, est Teuca reine des Illyriens qui battit souvent les Romains, puis Amalasunta, reine des Goths qui chassa d'Italie les Bourguignons et les Allemands; Valasca, reine des Bohêmes qui avec ses sujettes, complota d'enlever le commandement aux hommes et maintint de longues années son indépendance à la façon des Amazones; Lacene et les Germaines qui souvent vinrent rallier les escadrons débandés de leurs hommes.

Marguerite, reine d'Angleterre, ramena au combat l'escadron de son époux, Henri VI, qui avait fléchi, et lorsque les Anglais entrés en France sous le règne de Charles VII dévastaient le pays, Jeanne, vierge de seize ans, mais d'un grand

courage, fut la première à sonner le ralliement, et grâce à
son exemple l'ennemi fut chassé. Pascale Carracciolo n'aimait
pas beaucoup les Français, c'est presque la seule fois qu'il
parle de nous. Mais l'héroïsme de Jeanne Darc avait produit
une profonde impression sur tous ses contemporains.

Passons par dessus quelques héroïnes obscures pour nous,
à Maria da Pozzuolo, célébrée par Pétrarque. Il raconte qu'en
guise d'aiguilles et de fuseaux, elle maniait la lance et l'épée,
et dormait la plupart du temps sur la terre nue, n'ayant
d'autre oreiller que son bouclier. Bien qu'elle vécût au milieu
des soudards, elle n'en conserva pas moins sa pudeur virginale
jusqu'à sa mort. L'histoire ne dit pas si cette virago était
belle, mais l'auteur a vu la valeureuse reine Marie d'Aragon,
dont le portrait par Raphaël figure au Louvre, et représente
une nature essentiellement féminine et délicate, ce qui ne
l'empêcha point de faire preuve d'une grande vigueur en
Flandre et en Allemagne, en digne sœur de Charles-Quint.
N'avait-on pas vu la duchesse de Plaisance, dame d'Autriche,
dans les manèges chevaleresques, surpasser les cavaliers les
plus consommés ? La célèbre Bona Lombardi, qui dès sa plus
tendre enfance s'était adonnée à l'équitation, n'abandonna
jamais dans les périls de la guerre le seigneur Brunorio de
Parme, son époux. Les poètes et les romanciers ont donc pu
chanter les Bradamante et les Marphise, et tant d'autres vail-
lantes guerrières ; du temps de Carracciolo, il ne manquait
point de femmes qui auraient pu aussi bien les inspirer, car
l'Italie possédait alors nombre de dames qui, avec une agilité
et un courage plus que viril, chevauchaient hardiment des
montures difficiles en se lançant à la poursuite des animaux
sauvages ; telles étaient notamment Rubberta Carafa, duchesse
de Modoconi et Hippolita Gonzaga, duchesse de Mondragone,
bien moins célèbres que la fameuse Diane de Poitiers, qui
vivait encore.

J'ignore pourquoi l'auteur est si sobre en ce qui concerne
les hommes. Il aurait pu citer Roland, Richard-Cœur-de-Lion
et tant d'autres chevaliers illustres. Mais au moyen-âge,
l'Italie n'a guère brillé dans la chevalerie, car la plupart des
personnages des grandes épopées de l'Arioste et du Tasse ne
sont pas des Italiens. Aussi, après avoir cité César, qui s'était
tant exercé depuis son plus jeune âge qu'il s'élançait à toute
bride les mains derrière le dos, il passe tout droit à Charles-

Quint, dont il fait un cavalier accompli, ainsi que son fils Philippe.

C'est assez difficile à croire de la part de Charles-Quint, qui certes n'était pas taillé en sportsman, car il avait les jambes outrageusement courtes.

Mais Carracciolo écrivait pour ses fils, il ne faut pas l'oublier, aussi donne-t-il une liste complète des sportsmen napolitains de son temps, qui doit être fort intéressante pour leurs descendants survivants. Parmi eux figure un moine, Fra Prospero de Logirola, ce qui n'a rien d'étonnant à une époque où les ecclésiastiques étaient forcés de monter à cheval. Puis, comme cavaliers de premier ordre dans toute l'Italie, il donne une liste de dix-huit grands seigneurs titrés, parmi lesquels je citerai :

Antonio Castrioto, duc de Ferandina ;

Vincenso di Capux, duc de Termola ;

Alberigo Carafa, duc d'Ariano ;

Andrea Aquaviva, duc d'Adri ;

Petraconio Carracciolo, duc de Martina ;

Alphonso Davot, marquis du Guast ;

Ferdinand, marquis de Pescaire, son fils ;

Et Carlo di Lanoia, prince de Solmone, lequel était admirablement exercé dans tout ce qui concernait l'équitation, car, au dire de témoins dignes de foi, il lui est arrivé d'avoir monté une fois en selle rase et sans étriers un cheval très difficile, en portant entre la selle et les bottes, près du genou, deux grosses pièces d'argent qui jamais ne glissèrent. Une autre fois, il retint avec la même solidité deux *réales* placées entre le pied et l'étrier en courant à toute bride.

LES DIVERSES RACES DE CHEVAUX A LA FIN DU MOYEN AGE.

Orient. — Nous avons suffisamment parlé du Cheval chez les anciens Grecs pour n'avoir pas à y revenir. Carracciolo lui consacre une longue étude dont nous ne citerons que la fin. En 1481, la Grèce toute entière tomba au pouvoir des Turcs. Ces conquérants étaient riverains de la mer Caspienne ; en 1270, ils descendirent en Perse, de là dans l'Asie Mineure, qui depuis a été nommée Turquie Majeure ou Anatolie, à cause d'une de ses villes principales (*sic*). A la fin, ils pénétrèrent en Europe, en enlevant l'Empire d'Orient aux Chrétiens. Ces peuplades farouches amenaient avec elles une grande quantité de Chevaux vigoureux et rapides, qui foisonnaient dans toutes les régions caucassiennes. De ces Chevaux sont provenues beaucoup de races parfaites, tant dans la Grèce que dans l'antique Thrace, qui maintenant se nomme Roumanie. Dédiée jadis à Mars, elle abondait en Chevaux et en hommes d'armes.

Virgile disait des Chevaux de Thrace qu'ils étaient laids d'aspect, le corps raide, les épaules larges, l'échine creuse, les jambes écartées, le pas et la course vacillants. Elias soutient au contraire que les Chevaux Getas étaient très rapides.

Une autre partie de la Thrace, jointe à la Mœsie intérieure, se nomme aujourd'hui Bulgarie. La Mœsie supérieure se divise en Bosnie, Servie et Ruscia (Herzegovine), qui toutes ont été conquises par les Turcs.

Le Camérier dit que les Chevaux Mœsiens sont très propres à la guerre et qu'il en est de même de tous les Chevaux du Levant qu'on a l'habitude de nommer turcs, quoiqu'on ne p lisse porter aucun jugement sur le pays qui les produit, car il en vient de peu agiles mais vigoureux qui n'ont jamais vu li Turquie. Ce sont, en effet, des bâtards issus de croisements avec les Chevaux Slaves, Croates, Albanais, Valaques et autres régions septentrionales. Il en vient d'autres de beauté et de formes médiocres, nés dans les parties les plus basses de la Grèce, de juments du pays et d'étalons turcs. Autrement sont grands, beaux et rapides ceux qui viennent réellement de Turquie. Mais si quelqu'un s'étonnait que ces Chevaux turcs, réputés si bons, soient si durs de la bouche et relèvent si peu les jambes, qu'on sache bien que c'est parce qu'on a l'habitude de dresser ces Chevaux à partir de l'âge de deux ans, en liberté, et ils n'ont pas d'autre mors que celui que nous leur voyons, lequel ne sert qu'à leur faire porter la tête haute et à les arrêter en pleine course, *non guère proprement*. Quant au défaut de ne pas relever la jambe, il provient de ce qu'ils sont nés en plaine, car s'ils étaient nés en pays de montagne, ils relèveraient les jambes, comme les Sardes et autres. En outre, les Turcs ne font jamais trotter leurs Chevaux, ce qui leur délierait les jambes et donnerait de la souplesse aux jointures.

Le Camérier, auquel Carracciolo emprunte ce qui précède, où quelques erreurs se mêlent à beaucoup de vérités, doit être un auteur allemand antérieur au Napolitain, dont le vrai nom était Liebhard. Il a traduit Xénophon et a dû ajouter des notes originales à sa traduction.

Il ne connaissait pas l'Orient de visu, puisqu'il prenait Anatolie pour un nom de ville, et comme tous ses contemporains, il confondait le Cheval turc avec l'arabe. Aux yeux de l'Arabe, le Turc est le dernier des cavaliers, car il ne s'inquiète que d'avoir un Cheval aussi gras que sa femme. L'Arabe, au contraire, soigne parfaitement la race et le régime de ses Chevaux, aussi sont-ils d'une rare souplesse et endurance. Mais ils manquent de rapidité et le mors et la selle que l'Arabe leur inflige indique qu'il n'a jamais rien compris à la science de l'équitation, telle qu'elle nous a été transmise par les Grecs, après être venue des bords de la Manche avec les Celtes.

Le grand Turc entretenait pour son service deux cents Chevaux soignés par cent palefreniers, et quatre mille autres qui n'étaient montés que par les pages du sérail, pour leur éducation, ou pour accompagner le grand seigneur. Tous étaient superbement harnachés.

Les Chevaux turcs (arabes) sont blancs pour la plupart, soit par suite de l'ancienneté de leur race, soit par un effet du climat. On en voit cependant de gris et de bais, mais des noirs fort rarement. Certainement, ils sont de grande bonté, bien dispos de corps, altiers, fiers, forts des membres et nerveux, comme ceux qui descendent de la Scythie, qui produisit toujours d'excellents Chevaux. Quoique petits, ils sont cependant très rapides et vigoureux, mais très emportés, aussi en châtre-t-on la plus grande partie, pour les avoir plus doux, comme dit Strabon. Et comme les Scythes et les Saces peuvent être considérés comme ne faisant qu'un, Élien assure que lorsque les Chevaux saces désarçonnent leur cavalier, ils s'arrêtent immédiatement, pour lui permettre de remonter.

Ceci n'empêche point que Le Camérier n'ait confondu le Cheval turc avec l'arabe, bien qu'ils se ressemblent fort peu. Mais avant l'expédition d'Egypte, le vrai Cheval arabe du Nedj et de la Mésopotamie était inconnu en Europe, où on le confondait avec le Cheval barbe.

Cela tenait sans doute à ce que les Sultans ne se sont jamais servis jusqu'à nos jours que de Chevaux arabes.

Aujourd'hui, toutes les races locales du Danube et de la
Grèce se sont complètement abâtardies, tandis que les Hon-
grois, mieux gouvernés, ont considérablement amélioré la
leur. Aussi est-ce en Hongrie que le Sultan va chercher les
Chevaux dont il a besoin pour ses attelages et pour le peu de
cavalerie régulière qu'il possède. Le seul pays qui produise
encore de superbes Chevaux de cavalerie est la Syrie, car ils
ont la taille, la vigueur et la beauté de notre Cheval à deux
fins anglo-normand. Mais ils sont aussi rares que chers, et les
Turcs essayent particulièrement de régénérer leurs races
abâtardies, par les trotteurs Russes, car chez eux comme
partout ailleurs, le Cheval de selle est dédaigné pour le
Cheval de trait, et le sera bien plus lorsque le vélocipède se
séra répandu chez les *graves* Musulmans.

Du temps de Carracciolo, l'ancienne Scythie se nommait
encore Tartarie, car la Russie, écrasée par les Tartares,
n'avait pas encore repris son essor. Toute la partie Nord-Est
appartenait à l'Empereur du Cathay que les Tartares, ou
Tatars, nommaient dans leur langue, le grand *Khan*, en italien « il gran Cane ». C'était un personnage auquel on ne
parlait qu'à genoux (comme le raconte Jean Bohème) et il ne
répondait à qui que ce fût, que par l'intermédiaire d'un tiers.
Sur son sceau était gravée cette devise : « Dieu au ciel et le
grand Khan sur la terre. »

Il possédait dix mille cavales, dont le lait le nourrissait,
lui et sa cour, dit Villanova. Il y avait dans ses états d'innombrables troupeaux de Chevaux d'un vil prix. Si bien que les
marchands qui y allaient, les achetaient par centaines, comme
des Brebis. Mais il s'en trouvait d'une telle résistance et
rapidité que, selon Mathias de Michon, ils faisaient vingt lieues
en un jour, ce qui fait sourire de pitié un vélocipédiste d'aujourd'hui.

Hérodote avait déjà remarqué que, dans la Scythie, les Chevaux supportaient parfaitement les rigueurs et la longueur
de l'hiver, mais qu'il en était tout autrement des Anes et
Mulets ; tandis que dans d'autres pays c'était tout le contraire.
Mais dans ceux qui avoisinent le Don et le Mont du Caucase,
l'hiver est si dur qu'aucun animal n'y peut bivouaquer, aussi
émigrent-ils dans les pays où le climat est plus doux, comme

les montagnards des Abruzzes en Pouille, et des frontières de l'Autriche dans le pays vénitien.

Les Chevaux persans ne diffèrent pas beaucoup des autres, comme taille et formes, mais seulement d'allures, car ils ont un pas menu et serré, fort agréable pour le cavalier, ne le déplaçant que légèrement. Cette allure ne leur a pas été enseignée, elle leur est naturelle et tient le milieu entre l'amble et le trot.

Ils sont superbes de vivacité, s'ils ne sont pas domptés par la fatigue et se défendent constamment du cavalier. Mais ce qu'il y a d'admirable en eux est leur coquetterie innée. Ils ont le cou arqué de façon à ce que leur nez semble s'appuyer sur leur poitrine. Tels les dépeignaient, du reste les artistes Assyriens.

Josaphat Barbaro raconte, avec les autres écrivains de la Renaissance, que le grand Hussein Hassan Sophi, régnant en Perse jusqu'en Taurus, possédait de très nombreuses races de Chevaux excellents, ce qui est tout naturel, puisqu'il était maître de l'ancienne Médée, si fertile en Chevaux qu'Hérodote la cite pour avoir eu une armée de quatre-vingt mille cavaliers.

Les Chevaux Mèdes passaient pour être de belle taille et Assirte affirme que les hommes et les animaux étaient gras, ayant l'air d'être fiers de cet embonpoint, qui est resté en faveur chez leurs descendants modernes, les Osmanlis.

Les souverains persans tenaient en estime toute particulière pour leur usage les Chevaux de Nysie, parce qu'ils étaient plus beaux que tous les autres. Tête légère, crins blancs, longs, fournis, pendant des deux côtés du cou. Excellents à la marche, faciles à brider, bon caractère et haute taille. Cette taille provient des herbages dans lesquels se trouve la *Medica*, qui nourrit admirablement les Chevaux. « Peut-être est-ce la même dite *Melica* en Lombardie ? », dit Carracciolo. Mais *Melica* est le nom du Blé de Turquie, fort estimé par les Chevaux de tous les pays, seulement personne ne l'a jamais connu à l'état d'herbage. *Medica* en grec veut tout simplement dire *Luzerne*.

La Nysie avec ses admirables pâturages, était une contrée riveraine de la Mer Caspienne. Elle était habitée par les Albanais et c'était de là qu'étaient venus les Stradiots et leurs Chevaux. Ils avaient dû laisser des souvenirs dans le

Napolitain, mais comme ils étaient au service des Français, Carracciolo ne les cite point.

Dans sa description de l'armée du Roi de Perse, Hérodote dit qu'après les lanciers venaient dix Chevaux très richement harnachés nommés Nysiens, parce qu'ils venaient d'un grand pays dit Nysie, qui produisait les grands Chevaux attelés au char du Soleil, tiré par huit Chevaux blancs, puis venait le char de Xercès, également tiré par des Chevaux de Nysie.

Il en est qui ont traduit Nysien par Fauve, tandis que ce mot veut dire Colonne. Quoi qu'il en soit on sait que ces Chevaux étaient aussi estimés par les Byzantins que par les anciens Perses. Les Nyséens en devaient un tribut de trois mille aux rois de Perse et les Cappadociens mille trois cents. Cette dernière contrée passait dans l'antiquité pour absolument supérieure en fait de production hippique.

Ces Chevaux ressemblaient à ceux des Parthes, mais plus lourds de tête. Ces derniers étaient grands et forts, d'apparence altière, courageux, les pieds excellents. Leur haleine était si longue qu'ils pouvaient faire de longues courses sans boire.

Les Parthes mirent 50,000 Chevaux en ligne contre Crassus. Ils avaient tellement l'habitude du Cheval que, civil et militaire, chez eux tout se faisait à cheval, ceux qui allaient à pied étant réputés de condition vile. De l'or et de l'argent, ils ne s'en servaient que pour enrichir leurs armes et leurs harnais qu'ils avaient l'habitude de garnir de plumes, comme emblème de la vélocité. Ainsi le racontent le Bohême et Villanova.

Les Chevaux d'Arménie passaient jadis pour valoir ceux des Parthes. Frontin disait que ce pays produisait une quantité de beaux Chevaux et que, de même que les Archives, les Arméniens étaient très propres à la guerre. Eneas Sylvius Piccolomini a écrit que l'Arménie possédait d'excellents pâturages, tout aussi bien que la Médie. Le satrape d'Arménie envoyait jadis au Roi de Perse vingt mille poulains, pour les fêtes de Phébus, mais aujourd'hui les Arméniens proprement dits, à d'assez rares exceptions près, ne sont plus cavaliers. Ils ont été dépouillés de ce privilège par les Kurdes, qui sont l'ancienne classe aristocratique arménienne, ayant conservé son ancienne religion, tenant le milieu entre le Christianisme et l'Islamisme, mais dans ces derniers temps, comme chez les Circassiens, c'est l'Islamisme qui tend à prévaloir.

Il en est de même de la Cilicie où ce sont les Turcomans qui se livrent à l'élève du Cheval.

Il venait jadis de Sarmatie, c'est à dire de la Russie, des Chevaux non laids, élégants à leur manière, de haute stature, la tête forte, de belle encolure, bons pour la course et pour la bataille. Pline raconte qu'au moment de se mettre en campagne les Sarmates faisaient jeûner leurs Chevaux vingt-quatre heures, leur donnant seulement un peu à boire, et puis ils les enfourchaient pour faire 150 milles d'une traite. Ils avaient certains Chevaux qu'ils nommaient *Aetogènes*, à cause d'une marque qu'ils portaient aux épaules. Ils les tenaient en grande estime, car ils luttaient de rapidité avec tous les Chevaux connus. On s'en servait pour les razzias, mais on ne voulait point de ceux qui portaient la même marque sur la croupe et on ne s'en servait point à la guerre, ayant observé qu'ils portaient le guignon et qu'il en arriverait malheur au cavalier.

Les Chevaux Faisans se nommaient ainsi, parce qu'ils portaient la marque de cet Oiseau, ou parce qu'ils venaient de la province du Phase. Ils étaient très beaux et excellents.

Albert le Grand en disait autant des Chevaux syriens, et de tous ceux que nous venons d'énumérer. A l'exception des Russes, ce sont les seuls qui ne soient pas dégénérés, parce qu'ils étaient achetés pour le service du Sultan. Voici la description qu'en donne l'Arioste :

« Entre Marphise sur le destrier Learde, tout parsemé de mouchetures et de rouelles (gris pommelé), la tête petite, le regard fixe, les allures superbes, les formes magnifiques. C'était le meilleur, le plus hardi et le plus élégant d'un millier d'autres sellés et bridés que Morandin possédait à Damas. Il le para royalement et l'offrit à Marphise ».

Le portrait est encore ressemblant.

La Palestine et les régions voisines abondaient jadis en Chevaux et en chars. Aujourd'hui, ces derniers ont disparu avec la conquête musulmane, et les Chevaux sont beaucoup plus rares. Le célèbre roi Salomon avait quarante mille Chevaux de trait et douze mille Chevaux de selle, avec un nombre proportionnel de palefreniers, bien entendu. Il en faisait un immense commerce et fut le premier maquignon de sa race, qui, comme on sait, a conservé cette spécialité.

Le roi de Babylone, outre ses Chevaux de guerre, entretenait huit cents étalons et seize mille juments. L'Inde produit
toute espèce de grands animaux, sauf les Chevaux. Le peu
qu'elle en avait, venait de Médie. Aujourd'hui, les Anglais
les tirent d'Arabie. Elien dit des Chevaux indiens que, sautant et courant hors de tout propos, on ne pouvait les retenir pour les faire obéir à la bride ; il fallait s'être adonné à
l'équitation dès sa plus tendre enfance. Le même auteur
assure qu'il naissait chez les Psylles indiens des Chevaux pas
plus grands que des Moutons.

Remarquons que Carracciolo ne dit rien des races de la
presqu'île Arabique. Il ne les connaissait même pas de nom.

Tel était l'état de la race chevaline en Orient à la fin du
xvᵉ siècle, et, depuis, il n'a fait que décliner, sauf dans les
pays soumis à la Russie.

Avant de passer à l'Occident, il est bon de noter quelques
détails relatifs à leur éducation et à leur nourriture.

Le Vénitien Marco Polo, raconte que les Tartares, voisins
d'une certaine région où pendant une partie de l'année les
jours ne sont guère moins obscurs que les nuits, lorsqu'ils vont
à la maraude, ont soin, pour ne pas s'égarer dans les ténèbres,
de laisser leurs poulains à la frontière du pays étranger. Ils
ne se servent que des mères dont la mémoire est infaillible
pour retrouver leur progéniture. Elles les reconduisent sûrement et promptement à l'endroit d'où ils sont partis.

Ces peuples ne sont pas moins ingénieux pour franchir
leurs énormes fleuves. Ils mettent sur le dos de leurs Chevaux leurs armes et leurs bagages, et ils les suivent à la nage
en les tenant par la queue.

(*A suivre.*)

PIGEONS VOLANTS ET CULBUTANTS

Par M. Paul WACQUEZ

(suite et fin *)

_____

2° Variété : Pigeon Tumbler. — Almond panaché.
(The Almond splash, Tumbler Pigeon.)

Type parfait : 30 points.

Même performance que pour le précédent, duquel il ne s'écarte que par la couleur du plumage, la teinte fondamentale est chamois-clair, au lieu de coque d'amande.

21° point : Tête jaune-clair piqué de noir.

22° point : Cou jaune-roux, mêlé de plumes noires, très brillantes ; tons violets et verts dans les plumes de la gorge.

23° point : Epaules cailloutées jaune, roux et noir.

24° point : Croupion tel que les épaules avec les taches plus petites.

25° point : Queue jaune-roux plaquée de taches noires et blanches ; les couleurs placées comme chez l'Almond.

26° et 27° points : Manteau jaune-clair, caillouté de blanc et de larges taches noires.

28° et 29° points : Vol jaune-roux, les grandes rémiges tachées de tons blancs et noirs, toujours ainsi que l'Almond. Sous l'influence des tons noirs et blancs la teinte chamois-clair prend un aspect verdâtre, très pâle.

30° point : Maintien.

Les jeunes, avant la première mue, ont une couleur uniforme, chamois-clair, un peu gris ; puis, le noir apparaît et la transformation suit son cours régulier, exactement comme chez un Almond.

_____

(*) Voyez *Revue*, 1894, 1er semestre, p. 529, et plus haut, p. 609.

5ᵉ *Variété :* LE TUMBLER ROUGE-AGATE.

(*The red agate Tumbler.*)

Fig. 30.

Sujet pris entre 3 et 4 ans.
Type parfait : 30 points.
Variété absolument pareille aux deux précédentes pour la performance.

Fig. 30.

21ᵉ point : Tête rouge-sang légèrement pâle.

22ᵉ point : Cou rouge-sang avec des reflets métalliques.

23ᵉ point : Epaules rouges piquées de plumes blanches.

24ᵉ point : Croupion comme les épaules.

25ᵉ point : queue aux rectrices rouge-sang, marquées de blanc.

26ᵉ et 27ᵉ points : Manteau rouge-sang caillouté de larges plumes blanches.

28ᵉ et 29ᵉ points : Vol, rémiges rouge-sang, marquées de blanc lorsque le sujet devient vieux.

30ᵉ point : Maintien.

Ce Tumbler agate, beaucoup moins recherché par les amateurs que l'Almond, est, malgré cette défaveur, un très joli Pigeon qui mériterait d'être élevé avec soin, car il possède, sur le favori, l'avantage de transmettre à ses enfants un plumage beaucoup plus certain.

Les jeunes agates sont entièrement rouge terne, avant la première mue ; le brillant de la plume et le blanc ne paraissent que plus tard.

4ᵉ *Variété :* LE TUMBLER NOIR BRONZÉ.

(*The kite Tumbler.*)

Type pur : 30 points.

Toujours les mêmes signes généraux que les précédents et les mêmes points de performance ; cependant, les Kites sont plus petits que les Almonds ou Agates.

Pour la couleur : 10 points.

Le Kite est un joli Tumbler noir aux plumes couvertes d'un glacis bronzé-rouge sur lequel la lumière du jour, jetant de capricieuses et variées clartés, fait voir le Pigeon tantôt noir et tantôt rouge-feu.

21ᵉ point : Tête noire, le haut du front, le dessus de la tête glacé d'une teinte feu, les joues plus brillantes encore.

22ᵉ point : Cou noir, glacé rouge feu étincelant.

23ᵉ point : Epaules noires, toujours glacées bronze-feu, mais moins vif que les tons de la gorge.

24ᵉ point : Croupion, très brillant, ce point est indispensable. Tout Kite à reins noir-gris est défectueux.

25ᵉ point : Queue, aux pennes noires teintées de bronze-feu aux extrémités et près des tuyaux de la plume.

26ᵉ et 27ᵉ points : Manteaux noirs, légèrement glacés de tons bronzé-feu ; cette partie du corps de l'Oiseau est plus sombre que les épaules, le croupion, la gorge, la poitrine.

28ᵉ et 29ᵉ points : Vol, les rémiges ainsi que les rectrices.

30ᵉ point : Maintien, toujours le même.

Le ventre, le dessous des ailes du Kite sont noirs.

Les jeunes ne prennent leurs tons bronzés qu'après la première mue et bien souvent après la seconde.

5ᵉ *Variété :* LE TUMBLER UNICOLORE.

(*The Like-Feathered Tumbler.*)

Cette 5ᵉ variété, identiquement semblable aux précédentes, se divise en quatre sous-variétés ou couleurs.

Performance : 20 points.

La première sous-variété est noire, la deuxième rouge, la troisième jaune, entièrement rouge, noire, ou jaune et la quatrième bleue, avec deux barres noires sur chaque aile et une autre plus large à l'extrémité de la queue.

Le nombre de points pour la couleur est de six.

21e point : Couleur de la tête et du cou.

22e point : Couleur des épaules.

23e point : Couleur du croupion.

24e point : Couleur de la queue.

25e point : Couleur des ailes.

26e point : Le maintien.

La sous-variété bleue offre de jolis sujets mais ne peut être comparée aux Almonds tricolores, aux splashed, aux agates.

Robert Fulton conseille l'accouplement d'un mâle Kite et d'une femelle Almond ou la combinaison contraire, pour obtenir des Almonds d'une bonne couleur terre (brune).

Cet accouplement donne des produits bien supérieurs à ceux que peuvent fournir deux Almonds.

6° Variété : LE PIGEON MOTTLE TUMBLER.

(The Motthe Tumbler.)

Le Mottle est un Tumbler conforme en tous points, pour les lignes de performance et la couleur, au Tumbler unicolore, mais il a sur le dos, une suite de petites plumes blanches, ayant la forme d'un fer à cheval dont les bouts reposeraient sur chaque épaule.

Il a encore sur le manteau, très en avant, près de l'attache de l'aile, une autre quantité de plumes blanches — de 6 à 12 — placées en tas à égale distance les unes des autres comme les Mottle et Rosewing Flying Tumbler.

Type parfait : 30 points.

Performance : 20 points.

La 1re *Sous-variété* est noire : BLACK MOTTLE.

21e point : La tête, le cou, noirs, avec aux plumes de la gorge, des reflets changeants.

22e et 23e points : Le dos, le croupion, 23e point, la queue, noirs, d'une teinte uniforme.

24e et 25e points : Le fer à cheval bien marqué par de petites plumes blanches.

26e et 27e points : Plumes blanches au manteau de l'aile droite bien placées en tas.

28e et 29e points : Plumes blanches au manteau gauche.

30e point : Maintien, voir pour l'Almond.

2e *Sous-variété* : RED MOTTLE.

C'est-à-dire au corps complètement rouge acajou, avec, comme la précédente variété, du blanc aux ailes, du blanc sur le dos.

3e *Sous-variété :* YELLOW MOTTLE.

Tel que les précédentes, mais entièrement d'une jolie couleur jaune.

(*Figure 31.*)

Fig. 31.

QUATRIÈME RACE

PIGEON TOURNANT OU BATTEUR

Columba gyrans.

SYNONYMES ÉTRANGERS :

Allemand-autrichien : *Plätscher.*
Anglais : *Smiter.*
Danois : *Dreyert.*

Fig. n° 32.

Tous les ornithologistes ou naturalistes anciens : Aldro-vande, en 1640, Brisson, en 1756, Buffon, à la même époque, Vieillot, en 1818, et Boitard et Corbié. un peu plus tard, parlent de ce Pigeon tournant ou Batteur et le disent très répandu dans les colombiers, pigeonniers ou. volières de leur temps ; il n'en est plus de même actuellement, car je crois la

race à peu près éteinte et je suis moi-même obligé de remonter aux jours de ma plus tendre enfance pour ressaisir des
traces de cette race de Pigeons.

Il ressemblait étonnamment, ce Tournant, aux Savoyards
et Pantomimes, quoique sensiblement plus gros. Comme eux,
il avait — autant que ma mémoire puisse me le rappeler — la
tête ronde, un peu allongée, le bec grêle et un peu long, de

couleur corne, l'œil à
iris noir, dans quel-
ques cas, et blanc,
tout-à-fait sablé dans
les autres, la mem-
brane grisâtre, le cou
assez long, la poitrine
emplumée, les ailes
très longues, arrivant
jusqu'au bout de la
queue, laquelle était
de longueur ordinaire,
jambes moyennes,
tarses chaussés, c'est-
à-dire couverts de
plumes courtes et peu
abondantes, les doigts
nus. Il avait aussi —
et c'est pourquoi nous
le plaçons ici —, ce
même sentiment ner-

Fig. 32.

veux ou convulsionnaire qui fait culbuter le Savoyard, mais
qui, chez notre Tournant, se traduisait par un insurmon-
table besoin de tourner, de s'agiter en volant. Que l'espace
dans lequel il se trouvait fût petit ou immense, il n'en dé-
crivait pas moins dans l'air comme une spirale aux cercles
élargis par le bas.

Il joignait à cette manière de voler un effroyable claque-
ment d'ailes qui le rendait vraiment insupportable.

La première variété était noire, entièrement d'un noir un
peu éteint, avec, sur le dos, allant d'une épaule à l'autre,
comme chez le Mottle, une suite de plumes blanches, donnant
la figure d'un fer à cheval.

2ᶜ *Variété* : Rouge, uniformément rouge, avec le même fer à cheval de plumes blanches.

5ᵉ *Variété* : Grise, avec le cou, le manteau et les pennes des ailes et de la queue piqués de taches noires très brillantes.

Cette race paraît perdue, disons-nous, et nous ne pensons pas que nous ayons à le regretter, car ce Pigeon était querelleur, batailleur et jaloux, occasionnait de nombreux ravages dans les colombiers, disent Boitard et Corbié ; mais nous le croyons très capable d'avoir engendré les Rosewings et les Mottled, en repiquant sur les Tumblers naturellement.

Avoir, pour une race de Pigeons, un fer à cheval de plumes blanches sur le dos et le corps entièrement d'une même couleur, n'est pas assez répandu parmi les Pigeons domestiques, pour qu'un esprit observateur ne cherche pas un rapprochement héréditaire entre cette vieille race des Tournants, dont l'origine remonte au XVIᵉ siècle et les modernes Rosewings et Mottled, quand les trois familles sont marquées de blanc exactement aux mêmes places ; et qu'un des meilleurs auteurs, Francis Willughby, en parle ainsi au dix-septième :

« Hæ (1) non tantum inter volandum alas quatiunt verum
» etiam in orbem circumvolitant, idque maximè supra fœ-
» mellas tam fortiter alas quatiendo, ut duorum asserum
» simul collisorum sonitum superent unde remiges earum
» pennæ semper ferè fractæ conspiciuntur, ac quandoque
» etiam volare indé nequeant, nostrates gyratrices a percus-
» soribus distinguunt (2). »

----

(1) *Ornithologia*, page 132, lib. II.
(2) « Ceux-ci (les Frappeurs) battent des ailes non seulement en volant, mais aussi volent en décrivant des cercles, et surtout les femelles en battant si fortement des ailes, qu'elles couvrent quelquefois le bruit de planches heurtées l'une contre l'autre ; il en résulte que leurs plumes rémiges sont presque toujours brisées et même, lorsque pour cette raison ils ne peuvent pas voler, c'est un signe qui distingue nos Oiseaux Tourneurs des Frappeurs. »

LA PRODUCTION DES FOURRAGES

ET L'AMÉLIORATION DU BÉTAIL

DANS LE SUD-ALGÉRIEN

Par M. Lucien MARCASSIN,

Ingénieur agronome.

———

Il existe dans le Sud-Algérien, et en particulier dans le sud du département de Constantine, d'immenses étendues de terres incultes, qui font partie, géographiquement, du Sahara, mais qui n'ont que l'aspect extérieur du désert et sont susceptibles d'être exploitées avec grand profit, par la culture. J'ai commencé l'étude des propriétés des sols de ces régions, et la recherche des conditions de leur mise en culture, malheureusement cette étude, pleine d'intérêt réclame une longue série d'expériences impossibles à un voyageur et qu'on ne peut réaliser que dans une station d'essais, je n'ai pu que constater qu'il existe des différences capitales entre les procédés culturaux des régions tempérées et ceux qui sont nécessaires ici pour réussir : J'ai essayé de faire entrevoir ces différences et leur importance dans une étude générale qui renferme mes premières observations sur l'agriculture du Sud-Algérien (1), dans ce mémoire j'ai examiné surtout, en même temps que la situation actuelle, l'exploitation des meilleures terres par la culture des céréales; je me réservai d'étudier à part l'amélioration du bétail et la production des fourrages dans les terres de moins bonne qualité. Il faut le dire tout de suite, l'élevage du bétail peut être d'un grand profit dans le Sud-Algérien, mais seulement en continuant de suivre, après l'avoir considérablement amélioré, le système actuel qui consiste à nourrir les animaux avec la végétation, parfois bien maigre des terrains de parcours, ce serait, j'ai

---

(1) *L'Agriculture dans le Sahara de Constantine,* — pour paraître prochainement dans les « Annales de l'Institut agronomique ».

dû le dire ailleurs, une grave faute, d'exploiter ici le bétail
comme machine à fumier ; outre que pour obtenir ce fumier,
il faudrait maintenir les animaux à l'étable ce qui nécessiterait une main-d'œuvre considérable, très coûteuse et difficile
à trouver et ferait revenir l'engrais à un prix exorbitant, il
faut bien remarquer que par suite de la grande uniformité
des formations géologiques dans les Ziban, ce fumier ne
pourrait que restituer au sol une partie des principes nutritifs enlevés par la récolte, mais non lui fournir ceux dont il
manque originairement, enfin les conditions climatériques
extrêmes dans lesquelles on se trouve ici, modifient singulièrement le mode de combustion de la matière organique et
forcent de transformer le fumier en composts dès sa production, sous peine de laisser tout l'azote se perdre dans l'air à
l'état gazeux ; j'ai montré dans une note spéciale qu'il n'y a
pas à s'inquiéter de cette difficulté de rendre l'azote au sol,
les eaux d'irrigation étant suffisamment riches en nitrates
pour satisfaire à toutes les exigences de la végétation, on
verra dans cette note quel rôle heureux joue l'évaporation
dans l'entretien à portée des racines du stock de matières
nutritives nécessaires à leur alimentation.

Dans ces conditions l'engraissement intensif des animaux
ne présente que des inconvénients dont le plus gros sera l'o-
bligation de produire en grande quantité des fourrages d'excellentes qualités, ce qui exigera une grande dépense d'eau
et forcera de réduire les emblavures de céréales pour mettre
en prairies une partie des meilleures terres ; ainsi pratiquée
l'exploitation du bétail ne pourra être rémunératrice et deviendra même ruineuse, au contraire le maintien du système
actuel, quand on lui aura fait subir un certain nombre d'a-
méliorations que je vais indiquer, pourra devenir une importante source de produits ; le système consiste, abandonnant
toutes les bonnes terres aux cultures de céréales qui sont
d'un excellent rapport, à faire pacager le bétail sur les terres
en jachère, les terres incultes, et les collines caillouteuses ou
sablonneuses qui constituent les terres de parcours, je dois le
dire, c'est une vie par trop frugale et peu propre à produire
un engraissement rapide, mais en principe ce mode d'exploitation est très avantageux, permettant d'obtenir à très peu
de frais des animaux demi-gras, d'une vente facile et très
rémunératrice ; c'est en effet de cette façon très économique

que sont exploités les animaux, Moutons et Chèvres, surtout
dans le Sud-Algérien, parfois cependant on leur donne au
printemps un peu d'Orge en vert et de Mélilot, et dans le
courant de l'année de la paille d'Orge ou de Blé, souvent de
très mauvaise qualité. Les animaux quels qu'ils soient ne reçoivent jamais de foin sec, on n'en trouve nulle part ici, où,
paraît-il le fanage réussit très mal par suite de la grande sécheresse de l'air, les seules ressources alimentaires à partir
des grandes chaleurs jusqu'en février consistent en paille de
céréales très abimée par le dépiquage ; parfois on fait en cultures d'été un peu de Maïs et de Sorgho. Ce mode d'exploitation peut être très facilement amélioré en multipliant dans
les terrains de parcours les meilleures espèces fourragères
spontanées qu'on déterminera aisément tant par leur nature
botanique que par l'observation directe de l'appétence des
animaux à leur égard, ces fourrages qui pourront servir
sur pied à l'alimentation du bétail pendant l'hiver et le printemps pourront être conservés dans d'excellentes conditions
au moyen de l'ensilage et constituer ainsi un approvisionnement pour la saison sèche.

Avant d'examiner en détail ces améliorations au régime
alimentaire, il est bon de dire un mot de l'importance de la
question du bétail dans ces contrées et de rechercher de quels
perfectionnements sont susceptibles les animaux eux-mêmes.

Je n'entends pas m'appesantir sur les animaux de travail ;
la condition des Chevaux, Anes, Mulets est généralement
assez bonne ici, et ces animaux fournissent à peu près tout le
travail qu'on peut en attendre, quant au Chameau il mérite,
à tous égards une étude spéciale que j'espère pouvoir lui consacrer à mon prochain séjour : je n'insisterai ici que sur le
bétail de vente ; Bovidés et Ovidés, les Suidés on le sait n'é-
tant pas exploités dans les pays musulmans.

Les bovidés, Bœufs et Vaches ont une importance bien
minime dans le Sud-Algérien et n'y ont que très peu de représentants, ils disparaissent d'ailleurs complètement au sud
de Biskra et au nord de cette oasis leur existence est assez
précaire ; il peut cependant être très avantageux de les multiplier, mais seulement dans les environs immédiats de Biskra
et il n'est pas impossible d'y arriver. La faveur croissante
dont jouit la grande oasis des Ziban comme station hivernale
y amène un nombre de plus en plus considérable de touristes

et d'hiverneurs, aussi le beurre et le lait de Vache y sont-ils très recherchés et y trouvent-ils un écoulement facile à des prix très rémunérateurs : il y a tout intérêt à profiter de cette situation, malgré son caractère essentiellement local. Les Vaches ne souffrent ici que durant les grandes chaleurs, époque à laquelle Biskra est désert, rien de plus facile alors que de faire retirer les Vaches laitières dans la montagne, à une centaine de kilomètres au plus, n'y envoyant que les plus jeunes et celles qui sont en bonne santé, les autres étant poussées pour la boucherie à la fin de la saison : Les gorges des monts Aurès qui s'élèvent à des altitudes considérables restent fraîches en été, les animaux y seront dans d'excellentes conditions sous le rapport de la santé et de la nourriture. L'entretien de Vaches laitières en hiver et au printemps, à El-Outaïa ou à Biskra, sera très facile, d'autant que la vente du lait et du beurre fournira des produits assez élevés pour qu'il soit avantageux d'employer une partie des eaux d'irrigation à produire une certaine quantité de très bons fourrages, Luzerne et Graminés, par exemple. A leur retour, à l'automne, on les nourrira avec des fourrages ensilés, de la paille, quelques tubercules et racines, des caroubes, etc.

On peut espérer obtenir ainsi d'excellents résultats, mais à la condition de former grâce à une sélection très attentive des reproducteurs, une variété parfaitement adaptée à ces conditions tout-à-fait particulières. Les individus existant actuellement ici appartiennent à la variété de Guelma de la race ibérique de Sanson, j'ai décrit l'an dernier dans le *Journal d'Agriculture pratique*, les grandes qualités de cette variété et montré combien elle sait profiter d'une bonne alimentation et de soins entendus ; la sélection raisonnée et contenue des meilleurs sujets permettra d'obtenir à Biskra une très utile variété locale.

C'est surtout à l'élevage du Mouton que se ramène l'industrie animale dans le Sud-Algérien et c'est vers son amélioration que doivent tendre tous les efforts ; on sait comment augmente l'importation en France des Moutons algériens, la progression ne fera que s'accroître à mesure que la qualité des produits augmentera. Actuellement on estime à près de 4 millions de têtes le nombre de Moutons qui transhument du Sahara de Constantine dans les Hauts Plateaux, on compte

qu'il en reste au moins 1 million par an, vendus dans le Tell
ou sur le littoral, ce chiffre pourra être considérablement
augmenté, mais il faut avant tout songer à améliorer la qualité de la viande : on sait que la laine du Mouton algérien
est d'assez bonne qualité, on pourrait seulement demander
aux Arabes de veiller à ce qu'elle soit plus propre. Le
Mouton de la région Saharienne du nord, est le Mouton algérien à queue fine, ou Mouton barbarin ; il est parfois
croisé de Mérinos et ce dernier Mouton est assez fréquent
dans les troupeaux ; la viande du Mouton barbarin est
d'assez bonne et peut être de très bonne qualité. Sa réputation, il faut l'avouer, est assez mauvaise, mais on peut l'expliquer facilement ; d'abord en Algérie, on mange généralement la viande trop fraîche, en outre les Moutons que les
indigènes envoient à la boucherie sont, ou bien des Agneaux
beaucoup trop jeunes, ou de vieilles Brebis, ou des Béliers,
joignez à cela la nourriture par trop frugale que j'ai indiquée
et les longues courses que doivent fournir les animaux pour
satisfaire leur appétit et vous reconnaîtrez qu'il faut que ce
Mouton ait de bien grandes qualités pour n'avoir pas une
viande plus mauvaise ; j'oubliais de dire qu'il vit toujours au
grand air, sans abri, et que s'il a à souffrir de sécheresses
excessives, il grelotte parfois sous de violents orages.

Les modifications qui s'imposent dans le régime des troupeaux de ces régions sont, avec une amélioration notable de
l'alimentation, sur laquelle je vais revenir, de leur fournir
des abris sérieux contre les variations considérables de température qui se produisent parfois à la saison des pluies,
d'apporter un plus grand soin dans la reproduction, et de
veiller à les préserver de la gale et des parasites intestinaux :
l'amélioration de l'alimentation aidera beaucoup les animaux
à résister aux parasites. Quant aux soins à apporter dans le
choix des reproducteurs, ils sont de la dernière urgence : il
faut ici comme dans tout troupeau bien tenu, ne conserver
qu'un très petit nombre de reproducteurs choisis parmi les
Béliers présentant le plus de qualités, tous les autres doivent
être écartés et châtrés ; cette manière d'agir est la base essentielle de toute amélioration et de toute exploitation sérieuse
des animaux de vente, et l'on peut s'étonner de me voir y insister, je dois le faire parce que l'avenir de la production
animale dans le Sud-Algérien est à ce prix, et que c'est seule-

ment l'exemple des Français qui pourra décider les Arabes à s'y soumettre; il est fâcheux d'avoir à le constater, les Français prennent trop souvent dans ces pays une partie de l'indifférence des indigènes et abandonnent trop facilement toute idée d'amélioration, aussi est-il bon de les rappeler à leurs intérêts et de les forcer en quelque sorte à marcher de l'avant.

Si cette amélioration de la pratique de la reproduction force les colons français à faire de l'élevage et par suite leur réclame des soins attentifs et peut être quelques frais au début, cela ne doit pas les arrêter, et ils ne doivent pas compromettre l'avenir, quelque avantageux que puisse leur paraître au moment présent l'engraissement d'animaux adultes achetés à très bas prix aux indigènes et revendus au bout de peu de temps avec de gros bénéfices : il ne sera d'ailleurs pas impossible de mener parallèlement ces deux méthodes, l'achat d'animaux adultes aux Arabes pouvant faire découvrir des sujets remarquables pour la reproduction.

L'amélioration de la population ovine par la sélection des reproducteurs et la castration de tous les mâles ne présentant pas de qualités exceptionnelles est une affaire de soins et de patience, mais n'offre pas de difficultés, il n'en est malheureusement pas de même pour l'amélioration du régime alimentaire des animaux : les cultures fourragères sont encore à l'état embryonnaire ici et se réduisent à des cultures d'Orge en vert, de Mélilot, quelques Luzernières dans l'Oued-Rirh. Malgré le peu d'avancement de cette question, il est facile d'en entrevoir la solution : je vais d'abord en examiner la première partie où il s'agit de montrer la possibilité de produire à peu de frais, et sans augmenter les ressources en eau dont disposent actuellement ces régions, de bonnes espèces fourragères en quantités suffisantes pour assurer la subsistance du bétail ordinaire, même plus nombreux, je rechercherai ensuite les moyens de conserver ces fourrages pendant la saison sèche, jusqu'aux premières pluies.

La démonstration de la réussite dans le Sud-Algérien, des graminées fourragères les plus délicates des régions tempérées, est faite depuis longtemps : on rencontre en effet toutes ces espèces dans le sous bois des oasis où elles se développent avec beaucoup de vigueur à la faveur de l'humidité qui règne et protégées du soleil par les hautes têtes des Palmiers, les meilleures espèces s'y trouvent : *Lolium, Dactylis, Poa,*

Avena, Festuca, Bromus, Agrostis, Holcus, etc. ; mais leur réussite est subordonnée sinon à l'ombre qu'elles rencontrent dans l'oasis, du moins à l'humidité qui y est constamment entretenue, et leur production en grande culture ne pourrait réussir qu'à la condition de consacrer à leur irrigation de très grandes quantités d'eau, ce qui deviendrait fort coûteux Il en serait de même des légumineuses de nos climats qui d'ailleurs n'ont guère été essayées : la Luzerne vient très bien dans l'Oued-Rirh où avec un arrosage copieux elle donne de 8 à 12 coupes par an, mais il est encore bien difficile de cultiver en grand ce fourrage, l'irrigation favorisant le développement du Chiendent dans les luzernières qui sont détruites au bout de 3 ou 4 ans, après lesquels la terre réclame une longue jachère ou un nettoyage pénible et coûteux. La production en grand de nos espèces fourragères est donc loin d'être pratique, avec les ressources actuelles en eau, elle nécessiterait une réduction des surfaces ensemencées en céréales, ce qui équivaudrait à une perte sérieuse.

Quant au Mélilot (*Melilotus officinalis*) qui est assez cultivé actuellement, son extension ne semble pas à recommander, on sait que consommé en assez grande quantité, quand il est en fleur, il finit par être toxique; je ne recommanderai pas non plus le *Medicago ciliaris* qui végète bien ici, et que les Arabes donnent fréquemment au bétail, ses gousses épineuses pénètrent dans la toison des Moutons qu'elles déprécient fort.

Les seules cultures fourragères existant actuellement et dont la propagation semble devoir être avantageuse sont les cultures d'été Maïs, Sorghos (*Sorghum vulgare, S. saccharum*), Millets..., elles sont très peu développées jusqu'à ce jour, mais on ne saurait trop les étendre, on pourrait y joindre le *Draa* (*Penicillaria spicata*), sorte de Millet, cultivé en bien des endroits pour ses graines, et dont mon camarade M. Barrion m'a signalé la grande valeur fourragère : on peut faire un grand nombre de coupes, et cette graminée a le grand avantage de très bien réussir dans les terrains salés. J'en parle ici parce qu'elle est cultivée depuis longtemps pour ses graines dans le Sud-Tunisien, en particulier dans l'île de Djerba, et qu'elle compte par conséquent parmi les plantes cultivées de la région, au même titre que le Sorgho.

Mais ces plantes sont surtout cultivées l'été et même en

leur ajoutant la *Djedria* des Arabes (Orge coupée en vert),
elles ne constituent que des ressources fourragères insigni-
fiantes, il nous faut chercher ailleurs pour les augmenter, et
nous sommes conduits à rechercher parmi les plantes spontanées de la région quelles sont celles qui pourraient être essayées pour l'alimentation des animaux : c'est ici que réside
la solution complète de la question. Certainement il faudra
aussi faire des tentatives d'introduction de végétaux exotiques et on pourra faire de sérieuses acquisitions aux pays
étrangers, mais les Maïs de cette sorte demandent certaines
précautions, des soins particuliers, ils sont aléatoires et ne
peuvent être faits dans de bonnes conditions par un agriculteur, encore moins par un colon, nouveau venu dans le pays
et qui a déjà bien assez de faire connaissance avec son sol et
son climat; en outre il faut bien le remarquer, il ne faut pas
songer pouvoir recourir ici aux espèces tropicales, plus qu'à
celles des régions tempérées, on devra se borner aux seuls
végétaux désertiques, or ceux-ci sont peu nombreux et appartiennent à un petit nombre de familles bien déterminées
qui ont des représentants dans tous les terrains analogues, il
n'existe pas, a priori, de raisons pour que les représentants
de ces familles aient une moindre valeur dans un pays que
dans un autre. Donc, on devra se borner d'ici quelques années, au développement et à l'amélioration des meilleures
espèces spontanées, sauf naturellement à cultiver en même
temps les quelques fourrages exotiques qui pourraient s'imposer tant par leur valeur que par la certitude de leur réussite : même pour les espèces spontanées les colons devront
s'arrêter aux plus connues, jusqu'à ce que dans un jardin ou
un champ d'essais de la région on ait pu reconnaître la valeur
d'autres espèces et déterminer leur meilleur mode de multiplication, tous travaux et essais qu'il est impossible de demander à un colon, mais qui seront très utiles pour la solution de la question du fourrage.

Il y a de grands avantages à recourir aux plantes spontanées : d'abord les animaux y sont habitués de longue date, en
outre ces végétaux qui résistent depuis un temps considérable
aux conditions les plus extrêmes de ce climat, ne sont exposés
à aucun insuccès, ils sont armés pour supporter les insola-
tions les plus violentes, les longues périodes de sécheresse,
ils savent au moyen d'un développement considérable de leurs

racines trouver leur vie dans les sols les plus pauvres et les
plus arides, subsister dans les sables qui n'arrivent pas à les
ensevelir : on connaît les principaux moyens qui permettent
cette merveilleuse adaptation au climat : l'épaississement de
la cuticule, la réduction du nombre des stomates et surtout
pour un grand nombre de ceux qui nous occupent la présence
dans la sève de nombreux sels qui en diminuent l'évaporation, et la présence tant dans les méats intercellulaires qu'à
l'extérieur des feuilles de cristaux minuscules auxquels leur
grande affinité pour l'eau permet d'absorber les moindres
traces d'humidité atmosphérique, c'est le cas d'un grand
nombre de Salsolacées qui constituent une grande partie de
la végétation des terrains désertiques et salés : on le verra
plus loin, elles constituent une des principales ressources
fourragères de ces terrains, leurs tiges sont peu ligneuses,
très succulentes et la plupart ont leurs feuilles entières...
D'autres végétaux sont adaptés à des conditions plus extrêmes
encore, leurs feuilles se réduisent à des écailles ou même
disparaissent complètement (*Spartium*, *Alhagi*, *Haloxylon*,
Casuarina...) mais alors elles ne peuvent plus être utilisées
comme fourrages que par les Chameaux, aussi n'y insisterons-
nous pas davantage. Toutes ces plantes ont cela de précieux,
que si elles s'accommodent très bien d'un peu d'humidité, elles
ne souffrent pas des plus longues sécheresses, aussi peuvent-
elles permettre d'utiliser des terrains impossibles à mettre en
culture régulière, terrains que leur situation topographique
ne permet pas d'arroser, terrains trop cailouteux pour être
travaillés : c'est par cette utilisation de terrains sans valeur,
auxquels on joindra une étendue plus ou moins grande de
terres en jachère, suivant l'étendue de l'exploitation, que l'on
pourra tirer tout le parti possible de l'élevage du bétail dans
ces contrées : on peut même remarquer que les principes nutritifs qui seront exportés lors de la vente des animaux n'auront pas été, en grande partie enlevés au sol du domaine :
sur les terres de parcours on se contentera de produire les
fourrages d'une façon tout à fait extensive et pour alimenter
sur place les troupeaux de l'hiver à l'été : dans les terres en
jachère, au contraire, on pourra, envoyant de l'eau à une
ou deux reprises, obtenir assez de fourrage pour l'approvisionnement destiné à l'alimentation, de l'été à l'hiver.

On peut dès à présent signaler un certain nombre d'espèces

végétales, spontanées dans le Sud-Algérien sur lesquelles il conviendra de faire porter les premières recherches, je suis obligé de me borner pour la plupart d'entre elles à une nomenclature sèche, basant mes indications, soit sur les affinités botaniques de la plante, soit sur l'appétence dont j'ai vu les animaux faire preuve à son endroit, soit sur des indications puisées sur les lieux, aucune tentative de culture n'ayant encore été faite, j'ai cependant pu faire quelques remarques intéressantes sur les Salsolacées et m'étendrai un peu plus sur quelques plantes de cette famille.

Un certain nombre de graminées spontanées sont assez goûtées des animaux et peuvent être propagées avec succès, surtout celles des genres *Ampelodesmos*, *Gynerium*, *Arthralerum*, *Danthonia*, *Aristida* cette dernière très résistante aux sécheresses, *Pennisetum* à engazonnement rapide et considérable, très utile dans les dunes, *Eragrostis*, *Imperata*, etc. Un grand nombre de ces graminées auxquelles il faut joindre quelques stipacées pourront être d'une grande utilité pour fixer les dunes qui ruinaient un grand nombre d'oasis et pour constituer des pâturages dans les sables, où les racines peuvent atteindre des développements énormes et utiliser les plus minimes particules de substances nutritives et les plus légères traces d'humidité.

Les légumineuses spontanées sont beaucoup plus rares ici que les graminées et elles ne semblent pas devoir constituer de grandes ressources pour l'alimentation des animaux ; j'ai dit plus haut ce qu'il faut penser du Mélilot et du *Medicago ciliaris* ; j'ai trouvé dans l'oasis de très beaux specimens d'un *Vicia*, voisin du *Vicia Cracca* et qui pourrait être avantageusement propagée, mais elle recherche l'ombre et réclame une certaine humidité, il en est de même d'un Sainfoin voisin du *Sulla*, *Hedysarum carnosum*, qui affectionne le bord des ruisseaux d'irrigation ; bien que leurs exigences en eau ne permettent pas de les cultiver actuellement sur une grande échelle, je crois qu'il serait bon de les étudier d'un peu près dans des cultures d'essais et de rechercher ce qu'elles deviennent quand on y apporte quelques soins ; peut-être pourra-t-on associer cette Vesce aux cultures d'Orge fourrage ce qui constituerait une heureuse ressource. Quant aux légumineuses des terrains arides elles ne semblent pas très répandues ici ; il y existe cependant une Astragale qui

mérite quelque étude ; ·quoique bien moins importantes,·
d'autres espèces voisines *Hippocrepis*, *Scorpiurus*, qui lui
sont fréquemment associées dans ces sols pourront être étudiées parallèlement.

En résumé les légumineuses sont loin de jouer dans l'agriculture des sols arides le rôle prépondérant qu'elles jouent
dans les climats tempérés. j'estime qu'il y aurait un grand
intérêt à rechercher s'il n'existe pas à ce fait des causes indépendantes du climat et susceptibles d'être modifiées par
l'homme. L'élévation considérable de la température pendant
une grande partie de l'année, l'extrême sécheresse de l'air
expliquent certainement jusqu'à un certain point l'insuccès
relatif des légumineuses dans ces régions ; mais ne faut-il pas
aller plus loin et se demander si ce n'est pas en entravant
l'action des bactéries des nodosités radiculaires et en empêchant dans une certaine limite l'absorption directe de l'Azote
atmosphérique, que s'exerce cette action nuisible du climat.
Certainement l'absorption directe de l'Azote libre sur les
légumineuses se fait ici comme dans les climats tempérés et
sous les tropiques, il suffit de voir la superbe végétation des
Caroubiers et d'un grand nombre de Mimosées dans la région
de Biskra pour s'en rendre compte : on pourrait penser,
depuis que MM. Naudin et autres nous ont montré jusqu'à
quel point les bactéries des nodosités sont différenciées et
comment l'action de chaque variété ne s'exerce utilement
que sur un très petit nombre d'espèces voisines, que les bactéries spéciales aux espèces tropicales agissent seules ici, mais
on est arrêté dans cette idée quand on voit quelle est dans les
oasis la végétation luxuriante des Fèves et des petits Pois,
et celle de la Luzerne et du Mélilot partout où on les cultive :
il ne semble pas douteux que l'intensité de l'action solaire et
la sécheresse de l'air exercent une action très fâcheuse sur la
végétation des légumineuses, et il serait bon d'étudier dans
quelle mesure la chaleur solaire paralyse l'action des microbes des nodosités et dans quelle mesure aussi l'humidité
lui est défavorable, ces deux causes sont-elles indépendantes,
ou corrélatives ? Il est possible que l'action de la chaleur solaire soit peu considérable, on sait en effet le grand développement du système radiculaire des plantes dans les sols
désertiques et la rapidité avec laquelle décroît la température
à mesure que l'on pénètre plus avant dans le sol; les racines

s'éloignent d'autant plus de la surface que celle-ci est plus sèche et on doit se demander si les bactéries n'agissent pas seulement dans la partie superficielle du sol ? Aussi serait-il utile de rechercher leur répartition en hauteur dans les terrains arides, il faut bien dire que les façons culturales si rudimentaires que l'on donne au sol dans ces pays ne sont pas faites pour faciliter la propagation des microorganismes dans les couches profondes, ni pour assurer une aération suffisante du sous-sol. Enfin on sait comment le défaut d'arrosage produit dans les terrains désertiques la concentration dans le voisinage de la surface de matières salines, il faudra rechercher quelle peut être l'action de ces sols sur les bactéries assimilatrices d'azote, dans quelle mesure elle entrave l'absorption de ce gaz et à quelle dose ces sels cessent d'être nuisibles ; en même temps on verra quels sont les seuls nocifs de ces sels, ou ceux qui le sont plus fortement, et de quel avantage pourra être vis-à-vis du rôle des bactéries, la neutralisation de ces sels par le plâtre, opération qui sera d'une extrême facilité, le plâtre abondant dans toute la contrée. Malheureusement ces recherches dont le grand intérêt est manifeste ne pourront être effectuées que sur place et dans un laboratoire ; je reprendrai bientôt les observations à ce sujet, mais je redoute beaucoup de ne pouvoir résoudre cette importante question dans une simple mission.

· Je me suis arrêté sur cette question du peu de réussite des légumineuses herbacées dans le Sud Algérien pour montrer d'abord qu'il ne faut pas, actuellement du moins, espérer tirer grand parti des espèces de cette famille pour la production du bétail, car elles ne réussissent qu'avec une irrigation abondante : j'ai voulu aussi montrer quelle utilité il y a à rechercher les causes de ce peu de réussite, elles permettront en effet de trouver les moyens d'introduire les meilleures de ces espèces, parmi les mieux adaptées à ces climats quand la culture deviendra plus intensive, et en même temps de profiter comme dans les pays tempérés de l'heureuse action des Légumineuses sur l'enrichissement du sol.

(*A suivre.*)

II. BULLETIN BIBLIOGRAPHIQUE.

Culture du Caféier, *semis, plantations, taille, cueillette, décorticage, expédition, commerce, espèces et races*, par E. RAOUL, professeur de culture et productions tropicales à l'École Coloniale, ancien directeur de jardins botaniques dans la zone intertropicale, membre du Conseil supérieur des Colonies, avec la collaboration pour la partie commerciale, de E. DAROLLES, sous-intendant militaire. — Aug. Challamel, éditeur, Paris.

M. E. Raoul, notre collègue, vient de faire hommage à la Société de ce premier fascicule du second volume du Manuel des cultures tropicales. Il a pris là une initiative à laquelle nous ne saurions trop applaudir, car, chez nous, les travaux de ce genre ne sont que trop rares, et c'est à l'étranger que, le plus souvent, nos colons sont obligés de s'adresser pour avoir des renseignements, s'ils veulent, dans nos possessions d'outre-mer, essayer des cultures nouvelles ou améliorer celles qu'ils y trouvent établies.

C'est pourtant, en sachant bien ce qui se pratique dans les différents pays, en connaissant bien les conditions de sol, de climat, de culture, qu'ils peuvent atteindre un succès. Ce qui est vrai pour la plantation elle-même, l'est également pour la récolte et la préparation de ses produits. Comment soutenir la concurrence si l'on présente sur les marchés des denrées ne répondant pas aux besoins du commerce ou à ses habitudes ?

M. Raoul rend donc aux planteurs français un véritable service, en réunissant dans son travail tous les documents qui peuvent les guider dans la culture du Caféier qui pourra, nous l'espérons, prendre bientôt un développement important dans nos établissements de l'Afrique centrale.   J. G.

Les Vaches laitières, choix, entretien, production, élevage, maladies, produits, par E. THIERRY, professeur de Zootechnie et directeur de l'Ecole pratique d'agriculture de l'Yonne. 1 vol. in-16 de 349 pages avec 75 figures, cartonné, 4 francs. — Librairie J.-B. Baillière et fils, 19, rue Hautefeuille, à Paris.

M. Thierry vient de réunir en un volume de 350 pages tout ce qui peut intéresser les propriétaires de Vaches laitières.

L'ouvrage débute par des notions sommaires d'anatomie et de physiologie des Bovidés, et par l'étude de la connaissance de l'âge. Vient ensuite l'examen des principales races françaises et étrangères utilisées comme laitières. Les chapitres suivants sont consacrés à la production du lait, au choix des Vaches laitières, à leur amélioration.

L'hygiène de la Vache laitière est longuement traitée, tant au point de vue de l'habitation, du pansage que de l'alimentation aux pâturages et à l'étable. Après avoir parlé de la traite, des causes de variation de la production du lait, puis de l'engraissement de la Vache laitière, M. Thierry entre dans des considérations étendues sur tout ce qui concerne la production (choix des reproducteurs, rut, chaleur, monte, gestation, parturition, etc.) et l'élevage (allaitement, sevrage, castration, régime, etc., puis il donne quelques conseils pratiques sur l'achat de la Vache laitière. Il passe en revue les maladies qui peuvent affecter la Vache et le Veau. Enfin, il termine par l'étude du lait, de la laiterie et des industries laitières.

Ce livre résumant les travaux les plus modernes sera tout particulièrement utile aux cultivateurs et aux vétérinaires.

Liste des principaux ouvrages français et étrangers traitant des Animaux de basse-cour (1).

2° OUVRAGES ALLEMANDS (suite).

Völlschau (Jules). Illustrirtes Hühnerbuch. Enthaltend das Gesammte der Hühnerzucht, etc. 40 Abbildungen in Farbendruck und 58 Holzschnitte. Hamburg, J.-L. Richter, 1883. M. 25.

> *Völlschau (Jules).* Livre illustré des Poules. Sur l'ensemble de l'élevage, etc. Avec 40 figures coloriées et 58 gravures sur bois. Hambourg, J.-L. Richter, 1883. M. 25.

Völlschau (Jul.). Die Hühnerzucht. Ein Leitfaden für angehende Züchter. Hamburg, J.-F. Richter, 1881. 3. Aufl., 1887. M. 1,50.

> *Völlschau (Jules).* L'élevage des Poules. Guide pour les éleveurs débutants. Hambourg, J.-F. Richter. 1881. 3e édit. 1887. M. 1,50.

Waidmann (A.) Der Fasan. Zucht und Pflege, Fang und Jagd desselben. Für Jäger und Jagdliebhaber. Ratibor, Schmeer und Söhne, 1870. 60 Pfg.

> *Waidmann (A.).* Le Faisan, son élevage, ses soins, sa capture et sa chasse. Pour des chasseurs et des amateurs de chasse. Ratibor, Schmeer et fils, 1870. 60 Pfg.

Washington (M. v,). Die Geflügelzucht. 2 Tafeln in Chromolithographie. Wien, Hartinger und Söhne, 1871. M, 4.

> *Washington (M. de).* L'élevage de la volaille. 2 planches chromolithographiées. Vienne, Hartinger et fils, 1871. M. 4.

---

(1) Voyez *Revue,* année 1893, p. 564 ; 1894, 2e semestre, p. 560, et plus haut, p. 648.

Weber (*H. C. E.*). Das Haushuhn und seine Arten. 2. Aufl. bearbeitet von C. Eberherd. Hannover, Hahn'sche Buchhandlung, 1889.

> *Weber* (*H. C. E.*). La Poule domestique et ses espèces. 2ᵉ édit. rédigée par C. Eberherd. Hannovre, librairie Hahn, 1889.

Wegener (*J. F. W.*). Das Hühner-Buch. Beschreibung aller bekannten Hühnerarten und Anleitung zu ihrer Zucht, Wartung und Pflege. 2. Aufl. Leipzig, J. J. Weber, 1877. M. 1.

> *Wegener* (*J. F. W.*). Le livre des Poules. Description de toutes les races de poules connues, et guide pour les élever et les soigner. 2ᵉ édit. Leipsig, J. J. Weber, 1877. M. 5.

Woltmann (*J. J.*). Der Taubenschlag, oder die Wartung und Pflege, das Paaren und die Brütezeit der Tauben, etc. Hamburg, Kramer, 1876. M. 1,50.

> *Woltmann J. J.*). Le pigeonnier (colombier). Les soins, l'accouplement et le temps de couvée des Pigeons, etc. Hambourg, Kramer, 1876. M. 1,50.

Wright (*Lewis*). Der praktische Hühnerzüchter, übersetzt v. Fr. Trefz. Mit 36 Illustrationen. München, Buchholz und Werner, 1880. M. 4,50.

> *Wright* (*Lewis*). L'éleveur pratique de Poules. Traduit de Fr. Trefz. Avec 36 illustrations. Munich, Buchholz et Werner, 1880. M. 4,50.

Wright (*Lewis*). Der praktische Taubenzüchter. Uebersetzt v. Fr. Trefz. Mit 72 Illustrationen. München, Buchholz und Werner, 1880. M. 4,50.

> *Wright* (*Lewis*). L'éleveur pratique de Pigeons. Traduit par Fr. Trefz. Avec 72 illustrations. Munich, Buchholz et Werner, 1880. M. 4,50.

Zecha (*Arth.*). Versuche mit der Truthühnerzucht auf Racebildung : in Mittheilungen des ornithologischen Vereins. Wien, 10. Jahrgang, p. 284–287.

> *Zecha* (*Arth.*). Essais de création de races dans l'élevage des Dindes. Dans les rapports de la Société ornithologique. Vienne, 10ᵉ année, p. 284-287.

Zurn (*Prof. Dr F. A.*). Die Gründe, warum die Lust zum Geflügelzüchten und Halten erkaltet, und wie diesem Uebelstande vorzubeugen ist. Leipzig, H. Voigt, 1885. 1 M.

> *Zurn* (le prof. Dr F. A.). Des causes de la diminution du goût de l'élevage de la volaille et comment remédier à ce mal. Leipsig, H. Voigt, 1885. M. 1.

Zurn (*Prof. Dr F. A.*). Die Krankheiten des Hausgeflügels. Mit 1 Titelbild und 76 Holzschnitten. Weimar, C. F. Voigt, 1882. M. 6.

> *Zurn* (le prof. Dr F. A.). Les maladies de la volaille domestique. Avec 1 figure en tête et 76 gravures sur bois. Weimar, C. F. Voigt, 1882. M. 6.

III. ÉTABLISSEMENTS PUBLICS ET SOCIÉTÉS SAVANTES.

Académie des Sciences de Paris

et

Société de Biologie.

NOVEMBRE 1895.

Sur la formation d'un caractère anatomique et sur l'hérédité de cette acquisition. — M. Remy Saint-Loup, au cours de recherches expérimentales relatives aux modifications de l'Espèce, a obtenu chez le Cochon d'Inde la formation d'un doigt supplémentaire. Ce doigt a apparu chez les premiers sujets, à chacune des pattes postérieures, sous une forme d'abord rudimentaire, l'ongle et la phalange correspondante étant seuls bien développés. A la deuxième génération, le nouvel organe était mieux constitué ; à la troisième génération, il est aussi bien conformé que les autres doigts et son activité fonctionnelle est la même.

Ces faits montrent que les modifications de l'Espèce peuvent, au point de vue de la forme des êtres, avoir une importance suffisante pour induire en erreur les zoologistes qui pensent devoir distinguer deux espèces en raison de faibles différences de structure. En d'autres termes, si les Cochons d'Inde, obtenus par M. Remy Saint-Loup avaient été trouvés à Madagascar, par exemple, les zoologistes n'eussent pas hésité à les considérer comme une espèce nouvelle et même comme un genre nouveau.

C'est à la suite de ses recherches sur le Léporide (recherches publiées en 1893, dans la *Revue des Sciences naturelles appliquées*), et en présence des problèmes soulevés par cette étude, que M. Remy Saint-Loup a été conduit à instituer les expériences actuelles. Les Lièvres et les Lapins ne lui paraissaient pas présenter des différences de structure capables de faire comprendre la difficulté ou l'impossibilité du croisement de ces deux types voisins. Il crut devoir attribuer l'incompatibilité constatée, à une différenciation de l'*humeur spécifique*, parmi les individus semblables de forme, c'est-à-dire à l'acquisition chez les uns de nouvelles qualités chimiques des liquides de l'organisme. Partant de cette idée, il pensa qu'une légère variation de forme devait apparaître plus facilement avec le changement d'humeur spécifique que dans l'intégralité primitive. Le résultat obtenu en soumettant des Cochons d'Inde à un régime capable d'influencer leur économie, semble justifier les vues théoriques de l'auteur. Toutefois, des expériences de contrôle lui paraissent encore nécessaires pour affirmer l'exactitude de ces vues. Les faits actuellement constatés gardent cependant leur portée au point de vue de nos connaissances sur les Variations des animaux et sur la Descendance.

III. NOUVELLES ET FAITS DIVERS.

Domestication des Aigrettes (1). — Dans une étude de propagande en faveur de la domestication des Aigrettes (2), j'ai signalé plus particulièrement la douceur de la Garzette. D'après Brehm, je déclarais la Grande Aigrette très sauvage, en conséquence peu facile à domestiquer.

L'observation de Brehm, sans doute, se rapporte à l'espèce de l'Ancien Monde, toutefois je n'ai pas remarqué plus de sauvagerie chez les individus observés au Jardin d'Acclimatation que chez d'autres Oiseaux tenus en captivité dans leur société L'Aigrette américaine, *Herodias occidentalis* me paraît pouvoir être sauvegardée, s'il en est temps encore, grâce au document suivant que j'ai retrouvé dans les procès-verbaux de la Société d'Acclimatation, séance du 25 septembre 1857. C'est une lettre du Ministre de la Marine annonçant l'arrivée à Brest, venant de Cayenne de divers animaux parmi lesquels se trouvait une Grande Aigrette élevée en liberté et parfaitement apprivoisée. Poursuivant mes recherches dans les relations de voyage du regretté Dᵣ Crevaux (3), je trouve ce renseignement : « Les Roucouyennes ont une grande quantité d'animaux apprivoisés dans leurs habitations. Ce sont des Agamis ou Oiseaux-trompette, des Hoccos, des Marayes et des Aras au plumage bleu et rouge. »

Je souhaite que ces lignes tombent sous les yeux d'un ami des Oiseaux habitant l'Amérique méridionale, convaincu comme nous de la possibilité et de l'utilité de domestiquer les Aigrettes dont le massacre, dans le but de faire argent de leur dépouille, pourrait être évité. La domestication des Aigrettes, des Gouras, des Paradisiers serait le complément naturel de la domestication de l'Autruche. Les parures d'Oiseaux de cette sorte seraient un produit naturel annuel, offrant un grand avantage, celui de pouvoir être amélioré, modifié par croisement, etc., etc., toutes choses impossibles pour les fourrures. C'est en cela que l'on peut apprécier l'incohérence de certains esprits, la ligue de Boston interdit à ses adhérentes le port d'Oiseaux, ou de leur dépouille accompagnée de la tête ! Ces mêmes *ladys* portent toutes sortes de fourrures et même des Scarabées lumineux, leur scrupule est limité aux Oiseaux.

Je crois que le Président de la Société, s'appuyant sur le vœu de la section d'Ornithologie pourrait signaler à l'attention de M. le Ministre des colonies l'utilité et la possibilité de la domestication des Aigrettes dans divers pays tropicaux, l'Indo-Chine, la Guyane, l'Afrique tropi-

(1) Communication faite en séance de section le 26 mars 1895.
(2) *Revue des Sciences nat. appl.*, septembre 1893.
(3) Dᵣ Crevaux, *Voyage dans l'Amérique méridionale*, p. 201-202.

cale, Rivières du Sud, Congo, Madagascar, etc. La production des
Aigrettes, assurerait à l'Industrie française une matière première recherchée pour la parure humaine dès l'antiquité la plus reculée ; un
roi de France des plus populaires, Henri IV, envoyait en Guyane, au
Brésil, des naturalistes qui avaient principalement pour mission de
recueillir des Aigrettes, ornement exclusif de la famille royale. « *Sic
transit gloria mundi* » ; le sexe féminin sans distinction de fortune ou
de classe sociale ayant adopté l'Aigrette, la production universelle sera
bientôt épuisée ; sans doute au xxᵉ siècle, cette parure par sa rareté
se trouvera de nouveau uniquement réservée aux reines et aux mil-
lionnaires s'il en reste.   J. FOREST, aîné.

Les Pêcheries du Grand-Duché de Finlande (1). — A
l'occasion du sixième Congrès international de Géographie réuni à
Londres du 7 juillet au 3 août 1895, la Société de Géographie de Finlande a chargé plusieurs de ses membres de rédiger, sous une forme
concise, chacun dans leur spécialité, des notices concernant le Grand-
Duché. Les documents relatifs à la Finlande étant écrits pour la plupart dans la langue du pays, sont fort peu connus à l'étranger. Nous
croyons donc utile de publier les notes suivantes concernant la pêche
et la pisciculture en Finlande. On trouvera d'ailleurs de plus longs
développements à ce sujet dans le magnifique ouvrage, illustré de la
manière la plus artistique et publié en six langues, sous la direction
de M. L. Méchelin.

« La pêche doit naturellement occuper une place très importante
parmi les sources de profit pour la Finlande, ayant un si grand archipel
côtier et des milliers de lacs. Aussi une partie du Code de pêche est-
elle fort ancienne ; déjà dans les vieilles lois provinciales, il était spé-
cifié que les engins de pêche ne devaient pas barrer plus des deux
tiers des cours d'eau.

Cette industrie nationale reçut une forte impulsion dans la dernière
moitié du siècle précédent ; les publications de cette époque, entre
autres des dissertations académiques, contiennent plusieurs articles en
faveur de la pêche et des notices sur les Poissons du pays. Le premier Code de pêche pour la Suède et la Finlande date aussi de 1766 ;
il renferme les principes généraux du droit de pêche et un certain
nombre d'autres dispositions qui, plus tard, sont devenues elles-mêmes
de nouvelles lois. Mais les événements survenus au commencement
de notre siècle firent diminuer pendant un demi-siècle l'intérêt pour
cette matière.

En 1887, H.-J. Holmberg fut chargé par le Gouvernement d'inspecter
les pêcheries du pays et de proposer des mesures en vue de leur

(1) *La Finlande au 19ᵉ siècle*, décrite et illustrée par une réunion d'écrivains
et d'artistes finlandais. Helsingfors, 1895. Paris, librairie Nilsson, in-4°.

amélioration. Il dressa plusieurs rapports de 1858 à 1862, et remplit les fonctions d'inspecteur de 1868 à 1884. A cette époque, il s'établit en plusieurs lieux des coutumes locales. On créa, sur le modèle des établissements français, des établissements de pisciculture pour le Saumon et le Corégone, et l'on élabora le Code de pêche qui fut sanctionné en 1865 et qui est en vigueur encore aujourd'hui. Il y entre des dispositions relatives au droit de pêche, à la mise en dé-. fense de la pêche et au commerce du Poisson. Par contre, les dispositions de détail concernant la fermeture de la pêche, la nature des engins, etc., ont été abandonnées aux soins des propriétaires du droit de pêche ; ceux-ci sont tenus, dans certaines paroisses ou bailliages, ou pour certains cours d'eau, de se conformer aux coutumes locales, afin de prévenir l'extermination du Poisson.

Pendant les vingt-cinq années (1864-1889) que M. A.-J. Malmgren a rempli les fonctions d'inspecteur des pêcheries, les règlements locaux ont été améliorés dans la plus grande partie du pays ; le flottage des billes, préjudiciable au Poisson, a été combattu, et l'on a réussi à faire rentrer le Gouvernement dans ses droits sur les pêcheries de Saumons et de Corégones ; cette dernière pêche fut ensuite réglementée. La pêche aux filets flottants, jusqu'alors inconnue chez nous, fut introduite pour la pêche en mer du Hareng baltique, et l'on apprit à saler le Poisson à la manière des pêcheurs d'Aland. Mais les établissements de pisciculture, qui n'avaient pas paru donner de bons résultats, durent être fermés, et l'on institue des primes d'encouragement pour l'introduction de nouvelles espèces utiles de Poissons dans les lacs où elles faisaient défaut.

M. O. Nordqvist, inspecteur des pêcheries depuis 1889, a continué la révision des règlements locaux ; mais en même temps les tentatives de pisciculture ont été reprises ; entre autres, une station d'essai a été adjointe à l'école forestière d'Evois. Helsingfors possède un musée de pêche où sont exposés des engins, des appareils de pisciculture, etc., et un établissement de pisciculture en activité. La création de la *Société des Pêcheries de Finlande*, fondée en 1891, contribue de la façon la plus énergique à répandre l'intérêt pour cette industrie ; elle publie une Revue mensuelle, distribue des primes pour la destruction des bêtes nuisibles et encourage les tentatives de pisciculture, etc. ».

La Truite dans le Sud de l'Afrique. — D'après l'*Allgemeine Fischerei-Zeitung*, les essais entrepris dans la colonie du Cap pour l'acclimatation de la Truite ordinaire (*Salmo fario*) donnent déjà, sur divers points, des résultats satisfaisants. Des envois d'œufs faits d'Angleterre en 1892, ont fourni une quantité suffisante d'alevins pour que des versements aient pu être effectués dans un certain nombre de rivières ; actuellement, on pêche dans plusieurs de ces cours d'eau des Truites de 5 à 7 livres. Ces Poissons ont pris un développement extraordinairement rapide, grâce à l'abondance dé la nourriture qu'ils ont trouvée dans les eaux choisies pour les essais. Un détail intéressant à signaler, c'est que l'espèce s'est tout à fait pliée aux nouvelles conditions climatologiques qui lui ont été imposées ; elle a complètement modifié ses habitudes et changé l'époque de sa ponte : la fraie a lieu maintenant en juin, qui est la saison d'hiver pour la région sud-africaine.   R.-W.

Notes sur les Mammifères en Meurthe-et-Moselle, après l'hiver de 1894-1895. — Ayant acquis la certitude qu'un grand nombre de Mammifères avaient eu à souffrir pendant la longue période de neige qui a persisté en 1895, nous avons voulu attendre jusqu'en été, pour juger autant que possible des ravages causés dans leurs rangs pendant cette dure période de trois mois et plus. Nos observations nous ont démontré que tous nos Insectivores, tels que Chauves-souris et Musaraignes que je retrouve toujours en aussi grand nombre, n'avaient nullement souffert du froid. Par contre, ces dernières étant victimes des Renards, Chiens et Rapaces qui les tuent par rage de destruction en les laissant sur place, il est peu de jours où je n'en trouve, gisant sur nos chemins ou sentiers des bois. Presque toutes, *Crocidura leucodon* et *Sorex vulgaris*, portent une ou plusieurs petites blessures au crâne ou sur le corps.

Il n'en a pas été de même de nos petits Rongeurs, tels que Mulots et Campagnols qui étaient excessivement communs dans nos forêts et campagnes pendant tout l'été de 1894 ; à l'automne, les murs qui entourent notre jardin en étaient remplis. Pour cette famille, il est certain que l'énorme quantité de neige fut la cause première de leur destruction. Aujourd'hui, je ne retrouve plus, çà et là, que quelques rares sujets et, autour de chez moi, plus un seul.

Par contre, le Surmulot (*Rattus decumanus*) s'est multiplié d'une manière extraordinaire, les berges du ruisseau en recèlent un grand nombre ; de plus, ils ont envahi notre habitation d'une façon inquiétante, mangeant tout, fruits, légumes, peaux, linge, etc., etc. ; plus j'en prends aux pièges, plus il y en a, je crois, et je ne suis pas éloigné de croire, qu'à eux seuls, ils ont bien pu dévorer les Mulots et Campagnols qui étaient venus chercher refuge pour l'hiver sous les meules d'un ancien moulin.

Les Écureuils de nos bois sont décimés en grande partie et bien que l'époque de la reproduction soit terminée, je ne les retrouve plus que rarement là où l'an dernier ils étaient si communs. Les Loirs sont rares ici en Meurthe-et-Moselle, surtout dans le canton que j'habite. En 1894, j'ai rencontré plusieurs fois cependant le Loir commun (*Myoxus glis*), et le Muscardin (*Myoxus avellanarius*), mais pendant tout le cours du printemps et l'été de 1895, plus un seul de ces beaux petits Rongeurs n'a paru.

Le Lérot est presque introuvable ici : dans les Vosges, aux environs de Contrexéville, ces Rongeurs étaient extrêmement communs en 1894 ; les Prunes, Poires, Raisins, étaient pillés chaque nuit sur nos espaliers, aujourd'hui on ne voit presque plus ce grand destructeur des fruits de nos jardins.

Abordons maintenant nos Carnassiers : je vois le Loup plus commun que les années précédentes, sans que le nombre des exemplaires tués, pendant cette longue période de neige qui pouvait faire espérer de bonnes captures à cause des empreintes laissées sur le sol, soit beaucoup plus grand. Le Loup, lorsqu'il est affamé et ne trouve pas suffisamment à se nourrir dans le gibier du pays, est obligé de parcourir de grandes distances pendant la nuit, en quête de nourriture ; pendant le jour alors, il se remise au bord d'un petit bois pour se refaire de ses fatigues de toute une nuit, avec souvent très peu de chose dans l'estomac, un os rongé, une vieille âme de soulier, selon la plus ou moins bonne fortune.

Il est facile alors de l'attaquer en battue, il vous attend et vient bêtement se faire tuer en s'arrêtant de temps en temps pour écouter, surtout au moment de franchir une ligne ou un chemin. Lorsque, au contraire, la nourriture est abondante pour lui, que le gibier ne lui fait pas défaut, comme cette année en Meurthe-et-Moselle, où il avait dans les Sangliers blessés, de bonnes proies, n'étant pas trop fatigué par de grandes courses trop souvent répétées et ayant l'estomac garni, flairant le vent suspect qui lui annonçait l'approche du chasseur, il fuyait au moindre danger pour aller se remiser à quelques kilomètres de là dans un autre petit bois, l'œil et le flair toujours en éveil.

Je viens d'apprendre, par un garde-chasse des environs, qu'il y avait dans les bois de ses parages plusieurs nichées de Loups dont une de huit, l'autre de six. Ces animaux se montrent en plein jour et ils souffrent davantage de la faim en été qu'en hiver, par la raison qu'à l'époque des froids, les cadavres des animaux morts sont le plus souvent abandonnés sur le sol sans être enfouis.

Les Renards furent moins heureux que les Loups ; beaucoup périrent par le plomb du chasseur ou se firent prendre aux pièges. Le Renard, à cause de son flair subtil et de son extrême défiance, est très difficile à prendre aux pièges, aussi bien pendant les jours de jeûne et de disette. En décembre 1894, par une neige froide et abondante, je me décidai à tendre un piège à un Renard qui passait toutes les nuits sur une planche posée en travers du ruisseau. Le piège fut posé avec soin et parfaitement dissimulé sous une couche uniforme de neige ; comme j'oubliai également de dissimuler mes pas, il revint bien la nuit suivante, mais, voyant que quelqu'un était venu là, son flair lui indiqua le piège qu'il franchit d'un bond pour opérer de même au retour. Voyant cela, j'enlevai le piège et la nuit suivante mon rusé compère le Renard passa hardiment sur la passerelle, à pas sûrs, sans avoir franchi d'un bond la place où avait été le piège, que je reposai quelques jours plus tard, en ayant soin cette fois de dissimuler mes pas au retour en les recouvrant d'une pelletée de neige sur un assez long espace. Le lendemain, le Renard, un vieux et superbe sujet à la robe mouchetée de blanc, était pendu par la patte et noyé au fond de l'eau.

J'ai pu tuer, des fenêtres de mon habitation située en pleine forêt, trois beaux Renards à ventre noir, dits *charbonniers*, qui venaient depuis longtemps déjà manger les corps d'Oiseaux et autres que je jetais dehors. Le 25 décembre 1894, je trouvai dans les champs, au bord du bois, le corps d'un Renard à moitié mangé ; le sol tout autour était piétiné comme si une bataille avait eu lieu là, bataille de Renards évidemment, puisque les empreintes laissées sur la neige ne m'indiquèrent pas d'autres pas que ceux de ces animaux, dont l'un avait succombé et avait en partie servi de pâture aux autres.

Les Chats sauvages, ces animaux rares aujourd'hui, souffrirent cruellement aussi malgré les Oiseaux qu'ils prenaient journellement et dont je trouvais les restes, Merles, Rouges-Gorges, Mésanges, etc.

Je pus également tuer deux énormes sujets qui venaient, comme les Renards, se nourrir, près de chez moi, des corps d'Oiseaux que je leur abandonnais sur la neige. C'est sur le corps d'une Buse fort grasse reçue des Vosges, que je tuai le premier, le 20 décembre 1894.

Le Renard arrive avec défiance prendre la proie qu'il voit attachée comme appât, la saisit dans sa gueule et tire avec force en faisant un bond de côté pour essayer de l'arracher au lien qui l'attache afin d'aller la manger plus loin en toute sécurité. Le Loup fait de même, j'en fis l'expérience en janvier 1895 : un appât attaché à un fort fil de fer fut arraché du premier coup et, avant d'avoir mon fusil en mains, après m'être relevé, mes trois voleurs (car ils étaient trois) étaient déjà loin.

Le Chat sauvage, au contraire, arrive vers sept ou huit heures du soir et se contente de manger si doucement, sans défiance, que c'est à peine si le fil de fer grince ou remue et il faut une très bonne vue pour distinguer au milieu de la nuit cette forme de couleur grisâtre, indécise, sur un sol battu et dénué de neige. Le premier qui arriva fit si peu de bruit que je ne l'entendis presque pas. Je ne me relevai point, croyant que c'était le vent qui agitait le fil de fer. Le lendemain, au jour, la Buse était presque complètement mangée et le Chat était tellement gonflé de chair qu'il remonta le talus du bois avec peine. Le soir du même jour, un peu avant la nuit, au moment où je me disposais à fermer les portes de notre habitation, promenant mon regard sur la masse de neige qui nous entourait, je remarquai sur la bordure du bois une forme étrange, une sorte de boule où scintillaient deux petits points lumineux : c'était mon Chat sauvage qui attendait patiemment la nuit pour venir manger les restes de la veille.

Ayant pris mon fusil, il se rasa davantage à mon approche et un coup le fit rouler à mes pieds au bas du talus.

Quelques jours plus tard, un second Chat revint encore ; cette fois, je me relevai au moindre grincement du fil de fer, la couleur indécise du pelage ne me permit pas de rien distinguer tout d'abord, et, bien que le fil de fer remuât légèrement, je me recouchai. Quelques heures plus tard, las d'entendre agiter cette sorte de fil électrique attaché à ma fenêtre, je me relevai encore pour ne voir toujours qu'un point obscur, si petit, que je croyais être un Rat ; je tirai au jugé dans la direction, à peu près, ne voyant pas bien le guidon du fusil. Le lendemain, au jour, je trouvai un superbe Chat aussi grand qu'un Renard, étendu sur la crête du talus qu'il avait voulu remonter pour gagner le bois.

Les Martres trouvèrent leur vie en mangeant des Écureuils, des Oiseaux et aussi le miel qu'elles allaient voler dans les ruchers. J'eus moi-même une de mes ruches visitée à plusieurs reprises différentes et je connais plusieurs apiculteurs qui ont eu plusieurs bonnes ruches entièrement pillées par ces animaux. Une colonie d'Abeilles, établie dans un Hêtre creux, a reçu aussi la visite d'une Martre qui a trouvé le moyen d'agrandir le trou avec ses dents, en rongeant le bois pour pouvoir s'y introduire.

Les Fouines qui habitent les greniers et halliers n'ont pas trop souffert, elles trouvent toujours moyen d'attraper quelques œufs ou volailles par ci par là, ce qui leur est fatal, car on les prend assez facilement aux pièges amorcés d'un œuf frais.

C'est surtout au printemps, au moment où elles ont leurs petits, que les Fouines font le plus de dégâts dans les poulaillers. Il en est de même des Putois et des Hermines qui, sans être communs, ne sont pas plus rares maintenant qu'avant l'hiver qui ne semble pas leur avoir été trop défavorable.

Les Lièvres ont été assez tranquilles cet hiver, les chasseurs ayant de quoi guerroyer les Sangliers, laissaient ceux-là de côté, pour ne s'occuper que de ceux-ci, qu'ils décimèrent en grande partie.

L'abondance de neige leur cachait la nourriture qu'ils étaient obligés de trouver avec force labeur en fouillant la terre durcie par la gelée.

Le nombre des sujets abattus dans le département de Meurthe-et-Moselle est énorme. Dans la seule chasse de MM. Adt, de Pont-à-Mousson, le nombre des Sangliers tués depuis décembre 1894 jusqu'en mars 1895, atteignit le chiffre de cinquante-trois sans compter les blessés qui, le plus souvent, devenaient la proie des Loups. Dans une autre chasse, située dans une petite partie de la forêt la Reine et appartenant à M. Gardeur, de Beaumont, vingt-cinq Sangliers furent abattus.

De tous ces Sangliers, tués pendant ce dur hiver, bon nombre arrivaient au poids de 50 à 60 kilos, mais quelques-uns dépassaient le poids colossal de 150 kilos, sujets remarquables par leurs énormes défenses.

Je ne retrouve plus maintenant que quelques rares survivants des grandes troupes que nous avions l'an dernier.

Les Chevreuils ne semblent pas avoir souffert dans tous nos bois où serpente un ruisseau d'eau claire ne gelant presque pas, mais, dans toutes les autres grandes forêts privées de sources, les Chevreuils périrent en nombre considérable.

Il me reste à parler des Blaireaux. Ces animaux, qui habitent de longues galeries souterraines, n'ont point souffert tout d'abord, mais, à la première fonte des neiges, ils se sont réveillés de leur long engourdissement, pour venir jusque derrière mon habitation chercher quelque peu de nourriture : fruits gelés, racines, etc. Ce réveil fut fatal à quelques-uns d'entre eux, qui trouvèrent dans les Loups de cruels ennemis. Je trouvai, au 1er mars, une tête de Blaireau, toute fraîche, à quelques pas de chez moi. Ces Plantigrades fouisseurs, d'après les observations que j'ai pu faire depuis quelques années, n'habitent pas leurs terriers pendant tous les mois de l'année. Aux mois de juin et juillet, lorsque leurs petits sont assez forts pour sortir en quête de nourriture, Insectes, Reptiles, Mollusques, fruits, etc., sans dédaigner les Oiseaux et les Lièvres, qu'ils savent très bien chasser. Ils nettoient leurs demeures souterraines ; ce travail a lieu dans le courant de juillet ; toutes les feuilles, ainsi qu'une grande quantité de terre sont poussées dehors, à quelques mètres devant l'ouverture du terrier ; puis, un long couloir ou sorte de rigole étroite par le bas, leur sert de chemin de sortie, dans lequel aucune feuille n'est laissée. Aussi les Blaireaux font si peu de bruit en sortant de leur trou qu'il faut avoir l'œil constamment fixé sur l'ouverture pour les voir sortir, ce qui a lieu une heure environ avant la nuit. Par les temps humides et doux, ces animaux restent la plupart du temps dehors, mais, pendant les journées chaudes de juillet, époque de leurs travaux intérieurs, tous les soirs, un peu avant la nuit, je les voyais toujours, au nombre de trois ou quatre, sortir de leurs terriers. A partir du mois d'août jusqu'en novembre, ces animaux ne revenaient plus que rarement habiter leurs demeures souterraines.

En résumé, si quelques groupes d'animaux ont eu à souffrir de ce long hiver de 1894-1895, ce sont surtout les espèces nuisibles à l'agriculture, Mulots et Campagnols, ainsi que les Sangliers.

Les Carnassiers ont eu aussi leur part de misères, mais, nos Chéiroptères et Musaraignes ont été complètement épargnés.

Manonville (Meurthe-et-Moselle). LOMONT.

(Extrait de *La Feuille des jeunes naturalistes*, Nos 301 et 302, nov. et déc. 1895.)

Sur les dégats causés dans les jardins par l'*Otiorhynchus ligustici* L. et sur les moyens de détruire ce Coléoptère (1).
— J'ai l'honneur de présenter à la Société des *Otiorhynchus ligustici* L.., qui m'ont été adressés par M. E. Forgeot, horticulteur bien connu.

« Ce Charançon, écrit M. Forgeot s'est répandu cette année, par *milliers* dans nos plantations horticoles de Vitry-sur-Seine et dévore (à l'état d'Insecte parfait) les bourgeons de Pivoine, c'est un véritable fléau. Que faut-il faire pour le détruire ? »

L'*O. ligustici* est très répandu dans le département de la Seine, son éclosion commence dans les premiers jours d'avril et se continue jusqu'au 15 ou 20 mai.

En 1889, j'ai eu la bonne fortune de pouvoir étudier sur les côteaux de Suresnes, les mœurs et les premiers états de ce Charançon (Note, *Soc. Entomol. de France*, 1890, p. xx). La ponte a lieu en terre, dans les Luzernes, la larve vit aux dépens des racines de cette plante (je n'ai pas vu la chrysalide), l'Insecte parfait sort des Luzernes, par milliers, au printemps suivant.

D'une façon générale, l'*O. ligustici*, à l'état d'Insecte parfait, mange peu, j'ai pu en conserver en captivité, sans aucune nourriture, du 5 avril au 2 octobre.

Cependant, il est utile de signaler, qu'à des intervalles plus ou moins rapprochés, il arrive des plaintes : tantôt, ce sont les bourgeons de la Vigne, tantôt ce sont les Asperges, à leur sortie de terre, qui sont dévorés par ce Charançon, mais ce sont des cas fortuits, qui ne se renouvellent pas ordinairement les années suivantes.

Dans le cas de M. Forgeot, l'invasion présente une gravité exceptionnelle ; la propriété, d'une contenance de 27 hectares environ, est entourée de murs, il y a longtemps qu'on n'y cultive plus de Luzerne. L'Insecte qui est *aptère*, n'a pu arriver du dehors, en nombre aussi considérable dans les cultures, il se serait donc multiplié aux dépens des racines d'une plante horticole qu'on découvrira plus tard ; est-ce une nouvelle adaptation ? Cette hypothèse est en partie confirmée par la taille plus petite de ces *Otiorhynchus* (1/4 environ), ce qui indiquerait que la larve n'a pas trouvé l'abondance de nourriture, qu'elle rencontre dans les racines de la Luzerne. Quoi qu'il en soit, le mal existe, il faut au plus tôt arrêter la propagation de ce fléau.

L'*O. ligustici* est crépusculaire, le jour il s'enfonce en terre au pied des plantes, se cache sous les détritus, les racines, etc. ; il est en outre, recouvert d'une enveloppe chitineuse très résistante ; sauf le Crapaud, je ne lui connais pas d'ennemis sérieux.

Les substances répandues sur le sol : suie, plâtre, chaux, cendres pyriteuses, purin, eau pétrolée, bouillie bordelaise et autres liquides

(1) Communication faite en séance générale du 5 mai 1895.

antiseptiques, n'ont pas donné de résultats appréciables, ce qui s'explique, par la précaution que prend l'Insecte de s'abriter en s'enfonçant en terre, ou sous les racines des plantes, pendant le jour.

A notre avis, le moyen le plus pratique de détruire ce Charançon, est de le rechercher à l'état d'Insecte parfait ; sous forme de larve, sa destruction est presque impossible.

En tenant compte de ses mœurs crépusculaires et de son état aptère, nous avons la certitude qu'on détruira, avec peu de frais, un nombre considérable de ces Insectes, en établissant de petits fossés de 30 centimètres de large sur 35 centimètres de profondeur, à parois lisses et bien à pic, d'une longueur appropriée aux planches de culture contaminées. Les Charançons dans leurs pérégrinations à la recherche d'une compagne, tomberont dans ces fossés, il sera facile de les recueillir, chaque jour, et de les écraser.

Des bottes faites avec des branches (de préférence avec les feuilles) ou avec des plantes ; ou des vieux paillassons, disséminés comme pièges à proximité des lieux infestés, seront choisis par les *O. ligustici* et autres Insectes nuisibles nocturnes pour y passer le jour, il suffira de secouer ces pièges sur une toile, pour en faire tomber les Insectes remisés et les détruire.

Le Crapaud chassant toute la nuit, dévore un grand nombre de Charançons et autres Insectes nocturnes nuisibles à l'horticulture, son introduction s'impose dans les propriétés closes. D'après nos expériences, la proportion de un ou deux Crapauds par *are de terrain*, suffirait pour empêcher les immenses dégâts causés par les Limaces. Vers blancs, Vers gris, Lombrics, Courtillières, Charançons, etc...

Decaux,
Membre de la *Société entomologique de France*

Les produits végétaux du Congo. — *Programme d'études concernant les Caoutchoucs.* — M. Alfred Dewèvre, docteur ès sciences et pharmacien à Bruxelles, a fait parvenir récemment à la *Société d'Acclimatation* deux notices fort intéressantes sur les produits végétaux du Congo. La première de ces brochures, dont un grand nombre d'exemplaires sont distribués en Belgique et que nous pourrons d'ailleurs procurer à prix très réduit à ceux de nos collègues qui en feront la demande, est intitulée : *La récolte des produits végétaux au Congo ; recommandations aux voyageurs* (1). On y trouve des indications pratiques très clairement rédigées sur la récolte et la conservation des plantes pour herbier, sur les notes à prendre en cours de route et en général sur tous les documents à recueillir concernant les produits utiles de la colonie.

Un second travail, spécialement consacré à l'*Etude monographique*

(1) Extrait du *Bulletin de la Société royale belge de Géographie*, 1895.

des Lianes du genre Landolphia (1), est d'allure plus scientifique. Mais l'auteur, préoccupé à juste titre de la question des Caoutchoucs, lesquels deviendront certainement l'une des principales sources de richesse de l'ouest africain lorsque les immenses territoires à peine ouverts à la civilisation seront convenablement exploités, — l'auteur indique à la fin de son mémoire un certain nombre de desiderata. Nous ne pouvons mieux faire que de reproduire ce passage où M. Dewèvre, dont la compétence est indiscutable, montre combien il reste à faire pour arriver à une mise en valeur rationnelle des Caoutchoucs africains.

L'auteur, parti pour le Congo le 6 juin 1895, s'appliquera sans doute à résoudre lui-même la plupart des questions qu'il a si nettement posées. Mais on ne saurait donner trop de publicité à des documents de cette nature, pour provoquer des recherches utiles et pour engager d'autre part les spécialistes autorisés à rédiger des programmes analogues touchant d'autres matières qui constituent la véritable richesse de notre domaine colonial.　　　　　　J. DE G.

*
* *

« Je crois utile, en terminant cette étude, d'énumérer un certain nombre de points sur lesquels il y aurait des observations et des recherches à faire, pour rendre nos connaissances au sujet des Caoutchoucs africains complètes et certaines. Si chaque voyageur voulait prêter son concours, soit en faisant des observations, soit en recueillant des échantillons, la question serait bientôt résolue, et de grands progrès pourraient être réalisés dans l'exploitation du Caoutchouc.

1º Recueillir des échantillons très complets (avec fleurs), d'au moins 30 centimètres, des *Landolphia* qui seraient rencontrés; noter leurs noms indigènes et les variations de ces dénominations suivant les régions. Les naturels désignent-ils la plante, les fruits et son produit par un même nom? Donnent-ils un même nom à plusieurs espèces différentes?

2º Noter la taille et le diamètre maxima que ces plantes peuvent atteindre, ainsi que leur port;

3º Quels sont les endroits que les Lianes à Caoutchouc préfèrent: les lieux secs ou humides, la brousse ou la forêt, les terres riches en humus ou sablonneuses, etc.; jusqu'à quelle altitude les rencontre-t-on?

4º Indiquer la couleur et l'odeur des fleurs, ainsi que la couleur, la forme et les dimensions des fruits;

5º Renseigner sur la localité habitée par la plante;

6º Comment leur reproduction et leur dissémination se font-elles? Observations sur la germination et sur les jeunes plantules;

(1) **Extrait** des *Annales de la Société scientifique de Bruxelles*, vol. XIX, 1895.

7° Quelle quantité de latex donne une espèce déterminée, de taille connue, à telle ou telle époque? Quelle est la meilleure saison pour la récolte du Caoutchouc?

8° Le latex se coagule-t-il spontanément, avec lenteur ou avec rapidité? Quel est l'aspect du coagulum au moment de sa formation? Est-il le même chez les bonnes et chez les mauvaises espèces?

9° La coagulation varie-t-elle avec la saison?

10° Recueillir des flacons de latex des diverses Lianes à Caoutchouc (on en prendra au moins deux pour chaque espèce); ce latex sera récolté de la manière suivante : des bouteilles très propres, d'une capacité de 150 grammes au moins, susceptibles d'être très bien bouchées, seront placées sous les incisions de façon à ce que le liquide laiteux puisse s'y écouler directement; on les remplira aussi complètement que possible, afin qu'il ne reste pas ou presque pas d'air dans les flacons; enfin, pour être certain que ces liquides ne se putréfieront pas pendant le voyage, on ajoutera à l'un des deux flacons six ou sept gouttes de chloroforme ou d'éther. On plongera finalement les goulots des bouteilles fermées soit dans de la cire fondue, soit dans du Caoutchouc, afin de recouvrir les bouchons d'un revêtement imperméable;

11° Préparer soi-même, par divers procédés, des Caoutchoucs des différentes Lianes trouvées, afin d'avoir des matériaux comparables, pouvant permettre de juger quelles sont les espèces qui méritent d'être exploitées;

12° Examiner l'effet de saignées répétées sur les Lianes; les plantes s'en portent-elles plus mal? Leurs fruits mûrissent-ils? Intervalles à laisser entre les saignées;

13° Déterminer la profondeur à laquelle les incisions doivent être faites;

14° Recueillir des échantillons des latex et des végétaux que les indigènes ajoutent aux sucs laiteux des plantes à Caoutchouc;

15° Dans quelles conditions une plantation de *Landolphia* devrait-elle se faire !

16° D'autres parties de ces végétaux pourraient-elles trouver un emploi (racines, fruits, fleurs)?

Une autre série d'observations, exigeant un botaniste connaissant la chimie, sera faite en partie sur place, en partie au retour dans le pays :

1° Recherche du meilleur coagulant;

2° Pour les latex contenant en même temps de la résine et d'autres substances, faire des essais pour arriver, si possible, à coaguler seulement le Caoutchouc;

3° Analyser les latex recueillis, déterminer les quantités de Caoutchouc, de sucre, d'albuminoïdes, de corps gras, de résines, de tannin et d'eau qui s'y trouvent;

4° Analyser les Caoutchoucs de diverses espèces, obtenus par les différentes méthodes de coagulation ;

5° Préciser la nature de la *dambonite*, substance très curieuse qui existe dans certains Caoutchoucs du Congo ;

6° Déterminer l'acide qui donne aux fruits une saveur acidulée ; si c'est de l'acide citrique, voir s'il y aurait possibilité d'exploiter leur suc pour la fabrication de ce corps, en remplacement des Citrons ;

7° Pourrait-on extraire des fleurs des quantités d'essence suffisantes pour qu'il soit possible de les utiliser pour la fabrication de parfums ? »

Le Mudar (*Calotropis gigantea* R. Br.) est un arbrisseau élégant, assez élevé et très robuste que l'on rencontre partout à l'état sauvage sur la côte de Coromandel, au Malabar, aux Moluques, à Java, à Timor, au Sénégal, etc.

Le liber de la tige donne une filasse excellente qui ressemble à celle du Chanvre et que l'on utilise de la même manière ; on en fait aussi d'excellentes lignes pour la pêche. Des échantillons de cette fibre ont été soumis à l'examen d'un chimiste français, directeur d'une fabrique de papier, qui a déclaré que cette substance pourrait valoir, comme matière première, jusqu'à 1,000 francs la tonne, rendue dans un port de France ; les frais de collection dans l'Inde, de nettoyage, d'emballage et de chargement, coûteraient au plus 25 francs la tonne.

Le suc laiteux de la plante, concentré à l'air, constitue une substance semblable au caoutchouc ou plutôt à la gutta-percha, non seulement par son aspect, mais encore par la propriété qu'elle possède de devenir plastique, après avoir été malaxée dans l'eau chaude. A l'état liquide, ce suc est employé par les corroyeurs indiens pour épiler les peaux avant le tannage ; il est aussi usité, de temps immémorial, dans la médecine hindoue et cyngalaise.

Les graines, renfermées dans des capsules offrant la grosseur d'un citron, sont entourées d'un duvet très fin, composé de filaments soyeux longs de 10 à 12 centimètres, auquel on attribue, dans l'Inde, la propriété d'arrêter les hémorragies et de modifier d'une façon très salutaire les plaies de mauvaise nature.

L'écorce de la racine est altérante, tonique et diaphorétique ; son principe actif semblerait dû à une résine âcre et une substance amère que l'on rencontre dans sa composition. Elle est usitée dans les affections cutanées et particulièrement l'éléphantiasis. Enfin, on est parvenu depuis peu à extraire de la racine même une matière colorante d'une certaine valeur, susceptible de recevoir une application industrielle. M. V.-D. B.

Le Gérant : Jules Grisard.

I. TRAVAUX ADRESSÉS A LA SOCIÉTÉ.

LE DESMAN DES PYRÉNÉES

Par E. OUSTALET,

Assistant de Zoologie au Muséum d'Histoire naturelle,
Membre du Conseil de la Société nationale d'Acclimatation (1).

De toutes les espèces de Mammifères de la faune française, le Desman des Pyrénées est assurément l'une des plus intéressantes par son organisation et par ses mœurs; mais, en raison de sa petite taille, de son genre de vie et de l'étendue restreinte de son aire d'habitat, c'est en même temps l'un des animaux les moins connus du grand public. Les rares spécimens qui figurent dans les Musées et dont quelques-uns laissent beaucoup à désirer sous le rapport de la préparation, les figures inexactes et les descriptions insuffisantes qui ont été publiées au commencement du siècle et que des ouvrages classiques ont servilement reproduites, ne peuvent donner de la bête qu'une idée incomplète et erronée. C'est ce qui nous a engagé à consacrer au Desman des Pyrénées une notice accompagnée d'une figure d'ensemble exécutée d'après un spécimen capturé aux environs de Bagnères-de-Luchon et envoyé par M. Maurice Gourdon à M. le Dr Louis Bureau, Directeur du Musée de Nantes, ainsi que de figures de détails tracées d'après d'excellentes photographies de M. Trutat, Directeur du Musée d'histoire naturelle de Toulouse.

Buffon qui connaissait, assez mal du reste, une autre espèce de Desman, le Desman de Moscovie, sur lequel nous reviendrons tout à l'heure, ignorait absolument l'existence du Desman des Pyrénées. Celui-ci ne fut signalé qu'en 1811 par Etienne-Geoffroy Saint-Hilaire, dans les *Annales du Muséum d'histoire naturelle* (2), d'après un exemplaire qui lui avait été envoyé par M. Desrouais, ancien professeur d'histoire naturelle à l'Ecole centrale de Tarbes. Quelques années après, le même naturaliste publia dans les *Mémoires*

(1) Communication faite dans la séance générale du 27 décembre 1895.
(2) T. XVII, p. 192.

du Muséum d'histoire naturelle (1) un travail plus étendu
sur le Desman des Pyrénées qui, plus tard, fut étudié et décrit successivement par Fischer, par de Blainville, par P.
Gervais, par Dobson et par d'autres auteurs encore ; mais
c'est seulement depuis 1891 que nous possédons des notions
complètes sur l'espèce qui nous occupe, grâce à M. le Dr Eugène Trutat, auquel on doit une étude zoologique et anatomique, une excellente monographie du genre Desman.

Pour bien saisir les caractères du Desman des Pyrénées,
il est nécessaire d'examiner ceux d'une autre espèce, à laquelle nous faisions tout à l'heure allusion, le Desman de
Moscovie. Ce dernier a été mentionné, dès les premières années du XVIIe siècle, par Charles L'Ecluse ou Clusius qui, dans
son fameux *Traité des objets exotiques* (2), le considéra
comme une sorte de Rat aquatique. Brisson en fit un Rat
musqué ; Linné une espèce de Castor ; Buffon un animal voisin de l'Ondatra. Charleton reconnut le premier, en 1673,
que ce n'était pas un Rongeur, mais un Insectivore, et le rapprocha des Musaraignes, comme le fit aussi, un siècle plus
tard, le grand naturaliste Pallas. Enfin G. Cuvier, ayant
étudié à nouveau le Desman de Moscovie, lui trouva des caractères assez tranchés pour motiver la création d'un genre
particulier. Il donna à ce genre le nom de *Mygale* (3), qui
signifiait littéralement Rat-Belette, et que Schinz proposa de
remplacer par le nom de *Myogale*, afin d'éviter toute confusion avec un genre de la classe des Arachnides. Le *Castor
moschatus* de Linné devint ainsi le *Myogale moschata* des
naturalistes modernes.

On voudrait pouvoir établir aussi facilement l'étymologie
du nom de *Desman* que Daubenton introduisit dans le langage vulgaire après l'avoir trouvé inscrit sur l'étiquette d'un
spécimen rapporté de Laponie par Maupertuis ; mais l'on sait
seulement, grâce aux informations prises par M. Trutat, que
ce n'est pas, comme le supposait Maupertuis, un mot d'origine suédoise.

Le Desman de Moscovie ou Desman musqué est donc connu
depuis beaucoup plus longtemps que le Desman des Pyrénées.

(1) T. I, p. 299 et pl. 15, fig. 10 à 12.
(2) *Exoticorum libri X*, 1605.
(3) *Leçons d'Anatomie comparée*, 1800-1805, t. I, p. 135, et *Règne animal*,
1re édit., 1817, t. I, p. 134.

C'est un animal de la taille d'un Surmulot, la tête et le corps mesurant environ $0^m,25$ et la queue $0^m,19$. Son corps, assez épais, surtout en arrière, repose sur des pattes courtes dont les doigts sont largement palmés, de manière à constituer deux paires de nageoires. Ces nageoires sont beaucoup plus larges aux membres postérieurs qu'aux membres antérieurs et sont garnies, sur leur bord externe, d'une frange de poils raides et serrés ; leur face supérieure est dénudée et écailleuse ; leur face inférieure toute hérissée de fines granulations. La tête est de forme conique et se prolonge antérieurement en une trompe dégarnie de poils, à l'extrémité de laquelle viennent s'ouvrir les narines, étroitement accolées. C'est sur la face inférieure de cet appendice qu'est située la bouche dont les lèvres molles et charnues laissent à découvert les incisives supérieures ou du moins la paire médiane de ses dents. En effet, s'il n'y a aucune contestation sur le chiffre total des dents, qui est de vingt-deux à chaque mâchoire, il règne encore beaucoup d'incertitude sur leur attribution à telle ou telle catégorie. Ainsi, tandis que P. Gervais et C. Vogt comptent tous deux, à la mâchoire inférieure des Desmans deux paires d'incisives, six paires de prémolaires et trois paires de vraies molaires, s'ils sont d'accord pour ne voir à la mâchoire supérieure que deux paires d'incisives, le premier de ces naturalistes considère la paire de dents qui suit immédiatement les incisives comme des prémolaires ; le second, au contraire, en fait des incisives. Enfin, pour M. Dobson, qui s'est spécialement occupé de l'étude de la dentition des Insectivores, il y aurait chez les Desmans, à chaque mâchoire, trois paires d'incisives, une paire de canines, quatre paires d'avant-molaires et trois paires de molaires. Quoi qu'il en soit, la conformation et la disposition de ces dents assigne aux Desmans, dans l'ordre des Insectivores, une place entre les Taupes de nos pays et les Solénodontes des Antilles.

Les yeux du Desman de Moscovie sont tellement petits qu'on arriverait difficilement à les découvrir s'ils n'étaient entourés d'une zone tranchant par ses poils plus courts et sa couleur claire sur le reste de la face ; quant aux oreilles, elles ne sont nullement apparentes au dehors, leur pavillon étant atrophié et l'ouverture du conduit auditif se trouvant complètement dissimulée sous les poils.

La queue, renflée à peu de distance de son origine et comprimée latéralement dans le reste de son étendue, est couverte d'écailles irrégulières, entre lesquelles suinte, dans la partie dilatée, une humeur jaune et visqueuse, secrétée par des glandes sous-cutanées. Cette humeur est douée d'une odeur musquée si intense que les dépouilles en restent imprégnées, lors même qu'elles ont été préparées par les taxidermistes et qu'elles figurent depuis plusieurs années dans les vitrines d'un musée. A l'œil nu, la queue paraît glabre, et, même à l'aide d'une loupe, on ne distingue à sa surface que des poils clairsemés. Au contraire, la tête et le corps sont revêtus d'une fourrure très dense et très douce au toucher, formée d'un duvet court et moelleux et de soies longues et brillantes, représentant ce qu'on appelle la *jarre* dans le pelage du Castor et de l'Ondatra. Grâce à ces poils, qui sont constamment lubrifiés par la substance huileuse dont nous venons de parler, la fourrure du Desman a beaucoup d'éclat. Elle est, sur la tête et le dos, d'un brun roux foncé et chatoyant, contrastant avec la teinte grise argentée de la poitrine et de l'abdomen.

Le Desman de Moscovie, comme son nom même l'indique, habite une partie de l'empire russe. Il est particulièrement répandu dans les bassins du Don et du Volga et se trouve aussi en Boukharie et dans le Turkestan. C'est un animal essentiellement aquatique, vivant dans les lacs, les étangs, les canaux et les rivières aux eaux tranquilles, dans les berges desquels il se creuse un terrier dont l'entrée est située au-dessous de la surface de la nappe liquide. Un couloir montant obliquement dans la terre conduit à une chambre, comparable au *donjon* de la Taupe et toujours placée au-dessus du niveau des plus fortes crues. C'est là que le Desman de Moscovie se retire en cas de danger pressant ; c'est là aussi qu'il doit élever ses petits, dont le nombre doit être de six à huit par portée, si, comme le pense Carl Vogt, il est en rapport avec le nombre des mamelles. Malheureusement, en raison même du genre de vie de l'animal, qui rend les observations extrêmement difficiles, on n'a pu savoir encore s'il y a plusieurs portées par an, quelle est la durée de la période de reproduction, sous quel aspect se présentent les jeunes au moment de la naissance et combien de temps exige leur développement. Le seul moyen d'être renseigné à cet égard, serait de conserver et d'élever des Desmans en captivité. Mais com-

ment réaliser dans un jardin zoologique les conditions particulières nécessaires à l'existence de ces animaux, comment
concilier ces conditions avec celles que réclamerait une étude
journalière ? Il y aurait là tout un problème à résoudre.
Pallas n'a jamais réussi à garder vivants durant une semaine
des Desmans qui devaient, il est vrai, avoir été plus ou moins
blessés ou froissés par les pêcheurs au moment de leur capture et qui, d'ailleurs, se trouvaient placés dans un milieu
trop différent de celui auquel ils avaient été brusquement ar-
rachés. Aussitôt qu'on versait de l'eau dans leur cage, les
Desmans manifestaient leur satisfaction en se roulant, en
agitant leur trompe et en la promenant dans tous les sens.
Cet appendice nasal, d'après Pallas, ne servirait pas seulement comme organe de tact et d'olfaction, ce serait aussi un
instrument de préhension avec lequel l'animal pourrait saisir
ses aliments et les porter à sa bouche, à la façon de l'Elé-
phant. Pallas a remarqué que la queue était beaucoup moins
mobile que les pattes, surtout que les pattes de derrière.
Celles-ci, grâce à leur mode d'articulation, peuvent, paraît-il,
être ramenées jusque sur les reins. L'animal dort ramassé
sur lui-même, les pattes de devant rejetées latéralement, la
trompe ramenée contre le bas. Pour faire sa toilette, il se
couche sur le flanc et lisse son pelage avec les ongles des
deux pattes du même côté. En raison de l'odeur musquée
qu'ils communiquent à leur cage, aux bassins dans lesquels
ils se plongent et à tous les objets mis à leur portée, les Desmans sont d'ailleurs des hôtes des plus incommodes.

On avait prétendu que ces Insectivores faisaient entrer dans
leur régime alimentaire les racines du Nénuphar et de l'Iris
jaune, mais c'est là une erreur que Pallas a déjà rectifiée. En
réalité les Desmans de Moscovie se nourrissent exclusivement
de Lymnées, de Sangsues, de larves d'Insectes, de têtards et
de petits Poissons, qu'ils capturent en circulant au milieu des
plantes aquatiques. L'hiver n'interrompt pas leurs chasses,
mais c'est au moment du dégel et durant les beaux jours de
l'été qu'ils manifestent toute leur activité, nageant et plongeant avec une agilité extraordinaire et n'interrompant leurs
ébats que pour venir respirer à la surface. Au printemps,
quand les mâles et les femelles se poursuivent, ils oublient
facilement le souci de leur sécurité. On les prend alors facilement dans de grands filets. En automne, quand les jeunes

sont élevés, on en capture peut-être encore un plus grand
nombre, sans compter ceux qui tombent accidentellement
dans les filets des pêcheurs. Les dépouilles de ces animaux
font en Russie l'objet d'un trafic assez important ; mais elles
n'atteignent jamais un prix élevé, en raison de leurs faibles
dimensions. On en fait des bonnets et des garnitures de vêtements, et dans certaines provinces les ménagères s'en servent,
dit-on, pour garantir contre les mites les vêtements de laine
enfermés dans les armoires. Nous avons cependant quelques
doutes sur l'efficacité d'un tel procédé, sachant que dans les
musées et les collections particulières les peaux de Mammifères, même imprégnées d'une forte odeur musquée, sont fréquemment attaquées par les Insectes, quand elles n'ont pas
été suffisamment dégraissées. Cette odeur musquée suffit, en
revanche, pour préserver le Desman de Moscovie des attaques
des Carnivores, des Rapaces et des grands Échassiers ; mais on
assure qu'elle ne le garantit pas contre la voracité du Brochet.
On prétend même que ce Poisson, véritable pirate des eaux
douces, fait aux Desmans une chasse des plus actives et qu'un
tel régime donne à sa chair une saveur musquée qui la rend
tout à fait immangeable. Mais, si le fait est vrai, c'est surtout
aux jeunes Desmans que le Brochet doit s'adresser, car les
adultes, en raison de leur taille et de leur agilité, ne constitue-
raient pas pour lui, croyons-nous, une proie des plus faciles.

Le Desman des Pyrénées (*Myogale pyrenaica*) est notablement plus petit que le Desman de Moscovie, sa longueur totale
ne dépassant pas 0m25 ; et, tout en ayant les mêmes formes
générales que son congénère, il s'en distingue par des particularités assez importantes. Au repos, sa tête et son corps
semblent tout d'une venue, et c'est seulement lorsque l'animal
se tourne à droite ou à gauche que l'on voit apparaître, en
arrière de l'occiput, le léger étranglement indiqué sur la
figure de notre Desman. La trompe, relativement plus allongée que chez le Desman de Moscovie, mesure environ 0m,20
de longueur sur 0m,15 de largeur à la base et 0m,10 au niveau
des narines. Celles-ci sont percées à l'extrémité de la trompe,
ou plutôt un peu au-dessus et sont séparées l'une de l'autre
par une encoche ; elles peuvent se fermer à l'aide d'une lan-
guette qui se détache de leur bord supérieur. La peau qui les
entoure est d'un noir brillant et finement granuleuse ; un
peu plus en arrière, elle tourne au rougeâtre et des rides pro-

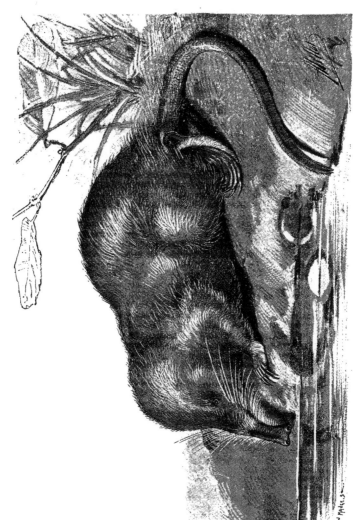

Le Desman des Pyrénées (*Myogale pyrenaica*), d'après nature 1/1.

fondes, se croisant en tous sens, lui donnent un aspect réti-
culé. En dessus, si, comme le fait observer M. Trutat, les
tubes nasaux accolés ne sont pas nettement séparés par un
sillon longitudinal, il existe cependant entre eux une légère
dépression qui vient se terminer dans l'encoche terminale.
Sur la face inférieure de la trompe, on remarque, en revanche
un sillon bien marqué, qui va en s'élargissant d'avant en
arrière et de chaque côté duquel s'embranchent quatre ou cinq
sillons obliques, dans l'intervalle desquels sont implantés des
poils raides, comparables aux *vibrisses* ou moustaches des
Carnassiers. Des poils analogues forment des touffes près de
sa lèvre inférieure. Enfin sur les côtés de la trompe, en arrière
de la partie dénudée, d'autres vibrisses, de longueur croissante sont disposées en une double série. Ces vibrisses, des
poils tactiles et des corps épidermiques situés à l'extrémité
de la trompe et recevant à leur base des filets nerveux constituent un système compliqué dont la disposition a été décrite
par M. Trutat et font de l'appendice nasal, déjà si bien disposé pour la perception des odeurs, un organe de tact d'une
exquise sensibilité. La trompe peut ainsi suppléer à l'insuffisance de l'organe visuel et permet à l'animal de se diriger et
d'éviter les obstacles dans ses expéditions nocturnes. Elle est
d'une mobilité extrême, dit M. Trutat, elle se déjette à droite
et à gauche, se relève et se recourbe, palpant tout comme la
main d'un aveugle qui cherche à se rendre compte de la nature
des objets qu'il rencontre.

Les yeux, quoique très petits et moins apparents encore
que chez le Desman de Moscovie, ne sont pas complètement
atrophiés et conservent une certaine faculté visuelle chez le
Desman des Pyrénées qui n'est pas davantage frappé de sur-
dité, quoique ses oreilles externes ne consistent qu'en une
simple perforation de la peau, suivie d'une cavité peu profonde. Dans cette cavité, il existe deux replis cutanés qui
peuvent former complètement l'entrée du conduit auditif,
comme chez le Desman de Moscovie, les membres sont engagés en majeure partie sous les téguments du corps, les
extrémités des membres antérieurs, les mains si l'on veut,
sont portées en avant, parallèlement à l'axe du corps et, dans
la marche, reposent sur toute leur surface palmaire, tandis
que les extrémités des membres postérieurs (ou les pieds) sont
déjetés et ne doivent pas pouvoir s'appuyer aussi franchement

sur le sol. Il existe la même disposition entre les extrémités
antérieures et postérieures que chez le Desman de Moscovie,
les doigts sont également reliés par des membranes natatoires,
et la main, comme le pied, porte du côté externe une frange
de poils recourbés. Cette disposition, que M. A. Milne Edwards

Patte postérieure du Desman, grossie, vue en dessus.
(D'après une photographie de M. E. Trutat.)

a signalée chez une autre espèce d'Insectivore aquatique, chez
le *Nectogale elegans*, découvert par M. l'abbé A. David dans
les torrents du Tibet, est évidemment, comme le dit M. Trutat, un perfectionnement apporté aux organes de natation.

Patte postérieure du Desman, grossie, vue en dessous.
(D'après une photographie de M. E. Trutat.)

Les rames peuvent ainsi frapper plus vigoureusement la masse
liquide par leur face postérieure concave, et l'eau glisse plus
facilement sur leur face antérieure convexe.

La queue, qui mesure environ 12 centimètres de long et qui
va en s'atténuant à partir du milieu, n'offre ni la même
forme, ni le même aspect que dans le Desman de Russie. Elle
est moins fortement étranglée à la base et n'est pas compri-

mée latéralement, sauf dans son dernier quart. Même dans sa
portion cylindrique on distingue toutefois en dessous une
faible carène. Sa surface est couverte d'écailles disposées en
rangées régulières entre lesquelles naissent des poils blancs
qui s'allongent à l'extrémité de la queue de manière à former
une petite touffe. Ces poils manquent sur la face inférieure
de la queue, immédiatement après la portion étranglée et sur
les points qu'ils devraient occuper. M. Trutat a découvert
des pores donnant accès dans des réservoirs où débouchent
les conduits excréteurs de glandes sécrétant une matière
grasse à odeur musquée. Sous ce rapport le Desman des Pyrénées ne diffère donc pas du Desman de Moscovie, comme le
croyait Dobson.

La fourrure est aussi belle, aussi lustrée que dans l'autre
espèce et prend dans l'eau un éclat particulier : les parties
supérieures du corps sont alors d'un brun à reflets irisés, les
parties inférieures d'un blanc argenté, les deux teintes se
fondant harmonieusement sur les flancs.

Comme nous le rappelions au début de cet article, le Desman des Pyrénées a été découvert aux environs de Tarbes,
en 1811. « Quelques années plus tard, en 1824, dit M. Trutat,
» M. le docteur Companyo signalait la présence du Desman
» des Pyrénées dans les hautes vallées des Pyrénées-Orien-
» tales, à Saint-Laurent de Cerdans.

» Depuis lors, il a été trouvé tout le long du versant nord
» de la chaîne.

» Dans la Péninsule ibérique, l'aire de dispersion de cette
» espèce est beaucoup plus étendue. M. Graëlls a tout d'abord
» signalé sa présence dans la Sierra de Gredos (Navalpre,
» val de Tormes) ; plus tard, elle a été rencontrée à la Granga,
» à l'Escorial. Dans la chaîne du Guadarrama et dans les
» montagnes de Castille, le Desman des Pyrénées est connu
» des pêcheurs de Truites sous le nom de *Rata admirelada*.

» En Portugal, ce même Desman habite les provinces du
» Nord : Visen, Bragance, Minho, localités où ont été pris les
» exemplaires qui figurent dans les collections du Musée de
» Lisbonne. »

D'après une note publiée en 1894, par M. Dubalen, le Desman des Pyrénées se rencontre aussi dans le département
des Landes, dans les bois de Montgaillard, dans les petits
ruisseaux d'eau vive entre Montsoué et Saint-Sever et pro-

bablement aussi dans une grande partie de la Chalosse. Mais on ne l'a jamais observé dans les Alpes, ni dans les montagnes de l'Auvergne, pas plus que dans la chaîne de l'Aurès, en Algérie, où le commandant Loche avait supposé qu'on pourrait le découvrir un jour. L'aire occupée par cette espèce intéressante est donc fort restreinte et ne correspond qu'à une faible partie de la région occupée jadis par les Desmans, dont on trouve les restes fossiles dans les couches tertiaires de l'Auvergne, du Gers et de la Grande-Bretagne. Ces restes fossiles ont été attribués, du reste, par MM. Pomel, Lartet, Filhol et R. Owen, à des espèces ou à des genres différents de ceux de l'époque actuelle.

Le Desman des Pyrénées est rare partout et difficile à capturer. Il évite les grands cours d'eau et les torrents impétueux et recherche au contraire les canaux des moulins et les petits ruisseaux circulant à travers les prairies. Aux environs de Luchon, dit M. Trutat, les marais et les prairies inondées du Juzet semblent être son séjour de prédilection. « Il trouve là des eaux tranquilles et continuellement renou- » velées, des Insectes en abondance. Lorsque les eaux du » torrent voisin, la Pique, ne sont pas trop fortes, il peut se » lancer à la poursuite des jeunes Truites, sa nourriture de » prédilection. Enfin, il était à l'abri de tous ses ennemis ; » mais, dans ces dernières années, les chasseurs de Luchon » ont essayé de la chasse au marais, et de là est survenue » une diminution notable dans le nombre des Desmans, car » les Chiens les poursuivent avec acharnement, et, si après » les avoir tués d'un coup de dent, ils les abandonnent aussi- » tôt à cause de leur forte odeur de musc, ils ne les détruisent » pas moins. »

Au lieu de se creuser des terriers plus ou moins compli- qués à la façon du Desman de Moscovie, le Desman des Py- rénées adopte pour sa demeure une des nombreuses excava- tions que le courant de l'eau ou le tassement de la terre, du sable et des cailloux ont produites dans les berges des ruis- seaux, ou bien encore il s'empare d'un couloir pratiqué par le Rat d'eau ou Campagnol amphibie. Son régime est sem- blable à celui du Desman de Moscovie, et le fond de son ali- mentation est formé par des larves de Coléoptères aquatiques et des Crustacés dont M. Trutat a pu facilement reconnaître les débris dans l'estomac des nombreux sujets qu'il lui a été

donné d'examiner ; mais, si l'on en croit les pêcheurs, il
serait également friand de jeunes Truites. C'est même, dit-
on, en pourchassant ces Poissons qu'il tomberait de temps en
temps dans les nasses disposées sur le bord des torrents. Il
se fait prendre également par les pêcheurs d'Ecrevisses et
par les ouvriers chargés du curage des canaux ou de l'entretien des biefs des moulins. Lorsqu'on le saisit sans précaution, il peut avec ses dents pointues et tranchantes causer de
cruelles blessures ; aussi le traite-t-on partout comme une
bête malfaisante, dont on se débarrasse au plus vite.

Le Desman des Pyrénées mérite assurément sa mauvaise
réputation, car, en admettant même que ses habitudes et la
préférence qu'il donne aux petits ruisseaux et aux canaux
le rendent, dans les conditions ordinaires, moins nuisible
aux Truites qu'on ne l'a prétendu, il est évident qu'il pourrait causer de grands dégâts dans un établissement de pisciculture. La chasse active qu'il fait aux larves et aux petits
Crustacés qui entrent pour une si large part dans l'alimentation des jeunes Poissons, suffirait du reste pour motiver à
son égard des mesures de proscription.

LES PIGEONS VOYAGEURS A LA MER

Par E. CAUSTIER,

Agrégé de l'Université, professeur au lycée de Versailles,
Secrétaire des séances de la Société (1).

———

Les services rendus, sur terre, par les Pigeons voyageurs
ne se comptent plus ; et le temps est déjà loin où M. Thiers
traitait de « chimère » et de « joujou d'enfant » le colombier
militaire. Il est vrai que cet homme d'État avait déjà prédit
le même avenir aux chemins de fer ; et l'on sait avec quelle
exactitude ses prévisions se sont réalisées.

On a tellement écrit sur les Pigeons voyageurs terrestres,
qu'il serait superflu d'insister sur leur utilité. Mais, depuis
quelques années, une autre question se pose : c'est celle de
l'emploi des Pigeons à la mer. Ces Oiseaux peuvent-ils être
utilisés non seulement dans le voisinage des côtes, mais encore pour de grandes traversées ? Cette question, intéressante au double point de vue biologique et pratique, a été,
jusque dans ces derniers temps, très discutée ; aussi, il nous
a paru utile de résumer, devant la *Société d'Acclimatation*,
les expériences faites au cours de l'année 1895, expériences
qui semblent avoir résolu le problème d'une façon définitive.

*
* *

Depuis quelques années déjà, de nombreux essais avaient
été tentés en France et à l'étranger.

En France : des colombiers maritimes installés à Brest,
Nantes, Toulon, Marseille, avaient donné d'excellents résultats ; certains pêcheurs de nos côtes avaient utilisé, avec
succès, les Pigeons voyageurs. En 1894, un éleveur du département de la Seine faisait lancer, à Londres, 4 Pigeons ;
le lâcher avait eu lieu, par un temps calme, à 5 h. 45 sec. du
matin ; le 1er Pigeon rentrait à 3 h. 26 m. 37 sec., soit 10 h.
11 m. 37 sec. ; le dernier n'arriva que le lendemain matin.
Enfin des Pigeons français lâchés de Guernesey, de Jersey,

———

(1) Communication faite dans la séance générale du 13 décembre 1895.

de Wight et de Portsmouth rentraient rapidement à leurs colombiers.

A l'étranger : les Anglais utilisaient les Pigeons sur leurs bateaux garde-côtes ; et dans les lâchers qu'ils faisaient à Cherbourg, Rennes, Nantes, Rochefort, leurs rentrées étaient bonnes. Depuis longtemps des Pigeons belges accomplissaient le trajet Londres-Anvers. Des Pigeons italiens voyageaient entre la Sardaigne et Naples avec une perte n'atteignant pas 10 pour °/₀. Enfin les Allemands avaient tous leurs ports de la Baltique reliés entre eux par des Pigeons. En 1895, des Pigeons belges et hollandais, peut-être allemands, lâchés à Ajaccio, regagnaient leur domicile légal, franchissant la Méditerranée, les Alpes, le Jura et les Vosges.

Aux Colonies, un service de poste, par Pigeons, reliait l'île de la Réunion et l'île Maurice.

Dans les Indes néerlandaises, les Hollandais avaient organisé des services postaux réguliers, en particulier entre Java et Sumatra.

En somme, tous ces trajets assez courts ne démontraient pas forcément la possibilité, pour le Pigeon, d'effectuer de longs voyages en mer. C'est précisément pour éclairer ce point que Le Petit Journal et la Marine militaire organisèrent, chacun de leur côté, des expériences maritimes dont les résultats ont été des plus convaincants.

Le concours maritime du Petit Journal.

Cette épreuve maritime eut lieu du 30 juin au 5 juillet 1895, à bord de la Manoubia, paquebot de la Compagnie transatlantique que Le Petit Journal avait affrété pour la circonstance. Environ 4,500 Pigeons, appartenant à plus de 700 Sociétés colombophiles, avaient été embarqués et logés dans les cabines des passagers transformées en colombier maritime.

Ces opérations, surveillées par une Commission de Colombophiles, furent conduites avec intelligence et méthode par le représentant du Petit Journal, M. Ch. Sibillot, rédacteur en chef de la revue de colombophilie La France aérienne. M. Sibillot, en observateur consciencieux, a recueilli un grand nombre de faits que nous allons résumer et sur lesquels nous pouvons établir notre conclusion.

Quatre lâchers successifs eurent lieu à des distances de 146, 200, 300 et 500 kilomètres de la pointe du Croisic.

800 Pigeons furent lâchés à 146 kilomètres.

800 Pigeons	furent lâchés à	146	kilomètres.
1.600	— —	200	—
600	— —	300	—
1.500	— —	500	—

Sur les 1,600 Pigeons lâchés à 200 kilomètres, par une pluie torrentielle et un vent très fort, 3 seulement sont revenus sur le bateau. Un seul des 600 Pigeons lâchés à 300 kilomètres est obstinément resté à bord. Enfin sur les 1,500 Pigeons lâchés à 500 kilomètres, 12 seulement sont restés sur la *Manoubia*.

Pendant cette excursion qui a duré dix jours, les Pigeons mangeaient, buvaient et roucoulaient avec une parfaite indifférence de la mer : ainsi disparaissait le vieil argument du mal de mer chez les Pigeons. Et cependant peu de ces Oiseaux étaient entraînés à la mer; beaucoup ne l'avaient jamais vue (1).

Les résultats de ces épreuves maritimes dépassèrent les prévisions les plus optimistes. Le Grand Prix, offert par le Président de la République, fut gagné par un Pigeon, de Tours, qui parcourut 743 kilomètres dont 500 sur la mer, en 15 heures et 12 minutes, ce qui fait une allure moyenne de 48 km. 850 à l'heure.

Le prix offert par la *Société Nationale d'Acclimatation de France* a été décerné à M. Lemaître d'Amiens.

Ce qui surprit surtout, ce fut la vitesse des Pigeons voyageurs en mer. D'après les observations de M. le colonel de Rochas, cette vitesse ne dépasserait pas 35 kilomètres à l'heure. Or, au lâcher de 500 kilomètres, les vitesses obtenues varient entre 40 et 48 km. 850. Au lâcher de 300 kilomètres, un Pigeon de Rochefort obtint une vitesse de 60 ki-

(1) Le sympathique secrétaire général de la *Société d'Acclimatation*, M. de Guerne, a pu observer encore durant l'été de 1894, sur le yacht *Princesse-Alice* où il naviguait au large du Portugal et dans le golfe de Gascogne, en compagnie du Prince de Monaco, un couple de Pigeons ordinaires conservé à bord depuis deux ans et qui paraît ignorer l'existence même du mal de mer.

« Achetés à Vigo, pour la table, dit M. de Guerne (Lettre à M. Ch. Sibillot), ces Oiseaux de race quelconque, évitèrent par hasard la casserole et s'apprivoisèrent si bien que chacun se plut à les choyer. Le mauvais temps ne semble les incommoder en aucune façon. J'ajouterai même que l'une des principales distractions des passagers qui ne souffrent pas du mal de mer consiste à faire à ces Pigeons toutes sortes d'agâceries. »

lomètres sur un trajet soutenu de 450 kilomètres ; et les autres Oiseaux ont eu, dans cette épreuve, une allure variant de 55 à 60 kilomètres, comme sur terre. Cependant, d'une façon générale, il est incontestable que les vitesses en mer sont plus faibles que sur terre. A quelle cause attribuer cette décroissance ? D'après le savant administrateur de l'Ecole polytechnique, elle serait due aux difficultés de l'orientation, faute de points de repère.

Or, il faut le reconnaître, cette explication est en désaccord avec les faits observés sur la *Manoubia*. D'après ces expériences, il semble que les raisons qui ralentissent, en mer, le vol du Pigeon voyageur, soient de trois ordres :

1º Le Pigeon, en arrivant à la côte, tend à se poser, n'importe où. Or, on ne sait jamais combien le Pigeon a passé de temps à se lisser les plumes et à chercher quelque nourriture ; ce qui rend inexacts les calculs basés sur un vol soutenu. Il est certain que l'entraînement, en modifiant le Pigeon *actuel*, fera disparaître cette tendance ; ce qui nous montre bien que le Pigeon *maritime* est un type à créer.

2º Au lieu de s'élever en spirale, en conservant la position horizontale, comme sur terre, le Pigeon maritime *pointe* droit vers le ciel, le bec en l'air et la queue presque verticale.

Il résulte, des observations fort intéressantes de M. Ch. Sibillot, que *l'altitude du vol, en mer, croît proportionnellement à l'éloignement de la terre*. C'est ainsi qu'à 146 kilomètres, du Croisic, les Pigeons n'ont pas dépassé l'altitude normale de 150 à 300 mètres, tandis qu'à 200 kilomètres ils sont visiblement montés plus haut ; et qu'à 300 kilomètres ils se sont élevés au moins à 600 mètres. Enfin, lors de la grande épreuve de 500 kilomètres ils furent perdus de vue, en hauteur. On les vit se former en trois pelotons, puis en quelques minutes, ils devinrent invisibles. Et ce n'est qu'à l'aide de jumelles qu'on put les apercevoir par des échancrures de nuages, au-dessus de ceux-ci.

Le premier peloton fila vers la pointe de Penmarch' dans le Finistère ; le deuxième vers l'embouchure de la Loire, droit contre le soleil levant (malgré la légende qui veut que les Pigeons ne volent jamais contre le soleil) ; enfin le troisième tournoyait, hésitant, tandis que vingt-cinq Pigeons partaient dans différentes directions, en rasant les flots, et que quatre seulement rentraient à bord.

Remarquons que jamais on n'avait observé de Pigeons à ces hauteurs, sauf ceux emportés en ballon. Il est certain que dans ces hautes régions, la densité de l'air diminuant, le vol est plus lourd et plus difficile, d'où la décroissance de vitesse. De plus, lé déplacement et aussi la sustentation nécessitent évidemment un plus grand nombre de coups d'ailes et par conséquent une plus grande dépense d'énergie.

3° Les Pigeons voyageurs, même lorsqu'ils n'ont pas à contourner de grains ou à les traverser péniblement, allongent leur route, en louvoyant, *en tirant des bordées* qui leur permettent de couper les fortes brises ou les grands courants atmosphériques. Parfois aussi, ils peuvent être emportés hors de leur route par la violence du vent : c'est ainsi qu'au lâcher de 500 kilomètres, les Pigeons peu robustes vinrent atterrir en Espagne, en Portugal et en Angleterre ; tandis que les Pigeons plus âgés, plus solides, plus *faits*, vinrent s'abattre victorieusement sur leurs colombiers respectifs de Bordeaux à Cherbourg, aussi bien que de Limoges à Anzin.

Quoi qu'il en soit, une déviation, si petite soit-elle, fait perdre du temps au Pigeon. On n'en calcule pas moins la vitesse comme si l'Oiseau avait volé en ligne droite. En sorte que, la règle de la ligne droite du *vol d'Oiseau* étant fausse, les distances et les vitesses réelles ne sont pas connues : elles sont supérieures à celles que donne le calcul.

En résumé, si l'on tient compte de ce que les Pigeons étaient embarqués et emprisonnés depuis une dizaine de jours ; que, malgré tous les soins, ils n'avaient pas le repos du colombier, et qu'ils n'avaient pas d'entraînement en pleine mer ; enfin que beaucoup de sujets étaient trop jeunes pour supporter ce voyage ; on peut dire que l'expérience maritime du *Petit Journal*, malgré les pertes assez considérables, a pleinement réussi. Elle a fait disparaître cette vieille idée préconçue qui aurait pu survivre des siècles, et qui affirmait que jamais les Pigeons ne deviendraient les auxiliaires de la navigation.

*
* *

Ces expériences ont-elles jeté quelque éclaircissement sur la fameuse *faculté d'orientation* du Pigeon ? Je ne le pense pas. Un seul point est intéressant à noter : c'est qu'on ne

peut, dans ce cas, expliquer l'orientation de l'oiseau par les
points de repère. Où seraient ces points en plein océan? Il
eût été intéressant d'obstruer les yeux de quelques Pigeons,
au moyen d'un ankyloblépharon par exemple, et de voir ce
que seraient devenus ces oiseaux aveugles.

Je m'arrêterais assez volontiers, au moins jusqu'à ce
qu'une donnée physiologique sérieuse intervienne, à l'opinion de M. le Dr C. Viguier, opinion que je rappelais dans une
brochure publiée en 1892 (1). D'après ce savant, on expli-
querait la faculté de s'orienter par l'action du magnétisme
terrestre sur un organe sensoriel, sur les canaux semi-cir-
culaires par exemple. Mais, je le répète, ce n'est qu'une
hypothèse.

Les expériences de la Marine française.

Ces expériences, commencées depuis quelques années, ont
été faites avec l'aide du Génie militaire, qui a été l'organisateur des colombiers militaires et qui a pu prêter à la Marine
quelques Pigeons. Disons immédiatement que ces expériences ont été décisives, et que, lâchés à plus de 1,000 kilomètres en pleine mer, les Pigeons sont revenus à leur
colombier.

C'est la Direction des défenses sous-marines qui, dans
chaque port, dirigea les expériences.

Ce que l'on veut, c'est non seulement relier deux contrées
séparées par la mer, comme la France et l'Algérie, par
exemple, mais on veut aussi pouvoir embarquer sur chaque
navire de guerre des Pigeons qui pourront ensuite porter à
terre des nouvelles d'une croisière, ou l'annonce d'un
combat.

C'est évidemment un problème difficile que d'amener des
Oiseaux à parcourir des centaines de kilomètres sans rencontrer aucune nourriture, sans trouver un point pour se
reposer. Ce qui n'empêche, comme nous allons le montrer,
que les expériences tentées ont été concluantes.

* *
*

(1) E. Caustier, *Les Pigeons voyageurs et leur emploi à la guerre.* 1892.

Le secret sur l'élevage, le dressage et l'entraînement des Pigeons militaires, est rigoureusement gardé. Mais comment empêcher les sapeurs, qui ont été les instructeurs des Pigeons, d'apporter dans les Sociétés colombophiles leur méthode et leur savoir.

Ce sont ces sapeurs qui, dans les ports de guerre, sont chargés de dresser des matelots vétérans à l'élevage des Pigeons voyageurs.

Chaque année, en avril, les marins reçoivent des leçons d'un soldat du génie, qui disparaît dès que les premiers savent soigner leurs Pigeons. La marine tient à faire seule l'éducation de son Pigeon et aussi les expériences.

On arme pour ce service un navire quelconque : remorqueur, torpilleur ou aviso. La vie du Pigeon, à bord, exige certains soins : il faut lui éviter, autant que possible, la fumée et les trépidations des machines, les paquets de mer, et les secousses du roulis et du tangage. Un matelot est chargé spécialement de leur nourriture ; c'est lui qui leur distribue, une heure environ avant le lâcher, un peu d'eau et de grains. Puis, quand on ouvre le panier, l'équipage se tient à distance pour ne pas effaroucher les volatiles, qui s'élèvent alors rapidement au-dessus de la mer pour piquer ensuite vers le point de la côte où se trouve leur colombier.

L'entraînement se fait assez rapidement : on les conduit d'abord à des distances faibles, 5 milles, puis 10 milles ; puis, au bout d'une douzaine d'expériences seulement, on les lâche à 600 kilomètres, puis à 800 km. en mer. Le lâcher doit se faire de grand matin et, autant que possible, dans une direction où les rayons solaires ne gênent pas. Ce sont là des précautions que l'on ne saurait prendre en temps de guerre, mais un entraînement et un dressage intelligents finiront par les rendre inutiles.

Les Pigeons maritimes auront même l'avantage sur leurs frères de l'armée de terre, d'échapper plus facilement aux Oiseaux de proie et aux balles ennemies. De plus, n'ayant aucun moyen de se reposer, ils ne seront pas tentés de s'arrêter et ne reviendront que plus sûrement au colombier. Ils pourront même éviter par leur vitesse (30 nœuds en moyenne) la poursuite d'un torpilleur qui ne file guère que 25 nœuds à l'heure.

Après la réussite de ces expériences, la création d'un

service maritime technique analogue à celui de la Guerre s'impose.

D'après M. Delètre, attaché au Ministère de la marine, trois séries de Pigeons seraient nécessaires :

1º Les uns seraient entraînés en mer jusqu'à des distances de 300 milles et jusqu'aux côtes anglaises ; ils seraient rattachés à nos quatre ports de guerre ; un certain nombre de-. vraient être entraînés vers les îles de la Méditerranée (Corse, Sardaigne, Baléares) ;

2º Les autres seraient entraînés des ports de guerre vers Paris ;

3º Enfin, certains Pigeons relieraient les différents ports entre eux.

Pour assurer ce service, on estime qu'il faudrait répartir les Pigeons ainsi :

Cherbourg	500	Rochefort	500
Brest	600	Toulon	1.000
Lorient	500	Paris	500

A L'ÉTRANGER.

Depuis quelques années, de nombreux essais sont tentés à l'étranger.

La marine des États-Unis a fait des expériences et obtenu des résultats intéressants. Bon nombre de ses Pigeons ont parcouru, en mer, 200 milles, c'est-à-dire plus de 300 kilomètres à raison de 30 milles à l'heure.

D'un autre côté, les Américains ont organisé une poste par Pigeons entre Santa-Catalina, petite île de la côte de Californie, et Los Angelès. Ces Oiseaux parcourent cette distance de 90 kilomètres en 50 minutes, transportant des dépêches particulières et des ordres de bourse.

La parfaite réussite de ces expériences a amené, d'une part, la création d'un *Stud-Book* ou livre des origines des Pigeons, et, d'autre part, la création d'un marché important où les Pigeons se vendent de 5 à 30 francs la paire ; certains sujets extraordinaires ont même été payés jusqu'à 600 francs pièce. Un propriétaire a refusé 1,500 francs d'un Pigeon. C'est que la poste aérienne se développe de plus en plus en Amérique ; et l'on comprend les services qu'elle peut rendre, en particulier aux fermiers qui ont leur exploitation éloignée des centres commerciaux.

La Marine suédoise a fait, dans ces derniers temps, des expériences qu'il serait utile de contrôler. Elle a constaté qu'à bord d'une escadre, après plusieurs décharges de grosses pièces d'artillerie, les Pigeons étaient étourdis et qu'ils ne pouvaient prendre leur vol qu'au bout de quelque temps.

CONCLUSIONS PRATIQUES.

Il semble résulter de toutes ces expériences, que les Pigeons maritimes pourront rendre des services à la marine marchande et à la marine militaire, et qu'ils pourront faciliter les relations de la métropole avec ses colonies ou simplement entre différentes colonies assez voisines.

Dans la marine marchande, l'utilité de ces Oiseaux commence à être appréciée. Les grandes compagnies de navigation peuvent, en effet, grâce à eux, être renseignées rapidement sur un navire en détresse ; ce qui augmente non seulement la sécurité des marins et des passagers, mais aussi celle de la cargaison. Que de familles eussent été vite rassurées, et que de troubles financiers évités, si dans un de ses derniers voyages le transatlantique la *Gascogne* eût emporté des Pigeons maritimes !

Quant à la Marine militaire, il est évident qu'un chef d'escadre pourra hésiter à se séparer d'un de ses navires pour envoyer des nouvelles à terre, mais il n'hésitera jamais à lâcher quelques Pigeons pour prévenir le port de ce qui se passe en mer ou pour demander les secours dont il a besoin.

Enfin, ces Oiseaux pourront rendre de réels services en facilitant nos relations avec les colonies.

Déjà, M. Ch. Sibillot a publié les tracés des services postaux à établir entre Toulon, la Corse, l'Algérie, la Tunisie et les îles de la Méditerranée. De son côté, M. le capitaine Mariotte a décrit le service colombophile d'Algérie et celui de Marseille à Alger (750 kilomètres).

Toutes nos possessions coloniales de l'Afrique occidentale, du Congo au Sénégal, pourraient être reliées les unes aux autres; ce qui serait d'une grande importance, aujourd'hui surtout que ces possessions sont administrées par un Gouver-

neur général. On sait, en effet,que la construction et l'entretien de lignes télégraphiques sont toujours une lourde charge
pour le budget des colonies.

Il n'y a pas à craindre que les Pigeons ne supportent pas
le climat tropical ; ils s'acclimatent parfaitement et rapidement. Voyez plutôt ceux dont se servent les Hollandais,
dans les îles de la Sonde, depuis 1887, ceux des Allemands
en Afrique Orientale, des Anglais en Afrique Centrale, des
Belges au Congo, des Italiens en Abyssinie, et des Espagnols à Fernando Po.

Du reste, nous utilisons les Pigeons au Tonkin et en Cochinchine ; et dans la dernière expédition de Madagascar,
des Pigeons, qui furent envoyés au général Duchesne, par
une Société colombophile de la Réunion, ont rendu de grands
services. Depuis longtemps, un Français, M. A. Durand,
avait établi à Tananarive un colombier qui était en relation
avec Tamatave. Mais, ce qu'il faut essayer maintenant, c'est
de relier par poste aérienne, Madagascar avec la Réunion,
avec Mayotte et même avec la côte africaine.

Dernièrement, M. Laroche notre Résident général à Madagascar, emportait avec lui des Pigeons donnés par une
société colombophile de Toulouse et destinés à relier Tananarive à Tamatave.

*
* *

En résumé, le jour où les Pigeons auront acquis l'habitude
de la mer, par un entraînement progressif et raisonné, et
qu'une sélection rigoureuse aura créé une race spéciale, accoutumée aux longues traversées et au séjour des paquebots,
je suis convaincu que les défauts, signalés plus haut, disparaîtront, et que l'usage du Pigeon maritime, du *Pigeon ma-
thurin,* comme on l'appelle déjà, sera entré dans le domaine
de la pratique.

Les expériences maritimes de 1895, ont détruit certains
préjugés, qui faisaient croire à l'impossibilité du Pigeon maritime ; elles ont, théoriquement, résolu la question. Au monde
maritime de mettre en pratique les vérités qui se dégagent
de ces expériences colombophiles !

LE TERMITE LUCIFUGE

Par M. J. PÉREZ,

Professeur de Zoologie à la Faculté des Sciences de Bordeaux (1).

-- ⸱ ⸺

Un Insecte aujourd'hui presque oublié, le Termite, eût son jour de célébrité, lorsqu'on apprit avec étonnement, il y a une cinquantaine d'années, les ravages considérables qu'une si débile créature avait produits dans les Charentes. A vrai dire, il n'était point ignoré des naturalistes ; et divers voyageurs avaient fait connaître les travaux et les habitations de plusieurs espèces exotiques, qui toutes ont à peu près les mêmes habitudes que notre espèce indigène. Leurs innombrables légions, toujours en quête de substances ligneuses à dévorer, ne se contentent point de ce que leur offrent les champs et les forêts ; elles envahissent les habitations, les magasins, les dépôts de bois, poussent leurs galeries souterraines dans la base des édifices, pour remonter ensuite dans l'intérieur, envahir toutes les boiseries, les meubles, les planchers, les cloisons, jusqu'aux toitures. Fuyant toujours la lumière, ces rongeurs évident les objets qu'ils criblent de leurs galeries, en ayant soin d'en respecter la surface, réduisant ainsi l'intérieur à l'état d'une masse spongieuse, enveloppée d'une mince couche extérieure réservée avec soin, qui cache aux yeux leurs ravages. Faut-il passer d'un étage à un autre, s'il n'y a pas de montants en bois, qui fournissent par leur intérieur le chemin tout tracé, des galeries couvertes, faites de terre rapportée, sont construites, et l'on voit, collées aux murailles, des traînées sinueuses, souvent longues de plusieurs mètres, qui sont les grandes routes de ces êtres bizarres, ennemis du jour et de l'air libre. Quand un édifice est ainsi envahi, sa ruine est prochaine, et une saison suffit pour amener la destruction d'une maison à l'européenne ou d'un village de nègres.

« On les a vus, dit de Quatrefages, dans une seule nuit,

---

(1) Communication faite à la séance générale du 27 décembre 1895.

pénétrer par le pied d'une table, le traverser de bas en haut, atteindre la malle d'un ïngénieur placée au-dessus, et en dévorer si complètement le contenu, que le lendemain on ne trouva pas un pouce de vêtement qui ne fût criblé de trous. Quant aux papiers, plans et crayons du propriétaire, ils avaient disparu, y compris la mine de plomb (1) ».

On conçoit que Linné ait appelé les Termites le plus grand fléau des Indes, *Termes utriusque Indiæ calamitas summa.*

Les Termites exotiques, tantôt édifient leurs nids sur les arbres dont ils entourent les branches de constructions pouvant égaler parfois le diamètre d'un tonneau. Plus souvent, ils élèvent au-dessus de leurs demeures souterraines de vastes dômes de plusieurs pieds de haut, en forme de monticules, dont la résistance est telle, qu'ils peuvent servir d'observatoire à l'homme qui s'en sert pour explorer au loin le pays, ou à de gros quadrupèdes, chefs et surveillants d'un troupeau sauvage. De ces palais, dont Smeathman a décrit la structure ingénieuse et compliquée, de longs souterrains mènent en tous sens les bandes de travailleurs qui vont à la recherche de provisions à exploiter, de nouveaux domaines à envahir.

Plus modeste, le Termite lucifuge de notre Sud-Ouest a les mêmes habitudes générales, avec moins d'art dans les procédés. Il n'élève point ces vastes édifices extérieurs, et rien ne trahit au dehors sa présence dans les locaux qu'il exploite. Dans les landes de Gascogne, où il abonde, les souches, restes des pins abattus, sont fréquemment son séjour et sa proie. Il ne dédaigne nullement les autres essences. Il attaque les poteaux, les piquets, les bois gisant sur le sol, et bien souvent aussi les maisons, quoi qu'on en ait pu dire. Qu'est-ce qu'une maison de paysan landais ? Souvent un simple assemblage de pièces de bois. Elle s'écroule en partie : on la répare ou l'abandonne, sans se préoccuper de la cause de sa ruine. On sait vaguement que le bois était vermoulu, détruit par les insectes.

Dans les villes, les dégâts grandissent avec l'importance des édifices. On a vu à Rochefort, à Saintes, des planchers, des toitures s'effondrer subitement ; des maisons en partie détruites, qu'il a fallu reconstruire ou abandonner. A la Rochelle, de Quatrefages, venu pour les observer et chercher le moyen de conjurer ce fléau, les trouve principalement

(1) De Quatrefages, *Souvenirs d'un naturaliste,* t. II, p. 397.

cantonnés à la préfecture et dans quelques maisons voisines. « Ici, dit-il, la prise de possession est complète. Dans le jardin, on ne saurait planter un piquet ou laisser un morceau de planche sur une plate-bande sans les trouver attaqués vingt-quatre ou quarante-huit heures après. Les tuteurs donnés aux jeunes arbres sont rongés par le pied, les arbres eux-mêmes sont parfois minés jusqu'aux branches. Dans l'hôtel, appartements et bureaux sont également envahis. J'ai vu au plafond d'une chambre à coucher récemment réparée des galeries semblables à des stalactites de plusieurs centimètres, qui venaient de s'y montrer le lendemain même du jour où les ouvriers avaient quitté la place. Dans les caves, j'ai retrouvé des galeries pareilles, tantôt à mi-chemin de la voûte au plancher, tantôt collées le long des murs et arrivant sans doute jusqu'aux greniers..... Un beau jour, les archives du département s'étaient trouvées détruites presque en totalité, et cela sans que la moindre trace du dégât parût au dehors. Les Termites étaient arrivés aux cartons en minant les boiseries, puis ils avaient tout à leur aise mangé les papiers administratifs, respectant avec le plus grand soin la feuille supérieure et le bord des feuillets, si bien qu'un carton rempli seulement de détritus informes semblait renfermer des liasses en parfait état. Les bois les plus durs sont d'ailleurs attaqués de même. J'ai vu, dans l'escalier des bureaux, une poutre de chêne dans laquelle un employé, faisant un faux pas, avait enfoncé la main jusqu'au-dessus du poignet. L'intérieur, entièrement formé de cellules abandonnées, s'égrenait avec un grattoir, et la couche laissée intacte n'était guère plus épaisse qu'une feuille de papier. » (p. 402.)

De Quatrefages a constaté encore que les arbres les plus vigoureux peuvent être attaqués aussi bien que les plantes annuelles. Il a vu abattre un Peuplier dont le tronc était miné jusqu'aux branches. Un pied de Dahlia avait sa tige farcie de Termites et ses tubercules avaient été complètement évidés.

Il serait facile d'ajouter des détails à ce tableau. Le lecteur est suffisamment édifié sur les ravages de ces terribles rongeurs et les désastres qu'ils peuvent produire.

Nous étudierons maintenant d'une manière plus intime leur vie intérieure et la constitution de leurs sociétés.

Toute colonie de Termites se compose d'une femelle pondeuse ou reine, d'un mâle ou roi, d'ouvriers et de soldats.

Quand on met à jour une colonie de Termites, on voit une masse grouillante de sortes de Fourmis au corps blanchâtre et mou, d'aspect assez répugnant, où l'on distingue bientôt deux formes bien différentes. La plupart des individus ont une tête arrondie, plus étroite que l'abdomen ; les autres ont une tête fort longue, armée de fortes mandibules brunes, plus large que l'abdomen. Les premiers sont des ouvriers, les seconds sont des soldats. Aux premiers incombent tous les travaux de la société ; les seconds ont pour mission de la défendre.

Ouvriers et soldats sont des neutres, c'est-à-dire des individus dont les organes reproducteurs ont subi un arrêt de développement, ainsi que cela se voit chez les Hyménoptères sociaux, Abeilles et Fourmis. Il existe même, chez quelques espèces de ces dernières, des neutres de taille plus grande, remarquables surtout par la grosseur de leur tête et le développement de leurs mandibules, que l'on a aussi appelés des soldats et qui en remplissent les fonctions. Mais ce sont, comme des ouvrières ordinaires, des femelles à ovaires avortés. Chez les Termites, les neutres, soit ouvriers, soit soldats, sont, ainsi que Lespès l'a établi, tantôt des femelles amoindries, tantôt des mâles imparfaits. Il existe donc, sous ce rapport, une différence importante entre les sociétés d'Hyménoptères et celles des Névroptères qui nous occupent.

Au milieu des ouvriers et soldats se voient des individus plus petits, ayant l'aspect des premiers, et en différant surtout par leur taille moindre : ce sont des jeunes ou larves, dont la taille varie avec l'âge. C'est le fonds commun d'où sortent, par des transformations que les naturalistes ont étudiées, les ouvriers d'une part, les soldats de l'autre, et aussi les individus sexués, dont il nous reste à parler.

La femelle fécondée ou reine, le plus souvent unique dans la termitière, est remarquable par le développement monstrueux de son abdomen, distendu par l'énorme développement des ovaires qu'il renferme. La partie antérieure de son corps et les pattes sont noires, ainsi que des plaques transversales qui marquent les segments abdominaux, et que sépare la membrane intersegmentaire blanche largement dis-

tendue. La reine, lourde et peu active, ne se déplace guère
et habite les profondeurs les plus reculées du nid, entourée
par les ouvriers empressés à recueillir les œufs qu'elle produit en nombre considérable. A côté de la reine, ou à peu de
distance, se voit le roi, frêle et chétif, en comparaison de
son imposante épouse, dont il a tout l'aspect, sauf la graci-
lité de son abdomen.

Au printemps et en automne, se voient mêlés aux ouvriers
et soldats les nymphes des sexués. Après un premier âge où
ils ne diffèrent en rien des jeunes destinés à devenir des soldats ou des ouvriers, certains individus se montrent, qui
sont pourvus de moignons d'ailes, ou mieux de fourreaux
alaires portés par les deux derniers segments du thorax. Ces
nymphes sont en nombre assez considérable. Après une dernière mue, elles revêtent les caractères de sexués, non point
de rois et reines tels que nous venons de les décrire, mais de
sortes de Fourmis ailées, au corps entièrement noir, à l'abdomen mince et plat, munies de longues ailes dépassant de beaucoup en arrière le bout de l'abdomen. Les uns sont des mâles,
les autres des femelles. Les signes distinctifs des sexes sont
fort peu évidents extérieurement et reconnaissables seulement à la loupe. Les organes mâles et femelles, testicule et
ovaire, sont rudimentaires, nous ne disons point atrophiés,
et ne sont eux-mêmes reconnaissables qu'au microscope.
Ajoutons que ces individus ailés sont pourvus d'yeux, alors
que les ouvriers et les soldats sont aveugles, ce qui nous indique qu'ils ne sont point, comme ces derniers, destinés à ne
jamais quitter les obscures profondeurs du nid, mais qu'ils
sont appelés à venir à un moment donné, à l'air libre et à la
lumière.

Ajoutons enfin qu'il existe dans les termitières une autre
forme de nymphes, différant de celles dont nous venons de
parler par la brièveté de leurs étuis alaires. Comme ces dernières, elles donnent naissance à des sexués adultes, mais toujours dépourvus d'ailes et destinés par conséquent à ne point
sortir de la colonie où ils sont nés.

En toute saison, il existe des ouvriers et des soldats dans
une termitière. Vers juin, selon les observations de Lespès,
ils deviennent rares; ils sont aussi moins actifs, plus débiles;
ils sont de plus très maigres. Le temps approche où ils vont
disparaître et faire place à une génération nouvelle. Ils

vivent donc environ un an sous leur forme définitive. Mais ils ont déjà vécu de longs mois à l'état larvaire.

Les nymphes de sexués commencent à se montrer en juillet, pour n'atteindre l'état parfait qu'au printemps suivant, quelque temps avant la formation des essaims.

C'est sur les ouvriers, nous l'avons dit, que reposent tous les travaux et l'entretien de la colonie. Leur manière de travailler est la même chez toutes les espèces. Aveugles, ils ne sortent jamais de leurs galeries, et celles-ci sont toujours exactement closes. La surface interne de leur habitation est recouverte d'un enduit brunâtre, bien uni, formé de leurs déjections. Le bois n'est à nu que dans les parties en voie d'exploitation actuelle.

Ces galeries sont, en général, allongées dans le sens de la fibre du bois, assez étroites, communiquant entre elles par de petites ouvertures rondes tout juste suffisantes pour livrer passage à un ouvrier, rarement à deux. Dans les landes des environs de Bordeaux, les souches de pins abattus deviennent souvent la proie des Termites, qui les rongent en collaboration d'une foule d'autres insectes lignivores, dont ils empruntent souvent les galeries. Celles-ci, souvent très spacieuses, sont utilisées comme chambres d'habitation. Attaquée par la surface, la souche est graduellement envahie dans ses parties centrales. A l'origine, la Société est logée uniquement dans l'écorce ; plus ancienne, elle habite les parties profondes et pénètre jusque dans les racines. Les souches étant en général abandonnées après l'abattage des arbres, un nouvel aliment se trouve toujours à la disposition des Termites.

Quand ils veulent passer d'une pièce de bois exploitée à une autre, ils ne l'abordent jamais directement, à l'air libre, mais en passant sous terre, ou en pratiquant un chemin couvert, parfois fort long, pour l'atteindre. Telle est surtout leur pratique dans les édifices, où les boiseries se trouvent souvent à de grandes distances les unes des autres.

Les ouvriers n'édifient par seulement ; ils savent aussi réparer. Leur habitation est-elle mise à découvert en quelque point, ils s'empressent de la clôturer de nouveau en apportant toute sorte de matériaux, qu'ils broient et imbibent de salive pour en faire un mortier assez cohérent. Ces travaux sont toujours exécutés avec un ordre parfait, sans l'intervention des soldats, qu'on ne voit point ici, comme chez les Fourmis, exercer une surveillance sur les travailleurs ou leur imprimer une direction.

Non seulement les ouvriers construisent les nids, mais ils ont encore la charge de tous les autres soins qu'exige la société : le dépôt des œufs en lieu convenable, l'entretien des larves, des nymphes, et même probablement des rois et reines. Smeathman aurait vu donner la becquée à une reine. Lespès l'a souvent observé pour les nymphes ; il croit néanmoins qu'elles sont capables de prendre elles-mêmes leur nourriture. A l'origine d'une colonie, les sexués, j'en ai acquis la certitude, non seulement se nourrissent sans le secours d'ouvriers, mais procèdent au creusement des premières galeries. Il y a donc lieu de croire que, par la suite, ils sont encore capables de prendre eux-mêmes leur nourriture.

Les œufs et les nymphes sont, de la part des ouvriers, l'objet de soins très empressés. Quand un nid est ouvert et les œufs mis à nu, les ouvriers se hâtent de les emporter et de les cacher dans les parties profondes de l'habitation. En captivité, ils recueillent et portent avec promptitude au centre du nid les œufs qu'on leur offre. Les nymphes sont soignées avec une égale sollicitude : on voit souvent un ou plusieurs ouvriers autour d'une nymphe, qu'ils lèchent et nettoient avec zèle.

« Mais c'est au moment des métamorphoses, dit Lespès, que toute l'activité des ouvriers se déploie. Quand les nymphes passent à l'état d'Insectes parfaits, la colonie tout entière est debout : les ouvriers, les soldats, les larves. La même chose se passe quand les ouvriers et les soldats subissent leur dernière transformation. Alors j'ai vu plusieurs fois les vieux ouvriers et même les larves aider l'Insecte à se débarrasser de sa peau ; je pense que la même chose a lieu lors de la transformation des individus ailés. »

Les soldats, inactifs et paresseux dans les circonstances ordinaires, ne paraissent avoir d'autre rôle que de défendre la colonie attaquée. Quand le nid est ouvert, on les voit courir de droite et de gauche, au hasard, car ils sont aveugles, leurs mandibules ouvertes d'une façon menaçante. Ils sont alors capables d'une grande énergie et déploient un véritable courage. « Malheur à la Fourmi qui tombe sous leurs mandibules, elle est biéntôt mise littéralement en pièces. Quand il a mordu, un soldat ne lâché plus prise que le morceau ne soit coupé Malheureusement, ce courage lui sert à peu de chose; le plus souvent, s'il est attaqué par plusieurs Fourmis, il succombe. »

« Quand ils sont ainsi irrités, les soldats prennent une posture singulière : leur tête, posée à terre, présente en avant les mandibules écartées ; l'abdomen, au contraire, est fortement relevé. A tout instant, ils lancent la tête en avant, cherchant à prendre leur ennemi ; quand ils ont réussi, ils ne le lâchent plus. Après avoir ainsi cherché à atteindre leur adversaire, s'ils n'ont pu y réussir, ils frappent brusquement à terre quatre ou cinq fois de suite avec la tête, en produisant un petit bruit sec ; leurs mouvements précipités, leur position singulière et l'aspect de la colère qui les agite, sont vraiment un spectacle curieux. » (Lespès.)

(A suivre).

II. EXTRAITS ET ANALYSES.

NOUVEAUX PRINCIPES DE CLASSIFICATION
DES RACES GALLINES

Par P. Dechambre,

Chef des travaux de Zootechnie à l'École vétérinaire d'Alfort (1).

La classification et la description des formes vivantes deviennent de plus en plus difficiles au fur et à mesure qu'augmentent les faits à classer et à décrire. Quand on reste dans le domaine de la zoologie pure, la difficulté est réduite par l'institution d'une nomenclature spéciale, dès que l'on aborde le domaine de l'Ethnologie animale, le problème se complique considérablement en raison de la multiplicité des groupes sous-spécifiques.

Il convient, pour résoudre la question, d'adopter un système descriptif d'un caractère très général, pouvant s'appliquer à toutes les espèces, assez large pour satisfaire aux exigences sans cesse croissantes des faits, et permettant par cela même d'éviter l'écueil terrible qui consiste à plier ces faits aux rigueurs inflexibles d'un système étroit.

Il convient aussi d'abandonner la nomenclature géographique généralement employée. Les noms géographiques sont commodes pratiquement ; mais ils ne fournissent aucune indication sur la morphologie des groupes ; il est nécessaire, indispensable même, pour faire œuvre scientifique, de décrire sans avoir recours à ces vocables surannés ; ils viennent à la fin comme explication dernière ; cela suffit.

Nos « Nouveaux principes de classification des races gallines » résultent de l'application aux Oiseaux de basse-cour, du système imaginé par le professeur Baron et essayé avec succès sur les grandes espèces domestiques. Il repose, entre autres principes, sur la différenciation parallèle des races dans toutes les espèces, et sur cette idée que les races fondamentales sont, dans chaque espèce, des manifestations du polymorphisme sexuel.

Le polymorphisme sexuel cause au sein de certaines espèces des variations profondes ; tant que ces espèces sont demeurées incultes, les variations se sont fixées en obéissant aux lois de la sélection naturelle ; il s'est donc conservé des types différenciés, capables de se féconder réciproquement sans se mélanger. L'homme a gardé ces

(1) Extrait des *Mémoires de la Société zoologique de France*, vol. VIII, 1895.

types qui ont donné naissance aux races. Celles-ci sont donc actuellement le dernier vestige du polymorphisme initial de l'espèce; polymorphisme que les conditions de la domesticité ont manifestement accru ; au début il n'y avait point de races; il n'y avait que des formes sexuelles plus ou moins adaptées en outre à certaines conditions d'existence.

Dans ce qui va suivre, nous ne faisons que prendre des faits connus; mais nous cherchons à en donner une interprétation nouvelle. Nous voulons marcher dans la voie largement tracée par nos maîtres, MM. Baron et Cornevin, dont le but est de placer l'Ethnologie animale en pleine lumière, au niveau de l'Anthropologie et des autres sciences biologiques.

Nous passons en revue les « Coordonnées ethniques » qui se rapportent à la connaissance extérieure, à la « Plastique » des sujets. Ces éléments de classification et de description seront examinés dans l'ordre suivant :

1° Poids ou format. — 2° Profil ou silhouette. — 3° Prolongements ou extrémités. — 4° Proportions générales. — 5° Plumages et leurs particularités.

1° Poids ou format. — Nous avons de grosses races, de petites races et des races moyennes. Du Coq cochinchinois au Coq Bantam, il y a une échelle de variations parfaitement suffisante pour que les termes de : Hypermétriques (de poids supérieur), ellipométriques (de poids inférieur), eumétriques (de poids moyen), trouvent rationnellement leur emploi.

Les zoologistes reprochent de faire intervenir le poids comme élément de différenciation. Le poids, disent-ils, n'est pas un caractère spécifique, on ne peut pas plus s'en servir pour la classification que de la distinction des arbres, des arbustes et des herbes en Botanique.

Nous répondrons que le poids n'est pas, en effet, pour nous plus que pour d'autres un caractère dont on doive se servir pour distinguer les espèces; bien que l'on puisse encore formuler des réserves en s'appuyant sur l'opinion d'un zoologiste éminent, Louis Agassiz. Mais quand il s'agit de groupes sous-spécifiques, tels que les races, les sous races, les variétés, il n'en est plus de même. Ces groupes possèdent des caractères d'une importance secondaire relativement aux caractères spécifiques, et lorsque dans une espèce polymorphe, nous reconnaissons un grand nombre de formes de poids différent, nous devons chercher la raison de cette variabilité.

Nous découvrons d'abord que les variations ne sont point quelconques; elles s'effectuent bilatéralement autour d'un centre d'oscillations représentant le format moyen de l'espèce. Les oscillations sont positives et négatives ; leur amplitude n'est pas la même suivant l'espèce que l'on considère. Chez celles qui sont soumises depuis longtemps à l'influence de l'homme ; chez celles qui ont donné naissance à un nombre considérable de races et de variétés, on enregistre toujours des modifications très grandes de poids, de format. Alors ce caractère qui n'est d'aucune utilité pour la distinction des espèces devient indispensable aussitôt qu'il s'agit des races.

Nous empruntons à I. Geoffroy Saint-Hilaire (1) l'argument que voici : « Les variations de taille sont très étendues dans l'espèce galline. Le Coq nain d'Angleterre, le petit Coq de Java sont de la grosseur d'un Pigeon ordinaire ; tandis que le Coq de Caux et celui de Padoue égalent presque en hauteur le Dindon. Nulle autre espèce ne présente de différences aussi remarquables, si ce n'est le Chien et peut-être le Bœuf. »

Les naturalistes s'occupent de l'espèce et de tout ce qui est au-dessus ; l'ethnologiste s'occupe de tout ce qui est au-dessous ; il n'est donc pas étonnant que leurs procédés diffèrent, et justement ils se rencontrent sur un terrain commun, l'espèce, qui n'est pas un terrain de conciliation.

2º SILHOUETTE. — Il existe des races à bec crochu et des races à bec droit ; dans d'autres Oiseaux que les Gallidés, nous connaissons des becs concaves à pointe relevée (Avocette) ; il existe des races à crâne ordinaire et des races à crâne saillant portant une huppe. En comparant les crânes de races à huppe à ceux de races non huppées, nous constatons des différences très sensibles que M. Cornevin a fait ressortir dans son nouveau livre : *Zootechnie spéciale des Oiseaux de basse-cour*. La Poule hollandaise qui porte une grosse huppe possède un crâne saillant, ce qui entraîne une dépression au niveau de la base du bec ; la Poule de Houdan qui porte une huppe et une crête a la saillie crânienne moins marquée, mais encore suffisante pour que la base du bec soit légèrement déprimée ; la Poule de Yokohama, qui a une crête seule, possède un crâne complètement dépourvu de saillie.

Dans le groupe des Canards, les différences crâniennes sont encore plus sensibles : le Canard sauvage a le profil concave, le Canard domestique dit polonais est manifestement busqué, quant au Canard normand il a le profil droit.

Le port des sujets, qui est très redressé, ordinaire, ou se rapprochant de l'horizontale, complète pour quelques races, les données de la silhouette.

3º NATURE DES EXTRÉMITÉS. — Pour être fixé sur la diagnose du profil, nous devons avoir recours à un élément qui nous a déjà servi pour la classification des races canines (2) : la nature des extrémités.

(1) I. Geoffroy Saint-Hilaire. *Histoire des Anomalies*, t. I.
(2) *Races canines, Classification et Pointage*. Mémoires de la Soc. Zool. de France, 1894.

Nous étudierons les particularités des membres postérieurs, les crêtes, les huppes, etc.

MEMBRES POSTÉRIEURS. — Les races pattues, aux tarses et aux doigts emplumés, sont en général massives, trapues, refoulées, à silhouette concave ; on n'a qu'à regarder la race cochinchinoise ou la Poule de Brahmapootra pour en être convaincu.

Entre les tarses entièrement emplumés et les tarses nus, nous trouvons des formes intermédiaires chez lesquelles les plumes sont, sur tout le membre, moins abondantes, ou complètement absentes des doigts.

Ce caractère est important non seulement à cause des ressources qu'il fournit pour la diagnose des races, mais en raison de l'intérêt qu'il présente aussitôt que l'on songe à la différenciation parallèle de ces races. Un groupe ethnique ne pourra vraiment porter le nom de race que si on le retrouve semblablement placé dans une ou plusieurs autres espèces (Baron). Les animaux à « extrémités épaisses et couvertes » existent dans plusieurs espèces domestiques (Chevaux, Chiens, Moutons, Volailles, Pigeons) et forment un ensemble qui s'oppose aux animaux à extrémités nues et fines.

L'épaississement des extrémités, l'élargissement de la partie terminale des membres peut se produire autrement que par l'apparition de plumes aux doigts et aux tarses. C'est ainsi que nous expliquons les races pentadactyles. Lorsque l'on est en présence d'animaux chez lesquels on constate le phénomène inverse, c'est-à-dire la réduction par soudure du nombre des doigts (Porcs syndactyles ou solidipèdes) on interprète le fait par un excès de finesse des extrémités (1). Les doigts supplémentaires peuvent s'expliquer par l'épaississement des extrémités consécutif à l'amorcement hypertrophique de la région. La présence de cinq doigts est une singularité tellement remarquable, que tous les auteurs y voient une modification profonde, digne de former le caractère distinctif d'un groupe important de races gallines.

Cette particularité mise à part, les races pentadactyles ne sont point différentes des autres ; nous croyons pouvoir les faire rentrer dans la classification générale, sans qu'il soit nécessaire d'en former un groupe spécial. La présence du cinquième doigt nous semble, jusqu'à plus ample informé, liée aux phénomènes d'épaississement des extrémités ; d'autant mieux que ces Oiseaux ont le plus souvent une crête très épaisse ou une huppe fort développée.

CRÊTES. — L'appendice qui surmonte la tête des Gallidés présente des variations considérables dans sa forme. Nous n'apportons ici aucun fait nouveau, mais nous pouvons montrer pourquoi les crêtes fournissent à la classification un élément, dont tous les auteurs sont unanimes à reconnaître l'importance.

(1) P. Dechambre. *Les Porcs syndactyles.* Journal de médecine vétérinaire et de zootechnie de l'Ecole vétérinaire de Lyon, 1892.

La crête est simple, dentée ou non dentée, lobée, fraisée ; elle est aplatie de droite à gauche, et se tient verticalement ; ou elle est large, aplatie de dessus en dessous et recouvre, en débordant de chaque côté, toute la partie supérieure de la tête. Ces deux formes se rattachent, l'une au type à extrémités pointues, l'autre au type à extrémités épaisses.

La crête du Coq espagnol est un remarquable exemple du premier type : cet appendice est très droit en même temps que volumineux ; ses dentelures profondes le rendent plus gracieux en le montrant hérissé de pointes ; avec cela l'Oiseau qui le porte a une fière prestance et une mâle beauté qui s'accordent bien avec cette crête magnifique.

Le Coq de Hambourg s'oppose au précédent par sa crête fraisée c'est-à-dire aplatie de dessus en dessous et hérissée de nombreuses petites pointes. Le groupe des races à crête fraisée compte d'ailleurs des représentants tant dans les grosses et moyennes races que dans les petites ; toutes ont un faciès commun, des silhouettes semblables.

Entre les races à crête droite et dentée et les races à crête fraisée, existent des races à crête simplement épaisse marquant la transition ; celles-ci sont au zéro des variations qui se sont effectuées dans deux sens opposés (variation bilatérale).

Les renseignements fournis par la crête sont des plus faciles à saisir ; empiriquement on devait s'en emparer ; nous expliquons ce rôle en rattachant l'étude des crêtes à celle des extrémités pour en faire une de nos premières coordonnées ethniques.

La crête est accompagnée de margeolles, de barbillons qui donnent des indications de même nature.

HUPPES. — Nous avons signalé la relation intéressante qui existe entre la présence ou l'absence de huppe et la forme du crâne. Nous ne reviendrions pas sur cet appendice si nous n'avions à constater chez certaines races (Hollandaise, Padoue) un développement considérable de celui-ci, nous permettant d'encadrer les sujets qui le portent dans le groupe des races à extrémités couvertes.

Il en est de même quand il existe des cravates, c'est-à-dire des dispositions particulières des plumes qui font paraître l'encolure très grosse et très large dans sa partie supérieure.

4° PROPORTIONS. — Chez les Gallidés domestiques, les proportions corporelles sont fort variables. Le Coq de combat est certainement un type ultra-longiligne ; le Cochinchinois est un type bréviligne ; la race commune, pour ne prendre qu'elle, est du type médioligne.

Notre attention est ici attirée par un fait auquel les auteurs accordent une importance telle qu'ils en font la base d'une classification dichotomique rationnelle. Nous voulons parler de l'absence des vertèbres coccygiennes.

Les vertèbres coccygiennes sont, dans beaucoup d'espèces, en nombre variable; leur absence est la conséquence d'une variation extrême dans le sens négatif; cette modification portant sur une région aussi malléable ne peut servir de caractère primordial. On pourrait, avec les Chiens sans queue qui sont nombreux (Braque bourbonnais, Chien de berger, Spitz, etc.), faire le groupe des Chiens « anoures » opposé au groupe des Chiens. « urodèles »; pourtant cette séparation n'a jamais été instituée parce qu'on en a vu l'inutilité; les Chiens sans queue se rapportent chacun selon ses autres caractères à des groupes dont ils ne diffèrent que par la privation de l'appendice caudal.

Considérant qu'il doit en être de même pour les races de volailles, nous ferons rentrer dans le rang les Poules sans croupion; nous les donnerons comme les formes ultra-brévilignes de celles avec lesquelles elles entretiennent par ailleurs des affinités.

5° PLUMAGES ET LEURS PARTICULARITÉS. — C'est dans l'étude des plumages que nous trouvons la vérification de cette idée émise par MM. Baron et Cornevin : « Les races sont des formes sexuelles de l'espèce polymorphe. » Les races ornementales, si nombreuses parmi les Oiseaux domestiques (Coqs, Faisans, Pigeons), dérivent directement de la fixation de variations sexuelles. C'est chez elles que les plumages présentent des tons, des reflets, des dessins, d'une variété et d'une richesse extraordinaires. Ce ne sont point là des caractères utiles; leur apparition est liée aux phénomènes de la sexualité, l'Homme s'en est emparé pour leur donner de la fixité et créer, pour son agrément, des races nouvelles.

Les plumages et leurs particularités, tout comme les crêtes, les huppes, les margeolles, les barbillons, etc., sont des caractères sexuels secondaires et tertiaires ; ils présentent à ce titre un intérêt considérable pour l'ethnologiste.

Nous allons tâcher de montrer que l'étude des plumages peut être faite d'après les mêmes principes que celles des robes.

Les dessins les plus connus des plumages sont les suivants :

Pile. — Mi-partie blanc, mi-partie rouge.

Pailleté. — Tache noire à l'extrémité de la plume blanche.

Caillouté. — Tache blanche à l'extrémité de la plume noire.

Maillé. — Liseré noir autour de chaque plume.

Crayonné. — Bandes noires alternant avec des raies claires.

Coucou. — Bandes transversales grises sur fond blanc.

Herminé. — Plumes blanches rayées longitudinalement de noir au milieu.

Le *pailleté* et le *caillouté* s'opposent complètement : le *pailleté* est constitué par des plumes blanches à extrémité noire; la tache noire s'étend plus ou moins, mais dans les plumes de couverture elle reste généralement localisée à la partie tout à fait terminale.

M. Cornevin dit que le *caillouté* est formé par un ensemble de plumes alternativement noires et blanches ; on trouve cependant, dit-il, quelques plumes noires portant du blanc localisé à l'extrémité supérieure.

Nous avons constaté chez plusieurs individus d'une même basse-cour, l'existence d'un plumage caillouté composé uniquement de plumes à la fois noires et blanches. Les plumes de couverture portent une petite tache blanche dont l'étendue ne dépasse pas le tiers de la surface totale ; les grandes rectrices portent des taches blanches plus grandes mais toujours terminales, souvent marbrées de petites veines noirâtres ou grisâtres.

Le plumage caillouté se présente donc sous deux formes :

1° Une forme dans laquelle les éléments noir et blanc existent sur des plumes séparées ;

2° Une forme dans laquelle les éléments noir et blanc existent sur la même plume, le blanc étant toujours en tache terminale.

C'est cette dernière forme que nous opposons à la forme pailletée dont elle est l'épreuve négative.

Le *maillé* se rattache au pailleté : la tache noire ne reste plus circonscrite à l'extrémité ; elle s'étend en s'amincissant sur le pourtour de la plume dont le centre et la base demeurent blancs. Ces plumes dessinent ainsi des ocelles comparables aux ocelles de la robe des mammifères.

Le maillé a aussi son épreuve négative :

Dans la race naine, dite de Nangasaki (*Gallus Bankiva minutus* Cornevin), le plumage est blanc sur le corps ; les grandes plumes caudales sont noires avec une bordure blanche. C'est l'inverse du maillé ; c'est un ocelle négatif qui s'oppose aux ocelles positifs, comme dans les robes de l'espèce chevaline, le pseudo-pommelé s'oppose au pommelé.

Dans l'*herminé* la disposition est analogue ; il existe au centre de la plume, dont le reste est blanc, une bande noire longitudinale. Ces plumes rappellent les précédentes avec prédominance du blanc.

Le *barré* est comparable aux pelages *bringé* et *zébré*, parce que chaque plume porte des barres et surtout parce que ces barres forment, en étant placées bout à bout dans le plumage, des bandes parallèles (1).

Lorsque dans le barré les bandes s'incurvent en devenant concentriques au bord de la plume, la ressemblance avec les ocelles devient très frappante (2), cela se remarque tout particulièrement sur les

---

(1) Le bringé et le zébré ont leur épreuve négative dans la robe du Cerf axis où les poils blancs remplacent les poils noirs.

(2) Les bringeures, les zébrures et les tigrures des Mammifères peuvent donner naissance à des ocelles, lorsque, comme dans le plumage barré, les extrémités tendent à se rejoindre ou se rejoignent complètement. M. Baron nous

Poules de la grosse race pattue dite de Brahma-Pootra (*Gallus Bankiva giganteus*).

Les plumages possèdent des reflets doré, argenté, cuivré, etc., que l'on est accoutumé de rencontrer sur le pelage des Mammifères, particulièrement sur les robes des Chevaux nobles. Ces reflets sont beaucoup plus sensibles sur les mâles; cela est une preuve de plus que les races ornementales doivent leur origine à des différenciations d'ordre sexuel.

Nous aboutissons en dernière analyse à la proposition suivante : Les phénomènes de variation que l'on observe dans les plumages sont de la nature de ceux que l'on observe dans les pelages; ils peuvent être étudiés suivant les mêmes règles :

1° *Rhéochroïsme*. — Variations de la nuance. — Les plumages sont clairs ou foncés ou n'ont rien de particulier.

2° *Oxychroïsme*. — Pigmentation des extrémités. — Nous trouvons des matériaux nombreux, ainsi que l'on va en juger :

Les tarses sont : noirs, gris, gris-noir, gris-bleuâtre, gris-plombé, jaunes, rosés, blanc-rosé, ardoisés, verdâtres, clairs, cendrés, bruns.

Les oreillons sont : rouges, blancs et rouges, violacés, lie de vin.

Les margeolles sont de la même couleur que les oreillons, sauf de rares exceptions.

Les joues sont noires, blanches, rouges.

Le bec est : blanc (couleur corne), chair, blanc-rosé, jaune, jaune-brun, gris-brun, noir.

3° *Basichroïsme*. — Couleur fondamentale. — On distingue le fond du plumage aussitôt que l'on fait abstraction de ses reflets et de ses particularités. Ainsi nous avons des plumages unicolores noirs, blancs, rouges, jaunes. Pour les plumages pailletés, caillouté, etc., on examine le fond de la plume qui est blanc ou noir; ce n'est pas ce blanc ou ce noir qui forme la partie la plus visible extérieurement; c'est cependant la couleur fondamentale, celle sur laquelle tranchent les particularités.

4° *Epichroïsme*. — Dessins du plumage. — Après ce que nous venons de dire et les détails dans lesquels nous sommes entrés en décrivant chaque dessin, nous constatons seulement l'importance qu'acquiert cet élément pour la diagnose des races.

Les particularités du *frisé* et du *soyeux* sont intéressantes par elles-mêmes en ce sens qu'elles différencient nettement le plumage; mais

communique l'observation suivante, qui montre une nouvelle affinité entre les bandes noires et les ocelles :

Sur un Tigre royal de la Ménagerie du Muséum, on remarquait, à la partie déclive du flanc et de la cuisse, des tigrures élargies au centre; sur les suivantes, la plaque noire centrale grandit, en même temps les extrémités s'acuminent; enfin, on voit une tache claire apparaître au centre, c'est une ébauche d'ocelle.

surtout parce qu'elles ne sont pas spéciales aux Gallidés ; on les retrouve chez d'autres Oiseaux ; elles rappellent les dispositions analogues des poils des Mammifères.

Nous voici arrivés au terme de cette étude ; nous croyons avoir réussi
à démontrer les propositions que nous exposions au début et que nous
présentons sous forme de conclusions.

1° Il est possible d'utiliser pour la diagnose et la description des
races gallines, un système général déjà appliqué aux diverses espèces
de Mammifères domestiques.

2° Les phénomènes de polymorphisme sexuel constatés chez les
animaux inférieurs existent chez les animaux supérieurs et contribuent
à donner naissance dans les espèces domestiques aux types dont
l'Homme s'est servi pour former ses races.

3° La différenciation parallèle des races fondamentales est rendue
évidente et le système permet de la pousser aussi loin que possible.
Les groupes ainsi dégagés possèdent une réalité à l'abri de toute contestation.

4° La question de nomenclature devient forcément le dernier terme.
Les races étant retrouvées et décrites il importe peu qu'elles reçoivent
tel ou tel nom commun. Il importerait plutôt qu'elles n'en portassent
aucun qui ne fût tiré de leur morphologie. C'est pourquoi il convient
de répudier les noms géographiques et d'astreindre la nomenclature
latine à une grande uniformité.

III. QUESTIONS DE PISCICULTURE PRATIQUE.

SAUMON DE CALIFORNIE OU TRUITE ARC-EN-CIEL.

Le secrétariat de la *Société d'Acclimatation* entretient depuis quelques semaines une active correspondance avec plusieurs personnes appartenant ou non à la Société et qu'intéresse particulièrement l'élevage dés Salmonides. La plupart attendent avec impatience l'arrivée des œufs de Truite arc-en-ciel que la *Société d'Acclimatation*, toujours soucieuse de l'intérêt public, se procure aux Etats-Unis pour les distribuer en France.

La question nous est sans cesse posée de savoir si le Saumon de Californie dont nous avons d'ailleurs également importé depuis dix ans plusieurs millions d'œufs, doit être préféré à la Truite arc-en-ciel. Plutôt que d'écrire, sans apporter dans le débat de faits personnels nouveaux, un article à ce sujet, nous préférons placer sous les yeux du lecteur des documents originaux datant d'une année déjà mais dont la valeur respective ne semble point avoir changé.

L'auteur du dithyrambe (1) en l'honneur du Saumon de Californie, reproduit ci-après, n'a indiqué en effet jusqu'ici, aucun étang où le système préconisé par lui ait été appliqué. Nous ne croyons pas d'ailleurs qu'il ait pris la peine de réaliser l'expérience d'élevage comparatif, si tentante pour un homme sincère et qui lui a été proposée par M. de Marcillac (2). Celui-ci continue du reste, sans aucune prétention scientifique, à produire d'excellentes Truites arc-en-ciel dont la vente est assurée.

C'est le résultat que nous voudrions voir obtenir par toutes les personnes qui pratiquent réellement la pisciculture et se soucient peu

---

(1) Voici comment Littré (*Dictionnaire de la langue française*) définit le mot dithyrambe dans l'acception où il est employé ici : « 3° Fig. et familièrement. Grandes louanges. Il entonna un dithyrambe en son honneur. En ce sens, dithyrambe a souvent un sens moqueur qui vient de la nature même de ce poème ; le dithyrambe étant consacré au dieu du vin, les poètes essayaient de peindre leur ivresse par un style et des pensées décousues. »

C'est bien, au demeurant, d'un poète qu'il s'agit, témoin certain sonnet intitulé *A mon jeune aage* et que chacun peut lire à la page 154 de *L'Année des poètes*, vol. III, 1892. La pièce est du genre triste et l'on pleurerait franchement les amoureuses *défaictes* de M. Jousset n'était la note comique si drôlement modulée dans le commentaire suivant : « Ce sonnet a toute une histoire. Il nous fut donné par *L'Ouest artistique et littéraire* comme ayant été trouvé dans un vieux château. On l'attribua à quelque contemporain de Clément Marot ; jusqu'au jour où nous apprîmes qu'il était dû à — UN CÉLÈBRE SAVANT CONTEMPORAIN — qui s'était plu à ce jeu de lettré et a mené à bien ce joli pastiche. »

(2) Voir à ce sujet l'excellente revue de notre collègue M. A. d'Audeville, *Etangs et Rivières*, 8° année, n° 192, p. 370, 15 décembre 1896.

des promesses chimériques pompeusement lancées jusque devant
l'Académie des Sciences, dans un but par trop évident de réclame
personnelle.

Jules DE GUERNE.

NOUVELLE MÉTHODE DE CULTURE DES ÉTANGS

Par JOUSSET DE BELLESME.

« Les étangs de la France constituent, en général, des exploitations
agricoles de dernier ordre, qui n'apportent ni à l'agriculture, ni à l'alimentation publique, le contingent qu'on serait en droit d'en attendre.
Il ressort des travaux que je poursuis depuis une dizaine d'années,
pour la reproduction des Salmonides et leur élevage, que, grâce aux
espèces importées d'Amérique par la *Société d'Acclimatation,* cultivées
et introduites dans nos cours d'eau par l'Aquarium du Trocadéro, la
culture actuelle des étangs peut être modifiée très avantageusement,
et leur revenu, qui ne dépasse guère la moyenne de 60 francs à l'hectare, plus que doublé. Pour atteindre ce but, il faut abandonner la
culture de la Carpe, au moins comme Poisson destiné à la vente et la
remplacer par la culture intensive des espèces américaines.

Le Poisson qui se prête le mieux à cette transformation est le *Salmo
quinnat* ou Saumon de Californie. Originaire du Sacramento, d'une
qualité de chair supérieure, très rustique, d'un élevage facile, supportant bien la chaleur, ce Poisson peut être cultivé dans presque tous
nos étangs. Il possède sur son congénère, la Truite arc-en-ciel, le
grand avantage de pouvoir donner une récolte annuelle, en se bornant
à l'amener au poids de 200 grammes, poids auquel il est apte à être
vendu à un prix très rémunérateur. Cette supériorité tient à la précocité de sa ponte qui a lieu en octobre.

L'alevin éclôt à la fin de novembre. Dès le milieu de décembre, on
commence à le nourrir avec un aliment riche, comme la pulpe de
rate, que j'ai préconisée et employée à l'Aquarium dès 1883, et dont
l'usage tend à se généraliser. La croissance de l'alevin est si rapide
qu'en cinq mois, si l'opération a été bien conduite, il atteint le poids
de 60 grammes.

Pendant que cet élevage s'effectue dans un réservoir spécial, l'étang
doit être l'objet de soins particuliers. On doit le disposer de telle sorte
qu'on obtienne en juin une très abondante éclosion d'alevins de
Poissons blancs, Gardons, Carpes, Tanches ; à cette fin, on y introduit, dès le mois de février, des reproducteurs en quantité suffisante.
Aussitôt que le frai a été obtenu et dès que l'alevin de Poisson blanc
a atteint 3 ou 4 centimètres, on le donne en nourriture aux Saumons,

soit qu'on mette ceux-ci dans l'étang, soit, ce qui est préférable, qu'on y puise la quantité d'alevins nécessaire pour les alimenter. L'étang ne sert donc plus, dans cette nouvelle méthode, qu'à produire l'aliment qui devra amener rapidement le Saumon à la taille marchande.

De juin en décembre, grâce à cette alimentation surabondante et très bien adaptée à l'organisme de l'animal, ces Poissons atteignent facilement 200 grammes et peuvent être vendus à un prix élevé en temps prohibé, avec un certificat d'origine ; ou bien, à la fin de la prohibition, c'est-à-dire à partir du 10 janvier, pour être livrés à la consommation. Ils sont, à cette taille, particulièrement recherchés. L'opération recommence alors de nouveau.

La Truite arc-en-ciel ne se prête pas à ce cycle annuel d'élevage. Sa ponte n'a lieu qu'en avril ; en juin, les jeunes ne sont pas assez développés pour se nourrir des alevins de Poissons blancs, plus gros qu'eux.

Dans une superficie d'eau de 1 hectare, on peut élever, au minimum, dans les conditions ordinaires, 1.000 Saumons jusqu'à 200 gr. ; et, dans bien des cas, ce chiffre peut être doublé. Ces 1,000 Saumons représentent ensemble, à cette époque, un poids de 200 kilos ; d'après le cours moyen de ces Poissons sur le marché de Paris, 1 hectare d'étang, aménagé de la sorte, peut donner une récolte brute de 1,600 fr. chaque année (1).

Comme toutes les cultures intensives, la méthode que j'expose ici demande des soins et de l'expérience, mais je la crois de nature à réaliser sur l'état de choses actuel une amélioration considérable (2). »

*
* *

Résultats comparés de l'élevage de la Truite arc-en-ciel et du Saumon de Californie a Bessemont (Aisne)

Par A. de Marcillac.

« Monsieur, j'ai lu, avec grand intérêt, l'article que vous avez fait paraître dans le *Gaulois*, sur l'exploitation des étangs et la possibilité d'augmenter leur rendement en substituant les Salmonides aux Carpes, Perches et autres Poissons dont la valeur marchande est de beaucoup inférieure à celle des Truites et des Saumons.

_____

(1) « Il faut évidemment défalquer les frais d'exploitation, parmi lesquels la dépense la plus importante consiste dans l'alimentation des alevins de janvier à juin. Mais l'expérience m'a appris que cette dépense ne s'élève qu'à environ 300 fr. pour 1,000 alevins dans ce laps de temps ; et encore, dans de bonnes conditions, elle peut être réduite. Il reste donc à l'agriculture une marge considérable. » J. de B.

(2) Comptes rendus Acad. Sc., 26 novembre 1894.

Depuis plus de six ans, j'ai étudié l'élevage des Truites, et les résultats pratiques que j'ai obtenus me permettent de vous présenter
quelques objections sur la préférence que vous semblez accorder au
Saumon quinnat comparé à la Truite arc-en-ciel.

En avril 1889, séduit par les beaux sujets que j'avais pu voir dans
le laboratoire de M. Jousset de Bellesme, au Trocadéro, j'ai déversé
dans un petit étang d'une superficie de 2,000 m. q., ayant de 1 à
2 mètres de hauteur d'eau, 600 alevins de Saumon quinnat, provenant du *Jardin d'Acclimatation*, âgés de six mois environ ; une nourriture abondante, consistant en viande de Cheval cuite et finement
hachée, a été journellement donnée à ces Poissons.

La pêche de cet étang a été faite en octobre 1891, et le poids des
sujets pêchés ne dépassait pas une moyenne de 100 à 150 grammes.

En juin 1890, dans un étang d'une superficie double du premier,
mais de même profondeur, alimenté par les mêmes eaux, nous avons
mis en stabulation 3,000 alevins de Truites arc-en-ciel, dont les œufs,
mis en incubation dans nos appareils, provenaient du Grand-Duché
de Bade. La nourriture servie à nos alevins a été la même que celle
distribuée aux Saumons quinnat.

Lors de la pêche de cet étang, faite en octobre 1892, nous avons
récolté des Poissons dont le poids moyen variait entre 500 et 600
grammes : quelques sujets, même, pesaient plus d'un kilogramme.

Cette expérience m'a paru si absolument concluante que, depuis
cette époque, j'ai consacré tous mes étangs en eau vive à l'élevage
exclusif de la Truite arc-en-ciel.

Chaque année, dans le courant du mois de mars, nous retirons de
l'eau nos reproducteurs, nous mettons en incubation tous les œufs que
nous pouvons récolter, et nous conservons au moins 150,000 alevins
pour le repeuplement des étangs d'élevage.

Ces alevins sont conservés dans des aquariums pendant un ou deux
mois, et nourris avec de l'œuf et de la rate de veau ; ils sont ensuite
placés dans des canaux d'alevinage où ils séjournent huit à neuf mois,
et passent, enfin, dans les étangs d'élevage, où, dans un espace de
temps variant de un an à dix-huit mois, suivant les sujets, ils atteignent leur taille marchande (depuis 500 grammes jusqu'à 1 kilog.).

Je ne vois pas, dans tout cela, en quoi la Truite arc-en-ciel *ne se
prête pas à un cycle annuel d'élevage.*

Ces renseignements, que je vous donne sous la forme la plus simple
et en dehors de toute théorie scientifique, ont le mérite — le seul
auquel je prétende — d'être sincères, car ils sont le résultat d'expériences pratiques poursuivies pendant plusieurs années, et que les
faits n'ont jamais démenti jusqu'à ce jour.

En ce qui concerne le bénéfice net, argent, qui peut être obtenu
par la mise en culture des étangs en vue de la production des Truites,
la question est beaucoup moins simple qu'elle ne le paraît et, en sup-

posant toutes les difficultés de l'élevage surmontées, il reste encore à résoudre le problème de la réalisation de la valeur produite.

Supposons, en mettant les choses au mieux, que sur 3,000 alevins nourris pendant deux ans dans un étang ayant une superficie de cinquante ares, nous récoltions, en fin de compte, 600 kilos de Truites arrivées à la taille marchande, théoriquement, ces 600 kilos représentent une valeur de 5,000 francs, soit pour chaque année un revenu brut de 2,500 francs par demi-hectare d'étang. Mais, et c'est là que les choses se gâtent, comment réaliser cette valeur, comment transformer ces 600 kilos de viande en espèces? Les Halles, me direz-vous? les Halles, qui absorbent chaque année des milliers de kilogrammes de Poissons et dont les cours, imprimés sur toutes les mercuriales, apprennent à ceux qui l'ignorent qu'un kilo de Truite amené sur le marché de Paris se vend de 8 à 10 francs.

Il y a quelques années, un député de la Bretagne, appelé à la tribune pour appuyer, autant qu'il m'en souvient, une demande de nouvelle réglementation des Halles, racontait à ses collègues que, certain jour, entraîné par les promesses brillantes d'un commissionnaire, il avait expédié sur le carreau des Halles de Paris le produit de la pêche d'un étang à Truites et que, au lieu de la forte somme qu'il espérait, le montant de la pêche avait à peine couvert les frais de pêche, d'expédition et de vente sur le marché.

Or ce fait est constant, et pareille déception est réservée à tout agriculteur, qui veut tâter du marché de Paris pour l'écoulement de ses produits. Beurre, fruits, légumes, viande et, d'une façon générale, tout aliment frais ne pouvant être conservé, tout cela est vendu aux Halles à des prix dérisoires ; le cultivateur qui a eu toute la peine et tous les risques est dépouillé du produit de son travail par la bande noire des intermédiaires qui achètent à vil prix une marchandise prétendue dépréciée et qui, par le fait seul de son passage entre leurs mains — transformation merveilleuse, — reprend toute sa valeur vis-à-vis du bénévole consommateur.

Pour en revenir à nos Truites, la question de la vente des produits de la pêche des étangs, dont dépend intimement le bénéfice à retirer, est d'une solution fort difficile et le pisciculteur qui compterait sur le marché de Paris pour absorber le produit de ses étangs, aux prix officiellement annoncés, irait au-devant d'une déconvenue certaine. Reste pour lui la possibilité de vendre ses Truites sur place si sa propriété se trouve à portée d'un centre de consommation assez important.

En résumé, avant de faire de la Truite, s'assurer d'un débouché certain est, à mon avis, aussi indispensable que de savoir si la qualité et la disposition des eaux se prêtent à l'élevage des Salmonides (1). »

_____

(1) Notes publiées pour la première fois dans le journal *Le Gaulois*, en mars 1895.

798

IV. BULLETIN BIBLIOGRAPHIQUE.

OUVRAGES OFFERTS A LA BIBLIOTHÈQUE DE LA SOCIÉTÉ.

GÉNÉRALITÉS.

Clos (Dr D.). — *L'Hybridité en Agriculture* (Extrait), 1895, in-8°.
Auteur.

Compte rendu du Bureau local du Comité Lobatchefsky, 1893-1895. Kazan, in-8°, 1895. Offert par le Comité.

Fraipont (Julien). — *Les Cavernes et leurs habitants*, 1 volume in-16 de 334 pages avec 89 figures. J.-B. Bailliere et fils, éditeurs.

Pendant dix années de fouilles poursuivies en Belgique, M. Fraipont, professeur de paléontologie à l'Université de Liège, a pu recueillir un nombre considérable d'observations personnelles et contrôler celles de ses devanciers sur les cavernes, leur constitution et leur mode de remplissage, sur les mœurs, l'ethnographie et l'anthropologie des troglodytes de l'époque du Mammouth, du Renne, et de la période néolithique, sur les repaires des animaux féroces, etc.

Le livre qu'il publie aujourd'hui dans la *Bibliothèque scientifique contemporaine* donne un résumé succinct des connaissances acquises sur les cavernes naturelles et artificielles.

Les passages concernant la chasse et les premiers animaux domestiques pourront intéresser les membres de la *Société d'Acclimatation.*

Gadeau de Kerville (Henri). — *Le troisième Congrès international de Zoologie tenu à Leyde (Hollande) du 16 au 21 septembre 1895*. Paris, 1895 (Extrait), in-8°. Auteur.

Jubault (Albert). — *Étude sur le rétablissement des droits de péage sur la navigation intérieure*. Dieppe, 1895, in-8°. Auteur.

Travaux géographiques exécutés en Finlande. Helsingfors, 1895, in-8°. Société de Géographie de Finlande.

1re SECTION. — MAMMIFÈRES.

Bieler (S.). — *La fausse côte*. Lausanne, 1895 (Extrait). Auteur.

Gadeau de Kerville (Henri). — *Note sur une tête osseuse anomale de Lièvre commun*. Paris, 1895, in-8°, une figure dans le texte (Extrait). Auteur.

Mégnin. — *Le Cheval et ses races*, histoire des races de Chevaux à travers les siècles, et races actuelles, avec 74 figures, la plupart hors texte, représentant des types de races, 1 volume in-8° de 500 pages (1). Auteur.

(1) En vente aux bureaux de l'*Éleveur*, 10 francs, *franco* 10 fr. 80.

L'origine des races de Chevaux a déjà fait l'objet de bien des recherches, de bien des discussions. Certains auteurs en trouvaient la souche unique au centre de l'Asie : d'autres en Arabie ; on est même allé jusqu'à les faire toutes partir de l'ancienne province des Flandres : la Morinie.

Enfin, une certaine théorie qui n'est professée, il est vrai, que par son auteur, regarde nos races comme ayant existé de tout temps avec leurs caractères actuels, et leur assigne des berceaux et des voies d'expansion le plus souvent en contradiction formelle avec l'histoire.

M. Mégnin se basant sur les résultats des fouilles paléontologiques et préhistoriques et suivant pas à pas l'histoire depuis les temps les plus reculés, nous montre toutes nos races actuelles de Chevaux, dérivant des nombreux troupeaux de Chevaux sauvages qui existaient pendant la période géologique quaternaire, dite des cavernes, et dont les caractères ont été conservés chez le Cheval camargue ; puis il les montre se modifiant insensiblement et très lentement sous l'influence de la domestication, des progrès de l'agriculture, des changements des climats, de la sélection et des croisements entre elles des anciennes races déjà formées.

L'ouvrage est complété par la description des races modernes et surtout françaises avec représentation des principaux types d'après des photographies.

2º Section. — Ornithologie.

Forest aîné (J.). — *L'Autruche à travers l'Afrique*. Paris, 1895, in-16. (Librairie africaine et coloniale.)   Auteur.

Gadeau de Kerville (Henri). — *Sur l'existence de trois cæcums chez les Oiseaux monstrueux*. Paris, 1895, in-8°, figures (Extrait).   Auteur.

Kelham (Cap. H.-R.). — *Ornithological notes made in the Straits settlements and in the western states of the Malay peninsula*. (Extrait), in-8°.   M. J. Forest aîné.

3º Section. — Aquiculture, etc.

Feddersen (Arthur). — *Krebsen, dens Fangst og Plege*. Kjobenhavn, 1892, in-12, figures.   Auteur.

Gadeau de Kerville (Henri). — *Note sur une Plie franche et un Flet vulgaire atteints d'albinisme*. Paris, 1895, in-8°.   Auteur.

Noter (Raphaël de). — *L'Escargot*. Paris, 1895, in-12, figures. Auteur.

Nordqvist (Osc.). — *Fiskevarden och Fiskodlingen i nord Amerika*. Helsingfors, 1895, grand in-8°, planches. (Extrait.)   Auteur.

Vincent (J.-B.). — *Notes sur l'Alose*. Paris, 1895, in-8°. (Extrait.)
                                        Auteur.

4° Section. — Entomologie.

Fallou (J.). — *Notice sur les Vers gris.* Lille, 1895, in-8°.   Auteur.

Fauvel (Albert-A.'. — *Les Séricigènes sauvages de la Chine.* Publié sous les auspices du Ministère de l'Instruction publique et des Beaux-Arts. Paris, 1895, in-4°, planches.   Auteur.

Forbes (A.). — *Eighteenth report of the State entomologist on the noxious and beneficial Insects of Illinois,* planches, 1894.   Auteur.

Gadeau de Kerville (Henri). — *Note sur la découverte aux îles Chausey (Manche) d'une Araignée nouvelle pour la faune française.* Rouen, 1894, in-8° (Extrait).   Auteur.

Le même. — *Description d'une Écrevisse commune, de quatre Coléoptères et de deux Lépidoptères.* Paris, 1895, in-8°, fig. (Extrait).   Auteur.

Janet (Charles). — *Sur les nids de la* Vespa crabro. *Ordre d'apparition des alvéoles.* Paris, 1894, in-5°.   Auteur.

Idem. — *Sur la* Vespa crabro. *Conservation de la chaleur dans le nid.* Paris, 1895, in-4°.   Auteur.

Idem. — *Etude sur les Fourmis, les Guêpes et les Abeilles,* 9° note. (Extrait). Paris, 1895, in-8°, figures.   Auteur.

Idem. — *Etude sur les Fourmis, les Guêpes et les Abeilles,* 10° note. Beauvais, 1895, in-8°, figures.   Auteur.

Idem. — *Etude sur les Fourmis, les Guêpes et les Abeilles.* 11° note. Limoges, 1895, in-8°.   Auteur.

Idem. — *Observations sur les Frelons.* (Extrait) in-4°.   Auteur.

Lioy (Paolo). — *Ditteri Italiani.* — Milano, 1895, in-12, figures.
U. Hœpli, éditeur.

Mégnin (P.). — *Sur les prétendus rôles pathogéniques des Tiques ou Ixodes.* (Extrait.) Paris, 1895, in-8°, figures.   Auteur.

Le même. — *Les Parasites articulés et les maladies qu'ils occasionnent chez l'homme et les animaux utiles.* 1 vol. in-8° avec de nombreuses gravures dans le texte et un atlas à part de 26 planches (1).   Auteur.

C'est, en fait, la deuxième édition d'un livre publié en 1882, sous le titre : *Les Parasites et les maladies parasitaires* et qui donnait l'histoire naturelle des Insectes nuisibles des groupes des Diptères, des Hémiptères, des Aphaniptères, des Pédiculines, des Acariens et des Crustacés et la description des maladies qu'ils déterminent.

L'ouvrage actuel contient la même matière, et, en plus, l'histoire naturelle des parasites des cadavres, ou *Travailleurs de la Mort,* selon l'heureuse expression de M. Brouardel, rangés dans l'ordre dans

(1) Chez G. Masson, Paris, 20 francs.

lequel ils apparaissent, — ordre dont l'auteur a déterminé la loi, — et formant huit séries ou escouades de travailleurs. La succession dont il s'agit permet de déterminer assez exactement l'âge des cadavres qui se sont décomposés à l'air libre, et dont la mort ne remonte pas à plus de quatre ans, car à ce dernier moment leurs traces elles-mêmes ont disparu.

5ᵉ Section. — Botanique.

Baltet (Charles). — *L'Horticulture dans les cinq parties du monde.* Paris, 1895, g. in-8°. Auteur.

Les forêts de Cèdres. — *Notices sur les forêts de l'Algérie.* Alger-Mustapha, 1894, in-4° raisin, planches et cartes.
Gouvernement général de l'Algérie.

Chênes-liège. — *Notices sur les forêts domaniales de l'Algérie.* Alger, 1894, in-4° raisin, planches et cartes. Gouvernement général de l'Algérie.

Bohnhoff (E.). — *Dictionnaire des Orchidées hybrides.* Paris, 1895, in-16. Octave Doin, éditeur.

Clos (Dr D.). — *La vie et l'œuvre botanique de P. Duchartre.* Paris, 1895, in-8° (Extrait). Auteur.

Correvon (H.). — *Les plantes alpines et de rocailles.* Paris, 1895, in-16. Octave Doin, éditeur.

Le même. — *Les Fougères de pleine terre et les Prêles, Lycopodes et Selaginelles rustiques.* Paris, 1895, in-8°, figures. Octave Doin, éditeur.

Dewèvre (Alfred). — *La récolte des produits végétaux au Congo.* Bruxelles, 1895, in-8°. Auteur.

Le même. — *Les Caoutchoucs africains.* Bruxelles, 1895, in-8°. Auteur.

Duval (Léon). — *Les Broméliacées.* Paris, 1895, in-18, figures.
Oct. Doin, éditeur.

Fabius de Champville (G.). — *Comment s'obtient le bon cidre.* 1 vol. in-8°, 300 pages, 74 figures dans le texte. Paris, 1895.
Société d'éditions scientifiques.

Cet ouvrage forme le neuvième volume de l'*Encyclopédie des connaissances pratiques* publiée par la Société d'éditions scientifiques et qui a débuté par un livre de M. Maumené, intitulé : *Comment s'obtient le bon vin.* Le présent manuel en est le digne pendant. Il sera sans doute fort apprécié par les cultivateurs des départements de l'ouest.

Fernow (B.-E.). — *Forestry for Farmers.* Washington, 1895, in-8°, figures. U. S. Department of Agriculture.

Gadeau de Kerville (Henri). — *Les vieux arbres de la Normandie.* Fascicule III. Paris, 1895, in-8°, planches et figures. Auteur.

Le même. — *Une Glycine énorme à Rouen.* Paris, 1895, in-8°, planche. Auteur.

Lannes de Montebello (Ch.). — *Traité sur l'exploitation de l'Alfa en Algérie.* Saintes, 1893.   Gouvernement général de l'Algérie.

Lepiney (Ch.). — *Essais de Betteraves fourragères.* Alger, 1894, in-8°.
Gouvernement général de l'Algérie.

Missouri botanical Garden. — *Fifth annual report.* Saint-Louis (Mo.), 1894, in-8°, planches.   Direction du Jardin botanique de Saint-Louis.

Opoix (O.). — *La culture du Poirier.* Paris, 1895, in-18, figures.
Octave Doin, éditeur.

Raidelet (Aimé). — *Une révolution dans la culture de la Ramie. Le foin de Ramie ensilé.* Lyon, 1895, in-8°.   Auteur.

Trabut (Dr L.). — *Le Savonnier* (Sapindus utilis). Alger, 1895, in-8°.
Auteur.

Le même. — *L'Halfa.* Alger, 1889, in-8°.
Gouvernement général de l'Algérie.

Le même. — *La Chayote.* Alger, 1893, in-8°.
Gouvernement général de l'Algérie.

Le même. — *Le Noyer pacanier.* Alger, 1894, in-8°.
Gouvernement général de l'Algérie.

Le même. — *La Richelle blanche hâtive.* Alger-Mustapha, 1894, in-8°.
Gouvernement général de l'Algérie.

Le même. — *Le Sumac des corroyeurs.* Alger-Mustapha, 1895, in-8°.
Gouvernement général de l'Algérie.

Le même. — *Le Sorgho à balais.* Alger-Mustapha, 1895, in-8°.
Gouvernement général de l'Algérie.

Le même. — *Graminées fourragères.* Sorgho vivace, Millet à chandelle, Téosinte. Alger-Mustapha, 1895, in-8°.
Gouvernement général de l'Algérie.

Le même. — *Rapport à M. le Gouverneur général sur les Etudes botaniques agricoles.* Alger, 1894, in-8°. Gouvernement général de l'Algérie.

Villard. — *Catalogue des plantes cultivées à la villa des Kermès à Carqueyranne* (Var). Paris, 1890, in-18 oblong.   Auteur.

Liste des principaux ouvrages français et étrangers traitant des Animaux de basse-cour [1].

2° OUVRAGES ALLEMANDS (fin).

III. Kaninchenzucht.
III. L'élevage de Lapins.

Anleitung kurze u. praktische zur Lapinzucht von einem Elsæsser Züchter. 3. Aufl. Schaffhausen, Rothermel, 1875. 20 Pf.

> Instruction brève et pratique pour l'élevage des Lapins par un éleveur alsacien. 3ᵉ édit. Schaffhouse, Rothermel, 1875. 20 pfg.

Aster (*E.*). Die Zucht des französichen Kaninchens und deren Verbreitung in Deutschland. Dresden, G. Schönfeld, 1875. 60 Pf.

> *Aster* (*A.*). L'élevage du Lapin français et sa propagation en Allemagne. Dresde, G. Schönfeld, 1875. 60 pfg.

Baumgartner (*Adolf*). Zucht, Pflege und Wartung des Kaninchens Wien, Gerold und Cⁱᵉ, 1876. 70 Pfg.

> *Baumgartner* (*Adolphe*). Elevage, soins et entretien du lapin. Vienne, Gerold et Cⁱᵉ. 1876. 70 pfg.

Bungartz (*Jean*). Kaninchen-Rassen. Illustrirtes Handbuch. Magdeburg, Creutz'sche Verlagsbuchhandlung, 1888. M. 2.

> *Bungartz* (*Jean*). Les races de lapins. Manuel illustré. Magdebourg, librairie Creutz, 1888. M. 2.

Duncker (*H.*). Deutsche Kaninchen. Vorschläge zur Hebung und Förderung der Kaninchenzucht in Deutschland. Leipzig, H. Voigt, 1875. 60 Pfg.

> *Duncker* (*H.*). Les lapins allemands (propositions), projets pour le relèvement et l'avancement de l'élevage de lapins en Allemagne. Leipsig, H. Voigt, 1875. 60 pfg.

Duncker (*H.*). Die rationelle Kaninchenzucht oder die Prinzipien der allgemeinen Thierzucht und Thierpflege in ihrer Anwendung auf die veredelten Kaninchen. Leipzig, H. Voigt, 1875. M. 2.

> *Duncker* (*H.*). L'élevage rationnel de lapins ou l'élevage des animaux en général, les soins à leur donner, appliqués aux lapins de races ou améliorés. Leipsig, H. Voigt, 1875. M. 2.

Espanet (*A.*). Die Kaninchenzucht. Aus der 6. Auflage in's Deutsche übertragen von E. Sabel. Wien, Frick, 1882. M. 2.

> *Espanet* (*A.*). L'élevage des lapins. Traduit en allemand de la 6ᵉ édit. par E. Sabel. Vienne, Frick, 1882. M. 2.

---

[1] Voyez *Revue*, année 1893, p. 564; 1894, 2ᵉ semestre, p. 560, et plus haut, p. 648 et 737.

Eckardt (J.). Anleitung zur rationellen und einträglichen Kaninchen-zucht unter besonderer Berücksichtigung französischer, englischer und anderer ausländischer Rassen. Mit Anweisung zur Behandlung erkrankter Kaninchen, sowie zur schmackhaften Zubereitung des Fleisches. München, Th. Ackermann, 1874. M. 1.

> *Eckardt (J.)*. Guide pour l'élevage rationnel et productif des lapins, en considérant spécialement les races étrangères, françaises, anglaises et autres. Avec une instruction sur le traitement des lapins malades, et sur la préparation de bon goût de leur chair. Munich, Th. Acker-mann, 1874. M. 1.

Fries (Marti). Die Kaninchenzucht. Stuttgart, Neff, 1872. M. 1,80.

> *Fries (Marti)*. L'élevage des lapins. Stuttgard, Neff, 1872. M. 1,80.

Hasbach (D. H.). Die rationelle und einträgliche Kaninchenzucht nach Anleitung bewährter Fachleute, sowie nach eigener Erfahrung bear-beitet. Leipzig, Hugo Voigt, 1888. M. 3.

> *Hasbach (D. H.)*. L'élevage rationnel et productif de lapins, d'après des instructions d'hommes compétents du métier et d'après mes propres expériences. Leipsig, H. Voigt, 1888. M. 3.

Havelbach. Die Krankheiten der Kaninchen und ihre rationelle Hei-lung. Stuttgart, 1874. 75 Pfg.

> *Haselbach*. Les maladies des lapins et leur guérison rationnelle. Stuttgard, 1874. 75 pfg.

Hasemann (Ferd.). Anleitung und Grundriss zur R. Séguin's französi-scher Kaninchenzucht, um mit geringen Kosten in der Zucht des zahmen Kaninchens einen einträglichen Erwerbszweig zu begrün-den. Mit Anhang : Die Pariser Kaninchenküche. 2. Aufl. Quedlin-burg, Ernst, 1874. M. 1.

> *Havemann (Ferd.)*. Guide et instruction sur l'élevage des lapins fran-çais, d'après R. Séguin, pour se créer à peu de frais des revenus im-portants dans l'élevage du lapin apprivoisé. Avec appendice sur la manière d'apprêter le lapin à la parisienne. 2e édit. Quedlinburg, Ernst, 1874. M. 1.

Hochstetter (Wilh.). Das Kaninchen, dessen Beschreibung, rationelle Behandlung und Züchtung. 1. Aufl. Stuttgart, Schickhardt und Ebner 1872. 3. Aufl. 1873. 5. Aufl. Berlin, Parey, 1875. M. 1.

> *Hochstetter (Guil.)*. Le lapin, sa description, son traitement rationnel et son élevage. 1re édit. Stuttgard, Schickhardt et Ebner, 1872. 3e édit. 1873. 5e édit. Berlin, Parey, 1875. M. 1.

Huperz (Th.). Kaninchenzucht, s. Geflügelzucht.

> *Huperz (Th.)*. Elevage des lapins, voy. Elevage de volaille.

Kaninchen, das zahme, ein nutzbares Hausthier. Leichtfassliche An-leitung zur gewinnbringenden Zucht desselben. 2. Aufl. Dessau, Reissner, 1875. 80 Pf.

> Le lapin apprivoisé. Un animal domestique utile. Guide simple pour en obtenir un élevage productif. 2e édit. Dessau, Reissner, 1875. 80 pfg.

Kneipp (Fritz). Die Kaninchenzucht. Praktisch dargestellt. Roth bei Nürnberg, Feuerlein, 1874. 10 Pfg.

> *Kneipp (Fritz)*. L'élevage de lapins représenté (décrit) d'une manière pratique. Roth, près de Nuremberg, Feuerlein, 1874. 10 pfg.

Konnerth (Mich.). Der praktische Kaninchenzüchter. Mit 2 Taf. Abbild. Wien, Frick, 1875. M. 1.

> *Konnerth (Mich.)*. L'éleveur pratique de lapins. Avec 2 planches de figures. Vienne, Frick, 1875. M. 1.

Konnerth (Mich.). Das Kaninchen, seine Aufzucht und Pflege. 2. Aufl. Wien, Osk. Frank's Nachfolger. 1877. M. 1.

> *Konnerth (Mich.)*. Le lapin, son élevage et ses soins. 2ᵉ édit. Vienne, successeurs d'Oscar Frank, 1887. M. 1.

Landois (H.). Bastarde zwischen Hasen und Kaninchen, in : Zoolog. Garten, 26. Jahrgang, p. 316.

> *Landois (H.)*. Croisement entre lièvres et lapins. Dans le Journal du Jardin zoologique, 26ᵉ année, p. 316.

Landois (H.). Hasenzucht in enger Gefangenschaft, in : Zoologisch. Gart. 26. Jahrgang, p. 359-361.

> *Landois (H.)*. L'élevage des lièvres dans une captivité resserrée. Dans le Journal du Jardin zoologique. 26ᵉ année, p. 359-361.

Liebe (K. Th.). Gefangene Wildkaninchen. In : Zoolog. Garten. 30. Jahrgang, p. 65-76.

> *Liebe (K. Lh,)*. Lapins sauvages en captivité. Dans le Journal du Jardin zoolog. 30ᵉ année, p. 65-76.

Lincke (J. G.). Die rationelle Kaninchenzucht und ihr volkswirthschaftlicher Werth. Mit 10 Abbild. im Text. Leipzig, Ed. Wertig. M. 1,20.

> *Lincke (J. G.)*. L'élevage rationnel des lapins et leur valeur dans l'économie domestique. Avec 10 figures dans le texte. Leipsig, Ed. Wertig. M., 120.

Löbe (Will). Die Ziegen- und Kaninchenzucht. Leipzig. H. Voigt, 1877. M. 1,80.

> *Löbe (Guill.)*. L'élevage des chèvres et des lapins. Leipsig, H. Voigt, 1877. M. 1,80.

Lossow (A. F.). Die Hasenkaninchen (Lapins) und deren rationelle Zucht, Pflege und Mästung. 2. Aufl. Berlin, Lorentz, 1874. 75 Pfg.

> *Lossow (A. F.)*. Les lapins, leur élevage rationnel, soins et engraissement. 2ᵉ édit. Berlin, Lorentz, 1874. 75 pfg.

Nathusius (Herm. v.). Ueber die so genannten Leporiden. Mit 7 Holzschnitten und 4 lithogr. Tafeln. Berlin, Parey, 1876. M. 8.

> *Nathusius (Herm. de)*. Sur les soi-disant léporides. Avec 7 gravures sur bois et 4 planches lithographiées. Berlin, Parey, 1876. M. 8.

Oettel (Robert). Die Kaninchenzucht. Aus dem Französichen von

M. Redaves, 4. Aufl. Weimar, E. F. Voigt, 1873. 6. Aufl., 1885. M. 1,50.

> Oettel (Robert). L'élevage des lapins. Traduit du français de M. Redaves. 4e édit. Weimar, E. F. Voigt, 1873. 6e édit. 1885. M. 1,50.

Peschl (J. F.). Praktisches Handbüchlein der Kaninchenzucht. 2. Aufl. Passau, Buher, 1874. 60 Pfg.

> Peschl J. F.). Manuel pratique sur l'élevage des Lapins. 2e édit. Passau, Buher, 1874. 60 pfg.

Sabel (E.). Anweisung zu ergiebiger Kaninchenzüchtung. Mit Abbild. und 1 Racetafel. Leipzig, Expedition der Geflügelbörse (Rich. Freese), 1891. 80 Pfg.

> Sabel (E.). Guide pour un élevage productif des lapins. Avec figures et un tableau des races. Leipsig, expédition de la bourse de volaille (Rich. Freese), 1891. 80 pfg.

Schiffmann (E.). Das französiche Kaninchen (lapin) und dessen rationelle Zucht in Deutschland. 3. Aufl. Nürnberg, Korn, 1873. 50 Pfg.

> Schiffmann (C.). Le lapin français et son élevage rationnel en Allemagne. 3e édit. Nuremberg, Korn, 1873. 50 pfg.

Schuster (M. J.). Vortheile der rationellen Kaninchenzucht. Wiesbaden, Rodrian, 1876. 80 Pfg.

> Schuster (M. J.). Avantages de l'élevage rationnel des lapins. Wiesbaden, Rodrian, 1876. 80 pfg.

Seissel (J.). Rationelle Zucht der veredelten Kaninchen. Mit 2 Taf. Abbild. Esseg Fritsche, 1878. M. 1,50.

> Seissel (J.). Elevage rationnel des lapins de races (améliorés). Avec 2 planches de figures. Essegg, Fritsche, 1878. M. 1,50.

Stegmaier (Frz. Jos.). Die Kaninchen- und Seidenhasenzucht. Kurzgefasste Anleitung zur rationellen und nutzbringenden Pflege und Behandlung des Kaninchens. 2. Aufl. Waldsee, Liebel, 1872. 40 Pfg.

> Stegmaier (Franç. Jos.). L'élevage des lapins et des lapins soyeux (angoras ?). Méthode brève pour les soins et le traitement rationnels et profitables du lapin. 2e édit. Waldsee, Siebel 1872. 40 pfg.

Wagner (J.). Die rationelle Kaninchenzucht. Nach Erfahrungen in Frankreich und Deutschland. Leipzig, Schmidt und Günther, 1874. 60 Pfg.

> Wagner (J.). L'élevage rationnel des lapins, d'après des expériences faites en France et en Allemagne. Leipsig, Schmidt et Günther, 1874. 60 pfg.

Zurn (F. A.). Zum Streit über die Leporiden. Weimar, E. Fr. Voigt, 1877. 60 Pfg.

> Zurn (F. A.). De la question des léporides. Weimar, E. Fr. Voigt, 1877. 60 pfg.

Les Chats hippophages de Londres. — M. Decroix donnait récemment dans la *Revue* (octobre 1895), quelques chiffres intéressants relatifs à l'hippophagie. Voici une curieuse statistique touchant le même sujet et que plusieurs journaux, *La Nature* entre autres, ont déjà reproduite. La ville de Londres possède 200,000 Chats. Il ne faut pas moins de 170 Chevaux par jour pour nourrir cette immense population féline, qui a ses bouchers spéciaux : *Cat's meat's men*, mot à mot : « Hommes de viande pour Chat ». Voici comment ces derniers procèdent pour fournir leur clientèle. Ils achètent la viande de cheval, la découpent en petits morceaux qu'ils enfilent à des brochettes en bois. Ainsi arrangée, ils débitent leur marchandise aux propriétaires de Chats. On rencontre ces industriels dans les rues de Londres, un panier au bras, ou une petite caisse roulante, qu'ils poussent devant eux, agitant d'une main une sonnette dont tous les Chats de la ville connaissent bien le son, car dès qu'ils l'entendent, du plus loin qu'ils soient, ils se précipitent avec des miaulements touchants jusqu'à ce qu'une main bienfaisante leur présente la précieuse brochette.

L'élevage de l'Autruche en Algérie ; nouveaux efforts de M. Jules Forest. — On sait avec quelle persévérance notre collègue M. Jules Forest aîné, poursuit la campagne entreprise par lui pour établir l'élevage rationnel de l'Autruche en Algérie. Sans insister sur une nouvelle publication qui vient de paraître et dont le titre complet se trouve relevé d'autre part au Bulletin bibliographique, il convient de signaler les efforts récemment accomplis par M. Forest pour gagner à la cause si intéressante de l'Autruche divers Congrès scientifiques.

A l'*Association française pour l'avancement des sciences* réunie à Bordeaux en août 1895, M. Maxime Cornu, professeur au Muséum, qui présidait la section de Géographie a présenté une nouvelle note de M. Forest : *Sur l'élevage de l'Autruche dans l'Afrique française du Nord* et a demandé qu'un vœu fût émis par le Congrès en faveur de cet élevage.

Le même sujet était traité au *Congrès des Sociétés françaises de Géographie* tenu également à Bordeaux à la même époque. Exposée par M. le commandant Bonetti, la question donna lieu à une longue et importante discussion à l'issue de laquelle le Congrès prit la résolution suivante :

Le Congrès émet le vœu que le Gouvernement favorise l'élevage de l'Autruche en Algérie.

Enfin en Hollande, à Leyde où le *Congrès international de Zoologie* a tenu sa troisième session, en septembre 1895, notre distingué collègue, M. le baron d'Hamonville a présenté au nom de M. Jules Forest une étude *Sur la reconstitution de l'Autruche de Barbarie dans l'Afrique du Nord.* Cette reconstitution rencontre jusqu'ici de sérieux obstacles, — mais il ne faut pas désespérer. La nécessité d'organiser une armée coloniale semble aujourd'hui démontrée ; or cette éventualité, si elle se réalise, entraînera le déplacement des smalas indigènes. De grands espaces inutilisés actuellement deviendront disponibles et l'on se décidera peut-être à y établir des autrucheries dont les produits ne tarderont pas à occuper une place honorable sur le marché français, tout en contribuant à augmenter la richesse de nos belles colonies d'Afrique (1).

Maladies des Violettes. — La culture des Violettes est, comme on le sait, très importante dans certaines localités de la région méridionale. Elle procure d'assez beaux bénéfices, lorsqu'elle est bien conduite et, en outre, comme elle réussit très bien sur les sols un peu ombragés, elle peut être pratiquée sous les Oliviers, ce qui permet de conserver ces arbres qui, par suite de diverses causes, ne rapportent presque plus depuis longtemps, mais dont il serait cependant imprudent d'opérer la suppression, l'ancienne production pouvant reparaître. Certaines communes des Alpes-Maritimes lui doivent leur prospérité actuelle. Mais, depuis quelques années, les producteurs sont fort alarmés par l'apparition des maladies qui menacent de ruiner complètement cette branche importante de la production florale, si on n'y apporte un prompt remède. Des plantations sont atteintes sérieusement dans plusieurs régions, notamment à Vence et à Grasse. Il importe donc, au plus haut point, de connaître les causes de ces affections, de manière à pouvoir en déduire les procédés de destruction à appliquer.

A la suite de nos recherches, nous avons reconnu que deux maladies principales sévissaient sur les Violettes ; l'une occasionnée par un Cryptogame et l'autre par des Tétranyques. Tous deux s'attaquent aux feuilles.

La maladie cryptogamique est produite par le *Phyllosticta violæ*, de la section des Sphéroïdées. Elle débute généralement par un petit point blanc cerclé de noir qui s'étend rapidement et se dessèche à l'intérieur. Souvent même les tissus attaqués sont complètement détruits et les feuilles présentent alors des trous circulaires de différentes grandeurs qui semblent avoir été faits à l'emporte-pièce. Les trous, en s'agrandissant, finissent par se joindre et la feuille disparaît en partie ou en totalité. Cette affection ressemble, comme on le voit, à un véritable chancre. On remarque fréquemment de petites ponctuations noires sur les parties desséchées et sur le pourtour des trous

---

(1) Résumé d'une communication faite le 13 décembre 1895 à la séance générale de la *Société d'Acclimatation* par M. Jules Forest.

circulaires. Ce sont les organes de reproduction du Cryptogame. Quelquefois les tissus jaunissent et se dessèchent mais ne disparaissent pas. Les feuilles, dans ce cas, présentent assez souvent, à la partie supérieure, des taches blanchâtres allongées. Cette seconde forme de l'affection est moins fréquente que la première.

Sous l'influence de circonstances météorologiques spéciales, le *Phyllosticta violæ* peut se développer très rapidement et détruire la plupart des feuilles en une quinzaine de jours.

On ne peut que recommander l'essai de composés cuivriques contre cette maladie cryptogamique. Les résultats seront d'autant plus satisfaisants que les applications auront été faites préventivement.

Les *Tétranyques* qui attaquent les Violettes sont semblables à ceux qui déterminent sur la Vigne l'affection désignée sous le nom de maladie rouge. Ce fait n'a rien de surprenant étant donné que ces Parasites s'attaquent à la plupart de nos plantes cultivées.

Ces Acares, par leurs piqûres, provoquent le desséchement des feuilles, mais n'amènent pas la destruction des plantes qui, au bout de quelque temps, émettent de nouvelles pousses auxquelles le même sort est réservé. L'absence de feuilles ne permet pas aux fleurs de se développer et la récolte est nulle.

L'activité des Tétranyques semble être plus grande à certaines époques de l'année qu'à d'autres, notamment au printemps et à l'automne. C'est pendant cette dernière saison que leurs ravages portent le plus de préjudice. La vie végétale est à peu près suspendue pendant l'hiver, et de nouvelles feuilles ne peuvent venir remplacer celles qui ont été détruites. Comme la floraison a lieu au départ de la végétation, elle ne saurait donc être de quelque importance sur des plantes privées de feuilles depuis longtemps.

Les essais de nombreux insecticides que nous avions conseillés pour tenter de détruire ces parasites ont été exécutés minutieusement à Vence par MM. le capitaine Wimmer et Amic, pharmacien, avec un succès satisfaisant. Voici la conclusion du rapport de ces messieurs :

1° Fauchage immédiat après la floraison, en ayant la précaution de récolter avec soin et de brûler les feuilles pour détruire les œufs de Tétranyques ;

2° Application d'une des formules suivantes, soit à l'arrosoir, soit, ce qui est moins dispendieux, au pulvérisateur :

1re formule : Savon noir dur	3	kilogr.
Pétrole	3	—
Eau	94	litres.
2e formule : Savon noir dur	4	kilogr.
Pétrole	4	—
Eau	92	litres.

On doit faire quatre opérations espacées chacune de quatre jours.

3° Fumure énergique de la plante et couverture, s'il est possible, avec des feuilles mortes ou des branches d'arbres.

On obtiendrait certainement une meilleure émulsion du pétrole en ajoutant d'abord un peu d'alcool au savon.

Nous serons heureux si, par la publication de ces quelques lignes, nous pouvions rendre service aux intéressés et provoquer de nouvelles observations et de nouvelles expériences pour arriver rapidement à déterminer les meilleurs procédés de destruction de ces maladies.

Louis BELLE,
Professeur départemental d'agriculture
des Alpes-Maritimes.

Un nouveau fourrage pour l'Algérie,

Le *Pueraria Thunbergiana* (1).

A M. le Président du Comice agricole d'Alger.

Mon cher ami,

Ne pensez-vous pas qu'il serait téméraire de proposer une nouvelle plante fourragère pour le midi de la France, et par conséquent pour l'Algérie ? Je crois que sans préjuger l'importance du résultat, on pourrait l'essayer, si toutefois elle n'est pas déjà introduite, au moins comme plante botanique, dans votre région. Cette plante n'aura certainement pas le mérite des bonnes sortes fourragères qui vous sont bien connues : le Trèfle, le Sulla, etc. Mais comme c'est aussi une Légumineuse, on a de bonnes raisons pour penser qu'elle contient une certaine quantité de matière azotée, que l'on recherche dans les fourrages.

L'espèce dont il s'agit est le Kudzu des Japonais. Les botanistes l'appellent *Pueraria Thunbergiana* BENTH., autrefois *Pachyrrhizus Thunbergianus*, SIEB. et ZUCC. et le voyageur Thunberg, plus anciennement la nomma *Dolichos hirsutus*. C'est une plante grimpante, vivace et subligneuse, au moins par la base et dont la racine épaisse et fusiforme est gorgée de fécule. En Chine et au Japon, les populations pauvres utilisent cette source de matière alimentaire. De plus, les tiges longues et flexueuses ont un liber filamenteux très estimé pour faire des filets de pêche solides et incorruptibles, et les Chinois, qui nomment le *Pueraria Kô*, font de ses fibres des étoffes recherchées.

Je connaissais ces propriétés du Kudzu ou du Kô, et, en voyant cette année le développement extraordinaire de la plante au Muséum, mais surtout à l'Ecole d'application d'horticulture de la Ville, que dirige mon ami M. Chargueraud, et où il est aussi professeur, je me suis de-

(1) M. J. Poisson, assistant au Muséum d'histoire naturelle, a bien voulu nous communiquer cette lettre que doit publier *L'Algérie agricole*.

mandé, en présence d'une aussi volumineuse quantité de feuillage, si
on ne l'utilisait pas comme fourrage? Je consultai le *Potager d'un Curieux*, de MM. Paillieux et Bois, et je trouvai dans cet ouvrage consciencieux, tout ce que l'on sait du Kudzu. Mais c'est bien plus de
l'usage de la racine et des fibres qu'il en est parlé, que comme plante
fourragère. Cependant il est dit en deux endroits, d'après les notes
traduites par le comte de Castillon, que les feuilles sont mangées par
les bestiaux. Je retrouvai dans un article de la *Revue Horticole* (1891,
p. 31), de mon vieil ami Carrière la confirmation d'une partie de ces
assertions. Il cite une lettre d'un horticulteur des environs de Grenoble, M. de Mortillet, qui a cultivé le *Pueraria*, et qui parle avec
enthousiasme des qualités de sa racine.

   Je m'étonne que l'on n'ait pas insisté davantage sur ses propriétés
fourragères.

   Pour être fixé à ce sujet, je me suis empressé, cet automne, de
prendre une bonne provision de feuilles du Kudzu et aussi bien à
Paris que chez M. Hennecart, au château de Combreux, en Seine-et-
Marne, où j'étais en novembre dernier, j'en ai présenté à des Chevaux,
à des Vaches et à des Moutons. L'essai a été concluant, et les feuilles
ont été mangées avec une satisfaction évidente par ces divers animaux.

   On objectera peut-être qu'une plante grimpante ne semble pas convenir pour ce genre d'emploi. Cependant au Japon et en Chine le
Kudzu traîne à terre, et il couvre alors de grandes étendues. Ses tiges,
d'une vigueur extrême, atteignent dans l'année 8 à 10 mètres de longueur, et les 3 folioles dont sont composées ses feuilles ont 12 à
18 cent. de large. Si l'on possédait un Haricot vivace avec de telles
dimensions on ne répugnerait certainement pas à l'employer comme
fourrage.

   A Paris, ce n'est que pendant les étés chauds que le *Pueraria* se
développe amplement, et qu'il arrive à fleurir comme il l'a fait cette
année. Si cette légumineuse était acceptée serait-on obligé de faire
venir des graines de l'Extrême-Orient? Comme elle se reproduit très
bien de tiges couchées en terres, ou marcottes, on n'aurait pas besoin
de recourir à ce moyen, au moins pendant la période d'essai. Enfin,
si en Algérie le Kudzu murissait ses graines, comme il le fait aux
environs de Naples, alors tout serait pour le mieux.

   J'ai remarqué que les feuilles, sans doute dans des conditions de
sécheresse du sol, étaient parfois duveteuses en dessous, mais la majorité des échantillons que nous avons dans nos collections ont les
feuilles glabres ou presque glabres.

   Quoi qu'il en soit, si vous n'avez pas le Kudzu en Algérie, je vous
engage à en encourager l'introduction, et je crois que l'on en retirerait
quelque profit. Une plante qui serait fourragère par ses feuilles, dont
les tiges peuvent servir de liens comme un Osier, et ayant une racine
qui est un réservoir de fécule, que peut-on lui demander de plus?

Cependant elle aurait encore un avantage, et qui serait appréciable en Algérie, ce serait de faire rapidement un épais ombrage si l'on voulait en garnir des tonnelles.

Veuillez me croire toujours, cher ami, votre bien dévoué.

J. Poisson, du Muséum.

Le Cajan ou Ambrevade (*Cajanus indicus* Spreng. *C. bicolor* Wall.)

— Cet arbrisseau d'une hauteur moyenne de 4-5 mètres, à tiges élancées, lisses, rougeâtres ou verdâtres, suivant les variétés, porte des ramifications nombreuses, surtout vers le sommet, où elles forment une masse touffue et compacte; ses feuilles sont trilobées, à folioles ovales-lancéolées et à nervures saillantes.

Originaire des Indes orientales, ce végétal est cultivé dans la plupart des pays chauds pour ses graines comestibles.

Le fruit, ou gousse, se mange quelquefois avant sa maturité, comme les Haricots verts. Les graines, petites, de couleur jaune pâle, désignées sous les noms de *Pois cajan, Pois d'Angole, Pois de sept ans,* etc., suivant les localités, sont utilisées dans l'alimentation humaine et pour la nourriture des Oiseaux de basse-cour. Leur principal usage consiste à les faire cuire à l'eau et à les assaisonner, soit au beurre, avec un peu de sucre, soit avec du lard, ou bien encore à l'huile et au vinaigre.

Le Pois cajan, cueilli et apprêté à l'état frais, rivalise, pour la finesse de la saveur, avec les meilleurs Pois connus.

Conservé et préparé comme tous les légumes secs, il acquiert par la cuisson un volume beaucoup plus considérable, et peut être substitué avec avantage à la Fève. Sa farine peut servir à faire des bouillies et des soupes dont le goût offre une grande analogie avec celui des Lentilles. Mélangée, en quantité variable, avec celle du froment ou du Maïs, cette farine sert à la préparation d'une sorte de pain de bon goût et très nourrissant.

Ce légume entre pour une large part dans la nourriture des populations d'une partie de l'Inde.

C'est sur les feuilles de cet arbrisseau que vit un Ver à soie indigène de Madagascar, le *Borocera Cajani*. Elles peuvent également servir à l'alimentation du bétail et forment de plus un excellent engrais.

La culture du *Cajanus indicus* n'exige aucun soin; la plante produit abondamment des graines les trois quarts de l'année, et cela, pendant cinq ou six ans consécutifs. Les essais de culture entrepris en Égypte par M. Delchevalerie et par notre collègue M. Leroy, en Algérie, ont donné de bons résultats, et tout fait espérer que cette légumineuse rendra plus tard de réels services à l'alimentation publique dans ces pays.   J. G.

Le Gérant : Jules Grisard.

DES

CIENCES NATURELLES APPLIQUÉE

PUBLIÉE PAR LA

SOCIÉTÉ NATIONALE D'ACCLIMATATION
DE FRANCE

—

42ᵉ ANNÉE

—

Nᵒ 17. — DÉCEMBRE 1895

AU SIÈGE SOCIAL

DE LA SOCIÉTÉ NATIONALE D'ACCLIMATATION DE FRANCE

41, RUE DE LILLE, 41

PARIS

ET A LA LIBRAIRIE LÉOPOLD CERF, 13, RUE DE MEDICIS

I. Travaux adressés à la Société.

E. OUSTALET. — Le Desman des Pyrénées.........................

E. CAUSTIER. — Les Pigeons voyageurs à la mer......................

J. PEREZ. — Le Termite lucifuge...................................

II. Extraits et Analyses.

Nouveaux principes de classification des races Gallines...................

III. Questions de pisciculture pratique.

Saumon de Californie ou Truite arc-en-ciel ....

IV. Bulletin bibliographique.

Ouvrages offerts à la bibliothèque de la Société.......................

V. Nouvelles et faits divers

Les Chats hippophages de Londres. — L'élevage de l'Autruche en Algérie ; n
veaux efforts de M. Jules Forest.....................................

Maladie des Violettes..

Un nouveau fourrage pour l'Algérie...................................

Le Cajan ou Ambrevade..

SOCIÉTÉ NATIONALE D'ACCLIMATATION DE FRANCE

FONDÉE EN 1854, RECONNUE D'UTILITÉ PUBLIQUE EN 1855

41, Rue de Lille, PARIS

QUARANTE-TROISIÈME ANNÉE. —

1895–1896	Décembre 1895	Janvier 1896	Février 1896	Mars 1896	Avril 1896
Séances Générales Le vendredi à 3 heures 1/2.	13 et 27	10 et 24	7 et 21	6 et 20	10 et 24
Séances du Conseil Le vendredi à 4 heures.	6 et 20	17	14 et 28	13 et 27	17
1re Section : *Mammifères* Le lundi à 3 heures 1/2.	16	20	»	2	13
2e Section : *Ornithologie* Le mardi à 3 heures 1/2.	24	28	»	10	21
3e Section : *Aquiculture* Le lundi à 1 heure 1/2.	30	»	3	16	27
4e Section : *Entomologie* Le lundi à 3 heures.	»	6	10	23	»
5e Section : *Botanique* Le mardi à 3 heures 1/2.	»	14	25	31	»

NOTA. — Tout Membre de la Société prenant part aux séances indiquées dans le Tableau ci-dessus, reçoit, con
présence, une entrée gratuite au JARDIN D'ACCLIMATATION DU BOIS DE BOULOGNE

La Bibliothèque est ouverte tous les jours non fériés,
peuvent y être admises sur la recommandation écrite de 2

Secrétaire g
GUERNE

OFFRES, DEMANDES ET ÉCHANGES
DES MEMBRES DE LA SOCIÉTÉ.

Collection de 200 variétés Chrysanthèmes. Ce qu'il y a de plus beau en Chrysanthèmes nouveaux à grandes fleurs ou duveteux, chevelus, anémones, etc., etc., ayant obtenu deux premiers prix et médailles, livrables en mars et avril.

Les 200 boutures étiquetées, enracinées......   50 francs.
Les 150   —   —   —   ....   40 —
Les 50   —   —   —   ....   15 —
Les 25   —   —   —   ....   8 —

S'adresser à M. Baptiste Martin, jardinier chez le Comte de Saint-Innocent, président de la Société horticole Autunoise, à Sommant, par Lucenay-l'Évêque (Saône-et-Loire).

On désire acheter : Pigeons boulants anglais blancs, unicolores et bleus à bavette.
S'adresser à M. d'Hangert, 76, rue Lemerchier, à Amiens.

Offre : Superbe Canard Mandarin adulte, 17 fr., emballage compris.
S'adresser à M. G. Rogeron, château de l'Arceau, près Angers (Maine-et-Loire).

On offre : 1 Coq, 1 Poule Grands Malais blancs et piles, 60 fr.—; 1 Coq, 1 Poule Grands Combattants anglais argentés Yellow Duckwing, 50 fr. ; 1 Coq, 1 Poule Bruges rouges et bronzés, 30 fr. ; 1 Coq, 1 Poule Combattant à Cou-Nu de Madagascar, 50 fr. Tous sujets hors ligne, très grande race et très hauts, nés en premières couvées de 95 et aussi forts qu'adultes, garantis en parfaite santé et bon état.
S'adresser à M. le baron de Fossey, à Évreux.

On offre : Dindons sauvages de pur sang, 20 fr. le couple emballé, 12 fr. pour une tête.
S'adresser à M. Chassin, à Journet, par La Tremoille (Vienne).

On offre : Bergeries du Mas : Race Charmoise, reproducteurs sélectionnés.
S'adresser à M. Ducellier, régisseur, au Mas, par Persac (Vienne).

A vendre : Superbe Chien danois, âgé de quatre ans, doux et intelligent, redoutable gardien la nuit, net 500 francs.
Écrire à M. Jolivet, pharmacien, faubourg Saint-Honoré, 114, Paris.

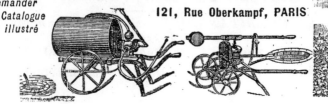

Bureau

Membres du Conseil

BUREAUX DES SECTIONS

ADMINISTRATION. — BUREAUX.

EXTRAITS DES STATUTS & RÈGLEME

Le but de la Société nationale d'Acclimatation de Fr
concourir :

1° A l'introduction, à l'acclimatation et à la domest
espèces d'animaux utiles et d'ornement ; 2° au perfectio
à la multiplication des races nouvellement introduites o
quées ; 3° à l'introduction et à la propagation des végé
ou d'ornement.

Le nombre des membres de la Société est illimité.

Les Français et les étrangers peuvent en faire partie

Pour faire partie de la Société, on devra être prése
membre sociétaire qui signera la proposition de prése
en faire la demande à M. le Secrétaire général.

Chaque membre paye : 1° un droit d'entrée de 10 f
cotisation annuelle de 25 fr., ou 250 fr. une fois payés.

La cotisation est due et se perçoit à partir du 1er jan

Suivant convention passée avec le jardin zoologique
tation et expirant le 31 décembre 1897, chaque men
payé sa cotisation recevra :

Une carte personnelle et six billets d'entrée aux Jardi
matation de Paris et de Marseille, dont il pourra dispose

Les membres qui ne voudraient pas user de leur ca
nelle peuvent la déléguer.

Les sociétaires auront le droit d'abonner au Jardi d
tion les membres de leur famille directe (femme, mère
filles non mariées et fils mineurs), à raison de 12
sonne et par an.

Il est accordé aux membres un rabais de 5 pour 100
des ventes (exclusivement personnelles) qui leur seron
Jardin d'Acclimatation de Paris (animaux et plantes).

La **Revue des Sciences naturelles ap**
(*Bulletin bimensuel* de la Société) est gratuitement
chaque membre.

La Société confie des animaux et des plantes en ch

•Pour obtenir des cheptels, il faut : 1° être membre de
2° justifier qu'on est en mesure de loger et de soigner c
ment les animaux et de cultiver les plantes avec disc
3° s'engager à rendre compte, deux fois par an au moir
sultats **bons** ou **mauvais** obtenus et des observatio
lies ; 4° s'engager à partager ec la Société les produi

Indépendamment des cheptels, la Société fait, dans le
chaque année, de nombreuses distributions, entièrement
des graines qu'elle reçoit de ses correspondants dans l
parties du globe.

La Société décerne, chaque année, des récompenses e
gements aux personnes qui l'aident à atteindre son but.

(Le programme des prix, le règlement des cheptels
des animaux et plantes mis en distribution sont adressé
ment à toute personne qui en fait la demande par lettre

Versailles. — Imprimerie CERF ET Cie, 59, rue Dupless

CPSIA information can be obtained
at www.ICGtesting.com
Printed in the USA
BVHW08*1602190918
527934BV00012B/199/P